国家科学技术学术著作出版基金资助出版

国家绒毛用羊产业技术体系

绒毛用羊生产学

田可川　主编

中国农业出版社

本书编委会

主　编　田可川

参　编　贾志海　石国庆　杨博辉　洪琼花

　　　　柳　楠　李金泉　王光雷　张明新

　　　　张世伟　肖海峰　马月辉　马利青

　　　　才学鹏　安晓荣　赵存发　陈玉林

　　　　吴建平　茅建新　郑文新　张艳花

　　　　付雪峰

前　言

养羊业是我国畜牧业的重要组成部分，我国存栏绵、山羊约 3.8 亿只，其中 70％为绒毛用羊。在草食家畜中，羊对饲料的转化率较高，采食范围和适应性较广，可以充分利用其他家畜无法利用的资源，提高我国农业资源的综合产出率，对促进畜牧业经济发展、维护产业平衡和健康可持续等方面具有重要作用。

为推动我国绒毛用羊产业健康可持续发展，在国家现代农业产业技术体系建设项目的支持下，聚焦体系各岗位科学家多年的科研成果和技术积累，从我国绒毛用羊产业发展实际出发，汇集国内该产业知名专家和学者的智慧和结晶，编写了《绒毛用羊生产学》一书，主要内容包括：绒毛用羊品种，绒毛用羊的体型外貌鉴定与生产性能测定，绒毛用羊遗传改良与品种保护，绒毛用羊繁殖、绒毛用羊的饲养管理，绒毛用羊疾病防治，绒毛用羊羊场建设及圈舍设计，绒毛用羊生产经营管理，绒毛生产、营销及加工，绒毛用羊可持续发展战略研究等。本书全面介绍了绒毛用羊生产的理论和方法，解决绒毛用羊生产过程中的品种、繁殖、饲养管理、疫病防控和经营决策等问题，适应现代化畜牧生产的需要，对提高绒毛用羊生产实践能力、运用先进的科学技术进行绒毛用羊生产具有重要作用。

本书站在国内绒毛用羊产业的前沿一线，将绒毛用羊生产、科研、流通等上下游各环节有机结合起来，内容丰富，论述系统，可操作性强，可作为农业院校教师、学生的教材及参考读物，同时也适合从事绒毛用羊养殖生产者、管理技术人员、技术咨询人员使用。

2008 年，国家绒毛用羊产业技术体系建设正式启动，同时制定了一系列重大技术方案，6 年多来，国家绒毛用羊产业技术体系始终围绕绒毛用羊产业发展科研和技术需求，以产业市场为导向，进行共性技术、关键技术和前瞻性技术研究集成及示范；监测绒毛用羊产业技术发展与市场动态，为政府、社会、基层农牧户提供信息咨询和服务，建起了从生产到消费、从研发到市场各个环节紧密衔接，旨在解决我国绒毛用羊产业发展中的制约因素，提升我国养羊业的科技创新能力和产业化生产水平，增强我国绒毛用羊产业竞争力，增加绒毛用羊养殖效益。

《绒毛用羊生产学》一书凝聚了国内绒毛用羊遗传育种与繁殖、疾病防控、营养与饲料、环境控制、绒毛加工与流通、产业经济等方面最优秀的专家和技术人员，相信《绒毛用羊生产学》一书的出版，对我国绒毛用羊养殖新技术的研究和应用及产业的可持续发展一定会起到积极的推动作用。

国家绒毛用羊产业技术体系首席科学家　田可川

2014 年 6 月

前言

绪　论

第一节　绒毛用羊业在国民经济中的地位及作用

一、绒毛用羊产业是农业生产系统中畜牧业的重要组成部分

养羊业是我国畜牧业的重要组成部分，我国存栏绵、山羊约 3.8 亿只，其中 70％为绒毛用羊。在草食家畜中，羊与牛相比，羊对饲料的转化率超过牛约 2 倍。羊的采食范围和适应性较牛广，羊可以利用牛不能利用的饲料资源。在我国南方草山区，由于坡度较大，牛无法放牧，只能发展山羊业；在我国北方荒漠、半荒漠地区适宜发展以绒毛羊为主的畜牧业。绒毛用羊可以充分利用其他家畜无法利用的资源，提高我国农业资源的综合产出率。

根据我国国民经济发展的需要，养羊业首先为纺织工业提供大量优质绒毛原料。中国是世界羊毛的最大消费国，平均每年毛纺工业需要净毛约 30 万 t，国产羊毛只能满足 1/3 左右，有 2/3 的羊毛依赖进口。巨大的国内市场供求缺口，为中国发展细毛羊产业创造了得天独厚的市场条件，同时中国具有世界洗毛、毛条制造、毛纱及布料制造和最大的服装加工四大基地之称，可以说，细毛羊产业在中国农村、农业乃至整个国民经济中占据着举足轻重的地位。

我国绒山羊具有产绒量高、绒纤维品质好的特点，是我国独特种质资源。绒山羊占全国山羊存栏量 50％左右，产绒量约占世界 70％以上，在世界羊绒产业中具有举足轻重的地位和得天独厚的优势。可以说，绒山羊是我国农业生产及农业经济的重要组成部分。

半细毛羊与细毛羊生产相比，对生态条件要求严格，其毛纤维多为直径以 $29\sim34\mu m$ 为主体的同质粗绒毛。主产区在云南省，大都分散地分布于偏远的少数民族聚居的山区和少量的农区，因此对这些地区的经济发展、人民的生产生活具有重要影响。另外，半细毛羊是毛肉兼用品种，既可提供毛，又可提供更多的肉，也可提供羊皮等产品，满足轻纺和社会直接消费利用的需要。因此，养羊业作为畜牧业的重要组成部分，在国民经济中占有重要的地位，在促进畜牧业经济发展、维护产业平衡和健康可持续发展等方面具有重要作用。

二、提供轻工业原料

绒毛织品美观大方，保暖耐用，是冬季寒冷地区人民御寒的佳品，随着人们生活条件的改善和衣着观念的变化，绒毛制品正成为引领消费者进行低碳消费的很好载体。绒毛用羊的全身几乎都可以加工成轻工产品。细羊毛、山羊绒、半细毛是毛纺工业的原料，可以制成精纺面料及毛毯、呢绒、工业用品等；以山羊绒为原料制作的羊绒衫、高档服装，深受我国及世界各国消费者的喜爱。羊皮是制革工业的原料，优质革皮服装是重要出口产品，我国传统产品滩羊二毛皮、湖羊羔皮、中卫山羊二毛皮以及贵德紫羔皮，都是名贵产品，深受国际市场的青睐。此外，羊肠衣也是我国历史悠久的出口轻工原料，最初仅用于弓弦和弦线，现在除用作填充肠的外衣，多制成肠线、外科缝合线及网球拍线等。随着工业技术的发展，羊产品可以加工成更多、更高级的产品，可以说养羊业是轻工业的重要原料基地，它的发展在一定程度上促进了相关产业的发展。

三、提供出口创汇

我国畜牧业产品在我国农产品对外贸易中占有相当重要的地位，约占农产品对外贸易额的 50% 以上。同时，在畜牧业产品出口贸易中，绒毛用羊产品占据着重要的地位。羊毛制成品主要有地毯、毛制针织服装、呢绒和毛毯等，其中地毯是我国传统的出口商品，远销欧美及日本等国，在国际市场上享有较高声誉；山羊板皮也是我国羊产品传统的大宗出口商品，每年约可为国家换取近 1 亿美元外汇；我国也是世界上最大的山羊绒生产国，所产山羊绒及其制品的 60% 以上用于出口，约占国际市场贸易总量的 70%，是我国重要的出口创汇畜产品。

2011 年我国毛绒价格大幅上涨。南京羊毛市场报价指数年初为 69.38 元/kg，7 月初现全年最高价 90.50 元/kg，此后持续走低，年末收至 80.20 元/kg，与 2010 年末相比上涨了 19.97%；羊绒价格也创历史新高，均价达 360 元/kg 左右，较 2010 年上涨 30% 左右。其中，内蒙古地区山羊绒价格为 360~420 元/kg，河北地区山羊绒价格为 300~380 元/kg。

2011 年 1~11 月，我国羊毛累计出口 1.96 万 t，同比增长 21.7%，出口额为 1.03 亿美元，同比增长 72.3%；羊绒累计出口 28t，同比增长 64.3%，出口额为 138 万美元，同比增长 2.14 倍。

四、改善人民膳食结构

绒毛用羊主产品除绒毛外，羊肉也是重要产品。羊肉一直是我国人民喜欢的一种肉食，特别是我国一些少数民族长期以羊肉为主要食品。近年来，羊肉也越来越受到我国城市居民和南方人民的喜爱，这与羊肉的营养价值有密切关系。羊肉的营养价值较高，蛋白质含量较牛肉略低而高于猪肉；脂肪含量较牛肉高而较猪肉低，羊肉中富含矿物质营养，钙、磷及微量元素如铁、锌等的含量较牛肉和猪肉都高；羊肉的胆固醇含量较低（几种主要肉类的化学成分及产热量比较见表 1-1）。另外，由于羊的主要饲料是天然牧草，与其他家畜的饲料相比，羊饲料受各种污染，尤其是农药、化肥等污染最小。到目前为止，在羊饲料加工过程中，还没有或基本没有使用抗生素，说明羊肉在所有肉类中是食用最安全的绿色食品。

表 1-1　几种主要肉类的化学成分及产热量比较

化学成分	牛　肉	猪　肉	羊　肉	鸡　肉
水（%）	55.0~69.0	49.0~58.0	48.0~65.0	67.1
蛋白质（%）	16.1~19.5	13.5~16.4	12.8~18.6	19.5
脂肪（%）	11.0~28.0	25.0~37.0	16.0~37.0	14.5

（续）

化学成分	牛 肉	猪 肉	羊 肉	鸡 肉
热值（kJ/100g）	750.0～1340.0	1250.0～1640.0	920.0～1590.0	880.0
钙（%）	20.0	28.0	45.0	6.0
磷（%）	172.0	124.0	202.0	140.0
铁（%）	12.0	9.0	20.0	1.2

五、提供有机肥料、保护生态环境

在绒毛用羊产业发展的过程中，可以为农业种植提供大量的有机肥料。羊粪尿是优质的有机肥料，在各种家畜的粪尿有机肥中，羊粪尿的氮、磷、钾含量较高，对提高土壤肥力，改善土壤结构有显著效果，是良好的速效肥，对果树及蔬菜生产的增产效果十分显著。羊粪及其他动物粪的成分见表1-2。

表1-2　各类家畜粪肥成分

成 分	猪 粪	羊 粪	马 粪	牛 粪
氮（%）	1.56～2.96	1.22～2.35	0.66～1.22	0.69～0.84
磷（%）	0.40	0.18	0.08	0.22
钾（%）	2.08	2.13	2.07	2.00

1只成年羊全年的排粪量约为700～1 000kg，总氮含量相当于20～25kg尿素，含磷量相当于16kg过磷酸钙，含钾量相当于8.5kg硫酸钾。羊粪中除含有氮、磷、钾3种农作物生长必需的元素外，还富含有机质，对改良土壤、培养地力等方面均有重要作用，它能调节土壤水分、温度、空气、肥效及酸碱度，使土壤形成团粒结构。因此，农区群众称施用羊粪尿作为肥料是"一季施肥三季壮，一年施肥三年长"；牧区长年以放牧为主，羊粪成为天然草地最好的肥料，同时有利于改善生态环境、维持草地畜牧业生态系统持续健康发展。

第二节　我国绒毛用羊产业发展现状及趋势

我国养羊业有几千年的历史，是各族人民生产和生活资料的重要来源。产业覆盖范围包括新疆、内蒙古、甘肃、青海、西藏、吉林、辽宁、陕西、河北、山西、云南、贵州、四川、浙江、宁夏、山东、北京等多个省、自治区、直辖市，涉及细毛羊、绒山羊、半细毛羊、地毯毛羊、毛用裘皮羊等品种。近年来，随着国民经济的高速发展，人民生活水平的不断提高，以及西部大开发步伐的加快，人们对生态环境的保护意识不断加强，加之退耕还林、还草、封山禁牧等生态政策的实施，2010年，绒毛用羊存栏量略有下降，全国绵羊存栏约为1.34亿只，绒山羊约6 500万只，羊毛产量约为37万t（净毛），原绒产量超过1.1万t，占世界原绒产量的70%以上。

一、细毛羊的发展历程

我国的细毛羊业迄今已有七八十年的历史。20世纪30年代初，在苏联专家的协助下，我国开始了细毛羊育种工作。至 1954 年，我国在新疆巩乃斯种羊场育成了第一个细毛羊品种——新疆毛肉兼用型细毛羊，填补了我国没有细毛羊的空白。随后内蒙古、吉林、甘肃等地先后育成了内蒙古细毛羊、敖汉细毛羊、东北细毛羊、甘肃高山细毛羊、山西细毛羊、青海细毛羊等。到 20 世纪 60 年代末，我国的细毛羊业有了较大发展，细毛羊及改良羊养殖数量增多，但羊毛产量和品质远远不能满足毛纺工业对原料毛的需要。

1972 年由农牧渔业部牵头，组织新疆（含兵团）、内蒙古、吉林等地开展中国美利奴羊培育工作，三省四方联合攻关，历时 14 年，于 1985 年培育出了具有世界先进水平的细毛羊——中国美利奴羊（新疆型、新疆军垦型、科尔沁型、查干花型）。中国美利奴羊的育成是我国畜牧业的一个里程碑，标志着我国细毛羊业的发展到了一个新的高度、新的阶段。此后，各地先后用中国美利奴公羊改良当地细毛羊，改良后代在体型、毛长、净毛率、净毛重、羊毛弯曲、油汗、腹毛等方面均有大幅改进，中国美利奴羊的推广利用对提高我国细毛羊的被毛品质和羊毛产量都发挥了重大作用。20 世纪 80 年代末，我国的细毛羊业有了较大发展，细毛羊、半细毛羊及改良羊养殖数量增多，但羊毛产量和品质仍不能满足毛纺工业对原料毛的需要。

20 世纪 90 年代以后，国内外市场逐渐青睐质地轻薄、外观挺括、手感柔软的精纺毛织面料，毛纺企业对 $21\mu m$ 以下（即 66 支纱以上）的细羊毛的需求量迅速增加，$22\mu m$ 以上（即 64 支纱以下）的细羊毛市场明显萎缩。我国培育的几个毛用羊品种，羊毛细度都以 $22\sim25\mu m$（即 $60\sim64$ 支）为主体，毛纺企业所需要的超细羊毛几乎全部依赖进口。鉴于这种情况，农业部于 1994 年组建了"优质细毛羊选育开发协作组"（下分三个协作小组），在新疆、吉林两省（郭钢等，1995）、自治区和新疆生产建设兵团所属若干种羊场和改良基地开展优质细毛羊的选育和开发工作，先后历时 8 年，于 2002 年育成了细毛羊新品种——新吉细毛羊，新吉细毛羊品种是我国目前唯一的细型细毛羊品种。

从 20 世纪二三十年代起，我国的细毛羊业走出了一条从无到有、从小到大的振兴之路，通过品种选育、改良等工作，我国绵羊存栏数和细羊毛产量大大提高。1949 年我国绵羊存栏数仅为 2 622 万只，原毛产量约 2.9 万 t，1970 年存栏数达到 8 460 万只，原毛产量达到 10.2 万 t，是新中国成立初期的 3.23 倍及 3.52 倍。1980 年我国绵羊存栏达到 10 660 万只，原毛产量约 17.6 万 t；经过改革开放近 30 年的发展，2008 年绵羊存栏达到 1.29 亿只，绵羊毛产量达到 36.77 万 t，是 1980 年的 1.21 倍及 2.09 倍（图 1-1）。

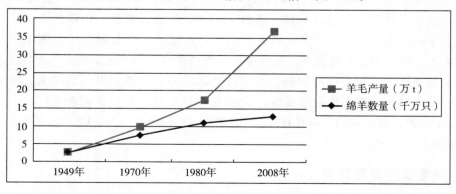

图 1-1　1949—2008 年我国绵羊存栏及羊毛产量变化

二、绒山羊的发展历程

我国是世界上绒山羊最多的国家，国家和地方正式命名的品种有 8 个，兼用型产绒山羊的品种数量有 20 多个，其中以辽宁绒山羊和内蒙古绒山羊最为名贵。但绒山羊生产与育种工作却一直没有受到重视，产绒较高的一些土种山羊都是依靠广阔的草场面积和丰富的牧草资源为基础，经过广大劳动人民长期的劳动而培育出来的，主要分布在我国的西部地区。

从 20 世纪 80 年代开始，随着世界羊绒市场的崛起，羊绒价格的上升，市场需求推动了绒山羊生产与科研的发展，许多国家都加快发展绒山羊业，我国也出现了前所未有的绒山羊热，绒山羊的研究也从品种选育、杂交改良到饲料营养与饲养管理等全面展开，把发展绒山羊作为农民脱贫致富的有效途径。

经过近 30 年的品种选育，内蒙古白绒山羊、辽宁绒山羊、西藏绒山羊、新疆绒山羊、河西绒山羊等优秀地方品种生产性能得到了较大的提高，并育成了多个绒山羊新品种/系。从 1978 年开始，陕北地区到辽宁盖县引进辽宁绒山羊作为父本，以陕北黑山羊为母本，历经 25 年的艰辛培育，于 2003 年育成绒肉兼用型绒山羊新品种——陕北白绒山羊，它具有适应性强，产绒量高、绒品质优良的特征，该品种的育成有力地带动了陕北养羊业的发展。新疆以辽宁绒山羊、野山羊（北山羊）为父本，新疆山羊为母本，采用多元育成杂交，择优横交、近交等方法，自 1978 年开始，历时 17 年育成新疆白绒山羊（北疆型）。内蒙古地区通辽市的扎鲁特旗和赤峰市的巴林右旗，于 80 年代引用辽宁绒山羊改良本地山羊，于 1995 年育成了罕山白绒山羊。此外，还育成了乌珠穆沁白绒山羊、新疆青格里绒山羊等绒山羊新品种。从 20 世纪 80 年代起，山西岢岚县政府始终把养羊作为脱贫致富抓手，积极开展绒山羊品种改良，提高绒山羊的品种质量。培育新品种的主阵地是岢岚县种羊场，由山西省农业厅统一组织协调，省市县有关部门和养羊科技工作者和养殖户联合攻关，"十一五"以来，国家绒毛用羊产业技术体系太原综合试验站作为主要执行机构，参与完成了晋岚绒山羊新品种的培育工作。以辽宁绒山羊为父本、吕梁黑山羊为母本，采用高效育种、高效繁殖调控和平衡营养调控等技术，经过杂交改良、横交固定和选育提高 3 个阶段。经过近 30 年不懈努力，最终培育成遗传稳定、产绒量高、绒细度好、适应性强的晋岚绒山羊。并于 2011 年 11 月通过国家畜禽品种遗传资源委员会认证，成为继柴达木绒山羊、陕西白绒山羊之后的我国第三个绒山羊新品种。

三、半细毛羊的发展历程

我国的半细毛羊发展大体经历了细毛羊改良、半细毛羊杂交改良试验和半细毛羊新品种培育三个阶段。在 20 世纪三四十年代我国东北地区东部就有考力代羊的杂交后代，40 年代后期，有 900 余只考力代羊在西北地区用于杂交改良，50 年代内蒙古自治区引进了盖茨羊，60 年代又引进了林肯羊、边区莱斯特羊和罗姆尼羊在青海、云南、贵州、四川等地区繁殖和改良当地羊。至 70 年代初，我国形成了生产 56～58 支半细毛的东北半细毛羊类群及生产 46～50 支半细毛的青海半细毛羊、内蒙古半细毛羊两个类群。

1972 年全国半细毛羊育种协作会议在西宁召开，并制定了草地型与山谷型半细毛羊育种指标，决定先培育 56～58 支半细毛羊，然后再向 48～50 支半细毛羊过渡。1973 年 6 月全国半细毛羊育种经验交流会召开后，云南、四川、西藏三地的半细毛羊育种工作纳入西南地区协作组，在国家、各省区的支持下，云南、四川、西藏先后开展了半细毛羊的杂交及新品种培育工作。经过30多年的艰苦努力，培育了适应中国南方亚高山生态环境的云南半细毛羊、四川凉山半细毛羊、适应西藏雪域高原的彭波半细毛羊3个国家级半细毛羊新品种，3个经省级鉴定的半细毛羊品种，分别是青海半细毛羊、东北半细毛羊和内蒙古半细毛羊品种。

1973—1984年为云南、四川、西藏三省区半细毛羊杂交组合筛选阶段。1976年西南地区半细毛羊育种协作会在云南省会泽县召开，总结了半细毛羊改良效果。1977年《全国家畜改良区域规划》提出：云南、四川、贵州的藏羊产区及陕西南部是发展48～50支半细毛羊大有希望的地区，要继续用长毛种羊进行杂交组合试验，筛选出适合当地条件的杂交组合。云南省相应修改了1972年制定的改良区划，1978年建立昭通、永善、巧家、会泽4个县为半细毛羊基地县，至1983年先后引进良种羊1 000余只在10个地州20余个县开展半细毛羊改良，1984年筛选出林罗土与林罗二代为生产48～50支半细毛较好的杂交组合。根据1973年农业部在青海省召开的第一次全国半细毛羊育种座谈会精神，确定了西藏河谷地区培育半细毛羊的方向，1975年农业部把培育西藏半细毛羊课题正式下达给自治区农牧厅，成立了育种领导小组，开展了半细毛羊育种攻关研究。为了提高分布在西藏中部河谷区的河谷型绵羊生产性能，改善羊毛品质，西藏自治区在原澎波农场、江孜县、浪卡子县等开展西藏半细毛羊育种工作。1978年西藏自治区畜科所在全面鉴定区内引进半细毛羊引用效果的基础上，提出了《培育西藏半细毛羊杂交组合方案》和"育种指标"，并在同年7月邀请青海、甘肃、四川、云南、贵州等省的高等院校和专家参加的西藏自治区第四次绵改育种座谈会上，予以肯定。该方案和指标为培育半细毛羊新品种提供了科学依据。通过专家现场鉴定和实地考察，认为这一方案是切实可行的，开始有计划地安排不同半细毛羊品种进行杂交。"鉴于剪毛后体重与剪毛量，在很大程度上取决于饲养水平，而目前我区饲养管理水平较低，但又不是短期内能解决的，故在1979年8月在西藏绵羊育种座谈会上，对原定育种指标进行了调整"。组合方案和育种指标中强调了在西藏严酷的自然生态条件下，新品种以中小体型为宜。因种种原因，江孜县和浪卡子县等的半细毛羊育种工作先后停止。只有澎波农场（现为林周县）坚持进行育种工作，直到育成彭波半细毛羊新品种。原澎波农场从1960年开始引进了苏联美利奴和新疆细毛羊进行了14年细毛羊杂交改良工作。在此基础上陆续引入了茨盖、边区莱斯特等半细毛羊品种，开始进行杂交组合试验。在取得大量杂交组合数据的基础上于1983年进行了横交固定试验，完成了培育半细毛羊新品种的主要阶段。1988年由西藏自治区科技厅组织区内专家进行阶段性验收，当时杂交羊的数量达到3.3万只，其中横交羊5 800余只，理想型羊的生产性能基本达到或接近育种指标要求，通过了区内专家的阶段性验收，形成了"彭波半细毛羊新品种群"。新品种群羊除剪毛后体重、部分羊剪毛量和数量外，其他各项指标均达到或超过育种指标，经济效益十分显著，得到了鉴定专家组的高度评价。该研究成果于1989年获农牧渔业部丰收二等奖，1991年获西藏自治区科技进步二等奖。并于1991年，针对新品种群部分指标还达不到育种指标进行了导入茨盖羊血液试验，旨在提高生产性能和扩大数量。在新品种的培育研究中，对其羊毛、羊肉、种羊的遗传性、繁殖性能、推广效果、生长发育等方面进行了大量研究，撰写了20多篇单行研究材料。2000 年通过了西藏自治区科技厅课题结题验收,2001 年"彭波半细毛羊新品种育种攻关"项目在西藏自治区农牧厅、拉萨市农牧局等有关部门立项,并由西藏自治区农业科学院畜牧兽医研究所、林周县农牧局实施,成立了育种攻关领导小组和技术小组,从技术、管理等方面进一步加强了育种攻关工作。同年根据林周县澎波河谷的现状对原定的西藏半细毛羊育种指标进行了修改。通过 5 年的改良、选育及推广,进一步提高了种群品质,扩大了种群数量,目前育种群的数量达到 68 951 只,占该河谷绵羊存栏总数的 81.40%,其中横交羊达到 3 万多只,占改良羊存栏总数的 48.6%。经过几代科技人员和管理人员近半个世纪的努力,主要生产性能超过原定育种指标,2008 年彭波半细毛羊通过了国家级审定,形成了"彭波半细毛羊"新品种。1988 年该品种群形成以来向拉萨市、山南地区、日喀则地区、昌都地区、阿里地区推广优秀种羊 3 000 只,产生了 50 多万只有效改良后代,提高了推广地区的良种覆盖率和绵羊生产性能,很受推广地区群众的欢迎。凉山半细毛羊在边新藏杂交组合的基础上,又于 1987 年引进林肯羊,杂交生产了林边新藏杂交组合。

1986—2000 年是半细毛羊新品种培育期。在前期杂交组合筛选的基础上,国家对西南半细毛羊培育工作给予了大力支持,从 1986 年开始,国家将云南、四川两省的半细毛羊培育列为国家"七五"、"八五"重点科技攻关项目,1996 年 5 月云南半细毛羊新品种通过农业部组织的专家组进行品种现场鉴定,认为"云南 48~50 支半细毛羊体型外貌一致,羊毛品质优良,遗传性能稳定,适应性强,肉用体型好,毛丛结构良好,细度 48~50 支,毛长、具有丝光光泽,具备 48~50 支半细毛羊的特性和特征"。工业试纺鉴定表明"羊毛品质达到进口新西兰毛水平,其中光泽、强力优于新西兰毛,达到国内领先水平"。鉴于新培育品种需继续巩固优良特性、改善不足性能,国家在"九五"期间继续支持云南、四川两省的半细毛羊选育与提高工作,云南半细毛羊新品种于 2000 年 7 月经国家品种委员会审定,成为我国第一个国家级的半细毛羊新品种。"十五"、"十一五"期间在四川省的支持下继续开展凉山半细毛羊新品种选育工作,并于 2009 年 4 月通过国家畜禽遗传资源委员会羊专业委员会的审定。西藏彭波半细毛羊新品种于 2008 年通过国家畜禽遗传资源委员会审定,成为西藏的第一个新培育品种。

与细毛羊生产相比,半细毛羊的分布地区更加分散,全国现有半细毛羊约 3 000 多万只,主要为各地培育和改良的地方半细毛羊品种。目前,国内育成并被认定的有云南半细毛羊、凉山半细毛羊和彭波半细毛羊等新品种。半细毛羊主要分布在黑龙江、内蒙古、吉林、云南、四川、贵州、西藏、青海等地。半细毛羊数量近年来增长较快,目前半细毛产量基本占绵羊毛产量的 1/3,而 20 年前,半细羊毛产量只有细羊毛产量的 1/2。从生产地域来看,半细毛羊在高寒山区、农区、牧区和农牧混合区均有分布,但是,其饲养方式却有不同。在农区和农牧混合带,半细毛羊主要为小户饲养的方式,有大量的家庭以此作为副业,也不是家庭收入的主要来源。在牧区的半细毛羊养殖主体则主要是数量超过 50 只的专业养殖户,养殖收入是其收入的主要来源,而且养殖地区集中,品种比较统一。但是,随着羊毛收入的下降,许多专业养殖户因为经济和管理方便的原因,使其羊群更加混合化,以便取得更多的羊肉收入。同时,在牧区还有部分国有农场也从事半细毛羊的养殖,由于规模和政府补贴的存在,这部分国有农场羊群品种统一,管理正规,生产技术较强,其羊毛产量和质量也比较高。

第三节　世界绒毛用羊业的现状和发展趋势

一、世界绒毛用羊产业的现状

（一）绒毛用羊产业的生产概况

2011 年，据国际毛纺织组织（IWTO）和美国绵羊产业协会（ASI）出版的 Wool Journal统计显示，世界羊毛产量净重约 111.2 万 t，较 2010/11 年度增长 0.7%。其中，澳大利亚、英国、中国、印度、南非、独联体和乌拉圭等国羊毛产量较 2010/11 年有所增长，英国出现 25 年来羊毛产量新高；新西兰、阿根廷、美国由于羊存栏量和气候原因羊毛产量略有下降。2011/12 年度，澳大利亚羊毛产量 35.5 万 t，较 2010/11 年度上升 3.1%，细度在 18.5μm 以下的羊毛产量小幅增加，细度 19.0～26.5μm 的羊毛产量减少；新西兰羊毛产量为 14.8 万 t，较 2010/11 年度下降 1.5%；阿根廷羊毛产量为 4.73 万 t，较 2010/11 年度下降 3.6%；羊毛加工企业库存量只占世界年用毛量的 10%，低于 20% 平衡点，将进一步加大羊毛价格上升的压力。

2011 年，全球绒山羊存栏比 2010 年略有下降，导致世界羊绒产量下滑，其主要原因在于羊绒主产国中国和蒙古的羊绒产量下降，而这两个国家羊绒产量约占世界羊绒总产量的 97%。据蒙古羊绒企业联合会估计，由于山羊存栏数量减少，2011 年蒙古羊绒产量从 2010 年的 6 000 多吨减少到 4 000 多吨；根据国家绒毛用羊产业技术体系对我国绒山羊调研数据，由于受禁牧政策和干旱等不利因素的影响，中国山羊存栏量下降幅度较大，羊绒产量也明显下降，内蒙古和河北等地羊绒产量降幅在 20% 左右。

（二）绒毛用羊产业的贸易概况

2011 年，世界羊毛进出口贸易量同比下降。羊毛出口国中澳大利亚、新西兰、南非、阿根廷和乌拉圭的出口量较 2010 年全部下降，其中澳大利亚的出口降幅相对较小（6%），乌拉圭出口降幅最大（23%）；羊毛进口国中意大利（29%）和中国（2.5%）进口增长，印度（－25%）、捷克（－15%）、德国（－22%）和亚洲其他国家进口均有下降。

在羊绒国际贸易方面，受世界羊绒制品消费需求增长的拉动，2011 年羊绒贸易量明显扩大。1～11 月，中国羊绒出口量同比增长 64.3%；羊绒衫出口量 9 023.52 万件，金额达 89 621 万美元。中国羊绒进口量同比有所下降；羊绒衫进口量 12.52 万件，金额达 2 310 万美元。

纵观 2011 年，世界羊毛、羊绒价格均以较大幅度上涨。澳大利亚、新西兰、南非、美国的羊毛平均价格较 2010 年上涨幅度均在 50% 以上。世界羊绒价格稳步上升，2011 年羊绒原料价格上涨幅度在 30% 左右。

二、世界绒毛用羊业生产形势的转变

（一）绒毛用羊育种的社会化

在国外，羊毛生产大国绒毛用羊生产采取社会化联合育种，这种联合育种有国际间研究机构的合作，也有国内不同性质单位的协作。如在澳大利亚国际间成立了由 12 个国家参加的联合育种协会；国内合作包涵了整个与绒毛用羊有关的部门，有科研单位、服务公司、毛纺企业、牧场、高校、中介组织、质量检测机构等，这些单位互通有无，信息共享，育种素材共用。澳大利亚当前的育种方向是提高羊毛细度和增强羊的抗病力；育种方法已由传统的表性选择发展到今天的分子育种，选留具有超细型和抗病能力强的基因的羊作为种羊进行遗传改良，并已取得很大进展。

（二）绒毛用羊生产的专业化

20世纪90年代，国际绒毛市场价格一度走低，再加之澳大利亚连年干旱，世界绒毛用羊产业遇到极大困难，在此情况下澳大利亚绵羊生产逐渐转向集约化生产。

在国际绒毛生产环节中，绒毛分级是特别重要的，其有着严格的标准。如在澳大利亚，羊毛协会和羊毛检测中心对羊毛分选都有严格的规定，不同质量的羊毛价格相差很大，羊毛初级分选得好坏，直接影响牧场主的经济效益。在澳大利亚新英格兰大学的育种场，羊毛的初级分选不是借助精密仪器完成的，全凭鉴定专家的经验和眼力确定细度、长度、强度等指标。同时还要分出污染毛、草棘毛、边坎毛、油染毛和正身毛，在同质毛中还要根据细度、长度及强度进行分级整理，最后分别分类打包。

（三）服务系列化、规范化

国外绒毛生产大国从政府、科研单位、羊毛分级公司、羊毛商标公司到销售公司，均全方位地为羊毛生产者提供服务。

在澳大利亚，农牧业科研服务体系较为完整，服务内容包括良种引进扩繁、品种选育、疾病防治、检疫监测及其产品保鲜供应等方面，大多数牧场主还与科研院所签订品种改良等技术契约，科研院所定期对牧场的羊进行生产性能测定，进行遗传评定，加快遗传进展。

国外羊毛分级公司和商标公司，从剪毛到羊毛销售，为牧场主提供专业服务，其羊毛的分级与测定工作做得非常好，为牧场提供了具有权威性的分级和测定数据，为下一步羊毛的拍卖做到优质优价提供了保障。通过这一系列完善的服务，优质羊毛源源不断地进入国际市场。

三、国际绒毛用羊产业发展趋势

（一）注重绒毛质量的发展

从20世纪80年代以来，世界主要的绵羊生产国都经历了绵羊数量的大幅减少。在澳大利亚，细毛羊数量虽在下降，细毛羊存栏由90年代的1.8亿只下降到现在的9 800万只，而质量却在提高，超细型细羊毛生产势头强劲。在这种情况下，超细型细毛羊的培育和扩群成为澳大利亚绵羊育种工作的重点，因为超细羊毛的价格较细羊毛价格高出数倍甚至数十倍。因此，尽管澳大利亚的羊毛总产量有所下降，但总体上澳大利亚在羊毛出口的价值上是在增加。

（二）毛肉兼用品种成为市场热宠

由于羊肉价格总体看涨，同时主要绒毛生产国对绒毛消费增长的悲观预计，将使主要的绒毛用羊生产国——澳大利亚、新西兰、阿根廷、乌拉圭、中国、蒙古的绒毛产量在短期内仍将有所下降，致使毛肉兼用品种成为国际市场的热宠。2002年度，澳大利亚出口肉羊活体600万只，出口鲜肉创汇50亿美元，出口面向100多个国家。鉴于这种市场导向，澳大利亚许多牧场主转向肉羊生产，现在有20%的细毛羊用做肥羔羊生产。育种方向也转向毛肉兼用品种，用途多，在市场波动时容易调转方向。

根据国家绒毛用羊产业技术体系对我国新疆、内蒙古、吉林、甘肃、河北、四川和贵州等绒毛用羊主产区养殖情况调研数据显示，2011年我国细毛羊存栏数量基本保持稳定，半细毛羊存栏量同比增长37.6%，而绒山羊存栏量同比减少15.9%。

目前，随着中国世界羊毛加工大国地位的提升和澳大利亚、新西兰、俄罗斯、乌拉圭等羊毛生产大国主要出口市场身份的显现，中国与这些国家要加强优势互补，促进贸易往来，对于稳定羊毛市场，实现全球绒毛用羊产业共同发展具有十分重要的意义。

第四节　地理分布与生态环境特点

我国绵、山羊遗传资源十分丰富。2011年列入《中国畜禽遗传资源志　羊志》的羊遗传资源共140个，其中绵羊71个，包括地方品种或资源42个、培育品种21个、引进品种8个；山羊69个，包括地方品种或资源58个、培育品种8个、引进品种3个。这些绵、山羊品种或遗传资源地理分布不同，且对其分布地区的生态环境具有很强的适应性及特定的产毛和产绒性能，绒毛的产量和品质均有明显的区域特点。

绒毛用羊的生态环境与其他羊的生态环境一样，包括自然生态环境和社会生态环境。自然生态环境包括物理因素、化学因素和生物因素，各因素之间并非孤立的，而是相互联系、相互制约的，通常是各因素共同组合在一起的综合作用的结果，对羊只机体有着极其重要的影响。社会生态环境因素包括政治体制、社会生产力水平、市场需求、民族习惯、宗教、战争破坏等，都会直接或间接地影响绒毛用羊的发展，而这些影响在不同的国家、不同的地区、不同的历史发展阶段，所起的作用大小不同，某些因素甚至有时对绒毛羊业的发展起着决定性（促进或毁灭）的作用。

每一个绒毛羊品种都有自己最适宜的生长区域及分布，只有在相对适宜的生态环境条件下，才能正常生长、繁殖和生产。

一、毛用绵羊地理分布与自然生态环境特点

（一）绵羊地理分布

我国绵羊的分布从地理区域来看，主要分布在东北、华北、西北、西南、华东及中南区的河南、湖北等地，集中在北纬28°～50°、东经73°～135°的广大牧区、半农半牧区和农区（赵有璋，1993）。存栏量从北向南逐渐减少，全国除江西、福建、广东、广西、海南五省区没有绵羊分布外，其他省区均有绵羊分布。

从表1-3可以看出，2009年末全国绵羊存栏13 402.1万只，绵羊毛产量为364 002.0t。目前内蒙古、新疆、甘肃、青海、西藏仍然是我国绵羊的主产区，饲养绵羊总数占全国总数70%以上。各省（自治区、直辖市）具体绵羊存栏情况见表1-3。

表1-3　2009年年末全国各地区绵羊存栏量及绵羊毛产量

地　区	绵羊（万只）	绵羊毛（t）	地　区	绵羊（万只）	绵羊毛（t）
全国总计	13 402.1	364 002.0	河南	96.2	10 419
北京	48.5	378	湖北	0	3
天津	33.8	603	湖南	2.4	

（续）

地　区	绵羊（万只）	绵羊毛（t）	地　区	绵羊（万只）	绵羊毛（t）
河北	1 013.7	34 588	广东		
山西	372.6	5 866	广西		
内蒙古	3 205.3	102 027	海南		
辽宁	269.2	10 136	重庆		4
吉林	235.0	22 011	四川	150.3	6 949
黑龙江	559.4	25 309	贵州	14.9	434
上海	1.5	44	云南	103.6	1 744
江苏	7.3	351	西藏	1 180.1	8 837
浙江	68.3	1 856	陕西	130.3	5 655
安徽	1.0	153	甘肃	1 340.2	26 127
福建			青海	1 270.2	14 573
江西			宁夏	332.0	5 674
山东	408.0	8 660	新疆	2 558.1	71 600

（二）毛用绵羊地理分布及其自然生态环境特点

按绵羊生产性能分类法，我国绵羊品种分为细毛羊、半细毛羊、粗毛羊、肉脂兼用羊、裘皮羊、羔皮羊和乳用羊七大类。毛用绵羊主要包括细毛羊、半细毛羊和粗毛羊。

1. 细毛羊的地理分布与自然生态环境特点　从地理位置来看，细毛羊的分布主要集中在东北、华北、西北的牧区和半农半牧区。西南地区的四川牧区和半农半牧区也有少量细毛羊分布。根据 2010 年中国畜牧业年鉴统计资料，2009 年全国牧区县细毛羊总存栏量 672.4 万只，半农半牧区县细毛羊总存栏量 1 255.2 万只，各地区牧区县和半农半牧区县细毛羊存栏量见表 1-4（中国畜牧业年鉴，2010），从表 1-4 可以看出，我国细毛羊主要分布在内蒙古、吉林、新疆、黑龙江、辽宁、甘肃、河北、青海、四川等地的牧区和半农半牧区。

目前，除了从国外引进的细毛羊品种外，我国自己培育的细毛羊品种包括新疆细毛羊、中国美利奴羊、东北细毛羊、内蒙古细毛羊、敖汉细毛羊、鄂尔多斯细毛羊、山西细毛羊、阿勒泰肉用细毛羊、新吉细毛羊、甘肃高山细毛羊、青海细毛羊、科尔沁细毛羊、兴安细毛羊、呼伦贝尔细毛羊、巴美肉羊，共 15 个细毛羊品种。这些细毛羊品种分别分布在内蒙古、吉林、新疆、黑龙江、甘肃、辽宁、青海、山西等地区。

从以上我国细毛羊的产区可以看出，我国细毛羊主要分布在长江以北、长城沿线省区。这些地区自然生态环境的共同特点是大陆性气候，气候寒冷干燥，海拔较高（部分地区海拔在 3 000m 以上），大部分地区无绝对无霜期，天然牧场资源十分丰富，但枯草季节长。

细毛羊地理位置的分布与其对自然生态条件的要求相适应，细毛羊要求温暖干旱、半干旱的气候条件，对于干热、干寒也有一定的适应能力，但湿热和湿寒皆对细毛羊不利，特别是湿热。细毛羊要求放牧草场以中、矮型禾本科牧草为主，并伴生有豆科牧草。要求日粮中的蛋白质比较丰富，全年营养物质的供应基本上要均衡。流动、半流动沙丘、重盐碱地以及灌木丛较多的牧地对细毛品质不利。在我国东北、华北、西北的广大牧区和半农半牧区的细毛羊分布区的自然生态环境基本能满足细毛羊对生态条件的要求。

表 1-4　2009 年年末全国牧区县和半农半牧区县细毛羊存栏量

单位：万只

地　区	细毛羊		
	牧区县存栏量	半农半牧区县存栏量	牧区县和半农半牧区县存栏总量
全国	672.4	1 255.2	1 927.6
内蒙古	430.0	550.8	980.8
吉林	32.1	343.3	375.4
黑龙江	85.0	47.7	132.7
四川	11.2	17.6	28.8
甘肃	28.5	19.1	47.6
青海	31.5		31.5
新疆	54.1	132.6	186.7
河北		31.7	31.7
辽宁		94.2	94.2

从细毛羊生活的草原类型来看，细毛羊主产区主要涵盖东北温性草原、温性草甸草原、低地草甸，蒙宁甘新温性荒漠草原、温性荒漠、温性草甸草原部分。

在东北温带半湿润草甸草原区和草甸区，细毛羊主产区主要分布在内蒙古东部和东北平原西部的温性草原地区，行政区域包括内蒙古呼伦贝尔大部、兴安盟科尔沁草原大部以及黑龙江和吉林省的西部局部地区。该区处于蒙古高原东北部，属高原型地貌，海拔 650～1 000m，气候为明显的大陆性半干旱半湿润气候，年均温－3～0℃，≥10℃年积温 1 800～2 300℃，年均降水 250～400mm，年蒸发量 1 300～1 900mm。本区域是我国著名的呼伦贝尔草原所在地。草地类型以温性草原和温性草甸草原为主，主要优势种为羊草、大针茅、糙隐子草、贝加尔针茅＋线叶菊＋杂类草、羊草＋贝加尔针茅、羊草＋杂类草等。

细毛羊的另一主产区位于蒙宁甘温带半干旱草原和荒漠草原区的温性草原地区，行政区域主要包括锡林郭勒盟和乌兰察布盟以及河北北部地区。该区地形以高平原和丘陵为主，海拔 1 000～1 600m，气候属于典型的内陆半干旱气候，冬季寒潮反复侵袭，夏季温和多雨，年均温－1～ 4℃，≥10℃积温 1 800～2 300℃，年降水量 250～400mm，多集中于夏秋，春旱比较严重。草群植被以大针茅、克氏针茅和糙隐子草等丛生禾草为主，多伴生不同数量的中旱生杂类草，冷蒿在过牧地段起重要作用，小叶锦鸡儿随着土壤沙性的增加而增加。

此外，在西北温性草甸草原区，行政区域主要包括甘肃河西走廊的祁连山区、新疆天山和阿勒泰山地，也是我国细毛羊的一个主要产区。祁连山区气温＜2℃，≥10℃年积温 3 000～3 500℃，年降水量由东向西递减，东部约 250mm，中部 200mm，西部局部不足 40mm。草原植被以草甸类禾草和杂类草为主。新疆北疆山地草原区也是新疆细毛羊的主要产区。该区属于温带半干旱气候，一般山地降水 400～600mm，草原植被以禾草为主。伊犁河谷禾草草原和山地草甸区，是我国优质新疆细毛羊种畜基地。

2. 半细毛羊的地理分布与自然生态环境特点　根据 2010 年中国畜牧年鉴统计资料，2009 年年末我国牧区县半细毛羊总存栏量 488.0 万只，半农半牧区县半细毛羊总存栏量 420.0 万只，各地区牧区县和半农半牧区县半细毛羊存栏量见表 1-5（中国畜牧业年鉴，

2010)。半细毛羊主要分布在内蒙古、四川、青海、黑龙江、新疆、甘肃、辽宁、西藏、山西、吉林、河北等省份。从地理位置来看我国半细毛羊主要分布在我国东北、华北、西北、西南的广大牧区和半农半牧区。

表 1-5　2009 年年末全国牧区县和半农半牧区县半细毛羊存栏量

单位：万只

地　区	半细毛羊		
	牧区县年末存栏量	半农半牧区县年末存栏量	牧区县和半农半牧区县年末存栏总量
全国	488.0	420.0	908.0
内蒙古	277.6	36.6	314.2
辽宁		41.1	41.1
吉林		2.2	2.2
黑龙江	41.6	75.3	116.9
四川	10.9	142.9	153.8
西藏	8.9		8.9
甘肃	18.4	25.2	43.6
青海	119.9	30.9	150.8
新疆	19.7	62.0	81.7
河北		0.1	0.1
山西		3.8	3.8

目前，我国自己培育的半细毛羊品种主要有青海高原半细毛羊、凉山半细毛羊、彭波半细毛羊、云南半细毛羊、内蒙古半细毛羊等品种。这些品种分别分布在我国的青海、四川、西藏、云南、内蒙古等地。

半细毛羊根据主要生产方向的不同又可分为毛肉兼用半细毛羊和肉毛兼用半细毛羊。在我国的半细毛羊品种中，青海高原半细毛羊、凉山半细毛羊、云南半细毛羊和彭波半细毛羊属于毛肉兼用半细毛羊，内蒙古半细毛羊属于肉毛兼用半细毛羊。毛肉兼用半细毛羊和肉毛兼用半细毛羊对自然生态条件的要求有所不同。毛肉兼用半细毛羊要求温暖干旱、半干旱的气候条件，对干热和干寒亦有一定适应能力。要求草原性质的植被条件，全年亦需均衡的营养水平，对蛋白质的要求与细毛羊相似。能适应坡度稍大的牧场，但流动、半流动沙丘及重盐碱地对羊毛品质同样有极大危害。而肉毛兼用半细毛羊要求半湿润、全年温差不太大、温暖的气候条件和湿度适宜范围，按年降水量计算，以 600～1 000mm 最为理想，而且在全年各个月份的分布比较均匀；年平均相对湿度以 60%～80% 为宜。最冷月份的平均气温一般不低于 0℃，最低气温可到 −10℃ 以下，但时间应很短，最高月份的平均气温一般不超过 22℃ 为宜。要求放牧场上的牧草，以中、矮型禾本科、豆科及杂草类混合组成的植被为佳，而且覆盖度要大，全年营养物质的供应要均衡，日粮中要有丰富的蛋白质。放牧场要求平缓，坡度不宜大，牧地上的灌木丛不宜过多。

青海高原半细毛羊主要分布于青海省的海南藏族自治州、海北藏族自治州和海西蒙古族藏族自治州。产区地势高寒，冬春营地在海拔 2 700～3 200m，夏季牧地在 4 000m 以上。

因地区不同，年平均气温为 0.3～3.6℃，最低月均温（元月）为－20.4～－13℃，最高月均温（7月）为 11.2～23.7℃。年相对湿度为 37%～65%，年平均降水量为 415～434mm。枯草期 7 个月左右，羊群终年放牧。青海高原半细毛羊对海拔 3 000m 左右的青藏高原严酷的生态环境，适应性强，抗逆性好。该区草原类型主要以温性荒漠和高寒草甸为主，温性荒漠植被主要由小灌木构成，优势植物有盐爪爪、白刺、红砂、驼绒藜等，并伴有沙生针茅、短花针茅、无芒隐子草等。高寒草甸植被主要以紫花针茅、高山早熟禾、苔草等为主。半细毛羊放牧夏秋牧场以高寒草原和高寒草甸区为主，冬春牧场以温性荒漠和温性草原为主。

凉山半细毛羊品种被毛为 48～50 支纱粗档半细毛，主要分布在四川省凉山彝族自治州海拔 1 500～2 800m 中山地带的昭觉、会东、金阳、布拖、越西五县。饲养方式为半放牧半舍饲，在天然草场上放牧，补饲优质牧草和农作物秸秆。从全国草原主要类型划分，四川凉山州草原属于西南热性灌草丛区。但是由于凉山州高山海拔较高，因此，草原以高寒草甸为主，其草地型以羊茅草地、嵩草草地和珠芽蓼草地为主。特别是羊茅草地适口性好，耐牧性强，是半细毛羊优良的放牧型草地。

彭波半细毛羊是在西藏高原 2 600～4 200m 的生态条件下育成的，该品种羊对高海拔、严寒适应性强，具有良好的耐粗饲和抗病能力。彭波半细毛羊主要产区位于西藏林周县，该县平均海拔 3 500m，地势平坦开阔，气候属于半干旱高原气候区，气候温和，干湿季分明，昼夜温差大，太阳辐射强烈。年日照时数 3 000h 左右，无霜期 120d 左右。该区草地以紫花针茅、嵩草等高寒草原为主。

云南半细毛羊属毛肉兼用型半细毛羊，中心产区为云南省永善县和巧家县。该品种具有肉用体型，以常年放牧为主，适应高山冷凉草场和南方草山地区。适应亚高山（海拔 3 000m）地区湿润气候（高山冷凉草场和南方草山地区），常年放牧饲养，羊毛品质优良，具有高强力、高弹性、全光泽（丝光）等特点，在云南省、贵州省、四川省推广，均表现出较好的适应性和生产性能。云南半细毛羊主产区属于云贵高原山地热性灌草丛区，该区地形主要由高原和山地组成。地势西北高，东南低。海拔 2 200～3 500m，亚高山地带气候温凉，一般年均温 16～23℃，≥10℃年积温 4 000～6 000℃，年降水量 1 200～1 500mm。山地上部草地植被以山地草甸为主，中部以山地暖性灌草丛为主，下部丘陵河谷以热性草丛类和热性灌草丛为主。

内蒙古半细毛羊属于肉毛兼用半细毛羊品种，主要分布在阴山山脉以北的包头市达茂旗内蒙古红格塔拉种羊场、乌兰察布市察右后旗种羊场、巴彦淖尔市的同和太种羊场为中心的周边乡镇（苏木）、村（嘎查）地带。阴山山脉北部位于内蒙古自治区中北部，海拔 1 300～1 500m，为典型大陆性气候，冬季漫长严寒，夏季短促温凉，年平均气温 3.4℃，最高气温 38.6℃，最低气温在－41℃。常年降水量 320mm，平均相对湿度为 54%。该品种突出特点是具有良好的抗寒力和耐苦性，生产性能好。该区草地属于乌兰察布高平原温性草原和温性荒漠草原区。地形平坦开阔，植被以小针茅、旱生杂类草为主。主要优势种以石生针茅、戈壁针茅、无芒隐子草、冷蒿等为主，伴生种主要有细叶葱、蒙古葱、骆驼蓬等。在沙质土壤上有狭叶锦鸡儿和小叶锦鸡儿灌丛。

3. 粗毛羊品种的地理分布与自然生态环境特点 粗毛羊品种主要分布在我国的北方地区，包括西藏羊、蒙古羊、哈萨克羊三大粗毛羊及其衍生种，这些羊生产的粗毛是地毯的好原料，在国际市场上统称为地毯毛。西藏羊中的草地型（高原型）藏羊和和田羊则是以生产优质地毯毛而著称。

西藏羊是我国三大粗毛品种之一。西藏羊产于青藏高原及其毗邻地区，主要分布在西藏、青海、四川、甘肃、云南和贵州等地。由于藏羊分布面积很广，各地地形、海拔高度、水热条件差异大，在长期的自然和人工选择下，形成了一些各具特点的自然类群。1942年，我国著名养羊学家张松荫教授在大量实地考察的基础上，根据西藏羊繁育地区的自然生态环境、社会经济条件，以及羊的外形特征和生产性能等差异，将西藏羊分成两种类型，即牧区的"草地型（高原型）"和农区的"山谷型"。草地型藏羊是藏羊的主体，数量最多。所产的羊毛是织造地毯、提花毛毯等的上等原料，这一类型藏羊所产羊毛，即为著名的"西宁毛"。草地型藏羊在西藏境内主要分布于冈底斯山、念青唐古拉山以北的藏北高原和雅鲁藏布江地带，在青海境内主要分布于海北、海南、海西、黄南、玉树、果洛六州的广阔高寒牧区，在甘肃境内，80%的羊分布在甘南藏族自治州的各县，在四川境内分布在甘孜、阿坝藏族自治州北部牧区。产区海拔2 500～5 000m，多数地区年均气温−1.9～6℃，年降水量300～800mm，相对湿度40%～70%。草场类型有高原草原草场、高原荒漠草场、亚高山草甸草场、半干旱草场等。山谷型藏羊主要分布在青海省南部的班玛、昂欠两县的部分地区，四川省阿坝州南部牧区，云南的昭通市、曲靖市、丽江市及保山市腾冲县等。产区海拔在1 800～4 000m，主要是高山峡谷地带，气候垂直变化明显。年平均气温−13～2.4℃，年降水量500～800mm。草场以草甸草场和灌丛草场为主。

蒙古羊源于蒙古高原。蒙古羊目前除分布在内蒙古自治区以外，东北、华北、西北均有分布。蒙古羊的产区由东北至西南成狭长形，大兴安岭与阴山山脉自东北向西南横亘于中部，北部为广阔的高平原草场，海拔为700～1 400m。南部的河套平原、土默川平原及西辽河平原、岭南黑土丘陵地带为主要农区。该区地处温带，为典型的大陆性气候，温差大，冬季严寒漫长，夏季温热且短，日照较长，热量分布从东北向西南递增。年平均气温，东北部为0℃左右，西南部为6～7℃；最冷（1月份）平均气温，东北部为−23℃，西南部为−10℃；最热（7月份）平均气温，东北部为18℃左右，西南部为24℃左右。大部分地区年降水量为150～450mm，东部较湿润，西部干旱。大部分农区可以种植麦类、杂粮作物，部分地区种植甜菜、胡麻等，农副产品较为丰富。草场类型自东北向西南随气候、土壤等因素而变化，由森林、草甸、典型荒漠草原而过渡到荒漠。东部草甸草原，牧草以禾本科牧草为主，株高而密，产量高；中部典型草场，牧草以禾本科和菊科牧草为主。东部主要牧草有针茅、碱草和糙隐子草；中部多为针茅、糙隐子草和兔蒿组成的植被；向西小叶锦鸡儿逐渐增多。西部荒漠草原和荒漠地区植被稀疏，质量粗劣，以富含灰分的盐生灌木和半灌木为主，牧草有红砂、梭梭、珍珠柴等。

哈萨克羊主要分布在新疆天山北麓、阿尔泰山南麓和塔城等地，甘肃、青海、新疆三地交界处亦有少量分布。产区气候变化剧烈，夏季炎热，冬季严寒，1月份平均气温为−10～15℃，7月份平均气温为22～26℃。年降水量为200～600mm，在阿尔泰山和天山山区冬季积雪占全年降水量的35%，积雪期长约5个月，积雪深度超30cm。年蒸发量为1 500～2 300mm，无霜期为102～185d。产区各地的土壤与植被随草原类型而异。荒漠、半荒漠草原的土壤为灰棕色荒漠土与荒漠灰钙土。植被有冷蒿、伏地肤、芨芨草、针茅等。干旱山地草原为山地黑土和栗钙土，植被有针茅、狐茅、蒿属等。高山、亚高山草甸草原及森林草甸草原的土壤为高山和亚高山草甸土及黑褐色山地森林土。植被以禾本科、莎草科为主，伴生有早熟禾、糙苏、牻牛儿苗、羽衣草、苔草、狐茅等。草场条件因地区、季节不同而差异极大，一般夏季草场条件较好，春秋草场较差。哈萨克羊饲养管理极为粗放，四季轮换放牧，羊只随季节变换转场，最长距离达上千千米，草场积雪后必须扒雪采食牧草。由于长期在这样艰苦的生态条件下生存，形成了哈萨克羊适应性强、体格结实、四肢高、善于行走爬山、夏秋季迅速积聚脂肪的品种特点。

二、绒毛山羊地理分布与自然生态环境

（一）绒毛山羊的地理分布与自然生态环境特点

山羊是世界上适应能力最强的家畜，在有人类居住的地方基本上都有山羊的存在。我国各地均有山羊分布，据 2011 年中国统计年鉴显示，2010 年末全国山羊存栏 14203.9 万只，山羊毛产量为 42 714.0t。各省区具体山羊存栏情况见表 1-6。在这些品种中，无论是哪个山羊品种的羊都具有一定的产毛或产绒性能。每个山羊品种的特性和产品特点与产区特殊的生态经济条件有密切的关系。

我国山羊大致分布在全国 5 个生态经济区内。即：北方牧区、青藏高原区、农牧混合区、北方农区和南方农区这五个大的生态经济地区。我国的绒山羊主要分布在北方牧区、青藏高原区、农牧混合区和北方农区。

表 1-6　2010 年年末各地区山羊存栏数量及山羊毛产量

地　区	山羊（万只）	山羊毛（t）	地　区	山羊（万只）	山羊毛（t）
全国总计	14 203.9	42 714.0	河南	1 794.9	5 235.4
北京	16.2	79.4	湖北	401.3	14.0
天津	4.7	2.0	湖南	508.3	2.0
河北	462.2	2 728.0	广东	37.0	6.0
山西	353.4	1 284.7	广西	193.4	
内蒙古	1 708.2	12 579.0	海南	69.9	
辽宁	414.1	2 565.1	重庆	168.3	
吉林	117.6	756.1	四川	1 421.0	461.0
黑龙江	331.6	1 724.0	贵州	248.1	53.0
上海	23.3	162.0	云南	780.5	70.0
江苏	401.3	0.8	西藏	488.9	1 305.9
浙江	42.1	441.5	陕西	526.7	2 320.0
安徽	589.6	115.0	甘肃	376.1	1 696.0
福建	106.2		青海	194.3	1 083.0
江西	55.8		宁夏	130.6	535.0
山东	1 709.6	4 585.9	新疆	528.7	2 909.0

1. 北方牧区　一般指长城以北和天山以北的广大地区。主要分布的地方山羊品种是内蒙古绒山羊、河西绒山羊和新疆山羊，这三个品种都是绒山羊品种，而且是我国主要的优良绒山羊品种。在该地区育成的培育绒山羊品种有内蒙古的罕山白绒山羊、新疆的博格达绒山羊和新疆南疆绒山羊 3 个培育品种。从自然条件来看，该地区冬季寒冷、漫长、气候干燥，

最低气温达－40～－30℃，年平均气温0～8℃，年降水量由东向西从500mm向150mm递减；除内蒙古自治区东部外，其他地区天然草场贫瘠，提供给山羊在冬、春季节补饲的饲草饲料不足。该地区内的地方山羊品种和培育出的绒用山羊品种的共同特点是，对寒冷干燥和植被贫瘠的生态环境有很强的适应性，终年放牧，在严冬和早春不补饲或很少补饲。

该地区是我国绒山羊最主要的产区之一，其山羊的主要产品是山羊绒和山羊毛，另外也产羊肉、羊皮及少量羊奶。这些绒山羊品种被毛内层的绒毛较细，绒直径12～16μm，绒长4.0～6.5cm，外层粗毛光泽良好、毛粗长。羊的繁殖性能低，一年产一胎，每胎在多数情况下产单羔。

2. 青藏高原区　该区包括青海、西藏、甘肃南部和四川西北部。该区面积占全国总面积的22.4%，地区面积广大，境内山势平缓，丘陵起伏，湖盆开阔，天然牧场资源十分丰富，海拔高（大部分地区海拔在3 000m以上），气候寒冷干燥，无绝对无霜期，枯草季节长。该区分布着一个地方山羊品种——西藏山羊和一个培育绒山羊品种——柴达木绒山羊，这两个品种对严寒、高海拔有很好的适应性。

西藏山羊是我国优良的地方绒山羊品种，能产优质羊绒、肉、乳、羔皮和裘皮。绒的平均细度为15.7μm。该品种体型偏小，体质结实，行动敏捷，在高山陡壁交通十分困难的地方，该品种中的公羊、羯羊还可供驮用。

柴达木绒山羊是培育的绒、乳、肉、皮兼用型绒山羊品种，适应高寒干旱生态条件，主要分布于青海省海西蒙古族藏族自治州。该品种具有良好的产绒性能，绒毛细长且产绒量高。产区是四面环山的内陆盆地，海拔2 600～3 200m，年平均气温3.3～4.4℃，降水量25.1～179.1mm，蒸发量为2 088.8～2 814.4mm，相对湿度33%～41%，无霜期88～218d，生长的多属旱生超旱生型，即以芦苇、嵩草、柽柳等为优势的植物，植被稀疏，耐盐碱，草原大多属沼泽和荒漠半荒漠草场。

3. 农牧混合区　该区指宁夏回族自治区及其毗邻的甘肃、陕西和内蒙古自治区的部分地区。该区属大陆性气候，干旱少雨，天然草场多属温性荒漠类，植被稀疏，水质呈碱性，牧草多为耐旱、耐盐碱的藜科、菊科等多年生植物和小灌木，但牧草中干物质及粗蛋白质含量较高，牧草品质较好。除天然牧草外，糜草、谷草及少量马铃薯是主要补充饲料。该区只分布着一个地方山羊品种就是中卫山羊，该地区的山羊终年放牧在荒漠、半荒漠草原上。

中卫山羊是裘皮山羊品种，该品种35日龄左右屠宰剥取的裘皮，以白色为主，毛股长而紧实，有清晰美丽的花穗，光泽悦目，是国内外著名的裘皮；另外，该品种也生产优质羊绒和粗毛纤维，中卫山羊被毛内层绒毛纤细柔软，光泽悦目，绒纤维细度12～14μm，长度6～7cm。粗毛纤维洁白光亮，是许多高级毛织品的纺织原料，为我国其他山羊品种所不及。中卫山羊产区地貌复杂，地势高峻，山峦起伏，沟壑纵横，海拔一般在1 300～2 000m，气候干旱，夏季中午炎热，早晚凉爽，冬季较长，昼夜温差较大。由于终年放牧在荒漠草原或干旱草原上，造就了中卫山羊体质结实、行动敏捷、善攀登悬崖、适合长途放牧、耐寒、抗暑、抗病力强、耐粗饲等优良特性。

4. 北方农区　指秦岭山脉和淮河以北的广大农业地区。该地区温暖湿润，年平均气温一般在8～14℃，年降水量400～700mm，农业发达，对羊业能提供比较丰富的饲草饲料。国内外著名的绒山羊品种辽宁绒山羊就分布在该区，另外培育出的绒山羊品种陕北白绒山羊也分布在该区。本区山羊分布密度在全国最高。除辽宁绒山羊、陕北白绒山羊外，该区还分布有济宁青山羊、黄淮山羊、太行山羊、关中奶山羊和崂山奶山羊等山羊品种，山羊生产的主要产品是羊绒、羔皮、板皮、羊奶及肉等产品。上述山羊品种的共同特点是早熟、繁殖性能好。

辽宁绒山羊是我国产绒量最高的山羊品种，但绒毛纤维较粗，绒毛平均细度 $17\mu m$ 左右。辽宁绒山羊产区位于辽东半岛的步云山区周围，属长白山余脉，产区属暖温带湿润气候，年平均气温为 $7\sim8℃$，年降水量 $700\sim1\,200mm$，无霜期 $150\sim170d$，平均海拔 $500\sim1\,200m$。

5. 南方农区 指秦岭山脉和淮河以南的广大农业地区，整个地区地处亚热带和热带，由于气候温暖潮湿，农业发达，灌丛草坡面积大，因此，终年有丰富的饲草，特别是青绿饲草，因而该区山羊品种多，主要有陕南白山羊、马头山羊、宜昌白山羊、成都麻羊、南江黄羊、建昌黑山羊、板角山羊、贵州白山羊、福清山羊、隆林山羊、雷州山羊、台湾山羊、长江三角洲白山羊等品种，主要产肉、优质板皮和笔料毛。这一地区山羊的共同特点是：体格中等或较大，被毛短而无绒，但羊只生长发育快，性成熟早，母羊全年发情，一般年产羔两次，每胎平均产羔 2 只以上。

长江三角洲白山羊是我国生产笔料毛的独特品种，其羊毛洁白，挺直有峰，光泽鲜亮，弹性好，用它制成的毛笔，笔锋尖锐整齐，丰满圆润，劲健有力，盛销日本和东南亚等国，为中国其他地区山羊毛所不及。该品种产于我国东海之滨的长江三角洲，产区位于中纬度地带，属亚热带气候，温和湿润，有季风调节气候，雨量充沛。年平均气温为 $15\sim16℃$，年降水量为 $1\,200\sim1\,400mm$，相对湿度为 80%，无霜期为 $220\sim240d$，宜于农业和多种经营的发展。境内水源丰富，湖泊星罗棋布，河流交织如网。广大平原多为江河和湖泊泥沙淤积而成，富含有机质，土壤肥沃，属砂质黏土。农作物有水稻、小麦、大麦、玉米、红豆、油菜及棉花等。一年两熟，部分地区三熟。大量农副产品和水陆野生植物，为养羊业提供了丰富的饲料。产区人多地少，土地利用集约，无放牧地，养羊基本上完全采用舍饲。

(二)产绒山羊分布区域自然生态环境特点与适应性

1. 产绒山羊产区的自然条件、生态特点 我国产绒山羊产区的自然条件、生态特点分别见表 1-7 和表 1-8。

表 1-7　我国绒山羊产区的环境条件

品　种	分布地区	地理位置	海拔（m）	平均气温（℃）	降水量（mm）	无霜期（d）	相对湿度（%）
辽宁绒山羊	以盖州市为中心的辽东半岛	东经 121°～125° 北纬 39°～40°	500～1 200	7～8	700～900	150～170	60
内蒙古绒山羊	内蒙古全境，以巴盟、伊盟较多	东经 106°～108°42′ 北纬 41°～41°41′	800～1 700	4.5	100～200	120～180	40～50
河西绒山羊	甘肃省的河西走廊	东经 98°31′～99° 北纬 28°58′～30°	1 400～3 000	7.3	80～200	130	46
西藏山羊	西藏、青海以及四川的甘孜、阿坝	东经 90°25′～99° 北纬 39°46′～30°	2 500～4 500	1.9～7.5	400	33～57	44

（续）

品　种	分布地区	地理位置	海拔（m）	平均气温（℃）	降水量（mm）	无霜期（d）	相对湿度（%）
新疆山羊	全疆各地	东经 75°09′～88°08′ 北纬 39°28′～39°46′	500～2 000	4.0～22.7	50～600	110～200	50～56
中卫山羊	宁夏的中卫、中宁，甘肃的景泰、靖远等	东经 104°～106° 北纬 36°～38°	1 300～2 000	8.3	190.7	140～160	55
太行山羊	河南、河北、山西三省接壤的太行山区	东经 107°～114°3′ 北纬 36°09′～41°05′	500～1 600	7.9～11.6	500～700	150～170	54～60
沂蒙黑山羊	山东中南部的泰山、沂山及蒙山山区，以沂源、临朐、新泰等县数量较多	东经 117°81′～118°31′ 北纬 35°35′～36°23′	46～54	13.6	650～850	200～205	65～70

本表来源：姜怀志，李莫南，娄玉杰，马宁，中国绒山羊的分布、生产性能与生态环境间关系的初步研究，家畜生态，2001，22（2）：30～34。

表 1-8　我国产绒山羊产区生态环境特点

山羊品种	气候带	生态类型	植被特点	饲养特点	地域划分
内蒙古山羊	中温带	高寒草原	植被覆盖度低，产草量不稳定，以多年生禾本科植物及灌木半灌木为主	全年放牧不补饲	北方牧区
辽宁绒山羊	中温带	干旱沙漠	高山灌木丛草场，草甸草原草场，半荒漠草场、荒漠草场	全年放牧补饲	北方牧区
新疆山羊	中温带	干旱草原	草甸草原，森林草甸草原	全年放牧不补饲	北方牧区
西藏山羊	青藏高原区	高寒草地	高山草原草场，高山草甸草场，山地疏林草场，高山荒漠草场，植被覆盖度为 30%～50%	全年放牧不补饲	青藏高原
中卫山羊	中温带	干旱沙漠	荒漠半荒漠草原，植被为耐盐碱耐旱的黎科、菊科多年植物和小灌木，覆盖度为 15%～37%	全年放牧不补饲	农牧交错区
太行山羊	南温带	丘陵山地	荆条、灌丛植物以及农作物	全年放牧	北方牧区
沂蒙黑山羊	南温带	丘陵山地	禾本科、豆科为主的牧草及农副产品	舍饲为主放牧为辅	北方牧区

本表来源：姜怀志，李莫南，娄玉杰，马宁，中国绒山羊的分布、生产性能与生态环境间关系的初步研究，家畜生态，2001，22（2）：30～34。

从表 1-7 和表 1-8 可以看出，产绒山羊品种主要分布在中温带、南温带及青藏高原区，大体集中在东经 70°～121°，北纬 35°～41°的广大地区内，包括北方农区、北方牧区、农牧交错区和青藏高原区，产区四季分明，年均气温在 14℃以下，冷季大多在 120～300d。除东部农区外，其余均为降水量较低的干旱地区和植被覆盖度较低的荒漠、半荒漠地带。大多数绒山羊产区为丘陵山区，海拔在 1 000 m 以上。

我国绒山羊产区属中温带干旱、半干旱季风气候区，干旱少雨，风大沙多，气温变化剧烈，夏季短促凉爽，冬季漫长寒冷，特别是光热条件有利于绒山羊被毛中绒纤维的生长。我国的藏山羊有 94% 分布在北纬 32°～34°、东经 78°～104° 的高山和亚高山地带，分布区为海拔 3 500～5 000m 的垂直地区，研究指出，藏山羊适应在干旱、半干旱凉爽和半干旱寒冷的气候地区生存。内蒙古白绒山羊则适应冬季不太冷、夏季干热、全年降水量少、相对湿度低的气候条件。辽宁绒山羊是适应暖温带湿润气候区的高产绒山羊（马宁，2011）。

从总体上看，绒山羊适应地形复杂，以山地、高原为主，荒漠半荒漠、低矮的灌木和杂草为主的植被地区，而需水量大的奶牛、肉牛、猪、鸡等动物在这种地区难以生存。

山羊喜干燥，耐饥寒，善攀登，对粗纤维的消化能力强，比较耐渴、排尿少，需要氮的比例相对较绵羊少，对低质蛋白饲料承受能力强，其生活习性大多是在这种环境下自然选择的结果。绒山羊不能耐受北纬 40° 以北的寒冷天气，也不能耐受北纬 35° 以南的温暖天气。

山羊的底绒是一种抗寒的保护层，只有在一定的冷凉环境，才需要长绒。因此，天气太暖，山羊不长绒，同样是中温带，东部降水量较多，绒山羊也不能适应，中国的东北部呼伦贝尔草原，因为冷季漫长，冬天雪厚，山羊饲养量不如绵羊多。

2. 生态环境对产绒山羊生产性能的影响　绒山羊的生产在很大程度上受产区独特的生态环境条件所制约。如辽宁绒山羊，是我国著名的优良白绒山羊品种，其群体产绒量[*][成年公羊为 (0.57±0.02) kg，成年母羊为 (0.49±0.01) kg] 居世界白绒山羊之首，同时，绒洁白，强度大，并具有良好的光泽等。辽宁绒山羊的上述优良品质与其产区独特的生态经济条件密切相关：主产区的气候特点是冬寒夏热，气候湿润，属暖温带气候，7～8 月份平均气温在 30℃ 以上，相对湿度 70%，12 月至翌年 2 月份平均气温在 −20℃ 以下，相对湿度在 60% 左右；产区地形复杂，山地、河谷及平原相互交错，放牧植被多为灌木丛和山地草甸草场，草生繁茂，牧草种类很多，植被覆盖度在 80% 以上；同时产区内农业和林果业发达，农副产品丰富，为羊群在冬、春季节补饲提供了良好的条件。根据王喜庆等的研究（1992），辽宁绒山羊在气温 10℃ 以下时开始长绒，长绒期一般在第一年 9 月 20 日左右到翌年 4 月，而每年的 1～4 月份正是胎儿的次级毛囊发生、发育时期，此时用丰富优质的农副产品进行补饲，确保了胎儿次级毛囊的发生、发育和生长，因而形成了辽宁绒山羊产绒量高、绒毛强度大、光泽好等突出特点，但若同生长在年平均气温为 3.9～6.4℃、天然草场和冬、春补饲条件较差的内蒙古白绒山羊相比，辽宁绒山羊绒毛的细度略粗，为 (17.36±3.16) μm，而内蒙古白绒山羊的绒毛细度为 14.5～15.5μm。

由于产区各地生态环境不同，不同品种产绒山羊的产绒量和品质都存在一定差异，除济宁青山羊外，大多生活在四季分明、冷季温度较低的中温带、南温带偏北地区及青藏高原区，产绒量较高。辽宁绒山羊产区草场条件好，年均温度低，光照弱，降水多，蒸发量小，因而该品种具有体格大、产绒量高等优良特性。北方绒山羊品种产区由于冬春季寒冷，冷季时间较长，风大，为了御寒，这些地区山羊形成了被毛外层为粗毛，内层为绒毛的被毛状态，绒毛较长、细度较小。一般绒山羊在每年的 10～11 月份开始生绒，来年 3～5 月份开始脱绒。沂蒙黑山羊则是一个过渡地带羊品种，从其产区往南分布的山羊不产绒，并且粗毛变长了，这与威尔逊法则（Wilson's Rule, 1854）："绒毛含量与温度呈反比，而与粗毛含量成正比"相一致（马宁，2011）。

第五节　生产类型

绵羊与山羊是同科不同属的两种动物，这两种动物的区别是长期自然选择的产物。它们在动物分类学上属牛科（洞角科）中绵羊、山羊亚科（Caprovinae）的绵羊（Ovis）和山羊（Capra）两个属。但在畜牧学上常用品种这一概念，这是人类长期选择和培育的产物。

目前全世界绵、山羊品种的数量繁多，为便于研究和应用，必须对品种进行分类。最常用的划分品种的方法是按生产类型来分类。

一、根据生产类型分类

绵、山羊品种按照生产类型分类，主要是根据其经济价值来划分的，即把同一生产方向的许多品种概括在一起，便于比较、选择和利用；但对于多种用途的兼用羊，由于其利用目的的不同，往往归类也不同。

（一）绵羊品种的生产类型

绵羊按生产类型分类，其品种主要可以划分为 8 类：细毛羊、半细毛羊、裘皮衣羊、羔皮羊、肉脂羊、肉用羊、半粗毛羊和粗毛羊。

1. 细毛羊　基本特点是全身被毛为白色，毛纤维属同一类型，细度在 60 支以上，毛丛长度 7cm 以上，细度和长度比较均匀，有整齐而明显的弯曲，密度大，产毛量高。一般细毛羊每年每只产净毛量为 4～8kg。

细毛羊又分为毛用细毛羊、毛肉兼用细毛羊和肉毛兼用细毛羊 3 种类型。毛用型细毛羊一般体格略小，颈部及全身均有皱褶，所以单位体重产毛量高，即能以较小的体格生产较多的净毛，每千克体重可产净毛 60～70g。毛肉兼用型细毛羊体格大小中等，只在颈部皮肤有 1～3 个皱褶，单位体重产毛量中等，每千克体重净毛产量为 40～50g。肉毛兼用型细毛羊的体格较大，颈部皮肤皱褶少，或无皱褶，单位体重产毛量低，一般每千克体重净毛产量为 30～40g。

世界各地的细毛羊都源于共同祖先——西班牙美利奴羊，故具有共同的特性。国外优良细毛羊品种主要有：澳洲美利奴羊、波尔华斯羊、苏联美利奴羊、高加索细毛羊、斯塔夫洛波羊、德国美利奴羊和泊列考斯羊等。中国培育的细毛羊品种有新疆细毛羊、东北细毛羊、内蒙古细毛羊、甘肃高山细毛羊、敖汉细毛羊、中国美利奴羊和新吉细毛羊等。

2. 半细毛羊　共同特点是，被毛由同一纤维类型的细毛或两型毛组成，羊毛纤维的细度为 32～58 支，毛丛长度一般较长，但长度不一，一般来讲，毛愈粗则愈长。半细毛羊根据被毛的长度可以分为长毛种和短毛种，而按其体型结构和产品的侧重又分为毛肉兼用和肉毛兼用两大类。半细毛羊除部分品种有角外，多数无角，全身无皱褶，毛丛比较松散。与细毛羊相比，有较为明显的肉用体型，产肉性能较好，幼龄羊早熟性强，增重的饲料报酬高。世界上能够生产半细毛的类型和品种很多，主要有茨盖羊、汉普夏羊、林肯羊、罗姆尼羊、莱斯特羊、边区莱斯特羊、考力代羊、南丘羊及我国培育的内蒙古半细毛羊、青海半细毛羊、东北半细毛羊等。

3. 裘皮羊　裘皮是指羔羊出生后在 1 月龄左右时所剥取的皮。特点为毛股紧密，毛穗弯曲漂亮，色泽光润，被毛不易擀毡，皮板良好，又称二毛皮。产裘皮的主要绵羊品种有滩羊、罗曼诺夫羊。这类羊除产裘皮外，成年羊也产粗毛，是制地毯的上等原料。

4. 羔皮羊　羔皮是指羔羊生后 3d 内剥取的皮子。羔皮不仅具有独特的花卷类型和各种天然的自然毛色，而且图案美观。花卷坚实，光泽宜人。羔皮可制作翻毛大衣、皮帽、皮领和披肩等高档服饰。主要羔皮羊品种有卡拉库尔羊、湖羊等。

5. 肉脂羊　肉脂羊都为粗毛羊，其特点是产肉性能较好，善于贮存脂肪，具有肥大的尾部，肉品质好，屠宰率高，羔羊早熟易育肥。中国肉脂羊绵羊品种主要有大尾寒羊、乌珠穆沁羊和阿勒泰羊等。

6. 肉用羊　肉用羊是指专门化的培育品种，具有良好的肉用体型特征，具备生长发育快、饲料报酬高等特点。目前国内的肉用品种主要是引进品种，如杜泊羊、萨福克羊、特克赛尔羊、无角陶赛特羊等。

7. 半粗毛羊　其特点是毛被不同质，由绒毛、两型毛和少量粗毛组成。它与一般粗毛羊的不同之处在于毛被中粗毛的含量显著低于一般粗毛羊，并且干死毛含量很少。这类羊适应性强，产肉性能好。半粗毛羊品种主要有和田羊、叶城羊以及粗毛羊与细毛羊或半细毛羊的杂交种。

8. 粗毛羊　被毛为异质毛，由多种纤维类型所组成，一般含有无髓毛、两型毛、有髓毛和干死毛。粗毛羊产毛量低，毛品质差，只能做粗呢、地毯和擀毡用。粗毛羊适应性强，耐粗放的饲养管理及恶劣的气候条件，抓膘能力强，皮和肉的品质好。如蒙古羊、西藏羊和哈萨克羊，这 3 个品种的粗毛羊一般未经人为地系统选育，没有专门的用途。

（二）山羊品种的生产类型

关于山羊品种的分类方法，通常大都按生产用途分类，主要划分为奶山羊、毛用山羊、绒山羊、裘皮山羊、羔皮山羊、肉用山羊和普通山羊。

1. 奶山羊　奶山羊的外形特征，因品种和饲养地区各有差异，其共同特点是，成年奶山羊的前躯较浅较窄，后躯较深较宽，整个体躯呈楔形。全身细致紧凑，各部位轮廓非常清晰，头小额宽，颈薄而细长。背部平直而宽。不可凹陷或弓起，尾部宽长、不太倾斜，胸部深广，四肢细长强健，皮肤细薄、富有弹性，毛短而稀疏。

奶山羊最重要的器官是乳房。产奶量高的奶山羊，乳房的形状呈圆形或梨形，丰满而体积大，皮肤细薄而富有弹性，没有粗毛，仅有很稀少而柔软的细毛。乳头大小适中，略倾向前方。挤乳后，乳房应当收缩变小，形成很多皱褶，柔软而有弹性。

主要奶山羊品种有萨能山羊、吐根堡山羊、奴宾山羊、关中奶山羊和崂山奶山羊等。

2. 毛用山羊　毛用山羊的主要产品是作为纺织原料的山羊毛，国际市场上将这类山羊毛特称为"马海毛"（Mohair），主要是指安哥拉山羊（Angora）生产的毛。该种羊毛同质、结实、长而富有弹性、色泽明亮，细度为 $10\sim90\mu m$，长度为 $13\sim16cm$。毛用山羊外形特征为头大小适中，角发达，颈短直而厚实，背腰宽长，尾部广，腹部紧凑不下垂，主要分布在土耳其、美国和南非，澳大利亚、新西兰、苏联也有少量分布。世界上的毛用山羊共有 3 个品种：安哥拉山羊、苏联毛用山羊和土耳其黑色毛用山羊，中国目前还没有专门毛用山羊品种。

3. 绒山羊　绒山羊的外貌特点为头比较小，而且灵活轻巧。公、母羊都有角，公羊角粗大且多向上方直立。眼大有神，鼻梁平直，嘴大，颌下有髯，体躯较瘦，属紧凑结实型。全身被毛较多而均匀。被毛分为内外两层，外层毛是粗毛，为普通毛或两型毛。内层即底层毛是纤细的绒毛。山羊绒为无髓毛，是由环形鳞片层和包围在其中的皮质层组成的。绒山羊的四肢结实，尾椎不发达，为短瘦尾，尾尖上翘。

绒山羊的主要产品是山羊绒。山羊绒纤细而结实，柔软而重量轻，是生产轻巧美观、柔软保暖、细薄结实的高级精梳毛织品和针织品的优良原料。

绒山羊主要有以下品种：辽宁绒山羊、内蒙古白绒山羊、河西绒山羊、克什米尔山羊以及顿河山羊和奥伦堡绒山羊等。绒山羊主要分布在高纬度高海拔的亚洲山地和高原。

4. 裘皮山羊　我国中卫山羊是世界上唯一的裘皮山羊品种。中卫山羊提供的裘皮，又称沙毛皮或沙二毛皮，特点是洁白光亮，花穗紧密，卷曲整齐，美观轻暖，与著名的滩羊二毛裘皮极为相似。山羊裘皮，是宰杀1月龄左右的裘皮山羊品种羔羊剥取的毛皮，用于制作保暖美观的外衣。

5. 羔皮山羊　山羊羔皮俗称猾子皮，是宰杀生后 1~3d 的羔皮品种山羊的羔羊而剥取的，由于其图案奇特，色泽鲜艳，因此在商业和外贸上又被称为奢侈性羔皮。世界上已知专门的羔皮山羊品种有济宁青山羊和埃塞俄比亚羔皮山羊。我国的一些地方粗毛山羊如宁夏黑山羊、陕北黑山羊等也有生产优质黑猾子皮的历史。此外，巴西也有一些羔皮山羊品种，如产白色羔皮的卡尼达羊、马罗托羊，产彩色羔皮的列巴尔季多羊和莫索托羊等。

6. 肉用山羊　我国肉用山羊分布较广，主要分布在一些气候温暖、物产丰富的农业区。肉用山羊具有成熟早、生长快、体重大、繁殖率高等特点。肉用山羊不仅肉质鲜美，而且板皮优良，故也称为肉皮兼用羊。山羊的皮下脂肪沉积较少，主要集中于前躯，因而肉用山羊颈浅淋巴结（饱星）的大小可以作为评定山羊肥度的参考，民间有"叉八、勾九、捏七、圆六"之说。另外也可根据被毛的外观变化来判断其营养状况的好坏。在秋季，当羊群中被毛的形态和光泽呈现"翻毛"、"分脊"的山羊居多时，说明羊群夏膘与秋膘抓得好；反之，若"毛光"、"毛粗"个体多，则抓膘不良。因此，秋季是鉴定肉山羊的最适宜时间。

我国主要肉用山羊品种有：南江黄羊、马头山羊、陕南白山羊、雷州山羊、成都麻羊和隆林山羊等。目前世界上最著名的肉用山羊品种是波尔山羊。

7. 普通山羊　目前山羊中大部分为地方品种，这类山羊能够生产多种产品，但生产性能不突出，有的偏向乳肉，有的产肉和板皮性能较好，还有的兼有产绒产肉性能等，一般将这些都归入普通山羊品种的范畴。这类山羊主要分布于亚洲和非洲。普通山羊品种主要有：印度山羊、蒙古山羊、孟加拉山羊、菲律宾山羊以及我国的西藏山羊、新疆山羊、太行山羊、建昌黑山羊等。

二、根据产毛类型分类

羊毛是养羊业的重要产品之一，在生产中除了按照生产方向分类外，还可按照所产羊毛类型对绵羊和山羊进行分类。

（一）根据绵羊所产羊毛类型分类

1. 细毛型　新疆细毛羊、东北细毛羊、内蒙古细毛羊、澳洲美利奴羊、苏联美利奴羊、德国美利奴羊、高加索羊、斯塔夫洛波羊和泊列考斯羊。澳大利亚美利奴细毛羊根据所产羊毛的细度和长度分为超细型（Super fine wool）、细毛型（Fine wool）、中毛型（Medium wool）和强毛型（Strong wool type）。

2. 短毛型即短毛肉用种　南丘羊、牛津羊、汉普夏羊、萨福克羊、有角陶赛特和无角陶赛特羊。

3. 长毛型　即通常所称半细毛品种。如：莱斯特羊、边区莱斯特羊、林肯羊和罗姆尼羊。

4. 杂交型　考力代羊、哥伦比亚羊、波尔华斯羊、茨盖羊、岛羊和塔基羊。

5. 地毯毛型　蒙古羊、西藏羊和哈萨克羊。

6. 羔皮用型　湖羊、三北羊（卡拉库尔羊）和滩羊。

（二）按山羊产毛类型分类

1. 绒毛型　绒毛型山羊的被毛由无髓毛、两型毛和有髓毛共同组成，无髓毛和两型毛一起组成它们的绒毛。绒毛较粗具有形状不规则的弯曲，有髓毛粗直不具弯曲。属于这一类的绒毛山羊品种有波里顿、吉尔吉斯等品种。

2. 中间型　中间型山羊被毛由有体毛和无髓毛组成，而且绒毛含量较高。中间型的羊按其被毛中有髓毛的形态，还可分为粗短毛亚型和长细毛亚型。我国的绒山羊品种多属于中间型，如辽宁绒山羊、内蒙古白绒山羊、西藏山羊等，国外的奥伦堡绒山羊也是中间型品种。

3. 普通山羊型　该种山羊的被毛由大量的有髓毛和少量短而纤细的无髓毛组成。分布在寒冷地区的普通地方山羊均属此类。

4. 马海毛型　主要品种为安哥拉山羊。被毛主要由直径为 $30\sim32\mu m$ 的无髓毛和少量两型毛组成。

绒毛用羊主要产品

第一节 绵 羊 毛

绵羊毛是一种天然动物毛纤维。具有角质组织，呈现光泽，坚韧并有弹性，因其产量高、种类多，可生产多种毛织品，是主要的毛纺工业原料。

一、绵羊毛的物理特性

绵羊毛的物理性质指标主要有细度、长度、弯曲、强伸度、弹性、毡合性、吸湿性、颜色和光泽等。细度是确定毛纤维品质和使用价值的重要工艺特性，用纤维的直径微米或品质支数表示；细度越小，支数越高，纺出的毛纱越细。长度包括自然长度和伸直长度，前者是指毛束两端的直线距离，后者是将纤维拉直测得的长度。细毛的延伸率在20％以上，半细毛为10％～20％。在细度相同的情况下，羊毛愈长，纺纱性能愈高，成品的品质愈好。弯曲被广泛用作估价羊毛品质的依据，弯曲形状整齐一致的羊毛，纺成的毛纱和制品手感松软，弹性和保暖性好。细毛弯曲数多而密度大，粗毛的毛发呈波形或平展无弯。强伸度对成品的结实性有直接影响。强度指羊毛对断裂的应力；伸度指由于断裂力的作用而增加的长度。各类羊毛的断裂强度有很大差异。同型毛的细度与其绝对强度成正比，毛愈粗其强度愈大。有髓毛的髓质愈发达，其抗断能力愈差。羊毛的伸度一般可达20％～50％。弹性可使制品保持原有形式，是地毯和毛毯用毛不可缺少的特性。羊毛的毡合性和吸湿性一般较优良。光泽常与纤维表面的鳞片覆盖状态有关，细毛对光线的反射能力较弱，光泽较柔和；粗毛的光泽强而发亮。弱光泽常因鳞片层受损所致。

二、绵羊毛的污垢

羊在生长过程中，在羊毛上不仅会沾染上自体内排泄出的羊毛脂、羊汗、粪便，而且由于饲养环境的关系，使羊毛附有砂土、草籽等污垢，因此在羊毛加工前要进行洗毛工序。洗毛是利用化学和机械作用去除羊毛纤维上的油脂、汗垢和部分杂质，使羊毛恢复原来的洁白、松散、柔软、弹性好的特性，保证羊毛在加工过程中的梳毛、纺纱、织造、染色整理等工序顺利进行。如果洗毛的质量不好，使羊毛呈现含脂含杂过多，还会出现羊毛紧缩、色泽灰暗、纤维受损伤等状况。绵羊毛的污垢主要分为以下3类：

（一）羊毛脂
羊毛脂是指羊的皮脂腺分泌物，它是一种油腻黏稠性物质，外观呈黄到褐色，化学成分很复杂，是多种高碳脂肪酸与高碳一元醇（羊毛甾醇、胆固醇、异胆甾醇等）形成的酯类混合物（如 $C_{17}H_{35}COOC_{27}H_{55}$、$C_{15}H_{31}COOC_{27}H_{55}$ 等）以及脂肪酸、碳氢化合物等。随着羊种的不同，气候条件和饲养环境的不同，羊毛脂的成分、含量和化学性质也不尽相同。羊毛脂不溶于水，但可溶于乙醚、苯、四氯化碳等多种有机溶剂。它遇碱不能完全皂化，但很易乳化，羊毛脂的熔点在 44℃左右，因此，在稍高温度下羊毛脂易在水溶液中乳化分散。

（二）羊汗

羊汗是羊的汗腺分泌物，在毛纤维表面变干而形成干盐。羊汗的主要成分有碳酸钾、甲酸钾、硬脂酸钾等，95％以上的成分可溶于水。

（三）砂土

羊毛中所含砂土量及成分和性质都与放牧饲养地区的土壤和环境有密切关系。如我国西北地区出产的羊毛砂土含量大，而且砂土中含钙、镁元素的化合物较多，而在碱性土壤地区饲养的羊毛则含碱量高。含羊毛脂多的羊毛往往黏附的杂质也较多，最多时砂土的含量可达到总污垢的 50％以上。

第二节　山　羊　绒

一、山羊绒

山羊绒是由山羊皮肤中的次级毛囊形成的无髓毛纤维，纤维通常在秋季生长，春、夏之季脱落。山羊绒细而柔软，光泽良好，保暖性能强，可用于制造各种轻、柔、美、软、薄、暖的针织品和纺织品，如山羊绒衫、羊绒大衣、围巾、手套、绒帽、栽绒细毛毯等。山羊绒制成的产品，表面光滑，弹性好，手感柔软滑润，是最细的绵羊毛不能取代的动物纤维。20世纪 80 年代以来，山羊绒制品风靡全球，经久不衰。在天然纤维中，山羊绒、马海毛、驼毛、兔毛、驼羊毛等被列入特种纤维，虽然产量不大，但却受到纺织工业的特别重视，以这些纤维为原料，生产出具有特殊风格的毛织品。山羊绒的价格相当于细绵羊毛的数倍，因而被称为"软黄金"。

山羊绒在国际市场上被称为开司米（Cashmere），是克什米尔的谐音。在 15 世纪，克什米尔地区斯利那加城成为英国收购山羊绒及制品的集散地，居民利用山羊绒织成轻薄柔软、美观保暖的披肩和围巾畅销于国际市场。到 18 世纪，在克什米尔羊绒商品集散地的贸易中，山羊绒及其织品被称为开司米，其后逐渐流传至今，已成为世界山羊绒的统称。

山羊绒的颜色有白、紫、青、红四类，其中白绒最珍贵，仅占世界羊绒产量 30％左右。但我国山羊产白绒的比例较高，约占 40％，紫绒约占 55 ％，青绒和红绒只占 5％左右。近年来各地引入纯白绒山羊改良本地山羊逐渐增加了白绒比例。

山羊绒的形态学和组织学与绵羊的细毛基本相似，但也有不同之处，在形态学方面，表现在山羊绒的弯曲数少，而且不规则、不整齐，因而也就不能形成像细毛羊那样排列整齐的毛束和毛丛。在组织结构方面，羊绒的鳞片长度和宽度基本相等，边缘较光滑，无明显翘起，覆盖间距比羊毛大，每毫米长度内有鳞片 60～70 个，纤维截面近似圆形。

山羊绒的主要产区在亚洲的内陆，世界生产山羊绒的国家主要有中国、蒙古、伊朗、印度、阿富汗、俄罗斯、土耳其等国。年总产绒量 2.0 万 t 以上。山羊绒在世界贸易市场上是最细的动物纤维，全世界年贸易量在 6 000t 左右。表 2-1 为一些国家和地区山羊绒的品质概况。从羊绒国际市场来看，山羊绒的产品一直处于供求趋旺态势，羊绒深加工正处在工艺改革时期，人们回归自然的消费需求和追求轻、柔、美、软、薄、贴体、透气、保湿等服用性能越来越高，所以绒山羊的永久利用是今后相当长时间内不会改变的趋势。目前对山羊绒的消费，美国占第一位，英国第二，其次为日本、西欧及中国。

表 2-1　一些国家和地区山羊绒的品质概况

产　地	山羊绒			有髓毛		羊毛色泽
	细度（μm）	长度（cm）	净毛率（%）	细度（μm）	长度（cm）	
中国	13.5～18.0	3.0～7.0	68.0～82.0	65.0～75.0	12.0～16.0	白、青、紫
蒙古	14.5～18.0	5.0	72.0～84.0	75.0～85.0	12.0～15.0	白、青、紫
俄罗斯	16.0～18.0	5.0～10.0	72.0～84.0	75.0～85.0	5.2～7.7	白、青、紫
伊朗	17.5～19.0	5.0～10.0	66.0～78.0	65.0～80.0	5.2～7.7	白、青、紫
克什米尔	12.5～15.0	2.5～9.0	66.0～78.0	65.0～80.0	12.0	白绒
印度	14.5～16.0	2.5～9.0	66.0～78.0	65.0～80.0	12.0	白绒
土耳其	16.0～17.0	2.5～9.0	66.0～78.0	65.0～80.0	12.0	白绒
阿富汗	16.5～17.5	2.5～9.0	66.0～78.0	65.0～80.0	12.0	白绒

从表 2-1 可以看出世界各国山羊绒的品质概况。在山羊绒生产中以克什米尔山羊绒最细，包括中国、蒙古及印度等国生产的克什米尔山羊绒，其细度一般在 13.0～15.0μm。一些高产的绒山羊品种，绒毛较粗，如顿河山羊，绒毛平均细度为 18.96μm 左右。

2010 年，我国约有 6 600 万只绒山羊，年产绒量约 18 518t，年出口量占总产量的 1/3～1/2。主要产区在内蒙古、新疆、西藏、陕西、青海、甘肃、宁夏、山西、山东、河南、河北、辽宁等地。我国山羊绒平均细度为 13.0～17.0μm，变异系数为 18%～20%，伸直长度为 4.0～19.0cm（多数为 4.5～6.5cm）。与世界各国生产的山羊绒相比较，中国羊绒与蒙古羊绒均为细而均匀的优质羊绒。

我国山羊绒产量和质量均占世界首位。长期以来，我国山羊绒的贸易量占世界首位。出口的山羊绒品质优良，经过一定的加工处理，规格清晰，品质稳定，加工使用方便，质量优于其他国家。主要销往英、意、法、日、美等国和我国港、澳地区。目前山羊绒在我国诸多畜产品中是唯一可以左右国际市场价格的优势产品，而我国缺乏的是对山羊绒进行初加工整理。2000 年我国发布了《山羊绒》（GB18267—2000），按标准进行初级整理、分级定等，才能保证今后在国际市场上实现优绒优价。

二、山羊毛

（一）马海毛（Mohair）

从安哥拉山羊身上剪下的毛商业上称为马海毛，但现今世界已把马海毛公认作为有光山羊毛的专称。Mohair 在阿拉伯语中是"极为优美"的意思。马海毛纤维长度平均为 20～25cm，正常的马海毛具有天然白色，光泽明亮，毛股长而整齐，成螺旋或波浪形卷曲，有髓毛与草杂含量均很少。纤维表面平滑属全光毛，强伸度、弹性好，洗后不像普通绵羊毛那样容易毡缩。马海毛多用于织制高档提花毛毯、长毛绒和顺毛大衣呢等服用织物。将少量白色马海毛混入黑色羊毛织成的银枪大衣呢，银光闪闪，独具风格。马海毛也可用于高级精纺呢线。

马海毛属于基本同质毛，混有一定数量的有髓毛和死毛。品质较好的马海毛无死毛，有髓毛不超过 1%；品质较差的常含有 20% 以上的有髓毛和死毛。

马海毛毛纤维的形态结构与林肯羊羊毛基本相近，鳞片扁平，紧贴在毛干上，很少重叠，呈现不规则的波形衔接，每毫米有 50～100 个鳞片。鳞片长度为 18～22μm，因为鳞片大而平滑，互不重叠，对外来光线的反射极强，因而有可贵的丝光，为全光毛的典型代表。纤维横截面近似圆形和椭圆形，径比 1∶1.2。

马海毛细度范围较广，一般在 10～90μm。幼年毛细度在 10～40μm，成年毛细度分布在 25～90μm；羊毛长度，半年剪的幼年羊毛一般在 10.0～15.0cm；一年剪的毛在 20.0～30.0cm；断裂伸长率约 30%；净毛率 80%。

目前，马海毛的主要产地是土耳其、美国、南非、阿根廷和莱索托。其中土耳其所产的马海毛品质较好。美国既是生产国也是主要消费国。

马海毛独具的优良特性使它成为纺织纤维中具有较高经济价值的一种特种动物纤维，含马海毛的制品外观华丽、手感滑爽、挺括而富有弹性，作为一种精美、高档的纺织品在世界许多国家流行已久。长期以来，我国毛纺工业使用的极少量马海毛原料一直靠进口，20 世纪 80 年代，我国引进了安哥拉山羊在陕西、山西、内蒙古和甘肃等地繁育，并与地方白绒山羊杂交生产了近 20 万只杂种羊，培育出了我国的安哥拉山羊，现在我国也开始用马海毛原料并开发出了提花毛毯、绒线与针织绒、羊毛衫、银枪大衣呢、板丝呢等品种。为了推动我国马海毛生产，制定了适合我国国情和马海毛纺织技术要求的马海毛标准，即《马海毛》（GB/T 16254—1996）和《洗净马海毛》（GB/T 16255.1—1996）两项国家标准。

（二）普通山羊毛

普通山羊毛是指除马海毛以外的山羊粗毛，是由山羊初级毛囊生长的外层粗毛，山羊毛比绵羊缺少弯曲，鳞片也相应减少，鳞片层紧密地贴在皮质层上，鳞片之间相互覆盖度差。我国北方及西北高原的山羊每年抓绒以后进行一次剪毛，毛长度在 6～15cm，纤维粗而直，这种纤维在工业上也有很多用途，如制造地毯、毛毯、人造毛皮、各种粗呢料、毛笔、画笔、各类刷子及少数民族的各类日用品等。

我国是山羊毛的重要生产国，年产山羊粗毛 4 万 t 以上，我国生产的粗毛 70% 以上供作出口，约占世界贸易量的 1/2。中国、印度、巴基斯坦、蒙古、伊朗等均为山羊粗毛的出口国。世界年贸易量 2 万 t 以上，每吨山羊毛可换回小麦 5.5t，整理成把的粗毛每千克可换回小麦 125kg，每千克山羊毛和山羊胡子可换小麦 71～81kg。经过整理的山羊细尾毛和山羊胡子，南方称精制羊毫，国际市场供不应求。

此外，加工山羊板皮的过程中遗留下来的山羊短毛，很适于制造胶黏地毯砖、油毛毡或坐垫填充物供作出口或内销。

进口山羊毛的国家有德国、英国、法国、日本、意大利、比利时、荷兰、瑞士等国。近年来我国对山羊毛的加工工艺不断提高，除把粗毛整理成把以外，在纺织、轻工、文化用品等方面加工的数量和质量不断提高，以山羊毛为原料的工业产品已批量进入国际市场。

我国山羊毛的分级：品质要求干燥、无杂质。规格如下：

1. 活山羊剪毛　按色泽分为白色、花色（包括青色、黑色、杂色）两种。分别收购、包装。按长度分为 17.1cm 以上为长尺，不足 17.1cm 为短尺。分别收购包装，长短尺混合按比重分别计价。色泽比差：白色 100％，花色 75％。长度比差：长尺 100％∶短尺 60％；混入长尺内的短尺 50％。

2. 其他山羊毛　干煺毛及生皮剪毛按活山羊毛 80％计价。灰煺毛和熟皮剪毛按活山羊毛 50％计价，以手抖净价为标准。

3. 笔料山羊毛　即制作毛笔用的原料毛，分为白色煺毛及汤煺污毛等。

第三节　绵羊绒

一、绵羊绒

绒是指动物双层毛被结构中的底层纤维。绵羊绒（Sheep down）是指来源于地方绵羊品种中粗毛羊被毛底层的不超过 25μm 的细绒纤维。

中国是世界上第一个开发利用绵羊绒的国家，河北、内蒙古、浙江、江苏等地很多厂家已经开发利用绵羊绒达 20 多年，仅河北清河县就已经形成了 2 万 t 的加工能力，产品出口欧美韩等国。但农业生产显著滞后于工业加工，目前国内外尚没有针对绵羊绒性能的系统育种，且采集方法粗放落后，绵羊绒的有些特性没有被充分挖掘出来。

中国约有 7 个省份的 16 个绵羊品种能生产绵羊绒，中亚五国及欧洲一些品种中也发现了绵羊绒。绵羊绒主体平均细度主要分布在 15～22μm，接近于山羊绒的平均细度（14～18μm），但在内蒙古、新疆等地也发现细度小于 14μm 的个体。绵羊绒比山羊绒的鳞片小而厚，手感滑爽、光泽柔和，蓬松度好，主体细度、手感不及山羊绒，但优于细羊毛，长度、强度优于山羊绒。所纺毛纱的抱合力较山羊绒强。其他纺织加工特性还有待在今后的生产中发掘和利用。

表 2-2　绵羊绒产品特征

项　目	绵羊绒
纤维平均直径	小于等于 25μm
外观特征	细、有不规则的弯曲
感　观	手感柔软、光滑
长度	在 50mm 以上

二、绵羊绒与其他羊纤维特性的对比

绵羊绒、细羊毛及山羊绒等几种纤维特性的差别见表 2-3。

表 2-3　绵羊绒、细羊毛及山羊绒的异同

项　目	细羊毛	绵羊绒	山羊绒
毛绒动物来源	细毛羊	蒙古羊、哈萨克羊、藏羊等绵羊品种	山羊

（续）

项目		细羊毛	绵羊绒	山羊绒
生物差异		染色体对数 27 对	染色体对数 27 对	染色体对数 30 对
整体被毛形态		同质毛	异质毛（毛绒混杂）	异质毛（毛绒混杂）
分梳后的形态		同质	同质	同质
细度		国家标准绵羊毛标准中细度为 18.1～25.0μm。60、64、66、70 支四档，但实际检测中目前有 11.0～25.0μm	实际检测情况，细度 14.0～25.0μm	GB 18267—2013 规定山羊绒超细型≤14.5μm，特细型 14.5～15.5μm，细型 15.5～16.0μm，粗型 16.0～18.5μm
长度		自然长度 40、75、80mm 及以上	自然长度 60mm 及以上	手排长度分为 30、35、40、43mm 及以上
颜色		白	白、青、紫	白、青、紫
相对密度		1.31	—	1.27
标准要求	油汗	强制性国家标准中"油汗占毛丛高度"为定等定级考核指标	地方标准中无要求	无要求
	皮屑	无皮屑含量要求	目前无皮屑含量要求	对皮屑含量有要求
	对粗毛要求	标准中无须考虑含粗毛要求	加工中必须考虑含粗毛要求	标准中必须考虑含粗毛要求
毛鳞片	形态	由鳞片层和皮质层组成，鳞片呈环状，也有部分呈斜状、瓦片状。每个鳞片都完整无缝，边缘相互覆盖，外部鳞片的上端呈倾斜状，呈现许多锯齿状向外的突，张开角度较大	由鳞片层和皮质层组成，鳞片表面具有明显的皱纹和突起，鳞片倾角大，鳞片边缘较薄且不光滑，而且鳞片紧抱毛干，张开角度较小	绒毛纤维由鳞片层和皮质层组成，鳞片大而薄，鳞片呈环形，边缘较光滑
	重叠方式	鳞片相互覆盖，重叠范围较宽	鳞片细胞由重叠、对接或交合的方式连接，重叠范围大	以重叠方式连接、重叠范围小
	结构	鳞片细胞的外层厚	鳞片细胞的外层较厚且中层发达	鳞片细胞的内层发达，中层有同心环形的大纤维束结构
正、负皮质细胞结构		正、负皮质细胞的巨原纤维排列差异大，正皮质细胞处于纤维卷曲的外侧，负皮质细胞处于纤维卷曲的内侧	正、负皮质细胞的巨原纤维排列存在差异	正、负皮质细胞的巨原纤维排列基本一致
基质复合物的微纤维排列		—	正皮质细胞巨原纤维的微纤维——基质复合物的微纤维排列疏松，基质含量多且分布不均匀	正皮质细胞巨原纤维的微纤维——基质复合物的微纤维排列密集
细胞复合膜		—	不发达，在皮质细胞内的分支不多	比较发达，在皮质细胞内的分支比较多，回潮率高
鳞片密度		鳞片密度小，80～140 个/cm²	纤维鳞片模糊，密度介于羊毛和羊绒之间	鳞片密度大，60～70 个/cm²
2.5cm 卷曲数		5～6 个	4～5 个	3～4 个
光泽、手感		光泽，手感一般	光泽一般，手感柔软	光泽好，手感柔滑

从上述分析对比来看，绵羊绒显然不同于细羊毛等纤维，也不同于山羊绒。其纺织产品风格也不同于其他纤维，其电镜图片见图 2-1。

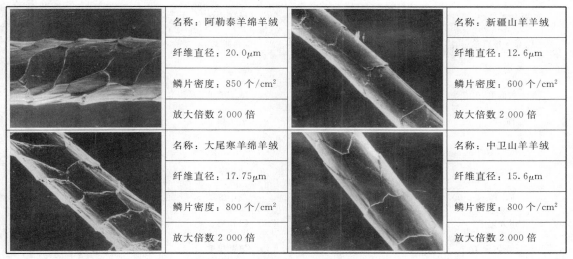

名称：阿勒泰羊绵羊绒	名称：新疆山羊羊绒
纤维直径：20.0μm	纤维直径：12.6μm
鳞片密度：850 个/cm²	鳞片密度：600 个/cm²
放大倍数 2 000 倍	放大倍数 2 000 倍
名称：大尾寒羊绵羊绒	名称：中卫山羊羊绒
纤维直径：17.75μm	纤维直径：15.6μm
鳞片密度：800 个/cm²	鳞片密度：800 个/cm²
放大倍数 2 000 倍	放大倍数 2 000 倍

图 2-1　绵羊绒和山羊绒鳞片结构图

三、我国绵羊绒资源

中国是品种资源大国，绵山羊品种或遗传资源超过 140 个。其中很多绵羊品种都有这种纤维存在。《毛绒纤维标准与检验》（姚穆、马宁等，1997）在"中国绵羊毛的种类与品种中"介绍了"土种羊的春毛，底绒厚，毛质较好"；"甘肃毛、西藏毛、河北毛、山西毛"、"河南毛、浙江毛"，"蒙古毛"中都介绍了绵羊毛中存在"底绒"。《西宁毛》（GB/T9998—2006）中把"底绒高度"和"绒毛含量"规定为定等定级的考量指标。《中国畜禽遗传资源志　羊志》提到的"蒙古羊、哈萨克羊、西藏羊、乌珠穆沁羊、巴音布鲁克羊、阿勒泰羊、贵德黑裘皮羊、滩羊、小尾寒羊、兰州大尾羊"有这种纤维；中国畜牧网上提到有这种纤维的还有"广灵大尾羊，巴什拜羊，多浪羊"；《羊生产学》中除上述品种外，还提到"同羊"（赵有璋，2002）；《养羊学》中，除了这些品种之外，还提到"大尾寒羊，湖羊"等（蒋英，2001）。仅这些文献可以看到国内至少有 7 个省份、16 个品种存在这种纤维。

据调查中国大约有 40 多种绵羊（表 2-4）身上具备这种纤维，其含绒量为 30%～70%。据统计，大约有 6 000 万只以上的绵羊生产绵羊绒，据 2010 年中国畜牧业年鉴统计，2009 年我国绵羊毛产量 363 470t，细羊毛产量 123 920t，半细羊毛产量 106 760t，粗毛产量132 790t，按照产绒量 50%计算，绵羊绒产量至少为 6 万余吨。同期山羊绒产量为 1.8 万 t。而数万吨的资源量不仅为一些纺织企业生产开发提供了原料，也成为农牧民增收的重要渠道。

表 2-4　2010 年 1 月统计的全国各地绵羊存栏量

品种名称	预计存栏量（万只）	品种名称	预计存栏量（万只）
蒙古羊	2 000.0	湖羊	170.0
西藏羊	2 800.0	广灵大尾羊	10.0
哈萨克羊	150.0	晋中绵羊	9.5

（续）

品种名称	预计存栏量（万只）	品种名称	预计存栏量（万只）
乌珠穆沁羊	100.0	洼地绵羊	6.5
巴音布鲁克羊	53.0	豫西脂尾羊	68.0
阿勒泰羊	129.0	太行裘皮羊	31.4
和田羊	107.0	威宁绵羊	6.0
滩羊	250.0	迪庆绵羊	7.5
大尾寒羊	4.7	腾冲绵羊	8.7
小尾寒羊	77.0	昭通绵羊	6.5
同羊	3.6	汉中绵羊	4.6
兰州大尾羊	1.0	巴什拜羊	1.1
塔什库尔干羊	8.0	策勒黑羊	9.6
多浪羊	11.0	柯尔克孜羊	402.0

四、绵羊绒生产加工历史与现状

从外观形态上看，绵羊粗毛毛被底层生产着一种与山羊原绒的存在形式完全一样的纤维。在纺织加工技术欠发达的时期，将绵羊毛中的粗、细纤维分离开是有难度的，所以在加工时粗、细纤维都混在一起加工。为了规范和推动其绵羊毛的发展，国家曾经制定了《土种毛毛条》（标准号 FJ424—1981）。但受当时纺织工业技术水平的限制，绵羊绒的研究及开发起步较晚。

1986 年，东高集团先后投资 800 多万元，研究绵羊绒的分梳、纺纱、织造，在北京毛纺织科学研究所等科研单位协助下，研制出了绵羊绒系列制品。东高集团目前生产的绵羊绒衫，已被农业部定名为名牌，又获得"国际山羊大会金奖"（赵云峰，1997）。

1995 年，河北清河县农民史跃蕊使用分梳山羊绒的方法从土种毛中梳取了绵羊绒，并开始开发利用制作绵羊绒衫，取得了良好的市场效益，首批生产的一万件加厚绵羊绒衫拿到沈阳销售一空。于是，从绵羊毛中梳取绒这一产业在当地迅速发展起来，到 1998 年他所在的黄金庄村总横机量就已达到 600 余台（中国纺织报，2002）。清河县领导从黄金庄村的发展经验看到了这个项目的市场潜力，提出了绵羊绒富民工程，到 2002 年该县很快形成了规模，具有 3 万锭半精纺设备，每年可纺绵羊纱 2 000 多 t，拥有针织横机 1.3 万台，电脑横机 150 台，绵羊绒加工经销总量近 2 万 t，2002 年即织衫 900 多万件。同时粗纺绵羊绒面料在该县也得到较快发展，河北奥莱克公司和河北三友公司分别购置了织布 100 多万 m 的生产设备。使粗纺绵羊绒的年生产能力达到了 200 万 m（孙连岭，2006）。许金亭报道，日本、韩国以及中国香港等 10 多个国家和地区的客商把一笔资金投入到清河的绵羊绒深加工中（河北日报，2004 年 2 月 5 日）。

随着加工技术以及产品开发利用，绵羊绒的纺织加工价值被逐渐放大和认可，河北、内蒙古、浙江、江苏等地的很多纺织企业相继步入规模开发利用这种纤维的行列。绵羊绒与山羊绒在纺织加工中的方法也基本一样，都需要分梳处理梳理掉粗毛变成同质原料后纺纱加工。

除了这些，吴民天报道，福建南纺股份有限公司建设了绵羊绒生产线，该项目投资1 318万元，于1995年12月竣工，竣工后新增24台剑杆织机和其他配套设备，形成年产绵羊绒124万m生产能力，年产值达1 080万元。

因此，从1986年东高集团正式对绵羊绒开始投资、开发利用以来，以绵羊绒为原料加工的产品至今已经有23年，涉及河北、上海、江苏、浙江、内蒙古、北京、福建等地，每年出口到多个国家。目前主要加工成绵羊绒衫、裤、围巾等，长度、弯曲较好的绵羊绒还可以开发高支纱。前几年的市场中，价格最高的绵羊绒绒条，价格可以超过120万元/t，原料主要来自内蒙古，最差的价格也在20余万元/t。目前，日本的相关检验机构已出台了关于绵羊绒鉴别的检验方法。

五、绵羊绒发展建议

"绵羊绒"产业由于起步晚，育种以及饲养管理、采集分级整理、加工等都处于原始状态。如果能理顺产业关系，可以通过科研、生产、质检、加工等多方面联手共同努力，按照市场需求有秩序地组织生产，此产业必将有着很大的发展空间。山羊绒业五六十年前也处于这样的状态。但20世纪50年代农业部就开始积极开展抓绒山羊资源普查和育种改良，另外有像鄂尔多斯等一大批优秀的企业，才有中国今天绒山羊业从育种到纺织加工都能世界领先的水平。

绵羊绒的开发，即使按照目前最便宜的20元/kg计算，也可使得原本仅有几毛钱土种羊毛价格增加到4～10元，一只羊按照最低增加4元计算，6 000万只羊就是几个亿。一户养200只羊的牧民可以增加近千元的收入，这对于目前人均收入3 000余元的牧民来说，人均增收将达到200余元。如果提高育种水平和羊毛羊绒质量控制水平，收益更高。对于农牧民增收意义重大。

第四节 羊 肉

一、羊肉的化学成分、营养价值及特殊风味

（一）羊肉的化学成分与营养价值

羊肉属于高蛋白、低脂肪、低胆固醇的营养食品，其味甘性温、益气补虚、强壮筋骨，具有独特的保健作用。经常食用可以增强体质，使人精力充沛，延年益寿。与牛肉、猪肉和鸡肉相比，羊肉的粗蛋白质含量最高，富含维生素和矿物质，脂肪含量和脂肪酸中的不饱和脂肪酸含量高于牛肉，胆固醇含量远低于猪肉和鸡肉；羊肉氨基酸种类丰富，其中每100g谷氨酸含量高达14.4g，精氨酸的含量最为丰富（表2-5）。

表 2-5　羊、牛、猪、鸡肉化学成分比较

名　称		牛肉	羊肉	猪肉	鸡肉
100g 鲜肉中常量成分与 热能值（g）	水分	75.20	74.20	71.00	69.00
	蛋白质	20.20	20.50	20.30	19.30
	脂肪	2.30	3.90	6.20	9.40
	碳水化合物	1.20	0.20	1.50	1.30
	热能值（kJ）	443.5	493.7	598.3	698.7
100g 鲜肉中氨基酸含量 （g）	异亮氨酸	5.10	4.80	4.90	3.30
	亮氨酸	8.40	7.40	7.50	5.90
	赖氨酸	8.40	7.60	7.80	6.20
	蛋氨酸	2.30	2.30	2.50	0.90
	苯丙氨酸	4.00	3.90	4.10	3.20
	苏氨酸	4.00	4.90	5.10	3.30
	色氨酸	1.10	1.30	1.40	0.85
	缬氨酸	5.70	5.00	5.00	3.50
	精氨酸	6.60	6.90	6.40	5.00
	组氨酸	2.90	2.70	3.20	2.00
	半胱氨酸	1.40	1.30	1.30	1.00
	丙氨酸	6.40	6.30	6.30	4.60
	天门冬氨酸	8.80	8.50	8.90	6.70
	谷氨酸	14.40	14.40	14.50	11.70
	甘氨酸	7.10	6.70	6.10	4.30
	脯氨酸	5.40	4.80	4.60	3.00
	丝氨酸	3.80	3.90	4.00	3.20
	酪氨酸	3.20	3.20	3.00	2.50
100g 鲜肉中维生素含量	维生素 A（IU）	微量	微量	微量	
	维生素 B_1（mg）	0.10	0.15	1.00	0.24
	维生素 B_2（mg）	0.20	0.25	0.20	0.48
	烟酸（mg）	5.00	5.00	5.00	
	泛酸（μg）	0.40	0.50	0.60	
	生物素（μg）	3.00	3.00	4.00	
	叶酸（mg）	10.00	3.00	3.00	
	维生素 B_6（μg）	0.30	0.40	0.50	
	维生素 B_{12}（μg）	2.00	2.00	2.00	
	抗坏血酸（mg）	0	0	0	
	维生素 D（IU）	微量	微量	微量	

（续）

名　　称		牛肉	羊肉	猪肉	鸡肉
100g 鲜肉中矿物质含量 （mg）	钠	69.00	75.00	45.00	
	钾	334.00	246.00	400.00	
	钙	5.00	13.00	4.00	2.50
	镁	24.50	18.70	26.10	
	铁	2.30	1.00	1.40	2.30
	磷	276.00	173.00	223.00	
	铜	0.10	0.10	0.10	0.10
	锌	4.30	2.10	2.40	2.60
100g 总脂肪酸中不饱和 脂肪酸含量（g）	C18：2	2.00	2.50	7.40	23.70
	C18：3	1.30	2.50	0.90	0.30
	C20：3	微量	0	微量	微量
	C20：4	1.00	0	微量	微量
	C22：5	微量	微量	微量	微量
100g 鲜肉中胆固醇含量（mg）		58.00	60.00	81.00	106.00

注：引自赵有璋（2005），周光宏（2002），马章全（2007）等资料。

（二）羊肉的特殊风味

1. 羊肉膻味　膻味是羊肉固有的一种特殊风味，如果没有膻味，则称不上是羊肉。羊肉致膻物质主要存在于脂肪酸中，起关键作用的有己酸（$C_6H_{12}O_2$）、辛酸（$C_8H_{16}O_2$）、癸酸（$C_{10}H_{20}O_2$）及 4-乙基-辛-2-烯酸等低碳链游离脂肪酸，这些脂肪酸单独存在时并不产生膻味，必须按一定比例，结合成一种较稳定的络合物，或者通过氢键以相互缔合形式存在，才产生膻味。膻味的大小因品种、性别、年龄、季节、遗传、地区和去势与否等因素而不同。一般情况下，我国北方人喜食羊肉，并对膻味感到自然，但南方人因不习惯膻味而不喜食羊肉。所以，对羊肉的膻味因习惯程度不同可以进行适当脱膻处理。

2. 羊肉脱膻

（1）传统脱膻法　羊肉与萝卜或红枣共煮，弃去萝卜或红枣和水，再行烹调；羊肉与少许橘子皮或 5～6 粒绿豆同煮，羊肉与 2～3 颗带壳核桃或几颗山楂同煮，羊肉加一定量的食醋同煮，羊肉与大蒜、辣椒同煮，羊肉与板栗同煮均可脱膻。

（2）中草药脱膻法　将羊肉与中草药如白芷、砂仁、山楂、核桃、杏仁等同煮，可去膻味，但冷却后又会恢复。

（3）物理脱膻法　采用蒸汽直接喷射结合真空急骤蒸发原理进行脱膻。

（4）微生物脱膻法　采用乳杆菌和乳脂链球菌制成混合发酵剂接种于调制好的羊肉馅并搅拌均匀后灌入肠衣，漂洗后晾挂发酵 3 周可制得脱膻香肠；将成熟的结球甘蓝清洁晾干后加入配置好的质量分数为 1% 的氯化钙和 2.25% 的食盐溶液，压实封闭并在 10～13℃ 条件下腌制发酵 10h 左右后，将此腌渍液接种于羊肉馅可制得脱膻羊肉馅。

二、绒毛用羊产肉力测定与羊肉品质评定

产肉力测定和羊肉品质评定常用指标引自《羊肉质量分级》（NY/T630—2002）及《肉与肉制品感官评定规范》（GB/T 22210—2008）等标准及相关资料。

（一）绒毛用羊产肉力测定

1. 屠宰率　指胴体重与羊屠宰前活重（宰前空腹 24h）之比，用下式计算，以百分率表示。

$$屠宰率 = \frac{胴体重}{宰前活重} \times 100\%　\qquad （公式 2-1）$$

2. 净肉率　指胴体净肉重占宰前活重的百分比。胴体净肉率指胴体净肉重占胴体重的百分比。分别用下式计算，以百分率表示。

$$净肉率 = \frac{净肉重}{宰前活重} \times 100\%　\qquad （公式 2-2）$$

$$胴体净肉率 = \frac{胴体净肉重}{胴体重} \times 100\%　\qquad （公式 2-3）$$

3. 净肉重　指羊只宰杀后，在胴体未凉之前，仔细剔除所有骨头后余下的净肉重量。要求在剔肉后的骨头上附着的肉量及损耗的肉屑量不能超过 300g。

4. 胴体重　羊只宰杀后，去掉头、毛皮、血、内脏和前肢腕关节和后肢跗关节以下部分，静置 30min 后的躯体重量。

5. GR 值　指在第十二与第十三肋骨之间，距背脊中线 11cm 处的组织厚度，是胴体脂肪含量的标志。我国制定的《羊肉质量分级》（NY/T630—2002）中将 GR 值称为肋肉重。

GR 值（mm）大小与胴体膘分的关系：0～5mm，胴体膘分为 1（很瘦）；6～10mm，胴体膘分为 2（瘦）；11～15mm，胴体膘分为 3（中等）；16～20mm，胴体膘分为 4（肥）；21mm 以上，胴体膘分为 5（极肥）。

6. 眼肌面积　眼肌在解剖学中称为背最长肌。眼肌面积是指眼肌（背最长肌）的横切面积。通常利用眼肌和全身肌肉相关性强的特点，可间接判定瘦肉率和胴体脂肪产量的高低。

测量方法：在第十二与第十三肋骨胸椎及其肋间横切，测量自然状态下的眼肌（背最长肌）最大高度和最大宽度，两者之积再乘以 0.7。

一般用硫酸绘图纸描绘出眼肌横切面的轮廓，再用求积仪计算出面积。或用公式估测：

$$眼肌面积（cm^2）= 眼肌高度（cm）\times 眼肌宽度（cm）\times 0.7　\qquad （公式 2-4）$$

7. 骨肉比　指胴体骨重与胴体净肉重之比。

$$骨肉比 = \frac{胴体骨重}{胴体重} \times 100\%　\qquad （公式 2-5）$$

（二）绒毛用羊羊肉品质评定

1. 肉色　指肌肉的颜色，主要取决于肌肉中肌红蛋白和血红蛋白的多少及化学状态，如果放血充分，肌红蛋白在羊肉色素中占主导地位。因此，在常态下羊肉均呈红色或绯红色。肉色与羊的性别、年龄、肥度、宰前状态，放血的完全与否、冷却、冻结等加工情况有关。成年绒毛用羊的肉呈鲜红或红色，老母羊肉呈暗红色，羔羊肉呈淡灰红色。

肉色的评定方法一般采用分光光度计精确测定肉的总色度，也可按肌红蛋白含量来评

定。现场评定一般多采用目测法，即取最后一个胸椎处背最长肌（眼肌）为代表，新鲜肉样于宰后 1～2h，冷却肉样于宰后 24h 在 4℃ 左右冰箱中存放。在室内自然光线下，用目测评分法评定肉新鲜切面，避免在阳光直射下或在室内阴暗处评定。灰白色评 1 分，微红色评 2 分，鲜红色评 3 分，微暗红色评 4 分，暗红色评 5 分，两级间评 0.5 分。具体评分可用美式或日式肉色评分图对比，凡被评为 3 分或 4 分者均属正常颜色。

羊肉在贮存过程中因为肌红蛋白被氧化生成褐色的高铁肌红蛋白，使肉色变暗，品质下降。所以防止和减少高铁肌红蛋白的形成是保持肉色的关键。采取真空包装、充气包装、低温贮藏、抑菌和添加抗氧化剂等措施可抑制高铁肌红蛋白的形成。

2. 羊肉酸碱度（pH） 指羊只宰杀后，在一定条件下，经过一定时间后，所测得的 pH。主要是糖原酵解和三磷酸腺苷（ATP）的水解供能变化，使肌肉中积聚乳酸和磷酸等酸性物质，使肉的 pH 降低。这种变化可改变羊肉的系水力、嫩度和颜色等性状。

测定方法：采用酸度计测定肉样 pH。直接测定法是指在切开的肌肉面用金属棒从切面中心刺一个孔，然后插入酸度计电极，使肉紧贴电极球端后读数；捣碎测定法是指将肉样加入组织捣碎机中捣 3min 左右，取出装在小烧杯中，插入酸度计电极测定。评定标准：鲜肉 pH 为 5.9～6.5；次鲜肉 pH 为 6.6～6.7；腐败肉 pH 在 6.7 以上。

3. 大理石纹 指肉眼可见肌肉中脂肪分布的红白相间状态，即为肌细胞中夹杂肌束间的结缔组织和脂肪细胞。观察纹理结构是否分布均匀是简易衡量羊肉含脂量和多汁性的方法。

评定方法：取第一腰椎部背最长肌鲜肉样，置于 0～4℃ 冰箱中 24h 后，取出横切，以新鲜切面观察其纹理结构，并借用大理石纹评分标准图评定。有大理石纹的痕迹评 1 分，有微量大理石纹评 2 分，有少量大理石纹评 3 分，有适量大理石纹评 4 分，有过量大理石纹的评 5 分。

4. 羊肉系水率 指肌肉保持水分的能力，用肌肉加压后保存的水量占总含水量的百分数表示。系水率高，则肉的品质好。羊肉系水力不仅影响肉的色香味、营养成分、多汁性、嫩度等食用品质，而且，有重要的经济价值。影响系水力的因素很多，宰前因素包括品种、年龄、活羊运输、能量水平、精神状态、身体状况等。宰后因素主要有屠宰工艺、胴体贮存、尸僵开始时间、熟化、肌肉的解剖学部位，脂肪厚度、pH 的变化、蛋白质水解酶活性和细胞结构，以及加工条件如切碎、盐渍、加热、冷冻、融冻、干燥、包装等。而最主要的是 pH（乳酸含量）、ATP（能量水平）、加热和盐渍。

羊肉的保水性能以肌肉系水率来衡量，是指当肌肉受到外力（如压力、切碎、冷冻、解冻、贮存、加工等）作用时，其保持原有水分与添加水分的能力。

测定方法：取背最长肌肉样 50g，按食品分析常规测定法测定肌肉加压后保存的水量占总含水量的百分数。

$$系水率 = \frac{肌肉总水分量 - 肉样失水量}{肌肉总水分量} \times 100\% \qquad （公式 2-6）$$

5. 羊肉失水率 指羊肉在一定压力条件下，经一定时间所失去的水分占失水前肉重的百分数。失水率越低，表示保水性能强，肉质柔嫩，品质越好。

测定方法：截取第一腰椎以后背最长肌 5cm 肉样一段，平置在洁净的橡皮片上，用直径为 2.532cm 的圆形取样器（面积约 5cm²），切取厚度为 1cm 的中心部分眼肌样品一块，立即称重，置于压力计平台上，肉样上方覆盖 18 层定性中速滤纸，上、下各加一块塑料板，加压至 35kg，保持 5min，撤除压力后，立即称取肉样重量。肉样加压前后重量的差异即为肉样失水重。按下列公式计算失水率：

$$失水率 = \frac{肉样压前重量 - 肉样压后重量}{肉样压前重量} \times 100\% \qquad （公式 2-7）$$

6. 羊肉的嫩度 指肉在食用时口感的老嫩程度。影响羊肉嫩度的因素很多，如品种、年龄、性别、肉的部位、肌肉的结构和成分、肉脂比例、蛋白质的种类、化学结构和亲水性、初步加工条件、保存条件和时间以及热制加工的温度、时间和技术等。很多研究还指出，羊胴体上肌肉的嫩度与肌肉中结缔组织胶原成分的羟脯氨酸有关，羟脯氨酸含量越大，切断肌肉的强度越大，肉的嫩度越小。

测定方法：通常采用仪器评定和品尝评定两种。仪器评定目前通常采用 C-LM 型肌肉嫩度计，以千克为单位。数值越小，肉越细嫩，数值越大，肉越粗老。口感品尝法通常是取后腿或腰部肌肉 500g 放入锅内蒸 60min，取出切成薄片，放于盘中，佐料任意添加，凭咀嚼碎裂的程度进行评定，易碎裂则嫩，不易碎裂则表明粗硬。

7. 熟肉率 指羊肉蒸熟后的重量与原生肉重量的比率。

测定方法：在羊只宰杀后 12h 内取一侧腰大肌中段约 100g，剥离肌外膜所附着的脂肪后，称重（W_1），精确至 0.1g。将样品置于铝锅的蒸屉上，水沸后蒸煮 45min，取出后冷却 30~45min 或吊挂于室内无风阴凉处，30min 后再称重（W_2），精确至 0.1g。

$$熟肉率 = \frac{W_2}{W_1} \times 100\% \qquad （公式 2-8）$$

三、羊肉质量的关键控制环节

（一）绒毛用羊屠宰分割、分级及卫生检验

绒毛用羊的屠宰是指按照一定的方法和程序对羊进行宰杀、放血，并将其肉品与内脏等副产品进行分割等一系列处理过程。屠宰是肉类生产的重要环节，很大程度上影响肉品的质量和品质。随着我国畜牧业的蓬勃发展，我国羊肉生产量已处于世界前列。羊肉生产将走向规范化、标准化，使传统和现代技术相结合，提高工业化生产水平，与国际化生产接轨。

1. 羊肉的工厂化屠宰 随着我国羊肉产量的日益增长，羊肉的安全卫生问题已成为人们日益关注的民生问题之一。而工厂化屠宰是以规模化、机械化生产，现代化管理，科学化检验、检疫为基础，通过屠宰加工全过程质量控制保证羊肉的卫生安全。屠宰企业生产必须符合《肉类加工厂卫生规范》（GB/T 12694—1990）、《畜类屠宰加工通用技术条件》（GB/T 17237—2008）、HACCP（危害分析与关键控制点）、《生活饮用水卫生标准》（GB/T5749—1985）、《肉类加工工业水污染物排放标准》（GB/T 13457—1992）等相关要求。

屠宰厂的设计与设施直接影响到羊肉的卫生安全与产品质量。屠宰场应建在地势较高、干燥，水源充足，交通方便，具有良好的通风和自然光照条件，远离家属区，并有充足的供水和排污系统的地方。羊屠宰厂的建筑设施应设有饲养圈、候宰圈、屠宰加工车间、胴体晾挂间、副产品整理间、病羊隔离圈、急宰车间、兽医检验室、化验室、羊肉及副产品加工车间、冷藏库、无害化处理间等，还应具备污水与污物处理设施、废弃物临时存放设施、废水废气处理设施、容器设备的清洗消毒设施、通风与温控设施、采光与照明设施，屠宰厂的生产车间应按饲养、屠宰、分割、加工、冷藏的顺序合理设置，布局必须符合流水作业要求，

避免产品与废弃物之间接触和交叉感染。屠宰场的建设应符合我国农业行业标准《畜禽场场区设计技术规范》（NY/T 682—2003）、《畜禽养殖业污染物排放标准》（GB 18596—2001）、《农、畜、水产品污染监测技术规范》（NY/T398—2000）和《畜禽场环境质量标准》（NY/T 388—1999）等相关要求。

2. 羊胴体的分割　羊胴体的各部肉块肉质不同，其商品价值和食用价值各异。因此，羊胴体的分割在羊肉贸易和商品肉分级中显得尤为重要。一般优良个体在育肥良好的情况下，后腿肉和腰肉可占胴体肉的50%以上。各国羊胴体分割都有所差异，我国将羊胴体大致分割成八大块、三个商业等级：第一等级有肩背部和臀部，第二等级有颈部、胸部和腹部，第三等级有后腿肉和前、后小腿肉。胴体上最好的肉为后腿肉和腰肉，其次为肩肉，再次为肋肉和胸肉。

胴体可分为前躯肉和后躯肉两部分，分切界限在第十二与十三肋骨之间，即在后躯肉上保留着一对肋骨。前躯肉包括肋肉、肩肉和胸肉。后躯肉包括后腿肉及腰肉。

后腿肉：从胴体最后腰椎处横切的后端部分。

腰肉：从第十二对肋骨与第十三对肋骨之间横切至最后腰椎之间的部分。

肋肉：从第四对肋骨至十二对肋骨之间横切的部分。

肩肉：从第四对肋骨至肩胛骨前缘之间横切的部分。

胸肉：从肩端部经胸骨、肋软骨至腹下前腿腕部以上的部分。

腹肉：整个腹下部分。

3. 羊胴体的分级　胴体也称屠体，是衡量羊肉生产水平的一项重要指标，直接反映产肉性能及肉的品质优劣。我国制定了《羊肉质量分级》（NY/T 630—2002），将羊胴体分为三大类，每类分为四个等级（表2-6）。同时，制定了《冷却羊肉》（NY/T 633—2002），《鲜、冻胴体羊肉》（GB/T 9961—2008），《羊肉分割技术规范》（NY/T 1564—2007）等。国外羊肉质量分级标准与我国不同，比较情况见表2-7。我国在羊肉质量分级标准制定时，应该将国际市场的价格浮动、消费者的需求与生产者的利益紧密地结合在一起，同时随着国际市场的变化趋势及消费者需求的转变而不断地进行修改。

4. 肉羊的卫生检验

（1）宰前检验　肉羊的宰前检验是确保屠宰的羊只健康无病，并取得非疫区证明和产地检疫证明。肉羊的宰前检验是保证肉品卫生质量的第一道关卡，起着至关重要的作用。合理的宰前检验不仅能保障畜禽健康，降低病死率，而且也是获得优质肉品的重要措施和保障。

宰前检验一般以群体检查为主，个体检查为辅，群体检查和个体检查相结合的办法。具体分为动、静、食三个观察环节和看、听、摸、检四个步骤。根据《畜禽屠宰卫生检疫规范》（NY 467—2001）、《牛羊屠宰检疫技术规范》（DB 11/T 288—2005）和《畜禽屠宰HACCP应用规范》（GB/T 20551—2006）等相关技术规范对畜禽进行宰前检验。

检验步骤：在未卸下车船之前，兽医检验人员向押运员索阅当地兽医部门签发的检疫证明书，核对牲畜的种类和头数，了解产地疫情和途中病死情况，认为基本合格后卸下赶入预检圈；从大群中挑出有病或不正常的畜禽，然后再逐头检查；将健康个体送入候宰室，将病畜送入病畜隔离间或急宰室。经检查确定为恶性传染病的牲畜，采取禁宰；确认为无碍肉食卫生的一般病畜或有死亡危险的病畜，采取立即屠杀即急宰；经检查确认为一般传染病或疑似传染病的牲畜应该进行缓宰。

表 2-6　羊胴体等级及要求

项目	大羊肉				羔羊肉				肥羔肉			
	特等级	优等级	良好级	可用级	特等级	优等级	良好级	可用级	特等级	优等级	良好级	可用级
胴体重量（kg）	>25	22~25	19~22	16~19	18	15~18	12~15	9~12	>16	13~16	10~13	7~10
肥度	背膘厚度 0.8~1.2cm，腿、肩、背部脂肪丰富，部覆有脂肪层，腿、肩、背部肌肉不显露，大理石花纹丰富	背膘厚度 0.5~0.8cm，腿、肩、背部覆有脂肪，肩、腿、背部肌肉略露，大理石花纹明显	背膘厚度 0.3~0.5cm，腿、肩、背部覆有薄脂肪层，肩、腿、背部肌肉略露，大理石花纹略现	背膘厚度 ≤0.3cm，背、肩、腿部脂肪盖少，肩、腿、背肌肉显露，无大理石花纹	背膘厚度 0.5cm以上，腿、肩、背部覆有脂肪，腿、肩、腿部脂肪，肩、腿部肌肉略露，大理石花纹明显	背膘厚度 0.3~0.5cm，腿、肩、背部覆有脂肪，肩、腿、背部肌肉显露，大理石花纹显现	背膘厚度 0.3cm以下，背、肩、腿部脂肪盖少，肩、腿部肌肉显露，无大理石花纹	背膘厚度 ≤0.3cm，肩、背部脂肪盖少，肩、腿部肌肉显露，无大理石花纹	眼肌大理石花纹略显	无大理石花纹	无大理石花纹	无大理石花纹
肋肉厚（mm）	≥14	9~14	4~9	0~4	≤14	9~14	4~9	0~4	≥14	9~14	4~9	0~4
肉脂硬度	硬实	较硬实	略软	软	硬实	较硬实	略软	软	硬实	较硬实	略软	软
肌肉发育程度	全身骨骼不显露，腿部丰满充实，微有肌肉隆起，背部宽显，背、肩部宽平，厚充实	全身骨骼不显露，腿部较充实，微有肌肉隆起，背部宽显，背、肩部宽平，较宽厚	肩隆部及颈部脊椎骨稍精突出，同稍充实，腿部欠丰满，无肌肉隆起，背和肩部稍窄，稍薄	肩隆部及颈部脊椎骨稍精突出，同稍充实，腿部瘦，有凹陷，背部和肩部窄，薄	全身骨骼不显露，腿部较充实，微有肌肉隆起，背部宽显，背、肩部宽平，厚充实	全身骨骼不显露，腿部较充实，微有肌肉隆起，背部宽显，背、肩部宽平，较宽厚	肩隆部及颈部脊椎骨稍精突出，同稍充实，腿部欠丰满，无肌肉隆起，背和肩部稍窄，稍薄	肩隆部及颈部脊椎骨稍精突出，同稍充实，腿部瘦，有凹陷，背部和肩部窄，薄	全身骨骼不显露，腿部较充实，肌肉隆起，背部宽显，背、肩部宽平，厚充实	肩隆部及颈部脊椎骨稍精突出，同稍充实，腿部欠丰满，无肌肉隆起，背和肩部稍窄，稍薄	肩隆部及颈部脊椎骨稍精突出，椎骨同稍突出，腿部欠丰满，无肌肉隆起，背部和肩部稍窄，稍薄	肩隆部及颈部脊椎骨突出，椎骨同稍突出，腿部瘦，有回陷，背部和肩部稍窄，薄
生理成熟程度	前小腿至少有一个控制关节，肋骨宽、平	前小腿至少有一个控制关节，肋骨宽、平	前小腿至少有一个控制关节，肋骨宽、平	前小腿至少有一个控制关节，肋骨宽、平	前小腿有折裂关节，折裂关节湿润，颜色鲜红，肋骨略圆	前小腿有折裂关节，有控制关节，折裂关节湿润，颜色鲜红，肋骨略平、宽	前小腿可能有折裂关节，有控制关节或折裂关节，骨略平、宽	前小腿可能有折裂关节，有控制关节或折裂关节，折裂关节湿润，颜色略红，骨平、宽	前小腿有折裂关节，折裂关节湿润，颜色鲜红，肋骨略圆	前小腿有折裂关节，折裂关节湿润，颜色鲜红，肋骨略圆	前小腿有折裂关节，折裂关节湿润，颜色鲜红，肋骨略圆	前小腿有折裂关节，折裂关节湿润，颜色鲜红，肋骨略圆
肉脂色泽	肌肉深红色，脂肪乳白色	肌肉深红色，脂肪白色	肌肉深红色，脂肪浅黄色	肌肉深红色，脂肪黄色	肌肉深红色，脂肪乳白色	肌肉深红色，脂肪白色	肌肉深红色，脂肪浅黄色	肌肉深红色，脂肪黄色	肌肉深红色，脂肪乳白色	肌肉深红色，脂肪白色	肌肉深红色，脂肪浅黄色	肌肉深红色，脂肪黄色

注：引自《羊肉质量分级》（NY/T630—2002）。

表 2-7　世界羊肉主产国和我国羊肉质量分等分级比较

澳大利亚	类　别		各等级重量（kg）			
			轻（L）	中（M）	重（H）	特重（X）
	羔羊肉		13.0 或以下	13.0～16.5	16.5～20.0	20.0 以上
	幼年羊肉		16.5 或以下	16.5～20.0	20.0～24.0	24.0 以上
	青年羊/成年羊		19.0 或以下	19.0～26.0	26.0 以上	
新西兰	羊肉类别	羊肉等级	胴体重（kg）	脂肪含量	GR 值（mm）	
	羔羊肉	A 级	9.0 以下	不含多余脂肪		
		Y 级　YL	9.0～12.5	含少量脂肪	6.1	
		YM	13.0～16.0		<7.1	
		P 级　PL	9.0～12.5	含中等量脂肪	6.0～12.0	
		PM	13.0～16.0		7.0～12.0	
		PX	16.5～20.0		<12.0	
		PH	20.5～25.5		<12.0	
		T 级　TL 级	9.0～12.5	含脂肪较多	12.0～15.0	
		TM 级	13.0～16.0		12.0～15.0	
		TH 级	16.5～25.5		12.0～15.0	
		F 级　FL 级	9.0～12.5	含过多的脂肪	>15.0	
		FM 级	13.0～16.0		>15.0	
		FH 级	16.5～25.5		>15.0	
		C 级　CL 级	9.0～12.5		变化范围较大	
		CM 级	13.0～16.0			
		CH 级	16.5～25.5			
		M 级	胴体太瘦或受损伤	脂肪呈黄色		
	成年羊肉	MM 级	任何重量	没有多余脂肪	>2.0	
		MX 级	<22.0	含少量脂肪	2.0～9.0	
			>22.5		2.0～9.0	
		ML 级	<22.0	含中等量脂肪	9.1～17.0	
			>22.5		9.1～17.0	
		MH 级	任何重量	含脂肪较多	17.1～25.0	
		MF 级	任何重量	含过多的脂肪	>25.1	
		MP 级				
	后备羊肉	HX 级	任何重量	脂肪含量较少	<9.0	
		HL 级	任何重量	脂肪含量中等	9.1～17.0	
	公羊肉	R 级	任何重量		无	

（续）

美国	产量等级		羔羊肉、周岁羊肉、胴体羊肉的脂肪厚度要求一样，1 级为 0～0.15cm，2 级为 0.15～0.25cm，3 级为 0.26～0.35cm，4 级为 0.36～0.45cm，5 级≥0.46cm			
美国	质量等级	等级	脂肪含量			
美国	质量等级	等级	羔羊肉	周岁羊肉	羊肉	
美国	质量等级	特等	含有少量或限量的脂肪	含有适量的脂肪		
美国	质量等级	优等	轻量或微量的脂肪	少量的脂肪	含有限量的脂肪	
美国	质量等级	优良	几乎没有脂肪或含微量的脂肪	含微量的脂肪	少量的脂肪	
美国	质量等级	可用级	几乎没有脂肪	几乎没有脂肪	几乎没有脂肪（淘汰）	
中国	鲜冻羊肉胴体		外观及肉质		胴体质量（kg）	
中国	鲜冻羊肉胴体	一级	肌肉发达，全身骨骼不突出（小尾部肩隆部之脊椎骨稍突出）；皮下脂肪布满全身（山羊的皮下脂肪层较薄），臀部脂肪丰满		绵羊≥15	山羊≥12
中国	鲜冻羊肉胴体	二级	肌肉发育良好，除肩隆部及颈部脊椎骨尖稍突出外，其他部位骨骼均不突出；皮下脂肪布满全身（山羊为腰背部），肩颈部脂肪层较厚		绵羊≥12	山羊≥10
中国	鲜冻羊肉胴体	三级	肌肉发育一般，骨骼稍显突出，胴体表面带有薄层脂肪；肩部、颈部、荐部及臀部肌膜露出		绵羊≥7	山羊≥5

注：引自杨博辉等的论文"羊肉国内外质量标准对比研究"，《中国草食动物》，2003，23（6）。

（2）同步检验　同步检验是在羊屠宰加工过程中，胴体与内脏分别同步输送的过程中，准确检查羊内脏有无病变的卫生检验。同步检验是宰前检验的延续和补充，宰前检验只能检出症状明显的病畜和可疑病畜，处于潜伏期或症状不明显的病畜可以在同步卫检或宰后检验中发现。因此，同步卫检也是确保羊肉质量不可缺少的屠宰加工工艺的重要环节之一。

（3）宰后检验　为发现处于潜伏期或症状不明显的早期病畜，在牲畜屠宰后选择最能反映机体病理状态的器官组织按照一定的方法和程序进行解剖分析称为宰后检验。宰后检验对胴体、脏器作直接的病理学观察或必要的实验室化验，进行综合分析判断。

①宰后检验的方法　宰后检验的方法是以感官检查和剖检为主，具体分为：视检，即观察肉尸的皮肤、肌肉、胸腹膜等组织及各种脏器的色泽、形态、大小、组织状态等是否正常；触检，即借助于检验器械触压或用手触摸，判断组织、器官的弹性和软硬度，以便发现软组织深部的结节病灶；嗅检，即对于不明显特征变化的各种局外气味和病理性气味，均可用嗅觉判断。

②宰后检验分类　宰后检验分为头蹄检验、内脏检验、胴体检验三个基本环节。

头蹄检验：视检头部皮肤和触检口腔黏膜，注意有无痘疮或溃疡、烂斑等病变；触检下颌骨和舌根、舌体，观察有无放线菌肿；剖检咬肌、舌后内侧淋巴结、下颌淋巴结和扁桃体，检查有无结核、化脓和放线菌肿；视检蹄部有无肿胀、水疱溃疡、烂斑等病变。

内脏检验：视检肺脏大小、色泽、形态，触检整个肺组织，剖检支气管淋巴结和纵隔淋巴结，查看有无充血、出血、化脓、坏疽、结节等病变，检查有无胸膜炎、肺炎、结核、棘球蚴等；视检心脏，观察心包有无感染、出血、化脓，剖检心脏，观察心内膜和心外膜，注意有无点状出血、囊尾蚴等，观察心肌有无出血、坏死和囊尾蚴；视检肝脏的色泽、大小、形状，然后对肝脏进行触检，注意肝脏有无脂肪变性，肝脏表面有无脓肿、毛细血管扩张、坏死、肿瘤，有无囊尾蚴等；视检胃肠浆膜有无充血、出血，网胃有无异物刺出，剖检肠系膜淋巴结，重点检查有无结核的增生性肉芽肿和干酪性坏死；视检脾脏的大小、色泽，注意脾脏有无肿大、出血、梗死，有无结核病灶。

胴体检验：视检胸膜、腹膜、膈膜和肌肉的状态，注意其色泽、清洁度，是否有异物和其他异常，并判断其放血是否完全；注意胸壁上有无黄豆大的增生性结节；剖检颈浅淋巴结、臂前淋巴结和臂三头肌，注意有无结核病变和囊尾蚴寄生。

（4）检后处理　胴体和内脏经以上检验后应根据情况分别处理，并严格遵守《畜禽病害肉尸及其产品的无害化处理规程》（GB 16548—1996）。检验合格，来自健康牲畜，肉质良好且可食用的，在肉体上加盖检疫合格验讫印章，并签发《动物产品检疫合格证明》，即可出厂销售。凡患有一般传染病、轻症寄生虫病和病理损伤的胴体和内脏，根据病损性质，进行无害化处理后，使传染性、毒性消失或使寄生虫全部死亡后，可以食用的加盖"高温"印章；凡患有严重传染病、寄生虫病和严重病理损伤的胴体和内脏，不能食用的，可以用于炼制工业油；患有《肉品卫生检验规程》所列的烈性传染病的胴体和内脏，必须焚烧或深埋等方法予以销毁。

（二）羊肉贮藏与保鲜

1. 羊肉的贮藏　羊在屠宰后的胴体处理及贮藏与其经济价值密切相关。羊肉营养丰富，是微生物繁殖的良好场所，贮藏方法不当致使肉质腐败变质，甚至产生毒素，引起食物中毒。羊肉腐败变质会产生如发黏、变色、霉斑、变味等一系列明显的感官变化。

在正常条件下，刚屠宰的羊胴体通常是无菌的，但在屠宰加工过程中，羊肉的表面受到微生物的污染。羊肉表面的微生物经由循环系统或淋巴系统才能穿过肌肉组织进入肌肉深部，但明显腐败或肌肉组织的整体性受到破坏时，表面的微生物可直接进入肌肉深部。胴体表面污染的微生物大多数是革兰氏阳性菌，主要有小球菌、葡萄球菌和芽孢杆菌，主要来自粪便和表皮；还有一部分是革兰氏阴性菌，主要来自土壤、水和植物的假单胞杆菌；也有少量来自粪便的肠道致病菌。

为延长羊肉的货架期，控制屠宰加工过程中的卫生状况，采取有效措施阻止羊肉微生物的生长繁殖，不断发展和完善羊肉贮藏保鲜技术显得尤为重要。目前羊肉贮藏保鲜技术主要有低温贮藏技术、热处理、辐照贮藏和真空、充气包装贮藏等。

（1）低温贮藏技术　低温可以抑制微生物的生长和酶的活性，保持羊肉的颜色和组织状态，因而低温贮藏是羊肉贮藏的最好方法之一。低温贮藏分为冷却贮藏和冷冻贮藏两种。

冷却贮藏是指将羊肉冷却至0℃左右的条件下进行贮藏。冷却间预冷至$-3\sim-2$℃，进肉后经过18h的冷却，肉温即可达到0℃左右。冷却贮藏室的温度以$-1\sim1$℃为宜，相对湿度应维持在85%～90%，空气流速一般应控制在0.5～1.0m/s，最高不超过2.0m/s。羊肉在上述条件下可贮存10～14d。在温度为0℃和二氧化碳浓度为10%～20%条件下贮藏期可延长1.5～2倍。

冷冻贮藏是指将羊肉的温度降低到-18℃以下，肉中80%以上的水分形成冰晶进行贮藏。冻结方式分为缓慢冻结和快速冻结，缓慢冻结的肉类因为水分不能返回到其原来的位置，在解冻时会失去水分而发生脱水收缩，而快速冻结不会产生这样的问题。冷藏条件为温度－23～－18℃，相对湿度 90%～95%，贮藏期限 8～11 个月。解冻是使冻结肉中的冰晶融化成水，肉恢复到冻前的新鲜状态，是冻结的逆过程，但冻肉不可能完全恢复到冻前状态。解冻的方法有空气解冻、水或盐水解冻、真空解冻、微波解冻等。解冻的过程应该控制温度、湿度和解冻速度。

（2）热处理技术　热处理是通过加热来杀死羊肉中的腐败菌和有害微生物，抑制酶类活动的一种贮藏技术。在羊肉保存中最常用的热处理方法有巴氏杀菌和高温杀菌。巴氏杀菌时，羊肉中心温度达 65～70℃，致病菌基本死亡，但耐热性芽孢菌仍然存在，所以一般羊肉制品的加热温度应设定为 72℃以上。高温杀菌时，羊肉在 100～121℃温度下处理，基本上可以杀死羊肉中存在的所有细菌和芽孢。

（3）辐射贮藏　辐射贮藏是利用放射性元素在一定剂量范围内辐照羊肉，杀灭病原微生物及腐败菌，抑制肉品中某些生物活性物质的生理活性，从而达到贮藏的目的。对羊肉进行杀菌处理贮藏是一种物理方法，已被由联合国粮农组织（FAO）、国际原子能机构（IAEA）和世界卫生组织（WHO）组成的"辐照食品卫生安全性联合专家委员会"证实为安全、高效、节能的肉类贮藏方法。辐射贮藏技术实际上就是应用辐射杀菌延长肉品的货架期。根据辐射目的和剂量的不同可以分为辐射消毒杀菌及辐射完全杀菌两种。辐射工艺流程包括：产品前处理，即选择新鲜、卫生、优质的原料，剔骨去掉不可食用的部分，进行包装；然后根据辐照肉品的要求确定辐射剂量和时间进行辐照。一般辐照后可在常温下贮藏，结合低温贮藏效果更佳。常用的辐射源有 ^{60} 钴、^{137} 铯和电子加速器三种。

（4）真空、充气包装贮藏　真空包装是采用气密性的复合包装袋，除去包装袋内的空气，食品与外界隔绝，是一种延长肉品货架期的方法。真空包装可以抑制嗜氧性微生物的生长，使乳酸菌和厌氧菌增加，pH 降低，进一步抑制了其他菌的生长，同时避免外界微生物的污染，减少产品水分流失，减缓肉中蛋白质的降解和脂肪的氧化，并对酶活性有一定的抑制作用。真空包装的材料应具备阻气性、水蒸气阻隔性、香味阻隔性、遮光性和一定的机械性能。

充气包装是通过特殊气体或气体混合物，抑制微生物生长，延长食品货架期的一种方法。肉品充气包装常用的气体主要为氧气（O_2）、二氧化碳（CO_2）和氮气（N_2）。O_2 可以抑制厌氧性微生物的生长；CO_2 可以抑制细菌和真菌的生长；N_2 可以抑制真菌的生长，同时防止脂肪的氧化酸败。在充气包装中，各种气体必须保持合适的比例，才能起到延长货架期的作用。欧洲一般采用 O_2（70%）＋CO_2（20%）＋N_2（10%），货架期可达到 10d以上。

（5）其他贮藏技术　除以上几种外，羊肉贮藏技术还包括干燥贮藏、盐渍贮藏、微波处理及高压处理等。

干燥储藏是将含水量高达 70%左右的羊肉经脱水后，使水分含量减少到 6%～10%。从而抑制微生物的生长，降低脂肪氧化速度，从而达到延长贮藏时间的目的。

盐渍贮藏是利用食盐的脱水作用，氯离子阻碍蛋白酶分解的作用，达到抑制微生物对蛋白质分解的效果，从而延长贮藏时间。

微波处理是利用微波杀菌的机制，即高频率的微波照射可以使食品中微生物的各种极性基、活性基发生激烈的振动、旋转、产热，使得蛋白质、核酸等发生不可逆变化，从而达到杀菌的目的。该技术利用了微波的穿透力，以及微波杀菌的非热效应，使这种高效、节能的技术得到广泛的推广和应用，其加热效果较（水或汽）热力杀菌均衡。

高压处理是利用非加热的高压杀菌技术来延长肉品的货架期。研究表明，100～600MPa 的高压作用 5～10min 可以使一般细菌和酵母、霉菌数减少甚至杀灭，600MPa 作用 15min 时，食品中绝大多数的微生物被杀灭。这种技术避免了加热灭菌使食品质量变劣、产生热臭味、营养损失等缺陷。

2. 羊肉的保鲜 随着社会经济的发展，人民生活水平日益提高，消费观念不断更新，消费者在对羊肉消费量日益增加的同时，也不断提高对羊肉品质的要求。为更好地满足消费者需求，延长羊肉的保鲜贮藏期，国内外学者对羊肉的保鲜技术进行了广泛的研究。

（1）膜保鲜技术 涂膜保鲜技术是为了防止外界微生物侵入、肉汁流失、肉色变暗等原因，将特制的保鲜剂涂在羊肉表面形成一层保护性薄膜以延长货架期。一般涂膜材料为可食性的，国外学者建议使用一种保鲜涂料剂，主要成分为蒸馏的乙酰化单甘油酯配合蔗糖脂肪酸酯。国内学者认为乳酸钠、乙酸和海藻酸钠加上适量的甘油，成本低廉，易于附着在羊肉表面，对于延长货架期也可达到良好的效果。

谷类薄膜是以玉米、大豆、小麦为原料，将玉米蛋白质制成纸状，用于香肠等肉制品的包装。胶原薄膜是以动物蛋白胶原制成，具有强度高、耐水性能和隔绝水蒸气性能好等优点，解冻烹调时即融化，可食用，不会改变肉食品风味。可食性包装膜种类繁多，如牛奶蛋白膜、酪蛋白膜等。在玉米醇溶蛋白或大豆蛋白膜中添加溶菌酶等抑菌成分，可抑制肉制品腐败，被称为新型的具有抗菌功能的可食性包装膜。

纳米保鲜技术则是一种新型的膜保鲜技术，它是以常规保鲜膜配方组分为载体，添加含银系纳米材料母粒，吹塑研制出的纳米防霉保鲜膜，具有良好的抑菌效果。利用纳米技术可以使常规保鲜膜具有气调、保湿和纳米材料缓释防霉等多种功能。

（2）气体环境保鲜技术 改善和控制肉制品周围气体环境，作为冷藏的补充手段，可以延长肉制品的货架寿命。改善和控制气氛包装技术为生鲜肉品提供了技术保证。改善和控制气氛包装又称为气调包装，即以小包装形式将产品封闭在塑料包装材料中，其内部环境气体可以是封闭时提供的，或者是在封闭后靠内部产品呼吸作用自发调整形成的。目前最常见的就是真空、充气包装，MAP 及 CAP 等。

充气包装保鲜技术是指在密封性能好的材料中装入肉品，并在包装内充填一定比例理想气体，改变其中的内环境，抑制微生物的活动及酶的活性，减缓肉品氧化速度，从而延长肉制品货架期的一种包装方法。充气包装的气体成分主要为氧气、氮气和二氧化碳。该技术的优点是不使用任何化学防腐剂，贮藏过程中肉类基本保持原有的鲜艳色泽。缺点是包装的内外有温度差，使包装薄膜易出现结露现象。

脱氧剂包装保鲜技术是指在密闭的包装容器内，封入能与氧起化学作用的除氧剂，从而除去包装内的氧气，使被包装物在氧浓度很低甚至几乎无氧的条件下保存的一种保鲜技术。应选择安全无毒、不与被包装物发生化学反应、不产生异味和有害物质的脱氧剂。

真空包装保鲜技术是指把包装袋内和肉食品细胞内的氧气抽掉，使微生物失去生存环境的一种保鲜技术。羊肉真空包装是指将羊肉装入气密性的包装袋内，抽出包装袋内的空气，达到预定真空度后，完成封口工序。真空包装或充气包装常用双层复合薄膜或三层复合薄膜制成的三边封口包装袋。

一种新型的改善和控制气体环境的复合保鲜技术是采用原材料的灭菌化处理、充氮包装和多阶段升温的温和式杀菌方式，比较完美地保存烹饪肉品的品质和营养成分，保持肉品原有的色泽、风味、口感和外观的一种技术。该技术工艺流程一般包括四个步骤：初加工、预处理（灭菌化处理）、气体置换包装和调理杀菌。灭菌化处理与多阶段升温的温和式杀菌相互配合，在较低温度条件下杀菌，即可最大限度地保留肉品的色、香、味、口感和形状。

（3）化学保鲜技术　利用化学合成的防腐剂和抗氧化剂应用于肉制品保鲜防腐的一种贮藏技术。防腐保鲜剂分为化学防腐保鲜剂和天然防腐保鲜剂。化学防腐保鲜剂主要有各种有机酸及其盐类。肉类防腐保鲜中使用的主要有乙酸、甲酸、柠檬酸、乳酸及其钠盐、抗坏血酸、山梨酸及其钾盐和苯甲酸等。另外可溶性抗氧化剂、水溶性抗氧化剂、乳酸链球菌素、溶菌酶等生物制剂对肉类也有防腐保鲜效果。采用 α-生育酚、茶多酚、黄酮类物质、香辛料提取物等具有防腐和抗氧化性能的天然物质作为防腐剂将成为今后肉类防腐保鲜的研究方向。

（4）物理保鲜技术　随着生物电磁效应的深入研究，电磁场对微生物的影响研究也日益受到关注。研究结果表明，短脉冲弱电流、非均匀恒定或交变磁场，在合适的强度条件下，对肉品进行处理，会造成肉品中的微生物失活而不影响肉品质量。其机制是通过高速电子流对膜、核酸的直接作用，以及高速电子流对微生物周围的空气及水环境产生影响，造成臭氧、活性氧和过氧化氢分子的出现，这类物质对膜、核酸及蛋白质作用导致微生物及酶失活的间接作用，已达到延长肉制品保鲜的目的。

真空冻干保鲜技术是在低温条件下，对含水物料冻结，再在高真空度下加热，使固态冰升华，脱去物料中的水分；食用时，将各种物品浸入水中很快就能复原，类似鲜品，最大限度地保留了原有的色、香、味及营养成分和生理活性成分的一种保鲜技术。冻干食品因脱水较彻底，包装时不加任何防腐剂便可较长时间贮藏保鲜。

（5）栅栏保鲜技术　栅栏理论是德国肉类食品专家 L. Leistner 提出的一套系统科学地控制食品保质期的理论。

栅栏理论认为，食品要达到可贮性与卫生安全性，其内部必须存在能够阻止食品所含腐败菌和病原菌生长繁殖的因子，这些因子通过临时和永久性地打破微生物的内平衡，从而抑制微生物的致腐与产毒，保持肉品品质。

阻止食品内微生物生长繁殖的因素统称为栅栏因子。随着肉类食品保鲜技术的不断发展，许多新型的栅栏因子脱颖而出，如 pH 类的微胶囊酸化剂，压力类的超高压生产设备等。

栅栏效应是指食品在贮藏期间，与防腐有关的内在和外在栅栏因子的效应以及这些因子的互作效应决定了食品中微生物的稳定性，各种食品有其独特的抑菌防腐栅栏因子，它们各自发挥功能。栅栏因子间的相互作用以及与食品中微生物相互作用的结果，不仅仅是这些因子单独效应的简单叠加，而是相乘作用。这种效应称为栅栏效应。

栅栏技术是指在食品设计和加工过程中，利用食品内部能阻止微生物生长繁殖的因素之间的相互作用，控制食品安全性的综合性技术措施。在生产实践过程中，可以根据具体情况，设计不同障碍，利用其产生的各种协同效应，达到延长货架期的目的。栅栏技术的应用步骤一般分为以下六步：①确定产品类型、感官特性及货架期；②制定工艺流程和工艺参数；③确定栅栏因子，主要包括 pH、防腐剂、处理温度等；④测定效果，对产品感官指标和微生物指标进行测定；⑤调整和改进，通过分析，调整栅栏因子及其强度；⑥工厂化试验，在生产条件下验证设计方案，并使方案切实可行。

（三）羊肉营销与贮存运输

为保证羊肉的质量，应该严格控制羊肉的货源考察、采购验收、贮存运输和上柜销售等各个环节。

采购货源必须来自于取得食品卫生许可证和营业执照的羊肉屠宰加工企业，具有符合卫生规范的生产场地和加工设施，有科学的工艺流程和严格的卫生管理制度以及各种产品相应的标准（国家标准、行业标准或企业标准）。采购人员在购进羊之前，应该索要有效的产地检疫证明和运输检疫证明，之后才能进行宰前检疫并对检疫结果合格的羊只进行购买屠宰。对于屠宰包装后的羊肉应检查包装的完整性、商标、生产日期、保质期、贮存方法等。采购人员应根据《肉与肉制品卫生标准的分析方法》（GB/T5009.44—2003）和《肉与肉制品感官评定规范》（GB/T 22210—2008）对羊肉及其制品进行感官检查，并抽样进行实验室检验。羊肉的贮存运输应该具备以下条件：冷冻库要求预冷库在$-2\sim4℃$，冻结库温度在$-23℃$以下，冷藏库温度在$-18℃$以下，运输车船应该清洁卫生，装运前进行必要的消毒。上柜销售应该将羊肉置于干净卫生的冷藏柜或低温货架，与其他食品隔离，避免串味和污染。

（四）羊肉 HACCP 管理系统

羊肉 HACCP（Hazard analysis and critical control point）意为危害分析和关键控制点，是对羊肉安全有显著意义的危害加以识别、评估和控制，是保证羊肉安全和制品质量的一种预防控制体系，是一种先进的卫生管理方法。关键控制点（Critical control point，CCP）是指能够进行控制，并且该控制对防止、消除羊肉安全危害或将其降低到可接受水平必需的步骤。

羊肉 HACCP 体系由七部分组成。

1. 进行危害分析　针对羊肉安全危害，根据各种危害发生的可能性和严重性来确定某种危害的潜在性和显著性。一般分为两个阶段，即危害识别和危害评估。

2. 确定关键控制点　关键控制点是具有相应的控制措施，使羊肉安全危害被预防、消除或降低到可接受水平的一个点、步骤或过程。对于危害分析中确定的每一个显著危害，均有一个或多个关键控制点对其进行控制。

3. 建立关键限值　在关键点确定之后，必须为每一个关键控制点建立关键限值。关键限值是在关键控制点上用于控制危害的生物、化学或物理的参数。

4. 建立监控关键控制点控制体系　是指对关键控制点实施一个有计划的观察和测量程序，以评估是否受控，并且为将来验证时使用做出准确的记录。

5. 当监控表明个体 CCP 失控时所采取的纠正措施　是当监控结果显示关键限值时有偏离，纠正或消除偏离的起因，重建加工控制，确认偏离期间加工的羊肉产品，并确定对这些羊肉产品的处理方法。

6. 建立验证程序、证明 HACCP 体系工作的有效性　指用监控以外的方法来评价HACCP计划和体系的适宜性、有效性和符合性。验证措施包括建立验证过程中的检查计划、复查 HACCP 记录、随机样品的收集和分析，以及验证过程中的检查记录。

7. 建立关于所有适用程序和这些原理及其应用的记录系统　记录 HACCP 计划和用于制订计划的支持性文件、关键控制点的监控记录、纠正措施记录和验证记录。

羊肉及其制品的 HACCP 管理体系应建立在有效执行良好操作规范的基础上，应保证各生产环节具备符合国家有关羊肉质量安全要求的必备环境和操作条件。HACCP 管理小组应由畜牧、兽医及质量管理相关专业人员组成。从品种特点，饲养方式、周期、要求及屠宰加工要求等方面进行全面描述，确定预期用途，制作清晰、简明的饲养、屠宰、加工流程图，并对其以现场核查的方式进行确认，并加以修改。危害确定应对从饲养到销售整个过程进行检查，以确定对羊肉安全可能发生的危害。可能发生的危害一般分为生物性危害、化学性危害及物理性危害等。生物性危害包括有病原引起的动物疫病，即传染病和寄生虫病；由饮水、饲料被微生物污染或免疫接种过程中卫生消毒不严格引起的微生物污染；虻、蚊、蝇等节肢动物和鼠类等有害生物。化学性危害是指违规使用或不正确使用兽药和消毒药和饲料及饲料添加剂引起的危害。物理学危害主要是指饲养管理、屠宰加工设备设施的设置使用不当或员工操作不当造成的危害。在可能发生的危害控制措施和记录要求方面也应该针对生物、化学、物理因素分别提出相关控制措施和记录。

羊肉 HACCP 系统的宗旨是防止羊肉安全危害的发生，侧重于预防性监控，不依赖于对最终羊肉产品进行检验，从而使危害消除或降低到最低限度。

四、无公害羊肉、绿色羊肉及有机羊肉

随着世界经济全球化，绿色技术成为农产品国际贸易中新兴的贸易壁垒，无公害食品的安全性质量控制成为技术壁垒的主要形式。为提高农产品质量，建立无公害农产品生产基地，生产安全、无污染的优质无公害农产品，建立和完善无公害食品标准体系，更好地提高农产品质量安全水平、增强农产品国际竞争力，农业部于 2001 年提出了"无公害食品行动计划"，并制定、发布了 73 项无公害食品标准，于 2002 年制定了 126 项、修订了 11 项无公害食品标准，2004 年又制定了 112 项无公害标准，从此基本解决了我国农产品的质量安全问题。其中与羊肉无公害生产和无公害羊产品加工有关的共 7 项，包括《无公害食品　畜禽饮用水水质》（NY 5027—2001）、《无公害食品　畜禽产品加工用水水质》（NY 5028—2008）、《无公害食品　羊肉》（NY 5147—2008）、《无公害食品　肉羊饲养饲料使用准则》（NY 5150—2002）、《无公害食品　肉羊饲养兽医防疫准则》（NY 5149—2002）、《无公害食品　肉羊饲养兽药使用准则》（NY 5148—2002）、《无公害食品　肉羊饲养管理准则》（NY/T 5151—2002）。

（一）无公害羊肉

无公害羊肉是指产地环境、生产过程和产品质量符合国家有关标准和规范的要求，经认证合格获得认证证书并允许使用无公害农产品标志的未经加工或者初加工的羊肉。无公害羊肉要求原料来自非疫区，其饲养规程符合《无公害食品　畜禽饲养兽药使用准则》（NY/T 5030—2006）、《畜禽饲养兽医防疫准则》（NY/T 5339—2006）、《无公害食品　畜禽饲料和饲料添加剂使用准则》（NY/T 5032—2006）、《无公害食品　肉羊饲养管理准则》（NY/T 5151—2002）的要求，屠宰加工应符合《鲜、冻胴体羊肉》（GB 9961—2001）和《畜禽屠宰卫生检疫规范》（NY 467—2001），感官要求及其他指标应符合《无公害食品　羊肉》（NY 5147—2008）等相关标准要求的羊肉。2001 年，国家质量监督检验检疫总局颁布的《农产品安全质量　无公害畜禽肉安全要求》（GB18406.3—2001）和《农产品安全质量　无公害畜禽肉产地环境要求》（GB/T 18406.3—2001）对无公害羊肉等畜禽肉的定义、要求、试验方法、检验规则、标志、标签、包装、运输和贮存要求作了明确规定，同时对无公害羊肉等畜禽肉的生产加工环境的质量要求、试验方法、评价原则、防疫措施做出相关要求。

（二）绿色羊肉

绿色羊肉是指遵循可持续发展原则、按照特定生产方式生产、经专门机构认定、许可使用绿色食品标志的无污染的羊肉及其制品。可持续发展原则要求生产的投入量和产出量保持平衡，既要满足当代人的需要，又要满足后代人同等发展的需要。绿色食品在生产方式上对农业以外的能源采取适当的限制，以更多地发挥生态功能的作用。我国的绿色食品分为 A 级和 AA 级两种，其中 A 级绿色食品生产中允许限量使用化学合成生产资料，AA 级绿色食品则较为严格地要求在生产过程中不使用化学合成的肥料、农药、兽药、饲料添加剂、食品添加剂和其他有害于环境和健康的物质。国家针对绿色食品颁布的相关标准有《绿色食品　产地环境技术条件》（NY/T 391—2000）、《绿色食品　兽药使用准则》（NY/T 472—2006）、《绿色食品　动物卫生准则》（NY/T 473—2001）、《绿色食品　肉及肉制品》（NY/T 843—2009）、《绿色食品　产地环境调查、监测与评价导则》（NY/T 1054—2006）、《绿色食品　产品抽样准则》（NY/T 896—2006）、《绿色食品　产品检验规则》（NY/T 1055—2006）及《绿色食品　贮藏运输准则》（NY/T 1056—2006）等。绿色羊肉与无公害羊肉相比较，具有更高的要求，如要求四环素、土霉素、金霉素、喹乙醇、盐酸克仑特罗、氯霉素和呋喃唑酮等药物残留均不能检出。绿色羊肉在注重品质的同时更加注重消费者的健康。

（三）有机羊肉

有机羊肉是指根据有机农业原则和有机农产品生产方式及标准生产、加工出来的，并通过有机食品认证机构认证的羊肉。有机农业的原则是在农业能量的封闭循环状态下生产，全部过程都利用农业资源，而不是利用农业以外的能源（化肥、农药、生产调节剂和添加剂等）影响和改变农业的能量循环。有机农业生产方式是利用动物、植物、微生物和土壤四种生产因素的有效循环，不打破生物循环链的生产方式。有机产品是纯天然、无污染、安全营养的食品，也可称为"生态食品"。《有机产品》（GB/T 19630—2011）从生产、加工、标识与销售和管理体系四个部分对有机产品的各个环节做出具体的要求，并发布相应的《有机食品技术规范》（HJ/T 80—2001）。

无公害羊肉是食用羊肉质量的起码要求，也是羊肉准入的最低标准，羊肉中的农药残留、重金属、亚硝酸盐等有害物质的含量控制在国家允许的范围内，人们食用后对健康不会造成危害。而绿色羊肉是我国政府主推的认证农产品之一，它是普通羊肉向有机羊肉发展的一种过渡产品，分为 A 级绿色羊肉和 AA 级绿色羊肉。其中，A 级绿色羊肉生产中允许限量使用化学合成生产资料，而 AA 级绿色羊肉比 A 级绿色食品的要求更严格。有机羊肉也叫生态羊肉或生物羊肉，是一类真正源于自然、高营养、高品质的环保型安全食品，它的生产原料必须天然，而且在生产、加工环节，都禁止使用化学合成的农药、化肥、激素、抗生素，也禁止使用基因工程技术和相关的衍生物。有机羊肉是目前羊肉的最高标准。我国无公害羊肉、绿色羊肉和有机羊肉的比较见表 2-8。

表 2-8　我国无公害羊肉、绿色羊肉和有机羊肉的比较

名　称	认证标准	标　志	认证方法	认证机构
无公害羊肉	允许任何等级可使用限品种、限量、限时间的安全人工合成化学物质	由各省、市先后制定了不同的认证商标	按产地环境、生产过程、最终产品质量认证	农业部

（续）

名　称	认证标准	标　志	认证方法	认证机构
绿色羊肉	A级允许使用限量、限品种、限时间的安全人工合成化学物质；AA级不允许使用	国家工商局注册了由太阳、叶片和蓓蕾组成的质量认证商标	实行检查员制度，以实地检查认证为主，检测认证为辅	中国绿色食品发展中心
有机羊肉	不允许使用任何人工合成化学物质，为纯天然、无污染、安全营养食品	国家工商局注册了有机食品标志	基本同绿色羊肉	环境保护部有机食品发展中心

注：人工合成的化学物质主要为农药、兽药、肥料、饲料添加剂等。引自马章全等（2007）。

第五节　绒毛用羊的其他副产品

绒毛用羊主要产品是绒毛和羊肉，此外，还生产一些副产品。这些副产品包括羊皮、羊血、肠衣、羊骨、羊胎盘等，这些副产品也具有重要的经济价值，有待于进一步开发利用。

一、羊皮

羊皮是养羊业主要副产品之一。这里所指羊皮是指专用羔皮、裘皮以外的板皮。板皮又分为绵羊板皮和山羊板皮，具有较高经济价值，主要用于制革。不同季节、地区、品种、性别、年龄、加工方式影响板皮质量。

二、羊血

羊的血液约占其体重的3.5%，是羊产品中数量比较大的副产品。血液是由血细胞、血浆和水分组成，其中血细胞占13%，血浆中的有机物占8%，无机物占1%，水分占78%。羊血可以食用，一般是制成血粉，作为饲料。如作为医药用，必须把血浆、血细胞等成分进行分离，烘干制成粉状。

三、肠衣

羊肠衣主要制作外科手术缝合线，以及网球、羽毛球的排弦、琴弦等，是我国传统的出口商品之一，为国家换取外汇。羊肠衣还可用于灌制成各种香肠作为食品。

四、羊骨

羊骨主要由有机物质、无机物质和水分三部分组成。各部分比例成分与羊的年龄、性别、不同部位及生长状态而有所差异。羊骨的有机成分主要是胶原蛋白质、多糖体和非胶原蛋白质；无机成分主要是矿物质，其中以钙、磷为主。羊骨主要加工成骨粉，作为肥料或饲料。

五、羊胎盘

羊胎盘作为滋补品在我国已有悠久历史。羊胎盘中富含脑活素、脑磷脂、卵磷脂，这些物质能激发人类大脑活力，延缓衰老，增强人体免疫力和抗病力等。由于羊胎盘具有上述功能，利用羊胎盘可制作羊胎盘素和化妆品。

六、羊粪

羊粪经堆积发酵，与经过粉碎的秸秆生物菌搅拌综合，再经耗氧发酵、粉碎、制粒，可作为花卉、果树、蔬菜优质有机肥料。

第三章

绒毛用羊品种

第一节 细 毛 羊

一、培育品种

（一）新疆细毛羊

1. 一般情况

（1）品种名称 新疆细毛羊是我国培育的第一个毛肉兼用型细毛羊品种。1954 年由巩乃斯种羊场等单位培育。

（2）产区及分布 新疆细毛羊中心产区为新疆维吾尔自治区伊犁哈萨克自治州、塔城地区、博尔塔拉蒙古自治州。主要分布于昌吉回族自治州、乌鲁木齐市、巴音郭楞蒙古自治州、阿克苏等地区，青海、甘肃、内蒙古、辽宁、吉林、黑龙江等地也有分布。

2. 培育过程 新疆细毛羊的育种工作开始于 1934 年，乌鲁木齐市南山种畜场利用高加索细毛羊和泊列考斯细毛羊等品种，与当地哈萨克羊和蒙古羊进行杂交。1939 年将 2 600 多只基础母羊，主要是一、二代杂种母羊及少量三代母羊从乌鲁木齐市南山种畜场迁到巩乃斯种羊场，继续用高加索细毛羊和泊列考斯细毛羊进行杂交。到 1949 年，巩乃斯种羊场有以四代为主的杂交羊 9 000 余只，当时称为"兰哈羊"，羊群生产性能较低，品质也很不整齐。1949 年后制定了新品种选育目标，开展了有计划的选种选配。1950—1953 年羊群趋于整齐，生产性能得到提高。1953 年由农业部组织对巩乃斯种羊场的羊群进行鉴定。1954 年农业部批准命名为"新疆毛肉兼用细毛羊"新品种，简称"新疆细毛羊"。

新疆细毛羊育成后，针对存在的问题，开展了连续的选育工作，主要是巩固已有的适应能力和放牧性能，继续提高羊毛长度、产毛量、体重及腹毛覆盖度等性能，使羊群质量不断提高。

3. 体型外貌特征 新疆细毛羊被毛为白色，个别羊眼圈、耳、唇部有小色斑。体质结实，结构匀称。公羊有螺旋形角，母羊无角。公羊鼻梁稍隆起，母羊鼻梁平。公羊颈部有 1~2 个横皱褶和发达的纵皱褶。母羊有一个横皱褶或发达的纵皱褶。体躯皮肤宽松，胸宽深，背直而宽，体躯深长，后躯丰满。四肢结实，肢势端正。

被毛呈毛丛结构，闭合良好，密度中等以上，羊毛弯曲明显，各部位毛丛长度和细度均匀。头毛着生至两眼连线，前肢毛着生至腕关节，后肢毛着生至飞节。腹毛着生良好。

4. 体重和体尺 新疆细毛羊的体重、体尺见表 3-1。

表 3-1　新疆细毛羊的体重和体尺

年　龄	性　别	体重（kg）	体高（cm）	体长（cm）	胸围（cm）
成年	公	88.0	75.3	81.7	101.7
	母	48.6	65.9	72.7	86.7
周岁	公	42.5	64.1	67.7	78.9
	母	35.9	62.7	66.1	79.1

注：数据引自《中国羊品种志》。

5. 生产性能

（1）产毛性能　新疆细毛羊剪毛量周岁公羊 4.9kg、周岁母羊 4.5kg；成年公羊 11.57kg、成年母羊 5.24kg。毛长周岁公羊 7.8cm、周岁母羊 7.7cm，成年公羊 9.4cm、成年母羊 7.2cm。净毛率 48.06%～51.53%。羊毛主体细度 21.6～23 μm。油汗主要为乳白色及淡黄色。

（2）产肉性能　据测定，2.5 岁以上羯羊宰前体重 65.6kg，胴体重 30.7kg，屠宰率 46.8%，净肉率 40.8%。

（3）繁殖性能　新疆细毛羊 8 月龄性成熟，公、母羊初配年龄为 1.5 岁。母羊发情周期 17d，发情持续期 24～48h，妊娠期 150d。经产母羊产羔率 130% 左右。

6. 饲养管理　新疆细毛羊采用全年放牧、冬春补饲的饲养方式，放牧以季节游牧为主，每年 3 月下旬转入春季牧场，6 月中旬进入夏季牧场，9 月上旬转到秋季牧场，11 月上旬进入冬季牧场，在冬季牧场和春季牧场给予适当补饲。

7. 推广应用情况　新疆细毛羊自育成以来，累计向全国 20 多个省（自治区）推广种羊约 40 万只，在全国表现出较好的适应性和生产性能；作为杂交育种亲本之一，先后育成了甘肃高山细毛羊、内蒙古细毛羊、中国美利奴羊、青海高原毛肉兼用半细毛羊、凉山半细毛羊、彭波半细毛羊等品种，对我国细毛羊、半细毛羊新品种的培育起到了重要作用。

8. 评价和展望　新疆细毛羊是我国培育最早、数量最多的细毛羊品种，具有较高的毛、肉生产性能，突出的特点是适应性强、抗逆性好。但其净毛产量低、毛长不足、羊毛白度不够理想、后躯欠丰满。今后应在保持适应性和抗逆性的前提下，坚持毛肉兼用选育方向，着重提高净毛产量、羊毛长度及产肉性能。

（二）东北细毛羊

1. 一般情况

（1）品种名称　东北细毛羊属毛肉兼用型细毛羊培育品种，是由东北三省农业科研单位、大专院校和种羊场联合育种培育而成。1967 年由农业部组织鉴定验收，命名为"东北细毛羊"。

（2）产区及分布　东北细毛羊是在辽宁小东种畜场、吉林双辽种羊场、黑龙江银浪种羊场等育种基地育成的。主要分布在辽宁、吉林、黑龙江三省西北部平原的半农半牧地区和部分丘陵地区。截至 2005 年底东北三省共存栏 24 万只，其中育种核心群母羊 13 万只。

2. 培育过程　1906 年东北地区引进美利奴羊。后清政府在奉天建立农事试验场，引进兰布列羊公羊 32 只，1931 年又从美国引进兰布列羊和考力代羊，与当地蒙古羊杂交。1950 年建立种公羊场，从民间收集体质结实、适应性强、被毛基本同质的各类杂交羊进行选育。

1952 年又引进了苏联美利奴羊、斯达夫洛普羊、高加索细毛羊和阿斯卡尼羊等品种进行杂交。1958 年成立了东北细毛羊育种委员会，制定了联合育种方案和选育指标，从 1959 年在小东种畜场、双辽种羊场和银浪羊场，以 2 万多只基础母羊为母本，用含 1/8～1/4 斯达夫洛普羊血液的杂种羊进行选配，经过 3～4 个世代的自群繁育，群体体型外貌趋于一致，生产性能进一步提高，遗传性能基本稳定。1967 年由农业部组织鉴定验收，命名为东北细毛羊。

3. 体型外貌特征 东北细毛羊被毛为白色，体质结实，体格大，结构匀称。公羊有螺旋形角，颈部有 1～2 个横皱褶；母羊无角，颈部有发达的纵皱褶。体躯皮肤宽松，无皱褶；胸宽深，背平直，后躯丰满，姿势端正。

被毛闭合良好、密度中等以上，毛纤维匀度好、弯曲明显，油汗为白色或乳白色、含量适中。头毛着生至两眼连线，前肢毛着生至腕关节，后肢毛着生至飞节。腹毛呈毛丛结构。

4. 体重和体尺 东北细毛羊成年羊体重和体尺见表 3-2。

表 3-2 东北细毛羊成年公、母羊体重和体尺

性 别	体重（kg）	体高（cm）	体长（cm）	胸围（cm）	胸宽（cm）	胸深（cm）
公	78.80±3.85	71.90±2.46	78.10±1.2	93.80±2.58	24.50±1.0	32.90±1.57
母	51.50±4.02	69.53±4.03	72.82±4.2	91.82±4.42	24.47±2.1	31.92±1.89

注：2007 年由辽宁省小东种畜场测定。

5. 生产性能

（1）产毛性能 东北细毛羊产毛性能见表 3-3。

表 3-3 东北细毛羊成年公、母羊产毛性能

性 别	产毛量（kg）	毛长（cm）	细度（μm）	单纤维强度（g）	伸度（%）	净毛率（%）
公	10.0～13.0	9.0～11.0	24.17±3.8	8.13±3.10	44.35±10.20	45.44±4.82
母	5.5～7.5	7.0～8.5	23.74±3.6	7.54±2.34	42.63±9.58	42.90±7.55

注：2007 年由辽宁省小东种畜场测定。

（2）产肉性能 据 2007 年辽宁省小东种畜场测定，东北细毛羊 7 月龄公羊的宰前活重为 40.34kg、胴体重 16.23kg、屠宰率 40.23%、净肉重 13.38 kg、净肉率 33.17%、肉骨比 4.69。

（3）繁殖性能 东北细毛羊公、母羊 10 月龄性成熟，初配年龄为 1.5 岁。母羊发情周期 17d，发情持续期 24～30h，妊娠期 149d。产羔率初产母羊为 111%、经产母羊为 125%。

6. 饲养管理 东北细毛羊采用全年放牧、冬季补饲的饲养方式。

7. 推广利用情况 东北细毛羊育成后，向全国 12 个省、自治区推广了 112 万只种羊，在推广地表现出较好的适应性和杂交改良效果。进入 20 世纪 80 年代后，相继导入中国美利奴羊和澳洲美利奴羊等品种，以提高其产毛性能。1990 年后受羊毛市场需求变化的影响，饲养数量减少、饲养范围缩小。

8. 评价和展望 东北细毛羊具有耐粗饲、适应性强、体大、生长发育快、改良当地绵羊效果明显等特点。今后发展方向应由毛肉兼用逐步转向肉毛兼用，着重提高产肉性能，改进羊毛品质，提高综合养殖效益。

（三）甘肃高山细毛羊

1. 一般情况

（1）品种名称　甘肃高山细毛羊属毛肉兼用型细毛羊培育品种。1981 年由甘肃省培育而成。

（2）产区和分布　甘肃高山细毛羊是在甘肃西部祁连山脉皇城滩和松山滩的高山草原培育而成的。主要分布于甘肃省牧区、半农半牧区和农区。

2. 培育过程　甘肃高山细毛羊的育种开始于 1950 年，是以当地蒙古羊、西藏羊和蒙藏杂交羊为母本，以新疆细毛羊和高加索细毛羊为父本，采用复杂杂交育成方法，于 1981 年在甘肃省皇城绵羊育种试验场及周边地区培育而成。

甘肃高山细毛羊的培育经历了三个阶段。第一阶段自 1950 年开始的杂交改良阶段，共进行了六个杂交组合试验，其中以"新×蒙"和"新×高蒙"的杂交组合后代较理想；第二阶段从 1959 年开始的横交阶段，从二、三代杂种羊中选择生产性能和适应性强的理想型羊进行横交固定；第三阶段从 1966 年建立了育种核心群，1974 年开始按照育种计划和指标，统一了鉴定标准，实行场、社联合育种，扩大育种核心群，不断提高优良种公羊的利用率，统一羊群类型，提高群体生产水平。

3. 体型外貌特征　甘肃高山细毛羊被毛呈毛丛结构，闭合良好，密度中等以上。公羊有螺旋形大角，母羊无角或有小角。公羊颈部有 1～2 个横皱褶，母羊颈部有发达的纵皱褶。头毛着生至两眼连线，前肢毛着生至腕关节，后肢毛着生至飞节。体格中等，体质结实，结构匀称，体躯长，胸宽深，后躯丰满。

4. 体重和体尺　甘肃高山细毛羊体重、体尺见表 3-4。

表 3-4　甘肃高山细毛羊体重和体尺

年　龄	性　别	体重（kg）	体高（cm）	体长（cm）	胸围（cm）
成年	公	75.0	76.5±3.1	77.2±3.2	106.5±4.7
	母	40.0	67.5±2.3	69.7±2.0	88.7±3.7
周岁	公	40.0	70.9±2.2	69.9±2.6	88.5±3.2
	母	35.0	64.5±2.4	65.6±2.2	81.7±2.8

注：数据引自《中国羊品种志》。

5. 生产性能

（1）产毛性能　成年公、母羊剪毛量分别为 8.5kg、4.4 kg，羊毛长度分别为 8.24cm、7.4cm。羊毛主体细度 21.6～23μm，单纤维强度 6.0～6.83g，伸度 36.2%～45.7%。净毛率 43%～45%。油汗多为白色或乳白色，黄色较少。

（2）产肉性能　甘肃高山细毛羊的产肉能力和沉积脂肪能力良好，肉质鲜嫩，膻味较轻。在终年放牧、不补饲的条件下，成年羯羊宰前活重 57.6kg，胴体重 25.9kg，屠宰率 44.97%。

（3）繁殖性能　甘肃高山细毛羊公、母羊 8 月龄性成熟，经产母羊产羔率为 110% 左右。

6. 推广利用情况　甘肃高山细毛羊育成后，在甘肃、青海等高原地区推广了大量种羊，取得了良好的杂交改良效果。

7．评价和展望 甘肃高山细毛羊是在青藏高原边缘的祁连山区特殊的生态条件下育成的，对海拔 2 600m 以上的高寒山区具有良好的适应性。体质结实，肉用性能和毛用性能好。今后应在提高毛用性能的同时，注重肉用性能的开发利用。

（四）内蒙古细毛羊

1．一般情况

（1）品种名称 内蒙古细毛羊属毛肉兼用型细毛羊培育品种。1976 年由内蒙古自治区培育而成。

（2）产区和分布 内蒙古细毛羊是在内蒙古自治区锡林郭勒盟的草原地区育成的。主要分布于锡林郭勒盟的正蓝、太仆寺、多伦、镶黄、西乌珠穆沁等旗（县）。

2．培育过程 内蒙古细毛羊的育种开始于 1952 年，以五一种畜场和白音锡勒牧场为核心，选择苏联美利奴羊、高加索羊、新疆细毛羊和德国美利奴羊，与蒙古羊进行杂交，实行场、社联合育种。1963 年后以四代杂种羊为主，转入横交阶段。1967 年后转入自群繁育和选育提高阶段。1976 年内蒙古自治区政府正式批准命名为"内蒙古毛肉兼用细毛羊"，简称"内蒙古细毛羊"。20 世纪 80 年代导入澳大利亚美利奴羊和中国美利奴羊血液，生产性能明显提高。目前，纯种内蒙古细毛羊逐渐被中国美利奴羊所替代，数量不断减少。

3．体型外貌特征 内蒙古细毛羊体质结实，结构匀称。公羊大部分有螺旋形角，颈部有 1～2 个完全或不完全的横皱褶；母羊无角，颈部有发达的纵皱褶，体躯皮肤宽松无皱褶。胸宽而深，背腰平直。被毛白色，呈毛丛结构，闭合良好，油汗为白色或浅黄色。头毛着生至两眼连线，前肢毛着生至腕关节，后肢毛着生至飞节。

4．体重体尺 内蒙古细毛羊体重、体尺见表 3-5。

表 3-5 内蒙古细毛羊体重和体尺

年　龄	性　别	体重（kg）	体高（cm）	体长（cm）	胸围（cm）
成年	公	91.4	77.7	79.5	112.4
	母	45.9	65.2	70.3	92.1
育成	公	41.2	66.6	67.9	84.9
	母	35.4	64.8	66.0	83.2

注：数据引自《中国羊品种志》。

5．生产性能

（1）产毛性能 内蒙古细毛羊剪毛量育成公羊为 5.4kg、母羊 4.7kg，成年公羊 11.0kg、成年母羊 5.5kg；成年公、母羊羊毛长度分别为 8.9cm 和 7.2cm。羊毛细度 21.6～23μm，单纤维强度 6.8g，伸度 39.7%～44.7%，净毛率 36%～45%。

（2）产肉性能 据测定，内蒙古细毛羊 1.5 岁羯羊屠宰前体重 49.98 kg，屠宰率 44.9%；5 月龄放牧育肥的羯羔屠宰前体重 39.2 kg，屠宰率 44.1%，净肉率 33.3%。

（3）繁殖性能 内蒙古细毛羊经产母羊产羔率为 110%～123%。

6．推广应用情况 内蒙古细毛羊育成后，在内蒙古锡林郭勒盟等地区推广了大量种羊，取得了良好的杂交改良效果。

7．评价和展望 内蒙古细毛羊是在典型的干旱草原地带、大群放牧、粗放饲养、冬季气候寒冷的条件下培育形成的。具有体质结实、放牧能力强、在积雪 17cm 左右条件下有刨雪吃草的能力。在目前市场需求条件下，今后应坚持毛肉兼用的发展方向，并注重提高肉用性能。

（五）敖汉细毛羊

1. 一般情况

（1）品种名称　敖汉细毛羊属毛肉兼用型细毛羊培育品种。1982年由内蒙古自治区培育而成。

（2）产区和分布　敖汉细毛羊中心产区位于内蒙古自治区赤峰市南部的半农半牧区，主要分布于敖汉、翁牛特、赤峰、喀喇沁和宁城等旗（县）。

2. 培育过程　敖汉细毛羊以敖汉种羊场和敖汉旗为重点育种单位。1960年成立了育种委员会，制定了育种方案。整个育种过程分为三个阶段。

第一阶段为杂交阶段（1951—1958），以当地蒙古羊和少量低代杂种羊为母本，以苏联美利奴羊、斯达夫洛普羊和高加索羊等为父本进行杂交，改进羊毛品质和提高剪毛量。第二阶段为横交阶段（1959—1963），选择理想型杂种公、母羊进行横交。第三阶段为自群繁育阶段（1964—1981），此阶段严格整群淘汰，使群体体型外貌趋于一致，羊毛品质和生产性能得到改善和提高。1969年引进波尔华斯种公羊，1972年又引进澳洲美利奴种公羊进行导入杂交。经过10多年的选育提高，羊毛品质得到明显改善，并保持了体大、繁殖率高和适应性强等优良特性。

1982年内蒙古自治区人民政府正式验收批准为新品种，并颁布了《敖汉细毛羊》（蒙Q2—1982）内蒙古自治区企业标准。近年来，内蒙古自治区大量引进澳洲美利奴羊进行导血，使被毛品质得到改善，显著提高了净毛率和净毛产量。

3. 体型外貌特征　敖汉细毛羊体质结实，结构匀称，体躯宽深而长。公羊有螺旋形角，有1～2个完全或不完全的横皱褶；母羊多数无角。公、母羊颈部均有宽松的纵皱褶。被毛闭合良好，头毛着生至眼线，前肢毛着生至腕关节，后肢毛着生至飞节。腹毛着生良好。

4. 体重体尺　敖汉细毛羊体重、体尺见表3-6。

表 3-6　敖汉细毛羊体重和体尺

年　龄	性　别	体重（kg）	体高（cm）	体长（cm）	胸围（cm）
成年	公	91.0	79.2±3.9	82.3±5.5	114.6±1.4
	母	50.0	68.9±2.6	70.6±2.1	92.2±3.4
育成	公	53.0	69.1±3.3	70.4±3.6	89.5±3.5
	母	42.0	66.7±2.7	68.1±2.8	83.7±4.6

注：数据引自《中国羊品种志》。

5. 生产性能

（1）产毛性能　据测定，敖汉细毛羊成年公、母羊剪毛量分别为10.7kg和6.9kg，羊毛长度分别为9.8cm和7.5cm；净毛率36%～42%；羊毛细度21.6～23μm，单纤维强度9.24～9.80g，伸度40.6%～47.30%。油汗颜色为乳白色或白色。

（2）产肉性能　在放牧条件下，敖汉细毛羊8月龄羯羊宰前活重34.2kg，胴体重14.16kg，屠宰率41.4%；成年羯羊宰前活重63.7kg，胴体重29.3kg，屠宰率46.0%。

（3）繁殖性能　敖汉细毛羊公、母羊6～7月龄性成熟，初配年龄为18月龄。母羊8～9月份配种，翌年1～2月份产羔，妊娠期150d。经产母羊产羔率为132.75%。

6. 推广应用情况 敖汉细毛羊育成后，不仅在内蒙古自治区内大量推广，还推广到辽宁、吉林、黑龙江、北京、山西、河北、安徽和新疆等十几个省（自治区、直辖市），表现出良好的适应性和杂交改良效果。

7. 评价和展望 敖汉细毛羊具有耐粗饲、适应性强、体格大、抓膘快、繁殖率高等特点。今后应继续提高羊毛品质，改进羊毛细度，生产高档次羊毛。

（六）中国美利奴羊

1. 一般情况

（1）品种名称 中国美利奴羊属毛用型细毛羊培育品种。1985 年由新疆、内蒙古、吉林联合育种培育而成。

（2）产区和分布 中国美利奴羊是在新疆巩乃斯种羊场、新疆生产建设兵团紫泥泉种羊场、内蒙古嘎达苏种畜场和吉林省查干花种畜场培育而成的。主要分布于新疆、内蒙古和东北三省，是我国细毛羊分布最广的品种。2007 年底全国约有中国美利奴羊及其改良羊 500 万只。

2. 培育过程 中国美利奴羊育种工作始于 1972 年，当年农业部从澳大利亚引进 29 只澳洲美利奴公羊，并组织成立了良种细毛羊育种协作组，确定在新疆巩乃斯种羊场、紫泥泉种羊场、内蒙古嘎达苏种羊场和吉林查干花种羊场开展联合育种。协作组制定了统一的育种方案和选种标准，在 4 个育种场分别采用澳洲美利奴羊公羊与新疆细毛羊、军垦细毛羊和波尔华斯羊的母羊进行级进杂交，从杂交二、三代羊中挑选达到理想型的个体，进行横交固定，使后代优良性状得以巩固，遗传性能进一步稳定。

1985 年 12 月通过农业部新品种验收，正式命名为"中国美利奴羊"，并分为中国美利奴羊新疆型、军垦型、内蒙古科尔沁型和吉林型。中国美利奴羊品种育成后，为了进一步提高其生产性能和改进部分性状的不足，相继开展了品系繁育工作，在品种内建立了体大、毛长、毛密、多胎、超细毛等多个新品系，新疆完成了中国美利奴羊超细毛型和肉用多胎型等新品系的选育，使中国美利奴羊的生产性能不断提高，以满足多元化市场的需求。

3. 体型外貌特征 中国美利奴羊体质结实，体躯呈长方形。公羊有螺旋形角，颈部有 1～2 个横褶或发达的纵皱褶；母羊无角，有发达的纵褶。体躯皮肤宽松，无明显的皱褶。鬐甲宽平，胸深宽，背腰平直，尻宽而平，后躯丰满，四肢结实。

被毛为白色，呈毛丛结构，闭合良好，密度大；羊毛细度以 21.6～23μm 为主，部分品质好的群体羊毛细度为 16.5～20μm，毛长不短于 9.0cm。毛匀度好、弯曲明显，油汗为白色或乳白色，含量适中。净毛率不低于 50％。头毛密长，着生至眼线；前肢毛着生至腕关节，后肢毛着生至飞节，腹毛着生良好。

4. 体重体尺 中国美利奴羊体重和体尺见表 3-7。

表 3-7 中国美利奴羊体重和体尺

年 龄	性 别	体重（kg）	体高（cm）	体长（cm）	胸围（cm）
成年	公	91.8	72.5±2.3	77.5±4.7	105.9±4.3
	母	43.1	66.1±2.5	71.7±1.8	88.2±5.2
育成	公	69.2	65.4±2.5	68.1±1.8	92.8±5.2
	母	37.5	63.6±1.8	66.0±2.1	82.9±3.8

注：数据引自《中国羊品种志》。

5. 生产性能

(1) 产毛性能 1985 年品种育成时对 3 个省（自治区）4 个育种场的中国美利奴羊产毛性能进行测定，达到特级指标的成年母羊 3 988 只，平均毛长 10.48cm、污毛量 7.21kg、体侧部净毛率 60.87%、净毛量 4.39kg、剪毛后体重 45.84kg；一级羊成年母羊 4 629 只，平均毛长 10.20cm、污毛量 6.41kg、体侧部净毛率 60.84%、净毛量 3.90kg、剪毛后体重 40.90kg；被毛主体细度 21.6～23μm、单纤维强度 8.5g 左右。羊毛试纺结果表明：产品物理性能指标和纺织性能指标达到了进口 56 型澳毛标准。

(2) 产肉性能 据测定，中国美利奴羊 2.5 岁羯羊宰前体重 51.9kg，胴体重 22.94 kg，净肉重 18.04 kg，屠宰率 44.19%，净肉率 34.76%。

(3) 繁殖性能 中国美利奴羊产羔率为 117%～128%，羔羊成活率为 90.0%左右。

6. 推广应用情况 中国美利奴羊育成后，在新疆、内蒙古和吉林等省（自治区）进行了繁育体系建设，使育种、扩繁与杂交生产同步进行，向全国 20 多个省、自治区推广了大量种羊，杂交改良效果显著，使全国细羊毛产量和质量都得到明显改善。

7. 评价和展望 中国美利奴羊具有体型好、适宜放牧饲养、净毛率高、羊毛品质优良等特点，是我国利用澳洲美利奴羊培育出的有代表性的细毛羊品种。今后应加强选育提高，不断提高羊毛产量，改善羊毛品质，并着重肉用性能的开发利用，以满足多元化市场的需求。

（七）青海毛肉兼用细毛羊

1. 一般情况

(1) 品种名称 青海毛肉兼用细毛羊属毛肉兼用型细毛羊培育品种。1976 年由青海省三角城种羊场育成。

(2) 产区和分布 青海毛肉兼用细毛羊以青海省三角城种羊场为主要产区。分布于海北藏族自治州的门源回族自治县、刚察县，海东地区和西宁市大通回族土族自治县、湟中县和湟源县等地区。现存栏 3.1 万只。

2. 培育过程 青海毛肉兼用细毛羊的育种开始于 1952 年，以当地藏羊为母本，用新疆细毛羊和高加索细毛羊为父本进行杂交，随后发现高加索细毛羊的杂交后代体质较差，停止扩大使用。从新疆细毛羊杂种二代中挑选符合理想型个体进行横交固定，未达到理想型的母羊，继续用新疆细毛羊公羊杂交。1962 年用萨尔细毛羊与新藏二代母羊杂交，取得较好效果，1965 年开始从萨新藏三元杂交后代中选择理想型个体，全面进行横交固定。1976 年育成了青海毛肉兼用细毛羊新品种。1978 年导入澳洲美利奴羊血液，使青海毛肉兼用细毛羊体型外貌、羊毛品质得到进一步改善。2009 年通过国家畜禽遗传资源委员会的鉴定。

3. 体型外貌特征 青海毛肉兼用细毛羊被毛为白色，体质结实，结构匀称。胸宽深，背腰平直。公羊有螺旋形大角，颈部有 1～2 个完全或不完全的横皱褶；母羊多数无角，少数有小角，颈部有发达的纵皱褶。

被毛呈毛丛结构，闭合良好，密度中等以上。头毛着生至两眼连线，前肢毛着生至腕关节，后肢毛着生至飞节。毛长 8.0 cm 以上，羊毛细度均匀，弯曲正常，油汗为乳白色或淡黄色，含量适中，净毛率 40%以上。

4. 体重体尺 青海毛肉兼用细毛羊体重、体尺见表 3-8。

表 3-8　青海毛肉兼用细毛羊成年羊体重和体尺

性　别	体重（kg）	体高（cm）	体长（cm）	胸围（cm）
公羊	81.00±7.94	77.45±4.36	84.35±4.25	112.95±9.90
母羊	37.31±3.53	67.91±2.56	72.11±2.30	86.96±4.35

注：1976 年由青海三角城羊场测定，其中公羊 19 只、母羊 79 只。

5. 生产性能

（1）产毛性能　据 2008 年三角城羊场对核心群羊产毛生产性能测定，剪毛量成年公羊 8.49kg、成年母羊 5.23kg、育成公羊 5.26kg、育成母羊 4.60kg。剪毛前体重成年公羊 96.84kg、成年母羊 36.95kg、育成公羊 65.81kg。毛长度成年公羊 9.77cm、成年母羊 9.23cm，育成公羊 10.31cm。净毛率公羊为 47.3%、母羊 42.6%。羊毛细度 21.6～25μm，单纤维强度 8.47g。羊毛纺织性能良好，据青海省第三毛纺织厂试纺，原毛成套性好，成品手感好、质地洁白、离散系数小。

（2）产肉性能　育肥羊宰前活重 48.23kg，胴体重 19.83kg，屠宰率 41.12%，净肉重 16.91kg，净肉率 35.06%。

（3）繁殖性能　公、母羊 10 月龄达到性成熟，初配年龄为 1.5 岁。母羊 10～11 月份配种，产羔率 102%～107%。羔羊初生重公羔 3.80kg、母羔 3.60kg。羔羊 120 日龄断奶，断奶重公羔 22.23kg、母羔 19.73kg。繁殖成活率为 96%。

6. 推广应用情况　青海毛肉兼用细毛羊育成后累计向社会提供种羊 40 万只左右，改良当地羊 31.24 万只。

7. 评价和展望　青海毛肉兼用细毛羊体质结实，对高寒自然条件适应能力强，善于登山远牧，适宜粗放管理，忍耐力和抗病力强。今后应发挥其适应高寒生态条件的优良特性，向毛肉兼用方向发展，并注重肉用性能的开发利用。

（八）新吉细毛羊

1. 一般情况

（1）品种名称　新吉细毛羊属细毛羊培育品种。2003 年由新疆畜牧科学院、新疆农垦科学院、吉林省农业科学院等单位联合育种培育而成。

（2）产区和分布　新吉细毛羊中心产区是新疆维吾尔自治区塔城种羊场、新疆生产建设兵团紫泥泉种羊场和农四师 77 团、吉林省镇南种羊场、吉林省查干花种畜场等育种场，主要分布于新疆和吉林以及甘肃、辽宁、黑龙江的西部和内蒙古兴安盟等地区。2003 年新吉细毛羊存栏量 30 万只，其中新疆 22 万只、吉林 8 万只。

2. 培育过程　1992 年由农业部立项，以培育生产 66～70 支精纺细毛型羊毛新品种为目标，成立了"优质细毛羊选育与开发"联合育种协作组。联合育种协作组设计了三级开放式育种技术方案，分别建立核心群、育种群和改良群。核心群包括 6 个种羊场，采用胚胎移植等技术扩大群体数量，为育种群、改良群提供种公羊。育种群包括 16 个种羊场，以中国美利奴羊为母本，用核心群提供的种公羊进行级进杂交，选择符合核心群育种指标的后代母羊进入核心群。以新疆和吉林的细毛羊基地县和团场的细毛羊作为改良群，利用育种群提供的优秀种羊开展大规模杂交改良工作，并建立优质羊毛生产基地。经过系统选育，于 2002 年完成了育种目标和任务，2003 年通过国家品种资源委员会审定，命名为"新吉细毛羊"。

3. 体型外貌特征　新吉细毛羊体质结实，体躯呈长方形。公羊多数有螺旋形角，少数无角，颈部有1～2个横皱褶或发达的纵皱褶；母羊无角，颈部有发达的纵褶。公、母羊体躯皮肤宽松、无明显的皱褶。头毛密长，着生至眼线，外形似帽状。鬐甲宽平，胸深宽，背腰长直，尻宽而平，后躯丰满。四肢结实，肢势端正。

被毛为白色，呈毛丛结构，闭合良好，密度大。羊毛细度以 $18.1～20.0\mu m$ 为主体，长度不短于 8.0cm。各部位毛丛长度和细度均匀，弯曲明显。油汗为白色或乳白色，含量适中，分布均匀。体侧部净毛率不低于50％。前肢毛着生至腕关节，后肢毛着生至飞节。腹毛着生良好，呈毛丛结构。

4. 体重和体尺　新吉细毛羊成年羊体重和体尺见表3-9。

表 3-9　新吉细毛羊成年羊体重和体尺

性　别	只　数	体重（kg）	体长（cm）	体高（cm）	胸围（cm）
公羊	79	89.0±3.80	73.82±5.32	72.55±3.93	103.04±7.08
母羊	367	53.5±5.50	67.81±3.14	64.90±2.50	89.14±4.64

注：2002 年对核心群的测定数据。

5. 生产性能

（1）产毛性能　新吉细毛羊产毛性能见表3-10。

表 3-10　新吉细毛羊主要生产性能

类　别	群　别	只　数	细度（μm）	剪毛量（kg）	净毛量（kg）	净毛率（％）	毛长（cm）
成年母羊	核心群	1 527	19.22±1.56	7.6±1.62	4.96±1.46	65.1	9.82±1.20
	育种群	1 727	20.26±1.55	6.56±1.4	3.67±1.34	56.24	9.40±0.98
育成母羊	核心群	818	18.76±1.44	6.80±1.6	4.10±1.15	60.1	11.28±1.21
	育种群	1 089	19.69±1.82	5.87±1.5	3.56±1.27	60.51	10.82±1.06

注：2002 年对核心群的鉴定数据。

（2）繁殖性能　新吉细毛羊母羊产羔率115％～120％，羔羊成活率85％～95％。

6. 推广应用情况　在品种培育期间，累计向改良基地推广新吉细毛羊种羊1.38万只，累计杂交改良细毛羊576.47万只，每只改良羊净毛量提高0.5kg，60％的改良羊毛能够达到66支以上精纺细毛标准。羊毛经试纺，其各项指标均达到进口澳毛水平。

7. 评价和展望　新吉细毛羊是我国继中国美利奴羊后培育的细毛型新品种，具有净毛产量高、羊毛综合品质优异、适应性较强、遗传性能稳定等特点。今后应加大品种扩繁与开发力度，提高优质羊毛生产规模和羊毛质量。同时，加强本品种选育，在现有核心群基础上选育80支的超细型新品系。

（九）鄂尔多斯细毛羊

鄂尔多斯细毛羊属毛肉兼用细毛羊培育品种。由内蒙古自治区家畜改良工作站、鄂尔多斯市家畜改良工作站及其下属旗县改良站联合培育而成，1985年由内蒙古自治区人民政府正式验收命名。

1. 产区及分布　鄂尔多斯细毛羊中心产区位于内蒙古自治区鄂尔多斯市乌审旗，鄂托克旗、鄂托克前旗亦有少量分布。2008年末存栏94.1万只。

2. 培育过程　鄂尔多斯细毛羊是以毛乌素沙地的蒙古羊为母本，以新疆细毛羊、苏联美利奴羊和波尔华斯羊为父本，前期采用苏联美利奴羊作为父本与蒙古羊开展杂交，随后以新疆细毛羊作为父本，对苏联美利奴羊和蒙古羊的杂交后代继续杂交两代以上。培育后期针对羊毛偏短及毛丛形态方面的缺点，利用波尔华斯羊进行杂交。之后经横交固定形成体格大、毛被同质、被毛白色、产肉性能好的毛肉兼用细毛羊品种。

3. 体型外貌特征　鄂尔多斯细毛羊全身被毛为白色。体躯呈长方形，体质结实，结构匀称。头大小适中，公、母羊均无角，额宽平，额部毛至两眼连线，鼻梁平直。颈肩结合良好，颈部有 1～2 个完整或不完整的横皱褶，母羊颈部有纵皱褶或宽松的皮肤。胸宽而深，背腰平直，尻部稍斜。四肢坚实有力，姿势端正，蹄质坚硬、呈淡黄色或褐色。尾短小。

4. 体重体尺　鄂尔多斯细毛羊成年羊体重和体尺见表 3-11。

表 3-11　鄂尔多斯细毛羊成年羊体重和体尺

性　别	只　数	体重（kg）	体高（cm）	体长（cm）	胸围（cm）	管围（cm）
公	20	94.8±13.2	78.6±2.9	80.8±2.4	117.0±3.7	10.4±0.3
母	80	51.3±4.2	69.6±3.2	71.1±2.9	88.6±4.7	9.2±0.3

注：2006 年 9 月由内蒙古自治区家畜改良工作站等单位在乌审旗嘎鲁图苏木进行测定。

5. 生产性能

（1）**产肉性能**　鄂尔多斯细毛羊屠宰性能见表 3-12。

表 3-12　鄂尔多斯细毛羊周岁羊屠宰性能

性　别	宰前活量（kg）	胴体重（kg）	屠宰率（%）	骨重（kg）
公	40.1±2.1	18.4±0.8	45.9±0.8	4.1±0.1
母	30.3±1.7	13.5±0.6	44.6±0.9	3.4±0.1

注：2007 年 10 月在乌审旗嘎鲁图苏木测定（公、母羊各 15 只）。

（2）**产毛性能**　鄂尔多斯细毛羊成年羊产毛性能见表 3-13。

表 3-13　鄂尔多斯细毛羊成年羊产毛性能

性　别	只　数	产毛量（kg）	毛长度（cm）	毛细度（μm）	毛伸直长度（cm）	净毛率（%）
公	20	11.76±0.89	10.00±0.67	21.54±2.23	15.00±1.00	51.51±3.41
母	80	4.96±0.25	9.00±0.62	20.52±2.06	13.50±0.92	53.03±3.79

注：2007 年 4 月在乌审旗嘎鲁图苏木测定。

（3）**繁殖性能**　鄂尔多斯细毛羊公、母羊均 8～12 月龄性成熟，初配年龄公、母羊均为 16～18 月龄，母羊发情主要集中在 8～11 月份，发情周期 15～18d，妊娠期 145～155d，产羔率 105%，羔羊成活率 98%。羔羊初生重公羔 3.6kg、母羔 3.3kg；断奶重公羔 33.0kg、母羔 30.2kg。

6. 推广利用情况　鄂尔多斯细毛羊主产区每年对核心群母羊和种公羊进行测定，建立技术档案。从 2006 年开始启动了"鄂尔多斯细毛羊选育提高"项目，经过数年选育，各项指标均有所提高，数量也有增加。

7. 评价与展望　鄂尔多斯细毛羊具有遗传性能稳定、毛细长、剪毛量和净毛率高、肉质好、羊毛综合品质高、纺织性能好等特点，今后应继续加强本品种选育，建立优质细毛羊生产基地，进一步提高其羊毛品质。

（十）呼伦贝尔细毛羊

呼伦贝尔细毛羊属毛肉兼用型细毛羊培育品种。1995 年由内蒙古自治区人民政府正式验收命名。

1. 产区及分布 呼伦贝尔细毛羊中心产区位于内蒙古自治区呼伦贝尔市扎兰屯市、莫力达瓦达斡尔族自治旗、阿荣旗，其他旗、市亦有少量分布。2008 年年底共存栏 174.0 万只。

2. 培育过程 1956—1970 年在扎兰屯市、阿荣旗和莫力达瓦达斡尔族自治旗，以本地蒙古羊为母本，新疆细毛羊、阿斯卡尼羊、斯达夫羊、高加索羊等细毛羊作父本，通过级进杂交，形成了呼伦贝尔细毛羊最初的理想群体。之后经过 10 年的横交固定，其毛被同质性得以稳定。1982—1994 年导入澳洲美利奴羊血液，再经过横交、扩繁和选育提高，培育形成了呼伦贝尔细毛羊。

3. 体型外貌特征 呼伦贝尔细毛羊被毛为白色。体质结实，结构匀称，体格较大。头大小适中，额宽平，鼻微隆，耳平伸。颈肩结合良好，颈短粗。公羊有螺旋角或无角，颈部有 1～2 个横皱褶或较发达的纵皱褶；母羊无角，颈部有纵皱褶、皮肤宽松。胸宽而深，肋骨开张，背腰平直，后躯较丰满，尻宽而斜。四肢端正，蹄质结实。尾细长。

4. 体重体尺 呼伦贝尔细毛羊成年羊体重和体尺见表 3-14。

表 3-14 呼伦贝尔细毛羊成年羊体重和体尺

性 别	只 数	体重（kg）	体高（cm）	体长（cm）	胸围（cm）	管围（cm）
公	40	69.5±1.9	71.3±2.7	75.1±2.0	95.7±2.5	10.6±0.8
母	82	46.8±6.1	69.9±2.3	73.6±1.5	94.7±2.7	8.4±0.5

注：2006 年 6 月在扎兰屯市测定。

5. 生产性能

（1）**产肉性能** 据 2006 年 12 月在扎兰屯市对 23 只呼伦贝尔细毛羊成年羯羊的测定，宰前体重平均为 64.8kg、胴体重 33.3kg、屠宰率 51.4%、净肉重 27.5kg、净肉率 42.4%，肉骨比 4.7。

（2）**产毛性能** 呼伦贝尔细毛羊产毛性能见表 3-15。

表 3-15 呼伦贝尔细毛羊成年羊产毛性能

性 别	产毛量（kg）	毛长度（cm）	净毛率（%）
公	8.43±0.19	9.92±0.27	47.58±1.04
母	5.19±0.23	8.31±0.62	48.57±4.91

注：2006 年 12 月在扎兰屯市测定（成年公、母羊各 23 只）。

（3）**繁殖性能** 呼伦贝尔细毛羊公羊 8～10 月龄、母羊 6～7 月龄性成熟，初配年龄公、母羊均为 18 月龄。母羊发情多集中在 7～12 月份，发情周期 16～18d，妊娠期 150d，产羔率 114.9%，羔羊成活率 95%。羔羊初生重公羔 4.9kg、母羔 4.3kg。

6. 推广利用情况 20 世纪 90 年代建立了呼伦贝尔细毛羊品种登记制度，随后建立了原种场，生产优质种羊。至 2008 年年底产区存栏 174 万只，群体数量比 2005 年减少 42.95%。

7. 评价与展望 呼伦贝尔细毛羊具有抗寒和抗病力强、耐粗饲、产毛和产肉性能高、羊毛品质佳、遗传性能稳定等优点，深受农牧民的喜爱。今后应继续加强本品种选育，建立优质种羊生产基地，进一步提高羊毛品质和产肉性能。

（十一）科尔沁细毛羊

科尔沁细毛羊属毛肉兼用型细毛羊培育品种。1987 年由内蒙古自治区人民政府正式验收命名。

1. 产区和分布　科尔沁细毛羊主产区位于通辽市奈曼旗、开鲁县、科左后旗、科左中旗、扎鲁特旗等坨沼沙地草原区。

2. 培育过程　1957 年内蒙古自治区通辽市，先后引入新疆细毛羊、阿斯卡尼羊、高加索羊、斯达夫羊、萨力斯羊、苏联美利奴羊等细毛羊品种公羊，与当地蒙古羊母羊进行杂交。1970 年针对高代杂种羊适应性差、体质弱、抗病力差、羔羊成活率低等突出问题，开展横交固定试验，取得了显著成效，群体遗传性能进一步稳定。1976 年具有该品种特点的细毛羊达 20 万只，形成了科尔沁细毛羊最初的群体。1976 年以后，针对群体羊毛偏短、类型不统一、腹毛差、净毛率低等缺点，引进澳洲美利奴羊进行级进杂交，最终形成了科尔沁细毛羊品种。

3. 体型外貌特征　科尔沁细毛羊被毛为白色。体质结实，结构匀称，体格中等大小。头大小适中，额宽平，鼻梁隆起，耳平伸或半下垂状。公羊有螺旋形角或无角，颈部有 1～2 个横皱褶；母羊无角，颈部有纵皱褶或宽松的皮肤。体躯呈长方形，胸宽深，背平直，肋骨开张，部分羊尻稍斜。四肢粗壮，蹄质坚硬。尾形瘦长。头毛着生至两眼连线，前肢毛着生至腕关节，后肢毛着生至飞节。

4. 体重体尺　科尔沁细毛羊成年羊体重和体尺见表 3-16。

表 3-16　科尔沁细毛羊成年羊体重和体尺

性　别	只　数	体重（kg）	体高（cm）	体长（cm）	胸围（cm）
公	20	63.7±1.8	69.0±1.4	79.2±1.5	100.0±2.8
母	80	41.0±4.4	63.4±0.7	77.3±5.0	84.8±8.5

注：2006 年 10 月由内蒙古自治区家畜改良工作站、通辽市家畜改良工作站在奈曼旗测定。

5. 生产性能

（1）产肉性能　据 2006 年 12 月通辽市家畜改良工作站对奈曼旗 30 只成年羯羊的测定，宰前体重平均为 54.4kg、胴体重 22.7kg、屠宰率 41.7％、肉骨比 4.1。

（2）产毛性能　科尔沁细毛羊成年羊产毛性能见表 3-17。

表 3-17　科尔沁细毛羊成年羊产毛性能

性　别	只　数	产毛量（kg）	毛长度（cm）	毛细度（μm）	毛伸直长度（cm）	净毛率（％）
公	20	9.03±0.47	9.89±0.56	22.50±0.08	14.90±1.17	54.14±0.49
母	80	5.36±0.60	9.86±0.57	22.69±0.35	14.58±1.02	54.14±0.30

注：2006 年 5 月由通辽市家畜工作站在科左中旗测定。

（3）繁殖性能　科尔沁细毛羊公羊 8 月龄、母羊 7 月龄性成熟，初配年龄公羊 1.5 岁、母羊 1 岁。母羊发情多集中在秋季，发情周期为 18d，妊娠期 150d，产羔率 123％。羔羊初生重公羔 3.9kg、母羔 3.9kg；80～100 日龄断奶重公羔 13.1kg、母羔 12.3kg。羔羊成活率 98％。

6. 推广利用情况　自科尔沁细毛羊正式命名以来，因其产毛、产肉性能较好，以及抗病力和适应性强，存栏数量增长较快。据 2008 年 12 月末调查，通辽市存栏 127.02 万只，比 1987 年品种验收时的 24.8 万只增加了 102.22 万只。

7. 评价与展望　科尔沁细毛羊具有适应性强、耐粗饲、抗病力强、羊毛品质优良、净毛产量高、遗传性能稳定等特点。今后应继续以本品种选育为主，进一步提高产毛、产肉性能，改善羊毛品质。

（十二）乌兰察布细毛羊

乌兰察布细毛羊属毛肉兼用型细毛羊培育品种。1994 年由内蒙古自治区人民政府正式验收命名。

1. 产区及分布　乌兰察布细毛羊中心产区位于内蒙古自治区乌兰察布市的化德县和商都县。主要分布于化德县的乌兰察布市种羊场及其周边的德包图乡、七号乡、城关镇，商都县的小海子镇、十八顷乡。

2. 培育过程　20 世纪 50 年代乌兰察布市先后以苏联美利奴羊、高加索羊、新疆细毛羊作为父本，对当地蒙古羊进行杂交改良。80 年代选择体型外貌相对一致、生产性能较为理想的高代杂种羊进行横交固定。80 年代后半期，针对群体羊毛偏短、体格偏小、净毛率偏低等缺陷，通过引入澳洲美利奴羊公羊进一步导血提高，经过几年的选种培育，形成了体格较大、体质结实、结构匀称、生产性能高、羊毛品质好的细毛羊品种。

3. 体型外貌特征　乌兰察布细毛羊全身被毛为白色。体格较大，体质结实，结构匀称。头大小适中，耳小、半下垂，眼大有神。公羊有螺旋形角或无角，额宽平，头毛着生至两眼连线，鼻平直，颈粗短，颈部有 1～2 个完全或不完全的横皱褶；母羊无角或有角基，颈细长，颈部皮肤宽松。胸宽而深，肋骨开张良好，背腰平直，后躯较丰满。四肢结实，蹄质坚硬、呈褐色。尾短瘦。

4. 体重体尺　乌兰察布细毛羊成年羊体重和体尺见表 3-18。

表 3-18　乌兰察布细毛羊成年羊体重和体尺

性　别	只　数	体重（kg）	体高（cm）	体长（cm）	胸围（cm）	管围（cm）
公	20	69.6±6.6	72.9±3.0	81.8±4.1	104.1±7.2	11.2±0.8
母	80	58.5±4.4	68.2±3.2	73.5±3.7	93.5±5.7	9.1±0.9

注：2006 年 9 月于化德县种羊场测定。

5. 生产性能

（1）产肉性能　据 2006 年 9 月在乌兰察布市种羊场对乌兰察布细毛羊 20 只成年羯羊的测定，宰前体重平均为 52.7kg、胴体重 26.3kg、屠宰率 49.9%、净肉重 21.7kg、净肉率 41.2%、肉骨比 4.6 。

（2）产毛性能　乌兰察布细毛羊成年羊产毛性能见表 3-19。

表 3-19　乌兰察布细毛羊成年羊产毛性能

性　别	只　数	产毛量（kg）	毛长度（cm）	毛细度（μm）
公	20	9.75±0.59	10.9±0.8	20.2±1.0
母	80	5.96±0.61	8.9±0.8	20.8±1.0

注：2007 年 4 月于乌兰察布市种羊场测定。

（3）**繁殖性能**　乌兰察布细毛羊公羊 6～9 月龄、母羊 6～8 月龄性成熟；初配年龄公羊为 17～19 月龄、母羊为 15～18 月龄。母羊季节性发情，一般集中在 9～11 月，发情周期 14～19d，妊娠期 146～151d，产羔率 112%，羔羊成活率 97%。羔羊初生重公羔 4.1kg、母羔 4.0kg；断奶重公羔 23.5kg、母羔 22.9kg。

6. 推广利用情况　乌兰察布细毛羊育成后，先后推广到河北、山西及内蒙古自治区的呼和浩特市和乌兰察布市等地区，改良效果明显。近几年来，由于细度 66 支以下的羊毛价格持续下滑，乌兰察布细毛羊饲养数量急剧减少，已到了濒危的边缘。

7. 评价与展望　乌兰察布细毛羊对高寒、干旱和半干旱地区有很强的适应能力，具有生产性能高、耐粗饲、抓膘快、羊毛品质好等特点，今后应通过导入超细型细毛羊公羊，向羊毛细度 16～18μm 的超细毛方向发展，不断改善羊毛品质；或向肉毛兼用方向发展。

（十三）兴安毛肉兼用细毛羊

兴安毛肉兼用细毛羊属毛肉兼用型细毛羊培育品种，简称"兴安细毛羊"。1991 年 6 月由内蒙古自治区人民政府正式命名。

1. 产区及分布　兴安毛肉兼用细毛羊中心产区位于内蒙古自治区兴安盟科右前旗及吉林省公主岭种羊场、跃进牧场，全盟各旗、县、市均有分布。

2. 培育过程　20 世纪 50～60 年代兴安盟先后以新疆细毛羊和高加索细毛羊为父本，对当地蒙古羊进行杂交改良。60～70 年代，选择体型外貌相对一致、生产性能较理想的杂种公、母羊进行横交固定，取得了较好效果。1980 年开始，针对杂种羊羊毛偏短、类型不一致、净毛率较低、腹毛着生不良、油汗偏黄等缺陷，相继用中国美利奴羊和澳洲美利奴羊公羊进一步导血提高，经过多年的选种选育，形成了体格较大、体质结实、生产性能高、羊毛品质好的毛肉兼用型细毛羊品种。

3. 体型外貌特征　兴安细毛羊被毛为白色。体质结实，结构匀称，体格较大。公羊有螺旋形角或无角，颈部有 1～2 个完全或不完全的横皱褶；母羊无角，有较发达的纵皱褶。胸宽深，背腰平直，体躯较丰满。四肢粗壮，姿势端正。头毛着生至两眼连线，前肢毛着生至腕关节，后肢毛着生至飞节。尾细长。

4. 体重体尺　兴安细毛羊成年羊体重和体尺见表 3-20。

表 3-20　兴安细毛羊成年羊体重和体尺

性　别	只　数	体重（kg）	体高（cm）	体长（cm）	胸围（cm）	管围（cm）
公	30	78.0±4.2	71.1±2.6	73.3±3.2	118.8±7.4	8.6±0.5
母	85	51.6±4.3	67.6±3.2	68.5±2.9	100.8±7.2	8.0±0.6

注：2006 年 10 月于公主岭种羊场测定。

5. 生产性能

（1）**产肉性能**　2006 年 10 月于公主岭种羊场测定 15 只兴安细毛羊成年羯羊，宰前活重平均为 58.4kg、胴体重 29.6kg、屠宰率 50.7%、净肉率 42.2%、肉骨比 5.0。

（2）**产毛性能**　兴安细毛羊成年羊产毛性能见表 3-21。

表 3-21　兴安细毛羊成年羊产毛性能

性　别	产毛量（kg）	毛长度（cm）	毛细度（μm）	净毛率（cm）
公	10.15±0.75	10.27±1.13	20.01±1.19	54.82±4.84
母	6.22±0.27	9.20±0.77	20.26±1.22	51.41±6.32

注：2007 年 4 月由兴安盟家畜改良工作站于公主岭种羊场测定（成年公、母羊各 15 只）。

（3）繁殖性能　兴安细毛羊公羊 8～10 月龄、母羊 5.5～7 月龄性成熟，初配年龄公、母羊均为 17～21 月龄。母羊一般集中在 8～11 月发情，发情周期 16～20d，妊娠期 144～152d，产羔率 113％，羔羊成活率 91％。羔羊初生重公羔 4.8kg、母羔 4.3kg；断奶重公羔 18.5kg、母羔 18.6kg；哺乳期平均日增重 120g。

6. 推广利用情况　自兴安细毛羊品种育成以来，组织开展了多项专题研究，特别是参加了内蒙古细毛羊选育与提高项目，群体质量有了很大提高。1990 年全盟兴安细毛羊共存栏 128.26 万只，到 2008 年 12 月末兴安细毛羊存栏 17.26 万只，存栏数大幅下降。

7. 评价与展望　兴安细毛羊具有体大、毛长、净毛率高、羊毛综合品质好、适应性强、遗传性能稳定等优点，近年来，受羊毛市场价格的影响，兴安细毛羊种群数量减少，生产性能下降。今后应加强本品种选育，提高其毛肉生产性能。

（十四）陕北细毛羊

陕北细毛羊属毛肉兼用型细毛羊培育品种。1985 年由陕西省科委和农业厅批准命名。

1. 产区及分布　陕西细毛羊产区在延安市宝塔区以北的长城沿线风沙滩地区和黄土高原丘陵沟壑区，主产区为榆林市的北部长城沿线风沙草滩区，包括榆林市榆阳区、神木县、横山县、靖边县、定边县和延安市的志丹县、吴起县、安塞县。在米脂县、佳县、子洲县、府谷县、延长县、延川县、宝塔区亦有零星分布。

2. 培育过程　1951 年榆林、延安两市以当地蒙古羊为基础，先后引进新疆细毛羊及阿尔泰细毛羊、苏联美利奴羊、萨力斯细毛羊品种进行杂交改良，到 1959 年一代至四代杂种细毛羊达到 11.5 万只。之后在定边县种羊场、定边县郝滩乡挑选纯白同质的杂种羊，建立了定边种羊场细毛羊育种群和郝滩乡乡村细毛羊育种群。1960—1966 年进行横交固定，1967 年转入自群繁育和选育提高阶段。经严格选择，采用同质选配，羊群的质量不断提高。1981 年选择腹毛好、净毛率高、被毛较长的优秀公羊，开展品系繁育。于 1985 年育成新品种，群体数量达 15 万余只，并正式命名为"陕北细毛羊"。

3. 体型外貌特征　陕北细毛羊体格中等偏小，结构匀称。头大小适中。公羊鼻梁隆起，有螺旋形大角，颈部有 1～2 个完全或不完全的横皱褶；母羊鼻梁平直，无角或有小角，颈部有发达的纵皱褶或皮肤宽松。胸部宽深，背腰平直，腹部下垂，后躯丰满。四肢端正，蹄质坚实，蹄色蜡黄。尾型为瘦长尾。被毛颜色为白色，匀度好，主体细度 60～64 支，羊毛弯曲明显，以中、小弯曲为主，油汗为白色或乳白色，毛丛呈闭合型。头毛着生至两眼连线，前肢毛着生至腕关节，后肢毛着生至飞节或飞节以下。

4. 体重体尺　陕北细毛羊成年羊体重和体尺见表 3-22。

表 3-22　陕北细毛羊成年羊体重和体尺

性　别	只　数	体重（kg）	体高（cm）	体长（cm）	胸围（cm）
公	30	61.37±8.36	79.13±0.86	79.97±0.61	126.8±2.14
母	80	41.36±2.24	74.79±0.92	75.81±0.48	110.44±2.67

注：2007年5月在定边县种羊场测定。

5. 生产性能

（1）产毛性能　陕北细毛羊成年公羊污毛产量11.12kg、净毛产量4.7kg，成年母羊污毛产量5.19kg、净毛产量2.35kg。羊毛长度成年公羊8.4cm、成年母羊7.64cm。油汗多为白色或乳白色。

（2）产肉性能　在舍饲条件下，据对产区17只1.5～2.5岁羯羊的屠宰测定，宰前体重平均为47.38kg、胴体重22.7kg、屠宰率47.91%。

（3）繁殖性能　陕北细毛羊8～12月龄性成熟，公、母羊在1.5岁初配，母羊一般在8～11月份发情，母羊发情周期17.38d，发情持续期24h，妊娠期148d，产羔率103.7%。舍饲条件下，可实现两年三产。羔羊初生重公羔3.99kg、母羔3.75kg；120日龄断奶重公羔23.23kg、母羔22.39kg。

6. 推广利用情况　自1985年陕北细毛羊育成后，先后实施了陕北细毛羊综合技术推广项目和新增百万只改良羊技术开发项目。据2006年统计，榆林、延安两市存栏陕北细毛羊25.6万只，其中能繁母羊16.6万只。

7. 评价与展望　陕北细毛羊具有体质结实、耐风沙、耐粗饲、抗病力强、适应性强等特点，今后应在选育提高产毛性能的同时，努力提高肉用性能，向肉毛兼用方向发展。

二、引入品种——澳洲美利奴羊

1. 一般情况　澳洲美利奴羊属毛用细毛羊引入品种。原产于澳大利亚，现已分布于世界各地。我国从1972年开始引进澳洲美利奴公羊，1980年之后细毛羊主产区先后多次引进澳洲美利奴公羊，主要分布在内蒙古、新疆、吉林、甘肃、青海、甘肃、辽宁、河北等地。

2. 体型外貌特征　澳洲美利奴羊体质结实，结构匀称，体躯近似长方形，腿短，体宽，背部平直，后肢肌肉丰满。公羊有螺旋形角，颈部有1～3个发育完全或不完全的横皱褶；母羊无角，颈部有发达的纵皱褶。被毛为毛丛结构，毛密度大，细度和弯曲均匀，油汗为白色。头毛覆盖至两眼连线，前肢毛着生至腕关节或腕关节以下，后肢毛着生至飞节或飞节以下。

澳洲美利奴羊根据羊毛细度、长度和体重等综合指标，分为超细型、细毛型、中毛型和强毛型四种。其中在中毛型和强毛型中还包括无角型美利奴羊。

3. 生产性能　澳洲美利奴羊生产性能见表3-23。

表 3-23　澳洲美利奴羊生产性能

类　型	成年羊体重（kg）		成年羊剪毛量（kg）		羊毛细度（支）	羊毛长度（cm）	净毛率（%）
	公	母	公	母			
超细型	50～60	32～38	7.0～8.0	3.4～4.5	70～80	7.0～7.5	65～70

（续）

类 型	成年羊体重（kg）		成年羊剪毛量（kg）		羊毛细度（支）	羊毛长度（cm）	净毛率（%）
	公	母	公	母			
细毛型	60～70	33～40	7.5～8.5	4.5～5.0	66～70	7.5～8.5	63～68
中毛型	70～90	40～45	8.0～12	5.0～6.5	64～66	8.5～10.0	65
强毛型	80～100	43～68	9.0～14	5.0～8.0	58～64	8.8～15.2	60～65

注：数据引自《羊生产学》，中国农业出版社，1995。

　　超细型和细毛型澳洲美利奴羊主要分布于澳大利亚新南威尔士州北部和南部地区、维多利亚州的西部地区和塔斯马尼亚的内陆地区，饲养条件相对较好。超细型羊体型较小，羊毛白度好，手感柔软，密度大，纤维直径 $18\mu m$，毛丛长度 7.0～8.0cm。细毛型羊体型中等，毛纤维直径 $19\mu m$，毛丛长度 7.5～8.5cm。

　　中毛型美利奴羊是澳洲美利奴羊的主体，分布于澳大利亚新南威尔士州、昆士兰州、西澳的广大牧区。体型较大，皮肤宽松、皱褶较少，产毛量高，毛纤维直径 $20～22\mu m$，毛丛长度 9.0cm 左右。羊毛手感柔软，颜色洁白。

　　强毛型美利奴羊主要分布于新南威尔士州西部、昆士兰州、南澳和西澳，体型大，光脸无皱褶，毛纤维直径 $23～25\mu m$，毛丛长度 10.0cm 左右。

　　4. 利用情况　1972 年我国引进澳洲美利奴公羊 29 只，与新疆细毛羊、军垦细毛羊和波尔华斯羊等品种杂交，培育出我国著名的中国美利奴羊。1980 年后，细毛羊主产区先后多次引进澳洲美利奴公羊，对已有的品种进行导血，提高羊毛产量和综合品质。吉林省引进澳洲美利奴羊，与东北细毛羊杂交，后代母羊平均净毛量增加 0.33kg，毛长提高 0.82cm，净毛率提高 5%～7%，羊毛品质得到显著改善。澳洲美利奴羊在我国细毛羊生产中发挥了重要作用。

　　5. 评价和展望　澳洲美利奴羊是世界上最著名的毛用细毛羊品种，以其产毛量高、羊毛品质好而垄断国际羊毛市场。为了满足多元化市场需求，澳洲美利奴羊品种内已经分化出强毛型、中毛型、细毛型、超细型等多个类型，近几年还出现了毛肉兼用型，甚至肉用类型。

　　我国是养羊大国，今后应充分发挥澳洲美利奴羊的遗传潜力，进一步提高我国细毛羊的产量，改善羊毛品质。

第二节　半细毛羊

一、培育品种

（一）云南半细毛羊

1. 一般情况

（1）品种名称　云南半细毛羊属 48～50 支毛肉兼用型培育品种，2000 年由云南省畜牧兽医科学院、昭通市畜牧兽医站、永善县畜牧局和巧家县畜牧局等单位共同培育而成。

（2）产区及分布　云南半细毛羊中心产区为云南省昭通市永善县马楠乡和巧家县崇溪

乡，主要分布于永善县的马楠、水竹、莲峰、茂林、伍寨乡和巧家县的崇溪、药山、老店乡，昭通市昭阳区、鲁甸县、大关县也有分布。据 2005 年统计存栏数量 10.3 万只。

2. 培育过程　云南半细毛羊的育种工作始于 1969 年，当年从河北省沽源牧场引进 22 只罗姆尼羊公羔，1970 年在云南省永善县马楠乡启动了云南半细毛羊育种工作。育种过程分为三个阶段，1970—1983 年为杂交、杂交组合筛选阶段，首先用罗姆尼羊与本地粗毛羊和少量细毛杂种羊开展了一系列的杂交组合试验，从杂交二代中筛选最优杂交组合并淘汰同质性差的个体；1979 年针对杂交后代毛长不够理想的状况，又引入林肯羊进行导入杂交，进一步提高其羊毛长度、细度与光泽。1984—1995 年为横交固定、自群繁育阶段。从 1984 年起，育种区半细毛羊不再导入外血，进行封闭育种。1985—1995 年，云南半细毛羊培育列入国家科技攻关专题，继续选育提高。2000 年完成云南 48～50 支半细毛羊新品种的培育，并通过国家畜禽品种审定委员会审定，正式命名为"云南半细毛羊"。

3. 体型外貌特征　云南半细毛羊体质结实，公、母羊均无角，头大小适中，头毛着生至两眼连线，颈短而粗，背腰宽而平直，胸宽深，尻宽而平，后躯丰满，四肢粗壮，腿毛过飞节，腹毛好，体躯呈桶状。被毛白色，毛丛丰满，弯曲一致，油汗为白色或乳白色，覆盖良好。

4. 体重体尺　云南半细毛羊的体重、体尺见表 3-24。

表 3-24　云南半细毛羊的体重和体尺

年　龄	性　别	体重（kg）	体高（cm）	体长（cm）	胸围（cm）
成年	公	75.13±1.73	65.90±0.71	76.70±1.02	98.40±2.09
	母	52.13±0.89	61.85±0.47	68.29±0.73	100.70±1.06
周岁	公	49.48±1.04	63.33±0.67	74.72±1.02	93.11±1.28
	母	43.34±0.60	60.28±0.68	65.24±0.67	96.23±0.91

注：数据来自 2000 年巧家县赖石山种羊场测定记录。

5. 生产性能　云南半细毛羊以常年放牧为主，适应高山冷凉草场和南方草山地区。

（1）产毛性能　据 2008 年在巧家县赖石山种羊场测定，云南半细毛羊育成公、母羊的产毛量分别为 4.88 kg、4.05 kg，成年公、母羊的产毛量分别为 6.15 kg、4.39 kg；成年公、母羊的毛长分别为 15.45 cm、14.83 cm；羊毛细度 48～50 支，净毛率 69.6%。

（2）产肉性能　云南半细毛羊具有肉用体型。据对放牧饲养条件下的 20 只 10 月龄羯羊进行屠宰测定，其宰前体重为 38.79 kg、胴体重 19.8 kg、屠宰率 51.04%、净肉重 16.62 kg、净肉率 42.85%、肉骨比 4.87。

（3）繁殖性能　云南半细毛羊 10 月龄性成熟，18 月龄初配。母羊一般一年一产，产羔率 115%。羔羊初生重公羔为 4.14kg、母羔为 3.79kg，4 月龄断奶重公羔为 20.45kg、母羔为 4.0kg。

6. 推广应用情况　云南半细毛羊育成后，已向云南省的昭通市、丽江市、曲靖市、贵州省和四川省推广了大量种羊，在这些地区均表现出较好的适应性和生产性能，且改良效果显著。

7. 评价和展望　云南半细毛羊适于亚高山（海拔 3 000m）地区湿润气候，常年放牧饲养，羊毛品质优良，具有高强力、高弹性、全光泽（丝光）特点。今后在保持羊毛高弹力、全光泽等品质的前提下，坚持毛肉兼用选育方向，注重肉用性能的开发利用，在南方高寒湿润山区推广，扩大生产规模。

（二）凉山半细毛羊

1. 一般情况

（1）品种名称　凉山半细毛羊属48～50支毛肉兼用型半细毛羊培育品种。1997年由四川省有关单位培育而成。

（2）产区及分布　主要分布在四川省凉山州昭觉、会东、金阳、美姑、越西、布拖等地。产区属亚热带季风气候，具有干湿季分明，日照充足，年均温差小、日均温差大的特点。目前，该品种羊总数在136万只以上。

2. 培育过程　凉山半细毛羊是在细毛羊改良当地山谷型藏羊的基础上，从1968年开始引入边区莱斯特羊公羊与上述杂种羊交配，20世纪80年代初在育种区又引入林肯羊与边新藏杂种羊杂交，获得了大批含25％和50％林肯羊血缘的半细毛羊杂种羊选育基础群，从1986年开始选择体型外貌一致、被毛同质的个体，经过5～6个世代的自群繁育，1997年通过四川省验收，命名为"凉山半细毛羊"。2009年8月通过国家畜禽品种资源委员会审定并命名。

3. 体型外貌特征　凉山半细毛羊体质结实、结构匀称、体格中等。公、母羊均无角。胸部宽深，背腰平直，体躯略呈圆桶状。四肢结实，肢势端正。被毛白色、光泽强、匀度好，呈较大波浪形辫状毛丛结构。头毛着生至两眼连线，前额有小绺毛。腹毛着生良好。

4. 体重和体尺　凉山半细毛羊体重和体尺见表3-25。

表3-25　凉山半细毛羊体重和体尺

年　龄	性　别	只　数	体重（kg）	体高（cm）	体长（cm）	胸围（cm）
周岁	公	35	56.38±0.12	66.70±2.70	76.50±3.90	91.80±1.50
	母	32	38.07±0.24	62.50±3.70	71.50±3.70	84.50±3.70
成年	公	79	61.32±4.37	73.37±8.75	76.54±8.96	101.92±7.46
	母	123	48.63±7.15	65.16±7.51	71.19±6.11	92.37±3.94

注：数据来自2005年测定记录。

5. 生产性能

（1）产毛性能　据1995年测定，特一级羊平均剪毛量成年公羊6.49 kg、成年母羊3.96 kg，育成公羊4.61 kg，育成母羊3.31 kg。毛长度成年公羊17.19 cm、成年母羊14.56 cm，育成公羊15.64 cm，育成母羊14.37 cm。羊毛细度48～50支，净毛率66.7％。

（2）产肉性能　凉山半细毛羊屠宰性能见表3-26。

表3-26　凉山半细毛羊屠宰性能

类　别	只　数	宰前活重（kg）	胴体重（kg）	屠宰率（％）	净肉重（kg）	净肉率（％）
8月龄公羊	15	47.67	24.30	50.98	19.68	41.28
12月龄母羊	10	31.50	15.80	50.16	11.89	37.75

注：数据来自2005年测定记录。

（3）繁殖性能　凉山半细毛羊初配年龄10～18月龄。产羔率108.36％，羔羊成活率 93%。

6. 推广应用情况 凉山半细毛羊育成后，累计向凉山州的 17 个县（市）和南充、雅安、阿坝等地区推广种羊 7.8 万只，杂交改良当地羊 80 余万只。

7. 评价和展望 凉山半细毛羊羊毛细度为 48～50 支，属粗档半细毛羊品种，具有体型外貌一致、适应性强、早期生长发育快、肉用性能好、适合半高山地区饲养等特点。今后应加强本品种选育，不断改善和提高其羊毛产量、品质，并注重肉用性能的开发利用。

（三）彭波半细毛羊

1. 一般情况

（1）品种名称 彭波半细毛羊属毛肉兼用型半细毛羊培育品种。2008 年由西藏自治区农业科学院等单位培育而成。

（2）产区及分布 彭波半细毛羊中心产区位于拉萨市林周县南部原澎波农场所辖的几个乡，主要分布于日喀则、山南、拉萨市的河谷地区。至 2008 年群体数量 6 万余只。

2. 培育过程 彭波半细毛羊是在新疆细毛羊和苏联美利奴羊改良当地河谷型绵羊的基础上，1974 年引入茨盖羊和边区莱斯特羊等半细毛羊品种进行复杂杂交，1983 年开始横交，1988 年形成品种群，通过系统选育形成 56～58 支半细毛羊品种，2008 年通过国家畜禽遗传资源委员会审定，并命名为"彭波半细毛羊"。

3. 体型外貌特征 彭波半细毛羊被毛为白色，个别个体鼻镜及四肢有小的色斑。体质结实，结构匀称，体躯呈圆桶形。头中等大小。公羊大多数有螺旋形大角，鼻梁稍微隆起；母羊无角或有小角，鼻梁平直。耳小，向前、向下。胸宽深，背腰平直。四肢粗壮，蹄质坚实。尾长，呈圆锥形。

4. 体重和体尺 彭波半细毛羊的体重和体尺见表 3-27。

表 3-27 彭波半细毛羊成年羊的体重和体尺

性　别	只　数	体重（kg）	体高（cm）	体长（cm）	胸围（cm）
公	45	45.50±2.61	62.55±2.46	68.33±2.75	75.56±2.29
母	33	28.50±2.05	55.86±2.67	63.99±3.39	63.99±3.39

注：数据来自 2008 年测定记录。

5. 生产性能

（1）产毛性能 据测定，彭波半细毛羊剪毛量成年公羊 3.25 kg、成年母羊 2.35 kg，育成公羊 2.23 kg、育成母羊 2.08 kg；毛长公羊 10.40 cm、母羊 9.73 cm。羊毛细度 25.1～31.0 μm，其中主体细度 25.1～29.0 μm，净毛率 50%～55%。

（2）产肉性能 彭波半细毛羊成年羯羊的宰前活重为 44.43kg，胴体重 20kg，屠宰率 45%。在自然放牧条件下，8 月龄羊宰前活重 19.3kg，胴体重 9.00kg，屠宰率 46.63%。

（3）繁殖性能 彭波半细毛羊初配年龄为 1.5～2 岁。母羊秋季发情，一年产一胎，产羔率 101%。据 2008 年测定，初生重公羔 2.57 kg、母羔 2.41 kg，120 日龄左右断奶，断奶重公羔 11.68 kg、母羔 11.09 kg。

6. 推广应用情况 彭波半细毛羊自 1988 年形成品种群后，每年向日喀则、山南、拉萨市的河谷地区推广种公羊，杂交改良效果较好。

7. 评价和展望 彭波半细毛羊具有体质结实、抗病力强、耐低氧、对高海拔生态环境适应性极强等特点。今后应加强本品种选育，不断改善和提高羊毛产量和质量，扩大规模。

（四）青海高原毛肉兼用半细毛羊

1. 一般情况

（1）品种名称　青海高原毛肉兼用半细毛羊属毛肉兼用型半细毛羊培育品种，简称"青海高原半细毛羊"。1987 年由青海省培育而成。

（2）产区和分布　青海高原半细毛羊中心产区位于青海湖四周的海南藏族自治州、海北藏族自治州和海西蒙古族藏族自治州的柴达木盆地等地区。2005 年共存栏 120.66 万只。

2. 培育过程　青海高原半细毛羊的育种最早始于 1952 年，用培育中的新疆细毛羊与当地藏羊杂交，向细毛方向改良，由于饲养管理条件、自然灾害等原因，羔羊成活率低。后改用适应性强的茨盖羊，改良新藏一、二代杂种母羊，效果较好。1963 年农业部、纺织工业部组织专家进行考察，认为宜向茨盖型半细毛羊方向发展，并确定了改良区域和改良方向。1977 年利用茨新藏杂交后代作为基础母羊，在海南、海北和黄南藏族自治州地区导入 1/2 罗姆尼羊（环湖型）血液，在海西地区导入 1/4 罗姆尼羊血液（柴达木型），产生理想型后代后进行横交固定。1983 年修订了青海半细毛羊新品种的培育目标和规划。1987 年青海省政府命名为"青海高原毛肉兼用半细毛羊"。青海高原毛肉兼用半细毛羊有环湖型和柴达木型两个品系。2009 年通过国家畜禽遗传资源委员会审定。

3. 体型外貌特征　青海高原半细毛羊公羊大多有螺旋形角，母羊无角或有小角。体躯呈长方形、粗而短，背腰平直，骨骼粗壮结实。头宽、大小适中，耳小、宽厚。头毛覆盖至眼线，前肢毛着生至腕关节，后肢毛着生至飞节。

4. 体重和体尺　青海高原半细毛羊成年羊的体重和体尺见表 3-28。

表 3-28　青海高原半细毛羊成年羊的体重体尺

性　别	只　数	体重（kg）	体高（cm）	体长（cm）	胸围（cm）
公	20	65.50±4.35	71.20±4.80	80.80±5.60	98.40±9.50
母	80	37.53±5.86	63.60±2.10	70.50±4.10	83.60±5.70

注：数据来自 2006 年测定记录。

5. 生产性能

（1）产毛性能　青海高原半细毛羊产毛量环湖型公、母羊分别为 5.26 kg 和 2.96 kg，柴达木型公、母羊分别为 3.84 kg 和 1.70 kg。毛长环湖型公、母羊分别为 10.97 cm 和 9.67 cm，柴达木型公、母羊分别为 10.53 cm 和 9.07 cm。羊毛细度 50～58 支，以 56～58 支为主。

（2）产肉性能　青海高原半细毛羊屠宰性能见表 3-29。

表 3-29　青海高原半细毛羊屠宰性能

类　型	性　别	宰前活重（kg）	胴体重（kg）	屠宰率（%）	净肉率（%）
环湖型	公	39.10±4.08	16.83±1.94	43.04±2.43	36.96±2.43
	母	40.60±4.37	16.33±1.75	40.22±1.13	34.05±1.38
柴达木型	公	51.93±7.63	26.40±1.70	50.84±9.37	46.21±8.76
	母	41.73±2.63	18.03±2.06	43.21±5.10	37.72±5.28

注：2008 年测定成年公、母羊各 15 只。

（3）**繁殖性能** 青海高原半细毛羊一般 1.5 岁配种，母羊多产单羔，产羔率102%，羔羊繁殖成活率65%～75%。

6. 推广利用情况 青海高原半细毛羊采用边选育边推广的技术路线，使青海半细毛羊发展较快。近年来，受市场需求变化的影响，青海高原半细毛羊的饲养数量大幅度减少。

7. 评价和展望 青海高原毛肉兼用半细毛羊具有体质结实、皮肤厚而致密、行动灵活、适宜高寒牧区放牧饲养、耐粗放管理、抗逆性强等特点。今后应在坚持毛肉兼用生产方向的前提下，注重肉用性能的开发利用，以适应市场需求。

（五）内蒙古半细毛羊

1. 一般情况

（1）**品种名称** 内蒙古半细毛羊属毛肉兼用型半细毛羊培育品种。1991 年 5 月由内蒙古自治区人民政府正式验收命名。

（2）**产区和分布** 内蒙古半细毛羊主要分布于内蒙古自治区乌兰察布市察右后旗种羊场及其周边乡镇。乌兰察布市的四子王旗、察右中旗、呼和浩特市的武川县和包头市的达茂旗等旗、县有少量分布。据 2008 年 2 月统计，内蒙古半细毛羊共存栏 1.69 万只，其中乌兰察布市存栏 7 332 只、呼和浩特市存栏 5 896 只、包头市存栏 3 689 只。

2. 培育过程 内蒙古半细毛羊的培育始于 20 世纪 50 年代，是以当地蒙古羊为母本，以引进的茨盖羊、罗姆尼羊、波尔华斯羊等品种羊为父本，经过杂交、长期选育形成的新品种，羊毛主体细度56～58 支。

3. 体型外貌特征 内蒙古半细毛羊被毛为白色，眼缘、鼻端、嘴唇周围多有色斑，皮肤厚而紧密。公羊一般无角或有不发达的角基，母羊无角。头短而宽，额宽平，鼻梁平直或略微隆起。耳呈半下垂状，耳端尖。颈短粗，无皱褶，体躯呈圆桶形，胸宽深，背平直，尻较宽，后躯较丰满。四肢端正、蹄质坚实、蹄壳多黑白相间。头毛着生至两眼连线，前额有丛毛下垂，前肢毛着生至膝关节，后肢毛着生至飞节。尾长大于尾宽，呈倒三角形。

4. 体重和体尺 内蒙古半细毛羊体重和体尺见表 3-30。

表 3-30　内蒙古半细毛羊体重和体尺

性　别	只　数	体重（kg）	体高（cm）	体长（cm）	胸围（cm）
公	20	75.3±9.8	73.5±3.57	80.02±3.6	95.2±9.8
母	80	58.7±4.9	69.08±2.57	72.8±2.4	93.2±2.3

注：2006 年由乌兰察布市家畜改良站在察右后旗种羊场测定。

5. 生产性能

（1）**产毛性能** 据 2007 年乌兰察布市家畜改良站对察右后旗种羊场的内蒙古半细毛羊进行测定，公、母羊平均产毛量分别为 6.23kg、3.42kg，羊毛长度分别为 14 cm、12.22 cm，羊毛细度公羊 28.4μm、母羊 25.85μm。

（2）**产肉性能** 据 2006 年乌兰察布市察右后旗种羊场对 20 只成年羊的测定，内蒙古半细毛羊平均宰前体重 75.30 kg，胴体重 38.02 kg，屠宰率50.49%，净肉率31.5%。

（3）**繁殖性能** 内蒙古半细毛羊公羊 7～10 月龄、母羊 6～8 月龄性成熟。初配年龄公羊为 18～24 月龄、母羊为 18 月龄。母羊发情多集中在秋季，发情周期 14～19d，妊娠期平均 150d，产羔率110%，羔羊成活率98%。羔羊初生重公羔 4.1kg、母羔 3.8kg，羔羊断奶重公羔 24.0kg、母羔 19.3kg。

6. 推广应用情况　内蒙古半细毛羊 1991 年品种验收时羊群数量为 7.4 万只。随着市场需求的变化，羊毛价格下跌，群体数量逐年下降。近几年，在红格塔拉种羊场及相邻两个苏木建立了保种区，存栏数有所上升。

7. 评价和展望　内蒙古半细毛羊具有良好的抗病力和适应性，同时又兼具长毛羊品种的良好性能。今后应加强本品种选育，适当引进优良肉毛兼用半细毛羊或优质肉用羊进行杂交，利用杂种优势发展肥羔生产。

（六）东北半细毛羊

1. 一般情况

（1）品种名称　东北半细毛羊是 1980 年通过东北三省联合育种委员会和辽宁省畜牧局检验鉴定，被确认为辽宁东北半细毛羊品种群，并列入《辽宁省品种志》。

（2）产区及分布　东北半细毛羊产区在东北三省东部地区，分布在辽宁省本溪市的桓仁县、吉林省的延吉市地区、黑龙江省的合江和牡丹江市一带。

2. 培育过程　东北半细毛羊是以考力代羊为父本，东北细毛羊、敖汉细毛羊和德国美利奴羊为母本，通过杂交和横交固定的方法培育而成。

3. 体型外貌特征　东北半细毛羊体质结实，结构匀称，头较小，公、母羊均无角。颈短粗、无皱褶，胸深宽、背宽长、尻宽平，体躯较长，略呈圆桶形。腿较高，四肢端正，坚实有力。被毛全白色，呈闭合型，密度中等，毛匀度良好，大弯曲，油汗含量适中，呈白色或浅黄色。腹毛着生良好，无环状弯曲。头毛着生至两眼连线，前肢毛着生至膝关节，后肢毛着生至飞节。

4. 生产性能

（1）产毛性能　据 1986 年吉林延边地区测定，东北半细毛羊成年公、母羊的产毛量分别为 5.98 kg、4.31 kg，育成公、母羊的产毛量分别为 5.14 kg、4.29 kg。成年公、母羊毛长分别为 11.26 cm、9.97 cm，育成公、母羊毛长分别为 12.64 cm、12.19 cm。羊毛细度56～58 支。

（2）体重　据 1986 年吉林延边地区测定，东北半细毛羊成年公、母羊的体重分别为66.42 kg、50.39 kg，育成公、母羊的体重分别为 51.36 kg、43.93 kg。

（3）繁殖性能　东北半细毛羊 6～7 月龄性成熟，18 月龄开始配种。母羊 8～10 月份发情配种，发情周期 17～18d，发情持续期 2～3d。妊娠期 149d，产羔率 116.2%，断奶成活率 92.5%。

5. 推广应用情况　东北半细毛羊具有适应性强、产毛量高、生长速度快的特点，当年羔羊可当年育肥出栏。但由于品种育成后，种畜场正处于社会变革时期，种畜场的羊被下放承包到户，由集体变为私有，而且国家对育种的投入逐年减少，已无法正常开展育种工作，造成品种退化，个体变小，毛长变短。到目前，育种地的半细毛羊及杂交羊存栏仅 1 万多只。

6. 对品种的评价和展望　东北半细毛羊是 1981 年我国自行培育的第一个 56～58 支毛肉兼用型半细毛羊新品种。自育成之后，由于受各种因素的影响，其数量和质量都有较大幅度的下降。当前世界绵羊发展趋势已经由过去单纯的毛用转向毛肉兼用或肉毛兼用，今后应加强保种，积极开展选育，以提高其毛用和肉用性能。

二、引进品种

（一）罗姆尼羊

1. 一般情况

（1）品种名称　罗姆尼羊1895年育成于英格兰东南部的肯特郡，故又称肯特羊。

（2）产区和分布　罗姆尼羊在英国、新西兰、阿根廷、乌拉圭、澳大利亚等国均有分布，而新西兰是目前世界上饲养罗姆尼羊数量最多的国家，2008年罗姆尼羊饲养数量占总存栏的58％。

2. 培育过程　罗姆尼羊以当地繁殖的体格硕大而粗糙的绵羊为母本，莱斯特公羊为父本，经长期的杂交、选择和培育而成。

3. 体型外貌特征　罗姆尼羊颈粗短，前额较宽，有毛丛下垂，公、母羊均无角。体格强健，骨骼结实，体躯宽而深，背宽而直，肋骨开张良好，后躯较为发达，四肢结实而较短。全身除蹄、鼻孔、唇为黑色外，其余均为白色。被毛呈毛丛—毛辫结构。由于世界许多国家引入罗姆尼羊，而各国生态环境以及选种方法不同，罗姆尼羊在体型、外貌和生产性能等方面也不完全一致。如英国罗姆尼羊，四肢较高，体躯长而宽，后躯比较发达；头型略显狭长，头、四肢羊毛覆盖较差，表现出体质结实、放牧游走能力强。而新西兰罗姆尼羊肉用体型好，四肢短，背腰宽平，体躯长，头肢羊毛覆盖良好，但放牧游走能力差，采食能力也不如英国罗姆尼羊。澳大利亚罗姆尼羊则介于两者之间。

4. 生产性能

（1）产毛性能　英国罗姆尼羊成年公羊剪毛量4～6 kg、成年母羊3～5 kg；净毛率60％～65％，毛长11～15cm，细度46～50支。

（2）产肉性能　成年公羊体重100～115 kg、成年母羊80～90 kg；4月龄肥育公羔胴体重为22.4kg、母羔为20.6kg。

（3）繁殖性能　罗姆尼羊繁殖性能好，产羔率116％，精心饲养的羊群产羔率可达120％～130％。

5. 引入利用情况　1966年起，我国先后从英国、新西兰和澳大利亚等国引入数千只，经过20多年的饲养实践，在云南、湖北、安徽、江苏等省的繁殖效果较好，而饲养在甘肃、青海、内蒙古等省、自治区的效果则较差。目前，云南省种羊场存栏纯种罗姆尼羊500余只。罗姆尼羊是育成云南半细毛羊和青海高原毛肉兼用半细毛羊新品种的主要父本之一。

6. 对品种的评价和展望　罗姆尼羊毛用、肉用性能均较好，属早熟品种。适应我国南方雨量充沛的气候环境。今后应长期坚持选择和培育，保持罗姆尼羊原有品种的个体特性，为遗传改良、提高群体质量提供优秀种羊。

（二）考力代羊

1. 一般情况

（1）品种名称　考力代羊属肉毛兼用型半细毛羊引入品种，于1910年育成。

（2）产区和分布　考力代羊主要分布在美洲、亚洲和南非。

2. 培育过程　考力代羊是1880年新西兰用长毛型林肯羊与美利奴羊进行杂交，在自群繁育的基础上再导入莱斯特羊血液，经严格选择培育而成。

3. 体型外貌特征　考力代羊公、母羊均无角，颈短而宽，背腰宽平，肋骨开张良好，肌肉丰满，后躯发育良好，四肢结实，头、耳、四肢偶有黑色斑点。全身被毛为白色，呈毛丛结构，匀度好。头毛着生至前额，腹部及四肢羊毛覆盖良好。

4. 生产性能

（1）产毛性能 考力代羊成年公羊剪毛量 10～12 kg、成年母羊 5～6 kg，羊毛长度 12～14 cm，羊毛细度 50～56 支，弯曲明显，匀度良好，油汗适中，净毛率 60％～65％。

（2）产肉性能 考力代羊成年公、母羊体重分别为 85～105 kg 和 65～80 kg，考力代羊具有良好的早熟性，4 月龄羔羊可达 35～40 kg，但肉品质中等。

（3）繁殖性能 考力代羊 5～6 月龄性成熟，一般在 18 月龄左右初配，妊娠期 148d，产羔率 121％～135％。

5. 引入利用情况 1946 年，联合国善后救济总署送给我国考力代羊 925 只，分别饲养在北平、南京、甘肃、绥远等地，运往绥远的羊群由于感染疥癣而全部损失，在西北等地的羊群，由于气候和饲养管理条件等原因，损失较大；余下的羊群转移到贵州等地饲养。1949 年先后从新西兰和澳大利亚引入一定数量考力代种羊，在吉林、辽宁、安徽、浙江、贵州等地表现良好。从饲养实践效果看，考力代羊在我国东部沿海各省、东北和西南地区的适应性较好，是东北半细毛羊和贵州半细毛羊新类群的主要父系品种之一。目前，贵州省威宁县种羊场存栏纯种考力代羊 500 余只。

6. 评价和展望 考力代羊毛用、肉用性能均较好，属早熟品种，用作父本改良效果明显。考力代羊不仅毛用性能好，而且肉用性能还有潜力，需进一步选育提高。

第三节 粗毛绵羊

一、地毯毛羊

（一）蒙古羊

蒙古羊是我国数量最多、分布最广的绵羊品种，属粗毛型地方绵羊品种。

1. 一般情况

（1）中心产区及分布 蒙古羊产于蒙古高原，中心产区位于内蒙古自治区锡林郭勒盟、呼伦贝尔市、赤峰市、乌兰察布市、巴彦淖尔市等地。主要分布于内蒙古自治区。东北、华北、西北各地都有不同数量的分布。

（2）产区自然生态条件 蒙古羊的主产区内蒙古高原，位于北纬 37°24′～53°23′、东经 97°12′～126°04′，其地貌由呼伦贝尔、锡林郭勒、巴彦淖尔、阿拉善、鄂尔多斯高原组成，平均海拔 1 000m。高原四周分布着大兴安岭、阴山、贺兰山等山脉。高原两端有巴丹吉林、腾格里、乌兰布和、库其多、毛乌素沙漠。在大兴安岭东麓、阴山脚下和黄河岸边有嫩江西岸平原、西辽河平原、土默川平原、河套平原、河南平原等。在山地与平原的交接地带，分布着黄土丘陵、石质丘陵，其间夹有低山、谷地、盆地等。

气候以温带大陆性季风气候为主，大兴安岭北段地区属寒温带大陆性季风气候，巴彦浩特—海勃湾—巴彦高勒以西地区属温带大陆性气候。其特点是春季气温骤升、多大风，夏季短而炎热、降水集中，秋季气温骤降、霜冻早，冬季寒冷漫长、多寒潮，年平均气温 0～8℃，最高气温 43℃，最低气温－45℃，无霜期 90～185d。年降水量 50～500mm，年平均日照时数 2 700h，干旱、大风、暴雪等灾害频繁。

土地类型多样，由东向西依次为黑土壤、暗棕土壤、黑钙土、棕土壤、灰钙土、风沙土、灰棕漠土。黄河由南向北围绕鄂尔多斯高原形成一个马蹄形流经境内，除黄河沿岸可利用部分过境水外，大部分地区水资源紧缺。地表水、地下水储量有限。

草地面积辽阔，有呼伦贝尔、锡林郭勒、科尔沁、乌兰察布、鄂尔多斯、乌拉特六大草原。草场类型多样，东北部为草甸草原，降水多、牧草茂密、品质优良；中部和南部是干旱草原，牧草富有营养、适口性好；西部为荒漠草原，牧草种类较少，产草量低，但蛋白质含量高；最西部荒漠草原，牧草种类贫乏，植被稀疏、产量低，但盐分、灰分含量高，以富含灰分的盐生灌木和半灌木为主，如红砂、珍珠、梭梭等。主要农作物有小麦、玉米、谷子、莜麦、胡麻、甜菜等。

2. 品种形成与变化

（1）品种形成　蒙古高原一带远在旧石器时代便有游牧民族聚居，绵羊是他们饲养的主要畜种之一。从鄂尔多斯市乌审旗大沟湾发掘的河套人及羊的骨骼化石证明，旧石器时代晚期，此处便有居民和野羊同时存在。《史记·匈奴列传》记载，匈奴人长期过着游牧生活，食畜肉、衣皮草、被毡裘，畜群即是他们的生活和生产资料。蒙古羊就是在蒙古高原这种历史条件和当地宜牧草原高寒、多风和干旱的生态条件下，以及北方各族人民以牧为生的特定社会经济条件下，经过长期自然选择和人工选育形成的。

（2）发展变化　蒙古羊为古老的绵羊品种，耐粗饲、宜放牧、适应性强，但其肉、毛产量偏低。受杂交改良的影响，群体数量下降，分布范围也逐渐缩小，2005 年末存栏 1 320 余万只，其中内蒙古自治区存栏 1 200 余万只，甘肃等省、自治区存栏 120 余万只。

3. 体型外貌特征　蒙古羊体躯被毛为白色，头、颈、眼圈、嘴与四肢多为有色毛。体质结实、骨骼健壮、肌肉丰满，体躯呈长方形。头稍显狭长，额宽平，眼大而突出，鼻梁隆起，耳小且下垂。部分公羊有螺旋形角，少数母羊有小角。颈长短适中，胸深，背腰平直，肋骨开张欠佳，体躯稍长，尻稍斜。四肢细长而强健有力，蹄质坚硬。短脂尾，呈圆形或椭圆形，肥厚而充实，尾长大于尾宽，尾尖卷曲呈 S 形。

4. 体重和体尺　蒙古羊成年羊的体重、体尺见表 3-31。

表 3-31　蒙古羊成年羊体重和体尺

性　别	只　数	体重（kg）	体高（cm）	体长（cm）	胸围（cm）	管围（cm）
公	64	61.2±9.9	68.3±3.2	70.6±6.0	93.4±5.8	8.4±0.6
母	261	49.8±5.4	63.9±3.7	69.5±4.4	84.5±4.9	7.6±0.6

注：2006 年由内蒙古自治区家畜改良工作站测定。

5. 生产性能

（1）产毛性能　蒙古羊每年剪毛两次，剪毛量公羊 1.5～2.2kg、母羊 1.0～1.8kg；被毛自然长度公羊 8.1cm、母羊 7.2cm。羊毛品质因地区不同存在一定差异，一般自东向西有髓毛减少，无髓毛和两型毛增多。据测定，五一种畜场蒙古羊无髓毛细度为 26.65μm、有髓毛为 49.46μm，而阿拉善左旗蒙古羊无髓毛、有髓毛细度分别为 20.33μm、48.71μm。

（2）产肉性能　据锡林郭勒盟畜牧工作站 2006 年 9 月，对 15 只成年蒙古羯羊进行屠宰性能测定，平均宰前活重 63.5kg，胴体重 34.7kg，屠宰率 54.6%，净肉重 26.4kg，净肉率 41.6%。

（3）繁殖性能　蒙古羊初配年龄公羊 18 月龄、母羊 8～12 月龄。母羊为季节性发情，多集中在 9～11 月份；发情周期 18d，妊娠期 147d，产羔率 103%，羔羊断奶成活率 99%。羔羊初生重公羔 4.3kg、母羔 3.9kg；放牧情况下多为自然断奶，羔羊断奶重公羔 35.6kg、母羔 23.6kg。

6. 饲养管理　蒙古羊具有良好的放牧采食和抓膘能力。适应大陆性草原气候和放牧饲养条件，除冬春遇到风雪灾害天气或产羔时要适当补饲青干草外，采取全年放牧饲养。羔羊常与成年羊合群放牧。

7. 品种保护利用情况　尚未建立蒙古羊保种场和保护区，未进行系统选育，处于农牧民自繁自养状态。蒙古羊是我国分布地域最广的古老品种，但其肉、毛产量偏低，生产方向由以毛用为主转向以肉用为主。

8. 评价与展望　蒙古羊属于我国三大粗毛羊品种之一，分布广、数量多，具有游走能力强、善于游牧、采食能力强、抓膘快、耐严寒、抵御风雪灾害能力强等特点。在育成新疆细毛羊、东北细毛羊、内蒙古细毛羊、敖汉细毛羊及中国卡拉库尔羊过程中，起到重要作用。蒙古羊分布地区不同其生产性能也有差异，形成了几个不同的地方类群，今后应根据各地特点，充分发挥其遗传潜力，在保持和巩固优良特性的前提下，着重提高产肉性能及繁殖力。

（二）西藏羊

西藏羊又称藏羊、藏系羊，主要有高原型（草地型）和山谷型两大类，各地根据其自然生态特点又细分为不同类型，属粗毛型地方绵羊品种。

1. 一般情况

（1）中心产区及分布　西藏羊原产于青藏高原，主要分布于西藏自治区及青海、甘肃、四川、云南、贵州等地，由于各地生态条件差异悬殊，形成了高原型（草地型）、山谷型藏羊两种类型。

高原型（草地型）藏羊是西藏羊的主体，数量最多，主要分布在西藏境内的冈底斯山、念青唐古拉山以北的藏北高原和雅鲁藏布江地带；青海的藏羊主要分布在海北藏族自治州、海南藏族自治州、海西蒙古族藏族自治州、黄南藏族自治州、玉树藏族自治州、果洛藏族自治州等地广阔的高寒牧区；甘肃的甘南藏族自治州各县是西藏羊的主要分布区域；四川境内的藏羊分布在甘孜藏族自治州、阿坝藏族羌族自治州北部牧区。

山谷型藏羊主要分布在青海省南部的班玛、囊谦两县的部分地区，四川省阿坝藏族羌族自治州南部牧区，云南省的昭通市、曲靖市、丽江市及保山市腾冲县等地。

欧拉型藏羊是藏系绵羊的一个特殊生态类型，主产于甘肃省的玛曲县及毗邻地区、青海省河南蒙古族自治县和久治县等地。

（2）产区自然生态条件　西藏羊中心产区位于北纬 26°50′～36°53′，东经 78°25′～99°06′，地处青藏高原的西南部，北有昆仑山脉及其支脉，南有喜马拉雅山脉，西为喀喇昆仑山支脉。平均海拔 4 000m 以上，素有"世界屋脊"之称。地貌多样，可分为藏北高原、藏南谷地、藏东高山峡谷、喜马拉雅山地四部分，地势由西北向东南倾斜。

气候类型由东南向西北依次有热带、亚热带、高原温带、高原亚寒带、高原寒带等各种类型。气候特点是日照长、辐射强烈，气温低、温差大、干湿分明、多夜雨，冬春干燥、多大风，气压低、氧气含量少。年平均气温－2.8～11.9℃，温差大；年降水量 75～902mm，分布极不均匀；年日照时数 1 476～3 555h，西部多在 3 000h 以上。

境内江河纵横、水系密布，有雅鲁藏布江及其拉萨河、年楚河等 5 大支流，还孕育着长江、澜沧江上游的多条重要支流。湖泊多为咸水湖。草场类型多样，有高山草原，以旱生禾本科牧草为主；高山草甸、沼泽草甸及灌丛草甸草场，牧草茂密，覆盖度大，产草量较高，主要牧草植物有紫花针茅、草地早熟禾、冰川棘豆、细叶苔、青藏苔草、红景天、垫状点地梅、矮大绒草、垫状风毛菊等。农作物一般一年一熟，主要有青稞、豌豆、小麦、油菜等。

2. 品种形成与变化

（1）品种形成　高原型藏羊是西藏羊的主体，数量最多。西藏羊形成历史悠久，距今约 4 000 年的西藏昌都卡洛遗址出土的大量"畜骨钻"和"土坯坑窑以及饲养的围栏，栏内有大量的动物骨骼和羊粪堆积"即可佐证。又据薄吾成（1986）考证，"今天的藏羊是古羌人驯化、培育的羌羊流传下来的。其原产地应随古羌人的发祥地而为陕西西部和甘肃大部，中心产区在青藏高原"。

（2）发展变化　至 2008 年年底藏羊存栏数量在 2 300 万只以上。近 15～20 年来，藏羊数量略有增长，选育程度低，品种整齐度较差。

3. 体型外貌特征

（1）高原型藏羊　体质结实、体格高大、四肢较长。公、母羊均有角，公羊角长而粗壮，呈螺旋状向左右平伸；母羊角扁平、较小，多呈捻转状向外伸展。鼻梁隆起，耳大，前胸开阔，背腰平直，十字部稍高，小尾扁锥形。被毛以体躯白色、头肢杂色为主。被毛异质，毛纤维长，所产羊毛为著名的"西宁毛"。

（2）山谷型藏羊　体格较小，结构紧凑，体躯呈圆桶状，颈稍长，背腰平直。头呈三角形，公羊大多有扁形大弯曲螺旋形角，母羊多无角。四肢较短，体躯被毛以白色为主。

（3）欧拉型藏羊　体格高大，早期生长发育快，肉用性能好。头稍狭长，多数具肉髯。公羊前胸着生黄褐色毛，母羊则不明显。背腰宽平，后躯较丰满。被毛短，死毛含量较高。头、颈、四肢多为黄褐色花斑。大多数体躯被毛为杂色，全白和体躯白色个体较少。

4. 生产性能

（1）高原型藏羊　高原型藏羊成年公羊体重 51.0 kg、母羊 43.6 kg；公羊剪毛量 1.40～1.72 kg、母羊 0.84～1.20 kg；净毛率 70% 左右。其纤维按重量百分比计无髓毛占 53.59%、两型毛占 30.57%、有髓毛占 15.03%、干死毛占 0.81%。羊毛细度无髓毛 20～22 μm、两型毛 40～45 μm、有髓毛 70～90 μm。体侧毛辫长度 20～30 cm。母羊一般一年产一胎，一胎一羔，产双羔者极少。屠宰率 43%～47.5%。

羊毛品质好，两型毛含量高，光泽和弹性好、强度大，两型毛和有髓毛较粗，绒毛比例适中，由其织成的产品有良好的回弹力和耐磨性，是织造地毯、提花毛毯等的上等原料。

（2）山谷型藏羊　山谷型藏羊体格较小，成年公羊体重 40.65 kg、母羊 31.66 kg；被毛主要有白色、黑色和花色，多呈毛丛结构，干死毛多，毛质较差。年剪毛量 0.8～1.5 kg。屠宰率 48% 左右。

（3）欧拉型藏羊　欧拉型藏羊体格较大，成年公羊体重 75.85 kg、母羊 58.51 kg；1.5 岁公羊体重 47.56 kg、母羊 44.30 kg；剪毛量成年公羊 1.10kg、成年母羊 0.93kg。在成年母羊的毛被中，以重量百分比计无髓毛占 39.03%、两型毛占 25.44%、有髓毛占 7.41%、干死毛占 28.12%。成年羯羊的屠宰率为 50.18%。

5. 品种保护利用情况 西藏羊是我国著名的粗毛羊品种，作为母系品种参与了青海细毛羊、青海高原毛肉兼用半细毛羊、凉山半细毛羊、云南半细毛羊和彭波半细毛羊等新品种的育成。目前，采用保种场保护，2006 年在西藏阿旺地区建立了阿旺绵羊资源保护场。高原型藏羊 2000 年被列入《国家畜禽品种保护名录》，2006 年列入《国家畜禽遗传资源保护名录》。

6. 评价与展望 西藏羊是我国青藏高原地区主要的家畜品种之一，数量大，分布广，具有独特的生物学特性，对高原牧区生态环境和粗放饲养管理条件有很强的适应性，遗传性能稳定。今后应以本品种选育为主，有计划地开展选种选配工作，积极改善饲养管理条件，不断提高羊只体重、改善羊肉和羊毛品质；特别是高原型藏羊，应尽可能降低干死毛含量，不断保持和提高羊毛的优良品质，确保"西宁毛"在国内外地毯毛品牌原料中的地位。

（三）哈萨克羊

哈萨克羊属粗毛型地方绵羊品种。

1. 一般情况

（1）中心产区及分布 哈萨克羊原产于新疆维吾尔自治区天山北麓和阿尔泰山南麓；主要分布于北疆各地及其与甘肃、青海毗邻的地区。

（2）产区自然生态条件 哈萨克羊产区地形复杂、地貌多样、气候变化大，各地气温随季节和地势而不同。暖季气温随地势上升而递减，冷季气温随地势增高而递增，高山地区因有逆温现象，气温反比盆地暖和。1 月份气温 −10～−15℃，7 月份气温 22～26℃，平均日温差 11℃左右；无霜期 102～185d。各地降水量差别很大，阿尔泰山及天山地区为 600mm，塔城盆地伊犁河谷为 250mm，准噶尔盆地不足 200mm；年蒸发量 1 500～3 000mm。年日照时数 2 700～3 000h。积雪期约为 5 个月，积雪厚度 30cm 左右。

产区植被因地形地势而异，准噶尔盆地的植被由博乐蒿、灰蒿、羽茅组成；山区草场垂直分布，高寒草甸草场主要牧草有蒿草、苔草、早熟禾、猫尾草等，山地草甸草场植被以针茅、狐茅、蒿属为主，山地荒漠草场主要有冷蒿、木地肤、驼绒藜、针茅等牧草，平原荒漠草场有博乐蒿、木地肤、梭梭、三芸草、圣柳等牧草，平原低地草甸草场植被以芨芨草、芦苇、甘草、苦豆子为主。水源以内陆河水和降水为主，土壤主要有山地潮土、灌耕土、栗钙土、草甸土、灌木林土、风沙土等。农作物主要有小麦、玉米、水稻、花芸豆、油料、棉花、甜菜、瓜果等。

2. 品种形成与变化

（1）品种形成 哈萨克羊形成历史较早，据清朝杨岫撰写的《豳风广义》中记载，"羊，五方所产不同，而种类甚多，哈密一种大尾羊，尾重一二十斤"，这里所说的大尾羊，即当今的哈萨克羊。长期繁衍在严酷生态环境下的哈萨克羊，经过自然选择及农牧民的精心选育，形成了适应性广、体质结实、四肢较高、善于爬山游牧、抓膘能力强的优良地方品种。

（2）发展变化 哈萨克羊饲养量从 20 世纪 80 年代的 150 万只增长到 2007 年末的 499.9 万只。但个体有所变小、产肉量下降。

3. 体型外貌特征 哈萨克羊毛色以棕红色为主，部分个体头、四肢为黄色。被毛异质，干、死毛多，毛质较差。体质结实，结构匀称，头中等大，耳大下垂。公羊有粗大的螺旋形角，鼻梁隆起；母羊无角或有小角，鼻梁稍有隆起。颈中等长，胸较深，背腰平直，后躯比前躯稍高。四肢高而粗壮。尾宽大，脂肪沉积于尾根周围，形成枕状脂臀，下缘正中有一浅沟，将其分成对称两半。

4. 体重和体尺 哈萨克羊成年羊体重和体尺见表 3-32。

表 3-32 哈萨克羊成年羊的体重和体尺

性 别	只 数	体重（kg）	体高（cm）	体长（cm）	胸围（cm）	尾长（cm）	尾宽（cm）
公	16	73.4±15.5	73.7±4.0	78.2±5.1	97.3±7.7	15.4±2.2	28.0±5.5
母	89	52.5±6.6	68.9±3.0	73.6±4.6	86.5±6.3	9.8±1.7	20.2±2.9

5. 生产性能

（1）产肉性能 哈萨克羊周岁羊屠宰性能见表 3-33。

表 3-33 哈萨克羊周岁羊屠宰性能

性 别	只 数	宰前活重（kg）	胴体重（kg）	屠宰率（%）	净肉率（%）	肉骨比
公	12	42.3±1.1	18.0±0.5	42.6	34.4	4.2
母	12	40.8±1.3	17.3±0.6	42.4	35.0	4.7

哈萨克羊肉质好。据测定，每 100g 瘦肉含蛋白质 18.92g、粗脂肪 6.35g、钙 19.25mg、磷 391.46mg、镁 3.23mg、铁 18.48mg。氨基酸中谷氨酸为 15.98%，脂肪酸中不饱和脂肪酸占 68.21%。

（2）产毛性能 哈萨克羊成年羊春、秋季各剪毛一次，羔羊秋季剪毛。平均产毛量成年公羊 2.6kg、成年母羊 1.9kg。成年羊春毛品质见表 3-34。

表 3-34 哈萨克羊成年羊春毛品质

性 别	纤维类型（%）				羊毛自然长度（cm）
	有髓毛	两型毛	无髓毛	干、死毛	
公	12.1	19.6	55.4	12.9	14.8
母	23.9	13.9	41.2	21.0	13.3

（3）繁殖性能 哈萨克羊 5～8 月龄性成熟，初配年龄 18～19 月龄。母羊秋季发情，发情周期 16d，妊娠期 150d，产羔率 99.0%。羔羊初生重公羔 4.3kg、母羔 3.5kg；断奶重公羔 35.8kg、母羔 28.5kg。羔羊 140 日龄左右断奶，哺乳期平均日增重公羔 225g、母羔 178g，羔羊断奶成活率 98.0%。

6. 饲养管理 哈萨克羊终年在天然草场上进行季节性转场放牧，最长转场距离达数百千米，冬季极少补饲，仅在风雪灾害天气时给予适量补饲，主要饲草饲料有作物秸秆、青草、青干草和玉米等。冬季放牧时具有扒雪采食的优良特性。

7. 品种保护利用情况 2005 年在伊犁哈萨克自治州尼勒克和特克斯地区建立了两个繁育基地。采取建立种羊场、培育养殖大户、建立品种登记制度、活体保种等措施，加强了保种工作。20 世纪 50 年代产区以饲养哈萨克羊为主，后随着细毛羊杂交改良的开展，哈萨克羊数量不断减少；进入 90 年代后，由于市场对羊肉需求量剧增，群体数量迅速增长，为 80年代的 3.3 倍。哈萨克羊 1989 年收录于《中国羊品种志》。

8. 评价与展望　哈萨克羊体质结实，四肢高而健壮，善于爬山游走，放牧抓膘性能好，蓄积脂肪能力强，耐粗饲，抗寒抗病能力强，适应性好。但其羊毛品质差。今后应加强本品种选育，提高产肉性能及繁殖力，进一步改善羊毛品质。

（四）晋中绵羊

晋中绵羊属肉毛兼用型地方绵羊品种。

1. 一般情况

（1）中心产区及分布　晋中绵羊中心产区是山西省中部的榆次、太谷、平遥、祁县等四县。

（2）产区自然生态条件　晋中绵羊产地以山地、丘陵为主，山地海拔 1 000～2 567 m，丘陵区海拔 800～1 200 m，平原区海拔多低于 800 m，最低为 574 m。年平均气温 5～10℃，无霜期 150d；年降水量 405～573 mm，相对湿度 40%，雨季多集中在 6～10 月份；平均风速 2.1m/s。

产区有潇河、汾河及其支流流贯于其间，水资源丰富。农作物以玉米、小麦、豆类、谷子等为主，牧草种类多，资源丰富。

2. 品种形成与变化

（1）品种形成　晋中绵羊属短脂尾羊，为蒙古羊的一个地方类型。产区与内蒙古自治区毗邻，历史上经济贸易往来十分密切，人们逐渐将生长在草原地区、终年以放牧为主的蒙古羊引入当地。晋中盆地耕地多、放牧地少，在优越的生态及社会经济条件下，经过当地群众长期精心选育，培育形成了优良的地方品种。

（2）发展变化　晋中绵羊曾一度受到外血冲击，纯度有所下降。近年来，晋中绵羊的存栏数有逐渐回升的趋势，至 2006 年年底存栏约 19 万只。

3. 体型外貌特征　晋中绵羊全身被毛为白色，部分羊头部为褐色或黑色。体格大，体躯较长。头部狭长，鼻梁隆起，耳大下垂。公羊有螺旋形大角，母羊多无角。颈长短适中，胸较宽，肋骨开张，背腰平直。四肢结实，蹄质坚实。属短脂尾，尾大近似圆形，有尾尖。

4. 体重和体尺　晋中绵羊成年羊的体重和体尺见表 3-35。

表 3-35　晋中绵羊成年羊的体重和体尺

性　别	只　数	体重（kg）	体高（cm）	体长（cm）	胸围（cm）	尾宽（cm）	尾长（cm）
公	10	72.7±13.8	81.60±9.8	97.9±37.7	100.1±11.1	19.9±4.8	19.0±4.71
母	40	43.8±5.9	66.1±7.6	87.8±26.3	88.3±7.2	14.94±0.9	14.8±1.7

注：2007 年在平遥县和祁县测定。

5. 生产性能

（1）产毛性能　据 2007 年对平遥县和祁县 5 只公羊、20 只母羊产毛性能测定结果，公、母羊产毛量分别为 1.8 kg 和 1.1 kg，羊毛长度分别为 5.4 cm 和 5.8 cm，净毛率 62%。

（2）产肉性能　2007 年 10 月由晋中市畜牧繁育工作站对主产区平遥县和祁县 10 只周岁公羊和 40 只周岁母羊进行测定，周岁公羊平均宰前体重 48.4 kg、胴体重 27.7 kg、屠宰率 57.2%；周岁母羊平均宰前体重 42.3 kg、胴体重 21.6 kg、屠宰率 51.1%。

（3）繁殖性能　晋中绵羊 7 月龄左右性成熟，1.5～2.0 岁初配。母羊多集中在秋季发情，发情周期 15～18d，妊娠期 149d，年平均产羔率 102.5%。羔羊初生重公羔 2.89kg、母羔 2.88kg；羔羊断奶成活率 91.7%。

6. 饲养管理 晋中绵羊耐粗饲、易管理，饲养方式以舍饲为主、季节性放牧为辅。饲草饲料有玉米、麸皮、作物秸秆、青干草等。

7. 品种保护利用情况 尚未建立晋中绵羊保种场和保护区，处于农户自繁自养状态。晋中绵羊1983年收录于《山西省家畜家禽品种志》。

8. 评价与展望 晋中绵羊体格大、采食能力强，适应当地粗放的饲养管理条件，尤其是周岁内生长发育快、易肥育，肉质鲜嫩、膻味小。羊毛纯白而富有光泽，为粗纺和地毯用毛的上好原料。今后应有计划地扩大饲养数量，在努力提高产毛量、改善羊毛品质的同时，着重提高产肉性能及繁殖力。

（五）和田羊

和田羊属地毯毛型地方绵羊品种。

1. 一般情况

（1）产区和分布 和田羊分农区型和山区型两种。农区型也称草湖型，中心产区位于新疆维吾尔自治区和田地区的平原区，主要分布在洛浦、策勒、于田、民丰、和田等县；山区型中心产区位于昆仑山区，分布在于田县的阿羌乡、奥依托克拉克乡和策勒县的恰恰乡等。

（2）产区自然生态条件 和田羊产区南倚昆仑山、北接塔里木盆地，地势南高北低，由东南向西北倾斜，海拔1 100～4 000 m。属温带大陆性荒漠气候，干旱炎热，春季多风并伴有沙尘暴，光热资源丰富，年平均气温－11.0～4.0℃，最高气温43.2℃，最低气温－28.9℃；≥10℃有效积温达2 837℃。年降水量15～150mm。年日照时数2 470～2 795h，日照率58％～65％。主要河流有喀拉喀什河、玉龙喀什河等，土壤为灌淤土、盐碱土等。

产区南部高山区4 000m以上地带很少利用，4 000m以下河谷有稀疏河谷灌丛、高山河谷草甸，牧草有藏蒿草、苔草、黄花草等。南、中部低山草场区是昆仑山地北侧的东西狭长地带，3 000 m以上高山谷地沟底生长的主要牧草有蒿草、苔草、芨芨草、赖草等，属于夏牧场；1 440～2 500 m的山地荒漠草场为冬、春牧场，利用率高，主要牧草有合头草、蒿属草、羽茅、锦鸡儿等。中部砾石戈壁区沿河仅有柽柳灌木；中部平原耕作区为东西狭长的断续绿洲带，植被类型以盐化草甸为主，有中型芦苇、骆驼刺、罗布麻、甘草、盐爪爪、獐茅和小芦苇等。北部沙漠与塔克拉玛干沙漠相接，冬、春季节羊只仅能利用灰胡杨林下的芦苇、小芦苇、甘草、罗布麻、拂子茅、铁线莲等，夏季放牧于河流两岸的沼泽草甸。种植业以小麦、玉米、水稻等粮食作物为主，蚕桑、园林业发达。

2. 品种形成与变化

（1）品种形成 和田羊形成历史悠久。和田古称于阗国，为"丝绸之路"上的重镇之一。和田又是古老的农业区，《汉书·西域传》中有"皆种五谷、草木畜产作兵，略与汉同"的记载。又据宋史记载，"有羊……尾重不能行走，尾重者三斤，小者一斤，肉如熊，白而甚美"，证明古代和田的绵羊系肥尾羊。近期在和田桑株及楼兰遗址发现的岩画，以及民丰尼雅遗址出土的东汉彩色毛织品，证明当时和田地区养羊业及毛纺加工业甚为发达。

和田羊是在当地特有的自然生态条件下，经过农牧民长期精心培育，形成毛品质好、耐干旱炎热、适应性强的地方优良品种。

（2）发展变化 近30年来，和田羊的群体数量逐年增长，2007年存栏240.68万只，为1980年的2.4倍。经过多年选育，各项品质有所提高，2002年成年及周岁公羊的体重比1982年分别提高6.97％和23.18％，母羊相应提高13.32％和37.32％；成年及周岁羊产毛量分别提高 37.32% 和 42.86%，母羊相应提高 56.79% 和 57.50%。但其分布区域因受引进羊杂交改良的影响而缩小。

3. 体型外貌特征 和田羊全身被毛为白色，个别羊头部为黑色或有黑斑。被毛富有光泽、弯曲明显，呈毛辫状，上下折叠，层次分明，呈裙状垂于体侧达腹线以下。体质结实，结构匀称，体格较小。头较清秀，耳大下垂。公羊鼻梁隆起较明显，母羊鼻梁微隆。公羊多数有大角，母羊多数无角或有小角。体躯较窄，胸深不足，背腰平直。四肢较高，肢势端正，蹄质坚实。属短脂尾，有三种尾形：萝卜形尾型，基部宽大，向下逐渐呈三角形，尾尖细瘦；坎土曼尾型，尾尖退化，尾端呈一字形；驼唇形尾型，尾宽而短，无瘦尾尖，尾下沿中部有一浅沟，将其分为左右两半。

4. 体重和体尺 和田羊成年羊体重和体尺见表 3-36。

表 3-36 和田羊成年羊体重和体尺

性 别	只 数	体重（kg）	体高（cm）	体长（cm）	胸围（cm）
公	308	55.8±9.4	63.4±4.7	66.5±6.3	79.3±11.2
母	61	35.8±4.3	60.5±3.8	64.8±5.9	75.9±5.9

5. 生产性能

（1）产肉性能 和田羊屠宰性能见表 3-37。

表 3-37 和田羊周岁羊屠宰性能

性别	宰前活重（kg）	胴体重（kg）	屠宰率（%）	净肉率（%）
公	33.4±1.5	16.3±0.8	48.8	40.3
母	29.7±0.6	14.6±0.5	49.2	40.8

和田羊肉质较好，据测定，每 100g 羊肉中含粗蛋白 19.23%、粗脂肪 6.77%、粗灰分 1.35%。必需氨基酸含量占氨基酸总量的 56.67%，氨基酸中谷氨酸含量为 16.21%。

（2）产毛性能 农区型和田羊一年剪毛两次，年剪毛量成年公羊 2.2～4.7kg、成年母羊 0.8～1.9kg；毛股自然长度成年公羊 19.7cm、成年母羊 21.1cm；净毛率成年公羊 60.2%、成年母羊 62.2%。山区型和田羊年剪毛量成年公羊 1.8～2.2kg、成年母羊 1.2～1.8kg。

和田羊被毛中两型毛含量高、品质好。春毛纤维细度成年公羊为有髓毛 59.87μm、两型毛 43.58μm、无髓毛 21.24μm，成年母羊为有髓毛 56.66μm、两型毛 40.72μm、无髓毛 22.62μm。羊毛纤维类型重量百分比见表 3-38。

表 3-38 和田羊羊毛纤维类型及伸直长度

羊毛类别	性 别	纤维类型（%）				毛伸直长度（cm）		
		有髓毛	两型毛	无髓毛	干死毛	有髓毛	两型毛	无髓毛
春毛	公	6.1	35.2	56.2	2.5	13.0±4.9	15.6±4.6	10.7±3.2
	母	13.6	25.6	46.6	14.2			
秋毛	公	4.3	39.4	51.2	5.1	12.8±4.8	14.0±4.2	9.2±3.3
	母	13.4	34.6	47.4	4.6			

（3）**繁殖性能** 和田羊初配年龄为 1.5～2.0 岁。母羊发情多集中在 4～5 月和 11 月，舍饲母羊可常年发情，发情周期 17d，妊娠期 145～150d，产羔率 98%～103%。羔羊初生重公羔 4.0kg、母羔 2.4kg，断奶重公羔 20.7kg、母羔 18.3kg，哺乳期平均日增重公羔 152.0g、母羔 132.0g，羔羊断奶成活率 97.0%～99.0%。

6. 饲养管理 和田羊终年在天然草场放牧，冬季可扒雪觅草。在冬季种公羊以舍饲为主，冬季和产羔期给予母羊适当补饲。饲草饲料以农作物秸秆、青干草、紫花苜蓿和玉米为主。

7. 品种保护利用情况 和田羊是我国著名的地毯毛型绵羊品种，20 世纪 80 年代已开展本品种选育，将洛浦县杭桂乡列为和田羊品种资源保护繁育区，并在于田县组建了国有种羊场，建立了基础母羊核心群，实施全封闭选育，羊群品质有所提高。2004 年在策勒县提出和田羊（山区型）保护区建设方案，并建立品种登记制度。和田羊 2006 年列入《国家畜禽遗传资源保护名录》。2008 年，策勒县恰恰乡、于田县奥依托格拉克乡和洛浦县杭桂乡被列为国家级畜禽遗传资源保护区。

8. 评价与展望 和田羊被毛中两型毛含量多、纤维细长而均匀、光泽和白度好、弹性强，是生产地毯和提花毛毯的优质原料。和田羊体质结实，耐干旱和炎热，在低营养水平条件下抗逆性强。今后应以本品种选育为主，调整羊群结构，完善繁育体系，改进被毛整齐度，提高其繁殖力和产肉性能。

（六）叶城羊

叶城羊属地毯毛型地方绵羊品种。

1. 一般情况

（1）**产区和分布** 叶城羊中心产区在新疆维吾尔自治区叶城县山区的西哈休、柯克亚、乌夏巴什、棋盘、宗朗等乡和普萨牧场及部分平原乡（镇）。分布于新疆维吾尔自治区昆仑山和喀喇昆仑山高原下的叶城县及其与泽普、莎车、皮山县毗邻的地区。

（2）**产区自然生态条件** 叶城县位于北纬 35°28′～38°34′、东经 76°08′～78°31′，地处新疆维吾尔自治区西南部、喀喇昆仑山北麓。地势南高北低，从南部山区沿河到北部沙漠，形成带状绿洲，呈新月形，海拔 1 200～7 464 m。属温带大陆性干旱气候，年平均气温 11.4℃，无霜期 228d，年降水量 54～500 mm，年日照时数 2 746～2 833h，年平均风力 2.2m/s。境内有提孜那甫河等 4 条河流，水资源较丰富。土壤主要为灌淤土、棕漠土、盐碱土等。

草场类型有荒漠、草原化荒漠、荒漠草原、干草原、高寒草原、高寒草甸。主要牧草有紫花针茅、新疆银穗草、细叶嵩草、穗状寒生羊茅、高山绢蒿、昆仑针茅、琵琶柴、合头草、驼绒藜。主要作物有小麦、玉米、青稞、水稻、豌豆等。

2. 品种形成与变化

（1）**品种形成** 叶城羊形成历史较早。据史书记载，汉代县境南部属于西域三十六国的西夜、子合诸国，皆为"行国"，其民类似羌氏，随畜逐水草而居。叶城地处丝绸之路要道，南依喀喇昆仑山与克什米尔接壤，历来为新疆通往西藏及南亚各国的交通咽喉。叶城羊产品远销各地，成为当地人民重要的经济来源。据清宣统年间（1910）《叶城乡土志》记载："本境运往英国货物，每岁约销羊毛毡二千余铺，运往俄国货物，每岁约销羊毛八千余秤、毛腰带二万五六千条，大小毛毡八千余铺，羊皮袍二千余件。"

叶城羊是在当地特殊的生态环境下，经过长期封闭式选育形成的体质结实、抗病力强的地方优良品种。

（2）发展变化 1980年叶城羊存栏约20万只。自20世纪80年代中期进行有计划的选育以来，叶城羊有了很大发展，2007年总数达38.76万只，品质有较大提高。据2008年5月在普萨牧场、乌夏巴什、宗朗、柯克亚等进行的抽测鉴定，成年公羊中特级占20.0%、一级占36.0%、二级占44.0%；成年母羊中特级占25.0%、一级58.9%、二级11.1%、等外级5.0%。

3. 体型外貌特征 叶城羊被毛为白色，少数头、四肢毛为黑色，部分眼睑为黄色或灰白色。被毛光泽好，有波浪形弯曲，呈毛辫状，层次分明，似排须垂于体侧，达腹线以下。体质结实，头清秀、略长、大小适中，鼻梁稍隆起，耳长、半下垂。公羊多数有螺旋形角、少数无角，母羊多数无角、少数有小弯角。胸较窄而浅，腰背平直，十字部稍高于鬐甲部。四肢端正，蹄质坚实。属短脂尾。

4. 体重体尺 叶城羊成年羊体重、体尺见表3-39。

表3-39 叶城羊成年羊体重和体尺

性别	只数	体重（kg）	体高（cm）	体长（cm）	胸围（cm）	尾长（cm）	尾宽（cm）
公	23	52.8±8.4	71.0±7.8	75.1±6.5	108.4±12.5	23.6±2.0	28.4±3.1
母	150	41.0±8.5	64.9±8.7	68.2±8.5	111.1±14.1	23.7±2.1	28.4±3.4

5. 生产性能

（1）产毛性能 叶城羊一年剪毛两次。成年公羊年产毛量2.2 kg，春季毛辫自然长度27～33 cm；成年母羊年产毛量1.5 kg，春季毛自然长度26～31 cm。其羊毛光泽好、弹性强，是生产地毯与提花毛毯的重要原料。

（2）产肉性能 叶城羊屠宰性能见表3-40。

表3-40 叶城羊周岁羊屠宰性能

性别	只数	宰前活重（kg）	胴体重（kg）	屠宰率（%）	净肉率（%）
公	12	32.6	14.0	42.9	31.1
母	12	31.4	13.6	43.3	32.4

（3）繁殖性能 叶城羊初配年龄公羊24月龄、母羊15月龄。母羊可全年发情，但以4～5月和11月发情较多，发情周期16～19d，妊娠期150d，产羔率103%。羔羊初生重公羔4.2 kg、母羔3.7 kg，断奶重公羔18 kg、母羔16 kg。

6. 饲养管理 叶城羊终年放牧在干旱的荒漠草场上，很少补饲，仅在冬季大雪封山时给体弱羊及产羔母羊补饲少量草料。冬季放牧时有扒雪觅草的习性，采食能力强。

7. 品种保护利用情况 近30年来，对叶城羊一直坚持以本品种选育为主。1984年制定了叶城羊品种标准和鉴定分级标准，并在中心产区每年按照品种标准鉴定羊群，淘汰不良个体，不断提高群体质量。近年来，将乌夏巴什、宗朗、柯克亚、西合休四个乡（镇）划定为保护区，并在县普萨牧场建立了叶城羊繁殖基地，进行本品种选育。

8. 评价与展望 叶城羊对干旱地区的自然生态条件具有较强的适应性，耐粗饲、宜放牧、抗病力强；被毛细长、光泽好、弹性强，是生产优质地毯和提花地毯的重要原料。今后应加强本品种选育，在保持和巩固优良特性的前提下，不断提高其产肉性能和繁殖力。

二、毛用裘皮羊

（一）湖羊

湖羊是我国特有的白色羔皮用地方绵羊品种。

1. 一般情况

（1）中心产区及分布　湖羊中心产区位于太湖流域浙江省湖州市的吴兴、南浔、长兴和嘉兴市的桐乡、秀洲、南湖、海宁，江苏省的吴中、太仓、吴江等县。分布于浙江的余杭、德清、海盐，江苏的苏州、无锡、常熟、昆山，上海的嘉定、青浦等县。

（2）产区自然生态条件　产区地处亚热带南缘，属东亚季风区，冬夏季风交替，四季分明，气温适中，雨水丰沛，日照充足，具有春湿、夏热、秋燥、冬冷的特点。年平均气温15.9℃；年降水量1 169mm，相对湿度约80%；年平均日照时数2 017h。

产区土地肥沃、河溪纵横、植物生长繁茂，具有良好的农业基础和优越的自然条件，素有"鱼米之乡、丝绸之府"之美称。土壤以粉砂和黏土为主，属沙黏土，土层深厚，有机质丰富。水田种稻，旱地、塘边和圩埂种桑，水面养鱼和放植水生植物，一年四季常青。产区农户素以枯桑叶、青草和农作物秸秆喂羊，用羊粪肥田、育桑。

2. 品种形成与变化

（1）品种形成　湖羊源于蒙古羊，已有1 000多年的历史。早在晋朝《尔雅》上就有"吴羊"的记载，南宋迁都临安后，黄河流域的蒙古羊随居民大量南移而被携至江南太湖流域一带。宋《谈志》旧编云："安吉、长兴接近江东，多畜白羊……今乡间有无角斑黑而高大者曰胡羊。"当时临安羊肉馆已很有名。清朝同治年间编的《湖州府志》中载有"吾乡羊有两种，曰吴羊曰山羊，吴羊毛卷，尾大无角，岁二八月剪其毛为毡物……畜之者多食以青草，草枯则食以枯桑叶，谓桑叶羊，北人珍焉，其羔儿皮可以为裘。"当地方言中"吴"、"胡"、"湖"同音，故吴羊、胡羊即为湖羊。湖羊来到江南，因缺乏放牧地和多雨等因素的影响，由放牧转为舍饲，终年饲养在阴暗的圈内，局促于一隅，缺乏运动和光照，经人们长期驯养和选育，逐渐适应了江南的气候条件，形成了如今的湖羊品种。

（2）发展变化　20世纪70年代末，湖羊存栏数量曾一度达到254万只，为历史最高水平。此后，存栏量呈快速下降趋势。到20世纪90年代中期，湖羊生产方向逐渐由皮肉兼用转变为肉皮兼用。进入21世纪后，湖羊的饲养数量稳中有升，2006年末存栏112.7万只，其中浙江省占92.65%、江苏省占7.35%，且饲养的规模化程度不断提高，出栏率持续上升。

3. 体型外貌特征　湖羊全身被毛为白色。体格中等，头狭长而清秀，鼻骨隆起，公、母羊均无角，眼大凸出，多数耳大下垂。颈细长、体躯长、胸较狭窄，背腰平直，腹微下垂，四肢偏细而高。母羊尻部略高于鬐甲，乳房发达。公羊体型较大，前躯发达，胸宽深，胸毛粗长。属短脂尾，尾呈扁圆形，尾尖上翘。被毛异质，呈毛丛结构，腹毛稀而粗短，颈部及四肢无绒毛。

4. 体重和体尺　湖羊早期生长发育快，在正常的饲料条件和精心管理下，6月龄羔羊体重可达成年羊体重的70%以上，周岁时可达成年羊体重的90%以上，其体重和体尺见表3-

41 和表 3-42。

表 3-41　湖羊成年羊的体重和体尺

性　别	只　数	体重（kg）	体高（cm）	体长（cm）	胸围（cm）	尾宽（cm）	尾长（cm）
公	28	79.3±8.7	76.8±4.0	86.9±7.9	102.0±8.4	20.4±3.5	20.2±5.5
母	95	50.6±5.6	67.7±3.3	74.8±3.7	89.4±6.5	15.9±3.2	17.2±4.7

表 3-42　8～10 月龄湖羊体重体尺

性　别	只　数	体重（kg）	体高（cm）	体长（cm）	胸围（cm）	尾宽（cm）	尾长（cm）
公	15	45.2±3.6	67.9±2.1	73.5±2.3	81.2±4.9	12.2±1.5	13.6±1.2
母	14	36.31±2.68	64.2±2.2	65.3±2.3	79.0±2.3	12.9±1.1	13.1±0.7

注：2007 年在浙江杭州、嘉兴、湖州等地测定。

5. 生产性能

（1）产皮性能

①湖羊羔皮　具有皮板轻柔、毛色洁白、花纹呈波浪状、花案清晰、紧贴皮板、扑而不散，有丝样光泽，光润美观等特点，享有"软宝石"之称。根据羔皮波浪状花纹宽度可分为大花、中花和小花。以羔羊出生当天宰割的皮板质量最佳，随着日龄增加，花纹松散、品质降低。湖羊羔皮经鞣制后，可染成各种色彩，供制作时装、帽子、披肩、围巾、领子等。

②袍羔皮　又称"浙江羔皮"。指湖羊 2～4 月龄时剥取的幼龄羊皮板，袍羔皮毛股洁白如丝，毛长 5～6cm，光泽丰润，花纹松散，皮板轻薄，保暖性能良好，是良好的制裘原料。

③大湖羊皮　也称"老羊板"，为剥取 10 月龄以上的大湖羊皮板，毛长 6～9cm，花纹松散，皮板壮实，既可制裘，更是制革的上等原料，大湖羊皮革以质轻、柔软、光泽好而闻名。

（2）产肉性能　湖羊屠宰性能见表 3-43。

表 3-43　湖羊 8～10 月龄羊屠宰性能

性　别	只　数	宰前活重（kg）	胴体重（kg）	屠宰率（%）	净肉重（kg）	净肉率（%）	骨重（kg）	肉骨比
公	15	45.2±3.6	24.2±2.2	53.5	19.3±1.8	42.7	4.9	3.9
母	14	36.3±2.7	19.1±2.0	52.6	15.7±1.8	43.3	3.3	4.8

注：2007 年 1 月在浙江嘉兴、湖州测定。

湖羊肌肉中含粗蛋白 18.71%、粗脂肪 2.38%，必需氨基酸种类齐全，赖氨酸、亮氨酸、缬氨酸和苏氨酸等氨基酸的含量均较丰富，其中赖氨酸含量占必需氨基酸总量的 31.7%。

（3）产毛性能　湖羊每年剪毛两次，剪毛量公羊 1.65kg、母羊 1.16kg。其羊毛属异质毛，毛被纤维类型重量百分比中无髓毛占 78.49%、有髓毛和干死毛占 21.51%。

（4）产乳性能　湖羊的泌乳性能较好。据浙江省农业科学院测定资料，湖羊泌乳期为 4 个月，120d 产奶 100kg 以上，高者可达 300kg。湖羊奶外观较浓稠，乳汁主要化学成分为粗蛋白 6.58%、乳糖 5.65%、矿物质 0.97%。

（5）繁殖性能　湖羊性成熟早，公羊 5～6 月龄、母羊 4～5 月龄；初配年龄公羊 8～10

月龄、母羊 6～8 月龄。母羊四季发情，以 4～6 月和 9～11 月发情较多，发情周期 17d，妊娠期 147d；繁殖力较强，一般每胎产羔 2 只以上，多的可达 6～8 只，经产母羊平均产羔率 277.4％，一般两年产三胎。羔羊初生重公羔 3.1kg、母羔 2.9kg；45 日龄断奶重公羔 15.4kg、母羔 14.7kg。羔羊断奶成活率 96.9％。

6. 饲养管理　湖羊性情温驯、食性杂、耐粗饲、适应性强、易管理，终年饲养在较阴暗的羊舍内。饲草料以牧草、野生杂草、青贮饲料、农作物秸秆及桑树叶、果树叶等为主，搭配部分精料。湖羊有夜食性，傍晚应放足量草料。配种期种公羊、怀孕和哺乳期母羊、羔羊和育肥期肉羊要补饲适量精饲料。

7. 品种保护利用情况　湖羊采用保种场和保护区相结合进行保护。在浙江省、江苏省建有湖羊保种场和保护区，2008 年建立国家级湖羊保种场，开展湖羊品种资源的保护工作。在保持湖羊羔皮优良性能的前提下，肉用性能得到有效的开发利用。

8. 评价与展望　湖羊是世界著名的多羔绵羊品种，具有性成熟早、繁殖力高、四季发情、前期生长速度较快、耐湿热、耐粗饲、宜舍饲、适应性强等优良特性，尤其是多羔性状的遗传较稳定，携带有 FceB 基因。所产羔皮花案美丽，肉质细嫩、鲜美、膻味少。今后应加大本品种选育的力度，突出湖羊羔皮性能和多羔性能的选育，在保证优质羔皮品质的基础上，提高其生长速度和肉用性能。

（二）滩羊

滩羊又名白羊，属轻裘皮用型地方绵羊品种。

1. 一般情况

（1）中心产区及分布　滩羊原产于宁夏回族自治区宁夏贺兰山东麓的洪广营地区，分布于宁夏及其与陕西、甘肃、内蒙古相毗邻的地区。目前主要集中在宁夏中部干旱带的盐池、同心、红寺堡、灵武等地区。

（2）产区自然生态条件　滩羊产区位于北纬 30°35′～39°40′、东经 104°50′～107°50′，地貌包括鄂尔多斯台地、黄河冲积平原、同心盆地、贺兰山和黄土高原等。地势南高北低，黄河流经其间，海拔 1 100～1 300m。产区属温带大陆性气候，气候干燥、风多雨少，寒暑俱烈，日照长，蒸发量大。年平均气温 7.5℃，最低气温－30℃；无霜期 151～188d。年降水量 187～321mm，降水多集中在 7～9 月份，年蒸发量 1 600～2 400mm。年平均日照 3 000h。土壤以灰钙土、风沙土为主。水源有天然降水、地表水和地下水。产区草原辽阔，属干旱、半荒漠类型。牧草以旱生的黑沙蒿、沙冰草、芨芨草、甘草等为主，植被稀疏，产草量低。农作物有小麦、水稻、玉米、糜子和胡麻等。

2. 品种形成与变化

（1）品种形成　滩羊形成历史悠久。据清乾隆二十年（1755）《银川小志》记载："宁夏各州，俱产羊皮，灵州出长毛麦穟。"可见当时已有麦穟（即花穗）之说。清末滩羊二毛皮为裘皮之冠。据《甘肃新通志》记载："裘，宁夏特佳"，《朔方道志》中曾记载"裘，羊皮狐皮皆可做裘，而洪广（今宁夏贺兰县洪广营乡）之羊皮最胜，俗称滩皮"，这时滩羊皮已成为集市贸易的大宗商品。滩羊的名称来自"滩皮"，据调查山西省交城一带皮货商到宁夏收购羊皮时，发现羊在滩地上放牧，将二毛皮称为"滩皮"，故在皮板上加盖"滩皮"字样，远销各地，名声远扬，之后人们将生产滩皮的羊叫做滩羊。

（2）发展变化　1980 年滩羊存栏 250 万只，随着市场需求的变化，二毛裘皮需求量减少，滩羊的生产方向也由二毛裘皮用逐渐向裘肉兼用或肉裘兼用方向发展。近年来，受杂交改良的影响，滩羊分布范围明显缩小，但羊只数量总体稳定在 30 年前的水平。2006 年存栏 251.9 万只，其中宁夏 191.5 万只、陕西 8.5 万只、甘肃 48.6 万只、内蒙古 3.3 万只。随着饲养方式由放牧转变为舍饲和半舍饲，产后发情比例增加，两年产三胎的母羊增多，养殖效益有所提高。

3. 体型外貌特征　滩羊体躯被毛为白色，纯黑者极少，头、眼周、脸颊、耳、嘴端多有褐色、黑色斑块或斑点。体格中等，鼻梁稍隆起，眼大、微凸出。耳分大、中、小三种，大耳和中耳薄而下垂，小耳厚而竖立。公羊有大而弯曲的螺旋形角，大多数角尖向外延伸，其次为角尖向内的抱角和中、小型弯角；母羊多无角，有的为小角或仅留角痕。颈部丰满、中等长，颈肩结合良好，背平直，鬐甲略低于十字部。体躯较窄长，尻斜。四肢端正，蹄质致密坚实。尾为长脂尾，尾根宽阔，尾尖细圆，长达飞节或过飞节。尾形分三角形、长三角形、楔形、楔形 S 状尾尖等，其中以楔形 S 状尾尖居多。被毛为异质毛，呈毛辫状，毛细长而柔软，细度差异较小，前后躯表现一致。头、四肢、腹下和尾部毛较体躯毛粗。

羔羊出生后，体躯被毛有许多弯曲的长毛，被毛自然长度 5cm 左右，二毛期毛股长达 7cm，一般毛股上有 5～7 个弯曲，呈波浪形。毛股紧实清晰，花穗美观，光泽悦目。腹毛着生较好。

4. 体重体尺　滩羊成年羊的体重和体尺见表 3-44。

表 3-44　滩羊成年羊的体重和体尺

性　别	只　数	体重（kg）	体高（cm）	体长（cm）	胸围（cm）	尾长（cm）	尾宽（cm）
公	42	55.4±14.3	69.7±5.9	76.4±7.7	89.7±8.6	32.9±4.4	13.4±0.3
母	177	43.7±9.1	66.1±5.8	73.2±6.9	87.5±10.5	24.1±3.5	6.9±1.0

注：2007 年在盐池、同心、灵武、海源县及红寺堡开发区测定。

5. 生产性能

（1）裘皮品质

①滩羊二毛皮　指羔羊 1 月龄左右、毛股长度达 8 cm 时宰杀获取的皮张。根据毛股粗细、紧实度、弯曲的多少及均匀性、无髓毛含量的不同，可将花穗分为以下几种：

串字花：毛股上有弧度均匀的平波状弯曲 5～7 个，弯曲排列形似串字，弯曲部分占毛股的 2/3～3/4，毛股粗细为 0.4～0.6 cm，根部柔软，可向四方弯倒，呈萝卜丝状，毛股顶端有半圆形弯曲，光泽柔和、呈玉白色。少数串字花毛股较细，弯曲数多达 7～9 个，弯曲弧度小，花穗十分美观，称为"绿豆丝"或"小串字花"。

软大花：毛股弯曲较少，一般为 4～5 个，毛股粗细 0.6 cm 以上，弯曲部分占毛股长度的 1/2～2/3，毛股顶端为柱状，扭转卷曲，下部无髓毛含量多、保暖性强，但美观度较差。

其他还有核桃花、蒜瓣花、笔筒花、卧花、头顶一枝花等，因其弯曲数少、弯曲弧度不均匀、无髓毛多、毛股松散，美观度差，均列为不规则花穗。

二毛皮纤维细长，纤维类型比例适中，被毛由有髓毛和无髓毛组成。据测定，每平方厘米有毛纤维 2 325 根，其中有髓毛占 54%、无髓毛占 46%；有髓毛细度 26.6 μm、无髓毛细度 17.4 μm。二毛皮板质致密、结实、弹性好、厚薄均匀，平均厚度 0.78 cm；皮张重量小，产品轻盈、保暖。

②滩羊羔皮 指羔羊出生后、毛股长度不到 7cm 时宰杀的皮张。其特点是毛股短、绒毛少、板质薄、花案美观，但保暖性较差。

（2）产肉性能 滩羊屠宰性能见表 3-45。

表 3-45 滩羊屠宰性能

羊 别	只 数	宰前活重（kg）	胴体重（kg）	屠宰率（%）	净肉率（%）	肉骨比
羯羊	16	34.0±8.0	16.3±4.3	47.9	36.5	3.2
二毛羔羊	16	14.7±3.2	7.9±1.9	53.7	39.2	2.7

滩羊肉质细嫩、膻味少。据测定肉中蛋白质含量为 18.6%、脂肪含量 1.8%；必需氨基酸占氨基酸总量的 41.4%，氨基酸中谷氨酸占 15.1%；脂肪酸中油酸占 29.5%、亚油酸占 1.0%、二十碳五烯酸 1.8%、二十二碳六烯酸 0.4%。每 100g 羊肉中含胆固醇 28.8mg。

（3）产毛性能 滩羊产毛性能见表 3-46。

表 3-46 滩羊成年羊春毛产毛量及羊毛品质

性 别	产毛量（kg）	纤维伸直长度（cm）			纤维细度（μm）		
		有髓毛	两型毛	无髓毛	有髓毛	两型毛	无髓毛
公	1.5～1.8	12.82	7.62	7.58	72.27	40.14	19.97
母	1.6～2.0	16.21	9.76	8.77	59.45	34.02	18.34

滩羊被毛属优质异质毛，呈毛辫状，纤维细长、柔软、光泽好、弹性强、细度差异小，前后躯一致，羊毛纤维类型比例适中，是生产高级提花毛毯的优质原料。据测定，羊毛纤维类型数量百分比为有髓毛 6.30%、两型毛 17.60%、无髓毛 76.10%；其重量百分比分别为 19.60%、43.20%、37.20%。

（4）繁殖性能 滩羊一般 6～8 月龄性成熟，初配年龄公羊 2.5 岁、母羊 1.5 岁。属季节性发情，母羊多在 6～8 月份发情，发情周期 17～18d，发情持续期 1～2d，产后 35d 左右即可发情，妊娠期 151～155d，受胎率 95.0% 以上。放牧情况下，成年母羊一年产一胎，多为单羔。舍饲母羊产后发情比例增多，两年三胎羊的数量增加，产羔率 101%～103%，羔羊初生重公羔 3.76kg、母羔 3.57kg；断奶重公羔 21.21kg、母羔 13.32kg；哺乳期日增重公羔 145.0g、母羔 81.0g，羔羊断奶成活率 95.0%～97.0%。

6. 饲养管理 滩羊对干旱、半荒漠的自然生态环境适应能力强、放牧性能好，据对滩羊放牧行为的观测，在全天采食与游走时间中采食时间占 64.3%、游走时间占 35.7%。滩羊饲养方式由放牧转变为舍饲后，每户饲养规模为 20～30 只，饲草主要有玉米秸秆、稻草、糜草等，精料由玉米、胡麻饼、麦麸等组成。

7. 品种保护利用情况 品种采用保种场和基因库保护。20 世纪 50 年代后期，成立了自治区滩羊选育场，开始对滩羊进行系统选育。1987 年成立了宁夏、甘肃、陕西、内蒙古四省（自治区）滩羊选育协作组，制定了"滩羊"国家标准，选育出两个串字花品系。进入 20 世纪 90 年代后，由于裘皮需求量逐年减少，品质日益下降。近 10 年来，滩羊主产区以规模养殖场（户）为主体，建立滩羊开放式核心选育群，开展品种登记、种羊鉴定、建立档案等选育工作，群体质量得到逐步提高。2008 年宁夏盐池滩羊选育场被列为国家级畜禽遗传资源保种场。滩羊除活体保种外，其精液和胚胎等遗传物质已由国家家畜基因库保存。

近年来，应用分子生物学技术，揭示了滩羊的来源及其与蒙古羊等绵羊品种的类缘关系，从细胞、生理生化、分子遗传学等方面，对在滩羊群体中发现的多胎突变家系进行了系统研究，初步确定了其遗传模式，为滩羊的进一步选育提出了新的思路和方法。

8. 评价和展望 滩羊是我国独特的白色二毛裘皮用绵羊品种，其二毛皮羊毛纤维细长、花穗美观、毛股紧实、轻盈柔软、颜色洁白、光泽悦目、肉质细嫩、膻味小。滩羊体质结实、耐寒抗旱、耐风沙袭击、适应性好、遗传性能稳定。今后应根据市场需求，不断加强本品种选育，重视产肉性能和繁殖力的提高，不断改进品种整齐度，开发皮、毛、肉新产品，提高滩羊总体经济效益。

（三）太行裘皮羊

太行裘皮羊属裘皮型地方绵羊品种。

1. 一般情况

（1）中心产区和分布 太行裘皮羊中心产区位于河南省安阳市的汤阴县，在太行山东麓沿京广铁路两侧的安阳县、龙安区，新乡市的辉县、卫辉市，鹤壁市的淇县等地区均有分布。

（2）产区自然生态条件 太行裘皮羊产区位于河南省最北部，在山西、河北、河南三省交会处，海拔48.4～1 632m。属暖温带过渡区大陆性季风气候，春季温暖多风，夏季炎热多雨，秋季凉爽，冬季寒冷。年平均气温13.6℃，无霜期201d；年降水量606mm，多集中在7～8月，相对湿度60％～65％；年平均日照时数2 455h；年平均风速2.7m/s。

产区主要河流有漳河、安阳河、汤河、淇河，属海河水系。土壤种类复杂，丘陵以立黄土、黄潮土为主；平原以轻沙土、二合土和淤土为主。农作物主要有小麦、玉米、甘薯、大豆、油菜、花生、大蒜、西瓜、芝麻、棉花和各种蔬菜等，农副产品及饲草饲料资源丰富。

2. 品种形成与变化

（1）品种形成 太行裘皮羊是在当地生态条件下，为满足社会经济发展需要，经长期自然选择和人工选育形成的，其优质二毛皮的形成，与当地气候和碱性土壤生长的植物等生态条件及自然选择有直接关系。

（2）发展变化 太行裘皮羊分布范围正逐渐缩小、数量下降，已由1980年的31.4万只下降到2006年的1.4万余只。生产方向由单纯的裘皮用，逐渐向裘肉或肉裘兼用方向发展。

3. 体型外貌特征 被毛全白者占90％以上，头及四肢有色毛者不足10％，体质结实，体格中等，头略长、大小适中，鼻梁隆起，两耳多数较大且下垂，部分羊的额部长有一块短细绒毛，少数羊眼睑和鼻梁有褐斑。公羊多数有螺旋形角，母羊多有小角或角基，颈细长，胸欠宽，背腰平直，后躯丰满。四肢略细，后肢多成刀状。属长脂尾，多数垂至飞节以下，尾根宽厚，尾尖细圆，多呈S状弯曲。

4. 体重和体尺 太行裘皮羊成年羊的体重和体尺见表3-47。

表3-47 太行裘皮羊成年羊的体重和体尺

性 别	只 数	体重（kg）	体高（cm）	体长（cm）	胸围（cm）	尾宽（cm）	尾长（cm）
公	20	51.3±14.5	62.6±4.3	70.4±5.9	88.0±7.4	19.7±2.9	44.4±4.9
母	80	49.5±9.4	60.3±3.0	69.5±4.7	88.5±6.6	18.2±1.9	40.6±4.4

5. 生产性能

（1）裘皮品质　太行裘皮羊30～45日龄屠宰所取的裘皮称"二毛皮"。根据毛股弯曲大小、弯曲形状，形成了不同花穗。分为四个类型，最上等为麦穗花，毛股紧，根部柔软，靠根底部1/3～1/2长度内有浅弯2～4个，上部有3～7个弯曲，形似麦穗；次为粗毛大花，又称沙毛花，纤维较粗，弯曲大而较少，多集中于毛股顶部；第三为绞花，毛股弯曲呈螺旋形上升，纤维匀细，手感柔软；第四为盘花，毛股呈平圆形重叠状。

秋剪皮毛股的光泽、弹性、拉力性能好。皮板稍厚，制成的衣料美观、保暖、耐磨，比较轻巧。

表3-48　太行裘皮羊皮张品质

性　别	鲜皮重（kg）	皮张长度（cm）	皮张宽度（cm）	皮张厚度（cm）
公	4.5±0.5	120.3±4.5	87.4±5.2	0.4±0.1
母	3.3±0.3	106.9±6.3	80.6±6.1	0.4±0.0

（2）产肉性能　太行裘皮羊屠宰性能见表3-49。

表3-49　太行裘皮羊屠宰性能

性　别	宰前活重（kg）	胴体重（kg）	屠宰率（%）	净肉重（kg）	净肉率（%）
公	45.0±5.3	23.0±3.0	51.1±3.5	19.2±2.9	42.7±2.7
母	37.8±5.8	18.6±3.7	49.2±4.2	15.28±3.3	40.4±3.1

（3）产毛性能　太行裘皮羊一年剪毛两次，成年公羊春毛产量0.8kg、自然长度11.3cm，秋毛产量0.75kg、自然长度8.4cm；成年母羊春毛产量0.8kg、自然长度11.2cm，秋毛产量0.7kg、自然长度7.7cm。被毛为异质毛，成年羊毛纤维类型重量百分比为有髓毛11.6%、两型毛14.3%、无髓毛74.1%。

（4）繁殖性能　母羊5～6月龄性成熟，初配年龄公羊12月龄、母羊7月龄。母羊常年发情，发情周期14～21d，发情持续期48h，妊娠期150d，产羔率131%。羔羊初生重公羔3.5～4.0kg、母羔3.0～3.5kg；2～3月龄断奶重公羔20～25kg、母羔15～20kg；哺乳期日增重公羔220g、母羔200g。

6. 饲养管理　太行裘皮羊以常年放牧为主。舍饲情况下，饲料以青干草、干树叶、农作物秸秆为主，根据不同生长阶段适当补充精料。

7. 品种保护利用情况　尚未建立太行裘皮羊保种场和保护区，未进行系统选育，处于农户自繁自养状态。太行裘皮羊1980年收录于《河南省地方优良品种畜禽品种志》。

8. 评价与展望　太行裘皮羊具有适应性、抗病力强，耐粗放饲养，裘皮品质较好，屠宰率、净肉率高等特点。所产二毛皮是当地群众喜爱的御寒衣料。今后应进一步完善太行裘皮羊保种和发展规划，着重提高产羔率、二毛皮品质以及产肉性能，以全面提高太行裘皮羊的经济价值。

（四）岷县黑裘皮羊

岷县黑裘皮羊，又名黑紫羔羊、紫羊，属裘皮用绵羊地方品种。

1. 一般情况

（1）中心产区及分布　岷县黑裘皮羊的中心产区位于甘肃省洮河中、上游的岷县和岷江上游一带，目前主要集中在岷县的西寨、清水、十里等（乡）镇；分布于岷县洮河两岸、宕昌县、临潭县、临洮县及渭源县部分地区。

（2）产区自然生态条件　岷县黑裘皮羊产区位于甘肃省武都地区西北部、洮河上中游，北秦岭山地横穿岷县，南有长江与黄河分水岭、达拉梁及岷峨山，北有洮河、渭河分水岭和木寨岭与岭罗山，为甘南高原与陇中黄土高原及陇南山区的接壤处，海拔 2 200～3 700m。属温带半湿润和高寒湿润气候，年平均气温 5.8℃，无霜期 120d；年降水量 635mm，降水多集中在 7～9 月份，年蒸发量 1 246mm，相对湿度 70.0%。洮河干流在境内自西向东折北流过，河谷地带开阔，草场资源丰富，植被覆盖度较好，牧草以禾本科为主，藜科、莎草科次之，还有柳丛灌木叶可作饲料。产区生态环境脆弱，农业生产条件严酷，粮食产量较低，农作物有春小麦、青稞、燕麦、马铃薯、蚕豆等。

2. 品种形成与变化

（1）品种形成　岷县黑裘皮羊形成历史较早，据清代杨岫撰写的《豳风广义》中记载，"羊，五方所产不同……临洮一种洮羊，重六七十斤，尾小"，可见，早在清代时期岷县已有裘皮羊。当地群众素有以裘为衣的习惯，经过长期精心选育，形成对高寒阴湿生态环境适应性强、耐粗饲、善走耐牧、被毛乌黑发亮、裘皮品质上乘的地方优良品种。

（2）发展变化　据 20 世纪 80 年代初调查，群体数量为 10.4 万只，以后受裘皮市场疲软的影响，群体数量急剧下降，由 1985 年的 3 万多只减少到 1995 年的 1.5 万只，2007 年存栏纯种羊仅 700～800 只，处于濒危状态。由于不重视选育，泛交乱配现象严重，群体中出现青白、白、紫红杂色个体，毛色混乱，弯曲减少，品质退化。目前，岷县黑裘皮羊的生产方向已由裘皮用向裘肉或肉裘兼用方向发展。

3. 体型外貌特征　岷县黑裘皮羊被毛为纯黑色，角、蹄也呈黑色。羔羊出生后被毛黝黑发亮，绝大部分个体纯黑色被毛终身不变，随着日龄的增长，极少部分羊变为黑褐色。体质偏细致，体格健壮，结构紧凑。头清秀，鼻梁隆起。公羊角向后、向外呈螺旋状弯曲，母羊多数无角，个别有小角。颈长适中，背腰平直，尻微斜。四肢端正，蹄质坚实。尾为短瘦尾，较小呈锥形。

4. 体重体尺　经测定，成年公、母羊平均体重 41.7kg，体高 62.6cm，体长 65.2cm，胸围 89.2cm，尾长 23.2cm，尾宽 10.9cm。

5. 生产性能

（1）裘皮品质　羔羊出生时被毛纯黑，毛长 2cm 左右，呈环形或半环形弯曲。60 日龄左右毛长不低于 7cm 时宰杀的皮张称"二毛皮"，毛股呈花穗状，尖端为环形或半环形，有 3～5 个弯曲，毛纤维从尖到根全为黑色，毛股清晰，花穗美观，光亮柔和，吸热保暖，乌黑光滑；皮板轻薄，平均面积 2 000 cm²，经穿耐用。

"二剪皮"是指羔羊剪秋毛前所宰杀剥取的皮张，毛股较长，有 2～3 个弯曲，皮板面积与重量大，保暖性能好，但毛股易毡结。

（2）产肉性能　岷县黑裘皮羊成年公羊宰前活重 31.1kg、胴体重 13.8kg、屠宰率 44.4%。肉的品质以屠宰取皮的羔羊肉最佳，肉质细嫩、多汁、口感好、肥而不腻。

（3）产毛性能　岷县黑裘皮羊被毛异质，每年春、秋季各剪毛一次，春毛产毛量高于秋毛，全年平均产毛量 1.6 kg。被毛中绒毛多、毛色黑，适于制毡。

（4）繁殖性能　岷县黑裘皮羊性成熟期公羊 6 月龄、母羊 10～12 月龄，母羊初配年龄为 1.5 岁，发情集中在 7～9 月份，发情周期 17d，发情持续期 48h，妊娠期 150d；一年产一胎、双羔极少。产羔季节分冬羔、春羔两种，冬羔健壮、成活率高，二毛皮品质好，越冬能力强；春羔较差。

6. 饲养管理 岷县黑裘皮羊终年放牧、很少补饲，仅在冬季积雪较厚时，给妊娠、产羔母羊及羔羊适当补饲少量饲草，羔羊出生后同母羊圈养 7d 左右，羔皮品质好的羔羊留作种用，准备宰杀的羔羊通常不随母羊出牧而留圈饲养，以免影响二毛皮品质。

7. 品种保护利用情况 尚未建立岷县黑裘皮羊保种场和保护区，处于农户自繁自养状态。20 世纪 60～70 年代对岷县黑裘皮羊资源进行了系统调查，选择优秀个体组建繁育群，采用同质选配方法巩固优良特性。随后引入卡拉库尔羊进行杂交改良，裘皮品质有所提高，但血统混乱，毛纤维有变粗的趋势。岷县黑裘皮羊 1989 年收录于《中国羊品种志》，2006 年列入《国家畜禽遗传资源保护名录》。

8. 评价与展望 岷县黑裘皮羊是我国著名的裘皮用绵羊品种，其二毛皮毛股清晰、花穗美观、乌黑发亮、吸热保暖、板质致密、经久耐用，能适应高寒阴湿的生态环境。今后应尽快扩大群体数量，在保持裘皮优良特性的同时，着重提高其产肉性能和繁殖力。

（五）贵德黑裘皮羊

贵德黑裘皮羊，又名青海黑藏羊、贵德黑紫羔，属裘皮用型地方绵羊品种。

1. 一般情况

（1）中心产区和分布 主要集中在贵南县贵德黑裘皮羊保种场及其附近的森多、茫拉等地。分布于青海省海南藏族自治州的贵南、贵德、同仁等县。

（2）产区自然生态条件 中心产区贵南县位于北纬 35°09′～36°08′、东经 100°13′～101°33′，地处青藏高原东北部、祁连山至昆仑山的过渡地带、西倾山和黄河之间，地势高峻，海拔 2 222～5 011m。属高原大陆性气候，年平均气温 2.0℃，最低气温－31.3℃；无霜期 75d。年降水量 399mm，年蒸发量 1 558mm，相对湿度 44.0%。年日照时数 2 638～2 885h，年平均风速 2.5m/s。土质多为黑钙土。水源为地表水。

草场类型为高寒草甸，植被覆盖度大，牧草种类繁多，植株低矮，牧草以禾本科为主，菊科、莎草科、蔷薇科次之，豆科牧草较少。农作物主要有小麦、青稞、油菜等。

2. 品种形成与变化

（1）品种形成 据调查，19 世纪时黑紫羔皮已驰名省内外，每年产羔季节，陕西、山西、河南、四川等地客商远道而来，云集于鲁仑一带，收购黑二毛皮，运往内地销售。当地政府在鲁仑设立羔皮收购机构，硬性规定牧民用黑紫羔皮抵税，并将最优的羔皮作为贡品，羔皮供不应求。1930 年黑紫羔生产极盛时期，每张羔皮可售大洋 2.5～3.0 元，相当于 37～45kg 小麦的价值，激发了牧民发展黑裘皮羊的积极性，经群众长期选育，形成了对高原自然生态环境条件有良好适应性、抗病力强、裘皮品质好的优良地方品种。

（2）发展变化 近 20 年来，由于裘皮市场不景气，贵德黑裘皮羊群体数量从 1986 年的 2 万只，下降到 2006 年的 5 021 只，产区分布范围也日渐缩小。羊只体重、优良羔皮比例、羔皮面积均有所下降。生产方向由裘皮用向裘肉或肉裘兼用方向发展。贵德黑裘皮羊处于濒危—维持状态。

3. 体型外貌特征 贵德黑裘皮羊被毛黑红色，部分为微黑红色，个别呈灰色。羔羊大多数毛穗根部呈微红色，尖部为纯黑色，故称黑紫羔。2 月龄毛色逐渐变为黑微红色。全身覆盖辫状粗毛，毛辫长过腹线，颈下缘及腹部着生的毛稀而短。体质结实，结构匀称，体格较大。头呈长三角形，鼻梁隆起，耳中等大小、稍下垂。公、母羊均有角，公羊角向上、向外扭转伸展，母羊角较小。背平直，体躯呈长方形，十字部比鬐甲稍高。四肢健壮，蹄质结实。尾为短瘦尾。

4. 体重和体尺　贵德黑裘皮羊成年羊体重和体尺见表3-50。

表3-50　贵德黑裘皮羊成年羊体重和体尺

性　别	只　数	体重（kg）	体高（cm）	体长（cm）	胸围（cm）	胸深（cm）	尾长（cm）	尾宽（cm）
公	20	49.7±10.8	66.3±2.5	69.8±3.5	92.1±7.0	32.4±3.5	17.2±1.8	3.8±0.6
母	81	40.0±3.8	64.8±2.3	67.3±2.2	88.2±4.3	31.0±3.8	16.9±1.4	4.2±0.6

5. 生产性能

（1）裘皮品质　贵德黑裘皮羊羔皮分小羔皮和二毛皮两种，以生产二毛裘皮为主。

小羔皮：指剥取20日龄以内羔羊的皮张，皮板致密、黝黑发亮、卷花紧实，毛纤维类型比例适中。卷花形状以紧密环形最好，正常环形、半环形次之，波浪形较差。据2006年测定，环形占29.0%、半环形占51.4%、波浪形占18.6%、无花形占1.0%。羔皮被毛中按数量百分比计无髓毛占61.1%、有髓毛占38.9%。肩部卷花毛股自然长度为1.48cm，伸直长度为2.76cm。

二毛皮：主要指1月龄羔羊所产的皮张，皮板坚韧、毛色黑艳、光泽悦目、卷花美观、毛股紧实。据测定，30日龄羔羊二毛皮毛股自然长度为5.07cm，伸直长度为7.63cm，卷曲分布在毛股的上1/3处，每厘米毛长平均有1.7个弯曲。

（2）产肉性能　贵德黑裘皮羊成年羊屠宰性能见表3-51。

表3-51　贵德黑裘皮羊成年羊屠宰性能

性　别	只　数	宰前活重（kg）	胴体重（kg）	屠宰率（%）	净肉率（%）	肉骨比
公	15	43.1±2.9	18.4±1.9	42.7	32.3	3.1
母	15	46.3±3.7	19.2±2.2	41.5	31.8	3.3

贵德黑裘皮羊肉质好，据测定肉中粗蛋白、粗脂肪、粗灰分含量，公羊分别为19.4%、2.8%、2.3%，母羊相应为20.7%、2.4%、2.6%。

（3）产毛性能　贵德黑裘皮羊成年羊产毛量与羊毛品质见表3-52。

表3-52　贵德黑裘皮羊成年羊产毛量与羊毛品质

性　别	只　数	产毛量（kg）	净毛率（%）	纤维伸直长度（cm）			纤维细度（μm）		
				有髓毛	两型毛	无髓毛	有髓毛	两型毛	无髓毛
公	6	1.8	75.2	19.30±5.62	15.98±4.77	10.90±3.26	57.81±2.66	26.09±3.65	20.79±1.48
母	24	1.5	78.4	15.60±3.49	13.99±6.12	10.08±1.42	56.61±11.54	24.76±3.56	19.87±1.66

被毛由有髓毛、两型毛、无髓毛和干死毛组成，其纤维类型重量百分比公羊分别为47.9%、25.0%、26.6%、0.5%，母羊相应为44.1%、20.7%、34.9%、0.3%。

（4）繁殖性能　贵德黑裘皮羊6～10月龄性成熟，初配年龄为1.5岁。母羊7～10月龄发情，发情周期 22d，妊娠期 150d；双羔极少，平均产羔率 101 ％，羔羊初生重公羔 2.9kg、母羔 2.9kg；4 月龄断奶重公羔 13.0kg、母羔 10.4kg。羔羊断奶成活率 90.0% 左右。

6. 饲养管理　贵德黑裘皮羊终年放牧，管理粗放，实行冬春、夏、秋三季转场轮牧。母羊群和幼年羊群安排在水草条件较好的草场上放牧，公羊与羯羊在地势较高、水草较差的草场上放牧。一般 200～400 只一群，大小混群放牧。产羔母羊寒冷季节有圈，其他羊均常年露宿在草场上。冬、春季节仅对个别瘦弱羊及产羔母羊补给少量精料和青干草，精料有青稞、麦麸等。

7. 品种保护利用情况　1950 年建立了贵德黑裘皮羊选育场。1958 年群体数量达到 20 万只。随后产区被划为半细毛羊改良区，贵德黑裘皮羊数量大减。1983 年后因裘皮市场疲软、经济效益下降，牧民为了追求经济效益，将改良羊、白藏羊与黑裘皮羊混群放牧，导致其血统混杂、品质严重退化。贵德黑裘皮羊 2006 年列入《国家畜禽遗传资源保护名录》。2008 年青海省贵德县黑羊场被列为国家级畜禽遗传资源保种场。

8. 评价与展望　贵德黑裘皮羊是我国著名的裘皮用绵羊品种，具有体质结实、抗寒、抗病力强、适应性好、善于登山远牧、夏季抓膘肥育快等特点。其所产黑紫羔皮皮板坚韧、毛色黝黑发亮、花形美观、卷花坚实，羊毛纤维类型比例适中，不易擀毡，保暖性好。今后应进行抢救性保种，扩大种群数量，防止基因丢失，在不断提高裘皮品质的前提下，着重提高产肉性能和繁殖力。

（六）泗水裘皮羊

泗水裘皮羊属裘肉兼用型地方绵羊品种。

1. 一般情况

（1）产区及分布　泗水裘皮羊中心产区在山东省中部泗水县的中册镇、高峪乡、泉林镇、泗张镇、苗馆镇、圣水峪等乡镇，在曲阜、邹城一带也有分布。

（2）产区自然生态条件　产区泗水县地势南北高、中部低，由东向西倾斜，平均海拔 182 m。属温暖带大陆性季风气候，四季分明，光照充足，雨热同季，季风明显。年平均气温 13.4℃，无霜期 197d；年降水量 729 mm，相对湿度 65％；年平均风速 2.9 m/s。

泗水县水资源总量为 3.4 亿 m^3，其中地表水 2.1 亿 m^3、地下水 1.3 亿 m^3。土壤类型主要有棕壤、褐土、潮土三种类型。农作物主要有甘薯、花生、豆类、小麦、玉米等，广阔的草场及林带树叶为发展养羊业提供了丰富的饲草饲料资源。

2. 品种形成与变化

（1）品种形成　泗水裘皮羊是由蒙古羊驯化形成的一个地方品种。历史上随着人们的迁徙，将蒙古羊带到山东省中南地区，在当地自然生态条件影响下，经过精心选育形成了优良的地方品种。据 1892 年《泗水县志》记载："泗水裘皮，所贡者微，而所费者奢，召公有言不贵异物，民乃足有。"证明早在 200 年以前当地已饲养裘皮羊，并被朝廷列为进贡的佳品。

（2）发展变化　近十几年来，随着社会经济条件的改变，市场上裘皮需求量大幅度减少，羊肉需求量大大增加，使该品种羊的裘皮品质有所下降，体重明显增加。由于泗水裘皮羊繁殖率较低，肉用价值开发利用滞后，近几年来饲养数量呈逐年下降趋势，至 2006 年年底存栏 2.25 万只。

3. 体型外貌特征　泗水裘皮羊被毛大部分为全白色，少数有黑褐色斑块。体躯略呈长方形，后躯稍高，骨骼健壮，结构匀称，肌肉发育丰满。头形略显狭长，面部清秀，鼻骨隆起。公羊大多有螺旋形角，个别羊有 4 个角；母羊少数有小姜角。耳型分大、中、小三种，大耳长、呈下垂状，中耳向两侧伸直，小耳羊数量较少，仅能看到耳根。颈细长，背腰平直，四肢较短而结实。被毛主要由两型毛及有髓毛组成，无髓毛较少。属短脂尾，尾尖先向上卷再向下垂。羔羊出生至 6 月龄，体躯有弯曲明显的毛丛。

4. 体重和体尺　泗水裘皮羊成年羊体重和体尺见表 3-53。

表 3-53　泗水裘皮羊成年羊体重和体尺

性　别	只　数	体重（kg）	体高（cm）	体长（cm）	胸围（cm）	胸宽（cm）	胸深（cm）
公	97	48.4±7.3	68.1±5.9	70.7±7.4	85.0±4.3	23.9±2.5	33.6±3.3
母	407	45.7±6.0	65.6±2.5	68.6±4.2	84.2±5.3	21.0±1.9	32.0±3.1

注：2007 年 2 月由泗水县畜牧局在泗水县测定。

5. 生产性能

（1）产肉性能　泗水裘皮羊屠宰性能见表 3-54。

表 3-54　泗水裘皮羊周岁羊屠宰性能

性　别	宰前活重（kg）	胴体重（kg）	屠宰率（%）	净肉率（%）	肉骨比
公	40.9±2.5	19.3±1.7	47.2±1.7	35.4±1.5	3.6
母	38.6±2.3	17.9±1.6	46.4±2.0	34.3±1.8	3.4

注：2007 年 3 月由泗水县畜牧局测定农户饲养的周岁公、母羊各 15 只。

（2）产毛性能　泗水裘皮羊一年剪毛 3 次，即春毛、伏毛和秋毛。春毛品质最好、产量高，约占全年产毛量的 50% 以上，秋毛次之，伏毛最少。年平均剪毛量成年公羊 1.4～2.4kg、成年母羊 1.0～2.1kg。

（3）繁殖性能　泗水裘皮羊 10～12 月龄性成熟，公、母羊 12 月龄开始初配。母羊多在春季发情，发情周期 18～20d，妊娠期 149～155d，产羔率 101%。羔羊初生重平均为 3.5kg，断奶重平均为 20kg，哺乳期日增重 160～180g；羔羊断奶成活率 95%。

6. 饲养管理　成年羊春、夏、秋季以放牧为主，舍饲为辅，冬季以舍饲为主。饲草多来源于农林副产品，如农作物秸秆、秧蔓、树叶、野草；精料主要有玉米、糠麸和油饼类等。羔羊出生至 15 日龄内主要随母羊圈养，15～30 日龄羔羊跟随母羊外出放牧并采食少量嫩草，1 月龄以后羔羊以采食饲草为主、哺乳为辅。

7. 品种保护利用情况　近年来，泗水裘皮羊作为我国独特的绵羊品种，逐渐受到了相关部门的重视。并相继开展了有关泗水裘皮羊品种特征、品种保护和选育提高等基础性研究。泗水县畜牧局制定了该品种的保种开发计划，并在大黄沟乡南华村建立了保种场。

8. 评价与展望　泗水裘皮羊具有较高的裘用和皮用价值，尤其是 30～40 日龄羔羊剥取的二毛裘皮，毛股清晰、洁白光亮、轻便美观、价值很高，所产皮板薄、弹力好、韧度强、制革性能好，羊肉细嫩、味道鲜美、膻味小。但其体格偏小、繁殖率较低。今后应在巩固提高裘用、皮用性能的基础上，不断提高其肉用和繁殖性能。

（七）策勒黑羊

策勒黑羊属羔皮型地方绵羊品种。

1. 一般情况

（1）产区及分布　策勒黑羊中心产区在新疆维吾尔自治区策勒县托万加依村、吾格日克村等地区。主要分布于和田地区的策勒县。

（2）产区自然生态条件　中心产区策勒县地处新疆维吾尔自治区西南部、昆仑山北麓、塔克拉玛干沙漠南缘，地势南高北低，海拔 1 336m。平原地区属温热带极端干旱气候区，年平均气温 13.4℃，最高气温 40.8℃；无霜期 222d。年降水量 29mm，降水多集中在 4～7 月，年蒸发量 2 553mm，相对湿度 43.0%。年平均日照时数 2 695h。

产区水源主要为冰雪融水。土质多为黄沙土，少部分为胶土。农作物以玉米，小麦、棉花为主。主要栽培牧草中紫花苜蓿生长良好。

2. 品种形成与变化

（1）品种形成　策勒黑羊的来源无文字记载。据调查，早在 19 世纪末，由商贾，朝圣的穆斯林群众，从外地带回库车黑羔皮羊及其他黑色羔皮羊，与当地母羊杂交，牧民选择双羔、体大、健壮及毛卷多而紧密、花纹清晰、光泽好的羊作为种用。经过长期精心培育，形成遗传性能稳定、繁殖力较高、适应干旱荒漠生态环境的地方优良羔皮羊品种。

（2）发展变化　随着市场需求的变化，策勒黑羊的存栏数量从 20 世纪 80 年代的 0.5 万只发展到 2007 年底 3.7 万只。但由于选育工作滞后，产双羔和多羔母羊数量减少，毛卷松散、类型混乱，羔皮品质有所下降，生产方向也由羔皮用向皮肉或肉皮兼用方向发展。

3. 体型外貌特征　策勒黑羊被毛为黑色或黑褐色。羔羊出生时体躯被毛毛卷紧密、花纹美丽、呈墨黑色。随着年龄的增长，除头、四肢外，毛色逐渐变浅，毛卷变直，形成波浪状花穗，成年后被毛呈毛辫状。被毛异质，有髓毛比例大，干毛较多。

策勒黑羊头较窄长，鼻梁微隆，耳大、半下垂。公羊多数有螺旋形角，角尖向上、向外伸展；母羊大多无角，或仅有小角或角基。胸部较窄，背腰平直、较短，骨骼发育良好，体高大于体长。四肢端正。为短瘦尾，呈锥形下垂。

4. 体重体尺　策勒黑羊成年羊体重和体尺见表 3-55。

表 3-55　策勒黑羊成年羊体重和体尺

性　别	只　数	体重（kg）	体高（cm）	体长（cm）	胸围（cm）
公	19	59.4±3.9	77.2±1.9	70.7±3.5	110.0±4.8
母	86	41.7±5.4	66.0±3.1	64.0±2.5	95.6±4.9

5. 生产性能

（1）羔皮品质　策勒黑羊羔皮毛卷紧密、花纹一致，但丝性和光泽较差。毛卷类型以螺旋形为主，环形和豌豆形较少。按毛卷大小分，小花占 25.5%、中花占 41.2%、大花占 33.3%。因羔皮用途的不同屠宰时间也各异，供妇女小帽妆饰用的羔皮，多在羔羊 2～3 日龄宰杀剥取；男帽和皮领用皮多在羔羊 10～15 日龄宰剥；做皮大衣用的二毛皮，一般在 45d 左右宰剥。

（2）产肉性能　策勒黑羊屠宰性能见表 3-56。

表 3-56　策勒黑羊周岁羊屠宰性能

性　别	只　数	宰前活重（kg）	胴体重（kg）	屠宰率（%）	净肉率（%）	肉骨比
公	7	18.5	9.8	53.00	40.1	3.1
母	8	19.3	9.5	49.20	35.2	2.5

（3）**产毛性能**　策勒黑羊产毛量较低，一年剪毛两次。年产毛量成年公羊 1.72kg、成年母羊 1.46kg；周岁公羊 1.43kg、周岁母羊 1.38kg。

（4）**繁殖性能**　全年发情和繁殖率高是策勒黑羊突出的品种特性。策勒黑羊一般 6～8 月龄性成熟，初配年龄为 1.5～2 岁。母羊可全年发情，但以 4～5 月和 11 月发情较多，发情周期 17d，妊娠期 148～149d。母羊两年产三胎的较多，平均产羔率为 215%，其中双羔率为 61.9%、三羔率为 15.5%、四羔率为 7.2%。羔羊初生重单胎公羔 3.2kg、母羔 2.9kg，双胎公羔 3.1kg、母羔 2.7kg；羔羊断奶成活率 90.0%。

6. 饲养管理　策勒黑羊以季节性放牧为主，春季产羔季节在山区放牧，秋季在农田茬地上放牧，冬季采用半放牧、半舍饲的饲养方式。饲草主要有作物秸秆、混合干草、紫花苜蓿、青干草等，适当补饲精料。

7. 品种保护利用情况　在 20 世纪 60 年代，进行了策勒黑羊种质资源调查，随后开展了本品种选育。后由于羔皮市场疲软，导致羊只及其产品数量减少，品质有所下降。2004 年再次进行策勒黑羊品种现状调查，并建立品种登记制度，现以活体方式保种。

8. 评价与展望　策勒黑羊为我国优良的羔皮羊，具有羔皮品质好、全年发情、繁殖力高、遗传性能稳定、适应性强等特性，但其数量较少、早期生长发育慢。今后应加强本品种选育，以生产优质羔皮为主要方向，巩固多胎性能，扩大群体数量；并加强饲养管理，进一步提高其产肉性能。

（八）中国卡拉库尔羊

中国卡拉库尔羊俗称波斯羔羊，属羔皮用绵羊品种。由新疆、内蒙古科研、教学、生产单位共同培育而成。

1. 产区和分布　中国卡拉库尔羊主要分布于新疆的库车、沙雅、新和、尉犁、轮台、阿瓦提等县和北疆准噶尔盆地莫索湾地区的新疆生产建设兵团农场，以及内蒙古鄂尔多斯市鄂托克旗"内蒙古白绒山羊种羊场"。

2. 培育过程　中国卡拉库尔羊的育种工作始于 1951 年，是以卡拉库尔羊为父本，库车羊、蒙古羊、哈萨克羊为母本，采用级进杂交方法培育而成的。

3. 体型外貌特征　中国卡拉库尔羊的毛色以黑色为主，少数为灰色、棕色、白色及粉红色，除头部及四肢被毛外，其他部位的毛色随年龄的增长而变化。黑色羔羊到成年后毛色变为黑褐色、灰白色。灰色羔羊到成年后变为浅灰色或白色，彩色羔羊变为棕白色。头稍长，鼻梁隆起，耳大下垂，前额有卷曲发毛。公羊多数有螺旋形大角，向两侧伸展；母羊多数无角，少数有不发达的小角。颈较长、体躯深长、呈长方形，背腰平直，胸宽深，尻斜。四肢结实，蹄质坚硬。属长脂尾，尾尖呈 S 状弯曲，下垂至飞节。

4. 体重体尺　中国卡拉库尔羊成年羊体重和体尺见表 3-57。

表 3-57　中国卡拉库尔羊成年羊体重和体尺

性　别	体重（kg）	体高（cm）	体长（cm）	胸围（cm）
公	53.0±14.4	67.4±5.0	72.9±6.59	74.2±3.85
母	35.7±5.0	60.0±1.4	61.1±1.4	66.5±3.2

注：2006 年 9 月于内蒙古白绒山羊种羊场测定（公、母羊各 16 只）。

5. 生产性能

（1）产肉性能 中国卡拉库尔羊产肉性能见表 3-58。

表 3-58 中国卡拉库尔羊屠宰性能

性 别	宰前活重（kg）	胴体重（kg）	屠宰率（%）	净肉率（%）
公	66.6±3.4	35.2±1.7	52.9±1.8	46.9±1.8
母	44.6±2.5	22.5±1.9	50.4±4.9	42.4±3.1

（2）产毛性能 中国卡拉库尔羊产毛量成年公羊 2.6kg、成年母羊 2.0kg。

（3）繁殖性能 中国卡拉库尔羊 6～8 月龄性成熟，初配年龄为 1.5 岁。母羊发情主要集中在 7～8 月，发情周期 17～21d，发情持续期 24～40h，妊娠期 148～155d，产羔率 105%～130%。羔羊初生重公羔 2.5kg、母羔 2.0kg。羔羊成活率 97%。

（4）羔皮品质 中国卡拉库尔羊羔皮是指羔羊出生后 3d 所宰剥的羔皮，具有毛色黝黑发亮、花案美观、板质优良等特点，按卷曲形状和结构，可将卷曲分为卧蚕形、肋形、环形、半环形、杯形等，其中以卧蚕形卷曲最佳。毛色以黑色为主，少数为灰色和彩色。

6. 推广利用情况 近年来，随着羔皮需求量的下降，中国卡拉库尔羊的推广应用受到了极大的限制，目前仅新疆、内蒙古有少量存栏。

7. 评价与展望 中国卡拉库尔羊对荒漠、半荒漠的生态环境适应性强、耐粗饲、抗病力强、遗传性能稳定。其羔皮纯黑、卷曲特殊、花案美观，在国际市场有较高声誉。今后应加强本品种选育，坚持羔皮生产方向，同时兼顾肉用性能的开发利用，以适应市场需求，提高总体经济效益。

第四节 绒山羊

世界上的绒山羊基本分为两大类，一类是以我国产绒山羊为主体的开司米型粗毛山羊，蒙古、印度、巴基斯坦等地绒山羊品种亦属于此类，主要分布在喜马拉雅山周围的国家和地区。其特点是毛长绒短，外层毛被有较长的粗毛，被毛的底层生长着较短的绒毛，只有分开毛被才能看到绒毛。有明显的季节性脱毛现象。春天转暖后，毛囊发生变化，毛根断裂，先是绒毛脱落，随后粗毛也逐渐脱落，再生长出夏季毛被，秋后绒毛重新长出，充实被毛，准备越冬。另一类是以俄罗斯产绒山羊为主体的绒毛型绒山羊，如顿河、奥伦堡绒山羊，特点是绒长毛短，冬春季节从外观上看，生长着毛茸茸的绒毛，粗硬的有髓毛都隐藏在绒毛之中成为下层毛。只有分开绒毛才能见到粗硬的有髓毛。绒比毛多，一般绒含量占毛绒总量的 60% 以上，其中顿河山羊含绒量高达 80% 以上。

一、国外主要绒山羊品种

国外主要绒山羊品种及生产性能见表 3-59。

表 3-59　国外主要绒山羊品种

品种		奥连堡山羊	顿河山羊	阿尔泰山地山羊	阿尔泰山地区山羊	蒙古白绒山羊	吉尔吉斯绒山羊	昌丹吉	切古
国别		俄罗斯、哈萨克斯坦	俄罗斯	俄罗斯	蒙古	蒙古	吉尔吉斯斯坦、乌兹别克斯坦、哈萨克斯坦	印度	印度
产地与分布		契卡洛夫、乌拉尔斯克	伏尔加河、顿河流域带	阿尔泰地区	阿尔泰山一带	中东部荒漠、半荒漠	三个国家的大部分地区	拉达克地区	喜马偕尔、北方邦北部
数量		约 10 万	约 5 万	约 10 万	约 10 万	—	—	4 万	—
体重 (kg)	公	85.5	70	65～70	65～70	50～55	58.6	20.4	34.4
	母	47.8	45.5	41～44	40～44	35～40	40	19.8	25.7
羊绒	产绒量(g)	527	1 015	600～900	410～800	335～390	440～600	68～500	119～190
		367	550	450～500	230～585	290～311	280～360	68～500	119～190
	细度 (μm)	16.7	22.0	16.0～17.0	17.0～18.5	14.5～15.5	18.1～24.0	13.9	11.8
		15.9	19.0	16.0～17.0	17.5～18.5	14.3～14.9	15.0～16.6	13.9	11.8
	长度 (cm)	7.5	9.8	7.5～10	8.5～9.0	4.2～5.1	9～10	4.95	5.9
		5.5	5.2	7.5～10	7.0～8.5	3.9～4.6	8～9	4.95	5.9
	色泽	以紫色为主，光亮	以紫、灰色为主，光亮	以紫色为主	以紫色为主	白色为主，光亮	紫色	白色与杂色	以白色为主
利用价值		体大，产绒性能好，个体粗大，最高产绒为 1.2kg	体中等，产绒量很高，个体最高产绒量 2.1kg，泌乳力好	体中等，产绒多，适应性强	体中等，绒长，适应性强	体中等，绒细而白，适应性强	体中等，产绒性能好，适应性强，种间差异大	体小，绒细，产绒量差异大，适应性强	体小，绒细，适应性较强

注：引自马章全《国内外主要绒用山羊品种资源及其评价》。

二、国内主要绒山羊品种

我国绒山羊的发展历史悠久，具有绒用价值的山羊品种有辽宁绒山羊、内蒙古绒山羊、河西绒山羊、陕北绒山羊、柴达木绒山羊、西藏山羊、新疆山羊、中卫山羊、太行山羊等。其中正式列入《中国羊品种志》的绒山羊品种有 5 个：辽宁绒山羊、内蒙古绒山羊、河西绒山羊、陕北白绒山羊和柴达木绒山羊。内蒙古绒山羊和辽宁绒山羊为世界著名的绒山羊品种，属于我国特有优质种质资源。中国是世界上拥有绒山羊数量最多、品种资源最丰富、羊绒总产量最大及羊绒品质较好的国家。

（一）辽宁绒山羊

辽宁绒山羊属绒肉兼用型绒山羊地方品种。

1. 一般情况

（1）中心产区及分布　辽宁绒山羊主产于辽宁省东部山区及辽东半岛地区，主要分布在盖州市、岫岩县、本溪市、凤城市、宽甸县、庄河市、瓦房店市、新宾县、辽阳市等地区。2008 年辽宁绒山羊产区存栏量 350 万只。现已推广到内蒙古、陕西、新疆等 17 个省（自治区）。

（2）产区自然生态条件　辽宁绒山羊产区地处长白山山脉东南延伸的丘陵地带，地势地貌复杂，山地、河谷、小型平原交错，零星草地遍及全区，海拔 100～600 m，最高海拔 1 337 m，最低海拔不足 100m。

产区属大陆性季风气候，温暖湿润，年平均气温 6.5～9.4℃，最高气温 37.3℃，最低气温－38.5℃；≥10℃积温为 2 900～3 300℃，5～9 月份日照时数为 1 000～1 300h。年平均相对湿度为 65%～71%。无霜期 140～175d（4～10 月）。年平均降水量 658～1136.8mm，多集中在 7～8 月份，冬季降水较少。

产区土壤为棕色和褐色森林土，呈中性至微碱性。水资源丰富，河流交错，溪水长流。土地总面积 11.14 万 km²，其中可耕地面积占 38.8%、林地占 50.5%、草地和疏林草地面积占 10.7%。东部山区大部分为疏林灌丛草甸草场，植被以禾本科、豆科牧草为主，其次为低矮灌木，可食草类 200 多种，植被覆盖度 50% 以上，宜于发展草食家畜。粮食作物主要有水稻、玉米、高粱、谷子、大豆等。

2. 品种形成与变化

（1）品种形成　1955 年辽宁省农业厅在盖县丁屯村发现一群体格较大、可产白色羊绒的山羊，引起相关部门关注。1959 年省农业厅组织辽宁省畜牧兽医科学研究所、沈阳农学院和盖县农业局在畜禽品种资源调查时，确认为地方优秀资源；1964 年对盖县绒山羊进一步调查，暂以产地称为盖县绒山羊；1965 年盖县成立了绒山羊育种站，开始有组织的选育工作；1980 年在盖县建立了辽宁省绒山羊种羊场，并在省畜牧兽医科学研究所主持下联合 7 个县市开展选育，1983 年经农业部组织的有关专家鉴定验收正式命名为辽宁绒山羊。1984 年农业部认定为绒用山羊品种，并列入《中国畜禽品种志》。辽宁绒山羊是在辽宁省东部山区严寒的自然条件下，经过多年民间精心选育形成的。

（2）发展变化　通过开展品系繁育、种质测定、建立社会化联合育种体系，辽宁绒山羊经 20 多年的系统选育，质量不断提高。根据辽宁省辽宁绒山羊原种场的资料，1988 年产区辽宁绒山羊存栏为 100 万只，母羊平均产绒量 450g、公羊 820g；1998 年存栏 180 万只，产绒量进一步提高，母羊平均产绒量 550g、公羊 930g；到 2008 年全省存栏 350 万只，母羊平均产绒量 641g、最高 1 560g，公羊平均产绒量 1 380g，最高个体达 2 800g。

3. 体型外貌特征　辽宁绒山羊体质健壮，结构匀称。被毛全白，较长，绒、毛混生，外层有髓毛长而稀疏、无弯曲、有丝光，内层密生无髓绒毛，清晰可见。肤色为粉红色。头轻小，额顶有长毛，颌下有髯。公母羊均有角，公羊角粗壮、发达，由头顶向后朝外侧呈螺旋式伸展。母羊多板角，稍向后上方翻转伸展，少数为麻花角。颈宽厚，颈肩结合良好。背腰平直，后躯发达，四肢粗壮，坚实有力。尾短瘦，尾尖上翘。

4. 体重和体尺　据 2006 年辽宁绒山羊原种场测定，成年公、母羊体重和体尺见表 3-60。

表 3-60　辽宁绒山羊成年公、母羊体重和体尺

性别	数量（只）	体重（kg）	体高（cm）	体长（cm）	胸围（cm）	胸宽（cm）	胸深（cm）
公羊	85	81.7±4.8	74.00±4.24	82.10±5.26	99.60±5.27	30.50±2.11	37.65±2.06
母羊	1 500	43.2±2.6	61.80±3.18	71.50±1.96	82.80±3.77	20.95±1.95	30.95±1.46

注：测定时间 2006 年，测定地点为辽宁绒山羊原种场。

5. 生产性能

（1）产绒性能　辽宁绒山羊成年公、母羊产绒量及羊绒物理性状见表 3-61。

表 3-61　辽宁绒山羊成年公、母羊产绒量及羊绒物理性状

性别	数量（只）	产绒量（g）	绒自然长度（cm）	绒伸直长度（cm）	绒细度（μm）	净绒率（%）
公羊	85	1 368±193	6.8	9.3±1.7	16.7±0.9	74.77±8.15
母羊	1 500	641±145	6.3	8.3±1.2	15.5±0.77	79.20±7.95

注：测定时间 2006 年，测定地点为辽宁省家畜家禽遗传资源保存利用中心。

（2）产肉性能　据辽宁绒山羊原种场测定，12 月龄公、母羊宰前活重分别为 25.00kg 和 25.67kg；胴体重分别为 11.25kg 和 11.04kg；屠宰率分别为 45% 和 43%；净肉率分别为 33.80% 和 30.78%；肉骨比分别为 4.02 和 3.11。

（3）繁殖性能　公羊 5～7 月龄性成熟，初配年龄 18 月龄，母羊 8～9 月龄性成熟，初配年龄 15 月龄，母羊常年发情，较为集中的季节为每年的 10 月下旬至 12 月中旬，发情周期 17～20d，发情持续期 24～48h；妊娠期 147～152d；产羔率 115%，辽宁绒山羊原种场产羔率 130%～140%；羔羊初生重公羔为 3.05kg、母羔为 2.86kg；羔羊成活率 96.5%。

6. 饲养管理　辽宁绒山羊已经由传统的放牧饲养逐步转变为半舍饲的饲养方式。养羊户根据当地的自然生态条件和不同季节牧草的生长情况确定饲养方式，夏、秋季节牧草灌木生长茂盛，实行放牧为主、补饲为辅；冬春季节牧草枯萎，补饲为主，放牧为辅。有的地区封山育林，没有牧地，基本实行全年舍饲。

舍饲日粮由精饲料、玉米秸秆、多汁饲料、矿物质饲料和多种维生素组成。精饲料主要是玉米和少量的豆粕、麦麸、稻糠。粗饲料有玉米秸、草粉、豆秸、青干草、干树叶等。青绿饲料包括块根、块茎、青贮、苜蓿草等。

7. 品种保护利用情况　2000 年，辽宁绒山羊被列入国家级畜禽遗传资源保护名录，2008 年建立保种场。保种由辽宁省辽宁绒山羊育种中心承担，现建有辽宁省辽宁绒山羊原种场和辽宁省辽宁绒山羊科技示范场两个保种场，共存栏羊 4 000 余只。

在加大品种保护的同时，加快了品种的推广利用，自 20 世纪 80 年代以来，辽宁绒山羊的优良性状和较强的适应性以及稳定的遗传性得到了越来越多地区的认可，许多省（自治区）引进辽宁绒山羊，改良当地的山羊，显著提高了产绒量和增加体重。到目前为止，已在全国的 17 个省（自治区）、114 个县（旗），推广优秀种羊 20 余万只，优质冻精 40 余万剂。以辽宁绒山羊作为父本培育出了陕北白绒山羊、柴达木绒山羊等新品种。

8. 评价和展望　辽宁绒山羊是我国优秀的绒用品种，其突出的种质优势在于体大、产绒量高、绒综合品质好、适应性强、遗传性能稳定。在保持辽宁绒山羊高产绒量的基础上，建立特点明显的新品系，进一步改进羊绒品质。

（二）内蒙古白绒山羊

内蒙古白绒山羊分为阿尔巴斯型、二狼山型和阿拉善型，属绒肉兼用型绒山羊地方品种。

1. 一般情况

（1）中心产区及分布　内蒙古白绒山羊主要产于内蒙古西部地区，其中阿尔巴斯型中心产区是鄂尔多斯市的鄂托克旗阿尔巴斯山区，主要分布在鄂尔多斯市的鄂托克旗、鄂托克前

旗和杭锦旗，中心产区面积 5.13 万 km^2；二狼山型中心产区在巴彦淖尔市乌拉特中旗，主要分布在巴彦淖尔市的乌拉特前、中、后旗及磴口县，中心产区面积 6.44 万 km^2；阿拉善型中心产区是阿拉善盟的阿拉善左旗，主要分布在阿拉善左旗、右旗和额济纳旗，中心产区的农、牧、林可利用面积 12.7 万 km^2。

2006 年内蒙古白绒山羊存栏数达 750 万只，其中阿尔巴斯型 430 万只、二狼山型 207 万只、阿拉善型约 113 万只。

（2）产区自然生态条件　内蒙古白绒山羊阿尔巴斯型中心产区的鄂托克旗位于东经 $106°41'\sim108°54'$、北纬 $38°18'\sim40°11'$，地处鄂尔多斯市西部，以山地、丘陵为主，其余大部分地处高原风沙带，地表覆盖着很厚的风积沙土；梁和草滩相间，属于草原化干旱荒漠区，土质多为风沙土、棕钙土、栗钙土和灰漠土；平均海拔 1 304m，最高 2 149m；二狼山型中心产区位于东经 $105°12'\sim109°53'$、北纬 $40°13'\sim42°28'$，以高平原为主，包括一部分丘陵和山地，土壤以棕钙土、淡棕钙土、栗钙土为主，海拔 1 400～2 000m；阿拉善型中心产区阿拉善左旗为亚洲大陆腹地，东、南、西分别与乌兰布和、腾格里和巴丹吉林沙漠相邻，地势东南高、西北低，土质以灰铝土、灰漠土、灰棕漠土为主，海拔 800～1 500m。

内蒙古白绒山羊中心产区的气候属典型的大陆性高原气候，冬季漫长而寒冷，夏季温暖而短促，干旱少雨，风大沙多，昼夜温差大，中心产区的年平均气温 3.1～9.0℃，最高气温 35.4～40.8℃，最低气温 －36℃；年平均降水量从南部鄂托克前旗的 300mm 多下降到阿拉善西北部的 40mm，年蒸发量为 2 400～4 200mm，雨季主要集中在 7、8、9 月份，无霜期 130～160d。

主要牧草种类有沙蒿、柠条、芨芨草、芦草、碱草、花棒等。主要粮食作物为玉米、高粱、豆类、马铃薯、葵花、胡麻、甜菜等。

2. 品种形成与变化

（1）品种形成　内蒙古白绒山羊（阿尔巴斯型、二狼山型和阿拉善型）是在荒漠、半荒漠条件下，经过长期自然选择和人工选育形成的三个类群，但三个类群在体格大小、生产性能方面参差不齐，从 20 世纪 60 年代起，通过本品种选育和联合育种，1988 年内蒙古自治区政府将三个类型合并命名为内蒙古白绒山羊。由于产区严酷的生态条件适宜发展绒山羊，经过精心培育，形成了特有的绒肉兼用型绒山羊地方良种。

（2）发展变化　从 20 世纪 80 年代，自治区实施了绒山羊选育提高项目，建立了保种区域，进一步加强了核心区域的选种选育力度。

1980 年鄂尔多斯市存栏阿尔巴斯型绒山羊 207.6 万只，到 2006 年增加到 430.5 万只，二狼山型绒山羊中心产区存栏 207.1 万只，阿拉善型绒山羊存栏约 113 万只，群体平均产绒量由 1988 年的 250～300g，提高到 2006 年的 350～400g，中心产区 80% 的群体平均产绒量高达 450g 以上，绒毛细度控制在 15 μm 左右。

3. 体型外貌特征　内蒙古白绒山羊全身被毛纯白，分内外两层，外层为光泽良好的粗毛，根据外层粗毛的长短分为长毛型和短毛型，长毛型毛长 15～20 cm，短毛型毛长 8～14 cm，内层为柔软纤细的绒毛，绒毛长度为 4～8 cm，绒毛与粗毛混生。内蒙古白绒山羊体质结实，结构匀称，体格中等。头部清秀，额顶有长毛，额下有须，公、母羊均有角，公羊角扁而粗大，向后方两侧螺旋式伸展，母羊角细小向后方伸出，呈黄白色。两耳向两侧伸展或半垂，鼻梁微凹。颈宽厚，胸宽而深，背腰平直，后躯稍高，斜尻。四肢端正，强健有力，蹄质坚实。尾短小、向上翘。

4. 体重和体尺 阿尔巴斯型、二狼山型和阿拉善型绒山羊的体重和体尺见表 3-62。

表 3-62 内蒙古绒山羊体重和体尺

类 型	性 别	数量（只）	体重（kg）	体高（cm）	体长（cm）	胸围（cm）
阿尔巴斯	公	10	63.8±5.49	70.7±2.91	75.4±4.01	100.6±6.22
	母	26	29.85±3.03	59±6.47	61.69±9.27	76.69±8.55
二狼山	公	50	47.8（30～75）	65.4（55～77）	70.8（58～90）	85.1（69～99）
	母	200	27.4（22～46）	56.4（46～65）	59.1（52～77）	70.7（66～84）
阿拉善	公	20	42.15±4.88	66.55±4.25	71.55±5.92	81.4±4.47
	母	80	32.31±3.06	59.65±4.12	64.83±4.58	73.45±4.09

注：阿尔巴斯型、阿拉善型 2006 年 5 月分别在鄂尔多斯市杭锦旗核心群和阿拉善左旗改良站测定；二狼山型 2006 年 5 月在乌拉特中旗测定。

5. 生产性能

（1）**产绒性能** 内蒙古白绒山羊产绒性能见表 3-63。

表 3-63 内蒙古白绒山羊产绒性能

类 型	性 别	数量（只）	产绒量（g）	绒厚（cm）	绒纤维直径（μm）	净绒率（%）
阿尔巴斯	公羊	20	1 014±129.43	8.4±1.38	16.51±0.83	42.06±7.24
	母羊	20	623±86.32	6.55±1.27	15.2±1.1	37.76±5.82
二狼山	公羊	760	760±174	4.82±0.65	13.92±1.84	56.56
	母羊	415	415±78	4.35±0.55	14.2±1.82	50.04
阿拉善	公羊	20	576±84.13	5.89±0.69	14.75±0.62	68.62±7.28
	母羊	80	404.5±76.97	5±0.57	14.46±0.56	66.89±6.58

注：2006 年在鄂尔多斯市杭锦旗、阿拉善左旗及乌拉特中旗测定。

（2）**产肉性能** 内蒙古白绒山羊肉质细嫩，味道鲜美，膻味小，肌间脂肪分布均匀。二狼山型和阿拉善型产肉性能见表 3-64。

表 3-64 内蒙古白绒山羊产肉性能

类 型	羊 别	数量（只）	宰前重（kg）	胴体重（kg）	屠宰率（%）	净肉率（%）	肉骨比
阿拉善	成年羯羊	15	43.01±8.27	22.92±3.71	53.29	38.02	2.49
	成年母羊	20	32.31±5.07	14.28±3.26	44.20	32.60	2.81
二狼山	12 月龄公羊		24～32	10.8～14.4	44.9	34.3	3.2
	12 月龄母羊		20～28	9.0～12.6	44.9	34.3	3.2

注：2006 年在阿拉善左旗、乌拉特中旗测定。

（3）**繁殖性能** 内蒙古白绒山羊公羊 6～8 月龄性成熟，初配年龄 18 月龄；母羊 6～8 月龄性成熟，发情季节集中在 7～11 月份，发情周期 18～21d，发情持续期为 48h；妊娠期 141～153d，产羔率 105% 左右。羔羊初生重公羔 2.5 kg、母羔 2.3 kg。羔羊断奶重阿尔巴斯型公羔 17.13kg、母羔 16.47kg，阿拉善型公羔 16.83 kg、母羔 14.86 kg；羔羊成活率

92%～97%。

6. 饲养管理 内蒙古白绒山羊放牧能力强。牧区采取季节性休牧和轮牧制度，每年4～6月禁牧，其他时间放牧，冬、春季进行舍饲半舍饲，补饲的精料是以玉米为主，饲草有青干草、秸秆等。半农半牧区实行半舍饲、半放牧，6～10月放牧，11月至翌年5月舍饲。饲料有精料、秸秆、青贮等。12月底至翌年3月为接羔保育期，4月下旬至5月底进行抓绒。羔羊在断乳前实行圈养，断乳后单独放牧，6月龄随大羊同群放牧。

7. 品种保护利用情况 2000年内蒙古白绒山羊被列入《国家畜禽品种保护名录》。阿尔巴斯型绒山羊1979年建立品种登记制度，由各旗家畜改良站负责品种登记，2006年确定内蒙古绒山羊场和杭锦旗绒山羊场为阿尔巴斯型白绒山羊保种场，鄂托克旗、鄂托克前旗、杭锦旗为保种区；1998建立二狼山型品种登记制度，乌拉特中旗绒山羊种羊场、同和太种畜场及乌拉特前旗山羊种羊场为二狼山型绒山羊保种场，2008年确定为国家级保种场和保护区。阿拉善型1987年建立良种登记制度，2007年建立保护区和保种场。

8. 评价和展望 内蒙古白绒山羊以其绒细长、柔软及白度、光泽好而驰名中外，是国际上纺织羊绒精品的主要原料。具有产绒量高、遗传性能稳定，对荒漠、半荒漠草原有较强的适应能力等特点，今后应加强本品种选育，提高产绒量，进一步改进羊绒品质。

（三）河西绒山羊

河西绒山羊属绒肉兼用型山羊地方品种，因产于甘肃省河西走廊地区而得名。

1. 一般情况

（1）中心产区及分布 河西绒山羊产于甘肃省河西地区，中心产区位于甘肃省肃北蒙古族自治县和肃南裕固族自治县，分布在酒泉、张掖、金昌、武威市。据2006年调查，甘肃省存栏河西绒山羊116.8万只，其中酒泉市存栏44.67万只、张掖市32万只、武威市18万只。

（2）产区自然生态条件 河西绒山羊的中心产区位于甘肃省河西走廊最西端，地处蒙新、青藏高原之间，地势南高北低，南部祁连山为3 000～5 000m的高山，气温较低，降水较多；中部是河西走廊的一部分，相间夹着酒泉盆地、金塔盆地、安敦玉盆地，海拔为1 000～1 800m，气温较高，干旱少雨，属典型大陆性气候；北部为砾质和沙砾质戈壁区，海拔1 500～2 000m，气候极端干燥，植被稀疏。年平均气温6.9～9.3℃，无霜期130d左右；年降水量100 mm，蒸发量3 000mm。土壤主要为灰钙土、荒漠土和盐渍土。产区草场产草量低，主要牧草有骆驼刺、紫羊茅、芨芨草、矮蒿草等。

2. 品种形成与变化

（1）品种形成 据资料记载，河西绒山羊饲养繁育历史已有数百年，产区少数民族习惯以羊肉、羊奶、羊绒为生活资料，并于1954年在肃北县设立了县种畜场，引进阿尔巴斯白绒山羊，对当地绒山羊进行有计划的选育和改良。在当地荒漠、半荒漠草原及戈壁生态条件下，经长期自然选择和人工选育而形成。

（2）发展变化 河西绒山羊数量呈现逐年增长的趋势，据《甘肃省畜牧业经济统计资料》显示，河西地区1984年群体数量为46.25万只，2009年为116.23万只。

3. 体型外貌特征 河西绒山羊体格中等，体质结实，近似方形。被毛光亮，多为白色（占90.7%），其余为黑色、青色、棕色和杂花色。被毛分内外两层，外层是粗而略带弯曲的长毛，内层生长着纤细柔软的绒毛。头大小适中，额宽平，鼻梁直，耳宽短，向前方平伸。公、母羊均生长着直立的扁角，有黑色和白色两种，公羊角较粗长，略向外伸展。颈长短适中。胸宽而深，背腰平直；四肢粗壮、较短。

4. 体重和体尺　河西绒山羊的体重和体尺见表 3-65。

表 3-65　河西绒山羊的体重和体尺

畜　别	地　点	数量（只）	体重（kg）	体高（cm）	体长（cm）	胸围（cm）
公羊	肃北	30	35.24±5.74	64.15±3.44	68.12±5.34	81.20±5.30
	肃南	24	25.24±4.33	59.16±3.44	67.06±6.57	78.14±4.35
母羊	肃北	31	33.24±4.33	62.20±2.85	69.05±5.50	80.25±4.30
	肃南	18	24.20±5.10	52.60±3.44	66.20±3.50	72.50±5.30
羯羊	肃北	26	26.24±4.81	64.50±4.58	72.06±6.54	78.14±4.40
	肃南	24	24.60±5.10	52.20±5.05	66.50±5.20	78.14±4.35

注：2005 年在河西绒山羊中心产区测定。

5. 生产性能

（1）产绒性能　河西绒山羊被毛分内、外两层，外层为有髓毛，毛长 10～25 cm，内层绒毛长 3～8 cm，羊绒细度 13～19μm。据测定肃北县成年公羊产绒量为 323.5g、母羊279.9g。绒长 4.6cm，绒毛单纤维强度 3.6g，绒毛伸度 43.0%。净绒率成年公羊 48.8%、成年母羊 46.7%、周岁公羊 51.8%、周岁母羊 52.8%。

（2）产肉性能　河西绒山羊肉品质较好，成年羊产肉性能见表 3-66。

表 3-66　河西绒山羊成年羊产肉性能

羊只类型	测定只数	宰前活重（kg）	胴体重（kg）	屠宰率（%）
羯羊	10	26.35±3.98	12.20±2.51	46.29±5.18
母羊	10	25.68±3.43	10.66±3.98	41.51±4.55

注：2007 年 10 月在酒泉清真屠宰场测定。

（3）繁殖性能　河西绒山羊 5～7 月龄性成熟。公羊 12 月龄即可进行交配。母羊发情周期 15～20d，发情持续期 24～36h，妊娠期 150d。羔羊繁殖成活率 85% 左右。

6. 饲养管理　河西绒山羊终年放牧，春季多放牧于湖滩，夏秋季节放牧于干燥的碱滩、戈壁及高山灌丛，冬季则放牧于村庄附近，能很好地利用芨芨草、芦苇草、骆驼刺、柳柴等牧草，冬季草场有暖棚，夏秋季草场有圈舍。一般不补饲，仅在牧草生长情况不好时，对体弱的羊给以少量补饲。

7. 品种保护利用情况　1989 年开始，肃北县建立了绒山羊品种登记制度，并建立了河西绒山羊保种场，开展了计划选育工作，使其体格、生产性能得到提高。

8. 评价和展望　河西绒山羊为我国优良地方羊种之一，具有母性好，耐粗饲，绒质优良、体质结实、放牧性好、能适应高寒牧区的自然环境条件等优良特性，今后应加强选种选育工作，向提高绒毛品质及产绒性能方向发展。

（四）陕北白绒山羊

陕北白绒山羊曾用名陕西绒山羊，属绒肉兼用型山羊培育品种。由陕西省畜牧兽医总站等单位培育。

1. 一般情况

（1）中心产区及分布　陕北白绒山羊中心产区位于陕北长城沿线风沙区和黄土高原丘陵沟壑区交接地带的横山县、靖边县，主要分布在陕西北部的榆林市和延安市各县（区）。2006年年底存栏38.5万只。

（2）产区自然生态条件　产区为温带半干旱大陆性季风气候，海拔870～1 400 m，年平均温度8.1℃，无霜期155d，年降水量414mm。

2. 品种形成与变化　1977年延安开始用辽宁绒山羊改良当地山羊，随后从二、三代杂种羊中选择产绒量300g以上的羊组成横交固定群，进行横交。到1995年横交自繁羊群发展到20多万只，1996年开始选择产绒量在650g以上的公羊和400g以上的母羊组建育种群，选择产绒量700g以上的公羊和450g以上的母羊组建核心群，经不断自繁选育，产绒量显著提高，2002年4月通过国家品种审定委员会的鉴定。

3. 体型外貌特征　陕北白绒山羊被毛白色，体格中等。公羊头大、颈粗，腹部紧凑，睾丸发育良好。母羊头轻小，额顶有长毛，颌下有须，面部清秀，眼大有神。公、母羊均有角，角型以撒角、拧角为主（撒角占49.9%、拧角占41.3%），公羊角粗大，呈螺旋式向上、向两侧伸展；母羊角细小，从角基开始，向上、向后、向外伸展，角体较扁。颈宽厚，颈肩结合良好。胸深背直。四肢端正，蹄质坚韧。尾瘦而短，尾尖上翘。母羊乳房发育较好，乳头大小适中。

4. 体重和体尺　陕北白绒山羊体重和体尺见表3-67。

表3-67　陕北白绒山羊体重和体尺

羊　别	只　数	体高（cm）	体长（cm）	胸围（cm）	只数	体重（kg）
成年公羊	243	62.3±5.95	68.4±9.89	81.6±8.15	292	41.2±6.20
成年母羊	2 402	56.2±4.22	61.4±5.73	69.8±9.5	4 751	28.67±4.99
周岁公羊	222	51.45±7.70	56.18±9.80	63.8±7.05	278	26.5±8.63
周岁母羊	1 383	51.26±4.89	53.92±5.88	60.97±6.57	1 454	21.2±5.03

注：2001年在榆林、延安测定。

5. 生产性能

（1）产绒性能　陕北白绒山羊产绒性能见表3-68。

表3-68　陕北白绒山羊产绒性能

羊　别	只　数	产绒量（g）	绒自然长度（cm）
成年公羊	281	723.8±125.7	6.1±0.99
成年母羊	4 866	430.37±76.8	4.96±1.03
周岁公羊	274	448.38±101.93	4.95±0.91
周岁母羊	1 479	331.4±86.5	4.7±1.1

注：2001年在榆林、延安测定。

2001年陕西省纤维检验局对20个原绒样分析，平均细度14.46μm，净绒率61.87%。

（2）产肉性能　陕北白绒山羊产肉性能见表 3-69。

表 3-69　陕北白绒山羊产肉性能

月龄	只数	宰前活重（kg）	胴体重（kg）	净肉重（kg）	屠宰率（%）	净肉率（%）	肉骨比
18	10	28.55±5.70	11.93±2.80	9.03±2.5	41.79±3.4	31.63±3.4	3.64
20	10	31.13±1.11	13.73±0.81	10.74±0.65	44.11	34.50	3.59

注：2000 年在横山、安塞种羊场测定。

（3）繁殖性能　陕北白绒山羊 7～8 月龄性成熟，母羊 1.5 岁、公羊 2 岁开始配种。母羊发情周期 17～20d，发情持续期 23～49h，妊娠期 147～153d，产羔率为 106%。羔羊初生重公羔 2.5kg、母羔 2.2kg。

6. 推广利用情况　陕北白绒山羊是在陕北地区气候干旱、风沙大、贫瘠草场的严酷生态条件下培育形成的，具有耐粗饲、耐寒冷、抗风沙、抗病力强等特点。目前，陕北白绒山羊已推广到宁夏、甘肃等地，数量达 2 万余只，改良当地山羊效果显著。

7. 评价和展望　陕北白绒山羊是在陕北地区特定的自然生态条件下，采用统一的育种方案，培育成的一个具有体质结实、绒纤维细长、产绒量高、耐粗饲、适应性强、群体数量大、体型外貌比较一致、遗传性能稳定的绒肉兼用山羊新品种。今后应加强系统选育，提高其绒、肉生产性能及群体整齐度。

（五）柴达木绒山羊

柴达木绒山羊属绒肉兼用型山羊培育品种。由青海省畜牧兽医科学院等单位联合培育。

1. 一般情况

（1）中心产区及分布　柴达木绒山羊中心产区为柴达木盆地，主要分布于青海省海西蒙古族藏族自治州柴达木盆地周边的德令哈、乌兰、都兰、大柴旦和格尔木等县（市）。2008 年存栏 50 万只。

（2）产区自然生态条件　柴达木绒山羊中心产区柴达木盆地位于北纬 36°～39°、东经 90°30′～99°33′，地处青海省西北部、青藏高原北部的海西蒙古族藏族自治州境内，海拔高度 2 600～3 200m。盆地地形由中央至边缘依次为盐沼、平原、风蚀丘陵、戈壁、高山五个类型。气候干旱，年均气温 2.3～4.4℃，无霜期 88～218d；年降水量 25.1～179.1mm，蒸发量 2 088.8～2 814.4mm，相对湿度 33%～41%。草场大多属沼泽和荒漠半荒漠草场。植被多为旱生型的芦苇、大花野麻、盐爪爪、梭梭、嵩草、柽柳等耐盐碱植物。农作物主要有小麦、青稞、马铃薯等。

2. 品种形成与变化　柴达木绒山羊是以辽宁绒山羊为父本、柴达木山羊为母本，经级进杂交育成。1983 年引入辽宁绒山羊，在海西蒙古族藏族自治州德令哈市怀头他拉乡与当地羊进行杂交，在杂交改良的基础上，从杂交二代中选择理想型公、母羊进行横交固定，并对横交固定后代进行个体鉴定，建立育种群；经过四个世代的持续选育，培育形成柴达木绒山羊。2001 年通过青海省畜禽品种委员会审定，2009 年通过国家畜禽遗传资源委员会审定。

3. 体型外貌特征　柴达木绒山羊被毛纯白，呈松散的毛股结构。外层有髓毛较长、光泽良好，具有少量浅波状弯曲；内层密生无髓绒毛。体质结实，结构匀称、紧凑，体躯呈长方形。面部清秀，鼻梁微凹。公、母羊均有角，公羊角粗大，向两侧呈螺旋状伸展，母羊角小，向上方呈扭曲伸展。后躯略高。四肢端正、有力，骨骼粗壮、结实，肌肉发育丰满适中。蹄质坚硬，呈白色或淡黄色。尾小而短。

4. 体重和体尺 柴达木绒山羊体重和体尺见表 3-70。

表 3-70 柴达木绒山羊体重和体尺

性 别	年 龄	数量（只）	体重（kg）	体高（cm）	体长（cm）	胸围（cm）
公	周岁	87	19.97±5.39	50.00±4.28	54.20±4.52	65.53±7.27
	成年	316	40.16±4.92	60.66±3.95	66.35±5.07	82.93±6.02
母	周岁	1 240	16.97±3.49	47.92±3.68	51.86±6.36	61.25±8.50
	成年	1 070	29.62±5.42	56.12±3.98	61.42±5.09	75.55±4.84

注：2006 年在青海省畜牧兽医科学院测定。

5. 生产性能

（1）产绒性能 柴达木绒山羊产绒性能见表 3-71。

表 3-71 柴达木绒山羊产绒性能

性 别	年 龄	数量（只）	绒毛重量（g）	绒层厚度（cm）	绒纤维直径（μm）	净绒率（%）
公	周岁	235	530±110	6.09±0.96	14.52±1.60	52.60±6.4
	成年	360	540±90	6.08±0.82	14.7±0.99	55.88±7.3
母	周岁	335	430±100	5.71±1.01	14.01±0.91	51.65±6.9
	成年	530	450±110	5.88±1.10	14.72±0.72	53.76±8.4

（2）产肉性能 柴达木绒山羊具有良好的产肉性能和放牧抓膘能力。在自然放牧条件下，成年羯羊、母羊屠宰前活重分别为 37.0kg、28.4kg，胴体重分别为 17.33kg、12.69kg，屠宰率分别为 46.83%、44.68%；1.5 岁羯羊、母羊屠宰前活重分别为 20.0kg、17.0kg，胴体重分别为 9.63kg、7.7kg，屠宰率分别为 48.15%、45.29%。

（3）繁殖性能 柴达木绒山羊 6 月龄性成熟，母羊 1.5 岁初配，一般在 9～11 月份配种，2～4 月份产羔。母羊发情周期 18d，发情持续期 24～48h，妊娠期 142～153d；成年母羊繁殖率 105%，羔羊繁殖成活率在 85%。

6. 推广利用情况 2008 年在青海省海西蒙古族藏族自治州建立了柴达木绒山羊保种场，并将五个中心产区列为柴达木绒山羊品种保护区。分布区域由原来的柴达木地区已扩大到海南藏族自治州共和、兴海、贵南、贵德等县，海北藏族自治州门源，黄南藏族自治州尖扎、同仁，海东地区互助、循化、化隆，西宁市大通、湟源，玉树藏族自治州玉树等县（市）。2000 年，柴达木绒山羊存栏约 8 万只，2007 年改良羊数量达到 90 万只。

7. 评价和展望 柴达木绒山羊对高原寒冷环境表现出很强的适应性，具有耐粗饲、抗逆性强、被毛全白、产绒量较高、绒质好等优良特性。但由于育成时间短，良种培育和推广体系建设滞后，造成各产地之间羊的体型外貌和生产性能存在一定差异。今后应加强品种选育提高和推广力度，并在保持绒品质不降低的前提下，提高其产绒量。

（六）新疆山羊

新疆山羊属绒肉兼用型地方品种，是新疆各地普遍饲养的品种。

1. 一般情况

（1）中心产区及分布　新疆山羊在新疆维吾尔自治区各地、州、县、市均有分布。中心产区为东疆的哈密、南疆的巴音郭楞蒙古自治州、喀什、阿克苏地区、和田以及北疆的伊犁哈萨克自治州、博尔塔拉蒙古族自治州、塔城地区、昌吉回族自治州等地。

（2）产区自然生态条件　产区属大陆性气候，地势地形复杂。气候变化剧烈，春季气温多变，秋季气温下降迅速。1 月份气温最低，北疆平均为－15～－10℃，南疆平均为－10～－6℃；7 月份气温最高，北疆平均为 22～26℃，南疆大部地区在 26℃以上。昼夜温差大，各地平均在 11℃左右。无霜期北疆为 102～185d，南疆 183～230d。年降水量各地差异较大，塔城、伊犁为 250～350mm，准噶尔盆地不到 200mm，塔里木盆地及其附近地区为 50 mm 左右，而阿尔泰山及天山山区可达 600 mm。北疆冬雪约占年降水量的 30%，南疆占 10%～15%。蒸发量大，南疆为 2 000～3 400mm，北疆为 1 500～2 300mm。主产区为海拔 500～2 000m 的高山、亚高山草甸草原和森林草甸草原，牧草丰茂，气候凉爽，是山羊良好的夏季牧场；天山、昆仑山及阿尔泰山等山脉的浅山和中山地带，冬季气候温和，阳坡草场积雪较薄，是山羊的冬季牧场。农作物以小麦、玉米、水稻为主，还有高粱、大麦、谷子、大豆、豌豆、蚕豆等。

2. 品种形成与变化

（1）品种形成　新疆山羊是长期以来，在自然选择和人工选择下，形成适应当地自然条件、多种产品用途、独具特色的绒肉兼用地方山羊品种。

（2）发展变化　新疆山羊 1990 年存栏 49.43 万只。近年来发展较快，通过选育形成了南疆绒山羊、博格达绒山羊、青格里绒山羊等不同类型，品质有所提高。2007 年底存栏 551 万只。

3. 体型外貌特征　新疆山羊被毛以白色为主，褐色和青色次之。体质结实。头中等大小，公羊角粗大，多数向上直立、略向外张开，也有向上、向内交叉的形状；母羊大多数无角或角细小，多向后上方直立。额宽平，耳小、半下垂，鼻梁平直或下凹，颌下有须。背平直，体躯长深，后躯发育稍差，尻斜。四肢端正，蹄质结实。短瘦尾，尾尖上翘。

4. 体重和体尺　新疆山羊成年羊体重和体尺见表 3-72。

表 3-72　新疆山羊成年羊体重和体尺

性　别	只　数	体重（kg）	体高（cm）	体长（cm）	胸围（cm）
公	15	22.6±3.2	54.8±2.8	59.9±3.6	66.8±4.6
母	15	23.6±2.0	55.5±3.2	58.0±4.2	67.0±3.9

注：2007 年在中心产区木垒县测定。

5. 生产性能

（1）产绒性能　新疆山羊每年抓绒一次。据测定大群羊产绒量成年公羊 380g、成年母羊 360g，周岁公羊 310g、周岁母羊 300g。

（2）产肉性能　周岁新疆山羊产肉性能见表 3-73。

表 3-73　周岁新疆山羊产肉性能

性　别	只　数	宰前活重（kg）	胴体重（kg）	屠宰率（%）	净肉率（%）	肉骨比
公	10	22.6	9.2	40.7	30.3	2.9
母	15	22.9	9.2	40.2	30.1	3.0

（3）繁殖性能　新疆山羊公、母羊一般 5～6 月龄性成熟，初配年龄公羊 18～20 月龄、母羊 16～18 月龄。配种季节性强，集中在 9～11 月份，翌年 2～4 月份产羔，发情周期 18～21d，发情持续时间为 1～2d，妊娠期 150～155d，产羔率为 100%～120%。羔羊初生重公羔 2.3 kg、母羔 2.1 kg，断奶重公羔 12.5 kg、母羔 12.1 kg。羔羊断奶成活率 98%。

6. 饲养管理　新疆山羊以常年放牧为主，夏、秋季节全天放牧，冬、春季节白天放牧，夜间和雪天补饲。

7. 品种保护利用情况　尚未建立新疆山羊保种场和保护区，未进行系统选育，处于农户自繁自养状态。近年来，新疆山羊开始向绒肉或肉绒兼用两个方向发展，形成了一些不同的类群。有些地区也引进辽宁绒山羊，作为杂交父本，杂交后代成年公羊产绒量达 468g、绒细度 14.05μm、绒自然长度 50mm，成年母羊产绒量 357.19g，绒细度 14.12，净绒率 42%～47%。

8. 评价和展望　新疆山羊在粗放的饲养管理条件下，生产绒、肉、皮等产品。具有体质结实、耐粗饲、适应性好、抗逆性强、羊绒品质好等优良特性。今后应加强系统选育，充分发挥遗传潜力，不断提高其绒、肉产量。

（七）西藏山羊

西藏山羊属肉、绒、皮兼用型山羊地方品种。

1. 一般情况

（1）中心产区及分布　西藏山羊产于青藏高原，分布在北起昆仑山、祁连山，南自喜马拉雅山，西自喀喇昆仑山，东抵横断山和巴颜喀拉山的广大地区，包括西藏自治区全境、四川省甘孜、阿坝藏族自治州、青海省玉树、果洛藏族自治州和甘肃省南部地区。

（2）产区自然生态条件　产区位于青藏高原，海拔 1 300～5 100m，平均 4 000m 以上。气候垂直变化明显，仅有寒暖两季之分，寒季长达 7 个多月，暖季仅 4 个多月。以西藏自治区为例，年均气温 1.9～7.5℃，7 月份气温 22.6～29.4℃，1 月份气温 −41～−16℃，昼夜温差达 15～25℃；年降水量 400mm，降水多集中在 6～9 月份，蒸发量为降水量的 5～10 倍。

产区自然环境和气候条件差异大，海拔较低的河谷地区是西藏主要的产粮区，气候温暖湿润，无霜期 120d 左右，可以种植青稞、小麦、油菜、豌豆、蚕豆等。沿江流域山高谷深，植物垂直变化显著；海拔 4 500 m 以上的高原，几乎没有无霜期，农作物不能成熟，植株生长低矮，覆盖度不足 50%，产草量低，主要有禾本科、莎草科及各种灌丛等。草场有高山草原、山地草原、高山草甸、山地疏林和高山荒漠等草场类型。

2. 品种形成与变化

（1）品种形成　西藏山羊是高原、高寒地区的一个古老地方品种。据《巴协》（公元 815—857 年）记载：北后恋之库（藏文译言，地名）"处处牦牛鼻吼，马在嘶鸣，山羊喷嚏"。说明西藏山羊的饲养历史已有千年以上，是藏族人民为解决生活中对毛、皮、肉、奶的需要，经长期饲养和选择而形成的。

（2）发展变化　西藏山羊数量呈增长趋势，1980 年数量为 690 万只，1983 年为 700 万只，2005 年为 720 万只，且分布区域略有变化，西藏自治区占 80%、四川省占 15%、青海省占 5%。2004 年建立了西藏山羊原种场，2006 年仅芒康县存栏数达 86.8 万只，形成了山羊生产产业带。

3. 体型外貌特征 西藏山羊毛色较杂，被毛以黑色、白色为主，其次为杂色，被毛外层为长而直的粗毛，内层为细软的绒毛。体格中等，体躯呈长方形。公、母羊均有角，公羊角粗大，向后、向外侧扭曲伸展；母羊角细，角尖向后、向外侧弯曲或向头顶上方直立扭曲。公、母羊均有额毛和须。头大小适中，耳长灵活，鼻梁平直。鬐甲略低，胸部深广，背腰平直，尻较斜。四肢结实，蹄质坚实。尾小、上翘。

4. 体重和体尺 据西藏自治区 1981 年《西藏山羊》品种资料，西藏山羊成年羊的体重和体尺见表 3-74。

表 3-74 西藏山羊成年羊体重和体尺

测定地区	性 别	只 数	体重（kg）	体高（cm）	体长（cm）	胸围（cm）
西藏昌都	公	20	36.4±3.7	61.0±6.6	65.9±7.3	77.1±8.9
	母	80	24.2±3.3	53.8±3.7	60.3±4.7	68.6±5.2
西藏阿里	公	45	22.0±5.8	50.0±6.1	60.8±6.3	63.7±6.5
	母	120	20.1±5.1	47.8±5.8	55.9±5.6	60.8±6.2
四川甘孜	公	60	28.2±4.2	58.6±3.9	61.1±4.2	77.2±5.7
	母	60	22.4±6.8	54.4±3.5	55.0±4.8	69.2±4.2

注：2005—2006 年由西藏自治区畜牧总站和四川省家畜改良站测定。

5. 生产性能

（1）产绒性能 西藏山羊成年公羊平均剪毛量为 700g、成年母羊 520g；成年公羊平均抓绒量为 211.8g、成年母羊 183.8g；公羊绒毛细度 15.69μm、绒毛伸长度 6.17cm；母羊绒毛细度 15.73μm、绒毛伸长度为 5.1cm。

（2）产肉性能 中等营养的成年羯羊宰前体重 25.5kg、胴体重 10.9kg、屠宰率 42.75%；成年母羊宰前体重 21.9kg、胴体重 8.3kg、屠宰率为 37.90%。

（3）繁殖性能 西藏山羊性成熟因产地条件而异，在较好的山谷农牧区，母羊 4～6 月龄性成熟，初配年龄 8～10 月龄，在高寒牧区，1 岁左右性成熟，1.5 岁左右初配。母羊发情多集中在 9～10 月份，发情周期 15～23d，发情持续期 48～72h，妊娠期 136～157d，多数母羊一年一产，产羔率 100%～135%。

6. 饲养管理 西藏山羊终年放牧饲养，放牧时间的长短因季节而变化。冬、春季每天归牧后给母羊补饲，补饲青干草 0.5～1kg，精料 0.1～0.2kg。

7. 品种保护利用情况 目前，尚未建立西藏山羊保种场和保护区，未进行选育，处于农户自繁自养状态。西藏山羊 1989 年收录于《中国羊品种志》，2006 年列入《国家畜禽遗传资源保护名录》。

8. 评价及展望 西藏山羊长期生存在高海拔地区特殊的环境条件下，对高寒牧区的生态环境有较强的适应能力，具有耐粗放、抗逆性强、羊绒细长柔软、肉质鲜美等特点。今后应加强选育、选种选配工作，建立良种繁育体系，提高其产肉和产绒性能。

（八）太行山羊

太行山羊属绒肉兼用型地方品种，包括黎城大青羊、武安山羊和太行黑山羊。

1. 一般情况

（1）中心产区及分布 太行山羊中心产区为山西省黎城、左权、和顺等县，河北省武安、井陉、唐县、涞源等市（县）；主要分布于太行山区山西省榆社、武乡、沁源、平顺、壶关等县，河北省阜平、平山、临城、内丘、邢台、涉县、磁县等县以及河南省林州等市（县）。

（2）产区自然生态条件　太行山羊主产区位于北纬 $36°28'\sim39°10'$、东经 $113°45'\sim119°28'$，地势以山地和丘陵为主，平均海拔 600m。属暖温带大陆性气候，年平均气温 12℃，无霜期 181～210d；年降水量 560 mm，年平均日照时数 2 422h。地表水和地下水资源以山涧水和井水为主。土壤以石灰性褐土、褐土、淋溶褐土、黄土、潮黄土、砾质土、河淤土为主，有少量棕壤、黏土、山地沙石土等。农作物主要有小麦、玉米、高粱、花生、棉花、大豆、芝麻、谷子等。饲草资源丰富，主要有作物秸秆、藤蔓以及荆条、马棘、白筋、黄背、白草、蒿属灌丛等植物。

2. 品种形成与变化

（1）品种形成　《本草纲目》引《本草演义》载："羚羊出陕西、河东"。由此可见，太行山羊是由陕西、甘肃及山西西部一带引入。由于有性情活泼、喜登高山的习性，多饲养于山区。太行山区农民长期经营着自然经济型的农牧业，为满足多种用途的需要，逐渐形成了适应当地环境条件的绒、肉、毛、皮兼用品种。

（2）发展变化　20 世纪 80 年代太行山羊存栏数 240 万只。后受杂交改良的影响，群体数量急剧减少，到 2006 年年底存栏 7.6 万只。近亲繁殖严重、体格变小、生产性能下降，养殖效益降低。

3. 体型外貌特征　太行山羊被毛长而光亮、多呈黑色，少数为褐色、青色、灰白色和杂色等。外层被毛粗硬而长，富有光泽；内层无髓毛为紫色、细长、富有弹性。体质结实，体格中等，结构匀称，骨骼较粗。头略显粗长，面清秀，额宽平，耳小前伸。公、母羊均有须。绝大部分有角，公羊角圆粗而长，呈扭曲形向外伸展；母羊角扁细而短，角形复杂，但多呈倒八字形。颈略短粗，颈肩结合良好。胸宽深，背腰平直，后躯比前躯稍高。四肢健壮，蹄质坚实。尾短小、上翘。

4. 体重和体尺　太行山羊体重和体尺见表 3-75。

表 3-75　太行山羊体重和体尺

年　龄	性　别	只　数	体重（kg）	体高（cm）	体长（cm）	胸围（cm）
周岁	公	70	19.3±1.5	53.4±1.9	57.5±1.5	68.4±2.1
	母	100	17.8±2.3	51.4±2.1	56.0±2.3	63.3±1.3
成年	公	68	42.70±2.5	67.7±1.6	71.9±2.4	80.7±1.5
	母	96	38.9±1.9	61.5±2.3	65.6±2.0	75.3±2.1

注：由黎城大青羊场测定。

5. 生产性能

（1）产绒性能　太行山羊每年 4～5 月抓绒，被毛中有髓毛占 81.9%、无髓毛占 18.3%，其产绒性能见表 3-76。

表 3-76　太行山羊产绒性能

年龄	性别	只数	产绒量 （g）	绒细度 （μm）	自然长度 （cm）	伸直长度 （cm）	绒伸度 （%）	单纤维强度 （g）	净绒率 （%）
成年	公	25	204.7±26.1	13.7±2.5	3.6±0.8	5.4±0.5	50.4±9.7	3.8±0.6	60.8±6.1
	母	48	184.8±31.4	13.6±2.3	3.1±0.6	4.6±0.8	50.1±7.5	3.5±0.1	61.2±8.2
周岁	公	53	169.3±24.3	12.9±1.6	3.3±0.5	4.8±0.7	46.5±8.4	3.1±0.3	63.1±7.4
	母	75	133.6±29.2	12.7±2.3	2.7±0.6	4.2±0.7	53.1±10.0	2.9±0.3	64.3±7.3

（2）产肉性能　10 月龄太行山羊屠宰性能见表 3-77。

表 3-77　太行山羊 10 月龄屠宰性能

性　别	只　数	宰前活重（kg）	胴体重（kg）	屠宰率（%）	净肉率（%）	肉骨比
公	10	23.3±1.7	9.5±1.6	40.8	32.5	3.9
母	10	17.2±1.6	7.1±1.5	41.3	33.8	4.5

注：山西省畜禽繁育工作站和山西农业大学分别于 2003 年和 2006 年，对半放牧半舍饲条件下的羊进行的测定。

（3）繁殖性能　太行山羊公羊 7～9 月龄、母羊 5～7 月龄性成熟，初配年龄公羊 1.5 周岁、母羊 1 周岁。母羊秋末发情，多集中在 11 月份，发情周期 15～20d，发情持续时间 48h，妊娠期 150d，产羔率 103%～130%。初生重公羔 1.9kg、母羔 1.8kg；断奶重公羔 13.1kg、母羔 12.4kg。羔羊断奶成活率 96.5%。

6. 饲养管理　太行山羊夏、秋季节以放牧饲养为主，冬、春季节白天放牧，夜间补饲。近年来，随着山区生态保护意识加强，提倡舍饲半舍饲，充分利用农作物秸秆进行舍饲。

7. 品种保护利用情况　目前，已在山西省黎城县和河北省武安市建立了太行山羊保种场，开始实施本品种选育和品种登记制度。现实行活体保种。太行山羊 1989 年收录于《中国羊品种志》。

8. 评价及展望　太行山羊对当地气候干燥、石山陡坡、植被稀疏、水源短缺的自然环境适应性较强；其肉质细嫩、膻味轻、口感好；所产紫绒细长，伸度和弹性好。今后应进一步加强保种场建设和选育工作，提高其肉用和绒用性能，改善产品质量和增加数量，提高养殖综合效益。

第四章

绒毛用羊体型外貌鉴定与生产性能测定

第一节　体型外貌特征

绒毛用羊的体型外貌是羊综合品质的表现，特别是毛用羊的体型外貌还可以反映产毛的生产性能。在绒毛用羊育种中通过对羊体型外貌的观察和被毛品质的测定，可以初步判定个体的选留或淘汰。

一、细毛羊体型外貌特征

细毛羊的体型外貌特征包括以下几方面。

1. 皮肤皱褶　颈部或体躯皮肤皱褶可以表示该羊的皮肤发育是否充分。毛用型细毛羊一般在颈部有 2～3 个发育完全的横皱褶，躯干上有细纹小褶；毛肉兼用型细毛羊仅在颈部有 1～3 个发育完全或不完全的横皱褶，躯干上不宜有皱褶；肉毛兼用型或肉用型全身无皱褶，甚至颈部皮肤也不甚宽松。

2. 体型特点　毛用型细毛羊全身被毛密厚，头面长度均适中，躯干较长，体躯呈长方形，鬐甲稍高而窄，胸长而深，背腰平直，中躯容积大，后躯尤其臀部肌肉附着少，四肢较长；肉用型细毛羊一般是头短而宽，颈粗而短，鬐甲低平，胸宽圆，肋骨开张好，背腰平直，肌肉丰满，后躯发育好，后腿附着大量肌肉，四肢相对较短；毛肉兼用型细毛羊在体型上介于以上两者之间。

3. 被毛覆盖　主要指头毛和四肢毛着生情况。毛用型细毛羊头毛长而密厚，呈毛丛结构，着生到两眼中间连线。前肢羊毛着生至腕关节，后肢至飞节；毛肉兼用型细毛羊也类似这种形状，如果头毛长而密，着生超过两眼连线，后肢羊毛着生到飞节以下，这类个体倾向于毛用型。反之，如头毛及四肢羊毛均达不到上述部位，则倾向于肉用型。

4. 外貌特征　公羊大多数有螺旋形的角，母羊无角。公羊鼻梁微有隆起，母羊鼻梁呈直线或几乎呈直线。公羊颈部有 1～2 个完全或不完全的横皱褶，母羊有 1 个横皱褶或发达的纵皱褶。眼圈、耳、唇部皮肤允许有小的有色斑点。

5. 羊毛品质　被毛白色，闭合性良好，有中等以上密度，羊毛有明显的正常弯曲，细度 18～25μm，体侧部 12 月毛长 7.0cm 以上，各部位的长度和细度均匀，羊毛油汗含量适中，分布均匀，呈白色、乳白色或淡黄色，净毛率 45% 以上。细毛着生头部至眼线，前肢至腕关节，后肢至飞节或飞节以下，腹毛较长，呈毛丛结构。

二、半细毛羊体型外貌特征

目前，无论是国内培育的还是国外引进的半细毛羊品种均为毛肉兼用品种，体型结构介于毛用羊和肉用羊之间。具有体质结实，头稍短而宽、颈短而粗，头毛着生至眼线，背腰宽而平直、胸宽深、尻宽而平、后躯丰满、四肢粗壮，腿毛过飞节、腹毛好，体躯桶状，被毛白色、毛丛丰满、弯曲一致、油汗覆盖良好等共同外貌特征，而茨盖羊公羊、彭波半细毛羊公羊、青海高原半细毛羊茨新藏型公羊有螺旋形的角，彭波半细毛羊母羊无角或有小角，其余品种公母羊均无角。

三、绒山羊体型外貌特征

绒山羊根据其品种不同而具有不同的体型外貌特征。绒山羊的体型外貌特征包括以下几方面：①体质结构：体质是否结实，结构是否匀称，体型呈方形还是长方形。②头部特征：头部是否有角，角的形状，头部大小，额宽度，鼻梁状态等。③被毛状态：包括被毛颜色、外层有髓毛状态、内层绒毛状态等。④四肢状态：包括骨骼粗壮程度，肌肉发育状态等。

下面以收录中国羊遗传资源志的五个绒山羊品种为例，介绍绒山羊的体型外貌特征。

1. 柴达木绒山羊 柴达木绒山羊体质结实，结构匀称、紧凑，侧视体形呈长方形，后躯略高，四肢端正有力，骨骼粗壮结实，肌肉发育丰满适中。面部清秀，鼻梁微凹。公母羊均有角，公羊角粗大，向两侧呈螺旋状伸展，母羊角小，向上方呈扭曲伸展。蹄质坚硬，呈白色或淡黄色，尾小而短、呈三角形，尾宽 3～5cm，尾长 10～15cm，向后上方直立。被毛纯白，呈松散的毛股结构，外层有髓毛较长，光泽良好，具有少量浅波状弯曲，自然长度在 10cm 以上，内层密生无髓绒毛。

2. 河西绒山羊 河西绒山羊体格中等，体质结实，体型紧凑，侧视体型近似方形。被毛光亮，被毛多为白色（占 90.7%），其余为黑、青、棕和花杂色，除头和四肢下部着生长短刺毛外，毛被有粗而略带弯曲的长毛，呈松散不清晰的毛股结构，秋冬季节，在粗长毛下层，生长着纤细柔软的绒毛，构成毛被的内层毛；头部大小适中，额宽而平，鼻梁正直，耳宽而短，向前方平伸。公、母羊均生长直立的扁角，公羊角较粗长，并且略向外伸展，角有黑色和白色两种。颈长短适中，颌下无垂肉。胸宽而深，背腰宽而平直；臀部宽窄长短适中，向后倾斜；四肢粗壮，腿短。

3. 辽宁绒山羊 辽宁绒山羊体质健壮，结构匀称。被毛全白，较长，绒、毛混生，外层有髓毛，长而稀疏，无弯曲，有丝光，内层密生无髓绒毛，清晰可见。肤色为粉红色。头轻小，额顶有长毛，颌下有髯。公母羊均有角，公羊角粗壮发达，由头顶向后朝外侧呈螺旋式伸展。母羊多板角，稍向后上方翻转伸展，少数为麻花角。颈宽厚，颈肩结合良好。背腰平直，后躯发达，四肢粗壮，坚实有力。尾短瘦，尾尖上翘。

4. 内蒙古绒山羊 内蒙古绒山羊体质结实，结构匀称，体格较大。头部清秀，眼大而有神，额顶有长毛和绒，额下有髯，公母羊均有角，公羊角扁而粗大，向后方两侧螺旋式伸展，母羊角细小向后方伸出，呈黄白色，两耳自两侧伸展或半垂，鼻梁微凹。颈宽厚，无皱褶，无肉垂。胸宽而深，肋开张，背腰平直，后躯稍高，体长大于体高，近似长方形，斜尻。四肢端正，强健有力，长短适中，蹄质坚韧。尾短小，呈三角形，尾向上翘起。骨骼粗壮结实，肌肉发育良好。

5. 陕北白绒山羊 陕北白绒山羊被毛白色，体格中等、结实。公羊头大颈粗，腹部紧凑，睾丸发育良好。母羊头轻小，额顶有长毛，颌下有髯，面部清秀，眼大有神。公母羊均有角，角型以撇角、拧角为主（撇角占 49.9%、拧角占 41.3%），公羊角粗大，呈螺旋式向上向两侧伸展，母羊角细小，从角基开始，向上、向后、向外伸展，角体较扁。颈宽厚，颈肩结合良好。胸深背直，四肢端正，蹄质坚韧。尾瘦而短，尾尖上翘。母羊乳房发育较好，乳头大小适中。

第二节　表型鉴定

表型鉴定即体型外貌鉴定，其目的是确定羊的品种特征、种用价值以及生产水平。除生产性能之外，种羊的个体表型鉴定成绩也是选种的重要依据。绒毛用羊一般每年鉴定一次，在春季剪毛前进行。分为个体鉴定和等级鉴定两种。鉴定时要求鉴定人员要熟悉掌握品种标准，并对要鉴定羊群情况有一个全面了解，包括羊群来源和现状、饲养管理情况、选种选配情况，以往羊群鉴定等级比例和育种工作中存在的问题等，以便在鉴定中有针对性地考察一些问题。

一、个体表型鉴定

在进行种羊鉴定之前，首先要先看羊只整体结构是否匀称、外形有无严重缺陷、被毛有无花斑或杂色毛、行动是否正常，待羊接近后再看公羊是否单睾、隐睾，母羊乳房是否正常等。其次，要进行年龄判别，因为种羊的年龄对公、母羊的繁殖性能有较大影响。年龄的大小主要依靠种羊场的个体出生日期的记录，但在记录不详、卡片丢失的情况下，比较可靠的年龄鉴定方法仍然是牙齿鉴定法。主要依据下颌门齿的发生、更换、磨损、脱落情况来判断。判断误差程度因品种、地区和鉴定者的经验而异，误差一般不超过半岁。最后，再进行特殊（定）项目鉴定。

1. 毛用羊鉴定项目与符号（量化评分标准）

（1）头毛　头毛用 TM 表示，表达式为 TM_x，X 为评分。

TM_3 —— 头毛着生至眼线，鼻梁平滑，面部光洁，无死毛。公羊角呈螺旋形，无角型公羊应有角凹；母羊无角。

TM_2 —— 头毛过多或少，鼻梁稍隆起。公羊角形较差；无角型公羊有角。

TM_1 —— 头毛过多或光脸，鼻梁隆起。公羊角形差；无角公羊有角，母羊有小角。

（2）类型与皱褶　类型与皱褶用 LX 表示，表达式为 LX_x，X 为评分。

LX_3 —— 正侧呈长方形。公、母羊颈部有 1～3 个完全或不完全的皱褶。胸深，背腰长，腰线平直，尻宽而平，后躯丰满，肢势端正。

LX_2 —— 颈部皮肤较紧或皱褶过多，体躯上有明显皮肤皱褶。

LX_1 —— 颈部皮肤紧或皱褶过多，背线、腹线不平，后躯不丰满。

（3）被毛长度　被毛长度用 CD 表示，实测体侧毛长指在羊体左侧横中线偏上，肩胛骨后缘10cm 一掌处，打开毛丛，顺毛丛方向测量毛丛自然状态的长度，以 cm 表示，精确到 0.5cm。

羊毛生长时间超过或不足 12 个月的毛长折算为 12 个月的毛长。可根据各地羊毛长度生长规律校正。

种公羊的毛长除记录体侧部位的毛长外，还可测定肩、背、股、腹部的毛长，作为选种参考。

（4）长度匀度　长度匀度用 CY 表示，表达式为 CY_X，X 为评分。

CY_3——被毛各部位毛丛长度均匀。

CY_2——背部与体侧毛丛长度差异较大。

CY_1——被毛各部位的毛丛长度差异较大。

（5）被毛手感　被毛手感用 SG 表示，表达式为 SG_X，X 为评分。

SG_3——被毛手感柔软、光滑。

SG_2——被毛手感较柔软、光滑。

SG_1——被毛手感粗糙。

（6）被毛密度　被毛密度用 M 表示，表达式为 M_X，X 为评分。

M_3——被毛密度密。

M_2——被毛密度达中等。

M_1——密度差。

（7）细度　毛纤维细度用 XD 表示，细毛羊的羊毛细度是在 60 支以上或毛纤维直径 $25.0\mu m$ 及以内。在测定毛长的部位，根据不同的测定方法需要取适量毛纤维测定其细度，以 μm 表示；在现场可暂用目测，用支数表示或 μm 表示。

（8）细度匀度　细度匀度用 XY 表示，表达式为 XY_X，X 为评分。

XY_3——被毛细度均匀，体侧和股部细度差不超过 $2.0\mu m$；毛丛内纤维直径均匀。

XY_2——被毛细度较均匀，后躯毛丛内纤维直径欠均匀，少量浮现粗绒毛。

XY_1——被毛细度欠均匀，毛丛中较多浮现粗绒毛。

（9）被毛整体匀度　被毛整体匀度用 Y 表示，表达式为 Y_X，X 为评分。

Y_1——被毛均匀。体侧和股部毛纤维细度的差别不超过两个细度档次。毛丛内，毛纤维均匀度良好。

Y_0——被毛不均匀。体侧和股部毛纤维细度差别在两个或两个细度档次以上。

（10）弯曲及弯曲大小和弯曲明显度　弯曲用 W 表示。弯曲大小用 WD 表示，表达式为 WD_X，X 为评分。

WD_3——小弯。

WD_2——中弯。

WD_1——大弯。

弯曲明显度用 WM 表示，表达式为 WM_X，X 为评分。

WM_3——正常弯曲（弧度呈半圆形）。毛丛顶部到根部弯曲明显、大小均匀。

WM_2——正常弯曲。毛丛顶部到根部弯曲欠明显、大小均匀。

WM_1——弯曲不明显或有非正常弯曲。

（11）油汗及油汗色泽和油汗高度　油汗用 H 表示。油汗色泽用 HS 表示，表达式为 HS_X，X 为评分。

HS_4——白色油汗。

HS_3——乳白色油汗。

HS_2 —— 浅黄色油汗。

HS_1 —— 深黄色油汗。

油汗高度用 HG 表示，表达式为 HG_X，X 为评分。

HG_3 —— 油汗含量适中。

HG_2 —— 油汗过多。

HG_1 —— 油汗不足。

2. 绒用羊鉴定项目与符号（量化评分标准）

表 4-1　绒用羊鉴定项目与符号

编　号	名　　称	符　号	说　明
1	产绒量	CRL	
2	含绒率	HRL	
3	净绒率	RJL	
4	细度	RX	
5	细度匀度	RXY	表达式为 RXY_X，X 为评分： RXY_3 —— 细度均匀 RXY_2 —— 细度较均匀 RXY_1 —— 细度欠均匀
6	长度	RC	
7	长度匀度	RCY	表达式为 RCY_X，X 为评分： RCY_3 —— 被毛各部位绒丛长度均匀 RCY_2 —— 背部与体侧绒丛长度差异较大 RCY_1 —— 被毛各部位的绒丛长度差异较大
8	绒密度	RM	表达式为 RM_X，X 为评分： RM_3 —— 被毛密度密 RM_2 —— 被毛密度中等 RM_1 —— 被毛密度差
9	抓绒后体重	ZRTZ	

3. 毛皮用羊鉴定项目与符号

表 4-2　毛皮用羊鉴定项目与符号

编　号	名　　称	符　号	说　明
1	花案	H-AN	
2	毛股弯曲数	MWS	
3	花案匀度	H-ANY	
4	花穗类型	HSL	
5	分布面积	FBM	
6	干死毛	GSM	
7	尾长短	WCD	
8	二毛穗形	ERMSX	

（续）

编 号	名 称	符 号	说 明
9	沙毛皮	SMP	
10	被毛光泽	BMGZ	
11	毛股长	MGC	
12	毛股紧适度	MGJ	
13	散毛	SM	
14	花纹类型	HWLX	
15	十字部毛长	SZMC	
16	花纹明显度	HWM	
17	花纹紧贴度	HWJ	
18	毛卷形状	MJX	
19	毛卷大小	MJ	
20	花纹宽度	HWK	
21	花案面积	H-ANM	
22	图案	T-AN	
23	花案清晰度	H-ANQ	
24	光泽	GZ	
25	丝性	SX	
26	毛色	MS	
27	被毛密度	MM	表达式为 MM_X，X 为评分： MM_3 —— 被毛密度密 MM_2 —— 被毛密度中等 MM_1 —— 被毛密度差
28	毛色均匀度	SY	表达式为 SY_X，X 为评分： SY_3 —— 毛色均匀 SY_2 —— 毛色较均匀 SY_1 —— 毛色欠均匀
29	毛卷均匀度	JY	表达式为 JY_X，X 为评分： JY_3 —— 毛卷均匀 JY_2 —— 毛卷较均匀 JY_1 —— 毛卷欠均匀
30	皮张厚度	PH	
31	皮板面积	PBM	
32	正身面积	ZSM	
33	皮重	PZ	
34	板质	BZ	

二、等级鉴定

在个体选择中，表型鉴定结果还不能认为是较全面的评定，必须测定剪毛量及剪毛后体重等生产性能性状，然后再进行综合评定，按育种指标确定等级。对种公羊要进行个体的净毛率测定，来确定净毛量，便于分析种用价值。同时还要对其精液品质进行评定，以确定使用价值。对繁殖母羊除抽样测定净毛率外，还要注意其产羔性能和泌乳性能。例如，新吉细毛羊核心群一级羊最低生产性能标准如表 4-3。

表 4-3 新吉细毛羊核心群最低生产性能指标

单位：kg

性　别	成年羊		育成羊	
	剪毛后体重	净毛重	剪毛后体重	净毛重
公羊	65	5.0	40	3.0
母羊	40	3.0	36	2.7

注：育成羊指 15 月龄的羊，如超过或不足 15 月龄要校正到 15 月龄。

第三节　生产性能测定

绒毛用羊的生产性能测定是指在相对一致的饲养环境条件下，对种羊个体主要经济性状进行度量，并根据其生产性能进行选种选配等育种工作。绒毛用羊的生产性能测定主要包括细毛羊生产性能测定、半细毛羊生产性能测定和绒山羊生产性能测定等。

一、细毛羊生产性能测定

细毛羊生产性能测定主要是产毛性能和繁殖性能的测定。种羊场每年在剪毛前一周左右都要对全场各类羊的生产性能进行个体鉴定，涉及多个测定项目及每年的配种记录和产羔记录（表 4-4、表 4-5 和表 4-6）。

二、半细毛羊的生产性能测定

(一) 毛用性能

1. 剪毛量　即从一只羊身上剪下的全部羊毛（污毛）的重量。一般在 5 岁以前逐年增加，5 岁以后逐年下降。公羊的剪毛量高于母羊。

2. 净毛率　除去污毛中各类杂质后的羊毛重量为净毛重。净毛重与污毛重之比，称为净毛率。计算公式：

$$净化率 = \frac{净毛重}{污毛重} \times 100\% \qquad (公式 4-1)$$

3. 毛的品质　包括细度、长度、密度和油汗等指标。

（1）细度　指毛纤维直径的大小。直径在 $25\mu m$ 以下为细毛，以上为半细毛。工业中常用"支"来表示，1kg 洗净毛每纺出 1 个 1 000m 长度的毛纱称为 1 支，如能纺出 50 个 1 000m 长的毛纱，即为 50 支。羊毛越细，则支数越多。

（2）长度　指毛丛的自然长度，一般用钢尺量取羊体侧毛丛的自然长度。

（3）密度　指单位皮肤面积上的毛纤维根数。

（4）油汗　皮脂腺和汗腺分泌物的混合物。对毛纤维有保护作用。油汗以白色和浅黄色为佳，黄色次之，深黄和颗粒状为不良。

表 4-4　细毛羊个体鉴定记录表

场名：　　　　　　　　　　　　　　　　羊别：

个体号	头部 T3	体型 L3	毛长	密度 M3	细度	匀度 Y3	弯曲 W3	油汗 H3	总评 10	污毛量	净毛率	净毛量	剪毛后重	等级	备注
	T	L		M		Y	W	H							
	T	L		M		Y	W	H							

鉴定时间：　年　月　日　　　鉴定员：　　　　记录员：　　　　第　页

表 4-5　绵羊配种记录

羊场名称：　　　　　　　分场（群）：　　　　　　年度：　　　　No.：

配种公羊		配种母羊		配种日期									预产日	备注
品种	个体号	品种	个体号	第一情期			第二情期			第三情期				
				一次	二次	三次	一次	二次	三次	一次	二次	三次		

表 4-6　绵羊产羔记录

羊场名称：　　　　　　　分场（群）：　　　　　　年度：　　　　No.：

公羊		母羊		年龄	分娩日期	产羔数量	羔羊				备注
品种	个体号	品种	个体号				编号		初生体重	初生鉴定	
							公羔	母羔		类型 / 主要特征	

（二）肉用性能

1. 宰前活重 指羊宰前的活体重量。由于相同活重的个体产肉量相差很大，因此，常根据羊一定年龄时的体重大小作为评定的指标。

2. 胴体重 指屠宰放血后去皮、头、管骨及管骨以下部分和内脏的重量，剩余躯体（包括肾脏及周围脂肪）的重量，称为胴体重。

3. 肥育性能 指动物在肥育期间增重和脂肪沉积的能力。通常以平均日增重来表示。

4. 屠宰率 指胴体重（包括肾脏和肾脂）加内脏脂肪（包括大网膜和肠系膜的脂肪）、脂尾和脂臀，与屠宰前活重之比（宰前空腹 24h），以百分率表示。计算公式：

$$屠宰率 = \frac{胴体重 + 内脏脂及脂尾}{停食 24h 后宰前活重} \times 100\% \qquad （公式 4-2）$$

5. 净肉率 指净肉重占宰前体重的百分比，以百分率表示。

6. 胴体净肉率 指胴体上的净肉重占胴体重的百分比，以百分率表示。

7. 骨肉比 指胴体骨重与胴体净肉重之比。

8. 眼肌面积 测量倒数第 1 与第 2 肋骨之间脊椎上眼肌（背最长肌）的横切面积，它与产肉量呈高度正相关。测量方法：一般用硫酸绘图纸描绘出眼肌横切面的轮廓，再用求积仪计算出面积，如无求积仪，可用下面公式估算：

$$眼肌面积（cm^2） = 眼肌高度 \times 眼肌宽度 \times 0.7 \qquad （公式 4-3）$$

9. 肉品质 主要根据肉的颜色、风味、嫩度、系水力、大理石花纹、多汁性与味道等特性来评定。

（三）繁殖性能

1. 配种率 指实配母羊数占预配母羊数的百分率。公式为：

$$配种率 = \frac{实配母羊数}{预配母羊数} \times 100\% \qquad （公式 4-4）$$

2. 受胎率 即妊娠母羊数占实配母羊数的百分率（妊娠母羊是流产、死产和正产母羊数的总和）。公式为：

$$受胎率 = \frac{妊娠母羊数}{实配母羊数} \times 100\% \qquad （公式 4-5）$$

3. 产羔率 即产活羔数占参加配种母羊数的百分率（活羔数包括正产、难产或产后意外死亡的羔羊）。

$$产羔率 = \frac{活羔羊数}{参加配种母羊数} \times 100\% \qquad （公式 4-6）$$

4. 断奶成活率 即断奶时成活的羔羊数占产活羔数的百分率。

$$断奶成活率 = \frac{断奶羔羊数}{产活羔羊数} \times 100\% \qquad （公式 4-7）$$

5. 繁殖成活率 即本年度断奶成活羔羊数占上年度适繁母羊数的百分率。

$$繁殖成活率 = \frac{本年度断奶成活羔羊数}{上年度适繁母羊数} \times 100\% \qquad （公式 4-8）$$

（四）生长发育

生长发育是羊的主要生产性能，通常以初生、断奶、6 月龄、周岁、1.5 周岁、2 岁、3 岁等，不同阶段体重体尺的变化来表示。称重时应在早晨空腹情况下进行。体尺指标主要有：

1. 体高　由肩胛最高点至地面的垂直距离。

2. 体长　由肩端至坐骨结节后端的直线距离。

3. 胸围　由肩胛骨后缘绕胸 1 周的周径。

4. 管围　左前肢管骨最细处的水平周径（在管部的上 1/3 处）。

5. 腰角宽　两侧腰角外缘间距离。

（五）泌乳性能

泌乳量：以羔羊出生后 15～21d 的总增重乘 4.3 的积，代表该时期的泌乳量，其中 4.3 是羔羊增重 1kg 所消耗的母乳量。

三、绒山羊的生产性能测定

绒山羊的生产性能测定主要包括：母羊繁殖记录、羔羊出生记录、羔羊断奶记录、抓绒记录、抓绒后体重记录、育成公羊周岁记录。

（一）母羊繁殖记录

母羊繁殖记录包括：配种记录（表 4-7）、妊娠记录（表 4-8）、流产记录（表 4-9）。

表 4-7　种母羊配种记录表

母羊耳号	胎次	群号	发情日期	发情次数	情期配种次数	配种方式	与配公羊	配种员	备注

记录人员：

表 4-8　种母羊妊娠记录表

母羊耳号	胎次	群号	妊娠日期	妊检员	预产期	备注

记录人员：

表 4-9　母羊流产记录表

母羊耳号	胎次	群号	流产日期	妊娠天数	备注

记录人员：

（二）羔羊出生记录（表 4-10）

表 4-10　羔羊出生记录表

羔羊耳号	母亲耳号	出生日期	性别	初生重（kg）	同胎羔羊数（只）	备注

记录人员：

（三）羔羊断奶记录（表 4-11）

表 4-11　羔羊断奶记录表

羔羊耳号	断奶日期	性别	断奶重（kg）	备注

记录人员：

（四）抓绒记录（表 4-12）

表 4-12　抓绒记录表

耳号	抓绒日期	群号	抓绒量（g）	绒厚（cm）	绒长（cm）	备注

记录人员：

（五）抓绒后体重记录（表 4-13）

表 4-13　抓绒后体重记录表

耳号	称重日期	群号	体重（kg）	备注

记录人员：

（六）育成公羊周岁记录（表 4-14）

表 4-14　育成公羊体尺体重记录表

单位 kg、cm

耳号	测量日期	群号	体重	体高	体长	尻高	胸宽	胸深	胸围	管围	十字部宽度	备注

记录人员：

第五章

绒毛用羊遗传改良与品种保护

第一节　主要经济性状的遗传规律

一、数量性状

　　绒毛用羊的大多数经济性状属于数量性状，例如细毛羊的剪毛量、毛长、毛纤维直径、剪毛后体重；绒山羊的产绒量、绒长、绒纤维直径、抓绒后体重等。与质量性状相比，数量性状的基因型判断十分困难。因此，数量性状遗传规律的研究方法，一般是以群体为单位，利用数量统计方法得到群体中各个数量性状的遗传参数。

　　数量性状的遗传是有规律可循的，理论上，不同条件下、不同群体或同一群体的不同世代的遗传参数都有所不同，不能照搬国内外其他群体估计值来度量本群体的遗传性能，至少是不准确的，需要单独估计。但在我国目前畜牧生产工作中，生产性能测定工作不完善，针对单一牧场进行遗传参数的估计会因群体规模小、记录不完全、技术条件较差或环境条件不稳定等多方面原因而无法准确实现，为准确真实地反映群体及个体的遗传性能，首先，牧场提供或收集的生产性能资料要科学、准确、翔实，其次，联合全国绒毛用羊生产单位建立联合育种机制，及时汇总、更新绒毛用羊生产性能测定数据库，定期（1 年 1 次或 1 个月 1次）开展遗传评定，快速、准确反馈评估信息指导实际生产，加快遗传进展。掌握数量性状的遗传规律和遗传参数，为我国绒毛用羊的遗传改良、新品种新品系的培育和种质资源保护提供有力的保障。

二、阈性状

　　阈性状不完全等同于数量性状或质量性状，它们具有一定的生物学意义或经济价值，其表现呈非连续型变异，与质量性状类似，但是又不服从孟德尔遗传定律。一般认为这类性状具有一个潜在的连续型变量分布，其遗传基础是多基因控制的，与数量性状类似。例如，对某些疾病的抵抗力表现为发病或健康两个状态，产羔数表现单胎、双胎和稀有的多胎等。

三、主要经济性状遗传参数估计

　　在此，对绒毛用羊部分经济性状遗传参数估计情况总结见表 5-1 至表 5-4。

表 5-1　细毛羊部分经济性状的遗传力

性　状	遗传力
初生体重	0.04～039
断乳体重	0.09～0.39
周岁体重	0.14～0.52
断乳毛长	0.22
周岁原毛量	0.14～0.48
周岁毛长	0.27～0.42
周岁纤维直径	0.22～0.62
周岁纤维直径标准差	0.02～0.49
周岁纤维直径变异	0.09～0.52

表 5-2　细毛羊部分经济性状的遗传相关

性　状	初生体重	断乳毛长	断乳体重	周岁毛长	周岁体重	周岁原毛量	周岁纤维直径	周岁纤维直径标准差	周岁纤维直径变异
初生体重	—								
断乳毛长	0.52	—							
断乳体重	−0.14	0.42	—						
周岁毛长	0.50	0.87	0.47	—					
周岁体重	−0.19	0.32	0.86	0.41	—				
周岁原毛量	−0.08	0.21	0.63	0.53	0.48	—			
周岁纤维直径	−0.07	0.11	−0.04	0.29	0.03	0.60	—		
周岁纤维直径标准差	0.38	0.08	−0.44	0.00	−0.47	0.05	0.64	—	
周岁纤维直径变异	0.34	0.01	−0.31	−0.30	−0.35	−0.85	−0.84	0.19	—

表 5-3　绒山羊一些数量性状的遗传力

性　状	遗传力	性　状	遗传力
初生重	0.20～0.65	绒伸直长度	0.21
断乳重	0.09～0.34	绒细度	0.28
日增重	0.09～0.29	周岁重	0.17
周岁重	0.14～0.17	初级毛囊密度（P）	0.16
周岁产绒量	0.44	次级毛囊密度（S）	0.14
成年产绒量	0.26	S/P	0.53
抓绒后体重	0.26	次级毛囊外径	0.58
绒厚	0.21	初级毛囊外径	0.08
净绒量	0.69	次级毛囊内径	0.19
绒长度	0.26	初级毛囊内径	0.50
绒层高度	0.31	次级毛囊深度	0.00
毛长	0.31	初级毛囊深度	0.20

表 5-4　绒山羊一些数量性状的遗传相关

性　状	遗传相关	性　状	遗传相关
周岁产绒量与成年产绒量	0.34	产绒量与体重	0.71
产绒量与抓绒后体重	0.77	产绒量与绒直径	0.66
绒伸直长度与抓绒量	0.26	体重与抓绒量	−0.13
绒伸直长度与绒厚	0.91	体重与绒厚度	−0.77～−0.22
绒伸直长度与毛长	0.26	体重与毛长	−0.12
绒厚与抓绒量	0.38	体重与绒细度	−0.11
绒厚与绒细度	0.28	体重与绒伸直长度	−0.24
周岁重与初生重	0.37	体重与初生重	0.84
周岁重与断乳重	0.65	体重与断奶重	0.42
周岁重与日增重	0.82	S/P 值与产绒量	0.68
日增重与断乳重	0.93	S/P 值与体重	0.42
抓绒量与毛长	−0.23	S/P 值与绒直径	−0.34
绒细度与绒伸直长度	−0.02	次级毛囊外径与产绒量	0.45
产绒量与净绒量	0.72	次级毛囊外径与绒直径	0.49
产绒量与绒层高度	0.62		

第二节　选择原理与方法

在家畜育种中，数量性状是由微效多基因控制的，每个基因作用微小，效应各异，可以累加和倍加，仅可通过群体对其进行研究。选择是在一个群体中通过外界的作用，将其遗传物质重新组合，以便在世代的更替中，使群体内的个体更好地适应于特定的目标，优良性状只有通过不断的选择才能得到巩固和提高。因此选择就成为进一步改良和提高家畜生产性能的重要手段。阈性状是一类特殊类型的性状，与数量性状的遗传基础是一致的，对它的选择方法有所不同。

一、选择反应与选择差

传统育种中绵羊和山羊的产羔率都不是很高，但随着人工授精、MOET、JEVET 等现代育种繁殖技术的日趋成熟，提高了育种的准确性，加快了遗传进展，有针对性地选留种畜，因此选种是改进群体遗传的重要手段。选择差和选择反应是进行经济性状选择的基础。

（一）选择差

选择差（S）是由被选择个体组成的留种群数量性状的平均数（$\overline{P}_S$）与群体均数（$\overline{P}$）之差：

$$S = \overline{P}_S - \overline{P}$$

在绒毛用羊育种中，选择差表示的是被选留种羊所具有的表型优势。选择差的大小，主要受两个因素的影响，一是种群的留种率（P），留种率是指留种个体数占原始群体总数的百分比。一般来说，群体的留种率愈小，所选留个体的平均质量愈好，选择差也就越大。在实际的育种工作中，随着群体的扩大，需要选留的种母畜就越多，留种率越大，选择差反而越小。在一个群体规模保持不变的群体中，种母羊的留种率越低，选择差会越大。断奶成活率较高的羊群，要比成活率较低的羊群的选择差大。种公羊的选择差通常都大于母羊，这是因为公羊的留种比例较小，尤其是在应用大杯稀释精液或冷冻精液，采用人工授精方案情况下，种公羊的留种率更小。二是性状的表型标准差，即性状在群体中的变异程度。同样留种率，标准差大的性状，选择差也大。由于数量性状的表型值呈正态分布，群体的标准差的大小基本稳定，因此留种率的大小就决定了选择强度的高低。

综上所述，除了确定种羊的留种率外，还应根据其生产性能测定记录决定所选留种羊个体。因此，生产性能测定记录得准确与否会直接影响选择差。此外，即使记录准确，但未加利用也会造成选择差减小。故而，要想获得较快的育种效果，除制定合理的留种率外，还应保证准确的生产性能测定记录，并加以科学有效利用。

由于不同性状的度量单位不同，选择差的单位也不同，它们之间的选择差不能进行相互比较，为了便于分析规律，通常将选择差标准化，变成标准化的选择差，即选择强度，选择强度通常用小写字母"i"表示，即：

$$i = \frac{S}{\sigma_P}$$

种羊的选留分两步进行，第一次是在断奶后，第二次是在育成后。分阶段选择可以降低草场压力，节省育种成本，但是分阶段选择必然降低种羊选择强度和选择的准确性，因此必须对公母羔的早期选留比例仔细衡量，这是育种方案中第一个需要考虑的因素。国家绒毛用羊产业技术体系内严格执行，种用细毛羊、绒山羊性能应高于品种标准，公、母羊选留比例定为1∶80；成年公羊与周岁公羊比例为1∶1，体系加快了绒毛用羊的遗传进展，获得了良好育种效益。

（二）选择反应

选择反应是指通过选择，种群一个世代的改进量。表示通过人工选择，在一定时间内，使得数量性状向着育种目标方向的改进量。代表了被选留种羊所具有的遗传优势（R）。其计算公式为：

$$R = Sh^2$$

在遗传力相同的情况下，性状的选择差愈大，选择反应也越大，选择差越小，选择反应也就愈小。选择差的大小能够直接影响选择反应的大小。

由于遗传力实际上是估计育种值与真实育种值的相关系数，因此，上式也可表示为

$$R = i \cdot \sigma_A \cdot r_{AP}$$

上式说明选择反应的大小直接与可利用的遗传变异（即加性遗传标准差）、选择强度和育种值估计的准确度三个因素成正比。为了获得较大的选择反应，在制定育种措施和育种方案时，尽可能使这三个因素处于最优组合。

选择反应的前提在于群体中存在可遗传的变异，遗传变异越大，可能获得的选择成效就越大。为了能获得理想的遗传进展，使群体经常保持足够的可利用的遗传变异。可从以下几方面着手：①育种初始群体应保证足够的遗传变异；②育种群应保持一定规模；③定期进行遗传参数的估计；④通过引种的措施加大群体的遗传变异。

如果在一个群体中进行长期闭锁选择，开始若干世代有选择进展，用同样的方法长期选

择下去，直至选择对提高生产性能不再起作用，选择反应近于零。这种现象称作达到"选择极限"。是否存在选择极限，有不同的看法。在有限群体中，经长期选择，如经过 20～30 世代的选择，有可能出现选择极限。但是，可以改变选择方法或通过引种来打破原有极限。因此，在当前正常的育种工作中，不必为选择极限而担忧。

（三）世代间隔

选择反应，也称遗传进展，是指某个性状经过一个世代的遗传改进量，在制订育种计划时往往是以年为单位，此时就需要根据选择反应和世代间隔求出年改进量。

$$年改进量 = \frac{选择反应}{世代间隔} = \frac{R}{G_i}$$

世代间隔是指子女出生时，父母的平均年龄。世代间隔也指种羊繁殖一个世代所需要的时间。世代间隔的长短受许多因素的影响。世代间隔的长短，因家畜品种的不同而不同，并随着产生新一代种羊所采用的育种和管理方法的不同而异。绒山羊的世代间隔最短为：公羊 1 年；母羊 1.5 年。

根据选择反应的公式可以看出，年改进量的大小与每个世代的选择反应成正比关系，而与世代间隔成反比关系。为了提高年改进量，必须从加大选择反应和缩短世代间隔两个方面采取措施，但在实践中采用加大选择反应的方法比较困难，而采用缩短世代间隔的办法则是可行的。比如，采用适当的早配种、早留种，加快畜群的周转速度，减少畜群中老龄家畜的比例，或者通过采用幼畜胚胎体外生产技术（JIVET）、超数排卵与胚胎移植技术（MOET）等措施，可以在很大程度上缩短世代间隔，从而加快性状的改良速度。

在计算世代间隔时，不把群体中所有初生个体的父母的年龄全部计算在内，因为其中有些个体未成年已死亡，它们对后代质量不发生影响。所以只应计算那些成活留种的个体的父母平均年龄。

设 a_i＝父母的平均年龄；N_i＝父母均龄的子女数；n＝组数（父母平均年龄相同的为一组），于是世代间隔为：

$$G_i = \frac{\sum_1^n N_i a_i}{\sum_1^n N_i}$$

以内蒙古白绒山羊种羊场为例，应用上述公式计算得出该场的平均世代间隔为 4.57 年。

二、选择方法

选择是在外界因素的作用下，为更好地适应于特定的目的，例如特定的育种目标，或是对特殊自然环境因素的适应性等，使一个群体中的个体繁殖机会不等，从而使不同个体对后代群体的贡献不同。

人工选择打破了繁殖的随机性，仅选择性能表现优异的个体参加繁殖，根据基因控制性状表现的遗传学理论，在世代更迭中，选择能够定向地改变群体的基因频率，有利于生产性能提高的基因频率增高，不利于性能提高的基因频率降低，从而打破了群体基因频率的平衡状态。

育种工作中，需要选择提高的性状很多，比如绒山羊需要提高产绒量、体重、绒长度、净绒率、繁殖率以及降低绒细度等；在育种的某一阶段可能只需要针对某一性状进行选择，叫做单性状选择；经常需要同时对几个性状进行选择，称为多性状选择。无论进行单性状选择，还是多性状选择，都是尽可能充分地利用现有亲属关系的生产性能记录或信息，力争最准确地选择种畜。在个体出生前的选择只能利用其祖先等亲属的资料；个体出生后有了本身的记录时，则以个体为主，再结合亲属的资料进行选择；当个体有了后代时，则其后代的性能记录就成了最重要的信息来源，必要时再结合个体本身和亲属的资料，使选择更为准确。总之，在种羊的选择和使用过程中，需要随着与其有关资料的出现，不断地对其种用价值进行评定和选留。任何时候都是利用最有利的资料，以期获得最大的选择准确性，以求获得最大的遗传进展。

（一）单性状选择

不同的性状采用不同的方法进行选择，会有不同的选择效果。因此，应当根据家畜的种类和性状的特点，采用不同的方法进行选择，这样才能获得更高的遗传进展。经典的动物育种学将单性状的选择划分为 4 种方法，即个体选择、家系选择、家系内选择和合并选择。

在单性状选择中，除个体本身的表型值以外，最重要的信息来源就是个体所在家系的遗传基础，即家系平均数。因此，在探讨单性状选择方法时，就是从个体表型值和家系均值出发。设某一数量性状的表型值 P，是个体与畜群平均值的离差，它可被看成是两部分之和，即个体表型值（P_i）与家系平均值（P_y）的离差及其家系平均值与全群平均值（$\overline{P}$）离差之和。用公式表示为：

$$P_i - \overline{P} = (P_i - P_y) + (P_y - \overline{P}) \text{ 或者 } P = P_w + P_f$$

P_w 是该个体表型值离家系均值的偏差，称家系内偏差。P_f 是家系平均值与全群平均值的差异，称家系均值。不同选择方法对 P_f 和 P_w 的加权不同。若只根据个体表型值来选择，即对这两部分同样加权为个体选择，而只根据家系均值，完全不考虑家系内偏差进行选择，则为家系选择。相反只根据家系内偏差，而不顾家系均值进行选择，则为家系内选择。如果同时注意 P_f 和 P_w，但是给予不同加权，则为合并选择。

1. 个体选择 个体选择是根据个体表型值的选择，这种方法不仅简单易行，而且在性状遗传力较高，表型标准差较大时，非常有效，可望获得好的遗传进展。个体选择的准确性直接取决于性状遗传力的大小。个体选择的选择反应为：

$$R = i\sigma_P h^2$$

2. 家系选择 家系选择是以整个家系为一个选择单位，只根据家系均值的大小决定家系的选留，个体值除影响家系均值外，一般不予考虑。选中家系的全部个体都可以留种，未中选的家系个体，不作种用。家系指全同胞和半同胞家系，在绒山羊育种中主要指半同胞家系。适用于家系选择的条件有：

（1）性状的遗传力低。家系选择最适合于选择遗传力低的性状，当遗传力低的时候，个体表型值中环境的偏差较大。由于个体环境偏差在家系均值中相互抵消，因此家系的平均表型值接近平均育种值。

（2）由共同环境造成家系间的差异和家系内个体间的表型相关要小。如果家系成员间表型相关较大，而遗传力很低，就有共同环境的影响，此时个体环境的偏差在家系均数中就不能完全相互抵消（能抵消的只是特殊环境造成的偏差，而共同环境造成的偏差无法抵消），因而家系平均表型值不能代表家系平均育种值。在这种情况下，不适合采用家系选择。

（3）家系要大。家系愈大，表型均值愈接近育种值。这是决定家系选择效果的另一个重要因素。

　　性状的遗传力低，家系大，家系内表型相关和家系间环境差异小，是进行家系选择的基本条件。具备这三个条件的群体进行家系选择，就能够得到较好的选择效果。

　　家系选择的选择反应是：

$$R_f = i\sigma_f h_f^2$$

　　σ_f 为家系均值的标准差；h_f^2 为家系均值的遗传力。

　　3. 家系内选择　　家系内选择是根据个体表型值与家系均值的偏差来选择，从每个家系中选留表型值高的个体，不考虑家系均值的大小。个体表型值超过家系均值越多，这个个体就愈好。家系内选择实际上就是在家系内所进行的个体选择。适用于家系内选择的条件：①性状的遗传力低。②家系间环境差异大，家系内个体间表型相关大。③家系大。

　　此时个体的表型值的偏差主要是由共同环境造成的，不是由遗传原因造成的，因此，家系间差异并不反映家系平均育种值的差异。因此，我们在每个家系内挑选最好的个体留种，就能得到最好的选择效果。家系内选择可减少近亲繁殖的速率，而近亲繁殖在连续多代的家系选择中，几乎是不可避免的。家系内选择的选择反应是：

$$R_w = i\sigma_w h_w^2$$

　　σ_w 为家系均值的标准差；h_w^2 为家系均值的遗传力。

　　4. 合并选择　　合并选择是结合个体表型值与家系均值进行选择，根据性状遗传力和家系内表型相关，分别给予这两种信息以不同的加权，合并为一个指数 I。

$$I = b_f P_f + b_w P_w = h_f^2 P_f + h_w^2 P_w$$

　　依据这个指数进行的选择，其选择的准确性高于以上各种选择方法，因此可获得理想的遗传进展。

　　h_f^2 代表家系均值的遗传力，h_w^2 代表家系内偏差遗传力。

$$h_f^2 = \frac{1 + (n-1) \, r_A}{1 + (n-1) \, r} \times h^2 \qquad h_w^2 = \frac{1 - r_A}{1 - r} \times h^2$$

　　则

$$I = P + \left(\frac{r_A - r}{1 - r_A} \times \frac{n}{1 + (n-1) \, r} \right) P_f$$

　　式中，r_A——家系内遗传相关，即亲属间的遗传相关，全同胞的遗传相关为 0.5，半同胞的遗传相关为 0.25；

　　　　　r——家系内的表型相关，可用组内相关法求得；

　　　　　n——家系的大小，即家系内所含的个体数。

　　这个选择指数公式中已没有 P_w，这是为实际计算方便。把 P_w 化成 P。从这个公式来看，合并选择指数实际上是利用家系均值乘上系数，以补充个体表型值在反映育种值方面的不足。

　　（二）多性状选择

　　影响畜牧生产效率的家畜经济性状是多方面的，而且各性状间往往存在着不同程度的遗传相关。对种畜进行选择时，只进行单性状的选择，可能造成负面结果，因此在制定育种方案时，以获得最大的育种效果为目标，要考虑家畜多个重要的经济性状，实施多性状选择。传统的多性状选择方法有 3 种，即顺序选择法、独立淘汰法和综合选择指数法。

　　1. 顺序选择法　　顺序选择法又称单项选择法，是对计划选择的多个性状逐一选择和改进，每个性状选择一个或数个世代，待所选的单个性状得到理想的选择效果后，就停止对这个性状的选择，再开始选择第二个性状，达到目标后，接着选择第三个性状，如此顺序选择。

这种选择方法的效率在相当大的程度上取决于被选择性状间的遗传相关。假定性状间很少或没有遗传相关，选择的效果比较低。而且对一些负遗传相关的性状，提高了一个性状则会导致另一个性状的下降。要花费更多时间和精力，往往顾此失彼。

2. 独立淘汰法　独立淘汰法也称独立水平法，是将动物的每个生产性状各确定一个选择标准，凡要留种的个体，必须同时超过各性状的选择标准。

由于独立淘汰法同时考虑了多个性状的选择，优于顺序选择法。但这种方法不可避免地容易将那些在大多数性状上表现十分突出，而仅在个别性状上有所不足的个体淘汰掉。在各性状上表现都不太突出的"中庸"个体，反倒有可能保留下来。

此外，同时选择的性状越多，中选的个体就越少。例如，在性状间无相关的情况下，同时选择大于均数一个标准差的三个性状，那么中选的家畜只有 16‰×16‰×16‰ ＝0.41‰，按照这样的标准进行选择，要在 250 头群体中才能选中一头。这样必然不易达到留种率，为了达到一定的留种率只有降低选择标准，造成大量的"中庸者"中选，甚至低于群体平均值水平的"劣种"个体也有可能选留下来。这样对提高整个群体品质十分不利。

3. 综合选择指数法　综合指数法是将所涉及的各性状，根据它们的遗传变异及其相互间的遗传相关，按照其经济重要性分别予以适当的加权，然后综合到一个指数中，根据指数的高低选留。这个指数与个体的综合育种价值紧密相关，因此可以依据这个综合选择指数进行种畜的遗传评定和选择。这种方法比较全面地考虑了各种遗传和环境的因素，同时考虑到育种的效益问题，因此可以较全面地反映一个个体的种用价值。而且指数制定也较为简单，选择可以一次完成。

指数选择将候选个体在各性状上的优点和缺点综合考虑，并用经济指标表示个体的综合遗传素质。因此这种指数选择法具有最高的选择效果，是迄今在家畜育种中应用最为广泛的选择方法。这种方法与独立淘汰法正好相反，它是按照一个非独立的选择标准确定种畜的选留。例如，a 个体 y 性状上表现十分突出，x 性状稍低于选择标准。而 b 个体在 x 性状表现很好，y 性状稍低于选择标准，当按独立淘汰法的原则选择时，这 2 个个体均在淘汰之列，而与此相反，各方面均不突出的个体 c，在 y 性状、x 性状正好接近选择标准，是一个"中庸者"，按独立淘汰法的要求它正好选中。在指数选择法中，选择界限是以综合考虑两性状的总体价值为标准，依此 a 和 b 两个体均在选择界限之上而被选留，致使它们在一个性状上所具有的优秀基因未被丢失。而个体 c 因两性状的水平均一般，综合种用价值不高，被划作非种用之列。由此可见，指数选择法能将个体在单个性状上的突出优点与其他性状上可容忍的缺点结合起来，因此它优于独立淘汰法。

综合选择指数方法在理论上是比较完善的，选择效率也高于其他方法。但是，在实际应用时，综合指数选择很难达到理论上的预期效果。主要有以下原因：综合选择指数中的各种遗传参数存在估计误差；各目标性状的经济加权值确定的依据不充分；候选群体过小，导致选择反应估计偏高；信息性状与目标性状的不一致，遗传关系的不确切等。

我们要明确在实际中除注意对生产性能的选择外，还必须注意对家畜的体质和适应性等方面的选择。因为在对家畜进行人工选择的同时，绝不能忽视自然选择也在对家畜起作用。在选择时也必须注意饲养管理条件，因为有些性状特别是经济性状易受环境的影响，没有稳定的饲养管理条件，就很难正确选择出优良的种畜，也很难准确预测选择效果。

为了改进综合指数法的缺陷，可以采用多性状 BLUP 法，该法可以克服传统选择指数法的不足，可适应于不同来源、不同世代及不同环境下种畜个体的遗传评定。

第三节　个体遗传评定方法

遗传评定是育种工作的中心任务，是评价种用动物遗传价值高低的一个方法，通常以单个性状育种值或多个性状的综合育种值作为衡量指标来选择优秀种畜。数量性状表型值是个体的遗传和环境效应共同作用的结果，其中遗传效应中由于基因作用的不同可以产生三种不同的效应，即基因的加性效应、显性效应和上位效应。虽然显性和上位效应也是基因作用的结果，但在遗传给下一代时，由于基因的分离和自由重组，它们是不能确实遗传给下一代的，在育种过程中不能被固定，难以实现育种改良的目的。只有基因的加性效应部分才能够稳定地遗传给下一代，因此将控制一个数量性状的所有基因座上基因的加性效应总和称为基因的加性效应值，它是可以通过育种改良稳定改进的。个体加性效应值的高低反映了它在育种上的贡献大小，因此也将这部分效应称为育种值。

传统的育种值估计方法主要是选择指数法，它是通过对不同来源的信息（个体本身的及各种亲属的）进行适当的加权而合并为一个指数，并将它作为育种值的估计值。这个方法的一个基本假设是，不存在影响观察值的系统环境效应，或者这些效应是已知的，从而可以对观察值进行校正。遗憾的是这个基本假设在几乎所有情况下都是不能成立的，通常的做法是将个体的表型值减去与其同群同期的所有其他个体的平均数，从而达到对系统环境效应进行校正的目的。但这样做有一个重要缺陷，那就是如果在不同群体或不同世代之间存在着遗传上的差异，则这种差异也被随之校正掉了，因而所得到的估计育种值就不再是无偏估计值，选择指数法的上述理想性也就不再成立。为克服以上缺陷，美国学者 C. R. Henderson 于1948 年提出了 BLUP 方法，即最佳线性无偏预测。这个方法从本质上是选择指数法的一个推广，但它可以在估计育种值的同时对系统环境效应进行估计和校正，因而在上述假设不成立时，其估计值也具有以上理想性质。但在当时由于计算条件的限制，这个方法并未被用到育种实践中。到 20 世纪 70 年代，随着数理统计学（尤其是线性模型理论）、计算机科学、计算数学等学科领域的迅速发展，家畜育种值估计的方法发生了根本的变化，使得估计育种值 BLUP 法得以在家畜育种中推广应用，并将畜禽遗传育种的理论与实践带入了一个新的发展阶段。目前在世界各国，尤其是发达国家，这种方法已得到广泛应用，为畜禽重要经济性状的遗传改良做出了重大贡献。

一、选择指数法

选择指数法是应用综合育种值估计值进行选择的常用方法，自 Hazel 提出综合选择指数理论后，相继发展出约束选择指数、最宜选择指数、综合育种值估计以及通用选择指数等，是多性状选择的重要方法。

选择指数法得到个体育种值的最佳线性无偏预测需要满足以下三个前提条件，即：①用于计算指数值的所有观测值不存在系统环境效应，或者在使用前剔除了系统环境效应进行校正；②候选个体间不存在固定遗传差异，换言之，这些个体源于同一遗传基础的群体；③所涉及的各种群体参数，如误差方差协方差、育种值方差协方差等是已知的。

在实际制订一个选择指数时，一般可按下述步骤进行：

1. 将所有性状的遗传力、表型方差、经济加权值、表型相关和遗传相关等参数计算出来。假设细毛羊的各参数已经计算如下：

目标性状：净毛量 T_1、产羔数 T_2、体重 T_3。

信息性状：净毛量 T_1、产羔数 T_2、体重 T_3、毛长 T_4。

性状	表型方差 σ_P^2	h_2	W（经济加权）	相关（表中右边3项的右上角为表型相关，左下角为遗传相关）			
				T_1	T_2	T_3	T_4
T_1	0.25	0.47	63.36		−0.06	0.46	0.37
T_2	0.17	0.14	180	0.08		0.12	0.09
T_3	20.52	0.4	1.15	0.21	0.23		0.06
T_4	0.88	0.3		0.55	0.11	−0.26	

T_1、T_3、T_4 的一次记录：M_1、M_3、M_4。

20 个半同胞姐妹 T_1、T_2 的平均值：S_1、S_2。

20 个半同胞女儿的 T_1、T_4 的平均值：D_1、D_4。

2. 计算出各目标性状和信息性状的表型方差、协方差矩阵和育种值方差、协方差矩阵。

$$P=\begin{bmatrix} \cdots & \cdots & \cdots & \cdots & \cdots \\ \cdots & \sigma_{Pi}^2 & \cdots & \text{Cov}_P(i,\ j) & \cdots \\ \cdots & \cdots & \cdots & \cdots & \cdots \\ \cdots & \text{Cov}_P(j,\ i) & \cdots & \sigma_{Pj}^2 & \cdots \\ \cdots & \cdots & \cdots & \cdots & \cdots \end{bmatrix}=\begin{bmatrix} 0.25 & 1.04 & 0.17 & 0.03 & 0 & 0.06 & 0.05 \\ 1.04 & 20.52 & 0.26 & 0.05 & 0.03 & 0.1 & -0.19 \\ 0.17 & 0.26 & 0.88 & 0.02 & 0 & 0.05 & 0.13 \\ 0.03 & 0.05 & 0.02 & 0.04 & 0 & 0.01 & 0.01 \\ 0 & 0.03 & 0 & 0 & 0.01 & 0 & 0 \\ 0.06 & 0.1 & 0.05 & 0.01 & 0 & 0.04 & 0.03 \\ 0.05 & -0.19 & 0.13 & 0.01 & 0 & 0.03 & 0.01 \end{bmatrix}$$

$$A=\begin{bmatrix} \cdots & \cdots & \cdots & \cdots & \cdots \\ \cdots & \text{Cov}_A(i,\ k) & \cdots & \text{Cov}_A(i,\ l) & \cdots \\ \cdots & \cdots & \cdots & \cdots & \cdots \\ \cdots & \text{Cov}_A(j,\ k) & \cdots & \text{Cov}_A(j,\ l) & \cdots \\ \cdots & \cdots & \cdots & \cdots & \cdots \end{bmatrix}=\begin{bmatrix} 0.12 & 0 & 0.21 \\ 0 & 0.02 & 0.1 \\ 0.21 & 0.1 & 8.21 \end{bmatrix}$$

3. 计算各提供信息的个体与被估计育种值个体的亲缘系数，确定对角矩阵 D。

$$D=\begin{bmatrix} \cdots & 0 & 0 & 0 & 0 \\ 0 & r_A(i,\ I) & 0 & 0 & 0 \\ 0 & 0 & \cdots & 0 & 0 \\ 0 & 0 & 0 & r_A(j,\ I) & 0 \\ 0 & 0 & 0 & 0 & \cdots \end{bmatrix}=\begin{bmatrix} 1 & & & & & & \\ & 1 & & & & & \\ & & 1 & & & & \\ & & & 0.25 & & & \\ & & & & 0.25 & & \\ & & & & & 0.5 & \\ & & & & & & 0.5 \end{bmatrix}$$

4. 将各参数代入式 $Pb=DAw$ 中可解出各偏回归系数为 $B'=$（6.25　1.18　0.76　13.86 75.92　80.65　6.03）。

5. 根据如下公式计算的结果，分析指数的选择效果。

$$r_{HI}=\frac{\mathrm{Cov}（H，I）}{\sigma_H\sigma_I}=\frac{\sigma_I}{\sigma_H}=\sqrt{\frac{b'DAw}{w'Gw}}=0.65$$

$$\Delta H=ir_{HI}\sigma_H=i\sigma_I=i\sqrt{b'DAw}=33.94$$

$$\Delta a'=\frac{ib'A}{\sigma_I}=\frac{ib'DA}{\sqrt{b'DAw}}=（0.38\quad 0.05\quad 1.18\quad 0.32）$$

6. 将各个体性状表型值 X_i 或它的离均差值代入下式中即可计算候选个体的指数值。

$$I=\sum_{i=1}^{m}b_iX_i=b'X$$

二、BLUP 法

（一）BLUP 的基本原理

BLUP 的含义是最佳线性无偏预测，预测通常是指对未来事件的可能出现结果的推测，在这里预测是指对取样于某一总体的随机变量的实现值的估计。

设有如下的一般混合模型：

$y=Xb+Zu+e$　　　　　　　　　　　　　　　　　　　　　　　（公式 5-1）

$E（u）=0，E（e）=0，E（y）=Xb$

$\mathrm{Var}（u）=G，\mathrm{Var}（E）=R，\mathrm{Cov}（u，e'）=0，\mathrm{Var}（Y）=ZGZ+R=V，\mathrm{Cov}（y，u'）=ZG$

其中 y 是观察值向量，b 是固定效应向量，u 是随机效应向量，e 是随机误差向量，X 和 Z 分别是 b 和 u 的关联矩阵。

需要对该模型中的固定效应 b 和 u 随机效应进行估计，对随机效应 u 的估计也称为预测。所谓 BLUP 法，就是按照最佳线性无偏的原则去估计 b 和 u，线性是指估计值是观察值的线性函数，无偏是指估计值的数学期望等于被估计量的真值（固定效应）或被估计量的数学期望（随机效应），最佳是指估计值的误差方差最小。根据这个原则，经过一系列的数学推导，可得：

$$\hat{b}=（X'V^{-1}X）^-X'V^{-1}y\qquad\qquad（公式 5-2）$$

$$\hat{u}=GZ'V^{-1}（y-X\hat{b}）\qquad\qquad（公式 5-3）$$

在公式 5-1 和公式 5-2 中涉及了对观察值向量 y 的方差协方差矩阵 V 的逆矩阵 V^{-1} 的计算，V 的维数与 y 中的观察值个数相等，当观察值个数较多时，V 变得非常庞大，V^{-1} 的计算就非常困难乃至根本不可能实现，为此 Henderson（1963）提出了 $\hat{b}$ 和 $\hat{u}$ 的另一种解法——混合模型方程组法，Henderson 发现，通过对以下的方程组：

$$\begin{bmatrix}X'R^{-1}X & X'R^{-1}Z \\ Z'R^{-1}X & Z'R^{-1}Z+G^{-1}\end{bmatrix}\begin{bmatrix}\hat{b} \\ \hat{u}\end{bmatrix}=\begin{bmatrix}X'R^{-1}y \\ Z'R^{-1}y\end{bmatrix}\qquad（公式 5-4）$$

求解，所得到的 $\hat{b}$ 和 $\hat{u}$ 与由公式 5-1 和公式 5-2 得到的正好相等。这个方程组不涉及 V^{-1} 的计算，而需要计算 G^{-1} 和 R^{-1}，G 的维数通常小于 V，对它的求逆常常可根据特定的模型和对 u 的定义而采用一些特殊的算法，R 的维数虽然和 V 相同，但它通常是一个对角阵或分块对角阵，很容易求逆。因而用公式 5-3 比用公式 5-1 和公式 5-2 在计算上要容易得多。

用公式 5-3 式得到的 BLUP 估计值的方差和协方差可通过对该方程组的系数矩阵求逆得到。设：

$$\begin{bmatrix} C^{XX} & C^{XZ} \\ C^{ZX} & C^{ZZ} \end{bmatrix}$$

为混合模型方程组中系数矩阵的逆矩阵（或广义逆矩阵），其中的分块与原系数矩阵中的分块相对应，则：

$\text{Var}(\hat{b}) = CXX$，$\text{Var}(\hat{u}) = G - CZZ$，$\text{Cov}(\hat{b}, \hat{u}') = 0$，$\text{Var}(\hat{u} - u) = CZZ$，$\text{Cov}(\hat{b}, \hat{u}' - u') = CXZ$

（二）动物模型 BLUP

BLUP 本身实际上可看作是一个一般性的统计学估计方法，但它特别适用于估计家畜的育种值。在用 BLUP 方法时，首先要根据资料的性质建立适当的模型，目前在育种实践中普遍采用的是动物模型，所谓动物模型是指将动物个体本身的加性遗传效应（即育种值）作为随机效应放在模型中，基于动物模型的 BLUP 育种值估计方法即称为动物模型 BLUP。动物模型 BLUP 法在估计家畜个体育种值时分为有和无重复观察性状这两种情形，在绒毛用羊育种中，几乎所有经济性状均为有重复观察性状，因此，在这里仅讨论有重复观察值时的动物模型 BLUP 方法。

1. 方法 当个体在被考察的性状上有重复观察值时，个体的一个观察值 y 可剖分为：

$$y = \sum_{j=1}^{r} b_j + a + p + e \qquad \text{（公式 5-5）}$$

其中 p 为随机永久性环境效应，其余与公式 5-4 相同，按此式，表型方差可分解为：

$$\sigma_y^2 = \sigma_a^2 + \sigma_p^2 + \sigma_e^2$$

用矩阵形式表示，则有：

$$y = Xb + Z_1 a + Z_2 p + e \qquad \text{（公式 5-6）}$$

$$\text{Var}(a) = A\sigma_a^2, \ \text{Var}(p) = I\sigma_p^2, \ \text{Var}(e) = I\sigma_e^2$$

若令：$Z = (Z_1\ Z_2)$，$u = \begin{bmatrix} a \\ p \end{bmatrix}$，$\text{Var}(u) = G = \begin{bmatrix} A\sigma_a^2 & 0 \\ 0 & I\sigma_p^2 \end{bmatrix}$

相应的混合模型方程组为：

$$\begin{bmatrix} X'X & X'Z_1 & X'Z_2 \\ Z'_1 X & Z'_1 Z_1 + A^{-1} k_2 & Z'_1 Z_2 \\ Z'_2 X & Z'_2 Z_1 & Z'_2 Z_2 + I k_2 \end{bmatrix} \begin{bmatrix} \hat{b} \\ \hat{a} \\ \hat{p} \end{bmatrix} = \begin{bmatrix} X'y \\ Z'_1 y \\ Z'_1 y \end{bmatrix} \qquad \text{（公式 5-7）}$$

其中：

$$k_1 = \sigma_e^2 / \sigma_a^2 = (1 - r) / h^2$$

$$k_2 = \sigma_e^2 / \sigma_p^2 = (1 - r) / (r - h^2)$$

$$r = (\sigma_a^2 + \sigma_p^2) / \sigma_y^2$$

$$h^2 = \sigma_e^2 / \sigma_y^2$$

2. 举例

【例 1】设有如下 6 只绒山羊的绒长度资料。

个　体	父　亲	母　亲	羊　场	测定年份	年　龄	绒长度	场-年
3	—	—	1	1	2	10	1
4	1	—	1	1	1	6	1
4	1	—	1	2	2	7	2
5	2	3	2	1	1	8	3
5	2	3	2	2	2	13	4
6	—	3	2	1	1	12	3
6	—	3	1	2	2	10	2
7	2	6	2	2	1	10	4
8	1	3	1	2	2	5	2

现欲估计这些绒山羊绒长度个体育种值。假设绒长的遗传力为 0.10，重复力为 0.20。在这个资料中，影响绒长度的系统环境效应有 3 个：羊场、测定年份和年龄。将羊场和测定年份合并成一个效应，即场-年效应，它被列在上表中的最后一列。其模型为：

$$y_{ijk}=h_i+l_j+a_k+p_k+e_{ijk}$$

式中，y_{ijk}——在第 i 个场-年，第 k 只绒山羊个体的第 j 岁所测羊绒细度；

$\quad\quad h_i$——第 i 个场-年的效应（固定）；

$\quad\quad l_j$——第 j 岁的效应（固定）；

$\quad\quad a_k$——第 k 头母羊的育种值；

$\quad\quad p_k$——对第 k 头母羊的永久性环境效应；

$\quad\quad e_{ijk}$——对应于 y_{ijk} 的暂时性环境效应（随机误差）。

将所观察的值均按此模型表示出来，我们有：

$$
\begin{bmatrix}10\\6\\7\\8\\13\\12\\10\\10\\5\end{bmatrix}=
\begin{bmatrix}1&0&0&0&0&1\\1&0&0&0&1&0\\0&1&0&0&0&1\\0&0&1&0&1&0\\0&0&0&1&0&1\\0&0&1&0&1&0\\0&1&0&0&0&1\\0&0&1&1&1&0\\0&1&0&0&1&0\end{bmatrix}
\begin{bmatrix}h_1\\h_2\\h_3\\h_4\\l_1\\l_2\end{bmatrix}+
\begin{bmatrix}0&0&1&0&0&0&0&0\\0&0&0&1&0&0&0&0\\0&0&0&1&0&0&0&0\\0&0&0&0&1&0&0&0\\0&0&0&0&1&0&0&0\\0&0&0&0&0&1&0&0\\0&0&0&0&0&1&0&0\\0&0&0&0&0&0&1&0\\0&0&0&0&0&0&0&1\end{bmatrix}
\begin{bmatrix}a_1\\a_2\\a_3\\a_4\\a_5\\a_6\\a_7\\a_8\end{bmatrix}+
\begin{bmatrix}1&0&0&0&0&0\\0&1&0&0&0&0\\0&1&0&0&0&0\\0&0&1&0&0&0\\0&0&1&0&0&0\\0&0&0&1&0&0\\0&0&0&1&0&0\\0&0&0&0&1&0\\0&0&0&0&0&1\end{bmatrix}
\begin{bmatrix}p_3\\p_4\\p_5\\p_6\\p_7\\p_8\end{bmatrix}+[e_{ijk}]
$$

或：

$$y=Xb+Z_1a+Z_2p+e$$

8 个个体间的加性遗传相关矩阵为：

$$A = \begin{bmatrix} 1 & 0 & 0 & 0.5 & 0 & 0 & 0 & 0.5 \\ 0 & 1 & 0 & 0 & 0.5 & 0 & 0.5 & 0 \\ 0 & 0 & 1 & 0 & 0.5 & 0.5 & 0.25 & 0.5 \\ 0.5 & 0 & 0 & 1 & 0 & 0 & 0 & 0.25 \\ 0 & 0.5 & 0.5 & 0 & 1 & 0.25 & 0.25 & 0.25 \\ 0 & 0 & 0.5 & 0 & 0.25 & 1 & 0.5 & 0.25 \\ 0 & 0.5 & 0.25 & 0 & 0.25 & 0.5 & 1 & 0.125 \\ 0.5 & 0 & 0.5 & 0.25 & 0.25 & 0.25 & 0.125 & 1 \end{bmatrix}$$

其逆矩阵为：

$$A^{-1} = \begin{bmatrix} 1.833 & 0.000 & 0.500 & -0.667 & 0.000 & 0.000 & 0.000 & -1.000 \\ 0.000 & 2.000 & 0.500 & 0.000 & -1.000 & 0.500 & -1.000 & 0.000 \\ 0.500 & 0.500 & 2.333 & 0.000 & -1.000 & -0.667 & 0.000 & -1.000 \\ -0.667 & 0.000 & 0.000 & 1.333 & 0.000 & 0.000 & 0.000 & 0.000 \\ 0.000 & -1.000 & -1.000 & 0.000 & 2.000 & 0.000 & 0.000 & 0.000 \\ 0.000 & 0.500 & -0.667 & 0.000 & 0.000 & 1.833 & -1.000 & 0.000 \\ 0.000 & -1.000 & 0.000 & 0.000 & 0.000 & -1.000 & 2.000 & 0.000 \\ -1.000 & 0.000 & -1.000 & 0.000 & 0.000 & 0.000 & 0.000 & 2.000 \end{bmatrix}$$

$k_1 = (1-r) / h_2 = 8$，$k_2 = (1-r) / (r-h_2) = 8$

参照公式 5-7 构建混合模型方程组。这个方程组的系数矩阵不是满秩的，它的第 1、2、3、4 行（列）相加等于第 5、6 行（列）相加，因此，这个方程组没有唯一解，而有无穷多个解。虽然我们可以通过求这个系数矩阵的广义逆矩阵而求得方程组的某一个解，但对这种解很难作出具有实际意义的解释，而且求矩阵的广义逆也具有很大的难度。为此，可采用对方程组的解加约束条件的办法，使系数矩阵成为满秩矩阵，从而得到方程组的唯一解。一般是对固定效应的解加约束条件，有几个线性相关就加几个约束条件。在本例中，系数矩阵中与固定效应对应的行（列）中有一个线性相关，故需加入一个约束条件。例如，可令 $\hat{l}_2 = 0$，这等价于将系数矩阵中与 $\hat{l}_2$ 对应的行和列（第 5 行及第 5 列）消去，同时将方程组的解向量和等式右边的向量中的第 5 个元素也消去。这样这个方程组具有唯一解，其解为：

$\hat{h}_1 = 9.8263$　$\hat{h}_2 = 8.3744$　$\hat{h}_3 = 13.3015$　$\hat{h}_4 = 13.3290$　$\hat{l}_1 = -3.4505$

$\hat{a}_1 = -0.0693$　$\hat{a}_2 = -0.0967$　$\hat{a}_3 = 0.0776$　$\hat{a}_4 = -0.1443$　$\hat{a}_5 = -0.1077$

$\hat{a}_6 = 0.2809$　$\hat{a}_7 = 0.0937$　$\hat{a}_8 = 0.0080$

$\hat{p}_3 = 0.0107$　$\hat{p}_4 = -0.1462$　$\hat{p}_5 = -0.1964$　$\hat{p}_6 = 0.3213$　$\hat{p}_7 = 0.0031$　$\hat{p}_8 = 0.0076$

由上述结果可以得出，第 6 号羊的绒长育种值最高，为 0.2809，其次为 7、3、8、1、2、5、4。如果根据表型进行选择，绒长最高的个体应为 5 号个体。而通过估计育种值进行排序，5 号个体仅略高于 4 号个体。由此可见，表型值好的个体不一定具有较高的种用价值。

第四节 选种选配

一、选种

(一) 选种的意义

选种是指在种群的育种过程中，为繁殖下一代而进行的选优淘劣。目的是通过选择，重新安排遗传素材，不断提高优良基因的频率，降低劣质基因的频率，使群体的质量不断提高。在漫长的育种工作进程中，如果选种准确，往往通过几只或一只优秀的公羊就可以大大加快新品种的育成时间，可见选种是一项创造性的工作，是绒毛用羊育种改良工作中不可缺少的一个环节，是最基本的育种手段和技术措施之一。

(二) 选种的方法

绒毛用羊的选种要从三方面着手：一是根据外貌鉴定和生产性能的表现——个体表型选择；二是考察谱系；三是根据后代的品质。但这三种方法并不是对立的，而是相辅相成，互有联系的，应根据不同时期所掌握的资料合理利用，以提高选择的准确性。

1. 个体表型选择 此法标准明确、简便易行，尤其在育种工作的初期，当缺少育种记载和后代品质资料时，是选择羊只的基本依据。个体表型选择是我国绵羊育种工作中应用最广泛的一种选择方法。表型选择的效果则取决于表型与基因型的相关程度，以及被选性状遗传力的高低。高遗传力的性状（$P > 0.3$）个体选择有效，如剪毛后体重、剪毛量、毛嘴类型、油汗颜色，这些遗传值都大于 0.3。

在个体选择中，外貌鉴定结果还不能认为是较全面的评定，必须测定鉴定后的剪毛量及剪毛后体重，然后进行综合评定，按育种指标确定等级。

种公羊要进行个体的净毛率测定，来确定真正的产毛量，便于分析种用价值。同时还要对其精液品质进行评定，以确定使用价值。

对繁殖母羊除抽样测定净毛率外，还要注意其产羔性能和泌乳性能。泌乳力的测定，用羔羊生后 15～21d 内的总重量乘 4.3，表示母羊的泌乳量。

2. 根据系谱进行选择 系谱是反映个体祖先生产性能和等级的重要资料，是一个十分重要的遗传信息来源。其作用就在于根据祖先的品质来估计它本身的遗传力，并确定个体间的血缘关系，为选配奠定基础。在研究系谱时，应根据各代祖先对后代影响的程度，分析祖先性状以怎样的趋势遗传给后代。如系谱中所有的祖先性状都很类似，互相间的血缘关系又很密切，便可以证明它们的遗传性很稳定，能够将其性状稳定地遗传给后代。相反，倘若历代性状变得不定，则表示遗传性状不稳定，此时很难估计后代的性状。如果系谱上的祖先一代比一代好，这是有价值的特征；反之，一代不如一代，尽管祖先生产性能很高，则不是一个优良的系谱。如能对祖代性状表现时的饲养管理条件作进一步的了解，则可以更容易、更正确地作出结论。对于系谱的考查一般考查 2～3 代便可以了。

3. 后裔测验 种公羊的遗传品质（种用价值）只有根据后代的质量才能做出最后的评价。后裔测验按以下方法进行：

（1）把培育的公羊在 1.5 岁时进行初配，每只交配一级母羊 50 只以上，与配母羊年龄在 2～4 岁为宜，尽量选择同龄并同群放牧的羊群。如果一级母羊不够，可以搭配一部分二、三级母羊，但是交配的母羊质量必须大致一样才能进行比较。用公羊提高品质较低的母羊是容易的，但要让一级母羊继续提高是困难的，因此用一级母羊交配才能看出一只公羊的质量。

（2）羔羊断乳鉴定和生产性能的测定（毛长、剪毛量、净毛率、体重等）可作为被测公羊的初评，按初评成绩决定被测公羊的使用。许多试验表明，羔羊断乳的评价与成年时的评定基本是相符的。在 12～18 月龄时，通过鉴定与剪毛量进行最后的评定。

（3）优秀的青年公羊，如果第一年测定结果很不满意，2 岁半时要作第二次测定。

（4）对决定参与配种的公羊，每年都要详细研究它们后代的质量，以决定使用的范围。

（5）种公羊的品质评定，以采用同龄后代对比和母女对比两种方法为主。同龄要求各公羊与配母羊情况和后代培育条件相同；母女对比是要注意不同年代饲养管理条件的差别。凡后代中，特、一级比例最大生产性能高，或某一性状特点突出，均可评为优秀种公羊，后代与母代对比时，生产性能应有提高。在评定时，除了比较主要生产性能外，还要观察后代中某些个别特性（如毛丛结构、毛密度、细度与匀度、毛光泽、腹毛情况等）的表现，以便决定每只公羊的利用计划。

不论用何种计算方法，如果仅用少量的后代表现来对一只种羊得出育种价值的结论那是不完备的，必须通过大群的后代继续观察验证才能得出确切的结论。当前，大部分地区养羊以放牧为主的情况下，不同年度的饲养水平波动很大，应采用同龄对比方法为宜；如果饲养水平能够稳定下来，则采用母女对比的方法为好，而将同龄对比方法作为参考。

（6）对参加测验的公羊母羊及其后代都要给予正常的饲养，以保证生产与发育，使性状的遗传力充分发挥。对不同公羊的后裔，应尽可能在相同或相似的环境中饲养，以排除不同环境因素的影响。

二、选配

（一）选配的意义与作用

1. 选配的作用　选配就是对交配制度的控制，有明确目的决定公、母羊的配对，它是有意识地组合后代的遗传基础，即有意识地组织优良公、母羊进行配种，以达到培育和利用良种的目的。选配任务就是要尽可能选择亲和力好的公、母羊交配，使子代的基因型优于双亲的基因型。与此相反，在自由、不加控制、混交乱配的情况下，所生后代品质，通常较其双亲更差，出现羊群品质退化。

2. 选配的意义　选配能创造变异，从而可以培育新的理想型。例如，辽宁省辽宁绒山羊原种场通过开展选配工作，已培育出许多产绒多、绒细度好、繁殖力高类型的个体。

选配能加快遗传性稳定，公、母羊性状特征相同的个体，双方遗传基础相近，经过若干代选择性状相近的公、母羊交配，该性状的遗传基础可逐渐趋于纯合，性状特征也就相应地被固定下来。新品种或新品系也就育成了。

选配能把握变异方向。当羊群中出现有益变异时，如绒细度好、产绒量特高、体特大等，可以把有益变异的公母羊选留下来，通过选配进一步强化固定，通过长期继代选育后，即可形成独具特点的新品种或新品系。

（二）选种与选配的关系

选种是选配的基础，因为有了种畜才能选配。选配是本次选种的下一步骤，为下次选种提供可能。因为可以根据选配的需要而选择种畜，还可以根据选配所得的优良后代选择下次选配所需种畜。选种为选配，选种加强选配。没有合理的选配，选种成果不可能得到巩固。选种为选配，选配验证选种。选种是为考虑下一步的选配，配后所得后代是否优良，足以证明选种选配是否合适。

（三）选配的分类及具体方法

选配分为两大类：一是品质选配，品质选配即根据个体间的品质对比进行选配，包括同质交配和异质交配两种；二是亲缘选配，即根据个体间亲缘关系进行选配，包括近亲交配和远亲交配两种。

1. 品质选配　品质选配是考虑交配双方品质对比情况的一种选配方法。品质既包括体质、体型、特征、特性、生产性能、产品质量等方面的品质，又包括遗传品质，如估计育种值的高低。根据交配双方品质的同异，又分为同质选配和异质选配。

（1）同质选配（同型交配）　是一种以表型相似性为基础的选配。选择性状相同、性能表现一致，或育种值相近的优秀公母羊交配，以期获得与亲代品质相似的优秀后代。它既可以使性状能够保持和巩固，又可尽快增加优秀个体在群体中的数量。在绒山羊育种中，对产绒量高、绒纤维细、体格大、体型外貌好的个体应采用同质选配。在同质选配中，应以一个性状为主，最多不能多于 2 个以上性状。长期同质选配，也能产生不良影响，如羊群内的变异性减少，原有缺点变得更加严重，适应性与生活力也会下降。因此，应加强选择，严格淘汰体质衰弱或有一遗传缺陷的个体。例如，肢蹄病、死弱胎、畸形、母羊不发情、公羊性欲低下、抗病力弱等。

（2）异质选配（异型交配）　是一种以表型不同为基础的选配方法。具体分为两种情况。一种是选具有不同优异性状的公母羊相配，以期望将两个性状结合在一起，从而获得兼有双亲不同优点的后代。例如，选绒长的配绒密的，选 S/P 比值高的配绒细的，选产羔指数高的公羊配产绒量高、绒细度好的母羊等。另一种是选同一性状但优劣程度不同的公母羊相配，即用好改良差，以期后代能取得较大的改良。例如，用产绒量高的公羊配产绒量低的母羊，用绒细的公羊配绒粗的母羊，用体大公羊配体小母羊，用产羔指数高的公羊配产羔少的母羊，用体型外貌好的公羊配差的母羊等。异质选配的效果一般多为中间遗传，把有关极端性状回归到平均水平。对综合性状来说，由于基因连锁和性状间的负相关等原因，不一定能很好地结合在一起，例如，产绒量高、绒粗的不能配绒粗的。异质选配不能搞相对缺点之间相配，例如，用凸腰配凹腰，用 X 形腿配 O 形腿，而要用符合品种特征的公羊配不符合品种要求的母羊，以期改变不良性状。例如，用背腰平直公羊配背腰不平直的母羊，用平尻改良斜尻，用姿势端正的公羊改良姿势不端正的母羊等。应当指出的是一次性的同质选配或异质选配，其所得的进展都有可能不久便会消失。因此，应坚持选配，3～4 代后才能巩固性状进展。

2. 亲缘选配　亲缘选配，就是依据交配双方间的亲缘关系进行选配。其目的是迅速固定某些优良特性并建立同质程度高的羊群，是考虑交配双方亲缘关系远近的一种选配方法。如双方有较近的亲缘关系，称近亲交配，简称近交；反之，非亲缘交配，称为远亲交配，简称远交。常以随机交配作为基准来区分近交还是远交。若是交配个体间的亲缘关系大于随机交配下期望的亲缘关系，即称近交；反之则称远交。在畜牧学中，则通常简单地将到共同祖先的距离在 6 代以内的个体间的交配（其后代的近交系数大于 0.78%）称为近交，而把 6

代以外的个体间交配称为远交。此外，远交又分群体内远交和群体间的远交两种。群体内远交是在一个群体之内选择亲缘关系远的个体相交配。其在群体规模有限时有重大意义，因在小群体中，即使采用随机交配，近交程度也将不断增大，此时人为采取远交、回避近交，可以有效阻止近交程度的增大，从而避免近交带来的一系列效应。群体间远交是指在两个群体间的个体相交配，而群体内的个体间不交配。因为涉及不同的群体，这种远交又称杂交。由于群体间的远交可以看做是一个大群体的两部分亲缘关系很远的个体间的交配，故而不论是群体内远交还是群体间的远交，都可同等对待。所以，在此我们仅仅探讨近交和杂交。

（1）近交

①近交的作用及应用　近交一般为兄妹、半兄妹、堂兄妹、父女、母子、祖孙等的交配。一是近交能够固定优良性状，使优良性状基因型纯化，从而能确实地遗传给后代，不再发生大的分化。因为近交使实有祖先数减少，可强力迫使后代接受共同祖先的较多相似基因，这样，遗传性能够得到较快集中，各类基因也就得到明显纯合。在绒山羊育种中，发现不同程度的近交后代中，有些比非近交的好，它们的产绒量、绒细度、产羔数、体型外貌等指标均有提高，在留种时被选留下来。一般在公母羊品质都很理想时或建品系的前期用近亲交配，品系形成的后期用中亲或远亲交配。二是近交能够揭露有害基因。由于有害性状大多数是隐性的，在非近交情况下它们隐蔽不露，较少出现。而在近交时，由于基因趋向纯合，有害性状就暴露出来，给生产带来损失。但也可借此时机淘汰那些带有隐性性状的个体，使有害基因在群体中的频率大大降低或消除。在辽宁绒山羊的近交中，畸形胎儿、死胎和弱胎、胎粪不下、肢蹄病的出现率明显增高，生活力也有所下降，一般以祖孙、堂兄妹交配即可，距共同祖先 4～5 代时无明显衰退现象。三是保持优良个体的血统。对品质特别优秀的公羊，为了保住它的特性，并扩大它的影响，这时只有让这只公羊与其女儿交配，或与其孙女交配；对品质特优的母羊，可采用子母配或孙子配祖母；如公母羊均为特优个体，可采用同胞或半同胞配。四是提高羊群的同质性。近交使基因纯合的另一结果是造成羊群的分化。n 对基因的杂合体就会分化出 2^n 种纯合体，此时结合选择即可得到比较同质的羊群，从而达到羊群提纯的目的。在品系繁育中采用近交可使品系纯化，当品系间杂交时能够获得显著的杂交优势，而且杂种比较一致，有利于统一饲养标准和管理，也有利于绒产品规格化。一般在羊群总体产绒水平很高、但绒细度差异大时，可用近交培育绒品质好的公羊，以改良偏粗个体。

②近交衰退的防止办法　严格淘汰劣质体弱个体，加强饲养管理，给予优厚饲养条件；同质性下的血缘更新；做好选配，对近交衰退严重的配对要及时调整，避免发生不必要的近交，多留种公羊，每代近交系数增量维持在 2%～3%，将近交系数必须控制在 12.5% 以下。用于近交的个体必须体质健壮，品质特优。近交对遗传力中等以上性状（产绒量、绒细度、体重、S/P 值等）影响较小，可进行近亲交配。近交对繁殖力、生活力等影响较大。因此，体弱者、繁殖力低的个体不能进行近亲交配。

③亲缘程度划分

嫡亲交配：全同胞、母子、父女、半同胞、祖孙，共同祖先到双亲代数之和为 3～4 的公母羊间的交配。

近亲交配：姑侄、叔侄、堂兄妹，共同祖先到双亲的代数之和为 5～6 的公母羊间的交配。

中亲交配：共同祖先到双亲的代数之和为 6～8 的公母羊间的交配。

远亲交配：共同祖先到双亲代数之和大于 8 的公、母羊间的交配。

亲缘关系分为两种，一种是直系亲属，即祖先与后代的关系，如父子、母子、祖孙等；另一种是旁系亲属，即那些既不是祖先又不是后代的亲属，如兄弟姐妹、半兄弟姐妹、姑舅亲、姨表亲等。亲缘关系用近交系数来表示，它是两个个体间的遗传相关程度。在双亲是非近交个体时，双亲的亲缘系数为其后代近交系数的 2 倍，比如，全同胞、亲子为 0.5，半同胞、祖孙为 0.25，姑侄、叔侄、堂兄妹为 0.125，中亲为 0.156～0.312，远亲为 0.156 以下。

表 5-5　不同亲缘关系与近交系数表*

近交程度	近交类型	罗马字标记法	近交系数（%）
嫡亲	亲子	Ⅰ—Ⅱ	25.0
	全同胞	ⅡⅡ—ⅡⅡ	25.0
	半同胞	Ⅱ—Ⅱ	12.5
	祖孙	Ⅰ—Ⅲ	12.5
	叔侄	ⅡⅡ—ⅢⅢ	12.5
近亲	堂兄妹	ⅢⅢ—ⅢⅢ	6.25
	半叔侄	Ⅱ—Ⅲ	6.25
	曾祖孙	Ⅰ—Ⅳ	6.25
	半堂兄妹	Ⅲ—Ⅲ	3.125
	半堂祖孙	Ⅱ—Ⅳ	3.125
中亲	半堂叔侄	Ⅲ—Ⅳ	1.562
	半堂曾祖孙	Ⅱ—Ⅴ	1.562
	远堂兄妹	Ⅳ—Ⅳ	0.781
远亲		Ⅲ—Ⅴ	0.781
	其他	Ⅱ—Ⅵ	0.781

*指共同祖先近交系数（$F_A=0$）等于零时的近交系数。

计算近交系数的公式如下：

$$F_X = \frac{1}{2} \sum \left[\left(\frac{1}{2} \right)^n (1+F_A) \right]$$

式中，F_X——近交所产生的 X 个体的近交系数；

　　　$\sum$——总和；

　　　n——交配双方到共同祖先的代数总和；

　　　F_A——共同祖先的近交系数；

　　　$1/2$——家畜与两个亲代中每个亲代的关系。

无论何种选配，都必须经过慎重选择，才能有效地提高畜群性能。育种全过程都要择优淘劣。任何时候都不允许具有相反缺点的家畜交配。为了迅速提高后代的品质，选配工作一定要细，要落实到哪只母羊配哪只公羊，否则遗传进展就难以达到目的。

（2）杂交　杂交是指品种间或品系间公母羊的交配。在绒毛用羊育种中，为了改造绵羊和山羊品种，改变其遗传基础，提高其生产性能，除采用本品种选育提高外，主要采用杂交的方式来达到对现有品种改良的目的，当前常用的一些杂交方式如下：

①级进杂交

概念：级进杂交（又叫改良杂交、改造杂交、吸收杂交）指用高产的优良品种公畜与低产品种母畜杂交，所得的杂种后代母畜再与高产的优良品种公畜杂交。一般连续进行 3～4 代，就能迅速而有效地改造低产品种（图 5-1）。

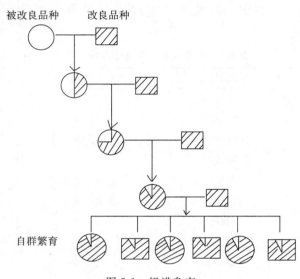

图 5-1　级进杂交

应用范围：当需要彻底改造某个种群（品种、品系）的生产性能或者是改变生产性能方向时，常用级进杂交。

注意事项：根据提高生产性能或改变生产性能方向选择合适的改良品种；对引进的改良公畜进行严格的遗传测定；杂交代数不宜过多，以免外来血统比例过大，导致杂种对当地的适应性下降。

②导入杂交（图 5-2）

概念：导入杂交就是在原有种群的局部范围内引入不高于 1/4 的外血，以便在保持原有种群的基础上克服个别缺点。

应用范围：当原有种群生产性能基本上符合需要，局部缺点在纯繁下不易克服时，宜采用导入杂交。例如，新疆细毛羊净毛率和羊毛长度差，导入 1/4 的澳洲美利奴羊血统后，净毛率、羊毛长度明显改进，且保持了原有品种的特性。

注意事项：针对原有种群的具体缺点进行导入杂交试验，确定导入种公畜品种；对导入种群的种公畜严格选择。

③育成杂交（图 5-3）

概念：指用两个或更多的种群相互杂交，在杂种后代中选优固定，育成一个符合需要的新品种。

应用范围：育成杂交用于原有品种不能满足需要，也没有任何外来品种能完全替代时，如北京黑猪是由北京本地猪、巴克夏猪、约克夏猪等杂交育成。

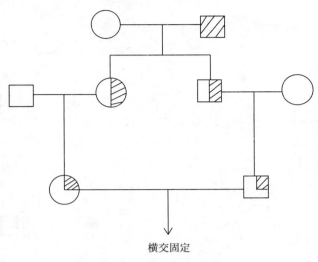

图 5-2　导入杂交

注意事项：要求外来品种生产性能好、适应性强；杂交亲本不宜太多，以防遗传基础过于混杂，导致固定困难；当杂交出现理想型时应及时固定。

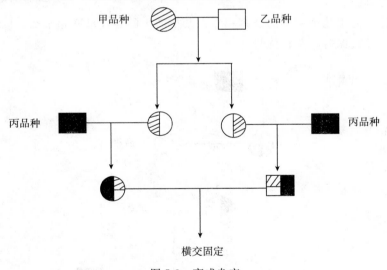

图 5-3　育成杂交

④简单经济杂交（图 5-4）

概念：简单经济杂交又称单杂交，是两个种群进行杂交，利用 F_1 代的杂种优势获取畜产品。

注意事项：在大规模的杂交之前，必须用少量的动物进行配合力试验。配合力是通过不同种群的杂交所能获得的杂种优势程度，是衡量杂种优势的一种指标。配合力有一般配合力和特殊配合力两种，应筛选最佳特殊配合力的杂交组合。

⑤三元杂交（图 5-5）

概念：三元杂交是两个种群的杂种一代和第三个种群相杂交，利用含有三种群血统的多方面的杂种优势。

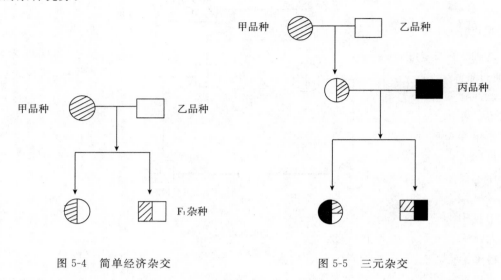

图 5-4　简单经济杂交　　　　　　　图 5-5　三元杂交

应用范围：此法多用于建立配套系或新品种培育过程中。

⑥轮回杂交（图 5-6）

概念：指轮回使用几个种群的公畜和它们杂交产生的各代母畜相杂交，以便充分利用在每代杂种后代中继续保持的杂种优势。

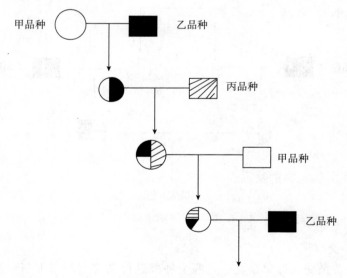

图 5-6　轮回杂交

优缺点：每代都利用了杂种母畜繁殖性能的杂种优势；进行三到四轮杂交后，杂种优势明显下降；纯种利用率不高，可采取几个场的种公畜轮换使用予以克服；配合力测定困难。

第五节　育种规划

一、育种目标的确立

要选种就要有明确的育种目标，明确培育方向。就绒山羊业而言，育种目标可以理解为："通过各种育种措施的实施，在育种群中培育出优良的品种、品系，或选育出优秀的种羊个体，并在全群中使用它们，使其遗传优势得到传递和扩展，以期在未来的生产条件和市场需求下，在生产群中获得最大的经济效益。"这个育种目标的定义强调了四个基本观点：育种工作仅在育种群中进行；育种目标的确定应有足够的预见性；以经济评估方法定量地评定育种目标；以生产群作为育种成效的评估基础。根据这种指导思想，我们应明确，绒山羊育种工作不仅是为了育种群的效益，而是为了提高生产的获利性。为此，在确定绒山羊育种目标时，应该考虑持久影响生产群获利性的所有性状。

由于我国绒山羊分布较广，遍布整个西北及华北和东北部分地区，所以绒山羊生活环境变异较大、管理和经济条件不同、产品多样，再加上大部分产区以前缺乏足够的遗传和经济参数资料来准确评定育种目标，使得育种计划的制订变得异常困难和复杂，随着数量遗传学在畜牧业生产中的应用和新技术、新方法的出现，特别是各方面研究的不断深入已可以为不同生产条件下的畜牧生产体系制定育种目标、育种计划和具体的育种策略。

育种目标的确定可以分为五个过程：挑选育种目标性状和选择性状；育种、生产和市场体系的确立；各种投入费用和产出关系的确立；确定影响投入与产出的生物学参数；各性状经济价值的求解并根据相对经济重要性确定包括在综合育种值中的性状。

育种目标性状是指希望改进的性状，选择性状是指用于估计育种值制定选择指数的性状。对于绒肉兼用绒山羊品种，育种的目的就是要培育产绒量高、绒毛品质好和产肉力强的个体。此外，较高繁殖力也是一个主要的选育目标，因此，在确定育种目标性状时，必须要以产绒性状为主，同时兼顾其他性状。由于影响绒山羊生产效益的不仅是羊绒和羊肉，淘汰的成年羊、剩余的育成羊、断奶后淘汰的羔羊的收入也占有相当的比重，所以在育种目标中应该全面考虑。但是也要注意纳入育种目标中的性状不宜过多，因为随着性状个数的增加，育种值估计的难度加大，估计的准确度也随之下降，每个性状所获得的遗传改进量相应减少。所以在实际育种中应该考虑那些有代表性的、可测量的性状作为选择的性状，同时考虑选择性状与目标性状间的遗传相关，以及选择性状内部之间的相关。在绒山羊育种中涉及三个方面的性状：生产性状、生长性状和繁殖性状。

从总体发展来看，育种目标已从侧重体型外貌发展到侧重生产性能、从定性发展到定量、从单纯追求高生产性能发展到用经济指标和遗传参数来确定数量化的育种目标。因为动物育种多数是商业化的，所以应当以经济效益作为一般的育种目标。当用经济效益来作为育种目标的基础时，评估育种目标的问题则转化成为挑选拟选择改进的性状和制订这些性状的相对经济加权值的工作，即在确定的育种目标和生产系统中，评估并比较各个性状的育种重要性。绒山羊的很多性状都是有经济意义的。为了使综合育种值能正确地反映种羊各生产性能总的经济价值，本应将所有影响其生产效益的经济性状，都作为育种目标性状包括在综合育种值中。但是随着在综合育种值中目标性状数量的增加，从育种学上考虑，每个性状获得遗传改进的程度会下降；而从统计学上考虑，其计算量呈几何级数上升。因此，需要确定一些原则，在综合育种值中仅包括一定数量的目标性状，同时还能保证达到理想的育种成效。所以，只在选择指标中保留那些育种重要性较大的性状，以突出选择重点．加快遗传进展速度。如果要对这些重要性状作指数选择时，则需估计出这些性状的相对经济加权值。实际上，性状的育种重要性与相对经济加权值是相互统一的。确定性状的经济加权值应用较多的方法是差额法。按差额法的原理进行计算，性状的边际效益是指该性状值超出群体均值一个单位时，边际产出量与边际投入量之差。一个性状的边际效益越大，表明这个性状对于群体经济收益的影响就越大，通过遗传改良可获得的育种收益就越多，因此，边际效益是一个可以比较准确地反映各生产性状相对经济重要性的指标。在应用差额法计算完边际效益时，再乘以该性状的经过贴现的标准化的性状表现值，将影响性状育种重要性的三方面因素（各性状的经济重要性；各性状的遗传改良潜力，这主要是指性状的遗传变异性，也包含估计遗传变异的准确性；性状间的遗传相关）同时加以考虑。经贴现的标准化性状表现值表示性状在预定的规划期内，通过各种育种措施在育种群和生产群中实现生产性能提高的频率、比例和时间。在一定时间内性状重复实现次数越多，在群内实现比例越大，实现的时间越早，性状的经济价值就越大。因此，经济加权系数可表示为边际效益与性状表现的贴现量之积。

综合以上分析，将育种的最终目的定位到了畜群的生产效益上，于是衡量和表达以及评估育种目标的问题转为确定经济性状的综合育种值的问题，由此可将育种目标更好地量化，以货币为单位，表示育种目标的价值。

表 5-6　影响细毛羊经济效益的主要性状

育种目标性状		生产选择性状		
生产性状	毛性状	剪毛量	纤维直径	长度等
	产肉性状	断奶后羔羊体重	育成羊体重	成年羊体重等
生长性状		断奶后羔羊体重	育成羊体重	成年羊体重等
繁殖性状		受胎率	产羔率	断奶羔羊存活率等

表 5-7　影响绒山羊经济效益的主要性状

育种目标性状		生产选择性状		
生产性状	产绒性状	净绒量	绒纤维直径	绒长度等
	产肉性状	断奶后羔羊体重	育成羊体重	成年羊体重等
生长性状		断奶后羔羊体重	育成羊体重	成年羊体重等
繁殖性状		受胎率	产羔率	断奶羔羊存活率等

表 5-8　育种体系群体结构

群体结构参数	成本或个体数
群体规模（只）	100 000
育种群比例	0.6
产羔间隔（年）	0.8
育种群育成率（%）	0.9
生产群育成率（%）	0.72
公羊父亲的使用年限（年）	1

（续）

群体结构参数	成本或个体数
公羊母亲的使用年限（年）	2
母羊父亲的使用年限（年）	3
母羊母亲的使用年限（年）	3
公羊父亲选留数	5
每只公羊每年产冷冻精液量（剂）	2 000
每只测验公羊保存的精液量（剂）	2 000
性别比例	1：1
每头测验公羊的女儿数	100

二、计算各性状的边际效益

在绒山羊育种中需要根据对实际情况的广泛调查和认真讨论，得出下列各育种、营养、生产和市场体系的有关参数，育种工作者才有可能对绒山羊育种工作有比较全面的理解和把握。

（一）育种技术参数

表 5-9　育种技术参数

项　　目	生产数据	代　　码
每只母羊每年产活羔数		B_1
羔羊断奶成活率		B_2
性别比例		B_3
胎间距天数		B_4
育成羊育成率		B_5
成年羊损失率		B_6
头胎产羔年龄		B_7
每胎培育断奶羔羊		B_8
每胎培育断奶公羔或母羔		B_9
每胎培育绒用育成羊		B_{10}
每胎培育非绒用育成羊		B_{11}
每胎培育断奶后剩余羔羊		B_{12}
每年成年母羊淘汰		B_{13}
断奶后剩余羔羊出售时体重		B_{14}
育成羊出售时体重		B_{15}
成年母羊体重		B_{16}

（二）营养学参数

表 5-10 营养学参数

项 目	实验数值	代 码
成年母羊增重 1kg 需要代谢能	30MJ	N_1
育成母羊增重 1kg 需要代谢能	30MJ	N_2
成年母羊每千克代谢体重维持需要量	0.819g	N_3
育成羊每千克代谢体重维持需要	0.852g	N_4
育成羊生产 1kg 净绒需要粗蛋白	2.92g	N_5
成年羊生产 1kg 净绒需要粗蛋白	3.285g	N_6
1kg 玉米青贮含代谢能	1.757MJ	N_7
1kg 苜蓿干草含代谢能	8.28MJ	N_8
1kg 混合精料含能量	11.166MJ	N_9
一年平均补饲时间	150d	N_{10}
成年羊放牧可满足营养需要	0.65	N_{11}
育成羊放牧可满足营养需要	0.75	N_{12}
补饲饲料中混合料、干草、青贮比例		N_{13}
混合料比例	0.5	N_{131}
干草比例	1	N_{132}
青贮比例	1.5	N_{133}
玉米青贮的粗蛋白含量	0.0129	N_{14}
苜蓿干草的粗蛋白含量	0.1613	N_{15}
混合料的粗蛋白含量	0.075	N_{16}

（三）生产经济学参数

表 5-11 生产经济学参数

项 目	市场调研数据	代 码
每千克净绒价格		E_1
每千克净绒细度的等级差价比		E_2
每千克净绒长度的等级差价比		E_3
断奶后淘汰羔羊每千克活重价格		E_4
育成羊每千克活重价格		E_5
成年母羊每千克活重价格		E_6
每千克净绒的剪毛、分级费用		E_7
每只母羊配种、产羔费用		E_8
每只羊每年的放牧费用		E_9
每只羊每年的平均草场改良费用		E_{10}
每只羊每年的资料记录登记、处理费用		E_{11}

（续）

项　目	代　码
每千克混合料价格	E_{12}
每千克青干草价格	E_{13}
每千克青贮价格	E_{14}
每只羊每年的平均医疗保健费用	E_{15}
每千克净绒的销售税	E_{16}
每千克净绒贮藏、管理、运输费	E_{17}
每只育成羊每年补饲费	E_{18}
羔羊出生到断奶的生产费	E_{19}
淘汰羊每千克的销售费用	E_{20}
母羊哺育一只羔羊增加的饲料费用	E_{21}

（四）群体平均生产性能

表 5-12　生产性能指标

项　目	代　码
成年母羊粗绒量	P_1
育成羊粗绒量	P_2
净绒率	P_3
成年母羊净绒量	P_4
育成羊净绒量	P_5
育成羊绒长	P_6
成年羊绒长	P_7
育成羊绒直径	P_8
成年羊绒直径	P_9
初生重	P_{10}
断奶培育羔羊体重	P_{11}
1.5 岁育成羊体重	P_{12}
成年母羊体重	P_{13}

有了以上的基本数据，就可以分别建立计算公式，以"成年母羊"为基础计算各性状的边际效益。

1. 成年母羊净绒量（dFW）

$$V_{dFW} = E_1 - (E_7 + E_{16} + E_{17}) - N_6 \times (1 - N_{11}) / (N_{131} \times N_{16} + N_{132} \times N_{15} + N_{133} \times N_{14}) \times (N_{131} \times E_{12} + N_{132} \times E_{13} + N_{133} \times E_{14})$$

2. 育成羊净绒量（yFW）

$$V_{yFW} = (B_{10} + B_{11}) \times [E_1 - (E_7 + E_{16} + E_{17}) - N_5 \times (1 - N_{12}) / (N_{131} \times N_{16} + N_{132} \times N_{15} + N_{133} \times N_{14}) \times (N_{131} \times E_{12} + N_{132} \times E_{13} + N_{133} \times E_{14})]$$

3. 成年母羊羊绒细度（dFD）

$V_{dFD} = E_1 \times E_2$

4. 育成羊羊绒细度（yFD）

$V_{yFD} = (B_{10} + B_{11}) \times E_1 \times E_2$

5. 成年母羊羊绒长度（dFL）

$V_{dFL} = E_1 \times E_3$

6. 育成羊羊绒长度（yFL）

$V_{yFL} = (B_{10} + B_{11}) \times E_1 \times E_3$

7. 每只母羊每胎断奶羔羊数（NKW）

$V_{NKW} = B_{12} \times [B_{14} \times (E_4 - E_{20}) - E_{19} - E_{21}] + (B_{10} + B_{11}) \times [(E_1 - E_7 - E_{16}) \times P_5 - E_{15}] + (B_{10} + B_{11}) \times B_{15} \times (E_5 - E_{20}) - (B_8 - B_{12}) \times E_{19} - (B_{10} + B_{11}) \times (E_{18} + E_9 + E_{10} + E_{11} + E_{15}) - (B_8 - B_{12}) \times E_{21}$

8. 成年母羊体重（dLW）

$V_{dLW} = B_{13} \times [E_6 - E_{20} - (N_3 + N_1) \times (1 - N_{11}) / (N_{131} \times N_9 + N_{132} \times N_8 + N_{133} \times N_7) \times (N_{131} \times E_{12} + N_{132} \times E_{13} + N_{133} \times E_{14})]$

9. 育成羊体重（yLW）

$V_{yLW} = B_{11} \times [E_5 - E_{20} - (N_4 + N_2) \times (1 - N_{12}) / (N_{131} \times N_9 + N_{132} \times N_8 + N_{133} \times N_7) \times (N_{131} \times E_{12} + N_{132} \times E_{13} + N_{133} \times E_{14})]$

10. 断奶羔羊体重（kLW）

$V_{kLW} = B_{12} \times (E_4 - E_{20})$

通过上述公式计算得到各性状的边际效益，分别与各性状个体估计育种值相乘加权便可计算其综合选择指数，然后根据指数选择种羊，目前绒山羊育种中通常采用的性状有产绒量、体重、绒细度。

三、育种值和遗传参数估计

遗传参数是用来描述绒山羊特定品种特定群体某一性状的一系列定量属性，包括遗传力、重复力、遗传相关三个参数。其估计的准确性直接影响育种成效；而育种值是针对特定性状的绒山羊个体而言，其直接影响选种的准确性，从而影响育种效果。目前，在国际上公认的育种值和遗传参数估计方法有 BLUP（Best linear unbiased predictions）和 REML（Restricted maximum likelihood）法。

第六节　遗传多样性及其保护理论与方法

生物多样性是地球上所有的动物、植物、微生物和其赖以生存的生态环境的总和。生物多样性分为生态系统多样性、物种多样性和遗传多样性三个层次，不但包括了自然界中的各种生态系统，还包括了地球上数以百万计的动植物和微生物物种及其体内包含的遗传物质。

生物多样性是地球生命的基础。生物多样性的价值无时无刻不在经济、社会、宗教、艺术、文学等方面反映出来。人类总是直接或间接地从生物界获取利益，生物多样性是人类赖以生存的条件，经济可持续发展的基础，人类是不能脱离其自身生存的多种多样的生态环境而孤立发展的。随着人口的增长，人类经济活动的不断加剧，以及不合理的利用生物资源，尤其是动物遗传资源，作为人类生存最为基础的生物多样性受到了严重威胁，无法再现的基因、物种、生态系统正以人类历史上前所未有的速度消失。地球上野生生物种类繁多，人类对各种生物的认识还十分有限，也许在将来的某一天，我们的后代能够凭借未来技术，从一些动植物身上发现能够杀死艾滋病病毒，或者消灭癌症的成分。若我们不对一些现在看来毫无利用价值的物种加以保护，我们的子孙后代将无法凭借先进的科学技术来利用这些物种。

地球的物种纷繁复杂，科学家们还不清楚地球上到底生活着多少个物种。据估计，全世界物种数量多达 1 亿种，而迄今只有约 180 万种被命名。人类只不过是这亿万物种中的沧海一粟。虽然确切数字无法知晓，但可以确定的是，地球上正发生着前所未有的大规模物种灭绝。科学家估计，每天约有 150～200 个物种灭绝。在地球漫长的历史中，物种集中灭绝的时期时有发生，但这次物种灭绝事件，是过去 6 500 万年来地球未曾经历过的剧变——这是恐龙灭绝以来物种灭绝速度最快的一个时期。这种大规模的灭绝在很大程度上是因为人类不可持续的生产方法和消费造成的，包括栖息地破坏、城市不断膨胀、污染、森林砍伐、全球变暖和"外来物种"入侵等。绝大部分国家已经认识到保护生物多样性，尤其是动物遗传资源的保护是全人类的大事。

一、绒山羊遗传多样性保护、利用的必要性

遗传多样性是生态系统多样性和物种多样性的基础和核心，生物群落是构成生态多样性的基本单位。每个物种都有其独特的基因库，物种的多样性就由遗传基因的多样性显示出来。遗传多样性是指地球上所有生物携带的遗传信息的总和，主要指种内不同群体之间或一个群体内不同个体间遗传变异的总和，具体表现在种间或种内外部形态特征、染色体特征、生化特征、基因表达产物以及 DNA 分子水平的多态性。遗传多样性最直接的表达方式就是遗传变异的高低，通常包括遗传变异的分布格局，即群体的遗传结构。群体（居群）遗传结构上的差异是遗传多样性的重要体现，一个物种的进化潜力和抵御不良环境的能力取决于种内遗传变异的大小和群体遗传变异的分布式样。

动物遗传资源是生物多样性的重要组成部分，它是一个国家、一个民族重要的战略资源，关系到国家主权和安全，是人类赖以生存的各种有生命资源的总汇和未来工农业、医药业发展的基础，为人类提供了食物、材料、医药等基本要求。它的重要的社会经济、伦理和文化价值无时不在艺术、文学以及社会各界对生物多样性保护的理解与支持等方面反映出来，对于维持生态平衡，稳定环境具有关键作用，为整个人类带来了难以估价的经济、历史和美学价值。

我国是世界上家畜驯化最早的国家之一，也是世界上畜禽种质资源最丰富的国家。根据畜禽品种资源调查及 2009 年国家畜禽品种审定委员会审核，我国山羊品种或资源有 69 个，其中 45 个为绒山羊品种。绒山羊是具有多种用途的家畜，其产品多样，特别是山羊绒（Cashmere，是山羊被毛中居于下层，由次级毛囊生长的无髓绒毛纤维）在国际市场上独具特色。由于这种纤维特细、洁白、手感柔软、光泽明亮，是一种传统而名贵的高级纺织原料，其织品集薄、轻、暖、滑、舒适、优美、高雅于一体，是高档外贸商品，价格一直昂贵，已成为国际上最享盛誉的毛纤维之一。山羊绒在日本被誉为"纤维宝石"、在英国被称为"纤维之冠"、在美国被叫做"白色云彩"。

　　世界上的绒山羊基本分为两大类，一类是以我国产绒山羊为主体的开司米型粗毛山羊，另一类是以俄罗斯产绒山羊为主体的绒毛型绒山羊。它们分布在世界 20 多个国家和地区，有 40 多个品种，85％分布在亚洲地区。其实它们大多是非专门化品种，粗毛与绒毛的重量比为 7∶3 左右，产绒量平均约 100g。经过产绒性能系统选育，绒毛占毛绒总量 50％以上，产绒量达到 300g 以上的专门化绒山羊品种并不多，它们分属于上述两大类型。

　　（一）绒山羊分布、生产

　　1. 开司米型粗毛山羊　开司米型粗毛山羊主要分布在喜马拉雅山周围的国家和地区。其特点是毛长绒短，外层毛被有较长的粗毛，被毛的底层生长着较短的绒毛，只有分开毛被才能看到绒毛。有明显的季节性脱毛现象。春天转暖后，毛囊发生变化，毛根断裂，先是绒毛脱落，随后粗毛也逐渐脱落，再生长出夏季毛被，秋后绒毛重新长出，充实被毛，准备越冬。

　　2. 辽宁绒山羊　产于中国辽东半岛盖县、复县等地。育种核心群成年公羊平均产绒量 1 230g，最高纪录 1 540g，母羊平均 515g，最高纪录 1 025g，2 岁公羊平均 850g，周岁母羊 467g，体重分别为 88.8kg，45.8kg，67.1kg 和 28.8kg；绒细度 $13.5\sim16.8\mu m$，绒长度 6cm 以上，净绒率 78.6％～83.3％，产羔率 120％～140％。

　　3. 内蒙古白绒山羊　产于中国内蒙古自治区阿拉善盟、鄂尔多斯市、巴彦淖尔盟。成年公羊平均产绒量（483.18± 112.5）g，母羊（369.45±39.27）g，周岁公羊（368.62± 94.01）g，周岁母羊（321.62±75.12）g；体重分别为 37.5kg，27.21kg，22.89kg 和 19.22kg。山羊绒品质好，白色，细度 $13\sim15\mu m$，绒长 5cm 以上，净绒率 45％～70％。

　　4. 蒙古绒山羊　产于蒙古国，与中国内蒙古白绒山羊外形特征相似，公羊产绒量 289.5g，母羊 310.7g；体重分别为 50kg 和 35kg，绒细度 $14.27\sim15.45\mu m$，绒长 $3.87\sim 5.1cm$，白色。

　　5. 印度和巴基斯坦绒山羊　印度较好的产绒山羊有勘哥尔山羊，分布在高山地区，个体较小，被毛多为白色，也有灰色和棕色羊，产绒量 119～190g，绒细度为 $11\sim13\mu m$。

　　克什米尔山羊主要分布在克什米尔地区以及印度与巴基斯坦接壤地区，克什米尔山羊 50％呈黑色，40％为灰色，10％为白色。远在 15 世纪，印度就组织山羊绒围巾纺织作坊，出口到欧洲各国，由于出产于克什米尔地区，所以山羊绒英文名 Cashmere 亦即由此而来，中文翻译成开司米。

　　（二）绒毛型山羊

　　绒毛型山羊以俄罗斯产顿河山羊为主要代表，特点是绒长毛短，冬春季节从外观上看，生长着毛茸茸的绒毛，粗硬的有髓毛都隐藏在绒毛之中成为下层毛。只有分开绒毛才能见到粗硬的有髓毛。绒比毛多，一般绒含量占毛绒总量的 60％以上，其中顿河山羊含绒量高达 80％以上。有报道指出在辽宁绒山羊中也有类似的群体，被称为多绒山羊，这种羊的绒毛发生和遗传影响机制有待深入研究，这对绒山羊育种具有十分重要的意义。

　　1. 顿河山羊　产于俄罗斯的一个古老山羊品种，主要分布在伏尔加勒州、沃罗涅日州和罗斯托夫州，成年公羊产绒量 938g，母羊 656g，体重分别为 60kg 和 36kg，绒细度平均 $20.8\mu m$，绒长 8cm 以上，产羔率 120％～128％。俄罗斯用这一品种与各地方山羊杂交，F_2 与 F_3 产绒可达 300～400g。

　　2. 奥伦堡绒山羊　产于俄罗斯的奥伦堡州和哈萨克斯坦共和国，特级公羊产绒量 423g，一级公羊 403g，特级母羊 415g，一级母羊 345g，特级公母羊体重分别为 60kg 和 40kg，绒细度 16.3～16.7μm，绒长 5.7cm，白色，产羔率 110％～130％。

3. 巴音乌拉盖山羊　主要分布在蒙古西部的巴音乌拉盖，这一品种的羊由俄罗斯阿尔泰山羊同当地山羊杂交而成，核心群 3 万只，杂种羊有 6 万只，该品种成年公羊产绒700～760g，母羊产绒 550g，细度 17～18μm，绒长 7～8cm，净绒率 65％～70％。

（三）绒山羊地理分布

世界绒用山羊主要分布于北纬 25°～55°，东经 40°～125°的大致范围内，具体说来，以帕米尔高原为中心，向四面八方辐射展开。由此向北和西北至阿尔泰山再到乌拉尔山南端；向西经伊朗高原到高加索地区；向南到印、巴及喜马拉雅山区两侧；向东南达我国青藏高原东端，继向东北经广袤的蒙新高原与黄土高原直抵山东半岛和辽东半岛，主要包括中国、蒙古、伊朗、阿富汗、巴基斯坦、苏联等国家。由于原产地和分布区的自然生态条件千差万别，这些地区的山羊在长期的自然选择和人工选择条件下形成了各具特色的绒山羊品种，成为世界绒山羊的强大基因库和发展基地。但仔细分析，此类地区的自然生态特征也有共同点：① 多处温带，以北温带占绝对优势，属干旱、半干旱、半荒漠和荒漠类型区，为典型的大陆性季风气候；②牧草以旱生、半旱生和盐生为主，并以灌木、半灌木散生，植被覆盖面积和牧草单位面积产草量不很高；③四季分明，一般冬、春季长于夏、秋季，冬、春季多风沙，昼夜温差较大，相对湿度 30％～71％，年均降水量80～250mm（局部地区降水量在此范围外），蒸发量大于降水量普遍在 15 倍以上；无霜期和牧草及农作物的生长期较短；④海拔多在 1 500～4 500m，而以丘陵、中山和高寒地区绒山羊数量较多；⑤产区多以牧业为主，农林业比重较小（个别如辽宁绒山羊产区的辽东半岛一带例外），绒山羊业成了此类地区不可或缺的重要支柱产业，因为此类地区长期以来就是绒用山羊得天独厚的理想繁育基地。

绒山羊的地理分布实际上是由它的生活习性所决定。绒山羊性情活泼、好动、行为敏捷，除卧息反刍外，大部分时间处于运动之中，特别是羔羊的好动性表现尤为突出。绒山羊具有很强的登高和跳跃能力，好冒险，面对绵羊不能攀越的陡坡和悬崖，山羊均可行走自如。山羊具有灵活的上唇、连拱的切齿和双足站立觅食的能力，这种极强的觅食能力使得它在与其他反刍动物竞争时，能够利用大家畜和绵羊等不能利用的牧草，开辟更多新的食物来源。山羊对各种牧草、灌木枝叶、作物秸秆、农副产品和食品加工的副产品均可采食。在天然放牧场饲草极度匮乏的条件下，山羊主动觅食能力尤其显著。因此，绒山羊主要分布在气候干旱、天然植被稀疏的荒漠、半荒漠地区以及地形复杂、坡度较大、灌木丛生的山区。山羊生产一年四季主要依赖于灌木，中国辽宁绒山羊分布的长白山余脉步云山区多为灌木丛和山地草甸、草丛草场，属森林草原植被。内蒙古白绒山羊分布于海拔较高、气候寒冷、植被稀疏、荒漠或半荒漠天然草场和部分山地草场。我国其他绒山羊品种分布地区的生态条件也都基本相似。因此，绒山羊一开始就是与恶劣的生态环境相关联的，也一直是容易被人误解的一个物种。而实际生产中与一般认识相反，山羊在改良草场上的生产水平完全与其他家畜相当，但在环境严酷、管理粗放的生产体系中，山羊的生产能力远远超过其他反刍动物。

二、动物遗传多样性的评估方法

在进行动物遗传资源保护之前，为了制定保存开发利用的政策、战略和行动计划，需要明确了解遗传资源的基本状况，对其遗传多样性进行评估，以发布相关信息和引起社会各界的关注。动物遗传多样性可以从形态特征、细胞学特征、生理特征、基因位点及 DNA 序列等不同方面来体现，若要实现遗传资源合理的系统保护与开发利用的措施，须确定与各物种相适应的评价内容，并采取与之相适应的评价方法，对该物种的遗传多样性进行准确、科学的评价，为物种保存与利用的决策、措施提供科学的依据。

（一）动物遗传资源评价的内容

动物遗传资源评价除动物物种自身的遗传信息作为评价的主要内容外，还应包括与遗传资源相关的信息，如分布地域的地理信息、保护计划等，动物遗传资源评价的主要内容有如下几方面：

1. 种群资源信息 包括种群规模大小、主要分布地域、主要体型外貌特征、生产性能、特有种质特性、抗病力、遗传结构、起源与进化关系、受危程度。

2. 主要栖息地的自然生态条件 包括气候特点、土壤性质及农作物种类。

3. 影响遗传资源变动的因素 人为因素、自然条件的变化状况、外来物种的入侵状况。

4. 保护措施 特定区域的划定、保护设施的建设、维持的方法和保护计划。

5. 资金的投入和队伍建设 资金的来源渠道，包括政府拨款、募捐、项目资金，资金的使用计划、日常维持人员、科技人员。

6. 遗传资源的采集和分析 对动物遗传资源进行普查，确定遗传资源采集的数量、采集方法，并对所收集的物种资源进行常规和分子水平的分析。

此外，评价的内容还包括遗传资源保护的主要问题、建议书和建议活动。

（二）动物遗传资源评价的方法

动物遗传资源评价的方法多种多样，不同的技术方法从不同角度，不同层次揭示居群的遗传信息。20 世纪 50 年代中期以前，主要采用观察测量的方法对居群的毛色、体态等外部形态特征、地理分布的多样性进行分析。20 世纪 60 年代以来，随着细胞遗传学实验技术的发展，蛋白质电泳技术的出现，对物种染色体的数目、形态及带型，基因表达产物（酶、蛋白质），血型，抗原和抗体的多态性进行了研究。外部特征数量有限，且受环境影响大，不能真实反映物种的多态性；易于分析的蛋白质的主要变异体种类很小，从而限制了蛋白质电泳技术作为物种多样性研究的利用。动物居群遗传变异其实质是遗传物质 DNA 的差异，直接研究 DNA 的变异更具有重要意义。近 20 年来，随着分子技术的迅速发展，以分子杂交和 PCR 为基础的分子实验技术，在 DNA 分子水平研究居群的遗传结构差异，起源分化，地理分布差异等方面得到了广泛应用，为揭示动物多样性的本质发挥着重要作用。DNA 分析具有以下几方面的优点：①直接以 DNA 形式出现，无上位效应，不受环境的影响；②多态性丰富，几乎遍及生物体整个基因组；③根据研究目的的不同，可从基因组中提取所需的遗传标记；④分析材料获得的面广，不仅可以从现存的生物体，还可从残留的痕迹（微量材料）、陈旧材料（标本、保存年代上百年、化石）中提取 DNA 并进行分析；⑤从分析方法讲，各种类型的 DNA 基本上通用。

动物遗传多样性检测的方法如下：

1. 形态学方法 就是对动物形态特征和表型性状的描述来检测遗传变异，形态特征和表型性状是遗传变异最直接的表观。形态特征主要包括体型特征、毛色、角型、冠型、头型、肤色、成年畜禽的各种体尺等方面进行描述。动物性状包括质量性状和数量性状两大类，对数量性状的研究采用数量遗传学的方法，将遗传因素和环境因素区分开来，同时分析遗传和环境的交互作用。缺点是表型变化并不能如实反映遗传变异。

2. 细胞遗传学方法　细胞遗传学方法是在染色体水平检测遗传变异，即进行核型分析。染色体变异主要体现为染色体组型特征的变异，包括染色体数目、形态和结构变异。染色体多样性检测主要对细胞分裂时期染色体的数目和形态特征（如相对长度、臂比值、着丝点位置、臂指数等）加以分析，即核型分析。不同种类的生物或同种生物的核型不同。但某些种类，特别是种以下水平居群间，其组型和染色体特征差异不明显，则必须对染色体进行分带处理，显示深浅不同的染色体带纹，如 C 带、Q 带、G 带、R 带、T 带等。

3. 蛋白质检测方法　采用电泳技术按照蛋白质的静电荷和相对分子质量把不同形式的蛋白质分开，测定某一蛋白质位点的遗传变异水平。某一物种 DNA 全基因组中有一个碱基发生变化，导致 mRNA 碱基组分的变化，其中一些变化会引起翻译的蛋白质的改变，通过电泳，不同蛋白质在凝胶中的迁移位置不同，特定位点的蛋白通过专一的酶活性用组织化学染色而检测出来。蛋白电泳通常采用含有各种大量可溶性蛋白质的组织和器官，如动物的血液、肝脏等作为试验材料。蛋白质检测中常见的有血液蛋白多态性分析和同工酶分析两种方法。

4. 分子生物学方法　从 20 世纪 80 年代开始，分子生物学理论和技术的飞速发展为遗传多样性检测提供了一系列更加直接有效的途径，测定遗传物质 DNA 本身的变异，拓宽了遗传多样性的研究领域。Bostein 等发现的限制性片段长度多态性是第一种 DNA 水平上的遗传标记，现已广泛应用于分子生物学研究各领域；1985 年，Jeffreys 等发现了另一种分子标记，DNA 指纹（DNA fingerprinting）。聚合酶链式反应（Polymerase chain reaction，PCR）技术的发明在分子生物学研究中具有划时代意义，以此为基础建立的新技术有，聚合酶链式反应-限制性片段长度多态性（PCR-RFLP）、扩增片段长度多态性（Amplification fragment Length polymor-phism，AFLP）、随机扩增多态性 DNA（Random amplification polymorphic DNA，RAPD）、小卫星 DNA（Minisatellite DNA）、微卫星 DNA 和单核苷酸多态性（Single nucleotide polymorphism，SNP）等，在遗传多样性研究领域使用较多的有如下几类：

（1）随机扩增多态性　William（1990）报道了在 PCR 基础上形成的 RAPD 技术，它利用一些随机排列的寡聚核苷酸作为引物，采用低退火温度 36～40℃对基因组 DNA 进行 PCR 扩增，得到具有多态性的 DNA 片段作为分子标记。与其他技术相比，使用 RAPD 技术前无须预先了解检测物种基因组相关分子的 DNA 序列，并且技术简单，快捷，实验成本较低。但由于 RAPD 使用的是随机引物，故在扩增过程中的引物-模板不完全配对使 RAPD 产物对 PCR 反应条件非常敏感，且稳定性、重复性和可比性较差。

（2）微卫星 DNA　微卫星 DNA 又称简单串联重复序列（Simple sequence repeat，SSR），是指以少数几个核苷酸（多为 1～6bp）为单位构成核心序列，核心序列经多次串联重复形成的 DNA 片段。一般认为微卫星的多态性是由减数分裂过程中的不平衡交换所致，也可能是由其他机械原因引起，同时这些串联重复序列也可能发生碱基的替换、插入或丢失。与核心序列相连的侧翼序列在基因组中具有高度保守性，这就使得许多微卫星位点能在亲缘关系较近的物种中同时存在。除此之外，微卫星在基因组中分布广泛，如基因组中二核苷酸（AC）n估计有 6.5 万～10 万个，平均 30～50kb 就有一个。微卫星的检测手段安全、方便、快捷，其重复序列加上其侧翼序列也不过 $100\sim400bp$，用少量的 DNA 作为模板经 PCR 扩增，利用荧光标记可进行多重 PCR 扩增物检测，实现自动化处理，使检测更加快速、准确、有效。微卫星在群体中的变异程度非常大，具有丰富的多态性，从实践中检测到的位点多态性普遍高于 RFLP 及其他各种类型的表型标记。如今微卫星凭借其数量多、分布广泛、多态性丰富、易检测的特点已越来越受到遗传工作者青睐。

（3）单核苷酸多态性　单核苷酸多态性是生物体基因组中存在最广泛的一类变异，它是由碱基置换、缺失或插入等单碱基突变所造成的位点多态性，因此由点突变引起的 RFLP 也属于单核苷酸多态性（SNP）。SNP 遗传稳定，突变率低，每个核苷酸的突变率大约为 10^{-9}，即每一个核苷酸在任何一代人群中的每 6×10^9 个个体中就会发生一次突变。这种标记物在基因组中的分布密度很高，在人类基因组中约有 300 万个这种标记，平均每 1 000 个碱基对就会有一个，平均遗传距离为 $2\sim3cm$；另一方面 SNP 大多只有两个等位基因，其杂合度最大只有 50%，而微卫星标记一般都有多个等位基因，杂合度都在 70% 以上，因此 SNP 与微卫星相比提供的信息量较少，要得到同等分辨率的连锁图，所需 SNP 标记的数目至少是微卫星的 4 倍以上。但由于 SNP 在基因组中的数目多，覆盖密度大，利用 $2\,000\sim3\,000$ 个这种标记物来构建每一条染色体单倍型就可以达到 $250\sim350$ 个微卫星标记物的分布的要求，而其分辨率则是这些微卫星标记物的 $4\sim5$ 倍。SNP 的分析方法有许多种，其中有些适用于分析已知的 SNP，另一些则既可用于分析已知的 SNP 也可以用于寻找未知的 SNP，这些方法包括单链构象多态性，异源双链分析，变性梯度凝胶电泳，变性高压液相法，错配的化学切割，突变的酶学检测等方法。近年来由于基因组研究的推进，以及生物技术与计算机科学、数学等学科中多种理论和技术的相互交叉和融合孕育出 DNA 芯片技术，它利用大规模集成电路手段控制固相合成成千上万个寡核苷酸探针，并把它们有规律地排列在一定大小的硅片上，然后将要研究的 DNA 或 cDNA 分子用荧光标记后与芯片上的探针杂交，再通过激光共聚焦显微镜对芯片进行扫描，配合计算机系统每一个探针上的荧光信号作比较和检测，将其应用于 SNP 的检测中，可以将每条染色体的 SNP 标记物做成探针固化在芯片上，只需要一块芯片，一次杂交就可以完成检测工作，从而可以上百倍地提高工作效率。

（三）绵山羊遗传多样性评价

1. 绵羊遗传多样性评价　选取了 44 个中国绵羊品种（群体）作为实验样本，并选取 4 个外来品种作为对照。样本名称、来源、数量等信息见表 5-13。采集 $3mm^3$ 耳样，置于 Eppendorf 离心管中，内装 1mL 75% 乙醇。迅速带回实验室，冻存于 $-70℃$ 冰箱中。基因组 DNA 提取采用常规的酚抽提法，具体参照 Sambrook 等（2002）方法。

表 5-13　品种名称、来源及样本含量

品种名称	样品代码	采样地点	样本数量
阿勒泰脂尾羊	ALT	新疆昌吉	40
巴什拜羊	BS	新疆塔城地区裕民县	48
巴音布鲁克羊	BY	新疆和静县的巴音布鲁克区	48
策勒黑羊	CL	新疆昆仑山北麓策勒县	47
塔什库尔干羊	TSK	新疆塔什库尔干地区	47
卡拉库尔羊	KL	新疆库车县	47

（续）

品种名称	样品代码	采样地点	样本数量
柯尔克孜羊	KZ	新疆克孜勒苏柯尔克孜自治州	47
多浪羊	DL	新疆昌吉	46
叶城羊	YC	新疆叶城地区	48
和田羊	HT	新疆和田	44
哈萨克羊	HA	新疆维吾尔自治区	48
迪庆绵羊	DQ	云南迪庆地区	41
宁蒗绵羊	NL	云南丽江地区宁蒗县	48
乌骨羊	WG	云南省怒江州	12
昭通绵羊	ZT	云南省昭通市	48
腾冲绵羊	TC	云南省保山地区龙岭县	38
浪卡子绵羊	LK	西藏浪卡子县	41
江孜绵羊	J	西藏江孜县	48
岗巴绵羊	GB	西藏岗巴县	43
多玛绵羊	AD	西藏安多县	50
林周绵羊	LZ	西藏拉萨市	44
青海白藏羊	BZ	青海省海西蒙古族藏族自治州	46
青海黑藏羊	HZ	青海省海西蒙古族藏族自治州	46
蒙古羊	MG	内蒙古乌珠穆沁旗	26
苏尼特羊	SU	内蒙古苏尼特左旗	38
内蒙古细毛羊	NMX	内蒙古正蓝旗	36
大尾寒羊	DW	山东临清	43
小尾寒羊	XW	北京顺义	38
山地绵羊	SD	山东省莱芜市	36
洼地绵羊	WD	山东省滨州市	38
汉中绵羊	HZH	陕西汉中	50
豫西脂尾羊	YX	河南省郏县	44
河南郏县大尾羊	JX	河南郏县	52
湖羊	HU	浙江省湖州	32
晋中绵羊	JIN	山西晋中	44
兰州大尾羊	LZDW	兰州市城郊	42
欧拉羊	OL	甘肃玛曲县欧拉乡	48
乔科羊	QK	甘肃玛曲县河曲马厂	56
甘加羊	GJ	甘肃夏河县甘加乡	47
岷县黑裘皮羊	QP	甘肃岷县清水乡	48
滩羊	TAN	宁夏盐池滩羊保种场	38
同羊	TONG	陕西省白水县	41
南非肉用美利奴	MEI	山西沁水	40
呼伦贝尔羊	HU	内蒙古呼伦贝尔盟	35
乌珠穆沁羊	WU	内蒙古乌珠穆沁旗	30
无角陶塞特	PD	中国农科院畜牧所	30
特克塞尔	TE	中国农科院畜牧所	20
萨福克	SFK	北京昌平基地	30

抽样方法采用原产地典型群随机抽样，基本上公母各半，样品采集地点覆盖了我国绵羊主产区，西起昆仑山脉，东到黄海之滨。既有来自雪域高原的藏系绵羊，又有来自丝绸古道上融合了中亚血缘的新疆系绵羊。从尾型上看，有细瘦短尾的西藏绵羊，有脂臀尾型代表阿勒泰羊、多浪羊等，有短脂尾的蒙古羊、湖羊，有长脂尾的同羊、大尾寒羊、兰州大尾羊等，还有引进品种瘦长尾的无角陶赛特羊和特克赛尔羊等。

微卫星引物是从 GeneBank 等数据库网站查得，筛选出符合要求的 29 个微卫星位点。引物信息见表 5-14。

表 5-14　29 对微卫星引物序列

位　点	上游引物	下游引物
MB009	GATCACCTTGCCACTATTTCCT	ACATGACAGCCAGCTGCTACT
BMS1724	GACTTGCCCCAATCCTACTG	ATTTCAGGTTTGTTGGTTCCC
BM1227	CACCAGTGATATTGGCTTATGG	GGAAGAAACACTTCCAAACCC
BM3033	TGCTGGTGGTCTTTGAACAG	GCAAACTGCTGGATAGGGAG
BM4311	TCCACTTCTTCCCTCATCTCC	GAAGTATATGTGTGCCTGGCC
MAF70	CACGGAGTCACAAAGAGTCAGACC	GCAGGACTCTACGGGGCCTTTGC
BM203	GGGTGTGACATTTTGTTCCC	CTGCTCGCCACTAGTCCTTC
BM6526	CATGCCAAACAATATCCAGC	TGAAGGTAGAGAGCAAGCAGC
MB023	CACCTTCTATGCTTCCACTCTAG	GCTTTAGGTAATCATCAGATAGC
BMS1714	TTTATCCCAAGAGGTTCCACC	AGGTGCTTGCAGTGAATCTG
AGLA269	CTTTCAATGTATTTGCTTATTTGTT	GACACTAGTAGATTTGAAACCCA
MB067	CTTTGTGGAAGGCTAAGATG	TCCCACATGATCTATGGTGC
BMC1206	GGGTGGCTATGACTCCAGTG	GGTCCAGCCTTCCACCAC
BMS710	TTCTACTCTCCAGCCTCCTCC	GTTGGCTCCAAGAGCAAGTC
BM3413	TCCCTGGTAACCAATGAATTC	CAATGGATTTGACCCTCCC
BM1225	TTTCTCAACAGAGGTGTCCAC	ACCCCTATCACCATGCTCTG
MB066	ATCTGCCTGAAGCCAGTCAC	GGTTTCCTGCACCTGCATGA
BM3501	CCAACGGGTTAAAAGCACTG	TTCCTGTTCCTTCCTCATCTG
BM1004	TTAAAAGTCAGAAAGGGAAGCC	CTCGACCTCACATACTCAAAGC
BM315	TGGTTTAGCAGAGAGCACATG	GCTCCTAGCCCTTCACAC
BM1341	CCTACCTACTGCACAGTTTTGC	CTCCCATATAAGTTACCCACCC
URB037	ACTGGAGACGACTGAAGCAACC	GAGTGGCTGTTGCTAAATTTGG
BM6444	CTCTGGGTACAACACTGAGTCC	TAGAGAGTTTCCCTGTCCATCC
BMS574	ATGTTCTTTGACCACATGGATT	GAACAAGCATTCTGACCATAGC
BM6404	TCCCTAATGTTGAATGGACTTC	CGAAAAGAGTCAGACACCAGC
BMS875	TCCAGCTTGAATCCCTTCC	AAGCAAAGGCTGGGAACAC
BMS1248	GTAATGTAGCCTTTTGTGCCG	TCACCAACATGAGATAGTGTGC
BMS1678	TCTTCTCTGCACTTTGGTTGC	ATAGCTGACATCCACTGGGC
ILST021	TCCTGTGGTAAACATAACGG	CAATGCTGTGTTAATTTCTGC

　　等位基因频率由 POPGENE 软件计算，并用 POPGENE 和 GDA 软件计算有效等位基因数、基因杂合度；以 Nei's（1978）遗传距离和共祖遗传距离应用 PHYLIP 软件和 GDA 软件以非加权组对算术平均法（UPGMA）构建系统发生树。遗传距离与地理距离相关性采用 IBD 软件。

　　（1）群体内遗传变异结果分析　　37 个品种在 29 个位点共检测到 712 个等位基因，平均每个位点等位基因数和有效等位基因数分别为 24.55 和 11.15；平均每个品种的等位基因数和有效等位基因数为 10.35 和 6.24。从表 5-15 可以看出 36 个中国地方绵羊品种在 29 个位点上的平均有效等位基因数为 3.21～8.30，其中兰州大尾羊的有效等位基因数最少，白藏羊的等位有效基因数最多。37 个品种的观察杂合度普遍低于期望杂合度。

　　29 个位点中 BM315 和 MB067 两个位点为低度多态信息位点；BM1227、IL021 和 MB066 为中度多态位点；其余 24 个标记为高度多态信息位点，且多态信息含量值均大于 0.7。这表明了所选大部分标记在品种内具有丰富的遗传多态性，能够在分子水平上反映群体间的关系。

表 5-15　绵羊品种在 29 个微卫星座位上的遗传变异参数

品　种	期望杂合度	观察杂合度	观察基因数	有效等位基因数
bs	0.7685	0.6138	10.83	6.26
cl	0.7480	0.6064	10.62	6.31
dl	0.7716	0.6137	11.17	6.57
ht	0.8027	0.6073	12.10	7.91
kz	0.7714	0.5850	11.90	6.62
kl	0.7681	0.6251	11.90	7.35
ts	0.7586	0.6584	10.93	6.33
yc	0.7581	0.6112	11.83	6.77
dq	0.7733	0.5775	11.11	7.04
nl	0.7777	0.5789	11.04	6.48
tc	0.7533	0.6133	10.61	5.99
wg	0.7264	0.5793	7.21	4.78
zt	0.7781	0.5911	11.71	6.98
al	0.8073	0.6291	12.79	7.69
by	0.8039	0.6409	12.25	7.91
ha	0.8141	0.6390	12.18	7.84
hu	0.8077	0.6470	12.72	7.56
jz	0.7980	0.6112	12.00	7.36
bz	0.8251	0.6816	13.14	8.30
hz	0.7702	0.6393	11.96	6.80
dw	0.8100	0.6917	12.30	7.96
xw	0.8184	0.6400	12.18	7.51
sd	0.8485	0.6749	12.52	7.67

（续）

品　种	期望杂合度	观察杂合度	观察基因数	有效等位基因数
wd	0.8367	0.6863	12.52	7.63
ad	0.8082	0.5722	11.75	6.81
gb	0.7904	0.5732	10.24	5.72
j	0.7733	0.5545	10.38	5.82
lz	0.8073	0.5721	11.83	6.58
jx	0.7448	0.5434	10.43	5.46
lk	0.7786	0.5276	11.04	6.11
yx	0.7390	0.5511	11.00	5.40
lzdw	0.6557	0.0278	4.56	3.21
tong	0.6953	0.0519	4.68	3.53
ola	0.6801	0.0089	4.64	3.55
gj	0.6716	0.0300	4.75	3.31
qp	0.6937	0.0202	4.41	3.52
dor	0.4641	0.1786	3.61	2.30

（2）群体间遗传变异结果分析　各个位点的总群体杂合度（HT）在 0.659～0.955，平均为 0.869。亚群体杂合度（HS）在 0.229～0.901，平均为 0.764，低于总群体杂合度。除 BM1227、BM315 的 HS 值低外，在其他各位点群体的 HS 值都较高，表明各群体在这些位点上大多数为杂合位点。各位点的遗传分化系数（GST）在 0.004 6～0.550，平均为 0.12，即不同群体间的基因变异为 12%，群体间的分化程度比较低。大多数位点的 GST 值都不高，说明遗传变异主要存在于各个品种内，品种间的遗传变异不大。

从品种间遗传距离可以看出，外来品种（无角陶赛特羊）与中国绵羊品种的距离都很远，其中与叶城绵羊的距离最远（$Ds=2.060$），其次为卡拉库尔羊（$Ds=2.050$）。国内品种中，哈萨克羊与甘加羊、兰州大尾羊的遗传距离最大，分别为 1.763 和 1.730；柯尔克孜羊与卡拉库尔羊、叶城羊的遗传距离最近，分别为的 0.097 和与 0.100。

从地理分布区域上看，山东产区 4 个绵羊品种间遗传距离较小，为 0.224～0.443；云南产区 5 个绵羊品种间遗传距离 0.180～0.427；新疆 11 个绵羊品种间的遗传距离为 0.097 3～0.594；西藏 5 个绵羊品种间距离较大，为 0.211～0.600；甘肃产区的 4 个绵羊品种的遗传距离最大，为 0.373～0.659。可以看出，地理分布较广的群体间的遗传距离范围较大，而分布区相对集中的群体遗传距离较小。

绵羊群体间遗传距离与地理距离的相关用 IBD 软件分析。15 个藏羊群体遗传距离与地理距离呈显著正相关（$r=0.3085$，$P \leqslant 0.0020$）；10 个蒙古羊群体间遗传距离与地理距离呈显著正相关（$r=0.6073$，$P \leqslant 0.0200$）；11 个哈萨克羊群体间遗传距离与地理距离无显著相关性（$r=0.2295$，$P \leqslant 0.1010$）（图 5-7 至图 5-9）。

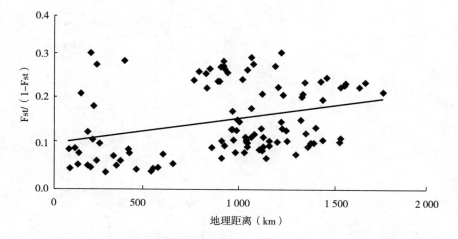

图 5-7　15 个藏羊群体遗传距离与地理距离之间相关性（$r=0.308\ 5$，$P\leqslant0.002\ 0$）

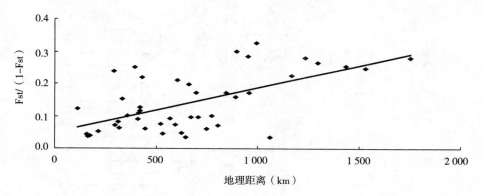

图 5-8　10 个蒙古羊群体遗传距离与地理距离之间相关性（$r=0.607\ 3$，$P\leqslant0.020\ 0$）

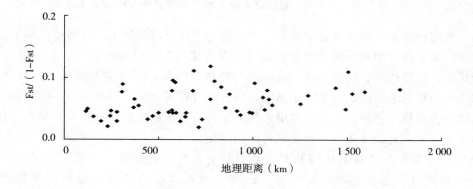

图 5-9　11 个哈萨克羊群体遗传距离与地理距离之间相关性（$r=0.229\ 5$，$P\leqslant0.101\ 0$）

（3）聚类分析　由图 5-10 可以看出，36 个中国地方绵羊品种被聚为五大类。第一类以哈萨克羊为主，其中分为两支，一支为巴什拜羊、多浪羊、策勒黑羊、和田羊、塔什库尔干羊、叶城羊、柯尔克孜羊和卡拉库尔羊；另一支为青海黑藏羊、阿勒泰羊、巴音布鲁克、哈

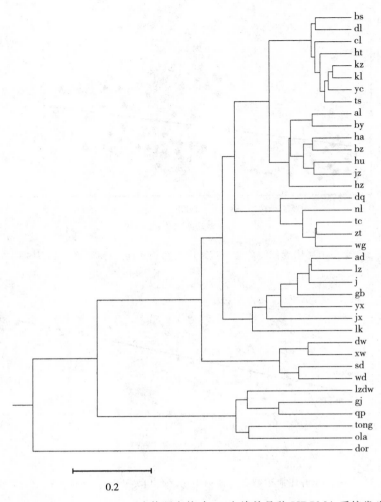

图 5-10　基于 Nei's（1978）遗传距离构建 37 个绵羊品种 UPGMA 系统发生树

萨克羊、青海白藏羊、湖羊和晋中绵羊。第二类为产区云南的绵羊，包括迪庆绵羊、宁蒗绵羊、乌骨绵羊、腾冲绵羊和昭通绵羊；第三类为西藏绵羊，包括浪卡子绵羊、郏县大尾羊、豫西脂尾羊、岗巴绵羊、江孜绵羊、安多绵羊和林周绵羊；第四类为山东产区的小尾寒羊、大尾寒羊、山地绵羊和洼地绵羊 4 个品种；第五类以甘肃产区的绵羊为主。以哈萨克羊为主的第一类与云南绵羊相聚，再与西藏绵羊相聚，再与山东的绵羊品种相聚，最后与甘肃产区为主的绵羊聚在一起，外来品种被聚到树的最外侧。

　　聚类结果基本与品种的地理分布、形成历史及外貌特征基本一致。但其中个别品种的聚类结果难以从品种起源、育成史、地理分布和体型外貌特征等角度解释，如豫西脂尾羊、河南郏县大尾羊与西藏绵羊聚在一起；湖羊、晋中绵羊与新疆产区的绵羊聚在一起。

　　2. 绒山羊遗传多样性评价　来自 10 个山羊群体共计 428 只，采集地及数目见表 5-16。每个群体随机采集约 50 只，其中公羊不少于 10 只。要求采样个体具备品种的典型特征，并且在三代或二代内没有血缘关系。西非山羊采血数滴均匀地滴在 FTA 纸的圆圈内，干燥后运回；其他山羊群体均采集面积约 0.5cm² 的耳组织块，置于装有 70% 乙醇的离心管中。耳组织采取常规的酚抽提法提取 DNA，具体参考《分子克隆实验指南》（第 3 版）。用分光光度计测定基因组 DNA 溶液的浓度，然后将浓度调整为 50 ng/μL 左右。所用引物是由联合国粮农组织（FAO）和国际家畜研究所（ILRI）推荐，由上海生工合成。FAO 推荐的引物信息见 FAO 网址（http：//www.fao.org），ILRI 推荐的 4 对引物序列及相关参数见表5-17。

PCR 产物用 ABI3130xl 全自动基因分析仪进行检测的原理是：利用已知的分子标准（Maker）计算目的片断的大小。这与普通的银染方法原理相同，但是由于它的每个泳道都有一个分子标准来校准电泳结果，因此，它比银染方法更准确。另外，它的分辨率很高，能灵敏区分 1bp 长度的差异。以上两点保证了微卫星基因型判定的准确性。

采用 POPGENE VERSION 1.31 计算微卫星等位基因频率、杂合度；利用 EXCEL MICRO-SATELLITE TOOLKIT 计算多态信息含量（Polymorphic information content, PIC）；根据 FSTAT 程序计 F-statistics 固定指数，并由 Benferroni 程序计算其显著性；用 DISPAN 软件包计算 Nei's 标准遗传距离（DS）和 Nei's 遗传距离（DA）。

表 5-16 10 个绒山羊群体来源和采样情况表

代 码	群 体	采集地	样本数
lkg	辽宁绒山羊	辽宁省宽甸县、盖州市	44
hx	河西绒山羊	甘肃省天祝县、肃南县	47
xj	新疆山羊	新疆乌鲁木齐市	40
hg	河谷山羊	西藏江孜地区	46
als	阿拉善绒山羊	内蒙古阿拉善盟	38
els	二郎山绒山羊	内蒙古巴彦淖尔盟	43
wz	乌珠穆沁绒山羊	内蒙古锡林郭勒盟	35
cdm	柴达木山羊	青海省德令哈市	45
sb	陕北山羊	陕西省榆林市	38
westafri	西非山羊	几内亚比绍国巴法塔市、加布市	41

表 5-17 19 个微卫星座位的相关信息

基因座	正向引物序列（5′-3′）	反向引物序列（5′-3′）	5′荧光	退火温度（℃）	所在染色体
MAF209	GATCACAAAAAGTTGGATACAACCGTG	TCATGCACTTAAGTATGTAGGATGCTG	VIC	55	17（bos）
SRCRSP7	TCTCAGCACCTTAATTGCTCT	GGTCAACACTCCAATGGTGAG	PET	55	6（bos）
ILSTS029	TGTTTTGATGGAACACAG	TGGATTTAGACCAGGGTTGG	NED	53	1（ovis）
INRA132	AACATTTCAGCTGATGGTGGC	TTCTGTTTTGAGTGGTAAGCTG	6FAM	55	20（ovis）

（续）

基因座	正向引物序列（5′－3′）	反向引物序列（5′－3′）	5′荧光	退火温度(℃)	所在染色体
OarFCB304	CCCTAGGAGCTTTCAATAAAGAATCGG	CGCTGCTGTCAACTGGGTCAGGG	VIC	55	19 (ovis)
BMS1494	TCTGGAGCTTGCAAAAGACC	AATGGATGACTCCTGGATGG	6FAM	55	18 (ovis)
MCM527	GTCCATTGCCTCAAATCAATTC	AAACCACTTGACTACTCCCCAA	NED	58	5 (ovis)
SPS113	CCTCCACACAGGCTTCTCTGACTT	CCTAACTTGCTTGAGTTATTGCCC	PET	58	10 (bos)
CSRD247	GGACTTGCCAGAACTCTGCAAT	CACTGTGGTTTGTATTAGTCAGG	VIC	58	14 (ovis)
OarFCB20	GGAAAACCCCCATATATACCTATAC	AAATGTGTTTAAGATTCCATACATGTG	6FAM	55	2 (ovis)
SRCRSP5	GGACTCTACCAACTGAGCTACAAG	TGAAATGAAGCTAAAGCAATGC	VIC	58	18 (ovis)
OarFCB48	GAGTTAGTACAAGGATGACAAGAGGCAC	GACTCTAGAGGATCGCAAAGAACCAG	6FAM	57	17 (ovis)
MAF70	CACGGAGTCACAAAGAGTCAGACC	GCAGGACTCTACGGGGCCTTTGC	PET	63	4 (ovis)
ETH10	GTTCAGGACTGGCCCTGCTAACA	CCTCCAGCCCACTTTCTCTTCTC	VIC	53	5 (bos)
SRCRSP3	CGGGGATCTGTTCTATGAAC	TGATTAGCTGGCTGAATGTCC	NED	53	10 (bos)
ILSTS011	GCTTGCTACATGGAAAGTGC	CTAAAATGCAGAGCCCTACC	6FAM	58	9 (ovis)
SRCRSP9	AGAGGATCTGGAAATGGAATC	GCACTCTTTTCAGCCCTAATG	6FAM	55	12 (bos)
ILSTS005	GGAAGCAATTGAAATCTATAGCC	TGTTCTGTGAGTTTGTAAGC	6FAM	55	7 (ovis)
BM1818	AGCTGGGAATATAACCAAAGG	AGTGCTTTCAAGGTCCATGC	VIC	50	20 (ovis)

表 5-18　10 个山羊群体的 19 个微卫星座位遗传变异分析结果

座位	指标	群体 Population										均值
		als	cdm	els	hg	hx	lkg	sb	wz	xj	westafri	
BMS1494	He	0.6244	0.5810	0.6227	0.3683	0.4107	0.6120	0.6031	0.6372	0.7419	0.5670	0.5768
	PIC	0.5593	0.5249	0.5629	0.3267	0.3701	0.5444	0.5570	0.5591	0.6860	0.5253	0.5216
	E	2.60	2.35	2.59	1.57	1.68	2.53	2.47	2.70	3.73	2.27	2.45
FCB304	He	0.8738	0.8947	0.8323	0.7520	0.8417	0.8433	0.8526	0.8968	0.8579	0.7779	0.8423
	PIC	0.8470	0.8738	0.8004	0.7186	0.8137	0.8149	0.8219	0.8767	0.8289	0.7431	0.8139
	E	7.24	8.64	5.61	3.90	5.98	6.01	6.29	8.85	6.54	4.30	6.34

（续）

座位	指标	群体 Population										均值
		als	cdm	els	hg	hx	lkg	sb	wz	xj	westafri	
ILSTS029	He	0.7360	0.3929	0.5824	0.6110	0.3938	0.6432	0.5446	0.5214	0.7282	0.8375	0.5991
	PIC	0.6830	0.3710	0.5567	0.5245	0.3623	0.5657	0.4974	0.4970	0.6971	0.8066	0.5561
	E	3.65	1.64	2.35	2.53	1.64	2.75	2.16	2.06	3.56	5.76	2.81
INRA132	He	0.3506	0.4353	0.5381	0.5863	0.5843	0.3795	0.4832	0.3950	0.6025	0.6667	0.5021
	PIC	0.3223	0.3781	0.4832	0.4896	0.4906	0.3047	0.3630	0.3563	0.5284	0.5918	0.4308
	E	1.53	1.76	2.13	2.38	2.37	1.60	1.91	1.64	2.47	2.92	2.07
SRCRSP7	He	0.2696	0.4511	0.5417	0.2644	0.5054	0.5660	0.4851	0.5748	0.5207	0.6201	0.4799
	PIC	0.2423	0.4030	0.5075	0.2519	0.3749	0.4900	0.4239	0.5433	0.4812	0.5471	0.4265
	E	1.36	1.81	2.15	1.35	2.00	2.27	1.92	2.32	2.06	2.57	1.98
CSRD247	He	0.6723	0.8092	0.8238	0.6364	0.7648	0.8783	0.8404	0.8421	0.8563	0.7506	0.7874
	PIC	0.6223	0.7776	0.7895	0.5835	0.7195	0.8540	0.8090	0.8123	0.8274	0.7119	0.7507
	E	2.97	5.01	5.38	2.70	4.10	7.59	5.86	5.99	6.48	3.86	4.99
FCB20	He	0.7222	0.7913	0.7691	0.5397	0.7378	0.6722	0.6964	0.7977	0.8174	0.6194	0.7163
	PIC	0.6597	0.7492	0.7213	0.4686	0.6846	0.6280	0.6470	0.7602	0.7808	0.5726	0.6672
	E	3.47	4.59	4.17	2.15	3.70	2.98	3.19	4.74	5.19	2.57	3.68
ILSTS005	He	0.3849	0.5960	0.5616	0.3213	0.3837	0.4898	0.4358	0.5815	0.6137	0.2066	0.4575
	PIC	0.3586	0.5351	0.4977	0.2943	0.3585	0.4242	0.3894	0.5066	0.5546	0.1910	0.4110
	E	1.61	2.44	2.25	1.47	1.61	1.94	1.75	2.35	2.54	1.26	1.92
MCM527	He	0.6335	0.7800	0.7335	0.7762	0.7320	0.7481	0.8016	0.7242	0.7766	0.5338	0.7239
	PIC	0.5988	0.7424	0.6962	0.7318	0.6748	0.6992	0.7619	0.6835	0.7325	0.4871	0.6808
	E	2.67	4.37	3.63	4.30	3.62	3.83	4.76	3.52	4.28	2.11	3.71
SPS113	He	0.7090	0.8180	0.8095	0.7398	0.7333	0.8076	0.7530	0.8380	0.7822	0.6829	0.7673
	PIC	0.6431	0.7817	0.7706	0.6842	0.6816	0.7699	0.7080	0.8072	0.7390	0.6390	0.7224
	E	3.32	5.23	5.00	3.72	3.64	4.94	3.89	5.82	4.39	3.07	4.30
ETH10	He	0.4943	0.2529	0.2137	0.2759	0.2016	0.1133	0.0775	0.2417	0.3440	0.5187	0.2734
	PIC	0.4353	0.2239	0.1989	0.2357	0.1897	0.1057	0.0749	0.2241	0.3135	0.4451	0.2447
	E	1.95	1.33	1.27	1.38	1.25	1.13	1.08	1.31	1.51	2.05	1.43
FCB48	He	0.7883	0.8655	0.8777	0.6280	0.5852	0.8115	0.8630	0.8693	0.8775	0.7112	0.7878
	PIC	0.7412	0.8397	0.8535	0.5968	0.5476	0.7791	0.8356	0.8436	0.8523	0.6574	0.7547
	E	4.47	6.93	7.55	2.64	2.38	5.05	6.73	7.14	7.49	3.36	5.37
ILSTS011	He	0.6284	0.6505	0.7415	0.6183	0.7300	0.6162	0.6491	0.7790	0.6320	0.5763	0.6621
	PIC	0.5430	0.6061	0.6878	0.5720	0.6718	0.5403	0.5991	0.7375	0.5770	0.5083	0.6043
	E	2.63	2.80	3.74	2.57	3.60	2.56	2.78	4.35	2.66	2.32	3.00
MAF70	He	0.8093	0.8224	0.8687	0.5530	0.7863	0.8231	0.7750	0.8223	0.6301	0.7541	0.7644
	PIC	0.7734	0.7897	0.8432	0.4834	0.7468	0.7882	0.7318	0.7903	0.5900	0.7256	0.7263
	E	4.96	5.35	7.07	2.21	4.50	5.37	4.24	5.36	2.65	3.92	4.56

（续）

座 位	指 标	群体 Population										均值
		als	cdm	els	hg	hx	lkg	sb	wz	xj	westafri	
SRCRSP3	He	0.6448	0.7723	0.6824	0.6871	0.6669	0.7445	0.6842	0.6881	0.6737	0.6116	0.6855
	PIC	0.5857	0.7287	0.6237	0.6114	0.6154	0.6878	0.6220	0.6245	0.6125	0.5286	0.6240
	E	2.75	4.23	3.07	3.12	2.94	3.79	3.08	3.13	2.99	2.53	3.16
SRCRSP5	He	0.8074	0.7958	0.8471	0.7203	0.8110	0.8245	0.8149	0.8245	0.8365	0.7648	0.8047
	PIC	0.7682	0.7588	0.8226	0.6594	0.7808	0.7926	0.7770	0.7943	0.8029	0.7197	0.7676
	E	4.92	4.69	6.14	3.48	5.06	5.41	5.10	5.41	5.74	4.09	5.00
MAF209	He	0.2509	0.1061	0.0949	—	—	0.1586	0.1326	0.1039	0.3725	0.4733	0.1693
	PIC	0.2169	0.0994	0.0910			0.1517	0.1251	0.0975	0.3087	0.3696	0.1460
	E	1.33	1.12	1.10	1.00	1.00	1.19	1.15	1.11	1.58	1.88	1.26
SRCRSP9	He	0.6957	0.8315	0.8389	0.7112	0.7879	0.6862	0.7582	0.7882	0.7804	0.4962	0.7374
	PIC	0.6475	0.8025	0.8078	0.6620	0.7468	0.6394	0.7158	0.7452	0.7357	0.4641	0.6967
	E	3.19	5.63	5.85	3.37	4.54	3.11	3.96	4.53	4.35	1.96	4.05
BM1818	He	0.7456	0.8424	0.8516	0.8147	0.8199	0.8041	0.7068	0.8691	0.8851	0.7699	0.8109
	PIC	0.6958	0.8133	0.8231	0.7769	0.7864	0.7731	0.6627	0.8430	0.8613	0.7248	0.7760
	E	3.78	5.99	6.30	5.15	5.30	4.87	3.29	7.10	7.94	4.17	5.39
He 均值		0.6232	0.6617	0.6767	0.5609	0.6052	0.6447	0.6309	0.6790	0.7049	0.6284	
PIC 均值		0.5760	0.6210	0.6388	0.5090	0.5587	0.5975	0.5854	0.6370	0.6584	0.5768	
E 均值		3.18	3.99	4.07	2.68	3.21	3.63	3.45	4.18	4.11	3.00	

注：He：期望杂合度；PIC：多态信息含量；E：平均有效等位基因数。

（1）遗传多样性　由联合国粮农组织（FAO）（http：//www.fao.org）和国际家畜研究所（ILRI）推荐的 19 个微卫星座位中有 4 个座位（INRA132、SRCRSP7、ILSTS005、ETH10）为中度多态，其多态信息含量（PIC）在 0.25～0.5；MAF209 为低度多态，$PIC<0.25$；其余 14 个座位均为高度多态（表 5-18），因此，可作为有效的遗传标记用于绒山羊遗传多样性和系统发生关系分析。

本研究中主要以微卫星等位基因频率为基础分析有效等位基因数（E）、期望杂合度（He）和多态信息含量（PIC）这三个评估遗传多样性的指标（表 5-18）。有效等位基因数是纯合度的倒数，它表明等位基因间的相互影响。当等位基因数在群体中分布较为均匀时有效等位基因数会接近检测的等位基因绝对数。本研究中有效等位基因数目比实际观察到的要小，这是因为有些基因频率相对很高，有些基因频率相对很低，基因分布不均匀所致。19 个基因座中，每个群体的平均有效等位基因数为 1.0～8.64 个不等，其中乌珠穆沁绒山羊的有效等位基因数最多（4.18 个），河谷山羊的最低（2.68 个）；就基因座而言，FCB304 检测到的有效等位基因数最多，平均 6.34 个；MAF209 最少，平均 1.26 个。

遗传杂合度（H），又称基因多样度，反映了各群体在几个座位上的遗传变异，一般认为遗传杂合度是度量群体遗传变异的一个较合适的参数；多态信息含量（PIC）是等位基因频率和等位基因数的变化函数。

微卫星分析结果表明，10 个群体的平均多态信息含量均大于 0.5，杂合度均值都高于 0.55，表明被研究群体的遗传多样性较为丰富。其中新疆山羊的 He 值最高（0.7049），西藏河谷山羊最低（0.5609）；共有 6 个群体的 He 值高于西非山羊（0.6284）。本研究结果表明中国绒山羊群体的遗传多样性较为丰富，具有很大的保种潜力；同时也反映出各个保种场较好的保种效果，实现了尽量保留未来可利用遗传基因的保种初衷。

本研究中新疆山羊的遗传多样性最高，这可能与它的培育历史和非定向选育有关。新疆各地自古以来就有饲养山羊的历史。2 世纪中期丝绸之路开通后，新疆成为我国和中亚进行经济、文化交流的枢纽，这也为大量引进中亚地区的山羊提供了可能。从育种角度来说，新疆山羊是一个在民间广泛饲养，肉、毛、绒、乳兼用的地方品种，这些因素都可能成为新疆绒山羊遗传多样性高的原因。张爱玲等（2006）利用 19 个微卫星标记分析南疆山羊的多态信息含量为 0.6856，与本研究结果相吻合。这也提示我们，中东山羊可能先迁移至中国。西藏河谷山羊遗传多样性相对低，并且有 5 个座位不符合 Hardy-Weinberg 平衡，表明该品种资源的多样性已受到一定程度的破坏。出现这种现象的原因可能是长期处于地理隔离和生殖隔离，加之保种群数量较小，导致群体的同质性加大所致。

本研究所得遗传多样性指标的范围与国内其他山羊品种基本一致（Li 等，2002；汪志国等，2006；张爱玲等，2006），但和国外山羊品种有一定差异。Canon（2006）报道，土耳其 3 个山羊品种的杂合度为 0.75 以上，而欧洲山羊品种杂合度为 0.59~0.765；Saitbekova 等（1999）检测的 8 个瑞士山羊平均期望杂合度为 0.51~0.58；印度地方山羊的杂合度则为 0.45~0.69（Aggarwal，2007）。由此可见，中国绒山羊的遗传多样性低于中东山羊品种，但高于亚洲、欧洲和非洲的部分品种，支持中东地区是家养山羊起源地的结论。鉴于绒山羊品质优异且遗传基础较广泛，中国绒山羊作为特色种质资源应该得到有效的保护和利用。

（2）遗传距离　遗传距离是研究物种遗传多样性的基础，它反映了所研究群体的系统进化，被用以描述群体的遗传结构和品种间的差异。准确理解遗传距离的概念和在不同的情况下选择合适的度量方式是很重要的。测定遗传距离的方法有很多种，究竟哪一种遗传距离测定方法对分析遗传变异最适合并无定论，不同的遗传距离所得的系统进化树也不同。本研究采用使用频率最高的标准遗传距离（Ds）和遗传距离（DA）来计算群体间遗传距离。

根据 Nei's 的方法计算 Ds（Nei，1972）和 DA（Nei，1983），结果见表 5-19。可以看到西藏河谷山羊与西非山羊之间的遗传距离最远（$Ds=0.5463$；$DA=0.3439$）；就国内群体而言，辽宁绒山羊与河谷山羊遗传距离最远（$Ds=0.2303$；$DA=0.2242$）。遗传距离最近的是柴达木山羊和陕北山羊（$DA=0.0637$）；乌珠穆沁绒山羊和二郎山绒山羊（$Ds=0.0424$）。可以看到这一结果与山羊群体的育种历史与地理分布基本一致。

表 5-19　10 个山羊群体间的 Nei's 标准遗传距离（Ds，对角线上方）和
Nei's 遗传距离（DA，对角线下方）

	als	cdm	els	hg	hx	lkg	sb	wz	xj	westafrica
als		0.103 2	0.092 2	0.196	0.222 6	0.138	0.105 9	0.126 4	0.141 2	0.449 5
cdm	0.110 3		0.049 5	0.167 8	0.139 9	0.091 3	0.052 1	0.074 1	0.088 8	0.485 6
els	0.100 6	0.067 9		0.183	0.143 4	0.106 3	0.065 3	0.042 4	0.103 6	0.438 2

（续）

	als	cdm	els	hg	hx	lkg	sb	wz	xj	westafrica
hg	0.192 7	0.17 3	0.188 4		0.275 4	0.230 3	0.174 9	0.229 3	0.229 3	0.546 3
hx	0.163 8	0.116 5	0.136 2	0.222 2		0.184 3	0.159 1	0.176 6	0.196 8	0.412
lkg	0.153 8	0.094 1	0.106 1	0.224 2	0.147 8		0.053 9	0.174 5	0.095 9	0.499 9
sb	0.115 6	0.063 7	0.084 4	0.197 3	0.151 2	0.070 2		0.134 1	0.096 5	0.475 3
wz	0.121 5	0.084 3	0.067 7	0.21	0.141 8	0.151	0.126 2		0.122 8	0.456 1
xj	0.142 2	0.098	0.106 1	0.222 4	0.150 9	0.078 1	0.099 5	0.119		0.488 9
westafrica	0.290 8	0.287 9	0.271 3	0.343 9	0.287 5	0.319 5	0.288 5	0.261 4	0.294 4	

（3）聚类分析　从图 5-11 可以看出，系统进化树把中国山羊与西非山羊分为 2 支；中国山羊中河谷山羊单独为一支，河西绒山羊与其余群体聚为一类。其余群体又可细分为 2 类：辽宁绒山羊、新疆山羊、柴达木山羊、陕北山羊聚为一类，内蒙古绒山羊为一类。

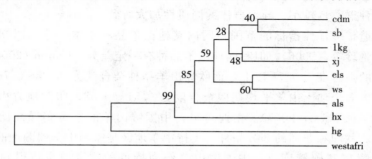

图 5-11　基于 Nei's 遗传距离（DA）的 10 个山羊群体 UPGMA 聚类图（群体代号见表 5-16）

三、动物遗传资源保护、利用的意义

　　动物种质资源是经过长期演化及人为改造所形成的具有一定特点的物种资源，它可以为人类社会科技与生产活动提供基础材料，是人类社会生存与可持续发展不可或缺的，并对科技创新与经济发展起支撑作用的重要战略物质资源。动物种质资源已成为世界各国争夺的焦点之一，已引起国际社会的高度重视。

　　我国动物品种资源十分丰富，据品种资源调查及 2001 年国家畜禽品种审定委员会审核，我国绵羊、山羊均为 50 个品种。但近年来随着国外优良品种的大量引入、生态环境的逐渐恶化，我国许多地方固有品种处于濒危或濒临灭绝状态。家畜是生物多样性持续使用最有现实可能的物种，而畜禽种质资源的危机则意味着畜禽种质所携带的优良基因的危机，甚至基因的永远消失和无法挽回。

　　另一方面，我国加入 WTO 以来，农产品参与国际市场激烈竞争的局面已经出现，发达国家设立的种种非关税壁垒对我国农产品的出口贸易造成较大冲击，其中一个重要原因是我国农产品的特色不突出，没有形成必不可缺的资源优势。充分、合理利用我国动物种质资源优势，培育特色品种，生产特色产品和提高产品质量，积极参与国际市场竞争，是提升我国农业国际市场竞争力的重要途径。

　　总之，对家养动物遗传资源的保护主要有经济、科学、文化和历史意义：

1. 现有动物遗传资源保存具有潜在的重要经济价值，在过去的几十年间，动物产品消费的变化和生产条件的改变，生产者都能够及时应变，在很大程度上取决于当时家畜、家禽群体中存在有相当广泛的可利用遗传变异。

2. 动物遗传多样性是动物遗传育种研究的基础，可以利用群体间以及个体间的遗传变异来研究动物的发育和生理机制，深入了解动物驯化、迁徙、进化、品种形成过程，以及其他一些生物学基础问题，因而遗传多样性保存对科学研究是很有价值的。

3. 畜禽品种是在特定的自然生态环境和社会历史条件下，经过人类长期驯化、培育而成的。对这些遗传资源的保存也为一个国家的文化历史遗产提供了活的见证，为我们进行历史研究提供了依据。

如何保护和利用我国特有的动物种质资源呢？进行保护和利用的前提就是遗传多样性评估。遗传多样性是生物多样性的重要组成部分，是生物的遗传基因的多样性。任何一个物种或一个生物个体都保存着大量的遗传基因，因此，可被看作是一个基因库（Gene pool）。一个物种所包含的基因越丰富，它对环境的适应能力越强。那么，只有对家养动物的遗传多样性进行准确评估，才能准确区分品种，确定品种间的关系，为品种保护和利用奠定基础。

（一）绒毛用羊保护理论与方法

绒山羊是我国著名的优良产绒型地方良种，其绒毛色全白、光泽好、毛细度适中、产量高，还具有体质结实、体格大、适应性强、耐粗饲、绒肉兼用、遗传性能稳定等优良特性，是不可多得的珍贵遗传资源，值得在我国大面积推广。但是由于保种不当和盲目引进外来品种杂交使原有的地方品种数量大大减少，部分品种已经灭绝或濒临灭绝，因此，对绒山羊遗传资源保存已迫在眉睫。

1. 保种的概念　保种就是要保存一切与特定生态条件相联系的基因及基因组合体系。吴常信院士（2001）指出：从学术观点上应阐明，保种的对象是群体而不是某些性状或基因。畜禽品种的保存方式可以是活畜、冻精、冻胚甚至可以是细胞株，不过由于我国生态地理区域多种多样，因此活畜保存仍是主要的方式。根据群体遗传学理论可知，畜禽活体保种的效率受到群体规模、性别比例、留种方式、交配制度和世代间隔等因素的影响。

2. 保种的方式

（1）活体保种　在活体保种技术方面，为了节省保种成本，也利于具体操作，必须按动物亚种或品种划定一定的区域和亚群，严格禁止亚种或品种之间的杂交。另外，从宏观上采用计算机技术对保种的理论问题，如遗传漂变、选择、迁移、近交等进行计算机模拟，分析保种的长期效应。同时引入地理信息系统（GIS）对遗传资源作动态的管理。根据群体遗传学的理论，动物活体保种的效率受到种群大小、年龄结构、性比、交配制度等因素的影响。

①种群大小　Franklin（1980）提出保种种群近交增量应控制在每代1%以内，这样才可以通过自然选择与人工选择消除近交造成的衰退，维持种群不致灭绝。目前，近交增量1%的原则已被广大保种学家所接受，成为保种遗传学基本原则（Basic rule of conservation genetics）。确定保种种群大小是一个重要的技术指标。

②种群年龄结构　适宜而稳定的年龄结构是维持种群规模恒定的基础。尤其是对于世代重叠的保种群，稳定的年龄分布如同近交概念一样重要。稳定的种群年龄结构图呈金字塔形，表现在各年龄级的个体数随年龄的增长而下降。稳定的年龄结构不仅决定了种群大小的稳定性，而且还影响世代间隔及各家系后代供量方差，从而对保种产生重要影响。

③性比　当性别比例为1∶1稳定的年龄结构时，在其他条件等同的情况下，保种效果最为理想。但对于畜禽，考虑到经济效益的因素，1∶1的性比在实践中难以实现。一般情况推荐的雌雄畜禽性比为1∶5。

④交配制度　在有限的群体中尽管实行随机交配，然而由于群体规模有限，常常出现近交系数迅速上升的结果。近交本身并不改变种群的基因频率，但能使等位基因的纯合性增加。所以，当种群中存在隐性致死基因时，近交就会导致衰退，使种群的一些个体的生产力下降，这一点在小种群中表现得尤为突出。因此，在交配制度上应尽量避免近交的发生，如亲子交配、全同胞交配、半同胞交配等。

（2）超低温保存　动物种质细胞的超低温保存，是指在超低温（−196℃）条件下抑制种质细胞内一切新陈代谢活动，并且种质细胞长期保存而不丧失活性的一种保存技术。在超低温下动物种质细胞之所以能长期保存，是因为细胞内的一切新陈代谢中的化学变化被超低温所抑制。低温保存的细胞以一定的方式复苏后，又具有存活能力。冷冻模式和防冻剂是超低温保存的两个关键因素。

①超低温保存冷冻模式及防冻剂　超低温保存的冷冻模式可分为程序降温法和玻璃化法。

程序降温法是一种降温速率较慢的冷冻模式。冷冻的一般操作过程是：第一，将细胞放在含有抗冻剂的溶液中预处理。第二，用程序降温仪将上述预处理的细胞连同溶液以较慢的速度（<1℃/min）降温至−7℃。第三，植冰后以0.2～0.8℃/min的速率降至−196℃，然后投入液氮保存。但是，如果降温过慢，溶液电解质浓度增高，致使细胞遭受渗透压损伤；降温过快又会使细胞内形成冰晶，引起损伤。在预定的程序降温过程中，由于建立热力学平衡，胞内可能结冰，这也是细胞通常致死的因素，除非结晶很小。

玻璃化法是指超快降低细胞温度的一种冷冻模式。经过不同防冻剂浓度平衡后的种质细胞直接由零度以上温度浸入液氮中保存。含有适当浓度防冻剂的溶液在快速降温过程中，由液态转变为一种类似于玻璃的非晶体状态，而不是形成冰晶，避免了细胞内冰晶形成所致的化学物理损伤。因此，玻璃化法研究的重点是寻找容易实现玻璃化，并且对种质细胞损伤较小的防冻剂，或者是更进一步提高冷冻速率。

②防冻剂　防冻剂必须具有一定的渗透能力以便对细胞起保护作用，其保护作用即可通过"固着效应"限制细胞外冰晶存在时发生的低温脱水量，又可在细胞质不断浓缩时保护细胞结构和分子。大部分效果较好的保护剂都是小分子，在其保护效果最好的细胞系中渗透性很强。超低温保存应用最普遍的防冻剂包括二甲基亚砜（DMSO）、甘油、蔗糖、海藻糖、甲醇、葡萄糖、1，2-丙二醇、脯氨酸、甘氨酸三甲基盐、果糖、半乳糖和乳糖。

（3）低温保存的资源类型

①生殖细胞的保存　Polge等（1949）用低温保存的精液进行人工授精，并获得成功。随后以甘油作为防冻剂成功冻存大鼠和猪的精液。现在，人、家畜和一些濒危动物的精液或睾丸组织已被成功冷冻保存。与精子相比卵细胞体积较大，结构组分较复杂，抗冻能力低。因此卵细胞的超低温保存没有精子那么顺利。卵母细胞在冷冻保存时会发生各种各样的损伤：细胞骨架解体，染色体与DNA异常，纺锤体结构瓦解，透明带变硬，膜变得不完整，所有的这些变化都影响着冷冻后卵母细胞的发育能力，进而影响复苏后卵细胞的受精率。Lilia等（2002）提出玻璃化冷冻程序，该程序比常规慢速冷冻更安全、更有效。Vieira

（2002）报道未成熟卵母细胞 OPS 法玻璃化冷冻囊胚发育率达 11% ～25%，并成功生产了牛犊。目前，无论是采用程序降温仪或采用玻璃化法，还是采用活体取卵技术或从卵巢中分离卵细胞，都面临着以下几个方面的问题：即如何选择卵细胞的冷冻保存时期（GV 期和 MⅡ 期的卵细胞冷冻后的发育能力不一样）；如何提高降温速率（卵细胞的体积较大，所以降温速率也相对较慢）；如何处理卵细胞周围的颗粒细胞（颗粒细胞在卵细胞发育的不同时期有不同的作用，如果简单地将卵细胞周围的颗粒细胞用酶消化除去，可能会影响卵细胞复苏后的发育能力）。另外，动物种类不同，卵细胞本身也存在较大差异。对超低温保存动物胚胎研究，始于卵母细胞低温保存成功之后。并于 1972 年成功地进行了 8 细胞期小鼠受精卵的低温保存。牛胚胎的冷冻保存也获得了成功。但是细胞内的冰核形成、防冻液中的溶质、复苏过程中的重结晶等，均可造成胚胎细胞骨架发生畸变、损伤胚胎内的膜结构或导致细胞膜硬化等一系列变化。另外，添加的防冻剂类型和浓度，降温、升温的速度及最终保存的胚胎温度，胚胎的年龄、大小、基因型、父系和母系的基因型等因素也影响胚胎冷冻保存后的存活能力。目前有一种叫 OPS（Open pulled straw）的玻璃化冷冻胚胎方法，其升温和降温速度比普通的玻璃化冷冻方法提高了 10 倍以上。但是，由于冷冻液直接与液氮接触，液氮内一些潜在的污染源如一些嗜低温菌可能对冷冻液内的胚胎造成危害。

②体细胞库的构建　胚胎、幼体或成年动物的肺、肾、皮肤等组织，经体外传代培养，可长成成纤维细胞或上皮状细胞。经消化处理后，收获的细胞悬浮在添加抗冻剂（DMSO 或甘油）的培养基中。再以预定的程序冷却，然后就可以在液氮中长期保存。这样建成的细胞系需要时再解冻复苏，就可以恢复在体外的生长、分裂。W Roux（1885）首次提出组织培养这一概念，他用温热的生理盐水在体外使鸡胚组织存活了数天之久，被认为是体外培养的萌芽实验。1907 年，实验胚胎学家 R Harrison 进行的体外培养实验，将蛙胚髓管部的小片组织在体外培养数周，并观察了神经突起的生长过程。R Harrison 的实验，较为完善地建立了体外培养活体组织的培养体系，第一次较为系统地观察了体外培养活体组织的结果，标志着体外培养技术的开始。体外培养技术创立以后，这项技术的发展非常迅速。这些发展主要包括几个方面：第一，探讨体外培养的营养条件；第二，培养不同类别的生物体组织细胞；第三，建立不同的培养技术。进入 20 世纪 50 年代后，体外培养技术进入了一个迅猛的发展时期。1950 年，JF Morgan 等人提出 199 培养剂配方。1955 年，H Eagle 建立著名的Eagle 培养基配方。1959 年，Love-lock 等人发现了一种新的化学冷冻保护剂——二甲基亚砜。1967 年，AL VanWezel 创立了微载体培养系统。1972 年，RA Knazek 等人创立了中空纤维细胞培养技术，标志着体外培养技术进入三维培养新阶段；同时，应用这种培养技术，可以使得体外培养从实验室内的微量或小量水平提高到大规模水平。构建动物的细胞系有严格的检测程序。培养简历、培养液成分、细胞形态描述、细胞活力、核型分析、免疫检测、染色体带型分析、报告基因转染表达率等检测项目必不可少。伴随细胞培养技术应运而生的是细胞系的超低温冷冻保存技术。对于细胞的超低温保存技术上文有所阐述，此处不再赘述。现在，包括我国在内的许多国家都建立了用于统一保藏典型培养物的"培养物银行"或者保存中心。以美国典型培养物中心（American Type Culture Col-lection，ATCC）为代表的资源保藏中心，致力于分离、收集、保存及供应可靠的细胞系，任何经鉴定的典型培养物都可以申请登记、贮存、随时取用，甚至交换进行商业供应。英国与瑞士（日内瓦）所经营的欧洲动物细胞培养中心（European Collection of Animal Cell Culture，ECACC），细胞库

经营1 600种以上的细胞系。1986年中国科学院昆明动物研究所筹建的野生动物细胞库，收集了包括滇金丝猴、毛冠鹿、赤斑羚等大量的野生动物的细胞株、组织和生殖细胞；中国农业科学院北京畜牧兽医研究所遗传资源研究室细胞库，自2001年成立以来，构建了包括狼山鸡、三黄鸡、云南矮马、鲁西黄牛、蒙古羊、民猪在内的80多个濒危地方畜禽品种的成纤维细胞库。这些收藏物为从细胞和分子水平研究现代生物学和医学，特别是动物的分类、系统演化、物种起源等重大科学问题提供了经济、便捷的实验材料。

（4）基因组文库构建　基因组文库是指含有某种生物体全部基因随机片段的重组DNA克隆群体，这个文库像是一个储存有基因组全部序列的信息库，故称为基因组文库（Genomiclibrary）。早在20世纪70代基因组文库的概念就已提出，Maniatis等（1978）设计了哺乳动物基因组的大量随机片段方案。克隆载体作为基因组文库构建中的重要媒介，提高其容纳量一直是重要发展方向之一。自Cohen等（1973）构建了第一个质粒载体ps101以来，越来越多的克隆载体相继涌现，使得克隆体的整体结构和克隆效率有了很大改善。克隆载体的发展大致经历了3个阶段：第一是以λ噬菌体和黏粒为代表的载体；第二以YAC（Yeast artificial chromosome），BAC（Bacterial artificial chromosome）及PAC（P1-de-rived artificial chromosome）等人工染色体载体为代表，以及目前正在开发中的MAC（Mammalian atificialchromosome）及HAC（Human artificial chromosome）载体系统；第三是以BIBAC（a binary BAC）及TAC（Transformation-competent artificial chromosome）为代表的新型文库载体。此类载体不仅具有第二类载体的所有特征，而且具备了植物的转化功能。λ噬菌体载体和黏粒载体是早期构建真核细胞基因组文库的最常用的两类载体。但这两种载体存在着克隆位点少、插入容量较小和筛选工作量大的问题，给全基因组的构建工作带来了许多不便。Murray和Szostak（1983）首次成功构建了包括着丝粒、端粒、复制子和外源DNA在内的总长度为55kb的酵母人工染色体YAC（Yeast artificial chromosome）。YAC不仅存在着重排和缺失现象，而且其插入片段的分离较难，转化效率低，同时其嵌合体问题尤为严重，使其在应用和研究工作中受到了很大限制。比较而言，BAC具有嵌合和重排频率相对低、外源DNA能稳定遗传、转化效率高、重组DNA容易分离等优点。此外，BAC在转化前无需对重组子进行包装的优点是PAC所不及的，所以，近年来该类载体得到了迅速发展并在构建基因组文库方面得到了广泛应用。随着脉冲交变电泳技术的进步，以及基因组研究的日益深入，人工染色体在可插入大片段的独立性、稳定性和遗传性等方面的研究取得了迅速发展，并随之产生了一系列新的载体体系。第一个细菌人工染色体（Bacterial artificial chromosome，BAC）克隆载体——pBAC108L，哺乳动物人工染色体（Mammalianatificial chromosome），以及人类人工染色体（Human artificial chromosome，HAC）相继构建成功。应用这些载体，相关学者已经完成了人、小鼠、牛、猪、绵羊等动物的YAC及BAC文库的构建。

四、绵山羊保种的利用前景

随着人类社会生存发展的需要和畜牧业生产的可持续发展，防止物种递减甚至灭绝已经引起国际化社会的普遍关注。我国政府在签署《生物多样性公约》同时，在保护生物多样性方面对国际社会作出了庄严承诺，使得不同品种绵山羊优良的遗传特性有望得以保存下来。随着科学技术的不断发展和技术手段的改进，绵山羊的优良性状对我国生物资源和经济资源所蕴含的价值是不可估量的。保护这些人类财富，是我们义不容辞的责任。

第六章

绒毛用羊繁殖

第一节　繁殖规律

繁殖学是生殖生物学（Reproductive biology）的重要组成。生殖生物学是研究生物生殖活动及其调控规律和调控技术的科学，研究对象包括人、动物和植物，研究目标侧重于分析与发现生物的生殖活动规律，以便开发提高或控制（如计划生育）生殖的技术。动物繁殖学将理论与实践紧密结合起来，主要研究对象是家畜或有可能驯化成为家畜的动物，或能直接被人类所利用的动物。因此，动物繁殖学主要研究内容涉及发育生物学（Development biology）、生殖生理学（Reproductive physiology）、生殖内分泌学（Reproductive endocrinology）等学科中所有有关动物繁殖的内容。

一、绒毛用羊繁殖进程

（一）绒毛用羊繁殖学

绒毛用羊繁殖学（Woolcashmere reproduction）是研究绒毛用羊生殖活动及其调控规律和调控技术的科学，是加强畜禽品种改良、保证畜牧业快速发展的重要手段，是现代动物科学或畜牧科学中研究最活跃的学科之一。在畜牧生产中，通过提高公畜和母畜繁殖效率，可以减少繁殖家畜饲养量，进而降低生产成本和饲料、饲草资源占用量。因此，动物繁殖学是畜牧学或动物生产学中重要的应用基础科学。

（二）研究内容

绒毛用羊繁殖学主要研究内容包括繁殖理论、繁殖技术、繁殖管理与繁殖障碍及其防治。

1. 繁殖理论　动物生殖活动有性别分化、性发育、性行为，雄性动物精子发生、射精，雌性动物卵泡发育和排卵、受精、胚胎发育与妊娠、分娩、泌乳等，动物繁殖理论主要研究这些生殖活动的发生、发展规律及其调控机理，并对生殖器官和生殖细胞的形态结构和生化特性进行描述与分析，为开发防治繁殖障碍、提高动物繁殖效率的新技术提供理论依据。

生殖生理学和生殖病理学的研究内容，主要涉及动物繁殖学的理论部分。内分泌学主要研究调控生殖、消化、代谢、生长、泌乳、血液循环和神经等系统的微量生物活性物质结构与功能关系。生殖内分泌学既是动物生殖生理学的重要研究内容，又是内分泌学中研究动物生殖活动调控物质及其调控规律的科学。由于动物机体各器官系统相互作用，构成有机整体，所以内分泌学、生殖内分泌学与神经内分泌学等之间既有区别，又有联系。生殖免疫学

（Reproductive immunology）或免疫繁殖学（Immunological reproduction）是动物繁殖学近期发展起来的新分支，主要研究动物生殖活动方面的免疫调节规律和免疫学技术在提高动物繁殖效率、检测动物繁殖激素、防治动物繁殖疾病等方面的应用，因而包含理论和技术两部分内容。

2. 繁殖技术　由繁殖调控技术和繁殖监测技术两部分内容组成。繁殖调控技术包括调控发情、排卵、受精、胚胎发育、性别发生、妊娠维持、分娩、泌乳等生殖活动的技术，是提高动物繁殖效率、加快育种速度的基本手段。例如，近期发展起来的显微授精和胚胎生物工程技术等，分别是提高公畜和母畜繁殖效率的重要手段。繁殖监测技术包括发情鉴定、妊娠诊断、性别鉴定、激素测定等技术，是促进繁殖管理、提高繁殖效率或畜牧生产效率的重要工具。

3. 繁殖管理　主要从群体角度研究提高动物繁殖效率的理论与技术措施，包括繁殖管理指标和繁殖管理技术及繁殖技术标准化等内容。例如，畜群繁殖力评定指标与方法、畜群结构优化理论与技术、提高畜群繁殖力的管理措施等。

4. 繁殖障碍及其防治　主要从畜牧学角度分析动物繁殖障碍的发病率和病因，探讨防治繁殖障碍的方法与技术措施。这部分内容与兽医产科学有交叉，主要区别在于兽医产科学从动物医学角度、注重动物个体生殖疾病的预防与治疗，而动物繁殖学则从畜牧学角度探讨引起动物发生繁殖障碍的原因及其防治措施。

（三）繁殖学历程

随着繁殖学的发展及相关技术的革新，绒毛用羊繁殖学历经了几次重大技术变革，可以概括地分为以下几个阶段。人工授精技术的出现掀起了动物繁殖的第一次革命，同时腹腔镜输精技术（子宫角输精技术）也日趋成熟；胚胎移植技术的尝试和应用是动物繁殖的第二次革命；体外受精技术推动了动物繁殖的第三次革命，活体采卵与体外受精技术丰富了第三次革命的内容；胚胎克隆堪称动物繁殖的第四次革命；体细胞克隆与转基因技术是目前繁殖学研究的热点和重点，被人们誉为动物繁殖的第五次革命。

二、绒毛用羊繁殖规律

我国绒毛用羊生产主要集中在西北和华北地区，其中优质细毛羊，特别是中国美利奴羊主要集中在新疆、内蒙古和吉林，本节就以中国美利奴羊为例介绍绒毛用羊的繁殖规律。

中国美利奴羊的育成对中国细毛羊的发展起到了巨大促进作用。为扩大这一新品种的数量，加速其繁育体系建立，更好地挖掘母羊的繁殖潜力，提高繁殖率，对中国美利奴羊新疆军垦型母羊的性成熟期、发情周期、发情持续期、妊娠期及繁殖年限等进行调查研究，探明其繁殖规律确有必要，为此对石河子垦区、奎屯垦区的 4 769 只母羊和巴里坤牧区的 6 190 只母羊的配种资料进行了统计分析。

石河子、奎屯垦区，年平均气温为 6.73℃，9～10 月绵羊配种季节平均气温为 12.3℃，平均日照为 14.5 h，秋配季节主要是以田边地头和部分甜菜地、玉米地等抢茬放牧，一般无补饲；巴里坤牧区，年平均气温为 1℃，9～10 月绵羊配种季节平均气温为 3.8℃，平均日照为 20 h，秋季完全放牧，以草原葭蓝草为主，约占 85%，其他是禾本科杂草。以上地区均采用人工授精方式进行配种，垦区从秋配开始就进入棚圈，而牧区只有在产羔时才进入棚圈，配种季节夜晚露宿草原。

（一）母羊的性成熟与配种年龄

1. 性成熟　中国美利奴羊新疆军垦型母羊的性成熟一般为 8 月龄，最早为 6 月龄。早春所产的母羔若不及时公母分群，当年就配种受孕，次年 1 岁时产羔，这就会影响母羊的自身发育，所产羔羊品质也差。因此，在羔羊 4 月龄断奶后即应公母分群。

2. 初配年龄　母羊的初配年龄一定要待体成熟（12～15 月龄）之后，一般初配年龄 18 月龄为宜。

3. 发情率　母羊第一情期的发情率除受品种影响外，还与气候、饲草条件及母羊营养状况有关。根据 8 年秋配统计，牧区第一情期发情率 86.92%，比垦区高 4.87%，差异非常显著（P＜0.01）。

（二）母羊的发情周期

中国美利奴羊新疆军垦型母羊的发情周期集中于 16～18d，约占 90.14%，其中垦区平均为（16.87±1.06）d，牧区平均为（16.63±1.03）d。

（三）母羊的发情持续期

中国美利奴羊新疆军垦型母羊的发情持续期，垦区母羊持续 1d 与 2d 者大致各半，而牧区持续 1d 者占 73.24%，2d 者仅为 26.57%，相差 44.88%，差异极显著（P＜0.01）。垦区 488 只母羊，其中第一天发情 266 只，发情率 54.51%，第二天发情 222 只，发情率 45.49%；牧区 527 只母羊，第一天发情 386 只，发情率 73.24%，第二天发情 140 只，发情率 26.57%。牧区母羊持续 1d 与 2d 的受胎率相差 1.54%，差异不显著（P＞0.05）。

（四）母羊的妊娠期

中国美利奴羊新疆军垦型母羊的妊娠期为 144～169d，平均为（151.6±2.31）d，妊娠期多集中于 146～154d，占 82% 以上，其中，垦区母羊的妊娠期平均为（151.64±3.04）d，牧区母羊的妊娠期平均为（151.5.±2.49）d。

（五）母羊的繁殖年限

中国美利奴羊新疆军垦型母羊的繁殖年限一般在 7 岁左右淘汰，但是在加强饲养管理的条件下，母羊到 12～13 岁仍有繁殖能力，且双羔率也不低，如 1987 年 147 团 15 连，140 只第 6 胎母羊繁殖率仍达 124.02%。4 连 148 只第 6 胎母羊繁殖率高达 137.8%。只要精心照料，加强饲养管理，可适当延长其使用年限。

（六）讨论

1. 中国美利奴羊新疆军垦型母羊的性成熟大多为 8 月龄，早的可达 6 月龄，这就提示早春羔羊断奶后应早分群，初配年龄宜控制在 12～15 月龄之后进行，待母羊充分体成熟，体重达成年母羊的 85% 时，进行第一次配种。母羊的第一情期发情率牧区较垦区高，且整齐，垦区与牧区的差异极显著（P＜0.01）。

2. 中国美利奴羊新疆军垦型及其杂种母羊的发情周期大多为 16～18d，占 90% 以上，平均（16.93±1.03）d。其中，垦区母羊的发情周期平均（16.87±1.06）d，牧区母羊的发情周期平均（16.63±1.03）d，两者仅差 0.06d，差异不显著（P＞0.05）。牧区母羊的发情较集中，发情周期为 15～21d，垦区母羊的发情较为分散，发情周期范围为 13～22d。

3. 中国美利奴羊新疆军垦型及其杂种羊的发情持续期为 1～2d，牧区 1d 者居多，占 73.44%；2d 者为 26.56%。垦区持续 1d 和 2d 者近乎各半，母羊发情的持续期与其受胎率间无明显相关，差异不显著（P＞0.05）。由此可见，不少单位采用对发情母羊每日输精两次，直至发情终止的受精方法既浪费了精液又无助于受胎率的提高，尤其垦区更甚，严重影响了对优秀种公羊的利用，很不经济，故建议推广一次试情，对当日发情羊于早、晚各输精一次，如翌日持续发情者再输精一次，即最多输三次的受精制度。

4. 中国美利奴羊新疆军垦型母羊的妊娠期平均为 (151.6±2.9) d，其中 144～154d 者占 82％以上，垦区与牧区母羊的妊娠期相差 0.14d，差异不显著 (P＞0.05)。

5. 中国美利奴羊新疆军垦型及其杂种母羊的产羔率一般随年龄而变化，3～6 岁时繁殖力最高，7 岁以后繁殖率逐渐下降，但只要加强饲养管理，精心照料，优秀母羊可延长利用 1～2 年。

6. 中国美利奴羊新疆军垦型系指"繁育体系"的二级羊场的母羊，杂种亦是高代杂种母羊，故二者没有明显的界线。

三、南移中国美利奴母羊繁殖规律

中国美利奴羊新疆军垦型羊南移至今，表现出较好的适应性，但繁殖性能与原产地不尽相同，系指由紫泥泉种羊场运往湖北省宣恩县土鱼河种羊场饲喂至今的中国美利奴羊新疆军垦型母羊。在 1993—1994 年连续两年，对 210 只羊的发情季节、发情率、发情持续时间、情期受胎率、多胎性能、羔羊初生及断奶体重、繁殖成活率等繁殖性能进行了测定。中国美利奴羊新疆军垦型母羊在 7 月上旬就有少数表现发情，7 月下旬至 8 月中旬大都表现发情，适宜配种期在 10 月中旬，配种季节的情期受胎率很高（93.9％），繁殖成活率较高（97.3％），但所测定的成年母羊双羔率却很低（0.9％）。中国美利奴羊新疆军垦型羊南移成功后，保持了本品种特征，在生态条件不同的南方山区表现出较好的适应性。

（一）基本情况

1. 原产地自然条件概况　中国美利奴羊新疆军垦型是在新疆紫泥泉种羊场培育成功的。该场位于北纬 44°，天山北麓，准噶尔盆地南缘，古尔班通古特沙漠边缘，海拔 1 034m，为典型的大陆性干旱、半干旱气候，年降水量 440mm，无霜期 178d，极端低温－42.2℃，高温 39.8℃，平均气温 6.6℃，草场为草原和荒漠草原，枯草期长达 180d。

2. 南移地区自然条件概况　湖北省宣恩县土鱼河种羊场地处武陵山区，位于北纬 39°，海拔 1 350m，年降水量 1 500mm，平均气温 13～15℃，最高气温 31℃，最低气温－8℃，无霜期 245d，相对湿度 80％，草场大多为山地丘陵草丛草场和灌木林，疏林草场，属亚热带季风气候。

（二）结果

1. 发情季节和发情率　中国美利奴羊新疆军垦型母羊南移后，发情季节变化不大。母羊一般在断奶后 45～60d 开始出现发情。土鱼河种羊场 3 月份为牧草生长期，因此 10 月中上旬配种对母羊育羔很有利。1994 年对南移后的中国美利奴羊新疆军垦型母羊实行提早断奶、适当补饲精饲料的方法，观察母羊发情季节的变化。随机抽出的 30 只带羔母羊在羔羊 2 月龄时（5 月 10 日）断奶（比正常断奶提早 60d），同时给供试母羊每日补精饲料 0.5kg 到发情配种。试验结果，母羊最早出现发情在 7 月上旬（占 10％），7 月中旬有 53.3％的母羊发情间隔天数为 70d 左右，这与正常断奶但不补饲的大群母羊差异不大，即主要集中在秋季发情。

秋季配种时（9 月底 10 月初）正值牧草茂盛期，母羊膘情好，发情率在 80％～85％，母羊发情较集中。此时配种，次年产羔时正好为牧草生长期，对产羔育幼等工作带来很多方便。

2. 发情周期和发情持续时间　通过观察测定，30 只母羊发情周期（17±0.5）d，发情持续时间为 1～1.5d（24～36h），与原产地紫泥泉种羊场差异不大。

3. 情期受胎率　紫泥泉种羊场 1986—1990 年测定 1 200 只母羊 4 年平均情期受胎率为 76％±5％，南移后的中国美利奴新疆军垦型母羊情期受胎率明显高于原产地，据 1993 年和 1994 年 200 只母羊的统计，第一情期发情母羊共 164 只，第一情期的受胎率达到 93.80％。

4. 母羊的多胎性能　南移的中国美利奴羊新疆军垦型母羊的配种季节营养状况良好，双羔率却很低。1993—1994 年两年的双羔率仅为 0.9％（$n=200$），大大低于同龄羊在原产地的双胎率（37.25％，$n=1200$，1986—1990 年资料）（P＜0.01）。

5. 羔羊初生重和断奶重

表 6-1　中国美利奴羊南移后羔羊初生重和断奶重

地　区	年　份	性　别	只　数	初生重（kg）	断奶重（kg）
土鱼河种羊场	1993	♂	36	4.40±0.80	23.9±2.60
		♀	42	4.30±2.20	26.3±2.20
	1994	♂	39	4.29±2.30	26.5±2.30
		♀	35	4.19±0.38	24.9±2.60
原产地	1989—1991	♂	302	4.30±0.82	31.6±6.10
		♀	330	4.14±0.69	29.7±3.93

由表 6-1 可以看出，中国美利奴羊新疆军垦型母羊南移后所产后代羊的初生重与原产地接近，而断奶重却显著低于原产地同龄羔羊。

6. 繁殖成活率　南移的中国美利奴羊新疆军垦型母羊繁殖成活率较高，为 97.3％。生产母羊和羔羊很少有病或不适反应，成年母羊繁殖情况良好，羔羊生长发育正常。

（三）讨论

1. 北羊南养在环境条件差异较大的南方山区饲养驯化很成功，但对其生产性能也产生了一些影响，并引起生殖生理规律的变化，如受胎率高，双胎率低，成活率高，死亡率低等。

2. 中国美利奴羊新疆军垦型成年母羊的繁殖性能受年龄因素影响，如原产地成年母羊在繁殖年限内其双胎率随年龄的增大而增加，而南移后成年母羊的双胎率这种变化倾向不明显，同时增加营养对南移母羊繁殖季节改变影响不大。

3. 中国美利奴羊新疆军垦型羊引入南方新区后，仍以放牧为主，同时冬春适当给予补饲，母羊膘情良好。为避开枯草期和早春连绵阴雨或降雪对产羔产生的不利影响，配种应选在 10 月中旬开始较为合适。关于成年母羊双胎率低的原因尚有待进一步调查研究。

第二节　繁殖技术

在绒毛用羊生产中，繁殖技术是直接影响绒毛用羊生产效率的关键因素之一。家畜的繁殖技术旨在通过人工干预自然繁殖过程，利用遗传学、生理学、细胞生物学和分子生物学的原理来发展各种技术手段以提高家畜的繁殖速度，以便取得最大的经济效益。家畜繁殖技术所涉及的内容比较多，目前在绒毛用羊中，已经达到产业化应用水平的繁殖技术主要包括：诱导发情和同期发情、人工授精、超数排卵和胚胎移植（MOET）以及胚胎体外生产技术。本节将对绒毛用羊生产实践中应用广泛的诱导发情和同期发情、人工授精、超数排卵和胚胎移植等繁殖技术作简略的介绍，而胚胎体外生产技术将在第六节重点介绍。

一、诱导发情和同期发情

（一）诱导发情和同期发情的意义

诱导发情（Induction of estrus）是指利用激素等方法处理因为生理原因不能正常发情的性成熟母畜使之发情和排卵的技术。绒毛用羊是季节性繁殖动物，在一年中存在很长的乏情期，在此期间母羊的卵泡不发育，不能够繁殖配种。因此，在自然状况下，绒毛用羊一年只能生一胎。通过注射外源性促性腺激素等方法，可以诱导绒毛用羊在一年中任何时候发情，以达到常年均衡配种和提高繁殖系数的目的。

同期发情（Synchronization of estrus）是指用激素处理群体母畜，使之相对集中在一定时间范围发情的技术。相同于诱导发情，应用外源性激素进行处理，可以使母羊发情相对集中在一定时间范围内，做到发情周期化。同期发情是先进繁殖技术综合方案的关键部分，对在非繁殖季节实施人工授精等技术有重要的作用。有利于绒毛用羊人工授精等先进繁殖技术的推广，便于绒毛用羊生产的组织和管理。

（二）绒毛用羊诱导发情方法

1. 绵羊的诱导发情方法

（1）阴道海绵栓法　将浸有孕激素的阴道栓放置于子宫颈外口处，处理 $10\sim14$ d，发情季节 $10\sim12$ d，非发情期 $10\sim14$ d，撤阴道栓的同时注射孕马血清促性腺激素（PMSG）$330\sim400$ IU，30h 左右母羊开始发情。常用孕激素的种类和剂量分别为：孕酮 $150\sim300$ mg，甲孕酮 $50\sim70$ mg，甲地孕酮 $80\sim150$ mg，18-甲基炔诺酮 $30\sim40$ mg，氟孕酮 $20\sim40$ mg，而新西兰生产的阴道海绵栓 CIDR 内含 500 mg 孕酮。

阴道海绵栓法的原理是利用孕激素抑制卵巢卵母细胞的发育而达到延长发情周期的目的。

（2）前列腺激素法　在非发情期向母羊子宫内灌注或者肌内注射一定剂量（$4\sim6$mg）前列腺素 $F_{2}\alpha$ 或其类似物，$2\sim3$ d 内能引起母羊发情。此方法可用于胚胎移植工作中受体不够时的临时救急。前列腺激素法诱导发情的作用原理是前列腺激素能抑制或者溶解黄体，降低孕酮水平，以促进垂体促性腺激素的释放而引起母羊发情。但由于绒毛用羊发情周期在 4d 内和 13d 后的黄体对前列腺激素不敏感，因此只能处理发情周期在 $5\sim12$d 的母羊，如对母羊发情周期不清楚则可在第一次注射前列腺激素后间隔 $9\sim10$d 进行第二次注射，可以大大提高绒毛用羊的同期发情率到 80%（侯引绪等，2004）。

2. 山羊的诱导发情方法　山羊的诱导发情方法与绵羊类似，也是以孕激素处理为主，只是处理时间为 14d 左右，处理 11d 在各月份都能得到很好的诱导发情效果。这种方法不仅对北方地区严格季节性繁殖的山羊有效，对于南方发情季节不严格的母山羊，如果产羔后长期不发情，也可以用这种方法处理。

（三）绒毛用羊同期发情方法

绒毛用羊同期发情技术与诱导发情的原理相类似，不同之处在于大规模而不是个别地处理母羊。同期发情使用最为广泛的方法是阴道埋植海绵栓。安晓荣教授实验室在大规模的胚胎移植工作中利用埋置新西兰制造的阴道栓（CIDR），是以尼龙为芯，外面为医用弹性硅酮制成，并浸润有天然孕酮或孕激素，和注射孕马血清促性腺激素（PMSG）330～400 IU 相结合可使绵羊母羊发情率达到 90％ 以上。绒毛用羊产业体系其他科学家团队在使用埋植孕激素海绵栓与注射促性腺激素相结合的方法诱导同期发情，也取得了非常好的效果。石国庆（2000）和洪琼花（2002）在母羊发情周期的任何一天埋植孕激素阴道栓 14d，取出海绵栓的同时注射 PMSG 200～300 IU/只，48 h 后的发情率达到 95％ 以上。

二、人工授精

（一）人工授精的意义

人工授精（Artificial insemination，AI）是以假阴道等人工方法采集种公畜的精液，经检查和稀释处理后，再分别输入到多个母畜的生殖道内使母畜受孕，以代替公母畜自然交配的受精方法。人工授精是最早成功运用的先进繁殖技术，对家畜的遗传改良和繁殖扩群的贡献巨大，是迄今为止影响最大的畜牧技术之一。应用人工授精技术，一头经过遗传鉴定的优良种公畜，一生能够留下数万乃至数十万只后代，即使它们个体已经不存在了，冷冻保存的精液仍旧可以不断产生后代。此外，应用加工处理过的精液输精，还有防止疾病传播、克服某些生殖障碍、控制性别和降低配种成本等优点。因此，人工授精技术可以说是目前最物美价廉和应用最为广泛、最为成熟的畜牧技术，是家畜繁殖技术的第一次革命。人工授精技术的推广给绒毛用羊产业带来巨大效益。

（二）人工授精技术环节

人工授精技术程序包括采精、精液品质检查、精液处理保存和输精等几个技术环节。

1. 采精　采精是人工授精的第一个环节。绒毛用羊采精方法有多种，但最常用的还是假阴道采精法。此方法的最大优势是可以将种公羊排出的精液全部收集起来，并且不易损伤种羊。另外，此方法操作简单，用具容易消毒，从而避免了精液的污染。

采精前要把需要的器械进行消毒，对台羊和种公羊先行调教，制定选配计划。

（1）台羊的准备　台羊是指为了达到采精的目的，用发情的母活羊或者用木架填充草秸覆盖羊皮来人工制造的台子作为种公羊爬跨射精的对象。台羊形体最好与种公羊形体大小接近。如用活羊作台羊，采精前应将台羊固定在采精架上，并对其外阴部用消毒液消毒，再用温水洗净擦干。

（2）种公羊的准备　配种前一个月左右，挑选健康的成年种公羊，补饲鸡蛋、胡萝卜等以提高其蛋白质、维生素等营养物质摄取量，确保其产生健壮的精子；同时加强公羊的运动量并每天或隔天进行采精（检查精液品质），以排除公羊生殖器中长期积存的衰老、死亡和解体的精子，同时采精的活动也可刺激公羊性机能的提高，以产生新的健康精子。

（3）配种器械和药品的准备　采精器械必须经过严格消毒，消毒前应洗净烘干或擦干。金属和玻璃制品的器械以及棉球、生理盐水等用品一般用蒸煮的方法消毒，有条件的单位最好用高压灭菌锅。而用来制作假阴道的内胎属于胶质的东西，只能用开水浸泡几分钟，采精前用 75％ 酒精棉球消毒后再用生理盐水冲洗擦拭。

（4）假阴道的准备　假阴道主要包括外筒、内胎和集精杯三部分。将内胎（光面朝内）装入假阴道外筒，翻套在外筒上，两端用橡胶圈固定好再装上集精瓶。为保证假阴道有一定润滑度，用消毒的玻璃棒蘸少许灭菌后的凡士林，均匀涂抹在假阴道内胎的前 1/3 处。为使假阴道温度接近母羊阴道温度，注入 50～55℃温水，水量约占内外胎空间的 70％，使假阴道温度保持在 40～42℃，吹入气体，使假阴道保持一定压力。为保证公羊的正常射精，应该始终保持假阴道温度、润滑度和弹性接近母羊的阴道。

（5）采精　台羊保定后，应将公羊阴茎周围擦洗干净，并剪去周边的长毛。引领公羊到台羊处，采精人员蹲在台羊右后侧，右手握住假阴道，当公羊爬跨时，迅速地将公羊阴茎导入假阴道内，同时应保持假阴道与阴茎呈一直线。公羊射精后，操作人员应随同公羊跳下时将假阴道退出，保持集精瓶口向上，放出气体，取下集精瓶，盖上瓶盖送检。

一般情况下，每只种公羊每天可供采精 1～2 次，每周可连续采 5d，让种公羊休息 2d 再进行精液采集效果较好。另外采精操作最好固定时间、地点和技术员，以使公羊建立一个良好的条件反射，有利于成功采精。

2. 精液品质检查　精液品质和受胎率直接相关，精液必须经过检查与评定后方可用作输精，精液品质是对种公羊种用价值和配种能力的检验。精液评定主要分外观检查（精液量、色泽、气味、pH）和实验室评定精子活力（体视显微镜下观察精子的形态、密度和运动能力）。

采精时公羊一次射出的精液容量为精液量。绒毛用种公羊的精液量因羊的品种和个体差异而略有差别，但公羊精液量通常在 0.5～2 mL，一般为 1.0 mL 左右。正常精液为乳白色液体或浅灰色，浅黄色则表示精液内可能混有尿液等杂质，淡红色说明采精过程可能有损伤，而有结絮状的精液则可能是公羊生殖系统有炎症，以上不正常的精液均不能用于人工输精。

正常精液略有腥味。有腐臭味的不能用来输精。质量好的精液在显微镜下观察可见精子运动翻腾滚动，很像云雾。当精液密度大、精子活力强时这种云雾状态非常明显。

评定精液质量的重要指标之一是精子活力。精子活力的测定是利用体视显微镜检查在 37℃左右条件下精液中直线前进运动的精子占总精子的百分率。用灭菌玻璃棒或吸管取 1 滴精液，放在载玻片上加盖片，在显微镜下放大 400～500 倍观察。以全部精子都作直线前进运动评为 1，90％的精子作直线前进运动为 0.9，依此类推。活力在 0.7 级以上方可用于输精。鲜精、稀释后以及保存的精液在输精前都要进行精子活力的检查。

精子密度是指单位体积中的精子数。测定精子密度常用的方法有显微镜观察评定、计数法以及光电比色计法。也可以用显微镜观察法、光电比色法或血细胞计数板方法对精子密度进行评估。

3. 精液的稀释　精液的稀释是指将人工配制的适宜精子存活的营养液加入原始精液中的过程。稀释精液的目的在于扩大精液量，促进精子活力，延长精子存活时间，提高优良种公羊配种效率。

最常见的稀释液有：

（1）生理盐水稀释液　用 0.9％生理盐水作稀释液，或用经过灭菌消毒的 0.9％氯化钠溶液。此种稀释液简单易行，稀释后马上输精，是一种比较有效的方法，但稀释倍数应控制在两倍以下。

（2）葡萄糖卵黄稀释液　100mL 蒸馏水中加入葡萄糖 3 g，枸橼酸钠 1.4 g，溶解后过滤灭菌，冷却至 30℃，加新鲜卵黄 20mL，充分混合。

（3）牛奶（或羊奶）稀释液　用新鲜牛奶（或羊奶）以脱脂纱布过滤，蒸汽灭菌 15 min，冷却至 30 ℃，吸取中间奶液即可做稀释用。

以上各种稀释液中，每 1 mL 稀释液均应加入 500 IU 青霉素，溶液的 pH 应调整到 7.0 后使用。稀释应尽早进行，稀释液温度保持与精液相当，一般在 25～30℃下进行，每次精液稀释后都应该经过镜检方可确定能否用于输精。

4. 精液的保存　为扩大优秀种公羊的利用效率，需要有效地保存精液、延长精子的存活时间。为此必须降低精子的代谢，减少能量消耗。在实践中，可采用降低温度、隔绝空气和稀释等措施，抑制精子的运动和呼吸，降低能量消耗。目前，新鲜精液、低温精液和冷冻精液三种保存和处理方法生产的精液，均已在生产上得到成功应用；阴道输精、子宫颈输精和子宫深部输精等三种输精技术，能适应不同情况下对绒毛用羊进行人工授精。下面分别作简单介绍。

（1）常温保存　当公羊本身就混在羊群中时，特别是在繁殖季节，公羊精液的产量和品质都处于最佳状态，采集新鲜精液就近实施输精是首选的方法。在许多养羊户共同使用一只公羊时，通常可以采用常温保存精液的方法，将采集到的精液稀释后放在 40℃ 左右环境中保存，然后到各户进行人工授精。采用这种保存方法，24 h 内精子仍保持较高活力。

（2）低温保存　将稀释后的精液置于 0～5℃ 保存。在这个温度下，物质代谢和能量代谢都降到较低水平，营养物质的损耗和代谢产物的积累减缓，精子运动完全消失。低温保存的有效时间为 2～3d。但绵羊精液低温保存的效果不如其他家畜，因此，目前应用较少。

（3）冷冻保存　冷冻保存家畜精液是人工授精中一项革命性的技术变革，它克服了精液使用的时间和空间的局限性，使优良种公畜的种质资源得到最大限度的利用。冷冻精液是一种长期保存精液活力的方法，使得公畜全年都可以按计划采精，然后冻存起来以备使用，使公羊精液的产量实现最大化。由于对优秀公羊实行定期采精，即使它们的个体已经死亡，但其遗传物质仍然能够完整地保存下来并继续使用。冷冻精液可以很方便地进行长途运输，使地区之间或国家之间交换种质不存在障碍。由于目前绒毛用羊冷冻精液的受胎率较低，精液冷冻技术的优势还没有充分发挥出来，故绒毛用羊精液冷冻技术仍有很大的改进空间。

冷冻精液制备的过程为：稀释、平衡、冷冻、解冻。冷冻方法可分为安瓿冷冻法、颗粒冷冻法和细管冷冻法。

5. 输精　输精是母羊人工授精的最后一个技术环节。为了保证母羊正常受胎、产羔，做到适时而准确地把一定量的优质精液输送到发情母羊的子宫或宫颈口内是非常关键的。

（1）输精前的准备　输精器材的准备：输精前输精器和开膣器最好使用蒸煮消毒或在高温干燥箱内消毒。每只公羊准备 1 支输精器，如连续输精，每输完 1 只母羊后，应该将输精器外壁用棉球蘸生理盐水后擦净后再继续使用。

输精人员的准备：输精人员手指甲剪短磨光，清水洗手后，用 75% 酒精消毒，最后用生理盐水冲洗。

母羊准备：把母羊保定在输精架上，使其前肢着地，后肢悬空，也可以用一人保定母羊，使母羊自然站立在地面，输精人员蹲在输精坑内进行输精。

（2）输精　输精可分为阴道输精、子宫颈内输精和子宫深部输精三种输精方式。输精部位取决于精液保存的方法。一般来说，精子在保存过程中受到的伤害越大，输精的部位就应当越深，只有这样才能获得较好的受胎率。新鲜精液活力最好，实施阴道内输精效果就很好；而冷却精液和冷冻精液一般都需要实施子宫颈内输精，才能保证获得满意的受胎率。为了追求更高的受胎率（70%以上），在生产实践中常常采用冷冻精液子宫内深部输精的方法。对于一般成年母羊实施深部输精，可以使用常规输精器械穿过子宫颈将精液送到子宫角深部；而对于青年母羊及某些成年母羊个体，只能使用腹腔镜技术才能将精液送到预定部位，这使输精过程变得较为复杂（孙玉江等，2005）。常用的子宫颈内输精具体操作：可将待输精母羊外阴部用来苏儿液擦洗消毒，再用水擦洗干净，或以生理盐水棉球擦洗，输精人员将用生理盐水温润过的开膣器闭合并按母羊阴门的形状慢慢插入，之后轻轻转动 90°，打开开膣器，寻找子宫颈口的位置，将精液注入子宫颈内。输精量应保持有效精子数在 7 500 万以上。

（3）掌握输精时机　绒毛用羊输精时间对受胎率和繁殖率都有影响。应该在发情中期（即发情 12～16 h）或中后期输精。早上发现的发情羊，在当日早晨输精 1 次，傍晚再输精 1 次才能保证其受胎率。

三、超数排卵

（一）超数排卵的意义

超数排卵（Super ovulation）是指利用外源激素诱导母畜卵巢多个卵泡发育并能排出能够受精卵子的方法，简称"超排"。超排是家畜胚胎移植技术的重要环节之一，对于提高母畜的繁殖力和品种改良具有重要意义，也是为动物克隆及转基因提供卵子和胚胎来源的重要手段。该方法在绒毛用羊生产上已得到较广泛的应用。

（二）超数排卵技术环节

1. 供、受体的选择

供体的选择：一般要求其符合本品种的标准，具有优良的遗传育种价值，无遗传疾病及传染病，繁殖机能正常，体质健壮，对超排反应敏感。同时要求对所选供体母畜加强饲养管理，已达到理想的超排效果。

受体的选择：受体母羊必须是健康、经产、适龄、哺乳能力强、抗病性好、符合该品种要求的个体。所选的受体母畜同样要求进行检疫、防疫和驱虫，同时进行生殖器官检查和发情观察，以保证与供体母畜发情同步，取得较好的胚胎移植效果。

2. 供、受体的同期发情处理　绵羊和山羊的同期发情主要采用孕激素阴道栓法、埋植法和 PG 注射法，生产中常使用阴道栓法。

CIDR 埋栓时用特制的放置器将其放入母羊阴道内，绵羊处理 12～14d，山羊处理 14～18d，处理结束时拉动尼龙绳即可将阴道栓撤出，同时每只母羊注射 PMSG 330～400 IU。绵羊撤栓后 24～48 h 发情，山羊撤栓后 36～48 h 发情。

绵羊和山羊的发情鉴定，生产上主要采用公羊试情法。即将试情公羊放到进行过同期发情的母羊群中，接受公羊爬跨的母羊即判定为发情母羊，做好标记和记录，以备进行胚胎移植使用。

3. 超数排卵　母羊的超数排卵常用方法大致有三种。第一种是孕激素＋PMSG 或FSH：即用甲孕酮 60mg 或氟孕酮 30～40mg 的阴道栓处理成年绵羊 12～14d，山羊 14～18d，撤栓的同时肌内注射 PMSG 330～400 IU，或者每只母羊用 FSH 300 IU，分 3d、6 次皮下注射。第二种是 $PGF_{2\alpha}$ ＋PMSG 或 FSH：绵羊在发情周期第 10～13 天、山羊第 13～16 天，一次肌内注射 PMSG 1 000 IU 或多次注射 FSH 300 IU，48 h 后肌内注射氯前列烯醇 0.15～0.25mg。第三种是单独注射 PMSG 或 FSH：绵羊在发情周期第 13 天、山羊在发情周期第 17 天，肌内注射 PMSG 或多次注射 FSH，山羊需要在发情后肌内注射 HCG 1 000 IU 或者 LH100IU。

4. 供体配种　供体母羊发情鉴定后可采用自然交配和人工授精两种方法配种。一般绵羊在发情后便可进行合群自然交配或者实施人工授精，人工授精可在发情后 12～16 h 输精，一般输精 2～3 次以确保较高的受胎率。山羊在发情后亦采用同样的方法处理。合群后 2～5d 可在输卵管部位采集胚胎，6～7d 在子宫角部位采集胚胎。具体方法见"胚胎移植"部分。

四、胚胎移植

（一）胚胎移植的意义

胚胎移植（Embryo transfer，ET）是指将优良品种母畜的早期胚胎取出，或者是将体外受精及其他方式获得的胚胎移植到同种生理状态的母畜体内使之发育成新个体的繁殖控制技术。提供胚胎的母畜称为供体，接受胚胎的母畜称为受体，该项技术也俗称为"借腹怀胎"，因而产生后代的遗传特性完全取决于提供胚胎的双亲。由此可见，在畜牧生产上采用胚胎移植技术不仅能充分挖掘优良母畜的繁殖潜力，而且对加速引进优良品种、快速扩繁及加快品种改良进程和新品种培育具有重要意义。该技术也为培育试管动物、转基因动物、嵌合体动物及克隆动物等胚胎生物技术提供了重要的研究手段。

（二）胚胎移植的技术环节

各种动物胚胎移植的技术环节基本相同，绵羊和山羊的胚胎移植主要有以下几个环节：

1. 胚胎采集　胚胎的采集是指利用冲卵液将胚胎由母羊输卵管或子宫冲出并收集在器皿中，以备胚胎移植使用的技术环节之一。

胚胎采集的方法有 2 种，即手术法和非手术法，绵羊及山羊只适用前者。手术采卵的具体方法是将供体母羊固定在手上台上，进行剪毛、消毒、麻醉，在母羊腹部切 5 cm 左右的纵向切口，暴露母羊的子宫和卵巢，术者用食指和中指夹出母羊的子宫和输卵管于创口表面，观察卵巢的排卵情况，采卵结束后将腹膜、肌层和皮肤缝合后做消毒处理即可。

绵羊主要采用冲洗输卵管的方法采胚，采胚时间主要取决于配种时间和发生排卵的大致时间、胚胎的运行速度和发育速度等因素。较适宜的时间是在发情后 2～5d，此时受精卵处于 2～8 细胞阶段。子宫采卵的时间大多在发情后第 6 天，这时受精卵大都在子宫角内，处于桑葚期或囊胚期。

2. 胚胎鉴定　正确地鉴定胚胎的质量是胚胎移植能否成功的关键环节之一。生产上多采用形态学观察的方法。一般是将采集的胚胎静止片刻，弃掉上清液，置于显微镜下观察所采集胚胎的数目、形态和发育状况。评定的主要内容是：卵子是否受精、透明带的形态、胚胎的色调、卵裂球的致密程度、卵黄间隙是否有游离细胞及胚胎发育与日龄是否一致等。一般可将胚胎分为 A、B、C、D 四个等级。

A 级：胚胎发育与胚龄一致、形态完整、轮廓清晰、呈球形，卵裂球大小均匀，结构紧凑、色调和透明度适中，无附着的细胞核液泡。

　　B 级：胚胎轮廓清晰、色调和透明度良好。卵裂球大小基本一致，有少量的附着细胞核液泡，变形细胞占 10％～30％。

　　C 级：胚胎发育与胚龄不一致，轮廓不清晰，色调变暗，结构松散，游离的细胞或液泡较多，变性细胞达 30％～50％。

　　D 级：无卵裂、有碎片、变形细胞占胚胎 50％以上，为不可用胚胎。

　　3. 胚胎保存　胚胎的保存方法有 4 种，即异种活体保存、常温保存、低温保存和冷冻保存。生产上常用常温保存和冷冻保存。常温保存是指将可用胚胎短期保存在胚胎移植液中准备移植，一般在 25～26℃条件下保存 4～5 h 不影响移植效果。冷冻保存是指将胚胎经过脱水、抗冷冻、平衡降温处理后，分装到 0.25 mL 的胚胎冷冻管内封口后置液氮（－196℃）中保存的方法，其原理是处于低温冷冻下的胚胎新陈代谢停止，可达到长期保存的目的。该方法保存的胚胎移植前需要进行解冻处理。

　　4. 胚胎移植　绵羊和山羊的胚胎移植方法分为手术法和腹腔镜法两种。移植液一般使用含有 0.3％～0.5％ BSA 或者含有 2％ 绵羊血清的 SOF-HEPES 液体。

　　手术移植法：将受体羊麻醉后采用常规手术方法将从发情后 2～3d 供体羊的输卵管采得的胚胎（包括体外受精获得的 2～4 细胞的胚胎），用胚胎移植针移植到受体羊输卵管壶腹部；从发情后 6～7d 供体羊子宫角采集的胚胎，包括其他方法获得的桑葚胚和囊胚移植到受体羊子宫角。手术的具体方法与采卵手术类同。

　　腹腔镜移植法：将受体羊麻醉后，在腹壁做一 1～2 cm 大小的纵向切口，观察卵巢黄体发育情况，用子宫钳夹出有黄体侧的子宫角，将胚胎移入。这种方法可减少出血，防止输卵管和子宫粘连。

第三节　配种及产羔

一、配种

（一）配种时期的选择

　　绵羊和山羊均为短日照季节性多次发情的动物，即多为夏末和秋季发情，随着品种及气候的不同也有常年发情的。云南绵羊四季发情，四季皆可产羔。公羊没有明显的配种季节，但精液的产生及其特征的季节性变化很明显，公羊的精液质量一般秋季最好，而春夏两季质量往往下降。

　　绵羊和山羊适宜的配种月份应取决于最佳的产羔月份，主要根据有利于羔羊的成活和母仔健壮情况来决定。产羔月份最好选择在羔羊产下后有较好的生长发育条件，特别是有较好的营养条件。在一年产一次羔的情况下，产羔时间可分为两种，即产冬羔和春羔。一般把 7～9 月配种、12 月至翌年 1～2 月产的羔称为冬羔，把 10～11 月配种、翌年 3～4 月产的羔称为春羔。在南方还有春夏初配种、秋冬初产羔的，即 4～6 月配种、9～11 月产羔。

　　产冬羔的优缺点：在这一段时期产的羔羊，断奶后即可吃上青草，生长发育较快，当年越冬能力强；但由于母羊的孕后期及哺乳前期处在严冬季节，水冷草枯营养不足，母羊本身处于维持状况，怀孕后期胎儿发育受影响，哺乳前期母乳又供给不足。若羔羊的合理补饲、防寒设备、管理等跟不上，羔羊可能冻死、饿死。羔羊成活率低、发育不良、断奶重小。

产春羔的优缺点：此段时期，羔羊繁殖成活率中等，在靠天养羊的情况下最好。这是因为羔羊出生后 1 个月左右正值春暖花开，羔羊可以采食到幼嫩青草；母羊哺乳期仅第一、二个月需补饲，后期水草丰盛可能吃饱，泌乳有保证，羔羊断奶重较好。这一配种产羔月份，在南方适合于 2 400m 以上的高海拔地区。但要抓住时机排除不利因素，切勿秋配拖成冬配，使来年产羔太晚，影响母羊抓夏秋膘，生产力逐年降低；同时随着雨季的来临，阴湿、暴晒使羔羊易患肠道及寄生虫等疾病；羔羊断乳 3～4 个月后即进入严冬，育成阶段的发育将受到影响。

产秋羔的优缺点：此时产羔率最高，繁殖成活率中等，靠天养畜的情况下断奶重中等。在低海拔地区，此产羔季节，可以为哺乳母羊和羔羊准备足够需要的饲料。如胡萝卜、蔓菁、玉米青贮、青绿的光叶紫花苕、优质的青干草、丰富的农副产品、部分精料等。在人工补给哺乳母羊及羔羊生长发育足够营养的情况下，羔羊可以安全越冬并获得理想的断奶重；断奶后很快进入青草季节，育成羊阶段有较好的发育条件；羔羊受肠道疾病及寄生虫危害较小；在抓夏秋膘时，正好母羊怀孕，食欲及消化率高，有利于胎儿发育及泌乳储备。在海拔 2 400m 以下的养羊地区，本季节是最适宜的配种产羔月份。但应注意，配种时间一般不应迟于 7 月底，超过 7 月份可考虑秋季配种。

(二) 配种时机

母羊发情一般持续 29～36 h，也有持续一两天，多至 3d 的。一般情况下，初次发情时间较短，随着年龄的增加而增加，但老母羊的发情持续期又变短。一般排卵在发情的后期，平均在发情开始后 24 h 以内。卵子排出后 12～24 h 以内有与精子结合而受精的能力，而精子在母羊生殖道内维持受精能力的时间为 1～2d。因而合适的配种输精时间应在卵子排出以前或正在排卵的过程中，即在发情最初的 30 h 以内。在大群放牧时，若试出发情羊，要立即配种；放牧羊只少时，对每只羊都可仔细观察，若发情一开始即有察觉，则在发情开始后半天左右配种为宜。在发情持续期内最好早晚都进行配种。

(三) 配种方法

绵羊和山羊的配种方法有自然交配 (本交) 和人工授精两类。自然交配又分为自由交配与人工辅助交配两种。

1. 自由交配　自由交配是养羊业中最原始的配种方法，即繁殖季节公母羊混群放牧，任其自由交配。优点是节省人工，不需要任何设备。如果公母羊比例为 1：25～30，受胎率也相当高。缺点是：由于公母混群放牧，母羊发情不一，公羊可随时追逐母羊扰乱羊群，影响母羊采食抓膘；在一个发情期内配种次数过多，公羊体力过度消耗；不能确定母羊的配种时间，无法推算预产期，难于对怀孕母羊加强孕后期饲养管理；如大群中放入多只公羊配种，后代亲缘关系无法了解，选种选配更谈不上；产羔不一，年龄大小不一，在管理上造成很大困难；混群放牧，育成母羊初次发情即有配上的可能，这将影响本身和后代的发育；自由交配，公羊的利用率低，公羊的饲养只数势必增加，从而加大了饲养成本，更谈不上优良公羊的扩大利用。

2. 人工辅助交配　在公母羊分群放牧的基础上，将试出的发情母羊与指定的公羊进行本交叫人工辅助交配。优点是配种公母羊能详细记载耳号，亲缘关系清楚；能进行选种、选配工作；配种时间清楚，可计算出预产期，便于对怀孕后期母羊加强饲养管理；节省公羊精力，较自由交配法多配母羊一倍左右。缺点是对扩大利用优秀种公羊不利；本交不能避免疾病的传染。

3. 人工授精 人工授精是人借助器械的帮助，将公羊的精液采出，输入母羊生殖道中，使卵子受精以繁殖后代。人工授精是近代畜牧科学技术的重大成就之一，其优点是：

（1）扩大种公羊的利用率，增加配种母羊数。自然交配时配种一次所用的精液量，用于人工授精可配母羊 30 只左右，对充分发挥优良种公羊的作用和迅速提高羊群品质十分有利。

（2）能利用远距离优良种羊。由于采得的精液可用多种办法保存、运输至各地，为品种及优良公羊的扩大利用开辟了广阔的前景。

（3）人工授精可将精液直接输入子宫外口或子宫角深部，精子可以迅速进入子宫，以往由于阴道疾病，子宫外口位置不正，难于受精的都可以受胎怀孕；人工授精时公羊精液经过检查，品质合格才允许利用，这就避免了因公羊精液品质差引起的空怀，提高了受胎率。

（4）减少了疫病的传播。人工授精避免了公母羊的直接接触，器械又经过严格消毒，大大减少了本交时易于传染的疾病（如布鲁氏菌病）。

（5）节省了公羊饲养管理费用。一只种公羊一次采取的精液，用人工授精方法可配的母羊数为本交的 30 倍，从而大大地减少了公羊饲养量，节省了饲养管理的费用。

（6）可避免近亲繁殖。一只公羊可配母羊数较多，易于调换，可以避免近亲繁殖。

（四）人工授精技术

1. 人工授精配种前的准备

（1）站址的选择及房舍设备 绵羊和山羊人工授精站的站址，要安置在交通方便、地势平坦又不低洼，羊群比较集中（一般一季能配种 500 只左右），水源较好，放牧草地足够羊群利用，不会因配种羊群的往返而破坏草场，并且不是寄生虫病、传染病的流行区。

绵羊和山羊人工授精站所需房舍包括：采精室（兼做拉羊配种室）、输精室、精液检验室、待配母羊圈和已配母羊圈、公羊圈。为了保证输入母羊的精子有较好的活力，精液检验室及输精室室温要保持在 18～25℃。因此，房间不宜过大，一般 8 m² 足够。而且输精室要与配种母羊隔开，可通过洞口给发情母羊配种。房间要保持清洁，减少粪尿的污染。一般情况下输精室可与精液检验室合并使用，但都要求光线充足、地面坚实、空气新鲜、便于镜检，减少尘土，易于清扫。

采精室（兼作拉羊配种室）内设配种架数个，置于小型铁轨上。配种时，将待配母羊固定于配种架上，推架使母羊臀部对准洞口进行输精，输完放出，归入已配母羊圈。采精室面积以 20 m² 左右为宜。

公羊圈、待配母羊圈及已配母羊圈的面积大小可根据配种规模而定。种公羊圈按每只公羊需 1.8～2.2 m² 圈舍面积计算：待配与已配母羊圈的大小应据每季羊群发情最集中时羊只数来决定，每羊不少于 0.4 m² 圈舍面积。圈舍最好能有篷盖或屋顶，以上圈、室应互相连接。

（2）人员配备及培训 配种站人员的多少应根据配种任务的轻重来决定。配种羊数多，任务繁重，应设站长、输精员、记录员兼精液提供员，以及抓羊配种、试情、饲养管理等工作人员，如配种羊数不多一人可兼多职。

绵羊人工授精成败的关键之一，是进行此项工作的人是否真正掌握了绵羊人工授精技术，是否按技术要求进行每一项工作，事业心和责任心怎么样？要选择吃苦耐劳，有高度事业心和责任心的人担任授精工作。并要定期开办人工授精培训班，通过理论、实践、参观、交流提高配种人员的业务水平，加速绵羊和山羊的改良。

（3）器械和常用药品的准备（表 6-2）

表 6-2　绵羊和山羊人工授精器械和用品

名　　称	规　　格	数　　量
普通生物显微镜（台）	300～600 倍	1～2
载玻片（盒）		2
盖玻片（盒）		2
擦镜纸（本）		2～4
蒸馏水瓶（个）	5 000 mL、10 000 mL	各 2
天秤（台）	0.1～100g	1
假阴道外壳（个）	羊用	4～5
假阴道内胎（条）	羊用	8～12
假阴道塞子（带气嘴）（个）		8～10
玻棒（根）	0.2 cm、0.5 cm	100
温度计（支）	0～100℃	4～6
集精杯（个）		10～15
玻璃输精器（支）	1 mL	10～15
输精量调节器（个）		4～6
金属开膣器（个）	大、小两种	各 3～6 个
手电筒（支）	带电池	4
酒精灯（个）		2
玻璃量杯（个）	50 mL、100 mL	各 2
玻璃量筒（个）	500 mL、1 000 mL	各 2
玻璃漏斗（个）	8 cm、12 cm	各 2
滤纸（盒）		2～3
漏斗架（个）		2
广口瓶（个）	500 mL	4～6
细口玻璃塞瓶（个）	500 mL、1 000 mL	各 2
玻璃三角烧瓶（个）	500 mL	2
烧杯（个）	500 mL	2
洗瓶（个）	500 mL	2
平皿（套）	10～12 cm	2
带盖搪瓷杯（个）	250 mL、500 mL	各 2～3
搪瓷盘（个）	20 cm×30 cm、40 cm×50 cm	各 2
吸管（支）	1 mL	2

（续）

名　　称	规　　格	数　　量
广口保温瓶（个）	手提式	2
酒精（瓶）	95%，500 mL	6～8
氯化钠（瓶）	化学纯、500 g	2
碳酸氢钠或碳酸钠（瓶）	500 g	5～6
白凡士林（瓶）	500 g	2
药勺（个）	角质	5
搪瓷面盆（个）		4
试管刷（把）	大、中、小	各2
长柄镊子（把）		2
剪刀（把）	直头	2
纱布（包）	500 g	2
高压灭菌锅（个）	中型	1
手刷（把）		2
药棉（包）	500g	2
煤酚皂（瓶）	500 mL	4～5
试情布（条）	30 cm×40 cm	若干
器械箱（个）		2
水桶（个）		2
暖水瓶（个）		2
火炉或电炉（个）		2
桌、椅（套）		2
塑料桌布（米）		5
药柜（个）		1
耳号钳、记号笔（把、支）		1、2
羊耳号（个）		若干
工作服（套）	白色	5～6
肥皂、洗衣粉（块、包）		各4～10
碘酒（瓶）		10
配种记录本		
公羊精液检查记录		
配种架（个）		2
打临时号用染料	各色	若干
毛巾（条）		5
配制精液稀释液有关药品		
扫把等清洁用具		

对采精、稀释保存精液、输精、精液运输等直接与精液接触的器械，必须注意洗涤与消毒工作，以防影响精液品质及受胎率。一般先用2%～3%的碳酸钠清洗，器械的洗涤可用洗衣粉或洗净剂；器械洗净后，根据种类采用不同的消毒方法。凡与精液接触的器械在用酒精消毒后，必须用生理盐水冲洗。

（4）公羊的准备　配种公羊应按种公羊饲养管理。在配种季节开始前1～1.5个月就应对本季参加配种的公羊进行以下的工作：

对初配公羊进行调教：一般来说，发育正常的初配公羊，在进行假阴道采精前，本交几次后采精，甚至不用本交直接采精都可能采下精液。但有一部分初配公羊由于种种原因，性欲差甚至不会配种，必须调教。调教方法有：①把种公羊引入按选配计划选好的健康母羊群中，让其与同牧同息的发情母羊自由交配几次，然后再用假阴道采精。②让其参观性欲旺盛的种公羊配种及性欲旺盛的试情公羊试情。③将发情母羊的阴道分泌物抹在初配公羊的鼻尖上刺激其性欲。④进行睾丸按摩。用温水把阴囊洗净，然后自下而上轻轻按摩，每日早晚各一次，每次15 min。这样做能促进性欲，还能提高精液质量。除用上述方法外，更重要的是加强蛋白质、维生素、矿物质的添加，并增加运动量。必要时还可以注射丙酸睾酮，每次1 mL，隔一天一次。

对以往参加配种的公羊进行精液品质检查：在正式配种前一般采精15～20次，开始每5d采1次，以后1d采1次。目的在于排出衰老死亡的精子，促进公羊性机能活动。每次采精都必须进行精液品质检查及详细记载，以便发现问题及时解决。

认真选择、饲养试情公羊：试情公羊必须选择体质结实、健康无病、性机能旺盛、灵活善追、生产性能良好的青年公羊。对试情公羊结扎输精管、做阴茎移植手术必须在配种前一个月完成，使其有一个恢复期，不致影响试情工作。试情羊数一般按配种母羊数的2%～4%配备。

公母羊的比例：一只公羊配多少只母羊是依配种方法，公羊品种、年龄、性机能活动状况等不同而异。一般情况下，人工授精每只公羊可配300～500只母羊。在实际生产中主要依据选种选配计划来确定。

2. 人工授精

（1）试情　每天清晨放牧前、傍晚收牧后各试情一次。圈舍不宜太宽或太窄，试情时必须保持安静，哄散聚堆的母羊，使试情公羊能与每一只母羊接近。试情的时间，大群不少于1.5 h，小群不少于1 h。试出的发情母羊必须立即拉出羊群，集中起来，准备配种。试情时必须注意以下几点：

①试情必须认真仔细　不少母羊发情征候不明显，持续期短，试情不能疏忽大意。在试情时如发现母羊喜欢接近公羊，不拒绝公羊爬跨或经常跟在公羊后面，公羊接近时站立不动、有摇尾表示等均可认为是发情母羊。对初配母羊更要特别注意，初配母羊征候更不明显，有的虽愿靠近公羊而不允许爬跨，有的稍有某种表示，都应送交配种，进行阴道检查确定是否发情。

②严防试情公羊偷配发情母羊　对未结扎输精管、做阴茎移植手术的试情公羊必须采取措施，如用试情布捆扎腹部。

③保持试情公羊的旺盛性欲　试情是关系配种成绩好坏的重要一环，发情母羊都能从羊群中试出，可减少母羊空怀，提高繁殖率。要做到这一点，必须保持试情公羊旺盛的性欲。具体应做到以下几点：每5d必须给试情公羊本交或采精一次，以刺激其性欲；试情布每次用完后必须洗净，以防布面变硬擦伤阴茎影响试情；每周应让试情公羊休息1d恢复精力。

（2）采精的步骤和方法

①采精地点的选择 采精地点必须固定，要求平坦、避风、安静。

②台羊的准备 采精时所用的台羊视公羊性欲而定，如给性欲差的公羊采精，应用发情较旺的母羊作台羊，公羊性欲强的可用假台羊。

③假阴道的准备 将已经消毒处理密闭存放的假阴道取出，检查是否漏气、橡皮内胎是否扭转，松紧是否适度。然后用生理盐水棉球再次擦净，灌注 50～55℃ 热水，竖直假阴道使水至口处即可。装上气嘴，装上经消毒处理及生理盐水冲洗过的集精杯，吹气至内胎呈松紧适度的三角形。用温度计或玻棒取适量消过毒的凡士林由外向内涂擦假阴道，至离集精杯 2～4cm 处，检查温度如为 40～42℃ 即可用以采精。

④拉配种公羊至采精处 将配种公羊阴茎长毛剪短、洗净，拉至采精处。采精前如能控制公羊一会或让公羊绕母羊转一圈（时间不宜太长，否则公羊反抗，养成打人恶癖），采出的精液质与量都会有所提高。

⑤采精 采精人站立于公羊右侧，右手握假阴道，食指、中指夹住集精杯，气嘴向内下侧，在公羊爬跨台羊时采精人下蹲，迅速将假阴道靠近台羊臀部，用左手轻导公羊阴茎（切不可重握），如假阴道温度、压力、润滑适宜，公羊以很快速度向前一冲完成射精。整个过程不到 1 min 的时间即可完成，切不可大意。射精后，将假阴道稍后移，立即竖直，使精液集于杯中，然后打开气嘴放气，取下集精杯，盖好盖，送交检验室检查精液品质。

⑥采精后用具的清洗及消毒 首先倒出假阴道里的水，然后在温热水中用试管刷、肥皂充分洗净假阴道（内胎），不能残留凡士林等污物，再用温水冲洗，然后用洁净的纱布擦干，用 75％酒精擦洗消毒。集精杯可用肥皂或 2％～3％碳酸钠溶液洗涤，洗净后用温水冲洗，再用 75％酒精消毒或煮沸消毒 3～5 min，待自然干燥后收存备用，下次用时均需用生理盐水冲洗。

3. 公羊的精液及精液品质检查

（1）公羊的精液 正常的公羊精液呈乳白色、浓厚、不透明，用肉眼观察能见到云雾状运动，射精量 0.5～2.0 mL，一般 1.0 mL。精液由精子和精清组成。精子产生于睾丸，成熟于附睾；精清由附睾、精囊液、尿道腺、尿道球腺等副性腺分泌，对精子起保护作用。精子与精清的比例为精子 30％、精清 70％。绵羊精液每毫升中有 20 亿～50 亿个精子，平均 30 亿个，密度很大。

（2）精液品质检查 可用肉眼观察及镜检。精液品质检查的目的是鉴定精液品质的优劣，以便决定配种负担能力，同时也反映出公羊饲养管理水平、生殖功能状态和技术人员操作水平的好坏，并作为确定精液稀释倍数、保存和运输方法的依据。

肉眼观察可记录到以下内容：射精量、颜色、气味、云雾状活动。

表 6-3 不正常精液色泽及发生原因

颜色	发生原因
鲜红色	生殖道下段出血或龟头出血
暗红色	副性腺或生殖道出血
绿色	副性腺或尿生殖道化脓
褐色	混有尿液
灰色	副性腺或尿生殖道感染，长时间没有采精

表 6-4　不正常精液气味及发生原因

气　味	发生原因
膻味过重	采精时未洗净包皮
尿臊味	混有尿液
恶臭味	尿生殖道发生细菌污染

镜检精子活力与密度的方法：取 300～600 倍显微镜一台，对好光，用消过毒、生理盐水冲洗过的玻棒取精液一滴，滴于洗净擦干的载玻片上，盖上干净盖玻片，避免气泡发生，置于显微镜下进行观察。观察时室温需保持在 18～25℃。

精子活力的评定：在进行显微镜观察时，我们可以见到以下几种运动形式：前进运动——精子作前进直线运动；绕圈运动——圈的直径不到一个精子的长度；摇摆运动——位置不变头尾摇动。后两种运动形式是精子临死前的征兆，没有受精能力。唯一能到达输卵管使卵子受精的精子被认为是有活力的精子，活力计算以此为依据。计算精子活力通常采用 0～1.0 的 10 级评分标准。在显微镜视野里 100％的精子作活泼的直线前进运动评为 1.0 分，80％作直线前进运动评为 0.8 分，以此类推。

精子密度的评定：一般采用密、中、稀三级评定法。视野内精子密度很大，精子与精子间的距离小于一个精子的长度为"密"；精子间有明显的空隙，两精子间的距离相当于 1～2 个精子长度为"中"；在视野中只有少数精子，精子之间超过两个精子的长度为"稀"。如视野里没有精子则记为"无"。

供母羊输精的精液要求为"密——1.0"、"密——0.8"。如为"中——1.0"、"中——0.8"，如实在需用时，精液不作稀释并要加大输精量，否则难于受精。

4. 影响精子在体外存活的因素　影响精子在体外存活的因素很多，要保证人工授精中器械采集和输送的精子有正常的受精能力，应该对这些因素有所认识和了解。

（1）温度　精子在体外存活适宜的温度是 18～25℃，最适为 20℃。一般说较高的温度能提高精子的代谢作用，促进精子的运动，但精子的寿命则相应缩短；反之较低的温度能降低精子代谢过程，抑制精子的活动，甚至使精子呈休眠状态而延长其寿命。精子所能耐受的温度范围，高温不能超过 50℃，此时精子 5 min 内就不可逆地丧失活力，若温度再高精子会因蛋白质凝固而立即死亡。低温，精子能在 -190℃下保存，但降温一定要缓慢，剧烈降温至冰点会使精子受到"冷震荡"打击，精子细胞膜的渗透性发生改变，一些与生命有关的物质如钾、蛋白质等漏出，轻者大大降低新陈代谢作用，严重者即使给精液加温，精子也不再恢复活力。缓慢的降温可使精子长期地保存于 -80℃或更低的温度之下。

（2）渗透压　精子只有在等渗溶液中才能保持正常的活力。如果采精用具不干，残留了水珠或精液内不慎滴入了水滴，使精子生存的环境变为低渗透压，在低渗溶液中，由于精子内部细胞质的渗透压高于周围溶液的渗透压，水即进入精子细胞内部使精子膨胀，尾部卷曲而死亡。在配制生理盐水等溶液时，若加入的成分不准确而过量，用来稀释精液时也会造成精子死亡。这是因为溶液渗透压高于精子细胞渗透压，使精子失水皱缩呈锯齿状而死亡。

（3）酸碱度（pH）　精子一般在 pH7.0 时最活泼，存活最久。高于或低于此值精子活力都会受到影响。在酸性状态下精子迅速变为不活动；在弱碱性溶液中精子运动较迅速，衰老也较快。绵羊和山羊的精子能利用精清中的果糖产生大量的乳酸，因此在精液稀释时，要考虑加入某种缓冲剂如磷酸盐、柠檬酸盐或重碳酸盐等。

（4）光线　一般说来光对精子是有害的。一是精子暴露于日光下，温度升高寿命缩短；二是在有氧或空气存在时，光使精子内部发生光化学反应，产生过氧化氢中毒，使精子的活力、代谢作用、受精力受到抑制。这种有害作用可通过使用过氧化氢酶予以防止。

（5）稀释　适度的精液稀释，特别是在含有果糖一类糖并有缓冲剂的等渗稀释液中，精子的活力不但无损，相反可刺激其活性，增长其寿命，甚至还能使衰老的精子活性得到恢复；而过度的稀释如 1：10，即使在其他条件都适宜的稀释液里也会抑制精子的活力，降低受胎率。

5. 精液的稀释　精液稀释的好处：①精液稀释可以加大精液量，增加配种母羊数，提高优秀公羊的利用率。公羊射精一次平均 1 mL，约含 30 亿个精子，而进入受精部位输卵管壶腹使卵子受精的精子只有几百个，尽管母羊生殖道造成的有效障碍使一些精子中途死亡，亦不需如此大量的精子。据试验，一次授精的剂量如含 1.2 亿～1.25 亿个精子即可达到最高的受胎率。可见如将原精液进行 1：1.5 倍的稀释，以每羊输精量 0.1 mL 计，可供 25 只母羊一次输精，并能保证受胎。②可以延长精子的存活时间，提高受胎率。用最适宜的稀释液作适度的稀释不但可以增长精子的寿命，无损于活力，甚至还可以刺激其活性。这是由于稀释液中的缓冲剂缓冲了精子代谢所产生的大量乳酸，维持了精子存活的最适酸碱度；稀释液中的葡萄糖等能补充精子代谢所需的养分；稀释液中的高分子物质（如蛋白质、淀粉），对稀释过的绵羊和山羊精子有保护作用，还有防止细胞内成分逸出的效力；用器械采集的精液一般均含有细菌，有时多至数十万，在稀释液中加入的抗生素等能抑制细菌的繁殖，减弱细菌对精子的危害作用；稀释液还能减少或消除副性腺分泌物对精子的兴奋作用，减少养分的过度消耗等，从而增长了精子的寿命，提高受胎率。③由于用最适稀释液作最适度稀释可延长精子寿命，无损于活力，为精液的长期保存和运输创造了条件。

6. 稀释液的配制及使用注意事项　稀释液配制时，稀释液的渗透压必须与精清相同，酸碱度以中性为宜，可略偏酸性。稀释液中必须含有精子代谢所需要的养分，以免精子消耗自身物质维持代谢需要，加速衰老死亡。配制时还应该注意取材容易，配制容易，成本低廉，有利推广。稀释液使用时必须注意：

稀释倍数：绵羊和山羊授精宜用精子密度高的小剂量。稀释倍数的计算可根据发情母羊的多少、输量每只 0.1 mL、每只输入精子数不少于 1.2 亿～1.25 亿计算。一般稀释 1～1.5 倍，最高可到 4～6 倍。实际上输入的精子数多，受胎的可能性高，如有剩余尽可能多输，避免废弃不用。

温度：加入的稀释液必须与精液的温度相同，否则由于精子温度的剧烈变化影响精子活力。

防止机械冲击：稀释液注入精液时必须沿管壁慢慢注入，然后轻轻摇晃使其混匀，切忌猛烈重晃。一方面避免造成机械损伤，另一方面若搅进了更多的氧气，将加速精子的代谢，产生更多的过氧化氢，有害于精子的生存。

几种常用绵羊和山羊精液稀释液（常温下随采随用）：

生理盐水稀释液：取化学纯的氯化钠 0.9g 加入 100 mL 蒸馏水中，经溶解、过滤、消毒备用，一般稀释 1～2 倍。

牛、羊奶稀释液：把鲜牛奶或羊奶用 6～8 层纱布过滤，然后隔水煮沸 10～15 min，冷至室温，除去奶皮备用。稀释 2～4 倍。

葡萄糖卵黄稀释液：取无水葡萄糖 3.0 g、枸橼酸钠 1.4 g，溶于 100 mL 蒸馏水中，过滤 3～4 次，消毒、降温至室温，再加入卵黄 20 mL 搅拌均匀备用。用此液稀释 2～3 倍的精液，可作保存或运输之用。

枸橼酸钠、卵黄、葡萄糖稀释液：取枸橼酸钠 2.3 g、葡萄糖 1.0 g，溶于 100 mL 蒸馏水中，过滤、消毒，再加入卵黄 10 mL、青霉素 10 万 IU、链霉素 10 万 U、磺胺粉 0.3 g。用此液稀释 2～3 倍的精液，在 0～3℃保温瓶内保存 120 h，仍有 40%～60% 的精子行直线运动。

复方稀释液：取柠檬酸钠 1.6 g、葡萄糖 0.97 g、磷酸氢二钠 0.15 g、氨苯磺胺 0.3 g 溶于 100 mL 蒸馏水中，消毒冷却至室温后加入青霉素 10 万 IU、链霉素 10 万 U、卵黄 20 mL备用。用此液稀释的精液，在 0～7℃条件下保存 6～7d 仍有良好的受精率。

7. 精液的保存和运输 精液保存的方法直接影响精子的活力、寿命。为了达到优良种羊精液扩大利用及延长利用时间的目的，首先采得的精液要避免强烈光线的照射及高温的影响；盛放精液的器皿要洗净、消毒、干燥，不能残留化学药品、肥皂水等；选用适宜的稀释液进行精液稀释；精液保存温度必须稳定，降温或升温应缓慢进行；要尽量减少精液与空气的接触，如用试管盛精液应覆盖一层消过毒的医用石蜡油，石蜡油层一般 0.5cm 左右，然后用塞塞紧，再用蜡封口。如在常温下保存运输，从采精到输精完毕不应超过 6 h。如在普通低温下保存，除注意稀释液的选用外，降温过程不能少于 1 h，利用时间一般在 12 h 以内。

精液输送的关键是防震荡，防温度突变，并要快速。因此，必须重视包装及输送办法。常温及普通低温保存都少不了广口保温瓶。如较长距离普通低温运送，除进行用蜡封口等处理以外，在装瓶时应尽量装满以减少震荡。然后用一厚层棉花包好，再用洁净的干纱布扎上，同时挂上标签，注明公羊品种、羊号、采精时间、射精量、精液品质（密度及活力）、稀释液种类、稀释倍数等。最后装入橡皮袋中用线扎紧并留一短线装入保温瓶中。瓶中可装冰块，所留线头夹于瓶盖与瓶口之间，使装精液的管（瓶）正置，并悬于保温瓶中。或者在保温瓶内装固定架，将精液管袋置于固定架上更好。

8. 输精 绵羊和山羊最适宜的输精时间应在发情的中期或后半期进行。在实际工作中如大群放牧，由于母羊发情持续时间短，试出后，应即时配种。一般在早晚试情，试出即配，方可减少空怀。

输精步骤及方法：输精之前必须再进行一次精子活力评定，冻精活力不够 0.3 者不许使用。输精前母羊外阴部用来苏儿溶液擦洗消毒，再用水擦净，注意不要让外阴部有水滴，否则在抬起后躯时水会随开膣器流入生殖道内。固定母羊，将后肢抬高，合拢开膣器，竖直插入阴户，缓缓推入阴道 10～13cm 深处，将开膣器做 90°旋转，平放，张开开膣器，张口角度适当，过大会刺激母羊。开膣器左右稍许下移，借助手电筒等光源寻找子宫颈口，将输精器慢慢插入子宫颈口内 0.5～1cm，将精液注入子宫颈内。精液注入时应轻注、缓出，防止精液逆流。输完精后把母羊臀部抬高并保持 3～4 min，防止精液倒流，或者在羊的背部轻拍几下，刺激平滑肌收缩，使精液快速流入子宫深部。初配母羊一般难于找到子宫颈口，可作阴道输精，但应加大输精量 2～3 倍。在有条件的地方，可借助腹腔内窥镜进行子宫角输精，此法受胎率高、精液用量少，优秀公羊可得到最大限度利用。

输精过程中如发现母羊阴道有炎症,那么所用器具必须彻底消毒方可再用,并应报告兽医进行有效治疗。

各季配种时间不应拖得太长。秋季配种由于母羊膘力较好,发情集中,一般 1.5 个月即可圆满结束;春配由于母羊经历了水冷草枯的严冬,膘力很差,发情不集中,很难完成配种任务,即便如此也不应把时间拖得太久,最多 2～2.5 个月必须结束。否则影响全群抓膘,产羔零散,不便管理,得不偿失。

二、产羔

(一) 母羊的分娩

1. 母羊分娩的预兆　母羊在临近分娩时会有以下异常的行为表现和组织器官的变化:

(1) 乳房开始胀大,乳头硬挺并能挤出黄色的初乳。

(2) 阴门较平时明显肿胀变大,且不紧闭,并不时有浓稠黏液流出。

(3) 骨盆韧带变得柔软松弛,肷窝明显下陷,臀部肌肉也有塌陷。由于韧带松弛,荐骨活动性增大,用手握住尾根向上抬感觉荐骨后端能上下移动。

(4) 母羊表现孤独,常站立墙角处,喜欢离群,放牧时易掉队,用蹄刨地,起卧不安,排尿次数增多,不断回顾腹部,食欲减退,停止反刍,不时鸣叫等。有这些征候表现的母羊应留在产房,不要出牧。

2. 正常分娩的接产　母羊产羔时,最好让其自行产出,接产人员的主要任务是监视分娩情况和护理初生羔羊。正常接产时,首先剪净临产母羊乳房周围和后肢内侧的羊毛,然后用温水洗净乳房,挤出几滴奶,再将母羊的尾根、外阴部、肛门洗净,用 1% 来苏儿溶液消毒。正常分娩的母羊在羊膜破裂后 30 min 左右,羔羊便能顺利产出。正常产的羔羊一般是两前肢先出,接着就是头部出来,随着母羊的努责,羔羊自然产出。产双羔时,间隔 10～30 min 就能产出第二只羔羊。当母羊产出第一只羔羊后,仍有努责、阵痛的表现,即是产双羔的征候,应认真检查。羔羊出生后,先将羔羊口、鼻和耳内的黏液掏出擦净,以免误吞羊水,引起窒息或异物性肺炎。羔羊身上的黏液,应及早让母羊舔干,如果母羊不舔,可在羔羊身上撒些麸皮,放到母羊嘴边,促使母羊将它舔净。这样既可促进新生羔羊血液循环,又有助于母羊认羔。

羔羊出生后,一般都能自己扯断脐带,这时可用 5% 碘酊在断处消毒。如羔羊自己不能扯断脐带时,接产人员要先把脐带内的血液向羔羊脐部顺捋几次,然后再用指甲刮断脐带,长度以 3～4cm 为好,并对断端消毒处理。正常情况下,母羊舔完羔羊身体上的黏液后,羔羊就能摇摇晃晃地站起来找奶吃,这时首先要把母羊乳头中奶塞挤掉,让羔羊及早吃上初乳。

羔羊出生后,胎衣在 2～3 h 内自然排出。要将胎衣及时移走,不要让母羊吃掉,以免感染疾病。胎衣超过 4 h 不下时,就要采取治疗措施。产羔如在寒冷季节,要做好产房的保暖防风工作。羔羊毛干得很慢时,可在产房内加温(用小火烤或生煤火),以防止羔羊感冒。有些羔羊出生后不会吮乳,应加以训练。方法是:把乳汁挤在指尖上,然后将手指放在羔羊的嘴里让其学习吮吸。随后移动羔羊到母羊乳头上,以吮吮母乳。

3. 难产的处理

(1) 难产的一般处理　在分娩时,初产母羊因骨盆狭窄、阴道过小、胎儿个体较大,经产母羊因腹部过度下垂、身体衰弱、子宫收缩无力或胎位不正均会造成难产。

羊膜破水 30 min 左右，母羊努责无力，羔羊仍未产出时，助产人员应即剪短、磨光指甲，消毒手臂，涂上润滑剂，根据不同情况采用不同处理方法。如遇胎位不正，可将母羊后躯垫高，将胎儿露出部分送回，手伸入产道校正胎位，再随着母羊努责将胎儿拉出；如胎儿过大，可将羔羊两前肢拉出再送入，这样反复 3～4 次，然后一手拉前肢，一手扶头，随着母羊的努责，慢慢向后下方拉出。拉时用力不宜过猛，以免拉伤。

（2）假死羔羊的处理　羔羊产出后，身体发育正常，心脏仍有跳动，但不呼吸，这种情况叫假死。假死的原因主要是羔羊过早地呼吸而吸入羊水，或母羊子宫内缺氧、分娩时间过长或受凉所致。羔羊出现假死时，欲使羔羊复苏，一般采用两种方法：一种是提起羔羊两后肢，使羔羊悬空并拍击其背、胸部；另一种是让羔羊平卧，用两手有节律地推压胸部两侧。短时假死的羔羊，经过处理后，一般即能复苏。

因受凉而造成假死的羔羊，应立即移入暖室进行温水浴，水温由 38℃ 开始，逐渐升到 45℃。水浴时应注意将羔羊头部露出水面，严防呛水，同时结合腰部按摩，浸水 20～30 min，待羔羊复苏后，立即擦干全身。

（二）产后母羊和初生羔羊的护理

1. 产后母羊的护理　母羊在分娩过程中失去很多水分，并且新陈代谢机能下降，抵抗力减弱。如果护理不当，不仅影响羊体健康，且使生产性能下降，所以要加强产后母羊的护理。

产后母羊应注意保暖、防潮，避免贼风，预防感冒，并使母羊安静休息。产后 1 h 左右，应给母羊饮水，第一次不宜过多，一般为 1～1.5 L，水温在 12～15℃，切忌母羊喝冷水。为了避免引起乳房炎，补饲量较大或体况较好的羊，在产羔期可稍减精料，以后逐渐恢复。注意母羊恶露排出情况，一般在 4～6 h 排净恶露。检查母羊的乳房有无异常或硬块。

2. 初生羔羊的护理　羔羊出生后，体质较弱，适应能力低，抵抗力差，容易发病。因此，搞好初生羔羊护理是保证其成活的关键。羔羊出生后，一般 10 多分钟即能起立、寻找母羊乳头。第一次哺乳应在接产人员护理下进行，使羔羊能尽快吃到初乳。初乳是指母羊分娩后第 1 周产的奶，含有丰富的营养物质和抗体，有抗病和清泻作用，有利于羔羊排出胎粪。

羔羊胎粪黑褐色、黏稠，一般生后 4～6 h 即可排出。如初生羔羊鸣叫、努责，可能是胎粪停滞，如 24 h 后仍不见胎粪排出，应采取灌肠等措施。胎粪特别黏稠，易堵塞肛门造成排粪困难，应注意擦拭干净。

另外，为了管理上的方便和避免哺乳上的混乱，可采用母子编号的方法，即在羔羊体侧写上母羊的编号，以便识别。哺乳期羔羊发育很快，若奶不够吃，不但影响羔羊的发育，而且易于染病死亡。对缺奶羔，应找保姆羊，保姆羊一般是羔羊死亡或有余奶的母羊。否则，要进行人工哺乳。

人工哺乳应首先选用羊奶、牛奶，也可用奶粉、代乳品等。对羔羊实行人工哺乳，是当今肥羔生产上普遍采用的方法。实行人工哺乳，容易形成规模化、工厂化的生产方式。采用人工哺乳方法饲养羔羊，必须严格掌握配乳成分和浓度，特别是用奶粉和代乳品时，要注意卫生和消毒，一定要做到定时、定量、定温，达到规范化饲养管理要求。

第四节　提高繁殖力的措施

人工授精技术极大地提高了优良公畜的利用率，而胚胎移植和胚胎分割技术，则是充分挖掘优良母畜繁殖潜能的有效途径。胚胎移植（Embryo transfer，ET）技术包括了供体的超数排卵（Superovulation），人工授精（Artificial insemination，AI），胚胎采集（Embryos collection），同期发情（Synchronization estrus），移植受体（Transfer recipients）等步骤，使优良母畜的繁殖潜力得以充分发挥，迅速增加其后代数量，可提高母畜繁殖率几十倍，加速遗传进展，较现行的育种方案提高 $50\% \sim 100\%$，也为 MOET 育种提供有价值的技术资料。

现代畜牧业的一个突出特点是从饲养、管理、繁殖以及生活环境等方面对畜群进行控制，以便提高其生产性能和繁殖效率。随着畜牧业生产集约化程度的不断提高，人们对家畜的生命活动控制的程度愈来愈高，家畜受自然条件的影响也就愈来愈小。养羊业由于自身的特点（放牧），在很大程度上受自然环境的直接影响，人为的控制因素相对较小。虽然养羊业集约化程度不及奶牛业和养猪业高，但人们通过应用新技术来提高养羊业的生产力，实行集约化经营和现代化生产。如在繁殖周期各个阶段，进行人为控制，以期提高母羊的繁殖效率。现就如何提高绵羊的繁育率问题，提出个人的见解，与大家一起探讨、共勉。

一、绵羊的繁殖力

1. 繁殖力（Fertility）　亦称生殖力，是指动物本身固有的繁殖后代的能力，包括母羊产生卵子、受精、妊娠和哺育羊羔的能力；公羊产生精子、射精、交配的能力，这一生理特性由遗传和个体状态所决定。

2. 繁殖效率（Reproductive efficiency）　是指在一定的条件下和一定的时间内繁殖后代的数量。它具体反映繁殖力的大小，受环境条件和人为因素的影响。绵羊的繁殖力和繁殖效率因品种、所处地域自然环境、饲养方式与水平不同和繁殖季节性表现程度不同而有很大差异。

3. 繁殖潜力　指理论上动物具有的繁殖后代的潜在能力。在特定条件下，通过特殊技术手段使这种潜力部分或全部发挥出来。例如人工授精扩大了优良公畜（每头优秀种公牛每年可以生产 10 万个授精剂量。已有很多黑白花公牛可配种母牛 5 万头以上，每头授精活精子数减少到 400 万，而不致降低受胎率）的利用率，胚胎移植扩大了优良母畜的优良生产性能。繁殖潜力通常是指在一般条件下，动物所显示的繁殖后代的能力。

4. 繁殖指数　是指一个体或某一群体在一年内繁殖后代的数量与繁殖母畜数量之比，它基本上反映了繁殖力的高低，因品种和生产水平而异。在保证正常繁殖力的基础上，要进一步提高繁殖效率，必须在提高饲养管理水平的同时，采用一定的繁殖技术。因为家畜环境是作为家畜管理总体系中的一个组成部分发展起来的。消除环境的极端状态，将使家畜免于环境造成的应激，提高其生长率和繁殖率。

二、提高绵羊繁殖率的主要途径与措施

（一）提高公羊的繁殖力

1. 科学的饲养管理

（1）配种时期的管理对预防不育和繁殖力下降极为重要。营养适度对提高精子产量很重要，必须给予足够的营养（蛋白质、维生素和微量元素添加剂等），保持其中度体况。营养不足对精子产生有害，但高水平饲养使体况过肥对精子的产生也是不利的。由于精子发生周期约需 49d ［精原细胞 → 有丝分裂（Ⅰ）为初级精母细胞（15～17d）→ 减数分裂 → 次级精母细胞（30～32d）→ 减数分裂（Ⅱ）为精子细胞 → 变型 → 精子（46～49d）］，故在配种前期应加强营养。

（2）公羊经运输后会暂时性不育，不应在接近配种期前运输。

2. 绵羊精液生产及其特征和季节性变化很明显　精液品质一般秋季较高，夏季较低。人工降温能补救或预防夏季不育。在炎热天气到来之前，给公羊及时剪毛和白天降温，对精液生产有积极效果。

3. 精液检查　检查精液的 pH，正常活动精子的百分率和畸形精子以及颈部畸形率，及时发现和剔除不育和不能担任配种的公羊，淘汰繁殖力低下的公羊。

4. 从繁殖力高的母羊后裔中选择公羊　特别适宜在不良的环境条件下进行抗不育性的选择，因为在不良的环境条件下更容易显示和发现繁殖力较低的种羊。

5. 精液的恰当处理和体外保存　精子的生命受本身所含的能量所限，在体外它很少能够利用外界的能源，因而在活动状态下，会很快衰老死亡。精液的各种保存方法都是为了保存精子本身含有的有限能源。

为使精子本身的能量保存下来，必须减少或停止能源的消耗，即降低或中止其代谢过程。减少或停止精子的活动，就必须提供、创造抑制其活动的环境条件。温度与精子活力和生存时间有着密切关系，因此通常采用降低温度（低于精子活动所需的温度）的方法延长精子生存的时间，如冷却保存（2～5℃）和冷冻保存（－79℃或－196℃）。

（1）液状精液精子和温度的关系

精液温度在 42℃ 以上时，精子蛋白质凝固，很快停止活动至死亡；

精液温度在 38℃ 时，精子活动正常，代谢旺盛，但很快失去活动能力；

精液温度在 38～15℃，精子活动能力显著下降，代谢缓慢；

精液温度在 15～5℃，精子由前进运动变为摆动；

精液温度在 5～0℃ 时，精子活动完全停止，处于休眠状态。

精液的品质是在 37～38℃ 恒温条件下评定的。精液冷却能使精子的活动减少，使其寿命延长。但要注意避免冷休克。冷休克是由于精液很快地降温至近于冰点时，精子遭受冷刺激而失去活动力，即使再给精液加温后也不能恢复其活力。采取缓慢地降温，可以避免冷休克。

（2）冷冻精液精子和温度的关系

－60～0℃，低温（冻结温度）；

－50～0℃，对精子有害作用的温度；

－25～－15℃，对精子显著有害的温度；

−250～−60℃，超低温（大致安全保存温度）；

−250～−130℃，冰晶安全保存温度。

温度与精子活力和生命力之间的关系紧密，因此，在制作冷冻精液时要注意：避免温度急剧变化：35℃以上，有害温度差；25℃以内，容许温度差；20℃以下，安全温度差。

创造弱酸环境：室温保存于15～25℃的弱酸条件可抑制精子运动，使精子代谢减慢，存活时间延长。

冷却保存和室温保存：只能部分降低精子的活动，加之保存液的理化性质改变和其中微生物的不良作用等，精液保存时间短，使用期有限。

冷冻保存：精子在冷冻状态下，代谢完全停止，活动完全消失，生命以静止状态保存下来，待环境适宜，即又复苏。精子保存时间长。

在人工授精的实际生产中，从采精、保存到授精的全过程中，应依据温度与精子的存活关系，正确实施操作规程，以获得理想的受胎率。

6. 渗透压 绵羊精液的渗透压为356 mOsm/kg。在稀释液与精液等渗的情况下，精子能长久保持其活动能力。一般来说，低渗对精子的影响远远大于对高渗的影响，高渗会导致精细胞脱水，造成化学伤害；低渗会引起精细胞肿胀破裂，造成"稀释性损伤"。因此，在将精液与稀释液配比时，严禁精液直接与水接触，必须以准确的等渗稀释液处理精液。

（二）提高母羊的繁殖力

1. 加强营养，使其保持良好的体况 在牧草资源不足、质量欠佳、管理又粗放、主要"靠天吃饭"的牧区，基本上处于自然畜牧业状态。在配种前期和配种期内，适当给母羊补料和补饲含有微量元素等的复合添加剂，对提高母羊的受胎率有明显的效果。这就是常说的"抓膘配种"和"配种抓膘"，适时补饲是科学的。原因在于：一是母羊配种前期和卵裂早期阶段，其营养状况对卵子和胚胎存活有显著影响。体况差的母羊为胎盘提供葡萄糖的能力很差，致使对后来的胚胎发育产生长期的不良影响，造成胚胎着床前（14d）死亡，降低了受胎率；二是任何微量元素的严重缺乏都会影响到动物体内的各种基本功能，包括繁殖性能等。如新疆农垦科学院畜牧兽医所1988年在红星一牧场的为期两个月的补料试验中，挑选年龄相同（4～5岁），放牧条件一致的母羊164只，分成两组，试验组每天归牧后补料一次，日补混合料150 g/只，其中玉米75％，青稞26％；对照组完全靠放牧，不补料，鉴定出发情即行冷配。结果显示，试验组受胎率比对照组提高29.97 ％，差异极显著（P＞0.01）。由此可见，营养水平中下的母羊，在配种前期适当补料，对提高受胎率的作用十分明显。据黑龙江省畜牧所报道，公羊补硒后制作的冻精，情期受胎率为58.33％（140/240），未补硒前为48.66％（127/261），差异显著（P＜0.05）新疆农垦科学院畜牧兽医所，通过对绵羊进行跟踪放牧和补饲采样，利用原子吸收法测定草、料样品中的微量元素含量，结果查明其中缺乏锌、铜和硒等微量元素。继而进行了含有这些微量元素等的"Y-1号"复合添加剂饲喂试验，进行鲜精授精，结果补饲组母羊情期受胎率为85％，繁育率达140％，羔羊初生重为3.83 kg，羔羊成活率为89.3％，分别比对照组高10％、10％、0.23 kg和4.7％，表明"Y-1号"复合添加剂对提高母羊繁殖性能有良好效果。国外也有大量资料报道，在配种前的两三周内，适当提高母羊营养水平（亦即催情），能有效地提高其排卵率。

2. 双羔的选择

（1）母羊随年龄而改变其产羔率。2岁和3岁母羊的产双羔率分别为3％和16％，4岁和 5 岁时，分别为 41％和 44％。极少数在第一胎产双羔的母羊具有较高生产双羔的潜力。选择 2 岁和 3 岁产双羔的母羊，可以提高母羊的产双羔率和繁殖力。

（2）母羊脸部被覆盖细毛量与产羔数有关。脸部裸露，眼以下无细毛的，其产羔数比脸部细毛被覆者多 11％。据此，选留年轻、体型较大且脸部裸露母羊所生的双羔绵羊，对提高繁殖力有积极效果。

（3）不良气候条件会使某些品种羊在这些环境应激下具有较高的繁殖力。如以高密度产羔温良母性著称的纳伐候羊即是。

3. 繁殖技术控制　在绵羊和山羊生产过程中应用繁殖技术旨在控制繁殖周期，缩短产羔胎次间隔，提高受胎率和产羔率，增加每胎产羔数。

（1）发情控制

孕激素-PMSG 法：即用孕激素制剂处理（阴道栓或埋植）母羊 10～14d，停药时注射孕马血清促性腺激素（PMSG）400～500IU。一般经 30 h 左右即开始发情，然后进行人工授精或自然交配。阴道海绵栓，浸以适量药物，如甲孕酮（MAP，50～70mg）、氟孕酮（FGA，20～40 mg）、孕酮（500～1 000 mg）等，并撒抗生素或消炎药物，注射 PMSG 可促进发情，提高发情周期化程度，提高排卵率、受胎率和产羔率。

周期发情和定时人工授精结合起来，经处理的母羊在规定的时间内，不经发情检查进行两次人工授精，即在取出阴道海绵栓之后 48 h 和 60 h 各输精一次。爱尔兰试验结果见表 6-5。

表 6-5　孕激素-PMSG 处理母羊后周期发情不同授精次数的效果（秋季）

授精次数和精子数	授精母羊数	产羔母羊		产羔数	平均每胎产羔数
		数量	比例（％）		
2×2 亿	5 072	3 461	68.2	6 171	1.78
1×（2～3）亿	390	250	63.2	456	1.82
1×4 亿	478	354	74	601	1.7
自然交配	420	324	75.5	620	1.91

不同季节的周期发情：各季节均可进行周期发情处理，但效果不同，以秋季（自然繁殖季节）的效果最好，春季效果最差。这是因为春季母羊正处于乏情季节的中、前期，呈深度乏情状态。在夏季（乏情季节接近结束）处理时，效果亦较满意。

表 6-6　不同季节母羊同期发情处理的效果

项　目	春	夏	秋
羊群数	83	594	41
处理羊数	2 508	21 545	1 600
发情率（％）	93.0	97.0	97.2
产羔母羊数	871	13 795	1 206
平均每胎产羔（只）	1.58	1.62	1.73
第一情期受胎率（％）	34.7	64.0	75.4
第一、二情期受胎率（％）	35.0	79.6	90.5

（2）繁殖季节控制　繁殖的季节性是一种生物钟现象，是动物为适应自然环境在长期的进化过程中形成的。它是以最适于羔羊的成活和发育（与气候、草场状况相适应）的产羔时间为转移的。由此可见，各种家畜的配种季节是以产仔季节和各自的妊娠期长度所决定的。在人类对家畜的生活环境给予改变或控制时，繁殖季节也是可以改变的。即使季节性很强的品种，如果采取特殊措施完全控制其生存环境，提供适宜条件，也能改变其繁殖的季节性。这种影响的长期积累，有可能改变原来的生理特性，形成新的生理现象。

①克服乏情季节　在非配种季节诱导母羊发情配种，缩短产羔间隔，增加产羔频率，是提高绵羊繁殖效率的战略性措施之一。

a. 根据当地气候条件、饲养情况、管理和技术水平等实际情况，可实行两年三产的产羔制度，前提是羔羊必须早期断奶。

b. 在不打乱自然配种的情况下，实行乏情期诱发发情配种。

一般说来，在乏情季节诱导发情的配种结果，其排卵、受胎率和产羔率皆不及正常繁殖季节，故实施时要权衡利弊。

诱导母羊发情的具体做法是，先对羔羊实行早期断奶后，用孕激素制剂处理母羊十数日，停药后并注射 PMSG 即可。

②在正常繁殖季节之前配种。在配种季节到来之前一个月左右，采取一定有效措施，提早配种。

a. 调节光照周期。人为控制光照周期，使秋初的白昼缩短并加速，以达到配种季节提前到来的目的。

b. 公羊效应。在正常配种季节开始之前，向母羊群引入公羊（生物学刺激），可使母羊提早发情，但公羊长期与母羊同群，不产生此效应。公羊的性刺激不仅可使发情季节提前，同时也能使母羊的发情趋于同期化。新西兰曾用此方法使 80% 的试验母羊在 6d 内发情配种。

公羊效应的机理是：公羊分泌的外激素对母羊的嗅觉产生刺激，经由神经系统作用于下丘脑-垂体轴，激发促性腺激素的释放，促使卵巢活动。试验证明，放入公羊 27 h，母羊血浆中的 LH 水平迅速增高。

公羊效应是将结扎输精管或阴茎移位术的试情公羊放入羊群即可。

③诱导双胎　增加一次发情的排卵数，亦是提高繁殖效率的有效措施。

诱产双胎是利用激素有限制地刺激母羊多排卵，控制排卵 2～3 个，以达到诱发产双胎的目的。方法有 3 种：

a. 补饲催情后，通过加强饲养改进母羊体况，提高排卵率，此法简单适用，效果较好。在配种季节开始前至少一个月即应改善日粮组成，提高母羊营养水平，增加一次排卵数。

b. 激素处理法。该法特别适用于产单羔的品种，对于本来产双羔的品种，易发生多胎，造成死亡，好处不大。因为品种、个体（反应敏感性及体型大小等）对激素的反应差异很大，所以很难找到对母羊都适宜的剂量。经常出现同一剂量对某些羊是适合的，而对另一些羊可能是过少或过多。比较合适的剂量应在当地对特定品种进行预备试验后确定。

具体做法是：母羊先经试情，在情期第 12 天或第 13 天一次皮下注射 PMSG 500～1 000 IU，以促进排卵。有人主张在情期第 2 天注射 PMSG，优点是排卵反应变异小且不会出现高排卵率，有利于提高羔羊育成率。

c. 免疫法。利用免疫法减弱绵羊卵巢类固醇激素对下丘脑-垂体轴的负反馈作用，导致

GnRH 释放量增加，从而提高母羊的排卵率。如由澳大利亚联邦科工组织（CSLRO）研制的双羔素（Fecundin），其成分为雄烯 2 酮-7α-羧乙基硫醚。人血清白蛋白，系人工合成的甾醇类激素。用 Fecundin 作抗原给母羊进行主动免疫，使机体产生生殖激素抗体，将内源激素的生物活性部分或全部中和，从而改变了体内激素平衡，使雌激素含量减少，反馈性增强垂体前叶促性腺激素（FSH 或 LH）的分泌，加速卵巢中更多滤泡发育成熟并排卵。由于恰当地把握了接种苗的效价，使同时排双卵、受精或产双胎。双羔素能有效地提高中国美利奴羊新疆军垦型纯种及其杂种羊的繁殖力。1987 年新疆农垦系统的中间试验结果，免疫母羊的繁殖率为 135.46％（11 033/8 145），比未免疫者提高繁殖率 20.82％；免疫母羊双羔率达 33.66％（2 742/8 145），未免疫者为 15.02％（775/5 160），可提高双羔率 18.64％，差异极显著。

可见，对提高绵羊的繁殖力而言，免疫法简便易行，效果稳定可靠，无任何副作用，是开拓养羊业增产增收的新途径，值得推广。

④分娩控制 分娩是由胎儿下丘脑开始，经由胎盘直至母体的垂体发生一系列变化，最终导致子宫的运动和胎儿排出。研究结果查明，母畜的分娩是由胎儿决定，受胎儿的下丘脑-垂体-肾上腺轴所支配，而具体的时间（早晨或夜间），则以母体根据外界环境条件选择合适时间。诱发分娩系指预产期之前，对孕羊施用某些激素促使分娩提前。通常是在预产期一周内注射外源激素，如地塞米松 10～15 mg，氟米松（Flumethasone）2 mg，晚上比早上注射引产时间快些。大约在注射后 36 h 开始分娩，至 72 h 结束，经同期化处理并配种的母羊进行同期诱发，分娩易发生难产。雌激素也可引起分娩。如注射苯甲酸雌二醇（ODB）15～20 mg，约在 48 h 内可全部分娩。该法对乳腺分泌有促进作用，泌乳量多，有利于羔羊发育，但易出现难产。

如想使母羊推迟分娩，则可施以孕酮，即可阻止分娩机制的启动，推迟分娩。

4. 采用先进的人工授精技术 绵羊子宫颈构造特异，多具有四个轮状环，特别发达，管腔弯曲狭窄，而经产母羊因产羔所造成的撕、拉伤，更使轮状形成不规则弯曲，导致轮状环前堵后塞，形成多处盲管，因此，在一般条件下，不易做到深部输精。深部输精对提高绵羊的受胎率有显著作用，如苏联米洛万诺夫（MhjioBahob）1978 年曾报道了这样一个公式：受胎率＝30％＋输精部位距子宫颈口之深度（cm）×12.5％。

①新疆农垦科学院畜牧兽医所研制出 XK-2G 型羊用输精器，富弹性，操作简便，使用安全，有利于深部输精，人工授精效果好。一般比常规输精器可提高受胎率 10％左右。几年来经一些养羊单位实地使用，效果很好，值得推广。

②腹腔镜输精技术。具体方法。用甲孕酮（MAP）阴道栓对母羊进行同期发情处理，12d 后取出，48 h 后输精，采用特殊保定架将羊固定好，剪去腹中线至乳房前的羊毛，消毒处理后在乳房前 8～10 cm 处用套管针刺入腹部，随即充入适量二氧化碳气体，使腹壁与内脏分离，通过套管针将腹腔镜伸入腹腔，观察子宫角及排卵情况。在对侧相同部位再刺入一个套管针，将输精器插入腹腔，将精液直接注入两侧子宫角里。输精后创口撒上消炎粉，不需做其他处理。据统计澳大利亚西澳 DRT 公司 1982—1984 年，用该授精方法共冷配 22 216只母羊，其中受胎 17 003 只，平均情期受胎率 76.5％，达到了常温精液的授精效果。

③适时授精。多年研究结果表明，中国美利奴羊新疆军垦型及其杂种羊发情周期平均为（16.93＋1.03）d，其中垦区为（16.87＋1.06）d，牧区为（16.93＋1.03）d；发情持续期，牧区持续 1d 和 2d 者约占 73.44％，持续 2d 者为 26.56％，垦区持续 1d 者约占

53.44％，持续 2d 者为 46.56％。实践证明，母羊发情期与其受胎率间无明显相关，故建议推行一次试情，一个情期内输精 2～3 次的授精制度。即对当日发情母羊于早、晚各输一次，如持续发情者于翌日早晨补输 1 次即可，这样做确保有较高的受胎率。

5. 采用羔羊早期断奶技术

（1）羔羊 3 月龄断奶试验　新疆农垦科学院畜牧兽医所与农七师一二五团，于 1987 年进行了细毛羊舍饲培育与早期断奶（3 月龄）试验，试验与对照组羔羊日粮均为玉米 30g，麸皮 100g，棉籽油渣 100g，苜蓿 200g，胡萝卜 200g，食盐 2g。试验组羊 3 月龄后一个月内，每只每日再加入复合添加剂（新疆农垦科学院畜牧兽医所配制，新疆石河子二宫畜禽添加剂厂生产）3g。试验期间，母羊白天放牧，傍晚补饲。日粮组成玉米 200g，麸皮 100g，棉籽渣 200g，苜蓿粉 200g，棉籽壳 500g 及少量食盐。试验结果，两组羔羊于 4 月龄时整群体重。试验组（3 月龄断奶）平均体重 34.4 kg，对照组（4 月龄断奶）为 31.36 kg，即早断奶的羔羊体重比常规法多 3.04 kg，提高 9.69％。至配种时的母羊体重，试验组平均为 53.2 kg，比对照组高 2.15 kg。可见在舍饲条件下，羔羊 3 月龄断奶既有利于羔羊发育，提高断奶体重，又利于母羊抓膘配种，提高其繁殖性能。在此基础上进行的双羔素（Fecundin）免疫试验结果是，早断奶组母羊 80 只，产羔 115 只，繁殖率为 143.75％，双羔率为 54.79％；对照组 135 只母羊，产羔 183 只，繁殖率为 135.56％，双羔率为 47.15％。即早断奶组母羊的繁殖率分别比对照组提高 8.19％和 7.64％。

（2）羔羊 7.5 周龄断奶新法育肥试验　新疆畜牧科学院和新疆农垦科学院畜牧兽医所 1986 年对 223 只细毛羊杂种羔羊进行试验，于 7.5 周龄断奶重为 10.54 kg。育肥 50d，平均体重达 24.5 kg，日增重 280g，全期耗料 42 kg，料肉比 3.0：1。试验期日粮组成：整粒玉米 83％，黄豆饼 15％，石灰粉 1.4％，食盐 0.5％，微量元素和多维素 0.1％。该试验取得了较理想的结果。

推行羔羊早期断奶技术，能显著改善母羊的营养状况，有可能实行母羊两年产三胎制，提高繁殖率。

6. 胚胎移植与胚胎分割技术的应用　胚胎移植能够提高母畜的繁殖率。这些技术已被国内外奶牛生产所应用，收到了良好效果。早在 20 世纪 70 年代，我国绵羊的鲜胚胎即已移植成功。中国农业科学院畜牧研究所，1988 年 9 月切割绵羊胚胎给一只受体母羊移植成功，于 1989 年 2 月产下一只公羔，1989 年 1 月又切割冷冻胚胎移植成功。在扩大良种羊群过程中，开发利用胚胎移植和胚胎分割技术，能有效地提高母羊的繁殖效率。此项技术在新疆农垦科学院已大面积推广应用，1991—2010 年累计移植 13 340 只，冻胚受胎率 47.5％。

第五节　繁殖新技术

在自然状况下，受精（即卵子和精子的结合）是在母畜输卵管中进行的，即胚胎的形成是在体内完成的，而胚胎体外生产技术是以体外受精为基础，即：卵子和精子在体外环境中完成受精的过程，再将其受精卵经过体外培养后使其发育到囊胚的一系列技术过程。

一、体外受精技术

体外受精技术（In vitro fertilization，IVF）是指通过人工操作使卵子和精子在体外环境中完成受精过程。在体外受精技术发展的初期，主要是把精子和卵子放置在试管中共孵育来完成受精，因此体外受精获得的动物俗称为试管动物。

1952年，美籍华人学者张民觉和澳大利亚人Austin分别独立地发现精子获能现象，即精子只有在雌性生殖道中运行一定时间后才能获得穿透卵子的能力。这一发现为以后的体外受精研究奠定了重要基础。1959年体外受精首先在兔获得成功，1978年首例试管婴儿在英国诞生，体外受精技术引起世界范围内的广泛关注。1982年，家畜体外受精率先在牛获得成功，1984年，体外受精绵羊出生。之后，随着卵子体外成熟和胚胎体外培养技术的发展和完善，以体外受精技术为基础的家畜胚胎体外生产技术体系逐渐建立起来，成为一项重要的家畜繁殖技术。

（一）胚胎体外生产技术的意义

传统的胚胎移植技术主要是通过超数排卵技术采集体内受精的胚胎，这种方法的缺陷是获得的胚胎数量有限，成本较高，种畜利用率较低，而胚胎体外生产技术在一定程度上克服了这些缺陷。在畜牧业领域，以体外受精技术为基础，结合活体采卵、卵子体外成熟以及胚胎体外培养技术，已形成一套胚胎体外生产技术体系，降低了胚胎生产成本，扩大了胚胎生产规模，扩展了胚胎来源，是目前商业化生产胚胎的主要途径之一。

（二）胚胎体外生产技术程序

胚胎体外生产技术程序包括卵子采集、体外成熟、精子体外获能、卵子与精子共孵育、受精卵体外培养等环节（图6-1）。

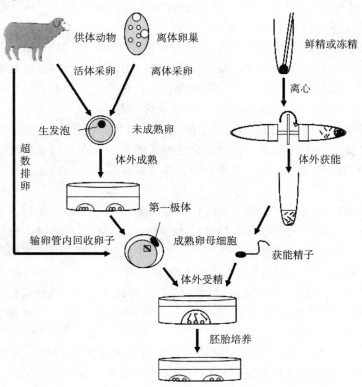

图6-1　体外受精技术程序示意图

1. 卵子采集　在羊胚胎体外生产技术体系中，卵子主要采自卵巢，而非输卵管。采集方法包括离体采集和活体采集。

离体采集主要用于在屠宰场采集屠宰后的羊卵巢，从屠宰场卵巢生产的胚胎对于快速引进和大量繁育稀缺品种有一定的商业价值，但对家畜育种规划来说，屠宰场来源的卵子实用价值不大，因为屠宰场卵巢的供体系谱难以确定，而且常常是没有种用价值的个体。因此，通过活体采卵技术从优良母畜体内采集卵子，即 OPU 法（Ovum pick up），对于生产优质良种胚胎更具实际意义。羊活体采卵主要采用手术剖腹采卵或腹腔镜辅助采卵。

（1）手术剖腹法　这种方法类似于胚胎移植手术，即在动物腹部作一切口，将卵巢暴露在腹腔外，直接用注射器从卵泡中吸取卵母细胞。该法对动物损伤较大，重复采卵次数有限，但适用于对幼畜采卵。

（2）腹腔镜法　这种方法是在动物腹壁作三个小切口，分别插入腹腔镜、子宫钳和采卵针，用子宫钳固定卵巢，然后在腹腔镜指引下用采卵针吸取卵子。由于开口小，腹腔镜采卵法对动物的损伤程度小于手术法，可以重复采卵，适用于羊等小型家畜。据报道，在不用促性腺激素处理的情况下，每间隔 1 周可采卵一次，重复采卵次数多达 5 次，平均从每只绵羊或山羊每次可采集到 4～6 枚卵子。如果先用促性腺激素（FSH 或 PMSG）处理供体，平均每只羊每次可采集到 9～16 枚卵子，且卵子发育能力比不用激素处理的高，但是，一次激素处理采卵后需要间隔至少 2 个月才能进行第二次采卵。

2. 卵母细胞体外成熟培养　直接从卵巢卵泡中采集到的卵子处于生发泡期（Germinal vesicle，GV），是没有发育成熟的卵子，必须通过体外培养使之成熟，即发育到减数分裂的 M Ⅱ期，才能用于体外受精。

绵羊和山羊卵子体外成熟培养液均以组织培养基 TCM199 为基础液，再添加 20％的发情羊血清以及一定浓度的促卵泡激素、促黄体素和 17β 雌二醇。培养方法是把卵子放到加有培养液的培养皿中，把培养皿置于二氧化碳培养箱中，培养箱中含有 5％ CO_2 和 95％空气，饱和湿度。成熟培养温度为 38.5～39℃。成熟培养时间为 22～24 h。

3. 精子体外获能　精子只有在获能后才能与卵子结合。精子获能是指精子在受精前经历的一系列形态、生理和生化改变，以获得穿透卵子的能力。在自然受精情况下，精子获能是在穿过雌性生殖道过程中完成的。体外获能就是通过模拟体内的获能过程，使精子在体外条件下完成获能。

射出的新鲜精子、冷冻保存的精子经过体外获能后均可用于体外受精。新鲜精子在用于获能处理前一般先经过离心洗涤以除去精浆中的不利成分。对于冷冻解冻精子，为提高受精率，还要把活精子分离出来。羊精子分离方法主要是上游法，即：把解冻精子放置到加有获能液的试管底部，孵育 30～60 min 后，活精子就会上游到液体的上层，而死精子则停留在液体底层。获能液中一般都含有获能诱导物，绵羊获能液是以 SOF 为基础，添加 2％发情羊血清，而山羊精子获能液中通常还添加肝素作为诱导物。精子在获能液中孵育 30～60 min 即可获能。

4. 体外受精　就是把成熟卵子和获能精子放在受精液中共同孵育，完成受精。受精时间一般为 18～24 h。受精时温度和气相条件与卵子体外成熟培养相同。

5. 胚胎体外培养　胚胎培养就是将受精卵在发育培养液中继续培养，观察其受精及体外发育状况，发育到一定时期的胚胎可移植到受体动物生殖道内使之在体内继续发育至出生，或者进行冷冻保存。胚胎培养也是在专门的培养体系中进行。胚胎培养液中含有必需的基本营养成分，包括各种无机盐离子、碳水化合物、氨基酸、蛋白质等。绵羊和山羊主要以SOF 为基础液，再添加 1% 的非必需氨基酸、2% 的必需氨基酸以及 4 μg/mL 血清白蛋白（BSA）。胚胎培养的气相条件与卵母细胞成熟培养条件有所不同，低氧条件（5% O_2＋5% CO_2＋90% N_2）更有利于胚胎发育。在培养 2～3d 后胚胎发育到 4～8 细胞期，此时就可以移植到受体的输卵管中，或者培养到 6～7d 后发育到囊胚，此时可移植到受体子宫中完成体内发育过程，或者进行冷冻，待以后再进行移植。

（三）胚胎体外生产技术的应用前景

以体外受精技术为基础的胚胎体外生产技术被喻为家畜繁殖技术的第三次革命，尽管体外生产的胚胎在发育能力和受胎率上低于体内自然受精的胚胎，但在体内胚胎来源紧缺的情况下，利用卵母细胞体外成熟和体外受精生产体外胚胎仍不失为一条可选择的途径。而且，体外受精技术使母畜卵子和公畜精子得到充分利用，优良畜种的遗传资源得到充分挖掘，且生产成本低于超数排卵方式获得的体内胚胎。因此，胚胎体外生产技术具有很大的实用价值，在牛的繁育上已成为商业化生产牛胚胎的主要方式之一。目前胚胎体外生产技术在羊上应用尚不普遍，主要原因是目前羊胚胎的市场需求不如牛胚胎大。然而，从技术效率上讲，羊（特别是绵羊）胚胎体外生产技术已经完全达到了产业化应用水平。

二、幼畜胚胎体外生产技术（JIVET 技术）

幼畜胚胎体外生产技术，也称捷维特技术（Juvenile in vitro embryo transfer，JIVET），也常常俗称幼畜超排，是集性成熟前羔羊超数排卵、卵子体外成熟、体外受精、胚胎体外培养和胚胎移植等技术为一体的综合技术，是一项近几年来发展起来的新型实用技术。

（一）JIVET 技术的程序

JIVET 技术的基本程序与前面所讲的体外受精技术程序相同，唯一区别就是传统的体外受精技术中卵子采自成年动物，而 JIVET 技术所用的卵子采自性成熟前的幼畜。因此，JIVET 技术的基本程序是：对性成熟前羔羊（4～8 周龄）注射促性腺激素诱导卵泡发育，然后通过活体采卵技术从卵巢中采集卵母细胞，采集到的卵母细胞经过体外成熟培养和体外受精后生成胚胎，胚胎在体外培养数天后，进行胚胎移植生产后代。

（二）JIVET 技术的优势

1. 繁殖年龄提前 羊一般在 6～8 月龄性成熟，到 1 岁半时才适宜配种，接近 2 岁时才得到 F_1 代羔羊。利用 JIVET 技术在羔羊 4～8 周龄时就可以采集其卵子生产胚胎，待 6 月龄时就可以获得其 F_1 代。因此，JIVET 技术可使羊的可育年龄提前 1 岁半。

2. 繁殖后代多 用激素处理成年羊一次平均只获得 10 余枚卵子或胚胎，而用激素处理 4～8 周龄羔羊，平均可获得 80 多枚卵子，体外受精后可生产 60 枚以上胚胎。因此，JIVET 技术可使羔羊的利用价值数倍于成年羊。

由于 JIVET 技术的上述优势，它不但充分发挥了优良畜种的遗传潜力，而且缩短了育种的世代间隔，加快了育种进程。因此，JIVET 技术对于优质品种的快速扩群具有重要生产实用价值。

（三）JIVET 技术目前的技术水平

首例 JIVET 绵羊诞生于 1994 年，但此后近 10 年间这一技术的效率难以达到商业开发水平。2005 年，澳大利亚的研究人员优化了激素处理方案和胚胎体外培养体系，使羔羊卵母细胞的发育数量和质量都得到极大提高，并使羔羊的适宜处理年龄缩短到 3～4 周龄。据澳大利亚南澳发育研究所的 Simon Walker 等报道，以 4～8 周龄羔羊作为供体，JIVET 技术效率达到：平均每只羔羊获卵 80 余枚，平均可生产出 10 只左右的后代羔羊。从国际上的研究报道看，绵羊的 JIVET 技术水平最高，其技术效率已基本达到生产开发水平，牛等其他物种 JVET 技术仍处于探索提高阶段。2005 年以来，国内多家研究单位开展了 JIVET 技术的研发。中国农业大学安晓荣教授实验室是我国最早研究绵羊 JIVET 技术的实验室，经过多年的探索和实践，该实验室在绵羊上已经建立了比较成熟的 JIVET 技术体系，技术效率已经达到了国际先进水平，并在河北、辽宁和新疆等地进行了技术推广，累计产羔近千只。该实验室目前在绵羊 JIVET 技术上的效率达到：平均每只羔羊获得 80 余枚卵子，最高时每只羔羊可获得 300 多枚卵子；平均受精率达到 80% 以上，卵裂率达到 70% 以上；平均每只羔羊可生产 60～70 枚胚胎，可移植受体 10～20 只，移植受孕率达到 50% 左右，最高一批受孕率达到 61%；平均每只羔羊可生产出 5～10 只后代羔羊，最高时一只羔羊得到了 20 只后代。这一技术效率已经达到产业化开发的水平。

（四）影响 JIVET 技术效率的主要因素

1. 供体因素　供体羔羊本身的遗传背景、生理及发育状况对 JIVET 技术效率有显著影响。根据安晓荣等的实验结果，不同品种绵羊对激素诱导的反应差异较大，但绒毛用羊主要品种（如美利奴绵羊和白绒山羊）的超排效果良好，平均每只羔羊一次激素处理后可采集到 80 枚以上的卵子。因此，JIVET 技术在绒毛用羊快速繁育上有着巨大优势。

即使是同一品种，供体对激素的反应程度也存在个体差异，大约有 20% 的羔羊对激素无反应，这与成年羊的情况类似。这些差异可能与遗传因素和发育状况有关。相同实验条件下，全同胞或半同胞羔羊在卵泡发育数和卵子发育能力上相似，说明供体基因型对这一技术效率有影响。羔羊年龄对激素处理的敏感性至关重要，4～6 周龄为最佳激素处理时期，9 周龄时处理效果显著下降。此外，羔羊的生长发育状况也很重要，出生重大的羔羊一般好于出生重小的羔羊，因此加强出生前后母体和羔羊的营养水平对提高激素诱导的卵泡发育数很重要。

2. 激素处理方案　羔羊的激素处理方案包括：单次注射 FSH 或 PMSG、连续多次注射 FSH、注射 GnRH 等。在绵羊的实践表明，单次（1×160 mg）和多次（4×40 mg，每次间隔 12 h）注射 FSH 在卵子采集数量上差异不大，但连续多次注射 FSH，并在第一次注射 FSH 后 48 h 采集卵母细胞，发育能力明显高于单次注射组。在 FSH 激素处理程序中加入 PMSG 处理对增加卵子采集数似乎没有明显作用，但会提高卵母细胞的发育能力，因此，一般在第一次或最后一次注射 FSH 的同时也可以注射一次 PMSG。不过，即使是改进和优化的激素处理方案，羔羊对激素诱导的反应仍存在个体差异，其原因仍不完全清楚。

3. 卵母细胞的发育能力　羔羊卵母细胞的体外成熟率与成年羊卵母细胞相似，但是受精后的发育率明显低于成年羊卵母细胞。羔羊卵母细胞的囊胚发育率平均比来自成年羊的低 20%～30%。此外，羔羊受精卵还存在雄原核形成率低、多精子入卵率高、皮质颗粒分布异常等缺陷。普遍认为，羔羊卵母细胞胞质成熟不完全是导致发育力低的主要原因。因此，改进卵母细胞体外成熟系统和胚胎体外培养系统对提高羔羊卵母细胞发育能力有重要意义。

上述因素是影响 JIVET 技术的主要因素，随着技术程序的不断改进，JIVET 技术效率仍然有很大的提高空间。不过，从产羔率看，目前的 JIVET 技术效率已经达到生产应用的水平，在绒毛用羊品种的快速繁育中显示出良好的应用前景。

三、胞质内单精子注射技术

胞质内单精子注射（Intra-cytoplasmic sperm injection，ICSI）是指利用显微操作仪将单个精子直接注射到卵母细胞中来实现受精的技术。

ICSI 技术是常规体外受精技术的补充与延伸，它的意义在于可以充分利用优良公畜的精子资源，特别是当精子数量少或者活力差、难以满足人工授精和体外受精需求的情况下，比如经过流式细胞仪分选过的性控精子或冻融冻干精子，ISCI 显然是一个挽救途径。ICSI 技术在绵羊和山羊上已有成功的报道，但是技术效率很低，ICSI 胚胎的体外和体内发育能力远远低于常规体外受精胚胎。由于技术效率的限制，ICSI 技术在羊胚胎体外生产中的应用并不普遍。

四、胚胎分割技术

胚胎分割（Embryo splitting）是指通过机械或化学方法人为地将一枚早期胚胎分割成两个或多个部分，经过体外培养和胚胎移植后，每个部分均发育成一个独立个体的技术。

胚胎分割技术的主要意义是提高了胚胎特别是良种胚胎的利用率，使胚胎价值成倍增加。此外，胚胎分割后可以对半胚进行性别鉴定，确定剩余半胚的性别，有选择地进行胚胎移植，产生所需性别的后代。

胚胎分割包括卵裂球分离和胚胎切割两种方法。卵裂球分离是将早期胚胎的单个卵裂球分离出来，单独培养发育成完整胚胎，再移植生产动物。1984 年，Willadsen 通过分离绵羊 4~8 细胞期胚胎卵裂球，获得了同卵 4 羔。胚胎切割是利用玻璃针或金属刀片直接切割胚胎，将胚胎分割为 2 个或多个等份，利用这种方法可以有效地分割桑葚胚和囊胚等发育后期的胚胎。

由于操作过程会对胚胎产生一定损伤，且胚胎发育的调整能力有限，随分割次数增加，分割胚的发育率也降低，故利用胚胎分割技术生产的动物数量有限，因此人们转向利用克隆技术来大量复制胚胎或动物。

五、克隆技术

动物克隆技术（Animal cloning）在狭义概念上就是指核移植技术（Oucler transfer），即：将发育各个阶段（胚胎，胎儿，成体）的一个细胞利用显微操作过程移植到一个去掉细胞核的成熟卵母细胞中重新构建成一个胚胎并产生个体的技术。

哺乳动物克隆技术已有 30 年的发展历程。早期的克隆技术主要是胚胎克隆，即：以早期胚胎的细胞为核供体来生产克隆胚胎及动物，本质上是复制的一个胚胎。早在 1984 年，胚胎克隆已在绵羊上取得成功，同时也是家畜胚胎克隆的首次成功。1997 年，克隆羊"多莉"的诞生宣告哺乳动物体细胞克隆成功，引起世界范围内的轰动，在科学界掀起了动物克隆技术研究的新高潮。1999 年，体细胞克隆山羊出生。迄今，体细胞克隆技术已在包括主要家畜（猪、马、牛、羊）在内的十余种物种上取得成功。

（一）体细胞克隆技术的意义

体细胞克隆技术在家畜繁育领域的主要用处是可以大量复制优质家畜个体，扩大优良种群。由于克隆后代与原代供体在遗传上完全同质，因此，从理论上可以最大限度地保留原代供体的优质性状。体细胞克隆技术还为保存遗传资源提供了便捷途径。对于某些珍稀品种或濒危物种，通过分离、培养和冷冻其细胞就可以将这些遗传资源永久保存起来，从而避免灾害或自身生存力弱导致物种灭绝的危险，同时也降低了维持活畜保护的成本。

（二）体细胞克隆技术程序

核移植技术是一个包括供体细胞准备、受体卵母细胞去核、供体核注入、供受体融合、重构卵激活和克隆胚胎培养等一系列操作的复杂过程。

1. 供体细胞准备　动物所有体细胞核内都包含有全部的基因组信息，因此从理论上所有类型体细胞均可用作核供体，但不同细胞类型的克隆效率有一定差异，普遍认为卵巢卵丘/颗粒细胞的克隆成功率更高，但由于皮肤组织取材方便且不受性别限制，故皮肤成纤维细胞更常用。方法是：从供体动物耳部采集皮肤组织，采用常规的细胞分离、培养与传代技术建立细胞系，在用于核移植前，只要将贴壁细胞消化制成单细胞悬液即可，也可以把细胞冷冻保存备用。

2. 卵母细胞的去核　受体细胞是成熟的 M II 期卵母细胞，在核移植前需要先将卵母细胞自身的遗传物质去除，这一环节称为去核。目前以 DNA 特异性染料指导下的去核最为普遍。方法是：在去核前，先将卵母细胞用 DNA 染料 Hoechest33342 处理 $10\sim15$ min，然后在荧光显微镜下以紫外光短暂照射，确定卵子染色体的位置，用去核管吸掉极体及包含有卵子染色体的一小部分细胞质。

3. 细胞注射及融合　羊等家畜主要采用融合法将供体细胞核导入到受体胞质中。方法是：将供体细胞注射到受体卵母细胞的卵周隙，然后在电融合仪下，利用直流电脉冲使供体细胞与受体细胞融合，而使供体细胞核进入受体胞质中。

4. 激活　经核移植过程形成的重构胚必须经过人工激活才能启动发育，羊等家畜主要采用 Ca^{2+} 载体 Ionomycin 处理 5 min 来激活卵子。激活后的卵子一般还在蛋白激酶抑制剂 6-DMAP 培养 4 h，以加强激活效果。

5. 克隆胚胎的培养　克隆胚胎培养方法与体外受精胚胎相同。

（三）体细胞克隆的技术效率及存在问题

尽管体细胞克隆技术已经在许多物种上获得成功，但目前的技术总效率仍然很低。在绵羊和山羊，以出生的克隆动物总数占重构胚胎总数计算，体细胞克隆的平均成功率为 $0.5\%\sim2\%$，主要原因是克隆胚胎发育能力低下，移植后怀孕率低、流产率高。即使是完成全程发育出生的克隆动物，也常出现各种生理异常，最常见的有胎盘异常、胎儿大、难产、呼吸缺陷、免疫功能紊乱以及其他器官的发育异常，这通常会降低新生动物的存活率。生理缺陷还经常导致克隆动物寿命短，死亡率高。这些问题的存在使克隆技术的大规模应用受到很大限制。

六、转基因技术

动物转基因技术是指通过人工手段将外源基因片段导入到动物基因组中，使动物基因组的遗传信息发生改变而且可以遗传给后代。通过转基因技术诱导遗传改变的动物就叫作转基因动物。

以原核显微注射法为主的动物转基因技术最早是在 20 世纪 80 年代初在小鼠上发展起来的。1985 年，利用原核显微注射法生产出第一批转基因绵羊，当时的目的是培育生长速度快的肉用羊。进入 90 年代后，转基因技术被应用于乳腺生物反应器动物研制，目的是为了利用动物乳腺来生产高价值的药用蛋白，在这一时期，国际上相继培育出乳腺高表达外源蛋白的转基因绵羊和山羊。1997 年，体细胞克隆技术的成功为动物转基因技术带来新的革命，同年，以体细胞克隆技术生产的转基因绵羊诞生，从此，体细胞克隆法作为一种主要的转基因技术在家畜转基因上广为使用。2000 年，第一批基因打靶的绵羊出生，标志着基因精确修饰在家畜上成为可能。

动物转基因技术在医学和农业领域均有巨大的应用前景。在医学领域，转基因动物可以作为动物药厂，生产高价值的药用蛋白，转基因猪还可以作为人类异种器官移植的供体。在农业领域，利用转基因技术可以改良家畜性状，培育出新型的家畜品种。改良绒毛性状是转基因羊研究的重要目标之一，比如通过转移类胰岛素生长因子 Igf I 基因可能会提高羊的绒毛品质。

虽然转基因技术在家畜改良上有巨大应用前景，但是，无论从转基因技术效率上还是人们对基因表达及调控功能认识上，转基因技术目前仍然存在许多难解之题，距离商业化开发尚有一定距离。

第七章

绒毛用羊饲养管理

第一节 绒毛生长机理

一、绒毛生长的周期性

绒毛用羊的绒、毛生长具有明显的周期性，其绒毛要经历季节性生长和脱落，这是由于绒毛用羊皮肤组织中毛囊周期性活动所致。在一个生长周期中，皮肤组织中的毛囊按照绒毛生长情况通常人为划分为生长前期、生长旺盛期、生长缓慢期和生长停止期，这四个时期是连续发生的。初级毛囊一般在每年春分前后开始进入活动期，夏至后全部进入活动期，冬至时进入休止状态。由于毛囊周期性活动，导致了粗毛在春季快速生长，秋季生长达到高峰，冬季显著下降。次级毛囊活动周期较为复杂，在一年中有两个活动周期（主活动周期和附加活动周期）。每个活动周期也都由生长前期、生长旺盛期、生长减缓期和生长停止期构成。主活动周期处于夏至与冬至间，期间形成冬季真正的绒纤维，附加活动周期发生在春分后，部分次级毛囊进入短期的夏季活动状态，形成夏季的微绒毛。因夏季微绒毛较短，同时只是在部分绒山羊上发生。

二、绒毛生长影响因素

1. 遗传因素　绒、毛生长是一个极其复杂的生理过程，绒毛生长特征主要是受遗传因素所决定。遗传上的差异主要是基因不同造成的，因而，形成不同品种或同一品种不同个体之间绒毛产量与品质的差异。而基因主要是通过内分泌系统和酶的调控发挥作用。

2. 环境因素　绒、毛生长除受遗传因素影响外，环境因素（主要是光照）、营养也起着重要作用，环境与营养因素最终都要通过神经和内分泌系统调节体内生理变化来完成。大量研究表明，绒毛呈周期性生长、脱落主要受光周期变化所影响。每年夏至以后，当光照由长到短时，绒毛开始萌发生长，随光照逐渐缩短，山羊绒生长速度加快；冬至以后，当光照由短变长时，山羊绒生长缓慢，到第二年惊蛰前后，羊绒逐渐停止生长，4月中旬陆续开始脱绒。

光周期变化影响绒毛周期性生长、脱落，与松果腺体分泌褪黑激素有关。光照是调节松果腺活动的始发因素。光照抑制松果腺活动，黑暗则促进松果腺活动，随昼夜光照和黑暗交替，一年中长日照和短日照交替，褪黑激素分泌呈现明显的周期性变化，白天褪黑激素分泌量少，夜间分泌量增多；长日照期间褪黑激素分泌减少，短日照褪黑激素分泌增多。光周期变化影响松果腺体褪黑激素分泌，绒毛生长周期也随褪黑激素分泌周期变化出现生长、休眠和脱落。

3. 营养因素 在品种和环境因素作用下，日粮营养中蛋白质、矿物元素硫及其比例以及其他营养素间平衡与绒毛生长都有一定关系。绵羊羊毛发生在羔羊胚胎时期，绵羊羊毛纤维类型主要包括无髓毛、有髓毛和两型毛。细毛羊和半细毛羊毛纤维和粗毛绵羊有髓毛常年生长，但夏秋季节生长较快；而粗毛绵羊无髓毛（绒毛）春季脱落，为季节性生长。羊毛纤维这种常年性生长和季节性生长变化主要受遗传基因所影响，即不同类型品种（如细毛羊与粗毛羊）有所不同；此外，羊毛纤维生长、脱落与光照、环境温度、年龄，特别是饲料营养有密切关系。由于羊毛纤维主要成分是角质蛋白，含硫氨基酸较高，因此，以产细毛和半细毛为主的绵羊要求日粮蛋白质含量要丰富，日粮蛋白质中氮硫比例要适宜。

粗毛羊的有髓毛由初级毛囊生长发育，而细毛羊、半细毛羊无髓毛由次级毛囊生长发育，生长无髓毛的次级毛囊主要在胎儿后期发生，因此，怀孕后期母羊营养水平对羔羊后期次级毛囊发生有较大影响，进而影响成年羊后期羊毛（无髓毛）生长。

第二节　营养特点

羊属反刍动物，具有特殊的消化器官——瘤胃，所以其营养需要也具有独特性。由于瘤胃微生物的发酵作用，羊可以消化大量的半纤维素和纤维素，可以利用非蛋白氮合成菌体蛋白质，还可以合成维生素 K 和 B 族维生素。羊对碳水化合物消化的最终产物及吸收的形式不同于单胃家畜，单胃家畜对碳水化合物消化吸收的主要物质为单糖（主要为葡萄糖），而羊等反刍动物主要是挥发性脂肪酸（乙酸、丙酸和丁酸）。正是由于羊的消化器官的特点决定了羊营养需要的独特性。

一、绒毛用羊消化器官的特点

羊具有复胃。复胃分 4 个室，即瘤胃、网胃、瓣胃、皱胃。前 3 个胃胃壁黏膜无腺体，统称为前胃。皱胃胃壁黏膜有腺体，其功能与单胃动物的胃相似，称为真胃。在 4 个胃中瘤胃容积最大，约占胃总容积的 80%，羊各胃容积的比例见表 7-1。

羊的瘤胃容积大，采食大量未经充分咀嚼的饲草吞咽贮藏在瘤胃内，休息时进行反刍。瘤胃和网胃的消化功能相似，具有物理和生物消化作用。物理作用主要是通过瘤胃的节律性蠕动将食物磨碎；生物消化是瘤胃消化的主体，瘤胃内有大量微生物，主要是细菌和原虫，这些细菌和原虫分泌的酶将饲料发酵分解。瓣胃主要对饲料起机械性压榨作用。皱胃具有腺体，能分泌胃液，胃液的主要成分是盐酸和胃蛋白酶。因此，皱胃对食物主要进行化学消化。

表 7-1　羊各胃容积比例（%）

品种	瘤胃	网胃	瓣胃	皱胃
绵羊	78.7	8.6	1.7	11
山羊	86.7	3.5	1.2	8.6

注：摘自《羊生产学》。

羊的小肠细长曲折，长约 25m。胃内容物——食糜进入小肠后，在各种消化液（主要是胰液、肠液、胆汁等）的化学作用下被消化分解，消化分解后的营养物质在小肠内被吸收，未被消化吸收的食物随小肠的蠕动被推入大肠。

羊的大肠粗而短，平均 7 m 左右。大肠内也有微生物存在，可对食物进一步消化吸收，但大肠的主要功能是吸收水分和形成粪便。

二、绒毛用羊的消化生理特点

（一）反刍

反刍是指草食动物在食物消化前把食团经瘤胃逆呕到口中，经再咀嚼和再咽下的活动。反刍动物采食后，饲料经初步咀嚼混合大量的碱性唾液（pH 为 8 左右），形成食团吞咽入瘤胃内。反刍包括逆呕、再咀嚼、再混合唾液和再吞咽 4 个过程，反刍对饲料进一步磨碎，同时使瘤胃保持一个极端厌氧、恒温（39～40℃）、pH 恒定（5.5～7.5）的环境，有利于瘤胃微生物生存、繁殖和进行消化。反刍是羊的主要消化生理特点，停止反刍是疾病的征兆。

羔羊出生后约 40d 开始出现反刍。在哺乳期间，羔羊吮吸的母乳不通过瘤胃，而经瘤胃食管沟直接进入皱胃。在哺乳早期补饲易消化植物性饲料，可促进前胃的发育和提前出现反刍行为。

羊反刍多发生在采食后。反刍时间的长短与采食饲料的质量密切相关，饲料中粗纤维含量愈高反刍时间愈长。一般情况下，羊昼夜反刍时间为 3～4h。

（二）瘤胃微生物作用

瘤胃微生物和羊是一种共生关系。由于瘤胃环境适合微生物栖息和繁殖，瘤胃中存在大量微生物，这些微生物主要是细菌和原虫，还有少量的真菌，每毫升瘤胃内容物含有 10^{10}～10^{11} 个细菌，10^5～10^6 个原虫，瘤胃中主要微生物种类见表 7-2。瘤胃微生物对羊的消化和营养具有重要意义。

瘤胃是消化饲料碳水化合物，尤其是粗纤维的重要器官，其中瘤胃微生物起重要作用。羊等反刍家畜之所以区别于猪等单胃家畜，能够以含粗纤维较高、质量较低的饲草维持生命并进行生产，就是依赖于瘤胃微生物作用。羊对饲料中碳水化合物的消化吸收主要在瘤胃中进行。在瘤胃的机械作用和微生物酶的综合作用下，碳水化合物（包括结构性和非结构性碳水化合物）被发酵分解，分解的终产物是低级挥发性脂肪酸（VFA），这些挥发性脂肪酸主要由乙酸、丙酸和丁酸组成，也有少量的戊酸，消化过程中同时释放能量，部分能量以 ATP（三磷酸腺苷）形式供微生物活动，大部分挥发性脂肪酸被瘤胃胃壁吸收，部分丙酸在瘤胃胃壁细胞中转化为葡萄糖连同其他脂肪酸一起进入血液循环，它们是反刍动物能量的主要来源。饲料中 55%～95% 的可溶性碳水化合物、70%～95% 的粗纤维在羊瘤胃中被消化。

瘤胃微生物可同时利用蛋白氮和非蛋白氮合成微生物蛋白质。瘤胃微生物分泌的酶能将饲料中的蛋白质水解为肽、氨基酸和氨，也可将饲料中的非蛋白氮化合物（如尿素等）水解为氨。在一定条件下，微生物可以利用这些分解产物（肽、氨基酸和氨）合成微生物体蛋白（细菌蛋白为主）。也就是说瘤胃微生物可将生物学价值较低的植物性蛋白和几乎无生物学价值的非蛋白氮（如尿素等）转化为生物学价值较高的微生物体蛋白，饲料中的可消化蛋白质约有 70% 在瘤胃中被水解，其余进入小肠消化吸收。饲料蛋白在瘤胃中被消化的数目主要取决于降解率和通过瘤胃的速度。非蛋白氮如尿素等在瘤胃中的分解速度相当快，几乎全部在瘤胃中分解。据测定，每 100mL 瘤胃内容物每小时可将 100g 尿素水解为氨。影响瘤胃微生物蛋白合成量的主要因素是饲料中总氮含量、蛋白质含量以及可发酵能的浓度，硫及一些微量元素（如锌、铜、钼等）也具有一定的作用。

表 7-2 瘤胃主要微生物种类

一、细菌类	（一）纤维素分解菌	重琥珀酸厌氧杆菌（*Bactevoicles succinogenes*）
		黄瘤胃球菌（*Ruminococcus flavefaciens*）
		白瘤胃球菌（*Ruminococcus allus*）
		溶纤维纤毛杆菌（*Cillotaetevium cellulosolvvens*）
		梭状芽孢杆菌（*Clostridium lochheadii*）
	（二）半纤维素分解菌	溶纤维丁酸弧菌（*Butyrivibrio fibrisovens*）
		多生绒毛螺旋菌（*Lachospira multipara*）
		瘤胃厌氧杆菌（*Bacterorides rumincola*）
	（三）淀粉分解细菌	亲淀粉厌氧杆菌（*Bacterorides amylphilus*）
		淀粉琥珀酸单胞菌（*Succinimonas amylolytica*）
		溶纤维丁酸弧菌（*Butyrivibrio fibrisolvens*）
		不产乳酸丁酸弧菌（*Butyrivibrio alactacigens*）
		厌氧杆菌（*Bacterioides rumimcola*）
		瘤胃半月形单胞杆菌（*Selenomonas ruminantium*）
		分解乳酸半月形单胞杆菌（*Selenomonas ruminantium lactilytica*）
		牛属链球菌（*Streptococcus bovis*）
	（四）糖分解细菌	大部分分解多糖的细菌也能分解单糖和双糖
	（五）利用酸的瘤胃细菌	费氏球菌（*veillonella alcalescens*）
		埃氏胃链球菌（*Peptostreptococcus elsdenii*）
		丙酸菌（*Propimnibacterium acens*）
		去硫弧菌（*Desulfovibrion*）
	（六）蛋白分解细菌	亲淀粉厌氧杆菌（*Bacterorides amylphilus*）
		生孢梭状菌（*Clostvidum spovogenes*）
		地高形芽孢杆菌（*Bacillus lichenifovmis*）
	（七）产氨细菌	厌氧杆菌（*Bacterioides rumimcola*）
		瘤胃半月形单胞杆菌（*Selenomonas ruminantium*）
		埃氏胃链球菌（*Peptostreptococcus elsdenii*）
		丁酸弧菌（*Butyrivibrio*）
	（八）产甲烷菌	瘤胃甲烷菌（*Methanolactevium ruminatium*）
		产甲酸甲烷菌（*Methanobacterium formicicum*）
二、原虫类	前胃同毛虫（*Isoticha. Prostoma*）	
	肠同毛虫（*Isoticha. intestinalis*）	
	瘤胃多毛虫（*Dasytricha ruminantium*）	
	有牙双梳虫（*Diplodinium dentatum*）	

注：①以上所列是目前已分离并鉴定的主要瘤胃微生物。目前，在瘤胃中还存在有许多其他微生物未被分离和鉴定，如分解脂肪类细菌和合成维生素细菌等。

②摘自《反刍动物饲料》。

瘤胃微生物可将饲料中的脂肪酸分解为不饱和脂肪酸并将其氢化形成饱和脂肪酸。羊的主要饲料是牧草，但牧草所含脂肪大部分是由不饱和脂肪酸构成的，而羊体内脂肪大多由饱和脂肪酸构成，且相当数量是反式异构体和支链脂肪酸。由此可见，食入的脂肪酸必须经羊消化道及体内一系列反应才可合成羊体饱和脂肪酸。现已证明，瘤胃是将不饱和脂肪酸氢化形成饱和脂肪酸，并将顺式结构的脂肪酸转化为反式结构的羊体脂肪酸的主要合成部位。

瘤胃微生物可以合成B族维生素和维生素K。影响瘤胃微生物合成B族维生素主要因素是饲料中氮、碳水化合物和钴的含量。饲料中氮含量高则B族维生素的合成量也多，但氮来源不同，不同B族维生素的合成情况亦不同。如以尿素为补充氮源，硫胺素和维生素B_{12}合成量不变，但核黄素的合成量增加。碳水化合物中淀粉的比例增加，可提高B族维生素的合成量。给羊补饲钴，可增加维生素B_{12}的合成量。一般情况下，瘤胃微生物合成的B族维生素足以满足羊各种生理状况下的需要。

瘤胃微生物可以合成维生素K。研究表明，瘤胃微生物可合成甲萘醌-10、甲萘醌-11、甲萘醌-12和甲萘醌-13，它们都是维生素K的同类物，合成后被吸收贮存在肝脏中。

瘤胃对维生素A和β-胡萝卜素有破坏作用，对维生素C有强烈的破坏作用，但破坏的机理尚不清楚。

三、绒毛用羊的营养特点

(一)日粮以粗饲料为主

粗饲料除为羊提供营养物质外，对反刍家畜还有一些特殊作用。粗饲料是瘤胃的主要填充物，使羊不产生饥饿感；粗饲料有利于瘤胃微生物生长，维持正常瘤胃微生物区系；粗饲料刺激瘤胃，使反刍得以正常进行；粗饲料还有利于维持正常的瘤胃pH。羊饲料中缺乏粗饲料，会造成瘤胃胀气和各种疾病。

(二)氮营养特点

1. 羊可利用一定数量的非蛋白氮 瘤胃微生物大部分是以氨作为它们生长繁殖的氮源，饲料中的蛋白质在瘤胃中首先被微生物水解为氨及其他中间产物，瘤胃微生物在有足够的能量和碳架的情况下可利用这些氨合成微生物菌体蛋白。尽管微生物主要是以氨作为合成菌体蛋白的氮源，但非蛋白氮在饲料总氮中的比例不能太大，否则会影响氮的利用率，同时瘤胃氨浓度太高，易造成羊发生氨中毒。据测定，最适宜瘤胃微生物生长的瘤胃氨浓度范围为每毫升瘤胃内容物 0.35～29mg。

2. 瘤胃微生物蛋白质是羊氮营养的主要来源 所有家畜氮营养的实质是氨基酸营养，羊也不例外。但羊等反刍家畜在氨基酸营养上不同于单胃家畜，单胃家畜一般可以直接利用饲料中的氨基酸或将蛋白质分解为氨基酸直接吸收利用，而羊首先将饲料中的部分蛋白质或氨基酸分解后合成菌体蛋白，菌体蛋白进入小肠后才能被分解成氨基酸吸收利用，只有少部分蛋白质能经过瘤胃直接进入小肠供羊消化吸收。在以放牧为主的情况下，羊需要的氮营养70%以上是由瘤胃微生物蛋白提供的；在以植物蛋白为主的舍饲情况下，60%以上的氮由微生物蛋白提供，所以瘤胃微生物蛋白在羊氮营养中占有相当重要的地位。

瘤胃微生物将饲料中特别是粗饲料中质量较低的蛋白质和无生物学价值的尿素等非蛋白氮转化为微生物体蛋白，微生物蛋白质的氨基酸组成相对于原饲料来说，种类更加齐全，比例更加平衡，必需氨基酸尤其是限制性氨基酸的含量要比原饲料高得多。

一般情况下，微生物蛋白质中的必需氨基酸足以满足羊的需要。因此，对羊等反刍家畜而言，很少发生必需氨基酸的缺乏问题。因此，微生物对饲料蛋白质的降解作用对于羊的氮营养是有利的，由于微生物对饲料蛋白质的转化提高了饲料蛋白质的生物学价值。

对一些高产反刍家畜如肉用羔羊等，由于微生物蛋白不能满足其蛋白质、特别是必需氨基酸的需要，因此必须在饲料中增加蛋白质含量。在这种情况下，虽然瘤胃微生物蛋白的合成量也会有所增加，但由于瘤胃微生物分解的饲料蛋白和再合成菌体蛋白的过程中损失的蛋白质量要比微生物蛋白质合成增加的量多，因此降低了饲料蛋白质的利用效率，这就是反刍家畜对高蛋白日粮中氮的利用率低于单胃动物的原因。

（三）维生素营养特点

一般认为羊等反刍家畜瘤胃微生物可以合成足量的 B 族维生素和维生素 K 来满足它们的需要，因此，在饲料中不必添加 B 族维生素和维生素 K。大部分动物都可以在体内合成足够的维生素 C。一般牧草中含有大量维生素 D 的前体麦角胆固醇，麦角胆固醇在牧草晒制过程中，由于紫外线的作用可转化为维生素 D。在日光照射下，这一转化过程也可在羊的皮下进行，因此放牧羊或饲喂青干草的舍饲羊一般不会缺乏维生素 D。

（四）矿物质营养特点

矿物质营养至少从两个方面对羊产生影响。首先，同单胃家畜一样，各种矿物质营养是羊维持、生长所必需的。各种矿物质营养的缺乏或过量都会造成不良影响，轻则使生长发育受阻，重则导致疾病甚至死亡，如缺镁可导致羊的青草抽搐病；缺硒引起营养性白肌病；硒过量则可导致羊中毒等。其次，矿物质元素又是瘤胃微生物的必需营养素，通过影响瘤胃微生物的生长代谢、生物量合成等间接影响羊的营养状况。比如，硫是瘤胃微生物利用非蛋白氮合成微生物体蛋白的必需元素；钴是微生物合成维生素 B_{12} 的必需元素；在饲料中添加铜、钴、锰、锌混合物可有效提高瘤胃微生物对纤维素的消化率；铜和锌有增加瘤胃蛋白质浓度和提高微生物总量的作用；铁、锰和钴能影响瘤胃尿素酶活性进而影响瘤胃微生物利用非蛋白氮的效率。另外，矿物质元素也是维持瘤胃内环境，尤其是 pH 和渗透压的重要物质。

（五）能量需要特点

对羊来说，能量的供给既要满足羊体本身的能量需要，又要满足瘤胃微生物对能量的需要。瘤胃微生物合成菌体蛋白首先需要供给充足的能量。当饲料有机物被瘤胃微生物分解时，部分能量以 ATP 形式释放，只有当饲料分解时释放的 ATP 数量与饲料可利用氮成一定比例时，微生物的生物合成量才有可能达到最大，而饲料在分解时释放 ATP 的数量与饲料中所含可发酵有机物密切相关。

羊能量需要的 70% 以上是由挥发性低级脂肪酸所提供的，由于各种脂肪酸的能值是不同的，影响瘤胃发酵形成的因素也必将影响羊对能量的利用率。因此，在以精饲料为主的情况下，羊对能量的利用率低于单胃动物。

第三节 营养需要

能量、蛋白质、粗纤维、矿物质和维生素是绒毛用羊所必需的五类营养物质。绒毛用羊对这些营养物质的需要可分为维持需要和生产需要。维持需要是指羊为维持正常生理活动，体重不增不减，也不进行生产时所需的营养物质量。生产需要指羊在进行生长、繁殖、泌乳和产毛、绒时对营养物质的需要量。由于绒毛用羊的营养需要量大都是在实验条件下通过大量试验，并用一定数学方法（如析因法等）得到的估计值，一定程度上也受试验手段和方法的影响，加之绒毛用羊的饲料组成及生存环境变异性很大，因此在实际使用时应作一定的调整。

一、能量需要

目前表示能量需要的常用指标有代谢能和净能两大类。由于不同饲料在不同生产目的情况下代谢能转化为净能的效率差异很大，因此，采用净能指标较为准确。羊的维持、生长、繁殖、产奶和产毛所需净能可分别进行测定和计算。维持能量需要和生产能量需要的总和就是羊的能量需要量。

（一）维持能量需要

一般认为绵羊维持需要的能量与代谢体重在一定的活体重范围内呈直线相关关系，NRC（1985）认为其关系可用下面的数学表达式表示：

$$维持能量需要（NEm）＝234.19 \times W^{0.75}$$

其中，NEm 为维持净能（kJ），W 为活体重（kg）。

（二）生长能量需要

NRC（1985）认为，中等体型的羊在空腹体重 20～50kg 的范围内用于组织生长的能量需要量为：

$$生长能量需要（NEg）＝409\,LWG \times W^{0.75}$$

其中，NEg 为生长净能（kJ），LWG 为活体增重（g），$W^{0.75}$ 为代谢体重（kg）。

对于大型成年体重每增加或减少 10kg，生长净能的需要量相应减少或增加 $87.82LWG \times W^{0.75}$。有人认为同品种公羊每 1kg 增重所需要的能量是母羊的 0.82 倍。

（三）妊娠的能量需要

NRC（1985）认为羊妊娠前 15 周由于胎儿的绝对生长很小，因此能量需要较少。一般给予维持能量加少量的母体增重需要，即可满足妊娠前期能量需要。在妊娠后期由于胎儿的生长较快，需要额外补充能量，以满足胎儿的生长需要。妊娠后期母羊每天需要增加的能量见表 7-3。

表 7-3　妊娠后期母羊每天需要增加的能量（kJ/d）

妊娠羔羊数	妊娠天数		
	100	120	140
1	292.74	606.39	1 087.32
2	522.75	1 108.23	1 840.08
3	710.94	1 442.79	2 383.74

（四）产绒、毛的能量需要

NRC（1985）认为产毛只需要很少的能量，占总需要能量的比例很小。因此，产毛的能量需要没有列入饲养标准中。

2001—2003 年中国农业大学对内蒙古白绒山羊的试验得出，绒生长旺盛期内蒙古白绒山羊维持代谢能需要量为 $426.55kJ/kg\,W^{0.75}$。由于绒毛生长需要很少能量，占总需要能量的比例很小，一般不单独列入需要量。

大量研究结果表明，能量用于不同的生产目的，能量利用效率不同，能量利用率的高低顺序为：维持＞产奶＞生长、育肥＞妊娠和产毛（绒）。

二、蛋白质营养需要

羊日粮蛋白质需要量目前主要使用的指标有粗蛋白和可消化粗蛋白。两者的关系式可表达为：

$$可消化粗蛋白＝0.87×粗蛋白－2.64$$

由于以上两种蛋白质指标不能真实反映绒毛用羊蛋白质消化代谢的实质，"十一五"期间在国家科技支撑项目的支助下，中国农业大学对绒毛用羊日粮中能量与蛋白质水平进行了较系统的研究。

（一）细毛羊

通过饲养试验、消化代谢试验、呼吸测热试验和气体交换等试验，分育成前期（5～6月龄）、育成中期（7～8月龄）和育成后期（9～10月龄）三个生长阶段研究绵羊的能量和蛋白质生长需要量和维持需要量及其代谢规律。通过测定分析，分别得出三个时期维持净能、维持代谢能、生长代谢能拟合方程。

1. 维持净能　采用直接测定绝食产热量（FHP）法估测维持净能（NEm），即：NEm＝FHP＋HA。一般 HA（随意活动热消耗）按绝食代谢产热的 $20\%\sim50\%$ 来估测，本试验 HA 按 20% 来估测。最终得到 NEm 的计算公式如下：

育成前期：$NEm＝243.01kJ（W^{0.75}）\cdot d$

育成中期：$NEm＝173.04kJ（W^{0.75}）\cdot d$

育成后期：$NEm＝158.38kJ（W^{0.75}）\cdot d$

2. 维持代谢能　在计算维持代谢能时，k_m（代谢能用于维持的利用效率）取值 0.80（据前人研究，反刍动物的 k_m 为 0.8），因此，得出维持代谢能（MEm）计算公式：

前期：$MEm＝NEm/km＝243.01/0.8＝303.76 kJ（W^{0.75}）\cdot d$

中期：$MEm＝NEm/km＝173.04/0.8＝216.30 kJ（W^{0.75}）\cdot d$

后期：$MEm＝NEm/km＝158.38/0.8＝197.98 kJ（W^{0.75}）\cdot d$

生长全期平均值：$MEm＝239.35 kJ（W^{0.75}）\cdot d$

3. 生长代谢能　由本试验实测生长代谢能 MEg 和羔羊日增重进行回归，以生长代谢为因变量，以羔羊日增重为自变量得方程：

$$MEg＝539.5×\triangle W^{0.75}（\triangle W，kg）$$

4. 育成期能量需要量　根据析因法原理，生长代谢能总需要量（MER）由维持代谢能（MEm）和生长代谢（MEg）组成，即：MER＝MEm＋MEg。

$$MEm＝239.35 kJ（W^{0.75}）\cdot d＋539.5×\triangle W^{0.75}（\triangle W，kg）$$

应用开放室呼吸测热装置，测得细毛羊育成期绝食产热为 $162.49 kJ（W^{0.75}）\cdot d$，氮能量平衡的结果表明，育成前期沉积蛋白质的能力高于中期和后期。

（二）绒山羊

设计 3 个能量水平和 3 个蛋白水平的日粮，系统探讨了日粮中不同能量、蛋白水平对辽宁绒山羊血液指标、营养物质消化代谢和生产性能的影响，进而确定辽宁绒山羊锌的需要量及日粮中锌与铜的适宜比例。

结果表明：辽宁绒山羊对能量蛋白的维持需要比 NRC 推荐标准高，在日粮中能量和蛋白水平满足维持需要的条件下，提高能量和蛋白水平对产绒性能影响不大，适宜的能量蛋白水平分别为 8.62 MJ/kg 和 9.36%。

三、粗纤维营养需要

在绒毛用羊的饲料中必须含有一定量的粗纤维饲料。如果饲料中粗纤维的含量太低，会使动物反刍受阻甚至发生停止反刍、唾液分泌减少、瘤胃乳酸累积、真胃移位等病症。在饲养中，要重视饲料中精料和粗料的比例，适当饲喂一定量的粗料，主要是青干草等。绒毛用羊的饲养正逐步由放牧向舍饲、半舍饲养殖转变，在饲养中要注意粗纤维含量不能太低，绒毛用羊日粮适宜 NDF 水平 52%、精粗比例为（20～30）∶（70～80）。

四、矿物质营养需要

矿物质元素是羊体所必需的营养元素，其中常量元素主要包括钠、钾、钙、镁、氯、磷和硫；微量元素主要包括碘、铁、钼、铜、钴、锰、锌和硒。这些矿物质是羊体组织（骨、牙、角、蹄等）、体液（血液、淋巴液）和奶汁不可缺少的重要组成部分，并调节体内体液渗透压，保持细胞容积。作为体内许多酶的激活剂，影响羊体内能量、碳水化合物、蛋白质和脂肪的代谢，调节体内酸碱平衡等。矿物质营养缺乏或过量都会影响羊的生长发育、繁殖和生产性能，严重时导致羊的死亡。

（一）钠、钾、氯

钠、钾、氯是维持渗透压、调节酸碱平衡、控制水代谢的主要元素。此外，氯还参与胃液盐酸形成，活化胃蛋白酶。植物性饲料中钠的含量最少，其次是氯，钾一般不缺乏。绒毛用羊的饲料以植物性饲料为主，所以钠和氯不能满足其正常的生理需要。补饲食盐是对羊补充钠和氯最普遍有效的方法。一般在日粮干物质中添加 0.5% 的食盐即可满足羊对钠和氯的需要。

钾的主要功能是维持体内渗透压和酸碱平衡。羊对钾的需要要求占饲料干物质的 0.5%～0.8%。在一般情况下，饲料中的钾可以满足绒毛用羊的需要。

在饲养实践中，通常采用以下几种方法补充食盐，一是在羊舍中悬挂盐砖，让羊自由舔食；二是在羊舍中吊挂盐槽，让羊自由采食；三是在放牧或补饲过程中，将盐撒在石板或草上，让羊自由采食；四是根据粗料采食量，将食盐水均匀洒在粗饲料上。在补食盐中应注意：保持盐砖的清洁；盐砖、盐槽应挂在羊舍的中间位置，让所有的羊只都能自由采食到；要控制羊对盐的采食量，以免采食过多引起中毒，每日采食量控制在 5～10g。

（二）钙和磷

钙和磷是形成骨骼和牙齿的主要成分，约有 99% 的钙和 80% 的磷存在于骨骼和牙齿中。其余少量钙存在于血清及软组织中，少量磷以核蛋白形式存在于细胞核中和以磷脂的形式存在于细胞膜中。钙和磷的消化与吸收关系极为密切，饲料中正常的钙磷比例应为 1～2∶1。日粮中钙、镁的含量对磷的吸收率影响很大，高钙、高镁不利于磷的吸收。大量研究表明，在放牧条件下，羊很少发生钙、磷缺乏，这可能与羊喜欢采食含钙、磷较多的植物有关。在舍饲条件下，如以粗饲料为主，应注意补充磷；以精饲料为主则应注意补充钙。母羊泌乳期间，由于奶中的钙、磷含量较高，产奶量相对于体重的比例较大，所以应特别注意对母羊补充钙和磷，如长期供应不足，容易造成体内钙、磷贮存严重降低，最终导致溶骨症。羔羊缺乏钙、磷时生长缓慢，食欲减退，骨骼发育受阻，容易产生佝偻病。

钙、磷过量会抑制干物质采食量，抑制瘤胃微生物的生长繁殖，影响羊的生长，并会影响锌、锰、铜等矿物元素的吸收。

（三）硫

硫是绒毛用羊必需矿物质元素之一。羊毛（绒）纤维的主要成分是角蛋白，角蛋白中含硫量比较集中，达到 $2.7\%\sim5.4\%$，大部分以胱氨酸形式存在，少部分以半胱氨酸和蛋氨酸形式存在。此外，硫还参与氨基酸、维生素和激素的代谢，对结缔组织的构成、血液抗凝及肝脏的解毒具有重要作用，并具有促进瘤胃微生物生长的作用。缺硫则出现食欲减退、生长缓慢、毛品质下降、体质虚弱、甚至死亡；但硫过量也会降低动物的采食量、饲粮转化率和生产性能，并干扰其他矿物元素的吸收利用。常见牧草和一般饲料中硫含量较低，仅为毛纤维含硫量的 1/10 左右。因此，硫成为绒毛用羊纤维生长的主要限制因素。反刍动物适宜的硫需要量与氮的需要量有关，日粮中适宜的氮硫比是瘤胃合成微生物蛋白的必要条件，也是提高氮利用效率的重要措施。NRC（1985）建议成年绵羊日粮含硫量为 $0.14\%\sim0.18\%$，生长绵羊为 $0.18\%\sim0.26\%$，适宜氮硫比最低为 10：1。

近年来，国内外对山羊硫的营养进行了一些研究。Qi 等（1992）发现安哥拉山羊日粮的适宜含硫量为 0.267%，氮硫比为 7.2：1；泌乳期的奶山羊含硫量为 $0.16\%\sim0.26\%$；最大日增重的山羊羔则为 0.22%，氮硫比为 10：1。贾志海和王娜（2002）试验得出，绒山羊绒生长旺盛期日粮适宜含硫量为 0.22%，氮硫比 7.1：1。非长绒期日粮硫水平为 0.24%，N：S 为 7.8：1。

（四）铜和钼

铜作为细胞色素氧化酶、酪氨酸酶和过氧化物歧化酶等多种酶的辅酶，在体内色素沉积、骨骼形成、神经传递、糖类和蛋白质代谢方面发挥重要作用，并能维持铁的正常代谢，促进血红素的合成和红细胞的成熟。钼作为黄嘌呤氧化酶、醛氧化酶、亚硫酸盐氧化酶和硝酸盐还原酶等的组成成分，参与体内的氧化还原反应，促使动物达到最佳生产性能。

铜和钼的吸收与代谢密切相关。日粮中钼和硫的浓度影响铜的吸收，另外日粮中锌、铁和钙含量也影响铜的吸收，当这些元素在日粮中的含量过高时，铜的吸收率下降。由于羊对钼的需要量很小，一般情况下不易缺乏，但当日粮中含较多铜和硫时可能导致钼缺乏，当日粮铜和硫含量太低时容易出现钼中毒。肉羊缺铜现象报道较多，其症状是初生羔羊运动失调、贫血或骨骼变形造成骨折。

预防羊缺铜可补饲铜添加剂或对草地施含铜的肥料。相对于硫酸铜，碱式氯化铜、赖氨酸铜和铜蛋白盐是绵羊适宜的饲料铜源（郭宝林，2004）。NRC（1985）建议，当日粮含钼量小于 $1.0\mathrm{mg/kg}$ 时，绵羊对铜的需要量为 $7\sim10\mathrm{mg/kg}$，而当日粮含钼量大于 $1.0\mathrm{mg/kg}$ 时，铜的需要量增加至 $14\sim23\mathrm{mg/kg}$。研究表明，绒山羊日粮铜的适宜水平为为 $17\mathrm{mg/kg}$。

（五）碘

碘是甲状腺素的成分，主要参与体内物质代谢过程。碘缺乏表现为明显的地域性，如我国新疆南部、陕西南部和山西东南部等部分地区缺碘，其土壤、牧草和饮水中的碘含量较低。同其他家畜一样，肉羊缺碘时甲状腺肿大、生长缓慢、繁殖性能降低，新生羔羊衰弱、无毛，成年绵羊羊毛质量和产毛量下降。成年羊血清中碘含量为每 $100\mathrm{mL}3\sim4\mathrm{mg}$，低于此数值是缺碘的标志。在缺碘地区，给羊舔食含碘的食盐可有效预防缺碘。一般推荐的日粮中碘含量为每千克干物质 0.15mg。

（六）硒

硒是谷胱甘肽过氧化酶及多种微生物酶发挥作用的必需元素。硒还是体内一些脱碘酶的重要组成部分，缺硒时脱碘酶失去活性或活性降低。脱碘酶的作用是使四碘甲状腺原氨酸（T4）转化为甲状腺素，而甲状腺素是动物体内一种很重要的激素，它调节许多酶的活性，影响动物的生长发育。研究还表明硒也与肉羊冷应激状态下产热代谢有关，缺硒的动物在冷应激状态下产热能力降低，影响新生家畜抵御寒冷的能力，这对我国北方寒冷地区特别是牧区提高羔羊成活率有重要指导意义。

缺硒有明显的地域性，常和土壤中硒的含量有关，当土壤含硒量在 0.1mg/kg 以下时，肉羊即表现为硒缺乏。以日粮干物质计算，每千克日粮中硒含量超过 4mg 时，即引起羊硒中毒。世界上很多地方都有缺硒的报道。缺硒对羔羊生长有严重影响，主要表现是白肌病，羔羊生长缓慢。此病多发生在羔羊出生后 2～8 周龄，死亡率很高。缺硒也影响母羊的繁殖能力。在缺硒地区，给母羊注射 1‰亚硒酸钠 1mL，羔羊出生后，注射 0.5mL 亚硒酸钠可预防此病发生。硒过量引起硒中毒大多数情况下是慢性积累的结果，肉羊长期采食硒含量超过 4mg/kg 的牧草，将严重危害肉羊的健康。一般情况下硒中毒会使羊出现脱毛、蹄溃烂、繁殖力下降等症状。

生产中常用的硒添加剂有亚硒酸钠和硒酸钠，前者的生物利用率较高。目前生产中有机硒添加剂也有使用，主要是蛋氨酸硒和富硒酵母。有机硒的添加效果优于无机硒，但其价格较高。饲料中硒的添加量一般为 0.3mg/kg。

（七）钴

钴是反刍动物必需的微量元素之一，瘤胃微生物合成维生素 B_{12} 需要钴的参与，而维生素 B_{12} 作为甲基丙二酰 CoA 变位酶和蛋氨酸合成酶的辅酶，参与调节体内丙酸代谢、叶酸转化、蛋氨酸和核酸合成、蛋白质和脂肪代谢等多种生化反应，钴还直接参与机体的造血功能。一般认为，反刍动物日粮中钴含量低于 0.07mg/kg 时就会出现缺乏症，反刍动物一旦缺钴就会出现异嗜、拒食、生长不良、消瘦和贫血等症状，并导致血液中维生素 B_{12} 含量下降、甲基丙二酸和同型半胱胺含量升高、红细胞减少、血红蛋白含量下降等一系列代谢异常，其缺乏病被称作丛林病（Bush sickness）、消耗病（Wasting disease）、海岸病（Coast disease）等。钴表现出地方性缺乏，澳大利亚、新西兰及北美等是世界上严重缺钴的国家，我国部分地区的钴含量也较低。各种动物对钴缺乏的敏感程度不一样，羔羊最敏感，其次为成年绵羊和山羊。饲料中过量钴对动物将产生毒害作用，钴中毒症状和缺乏症状相似，但中毒十分少见。血液维生素 B_{12} 和甲基丙二酸含量是判断钴营养状况最常用的指标，其限量分别在 300pmol/L、5μmol/L 左右。

饲料中钴的含量因种类、产地及加工调制方法不同而有较大差异，含量丰富的饲料有肉骨粉、海产品，含量中等的有饼粕、糖蜜和甜菜，而组成日粮的主要饲料如谷物籽实、禾本科牧草、秸秆类钴含量很低。钴添加剂主要有硫酸钴、氧化钴、碳酸钴、氯化钴、硝酸钴、醋酸钴、葡萄糖酸钴等，硫酸钴和碳酸钴的生物学利用率相近，舍饲牛羊一般通过添加剂预混料的形式补加钴。反刍动物对钴的需要量差异较小，美国 NRC 建议奶牛、肉牛、羊的钴需要量分别为 0.11mg/kg、0.07～0.11mg/kg 和 0.10～0.20mg/kg。近年来，国内外一些学者（Schwarz 等，Stangl 等，Tiffany 等，王润莲）研究发现，肉牛、肉羊及山羊适宜的钴含量分别在 0.20mg/kg、0.35mg/kg、0.5mg/kg 以上，均比现行标准有所提高。

（八）锌

锌是体内多种酶（如碳酸酐酶、羧肽酶）和激素（胰岛素、胰高血糖素）的组成成分，对羊的睾丸发育、精子形成有重要作用。锌缺乏时肉羊表现为精子畸形、公羊睾丸萎缩、母羊繁殖力下降，缺锌也使生长羔羊的采食量下降，降低机体对营养物质的利用率，增加氮和硫的尿排出量。一般情况下，羊可根据日粮含锌量的多少而调节锌的吸收。当日粮含锌少时，吸收率迅速增加并减少体内锌的排出。NRC 推荐的锌需要量为每千克干物质 20～33mg。可对绒山羊日粮中添加 3 种形式的锌（硫酸锌、蛋氨酸锌、氧化锌），硫酸锌的生物学利用最高（100%），其次为蛋氨酸锌（98%），氧化锌仅为 89.5%。

（九）铁

铁主要参与血红蛋白的形成，也是多种氧化酶和细胞色素酶的成分。缺铁的典型症状是贫血。一般情况下，由于牧草中铁的含量较高，因而放牧羊不易发生缺铁，哺乳羔羊和饲养在漏缝地板的舍饲羊易发生缺铁。NRC（1985）认为每千克日粮干物质含 30mg 铁即可满足肉羊对铁的需要量。

（十）锰

锰主要影响动物骨骼的发育和繁殖力。缺锰导致羊繁殖力下降。长期饲喂锰含量低于 8mg/kg 的日粮，会出现青年母羊初情期推迟、受胎率降低、妊娠母羊流产率提高、羔羊性别比例不平衡等现象。饲料中钙和铁的含量影响羊对锰的需要量。NRC 认为饲料中锰含量达到 20mg/kg 时，即可满足各阶段羊对锰的需求。

矿物质营养的吸收、代谢以及在体内的作用很复杂，某些元素之间存在协同和颉颃作用，因此某些元素的缺乏或过量可导致另一些元素的缺乏或过量。此外，各种饲料原料中矿物质元素的有效性差别很大，目前大多数矿物质元素的确切需要量还不清楚，各种资料推荐的数据也很不一致，在实践中应结合当地饲料资源特点及羊的生产表现进行适当调整。

五、维生素需要

维生素是肉羊生长发育、繁殖后代和维持生命所必需的重要营养物质，主要以辅酶和催化剂的形式广泛参与体内生化反应。维生素缺乏可引起机体代谢紊乱，影响动物健康和生产性能。

到目前为止，至少有 15 种维生素为羊所必需。按照溶解性将其分为脂溶性维生素和水溶性维生素两大类。脂溶性维生素是指不溶于水，可溶于脂肪及其他脂溶性溶剂中的维生素，包括维生素 A（视黄醇）、维生素 D（麦角固醇 D_2 和胆钙化醇 D_3）、维生素 E（生育酚）和维生素 K（甲萘醌）；水溶性维生素包括维生素 B 族及维生素 C。

（一）维生素 A

1. 维生素 A 的生理功能和缺乏症 维生素 A 仅存在于动物体内。植物性饲料中的胡萝卜素作为维生素 A 原，可在动物体内转化为维生素 A。维生素 A 是构成视紫质的组分，对维持黏膜上皮细胞的正常结构有重要作用，是暗视觉所必需的物质。维生素 A 参与性激素的合成，与动物免疫、骨骼生长发育有关。

缺乏维生素 A 时，羊食欲减退，采食量下降，生长缓慢，出现夜盲症。严重缺乏时，上皮组织增生、角质化，抗病力降低，羔羊生长停滞、消瘦。公羊性机能减退，精液品质下降。母羊受胎率下降，性周期紊乱，流产，胎衣不下。

2. 维生素 A 的中毒和过多症 维生素 A 不易从机体内迅速排出，摄入过量可引起动物中毒，肉羊的中毒剂量一般为需要量的 30 倍。维生素 A 中毒症状一般是器官变性，生长缓慢，特异性症状为骨折、胚胎畸形、痉挛、麻痹甚至死亡等。

3. 维生素 A 的来源 维生素 A 在动物性产品特别是鱼肝油中含量较高。胡萝卜素是羊获得维生素 A 的主要来源，胡萝卜、甘薯、南瓜以及豆科牧草和青绿饲料中胡萝卜素含量较多，也可补饲人工合成制品。

（二）维生素 D

1. 维生素 D 的生理功能和缺乏症 维生素 D 可以促进小肠对钙和磷的吸收，维持血中钙、磷的正常水平，有利于钙、磷沉积于牙齿与骨骼中，增加肾小管对磷的重吸收，减少尿磷排出，保证骨的正常钙化过程。维生素 D 缺乏时，会造成羔羊的佝偻病和成年羊的软骨病。维生素 D 还可影响动物的免疫功能，缺乏时，动物的免疫力下降。

2. 维生素 D 中毒和过多症 维生素 D 过多主要病理变化是软组织普遍钙化，长时间的摄入过量干扰软骨的生长，出现厌食、失重等症状。维生素 D 的最大耐受量，连续饲喂超过需要量 4～10 倍以上，60d 之后可出现中毒症状；短期使用时可耐受 100 倍的剂量。维生素 D_3 的毒性比维生素 D_2 大 10～20 倍。

3. 维生素 D 的来源 青干草中维生素 D_2 的含量主要决定于光照程度。牧草在收获季节通过太阳光照射，维生素 D_2 含量大大增加。经日光照射，羊的皮肤可以合成维生素 D。一般在工厂化封闭饲养条件下应该补加维生素 D。

（三）维生素 E

1. 维生素 E 的生理功能和缺乏症 维生素 E 是一种抗氧化剂，能防止易氧化物质的氧化，保护富于脂质的细胞膜不受破坏，维持细胞膜完整。维生素 E 不仅能增强羊的免疫能力，而且具有抗应激作用。在饲料中补充维生素 E 能提高羊肉贮藏期间的稳定性，延缓颜色的变化，减少异味，并且维生素 E 在加工后的产品中仍有活性，使产品的稳定性提高。羔羊日粮中缺乏维生素 E，可引起肌肉营养不良或白肌病，缺硒时又能促使症状加重。维生素 E 缺乏同缺硒一样，都影响羊的繁殖机能，公羊表现为睾丸发育不全，精子活力降低，性欲减退，繁殖能力明显下降；母羊性周期紊乱，受胎率降低。

2. 维生素 E 的中毒及过多症 维生素 E 相对于维生素 A 和维生素 D 是无毒的。羊能耐受 100 倍于需要量的剂量。

3. 维生素 E 的来源 植物能合成维生素 E，因此维生素 E 广泛分布于饲料中。谷物饲料含有丰富的维生素 E，特别是种子的胚芽中。绿色饲料，叶和优质干草也是维生素 E 很好的来源，尤其是苜蓿含量很丰富。青绿饲料（以干物质计）中维生素 E 含量一般较谷类籽实高出 10 倍之多。常用的维生素 E 添加剂有 DL-α-生育酚乙酸酯（DLTA）、DT-α-生育酚乙酸酯（DTA）、DL-α-生育酚（DLT），研究表明（王涛，2005）DTA 和 DLT 的生物学有效性相当，均高于 DLTA。在饲料的加工和贮存中，维生素 E 损失较大，半年可损失 30％～50％。

（四）维生素 K

维生素 K 最主要的生理功能是催化肝脏中凝血酶原和凝血因子的形成。通过凝血因子的作用使血液凝固。当维生素 K 缺乏时，显著降低血液凝固的速度。羊的瘤胃能合成足够需要的维生素 K。

（五）B 族维生素

B 族维生素包括维生素 B_1（硫胺素）、维生素 B_2（核黄素）、维生素 B_6（包括吡哆醇、吡哆胺）、维生素 B_{12}（钴胺素）、烟酸（尼克酸）、泛酸、叶酸、生物素和胆碱。B 族维生素主要作为辅酶，催化碳水化合物、脂肪和蛋白质代谢中的各种反应。长期缺乏和不足，可引起代谢紊乱和体内酶活力降低。长期以来，人们一直认为成年牛羊的瘤胃机能正常时，瘤胃微生物能合成足够其所需的 B 族维生素，一般不需日粮提供。然而，近年来一些研究表明，在某些情况下（应激、生长期、妊娠和泌乳期）反刍动物日粮中需要添加 B 族维生素。羔羊由于瘤胃发育不完善，机能不全，不能合成足够的 B 族维生素，尤其硫胺素、核黄素、吡哆醇、泛酸、生物素、尼克酸和胆碱等是羔羊易缺乏的维生素。因此，在羔羊料中应注意添加。

（六）维生素 C

羊能在肝脏和肾中合成维生素 C，参与细胞间质中胶原的合成，维持结缔组织、细胞间质结构及功能的完整性，刺激肾上腺皮质激素的合成。维生素 C 具有抗氧化作用，保护其他物质免受氧化。缺乏维生素 C 时，全身出血，牙齿松动，贫血，生长停滞，关节变软等。

在妊娠、泌乳和甲状腺功能亢进情况下，维生素 C 吸收减少和排泄增加，高温、寒冷、运输等逆境和应激状态下以及日粮能量、蛋白、维生素 E、硒和铁等不足时，羊对维生素 C 的需要大大增加。

六、水的需要

水是羊体器官、组织和体液的主要成分，约占体重的 1/2，是羊体内的主要溶剂，各种营养物质在体内的消化、吸收、运输及代谢等一系列生理活动都需要水。水对体温调节、维持细胞渗透压和正常生化反应有重要意义。缺水导致羊的生产力下降，健康受损，生长滞缓。轻度缺水往往不易被发现，但常在不知不觉中造成重大损失，因此，在生产中必须保证清洁充足的饮水。

一般情况下，成年羊的需水量约为采食干物质的 $2\sim3$ 倍，但受机体代谢水平、生理阶段、环境温度、体重、生产方向以及饲料组成等诸多因素的影响。羊的生产水平高、环境温度高、采食量大时需水量增加；羊采食矿物质、蛋白质、粗纤维较多，需较多的饮水；妊娠母羊随妊娠期的延长需水量增加，特别是在妊娠后期要保证充足干净的饮水，以保证顺利产羔和分娩后泌乳的需要。羊饮水的水温不能超过 40℃。在冬季，饮水温度不能低于 5℃，温度过低会抑制微生物活动，且为维持正常体温，动物必然消耗自身能量。

第四节　放牧与舍饲

一、绒毛用羊的放牧

我国北方地区放牧生产水平具有很大的波动性，常常表现出"夏壮、秋肥、冬瘦、春乏"的周期性变化。绒毛用羊在冬春季因营养不良而大量掉膘，羊毛生长受阻以及羊毛因出现"饥饿痕"，使其毛纺品质降低，长期以来一直是困扰养羊生产的难题。生产实践中，常出现因营养缺乏而使羊的种质特性不能充分发挥，制约着品种特性的进一步提高。在放牧条件下，影响绒毛用羊生产水平的主要因素是天然草场牧草营养动态变化。

（一）天然草场动态变化及其对绒毛用羊生产性能的影响

1. 我国北方天然草场营养供给的动态变化 我国北方草地牧草的生长因受季节的限制，1 年中大约 5 个月放牧时间可采食到青绿牧草，而在长达 7 个月之久的时期内只能采食到低质枯草。大部分牧场虽然在春冬季节进行补饲，但补饲量往往不足，不能满足绒毛用羊的营养需要，限制了其生产性能的正常发挥（表 7-4）。

表 7-4 内蒙古敖汉地区天然牧草营养成分的季节变化（干物质含量）

项　目	秋季（8 月）	冬季—1（11 月）	冬季—2（12 月）	春季（2 月）	夏季（5 月）
有机物质（%）	87.22±5.15	90.90±0.28	85.02±4.22	90.73±2.13	83.43±6.17
中性洗涤纤维（%）	49.23±1.08	66.95±1.70	64.62±5.11	68.14±4.79	50.41±4.50
酸性洗涤纤维（%）	30.06±0.67	42.02±0.61	41.04±5.05	44.45±0.45	25.51±7.69
木质素（%）	6.08±0.83	9.12±1.36	11.80±0.70	7.62±1.48	4.82±3.62
粗蛋白质（%）	13.71±0.08	5.29±1.09	5.33±1.06	5.34±0.55	17.55±1.91
粗脂肪（%）	3.29±0.49	2.32±0.69	1.54±0.33	2.16±0.06	2.93±0.81
硫（%）	0.086±0.005	0.084±0.003	0.081±0.02	0.072±0.001	0.12±0.007
体外消化率（%）	43.20±2.56	41.50±0.62	37.45±1.88	45.36±1.02	64.68±1.71
代谢能（MJ/kg）	7.906±0.082	5.736±0.261	5.506±0.275	6.506±0.248	10.291±1.749

在夏、秋季（青草期），天然牧草中的酸性洗涤纤维（ADF）、中性洗涤纤维（NDF）和木质素较低，此时牧草的粗蛋白质含量较高（13.71%～17.55%）。然而随着季节变化，牧草中的 ADF 逐渐增加，牧草的木质化程度逐渐提高；进入枯草期（冬春）后，牧草中木质素含量达到了高峰，而粗蛋白质含量降低到最低水平（5.3%左右）。

2. 不同生长期采食牧草植物学组成及采食量的变化 据在内蒙古西部地区进行的内蒙古白绒山羊不同生长期采食牧草成分及采食量变化的研究（表 7-5）表明，内蒙古白绒山羊的采食量有显著的季节性变化。牧草生长幼嫩期、旺盛期及枯黄期采食量分别为：0.779、0.854 和 1.632kg/d，随着放牧期的延长，放牧羊的体重增加，从牧草生长幼嫩期过渡到旺盛期体重发生了显著的变化，导致采食量大幅度增加。

表 7-5 不同牧草生长期牧草的采食量及采食牧草植物学组成比较

类　型		幼嫩期	旺盛期	枯黄期
体重（kg）		25.7±1.3	34.0±2.53	41.7±3.8
采食量（kg，每天采食干物质量）		0.779±0.23	0.845±0.31	1.632±0.21
采食牧草植物学组成（%）	寸苔草	13.42	—	—
	小白蒿	6.43	—	—
	短花针茅	71.85	—	—
	彭氏鸢尾	3.93	—	—
	骆驼蓬	4.35	—	—

（续）

类　型		幼嫩期	旺盛期	枯黄期
采食牧草植物学组成（%）	蒺藜	—	7.9	—
	骆驼蓬	—	42.28	—
	牤牛儿苗	—	8.78	—
	沙葱	—	12.1	—
	狗尾草	—	8.56	—
	早熟禾	—	20.4	—
	黄蒿	—	—	68.9
	黄花蒿	—	—	13.3
	寸苔草	—	—	17.82

　　枯黄期的采食量显著高于牧草生长幼嫩期和旺盛期（P < 0.01），荒漠半荒漠化草原地区不同放牧期内蒙古白绒山羊的采食牧草种类差异显著，不同放牧期部分牧草的适口性随着季节性变化也发生改变，如大多数菊科牧草在牧草生长幼嫩期和旺盛期并不被家畜采食，只有在枯草期时或菊科牧草发生霜冻以后才被羊所采食，因此尽管大多数菊科牧草在牧草生长旺盛期营养价值较高，但由于其适口性较差，羊不会采食。

　　3. 放牧绒山羊蛋白质及能量的营养评价　　草地牧草的营养价值随着季节变化发生很大变化，这种变化对放牧绒山羊的营养产生很大影响，尤其是冬春季节，天然草地牧草中蛋白质和能量缺乏。通过对鄂尔多斯草原牧草营养的季节性变化规律及放牧绒山羊蛋白质、能量的营养检测研究，发现草场各季节的营养动态供给与放牧羊的蛋白及能量的营养需求存在着不均衡，冬春季节差距尤为显著（图 7-1 和图 7-2）。

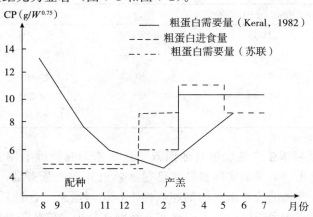

图 7-1　放牧绒山羊各时期粗蛋白进食量变化

（CP 表示粗蛋白需要量；$W^{0.75}$ 表示代谢体重）

　　冬春季节，此时正值母羊妊娠中末期和泌乳前期，母羊需要大量营养物质供给胎儿生长发育需要；绒毛是山羊皮肤次级毛囊的代谢产物，而山羊的次级毛囊发育有两个高峰，一个是母羊妊娠期，一个是在羔羊出生后 8～18 周内。在胎儿期提高母羊营养水平，可显著促进胎儿期次级毛囊生长，使绒毛的密度增加；而此阶段牧草营养最低。在绒山羊绒毛生长期，加强其营养，可促进绒毛生长和延长绒毛生长时期。

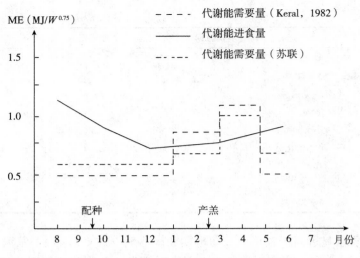

图 7-2　放牧绒山羊各期代谢能进食量变化

（ME 表示代谢能；$W^{0.75}$ 表示代谢体重）

4. 天然草场对绒毛用羊生产性能的影响　天然草场牧草营养动态的季节变化，使得放牧绵羊采食牧草的数量和质量随季节有很大波动（表 7-6）。在我国北方牧区，冬春季牧草枯黄后，牧草的产量和质量明显下降，牧草中蛋白质含量只有 5％左右，消化率只有 40％左右，绵羊在冬春季的牧草采食量低，营养供应量严重不足，绵羊的日增重和羊毛生长速度都相应降低。

表 7-6　敖汉细毛羊（育成母羊）的放牧采食量、日增重和羊毛长度的变化

项　目	牧草采食量（g·DM/$W^{0.75}$）	维持（g）	日增重（g/d）	羊毛长度（cm）
8 月	24.17	58.50	67.50	6.50
11 月	56.94	50.00	73.50	8.03
12 月	23.57	69.42	22.60	5.70
2 月	25.93	100.00	22.20	5.97
5 月	51.10	74.10	23.60	11.01

5. 影响放牧绒毛用羊生产性能的其他因素　近年来，我国绒毛用羊数量迅速增加，某些地区的草场严重退化，草场的实际载畜量已远远超出其理论载畜量，特别在冬春季节内，放牧羊处于一种高纤维和低营养水平的饲养条件下，代谢能总进食量只有 5～6MJ/d，放牧羊经常处于一种营养消耗大于营养投入的状态，特别在妊娠和泌乳等特殊生理阶段不得不动用大量体储。此外，北方放牧绵羊在每年牧草萌发阶段，常出现"跑青"现象，如不加控制，就会使绵羊大量掉膘。

冬春季草地牧草营养供给量是一年中最低的时期，然而此期又恰好是我国北方养羊生产中十分关键的时期，母羊正处于妊娠和泌乳期，其营养需要达到了高峰。在妊娠期内，绵羊的蛋白质和代谢能进食量都低于 NRC（1985）所推荐的需要量，放牧羊在冬春季内的营养供需矛盾十分尖锐，这就是造成母羊流产、羔羊初生重低的主要原因。

我国北方草地牧草产量较低，干旱草地干草产量只有约 50kg/hm²，而且蛋白含量偏低，

所以草地供给绵羊的蛋白质数量通常不足。尽管如此，这些有限的蛋白质进入绵羊体内也不能被高效利用。在青草期内，牧草中蛋白质在绵羊瘤胃的降解率较高，过瘤胃蛋白数量很少，而且有 5%～10%蛋白质与木质素相嵌，这部分氮基本不能被利用。在枯草期内，牧草中的可发酵氮（FN）含量很低，再加上非降解蛋白（UDP）含量低，限制了绵羊对营养源的利用，特别是对于纤维物质的高效利用。

大量的研究表明：因牧草中某些矿物质元素缺乏会引起放牧家畜的矿物质营养障碍，导致机体代谢紊乱、生长发育停滞、繁殖能力受损等严重后果。矿物质元素的亚临床缺乏常不易被发现，但一旦转为临床症状后，就会给养羊生产带来巨大的损失。

（二）提高我国放牧绒毛用羊生产水平的措施

我国北方放牧羊生产受到许多不利因素的影响，减少这些不利因素对绵羊生产的影响，对提高我国放牧羊生产水平尤为重要。

1. 绒毛用羊枯草期的补饲 在我国北方地区夏秋季节，绒毛用羊在植被较好的草地上放牧，除注意经常喂给食盐之外，一般不进行其他补饲。进入枯草期，到来年牧草返青之前的几个月内，牧草营养价值低，而此阶段正值绒毛的强度生长期和母羊怀孕后期和哺乳前期，营养需要多。此外，冬季气候寒冷，羊只维持正常生理活动而消耗的营养增加，如遇风雪灾害，问题就更为严重。在内蒙古锡林郭勒盟牧区，纯放牧的绵羊，从 10 月下旬至次年 4 月末，体重连续下降，掉膘幅度一般达到秋季最高体重的 25%～30%，其中幼羊掉膘幅度最大。周岁羊体重，仅相当于上一年秋季 6 月龄体重的 85%～90%。因此，在枯草期内，除放牧之外应再给予适当的补饲，从而保持较好的体况，发挥绒毛生长潜力，满足胎儿和新生羔羊生长发育的需要。

牧草所含蛋白质及能量，青草期与枯草期的差别很大，特别是蛋白质的含量，枯草期仅为夏季含量的 20%左右。因此，枯草期的补饲中要特别注意选择蛋白质含量较高的饲料。冬季牧草的胡萝卜素含量仅为青草期的 5%左右。因而补饲中最好能包括一定数量的青贮、胡萝卜等青绿饲料；所喂干草，也要选择青绿多叶的优质干草。

绒山羊补饲，应以当地比较方便的粗饲料为主，精饲料为辅，并加以适当的加工调制；补饲期的长短和日粮标准，可根据当地具体情况确定，以便取得较好的饲养效果，保持相对较低的饲养成本。

2. 提高绒毛用羊对纤维性饲料的采食量和利用率 充分利用羊的生物学特性，提高绒毛用羊对粗饲料的采食量和利用率。冬春草地枯草和补饲干草的消化率只有 40%左右。根据系统整体调控措施，把粗饲料的消化率提高 5 个百分点是可能的。这就需要采取粗饲料加工调制、营养补添和营养调控并举的综合措施，来达到改善羊的整体营养状况和提高养羊生产的目的。

3. 利用二年三胎技术提高绒毛用羊繁殖率 要达到两年三胎，母羊必须 8 个月产羔一次。该生产体系一般有固定的配种和产羔计划：如 5 月份配种，10 月份产羔；1 月份配种，6 月份产羔；9 月份配种，2 月份产羔。羔羊一般是 2 月龄断奶，母羊断奶后 1 个月配种。为了达到全年均衡产羔，在生产中，将羊群分成 8 月产羔间隔相互错开的 4 个组。每 2 个月安排 1 次生产。如果母羊在第一组内妊娠失败，两个月后可参加下一组配种。用该体系组织生产，生产效率比一年一产体系增加 40%。该体系的核心技术是母羊的多胎处理，发情调控和羔羊早期断奶。

4. 根据畜草平衡原则合理安排草原载畜量　放牧绒毛羊群最基本的营养来源是草原牧草（包括放牧采食和补饲干草）。因此，应对草原的生产力有一个正确、全面的了解。在此基础上合理安排羊群规模和饲养管理措施，才能满足羊群的营养需要，并且继续保持草原的正常生产力，这就是畜草平衡。如果羊群规模过大，超过了草原的承受能力，一方面羊只呈现半饥饿状态，个体生产水平下降；另一方面由于长期过度放牧，必然使草原日趋退化，形成恶性循环。具有较高生产力的草原，如果羊群规模过小，草原生产潜力得不到合理利用，也是资源浪费。

反映草原生产力的主要指标是载畜量。载畜量是指放牧季节内，以放牧为基本方式而又放牧适度的情况下，单位草原面积上所能容纳的家畜头数和放牧时间。在几种表示载畜量的方法中，最常用的是家畜单位法。我国采用的是"绵羊单位"，即表示在一定面积的草原上，一年内能够容纳的绵羊只数。其他家畜则统一折算为绵羊单位后计算，折算标准是：

成年绵羊＝1 个绵羊单位

山羊＝0.91 个绵羊单位

合理利用草场，以草定畜，对草场进行合理的评估和规划，确定合理的载畜量；根据牧草生长规律，确定适宜的阶段性禁牧、休牧时间；在禁牧休牧期内对羊实施半舍饲和舍饲养殖，有条件的地方可实施轮牧。

5. 种草养畜　草场质量的好坏，直接决定着养殖户的收入和生活水平。由于气候和过度放牧等原因，我国大部分草场存在着不同程度的退化甚至沙化现象。解决畜牧业持续发展与草场保护之间的矛盾，除了合理安排载畜量外，还可以通过人工种草等措施来改良草场。

6. 限时放牧　一般情况下，绒毛用羊日采食 5～6h 即能满足其营养需要，当超出限制时，羊只游走消耗热量不利于生长，同时也加大了对草场的践踏。因此，牧民在实践中总结出一套独特的放牧方式——限时放牧。山羊每天从上午 10 点放养到下午 3 点（夏天上午7：00～10：00，下午 5：00～7：00），放牧 5h。绵羊每天从上午 10 点放养到下午 4 点（夏天上午 7：00～10：00，下午 5：00～8：00），放牧 6h。其余时间圈养。

7. 细毛羊穿"防尘服"　细毛羊穿上防尘服，不仅可以防尘御寒，而且可以使羊的净毛率大大提高。穿上防尘服可以减少风沙、灰尘和草木对细毛羊的侵袭，从而使细毛羊的产毛率提高，羊毛的杂质含量减少。特别在冬季，防尘服具有保暖御寒作用，能够使细毛羊的体能消耗减少；在夏季，能起到防止蚊虫叮咬、防止传染病的效果。

（三）绒毛用羊四季放牧要点

1. 春季放牧　绒毛用羊经过漫长的冬季，体质虚弱。因此，春季放牧的主要任务是在保膘情的基础上，尽可能恢复体力。对怀孕母羊还要注意保胎。春季牧草正处于萌发期，羊只为了寻觅青草到处乱跑，即所谓"跑青"，体力消耗大，因此，春季放牧应严格控制羊群，做到挡强羊，等弱羊，避免"跑青"。在选择草场时，每日要先放阴坡，后放阳坡，或先放黄枯草，后放青草。春季山羊未抓绒以前，由于羊绒逐渐脱离皮肤，这时不要到有荆棘及酸枣棵子等地方去放牧，以免抓挂羊绒，造成损失。对山羊是先抓绒，过十几天再剪毛，使羊逐渐脱"衣服"，遇有不良天气也不易生病。

2. 夏季放牧　羊群经过春季放牧，身体已逐渐恢复，而牧草正处于抽茎开花阶段，营养价值高，因此，夏季是恢复体况的好季节。夏季气温高，蚊蝇多，应选择高燥、凉爽、饮水方便的草场放牧。另外，放牧时间应延长，早出晚归，要求一天能吃三个饱，饮水 2～3

次。羊在强烈的日光下经常有扎堆的习惯，影响采食。因此夏季放牧手法要松，在中午烈日照射时，应安排羊只休息、反刍。

3. 秋季放牧　秋季，牧草结籽，营养价值高，是抓膘的好时机，也是羊配种季节，要做到放牧抓膘和配种两不误。秋末经常有霜冻，不宜早出牧，以防妊娠母羊采食了霜冻草而引起流产。

4. 冬季放牧　首要任务是保胎保膘，放牧宜晚出早归，出入圈门严防拥挤，归牧后应给怀孕母羊及育成羊适当补饲。冬季严防空腹饮水，以免流产，待羊吃饱后再饮水为好。

（四）放牧羊群的组织和放牧方式

1. 放牧羊群的组织　合理组织放牧羊群是绒毛用羊科学放牧的重要措施之一。应根据羊只的数量、品种、性别、年龄、体质强弱和放牧场的地形地貌而定。羊数量较多时，同一品种可分为种公羊群、试情公羊群、成年母羊群、育成公羊群、育成母羊群、羯羊群和育种母羊核心群等。在成年母羊群和育成母羊群中，还可按等级组成等级羊群。羊数量较少时，不宜组成太多的羊群，应将种公羊单独组群（非种用公羊应去势），母羊可分成繁殖母羊群和淘汰母羊群。为确保种公羊群、育种核心群、繁殖母羊群安全越冬度春，每年秋末冬初，应根据冬季放牧场的载畜能力、饲草饲料贮备情况和羊的营养需要，对老龄和瘦弱以及品质较差的羊只进行淘汰，确定羊的饲养量，做到以草定畜。

我国放牧羊群的规模受放牧场地的影响而差别较大。繁殖母羊牧区以 250~500 只、半农半牧区 100~150 只、山区 50~100 只、农区 30~50 只为宜；育成公羊和母羊可适当增加，核心群母羊可适当减少；成年种公羊以 20~30 只、后备种公羊以 40~60 只为宜。

2. 放牧方式　放牧方式是指对放牧场的利用方式。目前，我国的放牧方式可分为固定放牧、围栏放牧、季节轮牧和小区轮牧四种。

（1）固定放牧　是指羊群一年四季在一个特定区域内自由放牧采食。这是一种原始的放牧方式。此方式不利于草场的合理利用与保护，载畜量低，单位草场面积提供的畜产品数量少，每个劳动力所创造的价值不高。牲畜的数量与草地生产力之间自求平衡，牲畜多了就必然死亡。这是现代化养羊业应该摒弃的一种放牧方式。

（2）围栏放牧　是指根据地形把放牧场围起来，在一个围栏内，根据牧草所提供的营养物质数量结合羊的营养需要量，安排一定数量的羊只放牧。此方式能合理利用和保护草场，对固定草场使用权也起着重要的作用。

（3）季节轮牧　是指根据四季牧场的划分，按季节轮流放牧。这是我国牧区目前普遍采用的放牧方式，能较合理利用草场，提高放牧效果。为了防止草场退化，可定期安排休闲牧地，以利于牧草恢复生机。

（4）小区轮牧　又称分区轮牧，是指在划定季节牧场的基础上，根据牧草的生长、草地生产力、羊群的营养需要和寄生虫侵袭动态等，将牧地划分为若干个小区，羊群按一定的顺序在小区内进行轮回放牧。此方式是一种先进的放牧方式，一是能合理利用和保护草场，提高草场载畜量。二是可将羊群控制在小区范围内，减少了游走所消耗的热能，增重加快。三是能控制内寄生虫感染。

二、绒毛用羊的舍饲

近几年来由于超载过牧加剧了草场沙化，生态环境急剧恶化，绒毛用羊养殖与生态环境保护之间矛盾日益尖锐。解决这一问题根本途径是在不断提高羊个体生产性能的同时，有计划地控制羊的饲养头数；改变传统的单一放牧的饲养方式，实行包括舍饲、半舍饲和科学轮牧在内的现代饲养方式。

（一）舍饲对绒毛用羊生产的影响

1. 对绒毛用羊采食量的影响 舍饲对绒毛用羊的采食量与粗饲料的种类和加工方式有很大关系。各类粗饲料中，以青干草的采食量最大；各类加工方式当中，以青贮玉米秸搭配精料的饲喂方式采食量最大；粉碎玉米秸较未处理玉米秸采食量高，未处理的玉米秸采食量最低（表7-7）。

表 7-7　舍饲绒山羊采食量的测定

羊数（只）	饲草种类	供给量（g）	采食量（g）	采食率（%）
32	青干草	1 403±54	1 254±35	89.38
30	60%青贮玉米秸＋40%精料	1 294±72	1 192±67	92.12
30	未处理玉米秸	1 320±65	896±78	67.88
30	粉碎玉米秸	1 283±47	922±64	71.88
30	发酵玉米秸	1 276±36	1 173±48	91.93

表 7-7 表明，粗饲料经过适当的加工调制和与其他饲料的科学搭配，采食量明显得到提高，玉米秸经过青贮可以提高适口性，再配合精料，采食量和采食率更高。

2. 舍饲对绒山羊繁殖性能的影响 绒山羊舍饲饲养获得充足的营养，并减少了体能消耗，流产率降低，繁殖成活率也得到提高（表7-8）。

表 7-8　舍饲绒山羊的繁殖状况统计

饲养方式	组别	能繁母羊数（只）	产羔数（只）	羔羊成活率（%）	繁殖成活率（%）	母羊流产数（只）	流产率（%）
全舍饲	试验组	50	46	44	88.00	2	4
	对照组	30	25	22	73.00	4	13.33
半舍饲	试验组	60	56	53	88.33	2	3.33
	对照组	30	26	23	76.67	2	6.67

注：对照组为放牧绒山羊。

自然情况下，绒山羊的妊娠期正处于产绒旺盛期，也是枯草季节，而这一时期对营养的需要量相应增加，但在放牧情况下，妊娠母羊往往得不到足够的营养而造成死胎或流产，降低繁殖率。舍饲后可以较好地解决这个矛盾，从而有利于胎儿的生长发育和绒毛的良好生长。

3. 舍饲对绒毛产量的影响 绒山羊舍饲后，一方面得到了充足的营养，绒毛生长潜力得到充分的发挥；另一方面减少了放牧时被树枝枯草刮掉的损失，产绒量比放牧条件下均有提高，生产实践结果显示，每只羊平均增加50 g以上绒毛产量，净绒率提高3%，羊绒细度没有明显改变，介于14～16μm（表7-9，表7-10）。

表 7-9　舍饲绒山羊的产绒量

组　别	全舍饲		半舍饲	
	绒层厚度（cm）	产绒量（g）	绒层厚度（cm）	产绒量（g）
试验组	5.36±0.63	423.6±61.5	5.38±0.58	421.6±70.8
对照组	4.74±0.56	371.2±50.7	4.63±0.43	367.3±65.3
增长量	0.62（13.08）	51.41（3.85）	0.751（6.20）	54.3（14.78）

注：对照组为放牧绒山羊。

表 7-10　舍饲绒山羊羊绒细度及净绒率

组　别	细度（μm）	净绒率（%）
试验组	14.32±0.75	60.35±7.65
对照组	14.02±0.76	57.75±8.03

注：对照组为放牧绒山羊。

（二）舍饲养殖易出现的问题

绒毛用羊舍饲后出现流产的现象比较严重，高发羊群可达 50% 以上，特别是在早春更为严重，大部分发生在妊娠后期。有的虽然达到正常的妊娠，并且正常产羔，但羔羊体质较弱，行走困难，严重者造成早期死亡，从统计结果来看，由羔羊体弱引起的死亡比例较大。

由于农牧民传统的放牧式饲养观念根深蒂固，管理粗放，饲草饲料搭配不科学，饲草单一现象严重，缺乏必要矿物质、微量元素，造成胎儿发育营养缺乏，后期造成流产或早产弱羔，母羊本身也易发病。长期舍饲圈养，减少了羊群的户外运动量，从而造成怀孕母羊体质下降，对胎儿的正常发育造成影响。

对疫病防治重要性认识不足，存在着重治疗轻防疫的思想，没有定期做好传染病的预防免疫、驱虫、药浴，同时饲养方式发生改变，母羊易出现疾病，如梭菌引起的疾病，特别是在早春由舍饲转为放牧，更易发生各种疾病，造成春天死亡率上升，给农牧民造成很大的经济损失。

（三）舍饲条件下饲养管理

1. 加强运动　为了解决运动不足的问题，应采取停牧不停运动的措施。每天上午将羊群赶到舍外，保证运动 1~2h，以增加羊的体质，促进胎儿发育。

2. 科学喂养　舍饲摄入的营养比较单一，因此，在秋季要搞秸秆的青贮和多种优质牧草贮存，解决冬季饲草不足和营养缺乏。另外，对怀孕的母羊应添加胡萝卜等青绿多汁饲料，补充微量元素和蛋白质饲料，保证胎儿的正常发育。

3. 疾病防治　舍饲后要对羊只进行正常的疫病免疫工作，如羊的四防苗、羊痘等。并且要对羊群进行布鲁氏菌病的检验工作，确保羊群健康发展，从而提高养羊的经济效益。

4. 饲草料基地的建设　舍饲养殖最需要解决的问题是饲草料基地的建设。绒毛用羊养殖过程中，饲草料数量是否充足、质量是否符合要求对养殖效率影响很大，而目前饲草料生产还不能满足实际的需要，这就应当加强饲草料基地的建设，既要注重规模，也要强调质量。

三、绒山羊光控增绒技术

由于山羊绒毛的生长受到遗传、营养及环境等多种因素的影响，将舍饲与放牧相结合，以暖季长绒冷季增绒为饲养模式，改造或新建专用棚圈，根据羊绒生长对光照的要求，通过人为控制光照时间，使绒山羊在非长绒期（暖季）长绒，以增加绒产量。

通过在非生绒期的短光照处理（图7-3），内蒙古白绒山羊育成母羊及成年母羊体内褪黑激素水平以及高峰期的维持时间得到了提高，可促进其在5～10月份二次产绒，绒毛生长期延长2～3个月，绒毛长度和产绒量平均提高61.38%。

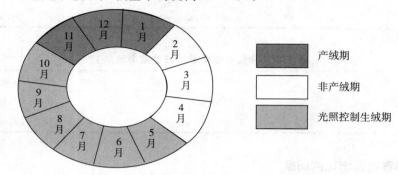

图7-3　绒山羊育成母羊及成年母羊增绒生产模式

（一）绒山羊光控增绒技术实施方法

限制绒山羊的日照时间，每年5月15日至10月15日为限制日照长绒期，每天9：30至16：30为绒山羊放牧、饲喂、饮水时间，16：30至次日9：30将绒山羊圈入棚内。

（二）绒山羊光控增绒技术效益分析

实验表明，光控增绒技术的应用使暖季放牧时间由传统的15h缩短到7h，减轻草原生态压力50%，植被盖度平均提高11.75%，高度增加4cm，密度增加22株/m²，每公顷产草量（鲜重）提高885kg。而对绒山羊生产性能、生长发育没有不良影响。在非长绒期如同产绒期长绒，增绒效果显著，每只山羊平均年增绒在71%以上（最低增绒50%，最高增绒100%）。秋末，增绒羊顶绒时就可以抓绒（或者剪毛后直接剪绒），毛少绒多，净绒率高于春季产绒量。

（三）绒山羊光控增绒技术特点

1. 本技术适用于牧区、农区绒山羊养殖区。

2. 减轻暖季放牧草场压力，降低草料过量消耗。暖季放牧时间由传统的15h缩短到7h，草场压力减轻50%，有效保护生态环境，增绒效果特别显著。

3. 一种快速高效增绒并具绿色环保、低成本、科技含量等特点的增产饲养方法。

4. 不使用药物、添加剂、激素等促绒生长剂，对绒山羊的正常生长发育、生产性能无任何影响。

第五节　饲料分类与饲料加工调制

一、饲料分类

一般将饲草饲料分为青绿饲料、青贮饲料、粗饲料、能量饲料、蛋白质饲料、矿物质饲料、维生素饲料和添加剂类饲料8种。

饲草饲料营养成分组成可用下列简式表示：

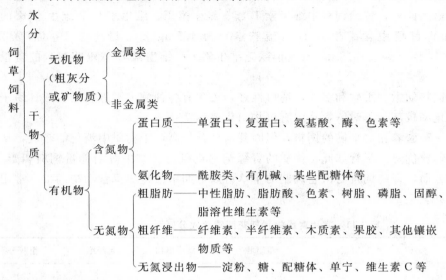

（一）青绿饲料

青绿饲料是草食家畜的主要饲料之一。人工牧草的推广种植，在农区绒毛用羊饲养中愈来愈重要。

1. 营养特性

（1）水分含量高　陆生植物的水分含量为 $60\% \sim 90\%$，而水生植物可高达 $90\% \sim 95\%$。因此，其鲜草含的干物质少，能值较低。陆生植物每千克鲜重的消化能为 $1.20 \sim 2.50MJ$。如以干物质为基础计算，由于粗纤维含量较高（$15\% \sim 30\%$），其能量营养价值也较能量饲料为低，其消化能值为 $8.37 \sim 12.55MJ/kg$。尽管如此，优质青绿饲料干物质的能量营养价值仍可与某些能量饲料相媲美，如燕麦籽实干物质所含消化能为 $12.55MJ/kg$，而麦麸为 $10.88MJ/kg$。

（2）蛋白质含量较高，品质较优　一般禾本科牧草和叶菜类饲料的粗蛋白质含量为 $1.5\% \sim 3.0\%$，豆科牧草为 $3.2\% \sim 4.4\%$。若按干物质计算，前者粗蛋白质含量达 $13\% \sim 15\%$，后者可高达 $18\% \sim 24\%$。后者可满足动物在任何生理状态下对蛋白质的营养需要。不仅如此，由于青绿饲料是植物体的营养器官，含有各种必需氨基酸，尤其赖氨酸、色氨酸含量较高，故蛋白质生物学价值较高，一般可达 70% 以上。

（3）粗纤维含量较低　幼嫩的青绿饲料含粗纤维较少，无氮浸出物较高。若以干物质为基础，则其中粗纤维为 $15\% \sim 30\%$，无氮浸出物为 $40\% \sim 50\%$。粗纤维的含量随着植物生长期的延长而增加，木质素的含量也显著增加。一般来说，植物开花或抽穗之前，粗纤维含量较低。

（4）钙磷比例适宜　青绿饲料中矿物质含量因牧草种类、土壤与施肥情况而异。豆科牧草钙的含量较高，钙为 $0.25\% \sim 0.5\%$、磷为 $0.20\% \sim 0.35\%$，比例较为适宜，因此依靠青绿饲料为主食的动物不易缺钙。此外，青绿饲料尚含有丰富的铁、锰、锌、铜等微矿物元素。

（5）维生素含量丰富　青绿饲料是家畜维生素营养的良好来源。特别是胡萝卜素含量较高，每千克饲料含 50～80mg。在正常采食情况下，放牧家畜所摄入的胡萝卜素要超过其本身需要量的 100 倍。此外，青绿饲料中维生素 B 族、维生素 E、维生素 C 和维生素 K 的含量也较丰富，如青苜蓿中含维生素 B_1（硫胺素）为 1.5mg/kg、维生素 B_2（核黄素）4.6mg/kg、维生素 B_5（烟酸）18mg/kg。但缺乏维生素 D，维生素 B_6（吡哆醇）的含量也很低。

另外，青绿饲料幼嫩、柔软和多汁，适口性好，还含有各种酶、激素和有机酸，易于消化。有机物质消化率较高，羊对鲜牧草中有机物消化率达 75％～85％。

青绿饲料是一种营养相对平衡的饲料，但因其水分含量高，干物质中消化能较低，从而限制了其潜在的营养优势。尽管如此，优质的青绿饲料仍可与一些中等的能量饲料相媲美。因此在动物饲料方面，青绿饲料与由它调制的干草可以长期单独组成草食动物饲粮。常用青绿饲料营养成分见表 7-11。

表 7-11　常用青绿饲料初花期营养成分（％）

饲料名称	水分	粗蛋白质	粗脂肪	无氮浸出物	粗纤维	粗灰分
苜蓿	77.5	4.6	0.7	9.3	5.8	2.1
红三叶	72.5	4.1	1.1	12.1	8.2	2.0
紫云英	90.2	2.8	0.5	4.4	1.3	0.8
（鲜样）毛苕子	85.2	3.46	0.86	6.12	3.26	1.1
（鲜样）羊草	71.36	3.49	0.82	14.66	8.23	1.44
白杨叶	67.5	5.7	1.7	17.0	6.2	1.9
柳树叶	66.8	5.2	2.0	18.5	4.3	3.2

引自白元生主编《饲料原料学》，1999 年。

2. 影响青绿饲料营养价值的因素　以上概述了青绿饲料的一般营养特性，并指出了某些重要养分的含量范围，这种范围本身就说明了即使是同一种类饲料其营养价值也有很大的差异，有时会超过种间差异。其主要原因如下：

（1）土壤与肥料　土壤是植物营养物质的主要来源之一。肥沃和结构良好的土壤，青绿饲料的营养价值较高，反之，在贫瘠和结构差的土地上收获的青绿饲料其营养价值就较低。特别是青绿饲料中一些矿物质的含量在很大程度上受土壤中元素含量与活性的影响。泥炭土与沼泽土中的钙、磷均较缺乏；干旱的盐碱地中的植物很难利用土壤中的钙；石灰质土壤中的植物对锰和钴吸收不良。有些微量元素往往在很大一个地区的土壤中含量不足或者过多，会形成地方性营养缺乏症或中毒症。例如我国内陆山区与西北地区土壤中缺碘，易引起家畜甲状腺肿；东北克山地区土壤缺硒，易使家畜患白肌病等。

施肥可以显著影响植物中各种营养物质的含量，在土壤缺乏某些元素的地区施以相应的肥料，则可防止这一地区的家畜营养性疾病。对植物增施氮肥，不仅可以提高植物的产量，还可增加植物中粗蛋白质的含量，并且施肥后植物生长旺盛，茎叶浓绿，因而胡萝卜素亦显著增加。

（2）生长阶段和部位　青绿饲料的生长阶段不同其营养价值也各异。幼嫩时期水分含量高，干物质中蛋白质含量较多而粗纤维较少。因此在早期生长阶段的各种牧草有较高的消化率，其营养价值也高，随着植物生长期的延长，粗蛋白质等养分含量逐渐降低，而粗纤维特别是木质素的含量则逐渐上升，致使营养价值、适口性和消化率都逐渐降低。

植物体的部位不同其营养成分差别也很大。例如苜蓿的上部茎叶中粗蛋白质含量高于下部茎叶，而粗纤维含量则低于下部。一般来讲，茎秆中粗蛋白质含量低而粗纤维含量高，叶片中则恰恰相反，因此，叶片占全株的比例愈大，营养价值就愈高。

（3）气候条件 气候条件如气温、光照及雨量等对于青绿饲料的营养价值影响也较大。如在多雨地区或季节，土壤经常被冲刷，土壤中的钙质容易流失，故植物体内钙质积累较少，反之在干旱地区或季节，植物体内积累的钙质较多。在寒冷地区的植物，粗纤维含量较温暖地区高，粗蛋白质和粗脂肪的含量则较少。此外，生长在阳光充足的阳坡地的植物，粗蛋白质和六碳糖的含量显著高于阴坡地的植物。

（4）管理因素 牧地放牧制度的健全与否也影响到草地总的营养价值。放牧不足，植物变得粗老，营养价值降低；过度放牧则使许多优良草类如豆科牧草被频繁采食，以至不能恢复生长，逐渐从牧地上消失，使牧地总营养价值降低。此外，草地经常刈割可打断植物生长发育规律，使其恢复到生理上幼嫩的生长阶段，蛋白质和脂肪的含量可保持在一个较高水平，而粗纤维含量降低。

3. 饲用要点 青绿饲料的饲用价值与其种类和生长发育期有很大关系。一般来说，随着青绿饲断逐渐粗老，其营养价值和饲用价值则降低。青绿饲料可以青饲、青贮、放牧，或晒制成青干草饲喂。

有些青绿饲料含草酸较多，容易同饲料中的钙结合生成难以溶解的草酸钙，影响钙的吸收，对于羔羊应控制喂量；有些青绿饲料含的硝酸盐较多，在一定的条件下可转化为亚硝酸盐，能引起羊的亚硝酸盐中毒，而新鲜的青饲料，只要喂前调制方法恰当，一般不会引起中毒。草原牧草木质化很快，应抓紧时机抓膘或刈割晒制青干草。

（二）青贮饲料

青贮饲料是指将新鲜的青饲料切短装入密封容器里，经过微生物发酵作用，制成一种具有特殊芳香气味、营养丰富的多汁饲料，并能长期保存青绿多汁饲料的特性，保证均衡供应。青贮饲料具有气味酸香、柔软多汁、颜色黄绿、适口性好等优点。

青贮饲料已在世界各国畜牧生产中普遍推广应用。目前，青贮调制技术同以往相比有较大改进，在青贮方法上推广低水分青贮，添加添加剂、糖蜜、谷物等特种青贮法，提高青贮效果，改进了青贮饲料的品质。

青贮原料由农作物的秸秆发展到专门建立饲料地、种植青贮原料，特别是种植青贮玉米，使青贮饲料的数量和质量有较大提高。生产实践证明，饲料青贮是调剂青绿饲料丰欠、以旺养淡、以余补缺、合理利用青绿饲料的一种有效方法。

青贮发酵是一个复杂的微生物活动和生物化学变化过程。青贮过程是为青贮原料上的乳酸菌生长繁殖创造有利条件，使乳酸菌大量繁殖，将青贮原料中可溶性糖类变成乳酸，当乳酸达到一定浓度时，抑制了有害微生物的生长，甚至抑制了乳酸菌自身的生长，从而达到保存饲料的目的。因此，青贮的成败，主要决定于乳酸发酵的程度。

1. 青贮的原理 新刈割的青饲料中，带有各种细菌、霉菌、酵母等微生物，其中腐败菌最多，乳酸菌很少。

表 7-12 每克新鲜饲料上微生物的数量 单位：个

饲料种类	腐败菌（×10⁶）	乳酸菌（×10³）	酵母菌（×10³）	酪酸菌（×10³）
草地青草	12.0	8.0	5.0	1.0
野豌豆燕麦混播	11.9	1 173.0	189.0	6.0
三叶草	8.0	10.0	5.0	1.0
甜菜茎叶	30.0	10.0	10.0	1.0
玉米	42.0	170.0	500.0	1.0

引自王成章主编《饲料生产学》，1998 年。

由表 7-12 看出，新鲜青饲料腐败菌的数量，远远超过乳酸菌的数量，如不及时青贮，在田间堆放 2～3d 后，腐败菌大量繁殖，每克青饲料中往往达数亿以上。因此，为促使青贮过程中有益乳酸菌的正常繁殖活动，必须了解各种微生物的活动规律和对环境的要求（表7-13），以便采取措施，抑制各种不利于青贮的微生物活动，消除一切妨碍乳酸形成的条件，创造有益于青贮的乳酸菌活动的最适宜环境。

（1）乳酸菌　乳酸菌种类很多，其中对青贮有益的，主要是乳酸链球菌（*Streptococcus lactis*）、德氏乳酸杆菌（*Lactobacillus delbruckii*），它们均为同质发酵的乳酸菌，发酵后只产生乳酸。此外，还有许多异质发酵的乳酸菌，除产生乳酸外，还产生大量的乙醇、醋酸、甘油和二氧化碳等。乳酸链球菌属兼性厌氧菌，在有氧或无氧条件下均能生长繁殖，耐酸能力较低，在青贮饲料中酸量达 0.5％～0.8％、pH 为 4.2 时即停止活动。乳酸杆菌为厌氧菌，只在厌氧条件下生长和繁殖，耐酸力强，青贮料中酸量达 1.5％～2.4％、pH 为 3 时才停止活动。各类乳酸菌在含有适量的水分和碳水化合物、缺氧环境条件下，生长繁殖快，可使单糖和双糖分解生成大量乳酸。

表 7-13　几种微生物要求的条件

微生物种类	氧 气	温度（℃）	pH
乳酸链球菌	±	25～35	4.2～8.6
乳酸杆菌	—	15～25	3.0～8.6
枯草菌	+	—	—
马铃薯菌	+	—	7.5～8.5
变形菌	+	—	6.2～6.8
酵母菌	+	—	4.4～7.8
酪酸菌	—	35～40	4.7～8.3
醋酸菌	+	15～35	3.5～6.5
霉菌	+	—	—

引自王成章主编《饲料生产学》，1998 年。

乳酸的大量形成，一方面为乳酸菌本身生长繁殖创造了条件，另一方面产生的乳酸使其他微生物如腐败菌、酪酸菌等死亡。乳酸积累的结果使酸度增强，乳酸菌自身也受抑制而停止活动。在良好的青贮饲料中，乳酸含量一般约占青饲料重的 1％～2％，pH 下降到 4.2 以下时，只有少量的乳酸菌存在。

（2）酪酸菌（丁酸菌）　它是一种厌氧、不耐酸的有害细菌，主要有丁酸梭菌、蚀果胶梭菌、巴氏固氮梭菌等。它在 pH 为 4.7 以下时不能繁殖，原料上本来不多，只在温度较高时才能繁殖。酪酸菌活动的结果，使葡萄糖和乳酸分解产生具有挥发性臭味的丁酸，也能将蛋白质分解为挥发性脂肪酸，使原料发臭变黏。当青贮饲料中丁酸含量达到万分之几时，即影响青贮料的品质。在青贮原料幼嫩、碳水化合物含量不足、含水量过高、装压过紧时，均易促使酪酸菌活动和大量繁殖。

（3）腐败菌　凡能强烈分解蛋白质的细菌统称为腐败菌。此类细菌很多，有嗜高温的，也有嗜中温或低温的；有好氧的如枯草杆菌、马铃薯杆菌，有厌氧的如腐败梭菌和兼性厌氧菌如普通变形杆菌。它们能使蛋白质、脂肪、碳水化合物等分解产生氨、硫化氢、二氧化碳、甲烷和氢气等，使青贮原料变臭变苦，养分损失大，不能饲喂家畜，导致青贮失败。不过腐败菌只在青贮料装压不紧、残存空气较多或密封不好时才大量繁殖；在正常青贮条件下，当乳酸逐渐形成、pH 下降、氧气耗尽后，腐败细菌活动即迅速抑制，以至死亡。

（4）酵母菌　酵母菌是好气性菌，喜潮湿，不耐酸。在青饲料切碎尚未装贮完毕之前，酵母菌只在青贮原料表层繁殖，分解可溶性糖，产生乙醇及其他芳香类物质。待封窖后，空气越来越少，其作用随即减弱。在正常青贮条件下，青贮料装压较紧，原料间残存氧气少，酵母菌活动时间短，所产生的少量乙醇等芳香物质，使青贮具有特殊气味。

（5）醋酸菌　它属好气性菌，在青贮初期有空气存在的条件下，可大量繁殖。酵母或乳酸发酵产生的乙醇，再经醋酸发酵产生醋酸，醋酸产生的结果可抑制各种有害不耐酸的微生物如腐败菌、霉菌、酪酸菌的活动与繁殖。但在不正常情况下，青贮窖内氧气残存过多，醋酸产生过多，因醋酸有刺鼻气味，影响家畜的适口性并使饲料品质降低。

（6）霉菌　它是导致青贮变质的主要好气性微生物，通常仅存在于青贮饲料的表层或边缘等易接触空气的部分。正常青贮情况下，霉菌仅生存于青贮初期，酸性环境和厌氧条件下，足以抑制霉菌的生长。霉菌破坏有机物质，分解蛋白质产生氨，使青贮料发霉变质并产生酸败味，降低其品质，甚至失去饲用价值。

2. 青贮的发酵过程　一般青贮的发酵过程可分为 3 个阶段，即好气性菌活动阶段、乳酸发酵阶段和青贮稳定阶段。

（1）好气性菌活动阶段　新鲜青贮原料在青贮容器中压实密封后，植物细胞并未立即死亡，在 1～3d 仍进行呼吸作用，分解有机物质，直至青贮饲料内氧气消耗尽，呈厌氧状态时才停止呼吸。

在青贮开始时，附着在原料上的酵母菌、腐败菌、霉菌和醋酸菌等好气性微生物，利用植物细胞因受机械压榨而排出的富含可溶性碳水化合物的液汁，迅速进行繁殖。腐败菌、霉菌等繁殖最为强烈，它使青贮料中蛋白质等营养物质破坏，形成大量吲哚和气体以及少量醋酸等。好气性微生物活动结果以及植物细胞的呼吸，使得青贮原料间存在的少量氧气很快殆尽，形成厌氧环境。另外，植物细胞呼吸作用、酶氧化作用及微生物的活动还放出热量。厌氧和温暖的环境为乳酸菌发酵创造了条件。

如果青贮原料中氧气过多，植物呼吸时间过长，好气性微生物活动旺盛，会使原料内温度升高，有时高达 60℃左右，因而削弱乳酸菌与其他微生物的竞争能力，使青贮饲料营养成分损失过多，青贮饲料品质下降。因此，青贮技术关键是尽可能缩短第一阶段的时间，通过及时青贮和切短压紧密封好来减少呼吸作用和好气性有害微生物繁殖，以减少养分损失，提高青贮饲料质量。

（2）乳酸菌发酵阶段　厌氧条件及青贮原料中的其他条件形成后，乳酸菌迅速繁殖，形成大量乳酸。酸度增大，pH 下降，促使腐败菌、酪酸菌等活动受抑停止，甚至绝迹。当 pH 下降到 4.2 以下时，各种有害微生物都不能生存，乳酸链球菌的活动也受到抑制，只有乳酸杆菌存在。当 pH 为 3 时，乳酸杆菌也停止活动，乳酸发酵即基本结束。

一般情况下，糖分适宜时原料发酵 5～7d，微生物总数达高峰，其中以乳酸菌为主。玉米青贮过程中，各种微生物的变化情况如表 7-14。从中可以看出，玉米青贮后半天，乳酸菌数量即达到最高峰，每克饲料中达 16.0 亿。第 4 天时下降到 8.0 亿，pH 达 4.5，而其他微生物则已全部停止繁殖而绝迹。因此，玉米青贮发酵过程比豆科牧草快，青贮品质也好，是最优良的青贮作物。

表 7-14　玉米青贮发酵过程中各种微生物数量的变化

青贮日数	每克饲料中细菌数量（×10^4 个）			pH
	乳酸菌	大肠好气性菌	酪酸菌	
开始	甚少	0.03	0.01	5.9
0.5	160 000.0	0.025	0.01	—
4	80 000.0	0	0	4.5
8	17 000.0	0	0	4.0
20	380.0	0	0	4.0

引自南京农学院主编《饲料生产学》，1980 年。

（3）稳定阶段　在此阶段青贮饲料内各种微生物停止活动，只有少量乳酸菌存在，营养物质不会再损失。在一般情况下，糖分含量较高的玉米、高粱等青贮后 20～30d 就可以进入稳定阶段，豆科牧草需 90d 以上，若密封条件良好，青贮饲料可长久保存下去。

（三）粗饲料

根据国际饲料分类原则，粗饲料是指自然状态下水分在 45% 以下、饲料干物质中粗纤维含量≥18%、能量价值低的一类饲料，主要包括干草类、农副产品类（壳、荚、秸、秧、藤）、树叶、糟渣类等。粗饲料的特点是粗纤维含量高，可达 25%～45%，可消化营养成分含量较低，有机物消化率在 70% 以下，质地较粗硬，适口性差。不同类型的粗饲料，粗纤维的组成不一，但大多数是由纤维素、半纤维素、木质素、果胶、多糖醛和硅酸盐等组成，其组成比例又常因植物生长阶段变化而不同。虽然粗饲料消化率低，但它是绒毛用羊不可缺少的饲料种类，能促进肠胃蠕动和增强消化力的作用。

粗饲料来源广，数量大，主要来源是农作物秸秆秕壳，据不完全统计，目前全世界每年农作物秸秆产量约 29 亿 t，我国每年产 5.7 亿 t。野生的禾本科草本植物数量更多。在这些无法为人食用的生物总量中，却蕴藏着巨大的潜在能源和氮源。因此，若对其进行适当的加工处理并应用于畜牧生产，必将获得巨大的生产、生态、经济和社会效益。

1. 营养特点　常用粗饲料营养特点见表 7-15。

（1）水分含量低，干物质含量高　干物质中粗纤维含量高，人工晒制的干草中粗纤维含量为 25%～30%，农作物秸秆和秕壳中粗纤维含量高达 35%～45%。粗纤维含量愈高，干物质消化率愈低，影响其他营养的吸收和利用。例如，苜蓿干草中粗纤维含量略低，无氮浸出物消化率为48%；花生壳含粗纤维较高，而无氮浸出物的消化率只有13%。

（2）粗蛋白质含量差异较大 秸秆和秕壳中的粗蛋白质含量低、品质差、难消化。如豆科干草含蛋白质10%～20%，禾本科干草含6%～10%，而禾本科秸秆和秕壳仅含3%～5%。就粗蛋白质的消化率来说，干草高于秸秆和秕壳。如苜蓿干草的粗蛋白质消化率为71%，苏丹草干草为49%，而大豆秸秆和稻草分别为21%和16%。

（3）含钙较多，磷较少 豆科干草和秸秆的含钙量约为1.5%，禾本科干草和秸秆为0.2%～0.4%。干草含磷量约为0.15%～0.30%，而秸秆类均在0.1%以下。

表7-15 常用粗饲料营养成分（%）

饲料种类	水分	粗蛋白质	粗脂肪	无氮浸出物	粗纤维	粗灰分
苜蓿干草	16.0	16.2	2.4	31.1	27.0	7.3
刺槐叶	13.5	18.8	4.4	44.5	14.8	4.0
榆树叶	10.6	17.9	2.7	41.7	13.1	14.0
苹果叶	4.8	9.8	7.0	59.8	8.6	10.0
苜蓿秸秆	15.0	7.4	1.3	33.7	37.3	5.3
小麦秸秆	12.2	3.2	1.4	38.6	38.3	6.3
大麦秸秆	12.9	6.4	1.6	37.8	33.4	7.9
黑麦秸秆	15.0	3.6	1.5	39.6	37.3	3.0
燕麦秸秆	11.4	3.8	2.1	39.6	36.3	6.8
谷草	10.5	3.8	1.6	41.3	37.3	5.5
豌豆秸秆	15.3	7.6	1.5	36.7	33.4	5.5
甘薯蔓	13.7	10.3	2.5	25.7	37.2	10.6
稻壳	11.2	2.7	1.0	41.1	25.3	18.7

引自白元生主编《饲料原料学》，1999年；张子仪主编《中国饲科学》，2000年。

（4）维生素含量差异大 秸秆和秕壳除含少量维生素D外，其他维生素很少。优质青干草含有较多的胡萝卜素和维生素D，粗饲料中缺乏维生素C、维生素E和维生素B_2等。

2. 饲用要点 粗饲料难以消化，营养价值低，关键是要科学调制与合理地利用饲料。在瘤胃微生物的作用下，绒毛用羊能够有效地利用粗饲料。

（1）粗饲料的不同收割期及加工技术，其营养价值相差很大。晒制干草时，必须按时收割和适时晒制，叶片的营养价值高于茎秆，注意保护叶片，少受损失。

（2）对粗饲料要精心加工调制，以改善其适口性和提高消化率。稻、麦等秕壳有芒，喂前应湿润或浸泡。

（3）秸秆和秕壳的净能含量很低，而体积较大，应搭配一定数量的能量或浓缩饲料。

（4）秸秆和秕壳所含粗蛋白质、钙、磷和维生素不足，应搭配些营养价值较丰富的饲料。豆科籽实的荚皮含可消化蛋白质4%左右，是冬、春季绒毛羊良好的补充粗饲料。

（5）粗饲料可刺激胃肠蠕动和分泌消化液，并可使羊产生饱感。

（四）能量饲料

以干物质计，粗蛋白质含量低于 20%、粗纤维含量低于 18% 的一类饲料即为能量饲料。这类饲料主要包括谷实类、糠麸类、脱水块根、块茎及其加工副产品等。这类饲料干物质中含消化能在 10.5MJ/kg 以上，为绒毛用羊生长繁殖提供能量需要。

1. 禾本科籽实饲料　常用禾本科籽实饲料营养特点见表 7-16。

（1）含有大量的无氮浸出物，主要是淀粉，约占干物质的 70%～80%。粗纤维含量低，通常为 2%～10%，多在 6% 以下。所以适口性好，消化率较高。

（2）粗蛋白质含量较少，一般为 8%～12%。缺乏赖氨酸和色氨酸，蛋白质生物学价值较低（50%～70%）。

（3）粗脂肪含量仅 1.5%～2%，而玉米和小米（粟）的脂肪含量较高，为 4%～5%。禾本科籽实中的脂肪多存在于种胚与果皮中，主要由不饱和脂肪酸构成。

（4）含磷多（0.31%～0.45%）钙少（0.1% 以下），磷多以有机物质形式存在，绒、毛羊可以利用。

（5）含有丰富的维生素 B_1 与维生素 E，缺乏胡萝卜素、维生素 D 和维生素 C 等。

（6）晒干的籽实含水量约为 12%～14%。容易贮藏，干物质多，营养丰富。

表 7-16　常用禾本科籽实饲料营养成分（%）

饲料名称	水分	粗蛋白质	粗脂肪	无氮浸出物	粗纤维	粗灰分
玉米	14	8.7	3.6	70.7	1.6	1.4
带壳大麦	13	11.0	1.7	67.1	4.8	2.4
高粱	14	9.0	3.4	70.4	1.4	1.8
带壳粟（谷子）	13.5	9.7	2.3	65.0	6.8	2.7
燕麦（全粒）	13	10.5	5.0	58.0	10.5	3.0

引自张子仪主编《中国饲料学》，2000 年。

2. 块根、块茎、瓜类饲料　块根类主要包括甘薯（红苕、红薯）、甜菜、胡萝卜等，块茎类主要包括马铃薯（洋芋）、菊芋等，瓜类主要包括南瓜等。这类饲料又称多汁饲料。

（1）营养特点　多汁饲料含水分较多，一般为 70%～90%，干物质少，能量较低。干物质中主要是淀粉和糖，纤维素通常在 10% 以下，不含木质素；粗蛋白质含量低，仅占 1%～2%，其中约半数为氨化物；矿物质含量差异较大，一般含钾丰富，缺乏钙、磷和钠；维生素含量与其种类及品种有很大关系，但都缺乏维生素 D。

（2）饲用要点　多汁饲料青脆多汁，味甜适口，粗纤维少，有机物质消化率可达 80% 以上。饲喂时要注意中毒病的发生，并要补充蛋白质、能量饲料和钙、磷等矿物质。

3. 农产品加工副产品饲料　农作物籽实进行加工处理后，剩余的各种副产品，主要为糠、麸、糟渣类，大部分可以用作绒毛用羊饲料。其营养成分和营养价值因加工的原料和方法不同而异。

（1）米糠　是粗米加工成白米时分离出来的种皮、淀粉层与胚三种物质的混合物。其营养价值因稻谷加工的程度不同而异，一般分统糠和细米糠两种（表 7-17）。

统糠是稻谷碾成大米时的副产品，包括稻壳、果皮、种皮和少量碎米。它含的粗纤维较多，营养价值较低。喂羊用量不宜超过日粮的30%，并应补充蛋白质饲料。

细米糠是稻谷除去稻壳后，在精光大米粒时所得到的细粉状副产品。它含的粗纤维只有统糠的1/3，故营养价值较高，维生素B族和磷多，钙少。

（2）麸皮　又称麦麸。是小麦磨粉后的副产品，包括种皮、淀粉层与少量的胚和胚乳。麸皮的营养价值因所含胚和胚乳的多少有很大关系，麸皮同小麦相比，除无氮浸出物（主要指淀粉）较少外，其他有机营养成分皆比小麦籽实高。含赖氨酸和色氨酸较多，而蛋氨酸较少。麸皮中维生素B族含量很高，维生素B_1为8.9 mg/kg，维生素B_2为3.5 mg/kg。麸皮的主要缺点是钙、磷比例不平衡，通常磷是钙的5～6倍。因此要注意日粮中钙的补充。麸皮用量以占日粮的10%～20%为宜。

麸皮用作饲料，除了供给羊只营养外，还有良好的物理性质，它的容重较小，可调节日粮营养浓度与容积的关系；具有轻泻性，可以防止母羊的难产和胎衣不下。

表7-17　几种糠麸类饲料营养成分（%）

饲料名称	水分	粗蛋白质	粗脂肪	无氮浸出物	粗纤维	粗灰分
统糠	13.4	2.2	2.8	38.0	29.9	13.7
细米糠	13.0	12.8	16.5	44.5	5.7	7.5
麸皮	13.0	15.7	3.9	53.6	8.9	4.9

引自张子仪主编《中国饲料学》，2000年。

（3）玉米皮　是玉米粒碾碎时分离出来的副产品，包括外皮和部分胚乳，它的蛋白质少，粗纤维多。

（4）粉渣　是制粉条和淀粉的副产品。其营养价值和原料有很大关系，以禾本科籽实和薯类为原料的含淀粉和粗纤维多，以豆科籽实为原料的含蛋白质多，但蛋白质的品质不佳。各种粉渣都缺乏钙和多种维生素（表7-18）。饲用时注意搭配其他饲料。原料霉烂或粉渣腐败变质，不能饲喂羊，以防中毒。放置过久或酸度过大的粉渣，可用1%～2%的石灰水处理后再饲喂。

（5）豆腐渣　是制作豆腐的副产品。干豆腐渣含粗蛋白质25%左右，缺乏维生素和矿物质。豆腐渣含水分高，容易酸败。饲喂过多易引起腹泻，应煮熟后喂并注意搭配青饲料和矿物质饲料。

（6）甜菜渣　是甜菜加工制糖的副产品。新鲜甜菜渣含水量多，营养价值低，但适口性好，是较好的能量饲料。含有较高的钙，但缺乏维生素。含有大量游离有机酸，喂量过大容易引起下痢。干甜菜渣喂羊，喂前必须加2～3倍水浸泡数小时，直接喂干渣容易引起腹部膨胀、疼痛等，并注意补充蛋白质饲料和维生素饲料。

（7）酒糟（酒渣）　是制酒的副产品。营养价值随原料不同而异。总的来说，以粮食作物为原料的比以薯类为原料的营养价值高。酒渣含无氮浸出物少，其中的淀粉大部分变成酒精被提取，故蛋白质含量相对提高。酒渣含维生素B族和磷很丰富，但缺乏胡萝卜素、维生素D和钙，并含有少量残留的酒精和醋酸。

酒糟用于喂羊，由于含有酒精和醋酸，喂量过大，会引起孕羊流产、死胎，最好配合16%～20%的精料和一定数量的青粗饲料（55%～60%），冬天要加热到20～25℃饲喂较好。

表 7-18 糟渣类饲料营养成分（%）

饲料名称	水分	粗蛋白质	粗脂肪	无氮浸出物	粗纤维	粗灰分
甜菜渣（鲜）	84.8	1.30	0.10	8.1	2.8	2.9
豆腐渣（鲜）	88.6	3.4	1.00	3.9	2.5	0.6
酒糟（高粱）	72.1	5.2	1.40	12.8	5.6	2.9

引自张子仪主编《中国饲料学》，2000 年。

（五）蛋白质饲料

蛋白质饲料是指干物质中粗蛋白质含量大于或等于 20％、粗纤维含量小于 18％的饲料。蛋白质饲料可分为植物性蛋白质饲料、动物性蛋白质饲料、单细胞蛋白质饲料和非蛋白氮饲料。蛋白质饲料除了含有较高的蛋白质外，还具有能量饲料的特性，即干物质中粗纤维含量低，易消化的有机质含量高，单位重量所含能值较高，饲料容重比较大等。

羊除了利用饲料中的真蛋白质外，通过瘤胃的特殊环境和瘤胃微生物，还能够利用非蛋白含氮化合物，如尿素、磷酸氢二铵、碳酸氢铵、氯化铵等，通过瘤胃微生物转化为蛋白质。瘤胃中一些厌氧性发酵微生物，其中绝大多数能够以尿素等非蛋白含氮化合物为唯一氮源，并利用碳水化合物分解后产生的有机酸作为能源，在瘤胃中进行大量的生长和繁殖，从而合成单细胞蛋白的菌体蛋白质，作为羊体蛋白需要来源。为节约常规的蛋白质饲料，开发应用非蛋白氮饲料更具现实意义。

1. 豆科籽实饲料

（1）营养特点 蛋白质含量较高。一般在 20％以上，有的可达 50％，比禾本科籽实多 1～3 倍。蛋白质品质较好，赖氨酸、蛋氨酸、精氨酸和苯丙氨酸等均多于禾本科籽实（表 7-19）。

粗脂肪除大豆较高外，其他与禾本科籽实相近，约为 2％。

无氮浸出物和粗纤维比禾本科籽实少，前者一般为 30％～65％，后者为 5％左右，易消化。

矿物质中钙、磷较禾本科多，但磷多钙少，比例不等。

有少量的维生素 B_1 和维生素 B_2，缺乏胡萝卜素和维生素 C。

表 7-19 常用豆科籽实饲料营养成分（%）

饲料名称	水分	粗蛋白质	粗脂肪	无氮浸出物	粗纤维	粗灰分
大豆	13.0	35.5	17.3	25.7	4.3	4.2
蚕豆	13.5	25.2	1.7	48.4	8.3	2.9
黑豆	13.0	39.0	15.3	23.3	5.2	4.2

引自张子仪主编《中国饲料学》，2000 年。

2. 油（豆）饼类饲料 油（豆）饼类饲料是油料作物籽实或经济作物籽实榨油后的副产品，是来源广，数量大，价格低廉的一种蛋白质饲料。许多地方将油（豆）饼当作肥料施用。试验指出，用油（豆）饼肥田，其中氮的利用率只有喂羊时利用率的 1/3～1/2。所以，应当提倡油（豆）饼先喂羊，后肥田，实行"过腹还田"，充分发挥它的增产效益。

（1）营养特点 粗蛋白质含量高，一般为 30％～40％（其中 95％的氮属真蛋白）。蛋白质的必需氨基酸较完善，生物学价值较高（表 7-20、表 7-21、表 7-22）。

粗脂肪含量随加工方法不同而异。一般压榨法为 4％～7％，浸出法仅为 1％左右。

无氮浸出物约 25％～30％。粗纤维含量与加工时带壳与否关系很大，去壳者一般为 6％～7％，带壳者高达 20％左右。

矿物质含量比籽实饲料少，与秸秆类粗饲料相近，磷多钙少。

维生素 B 族较丰富，胡萝卜素含量很少。

表 7-20　常用油（豆）饼类饲料营养成分（％）

饲料名称	水分	粗蛋白质	粗脂肪	无氮浸出物	粗纤维	粗灰分
大豆饼	13.0	40.9	5.7	30.0	4.7	5.7
花生饼	12.0	44.7	7.2	25.1	5.9	5.1
棉籽饼（去壳）	12.0	36.3	7.4	26.1	12.5	5.7
棉籽饼（带壳）	7.6	28.0	5.2	33.2	21.4	4.6
菜籽饼	12.0	36.3	7.4	26.1	12.5	5.7
亚麻仁饼	12.0	32.2	7.8	34.0	7.8	6.2
芝麻饼	8.0	39.2	10.3	24.9	7.2	10.4

引自张子仪主编《中国饲料学》，2000 年。

表 7-21　油（豆）饼类饲料中必需氨基酸含量（％）

饲料名称	赖氨酸	色氨酸	蛋氨酸	精氨酸	组氨酸	异亮氨酸	苏氨酸	苯丙氨酸	缬氨酸	亮氨酸
大豆饼	2.38	0.63	0.59	2.47	1.08	1.53	1.41	1.75	1.66	2.69
花生饼	1.32	0.42	0.39	4.60	0.83	1.18	1.05	1.81	1.28	2.36
棉籽饼	1.40	0.39	0.41	3.94	0.90	1.16	1.14	1.88	1.51	2.07
菜籽饼	1.40	0.42	0.41	1.82	0.83	1.16	1.14	1.35	1.62	2.26
亚麻仁饼	0.73	0.48	0.46	2.35	0.51	1.15	1.00	1.32	1.44	1.62
芝麻饼	0.82	—	0.82	2.38	0.81	1.42	1.29	1.68	1.84	2.52

引自张子仪主编《中国饲料学》，2000 年。

表 7-22　油（豆）饼类饲料的维生素含量（mg/kg）

饲料名称	胡萝卜素	维生素 B_1	维生素 B_2	烟酸	泛酸
大豆饼	0.22	9.7	3.3	2.2	148
花生饼	0.22	6.6	0.4	165	5.3
棉籽饼	0.22	12.4	3.3	44	11
菜籽饼	—		3.3	291	—
亚麻仁饼	0.22	13.0	3.3	53	7.2
芝麻饼	0.44	2.9	3.9	—	6

引自张子仪主编《中国饲料学》，2000 年。

（2）饲用要点　大豆饼的营养价值和消化率都高，一般用量占日粮的 10％～15％，但不能多用，否则，脂肪会变软。

棉籽饼含有毒物质棉酚，用量一般不宜超过日粮的 8％～10％。喂前可在 80～82℃下加热 6~8h，或发酵 5~7d，或每 100kg 饲料中加 1kg 硫酸亚铁，溶于 100kg 水中 24h 后饲喂。这些方法都可去毒达 80%~95%。

菜籽饼含一种芥酸（芥子苷），饲喂后，在体内会产生含毒性的硫氨酸酯，用量一般宜占日粮 7% 以下。可采用坑埋法脱毒：坑宽 0.8 m，深 0.7~1 m，饼渣与水等量，坑埋 60d，脱毒率 85%~90%。此法易行，蛋白质损失少。

亚麻仁饼含一种苷配糖体，饲喂后，在体内也会产生毒性，应将饼渣用开水煮几分钟脱毒。一般宜占用日粮 7% 以下。

葵籽饼也和其他饼类饲料一样，是绒毛用羊良好的蛋白质饲料，用量一般占日粮 5.5%~11% 为宜。

3. 动物性饲料 鱼粉、骨粉、肉骨粉等动物性饲料，含有较高的蛋白质和氨基酸，但因羊病可通过食用病畜组织传播，所以动物性饲料原料，特别是含牛羊源性成分的动物源性饲料，一直是羊病得以传播的主要途径。禁止疫区含牛羊源性成分的动物源性饲料的生产、流通和使用，是防止羊病、流行的主要手段。因此，动物性饲料原料在绒毛用羊中一般不用。若需使用时，必须符合国内外饲料安全卫生标准。

4. 微生物性饲料 主要有细菌、酵母及某些真菌等。这类饲料蛋白质含量很高（40%~50%），其中真蛋白占 80%。品质介于动物性蛋白饲料与植物性蛋白饲料之间。应用较多的石油酵母，消化率达 95% 左右，但利用率则为 50%~59%，若加 0.3% 消旋蛋氨酸，利用率可提高到 88%~91%。

5. 非蛋白氮饲料 尿素 $[CO(NH_2)_2]$ 是在绒毛羊生产中使用较多的非蛋白氮饲料，为白色晶体，无臭，味微咸苦，易溶于水，吸湿性强。纯尿素含氮量为 46.6%，商品尿素一般含氮为 45%，折算为粗蛋白质则每千克尿素相当于 2.8kg 的粗蛋白质。如果说豆饼含粗蛋白质 40%，那么每千克尿素则相当于 7kg 豆饼的粗蛋白质含量。绒毛羊的瘤胃微生物能产生脲酶，可分解尿素。当尿素进入瘤胃后，被脲酶分解产生氨和二氧化碳。微生物利用氨作为氮源营养，合成菌体蛋白，最后被消化分解为氨基酸而被机体吸收利用。

由于瘤胃微生物利用氨的速度有限，如所吸收的氨的数量超过肝脏将氨转化为尿素的能力，则氨在血液中的含量升高，添加过多的尿素会导致瘤胃微生物不能利用而产生氨中毒。为了避免氨中毒，对尿素的使用要有一个合理的饲喂量，一般推荐以不超过日粮总氮量的 1/3 为原则。妊娠和哺乳期羊可占所需可消化蛋白质的 30%~35%，或每只羊每日 13~18g，具体视活重和产量而定；6 月龄以上的青年羊占所需可消化粗蛋白质的 25%~30%，或每只羊每日 8~12g。

（六）矿物质饲料

矿物质饲料很多，有的矿物质饲料较单纯，有的含多种元素。凡是将几种矿物质饲料配合在一起，以达到一个共同目的的混合物，叫作复合矿物质饲料。例如：由硫酸亚铁、硫酸铜与氯化钴等配制而成的复合矿物质饲料，市售的各种羊用微量元素添加剂等。常用的矿物质饲料有以下几种，其化学成分见表 7-23。

1. 食盐 食盐可补充绒毛用羊对钠、氯的需要，并有调味促进食欲的作用。一般混入精料中饲喂，占精料量的 1%。

2. 贝壳粉 由贝壳和螺壳等磨制而成。主要成分是碳酸钙，含钙 38% 左右。

3. 石灰石粉（石粉） 由石灰石磨制而成。主要成分是碳酸钙，含钙 32% 左右，还有少量的铁和碘等。可代替蛋壳粉或贝壳粉。

4. 白垩粉　是海生动物贝壳在地层中沉积变化而成的矿物质。主要成分是不纯净的碳酸钙，含钙 40％左右。

5. 脱氟磷酸钙　脱氟磷酸钙是天然磷酸钙去氟处理后的产物。含钙约 28％，磷 14％左右，含氟不得超过 400 mg/kg，尚未进行脱氟处理的磷酸钙不能直接喂羊。

表 7-23　常用矿物质饲料化学成分（％）

饲料名称	干物质	矿物质	钙	磷
贝壳粉	—	—	38.00	
白垩粉	—	—	40.00	
石灰石粉	—	—	32.70	0.10
脱氟磷酸钙	100.0	99.0	29.20	13.30
碳酸钙粉	98.6	75.2	40.08	0.11

引自《中国饲料学》，张子仪，2000 年。

（七）添加剂饲料

属非常规性饲料，包括营养性和非营养性添加剂两类。

1. 营养性添加剂　主要有维生素添加剂，常用的有：维生素 A、维生素 D、维生素 E、维生素 K、维生素 B_1、维生素 B_2、维生素 B_6、维生素 B_{12}、氯化胆碱（维生素 B_4）、烟酸（维生素 B_5）、叶酸（维生素 B_{11}）、泛酸（维生素 B_3）、生物素（维生素 H）等；微量元素添加剂分为单元和多元微量元素添加剂两种，后者比前者应用效果更好；氨基酸添加剂（如补充植物性饲料缺少的蛋氨酸和赖氨酸等必需氨基酸）和非蛋白氮添加剂（常用的有尿素、磷酸氢二铵、氯化铵等，均属非蛋白氮饲料）。

2. 非营养性添加剂　这类添加剂的作用是刺激代谢、驱虫、防病，部分可对饲料起保护作用。主要有抗生素添加剂，促长剂添加剂（如铜制剂等），保护剂（如防脂肪氧化变质的抗氧化剂：二丁苯羟甲苯等），饲料防腐剂（如丙酸钙、丙酸等），着色剂和矫味剂等。

近年来，国外尚用黄霉菌素、树莓酒、甜菜碱、沸石、核酸、肌醇等添加剂、可作为参考。

添加剂类饲料用量虽少，但作用很大。使用时应注意：准确添加；注意添加方式、时间和羊的类型；搅拌均匀后饲喂；注意配伍禁忌及观察饲喂后羊的反应；必须严格按规定量添加，若超用量，则易中毒；保存温度要低，应放干燥、阴凉、通风处，以防变质。

二、饲料加工调制

饲草饲料的营养价值不仅取决于饲草饲料本身，而且同各种加工调制方法有很大关系。合理地加工调制能够充分利用饲料，扩大饲料来源，消除饲料中的有毒有害因素，改进适口性，提高消化率和吸收率。

饲草饲料的加工与调制方法很多，按其加工与调制的基本原理可分为三类：物理加工、化学方法和生物学方法。

（一）粗饲料

1. 铡短　各种秸秆和干草饲喂前都应铡短，以便于羊只采食和咀嚼，减少饲料浪费，利于同精料均匀混合，增进适口性。喂羊的粗饲料以铡成 1～2cm 为宜。

2. 浸泡　即将铡短的秸秆和秕壳经水淘洗或洒水湿润后，拌入精料，再饲喂羊。国外采用 0.2％左右的食盐水，将铡短的秸秆浸泡 1d 左右，喂前拌入糠麸和精料，用于喂羊的效果较好。

3. 氨化处理

（1）调制技术　实践中是采用易于推广的尿素氨化法，即将尿素 3～5kg，溶于 60～80kg 水中（夏季水少些，冬季多些），均匀地洒于 100kg 切短（1～3cm）的风干秸秆中，逐层堆放，最上面用塑料薄膜盖严密封，经 1～8 周（视温度、湿度、微生物活性而定）后即可饲用。可堆垛贮存，也可用地窖、塔或缸贮存。氨化处理可参照以下气温高低决定需要的时间长短（表 7-24）。

表 7-24　氨化处理的时间与气温的关系

温度（℃）	时间	温度（℃）	时间
0～5	8 周以上	20～30	1～3 周
5～15	4～8 周	30～40	1 周
15～20	2～4 周	40～70	1～7d

引自张子仪主编《中国饲料学》，2000 年。

（2）品质感官鉴定　质量好的氨化饲料为棕黄色或深黄色，发亮，有糊香味，氨味较重，手感质地柔软。品质差的表现颜色变化不大，无糊香味，氨味较淡，质地无明显变化。陈旧发霉的氨化秸秆，色泽变暗或变白、变灰，底部发黑发黏、结块，并有腐烂味，这种氨化秸秆不能作饲料用。品质良好的氨化饲料可提高粗蛋白质含量 1～1.5 倍，有机物消化率提高 20％以上，纤维素量减少 10％。

（3）饲喂技术　饲喂前，要将取出的氨化饲料摊放阴凉处 10～24h，使余氨挥发掉，无刺鼻味即可饲喂；饲喂方法与普通秸秆法相似，直接让羊自由采食；喂后不应立即饮水。不宜单喂，一般占总饲料量的 40％～80％。氨化可提高饲料消化率与采食量。由于羊对氨味较敏感，一般需要 3～5d 的过渡适应期，即氨化秸秆喂量由少到多，非氨化秸秆由多到少；若发现有羊食欲不振，反刍减少或停止，唾液分泌过多，神态不安，步态不稳或发抖等中毒症状，可停喂氨化秸秆，并将醋 0.1～0.2kg，糖 0.1kg，加水 0.5～0.6kg 灌服，症状即可减轻。

若用碳铵氨化秸秆，每 100kg 秸秆用量为 12kg，其他与尿素同。

另有液氮、氨水和人畜尿液氨化法，现都不如尿素氨化法易于推广。

4. 尿素＋石灰水复合处理　每 100kg 风干秸秆加 4％尿素和 5％石灰水，处理时间参照氨化处理法。喂后比单一处理可提高采食量和消化率 16％以上。

（二）籽实饲料

1. 粉碎　一般硬粒籽实（如大豆、豌豆）宜磨稍细，软粒籽实（如大麦、燕麦）宜磨粗。羊咀嚼较细，仅对坚硬和软粒籽实粉成小粒即可，如压扁玉米较玉米粉的饲喂效果好。

2. 蒸煮和焙炒　豆类籽实含有抗胰蛋白酶物质，蒸煮和焙炒后能破坏这种酶的作用，从而提高消化率和适口性。禾本科籽实含淀粉较多，经蒸煮或焙炒后部分淀粉糖化，变成糊精，产生香味，有利消化。蒸煮时间 40～50min，焙炒 20～30min 即可。

3. 发芽　发芽饲料的幼芽含有大量的维生素，芽长到 1.0～3.0 cm 时，特别富含 B 族维生素和维生素 E；芽长达 8～10cm 时，特别富含胡萝卜素（28mg/kg），同时还有维生素 B_2（250mg/kg）和维生素 C 等。

发芽的原料多用碳水化合物含量较多的籽实。最常用的是大麦、青稞、燕麦和谷子等禾本科籽实。发芽的方法比较简单，即将要发芽的籽实用 25℃ 的温水（冬春季）或冷水（夏秋季）浸泡 12～24h 后摊放在木盘或细筛内，厚 3～5 cm。放在 20～25℃ 的室内。上盖麻袋或草席，经常喷洒清水（每昼夜洒 30℃ 温水 4～6 次），以保持湿润状态。发芽所需要的时间视室内温湿度高低和需要的芽长而定，一般经过 5～8d 即可发芽。

每只羊每天喂量：成年羊 150～250g，育成羊 30～60g，羔羊 10～20g。

（三）颗粒饲料

颗粒饲料是按照羊的营养需要，将饲料以科学比例搭配，一般粗饲料占 60％～70％（其中秸秆 20％），精饲料占 30％～40％。粉碎后充分混合，用饲料压缩机加工成一定的颗粒形状。颗粒饲料属全价配合饲料的一种，可以直接饲喂。颗粒饲料能够充分利用饲料资源，减少饲料损失，饲喂方便，有利于机械化饲养；压制成的饲料适口性好，咀嚼时间长，有利于消化；增强采食量，营养齐全，能够防止营养缺乏性疾病。颗粒饲料多为圆柱形，喂羊的颗粒饲料直径 4～5mm，长 10～15mm，也可压制成圆饼形。我国已有许多地方生产颗粒饲料压制机。

（四）干草

干草是把青饲料在未结实前收割，经过自然干燥（日光和风等）或人工干燥（机械烘烤）而成的粗饲料。因为其质地干燥，又保持青绿颜色，故又称青干草。可以调制干草的原料来源广泛，制作简便，容易贮藏，同秸秆相比，营养丰富，适口性好，消化率高，而且含有胡萝卜素等。大量贮备干草对保证羊只安全越冬具有重要意义。

牧草的收割是否适当，直接影响干草的品质和产量。各类牧草的适宜收割期是：豆科牧草在孕蕾期至初花期，禾本科牧草在抽穗期至开花期；天然牧草的草层组成比较复杂，可按草层中优势牧草发育阶段而定，一般都不要延迟到结实期以后收割。决定牧草的具体收割时间，还应考虑调制干草的条件，应避免恶劣天气，以免造成营养物质的大量损失。割草时的留茬高度以不影响牧草再生为原则，一般为 3～5 cm，秋末最后一次割草，留茬应稍高，7～8 cm，以便牧草蓄积养分，顺利越冬。

1. 调制方法　干草基本调制方法有两种，即自然干燥法与人工干燥法，自然干燥法易于在农牧区推广。自然干燥法是利用太阳热能晒制干草（有地面干燥、草架干燥和发酵干燥法）。在晒制的第一阶段，促使植物细胞迅速死亡，停止呼吸，减少营养物质损失。采用的具体措施是把草放在晒场上摊薄、摊平、曝晒、勤翻动，争取在 4～5h 内使水分降低到 40％ 左右。第二阶段，即要使酶类停止活动，减少营养分解，又要尽可能减少胡萝卜素遭受破坏，保存各种维生素。采取的具体措施是将草堆成小堆或小垛进行曝晒，这时不要摊得太薄，减少翻动，防止叶片脱落和营养损失，保持青绿颜色。待水分降至 14％～17％ 时（经验方法是当草束可以用手揉断时），即可上垛贮藏。人工干燥法主要有风吹干燥、高温快速干燥法、压裂草茎干燥和化学添加剂干燥法（干燥添加剂主要有 K_2CO_3、Na_2CO_3、$CaCO_3$、KOH、KH_2PO_4 及长链脂肪酸酯等）。

2. 干草的品质鉴定　一般包括以下鉴定内容：

（1）水分含量　干草标准含水量在 17％ 以下，超过 17％ 时不易久藏，容易霉烂变质。

（2）颜色　优良的干草为青绿色。

（3）气味　应具有草香气味。

（4）叶片的多少　优质干草要求茎、叶比例为 1∶1，叶片脱落越多，品质越差。

（5）杂质的多少　干草中杂质通常有灰尘及泥沙等异物。干草纯净，杂质少，则品质优良。

（6）植物组成　判断以天然牧草为原料的干草营养价值，植物的组成情况有重要意义。人工栽培的牧草多为禾本科和豆科两大类，它们是干草中最有价值的饲草。优良的野生干草、禾本科和豆科牧草合计所占比例不得少于 60%，其余为其他科植物。莎草科植物多半可食，其营养价值近似于禾本科植物。菊科植物中有些是良好的牧草，其中蒿属植物多有特殊味，适口性较差，干枯后有所改善。藜科植物碱性较大，含矿物质较多，大部分植物可为羊只利用，但适口性和营养价值较低。野生植物中有毒有害的植物不应超过 1%。

（7）病虫害侵袭情况　被病虫害侵袭过的牧草，如禾本科牧草染有黑穗病、麦角病及锈病等，晒制的干草不但营养价值低，而且还会损害羊只健康。优良的干草要求无病虫害侵袭。

3. 饲喂技术　干草一般切割成 1.5～2 cm 的短草喂羊，有利于提高消化和吸收率，也减少了浪费。总之，以使羊将富含营养的叶片最大限度利用为原则。

（五）青贮饲料

青贮饲料是将切短的青绿饲料填入密闭的青贮窖或青贮塔中，经过有益微生物的发酵作用，加工调制而成的一种能够长期保存的青饲料。它的主要特点是青绿多汁，具有芳香酸味，营养丰富（可保存 90% 左右养分，其中粗蛋白 7%，无氮浸出物约 35%，粗纤维 30% 左右），维生素较多，耐贮藏，可作冬、春季饲喂绒毛羊的青饲料。

1. 青贮设备　青贮容器的种类很多，但常用的有青贮窖和青贮塔。这些设备都应有它的基本要求，才能保证良好的青贮效果。青贮的场址应选择土质坚硬、地势高燥、地下水位低、靠近畜舍、远离水源和粪坑的地方。其次，青贮设备要坚固牢实，不透气，不漏水。

（1）青贮塔　是地上的圆筒形建筑，一般用砖和混凝土修建而成，长久耐用，青贮效果好，便于机械化装料与卸料。青贮塔的高度应不小于其直径的 2 倍，不大于直径的 3.5 倍，一般塔高 12～14m，直径 3.5～6.0m。在塔身一侧每隔 2m 高开一个 0.6m×0.6m 的窗口，装时关闭，取空时敞开。

近年来，国外采用气密（限氧）的青贮塔，由镀锌钢板乃至钢筋混凝土构成，内边有玻璃层，密封性能好。提取青贮饲料可以从塔顶或塔底用旋转机械进行。可用于制作低水分青贮、湿玉米青贮或一般青贮，青贮饲料品质优良，但成本较高，只能依赖机械装填。

（2）青贮窖　青贮窖有地上式、地下式及半地下式 3 种。地下式青贮窖适于地下水位较低、土质较好的地区，地上式或半地下式青贮窖适于地下水位较高或土质较差的地区。窖址应选择地势较高，排水畅通，土质坚实，地下水位低，干燥向阳，距离圈舍较近，便于运送原料的地方。窖的形状有长方形和圆形两种。有条件的可建成永久性窖，窖四周用砖石砌成，三合土或水泥抹面，坚固耐用，内壁光滑，不透气，不漏水。圆形窖做成上大下小，便于压紧，长形青贮窖窖底应有一定坡度，以利于取用完的部分雨水流出。青贮窖容积应根据家畜头数和饲料多少而定。在青贮发酵过程中，原料下沉率为 10%～20%。因此，每立方米青贮饲料，实际应按 $1.1\sim1.2\ m^3$ 的容积计算。适合农村使用的长方形窖，深 $2.0\sim2.5\ m$，宽 $1.8\sim2.0\ m$，或深 $2.5\sim3.0\ m$，宽 $2.0\sim3.0\ m$，长度根据原料多少而定；圆形窖深 $2.0\sim2.5\ m$，口径 $1.2\sim2.0m$。窖壁以砖砌水泥抹面较好，要求表面光滑，无裂缝，四周高出地面 $20\sim30\ cm$，四角弧形，窖底与四壁也呈弧形。少量青贮可用直径 1m 左右的塑料膜装入青贮原料，密封堆放，或埋入事先挖好的圆坑（直径 1m）内密封。

（3）圆筒塑料袋　选用厚实的塑料膜做成圆筒形，可以作为青贮容器进行少量青贮。为防穿孔，宜选用较厚结实的塑料袋，可用 2 层。袋的大小，如不移动可做得大些，如要移动，以装满青贮料后 2 人能抬动为宜。塑料袋可用土埋住或放在畜舍内，要注意防鼠防冻。美国玉米生产带利用玉米穗轴破碎后填入塑料袋中，饲喂肉牛。或用一种塑料拉伸膜，这种青贮装置是将青草用机器卷压成圆捆，然后用专门裹包机拉伸膜包被在草捆上进行青贮。

（4）青贮建筑物容重的计算　青贮建筑物容积可参考下列公式计算：

$$圆形窖（塔）的容积=3.14×半径^2×深度$$
$$长方形窖的容积=长×宽×深$$

各种青贮原料的单位容积重量，因原料的种类、含水量、切碎和踩实程度不同而不同。一般来说，叶菜类、紫云英、甘薯块根为 $800kg/m^3$，甘薯藤为 $700\sim750kg/m^3$，牧草、野草为 $600kg/m^3$，全株玉米为 $600kg/m^3$，青贮玉米秸为 $450\sim500kg/m^3$。

2. 调制技术

（1）原料的收割　原料的收割时期，主要考虑所含水分适宜，可溶性糖分多，营养价值高，产量较大，土地利用又较合理。各种青贮原料收割期不同：青贮带穗玉米秆宜在乳熟期至蜡熟或黄熟期收割，将茎叶和果穗一起进行青贮；无穗玉米秆青贮应及时掰掉玉米棒子，立即进行青贮；甘薯蔓青贮应在早霜前收割；个别幼嫩多汁的豆科牧草可在盛花期收割；野生牧草在生长旺季时收割。原料含糖量应不低于 $2\%\sim3\%$，适宜含水量为 $65\%\sim75\%$（禾本科）和 $60\%\sim75\%$（豆科）及 $78\%\sim82\%$（玉米秆）。

（2）铡短　幼嫩多汁的原料可铡得稍长一些；玉米秸青贮一般铡 $2\sim3\ cm$ 长；禾本科和豆科混合牧草、甘薯蔓、花生蔓等，可铡成 $3\sim5\ cm$ 长；幼嫩多汁的叶菜类可铡成 $10\ cm$ 左右。

（3）填料　青贮时应"随运、随铡、随装填"，自填料开始至结束必须在 $1\sim3d$ 内完成。要求逐层填料，逐层压实，特别要压实四角和四边。如果是两种以上的原料混合青贮时，应把各种铡短的原料均匀装入窖内。玉米秸秆青贮还可加入占原料重量 $0.5\%\sim1.0\%$ 的尿素，以提高蛋白含量。各种青贮饲料都可加 $0.3\%\sim0.5\%$ 的食盐，促进茎叶内的汁液渗出，改善青贮饲料的适口性。料装满后，若为窖贮，可使原料高出窖口 $70\sim80\ cm$，压实后封窖口。若单独加入 0.12% 甲醛和 0.14% 乙酸到禾本科与豆科混合青贮料中，其能量和蛋白质损失极少。

（4）封埋　青贮窖口一定要封严埋实、压紧、不透气，不渗水。先用塑料薄膜围盖窖口，再盖厚约 $15\ cm$ 的干草或麦草（稻草也可），上盖湿土 $50\ cm$ 以上，表面洒点水，拍打坚实平整。窖顶呈圆弧凸起，窖的四周挖筑排水沟。

（5）管理　窖口封埋后一周内必须勤检查，发现下沉和裂缝，应及时加土封严。注意周围排水要通畅，防止雨水和空气进入窖内。

3. 开窖　青贮 $30\sim45d$ 后便可开窖。在调制技术较好的情况下，青贮原料较好可适当提早开窖，原料品质较差宜晚开窖。圆形窖自上而下逐层取用，长方形窖自一端开口，逐段自上而下取用。窖口搭棚遮阴，防止日晒雨淋，若有条件可加盖草席或塑料薄膜。

4. 青贮料的品质鉴定　一般采用眼看、鼻嗅和手摸的方法进行品质鉴定。

青贮料品质的优劣与青贮原料种类、刈割时期以及青贮技术等密切相关。正常情况下青贮，一般经 17～21d 的乳酸发酵，即可开窖取用。通过品质鉴定，可以检查青贮技术是否正确，判断青贮料营养价值的高低。

（1）感官评定　开启青贮容器时，从青贮饲料的色泽、气味和质地等进行感官评定，见表 7-25。

表 7-25　青贮饲料的品质评定

等　级	颜　色	气　味	结构质地
优良	绿色或黄绿色	芳香酒酸味	茎叶明显，结构良好
中等	黄褐或暗绿色	有刺鼻酸味	茎叶部分保持原状
低劣	黑色	腐臭味或霉味	腐烂，污泥状

引自王成章主编《饲料学》，2003 年。

①色泽　优质的青贮饲料非常接近于作物原先的颜色。若青贮前作物为绿色，青贮后仍为绿色或黄绿色最佳。青贮器内原料发酵的温度是影响青贮饲料色泽的主要因素，温度越低，青贮饲料就越接近于原先的颜色。对于禾本科牧草，温度高于 30℃，颜色变成深黄；当温度为 45～60℃，颜色近于棕色；超过 60℃，由于糖分焦化近乎黑色。一般来说，品质优良的青贮饲料颜色呈黄绿色或青绿色，中等的为黄褐色或暗绿色，劣等的为褐色或黑色。

②气味　品质优良的青贮料具有轻微的酸味和水果香味。若有刺鼻的酸味，则醋酸较多，品质较次。腐烂腐败并有臭味的则为劣等，不宜喂家畜。总之，芳香而喜闻者为上等，而刺鼻者为中等，臭而难闻者为劣等。

③质地　植物的茎叶等结构应当能清晰辨认，结构破坏及呈黏滑状态是青贮腐败的标志，黏度越大，表示腐败程度越高。优良的青贮饲料，在窖内压得非常紧实，但拿起时松散柔软，略湿润，不黏手，茎叶花保持原状，容易分离。中等青贮饲料茎叶部分保持原状，柔软，水分稍多。劣等的结成一团，腐烂发黏，分不清原有结构。

（2）化学分析鉴定　通过测定包括 pH、氨态氮和有机酸（乙酸、丙酸、丁酸、乳酸的总量和组成比例）可以判断发酵情况。

① pH（酸碱度）　pH 是衡量青贮饲料品质好坏的重要指标之一。实验室测定 pH，可用精密雷磁酸度计测定，生产现场可用精密石蕊试纸测定。优良青贮饲料 pH 在 4.2 以下，超过 4.2（低水分青贮除外）说明青贮发酵过程中，腐败菌、酪酸菌等活动较为强烈。劣质青贮饲料 pH 为 5.5～6.0，中等青贮饲料的 pH 介于优良与劣等之间。

②氨态氮　氨态氮与总氮的比值反映了青贮饲料中蛋白质及氨基酸分解的程度，比值越大，说明蛋白质分解越多，青贮质量不佳。

③ 有机酸含量　有机酸总量及其构成可以反映青贮发酵过程的好坏，其中最重要的是乳酸、乙酸和丁酸，乳酸所占比例越大越好。优良的青贮饲料，含有较多的乳酸和少量醋酸，而不含酪酸。品质差的青贮饲料，含酪酸多而乳酸少。见表 7-26。

表 7-26　不同青贮饲料中各种酸含量（%）

等 级	pH	乳 酸	醋 酸		丁 酸	
			游离	结合	游离	结合
良好	4.0~4.2	1.2~1.5	0.7~0.8	0.1~0.15	—	—
中等	4.6~4.8	0.5~0.6	0.4~0.5	0.2~0.3	—	0.1~0.2
低劣	5.5~6.0	0.1~0.2	0.10~0.15	0.05~0.10	0.2~0.3	0.8~1.0

引自王成章主编《饲料学》，2003 年。

5. 饲喂技术　开窖取用时，如发现表层呈黑褐色并有腐败臭味时，应把表层弃掉。对于直径较小的圆形窖，应由上到下逐层取用，保持表面平整。对于长方形窖，自一端开始分段取用，不要挖窝掏取，取后覆盖，以尽量减少与空气的接触面。每次用多少取多少。青贮料只有在厌氧条件下，才能保持良好品质，如果堆放在畜舍里和空气接触，就会很快地感染霉菌和杂菌，使青贮料二次发酵并迅速变质。尤其是夏季，正是各种细菌繁殖最旺盛的时候，青贮料也最易霉变。

青贮饲料具有芳香气味，初次饲喂羊往往不愿采食，应当经过一周左右的饲喂训练，喂量由少到多，并同其他饲料搭配饲喂；青贮饲料具有轻泻作用，对妊娠母羊宜少喂，临产前两周暂停饲喂；青贮饲料酸性较大，最好同碱性饲料混合饲喂；注意当天取料，当天喂完，如果取料过多，可将剩余部分装入大塑料袋或用塑料薄膜严密封盖，以减少变质浪费。一般成年和育成羊每日喂量 2.0~3.0kg，羔羊 0.25~0.5kg，原则上占日粮中粗料量的 30%~40% 为宜。

（六）秸秆微贮饲料

生物处理是利用乳酸菌、酵母菌等有益微生物和酶，在适宜的条件下，分解秸秆中难于被家畜消化利用的部分，增加菌体蛋白质、维生素（主要是 B 族维生素）及其他对家畜有益的物质，并软化秸秆，改善味道，提高适口性。对生物法调制秸秆，国内外研究较多，国外筛选出一批优良菌种用于发酵秸秆，如层孔菌（*Fome lividus*）、裂褶菌（*Schizophyllum commune*）、多孔菌（*Polyporus*）、担子菌（*Basidiomycete*）、酵母菌、木霉等。现介绍几种常用处理方法。

1. 干粗饲料的发酵

（1）曲种　常用的曲种为一些真菌，如酵母菌、霉菌等，要求曲种对人畜无毒无害，易于分离、收集。秸秆饲料发酵的好坏与曲种的质量有直接关系，因此发酵曲种应具备活力强、生长快、生产率高、杂质少、有益微生物多等特点。连续发酵时由于次数越多，发酵质量越差，应适时更新曲种。曲种的制作方法是：将发酵素（某些酵母菌、霉菌）、新鲜糠麸、粉碎的秸秆以 0.01∶10∶4 的比例混合进行发酵，制得曲种。制好的曲种应保存在阴凉、通风、干燥的地方，避免受潮和曝晒。

（2）发酵方法

①曲种发酵　将 100kg 干粗饲料切成 2~4cm 长，取曲种 1~2kg，先用少量水化开，最后加入 100kg 50℃温水中，与干粗饲料搅拌均匀，密封发酵 1~3d 即可。

②自然发酵　利用原料本身带有的菌种进行发酵，不需要再另外添加曲种。

③链孢霉发酵　将粉碎后的原料同 25% 的麸皮混合后，接种链孢霉菌，经发酵制成菌

丝饲料。制成的饲料中蛋白质、维生素 A 和 B 族维生素含量丰富。

2. 仿生饲料（人工瘤胃发酵饲料） 所谓仿生饲料，是根据牛、羊瘤胃转化功能的特点，采用人工仿生技术，通过有益微生物发酵降解纤维素，增加秸秆的粗蛋白质和氨基酸含量而制成的饲料。仿生饲料制作时必须人工模拟反刍动物瘤胃内的主要生理参数，即：恒定的温度（40℃），适宜的 pH（6～8），厌氧环境，必需的氮、碳及矿物元素等营养条件。

（1）菌种 菌种来自于瘤胃内容物或瘤胃液，一般为便于运输、贮藏，常制成固体菌种。

瘤胃内容物的采集方法：

①胃导管法 即选择健康的羊，利用虹吸原理，用胃导管将瘤胃内容物吸出。应注意的是在导取前 3～5d 补饲适量的精料或优质豆科牧草，以增加瘤胃内菌种的数量。

②屠宰场获取 从宰杀的健康羊瘤胃中直接获取。

③永久瘤胃瘘管法。

为便于保藏、运输和制作菌种，应将瘤胃内容物或胃液制成固体曲种。制作方法是：将采到的瘤胃内容物，除去大块草段碎片后，放在 40℃、101kPa（1 个标准大气压）的干燥箱内干燥，然后将干燥的瘤胃内容物粉碎。一般 600g 瘤胃内容物可制得曲种 100g 左右。

（2）添加物 为了保证发酵过程中有足够的营养物质和 pH，常需添加一些物质如尿素、磷酸盐等。

（3）生产流程 人工瘤胃饲料生产流程如图 7-4 所示。

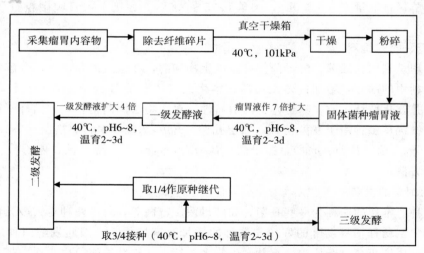

图 7-4 人工瘤胃饲料生产工艺
（引自《饲草饲料加工与贮藏》，张秀芬，1992 年）

①一级发酵 即原种扩大培养，将取得的新鲜瘤胃液作 7 倍扩大。先在一级种子缸中加入瘤胃液 6 倍量的 45℃温水，然后按液体总量加入秸秆粉 2%，精料或优质草粉 0.5%，食盐 0.1%，碳酸氢铵 0.6%～0.8%，充分拌匀，此时 pH 达 7 左右，温度约 42℃，随后接种鲜瘤胃液。在缸内悬挂宽 0.8cm，长 50cm 的滤纸条（以 1 号滤纸为宜），观察滤纸的崩解情况，作为纤维素分解力的指标。然后立即以塑料袋封口，用橡皮筋扎紧并加盖。此时种子缸内的温度约为 40℃，pH 为 7 左右，以后在 40℃左右温度下温育，数小时后就可见到有大量

气体产生，塑料薄膜被鼓起。2～3d 后，滤纸崩解，表明纤维素分解能力较强，可进行二级发酵。一级发酵结束 pH 为 6.45 左右。

②二级发酵及菌种继代　二级发酵是将一级发酵液作 4 倍扩大，在同样的条件下继续发酵。在二级种子缸内放入一级种子液 3 倍量的温水（45℃），然后按与一级发酵相同，仍以滤纸崩解作为指标。在 40℃温育 2～3d，待滤纸断裂后可进行继代或三级发酵。若种子液数量不够，可按此法再作扩大培养。

③三级发酵　即人工瘤胃饲料发酵。在三级发酵缸内，按每 100kg 秸秆粉加入 50℃1% 的石灰水 400～450kg，保温过夜，此时 pH 为 6.5，温度 40℃左右。然后按每 100kg 粗料加入食盐 0.6kg，碳酸氢铵 4kg 充分搅匀，再接种二级种子液 50～100kg，并立即用塑料布封口，于 40℃条件下保温发酵。为保证发酵充分进行，每 24h 搅拌 1 次，经 2～3d 发酵即成。

（4）仿生饲料的品质鉴定　优质秸秆仿生饲料呈软、黏、烂等类似面酱状态，汁液较多，具有酸香味，略带瘤胃的膻、臭味。发酵后秸秆的营养成分也有一定改善，有 15%～20% 的粗纤维被分解，最高可达 35%；真蛋白质增加 50% 以上，且含有 18 种氨基酸；粗脂肪增加 60% 以上；挥发性脂肪酸显著增加。为保证仿生饲料的质量，要经常检验其品质。

①感官鉴定　看：经过 24h 的发酵，质量好的仿生饲料，表层呈灰黑色，下部呈黄色，搅拌时发黏，形似酱状，开缸时测定其温度，应在 40℃左右，pH 为 5～6。否则可能有以下几个原因：秸秆粉碎过粗，发酵不充分，原种已坏。如果缸的表面有很厚一层变黑，则是由于缸口密封不严进入空气所致。

嗅：质量好的秸秆仿生饲料有酸香味，略带臭味。如果酸味过大，说明质量低或温度低。味道还因原料、添加氮源种类不同而异，如豆科秸秆仿生饲料臭味较浓，禾本科秸秆则较淡；在原料相同的情况下，用硫酸铵比用尿素酸味大。如果有腐败或其他味道，说明原种已坏。

摸：质量好的仿生饲料纤维软化，如果质地较硬，与发酵前差别不大，说明发酵不充分，质量不好。

②滤纸鉴定法　将一滤纸条，装入塑料纱网口袋内，置于距缸口 1/3 处，与饲料一同发酵。经 48h 后，慢慢拉出，把塑料纱袋上的饲料冲掉，若滤纸条已断裂，说明发酵能力强，否则相反。

人工瘤胃发酵饲料具有适口性好、家畜采食量多、易消化吸收、增膘、复壮等特点。而且，人工瘤胃发酵饲料贮藏时间越长，其中的粗纤维分解越多，质地更加柔软，秸秆中营养物质的含量相对提高。

3. 饲喂技术　微贮饲料可与其他草料搭配饲喂；日饲喂量应由少到多，逐步过渡到常量（经 3～5d），每只羊日喂量为 1～3kg；日粮中的食盐含量应包括微贮饲料中加入的食盐量。饲喂次序应是先粗饲料，后精饲料，若有冻结，则应使消开后再喂。

4. 微贮窖的建造　选址要求及建造形式同青贮窖。一般每立方米微贮窖可贮半干秸秆 200～300kg（绿色秸秆可贮 400～500kg）。一窖微贮饲料以在 2～3 个月用完为宜，以此设计每个窖的大小和窖的多少。

第六节　草原管理与人工草场培植

天然草原是我国最大的陆地生态系统，约占国土面积的 41.7%。我国草原类型多样，区系复杂，具有显著的地带性分布和区域性特色。同时特殊的草原生态系统也造就了独有的地方优良畜种资源。我国许多优良绒毛羊品种，如内蒙古白绒山羊、宁夏滩羊、甘肃欧拉羊等地方优良畜种，都是在特定的草原环境下经过自然选择和人工培育而形成的。

表 7-27　我国草原资源区划及其主要绒毛用羊品种

草原资源区划	分布区域	绒毛羊种类	优良品种
东北温带半湿润草甸草原和草甸区	东北平原、内蒙古高原东部	东北细毛羊、山羊	东北细毛羊、辽宁绒山羊
蒙宁甘陕半干旱草原和荒漠草原区	内蒙古中西部、西北黄土高原	蒙古羊、山羊	宁夏滩羊、中卫山羊
西北温带、暖温带干旱荒漠和山地草原区	西北地区西部、新疆、青藏高原东北缘	蒙古羊、哈萨克羊	甘肃细毛羊、新疆细毛羊、阿勒泰羊
华北暖温带半湿润半干旱暖性灌草丛区	华北平原、山东低山丘陵	粗毛羊	小尾寒羊、太行山羊
东南亚热带、热带湿润热性灌草丛区	华南丘陵山地	山羊、	黑山羊、长三角白山羊、湖羊
西南亚热带湿润热性灌草丛区	四川盆地、云贵高原东部	山羊、半细毛羊	云南半细毛羊、凉山半细毛羊、南江黄羊
青藏高原高寒草甸和高寒草原区	青藏高原大部	藏羊	欧拉羊、藏绵羊

注：根据《中国草地资源》和《中国家畜主要品种及其生态特征》整理。

　　近年来，由于人为和自然因素，天然草原退化严重，产草量降低，牧草品质下降，已严重影响到放牧家畜及其畜产品的质量和产量。保护和建设草地资源，既能实现自然资源的可持续利用，又能发挥地方绒毛羊畜种资源的遗传优势，实现与草原资源相匹配的绒毛羊体系的健康发展，是行业行政主管部门和科研工作者面临的一项重大挑战。

一、草原管理的基本原则

　　要实现草原资源和家畜生产的互相匹配和可持续发展，最基本的原则和前提是草畜平衡。草畜平衡不是简单的饲草料产量和家畜需求量的平衡，而是具有一定质量的饲草料和一定类型家畜需要量之间的平衡，更准确地说是能量之间的平衡。在保持草地饲草生产量和家畜生产需求量平衡的同时，还需要保证草地一定的生态健康指标，包括生物多样性、水源涵养以及土壤侵蚀等。目前，我国实行的《天然草原合理载畜量计算标准》只是大致列出了全国主要草原类型不同载畜量的计算方法。但是针对于每个具体的放牧场地和不同的绒毛羊品种，要根据不同的草原类型的生产量和生产水平的变化，不同月份、不同季节草地生产水平的变化，甚至不同气候影响草地生产水平的变化，以及不同畜种、不同生长阶段的采食当量，计算出相应的草畜平衡状况。因此，草畜平衡是动态的平衡，是多维空间的平衡。

　　目前我国大部分牧区草畜失衡，主要表现为超载过牧严重。据农业部草原监理中心的监测数据表明，在我国北方重点牧区，2005—2009 年，超载率普遍超过 30％。这对实现草地畜牧业可持续发展带来极大的挑战。如何降低载畜量进而实现草地资源和畜种资源的相互匹配，也是草地畜牧业生产体系中面临的科学难题。实现草畜平衡，降低载畜量，即减少家畜数量是解决草原退化的第一步，但解决这个问题又涉及牧民的生计以及传统观念等诸多问题。如何解决好这些矛盾，是草地畜牧业可持续发展所面临的挑战。Jones & Sandland 理论揭示了在不降低家畜生产体系效益和农牧民收入的前提下，通过家畜生产和草地管理等技术支持实现降低载畜量的途径。

Jones 和 Sandland 在 20 世纪 70 年代提出了草地畜牧业理论模型（图 7-5），它揭示了家畜生产效益和草地载畜量的关系，家畜生产效益和草地资源的关系，以及单位家畜生产水平和载畜量的关系。

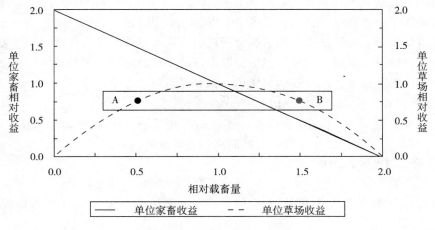

图 7-5　放牧畜量效益与载畜量的关系
（引自 Jones R.J.，Sandland R.L.，1974）

图 7-5 说明了该模型的理论核心。这个模型假设草地畜牧业生产体系不仅注重家畜的生产水平，同时注重草地健康和草地资源的可持续利用。因为将载畜量、单位家畜生产水平和单位草地资源效益等指标来说明草地畜牧业生产体系生产效率时，三者的关系不是直线关系而是抛物线关系。

1. 当模型只考虑载畜量和单位家畜生产水平两个指标，二者的关系是简单的直线关系。

2. 但是，载畜量和单位草地资源效益却是抛物线关系，而不是直线关系。说明特定的生态系统其生产水平是有一个限度的。

（1）在特定的草地生态系统内，家畜生产效益可以出现在抛物线上的任何一点，但最佳点只有一个，即抛物线的顶点，也是理论最佳点。最佳点也是草地生态系统处在最佳状态或健康水平时所能达到最高生产水平。

（2）除非草地生态系统处最健康水平，且家畜管理水平为最理想状况，否则，生产体系的任意效益点都处在顶点左右。

（3）在抛物线上的任意一点在对应的另一侧都存在另外一点，其生产效益相同，不同的是载畜量水平。如图所示的 A 点和 B 点。如果以 B 点作为目前我国草原畜牧业现状的表示，其载畜量高，草原退化严重。而所对应的 A 点载畜量只是 B 点的 1/2。

3. 草地畜牧业生产体系效益由单位家畜生产水平和草地健康水平两个因素决定，只有当草地生态系统健康，单位家畜生产水高的情况下，生产体系的整体效益才能高。而保证草地生态系统健康水平的关键是控制载畜量。

我国草地畜牧业的经济效益不高，草地超载过牧严重，经济效益逐渐下降，草原生态系统的可持续性正在受到极大挑战。单纯追求家畜数量，提高养殖规模，不但不能提高家畜生产体系的经济效益和产出水平，还将破坏草地生态系统的健康水平，引起严重的生态环境问题。因此，基于 Jones&Sandland 的草地畜牧业理论模型，从草地畜牧业生产体系出发，在不降低农牧民收入的前提下，完全可以实现草畜平衡。

二、天然草原管理技术

草原管理的目的是为家畜生产、生态保护以及自然景观等方面提供物质保证和先进技术。草原管理涉及自然科学、社会科学等诸多方面。草原管理的目的是将植物、土壤、水以及动物生产有机结合，按照系统管理、综合管理的理论实现草地畜牧业的可持续发展。本节主要介绍为保证绒毛羊高效生产和生态保护双重目的下草原管理技术的应用。根据区域特点和绒毛羊生产目的，这些技术可以单独使用，也可以组装配套联合使用。

(一) 划区轮牧 (Rotation grazing)

划区轮牧是在季节放牧地的基础上，通过围栏把每一季节放牧地分成若干轮牧分区（Paddock），按照一定次序逐区采食，轮回利用的一种放牧制度。

1. 划区轮牧制度的几种放牧方式

（1）一般的划区轮牧 把一个季节放牧地或全年放牧地划分成若干轮牧分区，每一分区内放牧若干天，几个到几十个轮牧分区为一个单元，由一个畜群利用，逐区采食，轮回利用。

（2）不同畜群的更替放牧 在划区轮牧中，往往采取不同种类的畜群，依次利用。如牛群放牧后的剩余牧草，虽不为牛喜食，但羊群可利用，还能继续放牧羊群。据有关资料，几种家畜更替放牧，可提高载畜量 5%，有的甚至提高 38%～40%。

（3）混合畜群的划区轮牧 在一般划区轮牧的基础上，不是采用单纯的畜群，而把各种家畜组成一个畜群，这一方式可以收到均匀采食，充分利用牧草的效果。

（4）暖季宿营放牧 当放牧地与厩舍的距离较远时，从早春到晚秋以放牧为主的畜群，每天经受出牧、归牧、补饲、喂水等往返辛劳，可能降低畜产品数量。这时应在放牧地附近，设置畜群宿营设备，就地宿营放牧。

（5）永久畜圈放牧 当畜群所利用的各轮牧分区在厩舍附近（0.5～2km）时，照管方便，即可利用长年永久畜圈，不必另设临时的暖季宿营地。

在这里还特别需要指出系留放牧、一昼夜放牧和日粮放牧等放牧方式，因为它们在草地的集约化放牧利用中有重要意义。

（6）系留放牧 这种放牧方式以绳索将家畜系留在一定的放牧地上，以代替划区边界，当该处牧草吃完后，再换地方，继续放牧。这种方法对家畜的控制严格，能充分利用牧草。此种方法多用于高产草地，以放牧较贵重的种公畜、高产奶牛，或患病不能随群放牧的家畜。在农区亦多用此方式饲养耕牛和育肥牛。

（7）一昼夜放牧 放牧的畜群在每一分区上只停留一昼夜。这一方式适用于人力充足，运输方便的优质放牧地上，可以使家畜采食最好的牧草，同时就地宿营，免去往返之劳。还可以在整个放牧地均匀散布畜粪，收到均匀施肥的效果，这是一种集约经营的放牧方式。

（8）日粮放牧　日粮放牧又叫围栏放牧。一般采用容易搬动的电围栏，将家畜限制在一定的面积内，消耗了大部分的牧草后，再移到下一个小片，有的几小时移动一次，有的将小片分为白昼和夜间两段。这种方式的集约程度更高。

在放牧中，畜群进入草地的时间给以限制，其余的时间，停留在牧草已食尽的草地上，可以减少浪费，使饲料供应多样化。

（9）地段放牧　在自然条件严酷、牧草产量低下、实行小区轮牧有困难的草地，当其生长季内的放牧频率只有 1 次时，可采用较为粗放、弹性较大的地段放牧制。

2. 划区轮牧的优越性　划区轮牧与无计划的自由放牧相比，有许多优点：

（1）减少牧草浪费，节约草地面积。自由放牧，对草原不做任何计划安排，任由家畜采食。放牧强度高的地方造成产草量减少、土壤紧实，导致草原退化。而家畜采食低或不利用的地方，又容易造成牧草浪费，影响了草地生产效率。采用划区轮牧，通过限制家畜采食范围，使其采食均匀，可以有效利用饲草资源。同时，一次放牧结束后，家畜移到下一小区放牧，也给已采食的牧草留下再生的空间和时间。不同小区之间的轮流放牧，提高了单位面积的草原利用率。

（2）改进植被成分，提高牧草的产量和品质。无计划的自由放牧，高强度的放牧会造成家畜选择性采食，同时影响到草丛成分，更会使土壤紧实。划区轮牧可以使牧草均匀利用，也减轻高强度的草场践踏，有利于牧草生长。

（3）提高家畜生产效率。划区轮牧由于限制了家畜的活动范围，可以减少家畜由于游走活动而造成的能量损失，也就意味着提高了牧草的利用率。同时这种小区轮牧有利于家畜健康，对畜产品的质量和数量的提高也很有帮助。

（4）有利于加强放牧地的管理。因为放牧家畜在短期内集中于较小的轮牧分区内，具有一定的计划，有利于采取若干相应的农业技术措施。诸如清除毒草、灌溉、施肥、补播等措施。

（5）防止家畜寄生蠕虫病的传播。家畜寄生蠕虫病是一种家畜的内寄生虫病，家畜粪便中，常常含有寄生蠕虫的卵。随着粪便排出来的虫卵经过约 6d 之后，即可变为可感染的幼虫。而划区轮牧，则可经过妥当的安排，不在同一块草地连续放牧 6d 以上，这就减少了家畜寄生蠕虫病的传播机会。

3. 划区轮牧的原则

（1）轮牧小区数目的确定　一片放牧地草场应该划分为多少个放牧小区取决于两个基本因素，一是轮牧周期，即依次轮流放牧全部小区所需的时间，它主要决定于牧草再生的速度；二是每个小区放牧时间，它决定于寄生虫感染的时间以及牧草的再生速度。一般来讲，小区放牧时间不超过 6d，在非生长季节和干旱荒漠草原牧区，小区放牧天数不受 6d 限制。

但是，在以后各轮牧周期内再生草产量将减少，不能满足一定天数的放牧，因而势必缩短小区的放牧天数。这样小区的数目就要增加。如此，计算小区数可用下列公式表示：

$$小区数目＝轮牧周期÷小区放牧天数＋补充小区数$$

根据我国各地区放牧地条件，在草甸及草甸草原上小区数目以 12～24 个为宜，干草原及半荒漠以 24～35 个为宜，荒漠因无再生草，小区数目以 33～61 个为宜。

（2）轮牧小区面积的确定　轮牧小区面积首先取决于草场生产力，其次，畜群头数、放牧天数、牲畜日粮等与小区面积也都有一定的关系，如头数多、放牧天数长、牲畜日粮高，则小区面积大，反之则小。但这些因素一般都是比较固定的，因此放牧地生产力直接对小区面积的大小起着决定性的作用。小区面积的计算公式如下：

$$小区面积 = \frac{头数 \times 日粮 \times 放牧天数}{放牧地生产力}$$

（3）轮牧小区的布局 轮牧小区布局对于设计划区轮牧非常重要，一是考虑家畜水源问题。因为草场可以被人为地划分为若干小区，但是自然水源不可能平均划分到每个轮牧小区中。因此，设计轮牧小区，一是考虑水源的距离，如果水源距离过远，则家畜饮水过程中能量损失过大，不利于生产效益的提高。对于绒毛羊来说，饮水距离一般不超过 3.0 km。二是如果以河流做水源，可沿河设计成若干轮牧小区，放牧顺序自下游往上游，防止上游放牧污染下游河水。三是各轮牧小区之间应有牧道，牧道长度应缩减到最小限度，但宽度必须足够，以免拥挤。

（二）禁牧、休牧制度（Grazing land resting，Grazing prohibition）

鉴于草原的退化，特别在严重退化地区，已不可能通过改变放牧状态，辅以草原改良措施来实现草原生产力恢复和生态环境的好转。必须通过限制放牧利用，给草原植物休养生息的机会，通过草原生态的自我修复来达到恢复草地群落的目的。我国已经制定了《草原休牧、禁牧技术规程》。该规程中对休牧、禁牧进行了明确的定义。

休牧指短期禁止放牧利用，是一种在一年内一定期间对草地施行禁止放牧利用的措施。而禁牧指长期禁止放牧利用，是一种对草地施行一年以上禁止放牧利用的措施。

休牧和禁牧的界定：休牧和禁牧以禁止放牧时间的长短来界定。禁止放牧一年以下的为休牧，禁止放牧一年以上（包括一年）的为禁牧。"季节性禁牧"、"季节性休牧"、"春季禁牧"、"返青期禁牧"、"结实期禁牧"等提法等同于"休牧"。"长期休牧"等同于"禁牧"。

1. 休牧

（1）目的 在植物生长发育的特殊阶段解除放牧家畜对其产生的不利影响，从而促进和保证植物的生长和发育。

（2）技术要求

① 适用区域 休牧措施适用于所有季节分明、植被生长有明显季节性差异的地区。

② 地块选择和设施要求 休牧措施一般在立地条件良好、植物生长正常、或略显退化的地块。为便于管理家畜的进出，休牧地块一般要求有围栏设施，围栏建设应符合《草原网围栏和刺丝围栏建设技术规程》的规定。

③ 实施要点

a. 休牧时间 休牧时间视各地的土地基本情况、气候条件等有所不同，一般为 2～4 个月。休牧时间一般选在春季植物返青以及幼苗生长期和秋季结实期，有特殊需求时也可在其他季节施行。

b. 起始时间 各地根据植物物候期的不同来确定春季休牧时间，以当地主要草本植物开始返青为主要参考指标。一般在每年的 4 月初开始。

结实期休牧一般在夏末或秋初开始，以当地主要草本植物进入盛花期为主要参考指标。其他时间休牧则可根据具体需要确定休牧开始时间。

c. 结束时间 春季休牧一般在 6 月中旬结束。各地根据草地情况和气候特点，可以对具体时间有所调整。其他时间的休牧可根据具体情况确定休牧期结束的时间。

d. 恢复放牧时的主要参数

植被指标：休牧的结束时间主要依据草原上植物的生长速度和生物量积累情况来确定。当植物的日平均生长速度超过 10kg/hm²，地上干物质积累量超过 100kg/hm² 时，可以结束休牧。

气候参数：气候条件严重影响着植物的生长发育速度。因此，在确定休牧的起始期以及休牧期延续时间时，应考虑当年、当地的气候条件。

2. 禁牧

（1）目的　解除因放牧对植被产生的压力，改善植物生存环境，促进植物（恢复）生长。

（2）技术要求

①适用区域　禁牧措施适用于所有（暂时的，或长期的）不适合于放牧利用的草地。永久性的禁牧等同于退牧，一般仅适合于不适宜放牧利用的特殊地区。

②地块选择和设施要求　禁牧措施一般在由于过度放牧而导致植被减少、生态环境严重恶化的地块。为防止家畜进入，禁牧地块一般要求有围栏设施，围栏建设应符合《草原网围栏和刺丝围栏建设技术规程》的规定。

③实施要点

a. 禁牧时限　禁牧以一个植物生长周期（即一年）为最小时限。视禁牧后植被的恢复情况，禁牧措施可以延续若干年。

b. 解除禁牧时的主要参数　一般以初级生产力和植被盖度作为解除禁牧的主要依据。根据具体情况，当上一年度初级生产力干物质最高产量超过 600kg/hm²、生长季末植被盖度超过 50％时，可以解除禁牧。也可用当地草原的理论载畜量作为参考指标。当禁牧区的年产草量超过该地理论载畜量条件下家畜年需草量的 2 倍时，可以解除禁牧。解除禁牧后，宜对草原实施划区轮牧或休牧。

（三）草原补播（Reseeding）

补播是在不破坏或少破坏草地原有植被的情况下，在草群中播种一些能适应当地生态环境的优良牧草，特别是豆科牧草，借以增加优良牧草种类和数量，达到提高草原生产力的目的。草原补播要点如下。

1. 补播地选择　要求在土壤质地能保证植物发芽生长、有一定的土层、年降水量不少于 150mm、播后有一定的保护与管理条件的地方进行补播。包括原有植被稀疏或过牧退化的地方；滥垦、滥挖使植被破坏，造成水土流失或风沙危害的地方；清除了灌木、毒草及其他非理想植物的地方；原有植被饲用价值低或种类单一，需要增加豆科或其他优良牧草的地方；开垦后撂荒的弃耕地。补播的地方，如果土质太差、过分干旱及无法管理的地方，补播很难获得应有的效果。对植被退化较轻、植被形成缓慢但稳定的天然草原，则不适宜进行补播作业，否则可能造成新的植被破坏。

2. 播期　草原补播要综合考虑水分、光热及越冬条件等诸多因素。水分是该区植物生长的最大限制因子，同时结合补播草种的生物学和植物学特征，保证补播牧草与草地中原有的植物具有相同或相似的竞争机会和条件，为补播种的牧草提供足够的发育时间，与草地中原有植物具有均等的生长发育条件。一般来讲，补播的时间应选择在土壤水分好、草地牧草生长最弱的时期，以利补播草种发芽和生长。

3. 草种　高寒草原补播改良常用草种包括垂穗披碱草、扁穗冰草、老芒麦等；半湿润沙区草地补播的草种主要有沙打旺、草木樨、羊草、沙蒿等；半干旱草原补播的有沙打旺、小叶锦鸡儿、花棒、杨柴、沙棘、白沙蒿、黑沙蒿、沙米、达乌里胡枝子等。

4. 播量　补播要充分考虑草地类型、土壤条件等因素，灵活掌握补播播量。在具体补播时，可依据实践经验和具体情况确定。大面积天然草地补播时，如所用草种为草地中的优势或亚优势种，其播量应控制在该草种单播播量的80%以下。

5. 播种方式

（1）松土补播（人力或机械）　使用畜力或机械带圆盘耙将要补播的草场顺耕作方向，开沟松土，划破草皮，雨季到来之前进行。补播时保留部分原植被，以防沙化。松土后撒播草籽，注意撒播均匀。播种深度应根据种子大小、土壤水分、质地和气候情况来决定，干旱或土质疏松时可深些，一般牧草播种深度不超过5cm。之后用拖拉机磨平或镇压器镇压，覆土保墒。

（2）畜力补播　利用羊群放牧采食的特点，即给放牧的羊只脖子上挂上铁皮罐头盒，内装牧草种子，底部打孔，羊边吃草边撒种。羊群中有1/4左右的羊戴罐头盒即可。骆驼、牛等家畜在放牧时都可完成补播任务。

（3）家畜宿营法（蹄耕法）　将放牧家畜集中在撒播草籽的草地上，进行集中高强度放牧或留牲畜过夜，在同一地方滞留宿营的时间因地而异，干旱草原5～6夜、半荒漠草原2～3夜即可，之后适当休牧，待补播牧草生长到成熟后再行放牧。

6. 补播后管理　补播后的草地由于牧草生长初期生长缓慢，特别是播种当年和第2年生长前期，其根系较浅，为了不影响草的生长和产量，保证植被盖度，因此不论是割草地还是放牧地，在播种后最好实施围栏封育，待牧草长到一定时期后再利用。在割草时，也要注意留茬的高度和割草的次数，杜绝超范围过度利用。对于补播牧草，凡有条件的应尽可能辅之以施肥、除杂草、灌溉等，既促进新播牧草生长，也为优良的原有牧草种子成熟或营养繁殖创造条件。

（四）其他草原培育措施

1. 杂草防除（Weeds control）　草原杂草增加是草原退化的典型标志之一。在退化的草原上，毒草和杂草大量孳生，不仅降低了可食牧草产量，还危及家畜的健康和畜产品质量，给草原畜牧业造成很大损失。草原杂草增加原因一是外来物种的侵入，如紫茎泽兰。二是由于放牧强度过高，家畜选择性采食导致杂草种类和数量增加。这也是草原杂草增加的主要原因。草原杂草防除目前尚无成熟的技术。总的来讲，由于草原过度放牧导致的杂草增加，从根本来讲应该改变放牧制度，减少放牧压力，逐步实现草畜平衡，进而降低杂草在草原群落中的数量。

清除杂草的方法较多，归纳起来主要有两种，一是物理方法，利用人工或机械挖除杂草。但投入成本相对较高；二是化学方法，主要是利用除莠剂进行化学清除。对双子叶植物利用2，4－D丁酯溶液杀灭清除。单子叶或连片杂草，重度情况下可用茅草枯。

2. 草原施肥（Fertilizing）　施肥是草原培育最有效的措施之一，它可以大幅度增加牧草和畜产品产量，调节草层不同牧草类群的比重，改善牧草营养物质的含量。多施氮肥可以增加草层中禾本科草的比重，多施磷、钾肥可以增加豆科草的比重，因而通过施肥可以定向改变草地牧草成分。施肥后由于叶片增多，粗蛋白含量增加，牧草的适口性变好。施肥还可以提高牧草对降水的利用效率，美国在干旱草原 10 年的试验证明，施肥草原每毫米降水产出牧草 5.81kg，而不施肥的只有 2.61kg，相差 2 倍多。施肥还可以增加牧草抗寒力，延长生长期，在甘肃天祝高寒草原的试验证明，夏季施氮肥，秋季生长可延长 10～15d。

草地施肥的种类一般分为有机肥、化肥、复合肥及微肥四种。其中有机肥主要是完全腐熟的动物粪便或堆肥泥炭。化肥主要是炭酸氢铵、尿素、硝酸铵、过磷酸钙、钙镁磷肥等。复合肥为 NPK 复合肥等。微肥主要是微量元素肥料，如硼肥、钼肥等。

草原施肥以地表撒施为主，一般每 3～4 年施肥一次。干草原施肥 70～100kg/hm²，草甸草原 100～150kg/hm²。施肥时间以早春或中秋为宜。

表 7-28　草原常用肥料、施用方法及施用量

肥料名称	含量	施用方法及施用量	其他
硫酸铵	N，20%～21%	追肥，撒施，100～150 kg/hm²	根外追肥浓度 0.5%～2%，肥效 7～10d
尿素	N，46%	基肥或追肥，75～120 kg/hm²	基肥，肥效持续 1～2 个月
过磷酸钙	P，16%～18%	基肥，条施，150～200kg/hm²。追肥，清液浓度 1%～2%	深施或与有机肥混施
钙磷酸肥	P，14%～18%	基肥，深施，200～250kg/hm²。追肥，水肥比 50∶1	速效肥，与有机肥混用，叶面喷施，夏秋施用
硫酸钾	K，50%～52%	基肥，条施或撒施，120～150kg/hm²；追肥，浓度 0.5%～1%	速效肥，与有机肥混用
氯化钾	K，50%～60%	同硫酸钾	速效肥，与有机肥混用

资料来源：中国农业科学院草原研究所，草地施肥技术。

3. 草原灌溉（Irrigation）　水是牧草生长发育的最基本条件之一，水对牧草来说，既是组成成分，又是环境要素。牧草由于营养不足而"饿死"的现象是极其罕见的，而由于水分供应不足而"渴死"的现象却是大量发生的，因此，灌溉是培育草原最有效的措施之一。通过灌溉可以大幅度提高草地产量，一般可提高 3～5 倍，多的可达 10 倍以上。在经过数年的灌溉后可使优良牧草成分增加，杂草毒草减少，由不能割草变为可以割制干草。灌溉还可延长牧草的生育期，从而延长青草放牧期，一般可使返青和枯黄期分别提前和延后10～15d。草原灌溉的方法有漫灌和喷灌。土地很平整的草地可以通过犁沟引水漫灌，但效果较差，因为看似很平整的草地，漏灌面积也在 70% 以上。从节水和效果考虑，应侧重于发展喷灌。

4. 草原啮齿动物及虫害防治（Pest control）

（1）草原鼠类防治　人们对啮齿动物的防治经历了一个"以灭为主"到"综合管理"的过程。20 世纪 50 年代的有害生物的防治主要致力于几种防治措施（化学防治、生物防治）的综合和协调。1967 年，联合国粮农组织（FAO）在罗马召开的"有害生物综合防治"（Integrated pest control）专家讨论会上，提出了"有害生物综合治理"（Integrated pest management，IPM）的概念："有害生物综合治理是依据有害生物的种群动态与其环境间的关系的一种管理系统，尽可能协调运用适当的技术与方法，使有害生物种群保持在经济危害

水平以下。"80 年代开展以农户（农场、林场、草原站）整体综合效益的害鼠治理。90 年代后致力于社会、经济可持续发展的综合资源管理（Intergrated resource management，IRM）。

草原鼠害的防治方法很多，可分为物理灭鼠法、化学灭鼠法、生物灭鼠法和生态灭鼠法四大类。

①物理灭鼠　物理灭鼠法是利用物理学原理制成灭鼠器械去捕捉害鼠的方法，效果较好，但功效较低。如用弓箭法捕获高原鼢鼠。

②化学灭鼠　早期的啮齿动物防治主要以化学药物为主，特别是磷化锌、氟乙酸钠、灭鼠灵等急性杀鼠剂。这些杀鼠剂虽然有作用时间短、效果好等特点，但是人、畜和天敌二次中毒现象严重。另一种化学药剂是不育剂。即通过控制啮齿动物繁殖来控制其种群数量。

③生物灭鼠　生物灭鼠包括利用天敌和微生物两个方面。利用天敌灭鼠就是利用鼬科、猫科和犬科中的许多食肉兽，鸟类中的猛禽（隼形目、鸮形目），爬行类的蛇捕食鼠类。最为典型的是招鹰灭鼠。微生物灭鼠即利用微生物代谢产物鼠天然毒素蛋白——C 型肉毒梭菌毒素灭鼠（Botlin C），其剂型分液体制剂和冻干剂 2 种。

④生态控制　生态灭鼠就是恶化、切断鼠类与其生存条件的联系，控制其种群密度，达到防治鼠害的方法。鼠类对草原的危害与否及大小，取决于它的数量，而数量又受草原植被的影响。许多实例都证明，植被茂密、牧草产量高的草地鼠害一般不多，它们并不形成危害。反之，在稀疏、低矮、低产的退化草地可诱发鼠害的发生，害鼠较多。这是由于在后一种条件下，视野开阔，行动受阻较少，躲避天敌容易，因此，控制载畜量，避免草地植被破坏是防止鼠害的最基本措施。

啮齿动物的防治趋势近几年发生了很大变化。从防治药物的使用来看，啮齿动物防治从过去使用剧毒化学药剂防治转变为低毒、高效的化学药剂、生物药剂和植物药剂方面；从防治方法上看，从过去以药剂防治为主、物理防治为辅改变为药剂防治与生态控制相结合的方法；从防治研究内容上看，从过去强调以灭为主改变为现在通过啮齿动物的生态学等基础学科的研究，强调啮齿动物在生态系统中的作用和地位，对啮齿动物危害采用"综合方法的控制"而不是"单纯性的消灭"，并注重预测预报在啮齿动物控制中的运用。

（2）草原虫害防治　草原的害虫种类很多，其中主要的有蝗虫和草原毛虫，此外，草地螟（Caxostege sticticalis）、草原叶甲（Geina invenusta）等在有的年份也能大量发生，它们大量采食牧草，对草原造成严重危害。草原毛虫是鳞翅目毒蛾科草毒蛾属几个种的幼虫，是青藏高原高寒草甸和高寒灌丛草甸特有的害虫，主要的种有青海草原毛虫（Gynaephora qinghmiensis）、金黄草原毛虫（G. aureata）、若尔盖草原毛虫（G. ruoergensis）、小草原毛虫（G. minora）等。草原毛虫除直接危害牧草外，体毛、茧毛有剧毒，牛羊采食了带虫或带茧的牧草，会引起口腔和舌尖溃烂；有些害虫的口器能分泌一种毒液，取食时毒液接触植物并被植物吸收，抑制生长，引起植物枯黄，同时这种毒液能引起家畜中毒。草原叶甲多在海拔较低的山地草原危害，成虫采食牧草的生长点，使牧草不能正常生长，幼虫采食新生叶片及幼茎，致使牧草干枯。

防治草原虫害的方法很多，主要有物理防治法、化学防治法、生物防治法、生物化学防治法等。

①物理防治法　物理防治法就是用器械捕杀，如内蒙古生产的 3CXH－220 型吸蝗机，可用于大面积防治草原蝗虫，工作效率为 1.3 ～ 1.6hm²/h，其防治效果与化学防治接近，

防治成本仅为化学防治的 1/2，且不污染环境，对天敌杀伤力小。对于草地螟可利用其趋光性诱集和诱杀。

②化学防治法　化学防治法就是施用杀虫剂，通过胃毒、触杀、内吸和熏蒸等途径毒杀害虫。它的突出优点是杀虫速度快，效果显著，受地域和季节的限制较少，便于大面积使用，缺点是同时也杀死害虫的天敌、容易产生抗药性，使害虫出现再次的猖獗。此外，长期大量进行化学防治能造成环境污染，对人、畜和野生动物有害。可供使用的杀虫剂很多，应根据不同的害虫和条件适当选用，如敌敌畏、敌百虫、马拉硫磷、杀虫净等。在蝗虫、草原毛虫大发生时，常用飞机低空超低容量喷雾杀灭。使用化学防止法，应注意药品对草地的污染而危及人畜安全和食品安全。

③生物防治法　生物防治法就是利用各种有益的生物来控制害虫的种群数量，以降低和消除虫害的方法。生物防治法的优点是对人、畜和牧草安全，不污染环境，能持久作用于害虫。缺点是作用较缓慢，防止害虫的范围较狭窄，受气候及其他多种生物条件和非生物条件的制约较大等。在灭蝗方面有牧鸡灭蝗，即在蝗虫发生地放牧鸡群，捕食蝗虫。另外如蝗虫微孢子虫灭蝗，人工使蝗虫微孢子虫寄生在蝗虫体内，蝗虫便自相残杀，并传播给下一代，因而可以控制蝗虫危害。我国已工厂化生产蝗虫微孢子虫制剂，可用以大面积灭蝗。对于草原毛虫可利用雌蛾性信息素、寄生蝇、草原毛虫核型多角体病毒等生物方法防治。

④生物化学防治法　生物化学防治法就是利用激素防治害虫。例如，青海利用未交配的雌性草原毛虫，将其放在纸壳粘胶诱捕器内，雌蛾的性外激素可保持 14d 以上的诱捕能力，一只雌蛾平均每天可诱捕雄蛾 170 只。

三、人工草场建植技术

人工草地就是利用综合农业技术，在完全破坏了天然植被的基础上，通过人为地播种而建植的人工草本群落；对于以饲用为目的而播种的灌木或乔木人工群落，也包含在人工草地的范畴。在不破坏或少破坏天然植被的条件下，通过补播、施肥、灌溉、除莠等措施培育的高产优质草地，称为半人工草地或半天然草地，其经济和环境意义相当于人工草地，但由于它的植被成分未发生根本改变，基本上和原来的天然植被相同，所以在草地分类上仍作为天然草地对待。

与天然草地相比，人工草地是技术密集、资金密集、劳动密集、商品密集、流通密集的集约化经营的草原畜牧业用地，它可以大幅度提高草地的牧草产量。一般情况下比原来的天然草地提高 3～5 倍，在有灌溉的条件下更可提高 5～8 倍或更多。牧区虽然不宜农作，但对于以生产茎、叶等营养体的人工草地来说，也有其有利因素。

（一）人工草地建植原则

1. 明确建植目的　人工草地的目的和用途决定了建植的方法、草种的选择和日常的管理等。因此，建植人工草地首先要明确目的和用途。一般来讲，建植人工草地主要有三种用途。一是刈割生产鲜草或干草。牧草品种应该选择高草、高产量为主的栽培品种。二是放牧用人工草地，应该选择耐践踏、低矮的牧草品种。三是刈牧混用型人工草地，应该选择高草和低草搭配，高饲草生产量和耐牧性相结合的牧草混播方式。

2. 建植场地选择　一般来讲，人工草地建植应该选择地势平坦、土层较厚、土地肥沃和有灌溉条件的地方。这样有利于机械化播种、管理和收获。

3. 草种选择   根据建植目的，应该选择适应当地气候和土壤条件，适应性强、应用效能高，无霉变、无病虫的优良牧草品种种子。

（二）建植技术

1. 土壤耕作   土壤耕作包括两大部分，基本耕作和表土耕作。基本耕作就是犁地，可以达到改变土壤三相比例，熟化土壤，从而使整个耕层发生显著变化。表土耕作措施，一般包括浅耕灭茬、耙地、耱地、镇压、中耕等。主要目的是提高耕作质量，特别为播种创造良好的土壤条件。除此之外，酸性碱性及盐渍化严重的土壤，都应进行相应的处理，以满足牧草及饲料作物生长的需要。在耕作前或耕作过程中，有条件的应施基肥，有机肥 20 000～30 000kg/hm²。在地面有残茬、立枯物等覆盖，或在南方土层较薄、坡度较大、天然草被茂盛，用除草剂连续处理 2～3 次，待枯死的草已处于半分解状态时，可用免耕机播种或直接播种后结合蹄耕覆盖。

2. 混播选择   如果播种材料选择混播组合，应遵循如下原则：①牧草形态（上繁与下繁、宽叶与窄叶、深根系与浅根系）上的互补；②生长特性的互补；③营养互补（豆科与禾本科）；④对光、温、水、肥的要求各异。

3. 播量

（1）单播播种量的计算

理论播种量（kg/hm²）＝田间合理密度（株/hm²）×千粒重（g）÷10⁶

$$实际播种量（kg/hm²）＝\frac{保苗系数×田间合理密度（株/hm²）×千粒重（g）}{净度（\%）×发芽率（\%）×100}$$

（2）混播播种量的计算

$$K=\frac{HT}{X}$$

式中，K——每一混播成员的播种量（kg/hm²）；

H——该种牧草种子利用价值为 100％时的单播量（kg/hm²）；

T——该种牧草在混播中的比例（％）；

X——该种牧草的实际利用价值（即该种的纯净度×发芽率，％）。

一般竞争力弱的牧草实际播种量根据草地利用年限的长短增加 25％～50％。

4. 种子处理

（1）破除休眠

① 对豆科牧草的硬实种子，通过机械处理、温水处理或化学处理，可有效破除休眠，提高种子发芽率。

② 对禾本科牧草种子，通过晒种处理、热温处理或沙藏处理，可有效地缩短休眠期，促进萌发。

（2）清选去杂   采用过筛、风选、水漂、清选机破碎附属物等对杂质多、净度低的播种材料在播前进行必要的清选，以提高播种质量。

对有长芒和长棉毛的种子，将种子铺于晒场上，厚度 5～7cm，用环行镇压器进行压切，而后过筛去除。也可选用去芒机去除芒和长棉毛。

（3）根瘤菌、黏合剂、干燥剂、灭菌剂、灭虫剂的准备   首次种植的豆科牧草播种时必须接种根瘤菌。商品根瘤菌剂有液体和固体两种，液体菌剂要求活菌数 5 亿个/mL 以上，有效期 3～6 个月；固体菌剂要求活菌数 1 亿个/g 以上，有效期 6～12 个月。黏合剂一般采用羧甲基纤维素钠、阿拉伯树胶、木薯粉、胶水等；干燥剂用钙镁磷肥。还可准备灭虫剂、灭菌剂。

5. 播期选择 北方以春播为主，以保证牧草和饲料作物有足够的生长期，一方面可获得高产，另一方面有利于多年生牧草越冬。南方各地均可春播，但春播杂草危害严重。南方以秋播为主，但在局部海拔较高地区，霜期到来前 1 个多月播种。

6. 播种方式

（1）种子播种方式

① 穴播——在行上、行间或垄上按一定株距开穴点播 2～5 粒种子。

② 条播——按一定行距一行或多行同时开沟、播种、覆土一次完成。

同行条播：各种混播牧草种子同时播于同一行内，行距通常为 7.5～15cm。

间行条播：可采用窄行间行条播及宽行间行条播，前者行距 15cm，后者行距 30cm。人工或两台条播机联合作业，将豆科和禾本科草种间行播下。当播种三种以上牧草时，一种牧草播于一行，另两种分别播于相邻的两行，或者分种间行条播，保持各自的覆土深度。也可 30cm 宽行和 15cm 窄行相间播种。在窄行中播种耐阴或竞争力强的牧草，宽行中播种喜光或竞争力弱的牧草。

交叉播种：先将一种或几种牧草播于同一行内，再将一种或几种牧草与前者垂直方向播种，一般把形状相似或大小近等的草种混在一起同时播种。

③ 撒播——把种子尽可能均匀地撒在土壤表面并覆土。

（2）营养繁殖牧草的播种方式

① 穴播——指在行上、行间或垄上按一定株距开穴栽植 1～2 个种苗或插条。

② 条播——按一定株距和行距一行或多行同时开沟栽植种苗或插条。

7. 覆盖与镇压 种后要覆土，覆土深度一般 2～4cm。种子特别细小时，为避免覆土过深，一般采用糖地覆土。应该注意的是，在干旱和半干旱地区，播后镇压对促进种子萌发和苗全苗壮具有特别重要的作用，湿润地区则视气候和土壤水分状况决定镇压与否。

8. 管理

（1）苗期管理

① 破除地表板结 出现地表板结，用短齿耙或具有短齿的圆镇压器破除，有灌溉条件的地方，也可采用轻度灌溉破除板结。

② 间苗与定苗 在保证合理密植所规定的株数基础上，去弱留壮；第一次间苗应在第一片真叶出现时进行；定苗（即最后一次间苗）不得晚于 6 片叶子，进行间苗和定苗时，要结合规定密度和株距进行。

③ 检查出苗成苗情况，对缺苗率超过 10％的地方，应及时移栽或补播。

（2）杂草防除 通过农艺方法或化学方法及时防除杂草。

（3）追肥

① 苗肥 在 3～4 片叶时要及时追苗肥，一般使用尿素，75kg/hm²。

② 追肥 原则上在每次利用后都要追肥，追肥的种类和数量要根据土壤分析和牧草生长发育情况确定。一般禾本科草地以氮肥为主；豆科草地以磷钾肥为主；混播草地以复合肥

为主，施用氮肥应避开豆科牧草快速生长期，以免抑制其根瘤菌固氮。

（4）中耕与覆土　北方干旱寒冷地区，中耕覆土有利于多年生牧草越冬。

（5）灌溉　根据当地的气候条件和牧草自身的生物学特性确定草地是否需要灌溉，需灌溉的牧草种（品种）在无灌溉条件的地方不宜栽培。在北方，牧草返青前、生长期间、入冬前宜进行灌溉。南方在春旱、伏旱、冬旱期间宜灌溉。

（6）病虫害防治　病虫害防治要以预防为主，一旦发生要立即采取措施予以控制。

9. 利用

（1）刈割　刈割留茬高度按具体牧草的利用要求执行。一般中等高度牧草留茬 5cm，高大草本留茬 7～10cm。刈割的最佳时期，禾本科牧草是分蘖—拔节期；豆科牧草是初花期。

（2）放牧　人工草地可以放牧利用，但在我国往往是先刈割利用，再生草放牧利用或者茬地放牧利用。再生草地放牧利用时，往往放牧带羔母羊或育肥羊。

第七节　饲养管理

绒毛用羊的饲养管理要根据品种特性、生产方向、本地区自然生态环境和经济状况，采用合理的饲养方式和管理措施，使优良特性得以充分发挥，提高生产效率和经济效益。

一、羊的饲养管理

（一）种公羊的饲养管理

种公羊是养羊生产的重要种质基础，对提高羊群生产水平和质量起着重要作用。随着现代养羊业发展，特别是人工授精技术的应用和普及，对种公羊质量要求越来越高，因而培育好种公羊，提高生产性能和种性特点尤为重要。绒毛用羊的种公羊饲养，在营养需求以及在日常饲养管理上基本相同，要求常年保持结实健壮的体质和中等以上的种用体况，以具有旺盛性欲、充沛体力、良好配种能力和生产品质优良精液为目标。因此，对种公羊的饲养要在坚持常年运动的基础上，在不同时期饲喂不同标准的日粮，做到饲料多样性，满足各种营养需求，始终保持良好体况。

1. 单独组群　种公羊要单独组群，设单圈饲养并由专人管理。如果因种公羊数量太少而不宜单独组群，可与试情公羊、后备公羊或育成公羊合群饲养，种公羊好斗性强，组群数量不可过大，以每群不超过 30 只为宜。

2. 分期补饲　种公羊的饲养，分为非配种期和配种期两个阶段。

非配种期饲养：常年放牧时自然交配，非配种期时间较长，一般近 10 个月；春、秋两季配种的种公羊非配种期时间为 7～8 个月。非配种期虽然没有配种任务，但该期饲养管理好与坏直接影响到种公羊全年的膘情、配种能力和精液品质。非配种期饲养分 3 个阶段：第一阶段为体力恢复期，配种结束后，种公羊体况有不同程度下降，同时正值严冬季节，水凉草枯，采食量下降，能量消耗增多，此时要减少种公羊的运动量，以防过度消耗体力，并逐渐减少精料喂量，比配种期减少 10％～20％；第二阶段为增膘复壮期，这是一个漫长的时期（约 7 个月），跨越严寒的冬季、气温变化无常的春季、酷热的夏季，在此期间除供给足够能量饲料外，还应保证蛋白质、维生素和矿物质的供给，保持种公羊中、上等体况；第三阶段为配种准备期，即配种前一个月，此时天气凉爽，各种植物的籽粒逐渐成熟，是抓膘增重、为配种期蓄积营养的良好时期，此期间除每天加强运动或放牧外，精料的喂量应按配种期标准的70％补喂，逐渐增加到配种期的标准。

配种期饲养：细毛羊及半细毛羊的配种期一般从9月下旬开始，到11月中旬结束；绒山羊的配种期一般从10月中旬开始，到12月中旬左右结束。中国农业大学贾志海教授建议，考虑配种与产绒毛营养分配需要，可以在10月下旬至12月末期间配种。内蒙古等西部牧区因过冬需要，配种时间需提早半月。

秋季配种期的时间仅有2个月，但此期的饲养尤为重要，它不仅关系到受胎率和繁殖率的高低，更重要的是影响群体数量发展和养羊效益提高。种公羊在配种期要消耗大量的养分和体力。据研究，种公羊每生成1mL精液，需要可消化蛋白质50g。因此，配种期的日粮一定要全价和多样化，应含有足够的蛋白质、维生素和矿物质。实践证明，当饲喂质好量足的蛋白质饲料时，种公羊性欲旺盛，射精量多，密度大，母羊受胎率也高，特别是补喂优质苜蓿草、青刈大豆时效果更显著。

3. 加强运动　运动对提高精子活力具有重要作用。放牧条件下，冬、春季节羊每日坚持6～8h时放牧，夏、秋季节坚持10h以上。舍饲条件下，羊每日要坚持运动2～3h，保证3～5km的运动行程。天气炎热时，要充分利用早、晚时间运动。当精子活力差时，应加强种公羊营养供给和运动。配种前期每日要做到"三定"，即：定时间、定距离、定强度。采取快步驱赶的方法，要在40min内走完3km的路程。在非配种期，每天也要保证运动。

4. 生殖保健技术

（1）羊体卫生　种公羊和发情母羊的卫生状况关系到所采精液的质量，对母羊受胎率有影响。因此，既要做好种公羊卫生，又要做好发情母羊卫生。对种公羊的被毛特别是腹下的被毛，要定期进行清洗和修剪。正常情况下应每月清洗一次，每20d对腹下毛特别是公羊阴茎周围的毛进行清洗和修剪。同时，每周还要用青霉素水溶液对种公羊阴茎包皮清洗一次，每500mL生理盐水稀释青霉素160万IU，每次用溶液量为50mL。每次采精前30min，将保定好的母台羊后躯用75％的酒精溶液进行喷雾消毒，待酒精挥发干净后再进行采精。

（2）合理采精　正确的采精方法、合理的采精强度是保证种公羊健康、延长使用寿命的重要措施。采精人员要做到人羊亲和，经常给种公羊喂草、喂料和饮水，刷拭种公羊被毛、修蹄，不鞭打和呵斥种公羊，不要给种公羊制造痛感。采精人员不能穿着色彩艳丽的服装，不要制造刺激性的声响，要使种公羊逐渐熟悉采精环境、采精工具和采精人员，以减少紧张感。对于胆小的种公羊，可通过熟悉采精环境、结伴接受培训、本交观摩等激发其性欲。

采精时，适宜假阴道温度可保证采精顺利又不对种公羊造成伤害和形成恶癖。对于成年公羊，假阴道的水温可控制在40～42℃的范围内，最高不要超过43℃，对于以前未参加过采精的后备公羊，采精时假阴道内水的温度应控制38～40℃的范围内，以后随着采精的进行，水温可逐步提高，但必须保持先低后高的原则。

成年公羊每周可以采精5～6次，每周有1～2d休息时间。18月龄的后备公羊，每天采精1～2次，采精1d休息1d，不要连续采精。根据公羊采精阶段的体质情况灵活确定采精强度。

（3）调整性功能　由于种公羊体质、性情不同，配种能力有所不同。因此，调整种公羊性功能，增强配种能力是十分必要的。绒山羊种公羊性情好斗、性欲旺盛，很少有性欲低下者；绵羊性情懦弱、温驯，特别是育成公羊，如个别出现性欲低下，可进行调整和训练，如睾丸按摩法、观摩法、药物刺激法都能起到一定作用；在配种期每日用 40℃ 的热毛巾按摩睾丸 2～3 次，每次 5～10min，能增强局部血液流量，改善局部营养条件，提高性激素的活性，使性机能得到改善。对性欲低下的公羊，采用观摩性欲旺盛公羊的采精活动，用发情母羊阴道分泌物涂抹于公羊鼻尖上，起到诱导公羊性欲恢复和增强的作用。据张居农等多次试验表明：每只公羊每天肌内注射丙酸睾酮 50μg，连续 7～10d，同时隔日一次肌内注射人绒毛膜促性腺激素（HCG）1 000～2 000IU、促黄体素释放激素（LRH－A3）100μg，辅以按摩、观摩，对提高性欲会起到一定作用。

5. 健康检疫　为保证种公羊的健康，必须认真做好疾病的预防工作，定期进行各种疾病的检疫和预防接种，做好体内外寄生虫病的防治工作。同时，要做好公羊舍的清洁和定期消毒工作，春、秋每半月消毒一次，冬季每月一次，夏季每 10 d 一次。

（二）繁殖母羊的饲养管理

1. 空怀期母羊的饲养管理　母羊妊娠期为 5 个月，哺乳期 3～4 个月，空怀期 3～4 个月。由于各地区产羔季节不同，安排繁殖次数不同，母羊空怀期的时间也不同。绒山羊配种大多数集中在 10～12 月，少部分在 5～6 月配种，绵羊配种大多集中在 10～11 月，3～4 月产羔，称作"早春羔"；6～9 月为母羊的空怀期。11～12 月产的羔称作"秋羔"，3～6 月为空怀期。产"早春羔"母羊的空怀期，正值牧草繁茂、营养丰富的季节，只要加强饲养，母羊很快会抓膘复壮。产"秋羔"母羊的空怀期，正值冬季枯草季节，需要储备足够的饲草饲料。

研究表明：中等以上体况的母羊情期受胎率可达 80%～85%，而体况差的只有 65%～75%。为增加配种期母羊营养，应实行短期优饲，辽宁省小东种畜场在东北细毛羊的试验表明：在配种前 1.5 个月，对繁殖母羊实行短期优饲，每只母羊每天分别补充混合精料 250g 和 400g，产羔率分别提高 18.3% 和 31.62%。全场母羊配种期平均体重达到 56.1kg，提高了 5.99%。

2. 妊娠期母羊的饲养管理　羊的妊娠期为 150d，根据妊娠期胎儿在母体发育的不同生理阶段，又可分为妊娠前期和妊娠后期两个阶段。

（1）**妊娠前期的饲养管理**　母羊妊娠期前 3 个月为妊娠前期，这个阶段胎儿发育缓慢，重量仅占羔羊初生重的 10%。妊娠前期母羊对粗饲料的消化力较强，并且经过夏、秋抓膘，体壮膘肥，在正常的饲养条件下，只要维持母羊处于配种时的体况即可满足其营养需要。

（2）**妊娠后期的饲养管理**　母羊妊娠期后 2 个月为妊娠后期，妊娠后期母羊除了维持本身所需营养外，还需供给胎儿生长。妊娠后期胎儿生长发育较快，所增重量占羔羊出生重量的 90%。妊娠第 4 个月，胎儿日增重 40～50g，妊娠第 5 个月，高达 120～150g，且骨骼已有大量钙、磷沉积。母羊妊娠的最后 1/3 时期，对营养物质需要在维持基础上增加 40%～60%，钙、磷需要增加 1～2 倍，并注意补充维生素饲料。此期的饲养管理，对胎儿毛囊形成、羔羊生长发育和生产性能均有重要影响。因此，在日粮中不但应注重数量，更应考虑质量。严禁饲喂发霉变质的饲草饲料，不饮冰冻水，以防流产。在放牧时，做到慢赶、不打、不惊吓、不跳沟、不走冰滑地、不拥挤。对于可能产双羔的母羊及初次参加配种的母羊要格外加强管理。母羊临产前一周左右，不得远牧，应在羊舍附近做适量的运动，以便分娩时能及时回到羊舍。

3. 哺乳期的饲养管理　羔羊的哺乳期为 3～4 个月。根据羔羊生长发育、母羊泌乳能力，哺乳期可分为哺乳前期和哺乳后期。哺乳期的前 1.5～2 个月为哺乳前期，哺乳期的后 1.5～2 个月为哺乳后期，母羊补饲的重点应在哺乳前期。

（1）哺乳前期的饲养管理　哺乳前期是母羊饲养管理的关键时期，羔羊出生后 15～20d 内，母乳是羔羊唯一的营养物质来源。母羊饲养管理好，乳汁充足，羔羊生长发育快，抵抗疾病能力强，成活率高；母羊饲养管理差，不仅泌乳量少，影响羔羊的生长发育，同时由于自身消耗大，体质很快瘦弱，毛绒会出现饥饿痕，绒山羊还会提前脱绒。因此，在日粮中应给予母羊全价饲料，保证哺乳前期各种营养物质的需求。实践证明：用大豆磨成粉后加水煮成豆浆或豆饼泡水饮用，是促进羊乳汁分泌的有效办法。

（2）哺乳后期的饲养管理　哺乳后期，母羊泌乳量下降，羔羊已具有采食能力，不再完全依靠母乳。这时，母羊的饲养标准应较前期降低 20％ 左右。对乳汁过剩的母羊，可适当减少精饲料和多汁饲料的喂量，防止乳房疾病的发生。对体质瘦弱、乳汁分泌少或哺乳双羔的母羊，要单独组群，应增加精料、优质豆科牧草、多汁饲料并多饮豆饼水。精料要逐渐增加，多次喂给，防止消化不良。衡量母羊泌乳能力的方法，通常是以羔羊生后 2 周增重达到初生重的 2 倍者视为泌乳能力正常。在正常的饲养管理条件下，细毛羊离乳前羔羊体重应该在 20kg 左右，绒山羊应该在 12.5～20.0kg。

（三）育成羊的饲养管理

育成羊是指羔羊断乳后到 18 月龄的羊，这段时间既不配种，也不产羔，常被忽视。而事实上，育成期饲养管理得好坏，直接关系到羊只终身体格大小、品质高低和生产性能的优劣，育成羊是补充羊群、提高群体质量的基础，决不能忽视。

1. 断乳转群后的饲养　羔羊断乳后要根据体格大小、质量高低和断乳日龄，按公、母羊分别组群。新组群的育成羊正处在早期发育阶段，生活环境突然发生了变化，由原来靠母乳生活变成独立生活，合群性差、不安心吃草、鸣叫、东奔西跑。此时，不能马上断料，仍应补喂 20～30d 的精料，保证平均日增重不低于 100g。5～10 月龄是育成羊发育最快的时期，正常饲养情况下，细毛羊育成羊应增加体重 20kg 以上，绒山羊育成羊体重应增加 15kg 以上。放牧时要采用拢群放牧法进行逐步训练，选择幼嫩、低矮草或选择条件好的牧场，不能走得太远，防止羊只疲劳。羊喜聚堆，天热时应采用上午早出早归、下午晚出晚归、中午多休息的方法。控制好羊群，不要让羊养成好游走、挑草吃的不良习惯。舍饲时选用适口性好的优质饲草料，防止羊只随意窜圈，使其尽快适应新环境。这个阶段也是寄生虫最多的时期，应及时驱虫。

2. 越冬期的饲养　10 月下旬至翌年 4 月，属于越冬期，这个阶段天气寒冷、水凉草枯，除需要大量能量消耗来抵御外界寒冷气候外，育成羊又正处于快速生长发育时期，需要补充大量营养来满足生长需要。因此，越冬期饲养管理是培育育成羊的关键时期。据辽宁省小东种畜场细毛羊生产表明：由于加强育成母羊越冬期饲养管理，使毛长、产毛量、体重分别提高 9.8％、13％ 和 10.4％。入冬后，育成羊的饲养原则以舍饲为主、放牧为辅。在气候最冷的 1～3 月份，饲喂优质的豆科牧草、青干草和青贮等。

放牧羊的补饲分早、晚两次。舍饲羊每天饲喂 3 次，本着少给勤添的原则。此外，要保持羊舍的防寒保温，减少热能消耗。

（四）羔羊的饲养管理

1. 羔羊消化生理特点　初生羔羊的前 3 个胃不发达，瘤胃没有发育完全，瘤胃微生物区系尚未形成，不能采食和利用粗饲料。此阶段起主要消化作用的是皱胃，因此，母乳成为羔羊主要的营养来源。生后20d内几乎全部营养均由母乳供给。羔羊初生2周左右，就能模仿母羊采食，逐渐采食一些优质饲草料，可刺激瘤胃发育。随日龄增长和采食植物性饲料的增加，前三个胃的体积逐渐增大。约在30日龄开始出现反刍活动，此后皱胃凝乳酶的分泌逐渐减少，其他消化酶分泌逐渐增多，对草料的消化分解能力加强，瘤胃发育及其机能逐渐完善。

2. 羔羊的管理　生后15d内的饲养管理：羔羊生后2周内，主要依靠母乳生长，是育羔的关键时期。必须保证初生羔羊吃到初乳，与母羊同住7～10d，以便随时吃到母乳。如果母羊泌乳量足，羔羊生后2周体重可达初生重的2倍以上，达不到这个标准，则母羊泌乳量不足，要及时改善母羊饲养，提高泌乳能力。

生后15～20d的饲养管理：培育羔羊要做到早开饲，羔羊生后10余天就有采食的行为。把优质青干草放在草架上，训练羔羊自由采食；把大豆或玉米炒至八分熟，磨成玉米碴，放在饲槽内让羊自由舔食。训练羔羊早吃料，可以促进瘤胃、网胃和瓣胃迅速生长发育，增加胃容量。

30d以后的饲养管理：这是羊只一生中生长最快的时期，需要大量的营养物质来满足。仅靠母乳已经不能满足羔羊每天的营养需求，必须补喂饲草饲料。如母羊外出放牧，羔羊留在圈舍，母羊放牧时间不要过长，中午一定赶回来给羔羊喂奶。晚上收牧后，将母子混群，任羔羊自由吮乳。并在圈舍安放饲槽，每天饲喂3～4次，让羔羊自由采食。随着羔羊成长，消化器官和消化功能逐渐健全，采食量也在逐日提高，要逐渐增加饲料量和饲喂次数，避免超量造成消化不良和胃肠炎。

3. 羔羊组群的数量及原则　羔羊哺乳期生长发育很快，经过50～60d的培育，羔羊体重能达到10kg以上。由于产羔时间、采食能力和生长速度等不同，羔羊大小参差不齐。在羔羊数量较多的种羊场或饲养户，要将羔羊重新组群，按照分娩时间或体格大小、体质情况分群，实行分圈饲养，每群数量根据圈舍条件而定，一般不超过80只。促进羔羊快速生长，使优良个体的生产潜力得以充分发挥。

二、一般管理技术

（一）编号和标记

在羊育种、生产中，为了便于识别和记录羊只个体生产成绩、血缘关系，应给羊编号并做好个体标记。编号工作应在羔羊出生后3d内进行，编号的方法是第一个字代表出生年度，后四位数代表羊号，公羔编单号，母羔编双号，按出生顺序编排。如：2011年出生的第5只公羔的编号为10009，第5只出生的母羔为10010。每年可以编制19999和19998即9999只羔羊号。标记的方法很多，如耳标法、刻耳法、刺墨法和烙角法等，一般常用耳标法标记。

1. 耳标法　耳标法是目前养羊生产中最实用的一种标记方法。随着现代养羊管理技术的发展，新型塑料耳标已经替代了铝制耳标，有圆形、长方形两种，可事先将羊号打在耳标上，安装时在耳部无血管部位，经碘酒消毒后用耳标钳打一个小孔，将耳标扣上即可。塑料耳标的优点是号码清楚、不易损坏，不足之处是长期使用易松动脱落、号码褪色，要经常检查、及时填补。

2. 刻耳法　刻耳法是用刻耳钳在羊耳的边缘刻出缺口，以缺口为代码，缺口的规定：

左个、右十、上 3、下 1，左耳尖为 100、右耳尖为 200、左耳中央圆眼为 400、右耳中央圆眼为 800。各缺口距离约 1cm，上下缘各为 2 个口时，应相互对齐。这种方法简便、易行。缺点是羊数过多时不适用，容易看错号，到成年时往往模糊不清，有时羊只互相咬耳，造成缺口不全，也很难辨认。

3. 刺墨法　刺墨法是用一种特制的刺字钳，内含 10 个字针，将耳内部无毛处刺号并抹进黑炭，随着黑炭渗入针孔将字号固定在皮肤上。这种方法终生不掉，经济方便。缺点是刺在耳上的字有时不清楚、不好辨认，近年很少使用。

4. 烙角法　烙角法是用钢字头制成的烙铁，烧热后在羊角上烙上编号。此法适用于有角的羊，很适合绒山羊。该种方法字迹清楚、易看，永不脱落，经济实用。但这种方法适于 2 岁以上、角基长成的羊只，否则，随着角基的生长，字迹不清，角小时也无法烙号。最好的方法是，幼龄时戴耳标，成年时烙角号。这样可以避免由于掉耳标带来的麻烦。

（二）断尾

1. 断尾时期　绒山羊属于短瘦尾羊种，不需要断尾。细毛羊及半细毛羊尾巴细长，造成排粪尿不便，污染臀部毛被，易被灌木刺破而化脓生蛆，妨碍配种等，给生产管理造成麻烦。断尾一般在生后 2～7d 进行，这时羔羊尾巴细，伤口易愈合。对体弱的羔羊应适当延后时间，待身体健壮后进行。

2. 断尾方法　断尾方法有两种：一种是结扎法，一种是烧烙法。

结扎法：是用弹力较强的橡皮筋或自行车内胎横切成 0.2～0.3cm 宽的胶皮圈，一人将羔羊贴身抱住，并用手拉起尾巴平行抻直，另一人用胶皮圈紧紧缠在羊的 4～5 尾椎关节处。由于胶皮圈的弹性收缩，断绝尾部血液循环，经 10 余天，尾部逐渐萎缩后自然脱落。此法简单易行，不流血，不造成新的创伤面，不会感染化脓，对羔羊的损伤小，愈合快，效果好。

烧烙法：是用特制的断尾钳或断尾铲在火上烧红，一人保定羔羊，将尾巴放在断尾板的圆孔里，另一人持烧红的钳子紧靠断尾板在羔羊尾上边压边烙，将尾切断。此法，速度快、简便，还有消毒止血的作用，但给羔羊造成巨大的疼痛。根据国际动物福利保护组织提出，反对任何导致动物遭受痛苦和折磨的管理行为，如用热铁烙断尾、耳部切除的个体标识。澳大利亚 RSPCA 组织支持利用建立微芯片或者其他电子和冷冻烙印法的方式做标识。

（三）测体尺

测量羊的体尺是依照品种标准、研究羊只生长发育规律的重要方法。体尺测量以下项目，在实际应用上，应根据测量的目的而选择。测量的内容与方法如下：

体高：由鬐甲最高点至地面的垂直距离。

体长：由肩端至坐骨节结后端的直线距离。

胸宽：肩胛骨后端左右肋骨间的最宽距离。

胸深：由鬐甲最高点至胸骨底面的垂直距离。

胸围：由肩胛骨后缘绕胸廓一周的长度。

尻长：由髋骨突至坐骨节结后端的直线距离。

尻高：荐骨最高点至地面的垂直距离。

腰角宽：两髋骨突之间的直线距离。

管围：左前肢管骨上三分之一最细的周长。

肢高：由肢端至地面的垂直距离。

头长：由顶骨的突起部至鼻镜上缘的直线距离。

额宽：两眼外突之间的直线距离。

测量体尺的用具：有测杖、皮尺或骨盆计。

（四）称体重（称重）

称重是为了了解羊只不同月龄、不同时期生长发育和营养状况，是育种和生产过程中不可缺少的一项工作。称重的时间可根据生产需要安排。一般要求测定的体重指标有：羔羊初生重、离乳重、周岁重、育成羊和成年羊体重。细毛羊或半细毛羊要测剪毛前体重，绒山羊应该有配种前和分娩后体重。种公羊最好每月测一次体重，母羊到妊娠后期时停止测重，避免由于机械损伤而造成流产，待产羔后再继续测重。也可随机从每群中抽取部分羊只，每月固定测重，以检查羊群营养状况和羊只增重情况。每月测需固定时间，在清晨空腹时进行。测重的方法，用铁管或木方制作一个测重箱，长 120cm，宽 80cm，高 100cm，放在磅秤上称量即可。

（五）去势

凡不能做种用和试情用的劣质公羔和淘汰的成年公羊都应该去势，这样可以防止劣质公羊在群内的杂交乱配。去势后的公羊性情温驯，易育肥，不仅提高了产肉性能、绒毛产量和羊毛品质，也便于管理。

1. 去势时间　羔羊去势时间依采用方法而不同，一般在生后 1～2 周内进行。天气寒冷或羔羊体弱，可适当延后去势时间。成年羊要在春季放牧前，蚊、蝇没有出现的时候进行。去势时要选择晴朗、无风、凉爽的天气。

2. 去势方法　去势的方法包括无血去势法、睾丸摘除法和结扎法三种。

（1）无血去势法　用特制去势器在睾丸上部精索处左右各夹一下，将精索组织夹断，然后涂碘酒消毒，日久睾丸萎缩。但要求操作者一定要部位准确、夹实，否则，睾丸组织仍能发挥作用，1 个月后要检查，以防去势不彻底。

（2）睾丸摘除法　将羊半蹲半仰地保定在凳子上，羔羊背部靠在保定人员胸前，另 1 人将阴囊下部羊毛剪掉，局部洗净，用 3% 来苏儿溶液消毒，擦干并涂碘酒。操作人员一只手握住阴囊上方，不让睾丸缩回，另一只手用手术刀在阴囊下方切一长口把睾丸挤出，捻断精索，再用同样方法切出另一侧睾丸，伤口涂碘酒，撒上消炎粉防止发炎。术后的羔羊要圈在干燥、清洁的垫草上，去势的同时要注射破伤风类的疫苗，避免感染。

（3）结扎法　适用于初生后 1～2 周内的公羔，先将睾丸挤入阴囊底部，然后用橡皮筋紧紧扎住阴囊基部，越紧越好，以断绝血液循环。20～30d 后阴囊和睾丸会因长期血液循环受阻而干枯，最后自然脱落。此种方法简单易行，效果较好，是比较实用的去势方法。

（六）药浴

药浴是羊饲养管理中一项必不可少的工作，无论是绒山羊还是绵羊每年至少进行 2 次药浴，以预防外寄生虫（虱、螨）、疥癣病的发生。药浴时间一般在梳完绒和剪毛后的 6～7 月份和 9～10 月份进行，必要时可根据羊只患病情况，随时增加药浴次数。药浴必须选择晴朗有风的天气，这样可将浸在身上的药液快速晾干，羊只不容易中毒。药浴前要充足饮水，避免羊喝药液。药浴方法应根据具体情况确定，有条件的可建造药浴池，目前利用机械喷雾是比较实用的方法。目前，使用的药物有除癞灵、丙硫苯咪唑、溴氢菊酯等，任何药物使用要按厂家说明书执行。药浴后，不要在日光下暴晒，更不能放在闷热的羊舍里，最好方法是将羊赶放在有风的树荫下休息。

（七）修蹄

绒毛用羊是以放牧为主的家畜，保护好肢蹄很重要。要及时修蹄，不使蹄壳变形。在梳绒前、剪毛后、入冬前常要修蹄。雨后修蹄，蹄壳软，易修理。修蹄时，用蹄剪或剪枝剪将蹄壳后面突长部削平，再把蹄尖过长的部分削去，应修剪成正规蹄形，严重者需修剪 2～3 次方能矫正。修蹄时手法要轻，不能修得过深，防止伤及蹄心、血管和神经，造成跛行。

（八）整群

每年都要整顿羊群，使羊群始终保持较高的生产水平。选择体质好、品质优的育成羊补充羊群，淘汰年龄大、生产性能下降的低质羊。整群原则：第一，选留羊只的体型外貌必须符合本品种标准和特点；第二，羊群结构比例分布合理，主力种公羊饲养数量应占群体数量的 2%～3%（保留多种品系和血缘关系的除外），育成公羊占 8%～10%，试情羊占 2%，成年母羊占 65%～70%，育成母羊占 20%～25%；第三，成年母羊群的年龄一般在 3～5 岁，尽管有些老龄羊某项生产性能突出，但会延长世代间隔，影响群体选育遗传进展；第四，各项主要生产指标保持在较高水平，在个体鉴定基础上进行严格的等级评定，对某项性状指标过低或不符合等级标准的羊只予以淘汰，母羊群的年淘汰率应该在 20% 左右。

（九）抓羊

抓羊是养羊生产中经常遇到的事情，抓羊要采取合适的方法，否则会把羊毛扯掉或造成创伤。正确的抓羊方法不仅操作人员省工省力，还能减少羊只体力消耗，不会给羊只带来任何伤害。抓羊时，要先静静地走到羊只后面，用一只手迅速抓住羊只的后腿或胁部。为了避免满圈追羊，可先把羊群哄到一个角落或利用栅栏圈住羊群，然后趁羊群密集拥挤时迅速抓羊。

（十）导羊

导羊是将羊从一处转向另一处的过程。绵羊正确的导羊方法是：导羊人要站在羊的左侧，左手抓住羊的下颌，右手轻轻搔动尾根，羊即自动前进；另一种方法是导羊人站在羊的左侧，右手抓住羊的右后肢高举，使羊右后肢不着地并用力向前推，左手扶住颈上部掌握方向，这样羊无力反抗，也就自然前进了。绒山羊有角，导羊人用左手抓住羊角，右手抓住羊的尾根，当右手搔动和刺激尾根时羊自然向前。

（十一）抱羊

羔羊哺乳、戴耳标、断尾等日常管理工作都需要抱羊保定，抱羔羊时先用左手由两前腿中间伸进握住两前腿，并托住羔羊胸部及外肋部，右手先抓住右侧后腿飞节，把羊抱起紧贴胸前，这样抱羊既省力，羊又不乱动。

（十二）倒羊

倒羊是将羊只卧倒以便对羊只进行相应的操作。倒羊时人站在羊左侧，左手由颈下伸过抓住右侧颈部，右手抓住右侧腹下胁部，右手用力向一侧拉，同时左手高擎羊的颈部向后侧压，要让羊股部先着地，羊只即自动坐下侧卧。这种操作方法不会对羊有任何伤害，而且对操作者安全，适于绵羊使用。由于绒山羊有角，操作者左手必须握住羊右角，右手的操作与上法相同，这样避免羊角对人的伤害。

（十三）保定

保定方法不当，羊只挣扎乱动，会造成不必要的损失。保定的方法很多，要根据所要进行的工作，采取各自的保定方法，下面介绍 3 种常用保定方法。

1. 梳绒保定 绒山羊梳绒时正值产羔前后，因此做好保定工作很重要。梳绒场地要宽敞平坦，场地上钉一个约 50cm 高的固定桩。将羊只侧卧在铺有垫布的地上，用绳子将角系在桩上；将肢蹄按同侧捆在一起，防止梳绒时挣脱、跳起。当梳完一侧时，务必解开系在桩上的角，让羊站起后再将羊向另一方向侧卧，决不能就地反个，防止羊大翻身出现肠捻转而导致猝死。同时也要注意羊只过分挣扎，造成流产。

2. 配种保定 母羊配种保定既要有利于输精，又要保证母羊舒适和人畜安全。配种保定方法有 2 种，要根据现场实际情况采用。

（1）保定架法 利用铁管或木杆制作成长 5～8m、高 70～80cm、上下两根平行的固定横杆（根据房间大小可调整长度），将发情母羊胸部担在上边横杆上，两只后蹄系在下边横杆上，使母羊呈前低后高的姿势，羊背与地面呈 30°夹角，保定架的高低可以根据羊只大小进行调整。这种方法可以一次保定几只、十几只甚至更多羊只，简便易行，适合于母羊较多的种羊场、饲养户。

（2）人工保定法 将发情母羊两条后腿抬起，使羊呈倾斜的倒立姿势，头、腹部朝下，两条后腿分开。这种方法的优点是可以不用固定的架子，任何场地都可以输精，节省器材，操作方便。同时，由于羊只处于倒立姿势，有利于精液内流。缺点是母羊容易骚动，不易保定，输精时因母羊乱动容易弄伤子宫颈。

3. 注射保定法 注射保定要根据注射的部位，采用相应的保定方法。羊只常用的注射方法有皮下注射、皮内注射、肌内注射和静脉注射。皮下注射多选择颈部，皮内注射通常在颈中上处或尾根内侧，肌内注射也多在颈部，静脉注射在颈静脉沟上 1/3 与中 1/3 的交界处。颈部注射的保定方法是保定人站在羊只的左侧，左手抓住羊的颌下，右手把住臀部，使羊靠近保定人的身体，并用左腿顶住羊的颈部。臀部和尾根注射时，保定人用两腿夹住羊的颈部，双手捧住下颌，羊即不动了。

绒毛用羊疾病防治

近年来我国养羊业发展迅速，已成为农牧民脱贫致富奔小康的重要产业。但是，由于养羊业主要分布在偏远落后地区，气候和地理条件较为恶劣，疾病防控技术力量较薄弱，再加之群体性放牧且经常迁徙，使得羊群患病概率较大。由于各种羊病的发生和流行，严重地阻碍了养羊业的发展。按致病因子的不同，羊病可分为传染病、寄生虫病和普通病三大类。本章主要介绍羊病的发生规律与综合防制、羊病的诊断、预防和治疗方法以及当前可供临床应用的各种疫苗。

第一节　疾病发生规律与综合防治

一、绒毛用羊疾病发生规律

我国绒毛用羊的数量在 2.8 亿～2.9 亿只，分布于全国各地；羊只的品种较多，饲养方式也各不相同，有全年放牧饲养的，有全年舍饲的，有春、夏、秋季放牧，冬季舍饲的；有散养的，有集约化养殖的。不同地理生态环境、不同品种、不同管理方式下饲养的羊只，其疫病的发生规律和防制策略也有所不同。

（一）绒毛用羊疾病的特点

绒毛用羊的疾病主要分为传染病、寄生虫病和普通病三大类。传染病主要是由细菌、病毒、立克次氏体、支原体、衣原体、真菌、螺旋体等微生物引起的；寄生虫病主要是由原虫、蠕虫（包括吸虫、绦虫、线虫）、节肢类动物（包括蜘蛛纲的蜱螨类和昆虫纲的蚊、蝇、虱类等）等寄生虫引起的；普通病的病因较多，较为复杂，主要包括内科病（胃肠炎、肺炎等）、外科病（创伤、脓肿等）、产科病（难产、乳房炎等）、中毒病（农药中毒、毒草中毒等）、代谢病（妊娠毒血症、微量元素缺乏症）等。

传染病的主要特点：发病快、传染性强、死亡率高、危害大、治愈率低。如口蹄疫、小反刍兽疫、梭菌病、炭疽、羊痘等。

寄生虫病的主要特点：为慢性、消耗性疾病。患羊主要表现为生长缓慢、消瘦、腹泻、皮肤炎症、脱毛、流产等，感染严重的羊只出现死亡。

普通病的主要特点：呈散发，或个体发生，危害没有传染病和寄生虫病大；一般根据病因做出确诊后，采取有效的治疗方法对症治疗，治愈率比较高。

（二）绒毛用羊疾病发生的因素

绒毛用羊疾病的发生，与自身健康状态和外界环境条件有极大的关系。

自身健康状态较好，不易发病，对疾病有一定的抵抗力，即使得病，恢复也快；如自身健康状态较差，就容易得病，对疾病缺乏抵抗力，得病后，病症严重，治疗恢复较慢。

外界环境条件较好，致病因素少或无，羊只就会不发病或少发病；反之，外界环境条件差，环境中的病原多，致病因素多，羊只就易发病。

1. 自身因素

品种：山羊比绵羊的抗病性强；本地品种比引进品种的抗病力强。

体质：一般体质好、健康的羊有较强抵抗力，不易发病；体质差、瘦弱的羊易发生疫病。

年龄：成年羊对疫病有较强抵抗力，羔羊和老年羊对疫病的抵抗力较差。

性别：母羊更易感染布鲁氏菌病和弓形虫病；母畜的产科病较多。

营养代谢：绒毛用羊在某些阶段，如怀孕、泌乳、生长期间易发生营养代谢紊乱，出现妊娠毒血症、酮病和维生素、矿物质缺乏症。

2. 外界因素

病原体：在饲养环境中大量存在病原体，羊就容易感染传染病和寄生虫病。

传播媒介：在外界环境中大量存在携带致病微生物和寄生虫的媒介物（生物媒介物或非生物媒介物），绒毛用羊很容易受到感染和侵袭。

有毒植物：绒毛用羊为草食家畜，如牧场中存在毒芹、疯草、蕨类、狼毒等毒草，羊在饥饿时或无意识食入，就会发生有毒植物中毒。

饲料：给羊饲喂了富含硝酸盐、亚硝酸盐、氢氰酸的牧草或饲料，过量饲喂菜籽饼、发芽变质的马铃薯都会发生中毒病。羊误食打过农药的农作物、含有曲霉的饲料也会发生中毒病。

理化因素：高温、低温、强酸、强碱、机械损伤都可造成羊只发病。

（三）绒毛用羊疾病发生规律

1. 绒毛用羊是人类驯化和培育的物种，根据自然界生物进化法则，绒毛用羊发生疾病是不可避免的正常现象。

2. 绒毛用羊疾病的发生是自身健康状态与外界环境条件相互作用的结果。

3. 绒毛用羊疾病发生后，会出现死亡、不孕、流产、生长缓慢、消瘦、脱毛、生产性能下降等。

4. 绒毛用羊疾病的转归有以下三种情况：①康复。器官功能和形态结构的损伤完全得到恢复，全部病理过程消失。②不完全康复。疾病的主要症状已消失，但体内仍然存在某些病理变化，其器官功能或形态结构没有完全恢复。③死亡。生命活动结束。

5. 生物源性疾病的发生和流行必须具备传染源、传播途径和易感动物三要素。

6. 人类在绒毛用羊疾病的发生和控制方面起着极为重要的作用。积极消除疾病发生的外部因素，提高绒毛用羊自身的抗病能力，在绒毛用羊没有发病或发病初期，采取切实可行的预防措施和治疗方法，就可以减少和控制绒毛用羊疾病的发生，减少经济损失。

二、绒毛用羊疾病的综合防制措施

绒毛用羊疾病的种类很多，在防制上，要结合本地实际情况，采取有效的综合防治措施。

（一）一般性防制措施

1. 加强羊只的管理　羊场或养羊大户要坚持自繁自养的原则，对新购入的羊只要进行检疫（口蹄疫、羊痘、炭疽、布鲁氏菌病、疥癣等），并隔离饲养 1 个月，确定无病后才能混群饲养，以防外来疫病传入。

2. 加强环境卫生管理

（1）圈舍卫生要求　圈舍要保持通风；地面要保持清洁、干燥，每天清除圈舍内的粪便和污物；饲槽要保持干净、卫生；消灭老鼠、蚊子、蝇类等，防止这些病原传播者对羊只的侵害；对有野生动物出没的地方，还应加强门窗及圈舍安全措施，防止羊只受到伤害；冬季圈舍要保温。

（2）运动场卫生要求　运动场要宽敞、平整，没有污水、污物、粪堆、杂物等。

（3）定期对圈舍和运动场的消毒　圈舍和运动场要定期消毒，每季度 1 次，产羔前进行 1 次。

（4）粪便污物的处理　每日清除的粪便和污物应集中进行消除病原生物的处理。

3. 加强饲养管理

（1）舍饲管理　按照不同羊只（种羊、成羊、怀孕羊、羔羊）的饲养标准，按时定量饲喂。饲养方法：少喂勤添、先粗后精；干草要铡短，不能用发霉变质草料喂羊。

每天饮水 1 次，一般定在下午；不能让羊饮用脏水、冰水。

建立饲料房，专门堆放饲草料。注意防水、防潮、防鼠、防霉。

（2）放牧管理

春季放牧：选择气候温暖的阳坡地带。早出牧，晚归牧，延长放牧时间。

夏季放牧：中午最热时适当安排在阴凉处；注意补盐、饮水。

秋季放牧：不要在有针茅、苍耳等影响羊毛质量的牧场放牧；配种母羊应安排在水草丰茂、距配种站较近的草地放牧。

冬季放牧：应选择在牧草丰富、通风向阳的山前谷地，放牧时要按照先阴坡、后阳坡、先高地、后低地，先远牧、后近牧的原则，傍晚放牧归来适当补饲草料。

（二）传染病的综合防制

1. 免疫预防　由于传染病发病率高、传播速度快、危害严重、确诊难度大、无法或难以治疗，一旦发生就会造成巨大的经济损失和不同程度的社会影响。因此，对传染病的防治应遵循预防为主的方针，有选择地进行疫苗注射。

（1）疫苗的选择

①在某种重大传染病发生和流行期间，要按照国家和政府的要求，对易感动物进行强制性免疫。

②本地区 3 年内曾经发生过某种传染病，现在没有发生，但有复发的可能，可选择注射相应的疫苗。

③本地区没有某种传染病，但周边地区正在发生和流行这种传染病，有传播到本地区的危险，可选择注射相应的疫苗。

（2）使用疫苗的注意事项

①在传染病流行的疫区，所有易感动物（不论品种、用途、年龄、体质）必须同时注射

疫苗。而在非疫区则采用集中注苗、常年补苗的原则，对不能立即注苗的羊待其具备条件后补针（注苗前对羊只检查，发现体弱、怀孕、病畜、4月龄以下羔羊应免打，或减半、多点注射等）。

②注苗前，要仔细阅读疫苗使用说明书，查看标签、疫苗的物理性状，并按说明书使用，包括疫苗使用的畜种、注射剂量、注射部位、对过敏反应的抢救药物等。过期、变质疫苗禁用。

③打开使用的疫苗或稀释的疫苗必须当天用完，未用完要废弃。空瓶不能乱丢，特别是活菌苗瓶，要收回无害化处理。

④打活菌苗前1周和打苗后2周不要使用抗生素。

⑤打苗后2周内的羊只禁止屠宰食用（炭疽活苗）。

⑥注苗后，羊体逐渐产生抗体，一般在14～21d后可起保护作用。在保护期前发病的羊只，可视为注苗前已受到感染。

2. 检疫和监测 对购入动物要严格检疫，即使无病也要隔2～3周后方能混群；平时对可能发生的传染病要定期检查和监测。

3. 隔离治疗 对允许治疗的一般传染病，要进行隔离治疗，完全治愈后才能放回同群饲养。

4. 消毒灭菌 对可能被病原体污染的物体和场所实施消毒，如同群羊、草槽、料槽、水槽、粪便、垫土、圈舍等，不仅发病时消毒，平时也要定期消毒。

5. 扑杀 对口蹄疫、小反刍兽疫、羊痘、蓝舌病、山羊关节炎脑炎、梅迪-维斯纳病、痒病、肺腺瘤病、炭疽、布鲁氏菌病等国家规定不允许治疗的动物疫病的患病羊及同群羊要进行扑杀、无害化处理，对疫区要设立警示标志，对疫区、受威胁区要进行隔离、封锁、消毒、免疫接种和定期检测等。

（三）寄生虫病的综合防治

1. 蠕虫病的防治 羊的蠕虫病病原主要有吸虫、绦虫和线虫。蠕虫病防治首先应确定寄生虫的种类进行处理，选用特效药或广谱驱虫药对病羊进行治疗，然后针对病原的生物学特性和传播环节进行综合防控。

2. 蜘蛛/昆虫病的防治

（1）疥癣的防制 疥癣是危害绒毛用羊的重要外寄生虫病，病原为痒螨和疥螨。羊只感染疥癣后，生长缓慢、消瘦、掉毛、毛质差，感染严重的羊只出现死亡。药浴是防治羊疥癣的有效方法，一般春、秋各药浴一次。为了保证药浴质量，在药浴过程中应注意以下事项。

①春季药浴的时间一般在剪毛后1周。好处是：使羊适应剪毛应激反应，避免感冒；等待剪毛伤口已愈合，减少药浴中毒。

②药浴要选择在无风的晴朗天气。

③药浴池在使用前须清理和清洗，预防红斑丹丝菌引起的药浴跛。

④药物浓度一定要准确。过低无效，过高中毒。第1次配制药浴液的药物浓度称初浴浓度；当药浴2 000只羊，药浴液减少3m³时，我们需再补加3m³水，此时加药配制药浴液的浓度称补充浓度。

⑤药浴时间要保持30s，头部要在药浴液中浸2次，消灭头部的寄生螨虫。

⑥应用新药时，应先进行小批量试浴，若无异常，再整群药浴。

（2）羊鼻蝇蛆病的防治　羊鼻蝇蛆冬季在羊体内越冬，此时虫体小，对药物敏感，可结合冬季驱虫进行防治。一次普遍用药，既可消除该病对羊的危害，又可切断病原的生活史；如能长期坚持，就会控制或消灭本病。

（3）其他外寄生虫病的防治　羊的其他外寄生虫主要有硬蜱、软蜱、毛虱、血虱、蠕形蚤等，虫体较大，肉眼可见。

对上述外寄生虫病的综合防治，关键要早发现，早杀虫，最好使用长效、高浓度杀虫剂，但个体总量不得超标。早期使用杀虫剂的好处有两点：其一是虫体少，便于消灭；其二是起预防作用，防止进一步的侵袭。一旦大量寄生虫侵袭羊体，虫体钻入绒毛下再进行喷药，杀虫效果往往不佳。

3. 原虫病的综合防治　羊原虫病主要包括寄生在血液中的泰勒焦虫、梨形虫、边虫等。这些寄生虫病主要是硬蜱类传播引发的。综合防制措施主要包括以下三方面：一是在硬蜱活动季节对羊体喷洒杀虫剂，防止带有病原的硬蜱叮咬羊只传播本病；二是对患羊要在室内进行隔离治疗，防止硬蜱叮咬患羊后再叮咬健康羊传播本病；三是定期消灭圈舍内的硬蜱。

（四）普通病的综合防治

1. 查明病因，对症治疗。

2. 预防和消除引起普通病的病因。

（1）在高温天气下，注意补水、中午太阳直射时，将羊赶到阴凉处。

（2）在严寒的冬天要注意圈舍的保温，早晨放牧时间推后，适当补料。

（3）在草场上放牧，应注意尽量远离毒草区，同时要学会辨认有毒牧草，组织人力铲除这些有毒牧草，平时利用放牧空休时间用镰刀砍割毒草，尤其是不要让毒草成熟。

（4）管好羊群，不要让羊误食喷洒农药的作物。

（5）对患内科、外科疾病的羊只要及时治疗，补充营养。

（6）对维生素、矿物质、微量元素缺乏的羊只，可根据症状进行初步诊断，实验室分析后确诊，然后再补充相应的维生素、矿物质或微量元素。

（五）综合防治措施制定的原则

根据"预防为主"的原则，结合本地实际情况，制定疾病的综合防治措施。综合防治措施的制定原则如下：

1. 查明病种　对本地区羊病进行一次调查或普查。样本选择应考虑不同的饲养方式（放牧、舍饲、半放牧半舍饲）、地域（山区、农区、洼地等）、品种（绵羊、山羊、肉羊、地方品种等）、年龄（羔羊、成年羊）、季节（四季）等因素。确实掌握本地区不同的饲养方式、地域、品种、年龄、季节羊病的发生、危害情况。

2. 弄清病因　分析确定引起各种疾病的原因，对传染病和寄生虫病还要进行病原鉴定。

3. 分类对待　先对疾病进行分类，针对不同类别的疾病制定不同的综合防制措施。

4. 优化设计　必须考虑消除病因、改善条件、增强体质、严格管理、环境友好等要素。

5. 科学防控　采用最先进的技术手段、管理措施和防控理念。

第二节　疾病诊疗技术

一、实用诊断技术

诊断是通过一系列检查，对疾病的本质加以判断，其目的是为了判定疾病的性质，掌握疾病的发生和发展规律，为羊病防治提供依据。诊断是防治的前提，只有及时准确地作出诊断，防治工作才能有的放矢，否则往往会盲目行事，贻误时机，给养羊业带来重大损失。羊病诊断常用的方法有临床诊断、病理剖检和实验室诊断。由于每种羊病的特点各不相同，所以需要根据具体情况进行选择和判断，有时只需要采用其中的一两种方法便可以作出诊断，但某些疾病则需采取一系列的方法才能确定。

（一）临床诊断

1. 病羊的体征和行为观察　羊属于群牧性家畜，对疾病耐受力较强，在患病初期症状往往不明显，如果不细心观察，很难发现。饲养人员在日常饲养管理过程中或兽医人员在疾病诊断过程中要细心观察羊的体征和行为变化，以便及早发现疾病，及早治疗。

（1）羊的放牧观察　羊在放牧游走采食时，健康无病的羊采食快，争先恐后吃草，对周围环境保持高度警惕，一有意外的声音或物体影响很容易引起惊吓或躲避；而患病的羊则常常落在群体后面，跟不上群，有时呆立一旁，不采食或采食较慢，有时跛行，病情较严重时，常卧倒在一旁。有些羊表现出喜欢舔食泥土、吃草根等慢性营养不良性异嗜癖；食欲废绝，说明病情严重；若想吃而不敢咀嚼，口腔和牙齿可能有病变。

（2）羊的头部状况观察　羊的头部表现最能反映出羊的健康状况。眼神明亮、敏感、耳朵灵活，这是健康羊的表现；反之，若眼神呆滞、多泪、眼屎较多，鼻子流出黏液，头部被毛粗乱，则为病羊表现；患有某些疾病时，可导致头部肿大。

（3）羊的表皮观察　健康羊的被毛紧密、不脱落、有弹性、有光泽，毛中有油汗，头部触毛灵敏。病羊被毛焦黄、无光泽、易脱、枯干，有时毛有毡结；健康羊的皮肤红润有弹性，病羊皮肤苍白、干燥、增厚、弹性消失、有痂皮或龟裂、流脓液、有肿块等。如羊患螨病时，常表现为被毛脱落、结痂、皮肤增厚和蹭痒擦伤等现象。除此以外，还应注意观察有无水肿、炎症肿胀和外伤等。

（4）羊休息时的观察　健康羊休息时先用前蹄刨土，然后屈膝而卧，在躺卧时多为右侧腹部着地，成斜卧姿势，把蹄伸在体外；当受到惊吓时立即跳起，有人走近时迅速远避，不容易被捉住；休息时，有正常均匀的反刍行为。病羊则不加选择地随地躺卧，常在阴湿的角落卧地不起，挤成一团，有时羊向某个部位弯曲，流鼻涕，呼吸急促；当受惊吓时无力逃跑；反刍停止或不正常。

（5）羊的粪便及尿液观察　健康羊排粪呈椭圆球状，两头尖，有时粪球连接在一起，粪便颜色为黑褐色，有时稍浅。病羊的粪便如牛粪状或稀糊状，时常粘在股部，有时带有黏液、脓血、虫体等。但羊在换季采食饲草时，如由枯草期改为青草放牧时期，羊有暂时性腹泻，此为正常现象。

健康羊每天排尿 3～4 次，尿液清亮、无色或稍黄。羊排尿次数过多或过少和尿量过多或过少，尿液的颜色发生变化以及排尿痛苦、失禁或尿闭等，都是患病的症状。

2. 病羊的一般检查 通过上述对病羊观察后，如发现可疑时，要进一步检查，以判断病情，作出进一步的诊断。

（1）眼结膜和鼻的检查 用右手拇指与食指拨开上下眼睑看结膜颜色，健康羊结膜为淡红色、湿润。羊的鼻镜部位潮湿、发红，鼻孔周围干干净净，湿鼻孔无黏液流出。病羊的结膜苍白（无血色）或发黄（如巴贝斯虫病的晚期），赤紫色（如亚硝酸盐中毒），鼻孔周围有大量鼻涕和脓液，常打喷嚏，有时有虫体喷出（如羊鼻蝇幼虫）等异常情况。

（2）口腔的检查 用食指和中指从羊嘴角处伸进口腔，拉出舌头看舌面。健康羊舌面红润，口腔颜色潮红。病羊舌面有苔，呈黄、黑赤、白色，或有溃疡、脓肿，口内有臭味，舌面干燥等。

（3）心脏及脉搏的检查 用听诊器听心脏跳动，部位在左侧由前数第三至第六肋骨之间处。健康羊心音清晰，跳动强有力。切脉是用手伸进后肢内侧触摸股动脉，健康羊脉动每分钟 70～80 次。

（4）肺部及呼吸的检查 将耳贴在羊的肺部（也可用听诊器），听肺的呼吸音。健康羊呼吸持续时间长，发出"夫夫"的声音；病羊呼吸短促，发出"呼噜、呼噜"的水泡音，似拉风箱音等异常声音。

胸壁与腹壁同时一起一伏为一次呼吸，以可用听诊器在气管或肺区听取呼吸音来计数。健康羊每分钟呼吸 10～20 次。当患有热性病、呼吸系统疾病、心脏衰弱、贫血、中暑、胃肠臌气、瘤胃积食等疾病时，呼吸次数增加；某些中毒病或代谢障碍等，可使羊呼吸次数减少。此外，还应结合检查呼吸类型、呼吸节律及呼吸是否困难等项目。

（5）反刍及消化道的检查 羊是反刍动物，饮喂后 30min 开始出现反刍，每昼夜反刍 6～8 次，每次反刍持续 30～40min，每一食团咀嚼 50～70 次。病羊常停止反刍或反刍迟缓，次数减少。

如动物表现有吞咽障碍并有饲料或水从鼻孔返流时，应对咽与食道进行检查，以发现是否存在咽部炎症或食道阻塞现象。如动物反刍异常，应注意腹围的变化与特点。左侧腹围扩大，除采食大量青饲料等生理情况外，多见于瘤胃积食和积气，特别以左侧为明显；右侧腹围膨大，除母羊妊娠后期外，主要见于真胃积食及瓣胃阻塞；下腹部膨大，往往是出现了腹水。腹围容积缩小，主要见于长期饲喂不足、食欲紊乱、顽固性下痢、慢性消耗性疾病（如贫血、营养不良、寄生虫病、副结核等）。

（6）体表淋巴结的检查 体表淋巴结的检查在诊断某些疾病上具有重要意义。通常检查的淋巴结主要为颈浅淋巴结和股前淋巴结，主要检查淋巴结的大小、形状、硬度等。如羊患有泰勒虫病时，常表现出颈浅及股前淋巴结肿胀。

（7）体温的检查 一般用手触摸羊的耳根或将手指插入口腔，即可感知病羊是否发热，但最准确的方法是用兽用体温计进行直肠测温，具体方法是：将体温计的水银面用力甩到 35℃以下，沾上水或其他润滑剂，将水银球一端从肛门口边旋转边插入直肠内，然后将体温计用夹子固定在尾根部的被毛上，经 3～5min 后取出，读取水银柱顶端的刻度数，即为羊的体温度数。正常羊的体温山羊为 38.5～39.7℃，绵羊为 38.3～39.9℃，一般幼羊比成年羊的体温要偏高一些，热天比冷天高些，下午比上午高些，运动后比运动前高些，这均属正常生理现象。如果体温超过正常范围，则为发热。

3. 兽医临床检查最基本的方法 基本的临床检查方法主要包括问诊、视诊、嗅诊、触诊、叩诊和听诊。由于这些方法简单、方便、易行，对任何病例、在任何场合均可实施，并且多可直接作出初步诊断，所以一直被广泛应用。

（1）问诊　问诊就是以询问的方式搜集病史的过程。通过听取畜主或饲养管理人员关于羊发病的情况和经过的介绍，了解与诊断疾病有关的信息。问诊的主要内容包括：现病历、既往史、饲养管理情况等。

①现病历　即关于现在发病的情况与经过。其中应重点了解：

a. 发病的时间与地点　如饲喂前或饲喂后，舍饲时或放牧中，清晨或夜间，产前或产后等，不同的情况和条件，可揭示不同的可能性疾病，并可借以估计可能的致病原因。

b. 疾病的表现　畜主或饲养管理人员所见到的有关疾病现象，如不安、咳嗽、喘息、便秘、血尿，反刍减少与不反刍等。这些内容常是揭示诊断的线索。必要时可提出某些特定的征候、现象，要畜主解答。

c. 病的经过　目前与开始发病时疾病程度的比较，是减轻或加重；症状变化，又出现了什么新的症状或原有的什么现象已消失；是否经过治疗，用了什么方法与药物，效果如何等。这不仅可推断病势的进展情况，而且依治疗经过的效果验证，可作为诊断疾病的参考。

d. 畜主所估计到的致病原因　如饲喂不当、接触农药或有毒饲草等，常是我们推断病因的重要依据。

e. 羊群的发病情况　羊群中其他羊只是否发病，邻舍或附近场、村最近是否有什么疾病流行等，这可作为判断是否疑似传染病的依据。

②既往病史　即过去羊或羊群的病史。其中的主要内容为：病羊或羊群过去患病的情况，是否发生过类似疾病，其经过与结局如何，过去的检疫结果或是否被划定为某些疫病的疫区，本地区或附近场的疫情及地区性的常见病，预防接种的内容及实施的时间、方法、效果等。这些资料，对现病与过去疾病的关系以及对传染性疾病和地方性疾病的分析上都有很重要的实际意义。

③饲养管理情况　包括羊群的规模大小，羊的品种、年龄、性别；放牧还是舍饲；饲料粮的种类、数量与品质，补充矿物质的种类和数量，饮水的质量与数量，饲喂制度与方法，羊舍的卫生和环境条件等。饲料品质不良与日粮配合不当，经常是营养不良、消化紊乱、代谢失调的根本原因；而饲料与饲养制度的突然改变，又常是引起羊的前胃疾病及肠道疾病的原因；饲料发霉，放置不当而混入毒物，加工或调制方法的失误而形成有毒物质等，可成为饲料中毒的条件。羊舍的卫生和环境条件主要包括光照、通风、保暖与降温、废物排出设备、畜床与垫草等，还包括运动场、牧场的位置、地形、土壤特性、供水系统、气候条件等，附近厂矿三废（废水、废气及污物）的污染和处理等。环境条件的卫生学评定在推断病因上应给予特别重视。

（2）视诊　是指用肉眼直接地观察发病羊只或羊群的整体概况或其某些部位的状态，经常可搜集到很重要的症状、资料。视诊是接触病羊，进行客观检查的第一个步骤，其主要内容包括：

①观察其整体状态　如体格的大小、发育的程度、营养的状况、体质的强弱、躯体的结构、胸腹及肢体的匀称性等。

②判定其精神、体态、姿势、运动与行为　如精神的沉郁或兴奋，静止时的姿势改变或运动中的步态变化，转圈运动等。

③发现其表被组织的变化　如被毛状态，皮肤及黏膜的颜色及特性，体表的创伤、溃疡、疹疱、肿物等，外科病变的位置、大小、形状及特点。

④检查某些与外界直通的体腔　如口腔、鼻腔、咽喉、阴道等，注意其黏膜颜色的改变及完整性的破坏，并确定其分泌物、排泄物的数量及形状。

⑤注意其某些生理活动异常　如呼吸动作是否异常，有无喘息、咳嗽；采食、咀嚼、吞咽、反刍等活动有无异常；有无呕吐、腹泻、排便、排尿的姿态异常，注意粪便、尿液的数量、颜色与性状等。

视诊是深入羊舍、巡视羊群时的重要内容，是早期发现病羊的重要方法。视诊的一般程序是先观看羊群，判断其总的营养、发育状态并发现患病的个体；而对个体病羊则先观察其整体状态，继而注意其各个部位的变化。为此，一般应先与病羊保持一定距离（约2m），以观察其全貌；然后由前到后、由左到右地边走边看，围绕病羊行走一周，以作细致的观察；先观察静止姿态的变化，再观察运动过程中的步态改变。

（3）嗅诊　嗅诊是用鼻子嗅出羊的各种分泌物或呼出气体的气味而为疾病诊断提供线索的方法。如羊患大叶性肺炎，出现肺坏疽时，鼻液或呼出的气体常带有腐败性恶臭；患胃肠炎时，粪便腥臭或恶臭；消化不良时，可从呼出的气体中闻到酸臭味；有机磷制剂中毒时，可从胃内容物和呼出的气体中闻到大蒜味。

（4）触诊　是用手指、手掌或拳头触压被检部位，感知其硬度、温度、压痛、移动性和表现状态，以确定病变的位置、大小和性质的检查方法。

①浅部触诊　检查者将手掌平放在被检部位，按一定顺序触摸，或以手指及指尖稍加力量于被检部位，以检查是否正常。一般用来检查皮肤温度、弹性和肌肉紧张度及敏感性等。也可用于体表淋巴结的检查。

皮肤弹性及敏感度的检查方法为：以拇指和食指捏紧皮肤向上提起，然后突然松开，正常皮肤应立即恢复原状，当羊营养不良，患有皮肤疾病或全身脱水时，皮肤则失去弹性；中枢或神经末梢麻痹时，则相关神经的敏感性降低或消失。

②深部触诊　是指用不同的力量对患部进行按压，以便进一步探知病变的性质。

触压肿胀部位，呈现生面团状，指压后长时间留有痕迹，无热、无痛，为组织水肿的表现；当触压感觉发硬，并伴有热痛感觉，此为组织间有血肿、脓肿或淋巴外渗的表现；按压时感觉柔软，稍有弹性且不时发出细小捻发音，并有气泡向邻近组织窜动感，为皮下聚集大量气体的表现。

触诊瘤胃或真胃内容物的形状及腹水的波动时，常以一只手放在羊的背腰部作支点，另一只手四指伸直并拢，垂直放在被检部位，指端不离开体表，用力作短而急促的触压。触诊网胃区（剑状软骨后方）或瓣胃区（羊右侧第6～9肋间和肩关节水平线上下）时，如发生前胃疾患，病羊会感觉疼痛、哞叫、呻吟或骚动不安。

（5）叩诊　是通过用手指或叩诊器（叩诊锤或叩诊板）叩打羊体表的相应部位所发出的声音，来判定被叩击的组织、器官有无病理变化的一种诊断方法。

①基本叩诊音　叩诊健康羊可发出四种基本叩诊音：清音、浊音、半浊音、鼓音。

a. 清音，是指叩击健康羊的胸廓时所发出的持续、高而清亮的声音。

b. 浊音，是指叩击健康羊的臀部、肩部肌肉及不含空气的脏器时所发出的弱而钝浊的声音。如：当羊胸腔聚集大量渗出液时，叩打胸壁，可出现水平浊音界。

c. 半浊音，是指介于浊音和清音之间的一种声音。叩打肺部的边缘时，即可产生半浊音。患支气管肺炎时，肺泡含气量减少，叩诊肺部可产生半浊音。

d. 鼓音，是指叩打含一定量气体的腔体时，所发出的类似击鼓的声音。如叩诊左侧瘤胃的上部可发出鼓音，当瘤胃臌气时，则鼓音增强。

②叩诊方法

a. 手指叩诊法，即检查者以左手食指和中指紧密贴在被检处充当叩诊板，右手的中指稍弯曲，以中指的指尖或指腹作叩诊锤，在左手的第二指节上叩打，则可听到被检部位的叩诊音，此法适用于对羔羊及瘦弱成年羊的检查。

b. 用叩诊器叩诊，即选用人医上用的小型叩诊锤和叩诊板，以左手拇指和食指（或中指）固定叩诊板，使之紧贴在羊的体表，右手握锤，用同等力度垂直作短而急的叩打，辨别其声音类型，并注意与对侧进行对比。

（6）听诊　是指直接或间接听取体内各种脏器所发出声音的性质，进而判断其病理变化的方法。临床上常用于心脏、肺脏及胃肠道疾病的检查。

①听诊方法

a. 直接听诊法。用一块大小适当的布（听诊布）贴在被检部位，检查者将耳朵直接贴在布上进行听诊。此法常用于胸、肺部的听诊，其效果往往优于间接听诊。

b. 间接听诊法。是指借助听诊器进行的听诊，听诊器的头端要紧贴于体表，防止相互间摩擦而影响效果。

②羊主要脏器的听诊方法与特点

a. 心脏的听诊。听诊区位于羊左侧肘突内的胸部，健康羊的心脏随着心脏的收缩和扩张产生"嘣"第一心音和"咚"第二心音，第一心音低、钝而长，与第二心音的间隔时间较短，听诊心尖部位较清楚；第二心音高、锐而短，与第一心音的间隔时间较长，听诊心的基部较明显；两个心音构成一次心搏动，听诊时要注意两个心音的强度、节律和性质有无异常。第一、二心音均增强，常见于热性病的初期；第一、二心音均减弱，常见于心脏机能障碍的后期、渗出性胸膜炎和心包炎；第一心音增强并伴有明显的心搏动增强和第二心音的减弱，多见于心脏衰弱的晚期；单纯第二心音增强，常见于肺气肿、肺水肿和肾炎等病理过程；如在以上两种心音以外还存在其他杂音，如摩擦音、拍水音和产生第三心音（又称"奔马调"），常见于胸膜炎、创伤性心包炎和瓣膜疾病。

b. 肺脏的听诊。听取肺脏在吸气和呼气时由肺部直接发出的声音。一般有下列六种声音：一是肺泡呼吸音。听诊健康羊的肺部，在吸气时可听到"夫"的声音，呼气时可听到"呼"的声音，它是空气在毛细支气管和肺泡之间进出时发出的声音，其音性柔和。当病羊发热时，呼吸中枢兴奋，局部肺组织代偿性呼吸加强，肺泡呼吸音增强或过强，常见于支气管炎和支气管黏膜肿胀等。二是气管呼吸音。其声音较粗，类似"赫"的声音，在羊呼气时容易听到，在肺的前下部听诊较明显，它是空气通过声门裂隙时所发出的声音。如果在广大肺区都可听到支气管呼吸音，而且肺泡呼吸音相对减弱，则为支气管呼吸音增强，多见于肺炎的肝变期，如羊的传染性胸膜肺炎。三是干性啰音。是支气管发炎时分泌物黏稠或炎性水肿造成狭窄时听到的类似笛音、哨音、"咝咝"声等粗糙而响亮的声音，常见于慢性支气管炎、支气管肺炎和肺线虫病等。四是湿性啰音。当支气管内有稀薄的分泌物时，随呼吸气流形成的类似漱口音、沸腾音或水泡破裂音。常见于肺水肿、肺充血、肺出血、各种肺炎和急性支气管炎等。五是捻发音。当肺泡内有少量液体存在时，肺泡随气流进出而张开、闭合，此时即产生一种细小、断续、大小相等而均匀，似用手指捻搓头发时所发出的声音。肺实质发生病变时，如慢性肺炎、肺水肿等可出现这种呼吸音。六是摩擦音。类似粗糙的皮革相互摩擦时发出的断续性的声音。常见有两种情况：一种是发生于肺与胸膜之间称为胸膜摩擦音，多见于纤维素性胸膜炎、胸膜结核等，此时胸膜发炎，有大量纤维素沉积，使胸膜变得粗糙，当呼吸运动时互相摩擦而发出声音；另一种为心包摩擦音，在纤维素性心包炎时，听诊心区有伴随心脏跳动的摩擦音。

c. 腹部的听诊。主要是听取腹部胃肠蠕动的声音。在健康羊的左侧肷窝处可听到瘤胃的蠕动音，声音由远而近、由小到大的劈啪、沙沙音，到蠕动高峰时，声音由近而远、由大到小，直到停止蠕动，这两个过程为一次收缩运动，经过一段休止后再开始下一次的收缩运动，平均每两分钟 4～6 次。当羊发生前胃迟缓或患发热性疾病时，瘤胃蠕动音减弱或消失。在健康羊的右侧腹部可听到短而稀少的流水音或漱口音，即为肠蠕动音。当羊患肠炎的初期，肠音亢进，呈持续高昂的流水声；发生便秘时肠音减弱或消失。

（二）病理剖检

病理剖检是对羊病进行现场诊断的一种重要诊断方法。羊发生了传染病、寄生虫病或中毒性疾病时，器官和组织常呈现出特征性病理变化，通过剖检便可快速作出诊断。如羊患炭疽病时，表现尸僵不全，迅速腐败、膨胀，全身出血，血呈黑色、凝固不良，脾脏肿大 2～5 倍，淋巴结肿大等；羊患肠毒血症时，除肠道黏膜出血或溃疡，肾脏常软化如泥；山羊患传染性胸膜肺炎时，肺实质发生肝变，切面呈大理石样变化；羊患肝片吸虫病时，胆管常肥厚扩张，呈绳索状，突出于肝的表面，胆管内膜粗糙不平等。在实践中，有条件应尽可能剖检病羊尸体，必要时可剖杀典型病羊。除肉眼观察外，必要时可采取病料送有关部门进行病理组织学检查。但是，如果怀疑病、死畜罹患炭疽时，则不可剖检，须按炭疽病死畜处置要求执行。

1. 尸体剖检注意事项 剖检所用器械要预先用高压锅进行消毒。剖检前应对病羊或病变部位进行仔细检查，如怀疑为炭疽病时，应先采耳尖血涂片镜检，排除炭疽病后方可进行剖检。剖检时间愈早愈好（一般不应超过 24h），特别是在夏季，尸体腐败后影响观察和诊断。剖检应在规范的剖检室进行，剖检后将尸体和污染物作高温或焚化处理，防护服和剖检器具按规定方法消毒；如条件不具备，需在室外剖检时应保持清洁，注意消毒，尽量减少对周围环境和衣物的污染，并做好个人防护。剖检后将尸体和污染物作深埋处理，在尸体上洒上生石灰或 10%石灰乳、4%氢氧化钠、5%～20%漂白粉溶液等。污染的表层土壤铲除后投入坑内，埋好后对埋尸地面要再次进行消毒。

2. 剖检方法和程序 为了全面系统地观察尸体内各组织、器官所呈现的病理变化，尸体剖检必须按照一定的方法和程序进行。尸检程序一般为：

（1）外部检查 主要包括羊的品种、性别、年龄、毛色、特征、营养状况、皮肤等一般情况的检查，死后主要进行口、眼、鼻、耳、肛门和外生殖器等天然孔检查，并注意可视黏膜的变化。

（2）剥皮与皮下检查 ①剥皮方法：尸体仰卧固定，由下颌间隙经过颈、胸、腹下（绕开阴茎或乳房、阴户）至肛门作一纵切口，再由四肢系部经其内侧至上述切线作 4 条横切口，然后剥离全部皮肤。

②皮下检查：应注意检查皮下脂肪、血管、血液、肌肉、外生殖器、乳房、唾液腺、舌、眼、扁桃体、食道、喉、气管、甲状腺、淋巴结等的变化。

（3）腹腔的剖开与检查

①腹腔剖开与腹腔脏器的取出　剥皮后使尸体左侧卧位，从右侧肷窝部沿肋骨弓至剑状软骨切开腹壁，再从髋关节至耻骨联合切开腹壁。将此三角形的腹壁向腹侧翻转即可暴露腹腔。检查有无肠变位、腹膜炎、腹水、腹腔积血等异常。在横膈膜之后切断食道，用左手插入食道断端握住食道向后牵拉，右手持刀将胃、肝脏、脾脏背部的韧带和后腔静脉、肠系膜根部切断，即可取出腹腔脏器。

②胃的检查　从胃小弯处的瓣皱胃孔开始，沿瓣胃大弯、网瓣胃孔、网胃大弯、瘤胃背囊、瘤胃腹囊、食管、右侧沟线路切开，同时注意内容物的性质、数量、质地、颜色、气味、组成及黏膜的变化，特别应注意皱胃的黏膜炎症和寄生虫，瓣胃的阻塞状况，网胃内的异物、刺伤或穿孔，瘤胃内容物的状态等。

③肠道的检查　检查肠外膜后，沿肠系膜附着缘对侧剪开肠管，重点检查内容物和肠系膜，注意内容物的质地、颜色、气味和黏膜的各种炎症变化。

④其他器官的检查　主要包括肝脏、胰脏、脾脏、肾脏、肾上腺等，重点注意这些器官的颜色、大小、质地、形状、表面、切面等有无异常变化。

（4）骨盆腔器官的检查　除输尿管、膀胱、尿道外，重点检查公畜的精索、输精管、腹股沟、精囊腺、前列腺、外生殖器官，母畜的卵巢、输卵管、子宫角、子宫体、子宫颈与阴道。重点观察这些器官的位置及表面和内部的异常变化。

（5）胸腔器官的检查　割断前腔静脉、后腔静脉、主动脉、纵隔和气管等同心脏、肺脏的联系后，即可将心脏和肺脏一同取出。检查心脏时应注意心包液的数量、颜色，心脏的大小、形状、软硬度、心室和心房的充盈度，心内膜和心外膜的变化；检查肺脏时，重点注意肺脏的大小变化、表面有无出血点和出血斑、是否发生实变、气管和支气管内有无寄生虫等。

（6）脑的取出与检查　先沿两眼的后沿用锯横向锯断，再沿两角外缘与第一锯相接锯开，并于两角的中间纵锯一正中线，然后两手握住左右角用力向外分开，使颅顶骨分成左右两半，即可露出脑。应注意检查脑膜、脑脊液、脑回和脑沟的变化。

（7）关节的检查　尽量将关节弯曲，在弯曲的背面横切关节囊。注意囊壁的变化，确定关节液的数量、性质及关节面的状态。

（三）实验室诊断

羊的个体或群体发生疫病时，有时仅凭临床诊断和病理剖检仍不能作出确诊，常常需要采取病料进行微生物学、寄生虫学检验。如果自己没有条件进行这些检验，就应该将采集的被检材料尽快送请有关单位代为检验。

实验室检验包括血液检验、尿液检验、粪便检验、脑脊髓液检验、渗出液与漏出液的检验、骨髓穿刺液的检验、血液生化检验、肝功能检验和肾功能检验等。针对某一次送检样品具体应做哪项或哪几项检验要根据检测目的进行选择，样品采集的方法和样品的保藏方法也不同。如：怀疑某羊场发生羊的泰勒虫病，则采集的样品最好为血液涂片或用淋巴结穿刺物所制备的组织涂片，保藏方法为甲醇固定后常温下干燥保存，所作的检验为姬姆萨染色后的病原学检查；若怀疑为传染病，经常采集的病料为发病动物或死亡动物的肝脏、脾脏、肺脏、心脏、肾脏等实质器官组织样品和其他需要采集的样品（若发病时有水疱，则应采集水疱皮；若发病时以呼吸道症状为主，则应采集痰液），送检时最好保藏于 0～4℃，所进行的检验则为细菌和病毒的分离培养；若为中毒性疾病，则应采集发病动物的胃内容物、呕吐物或吃剩余的饲草或饲料，所进行的检验则为毒物检验。除羊蠕虫病的特殊诊断技术外，实验室检验的具体技术不是本书讨论的重点，这里不作详细介绍，需要时可参考有关书籍。由于实验室检验能否得出正确结果直接与病料的采取、保存、寄送等密切相关，在此将重点对这三个环节进行描述。

1. 病料的采取

（1）注意事项

①取材要合理　不同的疾病要求采取不同的病料。怀疑是哪种疾病，就应按照那种病的要求取材，送检目的明确，可使检验工作少走弯路（常见羊的主要传染病病料取材要求见表8-1）。如果不能对病种作出初步判断，就应全面取材，也可以根据症状和病理剖检变化而有侧重。例如有明显神经症状者，必须采取脑、脊髓；有黄疸、贫血症状者，必须采取肝、脾、血液等。

表 8-1　羊主要传染病病料取材方法

病　名	取材要求和目的		备　注
	生　前	死　后	
炭疽	濒死期采取末梢血液，并作涂片数张；取炭疽痈的水肿液或分泌物	与生前同，另外剪取一块耳朵	危险材料，防止感染和散菌
巴氏杆菌病	采取血液，并制作血片数张	取肝、脾、肺及心血，并作涂片数张	
结核病	痰、乳汁、粪、尿、精液、阴道分泌物，溃疡渗出物及脓汁	有病变的组织、内脏各两小块，供细菌学和组织切片检查	防止感染和散菌
布鲁氏菌	采取血清供免疫学诊断用；乳汁、羊水、胎衣坏死灶、胎儿等，供细菌学及乳汁环状试验	无诊断意义	防止感染和散菌
口蹄疫	采水疱皮及水疱液作病毒学检验；采痊愈血清作血清学实验	无诊断意义	严防散毒
羊副结核性肠炎	采粪便或用手指刮取直肠黏膜	采有病变的肠和肿大的肠系膜淋巴结各两小块，分别供细菌学检查和病理组织切片用	
羊快疫类疾病和羔羊痢疾	无诊断意义	取小肠内容物作毒素检查；取肝、肾及小肠一段作细菌分离	
羊痘	采未化脓的丘疹		

②取材要可靠　如有数只羊发病，取材时应选择症状和病变典型、有代表性的病例，最好能从处于不同发病阶段的数只病羊体上采集病料。取材动物应该是未经抗菌或杀虫药物治

疗的，否则会影响微生物学或寄生虫学的检验结果。

③取材要及时　取材应在死后立即进行，最好不超过 6h。如果拖延过久（特别在夏季），组织发生变性和腐败，不仅有碍病原微生物的检出，而且影响病理组织学检验的正确性。

④作好病畜的检查登记　剖检取材之前，应先对病情、病史加以了解和记录，并详细进行剖检前的检查。怀疑为炭疽时（如死亡迅速，体表有浮肿，天然孔出血，尸僵与血凝不全，尸体迅速膨胀等），禁止剖检，可在耳部取末梢血液一滴，涂片染色镜检，排除炭疽之后方可剖检取材。

⑤采集病料的器械要严格进行灭菌消毒　除病理组织学检验材料及胃肠内容物等以外，其他病料均应以无菌过程采取。器械及盛病料的容器须事先进行灭菌，具体为：刀、剪、镊子、针头和注射器可煮沸消毒 30min。试管、平皿、玻璃瓶、陶瓷器皿及棉花拭子等可用高压灭菌、干热灭菌（用烘烤箱）或蒸汽消毒（笼蒸）。软木塞、橡皮塞可置于 0.5％石炭酸溶液中煮沸 10min。载玻片事先洗擦干净即可。

⑥微生物学和病理组织学检验　为了减少污染的机会，应先采取微生物学检验材料，然后再结合病理剖检采取病理组织学检验材料。应将每种微生物学检验材料各装一个灭菌容器中；每采一种病料，更换一套无菌器械（刀、剪、镊子等）。器械不足时，用过的器械须用酒精棉擦拭干净，在酒精灯火焰上充分烧烤，待冷却后方可用来采取另一种病料。

（2）微生物学检验取材方法

①血液　主要包括 4 种形式：a. 全血。以 20mL 注射器吸 5％枸橼酸钠溶液 1mL，然后从静脉采血 10mL，混匀后注入灭菌试管或小瓶中。b. 血清。采血 5mL 于试管（或小瓶）中，摆成斜面使之凝结，待血清充分析出后，以灭菌吸管或注射器将血清移入另一灭菌容器内。c. 心血。在右心房处，先用烧红的铁片烧烙心肌表面，再用灭菌吸管或注射器刺入心房，吸出血液数毫升，注入试管或玻璃瓶中，加塞。d. 血片。以末梢血液、静脉血或心血，推血片数张，供血常规、细菌学或寄生虫学镜检。

②乳汁　乳房及其附近的毛及术者的手均须用消毒液洗净消毒，将最初挤出的 3～4 股乳汁弃去，然后采集乳汁 10～20mL 于灭菌容器中。

③脓液　开放的化脓灶可用灭菌拭子蘸取脓汁放入试管中；最好用注射器刺入未破的脓肿吸取脓汁数毫升，注入灭菌容器中。

④病羔尸体和流产胎儿　将尸体或流产胎儿用消毒液浸过的棉花包裹（或纱布包裹后再用油纸或油布包扎，或放入塑料袋中）后整个送检。

⑤淋巴结或实质器官（肝、脾、肺、肾等）　将淋巴结连周围的脂肪一同采取，其他器官可在病变部位各采取 $1～4cm^3$ 的小块，分别置于灭菌容器中。

⑥肠　选取适宜的肠段 6cm 左右，结扎两端，自结扎线的外端剪断，置于玻璃容器或塑料袋中。

⑦胆汁　可将胆囊置于塑料袋中整个送检，也可将胆囊表面烧烙后，用注射器或吸管取胆汁数毫升，注入灭菌容器中。

⑧皮肤　取有病变的皮肤 $10cm^2$，置灭菌容器中，疑为炭疽时，可割取整个耳朵，用浸过 3％石炭酸的纱布或报纸包裹后，装在塑料袋内。

⑨骨　采取完整的管骨一块，剔除筋肉，表面撒上食盐，用浸过 3％石炭酸的沙布或报

纸包裹，装在塑料袋内。

⑩脑和脊髓　将脑、脊髓取出，浸入适当的保存液中。或将头部整个割下，用浸过3％石炭酸的纱布或报纸包裹好，装在塑料袋内。

另外，供显微镜检查的玻片标本：除前述的血片外，脓汁、胸水等液体也可制成涂片。肝、脾、肺、胃、淋巴结、脑髓等组织可制成触片。致密结节、坏死组织、带有硫黄颗粒的脓汁等，还可制成压片（压在两张玻片之间，使两个玻片沿水平面相反的方向推移）。每种材料至少作两张片子，如果立即镜检，亦可在一张玻片上用蜡笔划4～5个小方格，涂以不同的标本。

（3）病理组织学检验取材方法　各种组织器官，应普遍取材，有病变者应将典型病变部分连同相邻的健康组织一并采取。如果各种组织器官显示不同阶段的病变，应该各取一块。

如果重点怀疑某一系统有病，应全面采取该系统的材料。例如对消化系统，要分别采取4个胃、小肠（十二指肠、空肠、回肠）及大肠（盲肠、结肠、直肠）的样品；对神经系统，要分别采取脑的各部位和脊髓的各段病料，对于内脏的典型病变，应与邻近健康组织一起采取。如为大块病变，应先取病变组织与健康组织的交界区域，再取病变的中心区域。

在采取胃肠道、膀胱或胆囊等囊状器官样品时，应先将组织放在硬纸板上，停留1～2min，等浆膜与纸板黏附贴紧以后，再将病变组织与纸板一起剪下，浸入固定液内。

对于病理组织的采取，一般都是切（或剪）成1～2cm的方块，用清水洗去血污，立即放入固定液中。组织块应装在广口玻璃瓶内。

采取病理组织学检验材料时，还应注意以下几点：

①避免用手按压采取的组织，以免造成人为的病变。

②采取组织块的刀、剪必须锐利，切口要整齐。

③盛放组织块的容器要大，并给底部垫一层棉花，以防组织块相互挤压变形。固定液的用量约为固定材料的5～10倍。

④浸入固定液的标签要用铅笔写在结实的纸上或薄木片上，不能用钢笔或圆珠笔写标签。

2. 病料的保存　要使实验诊断得出正确的结果，除病料采取适当外，还需将病料保持在新鲜或接近新鲜的状态。因此，如不能立即进行检验，或需寄送到外地检验时，应加入适当的保存剂。

（1）细菌检验材料　液体标本于管口加橡皮塞或软木塞后，用蜡封固即可。组织块则可保存于饱和盐水（蒸馏水100mL加入纯净氯化钠39g，充分搅拌溶解后，用滤纸或数层纱布滤过，高压灭菌）或30％甘油缓冲液（甘油30mL、氯化钠0.5g、碱性磷酸钠1g、0.02％酚红溶液1.5mL，用中性蒸馏水加至100mL，混合后在高压锅中灭菌30min）中，瓶口用橡皮塞或软木塞加塞封固。

（2）病毒检验材料　一般保存液为50％甘油盐水溶液或鸡蛋生理盐水溶液。50％甘油缓冲盐水溶液的配制：氯化钠8.5g、蒸馏水500mL、中性甘油500mL。混合后分装，在103.4kPa高压锅中灭菌30min，冷却备用。鸡蛋生理盐水溶液的配制：先将新鲜鸡蛋的表面用碘酒消毒，然后打开将内容物倾入灭菌的三角瓶中，按全蛋体积9份加入灭菌生理盐水1份，摇匀后用无菌纱布滤过，加热到56～58℃保持30min，第2天及第3天各再按上法加热一次。冷却即可应用。

（3）血清学检验材料　固体病料如小块肠、耳、脾、肝、肾、皮肤等，可用硼酸或食盐处理，血清可在每毫升中加5％石炭酸一滴。

（4）病理组织学检验材料　将病料立即放入10％福尔马林溶液或95％酒精中固定，任何一种固定液的用量均须为标本体积的10倍以上。如用10％福尔马林固定，应在24h后换新鲜溶液一次。脑、脊髓组织需用10％中性福尔马林溶液（即在10％福尔马林溶液中加入碳酸镁5％～10％）中固定。在严寒季节，为了防止组织冻结，在送检时，可将上述固定好的组织块保存于甘油和10％福尔马林等量混合液中。

3. 病料的送检

（1）病料的送检单要填写清楚　送检病料应在容器或玻片上编号，并将送检单复写三份，一份存查，两份随病料送往检验单位，检验完毕后退回一份。

（2）病料的包装要安全稳妥　对于危险材料，怕热或怕冻材料，应区别对待。

①一般材料　塑料袋口扎紧；容器口密封；涂片单张用纸裹好，包在一起扎紧；然后装箱。箱底先垫一层填充物（锯末、石灰粉和废纸等），再将病料标本放入各容器之间，用填充物塞紧，以防碰撞打碎。容器封口向上，并与箱子四周保持一定距离，用填充料塞紧，上面亦填充盖紧，最后将箱盖钉牢。箱外用箭头标明上下，注明"切勿倒置"等字样。

②危险材料　如疑为炭疽、牛瘟等病的病理材料，应将盛病料的器皿如上法装入一金属容器内，焊封加印后再装箱。

③怕热材料　一般微生物学检验材料都怕受热，可将盛病料的容器逐一封口，并用棉花纱布裹紧后直立于广口保温瓶中，底部用棉花纱布等塞紧，上半部用棉花包着的冰块填紧，广口瓶盖紧封蜡后，直立装箱如前。箱外标明上下，注明"病理检验材料，怕热，切勿倒置，小心轻放"等字样。怕热病料的运送要迅速，装箱后应尽快送到检验单位。在温暖及炎热季节，需派专人押送，途中需换冰，送检材料的温度不超过10℃为宜。

④怕冻材料　如血清、病理组织学检验标本，在冬季应用棉花将材料包裹扎紧后装箱，外面注明"防冻"字样。

（3）寄送病料要附剖检记录　在寄送病理检验材料时，要附寄详细的病例剖检记录，内容包括流行特点、病史、治疗情况及尸体剖检情况等。

（4）疑似传染病或中毒病的病料取材　对于疑似传染病或中毒性疾病的病例，除了送检病理组织块以外，还应按传染病或中毒性疾病的要求进行取材，送往检验单位，说明要进行的检验项目，如病原学检验、血清学检验或毒物化学检验等，以便进行综合分析，作出最后诊断。

4. 羊寄生虫虫卵、幼虫诊断盒　动物寄生虫病是危害养殖业发展的重要因素之一。常见的寄生虫主要有吸虫、绦虫、消化道线虫、肺丝虫、球虫等，这些寄生虫寄生在动物的肝脏、肺脏、消化道内，并不断吸取畜禽血液，夺取营养物质，损害组织器官，造成动物生长缓慢、消瘦、贫血、腹泻、生产性能下降、母畜流产等，感染严重的动物出现死亡。广大兽医工作人员和养殖户已认识到寄生虫病的严重性，并开展了驱虫工作，但普遍存在盲目驱虫的情况，例如，投药前不知道动物是否感染寄生虫、感染了什么寄生虫、选什么驱虫药、驱虫后效果如何等。为了解决这一难题，国家绒毛用羊产业技术体系寄生虫病防治岗位科学家，新疆畜牧科学院兽医研究所王光雷等，综合了已有的虫卵和幼虫检查技术，研制出"动物粪便虫卵诊断盒"和"肺丝虫幼虫诊断盒"。

本诊断盒可用于羊、牛、猪、马、犬、兔、家禽及野生动物的吸虫病、绦虫病、消化道线虫病、肺丝虫病、球虫病的诊断，可为正确使用驱虫药品提供科学依据。同时也可用于寄生虫病的监测。

（1）漂浮法　漂浮法主要用于动物粪便中线虫虫卵和绦虫虫卵的诊断。操作方法如下：

①打开"动物粪便虫卵诊断盒"，取出试管架和饱和盐水瓶。

②用镊子将 2g 粪样放入烧杯中，加饱和盐水 20mL，用搅棒充分搅拌。然后用纱网将漂浮物捞出。

③通过滤网将充分搅拌的粪液过滤到试管内，液面略高于试管口。

④将盖玻片轻放在试管上，静置 20min。

⑤将盖玻片移至载玻片上，然后放到显微镜下进行观察鉴定。看见虫卵，与动物粪便虫卵模式图进行对照，即可做出诊断结果。

（2）沉淀法　沉淀法主要用于动物粪便中吸虫虫卵的诊断。操作方法如下：

①用镊子将 2g 粪样放入烧杯中，加入常水 20mL，用搅棒充分搅拌。

②通过滤网将充分搅拌的粪液过滤到试管内。

③静置 20min，弃上清液，留 2～3mL；然后再往试管内加满常水。

④静置 20min，弃上清液，留 2～3mL；

⑤用吸管轻轻从上往下吸出 1.5～2.5mL，试管内剩约 0.5mL。

⑥充分摇动试管，并将剩余液体吸入吸管中，滴加到载玻片上。

⑦将盖玻片移至载玻片上，然后放到显微镜下进行观察鉴定。看见虫卵，与动物粪便虫卵模式图进行对照，即可做出诊断结果。

（3）肺丝虫幼虫的诊断

操作方法如下：

①打开"肺丝虫幼虫诊断盒"，取出漏斗架及器皿。

②取 15 粒（15g）粪样，用纱布包裹并系紧，然后放在漏斗中。

③往漏斗内加入 40℃温水，以不溢出为宜，放置 30min。

④用止水夹夹住胶管，然后取下胶管下方的小试管。

⑤用吸管轻轻从液面的上方向下吸出液体，弃之，使试管内剩余 0.5～1mL 液体。

⑥用吸管吸取剩余部分，滴加到载玻片上，然后盖上盖玻片。

⑦放到显微镜下观察，如发现游动的虫体，便可做出诊断。

根据显微镜的观察结果，可决定是否进行驱虫。有寄生虫虫卵或幼虫就进行驱虫，没有虫卵或幼虫就不必驱虫；还可根据虫卵或幼虫的鉴定结果，选择特效药对动物进行驱虫，避免盲目投药，浪费人力、物力和财力。驱虫后 5d 左右，还可对驱虫后的羊只进行粪便检查，确定驱虫效果。

二、实用预防和治疗技术

（一）羊病预防技术

羊病的防治必须坚持"预防为主"的方针，认真贯彻《中华人民共和国动物防疫法》和国务院颁发的《家畜家禽防疫条例》的有关规定，采取加强饲养管理、搞好环境卫生、开展防疫检疫、定期消毒和驱虫、预防中毒等综合预防措施，将饲养管理工作和疾病防控工作紧密结合起来，以达到预防疾病的目的。羊病的种类不同，预防过程中的侧重点也不同。如：普通病的预防重点在于加强饲养管理、搞好环境卫生、避免接触利器和毒物等致病因素等；传染病的预防则主要针对传染病流行过程的三个基本环节（即传染源、传播途径和易感动物），采取阻断传播途径、消灭传染源、保护易感动物的措施，如疫情报告和诊断、检疫、隔离、封锁、消毒、免疫接种及药物预防等；寄生虫病预防原则的制订则主要建立在寄生虫的生物学和生活史研究基础上，采取驱除病原、打断传播链条等措施，如：血吸虫和梨形虫病预防以消灭中间宿主和传播媒介为主，消化道蠕虫的防治则主要靠成虫成熟前驱虫、划区轮牧等，螨和蜱则主要以定期药浴为主。同时，还应该看到，在羊体上病与病之间是紧密联系、互为因果的，如环境恶劣，可使羊患上感冒，抵抗力降低，而继发巴氏杆菌病、支原体性肺炎等传染病。因而，羊病的预防必须采取"养、防、检、治"四项基本措施。

1. 加强饲养管理

（1）合理组织放牧　合理组织放牧，就是根据农区、牧区草场的不同特点，以及羊的品种、年龄、性别的差异，分别编群放牧。为了合理利用草场，减少牧草浪费和羊群感染寄生虫的机会，应推行划区轮牧制度。

（2）适时进行补饲　放牧是羊获取营养的主要方式，但当冬季草枯、牧草营养下降或放牧采食量不足时，必须进行补饲，特别是对正在发育的幼龄羊、怀孕和哺乳期的成年母羊进行合理的补饲尤为重要。种公羊在配种期间需要保证较高的营养水平，多采取舍饲方式，并按饲养标准进行饲喂。

（3）妥善安排生产环节　绒毛用羊的主要生产环节是：鉴定、剪毛（梳绒）、配种、产羔和育羔、羊羔断奶和分群。每一生产环节的安排，应尽量在较短时间内完成，以尽可能增加有效放牧时间；如某一环节影响了放牧，要及时给予适当的补饲。

（4）坚持自繁自养、严进严出的原则　羊场或养羊专业户应选养健康的良种公羊和母羊，自繁自养，尽可能做到不自场外引种，尽量做到全进全出，这不仅可大大减少入场检疫的工作量，而且可有效地避免因新羊引入而带进新的疫病。若因品种改良或生产规模扩大必须自外地引入羊只时，则必须严格执行检疫制度。

检疫是应用各种诊断方法对羊及其产品进行疫病（主要是传染病和寄生虫病）检查，并采取相应的措施，以防疫病的发生和传播。为了做好检疫工作，必须履行检疫手续，以便在羊流通的各个环节中，做到层层检疫，环环相接，互相制约，从而杜绝疫病的传播蔓延。羊从生产到销售，要经过出入场检疫和屠宰检疫，涉及外贸时，还要进行进出口检疫。出入场检疫是所有检疫中最基本最重要的检疫，只有经过检疫而未发生疫病时，方可让羊及其产品进场或出场。羊场或养羊专业户引进羊时，只能从非疫区购入，经当地兽医检疫部门检疫，并签发检疫合格证明书；运抵目的地后，再经本场或专业户所在地兽医验证、检疫并隔离观察1个月以上，确认为健康者，经药浴、驱虫、消毒，对尚未接种疫苗的羊只必须补免，然后方可与原有羊群合并。羊场采用的饲料和用具，最好从安全地区购入，并在应用前进行清洗、消毒。

2. 搞好环境卫生，坚持消毒制度　养羊的环境主要包括羊圈、场地、用具、饲草、饮水等，环境卫生状况的好坏与疾病的发生存在着密切的联系。据统计，采用清扫方法，可使畜舍内的细菌数减少20%左右；如果清扫后再用清水冲洗，则畜舍内的细菌数可减少50%以上；清扫冲洗后再用药物喷雾消毒，畜舍内的细菌数可减少90%以上。因此，对环境经常进行机械清扫和化学消毒，是预防疾病的重要环节。

（1）环境卫生　为了净化周围环境，减少病原生物的孳生和传播疾病的机会，对羊的圈舍、活动场地及用具等要经常进行清扫，保持洁净、干燥；粪便和污物要及时清除，并堆积发酵；饲草饲料应尽量保持新鲜、清洁和干燥，防止发霉变质；固定牧业井或以流动的河水作为饮用水，有条件的地方可建立自动卫生饮水池。

蝇、蚊、蜱等节肢动物是病原体的宿主和携带者，常可作为某些传染病和寄生虫病的传播媒介。因此，消灭或减少这些媒介昆虫的数量，在预防传染病和寄生虫病方面有着重要的意义。具体措施：清除羊舍周围的杂物、垃圾和杂草堆；填平死水坑；用喷灯喷烧昆虫聚居的墙壁、用具等的缝隙；焚烧昆虫聚居的垃圾和废物；用烤箱对水槽或用具进行烘烤；用溴氰菊酯（敌杀死）等杀虫剂每月在羊舍内外和蚊蝇容易孳生的场所喷洒2次，但不可喷洒于饲料仓库、鱼塘等处；在4～9月份蜱的活动季节，应定期进行药浴，以杀死羊体表寄生的媒介蜱，避免将其带入圈舍并在圈舍内定居，给疫病的防治埋上祸根。

鼠类是多种人畜共患病的传播媒介和传染源，可以传播炭疽、布鲁氏菌病、结核病、李氏杆菌病、巴氏杆菌病、口蹄疫等多种羊的传染病。因此，灭鼠对于预防羊病具有重要意义。灭鼠应从两方面进行：一方面根据鼠类的生态学特点防鼠、灭鼠。圈舍最好使用钢门，使鼠类不能进入圈舍；采用混凝土制作墙面、地面，若发现洞穴，应及时封堵，使鼠类无藏身之所；应经常保持圈舍及场区周围的整洁，及时清除饲料残渣，将饲料保藏在鼠类不能进入的房舍内，使鼠得不到食物。另一方面则是采取多种方法直接杀灭鼠类。除采用捕鼠夹捕杀外，最常用的是药物灭鼠，较常用的药物有敌鼠钠盐、安妥等。敌鼠钠盐对人畜毒性低，常用于住房、畜舍、仓库灭鼠，比较安全，常用0.05%的药饵，即将本品用开水化成5%溶液，然后按0.05%与谷物或其他食饵混匀即可。投放毒饵需连续4～5d，因为多次少量食入比一次大量食入效果更佳。敌鼠钠盐是一种抗凝血药物，鼠食后可使其内脏、皮下等处出血而死亡。使用时应严防人畜中毒，如发生中毒，可用维生素K_1注射液解救。

（2）消毒　消毒是贯彻"预防为主"方针的一项重要措施，其目的是消灭传染源散播于外界环境中的病原体，切断传播途径，阻止疫病的传入或蔓延。羊场应建立确实可行的消毒制度，定期对羊舍（包括用具）、场地、粪便、污水、皮毛等进行消毒。

①根据消毒的目的，可以分为以下三种情况：

a. 预防性消毒　是指结合平时的饲养管理对畜舍、场地、用具和饮水等进行定期消毒，其目的是为了预防一般传染病的发生。

b. 随时消毒　是指在传染病发生时，为了及时消灭刚从病羊体内排出的病原体而采取的消毒措施，消毒的对象包括病羊所在的圈舍、隔离场地以及被病羊分泌物、排泄物污染和可能污染的一切场所、用具和物品，通常在解除封锁前，进行定期的多次消毒，其目的是为了阻止疫病的扩散和蔓延。

c. 终末消毒　在病羊解除隔离、痊愈或死亡后，或者在疫区解除封锁之前，为了消灭疫区内可能残留的病原体所进行的全面彻底的消毒，其目的是为了净化饲养场地，根除疫病隐患。

②根据消毒的对象又可分为羊舍消毒、地面土壤消毒、粪便消毒、污水消毒和皮毛消毒等。

a. 羊舍消毒　一般首先进行机械清扫，然后用消毒液进行消毒。用化学消毒剂进行消毒时，消毒液的用量按羊舍内每平方米面积用 1L 药液计算。常用的消毒药有 2%～4% 氢氧化钠、10%～20% 石灰乳、10% 漂白粉溶液、0.5%～1.0% 菌毒敌（同类产品有农福、农富、菌毒灭等）、0.5%～1.0% 二氯异氰脲酸钠（以此药为主要成分的商品消毒剂有"强力消毒灵"、"灭菌净"、"抗毒威"等）、0.5% 过氧乙酸等。消毒方法是将消毒液盛于喷雾器内，先喷洒地面，然后喷洒墙壁，再喷天花板，最后再打开门窗通风，用清水刷洗饲槽、用具，将消毒药的药味除去。如羊舍有密闭条件，可关闭门窗，用福尔马林熏蒸消毒 12～24h，然后开窗通风 24h，福尔马林的用量为每立方米空间 12.5～50.0mL，加等量水一起加热蒸发，无热源时，加入高锰酸钾（每立方米用 30g），可产生同样效果。在一般情况下，羊舍消毒每年可进行两次（春秋各一次）。产房的消毒，在产羔前应进行一次，产羔高峰时进行一次，产羔结束后再进行一次。在病羊舍、隔离舍的入口处应放置浸有消毒液的麻袋片或草垫，消毒液可用 2%～4% 氢氧化钠、1% 菌毒敌（对病毒性疾病）或 10% 克辽林溶液。

b. 地面土壤消毒　土壤表面可用 10% 漂白粉溶液、4% 福尔马林溶液或 10% 氢氧化钠溶液。停放过芽孢杆菌所致传染病（如炭疽）病羊尸体的场所，应严格进行消毒，首先用 10% 漂白粉溶液喷洒地面，然后将表层土壤铲除 15～20cm，取下的土应与 20% 漂白粉溶液混合后再行深埋。其他传染病所污染的地面土壤，则可先将地面翻一下，深度约 30cm，翻地的同时撒上干漂白粉（用量为每平方米面积 0.5kg），然后用水浇湿、压平。如果放牧地区被某种病原体污染，一般利用自然因素（阳光、干燥等）来消除病原体；如果污染面积不大，则应使用化学消毒药消毒。

c. 粪便消毒　羊的粪便消毒方法有多种，对一般微生物和寄生虫，最常用的方法是生物热消毒法，即在距羊场 100～200m 的地方设一个粪场，将羊粪堆积起来，上面覆盖 10cm 厚的沙土，堆放发酵 30d 左右，即可用作肥料。但若为炭疽芽孢杆菌污染的粪便，则必须进行焚烧，若进行深埋，深度应不得浅于 2m。

d. 污水消毒　最常用的方法是将污水引入污水处理池，加入化学消毒药品（如漂白粉或其他氯制剂）进行消毒，用量为每升污水 2～5g。

e. 皮毛消毒　羊患炭疽病、口蹄疫、布鲁氏菌病、羊痘、坏死杆菌病等，其皮毛均需消毒。应当注意，羊患炭疽病时，严禁从尸体上剥皮，存储的原料皮中，即使是只发现一张患炭疽病的羊皮，也应将整批曾与之接触过的皮张统统进行消毒。皮毛的消毒，目前广泛应用环氧乙烷气体消毒法。消毒时必须在密闭的专用消毒室或密闭性良好的容器（常用聚乙烯薄膜制成的棚布）内进行。在室温 15℃ 下，每立方米密闭空间使用环氧乙烷 0.4～0.8kg，维持 12～48h，相对湿度在 30% 以上。此法对细菌、病毒、霉菌均有较好的消毒效果，对皮毛等产品中的炭疽芽孢也有较好的杀灭作用。

3. 免疫接种　疫苗接种能激发羊体产生对某种传染病的特异性抵抗力，使其对该种疫病由敏感转为不易感。除某些烈性传染病外，某一地区流行的疫病具有相对的稳定性，养殖场或专业户应对本地区常见疫病进行免疫接种，这是有效预防和控制传染病的重要措施之一。各地区、各羊场存在的传染病不同，所需疫苗各异，免疫期长短也不一致。因此，羊场往往需要多种疫苗来预防不同的传染病，这就要求根据各种疫苗的免疫特点和本地区的发病动态，合理安排疫苗的种类、免疫次数和间隔时间，这就是所谓的免疫程序。如使用"羊梭菌病四联氢氧化铝菌苗"重点预防羊快疫和肠毒血症时，应在历年发病前 1 个月接种疫苗；

当重点预防羔羊痢疾时，应在母羊配种前 1～2 个月或配种后 1 个月左右进行免疫接种。目前国内还没有一个统一的羊传染病的免疫程序，只能在实践中探索，不断总结经验，制定出适合本地、本场具体情况的免疫程序。

4. 药物预防　羊场可能发生的疫病种类很多，其中有些疫病可用疫苗接种方法进行预防，但仍有多种疫病尚未研制出有效疫苗，有些疫病虽有疫苗但实际应用还有问题，对这些疾病实施药物预防便显得尤为重要。药物预防是指将适量的药物拌入饲料中或溶在饮水中进行的群体预防。常用的药物有磺胺类药物、抗生素、呋喃类药物等。药物占饲料或饮水的比例因药物种类的不同而不同，如磺胺类药物的预防量为 0.1%～0.2%，四环素类抗生素预防量为 0.01%～0.03%，呋喃类药物预防量为 0.01%～0.02%，一般连用 5～7d，必要时也可酌情延长。但如长期使用化学药物预防，容易产生耐药性菌株，影响药物的预防效果。因此，要经常进行药敏试验，选择有高度敏感性的药物，最好将几种药物交替使用，可延缓耐药性菌株产生的速度。此外，成年羊服用土霉素等抗生素时，常会引起肠道菌群失调等副反应，应引起注意。

饲料添加剂可促进羊的生长发育，增强抗感染的能力。目前广泛使用的饲料添加剂中，含有多种维生素、无机盐、氨基酸、抗氧化剂、抗生素、中草药等，且每年都在研究改进添加剂的成分和用量，以便不断提高羊的生产性能和抗病能力。

微生态制剂是根据微生态学原理，利用机体正常的有益微生物或其促进物质制成的一类新型活菌制剂，近 10 年来国内外发展很快，广泛应用于人类、动物和植物，用于动物者称为动物微生态制剂，目前国内已有促菌生、乳康生、调痢生、健复生等 10 余种制剂。这类制剂具有调整动物肠道菌群比例失调、抑制肠道内病原菌增殖、防止幼畜下痢、促进动物生长、提高饲料利用率等作用。粉剂可供拌料（用量为饲料的 0.1%～2.0%），片剂可供口服，应避免与抗菌药物同时服用。

5. 组织定期驱虫　驱虫是指用驱虫药或杀虫剂杀灭存在于羊体内或体表寄生虫的全过程。寄生虫在动物体内或体表生活的这个阶段是生活史中较易被人们突破的环节，相反，当它们存在于自然界时，虽然缺少庇护，但由于隐蔽、散布面广，而难以清除。因此，对动物进行驱虫不是消极被动治疗，而是对寄生虫病进行积极预防的重要措施。

（1）驱虫注意事项　在羊驱虫前最好禁食，夜间不放不喂，早晨空腹时进行投药。由于几乎所有的驱虫药都不能杀灭蠕虫子宫中的虫卵或已排入消化道和呼吸道中的虫卵，若羊在驱虫过程中或驱虫尚未结束前便到处游走，动物排泄物中含有大量虫卵或崩解的虫体节片，势必会到处散播污染草场或周围环境。为了使驱虫达到消除寄生虫携带者和保护外界环境不受污染的目的，驱虫的全过程应在专门的场所进行，直到被驱出的病原物质排泄完毕后才能将动物放出，驱虫后排出的粪便应堆积发酵，进行无害化处理。

（2）成熟前驱虫　"成熟前驱虫"主要应用于某些蠕虫，是乘其在动物宿主体内尚未成熟排卵之前进行的驱虫，该方法的主要优点在于：

①可将虫体消灭于成熟产卵之前，这就从根本上防止了虫卵或幼虫对外界环境的污染。

②可阻断宿主病程的发展，有利于保护羊的健康。"成熟前驱虫"的时间要根据寄生虫的生活史、流行病学特点以及所用驱虫药的性能而定。

（3）寄生虫病防控新方法　传统的饲养管理方式，对寄生虫病的防治多采用定期驱虫，一般一年两次，多安排在每年春季的 3～4 月份和秋季的 10～12 月份，这样有利于羊的抓膘、安全越冬和度过春乏期，这一程序较好掌握，并已被畜牧生产实践证明效果较好。1994年，新疆畜牧科学院兽医研究所王光雷提出了"冬季驱虫、转场前驱虫和舍饲前驱虫"寄生虫病防控新方法，取代过去的"春、秋驱虫"方法。冬季驱虫的时间为：0℃以下连续5d就可进行冬季驱虫。

①冬季驱虫的优点

a. 可全部驱出秋末初冬感染的所有幼虫和少量残存的成虫（治疗作用）。

b. 驱出体外的成虫、幼虫和虫卵在低温状态下很快死亡，很难发育为感染性幼虫，不造成环境污染，起到无害化驱虫的目的。

c. 驱虫后的羊在相当长的一段时间内不会再感染寄生虫，或感染量极少，驱虫后的保护期长。

d. 冬季进行了驱虫，羊体内就不会形成寄生虫的春季高潮，可有效地减少寄生虫对羊只的危害，减少春乏死亡，真正起到了预防性驱虫的目的。

e. 冬季进行了驱虫，羊体内没有寄生虫，第二年春天就不会出现寄生虫虫卵大量污染草场的情况，寄生虫就不可能从母羊传播给它的后代，从而切断寄生虫的发育史，达到净化寄生虫病的作用。

②转场前驱虫的优点

a. 转场前驱过虫的羊体内没有寄生虫，到新牧场放牧不会对新草场造成污染。

b. 由于新草场在放牧前已经过一个严冬或一个炎热的夏天，草场中的感染性幼虫在高温和低温不利条件下会大量死亡，草场得到自然净化，羊只再感染的机会相对较低，可保持较长时间的低荷虫量。

c. 春季、夏季和秋季驱虫时，应在圈舍内进行，驱虫后圈养1～2d，并将粪便清除后堆放，生物热发酵杀死虫卵，防止虫卵污染草场。

③舍饲前驱虫的优点　为了提高饲料利用率，减少寄生虫病的危害，应在舍饲前对羊只进行驱虫；对驱虫后的粪便应及时清除，单独堆放，杀灭虫卵；防止羊只受到二次感染，同时也起到了无害驱虫的目的。

常见的驱虫药很多，如：对肝片吸虫特效的肝蛭净，能驱除多种线虫的左旋咪唑，可驱除多种绦虫和吸虫的吡喹酮，可驱除部分吸虫、大部分绦虫和几乎全部线虫的丙硫苯咪唑，既可驱除线虫又可杀灭多种外寄生虫的阿维菌素和伊维菌素。在实践中，应根据本地区羊的寄生虫流行情况选择适当的药物、给药时机和给药途径。

药浴是防治羊体外寄生虫病（特别羊螨病、蜱）的重要手段。常用的药物有：螨净（二嗪农）、溴氰菊酯、杀灭菊酯等。药浴可在药浴池内或使用特制的药淋装置，也可以人工将羊抓到大盆或大锅内逐只进行。

6. 预防中毒　中毒病的发生主要是由于羊采食了有毒饲草饲料、过量食入某种添加剂、误食农药或过量使用化学药物进行治疗所引起。为有效预防该类疾病的发生，应采取如下措施：① 防止动物采食有毒植物。山区、农区或草原地区生长的大量野生植物，是羊的良好天然饲料来源，但有些植物对羊是有毒的。如玉米、高粱等的幼苗和亚麻子中均含有较多量的氰苷，氰苷本身无毒，但在酶、细菌或胃酸的作用下可转化为有毒的氢氰酸，从而造成氢氰酸中毒，使动物陷入组织缺氧状态而窒息死亡。② 不饲喂霉败饲料。要将饲料贮存于干燥、通风的地方，以防发生霉败；饲喂前要仔细检查，如果已经发霉，应废弃不用。③ 注意饲料的调制、搭配和贮藏。有些饲料本身含有有毒物质，饲喂时必须加以调制。如棉籽饼含有一种叫棉酚的物质，对羊具有蓄积性毒性，经高温处理后可减毒，减毒的棉籽饼与其他饲料混合饲喂则不会再发生中毒；有些饲料，如马铃薯，若贮藏不当，其中的有毒物质龙葵素会大量增加，应贮存在避光的地方，防止变青发芽，饲喂时也要同其他饲料按一定比例搭配。④ 妥善保存农药及化肥。一定要把农药和化肥放在仓库内，由专人负责保管，以免被羊当作饲料或添加剂误食，引起中毒，被污染的用具或容器应消毒处理后再使用。对其他有毒药品如灭鼠药的运输、保管、使用也必须严格管理，以免羊接触后发生中毒。⑤ 防止水源被毒物污染。对喷洒过农药或施有化肥的农田排放的水，不应用作饮用水；对工厂附近排出的水或池塘内的死水，也不宜让羊饮用。

（二）治疗新技术

1. 处理原则

（1）羊群发生传染病后的处理措施　羊群发生传染病时，应立即采取一系列紧急措施，就地扑灭，以防止疫情扩散。对国家规定必须报告的烈性传染病，如口蹄疫、小反刍兽疫等，要严格按国家有关重大动物疫病的应急处置办法进行处理。对一般传染病，可进行如下处置：①立即向上级部门报告疫情；②立即将病羊和健康羊隔离，以防健康家畜受到传染；③对于发病前与病羊有过接触的羊（虽然在外表上看不出有病，但有被传染的嫌疑，一般叫做"可疑感染羊"），不能再同其他健康羊在一起饲养，必须单独圈养，经过 20d 以上的观察不发病，才能与健康羊合群；如有出现症状的羊，则按病羊处理。对已隔离的病羊，要及时进行药物治疗；隔离场所禁止人、畜出入和接近，工作人员出入应遵守消毒制度；隔离区内的用具、饲料及粪便等，未经彻底消毒不得运出；④没有治疗价值的病羊，由兽医根据国家规定进行严格的无害化处理；病羊尸体要焚烧或深埋，不得随意抛弃。⑤对健康羊和可疑感染羊，要进行疫苗紧急接种或用药物进行预防性治疗。

（2）羊群发生寄生虫病后的处理措施　羊的大多数蠕虫病属消耗性疾病，多呈慢性经过，但也有急性暴发的情况发生，如羊的肝片吸虫病、胃肠道线虫病等。若已确定发病原因属于寄生吸虫、绦虫、线虫，则应根据所确诊的寄生虫的种类及其生物学特性针对传播环节采取措施，选用特效药或广谱驱虫药对病羊进行治疗。如发生血吸虫病后，应对羊群常去的水塘或放牧的沼泽地带进行灭螺处理，并用 吡喹酮对病羊及同群羊进行治疗；如羊群发生绦虫病时，除应立即用吡喹酮、丙硫苯咪唑等对羊群进行驱虫治疗外，应尽量避免在清晨、傍晚和雨天放牧，减少羊吞吃地螨的机会，并通过划区轮牧，改善条件，以减少地螨数量；当发生线虫病（如捻转血矛线虫、食道口线虫、网尾线虫等）时，应立即用左旋咪唑、丙硫苯咪唑、伊维菌素等广谱驱虫药进行驱虫治疗，一般应进行两次驱虫，间隔时间根据本地寄生虫优势种的生物学特性确定，同时注意羊圈及活动场地卫生状况的改善。

羊的原虫病，特别是血液原虫病大多呈地方流行性，病程一般为急性经过，发病时可选用贝尼尔、咪唑苯脲、黄色素等，同时应通过药浴或喷雾法进行灭蜱。

羊的外寄生虫病主要由螨、蜱及鼻蝇蛆引起。当动物体出现螨病时，首先应将病羊与健康羊隔离，通过在饲料内添加杀螨药物，或皮下注射伊维菌素类药物实施治疗；当发现羊患鼻蝇蛆病时，应注射或口服杀虫剂（如伊维菌素），或用 1％敌百虫滴鼻，或用敌敌畏乳剂（每立方米用 1mL）熏蒸，等方法进行治疗；当体表发现"蜱"时，应选用溴氰菊酯（敌杀死）或楝素等，进行药浴或喷雾处理。

（3）羊群发生中毒性疾病后的处理措施 羊发生中毒时，要查明原因，及时进行救治，一般原则如下：

①加速体内毒物的排出 有毒物质如为经口食入，初期可进行洗胃，以排出胃内容物，在洗胃水中加入适量的活性炭可提高洗胃效果；如中毒时间较长，大部分毒物已进入肠道时，应灌服泻剂；对已吸收进入血液中的毒物，可采用静脉放血同时进行输液（5%葡萄糖生理盐水或复方氯化钠注射液）的方法加速度毒物的排出。大部分毒物均是经肾脏排泄，故利尿排毒也具有一定的效果。

②应用解毒剂 在毒物性质未确定之前，可使用通用解毒药；如毒物性质已经确定，则可有针对性地使用中和解毒药（如酸类中毒内服碳酸氢钠、石灰水等）、沉淀解毒药（如生物碱或重金属中毒可内服2%～4%鞣酸）及特效解毒药（如解磷定对有机磷中毒有特效，美蓝对亚硝酸盐中毒有特效）。

③对症治疗 心脏衰弱时，可用强心剂；呼吸功能衰竭时，使用呼吸中枢兴奋剂；病羊不安时，使用镇静剂；为了增强肝脏解毒能力，可大量输液。

2. 常见给药方法 羊的给药方法很多，应根据病情、药物的性质、羊的大小，选择适当的给药方法。

（1）口服法

①自行采食法 多用于大群羊的预防性治疗或驱虫。将药物按一定的比例拌入饲料或饮水中，任羊自行采食或饮用。大群羊用药前，最好先做小群的毒性和药效试验。

②长颈瓶给药法 当给羊灌服稀薄药液时，可将药液倒入细口长颈的玻璃瓶、胶皮瓶或一般的酒瓶中，抬高羊的嘴巴，给药者右手拿药瓶，左手食、中二指自羊右口角伸入口中，轻轻压迫舌头，羊口即张开。然后将药瓶口从左口角伸入羊口中，并将左手抽出，待瓶口伸到舌头中段，即抬高瓶底，将药液灌入。

③药板给药法 专用于舔剂。舔剂不流动，在口腔中不会向咽部滑动，因而不致发生误咽。用竹制或木制的药板给药。药板长30cm、宽3cm、厚3mm，表面须光滑。给药者站在羊的右侧，左手将开口器放入羊口中，右手持药板，用药板前部抹取药物，从右口角伸入口内到达舌根部，将药板翻转，轻轻按压，把药抹在舌根部，待羊下咽后，再抹第二次，如此反复进行，直到把药给完。

（2）灌肠法 灌肠法是将药物配成液体，直接灌入直肠内。羊一般用小橡皮管灌肠。先将直肠内的粪便排出，然后在橡皮管前端涂上凡士林，插入直肠内，把橡皮管的盛药部分提高到超过羊的背部。灌肠完毕后，拔出橡皮管，用手压住肛门或拍打尾根部，以防药物排出。药液的温度应与体温一致。

（3）胃管法 给羊插入胃管的方法有两种：一是经鼻腔插入，二是经口腔插入。

①经鼻腔插入 先将胃管插入鼻孔，沿下鼻道慢慢送入，到达咽部时，有阻挡感觉，待羊进行吞咽动作时趁机送入食道；如不吞咽，可轻轻来回抽动胃管，诱发吞咽。胃管通过咽部后，如进入食道，继续深送会感到稍有阻力，这时要向胃管内用力吹气，如见左侧颈沟有起伏，表示胃管已进入食道。如胃管误入气管，多数羊会表示不安，咳嗽，继续深送，毫无阻力，向胃管吹气，左侧颈沟看不到波动，用手在左侧颈沟胸腔入口处摸不到胃管，同时胃管末端有与呼吸一致的气流出现。此时应将胃管抽出，重新插入。如胃管已入食道，继续深送，即可到达胃内，此时从胃管内排出酸臭气味，将胃管放低

时则流出胃内容物。

②经口腔插入　先装好木质开口器，用绳固定在羊头部，将胃管通过木质开口器的中间孔，沿上腭直插入咽部，借吞咽动作胃管可顺利进入食道，继续深送，胃管即可到达胃内。胃管插入正确后，即可接上漏斗灌药。药液灌完后，再灌少量清水，然后取掉漏斗，往胃管内吹气，使胃管内残留的液体完全入胃，然后折叠胃管，慢慢抽出。该法适用于灌服大量水剂及有刺激性的药液。患有咽炎、咽喉炎和咳嗽严重的病羊，不可用胃管灌药。

（4）注射法　注射法是将灭过菌的液体药物，用注射器注入羊体。注射前，要将注射器和针头用清水洗净，煮沸 30min。注射时，要排除注射器内的空气。

①皮下注射　是把药液注射到羊的皮肤和肌肉之间。羊的注射部位是在颈部或股内侧皮肤松软处。注射时，先把注射部位的毛剪净，涂上碘酒，用左手捏起注射部位的皮肤，右手持注射器用针头斜向刺进皮肤，如针头能左右自由活动，即可注入药液；注毕拔出针头，涂上碘酒。凡易于溶解的药物、无刺激的药物和疫苗，均可进行皮下注射。

②肌内注射　是将灭菌的药液注入肌肉较多的部位。羊的注射部位是在颈部。注射针与皮肤垂直刺入，深度为 1～2 cm。刺激性小、吸收缓慢的药物和疫苗，可采用肌内注射。

③静脉注射　是将经灭菌的药液直接注射到静脉中，使药液随血流很快分布全身，迅速发生药效。羊的注射部位是颈静脉。注入方法是先用左手按压静脉靠近心脏的一端，使其怒张，右手持注射器，将针头向上刺入静脉内，如有血液回流，则表示已插入静脉内，然后用右手推动活塞，将药液注入；药液注射完毕后，左手按住刺入孔，右手拔针，在注射处涂擦碘酒即可。如药液量大，也可使用静脉输入器，其注射分两步进行：先将针头刺入静脉，再接上静脉输入器。注意药液输入静脉时，绝对不能含有气泡。凡输液（如生理盐水、葡萄糖溶液等）或药物刺激性大，不宜皮下或肌内注射的药物，多采用静脉注射。

④气管注射　是将药物直接注入气管内。注射时，多取侧卧保定，且头高臀低，将针头穿过气管软骨环之间，垂直刺入，摇动针头，若感到针头确已进入气管，接上注射器，抽动活塞，见有气泡，即可将药液缓缓注入。如欲使药液流入两侧肺中，则应注射两次，第二次注射时，须将羊翻转，卧于另一侧。该法适用于治疗气管、支气管和肺部疾病。

⑤羊瘤胃穿刺术　当羊发生瘤胃臌气时，可采用本法。穿刺部位是在左肷窝中央臌气最高的部位。方法是：局部剪毛，碘酒消毒，将皮肤稍向上移，然后将套管针或普通针头垂直地或朝右肘头方向刺入皮肤及瘤胃壁，气体即从针头排出，然后拔出针头，碘酒消毒即可。必要时可从套管针孔注入防腐剂或消沫药。

（5）皮肤、黏膜给药　通过皮肤和黏膜吸收药物，使药物在局部或全身发挥治疗作用。常用的给药方法有滴鼻、点眼、刺种、皮肤局部涂擦、浇泼、埋藏等。

（6）药浴　为了预防和治疗羊的体外寄生虫病，如蜱、疥螨、羊虱等，常需在这些体外寄生虫活动的季节或夏末秋初进行药浴，如果某些病羊需要在冬季进行药浴，一定要注意保暖。根据药浴的方式可以分为池浴、淋浴和盆浴三种形式，池浴和淋浴主要用于具有一定规模的养殖场，而盆浴则主要被养殖规模较小的专业户所采用。

①药浴液的配制　目前羊常用的药浴液有溴氰菊酯、螨净、舒利宝等，药液应按使用说明书进行配置，通过加热使药浴液的温度保持在 20～30℃。

②药浴方法

a. 池浴法　药浴时应由专人负责将羊只赶入或牵拉入池，另有人手持浴叉负责在池边照护，将背部、头部尚未被浸湿的羊只压入药液内使其浸透；当有拥挤互压现象时，应及时处理，以防药液呛入羊肺或淹死现象。羊在入池 2～3min 后即可出池，使其在广场停留5min 后再放出。

b. 淋浴法　是在池浴的基础上进一步改进提高后形成的药浴方法，优点是浴量大、速度快，节省劳力，比较安全，质量高，目前我国许多地区均已逐步采用。淋浴前应先清理好淋浴场进行试淋，待机械运转正常后，即可按规定浓度配制药液。淋浴时应先将羊群赶入淋场，开动水泵进行喷淋，经 2～3min 淋透全身后即可关闭水泵，将淋毕的羊只赶入滤液栏中，经 3～5min 即可放出。

c. 盆浴法　是在适当的盆、缸或锅中配好药液后，通过人工将羊只逐个进行洗浴的方法，只适用于没有池浴或淋浴设施的散养户。

③应遵循的原则　药浴应选在晴朗、温暖、无风的天气，于日出后的上午进行，以便药浴后羊毛很快干燥。羊在药浴前 8h 停止饲喂，入浴前 2～3h 饮足水，防止羊因口渴而误饮药液造成中毒。大规模进行药浴前，应选择品质较差的 3～5 只羊进行试浴，无中毒现象发生时，方可按计划组织药浴。先浴健康羊，后浴病羊，妊娠 2 个月以上的母羊或有外伤的羊暂时不浴。药液应浸满全身，尤其是头部。药浴后羊在阴凉处休息 1～2h 即可放牧，如遇风雨应及早赶回羊舍，以防感冒。药浴结束后 2h 内不得母子合群，防止羔羊吸奶时发生中毒。药浴最好在剪毛后 7～10d 进行，效果较好。对患疥螨病的羊，第一次药浴后间隔 1～2 周应重复药浴 1 次。羊群若有牧羊犬，也应一并药浴。药浴期间工作人员应佩戴口罩和橡皮手套，以防中毒。药浴结束后，药液不能任意倾倒，应清除后深埋地下，以防动物误食而中毒。

三、常用的疫苗及药物

（一）常用疫苗

1. 无毒炭疽芽孢苗　用于预防绵羊炭疽病，绵羊颈部或后腿皮下注射 0.5mL。注射14d 后产生免疫力，免疫期为 1 年。

2. 无毒炭疽芽孢苗（浓缩苗）　用于预防绵羊炭疽病，用时以 1 份浓缩苗加 9 份 20% 氢氧化铝胶液稀释后，绵羊皮下注射 0.5mL。免疫期为 1 年。

3. Ⅱ号炭疽芽孢苗　用于预防绵羊、山羊炭疽病，绵羊、山羊均皮下注射 1mL。注射后 14d 产生免疫力。免疫期为 1 年。

4. 布鲁氏菌猪型 2 号菌苗　用于预防山羊、绵羊布鲁氏菌病，山羊、绵羊臀部肌内注射 0.5mL（含菌 50 亿），3 月龄以内的羔羊和怀孕羊均不能注射；饮水免疫时按每只羊内服200 亿菌体计算，于 2d 内分 2 次饮服。免疫期：绵羊为 1.5 年；山羊为 1 年。

5. 布鲁氏菌羊型 5 号弱毒冻干菌苗　用于预防山羊、绵羊布鲁氏菌病，用适量灭菌蒸馏水稀释所需的用量。皮下或肌内注射，羊为 10 亿活菌；室内气雾，每立方米 50 亿活菌；室外气雾（露天避风处）羊每只剂量 50 亿活菌。羊可饮用或灌服，每只剂量 250 亿活菌。免疫期为 1.5 年。

6. 布鲁氏菌无凝集原（M-Ⅲ）菌苗　用于预防绵羊、山羊布鲁氏菌病，无论羊只年龄大小（孕羊除外），每只羊皮下注射 1mL（含菌 250 亿），或每只羊口服 2mL（含菌 500亿）。免疫期为 1 年。

7. 破伤风明矾沉降类毒素　用于预防破伤风，绵羊、山羊各颈部皮下注射 0.5mL。第二年再注射 1 次，免疫力可持续 4 年。免疫期为 1 年。

8. 破伤风抗毒素　紧急预防和治疗破伤风病，皮下或静脉注射，治疗时可重复注射一至数次。预防量：1 万～2 万 U；治疗量：2 万～5 万 U。免疫期为 2～3 周。

9. 羊快疫、猝狙、肠毒血症三联菌苗　用于预防羊快疫、羊猝狙、肠毒血症，临用前每头份干菌用 1mL 20% 氢氧化铝胶盐水稀释，充分振匀，无论羊的年龄大小，一律肌内或皮下注射 1mL。免疫期为 1 年。

10. 羊梭菌病四防氢氧化铝菌苗　用于预防羊快疫、羊猝狙、肠毒血症、羔羊痢疾，无论年龄大小，一律肌内或皮下注射 5mL。免疫期为 0.5 年。

11. 羊黑疫菌苗　用于预防羊黑疫，皮下注射，大羊 3mL，小羊 1mL。免疫期为 1 年。

12. 羔羊痢疾灭活菌苗　用于预防羔羊痢疾，怀孕母羊在分娩前 20～30d 皮下注射 2mL，第二次于分娩前 10～20d 皮下注射 3mL。免疫期母羊为 5 个月，乳汁可使羔羊获得被动免疫力。

13. 羊黑疫、快疫混合苗　用于预防黑疫、快疫，羊不论大小，一律皮下或肌内注射 3mL。免疫期为 1 年。

14. 羊厌气菌氢氧化铝甲醛五联苗　用于预防羊快疫、猝狙、羔羊痢疾、肠毒血症、羊黑疫，羊无论年龄大小，一律皮下或肌内注射 3mL。免疫期为 0.5 年。

15. 羔羊大肠杆菌病菌苗　用于预防羔羊大肠杆菌病，3 月龄至 1 岁羊，皮下注射 2mL；3 月龄以内的羔羊皮下注射 0.5～1mL。免疫期为 0.5 年。

16. C 型肉毒梭菌苗　用于预防羊肉毒梭菌中毒症，绵羊、山羊颈部皮下注射 4mL。免疫期为 1 年。

17. C 型肉毒梭菌透析培养菌苗　用于预防羊 C 型肉毒梭菌中毒症，用生理盐水稀释，每毫升含原菌液 0.02mL，羊颈部皮下注射 1mL。免疫期为 1 年。

18. 山羊传染性胸膜肺炎氢氧化铝苗　用于预防山羊传染性胸膜肺炎，山羊皮下或肌内注射，6 月龄山羊 5mL，6 月龄以内羔羊 3mL。免疫期为 1 年。

19. 羊肺炎支原体氢氧化铝灭活苗　用于预防山羊和绵羊由肺炎支原体引起的传染性胸膜炎，颈侧皮下注射，成羊 3mL，6 月龄以内羊 2mL。免疫期为 1.5 年。

20. 羊流产衣原体油佐剂卵黄囊灭活苗　用于预防羊衣原体性流产，注射时间应在羊怀孕前或怀孕后 1 个月内进行，每只羊皮下注射 3mL。免疫期为 1 年。

21. 羊痘鸡胚弱毒苗　用于预防绵羊、山羊痘病，用生理盐水 25 倍稀释，振匀，不论羊大小，一律皮下注射 0.5mL。注射后 6d 产生免疫力，免疫期为 1 年。

22. 羊口疮弱毒细胞冻干苗　用于预防绵羊、山羊口疮病，按每瓶总头份计算，每头份加生理盐水 0.2mL，在阴暗处充分摇匀，采取口唇黏膜注射法，每只羊于口唇黏膜内注射 0.2mL，注射是否正确，以注射处呈透明发亮的水泡为准。免疫期为 5 个月。

23. 狂犬病疫苗　用于预防狂犬病，皮下注射，羊 10～25mL，如羊已被病畜咬伤时，可立即用本苗注射 1～2 次，两次间隔 3～5d，以作紧急预防。免疫期为 1 年。

24. 牛、羊伪狂犬病疫苗　预防羊伪狂犬病，山羊颈部皮下注射 5mL，本苗冻结后不能使用。免疫期为 0.5 年。

25. 羊链球菌氢氧化铝菌苗　预防绵羊、山羊链球菌病，背部皮下注射，6 月龄以上羊每只 5mL；6 月龄以下羊 3mL；3 月龄以下的羔羊，第一次注射后，最好到 6 月龄以后再注射 1 次，以增强免疫力，免疫期为 0.5 年。

26. 羊链球菌弱毒菌苗 预防羊链球菌病，用生理盐水稀释，气雾菌苗用蒸馏水稀释，每只羊尾部皮下注射 1mL（含 50 万活菌），0.5～2 周岁羊减半。露天气雾免疫，每只羊按 3 亿活菌，室内气雾免疫每只按 3 000 万活菌计算（每平方米 4 只羊计 1.2 亿菌）。免疫期为 1 年。

（二）常用化学药物

1. 抗生素类

（1）青霉素 G 钠盐、青霉素 G 钾盐、氨苄青霉素 对革兰氏阳性菌引起的感染有效，用于乳房炎、肺炎、子宫炎、败血症、菌血症和创伤感染等。肌内注射。注射剂：20 万、40 万、80 万 IU/瓶或支，20～40 万 IU/次，一日 2～3 次。

（2）硫酸链霉素 革兰氏阴性菌引起的感染，用于肠道感染、泌尿道感染、肺炎、败血症等。肌内注射。注射剂：1g（100 万 U）/瓶，2g（200 万 U）/瓶。0.5～1g/次。

（3）硫酸庆大霉素 用于金黄色葡萄球菌、绿脓杆菌、大肠杆菌等引起的败血症、肺炎、腹膜炎、尿路感染等。肌内注射。注射剂：20mg（4 万 U）/支、80mg（8 万 U）/支。80 万～160 万 U/次，一日 2 次。

（4）卡那霉素 抗菌谱与链霉素相似，对大多数革兰氏阴性菌，如大肠杆菌、痢疾杆菌、变形杆菌等，有较好疗效。注射剂：0.5g（50 万 U）/支、1g（100 万 U）/支、2g（200 万 U）/支。每千克体重 10～15mg，一日 2 次。

2. 磺胺类药物

（1）磺胺嘧啶钠注射液 细菌感染，用于脑炎、肺炎、巴氏杆菌病、腹膜炎、子宫炎、乳房炎。肌内注射、静脉注射。注射剂：10%溶液，以每千克体重 0.15mL，肌内注射，一日 2 次。

（2）磺胺甲氧嗪胺（SMP、长效磺胺） 抑菌作用与磺胺嘧啶大致相同，特点是排泄慢、药效维持时间长。口服。片剂：0.5g/片；开始量：每千克体重每日 0.15g；维持量：每千克体重每日 0.05g，一日 1 次。

（3）磺胺脒（SG、磺胺胍、止痢片） 细菌性肠炎。口服。片剂：0.5g/片；开始量：每千克体重每次 0.2g；维持量：每千克体重每次 0.1g，一日 2 次。

3. 解热镇痛药

（1）安乃近注射液 解热、镇痛、抗风湿，用于感冒发热、关节痛、风湿症和疝痛。肌内注射。注射剂：30%20mL/支，5～10mL/次，一日 2 次。

（2）复方氨基比林注射液（安痛定） 用于肌肉、关节、神经痛。注射剂包装规格有 5×10mL、5×20mL 两种，以 5～10mL/次进行肌内注射。

4. 中枢兴奋及强心药

（1）尼克刹米注射液（可拉明） 具有兴奋呼吸中枢神经的作用，用于呼吸抑制或血管性虚脱及外伤手术后的休克。皮下、肌内注射。注射剂：1.5mL（0.375g）/支，1.5～3mL/次。

（2）樟脑磺酸钠注射液 兴奋中枢、强心，用于心脏衰弱、虚脱、呼吸困难。肌内注射、皮下注射。注射剂：10%1mL/支、10%2mL/支，5～10mL/次。

5. 消化系统用药

（1）人工盐　用于消化不良、便秘等。口服。粉剂：500g/袋，健胃：10～30g/次，缓泻：50～100g/次。

（2）硫酸钠或硫酸镁　用于瘤胃积食、瓣胃阻塞、便秘等。口服。粉剂：500g/袋，50～100g/次。

（3）液体石蜡（石蜡油）　用于瘤胃积食、瓣胃阻塞、便秘等。口服。500mL/瓶，100～300mL/次。

（4）二甲基硅油或消胀片　用于瘤胃泡沫性臌气。口服。配成2％的煤油溶液，10～15mL/次。

（5）次硝酸铋（碱式硝酸铋）　保护胃肠黏膜，有收敛止泻作用，用于急慢性腹泻。口服。散剂：500g/瓶、1000g/瓶，6～15g/次。

（6）龙胆酊　苦味健胃药，增加胃液分泌，刺激胃肠蠕动，口服。酊剂：500mL/瓶，6～20mL/次。

（7）鱼石脂　为浓稠液体，包装规格为500g/瓶，用于瘤胃臌气。口服剂量为2～6g/次，一日1～2次。

6. 镇咳祛痰药

（1）复方咳必清　用于呼吸道急性炎症、剧烈干咳。口服。20～30mL/次。

（2）氯化铵（卤砂）　增加呼吸道分泌，使气管内分泌物变稀、易于咳出，也有利尿作用。口服。散剂：500g/瓶，2～3g/次，一日2～3次。

7. 止血药

（1）维生素 K_3 注射液　大出血及毛细血管出血、产后出血等，也可作为手术预防出血用。肌内注射。注射剂：0.4％10mL（4mg）/支、0.4％10mL（40mg）/支，2～10mg/次。一日2次。

（2）止血敏注射液（羧苯磺乙胺）　大出血及毛细血管出血，产后出血等，也可作为手术预防出血用。肌内注射、静脉注射。注射剂：25％2mL/支，2～4mL/次。

8. 维生素类药

（1）维丁胶性钙注射液　预防或治疗羔羊佝偻病、成羊骨软症和营养不良。肌内注射、皮下注射。注射剂：10mL/瓶、20mL/瓶，2～3mL/次，一日1次。

（2）维生素C（抗坏血酸）　减少毛细血管渗透性和脆性，增强抗感染能力。用于维生素C缺乏症、血斑病、传染病、溃疡病等。肌内注射、静脉注射。注射剂：2mL（0.1g）/支、2mL（0.25g）/支，0.1～0.5g/次，一日2次。

9. 子宫收缩和激素药

（1）催产素　用于母羊分娩无力、产后子宫出血，产后立即注射，可预防胎衣不下。皮下、肌内注射。注射剂：1mL（5IU）/支、1mL（10IU）/支，5～20IU/次，必要时4h后重复用药1次。

（2）己烯雌酚　促进母羊发情，治疗胎衣不下、子宫内膜炎、子宫蓄脓。肌内注射。注射剂：1mL（5mg）/支、1mL（3mg）/支，1～3mg/次。

10. 大输液用药

（1）等渗氯化钠注射液　用于脱水、失血时补充体液及促进各种中毒病的毒物排除，外用冲洗伤口或黏膜炎症。静脉注射。注射剂：0.9%500mL/瓶，200～400mL/次，一日1～2次。

（2）复方氯化钠注射液（林格氏液）　用于脱水、失血时补充体液及各种中毒病，促进毒物排除，外用冲洗伤口或黏膜炎症。静脉注射。注射剂：0.9%500mL/瓶，200～400mL/次，一日1～2次。

（3）高渗氯化钠注射液　补充氯化钠，提高渗透压，促进胃肠蠕动，用于前胃弛缓、瓣胃阻塞。静脉注射。注射剂：10% 500mL/瓶，20～40mL/次，一日1次。

（4）5%～10%葡萄糖注射液：补液、解毒、排毒、供给能量、强心。静脉注射。注射剂：500mL/瓶，200～400mL/次。

（5）碳酸氢钠注射液　用于缓解酸中毒、肺炎等，增加机体抵抗力。静脉注射。注射剂：5%250mL/瓶，50～100mL/次。

（6）葡萄糖酸钙注射液　钙代谢紊乱的骨软症、佝偻病、产期瘫痪、出血性疾病、炎症、荨麻疹等。静脉注射。注射剂：10% 20mL/支、100mL/支、50mL/支、5～15g/次，一日1次。

11. 驱杀虫类药

（1）丙硫苯咪唑　广谱驱虫药，对多种线虫、绦虫、吸虫均有驱除作用，高效低毒。口服。粉剂、片剂。线虫和绦虫：每千克体重5～10mg；吸虫：每千克体重10～20mg。

（2）阿维菌素　广谱驱虫药，对多种体外寄生虫螨、虱、蝇蛆及多种线虫有驱杀作用，高效低毒。皮下注射或口服。注射剂、粉剂、胶囊剂、片剂：1% 5mL/瓶、20mL/瓶，每千克体重0.2mg。

（3）伊维菌素（害获灭）　广谱高效抗寄生虫药，对各种线虫、昆虫和螨均具有驱杀活性，高效低毒。剂型为1%的注射剂，治疗时以每千克体重0.2mg进行皮下注射。

（4）三氯苯咪唑（肝蛭净）　对各期肝片吸虫有特效，但对线虫无效。主要用于驱除羊的肝片吸虫、大片吸虫和前后盘吸虫。制剂为丸剂，规格有200mg和900mg两种，剂量为每千克体重10mg。

（5）氯氰碘柳胺　是一种广谱、高效、低毒驱虫药，对多数吸虫的成虫和童虫具有杀灭作用，对胃肠道线虫及节肢动物的幼虫均具有驱杀作用，可用于这些寄生虫病的治疗和预防。制剂有片剂和注射剂，规格分别为500mg/片和5%浓度的液体，内服剂量为每千克体重10mg，皮下注射剂量为每千克体重5mg。

（6）吡喹酮　为血吸虫病特效治疗药物，对各种绦虫的成虫和未成熟虫体均具有较好的效果，但对线虫无效。主要制剂为片剂，口服剂量为每千克体重20mg。

（7）贝尼尔（三氮脒，血虫净）　为泰勒虫病和巴贝斯虫病治疗的特效药，主要制剂为粉针剂，应用时用蒸馏水配成5%溶液，以每千克体重3～5mg肌内注射，每日1次，连用2d。

（8）溴氰菊酯（敌杀死）　对各种外寄生虫，如蜱、虱、蚊、羊鼻蝇及螨均具有杀灭作用。主要制剂为1%的乳剂，药浴或喷淋的用量为每千克水加该药1mL。

（9）复合制剂　兽用超低容量喷雾剂——杀虫油剂。

①主要成分　氨基甲酸，高效菊酯。

②作用机理　对害虫具有熏蒸、触杀和胃毒作用。氨基甲酸为正温度系数药物，高效菊

酯为负温度系数药物。氨基甲酸为胆碱酯酶抑制剂，作用时间长；高效菊酯为神经轴突部位传导抑制剂，改变神经膜通透性，干扰离子通道，抑制神经信号的通过，作用强烈；两种药物复配后具有明显的增效作用。

③使用范围　对硬蜱、软蜱、毛虱、血虱、羊蜱蝇、蠕形蚤、蚂蚁、苍蝇、蚊子有效，保护期在 2～3 个月左右。对蟑螂的驱杀保护期在 4 个月左右。

④使用方法　用喷雾器直接喷洒在畜体体表即可。

⑤使用剂量　0.5～1mL/鸡；5mL/羊、猪；8～10mL/马、牛、驼。用于杀灭蟑螂，每户 50mL。

12. 外用消毒药

（1）医用酒精（乙醇）　皮肤创伤消毒。外用。75％乙醇水溶液。

（2）碘酊　皮肤、创伤消毒。外用。2％～5％碘酊，500mL/瓶。

（3）煤酚皂溶液（来苏儿）　皮肤、手臂、创面、器械消毒，可驱除体表虱、蚤、螨等；喷洒用于圈舍、环境消毒。外用喷洒。溶液：2％～5％，500mL/瓶。

（4）高锰酸钾　强氧化剂，以 0.05％～0.1％水溶液洗涤，用于口炎、咽炎、直肠炎、阴道炎、子宫炎及深部化脓创等。外用冲洗。结晶体，瓶装，禁与酒精、甘油、糖、鞣酸等有机物或易被氧化的物质合用。

（5）双氧水（过氧化氢溶液）　氧化剂，对各种繁殖型微生物有杀灭作用，但不能杀死芽孢及结核杆菌，用于清洗化脓性疮口，冲洗深部脓肿。外用。溶液：2.5％～3.5％，500mL/瓶。

（6）新洁尔灭　0.05％～0.1％水溶液，用于手术前手臂消毒、皮肤黏膜和器械浸泡消毒；0.15％～0.2％水溶液，用于圈舍喷雾消毒。外用喷雾。溶液：2％、5％、10％ 500mL/瓶、1 000mL/瓶，本品不能与肥皂、合成洗涤剂及盐类物质接触，现用现配。

第三节　传染病及其防治措施

一、口蹄疫

口蹄疫又称"口疮"或"蹄癀"，是由口蹄疫病毒引起的猪、牛、羊等偶蹄兽的一种高度接触性传染病，以口腔黏膜和鼻、蹄、乳头等处皮肤形成水疱和烂斑为主要特征。

（一）诊断

1. 流行病学特点　本病流行往往秋末开始，冬季加剧，春季减轻，夏季基本平息，发病动物和所接触的环境与物品是传染源，主要通过直接接触和间接接触而感染。也可经空气传播。该病传染性强，一旦发生很快波及全群。

2. 主要症状　潜伏期为 1 周左右，病羊体温升高到 40～41℃，食欲减退，流涎，1～2d 后在唇内、齿龈、舌面、乳房、蹄冠等部位出现蚕豆或核桃大小的水疱。羊的症状一般较轻，绵羊仅在蹄部出现豆粒大小的水疱，需仔细检查才能发现；山羊在蹄部则较少见到水疱，主要出现于口腔黏膜，水疱皮薄，且很快破裂。由于头部被毛耸立，外观似头部变大，有人称之为"大头病"。如无继发感染，成年羊会在 4 周之内康复，死亡率在 5％以下。羔羊死亡率较高，有时可达 70％以上，主要引起心肌损伤而猝死。

3. 临床诊断要点 本病呈急性流行性传播，主要侵害偶蹄兽，一般为良性转归；临床表现为发热，口腔黏膜（如牙龈、舌等）、蹄部皮肤、乳房、乳头、鼻端、鼻孔等部位出现水疱和溃疡；注意与羊传染性脓疱、蓝舌病等类似传染病相区别。

4. 病料的送检 要对本病进行确诊，需采取水疱液或水疱皮送 国家口蹄疫参考实验室进行病原分离鉴定、动物接种试验、血清学诊断等检验。

（二）防控措施

1. 一旦发生口蹄疫，应及时上报疫情，划定疫点、疫区和受威胁区，实施隔离和封锁措施，严格执行扑灭措施。

2. 应严格执行检疫、消毒等预防措施，严禁从有口蹄疫国家或地区购进动物、动物产品、饲料、生物制品等。被污染的环境应彻底消毒。

3. 对疫区和受威胁区未发病动物进行紧急免疫接种；口蹄疫流行区应坚持免疫接种。

二、蓝舌病

羊蓝舌病又称羊瘟，是由库蠓传播的、蓝舌病病毒引起的羊的一种传染病。绵羊最易感染，山羊和牛次之。该病以发热、消瘦、白细胞减少、口唇肿胀及糜烂、鼻腔和胃肠黏膜的溃疡性炎症为特征。

（一）诊断技术

1. 流行病学特点 此病的发生和分布都同媒介昆虫的分布有密切关系，主要暴发于蚊、蠓大量活动的夏秋季节，特别以池塘、河流多的低洼地区多见。

2. 主要症状 潜伏期 3～9d。病初羊体温为 40.5～42℃，呈稽留热型，一般持续 2～3d。病羊双唇水肿及充血，流涎，流鼻涕。口腔充血，后呈青紫或蓝紫色。很快口腔黏膜发生溃疡和坏死，鼻腔有脓性分泌物，干后结痂，引起呼吸困难。舌头充血、点状出血、肿大，严重的病例舌头发绀，表现出蓝舌病的特征症状。口鼻和口腔病变一般在 5～7d 痊愈。蹄部病变一般出现在体温消退期，但偶尔也见于体温高峰期，病羊蹄冠和蹄叶发生炎症，疼痛，出现跛行，甚至有些动物蹄壳脱落。有时腹泻带血，孕羊流产。被毛易折断和脱落。皮肤上有针尖大小出血点或出血斑。病程 6～14d，然后开始自愈。致死多由于并发肺炎和胃肠炎所致。动物的死亡率与许多因素有关，一般为 2%～30%，如果感染发生在阴冷、湿润的深秋季节，死亡率要高很多。临床剖检病理变化表现为嘴唇、鼻及皮肤充血，全身皮肤呈弥散性发红，角基部和蹄冠周围有红圈。口腔黏膜脱落。脾脏肿大。肾充血和水肿，皮质部可见界限清楚的瘀血斑。鼻液稀薄，并有水样或黏液性出血。肺有局部水肿。心包积水，左心室与肺动脉基部常有明显的心内膜出血。

3. 临床诊断要点 根据本病多发生在媒介昆虫活动的季节，且病畜表现为体温升高、唾液增多、黏膜发炎、舌头发绀、口鼻肿胀、水肿、蹄冠炎和继发性肺炎等症状，可作出初步诊断。要注意与口蹄疫、传染性脓疱病的鉴别诊断。

4. 病料的送检 发热期可采集病羊的血液，也可自死后不久的尸体上或剖检采集淋巴结、脾脏、肝脏等病料送有关实验室进行病原分离鉴定、动物接种试验、血清学诊断等检验，以便确诊。

（二）防控措施

1. 为防止本病传入，进口动物应选择在虫媒不活动的季节，若检出阳性动物，全群动物均应扑杀、销毁或退回处理。

2. 在疫区，应采取各种方法捕杀昆虫，减少蚊、蠓等传媒的数量。

3. 在疫区和受威胁区注射疫苗，是预防该病的有效方法。

4. 因羊蓝舌病属于一类传染病，危害严重，故一经发现疫情应即时上报有关部门，并参照口蹄疫的处置要求采取相应措施。

三、羊链球菌病

羊链球菌病，即羊败血性链球菌病，是由 C 群马链球菌兽疫亚种引起的一种急性热性传染病，因病羊的咽喉大多肿胀，故链球菌病俗称嗓喉病，其临床特征主要是下颌淋巴结与咽喉肿胀，其剖检特征为全身性出血性败血症、卡他性肺炎、纤维素性胸膜肺炎、胆囊肿大和化脓性脑脊髓膜炎等。

（一）诊断技术

1. 流行病学特点 羊链球菌病主要发生于绵羊，山羊次之。主要通过呼吸道传染，其次是消化道和损伤的皮肤。多发于冬春寒冷季节（每年 11 月至次年 4 月），气候严寒和剧变以及营养不良等因素均可诱导发病。新疫区常呈地方性流行，老疫区多散发。发病不分年龄、性别和品种。

2. 主要症状 人工感染的潜伏期为 3～10d。病程短，一般 2～4d，最急性者 24h 内死亡，症状不易发现。病羊体温升至 41℃，呼吸困难，精神不振，反刍停止，流涎，浆液性、脓性鼻液，结膜充血，常见流出脓性分泌物，粪便松软，带有黏液或血液。有时可见眼睑、嘴唇、面颊及乳房部位肿胀，咽喉部及下颌淋巴结肿大。孕羊阴户红肿，可发生流产。病死前常有磨牙、呻吟及抽搐现象。个别的羊有神经症状。急性者多数由于窒息死亡。

3. 临床诊断要点 根据流行病学特点和典型临床症状可作出初步诊断，但要注意与羊炭疽、羊梭菌性疾病（羊快疫、羊肠毒血症等）和羊巴氏杆菌病等类似症的鉴别诊断。

4. 病料的送检 采取血液、脓汁、胸水、腹水、淋巴结、肝脏、脾脏等病料，送有关实验室进行病原学检查及动物接种试验，以便确诊。

（二）防治措施

1. 预防

（1）加强饲养管理，抓膘、保膘，做好防寒保暖工作。

（2）每年秋季用羊链球菌氢氧化铝甲醛苗进行预防接种，羊无论大小一律皮下注射 3mL，3 月龄以下羔羊，3 周后重复接种 1 次。接种后 14～21d 产生免疫力，免疫期可维持 6 个月以上。

（3）发病后，对病羊和可疑羊要分别隔离治疗，场地、器具等用 10％的石灰乳或 3％的来苏儿严格消毒，羊粪及污物等堆积发酵，尸体应无害化处理。

2. 治疗 患病早期应用青霉素等药物进行治疗，剂量为每次 80 万～160 万 IU，每天肌内注射 2 次，连用 2～3d；也可用羊链球菌高免血清进行治疗。

四、羊传染性脓疱病

羊传染性脓疱病也叫羊口疮，病原为传染性脓疱病病毒或称羊口疮病毒，属于痘病毒科、副痘病毒属，该病毒对外界有相当强的抵抗力，病变干痂暴露于夏季阳光下 30～60d 仍具有传染性。本病主要危害羔羊，但也发生于育成羊和成年羊。其特征为口腔黏膜、唇部、面部、腿部和乳房部的皮肤形成丘疹、脓疱、溃疡和结成疣状厚痂。

（一）诊断技术

1. 流行病学特点　本病可发生于春季、夏季和秋季，感染羊无性别和品种差异。3～6月龄的羔羊发病最多，传染很快，常群发。成年羊为常年散发，人和猫也可感染本病，其他动物不易感染。传染源为病羊和其他带毒动物。皮肤和黏膜的擦伤为主要感染途径。本病在羊群中可连续危害多年。

2. 主要症状　自然感染潜伏期为4～7d，人工感染为2～3d。羔羊病变常发于口角、唇部、鼻的附近、面部和口腔黏膜，成年羊的病变部多见于上唇、颊部、蹄冠部和趾间隙以及乳房部的皮肤，口腔内一般不出现病变。病轻的羊只在嘴唇及其周围散在地发生红疹，渐变为脓疱融合破裂，变为黑褐色疣状痂皮，痂皮逐渐干裂，撕脱后表面出血。病较重的羊，在唇、颊、舌、齿龈、软腭及硬腭上产生被红晕包围的水疱，水疱迅速变成脓疱，脓疱破裂形成烂斑。口中流出发臭的混浊唾液。哺乳病羔的母羊常见在初期为米粒大至豌豆大的红斑和水疱，以后变成脓疱并结痂。痂多为淡黄色，较薄，易剥脱。公羊阴鞘和阴茎肿胀，出现脓疱和溃疡。严重病例，特别是有继发感染和病羊体质衰竭时，在肺脏、肝脏等器官上，可能有类似坏死杆菌感染所引起的病变。有的病羊蹄部患病（几乎只发生在绵羊），在蹄叉、蹄冠、系部发生脓疱及溃疡。单纯感染本病时，体温无明显升高。如继发败血病则死亡率较高。

3. 诊断要点　根据流行病学特点和典型临床症状可作出初步诊断，但要注意与口蹄疫、羊痘、溃疡性皮炎、坏死杆菌病、蓝舌病等类似传染病的鉴别。

4. 病料的送检　为进行确诊，可于病变局部采集水疱液、水疱皮、脓疱皮及较深层的痂皮送有关实验室进行病原学鉴定、动物接种试验及血清学诊断。

（二）防治措施

1. 预防

（1）保持环境清洁，清除饲料或垫草中的芒刺和异物，防止皮肤黏膜受损。

（2）对新引进的羊只做好检疫，同时应隔离观察，并对其蹄部、体表进行消毒处理。

（3）发现病羊及时隔离治疗。被污染的饲草应烧毁。圈舍、用具可用2%氢氧化钠或10%石灰乳或20%热草木灰水消毒。

2. 治疗

（1）对病羊应给予柔软易消化的饲料，加喂适量食盐以减少啃土、啃墙。保证其能随时喝到清洁饮水。用0.2%～0.3%高锰酸钾冲洗创面或用浸有5%硫酸铜的棉球擦掉溃疡面上的污物，再涂以2%龙胆紫或碘甘油（5%碘酊加入等量的甘油）或土霉素软膏，每日1～2次。

（2）蹄部病患可将蹄部置于5%福尔马林溶液中浸泡1～2min，连泡3次。也可再用3%龙胆紫溶液、1%苦味酸液或土霉素软膏涂拭患部。

五、绵羊痘

绵羊痘，又叫绵羊天花，是绵羊痘病毒引起的一种接触性传染病，呈流行性。它的特征是在全身皮肤、有时也在黏膜上出现典型的痘疹，病羊发热并有较高的死亡率。往往引起妊娠母羊流产，多数绵羊在发生严重的羊痘后即丧失生产力，使养羊业遭受到巨大的损失。

（一）诊断技术

1. 流行病学特点　主要通过呼吸道感染，也可经损伤的皮肤、黏膜侵入机体。仅发生于绵羊，而且羔羊比大羊敏感，细毛羊比粗毛羊易感，妊娠母羊感染后易发生流产。主要发生于冬末春初。病羊、病毒携带羊及新鲜尸体均是传染源，特别是在痘疹成熟期、结痂期和脱痂期的病畜，传染力更强。

2. 主要症状　典型病例，病初精神沉郁，食欲不振，体温升高到 $41\sim42℃$，脉搏和呼吸加快，结膜潮红，有浆液、黏液或脓性分泌物从鼻孔中流出；经 $1\sim4d$ 后在全身的皮肤无毛和少毛部位（如唇、鼻、颊部、眼周围、四肢和尾的内面、乳房、阴唇、阴囊及包皮等）相继出现红斑、丘疹（结节呈白色或淡红色）、水疱（中央凹陷呈脐状）、脓疱、结痂；结痂脱落后遗留一红色或白色瘢痕，后痊愈。非典型病例，不呈现上述典型经过，常发展到丘疹期而终止，呈现良性经过，即所谓的"顿挫型"。有的病例发生继发感染，痘疱化脓，坏疽、恶臭，并形成较深的溃疡，常为恶性经过，病亡率可达 $20\%\sim50\%$。剖检可见前胃黏膜的大小不等的圆形或半球形坚实结节，有的融合在一起形成糜烂或溃疡。咽和支气管黏膜也常出现痘疹，肺部有干酪样结节和卡他性炎症变化。

3. 诊断要点　对典型病例可根据临床症状、病理变化和流行情况作出诊断。对非典型病例，特别是顿挫型，要仔细检查发病羊群，结合流行病学、病理变化和临床症状，一般也可作出初步诊断。要注意与丘疹性湿疹、传染性脓疱坏死性皮炎及螨病相区别。

4. 病料的送检　可采集病羊皮肤、黏膜上的丘疹、脓疱以及痂皮，有时也可采集鼻分泌物、发热期血液以及死亡动物内脏组织等病料，送有关实验室进行病原分离鉴定、动物接种试验、血清学试验等，以便确诊。

（二）防控措施

1. 预防

（1）平时加强饲养管理，对羊痘常发区或受威胁区的羊只每年定期用羊痘疫苗免疫接种，不从疫区引进羊只。发现疫情要及时采取封锁、隔离、消毒扑杀等根除措施。

（2）被污染的环境、用具等，应用 2% 氢氧化钠溶液、2% 福尔马林、30% 草木灰水或 $10\%\sim20\%$ 的石灰乳进行彻底消毒。待最后一只病羊痊愈后两个月，方可解除封锁。

2. 治疗　发病羊皮肤上的痘疹可用碘甘油、碘酊或龙胆紫药水涂抹；黏膜上的痘疹可用 0.1% 高锰酸钾、龙胆紫药水或碘甘油涂抹；同时可注射青霉素或磺胺类等药物防止继发感染。

六、羊坏死杆菌病

羊坏死杆菌病是由坏死杆菌引起的一种慢性传染病。在临床上表现为皮肤、皮下组织和消化道黏膜的坏死，有时在其他脏器上形成转移性坏死灶。

（一）诊断技术

1. 流行病学特点　坏死杆菌在自然界分布很广，动物的粪便、死水坑、沼泽和土壤中均可存在，通过擦伤的皮肤和黏膜而感染，多见于低洼潮湿地区和多雨季节，呈散发性或地方性流行。

2. 主要症状　绵羊患坏死杆菌病多于山羊，常侵害蹄部，引起腐蹄病。初呈跛行，多为一肢患病，蹄间隙、蹄冠开始红肿、热痛，而后溃烂，挤压肿烂部有发臭的脓样液体流出。随病变发展，可波及腱、韧带和关节，有时蹄匣脱落。绵羊羔可发生唇疮，在鼻、唇、眼部甚至口腔发生结节和水疱，随后成棕色痂块。轻症病例，能很快恢复，重症病例若治疗不及时，往往由于内脏形成转移性坏死灶或继发性感染而死亡。

3. 临床诊断要点　根据临床症状及流行病学特点基本可以确诊。

4. 病料的送检　从病羊的病灶与健康组织的交界处采取病料，进行病原染色观察，必要时可送有关实验室进行病原分离培养及动物接种试验。

（二）防治措施

1. 预防　预防应加强管理，保持羊圈干燥，避免发生外伤，如发生外伤，应及时涂擦碘酊。

2. 治疗　对羊腐蹄病的治疗，首先要清除坏死组织，用食醋、3％来苏儿或1％高锰酸钾溶液蹄浴，然后用抗生素软膏涂抹，为防止硬物刺激，可将患部用绷带包扎；对于有深部瘘管的病例，还必须先用5％高锰酸钾处理，然后清除痂皮和坏死组织，并用10％硫酸铜液冲洗或蹄浴，并结合肌内注射青霉素和链霉素。当发生转移性病灶时，应进行全身治疗，以注射磺胺嘧啶或土霉素效果最好，连用5d，配合应用强心和解毒药，可促进康复。

七、羊快疫

羊快疫是由腐败梭菌引起的一种羊的急性传染病，经消化道感染，主要发生于绵羊，山羊少发。发病突然，病程极短。其剖检特征为真胃出血性、炎性病变。

（一）诊断技术

1. 流行病学特点　本病一年四季均可发生，秋冬和初春，气候骤变，阴雨连绵之际发病较多。一般发病羊多为6～24月龄营养较好的绵羊。绵羊对羊快疫敏感，但山羊也能感染本病。腐败梭菌常以芽孢的形式广泛存在于自然界中，特别是低洼草地、熟耕地及沼泽之中，当羊只采食了被腐败梭菌污染的饲草、饲料和饮水而感染。

2. 主要症状　病羊突然发病，没有任何症状倒地死亡，有的死在牧场，有的死在羊舍内；病程稍缓者表现为离群独处，食欲废绝，卧地，不愿走动，运动失调，有的腹部膨胀，有腹痛、腹泻、磨牙，抽搐等症状。一般体温不高，有的可升高到41℃。口内流出带血色的泡沫，排粪困难，粪便杂有黏液或黏膜间带血丝，病羊最后极度衰竭昏迷，数分钟或几小时后死亡。病理变化表现为腹内膨胀，口腔、鼻腔和肛门黏膜呈蓝紫色并常有出血斑点，真胃出血性炎症变化显著，黏膜尤其是胃底部及幽门附近黏膜常有大小不等的出血斑块和坏死灶。黏膜下组织水肿，胸腔、腹腔、心包有大量积液，暴露于空气中易凝固。肝脏肿大呈土黄色，肺脏瘀血、水肿，全身淋巴结，特别是咽部淋巴结肿大、充血、出血。

3. 临床诊断要点　生前诊断较困难，一般可根据流行病学资料和特征性的病理变化，如出血性真胃炎，进行初步诊断。应注意与羊肠毒血症、羊黑疫和羊炭疽等类似病症相区别。

4. 病料的送检　无菌采集濒死或刚刚死亡羊的脏器组织，送有关实验室进行病原分离鉴定及动物接种试验，以便确诊。

（二）防治措施

1. 预防

（1）本病常发地区，每年定期注射羊快疫、猝狙、肠毒血症三联苗或羊快疫、猝狙、肠毒血症、羔羊痢疾、黑疫五联菌苗，羊只不论大小，一律皮下或肌内注射 5mL，接种后 2 周产生免疫力，保护期为半年。也可采用厌氧菌七联干粉苗（羊快疫、猝狙、肠毒血症、羔羊痢疾、黑疫、肉毒中毒、破伤风）。

（2）当本病发生严重时，转移牧地，可减弱和停止发病。应将所有未发病的羊只转移到高燥地区放牧，早上不宜太早放牧。

（3）及时隔离病羊；对病死羊严禁剥皮利用，尸体及排泄物应深埋；被污染的圈舍和场地、用具，用 3% 的烧碱溶液或 20% 的漂白粉溶液消毒。

（4）对病羊的同群羊进行紧急预防接种。

2. 治疗　由于本病病程短促，往往来不及治疗，因此，必须加强平时的防疫措施；对病程较长的病例可给予对症治疗，使用强心剂、肠道消毒药、抗生素及磺胺类药物。可肌内注射青霉素每次 80 万～160 万 IU，首次剂量加倍，每天 3 次，连用 3～4d。或内服磺胺脒每千克体重 0.2g，第二天减半，连用 3～4d。必要时可将 10% 安钠咖 10mL 加入 500～1 000mL 5%～10% 葡萄糖溶液中，静脉滴注。

八、羊肠毒血症

羊肠毒血症是由 D 型产气荚膜梭菌在羊肠道内迅速繁殖，产生大量毒素而引起的一种急性毒血症，为羊的一种急性非接触性传染病，绵羊较多发生。因本病死亡的羊，时间稍长，肾脏即呈软泥状，所以又称"软肾病"；又由于其症状和病理变化与羊快疫非常相似，所以又称其为"类快疫"。

（一）诊断技术

1. 流行病学特点　羊饮食被 D 型产气荚膜梭菌污染的水或饲草后经消化道感染。在春末夏初、秋季牧草结籽的多雨季节，当羊采食大量富含蛋白质饲料时易发生。2～12 月龄的绵羊最易发病，尤以 3～12 周的幼龄羊和肥胖羊较为严重，山羊较少发生。多为散发，在一个疫群内的流行时间多为 30～50d。开始时发病较为猛烈，在 200～300 只的羊群中，每天死亡 1～2 只或 3～4 只不等，严重地区每天死亡 7～8 只，连续死亡几天，停歇几天后又连续发生，至后期则病情逐渐缓和，多为隔几天死亡 1～2 只，最后则自然停止，但从未发生过此病的邻近羊群又开始发病。

2. 主要症状　潜伏期短，多数突然死亡。临床症状为羊只突然不安，四肢步态不一，四处奔走，眼神失灵，严重的高高跳起后坠地死亡。体温一般不高，食欲废绝、腹胀、腹痛、全身颤抖、头颈向后弯曲、转圈、口鼻流沫，眼球转动，磨牙，口水过多，排出黄褐色或血红色水样粪便，数分钟后至几小时内死亡。病程略长的早期步态不稳，卧倒，并有感觉过敏，流涎，上下颌"咯咯"作响，随后昏迷，角膜反射消失；有的病羊发生腹泻，3～4h 内静静死去。病理变化为尸体膨胀，胃肠充满气体和液体，真胃内有未消化的饲料，肠道特别是小肠黏膜充血出血，严重的整个肠壁呈红色或溃疡，肾变软如泥，犹如脑髓样，肝肿大、质脆，胆囊充盈肿大 2～3 倍，全身淋巴结肿大。肺脏出血、水肿，体腔积液，心脏扩张，心内、外膜有出血点。

3. 临床诊断要点 软肾为本病的特征性病理变化。此外根据羊肠毒血症的病程短和流行病学等特点及细菌涂片检查，即可作出初步诊断。要注意与羊炭疽、巴氏杆菌病、大肠杆菌病及羊快疫的鉴别诊断。

4. 病料的送检 为了迅速确诊，需采集小肠内容物、肾脏及淋巴结等病料送有关实验室进行染色观察、病原分离及毒素检查。

（二）防治措施

1. 预防 参照本节（羊快疫）或定期注射（每年春、秋）羊肠毒血症菌苗。在羊群出现病例较多时，对未发病羊只可内服 10％～20％的石灰乳 500～1 000mL 进行预防。

2. 治疗

（1）病羊注射羊肠毒血症高免血清 30mL，1 日 2 次，连用 3～5d。

（2）应用青霉素 20 万 IU（每隔 4～6h 肌内注射一次），链霉素 1 000mg 和庆大霉素 1 000～1 500mg（每隔 6～8h 肌内注射一次）进行治疗，第一次用药量加倍，直到治愈后 12～18h 为止。

（3）根据羊的大小，一次灌服 10～20g 磺胺脒，每日 1 次。

（4）一次灌服 0.5％高锰酸钾溶液 200～250mL，对肠道内的产气荚膜梭菌有抑制生长和杀灭作用。

九、羊猝狙

羊猝狙是由 C 型产气荚膜梭菌引起的一种急性传染病，山羊较少发生，临床上以腹膜炎、溃疡性肠炎和急性死亡为特征。C 型产气荚膜梭菌随饲草和饮水进入消化道，在十二指肠和空肠内繁殖，产生毒素，尤其是 β 毒素，引起羊发病。

（一）诊断技术

1. 流行病学特点 发生于成年绵羊，1～2 岁绵羊发病较多。山羊亦可感染。常见于低洼、沼泽的湿地牧场，多发生于冬春季节，同时内寄生虫也是一重要的诱发因素。本病为散发或呈地方性流行。主要经消化道感染。

2. 主要症状 病程一般为 3～6h，往往在未见到症状即死亡。仅见病羊掉群，不安，突然无神，剧烈痉挛（羔羊的痉挛发作较成年羊明显），侧身倒地，咬牙，眼球突出，迅速死亡。也有在出现不安症状之后再转为昏迷而死亡的。病变主要见于消化系统。十二指肠和空肠严重充血、糜烂，有的可见大小不等的溃疡。胸腔、腹腔和心包大量积液，暴露于空气中可形成纤维素絮块。肾不软，但肿大。死亡 8h 内，可见肌肉间隔积聚血样液体，有气性裂孔，骨骼肌的这种变化与黑腿病的病变十分相似。

3. 临床诊断要点 根据成年绵羊突然发病死亡，剖检见十二指肠和空肠严重充血、糜烂，体腔和心包的积液等临床症状、病理剖检结果及流行病学特点可作初步诊断。应注意与羊快疫、炭疽、巴氏杆菌病等鉴别。

4. 病料的送检 采集体腔渗出物、脾脏等病料送有关实验室进行细菌学检查；送检小肠内容物进行毒素检验以确定菌型。

（二）防治措施

参照本节（羊快疫和羊肠毒血症）相关内容。

十、羔羊梭菌性痢疾

羔羊梭菌性痢疾一般简称为羔羊痢疾，是由 B 型产气荚膜梭菌引起的初生羔羊的急性毒血症。以剧烈腹泻和小肠发生溃疡为特征。本病经常使羔羊发生大批量的死亡，给养羊业带来巨大的经济损失。

（一）诊断技术

1. 流行病学特点　主要危害 7 日龄以内的羔羊，其中又以 2～3 日龄的发病较多，7 日龄以上的羔羊很少患病。B 型产气荚膜梭菌通过羔羊吮乳、饲养人员的手和羊的粪便经消化道、脐带或创伤进入羔羊体内。在外界不良诱因的影响下，羔羊的抵抗力下降，细菌在小肠特别是回肠里大量繁殖，产生毒素，引起发病。促进羔羊痢疾发生的不良诱因主要是母羊怀孕期营养不良，羔羊体质瘦弱，气候寒冷，羔羊饥饱不匀。因此，羔羊痢疾的发生也表现一定的规律性，草质差、气候寒冷或变化较大的月份发病最为严重。

2. 主要症状　潜伏期为 1～2d，病初精神委靡，低头拱背、不想吃奶，不久就发生腹泻，粪便稀薄如水、恶臭，到了后期，带有血液，直至血便。羔羊逐渐消瘦，卧地不起，如不及时治疗，常在 1～2d 内死亡。有的腹胀而不下痢，或只排少量稀粪，有时带血，表现神经症状，四肢瘫软，卧地不起，呼吸快，体温降至常温以下，常在数小时至十几小时内死亡。病理变化为尸体严重脱水。最显著的病理变化在消化道，第四胃内往往有未消化的凝乳块，小肠（特别是回肠）黏膜充血，常可见多个直径为 1～2mm 的溃疡，有的肠内容物为红色。肠系膜淋巴结充血肿胀，间或出血。心包积液，心内膜有时有出血点。肺常有充血区域或瘀斑。

3. 诊断要点　根据本病主要危害 1 周龄以内的绵羊羔、临床症状及病理变化等特征即可作出初步诊断。要注意与沙门氏菌病、大肠杆菌病等类似传染病的鉴别。

4. 病料的送检　生前可采集粪便，死后采集肝脏、脾脏以及小肠内容物等病料，送有关实验室进行病原染色观察、病原分离及毒素检查，以便作出确诊。

（二）防治措施

1. 预防　母畜每年秋季注射五联苗，产前 2～3 周再免疫一次。

2. 治疗

（1）土霉素 0.2～0.3g，或加胃酶 0.2～0.3g，加水灌服，每日 2 次，连服 2～3d。

（2）0.1％高锰酸钾水 10～20mL 灌服，每日 2 次。

（3）针对其他症状，对症治疗。

（4）羔羊出生后 12h 内，灌服土霉素 0.15～0.2g，每日 1 次，连服 3d，有一定的预防效果。

十一、羊黑疫

羊黑疫又称传染性坏死性肝炎，是由 B 型诺维氏梭菌引起的山羊和绵羊的一种急性高致死性毒血症。本病以肝脏实质的坏死病灶、高度致死性毒血症为特征。

（一）诊断技术

1. 流行病学特点　本病主要在春夏于肝片吸虫流行的低洼潮湿地区发生。诺维氏梭菌广泛存在于土壤中，当羊采食被此菌芽孢污染的饲料、饲草后，芽孢由肠壁进入肝脏，当羊感染肝片吸虫后，肝片吸虫幼虫的游走损害肝脏，使肝脏的氧化还原电位降低，存在于该处的芽孢即获得适宜条件，迅速繁殖，产生的毒素进入血液，发生毒血症，导致休克而死亡。因此，本病的发生与肝片吸虫的感染密切相关。本菌可感染 1 岁以上的绵羊和山羊，2～4岁羊发病最多，牛偶尔也可感染。

2. 主要症状　病羊表现的临床症状与羊快疫和肠毒血症极为相似。病程急促，绝大多数未见症状即突然死亡。少数病例病程可拖延 1～2d，但最多不超过 3d。病羊在放牧时掉群、食欲废绝、精神沉郁、呼吸困难、反刍停止、体温在 41.5℃左右，呈昏睡俯卧，并保持这种状态死亡。病理变化为尸体皮下静脉显著充血，致使羊的皮肤呈暗黑色（黑疫之名由此得来），胸腹腔和心包大量积液，真胃幽门部和小肠充血、出血。肝脏充血、肿胀，表面可见到或摸到多个坏死灶，坏死灶的界限明显，灰黄色，不整圆形，周围常见一鲜红色的充血带围绕，坏死灶直径可达 2～3cm，切面呈半圆形，其中偶见肝片吸虫幼虫。

3. 临床诊断要点　根据流行病学特点、典型症状及剖检变化可作出初步诊断。要注意与羊快疫、羊肠毒血症及炭疽等类似疾病的鉴别。

4. 病料的送检　采集肝脏坏死灶边缘与健康组织相邻接的肝组织，也可采集脾脏、心血等材料送有关实验室进行染色镜检、病原分离培养、动物接种和毒素检查，以便确诊。

（二）防治措施

1. 预防

（1）本病的流行区应首先搞好肝片吸虫的防治工作。

（2）于每年春秋两季定期注射羊快疫、羊肠毒血症、羊猝狙、羔羊痢疾和羊黑疫五联苗，保护期可达 6 个月。

2. 治疗

（1）当羊群发病时，应将羊群移入高燥地区，同时可用抗诺维氏梭菌抗血清（1 500IU/mL）进行皮下或肌内注射，每只羊 10～15mL。

（2）病程稍缓的病羊，可肌内注射 80 万～160 万 IU 的青霉素，每日 2 次，连续 3d。

（3）在发病早期，也可用抗诺维氏梭菌抗血清进行静脉或肌内注射，每次 50～80mL，必要时可重复用药 1 次。

十二、羊放线菌病

放线菌病为革兰氏阴性菌牛放线菌和林氏放线杆菌引起的一类慢性传染病，牛最常见，绵羊及山羊较少，但牛与绵羊、山羊可以互相传染。本病的特征是头部、皮下及皮下淋巴结呈现脓疡性的结缔组织肿胀，形成放线菌肿。

（一）诊断技术

1. 流行病学特点　本菌常存在于污染的饲料和饮水中，当健康羊的口腔黏膜被草芒、谷糠或其他粗饲料刺破时，细菌即趁机由伤口侵入软组织，如舌、唇、齿龈、腭及附近淋巴结。有时损害到喉、食道、瘤胃、肝、肺及浆膜。本病多为散发，很少呈流行性。

2. 主要症状　常见下颌骨肿大，肿胀发展缓慢，最初的症状是下唇和面部的其他部位增厚。随后唇部、头下方及颈部发肿，形成直径达 5cm 左右、单个或多个的坚硬结节。有些病区由于脓肿破裂，其排出物使毛黏成团块，于是形成痂块，有时形成瘘管，未破的病灶均为纤维组织，很坚固。病羊不能采食，消瘦，衰弱。乳房患病时，呈弥漫性肿大或有局灶性硬结。

3. 临床诊断要点 根据特征性的临床症状及流行病学特点可作出诊断。应注意与羊口疮、豆渣样淋巴结节炎、结核病以及普通化脓菌所引起的脓肿等相区别。

4. 病料的送检 可采集病羊的肿胀组织送有关实验室进行病原学鉴定。

（二）防治措施

1. 预防

（1）喂料时应将秸秆、谷糠或其他粗饲料浸软后再喂。

（2）注意饲料及饮水卫生，避免到低湿地区放牧。

2. 治疗

（1）碘剂治疗 ①静脉注射。10％碘化钠溶液，并经常给病区涂抹碘酒。碘化钠的用量为 20～25mL，每周 1 次，直到痊愈为止，轻型病例往往 2～3 次即可痊愈。②内服碘化钾，每天 1～3g，连用 2～3 周。如果应用碘剂引起碘中毒，应即停止治疗 5～6d 或减少用量。中毒的主要症状是流泪、流鼻涕、食欲消失及皮屑增多。

（2）手术治疗 对于较大的脓肿，可手术切开排脓，然后将碘酒纱布塞入伤口内，1～2d 更换一次，直到完全愈合为止。如果伤口将愈合又逐渐肿大，这是因为施行手术后没有彻底消毒，病菌未完全杀灭，导致重新复发。在这种情况下，可给肿胀部位注入 1～3mL 复方碘溶液（用量根据肿胀大小决定）。注射以后病部会忽然肿大，但以后会逐渐缩小，直至痊愈。

（3）抗生素治疗 患部周围注射适量链霉素，每日 1 次，连续 5d 为一疗程。

（4）将链霉素与碘化钾联用注射，效果更佳。

十三、附红细胞体病

附红细胞体病是一种由立克次氏体所引起的热性溶血性人畜共患的传染病，主要由吸血昆虫传播。其病原为附红细胞体，该病原能够寄生于多种动物的红细胞表面或血浆中，对低温抵抗力较强。本病主要特征是黄疸性贫血和发热，严重时导致死亡。

（一）诊断技术

1. 流行病学特点 本病主要危害断奶后的羔羊，可通过吸血昆虫叮咬、胎盘垂直传播、污染的针头、手术器械和交配等方式传播。一年四季均可发病，主要发生于温暖的季节，特别是蜱、螨、虱、蚊、蝇等体外寄生虫活动的季节。

2. 主要症状 病初体温升高（40～40.7℃），精神沉郁，消瘦，贫血，可视黏膜苍白，黄疸和呼吸困难。后期乏力，严重黄疸。有时可见末端发绀，如耳朵发紫等。最后体温下降，痛苦呻吟而死。孕羊在新鲜草料减少时常出现流产。病理变化表现为肌肉消瘦、色淡，肝黄红色，脾显著肿大，肺有小出血点，肾脏髓质呈粉红色，皮质呈暗黑色，淋巴结水肿，血凝不全，瘤胃轻度积食。时有腹水、心包积水。

3. 临床诊断要点 根据临床症状特点及抗生素治疗无效，可以做出初步诊断。要注意与羊的泰勒虫、巴贝斯虫病及无浆体病的鉴别。

4. 病料的送检 采集病羊耳尖血液制备血液涂片，或将抗凝血直接送有关实验室进行病原学鉴定，以便确诊。

（二）防治措施

1. 预防

（1）对新引入的羊群进行检查，只有未感染的羊才能引入。

（2）控制蜱、螨、虱、蚊、蝇等外寄生虫。

（3）做好器械消毒（耳号钳、剪尾钳、去势刀、注射针头等），减少人为机械传播机会。

2. 治疗

（1）血虫净按每千克体重 3～5mg，现配现用，一天 1 次，连续使用 2～4d，症状消失后用阿散酸制丸，按每千克体重 5～8mg，每天 1 次，连用 5d。

（2）肌内注射长效土霉素，按每千克体重 11mg，连续 2～3d。

十四、羊布鲁氏菌病

羊布鲁氏菌病是由布鲁氏菌引起的以流产为特征的一种慢性、接触性人畜共患传染病。其特征是生殖器官炎症，如胎盘、乳房炎、睾丸炎、附睾炎等，表现为母羊流产、死胎、不育，公羊睾丸、附睾肿胀和硬结。此病在世界范围广泛分布，引起不同程度的流行，给养羊业和人类健康造成巨大危害。

（一）诊断技术

1. 流行病学特点　本病的传染源是病畜及带菌动物，尤以受感染的妊娠母畜最为危险，在流产或分娩时将大量布鲁氏菌随胎儿、羊水和胎衣排出体外，流产后的阴道分泌物和乳汁中也富含病菌。病菌可通过消化道、生殖器官、眼结膜和损伤的皮肤感染。吸血昆虫也可传播本病。羊性成熟后极易感染此病。

2. 主要症状　本病症状表现轻微，有的几乎不显任何症状，首先发现的就是流产。流产多发生在妊娠 3～4 个月。母羊在流产前精神沉郁，常喜卧，食欲减退，体温升高，从阴道内流出分泌物。有关节炎时表现跛行。有的会伴发乳房炎。公畜多发睾丸炎和附睾炎。剖检可见胎衣部分或全部呈黄色胶样浸润，其中有部分附有纤维蛋白或脓液，胎衣增厚并有出血点；流产胎儿主要为败血症病变，浆膜与黏膜有出血点与出血斑，脾脏和淋巴结肿大，肝脏可见坏死灶。

3. 临床诊断要点　根据流行病学特点、流产、胎儿胎衣的病理变化、胎衣滞留以及不育等可作出初步诊断。但要注意与弓形虫、衣原体等以流产为主要特征的疾病相区分。

4. 病料的送检　可用胎盘绒毛叶组织、流产胎儿胃液或阴道分泌物制备抹片，送有关实验室进行病原学检查；送检流产胎儿、产后排泄物或病羊的网状内皮细胞进行病原的分离；也可采集病羊的血清进行免疫学诊断。

（二）防控措施

本病一般不进行治疗，而采取检疫、淘汰、免疫接种相结合的措施进行预防。

1. 引进种畜或补充畜群时必须严格检疫；对净化的畜群要定期检疫，患病的家畜没有治疗价值，应全部淘汰，消灭传染源；若发现流产，应马上隔离流产畜，清理流产胎儿、胎衣，对环境进行彻底的消毒，并尽快做出诊断。

2. 疫苗接种是控制本病的有效措施。我国选育的猪布鲁氏菌 2 号弱毒苗（简称猪型 2 号苗）和马耳他布鲁氏菌 5 号弱毒苗（简称羊型 5 号苗）对山羊、绵羊都有较好的免疫效力，可用于预防该病。

3. 各级必须遵照《家畜家禽防疫条例》，严格执行产地检疫，未经检疫，不得运输和屠宰。

4. 实践证明，检出带菌畜消灭传染源，免疫健康畜增强抗病力，是控制布鲁氏菌病的有效措施。

十五、结核病

结核病是由结核分支杆菌所引起的人畜共患慢性传染病，病羊以多种组织器官形成肉芽肿和干酪样、钙化的结节为特征。

（一）诊断技术

1. 流行病学特点 本病可侵害多种动物，但易感性因动物种类和个体差异而不同。在家畜中牛最易感，羊少发。患病羊是本病的传染源，特别是排菌的开放性结核病羊。本病主要通过呼吸道和消化道感染，也有可能通过交配感染。结核杆菌侵入机体后，如果机体抵抗力强，局部的原发性病灶局限化，长期甚至终生不扩散。如果机体抵抗力弱，疾病进一步发展，细菌经淋巴管向其他一些淋巴结扩散，形成继发性病灶。如果疾病继续发展，细菌进入血流，散播全身，引起其他组织器官的结核病灶或全身性结核。

2. 主要症状 潜伏期长短不一，短者十几天，长者数月甚至数年。但绵羊和山羊的结核病较少见。国外资料表明，绵羊有感染牛型菌和禽型菌者，山羊有感染人型菌的个别病例。病羊体温多在正常范围内，有时稍有升高，消瘦，被毛干燥，精神不振，多为慢性经过，临床症状不明显。当患肺结核时，病羊咳嗽，听诊肺部有干啰音，流黏脓性鼻液；当乳房被感染时，乳房硬化，乳房和乳上淋巴结肿大；当患肠结核时，病羊有持续性消化机能障碍、便秘、腹泻或轻度胀气。绵羊结核病多见于肺和胸部淋巴结，肝和脾结核病灶亦常发生。死于结核病的羊主要病变为在肺脏和其他器官以及浆膜上形成特异性结节和干酪样坏死灶。

3. 临床诊断要点 当羊发生不明原因的渐进性消瘦、咳嗽、肺部异常、慢性乳腺炎、顽固性下痢、体表淋巴结慢性肿胀等，可作为疑似本病的依据，但仅根据临床症状很难确诊；通过剖检在死亡病畜体内发现特异性结核病变，不难作出诊断。用结核菌素作变态反应对畜群进行检疫，是诊断本病的主要方法。具体做法为：用稀释的牛型和禽型两种结核菌素同时分别皮内接种 0.1mL，72h 内若局部有明显的炎症反应，皮厚差在 4mm 以上者即判定为阳性。

4. 病料的送检 可采取病灶、痰、尿、粪便、乳及其他分泌液等病料送有关实验室作抹片镜检、分离培养和接种实验动物。

（二）防控措施

主要采取综合性防疫措施，防止疾病传入，净化污染群，培育健康羊群。平时加强防疫、检疫和消毒措施。

十六、羊炭疽

炭疽是由炭疽杆菌引起的人畜共患的急性、热性、败血性传染病。羊炭疽多急性，病羊兴奋不安，行走摇晃，呼吸困难，黏膜发绀，全身战栗，突然倒地死亡，天然孔出血。本病世界各地均有发生。

（一）诊断技术

1. 流行病学特点　各种家畜及人对该病都有易感性，羊的易感性高，病羊是主要传染源，濒死病羊体内及其排泄物中常有大量菌体，当尸体处理不当，炭疽杆菌形成芽孢并污染土壤、水源、牧地，则可成为长久的疫源地。羊吃了污染的饲料和饮水即被感染，也可经呼吸道、皮肤及吸血昆虫叮咬而感染。多发于夏季，呈散发或地方性流行。不少地区因输入疫区的病畜产品而引起该病的暴发。

2. 主要症状　本病潜伏期一般为 1～5d，多为最急性，突然发病，患羊昏迷，眩晕，摇摆，倒地，呼吸困难，结膜发绀，全身战栗，磨牙，口、鼻流出血色泡沫，肛门、阴门等天然孔出血，且不易凝固，数分钟即可死亡，尸体长时间不僵直。病情缓和时，兴奋不安，行走摇摆，呼吸加快，心跳加速，黏膜发绀，后期全身痉挛，天然孔出血，数小时内即可死亡。外观可见尸体迅速腐败而极度膨胀，天然孔流血，血液呈煤焦油样，凝固不良，可视黏膜发绀或有点状出血。

对死于炭疽的羊，严格禁止剖检！

3. 临床诊断要点　根据症状可作出初步诊断。凡怀疑是炭疽病的羊，均禁止剖检，以防污染环境。应注意与羊快疫、羊肠毒血症、羊猝狙、羊黑疫等类似传染病的鉴别。

4. 病料的送检　病羊生前采取耳静脉血，死羊可从末梢血管采血涂片，送有关实验室进行微生物学检查。

（二）防控措施

1. 在发生过炭疽病的地区，每年要对羊接种一次Ⅱ号炭疽芽孢菌苗 1mL。春季可对新引进的羊或新生的羔羊补种。接种前要作临床检查，必要时检查体温。瘦弱、体温高、年龄不到 1 月龄的羔羊，以及怀孕已到产前 2 个月内的母羊，不能进行预防接种。接种过疫苗的山羊要注意观察，如发现有并发症，要及时治疗。无毒炭疽芽孢苗（对山羊毒力较强，不宜使用），对绵羊可皮下接种 0.5mL。

2. 炭疽病的主要传染源是病畜，所以有炭疽病例发生时，应及时隔离病羊，对污染的羊舍、用具及地面要彻底消毒，可用 10％热碱水或 2％漂白粉连续消毒 3 次，间隔 1h。病羊群除去病羊后，全群用抗菌药 3d，有一定预防作用。

3. 患炭疽病死亡的羊，严禁剥皮吃肉或剖检，否则，炭疽杆菌易形成芽孢，污染土壤、水源和牧地。尸体要深埋，住过病羊的羊舍及用具要用 10％～30％的漂白粉或 10％硫酸石炭酸溶液彻底消毒。

十七、羊副结核病

副结核病又称副结核性肠炎，是牛、绵羊、山羊的一种慢性接触性传染病。临床特征为顽固性腹泻，进行性消瘦，肠黏膜增厚并形成皱襞。该病的病原为副结核分支杆菌，具有抗酸染色特性，对外界环境的抵抗力较强，在污染的牧场、圈舍中可存活数月，在自来水里可存活 9 个月之久。对热抵抗力差，75％酒精和 10％漂白粉能很快将其杀死。

（一）诊断技术

1. 流行病学特点　副结核分支杆菌主要存在于病畜的肠道黏膜和肠系膜淋巴结，通过粪便排出，污染饲料、饮水等，经消化道感染健康家畜。一些病例还可借泌乳、排尿和胎儿排出病菌而传播本病。幼龄羊的易感性较大，大多在幼龄时感染，经过很长的潜伏期，到成年时才出现临床症状，特别由于机体的抵抗力减弱，饲料中缺乏无机盐和维生素，容易发病。本病散播较慢，各个病例的出现往往间隔较长时间，因此，从表面上似呈散发性，实质为地方性流行。

2. 主要症状　副结核分支杆菌侵入肠道后在肠黏膜和黏膜下层繁殖，引起肠道损害。影响动物消化、吸收等正常活动。病羊体重逐渐减轻，间断性或持续性腹泻，粪便呈稀粥状，无明显体温反应；发病数月后，病羊消瘦、衰弱、脱毛、卧地，患病末期可并发肺炎。感染羊群的发病率为 1‰～10‰。多数归于死亡。

3. 临床诊断要点　根据病羊特殊的病理变化、持续泄泻和慢性消耗等症状可作出初步诊断。对于没有临床症状或症状不明显的病羊，可用副结核菌素或禽型结核菌素 0.1mL，注射于尾根皱皮内或颈中部皮内，经 48～72h，观察注射部的反应，局部发红肿胀的，可判为阳性。应注意与胃肠道寄生虫病、营养不良、沙门氏菌病等类似症的鉴别。

4. 病料的送检　取疑似病羊或病死羊的直肠刮取物或粪便，送有关实验室进行病原学检验，以作出确诊。

（二）防治措施

羊副结核病无治疗价值。发病后的预防措施包括：病羊群，用变态反应每年检疫 4 次；对出现临床症状或变态反应阳性的病羊，及时淘汰；感染严重、经济价值低的一般生产群应立即将整个羊群淘汰，对圈栏应彻底消毒，并空闲 1 年后再引入健康羊。

十八、羊狂犬病

狂犬病俗称"疯狗病"，又名"恐水病"，是由狂犬病病毒引起的多种动物共患的急性接触性传染病。本病以神经调节障碍、反射兴奋性增高、发病动物表现狂躁不安、意识紊乱为特征，最终发生麻痹而死亡。本病在世界很多国家存在，造成人畜死亡。近年来不少国家通过采取疫苗接种和综合防治措施，已消灭了此病。而我国部分地区仍有本病的发生。

（一）诊断技术

1. 流行病学特点　本病以犬类易感性最高，羊和多种家畜及野生动物均可感染发病，人也可感染。传染源主要是患病动物以及潜伏期带毒动物，野生的犬科动物（如野犬、狼、狐等）常成为人、畜狂犬病的传染源和自然保毒宿主。患病动物主要经唾液腺排出病毒，以咬伤为主要传播途径，也可经损伤的皮肤、黏膜感染。经呼吸道和口腔途径感染业已得到证实。本病一般呈散发性流行，一年四季都有发生，但以春末夏初多见。

2. 主要症状　潜伏期的长短与感染部位有关，最短 8d，长的达 1 年以上。本病在临床上分为狂暴型和沉郁型两种。狂暴型病畜初精神沉郁，反刍减少、食欲降低，不久表现起卧不安，出现兴奋性和攻击性动作，冲撞墙壁，磨牙流涎，性欲亢进，攻击人畜等。患病动物常舔咬伤口，使之经久不愈，后期发生麻痹，卧地不起，衰竭而死。沉郁型病例多无兴奋期或兴奋期短，很快转入麻痹期，出现喉头、下颌、后躯麻痹，动物流涎、张口、吞咽困难，最终卧地不起而死亡。尸体常无特异性变化，消瘦，一般有咬伤、裂伤，口腔黏膜、咽喉黏膜充血、糜烂。组织学检查有非化脓性脑炎，可在神经细胞的胞浆内检出嗜酸性包涵体。

3. 临床诊断要点　羊的狂犬病因临床症状不典型，不易诊断，主要依靠实验室检验才能作出确诊。应注意与日本乙型脑炎、伪狂犬病等类似症的区别。

4. 病料的送检　将患病动物或可疑感染动物扑杀，采取大脑海马角、小脑以及唾液腺等组织制作触片或病理切片，送有关实验室进行病原形态观察、病原分离、动物接种试验、血清学实验等，以便确诊。

（二）有效防治措施

1. 预防

（1）捕杀野犬、病犬，加强犬类管理，养犬须登记注册，并进行免疫接种。

（2）加强口岸检疫，检出阳性动物就地扑杀销毁。进口犬类必须有狂犬病的免疫证书。

（3）疫区和受威胁区的羊只以及其他动物用狂犬病弱毒疫苗进行免疫接种。

2. 治疗　主要是针对外伤进行预防性治疗。当人和家畜被患有狂犬病的动物或可疑动物咬伤时，迅速用清水或肥皂水冲洗伤口，再用碘酊、酒精溶液等消毒防腐处理，并用狂犬病疫苗进行紧急免疫接种。有条件时可用狂犬病免疫血清进行预防注射。

十九、羊衣原体病

羊衣原体病是由鹦鹉热衣原体引起的绵羊、山羊的一种传染病。临床上以发热、流产、死胎和产出弱羔为特征。在疾病流行期，也见部分羊表现多发性关节炎、结膜炎等疾患。

（一）诊断技术

1. 流行病学特点　许多野生动物和禽类是本菌的自然贮藏宿主。患病动物和带菌动物为主要传染源，可通过粪便、尿液、乳汁、泪液、鼻分泌物以及流产的胎儿、胎衣、羊水等排出病原体，污染水源、饲料及环境。本病主要经呼吸道、消化道及损伤的皮肤、黏膜感染；也可通过交配或用患病公畜的精液人工授精发生感染，子宫内感染也有可能；蜱、螨等吸血昆虫叮咬也可能传播本病。羊衣原体性流产多呈地方性流行。密集饲养、营养缺乏、长途运输或迁徙、寄生虫侵袭等应激因素可促进本病的发生、流行。

2. 主要症状　羊衣原体病的潜伏期一般为 2～3 个月。病羊最突出的症状是流产、死胎或娩出生命力不强的弱羔羊。通常是在产前 1 个月左右流产。首次流产在整个羊群中比率较高，占 20%～30%，以后每年约有 5% 的母羊流产。母羊流产后胎衣常常难以排出，并且不断流出炎性坏死物，且易伴有其他细菌性继发感染而发生子宫内膜炎。此时临床上可见发热，精神委顿与食欲减退等症状。流产出来的多为死胎。羔羊感染衣原体可出现关节炎。动物体温升高，跛行，体重增长缓慢。有的则有眼结膜炎，并可因此导致眼结膜溃疡和穿孔。病理剖检可见流产的胎膜周围有棕色液体，胎儿全身各器官组织充血、出血和水肿。有关节炎的关节囊扩大，囊内有血性积液，滑膜上见纤维素性渗出物覆盖。在本病流行的羊群中，可见公羊患有睾丸炎、附睾炎等疾病。部分病例可发生肺炎、肠炎等疾患。

3. 临床诊断要点　根据流行病学资料，流产、死胎等典型临床症状及实体剖检病变可作出初步诊断，确诊需依据实验室检验结果。应注意与布鲁氏菌病、弯杆菌病、沙门氏菌病等类似症的鉴别。

4. 病料的送检　采集血液、脾脏、肺脏及气管分泌物、肠黏膜和内容物、流产胎儿及流产分泌物等病料，送有关实验室进行病原学检测、病原分离、动物接种试验和免疫学检验，以作出确诊。

（二）防治措施

1. 预防

（1）加强饲养卫生管理，消除各种诱发因素，防止寄生虫侵袭，增强羊群体质。

（2）羊流产衣原体油佐剂卵黄灭活苗能预防羊衣原体性流产。在羊怀孕前或怀孕后 1 个月内皮下注射，每只 3mL，免疫期 1 年。

（3）发生本病时，流产母羊及其所产弱羔应及时隔离。流产胎盘、产出的死羔应予销毁。污染的羊舍、场地等环境用 2％氢氧化钠溶液、2％来苏儿溶液等进行彻底消毒。

2. 治疗 肌内注射青霉素，每次 80 万～160 万 IU，每日 2 次，连用 3d；也可将四环素类抗生素混于饲料中喂给，连用 1～2 周；结膜炎患羊可用土霉素软膏点眼治疗。

二十、破伤风

羊的破伤风又名强直症，羊发病时由于毒素的作用，肌肉发生僵硬，出现身体躯干强直症状，因此得名。破伤风是由破伤风梭菌经伤口感染引起的急性、中毒性传染病。临床主要表现为骨骼肌持续痉挛和对刺激反射兴奋性增高。

（一）诊断技术

1. 流行病学特点 该病的病原破伤风梭菌在自然界中广泛存在。羊经创伤感染破伤风梭菌后，如果创内具备缺氧条件，病原体在创内生长繁殖产生毒素，刺激中枢神经系统而发病。常见于外伤、阉割、断尾和分娩断脐带等消毒不严而感染。在临床上有不少病例往往找不出创伤，这种情况可能是因为在破伤风潜伏期中创伤已经愈合，也可能是经胃肠黏膜的损伤而感染。该病以散发形式出现。

2. 主要症状 潜伏期 1～2 周，最短的 1d。成年羊病初症状不明显，只表现不能自主卧下或起立。到病的中、后期才出现特征性症状，表现为四肢逐渐强硬，高跷步态，开口困难到牙关紧闭，流涎，瞬膜外露，瘤胃臌胀，角弓反张等。病羊易惊，但奔跑中常摔倒，摔倒后四肢呈"木马样"叉开，急于爬起，但无法站立。体温一般正常，死前可升高至 42℃。本病无特征性有诊断价值的病理变化。

3. 临床诊断要点 根据病羊的创伤史和特征性的临床症状不难作出诊断。

4. 病料的送检 自创伤感染部位采取病料，送有关实验室进行细菌分离鉴定、动物接种试验等检验，以便作出确诊。

（二）防治措施

1. 预防

（1）发生外伤时，应立即用碘酒消毒。阉割羊或处理羔羊脐带时，要严格消毒。

（2）羔羊的预防，则以母羊妊娠后期注射破伤风类毒素较为适宜。

2. 治疗

（1）创伤处理 对感染创伤进行有效的防腐消毒处理：彻底排除脓汁、异物、坏死组织及痂皮等，并用消毒药物（3％过氧化氢、2％高锰酸钾或 5％～10％碘酊）消毒创面，并结合青、链霉素，在创伤周围注射，以清除破伤风毒素来源。

（2）注射抗破伤风血清 早期应用抗破伤风血清（破伤风抗毒素），可一次用足量（20万～80 万 U），也可将总用量分 2～3 次注射，皮下注射、肌内注射或静脉注射均可。

二十一、羊李氏杆菌病

该病又称转圈病，是人、畜、禽共患的一种急性传染病。本病在绵羊和山羊均可发生，羔羊和孕羊的敏感性最高。在幼羊呈现败血症经过，较大的羊呈现脑膜炎或脑脊髓炎。临床表现典型的转圈运动,孕羊发生流产。病原为单核细胞增多症李氏杆菌,革兰氏染色为阳性。该菌对热耐受力强,但一般消毒药物均可使之失去活力。

(一)诊断技术

1. 流行病学特点　本病易感动物广泛,其中绵羊较山羊容易发病。通过消化道、呼吸道及损伤的皮肤而感染。多为散发,主要发生于冬季或早春。冬季缺乏青饲料、青贮饲料发酵不全、气候突变、有内寄生虫病或沙门氏菌感染等,可成为本病发生的诱因。本病发病率低,但病死率很高。

2. 主要症状　病初体温升高到 $40\sim41.6℃$,不久降至接近正常。病羊精神沉郁,采食减少或不食。病后的 $2\sim3d$,多数病羊出现神经症状,病羊眼球突出,目光呆滞,视力障碍或完全失明,同时颈部、后头部及咬肌发生痉挛,头颈偏向一侧,畜体战栗,耳、唇、下颌麻痹,大量流涎。病羊在遇到障碍物时,常以头顶抵着不动,转圈倒地,后期则神志昏迷,颈项强直,角弓反张,四肢呈游泳状划动。一般经 $3\sim7d$ 死亡;较大的羊病程可达 $1\sim3$ 周。成年羊症状不明显。妊娠母羊常发生流产,羔羊常呈急性败血症死亡,病死率甚高。一般没有特殊的肉眼可见病变。有神经症状的病羊,脑及脑膜充血、水肿,脑脊液增多、稍浑浊。流产母羊都有胎盘炎,表现子叶水肿坏死。

3. 临床诊断要点　根据流行病学、临床症状和病理变化,如特殊的神经症状、孕羊流产、血液中单核细胞增多,可作出初步诊断,但要注意与羊的脑包虫病、羊鼻蝇蛆病、羊莫尼茨绦虫病、伪狂犬病、猪传染性脑脊髓炎等相区别。此外,还应与有流产症状的其他疾病相区别。

4. 病料的送检　采集病羊的血液、肝、脾、肾、脑脊髓液、脑的病变组织等病料,送有关实验室进行病原的分离培养、动物接种试验和血清学诊断,以便确诊。

(二)防治措施

1. 预防

(1) 平时注意清洁卫生和饲养管理,消灭啮齿动物。

(2) 发病地区,应将病畜隔离治疗,病羊尸体要深埋,并用5%来苏儿对污染场地进行消毒。

2. 治疗　早期大剂量应用磺胺类药物,或与抗生素并用,有良好的治疗效果。用20%磺胺嘧啶钠 $5\sim10mL$,氨苄青霉素按每千克体重1万～1.5万 IU,庆大霉素每千克体重 $1\,000\sim1\,500U$,均肌内注射,每日2次;病羊有神经症状时,可对症治疗,肌内注射盐酸氯丙嗪,按每千克体重用 $1\sim3mg$。

二十二、羊巴氏杆菌病

巴氏杆菌病是由多杀性巴氏杆菌所引起的,发生于各种家畜、家禽和野生动物的一类传染病的总称。急性病例以败血症和炎性出血过程为主要特征。

(一)诊断技术

1. 流行病学特点　各种年龄段的羊都有易感性,当羊饲养在不卫生的环境中,由于寒冷、闷热、气候剧变、潮湿、拥挤、圈舍通风不良、阴雨连绵、营养缺乏、饲料突变、过度疲劳、长途运输、寄生虫病等诱因,而使其抵抗力降低时,病菌即可乘机侵入体内。病羊经排泄物、分泌物排出有毒力的病菌,污染饲料、饮水、用具,或经消化道,或通过飞沫经呼吸道而传染，或通过吸血昆虫叮咬，或经皮肤、黏膜的创伤，传染给健康家畜而发生感染。本病的发生一般无明显的季节性，一般为散发，有时也可能呈流行性。

2. 主要症状　本病多发于幼龄绵羊和羔羊，而山羊不易感染。潜伏期不清楚，可能是很短促。病程可分为最急性、急性和慢性三种。最急性者，多见于哺乳羔羊，往往突然发病，呈现寒战、虚弱、呼吸困难等症状，可于数分钟至数小时内死亡。急性者，精神沉郁，食欲废绝，体温升高至41～42℃；呼吸急促，咳嗽、鼻孔常有出血，有时血液混杂于黏性分泌物中；眼结膜潮红，有黏性分泌物；初期便秘，后期腹泻，有时粪便全部变为血水；颈部、胸下部发生水肿；常在严重腹泻后虚脱而死，病期2～5d。慢性者，病程可达3周；消瘦，不思饮食；流脓性鼻液，咳嗽，呼吸困难；有时颈部和胸下部发生水肿；有角膜炎；腹泻，粪便恶臭，临死前极度衰弱，四肢厥冷。剖检一般可见在皮下有液体浸润和小点状出血，胸腔内有黄色渗出物，肺瘀血，小点状出血和肝变，偶见有黄豆至胡桃大的化脓灶，胃肠道出血性炎，其他脏器呈水肿和瘀血，间有小点状出血，但脾脏不肿大。病期较长者尸体消瘦，皮下胶样浸润，常见纤维素性胸膜肺炎，肝有坏死灶。

3. 临床诊断要点　根据流行病学材料、临床症状和剖检变化，结合对病畜的治疗效果，可对本病作出初步诊断，确诊有赖于细菌学检查。

4. 病料的送检　败血症病例可从心、肝、脾或体腔渗出物等取材，其他病型主要从病变部位、渗出物、脓汁等取材，送有关实验室进行病原微生物的分离鉴定和动物接种试验，以便作出确诊。

（二）防治措施

1. 预防

（1）平时应注意饲养管理，避免羊受寒。

（2）发生该病后，应将畜舍用5％漂白粉或10％石灰乳彻底消毒，必要时用高免血清或菌苗作紧急免疫接种，有一定疗效。

2. 治疗　发现病羊和可疑病羊应立即进行隔离治疗。庆大霉素、四环素以及磺胺类药物都有良好的治疗效果。庆大霉素按每千克体重1 000～1 500U；20％磺胺嘧啶钠5～10mL，均肌内注射，每日2次，直到体温下降、食欲恢复为止。

二十三、羔羊大肠杆菌病

羔羊大肠杆菌病，俗称羔羊白痢，是由不同血清型的大肠杆菌引起的疾病，死亡率很高。主要是通过消化道感染。羔羊接触病羊、不卫生的环境，吸吮母羊不干净的乳头，均可感染。少部分通过子宫内感染或经脐带和损伤的皮肤感染。

（一）诊断技术

1. 流行病学特点　多发生于出生数日至6周龄的羔羊，有些地方3～8月龄的羊也有发生，呈地方性流行，也有散发的。该病的发生与气候不良、营养不足、场地潮湿污秽等有关，放牧季节很少发生，冬春舍饲期间常发。经消化道感染。

2. 主要症状　本病潜伏期1～2d，分为败血型和下痢型两种。

（1）败血型　多发于2～6周龄的羔羊。病羊体温41～42℃，精神沉郁，迅速虚脱，有轻微的腹泻或不腹泻，有的带有神经症状，运步失调，磨牙，视力障碍，有时出现关节炎；多于病后4～12h死亡。

（2）下痢型　多发于 2～8 日龄的新生羔羊。病初体温略高，出现腹泻后体温下降，粪便呈半液体状，带气泡，有时混有血液，羔羊表现腹痛，虚弱，严重脱水，不能起立；如不及时治疗，可于 24～36h 死亡；死亡率为 15％～17％。

3. 临床诊断要点　根据流行病学、症状和剖检病理变化检查结果等作出初步诊断；要作出确诊还需依靠实验室检验结果。要注意与 B 型产气荚膜梭菌引起的初生羔羊下痢的鉴别。

4. 病料的送检　采取血液、内脏组织或肠内容物等病料，送有关实验室进行病原学鉴定，以作出确诊。

（二）防治措施

1. 预防

（1）对母羊加强饲养管理，做好抓膘、保膘工作，保证新产羔羊健壮、抗病力强。同时应注意羔羊的保暖。

（2）对污染的环境、用具，用 3％～5％来苏儿液消毒。

2. 治疗

（1）患病羊可用土霉素进行治疗，每千克体重每日 20～50mg，分 2～3 次口服，或每千克体重每日 10～20mg，分 2 次肌内注射。

（2）用磺胺甲基嘧啶，将药片压成粉状加入奶中，使羔羊自己喝下。首次 1.0g，以后每隔 4～6h 服 0.5g。或磺胺嘧啶钠 5～10mL，肌内注射，每日 2 次。

（3）补液可用 5％的葡萄糖盐水，每日 20～100mL，静脉注射。

（4）如病情好转时，可用微生物制剂，如促菌生、调痢生、乳康生等，加速胃肠功能的恢复，但不能与抗生素同用。

二十四、羊沙门氏菌病

羊的沙门氏菌病又名副伤寒，主要是由羊流产沙门氏菌、鼠沙门氏菌和都柏林沙门氏菌引起的疾病。其中羊流产沙门氏菌属于宿主适应血清型细菌，羊是这种细菌的固定适应的宿主；而鼠沙门氏菌和都柏林沙门氏菌是属于非宿主适应血清型细菌，除羊以外，还可感染其他多种动物。

（一）诊断技术

1. 流行病学特点　沙门氏菌病可发生于不同年龄的羊，无季节性，传染以消化道为主，交配和其他途径也能感染；各种不良因素均可促进该病的发生。病羊和带菌者是本病的主要传染源，通过粪便、尿、乳汁以及流产的胎儿、胎衣和羊水排出病菌，污染水源和饲料等，经消化道感染健羊。病羊与健羊交配或用病公羊的精液人工授精可发生感染。此外，子宫内感染也有可能。

2. 主要症状　本病临床表现可分为下痢型和流产型。

（1）下痢型　多见于 15～30 日龄的羔羊，体温升高达 40～41℃，食欲减退，腹泻，排黏性带血稀粪，有恶臭；精神委顿，虚弱，低头，拱背，继而倒地，经 1～5d 死亡。发病率约 30％，病死率约 25％。剖检变化主要表现为消瘦，真胃与小肠黏膜充血，肠道内容物稀薄如水，肠系膜淋巴结水肿，脾脏充血、水肿，肾脏皮质部与心外膜有出血点；组织水肿，有灰色病灶。

（2）流产型　流产多见于妊娠的最后 2 个月，病羊体温升至 40～41℃，厌食，精神抑郁，部分羊有腹泻症状。病羊产下的活羔，表现衰弱，精神委顿，精神卧地，并可有腹泻，往往于 1～7d 死亡。病母羊也可在流产后或无流产的情况下死亡。羊群暴发 1 次，一般持续10～15d。

3. 临床诊断要点　根据流行病学、临床症状和病理变化，只能做出初步诊断，确诊需依靠实验室诊断结果。

4. 病料的送检　采取下痢死亡羔羊的肠系膜淋巴结、脾、心血、粪便或发病母羊的粪便、阴道分泌物、血液及胎儿组织等病料，送有关实验室进行细菌的分离与鉴定，以便作出确诊。

（二）防治措施

1. 预防　加强饲养管理，羔羊在出生后应及早吃初乳，注意羔羊的保暖；发现病羊应及时隔离并立即治疗；被污染的圈栏要彻底消毒。

2. 治疗

（1）对该病有治疗作用的药物很多，但必须配合护理及对症治疗。

（2）用速灭杀星，按每千克体重 0.2mg 肌内注射，每天 2 次，连服 3d。

二十五、山羊传染性胸膜肺炎

山羊传染性胸膜肺炎，俗称烂肺病，是由山羊丝状支原体引起的山羊特有的传染病，以高热、咳嗽、肺和胸膜发生浆液性与纤维素性炎症为特征，多呈急性经过，死亡率较高。本病只传染山羊，多发生于冬、春二季，流行迅速。

（一）诊断技术

1. 流行病学特点　只限于山羊发病，以 3 岁以下者最易感。病羊是主要的传染源，耐过羊在相当时期内向外排出病原。该病常呈地方性流行，接触传染性很强，主要通过空气、飞沫经呼吸道传染。阴雨连绵、寒冷潮湿和营养不良是本病的诱因。

2. 主要症状　病初体温升高，精神沉郁，食欲减退，随即咳嗽、流浆性鼻液，4～5d 后咳嗽加重，干而痛苦，浆性鼻液变为黏脓性，黏附于鼻孔、上唇，呈铁锈色。多在一侧出现胸膜肺炎变化，叩诊有实音区，听诊呈支气管呼吸音及摩擦音，触压胸壁表现敏感疼痛。呼吸困难，高热稽留，腰背拱起呈痛苦状。孕羊流产，肚胀腹泻，甚至口腔溃烂，唇部、乳房皮肤发疹，眼睑肿胀，濒死前体温降至常温以下。病期 7～15d。病变多局限于胸部，胸腔有淡黄色积液，损害多为一侧性肺炎，间或两侧肺炎。肺实质肝变，切面呈大理石样变；肺小叶间质变宽，界限明显。血管内常有血栓形成。胸膜变厚而粗糙，与肋膜、心包膜发生粘连。支气管淋巴结和纵隔淋巴结肿大，切面多汁，有出血点。心包积液，心肌松弛、变软。肝、脾肿大，胆囊肿胀。肾脏肿大，被膜下可见有小点出血。病程久者，肺肝变区机化，形成包囊。

3. 临床诊断要点　根据仅山羊发病，体温升高、咳嗽、流黏脓性或铁锈色鼻液，陆续死亡，剖检主要呈现胸膜肺炎病变，并常为一侧性的，其他脏器无特殊病变，即可作出初步诊断。应注意与羊巴氏杆菌病的鉴别。

4. 病料的送检　采集病羊的肺组织、胸腔渗出液等病料，送有关实验室进行病原的分离鉴定及动物接种试验，以便作出确诊。

（二）防治措施

1.预防

（1）加强饲养管理，增强羊的体质。

（2）坚持自繁自养，不从疫区引进羊；对从外地新引进的羊严格隔离，检疫无病后方可入群。

（3）疫区内羊分群隔离，对假定健康羊接种疫苗。

（4）对病菌污染的环境、用具等进行消毒处理。

2.治疗　选用新胂凡纳明，5月龄以下羊0.1～0.15g，5月龄以上羊0.2～0.25g，溶于生理盐水静脉注射；必要时间隔4～9d再注射1次。也可用土霉素按每日每千克体重20～50mg，分2～3次服完。

第四节　寄生虫病及其防治措施

一、羊肝片吸虫病

羊肝片吸虫病是由寄生在羊肝脏胆管内的肝片形吸虫引起的一种危害严重的寄生虫病。

1.虫体形态　新鲜虫体棕红色。虫体长20～35mm，宽5～13mm。前端呈三角锥形，口吸盘位于锥状突前端，锥底后部明显变宽，形成肩部。腹吸盘位于腹面中线上肩部水平位置。睾丸发达，分枝，位于虫体中后部，卵巢鹿角状，位于睾前右侧。肠管有大量盲突。虫卵黄褐色，较大，长116～132μm，宽66～83μm。（图8-1）。

2.症状　病畜消瘦，贫血，黄疸，消化不良，腹泻；常见颌下、胸下和腹下水肿；幼畜生长缓慢。主要症状为肝炎、肝硬化和肠炎症状。

3.诊断　生前诊断主要是根据流行病学调查、症状和粪便虫卵检查进行确诊，还可用肝片吸虫制作的抗原做皮内变态反应诊断。死后诊断主要是从肝内查出大量虫体。

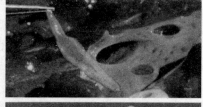

图8-1　羊肝片吸虫

4.治疗

（1）硝氯酚（拜耳9015）　每千克体重5mg，口服。针剂：每千克体重2mg，肌内注射。

（2）氯苯氧碘酰胺　每千克体重15mg，一次口服。

（3）双乙酰胺苯氧醚　每千克体重120～150mg，口服。

（4）丙硫苯咪唑　每千克体重15mg，口服。

（5）达虫净（苯硫苯咪唑）　每千克体重20mg，口服。

（6）肝蛭净注射液　每千克体重2～3mg，肌内注射。

5.预防

（1）消灭肝片吸虫的中间宿主——椎实螺。可在中间宿主较多的低洼地采用下列药物进行灭螺：血防67，灭螺浓度2.5mg/kg；生石灰，0.1%；硫酸铜20mg/kg（1：50 000）。

（2）不要在低洼潮湿的地区放牧，尽可能选在地势高、干燥的地方。饮水最好用自来水。

（3）在本病流行的地区，要进行冬季驱虫、转场前预防性驱虫。

二、羊双腔吸虫病

羊双腔吸虫病是由寄生在羊肝脏胆管内的双腔属吸虫引起的寄生虫病。

1. 虫体形态 羊双腔吸虫病病原主要有 3 种，分别为矛形双腔吸虫、东方双腔吸虫和扁体双腔吸虫。

（1）矛形双腔吸虫 虫体长 5～15mm，宽 1.5～2.5mm；矛形，扁平而透明，肉眼可见内部器官。睾丸类圆形，前后斜列于虫体中前部。卵巢位于睾丸之后。虫卵呈椭圆形，卵壳厚，两边稍不对称，虫卵大小（38～45）$\mu m \times$（22～30）μm，一端有大而明显的卵盖，卵内含有毛蚴（图 8-2）。

（2）东方双腔吸虫 虫体长 5.9～6.8mm，宽 2.1～2.7mm。虫体有较明显的头锥和肩部，睾丸略分叶，并列于虫体腹吸盘后方。

图 8-2 矛形双腔吸虫

（3）扁体双腔吸虫 虫体长 3.9～5.8mm，宽 1.4～1.8mm，虫体宽扁，在腹吸盘水平位置两侧有肩样突起。睾丸分叶，似手掌状，前后斜列于腹吸盘后方。

2. 症状 病畜消瘦，贫血，黄疸，消化不良，下痢与便秘交替。下颌、胸下水肿。由于虫体机械刺激，胆管增厚或发炎，出现肝炎、肝硬化的病理及症状。

3. 诊断 生前诊断主要是根据症状，进行虫卵检查；用沉淀法检查虫卵，发现双腔吸虫卵即可确诊。死后诊断，在肝内检出大量虫体。

4. 治疗

（1）三氯苯丙酰嗪（海托林） 每千克体重 40～50mg，口服。

（2）丙硫苯咪唑 每千克体重 20～30mg，口服。

（3）噻苯唑 每千克体重 150～200mg，日服，或瘤胃注射。

（4）吡喹酮 每千克体重 80mg，口服。

（5）达虫净（苯硫苯咪唑） 每千克体重 20mg，口服。

5. 预防 本病的预防较为困难，重点可放在冬季驱虫、转场前预防性驱虫上。

三、羊胰阔盘吸虫病

羊胰阔盘吸虫病是由寄生在羊胰脏胰管内的胰阔盘吸虫引起的一种寄生虫病，病原有 3 种。

1. 虫体形态

（1）腔阔盘吸虫 体长 7.5～8mm，宽 2.7～4.7mm。口吸盘直径与腹吸盘大致相同；睾丸近圆形，有缺刻（图 8-3A）。

（2）胰阔盘吸虫 虫体较大，长椭圆形，棕红色。体长 12～16mm，宽 5～7mm。口吸

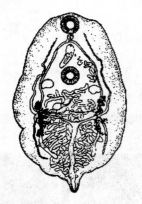 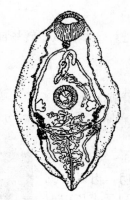 

A. 腔阔盘吸虫　　　　　B. 胰阔盘吸虫　　　　　C. 枝睾阔盘吸虫

图 8-3　羊的三种胰阔盘吸虫

盘明显大于腹吸盘；睾丸略有分叶，并列于腹吸盘稍后方。虫卵棕褐色，长 41～52μm，宽 30～34μm，卵壳厚，两侧稍不对称，一端有卵盖，内含毛蚴（图 8-3B）。

（3）枝睾阔盘吸虫　体长 4.5～8mm，宽 2～3mm。睾丸有多个分枝（图 8-3C）。

2. 症状　虫体寄生在胰管内，引起胰管炎症，有时会阻塞胰管，造成胰液排出受阻，影响消化机能。羊出现食欲不振，消化不良，贫血，腹泻，颌下、胸下水肿。有引起死亡的报道。

3. 诊断　生前诊断主要是采用粪便沉淀法检查虫卵。死后诊断，可在胰管内检出大量虫体。

4. 治疗

（1）吡喹酮　每千克体重 80mg，口服。

（2）达虫净（苯硫苯咪唑）　每千克体重 20mg，口服。

5. 预防　本病的预防较困难，重点可放在冬季驱虫、转场前预防性驱虫上。

四、羊前后盘吸虫病

羊前后盘吸虫病是由寄生在羊瘤胃内的前后盘吸虫引起的。寄生在羊体内的前后盘吸虫主要有 2 种。

1. 虫体形态

（1）鹿前后盘吸虫　体长 5～12mm，宽 2～4mm。新鲜虫体为茄状的锥形体，腹凹背凸。睾丸大，近似长方形，前后排列，位于虫体中部。虫卵大，灰白色，有卵盖。虫卵大小为（136～142）μm×（70～75）μm（图 8-4）。

（2）弯肠殖盘吸虫　虫体长 8.8～10.4mm，宽 3.6～4.0mm。睾丸呈类方形，前后排列。口、腹吸盘大小比例为 1：2。

2. 症状　病畜食欲减退，消瘦，顽固性下痢。可视黏膜苍白，贫血，胸下水肿，感染严重的羊只出现死亡。

图 8-4　羊前后盘吸虫

3. 诊断　用沉淀法检查虫卵。查出虫卵即可确诊。

4. 治疗

（1）氯硝柳胺　每千克体重 75～80mg，口服。

（2）溴羟替苯胺　每千克体重 65mg，口服。

（3）达虫净（苯硫苯咪唑）　每千克体重 20mg，口服。

5. 预防　可参考肝片吸虫病。

五、绵羊小肠吸虫病（绵羊斯克里亚宾吸虫病）

绵羊小肠吸虫病是由寄生在羊小肠内的绵羊斯克里亚宾吸虫引起的一种吸虫病。

1. 虫体形态　虫体甚小，褐色，卵圆形。长 0.7～1.2mm，宽 0.3～0.7mm。口、腹吸盘均很小，睾丸两枚，类圆形，斜列于虫体后端。卵巢和生殖孔分别位于睾前体两侧。虫卵深褐色，卵圆形，卵壳厚，有卵盖，虫卵大小为（25～32）μm×（16～20）μm（图 8-5）。

2. 症状　感染严重时呈肠炎症状，如消化不良，腹泻，体质消瘦，被毛蓬松，贫血等。

3. 诊断　生前诊断：采集粪样进行虫卵沉淀法检查。必要时，可进行剖检诊断，查出虫体，即可确诊。

4. 治疗

（1）丙硫苯咪唑　每千克体重 15mg，口服。

（2）达虫净（苯硫苯咪唑）　每千克体重 20mg，口服。

5. 预防　本病的预防可放在冬季驱虫、转场前预防性驱虫上。

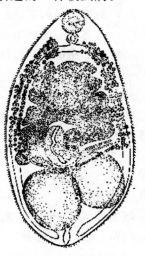

图 8-5　斯克里亚宾吸虫

六、羊东毕吸虫病

羊东毕吸虫病是由寄生在羊肠系膜静脉管内的东毕吸虫引起的一种吸虫病。

1. 虫体形态

（1）程氏东毕吸虫　雄虫体长 3.12～3.99mm，宽 0.23～0.34mm。睾丸大，卵圆形，向体中央一端略尖，呈拥挤重叠单行排列。

（2）彭氏东毕吸虫　雄虫体长 6.7～8.5mm，宽 0.28～0.47mm。睾丸大，圆形，呈单行排列。

（3）土耳其斯坦东毕吸虫　雄虫体长 4.39～4.56mm，体宽 0.36～0.42mm，睾丸细小，颗粒状，睾丸数目 68～80 枚，呈不规则双行排列。

2. 症状　病畜多呈慢性过程。消化不良，腹泻，生长缓慢，消瘦贫血，黄疸，常见颌下、胸下水肿。由于虫体寄生在门静脉中，静脉血回流受阻，可出现严重的腹水，晚间特别明显，腹围增大。病理剖检可见肝硬化，肠系膜、肠壁血管瘀血。母畜感染本病后，出现不孕或流产。

3. 诊断　本病的生前诊断比较困难，因雌虫排卵数量少，不易从粪便中检出。本病的诊断主要是根据流行病学调查及其症状作初步诊断。也可用皮内变态反应诊断。必要时，进行剖检诊断，从肠系膜静脉中检出虫体即可确诊。

4．治疗

（1）硝硫氰胺（7505）　每千克体重4mg，配成2%的悬浮液静脉注射。

（2）敌百虫　每千克体重15mg，口服，连用5d。

（3）酒石酸锑钾　每千克体重6～7mg，分3d三次静脉注射。

（4）三氮脒（贝尼尔，血虫净）　每千克体重15mg，分3d三次肌内注射。

（5）吡喹酮　每千克体重40mg，一次口服。

5．预防

（1）消灭中间宿主淡水螺。可采用化学灭螺的方法。参考肝片吸虫病。

（2）不要在有尾蚴生存的低洼潮湿地带放牧。

（3）在本病流行的地区要进行冬季驱虫、转场前预防性驱虫。

七、羊日本分体吸虫病

日本分体吸虫病是由寄生在羊门静脉系统小血管内的日本分体吸虫引起的，是一种危害严重的人畜共患寄生虫病。

1．虫体形态　日本分体吸虫雌雄异体。雄虫长10～20mm，宽0.5～0.55mm。口、腹吸盘各一个；口吸盘在虫体前端，腹吸盘较大，具有粗而短的柄，位于口吸盘后方不远处。睾丸7枚，呈椭圆形，在腹吸盘下方呈单行排列。生殖孔开口于腹吸盘后的抱雌沟内。雌虫长15～26mm，宽0.3mm。虫卵椭圆形，大小为（70～100）μm ×（50～65）μm。虫卵淡黄色，卵壳较薄，无卵盖。卵壳的侧上方有一个小刺，卵内含有一个活的毛蚴（图8-6）。

2．症状　患羊食欲不振，精神沉郁，行动迟缓；腹泻，带有黏液或血液。母羊不孕或流产，幼畜生长缓慢。后期，患羊体温升高到40℃以上，贫血，黏膜苍白，食欲废绝，体质衰弱，全身虚脱，最后死亡。

3．诊断　诊断的方法很多。除采取粪便作虫卵检查外，还可用毛蚴孵化法检查。操作如下：

（1）取新鲜粪便100g，置于500mL容器内，加水调成糊状，用孔径300～440μm的铜筛过滤，收集滤液。

（2）往过滤液中加水，静置20min后弃上清液，然后15min换一次水，直到水清澈为止。

（3）取含有虫卵的粪渣，倒入500mL三角瓶内，加入23～26℃温水进行孵化，孵化时应有一定光线。

（4）经1、3、5h各观察一次。毛蚴为三角形，灰白色，折光性强的棱形小虫，多在距水面下方4cm以内的水中作水平或稍斜的直线运动。发现毛蚴即可确诊。剖检时，肝脏的病变较明显，表面或切面有粟粒大小的灰白色虫卵结节，严重时肠道上也有这种结节。并在肠系膜静脉中发现虫体，虫体雌雄虫常呈合抱状态。

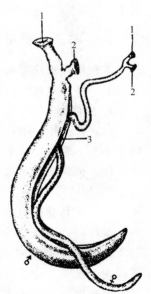

图8-6　日本分体吸虫

1、2.吸盘　3.抱雌沟

4. 治疗

（1）硝硫氰胺（7505）　每千克体重 4mg；均配成 2% 的悬浮液静脉注射。

（2）敌百虫　每千克体重 15mg，口服，连用 5d。

（3）酒石酸锑钾　每千克体重 6mg，分 3d 3 次静脉注射。

（4）三氮脒（贝尼尔，血虫净）　每千克体重 30mg，分 3d 3 次肌内注射。

（5）吡喹酮　每千克体重 30mg，一次日服。

5. 预防

（1）对有钉螺的水塘、沼泽地要进行化学灭螺，可用 20mg/kg 的硫酸铜。

（2）不要在有钉螺的水源旁放牧，饮水最好用自来水。

（3）在本病流行的地区要进行预防性驱虫。

（4）人也可感染和传播本病。加强人粪便的管理，不要在田间地头大便；在有本病流行的地区水田劳动，要穿雨鞋。

八、羊绦虫病

羊绦虫病是由寄生在羊小肠内的绦虫引起的。寄生在羊体内的绦虫有 4 种。羊绦虫病对幼畜危害十分严重。

1. 虫体形态

（1）扩张莫尼茨绦虫　虫体长 2～4m，节片宽 10～15mm。节片侧缘比较整齐，每个节片内有两套生殖器官，节片后缘有 8～15 个泡状节间腺。虫卵多为三角形，直径 50～60μm，有梨形器（图 8-7）。

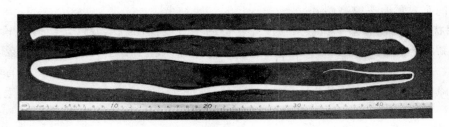

图 8-7　羊莫尼茨绦虫

（2）贝氏莫尼茨绦虫　虫体长 2～6m，节片宽 15～20mm。节片侧缘整齐；每个节片内有两套生殖器官，节片后缘的节间腺呈小点状密布。虫卵多为四角形，直径 70～95μm，有梨形器。

（3）盖氏曲子宫绦虫　虫体长 2～4m，节片宽 12～15mm。节片侧缘不整齐，雄茎囊常突出于节片侧缘，每个节片内有生殖器官一套。睾丸位于纵排泄管外侧。虫卵内无梨形器。

（4）中点无卵黄腺绦虫　虫体长 1.1～2.7m，宽 1.8～2.5mm。每个节片内有一套生殖器官，子宫位于节片中部。虫卵无梨形器。

2. 症状　幼畜的感染率较高。主要症状为消化不良，腹泻，生长缓慢，消瘦，贫血。本病为慢性消耗性疾病，可引起家畜抵抗力下降，在饲养管理不当，气候变化时，常可伴发其他疾病，引起羔羊的大批死亡。

3. 诊断

（1）采取粪便，进行虫卵检查，查出虫卵即可确诊。

（2）清晨对粪便进行眼观检查，检查粪便表面有无绦虫节片。

（3）剖检诊断。

4. 治疗

（1）氯硝柳胺 每千克体重 7 5～80mg，口服。

（2）硫酸铜 配成 1％的水溶液，成羊每只 80～100mL，羔羊每只 30～50mL。据报道，本药一次驱虫率为 80％，有的学者认为，本药打不下头节，可间隔 1 个月，进行第二次驱虫。

（3）丙硫苯咪唑 每千克体重 5～10mg，口服。

（4）达虫净（苯硫苯咪唑） 每千克体重 10mg，口服。

（5）吡喹酮 每千克体重 10mg，口服。

5. 预防 在本病流行的地区要进行冬季驱虫、转场前预防性驱虫。转场前驱虫后 1～2d 不要放牧，实行喂养，对排出的粪便要进行卫生处理，杀灭虫卵，防止污染草场。

九、棘球蚴病

棘球蚴的成虫为细粒棘球绦虫，寄生在犬、狼、狐等肉食动物的小肠内。棘球蚴病是由棘球蚴寄生在羊的肝、肺等实质器官所引起的一种绦蚴病。本病除感染羊外、也可感染多种家畜，也可感染人，是一种危害严重的人畜共患病。

1. 虫体形态 棘球蚴呈包囊状，直径一般为 2～8cm。囊壁厚，触摸硬，其内充满囊液，囊内混有大量原头蚴（图 8-8）。

2. 症状 本病的感染率和感染强度与家畜的年龄成正比，年龄越大，感染率和感染强度越高，新疆羊只感染率为 30％～50％。但这并不意味着年龄愈大愈易感，相反，随着年龄的增长，易感性降低，羊 3.5 岁以后一般不再感染。患羊由于肝、肺实质器官萎缩，变性，功能障碍，出现消瘦，贫血，咳嗽，呼吸困难；育肥困难，生产力下降，被毛蓬松或脱落。感染严重时，因衰竭或呼吸困难导致死亡。

3. 诊断 变态反应诊断。方法如下，皮内注射新鲜不含原头蚴的棘球蚴囊液 0.1～0.2mL，注射后 5～10min 进行观察。如出现红斑，直径为 0.5～2cm，并伴有肿胀，可视为阳性。据报道，棘球蚴可与脑多头蚴和细颈囊尾蚴出现交叉反应，因此，本法诊断准确率约为 70％。

4. 治疗 吡喹酮每千克体重 80mg，与等量液体石蜡混合后肌内注射，分 2 次给药，间隔 3d。

5. 预防 本病应以预防为主。

（1）要捕杀野犬，消灭病原。对准养犬要进行登记挂牌，每年驱虫 8 次以上。驱虫药品可选用吡喹酮和氢溴酸槟榔碱，也可选用氯硝柳胺。

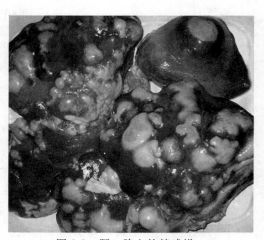

图 8-8 肝、脾上的棘球蚴

驱虫后，犬要拴养或圈养 2～3d，犬粪要深埋，以防扩散传播。

（2）要加强对屠宰羊的卫生监督工作，发现有病脏器，一定要集中无害化处理，焚烧或深埋，防止被犬吞食。

（3）加强卫生宣传教育和科学普及工作，使广大群众都能了解本病的发生原因、危害及其防治。

十、脑多头蚴病（脑包虫）

多头蚴病是由寄生在犬、狼、狐等动物小肠内的多头绦虫的幼虫，寄生在羊脑、脊髓内所引起的一种绦蚴病。本病的致死率几乎为 100％，本病主要感染和危害羔羊。

1. 虫体形态　多头蚴呈包囊状，壁薄，透明，其内充满透明液体；在内膜上，有 100～250 个粟粒状头节，呈簇状分布。包囊壁软，因此，包囊不定形（图 8-9，图 8-10）。

图 8-9　羊脑内的脑包虫

图 8-10　脑包虫

2. 症状　羔羊主要表现为神经症状，精神沉郁，盲目运动或呆立，食欲减退或消失，消瘦，有的出现转圈运动、失明。根据脑包虫寄生部位不同，可出现下列反常姿势。虫体寄生在大脑前部，羔羊常低头或抵在物体上不动；虫体寄生在大脑后部，羔羊常头向后仰或倒退运动；虫体寄生在大脑一侧，另一侧眼睛视力下降或失明，并有向患侧作转圈运动的现象；绦虫蚴包囊越大，转圈直径越小。新疆羊只感染本病的占 1％～2％，有的地区可达 5％，死亡率为 100％。

3. 诊断

（1）多头蚴病呈现特异性的临床症状，可作为诊断本病的一个重要依据。

（2）检查颅骨有无凸起、变软等现象。

（3）X 线检查脑部。

（4）变态反应诊断。

4. 治疗

（1）外科手术摘除。

（2）吡喹酮　每千克体重 100mg，用液体石蜡配成 10％溶液，肌内注射。

（3）可试用甲苯唑　每千克体重 15mg，口服。

5. 预防　参考棘球蚴病。

十一、细颈囊尾蚴病

细颈囊尾蚴病是由寄生在犬、狼、狐小肠内的泡状带绦虫的幼虫，寄生在羊腹腔内胃网膜、肠系膜上引起的一种绦虫蚴病。

1. 虫体形态　细颈囊尾蚴俗称"水铃铛"，形状类似苦胆，吊于网膜上。包囊大小类似鸡蛋大小。囊壁薄，透明，内含透明液体。包囊仅有一个头节，常内翻。

2. 症状　本病无特异性症状。少量寄生时不表现临床症状。严重时，由于细颈囊尾蚴大量从肝脏向腹腔移行，可引起肝炎、腹膜炎、贫血、消瘦等症状，但不易察觉。

3. 诊断

（1）变态反应诊断。

（2）剖检诊断。

4. 治疗　吡喹酮　每千克体重 100mg，用无菌液体石蜡将吡喹酮配成 10% 的混悬液，分 2d 二次肌内注射。

5. 预防　参考棘球蚴病。

十二、羊囊尾蚴病

羊囊尾蚴病是由寄生在犬、狼、狐小肠内的羊带绦虫的幼虫，寄生在羊心肌、膈肌等处引起的一种囊虫病。

1. 虫体形态　羊囊虫卵圆形，长径 4～9mm，短径 2～3.5mm，囊内充满清亮的液体，内壁上有一个头节。

2. 症状　无明显的临床症状。

3. 诊断　活体诊断比较困难。剖检诊断可见肌肉内有米粒大小的包囊。

4. 治疗　吡喹酮　每千克体重 80mg，用无菌液体石蜡将吡喹酮配成 10% 的混悬液，分 2d 二次肌内注射。

5. 预防　羊囊尾蚴病是由于羊误食入羊带绦虫虫卵而受到感染。本病的预防措施：加强犬的管理，定期驱虫；不要将犬与羊在一起饲养。

十三、羊网尾线虫病（肺丝虫病）

羊网尾线虫病是由寄生在肺气管内的丝状网尾线虫引起的一种肺部寄生虫病。

1. 虫体形态　丝状网尾线虫乳白色，丝状。雄虫长 38～74mm，宽 0.266～0.398mm。交合伞发达，中侧肋和后侧肋合并，末端稍有分开。交合刺黄褐色，粗短，呈靴状，为多孔性构造，长 0.434～0.567mm。第一期幼虫头端有一小的扣状结节。

2. 症状　病畜呼吸困难，流鼻液，甩头，喷鼻。感染严重时，出现食欲减退或废绝，消瘦，贫血，四肢无力，不愿动，卧地不起，体温升高，最终因呼吸困难，衰竭而死。

3. 诊断　本病的诊断可用贝尔曼氏幼虫分离法进行检查，如查出幼虫即可确诊。操作方法：取新鲜粪便 15g 左右，放置在漏斗上，粪便稀软时可用纱布单层包裹。在漏斗下端用橡皮管连接一试管，然后加入 40℃ 温水，经 0.5h 后，取下试管，从管底吸液在显微镜下进行检查，阳性感染则可查出幼虫。死后剖检可在肺内发现大量虫体，并有大量黏液阻塞小支气管。继发细菌感染后，可出现大叶性肺炎病变。

4. 治疗

（1）丙硫苯咪唑　每千克体重 10～15mg，口服。

（2）噻咪唑　每千克体重 15mg，口服。

（3）左咪唑　每千克体重 8mg，口服。每千克体重 5mg，肌内注射。

（4）稀碘溶液（碘片 1g，碘化钾 1.5g，蒸馏水 1 500mL）　成年羊每只 15mL，羔羊减半。用时需加温至 20～37℃，气管注射。

（5）乙胺嗪　每千克体重 100mg，口服。

5. 预防　在本病流行的地区要进行冬季驱虫、转场前预防性驱虫。转场前驱虫后 1～2d 不要放牧，实行喂养，对排出的粪便要进行卫生处理，杀灭虫卵，防止污染草场。

十四、羊小型肺丝虫病

羊小型肺丝虫病是由寄生在羊肺组织内、肺小支气管内的原圆科线虫引起的肺寄生虫病。寄生在羊体内的小型肺丝虫共有 5 个属，8 个种。

1. 虫体形态

（1）黑色囊尾线虫　虫体呈棕褐色，寄生在肺组织的结节中，雄虫长 18～90mm。背肋末端分为三枝，导刺带有头、单体部和双脚，中侧肋和后侧肋平行。雌虫长 30～160mm。

（2）毛细缪勒线虫　雄虫长 12～16mm。背肋分为三枝，中侧肋和后侧肋合为一枝。导刺带不明显，副导刺带发达，由一对大的基板和一个横板构成。雌虫长 17～18mm。

（3）舒氏歧尾线虫　雄虫长 13～15.3mm，背肋半球形。导刺带简单，由一个棒状体部和两个位于体部末端两侧的脚构成。雌虫长 22～2 5mm。

（4）刺尾线虫　背肋半球形，导刺带由头、体、脚三部分构成。头部单一，体部和脚部成双。交合刺长度在 0.5mm 以上。奥尔洛夫刺尾线虫交合刺长 0.56～0.7mm；劳氏刺尾线虫交合刺长 1.4～1.7mm。

（5）原圆线虫　背肋呈球形，导刺带由头、体、脚三部构成。头部单一，体部和脚部成双；交合刺长度通常短于 0.5mm。

① 霍氏原圆线虫　雄虫长 16.8～38.4mm；导刺带脚部钩状。

② 柯氏原圆线虫　雄虫长 24.3～30mm；导刺带脚部末端的形状颇像鸭蹼，有 3～5 个齿状构。

③ 赖氏原圆线虫　雄虫长 22.8～75mm，导刺带部末端有 2 个粗齿状的钩。

2. 症状　虫体感染强度小，无明显临床症状。严重感染时，出现卡他性支气管炎症状，呼吸困难、咳嗽等。患羊食欲不振，贫血，可视黏膜苍白，消瘦，流鼻液。

3. 诊断　用幼虫分离法检查粪便中有无一期幼虫。必要时进行剖检诊断，在肺内查出大量虫体，并伴有肺萎缩、支气管炎、虫性结节等病理变化，即可确诊。

4. 治疗

（1）丙硫苯咪唑　每千克体重 15～20mg，口服。

（2）噻咪唑　每千克体重 15mg，配成 5% 的水溶液皮下注射。

（3）左咪唑　每千克体重 10mg，口服。

（4）达虫净（苯硫苯咪唑）　每千克体重 10mg，口服。

5. 预防

（1）消灭中间宿主陆地螺或蛞蝓。

（2）加强放牧管理。螺类在雾天、阴天和早晚最活跃，应尽可能回避。

（3）在本病流行的地区要进行冬季驱虫、转场前预防性驱虫。转场前驱虫后 1～2d 不要放牧，实行喂养，对排出的粪便要进行卫生处理，杀灭虫卵，防止污染草场。

十五、羊腹腔丝虫病

羊腹腔丝虫病，是由寄生在羊腹腔内的唇乳突丝状线虫和指形丝状线虫引起的一种线虫病。

1. 虫体形态

（1）唇乳突丝状线虫（鹿丝状线虫）　雄虫长 47～57mm，交合刺一对，大小、形态均不同，左交合刺长 0.32～0.43mm，右交合刺长 0.16～0.18mm。雌虫长 76～105mm，在尾端 0.083～0.132mm 处的两侧有侧附肢一对，尾端顶部有许多刺状的突出物。微丝蚴长 240～260μm。

（2）指形丝状线虫　雄虫长 40～58mm。交合刺一对，左交合刺长 0.27～0.35mm，右交合刺长 0.066～0.128mm。雌虫长 57～106mm。在距尾端 0.049～0.099mm 处的两侧有侧附肢一对。尾端顶端无刺状突起，而有一个纽扣状突起物。

2. 症状　寄生在腹腔内的成虫致病力不强，无明显的临床症状。主要是它们的幼虫进入非正常宿主或幼虫移行到非正常寄生部位时，可引起浑睛虫病，羊脑脊髓丝虫病。浑睛虫病的症状为，畏光，流泪，瞳孔放大，视力减退。有时可见到虫体在眼前房内游动。治疗方法用手术治疗。羊脑脊髓丝虫病是幼虫移行到羊脑脊管内，破坏中枢神经组织而引起的病。其症状为精神沉郁，不愿走动，磨牙，眼球震颤，颈部肌肉强直或痉挛，后肢跛行或拖地，站立困难，不能急转弯，尿失禁，阴茎下垂等，后期患畜卧地不起，时间长久则发生褥疮，食欲减退，逐渐消瘦，乃至死亡。

3. 诊断　采血做血滴压片或推制血片检查，发现微丝蚴可确诊。虫体少，不易检出，可用集虫检查法：采血 5～10mL，加入 5％醋酸数滴，溶血后进行离心沉淀，然后吸取沉渣进行检查。

羊脑脊髓丝虫病主要是根据症状、流行病学调查、剖检等进行综合诊断。也可用变态反应诊断法，马皮内注射 0.1mL 反应原，30min 后进行观察，丘疹直径在 1.5cm 以上为阳性。

4. 治疗

（1）丙硫苯咪唑　每千克体重 10mg，制成 2％混悬液腹腔注射，可杀死腹腔丝虫成虫。

（2）酒石酸锑钾　以总剂量每千克体重 8mg，配成 4％的溶液，分 3 次静脉注射，隔日 1 次。

5. 预防

（1）搞好环境卫生，清除蚊虫孳生地，采用喷药和烟熏灭蚊驱蚊。

（2）在蚊子盛行的季节，可在畜体上喷洒化学药品进行防蚊。可用杀虫油剂、敌百虫等。

（3）药物预防。可用海群生，以每千克体重 50mg，配成 20％的溶液肌内注射，每月 1 次，连用 4 个月。也可用敌百虫，以每千克体重 50mg，配成 10％的水溶液皮下注射，每月

1 次，连用 4 个月。

十六、羊消化道线虫病

该病由寄生在羊消化道的多种线虫引起。据报道，寄生在羊消化道的线虫有 15 个属，60 多种。

1. 虫体形态

（1）美丽筒线虫　寄生在食道黏膜下。虫体前部的表皮有许多大小不等的椭圆形泡状物，排成不整齐长行。雄虫长 30～65mm，交合刺不等长，左交合刺长 17～23mm，右交合刺长 0.13～0.15mm；雌虫长 80～145mm。

（2）多瘤筒线虫　寄生在瘤胃内。虫体前部表皮上的圆形泡状物仅限于虫体左侧。雄虫长 32～41mm，左交合刺长 9.5～10.5mm，右交合刺长 0.26～0.32mm。

（3）捻转血矛线虫　寄生在皱胃内，是皱胃内最大的一种虫体。雄虫长 18～22mm。交合伞侧叶发达，较长，眼观雄虫末端分叉。雌虫长 25～34mm。肉眼可见白色的子宫与红色的肠管扭转在一起，呈麻花状。

（4）马歇尔线虫　寄生在皱胃内。虫体白色，较大。雄虫长 10～15mm，尾部交合伞发达，呈钟状，眼观虫体类似"大头针"样。背肋、外背肋细长，伸达伞缘。雌虫长 10～24mm。

（5）奥斯特线虫　虫体寄生在皱胃内。棕褐色，略小于马歇尔线虫。雄虫长 6～11mm，交合伞侧叶发达，背叶不太发达，两腹肋并行。雌虫长 8～12mm。

（6）斯氏副柔线虫　寄生在皱胃内。虫体最大特点是头端有 6 个耳状突出物。雄虫长 15～20mm，雌虫长 22～27mm。

（7）达氏背板线虫　寄生在皱胃内。雄虫长 8.2mm。形态与三叉奥斯特线虫类似，主要不同点是达氏背板线虫生殖锥背突上有一对无柄乳突。

（8）毛圆线虫　寄生在小肠和皱胃内。虫体纤细，无口囊颈乳突。雄虫体长 4～6mm，两腹肋相距很远。交合刺短，有突起。雌虫 5～7mm。种的鉴定主要是根据交合刺大小和形态鉴别。

① 蛇形毛圆线虫　交合刺长 0.118～0.145mm，呈 S 状，在远端 1/4 处有一个三角形倒钩。

② 艾氏毛圆线虫　两根交合刺大小、形态均不同。左交合刺长 0.121mm，右交合刺长 0.067～0.09mm。

③ 枪形毛圆线虫　交合刺稍不等长，0.12～0.13mm。每个交合刺上有 2 个倒钩状结构。

④ 钩状毛圆线虫　左交合刺上有 2 个倒钩，右交合刺上仅一个倒钩。

（9）乳突类圆线虫　寄生在小肠内。本虫属孤雌生殖，宿主体内只有雌虫。雌虫体长 4～6mm，系卵胎生。形似毛圆线虫，不同之处是类圆线虫无排卵器，阴门有两个唇片，而毛圆线虫则具有排卵器。

（10）古柏线虫　寄生在小肠内。虫体淡红色或淡黄色。头部纤细，具有头泡和横纹。雄虫体长 5～9mm，两腹肋相距很远，无导刺带，背肋末端有 4 个分枝。雌虫体长 6～10mm。

（11）细颈线虫　寄生在小肠内。虫体前部细，向后逐渐变粗，有头泡和横纹。雄虫体长 9～17mm，背肋分为独立的两枝，交合伞侧叶发达，交合刺细长，有刺膜，末端形成"附接尖"。雌虫长 14～25mm，有尾刺，阴门开口于虫体后半部。

（12）似细颈线虫　寄生在小肠内。雄虫体长 15～24mm，交合刺长度可达虫体长度一半以上。雌虫 16～40mm，阴门开口于虫体的前半部。其他与细颈线虫相似。

（13）仰口线虫　寄生在小肠内。虫体较粗大，淡红色。口囊发达，有齿，无叶冠；头向背部弯曲，如钩状，故又称钩虫。

① 羊仰口线虫　口囊三角形，其内有一个大背齿和一对亚腹齿。雄虫长 12～17mm，交合刺长 0.6～0.64mm。雌虫长 19～26mm。

② 牛仰口线虫　口囊内有一个背齿，两对亚腹齿。雄虫长 10～12mm；交合刺长 3.5～4mm。雌虫长 16～19mm。

（14）毛首线虫　寄生在盲肠内。虫体形态特殊，极易辨认。前体部细长，后体部粗短，形似马鞭，故又称"鞭虫"。雄虫尾部蜷曲，交合刺一根，有刺鞘，无交合伞。

（15）夏伯特线虫　寄生在大肠内。虫体粗大，似火柴杆，口囊发达，无齿，有内、外叶冠。

① 绵羊夏伯特线虫　有不太明显的头泡和颈沟，内、外叶冠呈三角形。雄虫长 16～21mm，交合刺长 1.3～1.8mm，雌虫长 24～27mm，阴道长 0.15mm。

② 叶氏夏伯特线虫　无头泡和颈沟。外叶冠圆锥形，内叶冠为狭长体。雄虫长 14～17.5mm，交合刺长 2.1～2.48mm，雌虫阴道长 0.5mm。

（16）食道口线虫　寄生在结肠内。虫体有明显的头泡和颈沟，有内、外叶冠，口囊小而浅。雄虫长 12～14mm；交合刺上具有横纹。雌虫长 15～22mm，排卵器肾形。

2. 症状　消化道的线虫往往呈混合感染。感染虫体数量较少时，羊不表现临床症状；严重感染时，患羊表现胃肠炎症状。食欲不振，消化不良，消瘦，贫血，被毛粗乱，顽固性下痢或腹泻与便秘交替，可视黏膜苍白。幼畜发育不良，生长缓慢，被毛蓬松，成年羊育肥困难，母畜不孕或流产。特别在饲养管理不良的情况下，病羊极度衰弱，贫血，颌下、胸下和腹下发生水肿，体温有时升高；抵抗力下降，常伴发一些综合征，引起羊只的死亡。剖检时，可在消化道内发现大量虫体，寄生部位黏膜出现卡他性炎症、出血点、溃疡灶、化脓灶等病理变化。有时，可引起消化道穿孔。

3. 诊断　对羊消化道线虫病的诊断，主要是根据流行病学调查，临床症状，以及剖检，进行综合诊断。

（1）生前诊断　主要是用饱和盐水漂浮法进行虫卵检查。饱和盐水配制方法：1 000mL 水内加入 380g 食盐，加热溶解即可。相对密度为 1.18。除此之外，还可用其他漂浮液，如硫酸镁，相对密度为 1.28；硫酸锌，相对密度为 1.28；硫代硫酸钠，相对密度为 1.4，硝酸铅，相对密度为 1.5。但由于后两种相对密度高，同时漂浮起来的其他杂质也很多，故有人反对用后两种。

特别推荐：用动物粪便虫卵诊断盒进行虫卵检查，使用方法参见配套使用说明书。

各属虫卵形态鉴别如下：

① 类圆线虫卵　卵内含有幼虫，虫卵大小为（40～60）μm×（20～25）μm。

② 毛首线虫卵　呈腰鼓状，虫卵中部凸起，两端略细，塞状物。虫卵大小为（57～78）

μm×（30～35）μm。

③ 细颈线虫卵　虫卵较大，呈椭圆形，中部外凸，虫卵大小为（160～270）μm×（90～150）μm。卵胚细胞少，约4～8个。

④ 马歇尔线虫卵　虫卵较大，呈长椭圆形。虫卵大小为（160～200）μm×（75～100）μm。卵胚细胞多，细而密。虫卵两端空隙较大。

⑤ 仰口线虫卵　虫卵类长方形，两端钝圆，两侧较平。虫卵大小为（85～97）μm×（48～50）μm。新鲜虫卵胚细胞大，数目8～12个，内含暗黑色颗粒。

⑥ 奥斯特线虫卵　虫卵类圆形，侧面外凸。虫卵大小为（62～95）μm×（30～50）μm。

⑦ 毛圆线虫卵　虫卵类似卵圆形，一端稍尖，一端圆。虫卵大小为（55～95）μm×（30～55）μm。

⑧ 血矛线虫卵　虫卵椭圆形，卵壳白色，透明。卵胚胞6～30个。

⑨ 食道口线虫卵　虫卵呈长椭圆形，卵壳较厚，新鲜虫卵内有4～16个卵细胞，其界限不明显。虫卵大小为（70～90）μm×（34～50）μm。

⑩ 夏伯特线虫卵　虫卵较大，椭圆形，卵壳厚。新虫卵为桑葚胚期。虫卵大小为（90～120）μm×（40～50）μm。

（2）死后诊断　主要是对羊只进行剖检诊断，根据寄生部位、形态特征进行虫种和属的鉴定。

4. 治疗　药品的选用，可根据当地的药源、价格、驱虫范围进行选用。

（1）对毛首线虫的治疗　多种驱线虫药对毛首线虫无效或较差。在毛首线虫病的流行地区，应选用驱毛首线虫的特效药。

① 羟嘧啶（特效药）　每千克体重5～10mg，口服。

② 敌百虫　每千克体重80mg，口服。

③ 甲氧啶　每千克体重150mg，皮下注射。

（2）对其他消化道线虫的治疗

① 丙硫苯咪唑　每千克体重10mg，口服。

② 敌百虫　每千克体重80mg，口服。

③ 左咪唑　每千克体重8mg，口服。肌内注射量为：每千克体重5mg，配成5％溶液。

④ 噻苯唑　每千克体重50～100mg，口服。

⑤ 达虫净（苯硫苯咪唑）　每千克体重5～10mg，口服。

⑥ 噻嘧啶　每千克体重25～30mg，口服。

⑦ 氧苯咪唑　每千克体重10～15mg，口服。

5. 预防

（1）在本病流行的地区要进行冬季驱虫、转场前预防性驱虫。转场前驱虫后1～2d不要放牧，实行喂养，对排出的粪便要进行卫生处理，杀灭虫卵，防止污染草场。

（2）消化道线虫大都是土源性寄生虫，虫卵都需在外界环境中发育1～4周，才能发育为具有感染力的侵袭性三期幼虫或侵袭性虫卵。这种侵袭性三期幼虫或虫卵对不良环境具有强大的抵抗力，可存活近1年的时间。因此，草场实行轮牧，对于消灭和减少寄生虫病，意义十分重大。

十七、羊蜱病

蜱病是由寄生在羊体表的硬蜱和软蜱引起的一种体外寄生虫病。蜱多寄生在腹下、四肢内侧、乳房周围。寄生在羊体表的蜱类，共有 2 个科，7 个属，几十种。

1. 虫体形态

（1）全沟硬蜱　雄蜱大小为 2.4mm×1.3mm；雌蜱大小为 4mm×1.7mm。有肛前沟，假头基三角形，无眼，无缘垛，第一基节锥形。

（2）刻点血蜱　雄蜱大小为 3.1mm×1.8mm；雌蜱大小为 3.2mm×1.8mm。有肛后沟，假头基方形，无眼、无缘垛；第一基节不分叉。须肢短，第二节外展，超出假头基之外。

（3）血红扇头蜱　雄蜱大小为 2.7mm×3.3mm；雌蜱大小为 2.8mm×1.6mm。有肛后沟，假头基六角形，有眼，有缘垛。第一基节距裂窄，外距直，较内距短。

（4）残缘璃眼蜱　雄蜱长 4.9～5.5mm；雌蜱长 5.2～5.5mm。有后沟，眼大突出。须肢长，假头基三角形。第一基节外距发达。体后端有一对肛下板。足发达，关节处有浅色环。

（5）银盾革蜱　雄蜱大小为 1.9mm×2.4mm，雌蜱吸血后大小为 14.5mm×8mm。有肛后沟；假头基矩形。腹面基节依次增大。背部盾板有银灰色花斑，有眼，有缘垛。

（6）微小牛蜱　雄蜱大小为 5.4mm×3.3mm，雌蜱吸血后大小为 12.5mm×7.5mm。无肛沟；假头基呈六角形。须肢粗短；背部盾板无花纹，有眼，无缘垛。

（7）拉合尔钝缘蜱　为软蜱。背面无盾板，假头位于腹面，背部俯视看不见假头，易与其他硬蜱类相区别。雄蜱大小为 8mm×4.5mm；雌蜱大小为 10mm×5.6mm。

2. 症状　蜱类主要是寄生在羊体表吸血。由于虫体机械性地损伤皮肤，引起寄生部位痛痒，使家畜不安，经常用嘴唇咬患部皮肤或在硬物上摩擦。蜱大量吸血，可引起患羊贫血，消瘦，发育不良，毛、皮质量下降，产奶量下降。蜱体大量寄生后肢时，可引起后肢麻痹。同时，蜱还可传播巴贝斯虫病、泰勒虫病、布鲁氏菌病、炭疽、土拉杆菌病等，引起羊大批死亡。

3. 诊断　根据病羊出现的症状，检查体表，发现虫体即可确诊。

4. 治疗

（1）人工除蜱法，即人工摘除羊体上的蜱虫。

（2）用煤油、食用油、液体石蜡、凡士林等涂于蜱体表面，使其窒息死亡，然后垂直从羊体表面拔出，防止口器断入皮内。本法适用于小群或个体饲养的羊。

（3）化学药物灭蜱法，可选用杀虫油剂、0.3％杀螨灵悬液、2％敌百虫溶液喷洒畜体，杀灭蜱虫或预防蜱类的侵袭。

（4）如果是群体发生，可采用药浴的方法进行治疗。

5. 预防　在发病季节中，可预防性喷洒杀虫剂，防止蜱类的侵袭。

十八、羊螨病

螨病是由痒螨和疥螨寄生于羊皮肤表面或皮内引起的一种体外寄生虫病。痒螨寄生在羊只表皮上，多寄生于毛厚的背部。疥螨寄生在羊皮肤内，多寄生于毛少或无毛的头部。

1. 虫体形态　痒螨大小为（0.5～0.8）mm×（0.3～0.4）mm。虫体呈长椭圆形，肉眼可见。口器长，圆锥形，足发达，从背面可见四对足。雄虫第一、二、三对足上有吸盘，吸盘柄分节。雌虫第一、二、四对足上有吸盘。

疥螨大小为（0.2～0.45）mm×（0.14～0.35）mm。虫体近圆形。口器蹄铁状。第一、二对足发达，第三、四对足不发达，从背面看不见。雄虫第一、二、四对足有吸盘，雌虫第一、二对足有吸盘，吸盘钟状，吸盘柄不分节。

2. 症状　患羊奇痒，经常用嘴啃咬患部皮肤或在木桩、墙角处摩擦，患部脱毛，皮肤出现疱疹、脓疮、皮炎、龟裂，有大量皮屑形成，有时皮肤肥厚变硬。螨病多发于冬季，加上脱毛，常引起死亡。

3. 诊断

（1）病料的采集　在刀上蘸一些水，选择患部皮肤与健康皮肤交界处，刀面垂直于皮肤，刮取病料。

（2）检查方法

① 直接检查法　在没有显微镜的条件下，可将病料置在阳光下曝晒或在平皿底部加热40～50℃30min，然后移去皮屑，在平皿下衬以黑色背景进行肉眼观察。

② 镜检法　将刮下的皮屑放在载玻片上，滴加10%氢氧化钠，或液体石蜡，或50%甘油水，置显微镜下或解剖镜下进行观察。

③ 虫体浓集法　本法主要用于在较多的病料中查找较少的虫体。将病料置于试管内，加入10%的氢氧化钠，在精灯上煮沸数分钟，使皮屑溶解。然后以2 000r/min离心5min，弃上清液，吸取沉渣进行检查。

④ 平皿内加温法　将病料放置平皿内，加盖，然后将平皿放于盛有40～50℃温水的杯子上10～15min，虫体黏于平皿底，然后翻转平皿，检查皿底。

螨病一般根据流行病学调查、症状和发病部位进行诊断。但确诊还须实验室检查。

（3）痒螨病与疥螨病的鉴别　痒螨病和疥螨病常单独发生，也可混合发生。两病的主要鉴别要点如下：① 痒螨病病原为羊痒螨；疥螨病病原为羊疥螨。② 痒螨好发部位为背部，然后蔓延全身。疥螨好发部位为头部，然后向体后蔓延。③ 痒螨患部脱毛严重，皮肤病变不太明显，患部奇痒；疥螨病患部脱毛不太严重，皮肤病变明显。皮肤肥厚变硬、龟裂、脱屑，皮肤皱褶明显，痒感不强烈。

4. 治疗

（1）螨净　初浴浓度0.025%，补充浓度0.075%。

（2）50%辛硫磷乳油　药浴浓度0.025%～0.05%。

（3）杀灭菊酯　成品为20%杀灭菊酯乳油，药浴浓度为0.01%。

（4）敌百虫　配成1%～2%水溶液，用于局部涂擦治疗。

（5）将杀虫油剂对半稀释后涂擦患部。

（6）对少数冬季发病的羊只要立即隔离治疗，肌内注射碘硝酚，皮下注射伊维菌素、阿维菌素。

5. 预防　要坚持每年春、秋两季的药浴制度。

十九、羊虱病

虱病是由寄生在羊体表的虱类引起的一种体外寄生病。虱有严格的宿主特异性，各种家畜的虱不能互相感染。

1. 虫体形态

羊毛虱的主要特点为：头扁，头宽于胸部。头前端通常圆而阔，腹部比胸部宽。三对足较短，咀嚼式口器。毛虱体长 1.5～1.8mm，触节三节。多寄生在头顶、颈部和肩胛部。羊毛虱雄虫长 1.4mm，雌虫长 1.6mm。多寄生在颈部、肩部和背部。

羊兽虱的主要特点为：头部窄于胸部，头部呈圆锥形，为刺吸式口器，触角 3～5 节，胸部宽，由界限不很明显的三节组成，每节上有足一对。腹部更宽，呈椭圆形，由 8～9 节组成。血虱雄虫长 2mm，雌虫长 4.7mm。羊足颚虱体长 1.5～2.8mm，外形与血虱相似，但每个腹节的背腹面至少有两列毛。寄生于绵羊四肢末端少毛处。

2. 症状 虫体机械性刺激患羊体表，引起羊痒痛不安，食欲下降，消瘦，皮肤发炎。

3. 诊断 可根据症状，检查畜体，查出虫体即可确诊。

4. 治疗

（1）发现羊体出现虱子后，及时喷洒杀虫油剂或其他杀虫剂。

（2）对冬季发病的羊只要立即隔离治疗，肌内注射碘硝酚，皮下注射伊维菌素、阿维菌素。

5. 预防 要坚持每年春、秋两季的药浴制度。

二十、羊蠕形蚤病

羊蠕形蚤病是由寄生在羊体表的蠕形蚤引起的一种体外寄生病。寄生在羊体的蠕形蚤主要有 3 种，分别为花蠕形蚤、叶氏蠕形蚤和羊长喙蚤。花蠕形蚤为优势寄生虫种。

1. 虫体形态

（1）花蠕形蚤 雄虫大小为 6mm，雌虫为 8mm；下唇须 12～13 节；抱器形态呈近方形，可动突发达，柄突粗短（图 8-11）。

（2）叶氏蠕形蚤 雄虫大小为 6mm；雌虫为 8mm；下唇须 10～11 节；抱器形态呈梨形，可动突不发达，柄突细长。

（3）羊长喙蚤 雄虫大小为 4mm；雌虫为 5mm；下唇须 17～20 节；抱器上有臀板，可动突与柄突约在一条线上。

2. 症状 患羊主要症状为奇痒，常在硬物上蹭痒，用嘴咬或蹄踢虫体寄生部位。消瘦，贫血，掉毛，怀孕母羊流产，即使母羊不流产，母羊产羔后少奶或无奶，羔羊因此也无法成活。

少数感染羊由于虫体高密度寄生吸血，伤口血液不凝固，腹部、尾部和腿部的羊毛都被流出的血液染红，扒开羊毛进行检查时，可见到虫体及一簇簇蠕形蚤吸血后排出的血粪。如果对感染羊不进行治疗，大多在 1 个月内死亡。

3. 诊断 可根据症状，检查羊体，查出虫体即可确诊。

4. 治疗

（1）发现羊体有蠕形蚤后，及时喷洒杀虫油剂或其他杀虫剂。喷洒杀虫油剂，剂量为 5～7mL/只。喷洒螨净，剂量为 200 只/L 原药。方法：1L 螨净加水 2L，全部喷到 200 只羊体上。

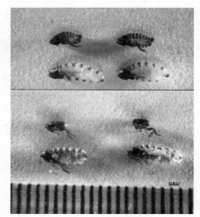

图 8-11 花蠕形蚤

（2）对冬季发病的羊只要立即隔离治疗，肌注碘硝酚，皮下注射伊维菌素、阿维菌素。

5. 预防　本病主要发生在 2 000m 以上的冬季高山牧场上。因此，在羊只转入冬草场前，必须进行药浴。

二十一、人蚤病

人蚤病是由人蚤寄生在羊体表引起的一种外寄生虫病。

1. 虫体形态　雄虫长 1.8～2.2mm，体色略黑，尾部略上翘；下唇须 4 节；眼发达；上抱器呈 Y 状，柄突向体前侧方倾斜，末端略有膨大；不动突前叶较直，向前上方延伸；不动突后叶有 2 个突起，两者相并成钳状；可动突像一个弯曲的谷穗，罩在不动突的后叶上，可动突上具有很多刺鬃；臀板位于可动突前叶的后部，臀板上具 14 个杯陷；臀板与可动突形成一个明显的 V 形缺刻；雄茎囊发达，大头棒状，位于上抱器的前下方，雄茎杆内突中片发达，在抱器柄突前方形成一个大圈（图 8-12，图 8-13）。

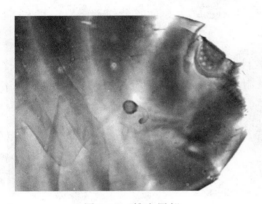
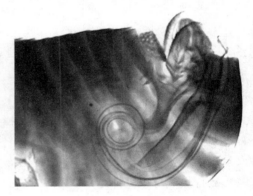

图 8-12　雄虫尾部　　　　　　　　　　　图 8-13　雌虫尾部

雌虫长 3～6mm，体色深黄；尾部光滑，向下弯曲。受精囊头部较大，圆形，中部色淡，四周色深；受精囊尾部色淡，呈腊肠状，向后、向下，再向前延伸，呈钩状，

2. 症状　虫体寄生在羊只的体表，不断吸血；羊只出现瘙痒，不安，食欲下降，消瘦，怀孕母羊出现流产，感染严重的羊只出现死亡。

虫体除了侵袭羊和其他家畜外，也叮咬人类，被叮咬人员的皮肤出现红肿、疼痛，严重者出现全身症状；经过治疗的患者，其症状在数天后才能消失，

3. 诊断　采集羊体上的虫体标本鉴定后便可确诊。

4. 治疗与预防　根据人蚤的生活史，对人蚤病的防治措施为：

（1）在人蚤出现之前（2 月底）开始喷洒杀虫剂，最好使用高浓度的杀虫剂，但每个羊只的使用量（绝对值）不得超过药浴量，即 1L 螨净加水 2L，喷洒 200 只羊；每隔 20d 一次。

（2）在有药浴池的地区，可对羊只进行药浴，每 2 个月 1 次。

（3）对于散发区的患羊，可注射伊维菌素或碘硝酚，进行预防和治疗。

（4）保持圈舍卫生、清洁、干燥，及时清理圈舍及周围的粪便、污物，并集中堆放，对粪堆表面要喷洒杀虫剂，消灭环境中的幼虫和成虫。

二十二、羊鼻蝇蛆病

本病由羊鼻蝇的幼虫寄生在羊鼻腔、鼻窦和角窦内引起的一种寄生虫病。

1. 虫体形态 羊鼻蝇三期幼虫呈棕褐色，长 28～30mm。前端尖，有两个黑色强大的口前钩。背面拱起，各节上有深棕色的横带，腹面扁平，各节前缘具有数列小刺。虫体后端齐平，有两个明显的黑色后气孔（图 8-14，图 8-15）。

图 8-14　羊鼻蝇成蝇　　　　　　　　　图 8-15　羊鼻蝇幼虫

2. 症状 病羊流鼻液，可见有浆液性、脓性或血性鼻液。病羊有呼吸困难、甩头、喷鼻、磨牙、食欲减退、消瘦的症状。个别羊只由于幼虫钻入脑部，出现神经症状；转圈运动，低头不动，常因极度衰竭而死。

3. 诊断 可根据流行病学调查和症状进行诊断。必要时可进行剖检诊断。

4. 治疗

（1）伊维菌素　每 50kg 体重 1mL，皮下注射。

（2）敌百虫　每千克体重 100mg，口服。

5. 预防

（1）在羊鼻蝇蛆病流行的地区，年底前进行冬季驱虫，既可杀死体内的 1～2 期幼虫，如果驱虫密度达到 100%，又可在本地区净化羊鼻蝇蛆病。

（2）在成蝇飞翔产幼虫的季节（7～9 月），可对羊只喷洒杀虫油剂、敌百虫或溴氰菊酯，驱避羊鼻蝇成蝇。

二十三、羊蜱蝇病

羊蜱蝇病是由寄生在羊体表的羊蜱蝇引起的一种外寄生虫病。

1. 虫体形态 羊蜱蝇成虫 4～6mm，遍身长有短毛；灰褐色，无翅，六条腿，腹部宽大，皮革状，有点扁平，不分节。头和有腿的胸部较窄，腿很发达，第一对腿位于头的两侧。

2. 症状 羊蜱蝇寄生在羊只的皮肤上，用其锋利的口器刺入肌肉，吸取羊只血液。患羊出现蹭痒、咬毛，或用蹄搔患部，造成羊毛损伤，当这种寄生虫大量寄生时，羊只生长能力下降，体质衰弱（图 8-16）。

3. 诊断 采集羊体上的虫体标本鉴定后便可确诊。

4. 治疗

（1）发现羊体有羊蜱蝇后，及时喷洒杀虫油剂或其他杀虫剂。喷洒杀虫油剂，剂量为每

图 8-16 羊蜱蝇

只5~7mL。喷洒螨净，剂量为每升原药 200 只。方法：1L 螨净加水 2L，全部喷到 200 只羊体上。

（2）对冬季发病的羊只要立即隔离治疗，肌内注射碘硝酚，皮下注射伊维菌素、阿维菌素。

5.预防 参见羊虱病。

二十四、羊球虫病

羊球虫病是一种原虫病。虫体寄生在羊小肠黏膜里。其中对羊危害最严重的球虫为雅氏艾美耳球虫和阿撒他艾美耳球虫。

1.虫体形态

（1）雅氏艾美耳球虫 卵囊大小为（20~28）$\mu m \times$（15~22）μm，椭圆，淡黄，无卵膜孔和极帽，无内、外残体；在外界经 1~2d 的发育，便具有感染力。

（2）阿撒他艾美耳球虫 卵囊大小为（29.5~33.5）$\mu m \times$（22~25）μm；长圆形，黄褐色，有卵膜孔和极帽，有内、外残体。在外界发育 3~5d 后，便具有感染力。

2.症状 患羊精神不振，食欲减退或消失，有渴欲，可视黏膜苍白，腹泻，便血，粪便中常混有剥脱的黏膜和上皮，有恶臭，并含有大量的卵囊。体温有时升高。慢性球虫病羊消瘦，被毛粗乱，肛门周围黏有大量稀粪。羊球虫病的死亡率为 10%~20%。

3.诊断 剖检诊断可见小肠黏膜有卡他性炎症、出血点和溃疡灶。粪便触片检查可查出大量卵囊和裂殖体。

4.治疗

（1）氨丙啉 每千克体重 20~25mg，一次口服，连用 4~5d。

（2）复方敌菌净（SMD+DVD） 每千克体重 30mg，连用 3~5d。首次量加倍。

（3）还可用其他磺胺类药物（SQ、SM_2）等，与磺胺增效剂（DVD）合用，治疗羊球虫病。

5.预防 圈舍应每周彻底清除粪便 2~3 次，粪便要集中发酵，以便杀灭粪便中的卵囊。对患羊要及时隔离治疗。

二十五、羊住肉孢子虫病

羊住肉孢子虫病是由寄生在羊肌肉内的住肉孢子虫引起的一种原虫病，病原有 6 种。

1. 虫体形态

（1）羊犬住肉孢子虫　孢子囊大小为 $15\mu m \times 10\mu m$；包囊大小为 $(0.09\sim0.5)$ mm$\times$ $(0.02\sim0.06)$ mm；无次生囊壁，原生囊壁上具有栅栏状指形突起。

（2）白羊犬住肉孢子虫　孢子囊大小为 $14.8\mu m \times 10\mu m$；包囊大小为 $(0.5\sim0.6)$ mm$\times$ $(0.02\sim0.05)$ mm；无次生囊壁，原生囊壁上具有 S 状发样细丝。

（3）微小住肉孢子虫　孢子囊大小为 $14\mu m \times 7.6\mu m$；包囊大小为 $0.21mm \times 0.08mm$；无次生囊壁，原生囊壁上具有 T 形突起物。

（4）巨形住肉孢子虫　孢子囊大小为 $12\mu m \times 8.1\mu m$；包囊大小为 $(4\sim17)$ mm$\times$ $(2\sim 3.5)$ mm；有纤维状次生囊壁，原生囊壁上具有菜花样突起。

（5）水母形住肉孢子虫　孢子囊大小为 $12\mu m \times 7.7\mu m$；包囊大小为 $(2\sim4)$ mm$\times$ $0.4mm$；无次生囊壁，原生囊壁上具有隆状突起，突起上有细丝。

（6）囊状住肉孢子虫　孢子囊大小为 $14\mu m \times 9.3\mu m$；包囊大小为 $3mm \times 3.5mm$；有胶状次生囊壁，原生囊壁光滑，无突起物（图 8-17）。

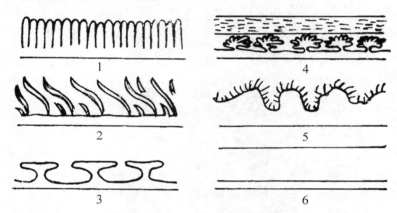

图 8-17　6 种住肉孢子虫囊壁模式图

1. 羊犬住肉孢子虫　2. 白羊犬住肉孢子虫　3. 微小住肉孢子虫　4. 巨肉孢子虫
5. 水母形住肉孢子虫　6. 囊状住肉孢子虫

2. 症状　体温升高，腹泻；体重减轻，疲倦无力，不孕，流产，感染严重的出现死亡。

3. 诊断　生前诊断困难。剖检诊断可见食道、膈肌或其他肌肉内有白色的住肉孢子虫包囊。小型住肉孢子虫需做肌肉压片在显微镜下观察。

4. 治疗　目前尚无理想的治疗用药。对住肉孢子虫感染阳性胴体进行冷冻处理后才能食用，$-20℃$ 3d 或者 $-27℃$ 1d 以上。

5. 预防　住肉孢子虫的有性生殖阶段在犬和猫体内进行。前三种住肉孢子虫为小型住肉孢子虫，犬为终末宿主；后三种为大型住肉孢子虫，猫为终末宿主。预防措施：

（1）禁止在羊场（圈）内养犬、猫等肉食动物。

（2）加强对羊草料的卫生管理，防止被犬、猫粪便污染。

（3）不要用病羊肉喂犬、猫等肉食动物。

（4）经常清理羊场（圈）内犬、猫粪便。

（5）让饲养者了解住肉孢子虫病是怎样发生的。

二十六、羊血液原虫病

羊血液原虫病是由寄生在羊血液红细胞中的泰勒焦虫和梨形虫引起的寄生性原虫病。

1. 虫体形态

（1）羊泰勒虫　虫体寄生在红细胞内，大多数虫体呈圆形或卵圆形，约占80%，其次为杆状，边虫形态很少。圆形虫体的直径为 $0.6\sim2\mu m$，卵圆形虫体长约 $1.6\mu m$。一个红细胞内的虫体数可有 $1\sim4$ 个。在淋巴液涂片中可见到淋巴细胞内或游离其外的石榴体（裂体生殖）。石榴体直径约 $8\mu m$，有的达 $10\sim20\mu m$，其内含 $1\sim80$ 个直径 $1\sim2\mu m$ 的紫红色颗粒。

（2）莫氏巴贝斯虫　虫体梨形，单个或成双存在于细胞中，也有其他形状，其中成双虫体占60%以上。虫体大小为 $(2.5\sim3.5)\ \mu m\times1.5\mu m$，长度大于红细胞半径，虫体以锐角相连，位于红细胞中央。

2. 症状

羊泰勒虫病症状：体温升高，$40\sim42℃$，呈稽留热型。食欲减退，便秘或腹泻。贫血，精神沉郁，喜卧地，羊体逐渐消瘦。体表淋巴结肿大，颈浅淋巴结肿大尤为明显。

羊巴贝斯虫病症状：体温升高，$41\sim42℃$，呈稽留热型。精神委顿，食欲减退乃至废绝。黏膜苍白，贫血，出现血红蛋白尿、腹泻。

3. 诊断　采集静脉血，制作血片，姬姆萨染色，用油镜进行观察。发现虫体，即可确诊。

4. 治疗

（1）三氮脒（贝尼尔、血虫净）　每千克体重 $7\sim10mg$，配成2%水溶液，肌内注射。

（2）咪唑苯脲　每千克体重 $2mg$，配成10%水溶液，肌内注射。

（3）黄色素　每千克体重 $3mg$，配成1%浓度静脉注射，静脉注射前需将注射液加热至37℃。

5. 预防　本病的传播者为蜱类。预防措施为：

（1）在蜱虫出现前，给羊体喷洒杀虫剂，驱避和预防蜱虫叮咬羊。

（2）对患羊治疗期间，防止蜱类叮咬患羊后传播给健康羊。

（3）接种疫苗，免疫预防本病的发生。

二十七、羊滴虫病

滴虫病（Trichomoniasis）是一种广泛分布的生殖道疾病，其主要引起早期胚胎死亡，也可引发子宫积脓。滴虫病是一种生殖道寄生虫病，虫体在母羊生殖道和公羊的包皮中存在，多经交配传播，人工授精也可传播。

1. 虫体形态　新鲜阴道分泌物中的虫体，为瓜子形或长卵圆形，长 $9\sim12\mu m$，宽 $3\sim10\mu m$，混杂在白细胞和上皮细胞之间，进行活泼的蛇形运动，病料放置时间稍长后，运动性减弱，可见明显的鞭毛。姬姆萨染色后可见位于虫体前端圆形的细胞核。

2. 症状　此病最先出现的症状是子宫积脓和流产，在临床上的主要表现为配种间隔时间延长。在胚胎死后，黄体不退化，脓液积聚在子宫中引起子宫积脓。

3. 预防　首先，要及时将感染羊只鉴别出，并与其他羊只隔离，感染羊隔离观察一段时间再做检查，根据结果分别处理。其次，禁止自然交配的羊只配种，采用人工授精来避免感染，但要确保精液无感染源。最后，要重视对新引进的羊只进行严格隔离检查。

4. 治疗 应采用药物进行全身治疗，常用药物有二甲硝咪唑、异丙异烟肼和甲硝唑。

第五节　普通病及其防治措施

一、常见羔羊疾病及其治疗

（一）初生羔羊的窒息（假死）

羔羊产出时呼吸极弱或停止，但是心脏功能仍保持活动者称窒息。

1. 病因 是难产时胎儿在产道停留时间过长，助产手术不及时，使脐带受到压迫而造成循环障碍，胎儿在母体内由于二氧化碳蓄积，过早发生呼吸反射而吸入羊水；或分娩时无人照料使羔羊受冻过久引起初生羔羊的窒息。

2. 症状 羔羊横卧不动，闭眼，舌头垂于口外，口色呈蓝紫色，呼吸微弱，口腔和鼻腔充满黏液和羊水；脉搏弱而快，全身松软，用手触眼球时仍有闭眼反应；有的羔羊有短促的咳嗽；较重的羔羊乍看已无生命迹象，口色苍白，全身松软，反射消失，呼吸停止，但心脏仍然跳动，脐带血管通常出血。

3. 急救措施 迅速擦净口、鼻腔内的黏液和羊水，将羔羊横卧，头部放低，一手轻轻按住羔羊，另一手抓住上面的前肢肘部上下交替扩张和压迫胸壁，与此同时将羔羊舌头拉出口外，以利于呼吸。一般几分钟内羔羊可以恢复呼吸，个别羔羊需持续人工呼吸十几分钟才能恢复自主呼吸。有时向羔羊的耳朵内猛吹空气，以刺激羔羊叫唤而导致呼吸系统机能的恢复。因冻伤而发生的窒息，可将羔羊浸泡在 $38\sim40℃$ 温水中，头部外露，$10\sim20min$ 后也有一定效果。必要时可肌内注射或向脐带血管内注射尼可刹米、樟脑磺胺钠、安钠咖（苯甲酸钠咖啡因）或山茶碱等兴奋剂，同时静脉注射 10% 葡萄糖 $20\ mL$ ＋维生素 $C\ 10\ mL$。羔羊恢复呼吸后放在温暖处进行人工哺乳。

（二）胎粪不下

初生羔羊通常在数小时以内排出胎粪，如出生后经 $1d$ 仍然排不出粪便，并有腹痛症状的称为胎粪不下。

1. 病因

（1）主要由于未吃初乳或初乳不足以及乳汁变质。

（2）母羊怀孕后期的饲养管理差，特别是饮水不足或患有其他疾病。

（3）羔羊先天发育不良，早产，体质虚弱，引起肠道蠕动无力。

（4）没有定时、定量、定温喂奶。

（5）个别羔羊发生了肠套叠。

2. 症状 羔羊精神沉郁，吃奶很少或完全不吃奶；口腔流涎，轻者口水清澈而量少，重者量多呈蛋清样；努责、拱背、摇尾，后躯下蹲呈排尿姿势；严重者回头顾腰，腹围增大，腹痛不安，卧地不起，后腿伸直，发出哀叫声；听诊肠鸣音变弱或停止；触诊腹部可摸到硬条肠段，触其肛门部有疼痛感，括约肌紧张；如发生肠套叠，则完全排不出粪便，病程发展很快，预后不良。

3. 治疗

（1）温软肥皂水或 2％食盐水　温软肥皂水 20～50 mL 灌肠，用人用导尿管，连接于 20～50 mL 的铁皮注射器上，吸入温软肥皂水，缓缓插入羔羊直肠，如有阻力时可稍后退，并注入少量温软肥皂水后，再继续推入，直到导尿管留在体外 5～8 cm，即可推入温软肥皂水，推时一手捏住羔羊的肛门括约肌以防温软肥皂水溢出，灌完温软肥皂水后，将羔羊横放在术者的右大腿上，左手抓住四肢并固定，右手捏住羔羊尾巴，间歇性地捏住羊尾巴以刺激羔羊努责和排粪，一般 1～2 次即可排完胎粪。如没有温软肥皂水可用 2％食盐水灌服。

（2）灌服缓泻剂　如上述方法无效，可采用以下方剂。

①液体石蜡 5～10 mL。

②依沙生（双醋酚丁）1～2 mg。

③中药番泻叶 60 g＋水 500 mL 煮沸，再加开水至 500 mL，每只羊 30 mL，每日 1 次，连服 3d。对顽固性胎粪不下可用 3％的双氧水灌肠，每次 30 mL，经 1h 后多数能排出软化的粪便，同时还可配合电针白会、脾俞穴 15min。

（3）按摩腹部，促进肠道运动。

（4）反复灌肠后，为了防止直肠炎可肌内注射抗生素。

（5）如果因中毒出现全身衰竭，必须采取强心、解毒和抗感染等措施。

4. 预防

（1）加强母羊怀孕后期的营养，增强母羊的体质，提高初乳的质量和数量，避免羔羊缺奶。

（2）产后 1h 以内必须给羔羊喂足初乳，对个别母羊不认的羔羊和弱羔必须进行人工辅助哺乳；喂乳后，可灌服蓖麻油 2～3mL，也可加上乳酶生 0.3g。

（三）感冒和肺炎

因外界环境发生变化或饲养条件差、管理不善，常常引起感冒，并导致肺炎。

1. 病因　天气骤变、刮大风、下雨雪、气温忽冷忽热，羊舍阴冷潮湿、通风不良、进出羊舍温差大，吸入粪尿中氨气等环境因素，使羔羊受凉感冒。加之羔羊维生素 A、维生素 C、维生素 D 缺乏等饲养管理不善，造成营养不良，机体抵抗力降低而引起肺炎。

2. 症状　症状轻者精神不好，低头耷耳，耳凉鼻塞或流鼻涕，鼻镜干燥，常喜卧地，食欲不好；重者黏膜发红，频频咳嗽，鼻孔张大，有时喘息，鼻液黏稠，体温 40～41℃以上，脉搏加快，停止吃奶；听诊肺部有干湿啰音或有水泡回音，有的羊伴有腹泻，也有的腕关节及肘关节呈现跛行，局部温度增高（图 8-18）。

3. 治疗

（1）较重者肌内注射青霉素 10 万 IU＋链霉素 8 万 U，每日 2 次，连用到痊愈。

（2）青霉素 20 万 IU＋25％葡萄糖注射液 20mL＋维生素 C 2mL，混合静脉注射。

（3）四环素 25 万～50 万 U＋5％葡萄糖盐水 250～500 mL，分数次静脉注射。

（4）肌内注射 10％磺胺嘧啶钠 2～4 mL，或口服磺胺－6－甲氧磺胺（磺胺间甲氧嘧啶）100mg＋

图 8-18　鼻塞、流清或脓性鼻涕

磺胺对甲氧嘧啶 20mg，每日 1 次，首量加倍。

（5）肺俞穴（右侧倒数 6、7、8 肋间与肩髋关节连线的交叉处），注射青霉素 10 万 IU＋2％ 普鲁卡因 0.3 mL ＋ 生理盐水 2 mL。

（6）对病情较重者，也可抗生素和磺胺类药物配合应用；呼吸困难的，可肌内注射樟脑磺胺钠 0.5 mL；呼吸道渗出多的，可肌内注射硫酸阿托品 0.3～0.5 mL（每毫升含 0.5 mg）。

4. 预防　做好防冻保暖工作，特别在天气突变，风雪交加的天气里，要将刚出生的羔羊放在接羔袋里，出生 1 周内的羔羊绑上护腹带，谨防羔羊受寒，羊舍要保持干燥温暖，并注意通风；分娩栏内的褥草要勤换，以免潮湿；对初生羔羊，吃过初乳后，灌服敌菌净（二甲氧苄氨嘧啶）30 mg，可预防肺炎和肠道疾病的发生。

（四）尿积（尿潴留）

羔羊膀胱中充满尿液而尿不出来称尿积（尿潴留）或尿闭。

1. 病因　以下原因均可引起膀胱麻痹或膀胱括约肌及尿道痉挛致使尿闭：羊舍湿冷；接产时消毒不严，脐带受细菌感染而发炎，炎症波及膀胱的圆韧带至膀胱壁；气候突变，气温下降，羔羊挨冻，各种原因引起的羔羊饥饿。

2. 症状　羔羊未见排尿或排尿疼痛，后肢张开，蹲腰，咩叫，摆尾，腰打战或走不安稳，用手触诊腹部膀胱充盈（将羔羊倒提起来，可在耻骨前沿触摸到充满尿液的膀胱，形似长把梨，用手轻轻揉摇有波动感），严重者食欲停止，时常卧地，口吐白沫甚至蛋清样口水，全身冰凉，时间过久，可因膀胱破裂而死亡。

3. 治疗

（1）首先排出尿液，一般对受冻或饥饿引起的尿闭，先静脉注射加热至 40℃ 左右的 25％ 葡萄糖 20～40 mL 或胃管投服加热的羊奶 50 mL，稍待 5～10min 后，进行人工排尿。方法是对公羔扶其站立，分开两后肢，左手从颈下两前肢中间拖住羔羊，使其不要卧倒，用右手的食指或中指掌面轻轻弹击尿道口，弹击时不可用力过度，也不要按住尿道口过久，轻轻弹击而刺激尿意，一般 3～5min 即可排尿。刚开始排尿时，不要停止弹击，直到排尿通畅时再停止弹击，使其自然排尿，但此时注意不要随意移动体位，否则又可导致排尿停止；对于母羔，用左手从胸下托起羔羊，头部向上，用右手摸膀胱即可排尿，但对公羔不采取此法，因公羔阴茎有 S 状弯曲，握住膀胱排尿易引起尿道炎，反而使积尿加甚。

（2）脐部发炎的可肌内注射青霉素 10 万 IU，每日 3 次，或青霉素 20 万 IU ＋ 0.25％ 普鲁卡因 5～10 mL，腹腔注射，每日 1 次。

（3）静脉注射 25％ 葡萄糖 ＋ 安钠咖 0.5 mL，置温暖环境自行排尿。

（4）尿道口涂上蒜泥或细辛末也可刺激其排尿。

（5）实在无法排尿时，可抽出尿液。方法是用 50 mL 注射器接上 7～8 号针头，从膀胱最突起，最接近腹壁刺入膀胱而抽出尿液，一般可抽出 10～20 mL 尿液，注意消毒。

4. 预防

（1）接羔时注意脐带的消毒。

（2）保持羊舍的温暖和地面的干燥。

（3）对母性差的母羊所产的羔羊及病弱羔，注意其吃奶情况，如发现羔羊饥饿，应及时配奶，母羊泌乳少时应及时给羔羊进行人工哺乳或找义母代哺。

（4）天气突变时，注意精心护理羔羊，及时绑扎护腹带，将个别病弱羔放在接羔袋中或暖炕上，以免受寒。

（五）白肌病（僵羔）

1. 病因　主要缺乏维生素 E 和硒引起。

2. 症状　心力衰竭，呼吸困难，运动障碍及消化紊乱。

按本病经过可分为急性型、亚急性型和慢性型，在临床上以亚急性型和慢性型常见。

（1）急性型　主要表现为心力衰竭，节律不齐，呈现显著的传导阻滞和心房纤维颤动，呼吸困难，在放牧时或采食时突然死亡。

（2）亚急性型和慢性型　以运动障碍和消化系统机能紊乱为特征，病羔精神沉郁，离群呆立，不愿走动，食欲下降或废绝，消瘦，肌肉变形，关节弯曲困难，步行强拘或跛行，颈部僵直一侧，走路摇摆不定；严重者站立不稳或举步跌倒，颈部、背部和臀部肌肉肿胀，好像羔羊发胖了一样，有的伴有腹泻和便秘，眼结膜苍白，角膜混浊，尿少而频，呈红褐色，有的舌头肿胀、发硬，橙红色，不灵活，吮吸力差。

3. 剖检病变　主要是两侧肌肉发生对称性病变，后肢尤为明显，臂二头肌、三头肌、肩胛下肌、股二头肌等处肌肉呈弥散或局限性浅黄色、灰黄色或白色；肌肉组织干燥，表面粗糙，心肌略带灰色，较柔软，心包中有透明的或红色积液（图 8-19）。

图 8-19　病变肌肉呈弥散或局限性
浅黄色、灰黄色或白色

4. 治疗

（1）用 0.1% 亚硒酸钠注射液 2 mL，肌内注射，半个月后未痊愈者减半剂量再注射 1 次。

（2）维丁胶性钙注射液 2 mL，肌内注射，每日 2 次。

（3）青霉素 80 万 μ，肌内注射，每日 2 次。

（4）10%～25% 葡萄糖溶液 20 mL＋葡萄糖酸钙溶液 10 mL，隔日 1 次。

（5）复合维生素半片 ＋ 叶酸 2 片 ＋ 维生素 C 半片 ＋ 钙片 1 片，混合研磨，每日灌服 2 次。

5. 预防

（1）产前 1 周用 0.1% 亚硒酸钠溶液 2 000 mL，均匀拌在饲料中，分两次喂给母羊（每只每次约 10mg），也可按每只每次约 10mg 混入羊三联疫苗或羊四联疫苗中，在产前 20～30d 注射。

（2）在产前，没有对母羊进行预防的，在羔羊出生后立即肌内注射 0.1% 亚硒酸钠注射液，每只羔羊 1mL，15d 后再重复注射 1 次。

6. 注意事项　如发生治疗中毒，应及时解毒。

（六）眼睑内翻症

这种病多发在长毛种的纯种绵羊的羔羊或改良羔羊，出生时即可发现，特征是上、下眼睑缘向内翻，如不及时治疗，可引起失明。

1. 病因 本病属于先天性，病因尚不明确。

2. 症状 病眼怕见阳光，流泪，眼角多积有眼眵，多者可糊住眼睛，眼睑边缘湿润，结膜充血，角膜浑浊呈乳白色。

3. 治疗

（1）一般眼睑内翻较轻者，可在眼睑皮下注射生理盐水或黄连素等药物，促进恢复，方法是在患眼睑内翻症的眼睑上消毒，用左手拇指和食指拉开眼睑，右手持注射器和眼睑皮肤成15°角刺入眼睑皮下，然后缓慢推药，直到局部肿胀，眼睑外翻，药液无法推入时，拔出针头，局部消毒。一般1次就可痊愈，有的需要注射2～3次。

（2）用上述方法无效时，可用眼睑皮肤内翻缝合法进行纠正，方法是首先助手固定羔羊头部，眼睑局部消毒，术者用普通细弯针穿上4号缝合线5～10 cm，从患眼下1～2 mm处刺入，方向朝下，离刺入点1～2mm处出针，然后再间隔1～2mm处刺入，刺出同上，4个针眼应在同一直线上，然后将线的两端牵在一起结扎，这时原来内翻的就外翻过来了，外翻程度视刚好能纠正内翻为好，不要结扎太紧，以免过分外翻不好闭合；有的羊内翻程度较大，可平行做2次内翻缝合来纠正。

（3）眼睑切除术 羔羊侧卧，由一助手固定，将内翻眼睑整合到正常位置，在局部剪毛，消毒，在距眼睑0.5～1cm处，用眼睑夹子或镊子将皮肤夹成半月状皱襞，然后用小剪刀剪去皮肤，所剪创面的大小由翻转程度而定，手术后用2%～3%的硼酸水清洗眼部或滴上普通眼药水即可，一般不做术后处理，经过3～5d痊愈。

（七）羔羊肝炎

羔羊肝炎的特征是肝脏肿大，发生脂肪变性，甚至造成肝硬化。

1. 病因 羔羊肝炎可因接羔时消毒不严，去势断尾时化脓感染造成肝脏实质和胆管等组织的损伤以及中毒均可引起。

2. 症状 肝炎的主要表现是黄疸及消化不良，发病羔羊的眼结膜及其他可视黏膜黄染，尿量减少，尿色发暗，食欲减少，体温上升，脉搏变缓，呈现消化不良症状，到后期发生腹水，小腹部对称性膨大，腹腔穿刺可放出多量腹水，当发展成肥大性肝硬变时，往往肝浊音区扩大，在羔羊右腹部肋下方，可触摸到肿胀的肝脏，肝较坚硬；而患萎缩性肝炎时，肝浊音区缩小。

3. 治疗

（1）保肝解毒 静脉注射10%～25%的葡萄糖50 mL＋维生素C 2mL＋复合维生素B 2mL，每日1～2次。

（2）改善消化机能，促进胆汁排出 灌服硫酸镁，皮下注射0.05%硫酸阿托品0.2mL。

（3）抗菌消炎 青霉素10万IU＋2%普鲁卡因注射液0.5 mL，混合注入右侧倒数1、2、3肋间与脊柱结合的凹窝中，针刺皮下不易过深。

（八）羔羊腹泻

初生羔羊（1～7日龄）因消化器官还没有发育完善，机能低弱，多种消化腺的分泌机能不成熟且分泌较少，一些消化酶缺乏或不能很好地发挥作用，大脑皮质的调节机能尚未成熟，加上多系统器官以及内分泌、体液调节都还不完善，适应能力比较差，对外界环境的有些刺激因素敏感，易引起肠道机能紊乱而发生腹泻。另外，由于初生羔羊免疫力低下，加之生长发育迅速，代谢旺盛，对食物的需要量很大，但是由于自身消化机能不健全，消化系统的器官总是处于超负荷状态，特别是早产、体质较弱的羔羊极易发生腹泻。就外界因素来说，既有细菌性（产气荚膜梭菌、大肠杆菌）、病毒性（轮状病毒）的原因，也有环境条件（环境突变、棚圈潮湿、羔羊受凉等）原因。羔羊腹泻是多种病因的综合表现，基层单位尚无条件进行细菌学、病毒学和毒素检查，确定羔羊腹泻是细菌性、病毒性，还是消化不良引起的还较为困难。因此，根据临床症状及表现、流行情况，将羔羊腹泻初步分为单纯性消化不良、中毒性消化不良和羔羊痢疾三种。

1. 单纯性消化不良

（1）病因　初生羔羊发育不良，机体免疫力低下，未吃上初乳或饱饥不均，怀孕母羊饲养管理不良，其乳汁中蛋白质及粗纤维的含量减少，维生素、溶菌酶及其他营养物质缺乏，乳汁稀薄，颜色发灰，数量少而气味不良，羔羊吃后易发生消化不良。羊舍棚圈潮湿，气候骤变，受凉感冒，运动减少以及卫生管理跟不上，都可引起羔羊消化不良。

（2）症状　多数羔羊精神好，症状轻，喜吃奶；少数病羔食欲减少或废绝，喜卧，且鼻孔冰凉，流少量带泡沫的口水，触诊腹部有轻度的膨胀，胃内有少量未消化而结成块的积乳，拉出的粪便呈暗黄色或草绿色，有的如粥状，有的稀如水样；当腐败过程占优势时，粪便呈酸臭味，如不及时进行治疗，则可转成胃肠炎，引起脱水，使病情进一步恶化。

（3）治疗

①对精神尚好，喜吃奶的，可选用胃蛋白酶 0.2g ＋ 乳酶生 0.3g ＋ 食母生 1 片，混合研磨，一次灌服，每日 2 次。

②对食欲差而粪便稍稀的，可选用以下方剂。

a. 龙胆酊 25 mL ＋ 稀盐酸 10 mL ＋ 番木鳖酊 10 mL ＋ 胃蛋白酶 20g＋ 复合维生素 B 50 片 ＋ 水 500 mL，每只羔羊每次灌服 5 mL，每日 2 次。

b. 人工盐 3.0 g ＋ 酵母 2 片，研磨一次灌服，每日 2 次。

③有气胀时，可口服活性炭或木炭末 2～4 g，以吸收气体及毒素。也可用氧化镁 0.5～1 g ＋ 小儿消食片 2 片，一次灌服，每日 2 次。

④有些羔羊，腹中有积乳，少的有指头尖大小的硬块，多的大小不等，有的像鸽子蛋大小，羔羊不吃奶，精神极度委靡，口流蛋清样涎水，对这种羊要及早治疗，用硫酸镁 3～5 g＋小儿消食片 2 片，一次灌服，每日 2 次。

服药后必须注意：保温，把羔羊放在暖炕上或包在被子里；绝对禁食，在羔羊腹中积乳未通开之前，千万不能再吃奶，积乳通开后应少量多次配奶，以使胃肠道得到适当的休息，有利于胃肠功能的恢复。

⑤对久泻不止者，用复方生理盐水 50～100 mL ＋ 25% 的葡萄糖 30 mL ＋ 维生素 C 50 mg ＋ 25% 的安钠咖 0.5 mL，混合加热后徐徐静脉注射，同时口服磺胺脒（磺胺胍、克痢啶、止痢片）0.5g ＋ 沙罗儿（水杨酸苯酯）0.5g ＋ 次硝酸铋 0.3g，每日 3 次。

⑥对长期消化不良的瘦弱羔羊，抽 50 mL 母羊血液输给羔羊，有较好的效果。

⑦对严重病例，应用磺胺类或抗生素，可抑制肠道细菌的生长繁殖和防止中毒，同时用收敛保护药物。

a. 鞣酸蛋白酵母散 2.0g＋ 磺胺脒 2.0g ＋ 药用炭 5 片 ＋硅碳银 5 片，混合研磨，每 6h 灌服 1 次，分 4 次灌服。

b. 敌菌净按每千克体重 30mg 灌服。

c. 氟苯尼考注射液 1 mL ＋ 5％葡萄糖生理盐水 50～100 mL，静脉注射。

⑧康复期的羔羊如果仍然厌食，可以用人用导尿管插入胃中，灌输人工胃液（胃蛋白酶 5g ＋ 稀盐酸 2 mL ＋ 复方龙胆酊 10 mL ＋ 凉开水至 100 mL）。

（4）预防

①加强母羊妊娠后期的饲养管理，在饲料中要添加维生素 A、维生素 E，饲料量也要增加，以满足胎儿的生长发育所需的营养需要。有条件的地方可适量添加 Co、Cu、Mn、Fe 和 Se 等矿物质元素。

②对初生羔羊要防潮、防受惊、防感冒和防长期卧地。

2. 中毒性消化不良

（1）病因　对单纯性消化不良治疗失误或不正确，而使瘤胃细菌大量繁殖，胃内容物发酵、腐败分解的产物又被羔羊大量吸收后引起中毒，羔羊饮水不洁或吃了腐败发霉的饲料，致使大量细菌繁殖；也可因天气突变、营养不良、羊群密集以及羔羊吃奶过多引起。

（2）症状　羔羊突然发病，剧烈腹痛，粪便淡黄或水样，内含未消化的絮状物，恶臭，食欲下降，精神沉郁，皮肤干燥而缺乏弹力，可视黏膜苍白或淡黄色，有时带有黏液或血液，腹泻停止后便秘，肌肉迟缓，全身瘫软，卧地不起，鼻镜及四肢末端冰凉，对四周环境缺乏反应；有时呻吟，昏迷，痉挛，呼吸困难，脉搏微弱，体温上升至 40℃ 以上，心跳快而无力；触诊腹部，腹壁下垂，胃内有乳凝块，结肠和盲肠内有硬粪球，口涎黏稠似蛋青。如羔羊全身肌肉迟缓，瘫软似泥，胃内凝乳块量多而块大，口涎黏稠量多者预后不良；如体温下降，脉搏上升则死亡。

（3）治疗

①对因盐水代谢引起中枢神经系统抑制和酸中毒的严重病例，可用：

a. 0.9％生理盐水 50 mL ＋ 2％ 碳酸氢钠 20 mL ＋ 母羊全血 30 mL，混合分 2 次，静脉注射；心衰时可加 0.5 mL 安钠咖。

b. 10％ 葡萄糖 20 mL ＋ 10％ 乳酸钠 10 mL ＋ 维生素 C 10 mL ＋ 醋酸氢化可的松注射液 10 mL，混合，加热，徐徐静脉注射。

②对不吃奶的，可用胃管补液：白糖 10g ＋ 氯化钠 0.5g ＋ 小苏打 0.5g ＋ 氯化钾 0.5g＋凉开水 200 mL 混合搅拌，分 3～4 次灌服。

③青霉素 10 万 U ＋ 链霉素 10 万 U，肌内注射，每日 2 次。

④对黏膜发绀，心音低沉，呼吸困难，瞳孔散大，并抽风的可肌内注射硫酸阿托品 0.5～1 mL，每日 2～3 次。

⑤输液后尿量增加，而肌肉发软，可静脉注射 10％ 氯化钾 10～15mL ＋ 母羊全血 50 mL，每日 1 次。

（4）预防　对营养好、奶量大的母羊，要及时减少补饲，特别是豆科牧草、精料、青刈草、燕麦和青干草；对个别奶量多的，在羔羊哺乳前要挤掉一部分多余的奶或让其他缺奶的羔羊先吮吸；对产后 1～3d 的母羊群，除缺奶者外，尽量不要喂豆科牧草、精料、青刈草、燕麦和青干草，4d 后逐渐增加饲喂量。

3. 羔羊痢疾

（1）病因　羔羊痢疾是由 B 型产气荚膜梭菌、大肠杆菌等病原菌单独或混合感染后引起的一种羔羊腹泻性疾病，产后 7 日龄内的初生羔羊易感，其中 2～3 日龄发病率最高，纯种细毛羊易感，其次是杂种羊和土种羊。它的发生与环境和羔羊的体质有密切的关系，主要包括以下几个方面：

①饲养管理差，特别是母羊妊娠期饲料不足，造成母羊营养下降，体质衰弱，新生羔羊抵抗力下降，易引起发病。

②产羔季节，气候寒冷，天气多变，且多大风，有时风雪交加，对枯草季节中较瘦弱的母羊、新生的羔羊易引起发病。

③产羔时羊舍卫生、防潮保温工作不善，以及脐带消毒不严、哺乳卫生差、护理工作不好等易引起发病。

（2）症状　生后1～2d突然发病，有的在产后十几个小时即可发病，羔羊精神沉郁、垂头弓背、食欲下降、反应迟钝，不久即开始下泻，粪便稀而软或稀如水，呈黄绿色或灰白色，具有恶臭，常常带血或黏液，污染尾部、后肢，体温升高，口吐白沫，涎水黏稠，腹部紧缩，卧地不起，排粪次数增多，先急后重，脱水的眼球下陷，皮肤失去弹性，高度消瘦，时而惨叫，体温下降，神志不清，角弓反张而死（图8-20）。

图8-20　羔羊腹泻引起的死亡

（3）治疗　早期发现、及时治疗可以提高疗效，在治疗过程中，补给必要的营养物，做好护理工作，特别是保暖更为重要。治疗原则为补液解毒、清肠制酵、消炎止泻和调理胃肠的功能。

①5％葡萄糖生理盐水500 mL＋四环素500 mg＋氢化可的松100mg（20mL）＋樟脑磺胺钠10 mL，混合，加热，徐徐静脉注射50 mL，每日2～3次。

②10％葡萄糖40 mL＋乳酸钙10 mL＋复合维生素B 1mL＋盐酸黄连素（盐酸小檗碱）2 mL混合，加热，徐徐静脉注射50 mL，每日2～3次。

③10％葡萄糖500 mL＋链霉素1 000万U，混合灌服，每只5 mL，间隔6h一次，效果良好。

④盐酸黄连素1 mL＋安痛定1 mL，肌内注射，每日1次。

⑤5％硫酸镁溶液50 mL（含0.5％的甲醛），灌服，4～6 h后，再灌服1％的高锰酸

钾 10～20 mL，每日 2 次。

⑥胃蛋白酶 0.5g＋乳酶生 0.5g＋食母生 1 片。

⑦磺胺脒 0.5g＋沙罗儿 0.5g 混合研磨，一次服下，每日 3 次。

⑧下痢后期用磺胺脒 0.5～1g＋鞣酸蛋白酵母散 0.2g＋次硝酸铋 0.2g＋碳酸氢钠 0.2g 混合，一次服下，每日 3 次。

⑨下痢停止后，马上灌服人工胃液。

（4）预防　勤检查，早发现，及时隔离治疗，并采取群防群治，加强羔羊群的护理等工作。

①做好妊娠母羊的夏秋季抓膘和冬季保膘工作，在冬季要进行适当的补饲，产羔时要准备好足够的产羔草场。

②产羔前对产羔棚圈进行彻底的大扫除和晾晒，使其保持卫生、干燥。

③接羔护羔时要注意保暖、防潮。

④母羊在产前 20d 左右必须要注射羊四联疫苗，并补饲亚硒酸钠，每只母羊 10～15 mg。

⑤药物预防

a. 敌菌净，每千克体重 15mg，每日灌服 1 次，连服 3 次。

b. 青霉素，每日肌内注射 40 万 IU，连注 3 次。

c. 硫酸链霉素 10 万 U，每日灌服 2 次，连服 3 次。

d. 0.5μg/mL 氟苯尼考，每日肌内注射 0.2 mL，连注 3 次。

f. 土霉素 1/3 片＋食母生 1/2 片，每日灌服 1 次，连服 3 次。

（九）维生素 B_1 缺乏症

本病多发于干旱地区的羔羊及幼年羊，一般在春末夏初或秋末冬初，因为成年羊瘤胃中的细菌可合成维生素 B_1，所以成年羊很少发生缺乏症。

1. 病因　由于母羊奶量不足，品质不良，长期患有胃肠道疾病，影响了维生素 B_1 的合成及利用；较长时间饲喂单一草料或在植被质量较差的草场上放牧均可造成维生素 B_1 缺乏症。

2. 症状　本病初期一般无症状，个别羔羊精神不振，食欲下降，不易引起牧民注意；严重时主要表现神经系统的机能紊乱。根据病程和临床症状，将本病分为急性和慢性。

（1）急性　大多突然发病，病羔兴奋，尖叫，狂奔乱撞，全身发抖，结膜充血，食欲下降，眼球上旋，全身痉挛，有时反复发作，病程短而死亡快。

（2）慢性　病羊低头无神，呆立发抖，旋转运动或犬坐姿势，步态蹒跚，易摔倒，有时后肢伸直，头颈后仰，呻吟死亡。

3. 治疗

（1）皮下注射维生素 B_1，小羊 2 mL，大羊 4～6 mL，症状严重的在风门穴或百会穴注射维生素 B_1 2～4 mL。

（2）提高饲料品质，增加饲料种类，有条件的转移到牧场放牧。

（3）全身痉挛时可静脉注射水合氯醛、硫酸镁，羔羊 3～5 mL，大羊 10～15 mL。

（十）羔羊缺奶

下述原因均可引起羔羊缺奶：初产母羊不认自己的羔羊、母羊由于营养不良或因患病而无奶、发生乳房炎不让羔羊吃奶、羔羊体质弱自己吃不上奶。

1. 症状　羔羊乏力，行走摇摆，病程长的卧地不起，四肢、耳尖及嘴唇冰凉，严重者常昏迷、吊跌。

2. 预防

（1）羔羊吃初乳前，用手轻轻拔去乳房周围的羊毛；对初产母羊，羔羊因吃奶引起母羊"瘙痒"而不认羔时，先用柔软的干牛羊粪揉搓母羊的乳房，使其麻木，然后擦净乳房后，在人工帮助下让羔羊吃奶，必要时，将母羊和羔羊放入同一分娩栏，定时定量配奶，以促进母羊认羔。

（2）定期检查乳房，发现乳房炎时应及时治疗。

（3）对缺奶羔羊，应尽量做到少量多次喂奶，防止一次过多喂奶而引起消化不良，喂奶时后可灌服乳酶生等，每次 1 包。

（4）加强保暖措施，减少其他并发症的发生，对因缺奶引起低血糖而发生昏迷的病羔可静脉注射 35℃ 左右的 25% 葡萄糖 20～30 mL 或葡萄糖生理盐水 20～50 mL。

（5）严重者可输入母羊血液 50 mL。

（十一）佝偻病

属维生素缺乏症，主要特征是钙、磷代谢紊乱，骨骼的形成不正常而发生特征性的变形。

1. 病因　哺乳羔羊哺乳的奶量不足，棚圈阴暗潮湿，采光不好导致维生素 D 不足，早产等造成钙、磷不平衡引起。

2. 症状　食欲下降，腹部膨胀。

3. 预防　对怀孕后期的母羊要加强饲养管理，进行补饲，在补饲精料中适当添加一定量的骨粉、矿物元素和青干草。

4. 治疗

①葡萄糖酸钙片 1 片或乳酸菌素片 1 片或土霉素片 1 片，每日灌服 3 次，连续 3～5d 为一疗程。

②维生素 A、维生素 D，肌内注射，2～3d 一次。

③并发关节炎或骨骼变形时，可用水杨酸钠注射液 5～10 mL＋25% 葡萄糖 20 mL 静脉注射。

④并发支气管肺炎时可同时肌内注射青霉素 10 万 IU，链霉素 10 万 U，每日 2 次。

（十二）羔羊"神经病"

1. 发病情况　羔羊"神经病"是新生羔羊发生神经症状为主要特征的营养代谢类疾病。主要在绵羊改良地区，改良羊群中多发。该病的发病率为 8%～14%，发病羔羊死亡率较高，发病时间主要集中在每年 3～5 月的枯草期。

2. 临床症状　根据临床表现大致分为三型：

（1）最急性型　出生当日或生后胎毛未干即突然发病，数小时内死亡。病羔呼吸急促，磨牙吐沫，角弓反张，全身痉挛，经反复发作后倒地抽搐窒息而死。

（2）急性型　生后 1～2d 或 20d 左右的羔羊发病，病初精神委靡，低头流涎，站立时摇晃，头颈强直，牙关紧闭。随之全身肌肉震颤，意识丧失，视觉障碍，盲目前冲，遇有障碍物便停止前进，牙齿不停地磨嚼，口吐白沫，角弓反张，头颈偏向一侧作转圈运动，四肢共济失调，体躯后坐，常摔倒在地（图 8-21 和图 8-22）。口温增高，舌色深红，眼结膜呈树枝状充血。体温无变化或偏低，继发肺炎时体温可升高至 40～41℃，呼吸 60 次/min，心跳 160 次/min，肠蠕动音消失，便秘。病羔反复发生抽搐，动作持续 5min 左右停止。此时病羔疲惫不堪，卧于暗处。间隔半小时或稍长一些时间又再次发作。此后，阵发间隔时间缩短，发作时间延长，病羔终因体内代谢极度紊乱，胃内产生大量气体，导致窒息死亡。病程 1～2d。

图 8-21　患羊体躯向后蹲坐

图 8-22　患羊发病后摔倒在地

（3）亚急性型　多为 20～30 日龄，体质健壮的羔羊，精神沉郁，不吃奶，牙关紧闭，离群盲目行走，或兴奋、乱蹦乱跳、头颈偏向一侧作转圈运动（图 8-23）。急性型经治疗留有后遗症的病羔多表现上述症状，病程较长，待青草长出后才逐渐恢复健康。

3. 剖检变化　血液凝固不良，呈暗紫色；胃内有大量气体充盈，仅有少量乳糜状物，胃壁菲薄，黏膜易脱落，并有大小不等的新旧出血点和出血斑；肠道病理变化不明显；肝表面有瘀血斑和米粒大的白色坏死灶，深入肝内约 2 mm，边缘略肿、质脆；胆囊不肿大，脾脏有出血点；肾有弥漫性出血点，髓质肿胀明显；心内外膜及冠状沟均有大小不等的出血点；肺实质有气肿性变化，部分病例有肺炎变化，局部有出血点或斑；脑膜呈

图 8-23　头颈偏向一侧作转圈运动

树枝状充血，脑硬膜有出血点。

4. 主要病因　缺乏多种维生素（如 B 族维生素、维生素 A、维生素 D）和矿物质吸收障碍。

5. 预防和治疗　重点要加强饲养管理，在枯草期对怀孕母羊进行补饲，饲喂富含维生素、蛋白质、矿物质和微量元素的配合饲料。对初生羔羊用消维康等制剂进行预防，羔羊出生后立即口服 3 mL 消维康，一日 1 次，连服 3d，对羔羊"神经病"具有良好的预防效果。对患病羔羊，可用复合维生素 B_1 1mL 和维生素 A、维生素 D 注射液 2 mL，混合肌内注射；25% 葡萄糖 50 mL，10% 葡萄糖酸钙 10 mL，维生素 C 2mL，混合颈静脉注射；口服消维

康 6mL。以上三种方法结合应用，一般轻度、中度症状一次给药即可痊愈，重症病例用 2～3 次即可痊愈。

二、常见成年羊普通病及其治疗

（一）口炎

羊的口炎是口腔黏膜表层和深层组织的炎症。主要症状是口腔黏膜和齿龈发炎，可使病羊采食和咀嚼困难，口流清涎，痛觉敏感性增高。临床常见单纯性局部炎症和继发性全身反应。

1. 病因　原发性口炎多由外伤引起。羊可因采食尖锐的植物枝杈、秸秆刺伤口腔，或因接触氨水、强酸、强碱损伤口黏膜而发病。在羊口疮、口蹄疫、羊痘、小反刍兽疫、霉菌性口炎时，也可出现口炎症状。

2. 诊断要点　采食与咀嚼障碍是口炎的典型症状。临床表现常见有卡他性、水疱性、溃疡性口炎。原发性口炎病羊采食减少或停止，口腔黏膜潮红、肿胀、疼痛、流涎。严重者可见有出血、糜烂、溃疡，或引起体质消瘦。

继发性口炎多见有体温升高等全身反应。如羊口疮时，口黏膜以及上下嘴唇、口角处呈现水疱疹和出血干痂样坏死；口蹄疫时，除口黏膜发生水疱及烂斑外，趾间及皮肤也有类似病变；羊痘时除口黏膜有典型的痘疹外，在乳房、眼角、头部、腹下皮肤等处亦有痘疹。小反刍兽疫时，口腔黏膜溃疡、坏死、结痂。

霉菌性口臭，常有采食发霉饲料的病史，除口腔黏膜发炎外，还表现腹泻、黄疸等。

过敏反应性口炎，多与突然采食或接触某种过敏原有关，除口腔有炎症变化外，在鼻腔、乳房、肘部和股内侧等处见有充血、渗出、溃烂、结痂等变化。

3. 防治措施　加强管理和护理，防止因口腔受伤而发生原发性口炎。对传染病合并口炎者，宜按相关规定处理。轻度口炎，可用 2％～3％ 重碳酸钠溶液或 0.1％ 高锰酸钾溶液或食盐水冲洗；对慢性口炎发生糜烂及渗出时，用 2％ 明矾溶液冲洗；有溃疡时用 1∶9 碘甘油或蜂蜜涂擦。

全身反应明显时，用青霉素 40 万～80 万 IU，链霉素 100 万 U，1 次肌内注射，连用 3～5d；亦可服用磺胺类药物。

中药疗法，可用柳花散：黄柏 50g、青黛 12g、肉桂 6g、冰片 2g，各研细末，和匀，擦口内疮面上。亦可用青黄散：青黛 100g、冰片 30g、黄柏 150g、五倍子 30g、硼砂 80g、枯矾 80g，共为细末，蜂蜜混合贮藏，每次用少许擦口疮面上。

为杜绝口炎的蔓延，宜用 2％ 氢氧化钠溶液刷洗消毒饲槽。给病羊饲喂青嫩、多汁、柔软的饲草。

（二）食道阻塞

食道阻塞是羊食道内腔被食物或异物堵塞而发生的以吞咽障碍为特征的疾病。

1. 病因　该病主要由于过度饥饿的羊吞食了过大的块根饲料，未经充分咀嚼而吞咽，阻塞于食道某一段而酿祸成疾。例如，吞进大块萝卜、西瓜皮、甘薯、玉米棒、包心菜根及落果等。亦见有误食塑料袋、地膜等异物造成食道阻塞的。继发性食道阻塞常见于食道麻痹、狭窄和扩张。

2. 诊断要点　该病一般多突然发生。一旦阻塞，病羊采食停止，头颈伸直，伴有吞咽和作呕动作；口腔流涎，躁动不安；或因异物吸入气管，引起咳嗽。当阻塞物发生在颈部食道时，局部突起，手触可感觉到异物形状；当发生在胸部食道时，病羊疼痛明显，并可继发瘤胃臌气。

食道阻塞分完全阻塞和不完全阻塞两种情况，使用胃管探诊可确定阻塞的部位。完全阻塞，水和唾液不能下咽，从鼻孔、口腔流出，在阻塞物上方部位可积存液体，手触有波动感。不完全阻塞，液体可以通过食道，而固态食物不能下咽。

诊断时，应注意与咽炎、急性瘤胃臌气、口腔疾病相区别。

食道阻塞时，如有异物吸入气管可发生异物性气管炎和异物性肺炎。

3. 防治措施 治疗可采取以下方法：

（1）吸取法 阻塞为草料食团，可将羊保定好，送入胃管后用橡皮球吸取水，注入胃管，在阻塞物上部或前部软化阻塞物，反复冲洗，边注入边吸出，反复操作，直至食道畅通。

（2）胃管探送法 阻塞在近贲门部位时，可先将 2% 普鲁卡因溶液 5mL、石蜡油 30mL 混合后，用胃管送至阻塞部位，待 10min 后，再用硬质胃管推送阻塞物进入瘤胃中。

（3）砸碎法 当阻塞物易碎、表面圆滑并阻塞在颈部食道时，可在阻塞物两侧垫上稍厚、带弹性的板状物（如布鞋底），将一侧固定，在另一侧用木槌或拳头砸（用力要均匀），使其破碎后咽入瘤胃。

治疗中若继发瘤胃臌气，可施行瘤胃放气术，以防病羊发生窒息。为了预防该病的发生，应防止羊偷食未加工的块根饲料。

（三）前胃弛缓

羊前胃弛缓是由于各种因素造成前胃兴奋性和收缩力降低所引发的疾病。临床特征是正常的食欲、反刍、嗳气被扰乱，胃蠕动减弱或停止，可继发酸中毒。

1. 病因 主要是羊体质衰弱，再加上长期饲喂粗硬难以消化的饲草，如玉米秸秆、豆秸、麦糠等，突然更换饲料，供给精料过多，运动不足等；饲料品质不良，霉败，冰冻，虫蛀，染毒；长期饲喂单调、缺乏刺激性的饲料，如麦麸、豆面、酒糟等。此外，瘤胃臌气、瘤胃积食、肠炎以及其他内科疾病、外科疾病、产科疾病等，亦可继发该症状。

2. 诊断要点 该病常见有急性和慢性两种。

（1）急性 病羊食欲废绝，反刍停止，瘤胃蠕动力量减弱或停止；瘤胃内容物腐败发酵，产生多量气体，左腹增大，触诊不坚实。

（2）慢性 病羊精神沉郁、倦怠无力，喜欢卧地，被毛粗乱，体温、呼吸、脉搏无变化，食欲减退，反刍缓慢，瘤胃蠕动力量减弱，次数减少。若因采食有毒植物或刺激性饲料而引起发病的，则瘤胃和皱胃敏感性增高，触诊有疼痛反应，有的羊体温升高。如伴有胃肠炎时，肠蠕动显著增加，下痢，或便秘与下痢交替发生。

若为继发性前胃弛缓，常伴有原发性疾病的特征症状。因此，诊疗中要加以鉴别。

3. 防治措施 首先应消除病因，加强饲养管理，因过食引起者，可采用饥饿疗法，禁食 2～3 次，然后供给易消化的饲料，使之恢复正常。

药物疗法，应先投泻剂，清理胃肠；再投瘤胃蠕动兴奋剂和防腐止酵剂。成年羊可用硫酸镁或人工盐 20～30g、石蜡油 100～200mL、番木鳖酊 2mL、大黄酊 10mL，加水 500mL，1 次内服。或用胃肠活 2 包、陈皮酊 10mL、姜酊 5mL、龙胆酊 10mL，加水混合，1 次内服。10％氯化钠 20mL、10％氯化钙 10mL、10％安钠咖 2mL，混合后，1 次静脉注射。也可用酵母粉 10g、红糖 10g、酒精 10mL、陈皮酊 5mL，混合加水适量，1 次内服。瘤胃兴奋剂可用 2％毛果芸香碱 1mL，皮下注射。防止酸中毒，可内服碳酸氢钠 10～15g。另外，还可用大蒜酊 20mL、龙胆末 10g，加水适量，1 次内服。

（四）急性瘤胃臌气

急性瘤胃臌气（气胀），是羊采食了大量易发酵的饲料，迅速产生大量气体而引起的前胃疾病。该病多发于春末夏初放牧的羊群，往往绵羊较山羊多见。

1. 病因 由于羊吃了大量易于发酵的饲料，如幼嫩的紫花苜蓿等而致病。曾见一群 50 只绵羊，窜入苜蓿地采食，30min 后全群羊发生瘤胃臌气（图 8-24）。此外，秋季放牧羊群在草场采食了多量的豆科牧草易发病。冬春两季给怀孕母羊补饲精料，群羊抢食，其中抢食过量的羊易发病，并可继发瘤胃积食。舍饲的羊群因饲喂霜冻、霉败变质的饲料，或喂给多量的酒糟，均可引发本病。每年剪毛季节常见肠扭转疾病的发生，也可导致急性瘤胃臌气（图 8-25）。

图 8-24 采食过量发酵饲料导致群体瘤胃臌气

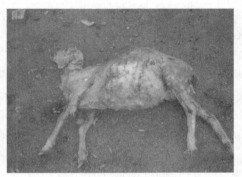
图 8-25 急性瘤胃臌气

2. 诊断要点 初期病羊表现不安，回顾腹部，拱背伸腰，肷窝突起，有时左肷向外突出，高于髋结节或脊背水平线；反刍和嗳气停止，触诊腹部紧张性增加，叩诊呈鼓音，听诊瘤胃蠕动力量减弱，次数减少。

3. 防治措施

（1）加强饲养管理，严禁在苜蓿地放牧；注意饲草饲料的贮藏，防止霉败变质。

（2）治疗原则是尽早放气，防腐止酵，清理胃肠。可插入胃管放气，缓解腹部压力。

或用 5％的碳酸氢钠溶液 1 500mL 洗胃，以排出气体及中和酸败胃内容物。必要时可行瘤胃穿刺放气。具体操作如下：先在左肷部剪毛、消毒，然后以术者的拇指压迫左肷部的中心点，使腹壁紧贴瘤胃壁，用兽用套管针或 16 号针头垂直刺入腹壁并穿透瘤胃胃壁放气，在放气中紧紧按压住腹壁，勿使腹壁与瘤胃胃壁脱离，边放气边下压，防止胃液漏入腹腔，引起腹膜炎。

（3）西药治疗可用石蜡油 100mL、鱼石脂 2g、酒精 10～15mL，加水适量，1 次内服。或用氧化镁 30g，加水 300mL，或用 8％氢氧化镁混悬液 100mL，1 次内服。

（4）中药治疗可用莱菔子 30g、芒硝 20g、滑石 10g，煎水，另加清油 30mL，1 次内服。

（五）瓣胃阻塞

瓣胃阻塞（重瓣胃秘结）是由于羊瓣胃的收缩力量减弱，食物排出作用不充分，通过瓣胃的食糜积聚，不能后移，充满瓣叶之间，水分被吸收，内容物变干而致病。其临床特征为瓣胃容积增大，坚硬，不排粪便，腹部胀满。

1. 病因 该病主要由于饮水失宜和饲喂秕糠、粗纤维饲料而引起；或饲料和饮水中混有过多的泥沙，使泥沙混入食糜，沉积于瓣胃瓣叶之间而发病。本病可继发于前胃弛缓、瘤胃积食、皱胃阻塞、瓣胃和皱胃与腹膜粘连等疾病。

2. 诊断要点 病羊初期症状与前胃弛缓相似，瘤胃蠕动力量减弱，瓣胃蠕动消失，并可继发瘤胃膨气和瘤胃积食。触压病羊右侧第 7～9 肋间，肩胛关节水平线上下时，羊表现疼痛不安。粪便干少，色泽暗黑，后期停止排粪。随着病程延长，瓣胃小叶发炎或坏死，常可继发败血症，此时可见体温升高、呼吸和脉搏加快，全身表现衰弱，病羊卧地不能站立，最后死亡。

根据病史和临床表现（病羊不排粪便，瓣胃区敏感，瓣胃扩大，坚硬等）即可确诊。

3. 防治措施 应以软化瓣胃内容物为主，辅以兴奋前胃运动机能，促进胃肠内容物排出。

瓣胃注射疗法，对顽固性瓣胃阻塞疗效显著。具体方法是：25％硫酸镁溶液 30～40mL、石蜡油 100mL，在右侧第九肋间隙和肩胛关节线交界下方，选用 12 号 7cm 长针头，向对侧肩关节方向刺入 4cm 深，刺入后可先注入 20mL 生理盐水，试其有较大压力时，表明针已刺入瓣胃，再将上述准备好的药液用注射器交替注入瓣胃，于第二日再重复注射 1 次。

瓣胃注射后，可用 10％ 氯化钙 10mL、10％ 氯化钠 50～100mL、5％ 葡萄糖生理盐水 150～300mL，混合后 1 次静脉注射。待瓣胃松软后，皮下注射 0.1％ 氨甲酰胆碱 0.2～0.3mL，兴奋胃肠运动机能，促进积聚物下排。

此外，亦可用中药治疗。选用健胃、止酵、通便、润燥、清热剂，效果较好。方剂组成为：大黄 9g、枳壳 6g、二丑 9g、玉片 3g、当归 12g、白芍 2.5g、番泻叶 6g、千金子 3g、山枝 2g，煎水内服。或用大黄末 15g，人工盐 25g，菜籽油 100mL，加水 300mL，1 次内服。

（六）肠胃炎

胃肠炎是胃肠黏膜及其深层组织的出血性或坏死性炎症。临床表现以食欲减退或废绝，体温升高、腹泻、脱水、腹痛和不同程度的自体中毒为特征。

1. 病因 饲养管理不当是主要因素，如采食大量的冰冻、发霉饲料，饲草、饲料中混进具有刺激性的化肥（如过磷酸钙、硝酸铵等），服用过量的蓖麻油、芦荟、芒硝等。圈舍潮湿，卫生不良，春季羊体质弱，营养不良，以及投服驱虫药剂量偏大，也是该病发生的原因之一。该病还可继发于羊副结核、巴氏杆菌病、羊快疫、肠毒血症、炭疽、羔羊大肠杆菌病等传染病。

2. 诊断要点 初期病羊多呈现急性消化不良的症状，其后逐渐或迅速转为胃肠炎。病羊表现食欲减少或废绝，口腔干燥发臭，舌有黄厚苔或薄白苔，伴有腹痛。肠音初期增强，其后减弱或消失，排稀粪或水样便，排泄物腥臭或恶臭，粪中混有血液、脓汁、坏死脱落的组织片。脱水严重，少尿，眼球下陷，皮肤弹性降低，消瘦，腹围紧缩。当虚脱时，病羊卧地，脉搏微细，心力衰竭。体温在整个病程中升高。病至后期，因循环和微循环障碍，病羊四肢冷凉，昏睡、抽搐而死。慢性胃肠炎病程较长，病势缓慢，主要症状同于急性胃肠炎，也可引起恶病质。

3. 防治措施　消炎可用磺胺脒 4～8g、小苏打 3～5g，加水适量，1 次内服。亦可用活性炭 7g，次硝酸铋 3g，加水适量，1 次内服。或用氟哌酸注射液 10mL，1 次肌内注射。脱水严重的宜补液，可用 5% 葡萄糖溶液 300mL、生理盐水 200mL、5% 碳酸氢钠溶液 100mL，混合后 1 次静脉注射。下泻严重者可用 1%阿托品注射液 2mL，皮下注射。

（七）创伤性网胃腹膜炎及心包炎

创伤性网胃腹膜炎及心包炎是由于异物刺伤网胃壁而发生的一种疾病。其临床特征为急性前胃弛缓，胸壁疼痛，间歇性臌气。实验室检验，白细胞总数增加，白细胞分类计数核左移等。本病多见于奶山羊。

1. 病因　该病主要由于尖锐金属异物（如钢丝、铁丝、缝针、发卡、锐铁片等）混入饲料被羊吃进网胃，因网胃收缩，异物刺破或损伤胃壁所致。如果异物经横膈膜刺入心包，则发生创伤性网胃心包炎。异物穿透网胃胃壁或瘤胃胃壁时，可损伤脾、肝、肺等脏器，此时可引起腹膜炎及各部位的化脓性炎症。

2. 诊断要点　创伤性网胃腹膜炎症状：病羊精神沉郁，食欲减少，反刍缓慢或停止，鼻镜干燥，行动谨慎，表现疼痛，拱背，不愿急转弯或走下坡路。触诊用手冲击网胃区及心区，或用拳头顶压剑状软骨区时，病畜表现疼痛、呻吟、躲闪。肘头外展，肘肌颤动。前胃弛缓，慢性瘤胃臌气。血液检查，白细胞总数每立方毫米高达 14 000～20 000，白细胞分类初期核左移，中性粒细胞高达 70%，淋巴细胞则降至 30%左右。

创伤性网胃心包炎症状：病羊心动过速，每分钟 80～120 次，颈静脉怒张，粗如手指。颌下及胸前水肿。听诊心音区扩大，出现心包磨擦音及拍水音。病的后期，常发生腹膜粘连，心包积脓和脓毒败血症。

根据临床症状和病史，结合进行金属探测仪及 X 线透视拍片检查，即可确诊。

3. 防治措施

（1）预防　加强饲养管理，饲草饲料中不能混入铁钉、铁丝等异物。严禁在牧场或羊舍内堆放铁器。饲喂人员勿带尖细的铁器用具进入羊舍，以防止混落在饲料中，被羊食入。

（2）治疗　确诊后可行瘤胃切开术，清理排除异物。如病程发展到心包积脓阶段，病羊应予淘汰。对症治疗，消除炎症，可用青霉素 40 万～80 万 IU、链霉素 50 万 U，1 次肌内注射。亦可用磺胺嘧啶钠 5～8g、碳酸氢钠 5g，加水内服，每日 1 次，连用 1 周以上。亦可用健胃剂、镇痛剂。

（八）铜缺乏症

铜缺乏症发生于土壤缺乏铜的地区，其特征是：成年羊影响毛的生长；羔羊发生地方流行性共济失调和摆腰病。

1. 病因

（1）原发性铜缺乏　长期饲喂低铜土壤上生长的饲草、饲料是常见的病因。通常饲料（干物质）含铜量低于 3mg/kg，可以引起发病。3～5mg/kg 为临界值，8～11mg/kg 为正常值。

（2）继发性铜缺乏　虽然日粮含有充足的铜，但铜的吸收受到干扰，如采食在高钼土壤生长的牧草，或钼污染所致的钼中毒。此外，硫也是铜的颉颃元素。当日粮中硫的含量达 1g/kg 时，约有 50%的铜不能利用。影响铜吸收和利用的因子还有锌、铅、镉、银、镍、锰等。在缺乏钴的某些海滨地区，也往往存在此病。

　　铜是体内许多酶的组成成分或活性中心，如与铁的利用有关的铜蓝蛋白酶，与色素代谢有关的酪氨酸酶，与软骨生成有关的赖氨酰基氧化酶，与结缔组织生长有关的胺氧化酶，与磷脂代谢关系密切的细胞色素氧化酶以及与氧化作用有关的超氧歧化酶等。当铜缺乏时，相关酶活性下降，因而出现贫血、毛褪色，关节肿大，骨质疏松，神经脱髓鞘等。

2. 症状

　　（1）成年羊的早期症状为　全身黑毛的羊失去色素，而生出缺少弯曲的刚毛。典型症状为衰弱、贫血、进行性消瘦。通常均发生结膜炎，以致泪流满面。有时发生慢性下痢。有的患羊后躯瘫软，不能站立（图 8-26）。

　　（2）严重病羊所生的羔羊不能站立，呈犬坐姿势（图 8-27），如能站立，也会因运动共济失调而又倒下，或者走动时臀部左右摇摆。有时羔羊一出生就很快死亡。不表现共济失调的羔羊，通常也很消瘦，难以肥育。

图 8-26　患羊后躯瘫软，不能站立

图 8-27　患羊呈犬坐姿势

　　（3）病羊血中的铜含量很低，下降到 0.1～0.6mg/L。羔羊肝脏含铜量在 10mg/kg 以下。

3. 剖检　在共济失调的羔羊，其神经系统特征性病理变化为：脑髓中发生广泛的髓鞘脱失现象，脊髓的运动途径有继发性的变性。脑干液化和空洞。

4. 诊断　主要根据症状、补铜后疗效显著及剖检后的病理变化进行诊断。单靠血铜的一次分析不能确定是铜缺乏，因为血铜在 0.7mg/L 以下时，说明肝铜浓度（以肝的干重计）在 25mg/kg 以下，但当血铜在 0.7mg/L 以上时，就不能正确反映肝铜的浓度。

5. 预防　绵羊对于铜的需要量很小，每天只供给 5～15mg 即可维持其铜的平衡。如果给量太大，可能会在肝脏蓄积造成慢性铜中毒。因此，铜的补给要特别小心，除非具有明显的铜缺乏症状，一般都不需要补给。

　　为了预防铜的缺乏，可以采用以下几种方法：

　　（1）最有效的预防办法是每年给牧场喷洒硫酸铜溶液。在舔盐中加入 0.5％的硫酸铜，让羊每周舔食 100mg，亦可产生预防效果。但如舔食过量，即有发生慢性铜中毒的危险，必须特别注意。

　　（2）灌服硫酸铜溶液　成年羊每月 1 次，每次灌服 3％的硫酸铜 20mL。1 岁以内的羊容易中毒，不要灌服。当在即将产羔的母羊中发现病羊，立即给所有待产羔母羊灌服硫酸铜 1g（溶于 30mL 水中），1 周之后即可能防止损失。产羔前用同样方法处理 2～6d，即可防止羔羊发病。

（九）慢性氟中毒

慢性氟中毒，又称氟病，是由于羊长期连续摄入超过安全限量的少量无机氟引起的一种以骨、牙病变为特征的中毒病，常呈地方性群发。

1. 病因　氟是羊体组织的正常成分，可以防止牙齿的蛀烂，但需要量很小，在干燥的日粮中不应超过 50mg/kg。如果在干日粮中的含量达到 100mg/kg，就可以引起慢性氟中毒。羊发生慢性氟中毒主要是由于摄入氟过多，其来源可能是：地方性高氟、工厂所排出的烟尘中含有氟或长期用未脱氟的盐类（如磷灰石）作为矿物质补充饲料。

2. 症状　出现原因不明的跛行，常多见一肢，随后四肢交替出现。门齿、切齿面常被磨成高低不平的"山峰状"，臼齿也过早磨损，齿冠被磨坏，形成两侧不对称形的波状齿和阶状齿。骨的变化早于牙齿，关节肿胀，出现氟斑牙和氟骨病。此外，还表现消化障碍、食欲废绝，流涎、腹痛、腹泻、胃肠炎等症状。

3. 预防

（1）在含氟量高的地区，水中含氟量也高，要打深机井，找到含氟量低的水层作为饮用水水源。

（2）含氟量高的地区可与外地调剂饲料，互相交换，以避免本病发生。

（3）平时要在饲料中增加钙、磷，用骨粉效果较好，能提高羊对氟的耐受性。

4. 治疗　抑制胃内氢氟酸的生成，排出消化道中残留氟量，降低神经应激性和对胃肠炎的对症治疗。

（1）用 10～20 g 硫酸铝加水内服，以中和胃内的氢氟酸。

（2）口服 1%～2%氯化钙或稀石灰水、乳酸钙、硫酸钙或葡萄糖酸钙。

（3）乙酰胺按每千克体重 0.05g 肌内注射，1 次/d，连用 3～4 次，配合使用半胱氨酸，疗效更好。

（4）用 10%葡萄糖酸钙 200～300 mL 静脉注射。

（十）羊肠套叠

羊肠套叠，是羊肠管的某一段陷入自身管内引起的剧烈性腹痛病。本病多发生在绵羊，山羊少见。发病后一般需要通过手术矫治。

1. 病因　本病的发生与肠道寄生虫病发作有关，特别是寄生虫在肠壁上形成结节后极易形成肠套叠；或采食冷冻、有刺激性的饲料，使肠壁受到刺激，引起肠环肌痉挛性收缩，影响肠道的正常蠕动，造成套叠；肠道病变，如肠炎、肠血管痉挛、肠管神经紊乱等，也会促使肠管痉挛性收缩引起套叠。另外，机械性的刺激，如急剧奔跑和跳跃，剧烈运动，或剪毛时羊只过度挣扎和急剧翻转，也是发生本病的原因。

2. 症状　病羊精神沉郁，反刍、食欲消失，鼻镜干燥，体温正常，心音减弱。最初行走不稳，喜卧地，卧时小心，卧后常发出叹息及切齿声。腹痛时，常有伸懒腰、拱背、磨牙、翘鼻等表现。有时两后肢或一肢向同一侧方向伸直，似分娩状。发病 2～3d 后眼结膜变成蓝紫色，食欲完全废绝。

病羊腹部饱满，绝食 1～2d 后仍不缩小，振动腹部，常能听到叮咚的水响声，听诊肠蠕动音减弱或停止。起初粪稍干，以后显著减少，粪球上常附有黏液，2～3d 后不排粪，有时排出带血的黏液。直肠检查，宿粪稀软、酸臭，后期呈黑褐色、黏稠似松馏油状，且有恶臭。

3. 防治方法

（1）预防　加强饲养管理，合理供给饲料，防止羊群采食冷冻饲料或其他有刺激性的饲料。定期驱虫，预防肠道寄生虫病。放牧时不要急赶羊群，避免其剧烈奔跑和跳跃。在剪毛或药浴时注意勿使其过度挣扎，翻转时更要小心稳妥地进行。

（2）治疗　目前还没有较理想的治疗药物，刚发病时可用手紧闭羊的鼻口数分钟，使羊由于暂时的窒息而挣扎，这样有时可以将套叠的肠管矫正过来。对于经济价值较高的羊，施行手术是唯一的治疗方法。

第六节　繁殖疾病的预防与治疗

引起家畜繁殖疾病的原因较复杂，根据其性质可总结为先天性（或遗传）因素、营养因素、繁殖技术因素、环境因素、疾病因素、免疫性因素、妊娠期及分娩期和产后期疾病。

一、先天性繁殖疾病

先天性就是指由于生殖器官的发育异常，或者卵子、精子及合子有生物学上的缺陷，而使母畜丧失繁殖能力。

（一）种间杂交繁殖障碍与近亲繁殖

人们一直想通过杂交的办法改良品种，期望将不同品种的优良性状结合起来遗传给后代。尽管在某些动物上已经取得了显著成就，但在大多数情况下种间杂种是不能繁殖的，杂交母畜的性机能和排卵虽正常，可由于生物学上的某些缺陷致使卵子不能受精或合子不能发育。绵羊与山羊的杂交，虽能妊娠，但杂种胚胎在早期发育阶段就死亡了。

近亲繁殖会使家畜的生育力降低，其降低的程度主要取决于配种公畜。

（二）两性畸形

两性畸形是动物在性分化发育过程中某个程序发生紊乱而造成的性别区分不明，患畜的性别介于雌雄两性之间。两性畸形根据表现形式分为染色体两性畸形、性腺两性畸形和表型两性畸形。

（三）异性孪生母羔不育

异性孪生母羔不育是指雌雄两性胎儿同胎妊娠，母羔的生殖器官发育异常，丧失生育能力。其主要特点是具有雌雄两性的内生殖器官，有不同程度向雄性转化的卵巢体，外生殖器官基本是正常雌性。

绵羊在发生此病时，病羊表现为外生殖器官异常并有红细胞嵌合体。

（四）预防与治疗

对于先天性繁殖疾病的羊没有治疗方法，主要从预防着手，应及早发现并淘汰病羊。

二、营养缺乏性繁殖疾病

动物机体处于不同的生理过程对营养的需要是不同的，在生长、发育及泌乳等阶段都有各自的需要，尤其是繁殖功能对营养的要求更严格，在营养缺乏时它会首先受到影响。各种营养物质的缺乏可引起不同的繁殖障碍，如碳水化合物对生育力的影响可能与孕酮浓度有关，配种时孕酮浓度高，生育力一般较高，孕酮浓度的变化是与营养水平紧密相关，而碳水化合物又是动物日粮的主要成分；蛋白质缺乏可引起动物初情期延迟，空怀期增长，干物质摄入减少。另外，胎儿的生长发育也需要母体有足量的蛋白质，但蛋白质的水平过高也会对生育力产生不良的影响；维生素 A 缺乏可引起母羊初情期延迟、流产或弱产；维生素 D 可引起羊发情延迟，卵巢功能紊乱。

预防与治疗：因营养不良引起的繁殖障碍需调查饲养管理制度，分析饲料的成分及来源。在短时间内营养缺乏，改善饲养后病畜的繁殖机能一般均可恢复；如果长期饲养不当，特别在发育期间影响生殖器官发育的母羊，即使改善饲养也难使生殖机能恢复正常。对病畜应当迅速供给足够的饲料，饲料的种类要多样化，且其中应含有足量的可消化蛋白质、维生素，应补饲苜蓿和新鲜优质青贮饲料。羊过肥引起繁殖障碍时，应饲喂多汁饲料，减少精料，增加运动；对营养状况不佳的母羊在配种之前应注意改善饲养管理，增加精料和高质量的新鲜饲料；对卵泡成熟而久不排卵的母畜应采用激素疗法。

三、繁殖技术性繁殖疾病

由于发情鉴定的准确率和配种技术引起的繁殖疾病称繁殖技术性疾病。这种疾病主要是由于识别母畜发情征状的经验不足或工作中疏忽大意而不能及时发现发情母羊，而导致漏配或配种不及时。另外，人工输精技术不良，精液处理和输精技术不当，不进行妊娠检查或检查技术不熟练，以及不能及时发现未孕母羊等都可引起母羊繁殖障碍。

预防与治疗：为防止繁殖技术性疾病，就要提高繁殖技术水平，制定并严格按照发情鉴定、配种的制度和规程操作。此外，还需大力宣传普及家畜繁殖相关的科学知识，推广先进的繁殖技术，使畜主和基层场站逐步达到不漏配和不错配，技术熟练、准确，输精配种正确、适时。

四、环境气候性繁殖疾病

环境因素可以通过对母羊全身生理机能、内分泌及其他方面发生作用而对繁殖性能产生明显影响。环境温度对母羊各个繁殖阶段都产生影响，如可通过性行为、排出卵子的数量和质量、胚胎的生存及激活母羊一系列的生理反应而影响胎儿的生长发育。热应激可能影响动物激素水平而干扰繁殖。实验表明，绵羊受精卵在卵裂早期受到热应激后会使早期胚胎死亡率增高；输精时直肠及子宫的温度与受胎率有密切关系；配种后环境温度升高 72h 会完全阻止受精。动物对热应激的调节反应引起子宫的血流减少而使子宫温度升高，从而影响子宫对水、电解质、营养及激素的利用，以致妊娠早期胚胎死亡率增加。

预防与治疗：对因环境因素引起的繁殖疾病应该注意母羊的习性，对于外地运来的绵羊、山羊要营造适宜的条件，使其尽快适应当地的气候。环境气候性繁殖疾病是暂时性的，一般预后良好。

五、疾病性繁殖疾病

由家畜的生殖器官和其他器官的疾病或机能异常引起繁殖障碍。在接产、手术助产及进行其他产科操作处理过程中，由于消毒不严密引起生殖道感染而造成疾病性繁殖障碍。除此之外，其他疾病如心脏病、肾脏疾病、消化道疾病、呼吸道疾病、神经系统疾病以及某些全身疾病，都可引起卵巢机能不全及持久黄体而导致繁殖疾病。有些传染病和寄生虫病也可引起繁殖疾病。

（一）非传染性疾病

卵巢疾患可使母羊的生殖机能受到破坏；生殖道发炎会危害精子、卵子及受精卵，也可使卵巢的机能发生紊乱引起繁殖障碍。

1. 卵巢机能不全　卵巢机能不全是指卵巢机能减退、组织萎缩、卵泡萎缩及交替发育等在内的、由卵巢机能紊乱所引起的各种异常的变化。

卵巢机能减退和萎缩常由于子宫疾病、全身性的严重疾病以及饲养管理不当使家畜身体乏弱所致。卵巢炎也可引起卵巢萎缩及硬化。卵泡萎缩及交替发育主要受气候和温度的影响，早春配种季节天气冷热变化异常时多发此病。饲料中维生素 A 不足也可能诱发此病。

预防与治疗：对卵巢机能不全的羊必须了解其身体状况及饲养条件，给予全面分析找出主要原因，再按照羊的具体情况采取适当的措施进行防治。增强卵巢的机能应从饲养管理方面抓起，改善饲料质量，增加日粮中的蛋白质和维生素的比例，增加放牧和日照时间，规定足够的运动，再配合催情药物的使用，这样往往可起到很好的效果。根据相关资料报道，在草质优良的牧场上放牧往往能够恢复和增强卵巢机能。

2. 排卵延迟及不排卵　排卵延迟是指排卵的时间向后拖延，多在配种季节发生；不排卵指在发情时有发情的外表症状，但不出现排卵，多发生于发情季节的初期及末期。

由于垂体分泌促黄体素不足，使激素的作用不平衡引起排卵延迟及不排卵。此外，气温过低或变化、营养不良均可造成此病发生。

预防与治疗：对于排卵延迟的病羊，除改进饲养管理条件，注意防止气温的影响，还需应用激素治疗，这样可收到良好效果。

3. 子宫积液及子宫积脓　子宫积液是指子宫内积有大量棕黄色、红褐色或灰白色稀薄或黏稠液体，蓄积的液体稀薄如水亦称子宫积水。

子宫积脓是指由脓性子宫内膜炎发展而成，其特点为子宫腔中蓄积脓性或黏脓性液体，子宫内膜出现炎症病理变化，多数病羊卵巢上存在有持久黄体，不发情。

病羊出现持久黄体是由于子宫发生感染，子宫内膜异常，引起产后排卵形成的黄体不能退化。子宫积脓多发生于分娩及配种之后，发病率不高。在配种之后发生的子宫积脓可能与胚胎的死亡有关，其病原是在配种时引入或胚胎死亡之后感染。另外，在发情周期的黄体期给羊输精或给孕羊输精都可导致子宫积脓。布鲁氏菌是引起子宫积脓的一种主要病原菌，还有溶血性链球菌、大肠杆菌、化脓棒状杆菌、假单胞菌和真菌也可引发此病。

子宫积液的病因与子宫积脓基本相同。

预防与治疗：雌激素能诱导黄体退化，引起发情，促使子宫颈开张并使子宫内容物排出，可用于治疗子宫积脓和积液。

4. 异常发情　安静发情是指能正常排卵，无明显外在表现的发情。此病常发生于青年或营养不良母羊，在繁殖季节的第一个发情周期是安静发情的高发期，这可能与缺乏周期性的黄体有关。由于孕酮的分泌量不足，降低了中枢神经系统对雌激素的敏感性而使母羊缺少发情的外部表现。此外，低水平的雌激素也可引发在发情季节出现安静发情。

妊娠发情是指羊在妊娠期出现发情及排卵的现象。在正常情况下，羊如果妊娠即停止发情及排卵，其原理是由于妊娠黄体分泌的孕酮阻滞雌激素，可反馈性地作用于丘脑下部和垂体，抑制了促黄体素排卵峰的形成而抑制排卵。绵羊的妊娠发情率可达 30%。

预防与治疗：对于异常发情的羊大多数都不需也无适用的药物疗法，在病因消除后，一般病羊都能自愈而出现正常的发情。

5. 卵巢囊肿 卵巢囊肿是指卵巢中形成了顽固的球形腔体，外面盖着上皮包膜，内容物为水状或黏液状液体。

卵巢囊肿包括卵泡囊肿和黄体囊肿，常见病为高产山羊的卵泡囊肿。此病病因可能由于内分泌机能紊乱、饲养管理不当、生殖系统疾病以及气温的影响引发。病羊表现为性欲特别旺盛，愿意接受交配，但屡配不孕。

预防与治疗：加强饲养管理，适当运动；对于正常发情的羊应及时配种；及时治疗生殖器官疾病。本病的治疗应用合理配制的日粮，注射适宜的激素，如促排卵三号、促黄体素或绒毛膜促性腺激素。

（二）传染性疾病

引起繁殖障碍的传染性疾病种类较多，传染病主要有布鲁氏菌病、衣原体病、李氏杆菌病等，寄生虫病主要有滴虫病、弓形虫病等，各种疾病的预防和治疗见各自章节。

六、免疫性繁殖疾病

免疫性繁殖疾病是指在繁殖过程中，动物机体对繁殖的某一环节产生自发性免疫反应，而导致受孕延迟或不受孕。

引起免疫性繁殖疾病的原因主要是动物自身免疫系统的正常平衡状态遭到破坏，雌、雄动物血清中分别出现抗卵子透明带抗体和抗精子抗体，从而造成一系列的免疫反应的发生，影响生殖过程的正常进行。

预防与治疗：本病无治疗方法，只能淘汰患病羊。

七、妊娠和分娩造成的繁殖疾病

（一）流产

流产是指母羊妊娠中断，或胎儿不足月就排出子宫而死亡。流产分为小产、流产和早产。

1. 病因 流产的原因极为复杂。内科病，如肺炎、肾炎、有毒植物中毒、食盐中毒等；外科病，如外伤、蜂窝织炎、败血症等。长途运输过于拥挤，水草供应不均，饲喂冰冻和发霉饲料，也可导致流产。传染性流产者，多见于布鲁氏菌病、弯杆菌病、毛滴虫病。其他因素还有子宫畸形、胎盘坏死、胎膜炎和羊水增多症等。

2. 诊断要点 突然发生流产者，产前一般无特征表现。发病缓慢者，表现精神不佳，食欲停止，腹痛起卧，努责呻叫，阴户流出羊水，待胎儿排出后稍为安静。若在同一群中病因相同，则陆续出现流产，直至受害母羊流产完毕，方能稳定下来。外伤性致病，可使羊发生隐性流产，即胎儿不排出体外，溶解物排出宫外，或导致胎骨在子宫内残留，由于受外伤程度的不同，受伤的胎儿常因胎膜出血、剥离，于数小时或数天排出。

3. 预防与治疗

（1）加强饲养管理，重视传染病的防治，采取综合防治措施。

（2）对于已排出了不足月胎儿或死亡胎儿的母羊，不需要进行特殊处理。

（3）对有流产先兆的母羊，可用黄体酮注射液 2 支（每支含 15mg），1 次肌内注射。

（4）胎儿死亡，子宫颈未开时，应先肌内注射雌激素 2～3mg，使子宫颈开张，然后从产道拉出胎儿，母羊出现全身症状时，应对症治疗。

（5）死胎滞留时，应采用引产或助产措施。

（6）中药治疗宜用四物胶艾汤加减：当归 6g、熟地 6g、川芎 4g、黄芩 3g、阿胶 12g、艾叶 9g、菟丝子 6g，共研末用开水调，每日 1 次，灌服两剂。

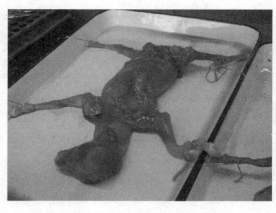

图 8-28 胎儿不足月就排出子宫而死亡

（二）难产

难产是指分娩过程中胎儿排出困难，不能将胎儿顺利地送出产道。

1. 病因 从临床检查结果分析，难产的原因常见于阵缩无力、胎位不正、子宫颈狭窄及骨盆腔狭窄等。

2. 助产 当发现难产时应及时助产。方法：使母羊呈前低后高或仰卧姿势，把胎儿推回子宫内进行矫正，以便利操作，如胎膜未破，最好不要过早弄破，因为胎儿周围为液体时，比较容易产出，如胎膜破裂时间较长，产道干燥，就需要注入石蜡油或其他油类，以利于助产手术进行。向外牵拉胎儿时要缓缓拉出，不能粗鲁强拉硬扯，以免造成子宫穿孔或破裂，实行截胎术时用手保护好刀、钩等锐利器械，以免损伤产道。下面就常见的难产及助产方法作一简述。

3. 助产的时机 当母羊开始阵缩超过 4h 以上，未见羊膜绒毛膜在阴门外或在阴门内破裂（绵羊需 1.5～2.5h，双胎间隔 15min；山羊需 0.5～4.0h，双胎间隔 0.5～1.0h），母羊停止阵缩或阵缩无力时，必须迅速进行人工助产，不可拖延时间，以防羔羊死亡。

4. 助产准备

（1）术前准备 询问羊分娩的时间，是初产或经产，看胎膜是否破裂，有无羊水流出，检查全身状况。

（2）保定母羊 一般使羊侧卧，保持安静，让前躯低、后躯稍高，以便于校正胎位。

（3）消毒 对助产者手臂、助产用具进行消毒；对母羊阴户外周，用 1∶5 000 的新洁尔灭溶液进行清洗。

（4）产道检查 注意产道有无水肿、损伤、感染，产道表面干燥和湿润状态。

（5）胎位、胎儿检查 确定胎位是否正常，判断胎儿死活。胎儿正产时，手入阴道可摸到胎儿嘴巴和两前肢，两前肢中间夹着胎儿的头部；当胎儿倒产时，手入产道可发现胎儿尾巴、臀部、后蹄及脐动脉。以手指压迫胎儿，如有反应，表示尚活存。

5. 助产的方法

（1）母羊异常引起的难产

①阵缩及努责微弱 胎衣未破时，先轻轻按摩腹壁，并将腹部下垂部分向上后方推压，

以利子宫收缩，经半小时仍不分娩，可行助产。当胎水已流出时，可皮下注射垂体后叶注射液 2～3 mL，或麦角注射液 10～20 mL，或口服新麦角粉 2.0～5.0 mL（使用麦角，必须在子宫颈完全开张，胎儿排出不受障碍的情况下；胎儿位置姿势不正或母羊盆腔窄时不能用麦角，否则可发生子宫破裂），若子宫颈完全张开，用手拉出胎儿，若子宫颈开张很小，应及早进行剖腹手术，取出胎儿。

②阵缩及努责过强 首先要使羊的后躯高于前躯，以减轻子宫对盆腔壁的接触和压迫，而使阵缩减弱，口服白酒 80～100 g，或静脉注射水合氯醛或手抓羊背部皮肤。母羊骨盆狭窄（硬产道狭窄）时，在产道内注入石蜡油、软皂水或任何一种植物油，然后强行拉出胎儿，头部前置可轮流拉两个前腿，骨盆前置时，可先将纵轴扭转，使其成为侧位，然后拉出，如软产道有骨质突出时，可根据情况及早进行截胎。

③软产道狭窄 阴门狭窄时，先涂抹消毒油类，用手小心伸入阴门，在会阴上部慢慢扩张阴门，然后拉出胎儿，如上法无效时，即应切开会阴，手术方法如下：将剪刀带有钝头的一支伸入阴道，沿会阴缝剪开多层组织拉出胎儿后，对会阴上的切口进行两边结节缝合，先缝合黏膜及肌肉层，再缝合皮下及皮肤组织。

④阴道狭窄 可在阴道内灌入大量植物油、肥皂水或石蜡油，在胎儿前置部分上拴上绳子向下拉，同时用手扩张阴道，如上法无效，则可切开阴道狭窄处黏膜。

⑤子宫颈口狭窄 起初应耐心等待，并不时检查子宫颈扩张的程度，如阵缩强烈时可口服白酒 200g 或给子宫颈上涂上颠茄浸膏，也可用手进行扩张，但此法只适应于子宫颈口已稍开张时，先伸入食指，并钻开子宫颈，随之伸入第 2、3 手指，在阵缩的影响下，可使子宫颈继续开张。上述方法无效时，在对羊保定及麻醉后消毒外阴及阴道，手拿隐刃刀伸入子宫颈口中，由前向后切开管壁（只切开环状肌层），条件许可时可进行剖腹产。

（2）胎儿异常引起的难产 正常分娩时，胎儿的长轴和母体一致（纵向），背部向上（上位），头及两前肢进入产道，下颌在两前肢之间（正生）或两后肢伸入产道（倒生）。发生难产时，可有下列多种不同的表现形式：姿势不正，如胎头弯转，胎儿过大，双胎难产及胎儿畸形。碰到上述情况应将母羊后躯垫高或由助手倒提两后肢，以免胃肠压迫羔羊，剪去指甲，用 2% 来苏儿浴液洗手，涂上油脂，待母羊阵缩时，将胎儿推回腹腔，手伸入阴道，中指、食指伸入子宫探明胎位、胎向、胎势，并予纠正，然后再引导产出；对实在无法拉出或矫正的胎儿，可行截胎术或剖腹术。

①截胎术 当胎儿无法完整拉出时，将胎儿的某些部分截断取掉，减少拉出障碍的一种方法。它一般是取出死胎，对无法拉出的活胎先切断颈动脉或脐带、肢动脉处死后截取出来。截胎母羊取前低后高站立保定，以利操作；锐利器械进入产道应保护好，以免造成严重产道损伤。一般采用皮下截胎法，即在皮下截除 1～2 个前腿或截除畸形部分，然后拉出胎儿，也可在阴门处施行头部截胎术，然后将胎儿推回子宫，找到前肢，拉出胎儿，在取出死胎后，将子宫内的残存胎儿碎块及胎膜尽量取干净，用 0.1% 的高锰酸钾或雷佛奴耳溶液清洗子宫，并注入青霉素 40～80 万 IU 或链霉素 100 万 U。只要产道和子宫没有受到严重损伤，一般容易恢复。

②剖腹取胎术 经过腹壁及子宫切口取出胎儿，以解救难产的一种手术。遇有适应证时，如能正确施术，常能收到良好的效果。其适应证为：在无法矫正的子宫转扭，骨盆狭窄、畸形及肿瘤，子宫颈狭窄及闭锁，软产道严重水肿，胎儿过大，胎儿畸形，无法矫正的

多种姿势及胎位异常等情况下，不能或无法施行截胎术时，均可实行剖腹产。

a. 术前准备　手术部位在髋结节上角与脐部之间的假想线上，左右侧均可，但因瘤胃充满，一般选择右侧，切口越往下越好，切口下端与乳静脉必须间隔一定距离，母畜侧卧保定，身躯垫高，术部剪毛、消毒，用腹旁神经干传导麻醉，分层用 0.5％普鲁卡因浸润麻醉，电针麻醉取百会及六脉穴（倒数 1、2、3 肋间，髋结节水平线上，左右各三穴，针向内下刺入），百会穴接阳极，六脉穴接阴极，诱导时间为 20～40min。

b. 手术方法　沿腹内斜肌方向切开腹壁，切口应距髋结节 10～12 cm，切口长度 18cm，然后用几根长线拉住腹膜与腹肌，使腹壁切口扩大。术者手伸入腹腔，转动子宫，使孕角的大转弯靠近腹壁切口，然后切开子宫角（注意不可损伤子叶及到子叶的大血管），并用剪刀扩大切口的长度，在胎膜上做一小切口，插入橡皮管，取稍大的注射器吸出羊水及尿水，然后扩大胎膜上的切口，抓住胎儿后肢拉出胎儿（胎儿如活着时，与接羔方法相同处理）。静脉注射垂体素或肌内注射麦角碱，子宫腔内注满 5％～10％氯化钠溶液，停留 1～2min，然后用橡皮管排出，剥离胎衣，再用生理盐水冲洗子宫，逐层缝合切口，子宫壁的浆膜及肌肉层用肠线缝合 2 次（一次连续缝合，一次双内翻缝合），并向子宫内注射青霉素 20 万～40 万 IU，对腹膜及腹肌连续缝合，并在缝完前腹腔内注入青霉素或磺胺－2－甲氧基嘧啶，最后用丝线对皮肤进行结节缝合。

c. 术后护理　注意强心补液、解毒及采用抗生素疗法，伤口愈合良好时，10～14d 可拆线。

（三）阴道脱

阴道脱是阴道部分或全部外翻，脱出于阴户之外，阴道黏膜暴露，引起阴道黏膜充血、发炎，甚至形成溃疡或坏死的疾病。

1. 病因

（1）饲养管理不良，或体弱年老的羊只，导致阴道周围的组织和韧带弛缓。

（2）妊娠羊只到后期腹压过大。

（3）分娩或胎衣不下时，努责过强。

（4）助产拉出胎儿时操作不当。

当完全脱出时，阴道脱出如拳头大，子宫颈仍闭锁。部分脱出时，仅见阴道入口部脱出，大小如桃子。外翻的阴道黏膜发红，甚至青紫，局部水肿。因摩擦可损伤黏膜，形成溃疡，局部出血或结痂。

阴道脱出常在病羊卧地后，地面的污物、垫草、粪便黏附于脱出的阴道局部，导致细菌感染而化脓或坏死。严重者，全身症状明显，体温可高达 40℃以上。

2. 治疗

（1）体温升高者，用磺胺二甲基嘧啶 5～8g，灌服，每日 1 次，连用 3d；或应用青霉素和链霉素。配 0.1％ 高锰酸钾溶液或用新洁尔灭溶液冲洗局部，再涂擦金霉素软膏或用碘甘油溶液。

（2）整复脱出的阴道时，先用消毒的纱布捧住脱出的阴道，由脱出的基部向骨盆腔内缓慢推入，待完全送入脱出的阴道部后，用拳头顶住阴道防止羊努责时又致阴道脱出，然后用阴门固定器压迫并固定之。对慢性习惯性脱出的羊只，可用粗缝合线对阴门四周做减张缝合，待数日后症状减轻或不再脱出时拆除缝线。

（3）当脱出的阴道水肿时，可用针头刺黏膜使渗出液流出，待阴道水肿减轻、体积缩小后再整复。局部损伤处结痂者，应先除去结痂块，清理坏死的组织，然后进行整复。整复中若遇病羊努责，可做尾荐隙麻醉。

（4）必须在阴道复位后，方可除去阴门固定器，或拆除阴户周围缝线，以防止再脱出。

（四）胎衣不下

胎衣不下是指孕羊产后 4～6h 胎衣仍排不下来的疾病。

1. 病因　该病多因孕羊缺乏运动、饲料单一，缺乏无机盐微量元素或某些维生素，或是因产双（多）羔导致体质虚弱所致。此外，子宫炎、布鲁氏菌等也可致病。

2. 诊断要点　病羊常表现拱腰努责，食欲不振或废绝，精神较差，喜卧地，体温升高，呼吸脉搏增快。胎衣久久滞留不下，可发生腐败，从阴户中流出污红色腐败恶臭的恶露，其中杂有灰白色未腐败的胎衣碎片或脉管。当全部胎衣不下时，部分胎衣从阴户垂露于后肢跗关节部。

3. 预防与治疗

（1）药物疗法　病羊分娩后不超过 24h 的，可应用马来酸麦角新碱 0.5mg，1 次肌内注射；垂体后叶素注射液或催产素注射液 0.8～1.0mL，1 次肌内注射。

（2）手术剥离法　应用药物方法已达 48～72h 而不奏效者，应立即采用此法。宜先保定好病羊，按常规准备及消毒后，进行手术。术者一手握住阴门外的胎衣，稍向外牵拉；另一手沿胎衣表面伸入子宫，可用食指和中指夹住胎盘周围绒毛成一束，以拇指剥离开母子胎盘相互结合的周边，剥离半周后，手向手背侧翻转以扭转绒毛膜，使其从窦中拔出，与母体胎盘分离。子宫角尖端难以剥离，常借子宫角的反射收缩而上升，再行剥离。最后向子宫内灌注抗生素或防腐消毒药：土霉素 2g，溶于 100mL 生理盐水中，注入子宫腔内；或注入 0.2％ 普鲁卡因溶液 30～50mL。

（3）自然剥离法　不借助手术剥离，而辅以防腐消毒药或抗生素，让胎膜自行排出，达到自行剥离的目的。可于子宫内投放土霉素（0.5g）胶囊，效果较好。

（4）中药治疗　可用当归 9g、白术 6g、益母草 9g、桃仁 3g、红花 6g、川芎 3g、陈皮 3g，共研细末，开水调后内服。

（5）为了预防本病，可用亚硒酸钠维生素 E 注射液，在妊娠期肌内注射 3 次，每次 0.5mL。

（五）子宫炎

1. 病因　子宫炎是由于分娩、助产、子宫脱、阴道脱、胎衣不下、腹膜炎、胎儿死于腹中等导致细菌感染而引起的子宫黏膜炎症。

2. 诊断要点　该病可分为急性和慢性两种，按其发炎的性质可分为卡他性、出血性和化脓性子宫炎。

（1）急性　初期病羊食欲减少，精神欠佳，体温升高；磨牙、呻吟；拱背、努责，时时作排尿姿势，阴户内流出污红色内容物。

（2）慢性　症状轻微，病程长，子宫分泌物量少。

如不及时治疗可发展为子宫坏死，继而全身状况恶化，发生败血症或脓毒败血症。有时可继发腹膜炎、肺炎、膀胱炎、乳房炎等。

3. 预防与治疗　清洗子宫，用 0.1％高锰酸钾溶液 300mL，灌入子宫腔内，然后用虹吸法排出灌入子宫内的消毒液，每日 1 次，可连用 3～4 次。消炎，可在冲洗后向羊子宫内注入碘甘油 3mL，或投放土霉素（0.5g）胶囊；或用青霉素 80 万 IU、链霉素 50 万 U，肌内注射，每日早晚各 1 次。治疗自体中毒，应用 10％葡萄糖液 100mL、林格氏液 100mL、5％碳酸氢钠溶液 30～50mL，1 次静脉注射；肌内注射维生素 C 200mg。

（六）乳房炎

乳房炎是乳腺、乳池、乳头局部的炎症；多见于泌乳期的绵羊、山羊。其临床特征为：乳腺发生各种不同性质的炎症，乳房发热、红肿、疼痛，影响泌乳机能和产乳量。常见的有浆液性乳房炎、卡他性乳房炎、脓性乳房炎和出血性乳房炎。

1. 病因 该病多因挤乳人员技术不熟练，损伤了乳头、乳腺体；或因挤乳员工手臂不卫生，使乳房受到细菌感染；或羔羊吮乳咬伤乳头。亦见于结核病、口蹄疫、子宫炎、羊痘、脓毒败血症等疾病。

2. 诊断要点 轻者不显临床症状，病羊全身无反应，仅乳汁有变化。一般多为急性乳房炎，乳房局部肿胀、硬结、热痛，乳量减少，乳汁变性，其中混有血液、脓汁等，乳汁絮状物，褐色或淡红色。炎症延续，病羊体温升高，可达 41℃。挤乳或羔羊吃乳时，母羊抗拒、躲闪。若炎症转为慢性，则病程延长。由于乳房硬结，常丧失泌乳机能。脓性乳房炎可形成脓腔，使腔体与乳腺相通，若穿透皮肤可形成瘘管。山羊患坏疽性乳房炎，为地方流行性急性炎症，多发生于产羔后 4～6 周。

3. 预防与治疗 注意挤乳卫生，扫除圈舍污物，在绵羊产羔季节应经常注意检查母羊乳房。

病初可用青霉素 40 万 IU、0.5％普鲁卡因 5mL，溶解后用乳房导管注入乳孔内，然后轻揉乳房腺体部，使药液分布于乳房腺中。也可应用青霉素、普鲁卡因溶液行乳房基部封闭，或应用磺胺类药物抗菌消炎。为了促进炎性渗出物吸收和消散，除在炎症初期冷敷外，2～3d 后可施热敷，用 10％硫酸镁水溶液 1 000mL，加热至 45℃，每日外洗热敷 1～2 次，连用 4 次。中药治疗，急性者可用当归 15g、生地 6g、蒲公英 30g、二花 12g、连翘 6g、川芎 6g、瓜蒌 6g、龙胆草 24g、山栀 6g、甘草 10g，共研细末，开水调服，每日 1 剂，连用 5d。亦可将上述中药煎水内服，同时应积极治疗继发病。

对脓性乳房炎及开口于乳腺深部的脓肿，宜用 3％过氧化氢溶液，或用 0.1％高锰酸钾溶液冲洗消毒脓腔，引流排脓。必要时应用四环素族药物静脉注射，以消炎和增强机体抗病能力。

为使乳房保持清洁，可用 0.1％新洁尔灭溶液经常擦洗乳头及其周围。

第九章

绒毛用羊羊场建设及圈舍设计

第一节　羊场规划及羊舍建筑

一、羊场规划

羊场是饲养管理羊的重要场所，对羊场建设进行合理选择与规划，目的是为了给羊创造良好的生长发育和繁殖条件，同时也需要考虑减少污染周围环境。

（一）总体规划

羊场主体内容主要包括生产区、饲料加工调制区、饲养管理者生活区和粪便处理区等几个部分。规划羊场，首先应明确饲养主体和目的，按照饲养羊的特点和饲养方式，确定饲养工艺流程，然后才能对羊场进行整体规划布局。总体规划需要考虑以下几个方面因素：

1. 生理特点　羊喜干燥恶潮湿，在选址上要考察地势地貌。

2. 地域特点　炎热地区要考虑到通风避暑，寒冷地区要考虑到保温防寒。

3. 饲养方式　分为放牧饲养、半放牧半舍饲饲养、全舍饲饲养，按照饲养方式合理规划。

4. 饲养品种和发展方向　按品种可分为细毛羊、半细毛羊、绒山羊等；按发展方向可分为种羊场和商品羊场。

5. 饲养规模　应按照预计饲养数量进行规划。

6. 饲草饲料资源　饲草饲料资源状况不能忽视，新中国成立后各地建立的种羊场，均设在草场资源丰富的地区，为种羊场发展奠定了很好基础。

7. 投资额度　需要根据投资额度规划羊场，不能把大部分资金用于羊场建设，要充分考虑到种羊和饲料方面的投入，并且应预留出流动资金。

8. 当地产业状况　最好在具备一定产业规模的地区建场，有利于产品销售。

9. 因地制宜、就地取材　普通羊场没有必要建设高标准的"羊公馆"，建筑材料应以就地取材为好。

（二）羊场地点选择与周围环境

1. 防疫隔离带　主干交通车辆流量大，途经地域多，来源广，也极易成为病原搭载传播的方便载体。因此，养羊场应距主干交通线有 1 000m 以上的防疫隔离带，羊场周围有围墙或防疫沟，并建有绿化隔离带，以确保羊场的防疫安全。

2. 远离工业三废与医院废弃物　绒毛用羊除了生产绒和毛以外，还生产羊肉，羊肉是人们消费的美食，因此，绒毛用羊生产也应当做到无公害饲养，远离工业排放的废气、废水、废物和医院废弃物，一般情况下，羊场周围 3km 以内无与此相关的污染源，拒绝一切可能的公害与污染。

3. 避开水源防护区与居民区　在拒绝污染自身的同时，养羊场还要避开自身对他人以及环境的影响，如粪尿对水源的污染，对居民区空气的污染。目前建设畜禽饲养场，需要进行环保评估。《畜禽养殖污染防治管理办法》规定，禁止在以下地点建场：

（1）生活饮用水保护区、风景名胜区、自然保护区的核心区和缓冲区。

（2）城市和城镇居民区、文教科研区、医疗区等人口集中区。

（3）县级人民政府依法规定的禁养区。

（4）国家或地方法律法规规定需特殊保护的其他区域。

因此，羊场要避开水源防护区，防止污染水源，从距离和风向上避开人口聚集区，给人们一个纯净新鲜的生活环境。

4. 水源　建设羊场需要有水源，无论饲养羊还是饲养管理人员，都需要有水源保证。《农产品安全质量产地环境要求》（GB/T 18407—2001）对无公害畜禽饲养产地畜禽饮用水的感官性状及化学指标、细菌学指标作了明确规定；对毒理学中的砷、汞、铅、铬、镉、氰化物、氟化物、硝酸盐等项指标做了最高限量规定，并对饮用水中几种农药做了限量指标规定（表 9-1）。

表 9-1　畜禽饮用水质量标准

质量内容	质量指标
砷（mg/L）	≤0.05
汞（mg/L）	≤0.001
铅（mg/L）	≤0.05
铜（mg/L）	≤1.0
镉（mg/L）	≤0.01
铬（六价）（mg/L）	≤0.05
氰化物（mg/L）	≤0.05
氟化物（以 F 计）（mg/L）	≤1.0
氯化物（以 Cl 计）（mg/L）	≤250
六六六（mg/L）	≤0.01
滴滴涕（mg/L）	≤0.05
总大肠杆菌数（个/L）	≤3.0
pH	5.5～8.5

在此基础上，饮用地下水或自来水都必须满足羊和人的足量饮用。按照每只羊每天需水 10L（最大需要量），每人每天 30L 的用水量计划设计用水设施。

5. 电力和道路　通电、通路是保证羊场饲草料加工、产品外销和进行正常生产的前提条件。用电以制作青贮和剪毛打包时的用电量为最大用电时期，并据此设计安装送变电设施。羊场道路需要满足饲草料运输要求，一般 4m 宽道路即可。

6. 地形地势与风向　羊场地点应选择在地势较高、排水良好和背风向阳、采光良好的地方。避开风口但通风良好并远离污染源。平原地区，场址应选择在比周围地段稍高的地方；山区应选在稍平的缓坡地。山地丘陵地区，不易将羊场建在阴坡或阴湿低洼地域。整体环境应适应绵羊喜干怕湿的生活习性。按照春季风向，人居区设在上风口，粪便处理区、隔离区等污染区设在下风口。

7. 土壤环境　土壤环境主要表现为对饲料原料质量的影响，如土壤中重金属、氟化物、农药残留量等污染物不能超出指标。

（三）羊舍及配套功能区布局

一个羊场无论规模大小，都应该有饲养区、饲草料贮存加工区、生活管理区、兽医室（兼配种室）和粪尿存放处理区。规模大的羊场还应该有专用药浴池、解剖室与焚化炉等。

1. 羊舍　羊舍是羊场的主体部分，羊舍应根据地域特点、地理位置和饲养方式不同进行合理规划。按饲养羊类型可分为种公羊舍、成年母羊舍、育成羊舍、羔羊舍、分娩羊舍和隔离羊舍。羊舍面积按照饲养羊的类型、饲养规模和各类型羊所占面积进行规划设计。规划羊舍类型可分为单列式、双列式和筒式。寒冷地区羊舍设计要充分考虑到保温和冬季防潮措施，炎热地区羊舍设计要考虑到通风避暑。

表 9-2　各类羊的羊舍面积（m²/只）

类型	种公羊	母羊	育成羊	羔羊
细毛羊	4～5	1.5～2	1～1.5	0.5
绒山羊	5～6	1～1.5	0.8～1	0.5
其他品种	3～4	1～1.5	1～1.5	0.5

2. 羊圈（活动场）　羊圈是饲养羊的活动场所，羊圈应连接羊舍，位于羊舍的前方，便于羊直接出入运动，也是为了圈舍规划整齐协调。羊圈的大小是根据羊舍大小决定的，一般情况下，羊圈面积应为羊舍面积的 1.5～3 倍。

3. 生活管理区　包括生活居住区和办公管理区，设在羊场出入口位置，应与饲养区和饲料区有一定距离，出入口位置应设消毒间和车辆消毒池。生活区和管理区可在一区内分设，也可以分区设计。生活区主要是技术和管理人员居住生活的场所。管理区是办公、管理、销售中心。生活管理区应设计在羊场的上风口。

4. 饲草料贮存加工区　包括干草、秸秆存放与加工区、青贮壕（窖）、饲料调制间。从防火角度考虑，干饲料存放与加工区不宜离圈舍和生活管理区太近。干草存放区可与加工区相连，方便饲草搬运和进行加工，也可以单独设立饲料加工调制间。

每只羊应按年需青贮 700～1 000kg 计算贮存量，青贮池按每立方米贮存 400～500kg（一般机械压实），或 600～700kg（覆链式拖拉机压实）来计算设计青贮池的容积。青贮池有地上式、地下式、半地下式等，一般以半地下式为主。青贮池建设应排水通畅，池内不积水，避开外来污水污染。

5. 粪便存贮及处理区　粪尿存贮区要设在羊场的下风口，并有防止粪液渗漏、溢流措施。粪便存贮区面积根据养殖的数量确定，一只成年羊一年可产粪 600kg 左右，由此可设计出存贮区的面积。处理区应根据处理的方法进行设计。

6. 药浴池　药浴池是预防治疗羊体外寄生虫的设施。药浴池一般设在距羊舍不远，便于驱赶羊群、取水方便而又不污染周边环境的地方。

7. 兽医室或配种室　兽医室是兽医技术人员办公和药品疫苗存放的地方。配种室是进行人工输精的场所。

8. 剪毛抓绒打包库房　大型羊场应单独规划剪毛或抓绒打包库房，配有三相动力电。剪毛房一般与羊舍相邻，便于组织羊群，也可以独立设在某一区域，独立设置则在室外设立羊圈，用于围圈羊只。

9. 隔离舍　用于隔离饲养病羊或疑似病羊，隔离舍也应设置在羊场的下风处。

10. 解剖室与焚化炉　解剖室与焚化炉应设在与生产区分开的隔离区。解剖室是专门对病死羊进行尸体解剖、查检病变、探察器官、分析病理病因的专用场所。必须严格封闭、隔离，外人不得入内。剖检的尸体不得外运、外移，更不能食用。病羊尸体根据死亡原因，按照《无公害食品　肉羊饲养兽医防疫准则》（NY5149—2002）和《病害动物和病害动物产品生物安全处理规程》（GB16548—2006）规定，作出相应处理。因此，焚化炉要靠近解剖室，处于羊场下风处的隔离区。

二、羊舍建筑

（一）羊舍建筑的基本原则

羊舍建筑应遵循实用性和因地制宜的原则，在建筑材料方面尽可能做到就地取材。羊舍类型可根据地域不同而形式多样，北方寒冷地区羊舍建筑多为封闭式或半封闭式，气候温暖或炎热地区羊舍建筑多为敞开式，利于通风降温。

（二）羊舍结构与建筑

羊舍的构造按内部结构可以分为单列式、双列式和筒式，按屋顶类型可分为平顶式、斜坡式、屋脊式和弧形屋顶式，还可按墙体类型分为封闭式、半封闭式和敞开式。建筑什么样式的羊舍，可以根据地域气候特点、羊场规模、饲养方式、品种类型以及养殖方向确定。

1. 地面　羊舍地面是羊舍建筑中重要组成部分，对羊只的健康有直接的影响。

（1）土质地面　土质地面造价低廉，尿液易渗透而不光滑，保温性也比较好，适于北方寒冷地区。建筑羊舍时，可以使用当地土质直接平整略压实即可，也可混入石灰增强土的硬度和黏固性，或者用三合土（石灰：碎石：黏土＝1：2：4）做地面。

（2）砖铺地面　砖铺地面适于各地区羊舍，造价处于中等水平，便于清扫和消毒。因砖的空隙较多，有利于尿液渗透和降低导热性能，能够减少绒毛污染，在寒冷地区也具有一定的保温性能。砖铺地面分立铺和平铺两种，一般羊舍平铺即可。

（3）漏缝式地板　适于南方潮湿条件下的羊舍和高标准的试验羊舍，这类羊舍主要是为了防潮。地板材料以木质最佳，也可以用竹子材料制作，新型的塑料漏缝式地板造价比较低。地板条宽度为2～3cm，缝隙间1.2～1.5cm。集约化饲养的羊舍可建造漏缝地板，用厚3.8cm、宽6～8cm的水泥条筑成，间距为1.5～2.0cm。一般情况下，漏缝地板羊舍需配有自动饮水和粪便清理设施。

（4）水泥地面　一般情况下，羊舍不建水泥地面，主要缺点是造价高，不透水、易泥泞湿滑而污染绒毛。水泥地面太硬、导热性强、保温性能差，也是缺点。有的羊舍是由猪舍或鸡舍改建，可将其水泥地面的表面做成斜坡型麻面，并需要及时清扫消毒。

2. 羊床　羊床是指全年舍饲圈养条件下羊躺卧和休息的地方，南方舍饲养羊采用羊床比较普遍，羊床的构造就是漏缝式地板，可用木条或竹片制作，缝隙宽度在小于羊蹄的宽度的同时易于粪便落入地面。羊床大小可根据圈舍面积和羊的数量而定。羊床高度应有利于添加饲料和抓羊或保定。

3. 墙体　对于北方寒冷地区的羊舍来讲，墙体对畜舍的保温隔热起着重要作用；对于南方的羊舍来讲，墙体主要在于支撑顶棚和围圈羊的作用，在建筑形式上要保证通风。墙体一般多采用砖、石等材料建造。保温型墙体的厚度一般为37cm，即三七墙，为了增强保温性能和牢固性，墙体内侧用白灰砂浆抹平，墙体外侧用水泥砂浆抹平。为了增加美观性以及延长墙体寿命，外侧还可以涂防水涂料。有的为了追求豪华性，墙体外侧还贴瓷砖，着实没有必要。如果把更多的资金用于改善饲养方面（如饲料加工设施、草地改良等）更加合理一些。

4. 屋顶和天棚　屋顶应具备防雨和保温隔热功能，斜坡式和屋脊式羊舍的挡雨层可用陶瓦、石棉瓦、铁瓦等材料建造，平顶式和弧形屋顶羊舍的挡雨层可用水泥和油毡建造。寒冷地区的羊舍，在挡雨层的下面，应铺设保温隔热材料。平顶式羊舍可用珍珠岩做防寒层，屋脊式羊舍可在人字架的下方（即前后墙的平行高度）制作天棚做防寒层，常用的有泡沫板和聚氨酯等保温材料。在挡雨层的下面直接用苇子板也能够起到较好的防寒效果。

近年来建筑材料科学发展很快，许多新型建筑材料如金属板、钢构件和隔热材料等，已经广泛用于各类畜舍建筑中。用这些材料建造的畜舍，不仅外形美观，性能好，而且造价也不比传统的砖瓦结构建筑高多少，大型集约化羊场的羊舍建筑可采用新型建筑材料。

5. 窗户　单列式封闭羊舍一般都建成坐北朝南的朝向，在南北两侧设置窗户，南侧窗户大些，有利于采光；北侧窗户小些，有利于保温。半封闭式羊舍一般也是坐北朝南的朝向，只在北侧设置窗户，主要是为了夏季通风。双列式羊舍的窗户更应设置大些，提高采光性能。当前制作窗户材料多为塑钢玻璃或铝合金玻璃，比木框玻璃采光性能好。简易半封闭羊舍窗户多为木框结构，冬季堵死或钉塑料布。

6. 门　羊舍的门分为饲养人员出入的门和羊出入的门。饲养人员出入的门可建成住宅的标准门，即高180cm、宽80cm。羊出入的门根据饲养品种和群体数量而定，饲养繁殖母羊的羊舍门应建宽些，还有考虑到清理运输粪便需要，一般情况下，宽120～150cm，高120～150cm。饲养人员的出入门一般为塑钢或铁质，羊出入的门一般用木质材料，如果宽度超过120cm尽量采用对折门。

7. 活动（运动）场　活动场是让羊自由活动的场所，单列式羊舍应为坐北朝南排列，活动场连接羊舍，所以运动场应设在羊舍的南面；双列式羊舍应南北向排列，运动场设在羊舍的东西两侧，以利于采光。活动场的面积应是羊舍面积的2～4倍。活动场地面应略低于羊舍地面，并向外稍有倾斜，便于排水和保持干燥。

8. 围栏　羊舍内和运动场四周均设有围栏，其功能是将不同大小、不同性别和不同类型的羊相互隔离开，并限制在一定的活动范围之内，以利于提高生产效率和便于科学管理。根据饲养品种不同，饲养细毛羊围栏高度1.0～1.2m，饲养绒山羊围栏高度1.2～1.5m。建造围栏的材料可以用砖、木头、钢筋铁管等。饲养公羊和绒山羊的围栏应更加牢固，要充分考虑到其顽皮性、好斗性和运动撞击力。

9. 食槽和水槽　食槽和水槽可以建成固定式和活动式，根据地域气候特点选择建在舍内和舍外。食槽可用木材、铁皮和砖与水泥等材料建造，无论建在舍内外，在制作样式上需要考虑到防止羊进入而污染饲料，并便于添加和清扫饲料。食槽深度一般为 15cm，不宜太深，底部最好做成圆弧形，有利于采食。水槽可用铁皮、砖与水泥、成品陶瓷水池或其他材料制作，水槽底部应有放水孔。南方舍饲饲养方式可建成自动饮水系统，饮水嘴离羊床高度 30~40cm。

10. 隔离栅　隔离栅是在分娩、剪毛、抓绒、防疫注射等情况下，起到隔离羊群、便于操作的作用。隔离栅大小一般为高 80~120cm、长 130~150cm。制作材料多采用周边铁管、内焊接钢筋，也可以用木板或竹条制作。

三、几种常用羊舍类型

（一）单列式屋脊型羊舍

这种类型羊舍基本适于各地和各种饲养方式，由于跨度不大，造价（尤其是屋顶的造价）比较低，温暖和炎热地区适于建成敞开式，冬季寒冷地区则建成封闭式。一般情况下跨度为 5~6m，顶棚下檐高度 1.8~2.0m，长度可根据地理位置和饲养规模确定，一般为20~50m。多建成东西走向、坐北朝南，舍内南侧围成饲养圈，宽 3.5~4m，围栏一般用铁管制作，并在围栏下面修建食槽，食槽位于饲养圈的外侧，能够防止羊进入，便于添加和清除饲料。饲养圈地面北方地区可平铺砖、南方可用漏缝地板。舍内北侧为上料通道，建水泥地面，宽 1.0~1.5m。舍南侧围成活动圈，与羊舍之间设出入门，饲养人员出入门设在舍的一侧。

（二）单列式斜坡型或平顶型羊舍

这种类型羊舍适于东北和西北春秋风力比较大的地区，屋顶和顶棚一体化，防雨层下面直接铺垫防寒层，多用苇子做防寒，包括编制的苇帘和苇子板，也可以用其他植物（如高粱秆等）。如果用防寒型铁瓦做屋顶则需使用角钢或槽钢作支撑架。其他结构如同单列式屋脊型羊舍。

（三）双列式屋脊型羊舍

这种类型羊舍适于大型规模化羊场，羊舍走向可根据当地气候条件，建成南北走向、西南东北走向或东西走向。羊舍建筑走向总体考虑，冬季寒冷地区以提高采光性能和利于避风防寒为主，南方炎热潮湿地区以通风避暑为主。

羊舍跨度为 12~16m，长度一般为 40~50m。羊舍中间为管理通道，通道宽 1.2m，水泥地面，通道两侧为围栏，围栏下面建食槽，围栏内为饲养圈，饲养圈为砖铺地面，与舍外活动场有门连接。

羊舍墙体采用砖石结构、水泥砂浆，窗户要尽量大些，门选用钢铁材料定制。屋顶一般用钢结构材料，挡雨层使用铁瓦，冬季寒冷地区使用保温铁瓦。

（四）养殖小区类型羊舍

这种羊舍主要适用于全年舍饲圈养养羊小区，特点是家庭生活区、饲养管理功能区和饲养生产区相连接，因此规划设计非常关键。大多采用中间为道路，两侧为羊舍，羊舍建筑与家庭用房和饲养管理功能区连接，羊舍及其他建筑结构要有一致性，根据设计饲养规模、饲养品种不同确定羊舍建筑面积。主干道路建成南北走向，分支道路建成东西走向，顺分支道路建设羊舍和生活管理区。北方寒冷地区可将生活管理区建在南侧，羊舍建在北侧，中间连接羊舍的部分为羊活动场，连接生活管理区的部分为饲料贮存、加工调制区域，几部分区域连成一体。非寒冷地区可建成羊舍在南侧、生活管理区在北侧，中间为活动场。

根据地理位置，养殖小区可设若干栋羊舍，羊舍每栋设 3～5 个独立单元，每个单元即为一户。羊舍和生活管理用房可选择单列式斜坡或屋脊类型，也可将羊舍建成单列式斜坡型，而生活管理用房建成单列式或双列式屋脊型。

（五）冬季扣暖棚（塑料大棚）型羊舍

这种羊舍适于北方寒冷地区小规模养羊户使用，饲养方式为放牧饲养或半放牧饲养均可。主要特点是前墙距离棚顶间隔 2～3m，冬季寒冷时期用塑料薄膜连接成为封闭式羊舍，白天可利用大面积的塑料薄膜采光增加舍内温度，夜间依靠羊自身散热维持舍内温度；非寒冷季节则打开塑料薄膜成为敞开式圈舍。羊舍以坐北朝南为最佳，其次为坐西朝东，采用平顶或斜坡式屋顶。羊舍跨度屋顶为 4～6m、羊舍＋内走廊地面为 6～8m，长度可根据饲养数量确定，一般为 6～10m。屋顶高度 180～220cm，前墙高度 100～120cm，后墙根据羊舍长度建 2～3 个窗户，寒冷季节封闭，非寒冷季节打开。在屋顶最高点建通风孔 2～3 个，每个通风孔 2～6m²。在前墙中间位置设出入门，门高度与墙等同，宽度 1.2～1.5m，特别寒冷时期晚上在门的外侧使用门帘保暖。

（六）接羔舍（分娩舍）

产冬羔地区和大型集约化羊场应设接羔舍，产冬羔的寒冷地区应单独设立接羔舍，接羔面积根据饲养繁殖母羊数量确定，要求具有较好的保温性能，必要时采取人为供暖措施。非寒冷地区可以在母羊舍的一侧设临时接羔舍。接羔舍用隔离栅分成各自独立的分娩栏，单独饲槽。

（七）羔羊补饲间

一般情况下，在羔羊生后 2 周左右开始给羔羊补饲，在适当位置设立羔羊补饲间，舍饲饲养情况下，羔羊补饲间与母羊饲养圈相连接，中间用隔离栅分开，隔离栅的立柱间隔 15～20cm，能够足以挡住母羊进入，而使羔羊能够自由出入为限。放牧饲养情况下，一般羔羊在哺乳期间不出牧，单独组群管理，羔羊补饲间则可设在单独圈舍。应该注意的是，由于羔羊吃料时相互争抢，容易横占料槽，所以，羔羊补饲槽，要有防止羔羊进入装置，对面饲喂的料槽可以在槽的上面横一根木杆或铁管，单向饲喂的料槽可以设在隔离栅的外侧，隔离栅立柱空隙为 8～10cm，足以满足羔羊头部进入为限。

四、绒山羊舍饲温棚

"圈养"首先需要解决的就是舍饲羊的温棚。这种温棚根据我国北方自然气候特点及羊的生长发育和生产性能需要，人工创造一种小气候环境来抵御自然恶劣气候，并提高羊的生产能力。

结构呈单列半拱形，背风向阳，坐北朝南，偏西或偏东 15° 以内，墙以黏土砖砌筑，后墙高 2.0m，中梁高 2.5m，前墙高 1.2m，其特征是：顶棚棚宽 6～8m，长可根据实际需要确定。分为软棚顶和硬棚顶两部分，软棚顶跨度 2～3m，硬棚顶跨度 4～5m，硬棚顶部的椽子上依次铺一层席子、一层草和用泥做成 5～8cm 厚的顶，软棚顶为拱形钢管上覆棚膜，拱形钢管的下端插入固定在前墙上的钢管座内；上端插入硬棚顶前缘钢管座内，温棚的前后墙每间隔 1～2m 装一根进气弯管，左右山墙各装 2～4 根进气弯管，进气弯管外口距墙基 5～10cm，在棚顶最高部中线每间隔 3～4 m 装一根排气弯管，左右山墙最高部位各装 2～4 根排气弯管，每两根排气弯管间距 30～50cm。

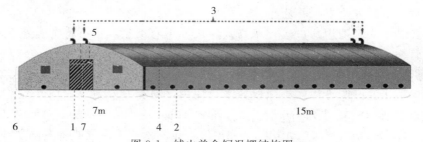

图 9-1　绒山羊舍饲温棚结构图

1. 门　2. 进气孔　3. 排气孔　4. 弓形钢管　5. 窗　6. 墙　7. 山墙

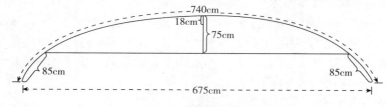

图 9-2　羊舍顶部构造示意图

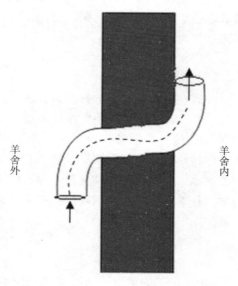

图 9-3　进气口设置示意图

在夏季，可以将棚顶塑料薄膜换成遮阳网，有利于炎热的夏天羊在其内避暑。把遮阳网层数加厚，使棚内变黑暗，加厚的遮阳网具有透风不透光的功效，成为暖季羊限制日照增绒专用棚。开通进、排气弯管后，棚内温度和湿度白天分别比外界地表温度降低 6～8℃，湿度增加 15%～25%。在冷季，堵住进、排气弯管，将软棚遮阳网换成塑料薄膜，棚内采光蓄热。在棚内饲喂羊和接羔保育，可防寒、防雪、防沙尘暴，抵御恶劣气候环境。冬季棚内平均气温比外界高 10～18℃，增加湿度 20%～30%。

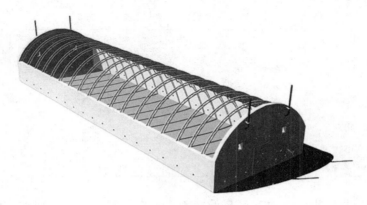

图 9-4　绒山羊舍饲温棚整体构架

　　舍饲羊的软顶温棚消除了传统羊棚对羊体的各种不良影响，可根据需要控制进、排气量来调节棚内的温度、湿度，冷季采光蓄热保温，夏天遮阳避暑。还可用于人工限制日照，促进山羊增绒。

　　棚的大小根据养羊的规模而定，面积按每只羊 $1m^2$ 设计为宜。温棚要经常清扫，保持棚舍干爽，用生石灰或草木灰水每周进行一次消毒。羊出棚前 15min 要打开铁窗通风，达到棚内外温度相接近并使羊适应光的刺激。

第二节　养殖主要设备

一、饲料加工调制设备

（一）粗饲料加工设备

1. 粗饲料粉碎机　粗饲料粉碎机是用于粉碎秸秆及干草的设备，常用的是锤片式粉碎机，分为切向喂料和轴向喂料类型，其中轴向喂料的切刀要经常磨锐。锤片式粉碎机具有结构简单、通用性广、适用性强和生产率高等优点，适于羊场粉碎秸秆。购买此种粉碎机时，可以根据羊群规模选用不同功率，小型的功率为 3.5～7.5kW，中型的 7.5～17kW，大型的 17～22kW。值得注意的是，粉碎机筛底孔眼应足够大，否则将秸秆等粗饲料粉碎得过细对羊的消化不利，也降低粉碎效率。

　　9CJ－500 型饲草粉碎机是最早研制成功的专用饲草粉碎机，设有定刀片，有利于饲料粉碎，还设有筛片，能够控制最大粒度。

　　（1）技术参数与性能指标　见表 9-3。

表 9-3　主要饲草粉碎机主要技术参数与性能指标

型　　号	93F-40	9FQ-50C	9CJ-500	9CJ-750
配套动力（kW）	5.5～7.5	15～18.5	18.5	30
主轴转数（r/min）	3 900	3 440	2 700	2 940
转子直径（mm）	400	500	600	600
粉碎室宽度（mm）	358	358	340	500

（续）

型　　号	93F-40	9FQ-50C	9CJ-500	9CJ-750
锤片数量（组×个）	3×12	4×6	4×6	4×9
筛片包角（°）	180	180	180	170
筛孔直径（mm）	2，3，6，10	2，3，6，10	3，6，10	3，5，10
锤筛间隙（mm）	12±2	12±2	12～16	14～18
风机	无	有	有	有
质量（kg）	1 751	500	600	750
生产率（kg/h）（玉米秸秆直径3～10mm）	150～300	440～1 000	500～1 100	750～1 500

（2）结构与工作原理　饲草粉碎机的结构主要由进料斗、上机体、下机体、转子、筛片、齿板、风机（下排料无风机）、风管、沙克龙、底座、皮带轮、轴承、电机或拖拉机等组成。机械式喂料机构由电机、减速器、喂入辊、链轮和链条等组成。

其工作原理是由人工或机械喂入机构将饲草从进料口均匀、适量地喂入粉碎室内，在高速旋转的锤片打击下与齿板筛片或定刀发生剧烈的剪切、摩擦和揉搓而粉碎，粉碎的饲草在离心力和负压的作用下通过筛孔落到粉碎室下腔，由吸料管吸入风机排出，或者经风管送至沙克龙进行料气分离，粉碎料从下腔直接排出。

粉碎机主要部件要求：

①锤片　锤片是粉碎机的主要工作部件，也是易损件。常用锤片有矩形板条状锤片，制造简单，可轮换4个角来工作；阶梯形锤片，锤片边角堆焊耐磨合金（如炭化钨）以延长寿命，它工作棱角多，有较好的粉碎效果，排列形式常采用交错平衡排列。

②齿板　齿板的功能是增加粉碎效果，一般由白口铸铁制成，表面有三角形齿，齿高7～10mm。

③筛片　主要用圆孔筛，粉碎秸秆的孔径一般在3～10mm，按照形式多为底筛，环筛和侧筛比较少见。

（3）操作与维修保养

①机器正确安装后，工作前应做以下项目检查：

a. 用电机作动力时，所用电器元件不得漏电，确保安全。

b. 机器各部位的螺栓均应拧紧牢固。

c. 用手拖拉皮带，检查主轴转动是否灵活，皮带紧张程度是否合适。

d. 开启电机，检查转子的转向是否与标识箭头所指方向一致。

e. 检查待粉碎的草料，严禁铁丝、石头等杂物喂入粉碎室，造成零部件损坏。有定刀的机型，更应严格防止铁丝和石头进入。

②工作时，机器应先空负荷启动，待转数达到正常后，开始喂料。

③喂料应均匀喂入，不得用手或者使用铁棍、木棒强行喂料。

④操作人员应扎紧袖口，戴工作帽。操作时站在机器两侧，勿站在入料口前方，防止硬物飞出伤人。

⑤应按照说明定期向轴承内加注润滑油，防止轴承温度过高（不得超过65℃），如果温度过热或者机器有异常声响，应立即停机检查。

⑥物料加工完毕后，不要立即停机，应继续运转1～2min，以便清除机内物料。

⑦锤片工作一定时间会有磨损，应换边或调头。当锤片严重磨损后，围栏保证转子的平衡，应将锤片全部换掉，更换时要求对每组锤片称重，对角线上两组锤片的重量之和差别不得大于5g。

⑧检修机器、更换锤片、更换筛片等操作前，必须切断电源，保证安全。

2. 揉碎机　揉碎机（又称揉搓机）的功能介于铡草机和粉碎机之间，加工的产品既像铡草机铡切的草段一样保留了纤维的一定长度，又像粉碎机粉碎饲草一样使草段秸秆破碎撕开。经揉碎的秸秆为柔软、蓬松的丝状段，具有适宜的长度和粗细度，绝大部分长度为5～20mm，粗细度为2～6mm，因而对于直接饲喂羊或者进行干燥、粉碎、制粒、压块、生物处理等后续加工极为有利。由于揉碎机兼顾了铡草机和粉碎机的优点，其加工粗饲料产品的效果优于铡草机，生产效率又高于粉碎机，因此成为十分理想的粗饲料加工设备。为此，各种型号的揉碎机应运而生，但其各种原料都类似于无筛锤片式粉碎机。

（1）对揉碎机的要求

①通用性大，能够加工各种秸秆和牧草。

②在物料温湿度差别较大时，仍能正常进行揉碎加工。

③揉碎程度能够调整，产品的长度和粗细度要均匀，超长草段和过细粉末要少。

④工作部件要耐磨，使用维修方便。

（2）主要性能和技术指标　见表9-4。

表9-4　揉碎机主要性能和技术指标

型　号	93RS-40	9RF-40
配套动力（kW）	7.5	7.5
主轴转数（r/min）	2 750	3 100
锤片末端线速度（m/s）	57.5	65
转子直径（mm）	400	400
粉碎室宽度（mm）	700	216
锤片数量（组×个）	3×12	4×6
锤齿间隙（mm）	20～40	14～22
生产率（kg/h）（玉米秸秆直径3～10mm）	700～1 300	1 000

（二）精饲料加工设备

1. 工艺流程　羊的精饲料加工工艺同鸡猪饲料基本相同，不论生产规模大小，精饲料的生产工艺流程大同小异。生产规模大的，设备比较完善；生产规模小的，受资金限制，设备可以尽量简化。即使是简单的设备，也是成套的机组，而且即使小型的加工机组，其生产能力也是相当可观的。

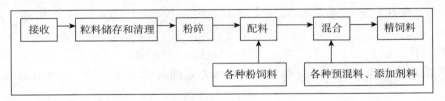

图9-5　精饲料的基本生产工艺流程示意图

2. 工艺过程

（1）接收清理工序　这是饲料生产的第一道工序，它包括原料接收到原料进入待粉碎仓或配料仓前的所有操作单元。该工序的作用是通过除杂来保证供应适合下一道工序（粉碎或配料）要求的原料。饲料厂通常有两条接收清理生产线：粒料线和粉料线。粒料线接收清理需要粉碎的原料（如谷物原料、饼粕原料）；粉料线接收清理不需要粉碎的原料（如麦麸、米糠等）。每条生产线都有接收装置（如卸料坑、平台）、输送设备、初清筛、磁选装置。

（2）粉碎（或压扁）工序　粉碎工序是保证精饲料质量和生产能力的重要环节，同时也是能耗最大的工序。喂羊的精饲料粒度不易太小，如果将谷物（如玉米）压扁则饲喂效果更好。

（3）配料工序　配料工序的核心设备是配料秤，各配料仓中的原料，由每个配料仓下的配料器向配料秤供料，并由配料秤对每种原料进行称重。每种原料的配料量是由配料秤的控制系统根据配方进行控制的。配料完毕，配料秤斗卸料门开启，将该批物料卸入混料机，物料卸空后，配料门关闭，配料秤即可进行下一批物料的称重配料。配料工序工作质量的好坏直接影响产品的配料精度，因此，配料是整个饲料市场过程的核心。

（4）混合工序　混合工序的作用是将配料秤配好的一批物料中的各种原料组分及人工添加的各种微量组合混合均匀，达到所要求的混合均匀度。混合工序的生产能力是饲料加工流程生产能力的标志，饲料厂的生产能力是以混合工序的生产能力来衡量的。混合工序的关键设备是混合机，混合机质量与饲料产品质量密切相关，最终影响饲养效果。混合机卸出的物料即是精饲料成品，可以直接包装或运抵饲料储存间。

（三）牧草收获与加工设备

1. 牧草收获机械

（1）拖拉机　拖拉机是所有牧草收获机械的牵引动力，为了减少对草地的损害，常用胶轮拖拉机，并根据草场规模选用不同马力，中等规模草场应选用 22 马力* 以上型号。

（2）割草机　割草机分为普通割草机和苜蓿专用割草机，普通割草机一般为圆盘式割草机，小马力拖拉机即可牵引并传送动力。苜蓿草专用割草机可分为往复式割草压扁机和圆盘式割草压扁机，主要功能是对牧草进行切割与压扁，并在地面上形成一定形状和厚度的草铺。

（3）牧草翻晒搂草机　牧草割完后，为了能尽快降低水分，达到打捆条件，需要用翻晒机对牧草进行翻晒，翻晒机可使牧草比较均匀地摊开，有利于水分快速蒸发。翻晒机一般都具有将草搂成条状的功能，以备打捆作业。搂草机工作时，使用弹齿将作物轻轻地移动集拢或摊晒，避免作物中混有杂物或石子等，这样有助于改善牧草或青饲料的质量。该系列主要机型有 MGR2500，集搂草、摊晒、反转三种功能于一身，特有的凸轮结构和自由转动轮，简单进行搂草、摊晒作业切换，可以自动完成对牧草的摊晒和翻晒，最后搂成条状。搂草作业宽幅 2.5m，摊开作业宽幅 1.6m，作业效率 0.67～1.33hm^2/h，配套动力 25～50 马力拖拉机。

（4）打捆机　牧草晒干后需要及时打捆，以便以后加工成草粉、草颗粒等。方捆机对搂成条状的苜蓿草进行连续捡拾、打捆作业，打成方草捆，由于草捆较小，可在牧草水分相对

---

*　1 马力＝735.498 75W。

较高时进行打捆作业。该系列主要机型有 THB2060，具有连续平稳打捆的机构，捡拾宽度为 1.27～1.44m，草捆横截面积 0.32～0.42m²，长度在 31～132cm 可调节。每小时打 180～240 捆，配套动力 18～50 马力拖拉机，稳定性好。打捆机分为方捆机和圆捆打捆机。打捆机将牧草包装成规则的形状便于运输并长期保存。打捆机的压实系统，可以使打成的草捆从内到外一样密实。由于机械化程度不高，国内市场主要打成小捆。

2. 青贮收获设备

（1）青贮

①青贮饲料收获机　用于收割青贮玉米或高粱等高秆饲料，根据机型大小，运行中可收割 2～4 行。青贮饲料收获机由拖拉机作输出动力，主要装置由切割器、夹持装置、喂入装置和切碎抛送装置构成。

②饲料切碎机　饲料切碎机主要用于切碎秸秆类饲料，如谷草、稻草、各种干草、各种青饲料和青贮饲料。切碎机按机型大小可分为小型、中型和大型三种。小型饲料切碎机常称铡草机，农村应用很广，主要用来切碎谷草和麦秸，也可以用来切碎青饲料和青贮。大型饲料切碎机主要用于制作青贮，将制作青贮用的玉米秸秆等收割运到青贮窖（壕）旁边，使用切碎机切碎入窖。

（2）袋装青贮设施　袋装青贮是一种简易青贮设施，优点是可以免去青贮建筑的投资，青贮工作所用的设备也更为简单。袋装青贮按装入的物料形状分为切碎后装袋青贮和打捆后装袋青贮。切碎后装袋青贮主要有袋重小于 100kg 的小型袋装青贮和袋重 100t 的大型袋装青贮。

①小型袋装青贮　小型袋装青贮设施，主要有螺旋式和液压活塞式装填设备。在这里我们主要介绍螺旋式袋装青贮饲料装填机。其工作过程如下：青贮饲料由喂入输送链送入，由上下喂入辊压紧并卷入，由滚刀式切碎器切碎，并被抛送到接料室，在接料室空气与饲料分离，经过螺旋推运器送至压缩室。压缩室是一个渐缩的通道，塑料袋即套在其上，青饲料受螺旋推运器推送经过压缩室时受到压缩，并被推入塑料袋中，装满塑料袋后切离螺旋推运器，由人工卸下袋并扎口，同时将新的空袋套在压缩室上，再接合螺旋推运器继续装袋。该机配套的塑料袋尺寸（折径×长度×厚度）为 650mm×1 300mm×0.14mm，抗拉强度：纵向为 162.9kg/m²，横向为 155.4kg/m²。该设备压缩室长度为 500mm，锥角 1.83°，螺旋推运器转速 70r/min。青贮含水率为 60% 的苜蓿，容重为 404kg/m³，每袋重 44kg；青贮含水率为 78% 的玉米，容重为 592kg/m³，每袋重 68kg。全机功率消耗 6.52kW，班次生产率 10.8t。

②大型袋装青贮　大型袋装青贮通过饲草切碎机把物料切碎，由高压灌装机装入塑料拉伸膜制成的青贮袋里进行密封保存。一只青贮袋（长 30.5m，直径 2.1m）可灌装 100t 青贮物料。这种技术更多地保留了原料营养，并且不受季节、日晒、降雨和地下水位的影响，可在露天堆放，青贮饲料保存期长。袋装青贮的特点是密度高于窖贮（由 0.5t/m³ 提高到 0.65t/m³）、均匀性和密封性好。从制作成本来看，袋式青贮也要优于窖式青贮。

③打捆后装袋青贮　打捆后装袋青贮是和圆捆机或大方捆机结合起来，在草条内牧草干燥到含水率 30%～40%，用圆捆机捡拾打捆，圆捆的直径和宽度皆为 1.2m 左右，草捆容重 300～344kg/m³，每捆约 500kg，然后将单个圆捆装在塑料袋内扎口，或将圆草捆堆成一小堆（约一周的喂饲量）后，仔细地用两层塑料薄膜覆盖小堆。在欧洲还设计和生产专做袋装

青贮的大方捆压捆机，牧草含水率为 40％ 的草捆尺寸为 0.7m×1.2m×1.6m，容重 400kg/m³，草捆重 520～550kg。当季节青贮量为 3 000t 时，这种专用做袋装青贮的大方捆压捆机才能运行。

（3）包膜青贮设施　用塑料薄膜对圆草捆进行包膜，是继塑料袋装青贮后的又一项青贮新技术。圆草捆的包膜比袋装价廉，且包缠后的圆草捆发酵质量比袋装好，包膜所用的材料为宽 500mm、厚 0.025mm 的塑料薄膜。包膜机有固有式和行走式两种。包膜机有两条动力驱动的皮带，两条皮带装在一个水平转盘上，一侧有绕有塑料薄膜的垂直轴。工作时，用装载机将圆草捆放置在两条皮带上，将垂直轴上塑料薄膜一端缚在圆捆一端的靠中心处，利用液压驱动转盘做水平回转，此时圆草捆随转盘在水平面上回转，又随着被驱动的皮带在垂直面上回转，使薄膜类似于绷带包缠在圆草捆上。当圆草捆完全被塑料薄膜所覆盖时，切断薄膜，扎紧顶端，将草捆放回原处。包缠的薄膜重叠度可以调整。作为薄膜材料的塑料薄膜，要求纵向和横向具有一定的拉深强度。耐寒温度为 −27℃。草捆尺寸（宽×直径）一般为（900～1 200）mm×（1 200～1 700）mm。草捆重量 700～900kg。

二、饲养管理设施

（一）常规饲养设备

1. 称重设备　称重设备是羊场必备的设备，大致有两种，一种是用于秤饲料重量的，一种是用于秤羊体重的。秤饲料的设备包括大型的衡器和小型的衡器，大型的衡器用来秤车载饲料，包括秤干草、青贮等；小型的衡器用于秤羊的日粮。秤羊体重的衡器包括秤羔羊出生重的和秤成年羊体重的，其中称成年羊体重的衡器需要有配套的称重框。称重框一般用钢管等制作，并设有进出门，进出门应开关顺畅。

2. 喂饲设施

（1）料槽　料槽是喂饲羊的必备设施，可以是固定的，也可以是能够移动的。固定式料槽一般由砖、沙子和水泥制作。移动式料槽可以用木板、铁板或其他材料制作。料槽还分为成年羊料槽和羔羊补饲料槽。

（2）草架　草架的样式应上口宽、下口窄，大致可以分为圆形和长条形两种，一般用钢筋制作。草架供羊采食的钢筋之间的距离一般为 6～8cm，如果过宽的话，羊采食过程中会增加掉草量而浪费草。

（3）上料车和清粪车　大型羊场可以用小型拖拉机上料，一般规模羊场用手推车上料即可。值得注意的是，上料车绝对不能和清粪车通用。

（4）喷雾器　用于地面消毒。新型喷雾器一般为拖拉式，小型羊场使用背负式喷雾器即可。

（二）剪毛打包分级整理设备

1. 电动剪毛机　剪毛机主要用于细毛羊和半细毛羊标准化机械剪毛。剪毛机由电机、传动轴、剪头以及磨刀片等几部分组成，我国生产剪毛设备企业只有两家，一家是新疆剪毛设备厂，另一家是上海北元剪毛工具有限公司。两家生产剪毛机均有剪毛和磨刀一体化的电机，电源为 220V，同时也生产专用的磨刀机。剪毛机按传动方式分为两种，一种是软式传动，一种是硬式传动。

2. 打包机　打包机用于分级羊毛羊绒的标准化包装，有电动液压式打包机和手动打包机。液压打包机需要有三相动力电，中小型的至少可以打 100kg 的毛包，大型的可以打 200kg 毛包。手动打包机价格比较低，重量也比较轻，适于牧区作业，一般也可以打 100kg 左右的毛包。

3. 分级台　分级台是剪毛时进行毛套分级整理的设施，一般用角铁作支架，高度 80～120cm，上面用 10 号或 12 号钢筋焊接成炉箅子形状，长×宽＝180cm×120cm，钢筋之间的缝隙为 1.5～2.0cm。

（三）环境控制设施

1. 羊舍降温设施　南方养羊都是建筑通风性好的羊舍，但夏季炎热季节，羊舍内温度还是会很高。为了炎热季节给羊舍降温，除了要采取遮阳措施外，还需要在羊舍内安装风扇设施，以达到更好的降温效果。风扇一般安装在羊舍的两端，在羊舍两端的上方各安装一个风扇。风扇的生产厂家很多，可以选择噪声较小的交流电源风扇。

2. 供暖设施　北方养羊产冬羔地区接羔舍应有供暖设施，根据饲养规模可采取锅炉供暖、水套炉供暖以及烧炉子直接取暖，如果采取烧炉子直接取暖则必须注意做好防火措施，其他供暖方式则需要防止冻坏暖气装置。

3. 粪便处理设施　粪便处理包括清理、堆积发酵、晾晒、粉碎、调制几个过程。标准化羊场应建有粪便晾晒处理棚或堆积发酵场。其中粪便堆积发酵场应有永久性围墙，防治粪便液体外泄而污染周围环境。

第三节　羊场生态环境控制

一、羊场环境

羊场环境是存在于羊场周围的可直接或间接影响羊的自然与社会因素之总体。而每一个因素我们又称做环境因素。所谓直接影响，是指气温、气湿等可直接作用于畜体。而土壤中的重金属元素可能通过饲料或饮水而危害畜体，成为间接环境因素。

近十几年来，关于家畜环境和畜舍环境控制的研究进展较快。一些畜牧生产发达的国家在生产中已广泛采用所谓的"环境控制舍"，这就为最大限度地节约饲料能量、有效发挥家畜的生产力、均衡获取优质低值产品创造了条件，并已成为畜牧生产现代化的标志之一。进入 21 世纪以后，大型现代化羊场不断涌现，规模越来越大，随之而来的是产生了大量生产废弃物，如不经处理，不仅会危害家畜本身，并会污染周围环境，甚至形成公害。为解决畜产公害问题就要采取环境保护的措施。

二、羊场环境因素的分类

作用于羊的环境因素，一般可分为物理因素、化学因素、生物因素和社会因素。前三项主要是自然因素，而社会因素多为人为因素。

（一）物理因素

主要有温热、光照、噪声、地形、地势、海拔、土壤、噪声等。

1. 温热环境　是指家畜周围空气中的温暖、炎热与寒冷，它由空气的温度、湿度、气流（风）速度和太阳热辐射等温热因素综合而成，是影响羊健康和生产性能的重要环境因素。其中，空气温度最为重要。

由于受羊舍外围护结构和舍内羊体散热的影响，羊舍内的气温与舍外不仅有较大的差异，而且也有其自身的特点。一般来讲，它随外围护保温隔热性能的高低，而表现出受外界气温和太阳直接辐射影响的不同；它的变化也没有外界那么迅速。舍内空气受羊体散热影响，加热了的空气因密度下降而上升，只要屋顶隔热性能好，舍内气温呈下低上高分布，正好与舍外相反。在正常情况下，天棚附近和地面附近温度之差以不超过3.0℃为宜，或者每升高1m，温差不超过1.0℃。但屋顶保温不良的羊舍，冬季也可能倒置。就水平方向而言，气温是从羊舍中心向四周递降，因为靠近门、窗和墙等散射部位，温度较低。羊舍的跨度越大，这种差异越显著。实际差异的大小，决定于墙和门、窗的保温性能、通风管的位置，以及羊舍内外的温差大小。寒冷季节，要求墙内表面温度与舍内平均温度不超过5℃，墙壁附近的空气温度与畜舍中心相差不超过3℃。

至于开放式和半开放式羊舍，舍内的空气温度与舍外差异不大，并随季节、昼夜和天气的变化而波动。只是冬天可躲避寒风的直接吹袭，夏季可避免强烈的太阳辐射，所以这两种形式的羊舍较适用于冬季不太冷的地区和较耐寒的羊品种。

2. 空气湿度　一般情况下的空气中都含有气态的水——水汽，而表示空气中含有水汽多少的物理量称为"空气湿度"。

在适宜的温度下，气湿对羊的散热几乎没有影响。在高温、高湿的环境中，羊的散热更为困难，加剧了羊的热应激。而在低温时，由于潮湿空气的热导性好，热容量比干燥的空气大，湿空气又善于吸收长波辐射热，甚至由于羊被毛和皮肤吸收了空气中的部分水分而提高了导热性，故而使散热大大提高，增加了家畜的冷感，加剧了冷应激。因此，无论是冷、热条件下，相对湿度较低都有利于缓和家畜的应激，避免造成生产力下降。

然而，空气过分干燥一方面容易引起灰尘，另一方面也会使羊的皮肤和外露黏膜发生干裂，容易引起外伤。

3. 气流和气压　地球大气层中的空气具有重量，因此，地表承受一定的压力，这一压力称为"气压"。因为大气密度从海平面向上逐渐变小，厚度变薄，所以气压随海拔高度增加而以几何级数减小。气压的变化是造成天气变化的原因。在高山、高原地区，随海拔的升高，气压以几何级数下降，则使氧分压也迅速下降，导致肺泡氧分压下降，动脉血内氧饱和度减少。

另外，由于地表各地空气温度不同，使依水平分布的各地气压亦不相同。气温越高，气压越低。高气压地区的空气必然向低气压地区流动，空气的这种水平流动称之为"风"或气流。

4. 温热因素的综合评定　比较不同的温度、湿度或气流速度单一因素对家畜影响的程度，是较易完成的一项工作。但在生产实际中，通常都是在不同气温、气湿和气流多种因素综合作用下的生产环境，则就较为复杂，这就需要进行温热因素综合评定。

温湿指数是气温和气湿两者相结合来评价炎热程度的一个指标。温湿指数在测知干球温度（Td）后，再测知湿球温度（Tw）、露点（Tdp）与相对湿度（RH）中的任何一项，即可按下式计算：

$THI = 0.72 (Td + Tw) + 40.6$ 或

$THI = Td + 0.36Tdp + 41.2$ 或

$$THI=0.81Td+ (0.99Td-14.3) RH+46.3$$

等温指数是用气温、气湿和风速相结合来评定不同状态羊热应激程度的一个指标。该指标以 20℃气温、40%RH 和 0.5m/s 风速作基础舒适环境，在气候室中以大量实验数据求得计算 ETI 值的回归公式为：

$$ETI= 27.88-0.456t+0.010754t^2-0.4905h+0.00088h^2+1.1507v-0.126447v^2+0.019876t×h-0.046313t×v$$

式中，t——气温（℃）；

$\qquad h$——相对湿度（%）；

$\qquad v$——风速（m/s）。

有效温度亦称"实感温度"，是在人类卫生学中根据气温、气湿、气流三个主要温热因素对人综合作用时，人的主观感觉制定出的一个指标。但一些气候生理学家，以空气干球温度和湿球温度对动物热调节（根据直肠温度变化）的相对重要性，分别乘以不同系数所得结果，亦称"有效温度"。此外，在湿度适宜（相对湿度 50%～60%），没有强制对流散热，环境平均辐射温度等于空气温度，在这样条件下的空气温度亦被称为有效温度或标准环境温度，应加以区别。

风冷指数是气温和风速相结合以估计寒冷程度的一种指标。反映天气条件对人类的冷却力，而主要是估计裸体皮肤的对流散热量。

5. 光环境 光是家畜环境中的一个较重要因素，是其生存和生产必不可少的外界条件。家畜的光照主要来自太阳辐射，是一种电磁波。波长越大，增热效果越大。光谱成分随着时间、纬度、海拔等的变化而变化。如短波光随纬度增加而减少，随海拔升高而增加；冬季长波光增多，夏季短波光增多；一天之内中午短波光较多，早晚长波光较多。

光照射到动物机体上时，一部分被反射，另一部分穿入机体组织之内。后者有一部分被机体组织所吸收，只有被机体吸收的部分才能对机体起作用。由于其入射光的能量不同，使机体组织产生不同的反应。即光热作用、光化学反应和光电效应。

在现代畜牧生产中，为了更有效地控制家畜的生产性能和繁殖规律，在无窗舍内安装电灯提供照明；或在有窗舍内安装电灯以便早、晚天黑时补充照明，我们通常称为人工光照。人工光照的光源一般有两种，一种为白炽灯，一种为荧光灯。

光照时间对家畜的影响应该存在两重意义：即一天中应该给予多少时间的明与暗；其二是给予的明与暗时间有无变化和如何变化。一般来说，绵羊、山羊为短日照动物，其发情、排卵、配种、产仔、换毛等都受光周期变化的影响。根据绵羊的性活动对光照时间反应的特点，可设法使其每年有两个繁殖季节。羊毛的生长也有明显的季节性，一般夏季长日照时生长快，冬季短日照时生长慢。另外，红外线还具有消肿镇痛、采暖、色素沉着等作用，而紫外线也具有杀菌、抗佝偻病、促进色素沉着、提高机体的免疫力和抗病力、增强机体代谢等作用。

6. 空气环境 地球表面包围着一层很厚的空气，通常称为"大气"。其厚度约1 000km，并随着海拔高度的升高而逐渐变得稀薄。大量羊生活于羊舍内，其呼吸、排泄物和生产过程中的其他有机物的分解，舍内外空气交换不畅，往往造成舍内外空气组成差异很大。主要表现在：CO_2、水汽等增多；N_2、O_2 减少；并出现许多有毒有害成分。这些有害物质成分复杂，数量也较大，可达到危害家畜的程度，造成慢性中毒，甚至急性中毒，从而影响羊的健康和生产力。

舍内有害气体的气味可刺激人的嗅觉，产生厌恶感，故又称为恶臭或恶臭物质，但恶臭物质除了羊粪尿、垫料和饲料等分解产生的有害气体外，还包括皮脂腺和汗腺的分泌物、羊的体外激素以及黏附在体表的污物等。随着养殖规模的不断扩大和集约化程度的不断提高，畜牧场的恶臭对大气的污染已构成了社会公害，但羊场在这一方面还相对较好。但这些有害物质的存在也会对羊本身造成危害，使其生产力下降，对疾病的易感性提高或直接引起某些疾病。

微粒是指存在于空气中固态和液态杂质的统称。羊舍中的微粒则主要决定于舍内的饲养管理生产过程。微粒根据其成分的不同可分为有机微粒和无机微粒。有机微粒如植物的碎屑、细纤维、花粉、孢子、动物的皮屑、细毛、飞沫等；无机微粒多是土壤粒子被风从地面刮起，或是生产活动引起的。羊场内的空气微粒，常夹带大量的粪末、饲料末及被毛屑、皮屑等，故羊舍空气中的微粒大多属有机微粒。微粒对羊最大的危害是通过呼吸道造成的，可引起尘肺病，表现为淋巴结尘埃沉着、结缔组织纤维性增大、肺泡组织坏死，导致肺功能衰退。微粒落在皮肤上，可与皮脂腺、汗腺分泌物以及细毛、皮屑、微生物混合在一起，对皮肤产生刺激作用，引起发痒、发炎，同时使皮脂腺和汗腺管道堵塞，皮脂分泌受阻，致使皮脂缺乏，皮肤变干燥、龟裂，造成皮肤感染。但汗腺分泌受阻时，皮肤的散热功能下降，热调节机能发生障碍，同时使皮肤感受器反应迟钝。

7. 水环境 水是羊体的重要组成，其一切生理、生化过程都在水中进行，如养分的运输，废物的排泄等。水构成了羊体的内环境；在维持羊体热平衡中，水起着关键作用；水也是影响外环境小气候的重要因素。水质的物理性状包括水的温度、色度、浑浊度、嗅和味等项。水体受到污染后，水的物理性状往往恶化。因此，水质的物理性状可作为水是否被污染的参考指标。

8. 土壤 土壤原是羊生存的重要环境，但随着现代畜牧业向舍饲化方向的发展，其直接影响愈来愈小。而主要是通过饮水和饲料等间接影响羊健康和生产性能。但土质对羊舍建筑有较重要影响。

9. 噪声 随着工农业生产的发展，畜牧业机械化程度的提高和羊舍规模的日益扩大，噪声的来源越来越多，强度愈来愈大，已严重地影响了羊的健康和生产性能，应当引起绒毛用羊工作者的重视。

(二) 化学因素

包括空气中的氧、二氧化碳、有害气体、水和土壤中的化学成分。一般情况下空气中氧和二氧化碳的组成不会有太大的变化，但随海拔的升高，氧气的含量和分压均会迅速减少而危害羊体。在长期通风不良的羊舍，也会引起这两种成分的变化。

羊舍中的有害气体主要分为内源性和外源性两种。内源性主要为粪尿分解产生的氨和硫化氢。而外源性的主要为工业生产排放的氮氧化物、硫化物、氟化物等，有时形成酸雨而危害家畜。

土壤中化学成分是形成许多家畜地方性缺乏症的重要原因，在羊上尤为明显。对缺乏的应补充，对过高的应予以控制。对受有机磷、有机氯、汞等污染土壤上生产的饲料，更应避免使用。

（三）生物学因素

生物学因素是指饲料与牧草的霉变、有毒有害植物、各种内外寄生虫和病原微生物。

（四）社会因素

社会因素应包括羊群群体和人为的管理措施。羊群的大小、来源，都是重要的环境因素。在人为管理上，羊舍圈栏的大小、地面材料和结构、机械设备的运行，都是重要的社会因素。

三、羊场环境质量的评价与监测

（一）羊场环境质量的评价

羊舍环境质量的优劣对羊生产遗传潜力的发挥和健康都有重大影响。它主要受饲养密度、羊舍的建筑管理和周围工农业生产活动影响。

1. 评价的类型

（1）预断评价 在羊场建立之前，根据拟建场的规模和周围工农业生产情况作出对羊和周围人类生活质量的影响估测。

（2）回顾评价 是根据建场地区历史资料，提示该区域环境污染的发展过程。

（3）现状评价 根据羊场近几年的生产状况和检测资料进行评估。可以阐明目前的污染状况和对生产的影响程度，以制定综合治理措施。

2. 评价的内容 主要指对污染源的调查和评价。应包括空气、土壤、水源、饲料和用药五个方面。还应对羊自身排放的有害气体和粪尿堆积产生的污染源作出评价。

3. 环境质量指数 用无量纲指数表示环境质量好坏的方法，包括单因子评价和多因子评价。

（1）单因子评价

$$Ii = Ci/Si$$

式中，Ii——第 i 种污染物的环境质量指数；

Ci——第 i 种污染物的环境浓度；

Si——第 i 种污染物的环境质量标准。

（2）多因子评价是建立在单因子评价基础上的。它可以分为均值型、计权型和几何均值型。

4. 污染源的评价方法 一般采用等标污染指数，即某种污染物的排放量为该种污染物评价的标准的倍数。

（二）羊场的环境卫生监测

1. 环境监测的主要任务 环境监测主要是对大气、水质以及畜产品等进行监测，如发现污染，须进一步追查其污染源及污染原因，对污染源进行定期观察，以掌握污染的变化与趋势。通过对长期连续监测资料的综合分析，并在对污染范围、程度、影响等规律了解的基础上，可进一步为羊场的合理布局提供科学依据。

环境监测包括两个方面：一方面是污染源监测，即对羊场废弃物及畜产品中有害物质的浓度进行定期、定点的测定；另一方面是环境的监测，定期采集羊场水源及周围自然环境中的大气、水质等样品，测定其中有害物质的浓度，以观察了解周围环境污染的情况。这两方面互相联系，对于正确评价环境状况、制定环境保护措施，都是不可缺少的。

2. 环境监测的基本内容 环境监测的内容或项目的确定，取决于监测的目的，这应根据本场已知或预计可能出现的污染物质来决定。因而，监测工作的第一步是确定污染物质的项目及浓度的限制标准。有了卫生标准，则可据此开展一系列的卫生监测工作，这些标准的制定是根据卫生学进行一系列工作后提出的。其卫生学原则，一是无传播传染病的可能，即无病原微生物及寄生虫卵等；二是从各项成分上看，不会引起中毒病症；三是要求无特殊臭味，感官性状良好，并尽可能不受有机物的污染。

就羊场来讲，空气环境监测的内容，仍以氨、硫化氢及二氧化碳为主，如为无羊舍或饲料间，尚需测灰尘、噪声等。水质监测项目，包括水的各项理化指标，尚有一些有毒物质的浓度标准。

3. 环境监测的一般方法 环境监测工作所采取的方法和应用的技术，对于监测数据的正确性和反映污染状况的及时性有着重要的关系。

空气、水质的监测方法，在我国目前一般是采用定期、定时、间断性的人工操作方法进行。如养殖场水源为地下深层水，水量和水质都比较稳定，一般一年测 $1\sim2$ 次即可。对水及大气污染的监测则可根据饲养管理情况，不同季节，不同气候条件等进行定时测定。为了说明污染的连续变化情况，也有必要行连续的测定。

环境监测的速度与监测的方法和使用的仪器有关。由于出现了现代分析仪器，监测的方法也从人工操作逐步趋向自动化的仪器分析，监测技术正朝着快速、简便、灵敏、准确的方向发展。

四、羊舍环境的控制

羊场环境的控制，在不同地区，因气候不同，特点不同，要求也不同，故应因地制宜。下面着重阐述羊舍的防寒防热、通风换气、采光、排水防潮等羊舍环境控制措施。

羊的生产性能，只有在一定的外界温度条件下才能得到充分发挥。温度过高或过低，都会使生产水平下降，甚至使羊的健康和生命受到影响。羊舍环境的控制主要取决于舍温的控制。羊舍防寒、防热的目的在于克服大自然寒暑影响，以使舍内环境温度始终保持符合羊要求的适宜温度范围。羊舍的防寒、防暑性能，在很大程度上取决于外围护结构的保温隔热性能。

（一）羊舍的保温和隔热

羊舍的保温和供暖主要包括外围护结构的保温设计、建筑防寒设计、羊舍供暖以及加强管理措施。

羊舍的保温设计，要根据地区气候差异和羊气候生理的要求选择适当的建筑材料和合理的畜舍外围护结构，使围护结构总热阻值达到基本要求，这是羊舍保温隔热的根本措施。建筑防寒措施主要包括选择适宜于防寒的羊舍建筑形式、羊舍的朝向、门窗设计、减少外围护结构的面积及畜舍地面的保温几个方面。

采用各种防寒措施仍不能达到舍温的要求时，需采取供暖措施。羊舍供暖分集中供暖和局部供暖。在生产中，只要能按舍温要求，进行相应的热工学设计，并按设计施工，对于成年羊舍，基本上可以有效利用羊体自身产生的热能维持适当的舍温。对于羔羊由于其热调节机能发育不全，要求较高的舍温，故在寒冷地区，冬季需实行采暖。此外，当羊舍保温不好或舍内过于潮湿、空气污浊时，为保持比较高的温度和有效的换气，也必须采暖。

（1）屋顶、天棚的保温隔热　在畜舍外围护结构中，失热最多的是屋顶与天棚，其次是墙壁、地面。在寒冷地区，天棚通常使用玻璃棉、聚苯乙烯泡沫塑料、聚氨酯板、保温彩钢板等一些轻型高效合成隔热材料进行隔热。在寒冷地区适当降低畜舍净高，也有助于改善舍内温度状况。

（2）墙壁的保温隔热　墙壁是畜舍的主要外围护结构，失热仅次于屋顶。在寒冷地区通常选择当地常用的导热系数最小的材料，确定最合理的隔热结构，提高畜舍墙壁的保温能力。在寒冷地区，畜舍不宜设北侧门，对冬季受主风和冷风影响大的北墙和西墙加强保温，是一项切实可行的措施。此外，在外门加门斗、设双层窗或临时加塑料薄膜、门帘等，对加强羊舍冬季保温也有重要意义。

（3）地面的保温隔热　与屋顶、墙壁比较，地面失热在整个外围护结构中虽然位于最后，但由于羊只直接在地面上活动，因而具有特殊的意义。夯实土及三合土地面在干燥状况下，具有良好的温热特性，故在较干燥、很少产生水分、又无重载物通过的羊舍里适用。水泥地面具有坚固、耐久和不透水等优良特点，但既硬又冷，在寒冷地区对羊只极为不利，直接用作羊床必须加铺木板或垫草。保持干燥状态的木板是理想的温暖地面——羊床。但实际上木板铺在地上往往吸水而变成良好的热导体，故很冷也不结实。而且，木板价格也较贵。

（4）选择有利于保温的羊舍形式与朝向　羊舍形式与朝向与保温有密切关系。在热工学设计相同的情况下，大跨度羊舍的外围护结构的面积相对地比小型羊舍、小跨度羊舍的小，故通过外围结构的总失热值也小，所用建筑材料也节省。同时，羊舍的有效面积大、利用率高，便于实现生产过程机械化和采用新技术。小跨度羊舍，外围护结构的面积相对较大，不利冬季保温。如两端墙有门，极易形成穿堂风。但南向单列舍较之大跨度羊舍可充分利用阳光取暖。羊舍朝向，不仅影响采光，而且与冷风侵袭有关。在寒冷的北方，由于冬春季风多偏西、偏北，故在实践中，羊舍以南向为好，有利保温。

（5）对羊的饲养管理及对羊舍本身的维修保养与越冬准备，直接或间接地对羊舍的防寒保温起到不容忽视的作用。各种防寒保暖措施可根据羊场的实际情况加以利用。此外，寒冷时调整日粮、提高日粮中的能量浓度和提高饮水温度对于羊抵抗寒冷也有重要意义。

①在不影响饲养管理及舍内卫生状况的前提下，适当加大饲养密度，等于增加热源，可提高舍温，所以是一项行之有效的辅助性防寒保温措施。

②垫草可保温吸湿，吸收有害气体，利用垫草以改善羊舍内小气候，是寒冷地区常用的一种简便易行的防寒措施。铺垫草不仅可改进冷硬地面的温热特性，而且可以在畜体周围形成温暖的小气候状况，以保持羊体清洁、健康，甚至补充维生素 B_{12}。

③防止舍内潮湿是间接保温的有效办法。潮湿不仅可加剧羊舍结构的失热；同时由于空气潮湿不得不加大通风换气，使通风羊舍失热上升。在寒冷地区设计、修建羊舍不仅要采取严格的防潮措施，而且要尽量避免羊舍内潮湿和水汽的产生。同时也要加强舍内的清扫与粪尿的及时清除，以防止空气污浊。

④在设计施工中应保证结构严密，防止冷风渗透。入冬前设置挡风障，控制通风换气量，防止气流过大。在自然通风的羊舍内，尤其北墙、门、窗上应严密，防止形成贼风。加强羊舍的维修保养，入冬前进行认真仔细的越冬御寒准备工作，包括封门、封窗、设置防风林、挡风障、粉刷、抹墙等，对改进羊舍防寒保温有不容低估的意义。

⑤窗户敷加塑料薄膜等都可起到不同程度的保温与防冷风侵袭作用。尤其要充分利用太

阳辐射和玻璃及某些透明塑料的独特性能形成的"温室效应"，以提高舍温。

（二）羊舍的防暑和降温

羊的生理特征是比较耐寒而怕热，高温对羊的健康和生产力的发挥会产生负面影响，而且危害比低温还大，因而在养羊生产中要采取措施消除或缓和高温对羊只健康和生产力的影响，以减少由此而造成的经济损失。解决羊舍防热降温的措施时，主要包括以下几项：

1. 外围护结构的隔热　外围护结构隔热的目的，在于控制内表面温度不致过高，适当加大衰减度和延迟时间。

2. 建筑防暑和绿化　实行遮阳与绿化。遮阳指阻挡阳光直接射进舍内的措施。绿化指栽树、种植牧草和饲料作物，覆盖裸露地面以缓和太阳辐射。

（1）建筑防暑包括屋顶通风、建筑遮阳、浅色平整外表面和加强舍内通风的建筑措施。这一般要增加投资，因此，在经济允许时可以采用。

（2）凉棚一般可使羊得到的辐射热负荷减少 30%～50%，但会加大土建投资，故可以考虑采用绿色遮阳。

（3）绿化不仅起遮阳作用，还具有缓和太阳辐射、降低环境温度的意义。绿化的降温作用，使空气"冷却"，同时使地表面温度降低，从而使辐射到外墙、屋面和门、窗的热量减少，并通过遮挡住阳光透入舍内，降低了舍内气温。此外，绿化还有减少空气中尘埃和微生物、降低噪声等作用。绿化遮阳可以种植树干高、树冠大的乔木，为窗口和屋顶遮阳；也可以搭架种植爬蔓植物，在南墙窗口和屋顶上方形成绿荫棚。爬蔓植物宜穴栽，穴距不宜太小，垂直攀爬的茎叶，需注意修剪，以免生长过密，影响羊舍通风。

3. 羊舍的降温　在炎热条件下，通过隔热、通风与遮阳，只能削弱、防止太阳辐射与气温对舍内温度的影响，驱散舍内畜体放散的热能，并造成对羊体舒适的气流，而并不能降低大气温度，所以当气温接近羊体温度时，为缓和高温对羊只健康和生产力的影响，必须采取机械制冷降温措施。可采取必要的防暑设备与设施，以增加通风换气量，促进对流、蒸发散热或直接用制冷设备降低羊舍空气或羊体的温度。

（三）羊舍通风与换气

羊舍的通风换气在任何季节都是必要的，它的效果直接影响羊舍空气的温度、湿度及空气质量等，特别是大规模集约化羊场更是如此。

在气候炎热时应适当提高舍内空气流通速度，加大通风量，必要时可辅以机械通风。通风是羊舍防热措施的重要组成部分，目的在于驱散舍内产生的热能，不使其在舍内积累而致舍温升高。在气温高的夏季通过加大气流促进羊体的散热使其感到舒适，以缓和高温对羊的不良影响。冬季，气流会增加羊体的散热量，加剧寒冷的影响。在寒冷的环境中，气流使绒山羊能量消耗增多，进而影响饲养效果。不过，即使在寒冷季节，舍内仍应保持适当的通风，这样可使空气的温度、湿度、化学组成均匀一致，可以排出羊舍中的污浊空气、尘埃、微生物和有毒有害气体，防止羊舍内潮湿，保障舍内空气清新，尤其在羊舍密闭的情况下，引进舍外的新鲜空气，排出舍内的污浊空气，以改善畜舍空气环境质量。气流速度以 0.1～0.2m/s 为宜，最高不超过 0.25m/s。

1. 自然通风　自然通风主要利用羊舍内外温差和自然风力进行羊舍内外空气交流。自然通风舍设进、排风口，靠风压和热压为动力的通风。开放舍可采用自然通风。

2. 机械通风　机械通风是靠通风机械为动力的通风。封闭舍必须采用机械通风。

合理的通风设计，可以保证羊舍的通风量和风速，并合理组织气流，使之在舍内分布均匀。通风系统的设计必须遵循空气动力学的原理，从送风口尺寸、构造、送风速度与建筑形式、舍内圈栏笼架等设备的布置、排风口的排布等综合考虑。

（四）羊舍的采光

羊舍的光照根据光源，分为自然光照和人工照明。自然光照节电，但光照强度和光照时间有明显的季节性，一天当中也在不断变化，难以控制，舍内照度也不均匀，特别是跨度较大的羊舍，中央地带照度更差。为了补充自然光照时数及照度的不足，自然采光羊舍也应有人工照明设备。密闭式羊舍则必须设置人工照明，其光照强度和时间可根据养殖需求加以严格控制。

1. 自然光照取决于通过羊舍开露部分或窗户投入的太阳直射光和散射光的量，而进入舍内的光量与羊舍朝向、舍外情况、窗户的面积、入射角与透过角、玻璃的透光性能、舍内反光面、舍内设置与布局等诸多因素有关。采光设计的任务就是通过合理设计采光窗的位置、形状、数量和面积，保证羊舍的自然光照要求，并尽量使照度分布均匀。

2. 人工照明一般以白炽灯和荧光灯作光源，不仅用于密闭式羊舍，也用于自然采光羊舍作补充光照。

（五）湿度控制

在养羊生产中防潮是一个重要问题，必须从多方面采取综合措施：第一，妥善选择场址，把羊场修建在高燥地方。羊舍的墙基和地面应设防潮层；第二，加强羊舍保温，使舍内空气湿度始终在露点湿度以上，防止水汽凝结；第三，尽量减少舍内用水量；第四，对粪尿和污水应及时清除，避免在舍内积存；第五，保证通风系统良好，及时将舍内过多的水汽排出去；第六，勤换垫草，可有效地防止舍内潮湿。

（六）空气中的灰尘和微生物的控制

1. 灰尘　羊舍内的灰尘主要是由打扫地面、分发干草和粉干料，刷拭、翻动垫草等产生的。灰尘对羊体的健康有直接影响。为了减少羊舍空气中的灰尘量，应采取以下措施：在羊场的周围种植保护林带，场地内也应大量植树；粉碎精料、堆放和粉碎草等场所，都应远离羊舍；分发干草时动作要轻；最好由粉料改喂颗粒饲料，或注意饲喂时间和给料方法；翻动或更换垫草，应趁羊不在舍内时进行；禁止在舍内刷拭羊体；禁止干扫地面；保证通风系统性能良好，采用机械通风的羊舍，尽可能在进气管上安装除尘装置。

2. 微生物　羊舍内空气中存在大量灰尘以及羊咳嗽、喷嚏、鸣叫时喷出来的飞沫，从而使微生物得以附着并生存。因此，必须做好舍内消毒，避免粉尘飞扬，保持圈舍通风换气，预防疾病发生。

（七）羊舍中有害气体的控制

在封闭式羊舍内要及时清除粪尿，粪尿是氨和硫化氢的主要来源，清除粪尿有助于羊舍空气保持清新。其次是铺用垫草，在羊舍地面的一定部位铺上垫草，可以吸收定量的有害气体，但垫草须勤换。还要注意合理换气，这样可将有害气体及时排出舍外，保证舍内空气清洁。羊舍内有害气体的浓度应控制在氨 $20mg/m^3$，硫化氢 $10mg/m^3$，二氧化碳 0.15%，一氧化碳 $24mg/m^3$ 以下。

（八）羊舍的给排水

羊舍的给水设备一般为水槽或各种饮水器。水槽饮水设备投资少，可用于集中式给水，也可用于分散式给水，但水槽饮水易造成周围潮湿，不卫生，需经常刷洗消毒。羊用饮水器一般须采用集中式给水，水压较大时须在舍内设水箱减压。寒冷地区的无供暖羊舍，为防止冻裂给水管道，给水管应在地下铺设，并设回水阀和回水井，夜间回水防冻；供暖羊舍或气候温暖地区，室内给水管应在地上铺设明管，便于维修。

合理设置羊舍排水系统，及时地清除家畜粪尿和污水，是防止舍内潮湿、保持良好的空气卫生状况和羊体卫生的重要措施。在我国，绒毛用羊生产最好采用干清粪工艺，使羊场的废弃物减量化、无害化、资源化。

（九）废弃物处理措施

羊场的废弃物以粪便为主，1 只羊一年的排粪量为 700～1 000kg，总氮的含量相当于 20～25kg 尿素，含磷相当于 16kg 过磷酸钙，含钾相当于 8.5kg 硫酸钾。目前，污物处理的措施主要有土地还原法、厌氧（甲烷）发酵法、人工湿地处理和生态工程处理。

1. 土地还原法 根据羊粪尿主要成分的一个明显特点，即易于在环境中分解，经土壤、水和大气等物理、化学及生物的分解，稀释和扩散，逐渐得到净化，并通过微生物、动植物的同化和异化作用，又重新形成动、植物性的糖类、脂肪和蛋白质等，再度变为饲料，特别在农村，这种方法对粪尿仍以无害化处理为根本出路（图 9-6）。

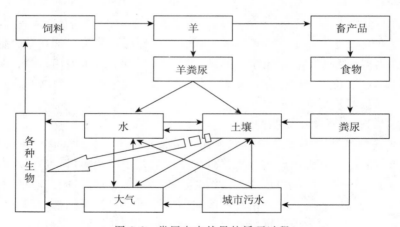

图 9-6 粪尿在自然界的循环过程

2. 人工湿地处理 "氧化塘＋人工湿地"处理模式在国外较多见。湿地是经过精心设计和建造的，湿地上种植有多种水生植物，利用水生植物根系发达这一特点，为微生物提供良好的生存条件。微生物以有机物质为食物生存，它们的排泄物又成为水生植物的养料，收获的水生植物可作为沼气原料、肥料或草鱼等的饵料。通过水生植物与微生物的互利作用，使污水得到净化（图 9-7）。

3. 生态工程处理 通过分离器或沉淀池，将固体肥与液体厩肥分离。前者作为有机肥还田或作为食用菌的培养基，后者进入沼气厌氧发酵池。通过微生物—植物—动物—菌藻的多层生态净化作用，使污水得到净化。

4. 厌氧（甲烷）发酵法 将羊场的粪尿进行厌氧（甲烷）发酵法处理，不仅能净化环境，而且可以获得生物能源（沼气），同时通过发酵后的沼渣（含有丰富的氮、磷、钾及维生素，是种植业的优质有机肥）、沼液（可用于养鱼或牧草地灌溉），将种植业和养殖业有机

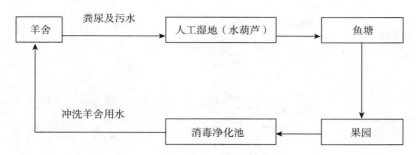

图 9-7　羊场粪尿人工湿地处理示意图

结合起来，形成了一个多次利用，多层增值的（图 9-8）羊场粪尿处理方法。目前世界上许多国家广泛采用此法处理反刍动物的粪尿。修建沼气池，有利于防治环境污染，对羊养殖来说，有重要的使用价值，值得推广与实施。沼气池按贮气方式，可分为水压式沼气池、浮罩式沼气池和气袋式沼气池。在农户或养殖场，大多数采用水压式沼气池。随着沼气事业的发展，近几年出现一些容积小、自热条件下产气率高、建造成本较低、进出料方便的小型高效沼气池。

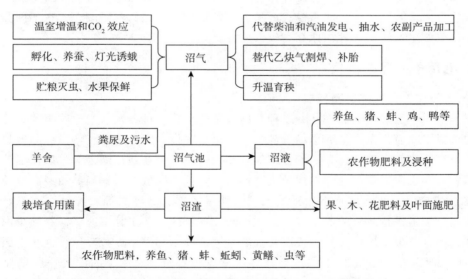

图 9-8　羊场粪尿厌氧发酵处理及沼气综合利用示意图

第十章

绒毛用羊生产经营管理

在绒毛用羊养殖过程中，生产经营管理水平是影响和决定绒毛用羊养殖状况及经济效益的最主要因素之一。

第一节 养殖模式

养殖模式在一定条件下形成并发挥作用，其存在和发展是由不同的地理、资源、社会、经济、科技等因素共同决定，养殖模式会随着养殖活动的变化而不断改变。在不同养殖模式下，绒毛用羊的生产经营管理往往存在较大差异。

一、毛用羊的养殖模式

（一）不同生产方式的养殖模式

毛用羊的生产方式归纳起来共有三种，即放牧养殖、舍饲养殖和半放牧半舍饲养殖。养殖模式的选择主要应根据当地的草场资源、人工草地建设、农作物秸秆产量、圈舍建设、技术水平等来综合确定，原则是高效和合理地利用饲料资源、场地、圈舍等，以保证毛用羊正常的生长发育和生产需要，充分发挥其生产性能，降低养殖成本，提高养殖经济效益。

1. 放牧养殖 放牧养殖是指除极端天气（如暴风雪、高降雨等）外，毛用羊群一年四季都在天然草场上进行放牧的养殖方式。我国东北草原区、蒙宁甘草原区、新疆草原区、青藏草原区、南方草山草坡区及其农牧混合区的毛用羊基本都采用放牧养殖。这些地区天然草地资源广阔，牧草资源充足，生态环境条件适宜放牧养殖。毛用羊的放牧一般选择地势平坦、高燥、灌丛较少和以禾本科为主的低矮型草场。

放牧养殖投资小，成本低，养殖效果主要取决于草畜平衡，关键在于控制羊群数量，提高单产，合理保护和利用天然草场。需要注意的是，在春季牧草返青前后，冬季冻土之前的一段时间，应适当降低放牧强度，加强放牧管理，兼顾毛用羊群和草原的双重生产性能。

2. 舍饲养殖 舍饲养殖是把毛用羊全年圈养在羊舍内饲喂。舍饲养殖的集约化和规模化程度较高，技术含量要求也较高，要求有充足的饲料来源、宽敞的羊舍和一定面积的运动场，以及足够的养羊配套设备，如饲槽、草料架、水槽等。开展舍饲养殖的条件是必须种植大面积人工草地和饲料作物，收集和储备大量的青绿饲料、干草、秸秆、青贮饲料和精饲料，这样才能保证全年饲料的均衡供应。

舍饲养殖的人力物力投资大，饲养成本高，养殖效果主要取决于羊舍等设施状况和饲料储备情况，以及毛用羊品种的选择、营养均衡、疫病防控和环境条件的综合控制等。

3. 半放牧半舍饲养殖　半放牧半舍饲养殖综合了放牧与舍饲的优点，既可以充分利用天然草地资源，又可以利用人工草地、农作物秸秆和圈舍设施，规模适度，技术水平较高，能产生良好的经济和生态效益，适合于毛用羊养殖。在生产实践中，应根据不同季节牧草的产量与质量、毛用羊群的生长情况等，规划不同季节的放牧和舍饲强度，确定每天放牧时间的长短和在羊舍内饲喂的次数和饲喂量，实行灵活的半放牧半舍饲养殖管理。夏秋季节，牧草生长茂盛，通过放牧能够满足毛用羊的营养需要，可不补饲或少补饲；而在冬春季节，牧草枯萎，量少质差，只靠放牧难以满足毛用羊的营养需要，必须加强补饲。

（二）不同经营管理方式的养殖模式

1. 农牧户分散养殖　农牧户分散养殖是目前我国毛用羊养殖的主要方式。随着牧区草原承包经营责任制的推行，分散养殖已成为毛用羊养殖的基本形式，养殖规模从数十只到成百上千只不等，主要取决于农牧户家庭的劳动力数量、所承包的草原面积等因素。这种养殖模式的特点是经营灵活，但经济效益不高，抗风险能力差，新技术的应用范围有限，对草原生态环境的破坏作用较大。

2. "企业＋基地＋农牧户"养殖　"企业＋基地＋农牧户"养殖模式是由龙头企业牵头，根据市场需求规划产品生产方向和建设基地，并联合大量农牧户按照相对统一的生产标准养殖毛用羊，企业发挥主导作用，农牧户仅起生产基地的作用。这种养殖模式的标准化程度较高，产品市场竞争力较强，抵御各种风险的能力也较强，经济效益较高。

3. 专业合作社养殖　专业合作社养殖是由农牧区的毛用羊养殖"能人"以村或乡镇的管理机制组织毛用羊养殖，成立专业合作社，对生产职能进行合理分工，相互协调，统一规划草原、毛用羊群和饲料的管理以及羊毛的销售，这种养殖模式组织体系相对紧密，生产规模较大，抵御市场风险的能力也较强，经济效益较高。

4. 协会养殖　协会养殖主要是由当地毛用羊养殖大户将农牧户组织起来，成立毛用羊协会，并开展毛用羊的生产经营。协会的组织体系相对较为松散，主要目的是组织羊毛的市场交易，对毛用羊的规范化生产有一定的促进作用。

5. 农牧户联户养殖　随着农牧区劳动力的转移和新牧区与养殖小区的建设，为了节约劳动力和合理利用草场及饲料资源，很多农牧户自发联合进行毛用羊联户养殖。这种养殖模式的优点是扩大了毛用羊养殖规模，提高了草场和饲料资源的利用效率，并且组织体系较为紧密，有利于进一步形成集约化、规模化的毛用羊养殖模式。

（三）不同生产规模的养殖模式

为了进一步做大做强毛用羊产业，政府畜牧业主管部门、相关科研机构及企业和农牧户也应积极探索适合本地区的毛用羊适度规模化养殖模式。考虑到目前我国毛用羊养殖地区具有分布面积广、生态环境多样、养殖户相对分散、规模较小等方面的特点，以下几种模式可以借鉴参考，以促进毛用羊产业的规模化发展。

1. "托羊所"养殖　"托羊所"模式是由"托羊所"提供草原、羊舍等养羊设施，农牧户出资购买毛用羊进驻，托养或自行养殖。这种模式可以吸引农牧户将自有闲散资金投向毛用羊养殖，使有限的资金得到整合，实现资金的有效利用和良性循环；"托羊所"还把相对分散的养殖户联结成为相对集中和稳固的养殖联合体，有利于实现"靠规模增效益、稳产稳收且注重生态环境保护"；此外，这种模式通过规模化标准化养殖，集中剪毛并统一销售羊毛，可以实现组织经营管理者和农牧户的双赢。

2. 养殖小区养殖　养殖小区模式是通过政策扶持，采取招商引资、项目投资、群众集资和农牧户入股等多种形式，建立养殖小区。这种养殖模式可以实现毛用羊的规模养殖，降低养殖成本并提升毛用羊的养殖效益；有利于节约劳动力资源，提高劳动生产率；还可以实现毛用羊养殖在品种、饲料、技术、管理、防疫、剪毛和销售方面的统一，达到科学化、标准化、规范化养殖；通过统一管理、机械化剪毛和分级打包等，有利于实现羊毛的优质优价。

3. 示范园区养殖　示范园区模式利用项目资金或政府扶持资金，建设高标准的毛用羊养殖示范园区，并引进优质毛用羊品种，采用先进技术和科学管理理念，还设有参观走廊，定期组织周边毛用羊养殖户来参观学习，是集教学、科技应用和典型示范于一体的新型养殖模式。这种养殖模式可以有效提高毛用羊养殖户学科技、用科技的意识，提高毛用羊养殖的科技水平，有利于促进毛用羊产业实现现代化、标准化、集约化和规模化养殖。

4. 现代化毛用羊大型牧场养殖　现代化毛用羊大型牧场模式是对现有的毛用羊国有养殖场、农垦农场、规模养殖大户等进行资金、政策和占地等多方面的政策倾斜，加大扶持力度，促进其生产经营上规模、上档次、上水平，进而整合成大型的现代化大型牧场，以有利于高、新、精、尖技术的应用，实现"靠规模增加效益，靠科技提升效益，靠低碳维护生态"。同时，该养殖模式还可就地转移农牧区剩余劳动力，加快毛用羊产品转化增值，实现资源优势向经济优势的转变。

二、绒山羊养殖模式

（一）绒山羊养殖模式的形成

绒山羊养殖模式是指养殖绒山羊所采取的管理方式、生产技术等具有相对固定模式的养殖方式。我国绒山羊养殖历史悠久，但长期以来主要靠天养羊，具体以放牧方式获取营养来源，依靠数量扩增获得养殖效益，属于传统的放牧养殖模式。随着绒山羊养殖规模的扩大，传统放牧养殖模式与草原生态保护之间的矛盾愈发凸显，与此同时，还逐渐形成了放牧与舍饲相结合的半舍饲养殖模式和完全脱离放牧进行的全舍饲养殖模式。由于我国各个绒山羊养殖地区在草地资源禀赋、气候等方面的差异较大，因而形成了多种养殖模式并存的局面。

（二）绒山羊养殖模式的分类

1. 按饲养方式分类

（1）放牧养殖模式　该模式的优点是通过放牧养殖解决绒山羊的饲料来源问题，有利于降低养殖成本；缺点是易受场地和季节限制，无序养殖还会对草原及山区生态环境造成破坏。所以，只要载畜量合理，放牧养殖不会破坏生态环境，还可以将无法回收利用的杂草、农作物秸秆和散落于农田中的粮食等转化为价值较高的产品，充分利用各种饲料资源。

（2）半放牧半舍饲的养殖模式　该模式是在牧场条件较好时以放牧养殖为主，在牧场条件较差时，补饲一定量的饲料，如精料、粗饲料、青绿多汁饲料、农作物秸秆等，保证羊生产性能的发挥和机体的生长发育。在山区，可以在11月份至第二年的5月份期间实行禁牧，进行舍饲养殖，6月份以后待树木枝芽生长起来再进行放牧，保证其不被羊采食破坏，有利于植被的保护和长期利用。

（3）全舍饲养殖模式　该模式的主要特点是：第一，生产成本相对较高。舍饲的饲料采购量和加工量要大幅高于放牧，修建羊舍投入也较高。第二，适度运动。根据绒山羊习性，实行舍饲时，应修建足够面积的运动场，保证绒山羊的运动，以增强其体质和提高其生产性能。第三，科技含量较高。舍饲时，羊舍设计、选育、营养摄取、环境控制等应按照相应的技术标准执行，因而舍饲的科技含量相对较高。第四，羊群质量要高。为了获得较高的经济效益和保证养殖的长期性，舍饲的绒山羊品种应具有良好的生产性能，如具有较高的产绒能力和较强的繁殖能力。

2. 按地理条件分类

（1）平原农区的养殖模式　在平原农区，绒山羊养殖应与当地的农业生产相协调，避免与农业争地、污染水源和与其他畜禽养殖业发生冲突等，一般应以舍饲养殖为主，放牧为辅。在农作物未收获前，应进行舍饲养殖；在农作物收获后可以适当放牧，捡食遗落粮谷、农作物秸秆和田间杂草。舍饲期间，可将每群羊的规模控制在150～200只；在放牧时，应注意羊只采食饲料的清洁和卫生，特别应注意农作物秸秆的农药残留问题，防止羊出现急、慢性中毒。

（2）丘陵半丘陵地区的养殖模式　丘陵半丘陵地区比较适合绒山羊游走、登高的习性，一般以放牧为主。放牧时，为了便于管理，可保持每群羊60～120只，具体可根据饲料用地和其他条件灵活决定养殖规模。

（3）草原沙漠地区的养殖模式　草原沙漠地区气候干燥，降水量较少，植被情况较差。如果单靠扩大养殖规模获取经济效益，就有可能破坏植被和生态环境，所以，应选择适合当地环境、体格略小、采食量和饮水量较少的绒山羊品种进行养殖，也可以适当改良品种，提高绒山羊的适应性。

3. 按养殖规模分类

（1）小规模散养模式　小规模散养一般是指绒山羊养殖数量在10～100只，适合于资金较少，受山场、圈舍限制的养殖户。该模式的优点是成本较低、风险相对较小，利用闲散劳动力可以减少人工支出，饲料来源容易解决，并且利用分散的小块牧场、零星的饲料资源可以降低饲料成本，还可以利用家庭庭院、闲置房舍作为羊圈。该模式的缺点是养殖效益受到养殖规模等的限制，较难享受政府主要针对规模化养殖的相关扶持政策。

（2）大规模散养模式　绒山羊的养殖数量在几百只以上的规模养殖可按羊群质量划分为初级规模养殖和标准化规模养殖。

初级规模养殖的特点是：羊只质量一般不高，主要靠自繁自育来增加群体数量，以放牧方式解决饲料来源问题，人工费用及管理成本较低，以短期内收回成本并赚取利润为目的。

标准化规模养殖的特点是：羊群总体质量较高，基础设施较为完善，内部机构设置较为合理，根据市场、经营和生产实际情况建立相应的规章制度，能够采用现代化、标准化生产经营管理制度和科学技术，具有较为长远的发展规划。

（3）工厂化养殖模式　工厂化养殖模式的主要特点表现在生产的连续性、无季节性和主动控制性三个方面。主动控制环境和营养供给是工厂化养殖的核心。工厂化养殖模式包括养殖方向的确定、羊舍设计与建造、饲草饲料准备与筹集、饲料使用、羊群结构及羊群周转、羊选育、维持正常生产管理的基础设施、人员管理方式、产品宣传与销售、成本核算、卫生防疫等内容。从机构设置来看，可设立人事管理部门、生产部门、后勤部门、疫病防治部门、营销部门等，部分工厂化养殖还可能包括绒山羊初级产品加工等。要实现工厂化养殖模式，必须要注意以下几个方面：

第一，选择合适的绒山羊品种。应从品种的生产性能、适应性、价格、养殖场的发展方向等方面，加强科学调研，确定合适的养殖品种。

第二，要保证养殖所需饲料。饲料来源要广、数量充足、价格适中、品质好。还要做好饲料调配工作，根据羊只的体重、生理状态、年龄、健康状况等，参照营养标准，配制出全价日粮。新的营养配方要经小群试验成功后再推广到大群使用。

第三，注重疫病防治。在日常管理过程中，应严格按照规模养殖场的疫病防治要求认真做好疫苗注射、场地消毒、羊驱虫防疫等方面工作。

第四，羊群结构要合理。羊群结构应根据市场和养殖场的具体情况进行科学合理的调整。养殖场的公母羊比例应保持在 $1:8\sim12$，成年羊、后备羊和育成羊的比例应保持在 $5:2:3$，每年成年羊群淘汰 $10\%\sim15\%$。

第五，注重先进实用技术的应用。

第六，加强羊排泄物、病死羊等的无害化处理。

（4）小区养殖模式　养殖小区是指在一定的区域内，达到一定养殖规模，具有相应的配套设施、技术服务体系，按照发展生态畜牧业和无公害畜产品生产要求，应用现代科学技术，逐步实现养殖规模化、生产过程标准化、羊排泄物等处理无害化、经营管理组织化，不断提高相关产品市场竞争力，实现经济效益、社会效益和生态效益有机统一的养殖区域。该模式具有如下特点：

第一，便于开展规模养殖和提高选育强度，还可以有效地缓解林牧矛盾、农牧矛盾及控制水土流失，从而使绒山羊产业向优质、高效和可持续发展的绿色养殖业方向发展。

第二，可以显著提高绒山羊产品供给能力和养殖经济效益。养殖小区生产较为集中，因而绒山羊产品量大，有利于相关产品收购价格的提高，还可以直接与下游企业直接对接，减少流通的中间环节，使养殖户获得更多的利益。

第三，有利于提升卫生防疫水平。实行标准化规模养殖，有利于促进养殖的制度健全、生产规范、管理严密、程序严谨，从而可以保证疫病防治工作的顺利开展和投入品的安全，也有助于政府对绒山羊疫病及其产品安全进行有效监管，进而有利于提升绒山羊养殖的卫生安全水平。

第四，有利于降低环境污染。根据养殖小区修建标准，养殖场应设有堆粪场、化粪池等排泄物处理设施，排泄物经过沉淀、过滤、发酵等处理后，可以较好地解决排泄物污染问题，保护养殖小区周边的生态环境。

第五，有利于先进的科学技术和管理方法在养殖过程中的推广和运用。分散放牧养殖存在地点分散、经济实力相对较弱、羊群规模较小等不足，因为缺乏资金等方面的原因，养殖者往往难以改善养羊基础设施、增加机械设备、购买优质种羊、聘用专业人员等，影响羊生产性能的发挥，从而使养殖经济效益很难得到明显提升。小区规模养殖可以克服这些方面的不足，有利于先进科学技术和管理手段在养殖过程中的推广和运用，还可以做到羊只按类别分群管理，因而可以更好地发挥绒山羊的生产性能，提高绒山羊养殖的经济效益。

（三）绒山羊养殖模式的选择

不同类型的绒山羊养殖模式都是在一定的环境和条件下逐渐形成的。我国地域辽阔，不同地区的自然环境和社会经济条件往往存在很大差异，所以，各地在选择确定绒山羊养殖模式时，不能脱离当地的实际情况，应综合考虑各种因素，然后科学确定和选择适合本地区的绒山羊养殖模式。绒山羊放牧养殖具有降低饲料成本、人工成本和增强羊只采食植物的多样性、增强绒山羊体质等优点，目前，世界主要畜牧业发达国家仍普遍采用放牧养羊方式，因此，根据当地的草地资源禀赋情况，按照草畜平衡的原则，确定科学合理的载畜量，实现绒山羊养殖与草原及山区生态环境保护之间的协调，绒山羊放牧养殖模式目前在我国仍有一定的现实发展意义。实行舍饲养殖，可以有效地化解林牧、农牧矛盾，应对和治理草原及山区生态环境恶化，有利于疫病防治和强化政府对绒山羊养殖业的监管，但与此同时，这种养殖模式也存在生产成本较高等方面问题。所以，在确定绒山羊养殖模式时，应提倡因地制宜、宜林则林、宜牧则牧，实行灵活的季节性放牧，不可一刀切，还应鼓励发展人工种草养羊和农作物秸秆养羊，引导我国绒山羊养殖业逐步实现健康可持续发展。

第二节　生产经营管理要点

科学合理的生产经营管理方法，有利于提高毛绒产量和改善毛绒质量，从而有利于提高绒毛用羊养殖的经济效益。

一、毛用羊生产经营管理要点

毛用羊以生产优质羊毛为主要方向，因此，毛用羊的生产经营管理以促进毛用羊生长和提高羊毛品质为主要目标，根据毛用羊的生产规律及羊毛生产流程，对整个生产周期内影响羊毛产量与质量的关键环节和关键因素进行详细分析，确定各个环节的质量控制技术，通过合理组织协调、科学完善的生产计划和切合实际的目标管理等，可以明确各个环节权、责、利，又能加强相互之间的沟通与协调，从而实现提高羊毛产量和改善毛绒质量的双重目标。

（一）毛用羊生产管理要点

1. 搞好基础设施建设是毛用羊生产管理的前提

（1）圈舍建设　圈舍是羊只栖身的地方，是毛用羊休息、补饲和生产活动的主要场所之一，因此，圈舍的选址、设计是否合理和建设是否规范会直接影响毛用羊的生长以及羊毛的产量和质量。

① 选址要求　圈舍应选择地势较高、土壤干燥、排水良好、通风且朝阳的地方，周围有水源和足够面积的运动场，并应尽量接近放牧地，农区应远离聚居区。在不同生产阶段一般都应建有相应的圈舍，如冬圈、夏圈、春圈、秋圈，以适应不同季节的放牧需要；配种站附近要有适合配种要求的圈舍；剪毛棚附近要有符合剪毛要求的圈舍等。

② 修建要求　圈舍朝向一般应坐北朝南，且有足够的面积和附属的运动场。各类羊只所需占用的圈舍面积一般为：种公羊 $1.5\sim2.0\,m^2$，成年母羊 $1.0\sim1.2\,m^2$，怀孕母羊 $1.2\sim2.0\,m^2$，育成羊 $0.6\sim0.8\,m^2$，羔羊 $0.5\sim0.6\,m^2$；运动场面积约为圈舍面积的 $2\sim3$ 倍。羊只出入的主门宽度应不小于 $2.0m$。围墙高度 $1.2\sim1.5m$，材料可选条砖、土坯或木板。生产母羊圈舍中应设有独立的育羔室，面积按生产母羊总数占地的 $20\%\sim25\%$ 计算，且应有保温措施，能满足初生羔羊的生长需要。圈舍还应有足够的高度，一般情况下，在气候寒冷的地区圈舍内净高 $2.2\sim2.5m$，气温较高的地区圈舍内净高 $2.5\sim2.8m$。圈舍墙体的建筑材

料以砖为主，也可选用土坯。圈舍顶以木材或水泥材料作中梁，上面覆盖苇席、苇捆、草泥等，多雨地区圈舍顶应作防水处理。圈舍内地面一般采用夯实土，也可用砖块铺垫。圈舍应有良好的通风条件，在圈舍顶设置足够数量的通气窗，气候较暖的地区前后墙均需设置可开启的窗户，气候寒冷的地区可只设前窗，窗户下框离地面应不低于1.5m。圈舍门宽度一般为1.2～1.6m。圈舍还应配备贮料间、贮草间（或草棚）、青贮窖等附属设施。

③ 圈舍内主要设施要求　圈舍内应有足够数量的饲槽，具体数量应根据圈舍面积及可容纳毛用羊数量来决定，其中，每只羊占用饲槽长度的标准是：成年羊为40cm，育成羊为25～30cm。

繁殖母羊圈舍内应配备母子栏，其数量应不少于母羊数量的10%。可用木板钉制，也可用钢筋焊制。

（2）剪毛场（站）建设

① 位置选择　剪毛场（站）的位置应选择地势较高、排水良好、地面干燥、交通便利、毛用羊养殖较集中和与药浴池距离适中的地方。

② 规模　剪毛场（站）的规模可根据覆盖区域的毛用羊数量来决定。一般每30 000只羊可设置一座大型剪毛场（站），每15 000只羊可设置一座中型剪毛场（站），3 000～10 000只可设置一座规模略小的剪毛场（站）。

③ 建筑要求　一个剪毛场（站）应包括剪毛间、分级间、打包间、储包间和磨刀间。另外，还应建有待剪羊圈、剪毕羊临时停留圈等辅助设施。如果剪毛场（站）的供电是以柴油机为动力，则还应建柴油机机房。按照《中华人民共和国消防条例》的具体要求，在剪毛间和储包间应设置干粉灭火器、水桶等消防器材。各个设施的墙体材料可用彩钢或条砖，内壁尽量不抹灰粉并保持清洁，以便于剪毛期间清扫消毒。房顶应采用便于排水的拱形结构并因地制宜选择材料。整个房间应有足够的高度，墙体净高不低于2.5m，房内最高处不低于3.5m，确保房内通风良好。房内应有良好的光线，可在墙上开设玻璃窗户，内径跨度大的还应设置天窗。屋内地面应结实光洁，可采用混凝土或三合土。

剪毛间的建筑要求：剪毛间内设有剪毛台，剪毛台应高于地面20～30cm，用混凝土浇制或光洁的木板钉制，每个台位宽1.5m，长2.0m。台位旁设置钢管立柱，在其上配置挂件以悬挂电剪头。

分级间的建筑要求：分级间应与剪毛间相邻，内设分级台，台面呈长方形，长2.5m，宽1.5m，高0.8m。台面用钢管或PVC管制成固定或可移动的栅栏，栏间距为1.5～2.0cm。结构应稳定牢固，适宜分级操作，一般每10～12把剪头配置分级台一个。另外，分级间应有相互隔离的不同类型羊毛放置点，以供分级后不同等级羊毛的堆放。

打包间的建筑要求：打包间应与分级间和储包间相邻，内设打包机、台秤等打包设备。

储包间的要求：储包间应与打包间相邻，地面用木板做5～10cm高的支架，房间要干燥、通风良好，房内做好防鼠防虫处理。

辅助设施的建筑要求：待剪羊圈和剪毕羊临时停留圈均应与剪毛间相邻，其规模应根据剪毛场（站）规模而定，圈内墙体用条砖，地面用水泥砌成，尽量保持圈内干净。

不能获得稳定电力供应的剪毛场（站）还应配备足够功率的柴油机作为动力来源，主要供剪毛机和打包机的用电，柴油机房的位置应方便取电，具体可自行设置。

2. 科学完善的生产计划是毛用羊生产管理的基础　我国毛用羊主要分布在东北草原区、

蒙宁甘草原区、新疆草原区、青藏草原区、南方草山草坡区及其农牧混合区，各地区应根据本地区的自然条件、资源条件、技术条件等来制定适合于本地区毛用羊的科学的生产计划。

（1）毛用羊的育种规划　毛用羊育种的最终目标是提高羊毛产量，并根据加工需要改善羊毛品质；育种规划的任务是根据育种目标，制定育种方案并使其实现"最优化"。由此可见，科学完善的育种规划应包括育种目标的确定、育种方案的制订与优化等。

① 育种目标的确定　毛用羊的育种目标是使毛用羊的生产尽可能获得最大的经济效益，这也是确定育种目标的原则。要科学定量化地确定育种目标，首先，应对育种背景条件进行全面调查，也就是要对育种对象群体的生产性能和生产条件进行量化考查。育种对象不仅包括育种群和繁殖群，还应包括羊毛生产的各个环节，即从商品群生产到羊毛后期管理、加工、销售乃至消费等，因此，对这些因素及环节进行全面科学的量化考查，可以为育种目标的确定提供依据。其次，合理地选择育种目标的性状。第一，育种目标的性状应有较大的经济价值，如毛用羊的产毛量和羊毛细度等。需要注意的是，在选择经济性状时不能忽视那些间接性的经济性状和辅助性的经济性状，如羊毛色泽、羊的免疫能力等。第二，选择育种目标性状不能忽视一些"次级性状"，如在繁殖性状等方面应具有足够强的可利用遗传变异性状。第三，如果性状间有较高的遗传相关性，则可选择其中一种性状为目标性状。第四，选择的目标性状，其测定方法应简单明了，容易操作。最后，量化考核育种目标，即建立目标性状的生产函数，对性状的经济加权系数进行科学的估计。

② 育种方案的制订　育种目标确定后，需要制定一个详细的育种方案，包括选择适宜的育种方法和育种群体，并科学地分析各种育种措施可能实现的育种成效及其影响因素，以期能科学合理地实施各种育种措施，实现预期的育种目标。因此，制定育种方案需要做好以下工作：第一，选择适宜的育种方法。根据不同的育种需要选择育种方法，如果要在一个群体中提高羊群遗传水平，应选择纯种选育的方法；如果是要利用两个或两个以上群体间可能产生的杂种优势和遗传互补群体差效应，则应选择杂交繁育的方法。第二，根据不同的育种方法对群体的遗传学和经济学参数进行估计，如果是纯种选育的群体，除了需要估计加性遗传方差和遗传力等参数外，还要估计育种目标性状和辅助选择性状间的表型相关和遗传相关；对于杂交繁育来说，需要估计杂种优势和遗传互补群体差等参数。第三，制订生产性能测定计划，确定进行生产性能测定的个体以及测定方法、时间、环境条件等。充分利用各种有亲缘关系的表型信息，估计出后备种羊个体的综合选择指数，即多性状综合育种值的估计值，依据这个估计值的精确度，计算多性状综合遗传进展，准确评估候选育种方案。然后，在此基础上制定选种选配方案。选种和选配是毛用羊育种中两项最重要的任务，而且相互关联、互为因果。选配计划的制订不仅取决于被选择个体，而且与选择强度即选出的种羊数量直接相关，因此，选种选配方案一定要协调好影响遗传进展的各个重要因素之间的关系，使选种和选配均处于"最优化"。第四，确定遗传进展的传递模型。育种工作的一项重要任务是，采取措施使育种群的遗传进展尽快传递到生产群中发挥作用，而且这个传递过程的速度和效率是衡量育种方案的重要指标。因此，应尽量缩小生产群与育种群间的遗传差距和时间差距，扩大育种群与生产群规模的差距，高效的规模较小的育种群不仅能提高育种材料的价值，而且还能使一些高成本的育种技术措施比较容易实施。

③ 育种方案的"优化"　为了确定具有最佳育种成效的育种方案，应制定出在多项育种措施上具有不同强度的候选育种方案，然后通过遗传进展、育种效益、育种成本以及方案

的可操作性等进行综合评估，最终筛选出"最优化"育种方案。对遗传进展进行评估时应确保正确地使用公式，对所有影响因素进行全面评估。可以利用计算机模拟技术来研究选择效应，包括基因水平上的模拟研究和个体水平上的模拟研究，以准确评估遗传进展。任何一种育种方案在实施前都要考虑育种成本的大小，因此，应采用经济学指标对育种方案进行"投入-产出分析"，估算特定育种方案可能实现的育种产出和可能发生的育种投入，这两者之差就是估计的育种效益。成本越小，效益越大，育种方案越具有可行性。对育种方案进行评估时，还需要考虑该方案所涉及的育种措施是否可行，包括组织实施育种措施所需的规模和相应的条件能否得到满足，育种措施实施结果达不到育种目标要求的可能性等。

（2）羔羊生产计划　羔羊生产计划主要是指配种分娩计划和羊群周转计划。我国毛用羊主要分布在东北草原区、蒙宁甘草原区、新疆草原区、青藏草原区、南方草山草坡区及其农牧混合区，各个地区的气候条件和牧草生长状况差异较大，所以应根据实际情况来安排产羔，产冬羔应在7～9月份配种，12月至第二年1～2月份产羔，产春羔则应在10～12月份配种，第二年3～5月份产羔。在编制羊群配种分娩计划和羊群周转计划时，应掌握以下资料：计划年初羊群各组羊的实有数；去年配种今年产羔的母羊数；确定的母羊受胎率、产羔率、繁殖存活率及生产羔数等。

（3）饲料生产和供应计划　饲料生产和供应计划包括制定饲料定额、各类型羊的日粮标准、青饲料的生产和供应、饲料的留用和管理、饲料的采购与储存以及配合加工等。饲料生产的基本原则是就地取材、尽量挖掘潜力、降低成本、注重多样性、科学配比和四季均衡，饲料采购渠道应较为稳定。饲草等粗饲料应保证贮存1年的库存量，精饲料应保证1个月的库存量。有条件的地区可定期对所购进的饲草和饲料进行营养成分检测，以确保质量安全。

（4）羊群发展计划　制定羊群发展计划，应根据本年度和本户（场）历年的繁殖淘汰情况和实际生产水平并结合对市场的估测，来科学估算羊群的发展计划，其基本公式是：$Mn=(Mn-1)(1-Q)+(Mn-2)P$。其中，M表示繁殖母羊数（以每年配种时的母羊存栏数为准），Q表示繁殖母羊每年的死亡淘汰率（通常为死亡率、病废淘汰率和老年淘汰率三者之和），P表示繁殖母羊的增添率（通常为繁殖存活率、母羊比例、育成母羊育成率和母羊留种率四者之积），Mn表示n年后的繁殖母羊数，$Mn-1$和$Mn-2$分别表示前一年和前两年的繁殖母羊数。

（5）生产作业计划　毛用羊以生产优质羊毛为主要目的，我国毛用羊的羊毛生长周期一般都为一年，每年5～7月份剪毛，整个过程的生产活动基本相同。因此，以羊毛生长流程为依据，结合当地的生产实际，制订毛用羊生产计划，根据生产流程各环节需要控制的技术难点，制定相应的技术规范，可以指导整个生产过程。下面是根据毛用羊生产流程制定的毛用羊生产作业计划。

① 剪毛后至9月底　在这一阶段，羔羊已经断奶，母羊空怀、不哺乳，公羊不配种，且草原牧草生长旺盛，能够提供羊毛生长所需的各种营养，是羊毛生长的黄金期，也是母羊恢复体力和积蓄脂肪的关键时期。这个阶段需要控制的关键环节是：经过枯草期后，毛用羊的采食量大幅增加，又没有其他的生产活动，如果不人为控制毛用羊的采食时间，很容易造成营养过剩，使羊毛纤维细度明显变粗；同时，夏季炎热，紫外线照射强烈，如果不注意保护，羊毛长期暴露在紫外线的照射下，容易使毛尖发黄变脆，甚至分叉，这是我国细羊毛目前普遍存在的质量问题，并且相当严重。另外，剪毛后是毛用羊防治寄生虫病和皮肤病的最

佳时期，需要注意的是，应选择合适的杀虫剂和防治方法，以减少农药残留和羊的交叉感染。因此，需要制定合理的放牧管理技术规范、羊毛保护技术规范和疫病防控技术规范，以指导这个阶段的生产，既保证毛用羊的营养供应，又控制营养均衡，从而提高羊毛质量。

②10月初至11月中旬　10月初毛用羊开始转移进入冬场，牧草开始枯黄，营养降低。但是，一些农作物或者饲料作物脱谷结束后，羊可以在茬地进行放牧，"抢茬"是这一阶段的主要放牧特点之一，"抢茬"的意义相当于补饲精料，可以弥补因牧草干枯造成的营养不足。这个阶段需要控制的关键环节是：第一，适当增加公羊和幼年母羊的补饲，为配种工作做准备。第二，注意羊毛的保护，提高净毛率。由于牧草干枯、茬地尘土、草杂多，再加上补饲草料，使得羊毛受污染的概率增大，如果不及时保护，会使得羊毛中砂土草杂含量增多，导致净毛率降低。第三，这个阶段还要做好羊只的计划防疫工作，以减少疫病的发生。因此，需要制定严格的营养调控技术规范、羊毛保护技术规范和疫病防控技术规范，以指导这个阶段的生产活动，保证羊毛质量。

③11月下旬至12月上旬　这一阶段为配种期，放牧工作基本与前一阶段相似，后期"抢茬"结束，主要放牧于天然草场，放牧仍然是羊只获取营养的主要途径。这个阶段需要控制的关键环节主要是做好羊的补饲，不仅要做好种公羊的补饲和营养供应，而且也要重视母羊的补饲，这样有利于同时保证配种质量和提高羊毛品质。由于采用人工授精，每只发情母羊在配种期内要抓3～6次，每天要在圈内停留半天以上，放牧时间至少缩减50%，放牧时间的缩减和抓羊次数的增加是影响这一阶段羊毛生长和羊毛质量的重要因素之一。因此，在该阶段，应制定严密的育种计划和配种操作规范，来指导配种工作，以合理的补饲方案保证配种质量，实现育种目标。

④12月上旬至1月下旬　在这一阶段，草原牧草干枯，气候寒冷，毛用羊采食量降低，母羊处于妊娠前期。在大多数牧区，这一阶段的成年母羊仍然放牧于天然草场，不补饲；公羊和幼年母羊白天放牧，夜间少量补饲。所以，在这一阶段，毛用羊营养供给减少，热量消耗增大，羊毛生长速度变慢、纤维变细，也会影响胎儿的生长发育；补饲草料、圈舍及草原尘土是羊毛的主要污染源。因此，需要制定合理的营养调控技术规范和羊毛保护技术规范来指导这个阶段的生产活动，保证营养均衡和羊毛质量。

⑤2月初至4月下旬　在这一阶段，干枯的草原或者被积雪覆盖，或者空气中的尘土增大，毛用羊主要依靠采食干草，母羊处于妊娠后期，由于受胎儿的拖累，母羊采食行为受限，营养需求急剧增加，从这个阶段开始，母羊白天放牧，夜间少量补饲，但仍以放牧为主，补饲为辅。这一阶段需要控制的关键环节主要是：第一，因营养严重匮乏，羊毛生长缓慢，细度明显变细，甚至出现饥饿痕，不仅容易使母羊产生"春乏"现象，而且会影响胎儿发育，特别是胎儿皮肤毛囊的发育，影响羊毛密度。第二，草原尘土增大，再加上补饲草料，羊毛污染源显著增多。因此，需要严格按营养调控技术规范进行补饲，采用绵羊穿衣技术保护羊毛。

⑥4月下旬至5月下旬　这个阶段为产羔哺乳期，羔羊哺乳需要从母体乳汁中获取大量营养，所以，母羊的营养消耗非常大，虽然草原牧草开始萌发，但是"抢青"仍然难以满足母羊的营养需求，如果补饲和管理不到位，很容易产生羊毛"弱节"的现象，同时，也会影响羔羊的生长和皮肤毛囊的形成与发育。毛用羊的养殖管理和营养调控仍是这个阶段最主要的控制技术。

⑦ 5 月下旬至剪毛前　这个阶段毛用羊离开冬圈，转入海拔较高的春季牧场或者夏季牧场，草原返青，青草基本能够满足羊只的营养需要，补饲结束，母羊全天带羔放牧。剪毛前，应做好种羊生产性能测定工作。生产性能测定是毛用羊育种工作的基础，生产性能测定的结果，可以为羊群生产水平和个体遗传性能的评价以及群体遗传参数的统计、不同杂交组合效果分析等提供基础信息；生产性能测定也是标准化生产管理的基础，根据生产性能测定的结果对毛用羊进行分群管理，按照不同生产性能的需求进行放牧、补饲和管理等，不仅能充分发挥其生产潜能，而且使同一群羊所剪羊毛纤维的一致性更高，防止不同类型羊毛的交叉污染，为剪毛、羊毛分级等提供方便。这个时期需要控制的关键环节主要是：第一，返青后的放牧应逐步过渡，防止过量进食青嫩牧草引起腹泻，影响羊只健康，也污染羊毛。第二，进入夏季牧场后灌木增多，注意放牧草场的选择，防止带刺灌木挂伤羊或者污染被毛、被毛形态破坏和草刺污染。第三，这个阶段还应对毛用羊臀部和生殖器部位的被毛进行修整，以减少和防止尿黄毛、粪污毛的产生。第四，对毛用羊的生产性能进行客观准确的测定和评估。因此，需要制定严格的放牧管理技术规范和种羊鉴定与生产性能测定技术规范，以指导和控制这一阶段的放牧及种羊鉴定工作。

⑧ 剪毛与羊毛分级　剪毛和羊毛分级是毛用羊生产管理的重要内容，因为剪毛及羊毛分级过程直接影响羊毛质量。剪毛场地的清洁程度、剪毛人员的行为规范和质量意识、剪毛技术的熟练程度以及除边整理、分级的规范性等都会直接影响羊毛质量。因此，必须在严格的剪毛技术规范、羊毛分级整理技术规范和打包技术规范指导下对这个阶段的羊毛质量进行控制，减少异性纤维、有色纤维、有髓纤维等对羊毛的污染，降低毛茬和羊毛质量风险，提高羊毛产量和质量。

3. 有计划地组织生产是毛用羊生产管理的关键

（1）放牧管理

① 放牧地要求　细毛羊生产要求干旱和半干旱的环境条件，对干燥寒冷的地区也具有很好的适应性，不适宜湿热条件。细毛羊比较适合在中、短草型天然禾本科牧草并伴生有部分豆科牧草的草原放牧，灌木丛不宜过多，要求牧草中蛋白质含量丰富，全年饲草供应均衡。流沙较多和风沙较大的地区或盐碱地均会影响羊毛品质。

半细毛羊也比较适宜干旱和半干旱的气候条件，同时，对半湿润、全年温差不太大及较湿热的气候条件也具有较好的适应性。半细毛羊放牧条件要求以中、短型禾本科、豆科及杂草类为佳，牧草中有丰富的蛋白质且全年供给较为均衡，放牧地坡度要小，以 15° 为宜。流动、半流动沙丘及盐碱地均会影响羊毛品质。

② 放牧地管理　放牧地管理包括草地改良和草地利用。

通过草地施肥等措施，可以改善土壤营养状况，提高牧草产量，优化草群组成。通过播种优良牧草，可以恢复逆向演替的原生植被或改变植物群落的组成和结构，增加可利用牧草产量和质量，清除有毒有害植物。此外，补播一些适应性强、饲用价值高的牧草，不仅可以增加草群种类成分和提高牧草的产量与质量，还可以提高地面植被覆盖率。

合理保护和利用天然草场。在春季牧草返青前后和冬季冻土之前的一段时间，应适当降低放牧强度，做好放牧管理，兼顾羊群和草原双重生产性能。牧草刈割也是草地利用的一种主要形式，牧草刈割时期一般应根据饲喂对象和需要来确定，但也必须考虑牧草本身的生长情况，刈割太早，牧草产量会较低，刈割晚，草质已经粗老，营养下降，不利再生。一般豆科牧草多在初花期刈割，禾本科牧草在初穗期刈割，这样牧草既能有较高的产量，其营养物质含量也较丰富。不能刈割留茬太低和过频刈割，留茬太低会影响牧草的继续生长，一般留茬 10cm 左右，过频刈割则会导致牧草地退化。应根据饲草需求的不同，利用刈割次数来控制牧草的品质与产量，如果要草质嫩，叶量多，就增加刈割次数，如果用作青贮，需要更高的产量，则应减少刈割次数，甚至只在青贮时一次性刈割。

（2）羊群组织

① 羊群组成和周转　羊群一般由种公羊群、繁殖母羊群、育成羊群、羔羊群、羯羊群等组成。羊群周转主要是合理安排繁殖母羊参加当年配种，受胎率约为 95%，产羔率为 120% 左右，羔羊存活率为 90%，公母羔羊比例为 1∶1。确定羔羊断奶日龄和适时出栏。

② 羊群结构　羊群结构是指各个组别的羊在羊群中所占比例，主要由饲料供应、圈舍条件、养殖技术水平等因素决定。细毛羊和半细毛羊的羊群结构一般为：种公羊占 2%～4%，成年母羊占 50%～70%，育成羊占 20%～30%，羔羊和羯羊占 20%～30%。

③ 羊群规模　羊群规模的大小应因地制宜，提倡适度规模，根据资金拥有量、当地资源、技术水平等因素来综合确定养殖规模。细毛羊和半细毛羊的培育程度较高，羊群规模不宜太大。一般而言，种公羊和育成公羊的群体宜小，母羊群体宜大。具体可根据放牧草场地形和技术水平来合理确定羊群。在起伏的平坦草原区，羊群可大些，丘陵区则小些；在山区与农区，地形崎岖，草场狭小，羊群宜小；集约化程度高、放牧技术水平高时，羊群可大些。羊群组成后，应保持相对稳定。

④ 整群　整群就是整理羊群，即根据毛用羊的生物学和畜牧学特性，调整羊的数量、配置羊群内个体间比例的一项畜牧技术措施。具体措施包括：了解和分析羊场现状（羊群质量、数量、饲料供应、设备条件等）；调整羊群分布（种公羊、繁殖母羊、育成羊、羔羊和羯羊）；逐步调整羊群结构（品种、血统、性别、年龄等）；分级分群（核心群、繁殖群、生产群）。

⑤ 建立档案　要做好毛用羊的编号，具体可以采用耳标法、刺字法、刻耳法、电子耳标法等方法。此外，还应做好各种记录，如种羊卡片、羊个体鉴定记录、种公羊精液品质检查及利用记录、羊配种记录、羊分娩记录、羊产羔记录、羊生长发育记录、羊生产记录、羊群周转记录、羊补饲饲料消耗记录等。

（3）劳动组织和劳动定额

① 劳动组织　为了充分合理地利用劳动力和提高劳动生产率，必须建立健全劳动组织。根据毛用羊经营范围和规模的不同，各羊场建立劳动组织的形式和结构也有所不同。大中型羊场除设立常规的领导及职能机构（如生产技术科、销售科、财务科、后勤保障科等）外，还必须设有兽医室、畜牧技术室及相关检测室，并根据生产工艺流程将生产劳动组织进一步细分为种公羊组、配种组、母羊组、羔羊组、育成组、饲料组、清粪组等。对各部门各班组人员的配备要依个人的技术专长、文化程度、体力等具体条件，进行合理搭配和科学组织，应尽量保持人员队伍和从事工作的相对稳定。

② 劳动定额　劳动定额是科学组织劳动的重要依据，是羊场计算劳动消耗和核算产品成本的尺度，也是制订劳动力利用计划和定员定编的依据。制订劳动定额，必须遵循以下原则：第一，劳动定额应先进合理，符合实际，切实可行。第二，劳动定额的制订，必须依据以往的经验和目前的生产技术及设施设备等具体条件，以本场中等水平的劳动力所能达到的

数量和质量为标准，不可过高，也不能太低。第三，应使具有一般水平的劳动者经过努力能够达到，先进水平的劳动者经过努力能够超产。只有这样，劳动定额才科学合理，才能起到鼓励劳动者的作用。第四，劳动定额的指标应达到数量和质量标准的统一，如在确定一个饲养员养羊数量的同时，还要确定羊的存活率、生长速度、产品质量、饲料成本、药品费用等指标。第五，各劳动定额间应平衡。不论是养种公羊还是种母羊或者清理排泄物，各种劳动定额应公平合理。此外，劳动定额还应简单明了、便于应用。羊场劳动定额及技术指标见表10-1。

表 10-1　羊场劳动定额及技术指标参考表

项目名称	放牧参考指标
养殖管理条件	以放牧养殖为主，冬春季少量补饲
劳动定额	
种公羊群（只/人）	20～50
育成羊群（只/人）	300～350
繁殖母羊群（只/人）	180～200
羔羊群（只/人）	200～300
羯羊群（只/人）	400～450
技术指标	
繁殖母羊年产胎次	1
断奶羔羊存活率（%）	85
（淘汰羊）育肥期（d）	70～90
（淘汰羊）育肥期死亡率（%）	3～5

（4）建立完善的劳动管理体系　一个管理有序的规模羊场，必须建立完善的劳动管理机构，即以场长负责为主的生产、技术、供销、财务、后勤等劳动管理体系。规模羊场要从实际出发，尽可能地精简机构和人员，实施定员定岗责任制。饲养员的基础定额一般为每人养殖 100 只羊，具体工作量包括饲料加工与饲喂、配种、排泄物清理、环境卫生消毒防疫等；畜牧兽医技术人员原则上每人负责 500 只羊养殖管理的指导和诊疗工作；场部各部门负责人可不设副职；行政后勤保障人员应实行一人多岗制；经营初期不设销售部，销售人员一般采用兼职，随着销售量的增加再考虑设部定员。

4. 强化生产控制是毛用羊生产管理的重要手段

（1）生产进度控制　羊群的生产进度控制是指按照市场对羊产品的需求和羊只的生产规律合理安排和调控羊群的生产进度和生产方向。

（2）生产质量控制

① 建立严格的选种选育制度　要建立质量较好的基础母羊群和种公羊群，每年要引进或调换种公羊，并根据需要选留后备母羊，防止出现近亲繁育。对繁育的种羊应进行严格选育，达到种羊标准的按种羊出售，达不到标准者进行育肥后按肉羊处理或留作羯羊生产羊毛，确保种羊质量。

② 加强疫病防治　提高羊群的养殖管理水平、加强疫病防治和保证羊群健康是毛用羊

养殖和发展的基础。第一，引进种羊时应充分考察当地疫病流行情况，要从无疫区购买种羊。第二，应根据当地羊疫病流行的特点，制定合理的免疫程序并按免疫程序做好防疫接种，提高羊群的免疫能力。第三，应做好定期驱虫工作，使用高效低毒无残留的驱虫药驱除其体内外寄生虫。第四，及时做好消毒工作，定期使用不同种类的消毒剂交叉对圈舍和器具以及放牧地进行全面消毒；尽量减少外来人员入场内参观，场内人员要减少外出，外来或外出人员要进入生产区，必须先进行彻底消毒，防控疫病传入。

③ 加强饲料和放牧地的安全管理　在饲料的生产和采购过程中，要严把质量关，生产和采购安全优质的饲料。严禁有毒、有害物质污染放牧地。

（3）生产成本控制　生产成本主要包括饲料费、人工费、水电费、医药费、办公费、营销费等直接费用，由于这些费用的可变性均较大，因而是控制生产成本的主要内容。一般情况下，饲料、饲草费用占羊场生产总成本的70%以上，在生产成本中起决定性作用。

（二）毛用羊经营管理要点

1. 建立产业化的经营管理模式　经过几十年的艰苦努力，我国的毛用羊生产特别是细毛羊生产取得了较大的发展，养殖数量大幅增加。但是，目前规模大的养殖企业较少，主要还是以农牧户小规模分散养殖的模式存在，从业人员素质相对较为低下，应对市场风险的能力普遍非常弱；在致富心理的驱动下，毛用羊产业经常出现"一窝蜂"现象，无序的"价格战"频繁出现，使得农牧户的经济利益得不到保障，羊毛产量出现波动，整个毛用羊产业一直处于"动荡不安"的状态。羊毛的生产、流通、加工等环节相互脱节，缺乏协调和沟通，生产者大多对市场缺乏了解，生产较为盲目，羊毛的流通主要以小商小贩收购为主，掺杂使假时有发生，羊毛质量参差不齐，优毛优价难以实现，严重挫伤了生产者的积极性，也影响了毛纺加工企业对国毛的采购。由于对国毛的质量缺乏信心，毛纺加工企业大多倾向于购买高价的进口外毛，而很少购买国毛，造成一方面羊毛进口量逐年增加，企业成本提高，另一方面，国毛价格低廉，库存积压。上述这些问题最终形成一种恶性循环，影响整个产业的发展。因此，要使我国毛用羊产业实现平稳健康发展，必须改变目前这种分散落后的经营管理模式，大力发展产业化经营管理。

"十一五"以来，农业部逐步推行农业产业技术体系建设，并设立了绒毛用羊产业技术体系，每年都投入大量资金，用于绒毛用羊的遗传育种、饲料营养、疫病防控等环节的技术研发等。"十二五"又对产业体系结构进行了调整，使其更加完善，目前，该体系基本涵盖了绒毛用羊的生产、科研、质量检验、产品流通和加工、产业经济等方面，为绒毛用羊的产业化发展提供了机遇和契机，因此，应尽快建立完善的产业结构和有效的运行机制，促进产业各环节之间的信息共享和相互协作，以推动整个产业健康稳定的发展。

2. 毛用羊产业的结构组成和职责　毛用羊产业结构应该包括产业办公室（绒毛用羊产业体系办公室）、生产者（种羊场、养殖企业、农牧户、合作社等）、技术支持者（品种培育部门、相关生产技术研发部门等）、质量控制者（质量检验部门、质量控制技术研发部门等）、经纪人（流通人员、交易市场等）和加工企业（以羊毛为原料的生产企业）。

产业办公室是产业发展的协调者，由各环节（生产、技术支持、质量监控、经纪人及企业，甚至包括政府管理人员）的代表组成，负责收集各环节的相关信息并对信息进行处理、研究制定产业发展规划、协调各环节健康有序的发展等。

生产者是毛用羊的养殖者，是整个产业链中最上游的部门，生产者根据市场需求制订生产计划并组织生产，向下游加工企业提供生产原料。通过有计划的生产管理，既满足流通环节的交易需求和下游加工企业的原料加工需要，也使自己生产的产品质量符合加工企业和市场的要求。因此，生产者需要与经纪人及加工企业加强沟通，了解其数量需求和质量要求；生产者还可以根据经纪人和加工企业对产品质量问题和质量要求的反馈信息，及时调整生产计划和改进生产技术，尽量使自己的产品符合市场和加工企业的需求。

技术支持者是指为生产者提供技术支持和服务的部门，包括优质毛用羊新品种的培育、毛用羊生产性能的提高、相关生产技术的研发、实际生产过程中突发事件和技术难题的解决等。因此，技术支持者应与生产者保持密切联系，及时了解生产过程中需要解决的技术难题，并根据生产者、经纪人和加工企业的需求确定研究方向和研究内容；同时，也要了解国内外发展动态及市场需求，进行前瞻性研究，为生产者提供适应市场发展要求的新技术。

质量监控者是为生产者、经纪人和加工企业提供质量服务的部门，质量监控者加强对毛用羊的品质状况、羊毛的质量状况等的检测，及时发现各环节存在的质量风险，并把检测结果及时反馈给生产者、经纪人和加工企业。根据检测结果，生产者了解产品的质量缺陷或质量风险并采取相应的措施进行改进或预防，经纪人可以对产品进行更加合理的定价，加工企业则可以准确了解羊毛的质量指标，从而合理安排生产，降低生产风险。

经纪人是连接生产者和加工企业的纽带，是生产者的产品转化为经济效益的载体，也是加工企业采购原料的渠道，其操作过程的规范程度对羊毛价值的实现和羊毛质量的控制都是非常重要的。经纪人应该从产业良性发展的大局出发，加强行业自律，严守行业规范，做到诚实守信，既保证使生产者的产品能够物尽其用，优质优价，又使加工企业能够快捷、安全地采购到符合生产要求的原料。

毛纺加工企业位于整个产业链的下游，是生产者产品（羊毛）的使用者。羊毛质量的优劣会直接影响毛纺制品的质量，进而影响毛纺加工企业使用国毛的积极性，而毛纺加工企业对国毛的认可与使用又直接影响生产者养殖毛用羊的积极性。所以，产业链条上游的生产者和下游的毛纺加工企业既相互联系又相互制约，而中间的技术支持部门、质量监控部门和经纪人都是为这两个部门提供服务从而使其实现协调发展的保障机构。

3. 毛用羊产业的运行机制　毛用羊产业的运行应该在产业办公室的统一组织协调下，各部门各环节既各司其职又相互协作，一方面，应明确自身在产业系统中所处的位置，以便了解产业对自身发展的影响和自己对整个产业发展的影响；另一方面，应了解产业的运行规律及在今后的发展趋势，以便及时调整工作计划，促进产业的健康发展。同时，产业办公室也可通过对毛用羊产业发展中的各个事件进行全方位模拟和动态仿真分析来预测产业发展的趋势，调整产业发展方向和长远规划。

（1）毛用羊产业的经营模式

① 生产者—加工企业　这是一种理想的经营模式，生产者直接对接羊毛加工企业，没有中间环节，羊毛质量和价格非常透明。但这种模式只适合于大规模的养殖企业，对我国目前的毛用羊生产并不适合。我国的毛用羊生产还主要是农牧户分散养殖，并且每户养殖规模普遍较小，羊毛产量低。因此，将分散的羊毛集中起来是发展这种经营模式的基本要求。

② 生产者—中间商—加工企业　这种模式比较适合我国目前的小规模分散养殖模式，中间商的加入，可以将生产者分散的羊毛集中起来，方便企业收购，起到了联系生产者和加工企业的纽带作用。在现实中，羊毛收购的中间商主要由大小商贩组成。小商贩大多资金

少、运输工具简单、对农牧户和剪毛点比较熟悉，但也存在信息不灵、对加工企业的需求不熟悉等缺点；大商贩则拥有较多的资金，熟悉市场和企业需求，有一定的销售渠道，但是，不管是大商贩还是小商贩，大多是没有经过注册的自由商，存在很多不确定因素，由于缺乏相应的政府监管，这种模式不利于保证羊毛的合理定价和羊毛质量的提高，容易出现打压价格、掺杂使假等现象。

③ 生产者—中间商—经销商—拍卖市场—羊毛加工企业　这种模式中增加了经销商和拍卖市场，经销商大多是经过注册的正规羊毛经销企业。该模式的羊毛收购过程是，先由商贩从生产者处收购羊毛，然后羊毛经销企业再从商贩处批量集中收购羊毛，进行简单分级打包后到拍卖市场参加拍卖交易，或者直接销售给羊毛加工企业；或者中间商将生产者的羊毛集中起来并进行简单分级打包后直接到拍卖市场参加拍卖交易。由于拍卖市场的加入，羊毛加工企业采购的羊毛已经进行了简单的分级和包装，但由于中间环节增加并且没有有效的监管，羊毛分级打包的质量无法控制，导致羊毛质量风险增大，而且随着中间环节的增多，会导致流通费用增加和羊毛收购价格上涨。

④ 生产者—农牧户协会—经销商（拍卖市场）—羊毛加工企业　在这种模式中，农牧户协会取代中间商，与经销商或者拍卖市场建立联系。农牧户协会是由农牧户（生产者）自己组成的社会团体。农牧户协会代替中间商，可以有效保护农牧户的利益，还可以在一定程度上保证羊毛质量；同时，农牧户协会的作用可以前移到羊毛的生产环节，如由协会组织集中剪毛、对羊毛进行统一分级打包等，然后集中组织参加拍卖交易，或者与经销商联系，这样既减少了中间环节的费用，又降低了羊毛的质量风险。此外，拍卖市场作为第三方保障协调组织，其加入可使羊毛交易价格相对更透明、更公正，同时，也使整个产业链更加稳定。因此，这是一种比较适合我国目前毛用羊生产现状的经营模式。

⑤ 生产者—生产合作社（农牧户协会）—羊毛加工企业　这种模式中没有经销商和拍卖市场，由生产合作社或农牧户协会直接与羊毛加工企业对接。这里的生产合作社也是由农牧户组成的组织，它不只是一个协调组织，还可以直接参与生产，如在毛用羊生产较集中的地区，可由文化程度较高、懂技术、会经营的农牧户牵头，成立毛用羊生产合作社，其他农牧户可以将自己的羊群、草场等入股或租用给合作社进行统一管理，年底再按照入股毛用羊数、草场等进行分红。合作社在运行过程中，按照标准化的生产规范统一管理羊群和草原，直接与羊毛加工企业对接，根据企业要求对羊毛进行标准化的剪毛、分级和打包，并直接出售给企业，使生产者与加工者直接对接，实现有计划有目的的生产，企业也可以逐步实现订单采购，这种模式不仅适合我国目前的毛用羊生产现状，而且克服了羊毛产地和拍卖市场地域相隔很远情况下进行异地拍卖存在的一些弊端。但是，在这种模式中，合作社必须健全和完善各项规章制度和职能，严格按照标准化规范进行生产经营，在提高羊毛产量的同时，还应注重提高羊毛质量。

⑥ 生产者—基地—羊毛加工企业　这种模式是在前一种模式的基础上形成的。如果一个生产合作社运行良好，形成了一定的规模，并且严格按照标准化规范进行生产管理，羊毛质量符合企业要求，那么该合作社可以与生产经营规模较大的企业进行进一步的深入合作，发展成为其原料基地。通过合同管理，基地生产满足企业要求的羊毛，而企业必须包销基地的所有羊毛；企业也可以参与羊毛的生产管理，如羊毛分级整理可以由企业的选毛工厂来完成，将工厂的选毛环节前移，与剪毛同时进行，完整套毛不仅使分拣更容易，降低生产成

本，而且可以直接按企业要求进行分选，实现订单生产，降低质量风险。在这种模式下，生产者的羊毛销路有了保障，可以专注于生产优质羊毛，加工企业的原料供应也有了保障。因此，这种模式是一种能够使生产者和企业实现双赢的模式，也是有效解决我国羊毛流通体系不规范、羊毛质量参差不齐的模式。

（2）羊场的经营管理

① 经营方式

生产责任制：根据不同工种配备不同人员及任务，使得每一名职工都有明确的职责范围、具体的任务和科学的工作量，做到分工明确、责任到人，并实行严格考核，奖惩分明。实行生产责任制可以充分调动职工生产积极性，改善经营管理，提高劳动效率。

承包责任制：羊场以承包经营合同的形式分片承包，确定了企业与承包者的权、利、责，职工会将自己置身于经营管理者的位置，可以更好地管理和经营，承包者自主经营、自负盈亏。在规模羊场中，这种经营方式可以降低经营风险，调动员工的生产积极性。

股份合作制：全体劳动者自愿入股，实行按资分红、利益共享、风险共担、独立核算、自负盈亏。每一个股东既是企业的投资者、所有者，又是劳动者、经营者，拥有参与决策和管理的权利。这种经营方式一方面解决了资金不足问题，另一方面还明确了产权关系，可以充分调动全体劳动者的生产积极性。

② 经营责权　合理分工，各尽所能。实行分工，可以做到因才施用，人尽其才，有利于提高劳动生产率。

全面落实生产责任制，使责、权、利统一。根据实际情况和工作内容，因地制宜，采取多种形式，以有利于调动职工的积极性与责任感和提高羊场经济效益为原则制定责任制。

确定合理的劳动报酬。根据工作难易、技术要求程度、劳动强度等确定合理的工资水平，体现多劳多得的分配原则。采取责任工资和超定额奖励工资相结合或者岗位工资和效益工资相结合的办法，充分调动职工的劳动生产积极性和创造性。

及时支付劳动报酬。对职工应得的劳动报酬，应按照签订的责任书内容和科学的计酬标准严格考核，及时支付，奖惩分明，调动职工的劳动积极性。

保持和谐的工作环境。羊场要以人为本，对全场职工在生活上关心，工作上支持，遇事多与职工商量，充分发挥广大职工的智慧和才能，不断增强羊场的凝聚力。

③ 销售管理

销售预测：销售预测是在市场调查的基础上，对羊产品的供需趋势做出较为准确的估计和判断。羊产品市场是销售预测的基础，羊产品市场调查的对象是已经存在的市场，而销售预测的对象是尚未形成的市场。羊产品销售预测分为长期预测、中期预测和短期预测。长期预测指 5～10 年的预测；中期预测一般指 2～3 年的预测；短期预测一般为每年内各季度月份的预测，主要用于指导短期生产活动。进行预测时，可采用定性预测和定量预测两种方法，定性预测是指对预测对象未来发展的性质方向进行判断性、经验性的预测，定量预测是通过定量分析对预测对象及其影响因素之间的密切程度进行预测。两种方法各有所长，应从实际情况出发，结合使用。

销售决策：影响企业销售规模的因素有两个：一是市场需求，二是羊场的销售能力。市场需求是外因，是羊场外部环境对羊场产品销售提供的机会；销售能力是内因，是羊场内部可控制的因素。对具有较高市场开发潜力但目前在市场上占有率低的产品，应加强产品的销售推广宣传工作，尽力提高市场占有率；对具有较高的市场开发潜力且在市场有较高占有率的产品，应有足够的投资维持市场占有率，但由于其成长期潜力有限，不应过多投资；对市场开发潜力小且市场占有率低的产品，应考虑调整企业产品组合。

销售计划：羊产品的销售计划是羊场经营计划的重要组成部分，制定科学合理的羊产品销售计划，是做好销售工作的必要条件，也是制定科学合理的羊场生产经营计划的前提，其主要内容包括销售量、销售额、销售费用、销售利润等。制订销售计划的中心是要完成企业的销售管理任务，在最短的时间内，以理想的价格销售产品，及时收回货款，取得较好的经济效益。

销售形式：销售形式是指羊产品从生产领域进入消费领域，即从生产者到消费者所经过的途径和采取的购销形式。不同服务领域和收购部门经销范围的羊产品销售形势也各有不同，主要包括国家预购、国家订购、外贸流通、羊场自行销售、联合销售、合同销售等六种形式。合理的销售形式可以加速羊产品的流通速度，减少流通过程的消耗，节约流通费用，有利于提高羊产品的市场竞争力。

④ 财务管理和成本管理

财务管理：财务管理是有关筹集、分配、使用资金（或经费）以及处理财务关系方面的管理工作的总称。制定财务计划是搞好财务管理的前提和基础。制定财务计划时，应贯彻增产节约、勤俭办场的方针，遵循既充分挖掘各方面的潜力，又注意留有余地的原则，并与生产计划相衔接。在实际操作中，除会计核算和物资保管外，羊场中的每个部门都尽可能参与到涉及的财务管理工作中，充分调动全体职工的积极性，做好财务管理工作。

成本核算：成本核算必须要有详细的收入与支出记录，在记录的基础上，可根据下列公式计算成本：毛用羊生产总成本＝劳动力支出＋饲料消耗支出＋固定资产折旧费＋医疗防疫费＋上缴税金。

经济效益分析：一般通过投入产出情况分析来进行毛用羊生产的经济效益分析，具体的分析指标包括总产值、净产值、盈利额、利润额等。

总产值指各项毛用羊生产的总收入，包括销售产品（毛、肉、皮等）的收入，自用产品的收入，出售种羊、育肥羊的销售收入，淘汰羊的销售收入，羊群存栏折价收入等。

净产值指通过毛用羊生产创造的价值，其核算方法是用总产值减去毛用羊人工费用、饲料消耗费、医疗防疫费等。

盈利额指毛用羊生产创造的剩余价值，是从总产值中扣除生产成本后的剩余部分，其计算公式为：盈利额＝总产值－毛用羊生产总成本。

利润额：毛用羊生产创造的剩余价值（盈利）并不是毛用羊生产者所得的全部利润，还必须向国家缴纳一定的税金和向地方缴纳有关生产管理和公益事业建设费，余下的才是毛用羊生产者新创造的经济价值即利润。毛用羊生产利润的计算公式为：毛用羊生产利润＝毛用羊生产盈利－税金－其他费用。

成本控制：根据羊场生产经营计划和实际情况编制生产成本预算，对全年的经营收入、支出等编制基本预算，制定资金需求和来源的计划，并对全年的生产经营成本进行控制管理。

⑤ 经营诊断 经营诊断，即毛用羊生产的经济活动分析，是根据经济核算所反映的生产经营管理状况，对毛用羊生产的产品产量、劳动生产率、羊群及其他生产资料的利用情

况、饲料等物资供应情况、生产成本等方面进行全面系统的分析，检查生产计划完成情况以及影响计划完成的各种有利因素和不利因素，对毛用羊生产的经济活动进行准确评价，并在此基础上制定下一阶段保证完成和超额完成生产任务的方法和措施。经济活动分析的常用方法是根据核算资料，以生产计划为起点，对经济活动的各个部分进行分析研究。首先，检查本年度计划完成情况，比较本年度与上年度同期的生产结果，检查生产的增长及其措施，比较本年度和历年的生产结果等；然后，确定本年度生产出现变化的原因，制定今后的生产经营管理措施。经济活动分析的主要项目是畜群结构、饲料消耗（包括定额的饲料饲喂量、饲料利用率等）、劳动力利用情况（包括配置情况、劳动生产率等）、资金利用情况、产品率状况（主要指繁殖率、产羔率、存活率、日增重、饲料报酬等技术指标）、产品成本分析、盈亏状况等。

二、绒山羊生产经营管理要点

（一）绒山羊生产经营管理要点

为使绒山羊养殖获得较好的经济效益，除了应做好日常生产管理外，还应具备一定的经营管理能力。

1. 树立科学的经营理念 养殖绒山羊所需条件不高，再加上绒山羊具有耐粗饲、适应性强等特点，从而使绒山羊养殖业成为进入门槛较低的行业，该行业也是各地区农村扶贫重点选择项目。近年来，绒山羊养殖回报率较高，种羊价格高涨，收益大幅度上升。有人认为养殖绒山羊投资少、回报快、收益高，便盲目大量投资养殖绒山羊。2008年国际金融危机爆发，导致羊绒消费量下降、出口受阻，养殖绒山羊的收益大跌，很多投资者低价甩卖，退出绒山羊养殖业，绒山羊养殖业的正常生产出现了大幅波动。养殖绒山羊应树立科学的生产经营理念，坚持稳定发展，有长期产业发展思想准备。在从事绒山羊养殖业过程中，应通过各种渠道收集产业发展相关信息，做好产业发展前景分析和预测，根据市场行情变化，调整经营规模和控制生产经营成本。

2. 加强成本核算 在保证羊生产性能正常发挥的基础上，加强养殖成本控制，使养殖效益最大化。饲料应因地制宜，充分利用本地区的草地资源、农作物秸秆等饲料资源，做好精粗饲料的合理搭配。在圈舍修建、疫病防治等方面应做好统筹规划。总之，在生产经营的每个环节都要加强成本核算，将养殖成本控制在合理范围内。

3. 科学理财 开展绒山羊养殖，要加强财务管理，做到科学理财。疫病防治、种羊引进、人才聘用、饲料和兽药的购买、机械设备购置、考察、办公等方面的支出，应根据养殖场的实际情况区分轻重缓急，量入为出，合理规划，全面考虑，提高资金使用效率。

4. 关注国家及地方政府的绒山羊产业发展相关政策 国家及地方政府出台实施的绒山羊产业发展相关政策，会对绒山羊产业发展和养殖效益产生重要影响。为了提高绒山羊养殖户的组织化程度和促进绒山羊养殖活动向规模化、规范化方向发展，近年来，政府出台了扶持绒山羊养殖专业合作社或养殖小区发展的财政补贴政策；为了保护草原生态环境和治理水土流失，目前，各省区均制定并出台实施了严格的草原禁牧限牧政策或封山禁牧政策，推广进行绒山羊的完全舍饲或半舍饲。在这些政策背景下，绒山羊养殖户应充分考虑本地区的资源、环境和条件，确定适度养殖规模，加强优质种羊引进，积极采用先进实用养殖技术，以获得较好的养殖经济效益。

5. 提高生产的技术含量　在绒山羊养殖过程中，应积极采用先进的生产技术，提高绒山羊养殖经济效益。引入优质种羊和冻精技术，做好绒山羊群体的繁育和改良工作，提高羊群的生产性能；采用同期发情技术，开展一年两产、两年三产，提高产羔率；采用科学的管理方法和羔羊代乳料，实现羔羊早期断奶和提前出栏；加强羊绒分级整理，逐步实现优质优价。

6. 多渠道获取绒山羊产业发展的相关信息　绒山羊养殖户应充分利用报刊、杂志、网络、电话、电视、政府相关部门等渠道，获取绒山羊产业发展的相关信息，如产量、价格、技术等，并对这些信息进行综合分析，然后据此及时调整养殖决策，以确保绒山羊养殖经济效益最大化。

7. 诚信经营　坚持诚信为本，不搞欺诈经营，诚实守信，谋求长远发展。

（二）绒山羊生产经营管理战略

1. 一体化战略　一体化包括横向一体化和纵向一体化。横向一体化是指将国内或一个地区的羊绒加工企业联合起来，形成实力较大的加工集团，提高羊绒产品的加工能力和科技水平。纵向一体化即羊绒加工企业向上游产业或下游产业延伸。政府创造软硬环境，健全良种繁育、饲草饲料供应、疾病防治、产品加工、市场流通等体系，鼓励羊绒加工企业采取"企业＋基地＋农牧户"的方式，与农牧户形成利益共同体，减少羊毛流通中间环节，走出羊绒价格暴涨暴跌的怪圈，实现羊绒产业平稳有序发展。

2. 品牌战略　加快羊绒制品的技术创新，研发精纺绒衫、面料等高档精纺羊绒产品，获取先进的知识产权和技术专利，带动羊绒产业走深加工、高附加值的集约化发展道路，实现羊绒产业的升级，打造羊绒产品的知名品牌。通过创造名牌产品，增强羊绒制品的国际竞争力，提高产品附加值，带动绒山羊产业的发展。

3. 生产调控战略　我国是世界最大羊绒生产国。为了更好地应对国际市场羊绒价格的波动，应调整我国羊绒产量，即通过控制绒山羊存栏量，适当减少绒山羊饲养量，控制羊绒供应量，影响国际市场羊绒价格，同时，还可以减轻草原压力，促进草原生态平衡的恢复。

4. 可持续发展战略

（1）禁牧限养　在荒漠、半荒漠草原或风沙区应坚决实施禁牧限养措施，并加强人工种草植灌，确保植被恢复和生态环境建设。

（2）划区轮牧　在植被好的草原要尽快实现草原确权。制定条例，出台政策，划定草原所有权，实行谁拥有，谁治理，谁受益。在牧区应以草定羊，控制规模，草羊平衡，划区轮牧，在枯草期实行舍饲养殖。

（3）林牧结合　在林区要逐步实现草、灌、乔结合，特别是种植一些易于存活、根系发达、固沙、固坡性能好的灌木或其他树种，如三倍体刺槐、沙棘等；在灌木丛生、植被良好的林区，可进行林牧结合。适度放牧，可促进牧草和灌木的根系发达和再生，有利于保护植被。

（4）种草养羊　在半农半牧区或半林区，应大力推广营养价值高且高产牧草的人工种植，为舍饲养羊提供优质牧草。

（5）秸秆养羊　农区农作物秸秆资源丰富，是发展绒山羊养殖的重要饲料来源之一，应充分利用这些农作物秸秆资源。

5. 扩大内需战略　随着收入水平的持续提高，人们对中高档羊绒产品的消费能力也在逐渐增强。因此，相关毛纺加工企业和毛纺行业协会应加强宣传，提高人们对羊绒制品的了解和认知，逐步培育国内消费者对羊绒制品的消费观念，扩大羊绒制品的国内消费量，为我国绒山羊养殖业的发展提供动力。

（三）不同规模绒山羊养殖户（场）的生产经营管理要点

1. 分散放牧养殖的管理要点

（1）严禁公母羊、大小羊混群放牧和补饲，防止偷配滥配，提高补饲效果。

（2）合理安排人力资源，提高人力资源配置效率。

（3）全年以放牧为主，补饲为辅，降低饲料成本。

（4）跟群放牧，保证羊群安全，防止造成经济纠纷和经济损失。

（5）禁止超载放牧，实行有计划轮牧。

（6）放牧场要做好防火、防鼠、防虫和防毒草工作。

（7）适时转入舍饲和梳绒，防止羊绒丢失。

（8）做好饮水卫生安全，禁饮不洁和污染水源。

2. 规模化舍饲养殖的管理要点

（1）具备一定的硬件设施和条件，加强日常养殖管理　规模养殖场必须具备一定的基础设施、设备及技术条件。养殖管理者必须掌握绒山羊的管理技术，运用科学的方法进行养殖，提升日常养殖管理水平，做到科学养殖。

（2）提高养殖的综合经济效益　由于规模养殖拥有数量较多的羊和较为完善的基础设施和技术条件，因而更有利于先进技术在养殖管理中的采用。在养殖、繁育、羊绒销售等环节合理配置资本、技术、人才等生产要素，可以实现养殖规模的合理扩增和羊绒产量的增加，从而提高绒山羊养殖的整体经济效益。

（3）控制养殖密度　规模养殖羊只数量较多，在舍饲和半舍饲条件下，密度过大会造成羊互相顶伤，环境恶化，防疫难度加大，影响养殖的经济效益。因此，应根据圈舍面积来合理控制养殖密度。

（4）分群养殖　根据羊只的性别、年龄、体重、质量等对羊群进行合理的分群养殖，使绒山羊的养殖管理更加科学化、精细化，提高养殖经济效益。

（5）提高卫生安全水平，控制环境污染　健全制度、规范生产、加强管理，确保免疫工作和饲料等投入品安全，使卫生安全监管常态化、制度化，提高养殖场的卫生安全水平。标准化养殖小区要配套建设堆粪场、化粪池等羊排泄物处理设施，在经过沉淀、过滤、发酵等处理后，实现无污染排放，有效地改善养殖小区周边环境。此外，还应积极配合政府有关部门开展动物疫病和畜产品质量安全的监管抽查工作。

（6）建立健全各种规章制度　按照《中华人民共和国动物防疫法》建立健全《引种申报防疫监督制度》、《定期清洗消毒制度》、《外来人员消毒制度》、《饲养管理人员进出场消毒制度》等制度；按照科学的免疫程序制订《免疫注射制度》；完善各种养殖管理规程、人员管理制度等。

（四）绒山羊质量管理体系规划

1. 育种体系建设

（1）建立优良品种保种区　我国现有绒山羊品种如辽宁绒山羊、内蒙古白绒山羊等都是优良绒山羊品种，为了保证种群的稳定，应建立绒山羊优良品种保种区，切实加强优良品种的育种保种工作。在品种保护区内，禁止引入其他品种，保持绒山羊品种基因的纯正性。

（2）建立健全绒山羊繁育及生产体系 绒山羊繁育及生产体系主要包括原种场、扩繁场和生产场。原种场主要进行品种保护和选育，一般一个种畜场养殖一个或一个以上品种，主要为扩繁场提供纯种公羊和后备母羊，同时也进行新品种选育。扩繁场主要养殖纯种和改良母羊。生产场主要养殖优质绒山羊群体。

（3）应用现代分子生物工程技术进行绒山羊育种和改良 应用现代分子生物工程技术进行绒山羊的育种和改良，人为地选择、控制、引导、加强、积累和稳定有益的遗传物质变异，使绒山羊品种质量显著提升，生产获得更高的经济收益，其重点是提高绒山羊群体的产绒量和羊绒品质，提高高产优质种羊的遗传稳定性和改良效果，加快绒山羊的育种速度。

（4）建立健全遗传评定体系 健全的遗传评定体系不仅可以让育种者准确了解种羊的遗传进展，而且还为生产者选择种羊提供可靠的信息。遗传评定的重点是估计育种值，包括种羊本身生产性能及亲属的生产性能，并依据每个性状遗传力和不同性状间遗传相关，利用数学模型进行遗传性评定。

（5）建立健全跟踪记录体系 建立健全种羊谱系及生产性能跟踪记录体系，每只种羊都应建立完整的信息档案材料，种羊销售后，其信息档案应随之转入到购买者，以逐步实现种羊的可追溯。

（6）成立全国性的绒山羊协会 成立全国性的绒山羊协会，协会由各地方品种绒山羊分会和相关高校或科研机构共同组成，主要负责开展绒山羊的遗传育种、饲料营养、疫病防治等方面的科研和经验交流工作。

2. 兽医防疫体系建设

（1）建立健全疫病监测体系 我国绒山羊品种数量较多、分布范围广、流动性大、疫病防治工作任务艰巨，因此，需要尽快建立健全绒山羊疫病监测体系，使疫病监测工作系统化规范化。对绒山羊个体进行统一编号，每只绒山羊佩戴唯一可识别无重复耳标，耳标中应包含品种、出生地区、日期、性别等信息；绒山羊个体还要佩戴免疫标识，只有通过免疫的绒山羊才能进入市场流通。

（2）建立突发疫病应对预案 为了有效应对突发的绒山羊疫情，应制定较为完备的应急预案，具体可由各级畜牧兽医主管部门执行，将疫情应急管理同政府决策实施统一起来。同时，还应编制疫情应对技术规范手册，并不断更新手册内容。

（3）加强兽医培训工作 实行"兽医认证制度"，建立高水平的兽医队伍。通过考试等方式，选拔熟悉绒山羊健康服务基本情况的基层兽医人员，并对其进行培训，培训结束后再进行考核，考核合格的发放认证证书，加强培养高水平的兽医。

3. 种羊、冻精推广体系

（1）开展种羊鉴定工作 成立绒山羊种羊专业技术鉴定组织，制定不同品种绒山羊种羊鉴定分级标准，专业技术鉴定组织严格按照绒山羊种羊鉴定分级标准开展绒山羊种羊鉴定工作。

（2）建立健全种羊和冻精的生产技术操作规程 种羊和冻精的生产技术操作规程具体包括：种羊鉴定技术规程、种羊调运规程、种羊生殖保健技术操作规程、冻精生产技术规程、冻精配种技术规程以及与此有关的母羊发情排卵鉴定技术规程、母羊药物处理发情技术规程等行业标准。

（3）引进新技术新设备　通过引进新技术、新设备，提高种羊培育、冻精生产及利用水平，确保优良品种资源得到充分高效利用。

（4）建立健全技术服务体系　建立健全种羊、冻精推广的技术服务体系，组建各种服务体系或服务网，为种羊和冻精的使用方提供技术培训和技术支持，在条件允许的情况下，还可以利用政府扶持政策对使用方提供补贴，提高使用方的采用积极性，促进种羊和冻精的运用和推广。

4. 推广机械剪绒，逐步建立羊绒分类分级制度　规范剪绒工作，推广应用机械剪绒，成立专业剪绒队，采用电动剪绒，提高剪绒工作效率。做好羊绒的分类分梳，逐步建立羊绒分类分级制度，规范羊绒分级整理工作，可以尝试制定科学的羊绒分级方法，成年羊和幼龄羊分别抓绒，或者根据羊只不同部位羊绒细度差异，不同羊只按部位分类分梳管理，分别包装，在收购站实行分级验质，逐步实现优质优价。

5. 加强种羊、羊绒质量监测体系建设　建立种羊、羊绒登记制度。对出售的种羊和羊绒，先由专门的检验机构进行鉴定分级，发给出售者种羊、羊绒检验证件，凭证出售。种羊登记的主要内容包括年龄、健康程度、疫病检测、体重、外貌、体尺、产绒量、繁殖性能及后代性能表现等；羊绒应采取抽样检测，检测内容包括羊绒长度、细度、拉力、净绒率、含水率等指标，在出售前应再进行一次抽检。

国家相关检验部门每年应对各地的羊绒和种羊进行大范围抽检，以深入了解种羊和羊绒的质量变化趋势，及时发现问题并提供指导。

6. 加强健康养殖体系建设　"健康养殖"就是根据养殖对象的生物学特性，运用生理学、生态学和营养学理论来指导养殖生产，以保护人畜健康、生产安全营养的畜产品为目的，发展无公害生产，主要包括养殖场址选择、布局与建设、饲料及加工调制、养殖与管理、繁殖、消毒与防疫、废物处理与利用、组织管理、记录与档案管理等。在场址选择上，要保证周围水源的安全，远离生活区；在布局方面，羊场内部要设有隔离带并保持一定距离，生活区、生产区和管理区的布局要合理；在饲料加工调制上，要防止饲料中含有毒、霉变物质以及病原菌、寄生虫等，青贮饲料酸度不能过高，放牧牧场要经过人工查验确认无毒草、兽害或者危害控制在可接受范围内，才能投入使用，在舍饲条件下，还应科学配制饲料，保证饲料营养搭配合理，满足羊的生长需求；在种羊繁殖上，要做好影响繁殖性能发挥的污染性和放射性物质等潜在危害的预防；在疫病防治方面，不使用禁止使用的药品如激素、抗生素及药物残留期长的药品等；妥善处理养殖过程中产生的羊粪、羊尿、尸体、胎衣胎盘、染菌容器等，羊粪羊尿要进行堆积发酵处理或用于制取沼气，尸体、胎衣胎盘等要做消毒深埋处理；在档案管理方面，建立完整的养殖档案，详细记录羊只繁殖、发病、用药、防疫等信息。

7. 构建标准化养殖体系　根据绒山羊在品种、养殖方式等方面的特点，制定科学的养殖技术方案，形成具体细化的管理措施、标准和规定来指导绒山羊养殖。

8. 建立风险规避体系　采取多种措施，提高绒山羊产业应对各种风险的能力。鼓励加工企业与生产者签订羊绒收购协议，同时保障羊绒生产者羊绒的销路和加工企业的加工原料来源。鼓励金融机构开展绒山羊养殖保险业务，在一定程度上降低绒山羊养殖面临的疫病、价格等风险。

9. 加强绒山羊饲料供给体系建设　规模养殖场要建立专用的饲草用地，种植营养价值高、丰产的牧草品种。在建场时，应选择运输饲料资源较为便利的地点，充分利用当地的农作物秸秆资源，通过氨化、青贮、微生物处理、粉碎等加工手段，提高饲料的适口性并延长饲料的保存时间。

（五）绒山羊地理标志产品申报

地理标志产品是指产自特定地域，所具有的质量、声誉或其他特性在本质上取决于该产地的自然因素和人文因素，经审核批准以地理名称进行命名的产品。申报绒山羊地理标志产品具有以下重要意义：第一，地理标志产品与特定的地理区域密切相关，独特的资源在市场上往往具有较强的"比较优势"，甚至会形成"绝对优势"，从而有利于提高产品的市场竞争力和价格水平。第二，有利于发展"地理标志产品＋龙头企业＋养殖户"的生产经营模式，提高绒山羊养殖的经济效益。第三，可以规范原产地绒山羊产业的发展，有利于品种保护。通过发展具有地域特色的绒山羊地理标志产品，可以进一步促进当地绒山羊产业的发展，有利于更好地保护当地的绒山羊品种资源。

第三节　生产标准化质量控制技术

现阶段，我国毛绒产业各环节发展还不均衡。毛纺织业为了适应市场变化，在产业结构调整中不断淘汰小产能和落后产能，已经越来越趋向于规模化生产，因而对毛绒原料标准的要求也越来越高。而目前，我国毛绒生产却存在诸多问题，集体养殖的羊数量不断减少，养殖趋于分散且规模普遍较小，不同品种、年龄、性别的羊混群养殖、毛绒混等混级。当前，我国已经成为世界第一大毛绒加工国、世界第二大产毛国和第一大产绒国，每年的毛绒需求量对国际市场价格影响较大，但上述问题的存在却导致国产毛绒的市场受欢迎程度不高，价格也均相对较低。

标准是连接生产和市场的纽带和桥梁。我国迫切需要建立健全毛绒标准化质量控制技术，以实现毛绒的标准化生产，从而克服目前的毛绒生产方式存在的诸多弊端，进而与产业链下游企业建立良性关系，实现毛绒产业的健康可持续发展。

一、毛绒品质指标及其影响因素

建立毛绒标准化质量控制技术，首先应全面了解毛绒的品质指标及其影响因素。毛绒的品质主要指标包括细度、细度离散、长度、长度离散、强度、色泽、油汗含量、杂质含量、净毛率、卷曲、弹性等。其中，对毛绒产品纺织加工性能影响较大的指标是细度和长度。

（一）细度和细度离散及其影响因素

毛绒细度是指毛绒纤维的平均直径，细度离散则反映细度的变化范围。一般来说，细度越低且细度离散越小的毛绒所具有的纺织价值和市场价格往往也越高。影响毛绒细度和细度离散的因素较多。首先是绒毛用羊的品种。目前，我国绵、山羊良种化程度还比较低，从而导致毛绒的细度和细度离散参差不齐。其次，养殖管理水平的不同也会导致毛绒细度出现明显差异。再次，毛绒生产混等混级是造成细度下降和细度离散增加的最主要因素之一，也是我国目前毛绒生产的关键问题之一。

（二）长度和长度离散及其影响因素

毛绒长度是指毛绒的平均长度，长度离散则反映长度变化范围。一般来说，长度越长且长度离散越小的毛绒所具有的纺织价值也越高。影响长度和长度离散的主要因素有绒毛用羊的品种、剪毛与剪（抓）绒操作、分级整理等。不同品种绒毛用羊所产毛绒的长度差异往往较大。目前，我国的绒毛仍主要采用人工方式来剪或梳，因而剪毛与剪（抓）绒的操作往往对毛绒长度产生较大影响。分级整理则是影响毛绒长度离散的主要因素之一。

（三）强度及其影响因素

毛绒强度分为单纤维强度和束强度，分别指拉断一根或一束毛绒纤维所需要的每单位平均线密度的最大力量。一般细度较大的毛绒强度较大，细度越均匀的毛绒强度也较大，存在明显弱节的毛绒强度往往较小。此外，毛绒强度还与品种和养殖管理等有关。

（四）色泽及其影响因素

毛绒天然形成的色泽是由品种决定的。绵羊毛通常是白色的。根据颜色的不同，羊绒主要分为三种，即白绒、青绒和紫绒。根据毛纺加工的一般要求，不同颜色的毛绒不能混合。影响毛绒色泽的主要因素有品种、分级整理、环境条件、养殖管理方式、储存方式等。

（五）油汗含量及其影响因素

油汗是羊皮肤分泌的油脂和汗液，羊毛的油汗含量指标是油汗高度，羊绒的油汗含量指标是含油脂率。油汗含量会影响毛绒的加工处理，因此，需要保持在合适的水平。受品种、环境条件等因素影响，我国毛绒油汗的颜色和含量都还存在问题，因此，在毛绒国家标准中对毛绒的油汗含量均有相应的要求。

（六）疵点毛、杂质含量及其影响因素

在我国，羊毛中的疵点毛主要包括沥青毛、粪污毛、草刺毛、毡片毛、疥癣毛、弱节毛、重剪毛等；羊绒中的疵点毛主要包括粗毛、疵点绒、疥癣绒、虫蛀绒、霉变绒等。根据来源的不同，毛绒所含杂质大体上可以分为两类，第一类为羊的自身代谢产物，如油汗、粪尿、皮屑等；第二类为来自环境的杂质，包括泥沙尘土、异色纤维、丙纶丝等异性纤维、植物性杂质、药浴残留物等。上述这些疵点毛、杂质在毛绒国家标准中都有相应的含量要求。

（七）净毛（绒）率及其影响因素

净毛（绒）指原毛（绒）经过清洗工艺除杂后可获得的洗净羊毛（绒）重量在原毛（绒）重量中所占比重。净毛（绒）率对毛绒的综合品质有较大影响，虽然目前我国很多地方在推行净毛（绒）计价，但净毛（绒）率对毛绒价格的影响并不是线性的，而是呈现抛物线状。一般来说，净毛（绒）率越高，毛绒的市场价格也越高。环境条件是影响净毛（绒）率的最主要因素。

（八）卷曲、弹性及其影响因素

毛绒的卷曲、弹性等指标对作为毛纺加工原料的毛绒的抱纱性、毯用性能等纺织加工特性有重要影响。毛绒的卷曲、弹性在新西兰、澳大利亚等国的毛绒检测中均是必检指标，而我国毛绒生产和毛绒检测对这些毛绒指标的重视程度还明显不够。

二、毛绒生产主要环节与毛绒标准化质量控制技术

影响毛绒质量的因素很多，且分布在毛绒生产的育种、养殖管理、疫病防治、剪毛或抓绒、分级整理、包装标识、打包、储运等各个环节。任何一个环节出现问题，都将对毛绒质量产生重要影响。在构建和实施毛绒标准化质量控制体系的过程中，应综合考虑满足产前、产中、产后的全面技术体系，以实现对关键环节的控制，从而保证和提高毛绒品质。育种、

养殖管理、疫病防治等在之前的章节已经做了介绍，下面主要介绍羊群穿衣、精准分群、机械剪毛、分级整理、规格打包、客观检验等环节的毛绒标准化质量控制技术。

（一）羊群穿羊衣

我国养殖绒毛用羊的地区主要位于西北地区，当地的气候状况和自然环境具有干旱少雨、夏季干燥、冬季寒冷、风沙大等特点，因而对羊被毛的影响非常大。因此，降低不利的气候状况和自然环境对羊被毛的影响，是改善毛绒品质和提高毛绒市场价格的重要途径。经过多年试验和不断改进，1999 年新疆成功试制出用高密度聚乙烯制成的三种尺寸的羊衣，并根据实验结果制定了新疆地方标准《羊衣制作及使用规范》（DB65/T2020—2003）。近年来，新疆穿羊衣细毛羊数量累计超过 100 万只次，并已经推广到内蒙古、甘肃、吉林等省（自治区），收到了很好的实际效果。穿羊衣细毛羊平均净毛率提高了 8%～10%，每千克原毛价格提升了 2.4～3.6 元，和不穿羊衣相比，穿羊衣的细毛羊每只平均增收 9～12 元。与此同时，为了改善和提高羊绒的品质，适合绒山羊的羊衣也在研究试制中。从 2005 年开始，新疆种羊及羊毛羊绒质检中心和新疆畜牧业质量标准研究所联合研究制作适合绒山羊的羊衣。试验结果表明，绒山羊穿羊衣后，不仅改善了羊绒品质，而且使被灌木、作物秸秆等刮掉的羊绒大大减少，使羊绒产量也得到保证。此外，穿羊衣还可以降低绒山羊的基础代谢和流产发生率，对抵御风雪灾害等也有一定作用。

（二）精准分群

分群是绒毛用羊育种和养殖管理的重要技术措施，在毛绒采集与分级整理中也能发挥重要作用。而目前，我国绒毛用羊的分群还主要依靠主观经验判定，具有较大的随意性，这在一定程度上影响了分群的效果。2005 年农业部种羊及羊毛羊绒质量监督检验测试中心（乌鲁木齐）提出了"精准分群"概念。所谓"精准分群"，就是对周岁或两岁的青年母羊在体侧同一部位采集羊毛或羊绒样品，通过现场使用纤维细度分布分析仪（OFDA2000）或送回实验室使用激光纤维细度分析仪、显微投影仪、气流仪等仪器进行细度测定，然后将测定结果送交牧场，牧场根据测试结果对羊群进行分群，同时标以不同颜色的耳标，以示区别，如超细型的耳号记为红色、细型羊的耳号记为黄色、普通型羊的耳号记为蓝色等。农牧户可以对耳标颜色不同的羊群分别采用不同的养殖管理措施并组织配种；在剪毛或剪（抓）绒前，还可将不同纤维细度的羊群分开，避免人为因素造成毛绒细度离散过大。

（三）机械剪毛

机械剪毛是指剪毛员在剪毛房通过操作剪毛机给羊剪毛的过程。目前，澳大利亚、新西兰等国都已全部实现机械剪毛，且都采用竖式剪毛法。但在我国，机械剪毛的普及程度还较低，并且目前的机械剪毛多采用卧式剪毛法，即羊以躺卧方式被剪下羊毛。从实际剪毛效果来看，竖式剪毛法的剪毛效率要更高，被剪羊较舒适，适于外国人高大体型；卧式剪毛法的剪毛劳动强度大，羊只较被动，但适合矮小体格的亚洲人。从总体上来看，无论采取哪种方法，机械剪毛都比手工剪毛效率高。由于机械剪毛剪头短小，更易于贴身操作，毛丛长度长，毛套完整性好，套毛受污染程度低，有效避免了采用手工剪毛经常会出现的重剪毛、二茬毛等。因此，在有条件的地区，应当鼓励和推广机械剪毛。根据新疆优质细羊毛生产者协会 2000—2004 年在牧区进行的多次对比试验，机械剪下的羊毛的毛丛长度一般都在 6.5cm以上，而手工剪下的羊毛的毛丛长度一般在 5.5cm，前者比后者平均要长 1.0～1.5cm，根据毛纺加工业对原料用毛的要求，前者可以作为精纺原料，而后者大多只能作为粗纺原料。

机械剪毛操作主要包括以下具体要求：第一，培训操作熟练的剪毛员。第二，机械剪毛场地要有良好的管理。第三，剪毛房应有严密的工作程序和管理制度，包括抓羊、传送毛套、过秤登记、打标记、涂药水（对剪破损伤处）等完整工作程序，严禁吸烟和乱扔杂物。

在剪毛前需要进行试剪，一般用低级羊或羯羊试剪，然后是种羊、周岁羊，母羊最后剪。等待剪毛的羊在剪毛前一天晚上需要集中在剪毛棚（房）前的场地上且不能吃草（保证羊空腹），这样不仅可以在剪毛时避免粪便污染相邻羊的躯体而造成粪污毛，而且还可以避免因羊吃饱造成剪毛过程中羊在捆绑、翻转时使内脏受损甚至造成伤亡。在剪毛时，还应将羊毛品质接近的羊依次排列进行剪毛，这样能保证同一分级线内的套毛品质较为接近。羊剪毛前集中时如果遇雨天且羊被淋湿，必须待羊体表干燥后再进行剪毛，这样不仅可以防止羊在剪毛后受凉，而且还可以避免因为湿毛打包引起羊毛变色变质甚至可能出现自燃。此外，在剪毛前，还可先将羊赶进发汗圈，使羊相互挤在一起，靠相互的体温使羊毛脂软化，然后再赶进捕捉圈，并按顺序进行剪毛。

（四）分级整理

绒毛用羊体表不同部位毛绒的品质往往存在先天差异，因此，需要通过分级整理来提高毛绒的同质性。在我国目前的分散养殖条件下生产的毛绒更需要进行分级整理。

以细毛羊为例，其套毛的分级整理过程主要包括除边、粗分、分级整理等步骤。①第一步是除边，其目的是通过去除套毛中的污渍毛、头蹄毛、过度集中的短毛、成块成团的草刺毛等来提高套毛的总体质量，通常这些疵点毛大多集中在套毛边缘。因此，除边的重点是套毛的边缘，并且还应去除遗留下来的腹部毛。在除边时，应将套毛放到分级台上，然后根据每个套毛的具体情况进行除边，防止除边过度或除边不足。一般来说，除边量占套毛总重量的10%左右。②第二步是粗分，即将所有弱节毛、毡片毛、永久性污染毛和严重的少卷曲羊毛与套毛分开，另行处理，这些毛如果混入正常套毛中，将大大降低套毛的等级和价格。③第三步是分级整理，即将套毛进行归档，使同一等级套毛的质量较为均匀一致，以便出售时能符合买方要求并售出较高价格。所谓套毛质量均匀一致，是就羊毛的品质支数（细度）、净毛率、长度、强度等而言的，也就是把大于两个相邻支数、净毛率或油污杂质存在明显不同、强度脆弱存在明显差异、草杂少或沾染细小草杂的与沾染草籽/草刺多的套毛分开，同时，还应将变色的、结毡的、有干死毛的、感染疥癣的、皮炎以及因细菌感染而引起的霉烂套毛分离出去。经过上述分级整理即可得到可用于进一步加工处理的套毛。

（五）规格打包

在毛绒总生产成本中，物流成本往往占较大比重，采用规格打包则可以有效降低物流成本。

澳大利亚十分重视羊毛的包装，在打包时普遍使用高压打包机，包装后每包重约300kg，便于运输和管理；包装布主要选用不会对毛造成异性纤维污染的布料。澳大利亚毛包刷唛的通则包括：①美利奴羊毛分级说明后的代号是M，如AAAM等；②杂交种羊毛的代号根据细度确定，如回交种羊毛（Comcback）的代号为CBK，较细的杂交种羊毛的代号为Fx，中间细度的杂交种羊毛的代号为Mx，较粗的杂交羊毛的代号为Cx等；③AAA一般代表一个牧场主线，是一个分级单元中最好的套毛，AA代表次于主线的套毛（毛稍短或油汗杂质稍多），A代表长度较短的套毛，有时也代表有缺陷而剔出来的套毛，COM代表比主线稍粗的套毛（只在传统分级中分出），BBB代表美利奴套毛中分出的细度最粗的毛。

我国羊毛主产区以前大多不重视羊毛的包装工作，或者使用丙纶丝等异性纤维包装，或者用牛皮纸简易包装，或者只用铁丝捆绑，其后果不仅造成不同等级羊毛混在一起，而且还容易受到污染，导致羊毛的纺织加工价值降低。近年来，新疆地方和兵团在新疆优质细羊毛生产者协会及南京羊毛市场的统一组织下，率先使用高密度聚乙烯材料对"萨帕乐"品牌羊毛进行包装，并制定了《绵羊毛包装》（DB65/040—2000）地方标准。为了降低包装成本，还改装使用过的澳大利亚羊毛包装布。目前，当地主要的种羊场、种畜场和农牧团场都已采用《绵羊毛包装》，用铁丝将羊毛打包捆扎 7 道，毛包上刷写有格式统一的标志，如品牌名称、产地（牧场）、批号、包号、包重（千克）、分级员号、经销单位等，毛包重量一般为（100±10）kg/包。目前，我国部分地区已经使用液压打包机对羊毛进行打包。

（六）客观检验

毛绒客观检验是联系毛绒的生产、流通、加工等环节的技术纽带，也是正确衡量毛绒的数量与质量的唯一有效工具和达到公平交易的一种重要手段。

澳大利亚等发达国家都将客观检验作为品种繁育和改良、养殖管理、羊毛分级整理、并批等的重要技术措施。澳大利亚在 1969 年开展羊毛客观检验项目（AOMP），将羊毛的主观评定改为客观检验，羊毛交易改为实施凭样出售制度。羊毛在交易之前，先抽取样品，并对样品的品质参数进行检验，还从每个毛包中抽出样品送到陈列室进行展示；然后，根据客观检验结果进行拍卖，使羊毛客观检验从原来的售后检验改为目前的售前检验。目前，85％并批前的澳毛以及 95％销售前的澳毛都已经进行了细度及其离散、毛丛长度及其离散、毛丛强度、原毛色泽、净毛率、草杂含量等品质指标的客观检验。

我国毛绒纤维客观检验的执行机构包括中国纤维检验总局以及各省市纤维检验局（所）、农业部种羊及羊毛羊绒质量监督检验测试中心（乌鲁木齐和呼和浩特）、国家和地方动植物检验检疫局、国家和地方进出口商品检验机构等。由于各地纤维检验机构在仪器设备、技术力量、检测规模、专业技术人员队伍等方面存在较大差异，因此，往往存在检测结果不一致、职能分工不明确等问题，影响了检测结果的公信力和可信度。但从总体上来看，从 20 世纪末到 21 世纪初，各级纤维检验机构还是发挥了重要作用。近年来，新疆等地将客观检验技术应用于毛绒品牌创立中，建立了覆盖毛绒产前、产中、产后的质量管理体系，通过"协会＋科研"、"质检机构＋牧场"等组织形式，提高了毛绒生产的组织化程度，创立的"萨帕乐"品牌羊毛已经实现原包装出口，并且其市场价格连续提升，获得了良好的经济效益。

目前，我国毛绒检验工作与澳大利亚的客观检验还存在很大差距，主要表现为：第一，由于我国毛包一般重量在 100kg/包以下，无法采用自动化钻芯取样机进行钻孔取样，因而不能像澳大利亚那样实现包包钻芯取样，通常都是每 20 包抽取 1 包，抽样误差较大。第二，毛绒检测项目有限，大部分检验机构不能进行毛丛强度、断裂位置以及草杂种类、毛绒光泽、油汗等品质指标的测定工作，这在一定程度上限制了毛绒交易的规范程度。第三，由于目前的羊毛检测在测定原毛毛丛长度时，并没有计算毛丛加权平均长度和变异系数，因而我国尚未采用国际上通用的预测豪特长度的 TEAM 公式来计算毛条长度。从总体上来看，我国的毛绒检验工作还亟待进一步加强和提高。今后，随着毛绒检验机构职能的逐步完善、新型毛绒检验仪器设备的购置并投入使用、毛绒检验人才队伍建设的加强等，我国毛绒纤维检验特别是客观检验的水平将会得到逐步提高。

综上所述，随着绒毛用羊产业的发展和毛绒市场需求的变化，越来越多的毛绒生产者意识到质量是绒毛用羊产业未来的核心竞争力，但目前，我国毛绒标准化质量控制技术及其实施环境还存在很多不足，主要表现在：第一，缺少现场质量评估技术，目前，国内的大多数毛绒检测设备都依赖于恒温恒湿系统，难以在现场使用，而品种育种、毛绒的销售和贸易等都需要现场判别，迫切需要研发相关新型实用检测仪器、设备和技术。第二，物流技术等在整体上还相对落后，导致毛绒产业在经营流通环节的成本仍较高，从而影响了毛绒生产的经济效益，制约了毛绒产业竞争力的提升。第三，目前的毛绒标准化质量控制技术已经难以适应不断发展和变化的市场需求，亟待进行升级和创新。第四，优毛优价和优绒优价的市场价格机制尚未形成，农牧户毛绒生产的质量意识也亟待进一步提高。因此，从总体上来看，我国毛绒生产标准化质量控制技术亟待进一步完善。

第四节　养殖专业合作组织

一、发展绒毛用羊生产性合作组织的重要意义

根据农业部统计，目前，我国共有农民专业合作组织约 15 万个，参加农户约 2 363 万户，占全国农户总数的 9.8%。但目前，大多数农民专业合作经济组织还未获得法人资格，使得其经营活动受到限制。从总体上来看，我国农民专业合作组织总量少，规模小，组织化程度低。《中华人民共和国农民专业合作经济组织法（草案）》实施后，这些问题将得到有效解决。后颁布的《中华人民共和国农民专业合作经济组织法》共 9 章 56 条，旨在促进、支持、规范和引导合作组织的发展。为了鼓励并扶持农民专业合作组织的发展，《中华人民共和国农民专业合作经济组织法》明确提出：国家支持发展农业和农村经济的建设项目，可以委托和安排有条件的有关农民专业合作组织实施；中央和地方财政应当分别安排资金，支持农民专业合作组织开展信息、培训、农产品质量标准与认证、农业生产基础设施、市场营销和技术推广等服务；农民专业合作组织享受国家规定的对农业生产、加工、流通、服务和其他涉农经济活动相应的税收优惠。

我国各地绒毛用羊生产性合作组织是伴随着其他农业合作组织的出现而产生和发展的，近年来呈现稳步发展的势头。建立和发展绒毛用羊生产性合作组织，对于提高农牧户组织化程度、改善毛绒质量、提高毛绒产品市场竞争力、增加农牧户收入、稳定牧区社会秩序等均有着非常重要的现实意义。

（一）有利于促进农牧户增收

农牧户增收难问题是当前牧区存在的突出问题之一。从近几年的实践来看，发展绒毛用羊生产性合作组织，是破解该难题的一个有效途径。生产性合作组织的发展不仅可以有效解决农牧户面临的购买种羊、增加牧业投资、毛绒销售难等问题，而且还可以促进生产、加工、流通、服务等环节的发展，提高绒毛用羊养殖的经济效益，增加农牧户收入。

（二）有助于增强农牧户参与市场竞争的能力

绒毛用羊生产性合作组织的发展，有利于改变农牧户分散养殖的经营方式，提高农牧户的组织化程度，实现与市场的对接，促进传统牧业向规模化、区域化、专业化发展，增强农牧户参与市场竞争的能力，改变农牧户在毛绒销售环节的弱势地位。

（三）可以有效促进畜牧业产业结构的调整

绒毛用羊生产性合作组织可根据当地的资源条件和产业发展情况，以共同利益为基础，将农牧户组织起来，围绕主导产业共同从事生产、管理、销售等活动，有利于促进当地优势产业的发展壮大，推进畜牧业产业结构的调整和优化。

（四）有利于推动国内毛绒制品品牌的创立

绒毛用羊生产性合作组织的健全和发展，也有利于国内羊毛制品品牌的创立，通过实施品牌战略，可以提高毛绒制品的市场竞争力和绒毛用羊养殖的经济效益。

二、绒毛用羊生产性合作组织的现状

目前，我国绒毛用羊生产性合作组织由于运作方式不同，其规范程度、带动力度、可持续性也存在较大差异，大致可分为以下两种类型：

（一）松散型

当前，在我国主要牧区存在的绒毛用羊生产性合作组织大多属于松散型。该类型合作组织一般采取"合作组织＋农牧户"模式，牵头人往往是乡镇政府农办负责人，组织者一般是当地有一定经营头脑的养羊专业大户，或者是当地的村干部或乡镇干部。合作组织与农牧户之间关系松散，合作组织主要在毛绒销售、种羊购买等方面发挥一定的作用，有些合作组织甚至基本未发挥任何实质性作用，绒毛用羊的日常养殖管理、配种繁育、疫病防治、毛绒销售等主要还是由参与合作组织的农牧户各自负责。

松散型合作组织的主要缺点是规章制度不健全，功能不完善，对市场缺乏了解，从而导致合作组织很难对农牧户的日常养殖管理、配种繁育、疫病防治、毛绒销售等提供有效的指导和帮助。因此，松散型绒毛用羊生产性合作组织还不是真正意义上的合作组织。

（二）紧密型

紧密型合作组织一般采取"合作组织＋基地＋农牧户＋毛纺加工企业"的模式，如甘肃省肃南裕固族自治县曼台畜产品专业合作社、内蒙古乌审旗嘎达苏细毛羊专业合作社等。这些合作组织的共同特点是大多以村或乡镇为基本单位来成立合作组织，采取"入社自愿、退社自由、民主管理、自主经营、自负盈亏、利益共享、风险共担"的原则，大部分成员是带资入社；合作组织的规模较大，应对市场风险的能力较强；有专门的生产基地，社员农牧户基本都养殖同一品种绒毛用羊；各项规章制度均较为健全规范，在实际运行过程中较好地发挥了各项职能，主要负责向社员农牧户提供种羊购买、配种繁育、防疫、集中剪毛或抓（剪）绒、毛绒统一分级包装与统一销售等方面服务，部分合作组织还与毛纺加工企业签订了购销协议，按照约定价格销售毛绒并及时收回毛绒销售资金，从而避免了价格波动时出现低价竞销行为，保障了社员农牧户的利益，提高了社员农牧户的养殖积极性。从总体上来看，紧密型合作组织应是我国绒毛用羊生产性合作组织在未来的主要发展方向。

三、绒毛用羊生产性合作组织面临的问题

（一）合作组织规章制度不完善，各项职能落实不到位

合作组织能否长期发展，主要取决于合作组织各项规章制度的完备程度、对权责利的规定是否明确并得到落实、各项职能的执行情况等。目前，我国现有的绒毛用羊生产性合作组织在上述这些方面还存在很多缺陷和不足。部分合作组织仅在政府有关部门进行了登记注

册，也制定了较为健全的规章制度，但各项职能并未发挥实质性作用，社员农牧户虽然在形式上加入了合作组织，但实际上仍然是各自分散经营；部分合作组织虽然对各成员的权责利进行了明确规定，但并未得到落实，特别是在合作组织的收益分配方面，实际实施和执行的收益分配与规定并不符，引起合作组织成员的不满，最终导致合作组织逐渐趋于解散。这些方面问题的存在，制约着我国绒毛用羊生产性合作组织在今后的进一步发展壮大。

（二）合作组织规模化、集约化程度不高

规模化、集约化程度是合作组织提升自身竞争力和实现进一步发展的必要条件，合作组织的生产经营规模也决定了合作组织的产品供应量和市场影响力。目前，由于我国绒毛用羊生产性合作组织大多还处在发展的初期阶段，合作组织的生产经营组织规模普遍还不大，很多合作组织的社员农牧户只有十几户或者几十户，并且大多缺乏药浴池、剪毛场、羊毛储备库等设施以及饲料深加工机械、牧草播种机械、剪毛机等机械设备，各种先进实用养殖技术也较为缺乏，养殖条件和养殖技术总体上还较为落后，农牧户大多凭经验进行养殖，劳动、资本、草场等资源要素的投入产出效率较低。上述问题的存在，影响了合作组织作用的发挥，导致农牧户在参加绒毛用羊生产性合作组织前后的养殖经济效益并未发生显著变化，进而影响了农牧户参加合作组织的积极性，不利于绒毛用羊生产性合作组织的进一步发展。

（三）绒毛用羊产业发展水平不高

目前，我国绒毛用羊产业发展水平不高，存在较多问题。受毛肉比价不合理的影响，农牧户养殖绒毛用羊过程中的品种倒改现象较为严重，羊群分散到户后，国有和集体牧场也面临品种改良投入少的问题，品种培育和改良工作也受到了较大影响；由于大部分牧场已分羊到户，实行"承包制"和"贴畜制"，已经难以实行科学管理，不同品种羊合群混养严重，牧场养殖规模过小，影响毛绒产量，还出现同一地区毛绒质量参差不齐并且不稳定的现象。各地区毛绒分级整理、包装、储运、检验等方面的工作较为滞后，毛绒流通市场监管也较为混乱，市场竞争无序，混等混级、掺杂使假、以次充好、统毛统价、污毛计价等现象较为普遍。我国绒毛用羊产业发展存在的这些问题，在客观上限制并制约了绒毛用羊生产性合作组织的发展。

（四）绒毛用羊产业发展空间受限

随着我国城市化和工业化进程的不断推进以及政府对生态环境保护的重视，我国绒毛用羊产业的发展日益面临资源与环境约束。受气候和自然条件的影响，作为我国绒毛用羊养殖主要地区的北方地区，大多位于干旱半干旱的荒漠或半荒漠地区，优质天然草场资源较为匮乏。近年来，为了保护草原及山区生态环境，我国各地均相继实施了严格的禁牧政策或封山育林政策，而考虑到目前我国人工草场建设总体上还较为滞后，因此，绒毛用羊产业在今后将日益面临饲料资源和放牧场地的约束，而资源与环境约束又会制约绒毛用羊生产性合作组织的发展。

四、绒毛用羊产业合作组织发展的思考

（一）提高合作组织的规范程度、发展规模等

绒毛用羊生产性合作组织的发展壮大，需要不断提升自身的规范程度、发展规模、设施设备完备程度、科技水平等，具体可从以下几方面着手。

1. 健全和完善合作组织的各项规章制度，特别应对合作组织各方的权利和责任、利益

分配等进行明确规定，以规范和促进绒毛用羊生产性合作组织的发展。

2. 扩大合作组织规模。由少数农牧户组成的绒毛用羊生产性合作组织往往难以真正发挥合作社的作用，应积极吸纳和接收其他绒毛用羊养殖户的加入，进一步扩大合作组织的经营规模和实力，从总体上提高农牧户的组织化程度。

3. 加强相关基础设施建设，积极采用相关先进实用养殖技术。加强绒毛用羊产业的相关基础设施及配套设施建设，如药浴池等消毒防疫设施、剪毛场等；积极采用"穿羊衣"技术、饲料加工技术、青贮制作技术、圈舍修建技术等先进实用养殖技术，提升养殖管理的技术水平。基础设施的逐步完善和科技水平的逐渐提高，有利于提高并改善毛绒的产量和质量，从而提高绒毛用羊养殖的经济效益。

（二）提高政府政策扶持力度

政府相关部门应提供必要的扶持和指导，积极培育规范的绒毛用羊生产性合作组织。当前，绒毛用羊生产性合作组织还处在发展的初期阶段，受到资金、技术等的制约，合作组织发展总体上还较为滞后，难以有效发挥作用。因此，政府应加强对绒毛用羊生产性合作组织的政策扶持力度，通过提高合作组织的生产经营管理能力，引导和促进绒毛用羊生产性合作组织的规范化运作和进一步发展壮大。

（三）积极探索合作组织发展新思路

现代绒毛用羊产业倡导进行社会化大生产，因此，仅有农牧户之间的联合是不够的，也是无法实现的，应积极探索绒毛用羊生产性合作组织发展的新思路。可由政府牵头搭建社会化的合作平台并出台实施相关的扶持政策，鼓励绒毛的生产、流通、加工等环节的主体积极参与建立"农牧户＋合作社＋企业＋市场"的一体化绒毛用羊产业链，来推动和促进绒毛用羊生产性合作组织的发展，进而带动和促进整个绒毛用羊产业的发展。

第五节 生产效益测算

养殖效益分析是生产经营管理分析的重要内容。绒毛用羊养殖效益的分析，对于养殖户制定合理的生产经营策略以及政府制定相关政策措施都具有十分重要的意义。

一、绒毛用羊养殖效益测算方法

（一）反映绒毛用羊养殖效益的指标

绒毛用羊的养殖效益可通过利润和成本利润率两个指标来反映。利润（也称净利润）是指产品产值减去生产过程中投入的现金、实物、劳动力和土地等全部生产要素成本后的余额，它反映了生产中消耗的全部资源的净回报。计算公式为：

$$利润（净利润）＝产值合计－总成本$$

成本利润率是利润与总成本的比值，它反映了绒毛用羊养殖过程中所消耗全部资源的净回报率。其计算公式为：

$$成本利润率＝净利润÷总成本×100\%$$

从上面计算利润及成本利润率的两个公式可以看出，产值与总成本是计算利润与成本利润率的两个关键指标。下面就分别说明一下产值及总成本的计算方法。

（二）产值的计算

产值包括主产品产值和副产品产值。主产品产值是指生产者通过各种渠道出售主产品所得收入和留存的主产品（包括自食自用、待售、馈送他人）可能得到的收入之和。对于绒毛用羊而言，主产品产值又可细分为产品畜产值和毛（绒）产值。

产品畜产值是指每单位畜群（一般是以100只为一个单位畜群）调查期内出栏畜（包括出售和自食）和净增畜的产值之和。出售畜的产值按实际出售收入计算，自食畜和净增畜的产值均按出售畜的平均活重价格乘以自食畜和净增畜总活重计算。

毛（绒）产值是指每单位畜群调查期内的毛（绒）产值。只计算实际出售的和自用的毛（绒）产值，霉烂或丢弃的毛（绒）不计算。已出售的按实际出售收入计算，待出售的或自用的按已出售的平均价格计算。

副产品产值指调查期内被出售或利用的畜群副产品的产值，畜群的副产品包括自然死亡牲畜、产奶、粪肥及出售（自食）的仔畜等。出售的副产品按实际出售收入计算，自己利用的副产品一般按市场价格计算。

（三）总成本的计算

总成本是指养殖过程中耗费的现金、实物、劳动力和土地等所有资源的成本，包括生产成本和土地成本。生产成本是总成本的主体部分，又可以分为物质与服务费用和人工成本两部分。总成本的计算公式为：

总成本＝生产成本＋土地成本＝物质与服务费用＋人工成本＋土地成本

在上面的公式中，物质与服务费用指在直接生产过程中消耗的各种农业生产资料的费用、购买各项服务的支出以及与生产相关的其他实物或现金支出，包括直接费用和间接费用两部分。直接费用包括幼畜购进费、饲草费、精饲料和饲盐费、饲料加工费、燃料动力费、医疗防疫费、配种费、死亡损失费、放牧用具费、技术服务费和修理维护费等。间接费用包括固定资产折旧、草场建设费、管理费、销售费、财务费和保险费等。

人工成本是指生产过程中直接使用的劳动力的成本，包括家庭用工折价和雇工费用两部分。土地成本是指土地作为一种生产要素投入到生产中的成本，包括流转地租金和自营地折租。

上面简要地介绍了绒毛用羊养殖效益的测算方法。从目前的情况来看，关于我国绒毛用羊养殖效益统计资料最全面、最权威的是由国家发展和改革委员会价格司发布的《全国农产品成本收益资料汇编》。自20世纪70年代末期开始，国家发展和改革委员会价格司针对主要各农产品在相关省区采用抽样调查的方式，选取部分农户，通过记账的方式，开展农产品成本收益调查，并每年汇集出版《全国农产品成本收益调查资料汇编》。针对我国绒毛用羊的养殖特点，国家发展和改革委员会价格司的成本收益核算是以单位畜群（100只羊）来进行的。因此，特别要强调，下文中关于绒毛用羊养殖效益的分析中，数据单位是百只。同时，国家发展和改革委员会价格司关于绒毛用羊成本收益的调查对象分为本种绵羊、改良绵羊和绒山羊，因此，下面将对我国本种绵羊、改良绵羊和绒山羊的养殖效益进行分析。

二、我国本种绵羊的养殖效益

（一）我国本种绵羊养殖利润总体呈上升态势，成本利润率波动较大

1990年以来，我国本种绵羊的养殖利润呈波动上涨态势，成本利润率波动较大（图

10-1）。2009 年，我国每百只本种绵羊的养殖利润为 1.3 万元，较 1990 年的 0.18 万元增长了 6 倍多，扣除物价因素，实际增长了 2.8 倍。2009 年本种绵羊的成本利润率为 150.22%，比 1990 年的 78.36% 提高了 72 个百分点，年均成本利润率达 94%。

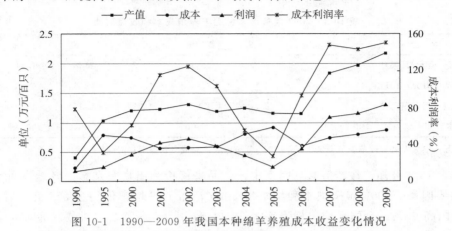

图 10-1　1990—2009 年我国本种绵羊养殖成本收益变化情况

（数据来源：国家发展和改革委员会价格司：《全国农产品成本收益资料汇编》）

1990 年以来，我国本种绵羊养殖利润的变化大体可划分为三个阶段：第一阶段从 1990 年至 2002 年，养殖利润逐年增加，2002 年达到每百只 7 226 元，比 1990 年增加了 3 倍；第二阶段从 2002 年至 2005 年，养殖利润逐年减少，2005 年降至每百只 2 450 元，比 2002 年减少了 66%；第三阶段从 2005 至 2009 年，养殖利润大幅增长，2009 年增至每百只 1.3 万元，比 2005 年增长了 4 倍。

养殖利润变化是产值和成本共同作用的结果，第一阶段本种绵羊的产值由每百只 4 091 元大幅提高至 1.3 万元，增长了 2 倍，而成本仅增长了 1.5 倍，导致养殖利润增加；第二阶段成本由每百只 5 804 元提高至 9 148 元，增长了 58%，而同期产值减少了 11%，造成养殖利润的下降；2005—2009 年产值大幅增加了 87%，而成本减少 5%，导致养殖利润大幅增加。

1990 年以来，我国本种绵羊的成本利润率在 27%～150% 大幅波动。1995 年和 2005 年分别出现两次明显的下降，成本利润率仅为 31% 和 27%。除这两年以外，我国本种绵羊的成本利润率均在 50% 以上，最高出现在 2009 年，达到 150%。根据图 10-1 还可知，在成本利润率下降的两个年份里，成本显著增长，利润明显下降，二者共同作用导致成本利润率大幅下降。

（二）从各省份来看，甘肃本种绵羊的养殖效益最高，成本、产品畜售价和出栏率是导致各地养殖效益差异的主要因素

根据历年的《全国农产品成本收益资料汇编》，选取内蒙古、新疆、甘肃、青海、西藏和宁夏六省区本种绵羊成本收益数据进行对比，分析各地养殖效益差别及其影响因素。

根据表 10-2 可知，2009 年我国每百只本种绵羊的平均养殖利润是 1.3 万元，六地养殖利润由高到低依次是甘肃、新疆、内蒙古、宁夏、西藏和青海。甘肃的养殖利润最高，达到每百只 2.71 万元，是全国平均利润的 2 倍多，青海的养殖利润最低，仅为每百只 0.83 万元，比全国平均利润低 36%。甘肃的成本利润率最高，达到 464.38%，比全国平均水平高出 314 个百分点，宁夏的成本利润率最低，仅为 90.16%，比全国平均成本利润率低 60 个

百分点。产值和成本差异是造成各地利润和成本利润率不同的原因。根据表 10-2 可知，产值高和成本低共同作用造成甘肃养殖净利润和成本利润率最大，而成本高直接导致宁夏成本利润率低于其他省、自治区。

表 10-2　2009 年各地本种绵羊养殖成本和收益对比

项　目	全　国	甘　肃	新　疆	内蒙古	宁　夏	西　藏	青　海
产值（万元/百只）	2.17	3.29	2.86	2.92	2.88	1.84	1.32
总成本（万元/百只）	0.87	0.58	1.04	1.40	1.52	0.63	0.49
净利润（万元/百只）	1.30	2.71	1.82	1.52	1.37	1.20	0.83
成本利润率（%）	149.43	467.24	175.00	108.57	90.13	190.48	169.39

数据来源：国家发展和改革委员会价格司：《2010 年全国农产品成本收益资料汇编》。

根据表 10-3 可知，在产值影响因素中，产品畜售价和出栏率是影响各地本种绵羊产值差异的主要因素。2009 年全国本种绵羊每 50kg 活畜的平均售价约为 552 元，甘肃约 930 元，比全国高 69%。全国平均出栏畜率为 36.66%，青海是 25%，西藏仅为 13%，分别比全国平均水平低 30% 和 65%。出栏率低是造成青海和西藏产值低的主要原因，但西藏当地羊毛售价较高，部分弥补了其出栏率低的不利因素，使得总产值略高于青海。

表 10-3　2009 年各地本种绵羊产值影响因素

项　目	平　均	甘　肃	新　疆	内蒙古	宁　夏	西　藏	青　海
每百只产品畜数量（只）	45.48	48.09	58.50	64.95	49.08	38.00	28.09
每百只羊毛产量（kg）	146.02	294.61	170.48	187.24	188.26	101.50	100.02
每 50kg 产品畜（活重）平均售价（元）	551.89	930.90	617.42	492.75	692.39	508.98	533.77
每 50kg 羊毛平均售价（元）	253.59	217.92	168.27	290.64	332.49	550.00	288.09
每只产品畜平均活重（kg）	40.83	34.99	38.25	42.45	37.18	41.50	41.65
每百只出栏畜率（%）	36.66	25.37	50.36	47.64	34.98	12.86	24.79

数据来源：国家发展和改革委员会价格司：《2010 年全国农产品成本收益资料汇编》。

（三）从成本构成来看，人工成本、饲草费、精饲料和饲盐费是本种绵羊养殖成本的主要组成部分

根据上文分析可知，成本是影响利润和成本利润率的重要原因之一，对本种绵羊养殖的总成本构成进行分析，有助于进一步确定本种绵羊成本的构成，对提高养殖效益具有重要的参考价值。以下选取全国以及内蒙古、甘肃和宁夏的本种绵羊总成本数据进行对比分析。

根据表 10-4 可知，2009 年全国每百只本种绵羊的养殖总成本是 8 666 元，生产成本为 8 496 元，占 98%，土地成本为 170 元，仅占 2%。在生产成本中，人工成本、饲草费、精饲料和饲盐费是本种绵羊成本的三大主要部分，三者合计占总成本的比例达 75%。其中，人工成本为 3 953 元，占总成本的 45.6%；饲草费为 1 646 元，占 19%；精饲料、饲盐费为 911 元，占 10.5%；其他几项所占比例较小，均不足总成本的 5%。

对比表 10-4 中所列三个主要养殖省、自治区可知，内蒙古本种绵羊的三大成本构成与全国相同，依次为人工成本、饲草费、精饲料和饲盐费，占总成本的比例分别是 40.6%、30.6%、14.8%，三者之和占该自治区总成本的 86%；甘肃本种绵羊的三大养殖成本与全国略有不同，其中人工成本非常高，牲畜的死亡损失费也较大，该省的三大养殖成本依次为人工成本、死亡损失费和饲草费，分别占总成本的 61.8%、12.4% 和 9.9%，合计占 84%；宁夏本种绵羊的三大成本与全国相同，不过精饲料、饲盐费位居第一，占总成本的 37.6%，人工成本位居第二，占 32.7%，饲草费居第三，占 16.4%，三者合计约占该省总成本的 87%。

表 10-4　2009 年各地本种绵羊养殖总成本及构成

项　　目	全国		内蒙古		甘肃		宁夏	
	成本 （元/百只）	比重 （%）	成本 （元/百只）	比重 （%）	成本 （元/百只）	比重 （%）	成本 （元/百只）	比重 （%）
总成本	8 665.77	100	13 975.51	100	5 832.61	100	15 161.22	100
土地成本	169.87	2.0					138.73	0.9
生产成本	8 495.90	98.0	13 975.51	100	5 832.61	100	15 022.49	99.1
1. 物质与服务费用	4 543.18	52.4	8 295.60	59.4	2 230.25	38.2	10 068.28	66.4
（1）直接费用	4 094.83	47.3	7 721.21	55.2	2 017.98	34.6	9 767.87	64.4
①精饲料、饲盐费	911.48	10.5	2 068.19	14.8	232.07	4.0	5 698.72	37.6
②饲草费	1 645.66	19.0	4 276.81	30.6	574.97	9.9	2 488.38	16.4
③饲料加工费	40.44	0.5	7.84	0.1	72.77	1.2	143.26	0.9
④燃料动力费	93.18	1.1	247.84	1.8	124.88	2.1	160.30	1.1
⑤医疗防疫费	285.40	3.3	230.99	1.7	81.80	1.4	179.15	1.2
⑥配种费	389.27	4.5	233.31	1.7	120.93	2.1	610.53	4.0
⑦死亡损失费	261.60	3.0	160.02	1.1	723.38	12.4	251.24	1.7
⑧其他直接费用	467.80	5.4	496.21	3.6	87.18	1.5	236.29	1.6
（2）间接费用	448.35	5.2	574.39	4.1	212.27	3.6	300.41	2.0
①固定资产折旧	378.11	4.4	572.84	4.1	212.27	3.6	204.69	1.4
②其他间接费用	70.24	0.8	1.55	0.0	0.00	0.0	95.72	0.6
2. 人工成本	3 952.72	45.6	5 679.91	40.6	3 602.36	61.8	4 954.21	32.7
（1）家庭用工折价	2 420.53	27.9	1 291.63	9.2	3 510.56	60.2	4 643.38	30.6
（2）雇工费用	1 532.19	17.7	4 388.28	31.4	91.80	1.6	310.83	2.1

数据来源：国家发展和改革委员会价格司：《2010 年全国农产品成本收益资料汇编》。

三、我国改良绵羊的养殖效益

（一）我国改良绵羊养殖利润总体增长，增速前缓后快，近三年利润增加显著

1990 年以来，我国改良绵羊的养殖利润呈总体增长趋势，增长速度前缓后快，近三年增加尤为显著（图 10-2）。到 2009 年，我国每百只改良绵羊的养殖利润为 1.4 万元，较 1990 年的 0.18 万元增长了 6 倍多，扣除物价因素，实际增长了 2.9 倍。2009 年改良绵羊的成本利润率为 127.83%，比 1990 年的 56.46% 提高了 71 个百分点，年均成本利润率达 90%。

我国改良绵羊的养殖利润和成本利润率变化主要由产值变化引起，而成本变化缓慢，对

利润和成本利润率变动影响不大。1990—2009 年，我国每百只改良绵羊的成本由 3 260 元增至 1.06 万元，增长两倍多，平均每年增长 11％。同期产值由每百只 5 100 元增至 2.42 万元，增加了近 4 倍。近三年我国改良绵羊的产值增长迅速，主要原因是羊毛和羊只价格均快速上涨。从 2007 年开始，我国羊毛价格持续攀升，到 2009 年价格上涨了 50％，羊肉价格上涨了 30％。

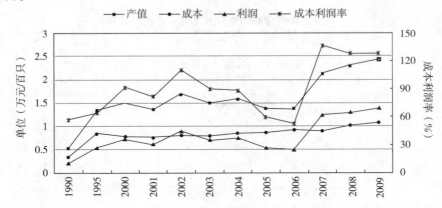

图 10-2　1990—2009 年我国改良绵羊养殖成本收益变化情况

（数据来源：国家发展和改革委员会价格司：《全国农产品成本收益资料汇编》）

（二）从各地来看，新疆改良绵羊的养殖效益最高，成本、毛（绒）售价和出栏率是造成各地养殖效益差异的主要因素

根据《2010 年全国农产品成本收益资料汇编》，下面对内蒙古、甘肃、青海、宁夏和新疆五省区改良绵羊的养殖效益进行比较分析。

根据表 10-5 可知，2009 年我国每百只改良绵羊的平均利润是 1.36 万元，五省区养殖利润由高到低依次是新疆、内蒙古、宁夏、甘肃和青海。新疆的养殖利润最高，达到每百只 1.96 万元，比全国平均利润高 44％，青海最低且为每百只 0.91 万元，比全国平均水平低 33％。改良绵羊的全国平均成本利润率是 127.83％，新疆最高，达到 167.29％，比全国平均水平高 39 个百分点；内蒙古最低，仅为 82.37％，比全国平均水平低 45 个百分点。产值和成本差异是造成各地养殖利润和成本利润率不同的主要原因。根据表 10-5 还可知，高产值和低成本共同作用造成新疆净利润和成本利润率最大，而高成本导致内蒙古成本利润率较低。

表 10-5　2009 年各地改良绵羊养殖成本收益情况

项　目	平　均	新　疆	内蒙古	宁　夏	甘　肃	青　海
产值（万元/百只）	2.42	3.13	3.27	3.00	2.06	1.51
总成本（万元/百只）	1.06	1.17	1.79	1.62	1.00	0.60
净利润（万元/百只）	1.36	1.96	1.48	1.39	1.07	0.91
成本利润率（％）	127.83	167.29	82.37	85.77	106.69	152.75

数据来源：国家发展和改革委员会价格司：《2010 年全国农产品成本收益资料汇编》。

在产值影响因素中，羊毛平均售价和出栏率是影响改良绵羊产值差异的主要因素。根据表 10-6 可知，2009 年全国改良绵羊每 50kg 羊毛平均售价为 613 元，而新疆为 838 元，比全国平均高 37％。2009 年改良绵羊出栏率全国平均为 38％，青海仅为 23％，比全国平均水平低 15 个百分点，制约了该省产值水平的提高。

表 10-6　2009 年各地改良绵羊产值影响因素

项　目	平　均	新　疆	内蒙古	宁　夏	甘　肃	青　海
每百只产品畜数量（只）	39.75	55.57	42.62	51.37	36.10	24.78
每百只羊毛产量（kg）	225.97	272.70	374.43	182.86	169.06	149.37
每 50kg 产品畜（活重）平均售价（元）	547.64	585.93	578.84	609.61	515.83	518.13
每 50kg 羊毛平均售价（元）	613.14	838.33	491.59	355.96	609.92	411.27
每只产品畜平均活重（kg）	45.21	40.50	54.70	42.27	36.00	50.62
每百只出栏畜率（%）	37.99	50.69	41.67	43.74	40.20	22.72

数据来源：国家发展和改革委员会价格司：《2010 年全国农产品成本收益资料汇编》。

（三）从成本构成来看，人工成本、饲草费、精饲料和饲盐费是改良绵羊养殖成本的主要组成部分

根据上文分析可知，成本对改良绵羊的养殖利润和成本利润率影响很大，以下选取全国以及内蒙古、甘肃和宁夏的总成本数据，对改良绵羊的总成本构成做进一步的对比分析。

表 10-7　2009 年各地改良绵羊养殖总成本及构成

项　目	全　国		内蒙古		甘　肃		宁　夏	
	成本（元/百只）	比重（%）	成本（元/百只）	比重（%）	成本（元/百只）	比重（%）	成本（元/百只）	比重（%）
总成本	10 613.31	100.0	17 931.80	100.0	9 984.22	100.0	16 166.89	100.0
土地成本	63.42	0.6					113.46	0.7
生产成本	10 549.89	99.4	17 931.80	100.0	9 984.22	100.0	16 053.43	99.3
1. 物质与服务费用	6 047.24	57.0	11 974.40	66.8	6 001.64	60.1	10 730.88	66.4
（1）直接费用	5 411.47	51.0	11 446.63	63.8	5 049.58	50.6	10 393.31	64.3
①精饲料、饲盐费	1 612.21	15.2	4 617.09	25.7	835.28	8.4	6 156.35	38.1
②饲草费	1 735.01	16.3	4 855.54	27.1	1 687.92	16.9	2 426.91	15.0
③饲料加工费	103.56	1.0	111.70	0.6	32.52	0.3	144.33	0.9
④燃料动力费	115.41	1.1	53.04	0.3	438.22	4.4	170.29	1.1
⑤医疗防疫费	359.10	3.4	407.78	2.3	111.32	1.1	232.01	1.4
⑥配种费	583.08	5.5	359.08	2.0	856.67	8.6	756.29	4.7
⑦死亡损失费	375.44	3.5	140.73	0.8	674.33	6.8	253.14	1.6
⑧其他直接费用	527.66	5.0	901.67	5.0	413.32	4.1	253.99	1.6
（2）间接费用	635.77	6.0	527.77	2.9	952.06	9.5	337.57	2.1
①固定资产折旧	446.74	4.2	509.13	2.8	644.81	6.5	249.06	1.5
②其他间接费用	189.03	1.8	18.64	0.1	307.25	3.1	88.51	0.5
2. 人工成本	4 502.65	42.4	5 957.40	33.2	3 982.58	39.9	5 322.55	32.9
①家庭用工折价	2 629.07	24.8	1 723.33	9.6	1 710.16	17.1	5 191.73	32.1
②雇工费用	1 873.58	17.7	4 234.07	23.6	2 272.42	22.8	130.82	0.8

数据来源：国家发展和改革委员会价格司：《2010 年全国农产品成本收益资料汇编》。

根据表 10-7 可知，2009 年全国每百只改良绵羊的养殖总成本是 1.06 万元，生产成本为 1.05 万元，占 99.4%，土地成本仅为 63 元，占 0.6%。在生产成本中，人工成本、饲草费、精饲料和饲盐费是成本的主要构成部分，三者合计占总成本的 74%。其中，人工成本为 4 503 元，占总成本的 42.4%；饲草费为 1 735 元，占 16.3%；精饲料、饲盐费为 1 612 元，占 15.2%；其他几项所占比例较小，除配种费占 5.5% 外，其他费用均不足总成本的 5%。

对比表 10-7 中的三个主要养殖省区，内蒙古改良绵羊养殖成本构成的三大部分与全国相同，依次为人工成本、饲草费、精饲料和饲盐费，占总成本的比例分别是 33.2%、27.1% 和 25.7%，三者之和占 86%；甘肃三大成本构成与全国略有不同，依次是人工成本、饲草费和配种费，占其总成本的比例分别是 39.9%、16.9% 和 8.6%，配种费较全国略高；宁夏的三大成本构成与全国相同，不过精饲料、饲盐费比重最大，为 6 156 元，占总成本的 38.1%，人工成本位居第二，为 5 323 元，占 32.9%，饲草费为 2 427 元，占 15%。

四、我国绒山羊的养殖效益

(一) 我国绒山羊的养殖效益呈波动增长态势，成本利润率波动较大

1990 年以来，我国绒山羊的养殖利润呈现波动增长态势，成本利润率起伏较大（图 10-3）。到 2009 年，我国每百只绒山羊的养殖利润为 1.34 万元，较 1990 年的 0.19 万元增长了 6.05 倍，扣除物价因素，实际增长了 2.4 倍。2009 年绒山羊的成本利润率为 92.21%，比 1990 年的 78.36% 提高了 14 个百分点，年均成本利润率达 87%。

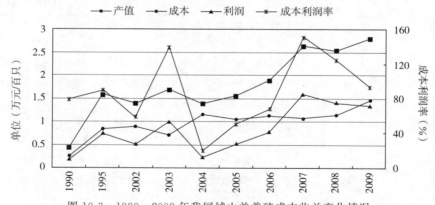

图 10-3　1990—2009 年我国绒山羊养殖成本收益变化情况

（数据来源：国家发展和改革委员会价格司：《全国农产品成本收益资料汇编》）

1990 年以来，我国绒山羊的养殖利润与成本利润率变化趋势相同，具有同涨同跌性，可将其划分为三个阶段：1990—2003 年是第一阶段，利润波动上涨，2003 年达到小峰值每百只 0.97 万元，较 1990 年增长了 4 倍，成本利润率达到 138.6%，比 1990 年提高了 61 个百分点；2003—2004 年是第二阶段，2004 年利润大幅降至每百只 0.22 万元，比 2003 年减少了 77%，成本利润率仅有 19.12%，成为历史最低水平。2005—2009 年是第三阶段，绒山羊利润大幅提高，2007 年增长尤为显著，当年利润跃至每百只 1.58 万元，成本利润率达历史最高水平 150.18%，随后两年略有回落，不过仍维持较高水平。

我国绒山羊养殖利润整体增长的主要原因在于产值的稳步增加。从 1990 年至 2009 年，

我国每百只绒山羊的产值从 0.43 万元增至 2.795 万元，增长了 5.5 倍；同期每百只绒山羊的成本从 0.24 万元增至 1.45 万元，增长了 5 倍，但成本增长幅度小于产值增长幅度，从而带来了净利润在总体上的增长。

（二）从各地来看，内蒙古绒山羊的养殖利润最大，西藏的成本利润率最高；成本、出栏率和毛（绒）售价是造成各地养殖效益差异的主要因素

根据《2010 年全国农产品成本收益资料汇编》，选取内蒙古、宁夏、甘肃和西藏的绒山羊养殖收益数据进行对比分析。

根据表 10-8 可知，2009 年我国每百只绒山羊的平均养殖利润是 1.34 万元，四省区养殖利润由高到低依次是内蒙古、宁夏、西藏和甘肃，内蒙古利润最高，为每百只 1.43 万元，比全国平均利润高 7%，甘肃最低，为每百只 0.64 万元，比全国平均水平低 53%。绒山羊的全国平均成本利润率是 92.21%，西藏的成本利润率最高，达 161.12%，比全国平均水平高 69 个百分点，甘肃最低，为 65.54%，比全国平均水平低 27 个百分点。根据表 10-8 还可知，产值高是内蒙古利润最大的主要原因，成本低是西藏成本利润率最高的主要原因。

表 10-8　2009 年各地绒山羊养殖成本收益情况

项　　目	平均	内蒙古	宁夏	西藏	甘肃
产值合计（元/百只）	2.79	2.91	2.59	1.52	1.61
总成本（元/百只）	1.45	1.48	1.48	0.58	0.97
净利润（元/百只）	1.34	1.43	1.11	0.94	0.64
成本利润率（%）	92.21	96.33	74.72	161.12	65.54

数据来源：国家发展与改革委员会价格司：《2010 年全国农产品成本收益资料汇编》。

表 10-9　2009 年各地绒山羊产值影响因素

项　　目	平均	内蒙古	宁夏	西藏	甘肃
每百只产品畜数量（只）	53.03	52.74	65.98	39.00	26.40
每百只羊绒产量（kg）	30.86	32.37	24.35	21.00	24.74
每 50kg 产品畜（活重）平均售价（元）	610.25	610.02	695.55	499.65	638.47
每 50kg 羊绒平均售价（元）	8 641.30	8 865.03	8 216.37	9 088.10	5 448.83
每只产品畜平均活重（kg）	34.15	35.81	21.98	28.00	39.35
每百只出栏畜率（%）	49.05	49.71	54.65	10.20	26.40

数据来源：国家发展和改革委员会价格司：《2010 年全国农产品成本收益资料汇编》。

在产值影响因素中，羊绒售价和出栏率是主要影响因素。根据表 10-9 可知，2009 年全国绒山羊平均出栏率为 49%，而西藏仅为 10.2%，比全国平均水平低了 38 个百分点，低出栏率是西藏在四省、自治区中产值最低的主要原因。甘肃每 50kg 羊绒平均售价在四省、自治区中最低，比全国平均售价低 37%，导致该省产值偏低。

（三）从成本构成来看，人工成本、饲草费、精饲料和饲盐费是绒山羊养殖成本的主要组成部分

根据上文分析可知，成本对绒山羊的养殖利润和成本利润率影响很大，以下选取全国以及内蒙古、甘肃和宁夏的总成本数据，对绒山羊的总成本构成做进一步的对比分析。

根据表 10-10 可知，2009 年全国每百只绒山羊的总成本是 1.453 万元，其中生产成本为 1.452 万元，占 99.9%，土地成本仅为 16 元，占 0.1%。在生产成本中，人工成本，精饲料、饲盐费，饲草费是绒山羊养殖的三大主要成本构成，三者合计占总成本的比例达 90%。其中，人工成本为 6 092 元，占总成本的 41.9%；精饲料、饲盐费为 4 226 元，占 29.1%；饲草费为 2 713 元，占总成本的 18.7%；其他几项所占比例较小，均不足总成本的 5%。

表 10-10　2009 年各地绒山羊养殖总成本及构成

项　　目	全国		内蒙古		甘肃		宁夏	
	成本（元/百只）	比重（%）	成本（元/百只）	比重（%）	成本（元/百只）	比重（%）	成本（元/百只）	比重（%）
总成本	14 534.89	100.0	14 827.12	100.0	9 701.54	100.0	14 812.06	100.0
土地成本	16.90	0.1			61.85	0.6	99.74	0.7
生产成本	14 517.99	99.9	14 827.12	100.0	9 639.69	99.4	14 712.32	99.3
1. 物质与服务费用	8 426.07	58.0	8 469.67	57.1	4 765.36	49.1	9 706.17	65.5
(1) 直接费用	8 157.48	56.1	8 209.07	55.4	4 497.32	46.4	9 389.21	63.4
①精饲料、饲盐费	4 226.12	29.1	4 322.87	29.2	570.10	5.9	5 184.16	35.0
②饲草费	2 713.11	18.7	2 752.08	18.6	2 597.94	26.8	2 527.03	17.1
③饲料加工费	43.85	0.3	21.66	0.1	71.55	0.7	165.81	1.1
④燃料动力费	136.32	0.9	125.32	0.8	301.03	3.1	133.17	0.9
⑤医疗防疫费	242.86	1.7	251.94	1.7	182.47	1.9	213.67	1.4
⑥配种费	349.73	2.4	298.12	2.0	252.58	2.6	701.39	4.7
⑦死亡损失费	153.80	1.1	125.35	0.8	329.90	3.4	250.86	1.7
⑧其他直接费用	291.69	2.0	311.73	2.1	191.75	2.0	213.12	1.4
(2) 间接费用	268.59	1.8	260.60	1.8	268.04	2.8	316.96	2.1
①固定资产折旧	245.95	1.7	248.77	1.7	268.04	2.8	219.67	1.5
②其他间接费用	22.64	0.2	11.83	0.1	0.00		97.29	0.7
2. 人工成本	6 091.92	41.9	6 357.45	42.9	4 874.33	50.2	5 006.15	33.8
(1) 家庭用工折价	3 907.24	26.9	3 791.65	25.6	4 719.69	48.6	4 260.71	28.8
(2) 雇工费用	2 184.68	15.0	2 565.80	17.3	154.64	1.6	745.44	5.0

数据来源：国家发展和改革委员会价格司：《2010 年全国农产品成本收益资料汇编》。

对比表 10-10 中所列三个主要养殖省区，内蒙古绒山羊养殖的三大成本构成与全国相同，依次为人工成本、饲草费和精饲料、饲盐费，占总成本的比例分别是 42.9%、18.6% 和 29.2%，三者之和占 90.6%；甘肃绒山羊养殖前三大成本构成依次是人工成本、饲草费和精饲料、饲盐费，占其总成本的比例分别是 50.2%、26.8% 和 5.9%，精饲料、饲盐费相对其他省较少。宁夏绒山羊养殖的三大成本构成与全国相同，不过精饲料、饲盐费比重最大，为 5 184 元，占总成本的 35%，人工成本居第二，为 5 006 元，占 33.8%，饲草费为 2 527元，占 17.1%。

五、我国绒毛用羊与肉羊养殖效益的比较

本种绵羊、改良绵羊和绒山羊的主要用途在于生产羊毛（绒），而肉羊的主要用途在于生产羊肉，它们同属于养羊业，但养殖效益有所不同，其影响因素既有共同点，也有差异。本节接下来将对我国本种绵羊、改良绵羊和绒山羊等绒毛用羊的养殖效益与肉羊进行比较分析。

（一）我国绒毛用羊和肉羊的养殖利润均呈波动上升态势，肉羊的养殖利润高于绒毛用羊

1990 年以来，我国绒毛用羊与肉羊的养殖利润变化趋势具有一定的同步性，均呈波动上升态势，但肉羊的养殖利润相对高于绒毛用羊（图 10-4）。从 1990 年开始，绒毛用羊和肉羊的利润均从较低水平出现第一次增长，2000 年和 2001 年有所回落；2002—2003 年养殖利润第二次明显增长，随后两年回落；2006—2007 年第三次大幅增长，增幅明显大于前两次，养殖利润均提升至新高度，2008—2009 年增幅减缓，但仍保持较高水平。

从养殖利润来看，肉羊的养殖利润在绝大多数年份均高于绒毛用羊。根据图 10-4 可知，1990 年肉羊利润比绒毛用羊平均每百只高 1 000 元左右，2003 年肉羊与绒毛用羊的利润差值进一步扩大，每百只肉羊比绒山羊高 2 800 元，比改良绵羊高 5 600 元，比本种绵羊高 6 500 元。此后，利润差值缩小，直至 2008 年肉羊与绒山羊持平，2009 年肉羊利润进一步下滑，低于绒毛用羊。

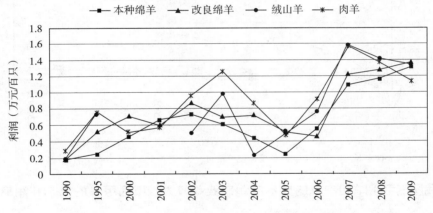

图 10-4　1990—2009 年我国绒毛用羊与肉羊养殖利润对比

（数据来源：国家发展和改革委员会价格司：《全国农产品成本收益资料汇编》）

肉羊养殖利润总体高于绒毛用羊，这与肉羊的产值明显高于绒毛用羊有很大关系。根据图 10-5 可知，从 1990 年至 2009 年，肉羊与绒毛用羊的产值差距逐年扩大，1995 年每百只肉羊的产值超过 2 万元，至 2009 年产值达到 6.3 万元，较 1990 年增长了近 6 倍。而绒毛用羊的产值在 2006 年之前基本维持在 1 万～2 万元，2009 年涨至 2.5 万元左右，比同年肉羊的产值仍低 61%。

成本也是影响利润的重要因素。根据图 10-6 可知，1990 年以来，肉羊的养殖成本明显高于绒毛用羊，2009 年肉羊成本达到每百只 5.2 万元，比 1990 年增长了 7 倍，而绒毛用羊的成本基本维持在 1 万元左右。与肉羊相比，绒毛用羊具有明显的成本优势，但由于肉羊产值绝对量增长较大，弥补了其成本劣势，使得肉羊的养殖利润相对高于绒毛用羊。

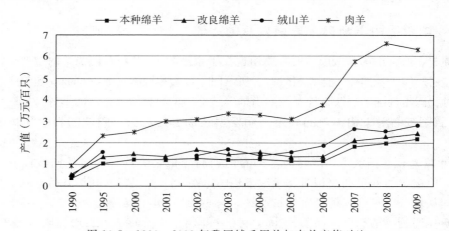

图 10-5　1990—2009 年我国绒毛用羊与肉羊产值对比

（数据来源：国家发展和改革委员会价格司：《全国农产品成本收益资料汇编》）

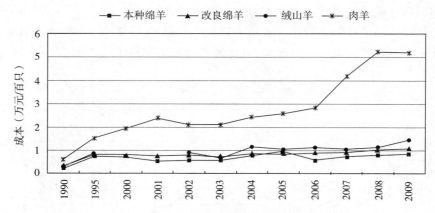

图 10-6　1990—2009 年我国绒毛用羊与肉羊养殖成本对比

（数据来源：国家发展和改革委员会价格司：《全国农产品成本收益资料汇编》）

（二）我国绒毛用羊和肉羊的成本利润率波动较大，绒毛用羊的成本利润率整体高于肉羊

　　1990 年以来，我国绒毛用羊和肉羊养殖的成本利润率波动均较大，趋势大体一致，绒毛用羊的成本利润率整体高于肉羊（图 10-7）。20 世纪 90 年代中期以来，绒毛用羊的成本利润率持续上涨，2002—2003 年达到一个峰值。本种绵羊和改良绵羊的成本利润率在 2002 年均达到阶段性高点且分别为 124.49% 和 109.3%，绒山羊和肉羊的成本利润率在 2003 年达到阶段性高点且分别为 138.6% 和 60%，随后两年均出现回落。从 2007 年开始，绒毛用羊成本利润率再次大幅提高，而同期肉羊的成本利润率涨幅则有限。到 2009 年本种绵羊的成本利润率达到历史最高水平，为 150.22%，改良绵羊为 127.83%，绒山羊为 92.21%，而肉羊仅为 21.63%，比上述三种羊分别低 129、106 和 71 个百分点。

　　我国绒毛用羊的成本利润率整体高于肉羊，与利润相比出现较大反差，这与肉羊养殖成本过高有直接关系，根据图 10-6 可知，肉羊养殖成本明显高于绒毛用羊。1990 年，肉羊养殖成本比绒毛用羊平均高 1.4 倍，此后肉羊与绒毛用羊养殖成本差距继续扩大，到 2009 年，

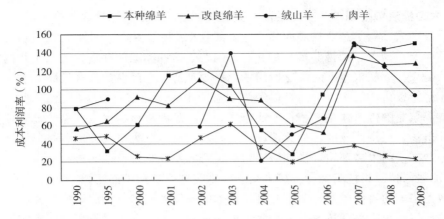

图 10-7　1990—2009 年我国绒毛用羊与肉羊成本利润率对比

（数据来源：国家发展和改革委员会价格司：《全国农产品成本收益资料汇编》）

每百只肉羊养殖成本为 5.2 万元，而绒毛用羊平均仅为 1.2 万元，肉羊比绒毛用羊高 3.3 倍。

六、提高我国绒毛用羊养殖效益的措施

（一）加快绒毛用羊品种改良，提高绒毛单产水平

育种改良对于提高个体单产水平，进而提高绒毛用羊养殖效益的作用显著，为此，要抓好绒毛用羊品种改良工作，建立健全良种繁育体系。可根据我国现阶段绒毛用羊生产现状和联合育种技术的需要，重点抓好原种场、种羊繁育场的建设，结合杂交改良，积极推广人工授精、胚胎移植等技术，扩大优秀种羊的覆盖面。

（二）加强饲料资源开发，引导饲草的均衡供给，降低养殖成本

我国绵羊的养殖方式正逐步从放牧为主的传统养殖方式向集中舍饲为主的现代养殖方式转变。目前，我国舍饲养羊的青饲料主要是靠野生牧草（受季节、气候影响较大），而对农作物秸秆的利用率非常低，很多地方不到 10%，农作物秸秆的利用潜力巨大。为加大饲料资源开发力度，可从三个方面入手：第一，引导养殖户合理利用秸秆、青贮等饲料，科学搭配饲料，努力改变夏秋饲料相对过剩，冬春饲料严重缺乏的局面；第二，在精饲料利用过程中，应合理搭配饲喂日粮，将干、粗饲料和精饲料按照相关养殖标准进行科学搭配，这样既满足日粮的营养需要，又可以降低养殖成本；第三，在大力开发现有饲料资源的过程中，应加强优质牧草种植，建立稳产高产的人工种草基地，推动草产品加工业的发展。

（三）大力发展专业化、规模化绒毛用羊养殖，建设高标准的示范牧场

在我国牧区，毛用羊和绒山羊主要实行小规模分散养殖，这种养殖方式普遍存在养殖条件落后、生产标准不统一、管理水平参差不齐、资源利用不充分、疫病控制难等方面的问题，既增加了养殖成本，又降低了养殖效益。因此，应加快转变绒毛用羊养殖方式，大力发展专业化、规模化养殖。第一，应加大宣传力度，改变养殖户落后的养殖观念和生产方式；第二，应建立高标准的示范牧场，推广普及先进的养殖管理技术；第三，应大力发展专业养殖户、规模化和养殖小区建设，减少分散养殖；第四，应制定并实施统一科学的生产标准，提高绒毛用羊养殖的标准化水平。

（四）大力推进绒毛用羊产业化经营，促进绒毛用羊产业的可持续发展

目前，我国绒毛用羊产业发展面临的主要问题是小农户生产与社会化大市场之间的矛盾以及畜产品生产、加工、销售等环节相互脱节问题。这些问题的存在，制约了我国绒毛用羊养殖效益的提高。要从根本上解决这些问题，必须走产业化经营的发展道路。大力推进产业化经营，应坚持以市场需求为导向，以经济效益为中心，抓好"龙头"企业建设，建立产、供、加、销一条龙的生产体系，依托专业市场，实行品牌战略，提高产品的比较效益，大力开拓国内外市场，保持产业的可持续发展。同时，政府应加大对产业的科技、资金投入和政策扶持，创造宽松的发展环境，推动绒毛用羊生产的专业化、产业化进程。

（五）加强与科研机构的合作，提高科学技术在生产要素中的比重

提高绒毛用羊的养殖效益，离不开科学技术的研发和支持。为此，应加强与大专院校和科研机构的合作，提高科学技术在生产要素中的比重。充分利用科研机构在人才、设备、技术等方面的优势，开展绒毛用羊生产技术、饲喂技术、相关产品加工技术、生产管理技术、市场运作技术等方面的合作研究；加强绒毛用羊的主要疾病治疗和预防措施研究，建立适合于现代生产方式的疾病防治体系；加强对养殖户的养殖技术和养殖管理培训，改变养殖户生产经营观念，使其成为掌握现代养羊技术、懂管理和具备市场开拓能力的现代养殖户。

（六）制定并实行扶持绒毛用羊产业发展的政策措施

提高绒毛用羊的养殖效益、促进绒毛用羊产业的可持续发展，离不开政府的强有力扶持。目前，在我国畜牧业领域，与生猪等其他畜种相比，政府对绒毛用羊产业的政策扶持力度还相对较弱。因此，政府应制定并实施促进绒毛用羊产业发展的政策措施，加大对绒毛用羊产业发展的扶持力度。第一，应将绒毛用羊纳入良种补贴范围，提高绒毛用羊的良种化率；第二，实行羊毛、羊绒最低收购价格政策，平抑羊毛及羊绒价格波动对绒毛用羊养殖户的影响和冲击；第三，建立并完善羊毛及羊绒的储备制度，增强政府对绒毛流通市场的宏观调控能力；第四，实行其他相关扶持政策，促进我国绒毛用羊养殖效益的提高和绒毛用羊产业的可持续发展。

第十一章

绒毛生产、营销及加工

第一节　羊毛生产

羊毛业是我国畜牧业的重要组成部分，是北方少数民族地区的优势产业，又是广大牧区居民赖以生存的主要行业，具有十分重要的社会和经济地位。结合前面对羊毛生产与贸易发展及现状的分析和描述，及中国羊毛业面临的挑战和机遇，提出一些有利于我国羊毛业发展的政策建议。

一、羊毛生产由扩大饲养数量转向开发绵羊个体生产潜力

今后应在继续加强草原生态建设及保护的基础上，将中国羊毛生产的发展方向转到提高绵羊个体产毛量和羊毛质量的目标上去。通过推广实用配套技术，提高绵羊良种覆盖率，改进饲养管理水平，减少死亡率，最终达到绵羊个体产毛量的提高。我国改良绵羊毛的全国平均剪毛量为3.1kg/只，而主要羊毛生产国中，新西兰为5.1kg/只，澳大利亚为4.3kg/只，乌拉圭为3.7～4.1kg/只，中国羊毛单只产量仅为新西兰的61%，澳大利亚的72%，这也是提高中国绵羊个体产量的潜力所在。

二、合理区划毛、肉产业，严格制止绵羊品种改良退化

羊毛放开经营后，由于市场导向和经营管理不善，造成羊毛生产中绵羊品种改良退化，这种现象具有不可逆性。中国美利奴羊是经过精心培育的毛肉兼用型优良绵羊品种，不但产毛细度较高，且屠宰率高，肉质好。如果继续退化下去，中国细羊毛业就会毁于一旦。因此，当务之急要加强引导，刹住绵羊品种改良退化之风。相关部门尽快建立健全畜种监测管理体系，杜绝不合格种羊流入市场，进一步遏制细毛羊品种的滑坡。

三、大力发展优质细羊毛生产，统一羊毛质量标准

针对纺织品市场向更高档化发展，而国内生产结构远不能满足市场需求的情况，应加紧改革中国细羊毛生产体系，尽快研究改进羊毛细度，调整细毛羊生产结构，积极发展优质细毛羊生产。澳毛90%以上经过细度、洗净率和草杂含量的客观检测，且80%以上的精绵羊毛经过毛丛长度、强度以及断裂位置的客观检测，我们应认真学习国际上各种先进的毛条加工及测试技术，努力提高国毛的净毛率和净毛量，实行统一剪毛、统一分级、统一标准、统一出售，建立羊毛分级、整理、打包、检验的现代羊毛管理制度，稳

定羊毛生产与供应。

四、建立规范的羊毛流通机制

由国家主管部门统一领导，研究制定适应中国特点的羊毛市场交易监督管理办法，重点在全国毛纺中心地区或重点产毛区建立国家级高起点的羊毛市场，市场建设必须得到政府及相关部门的支持，重点是法规政策，市场建设与发展离不开政府的培育与扶持。尤其在当前整顿市场秩序中，对羊毛流通领域更要加强管理整顿，重点对国家已发布的法规政策更要加强执法力度，对不符合国家标准与规定的加强处罚。同时，国家有关部门要加强宣传与引导，对首先进入规范市场交易的羊毛生产者或经营者要给予一定的优惠政策，为进一步加强羊毛市场的建设，应健全完善羊毛交易条款、管理办法、市场准入条件等各项制度。

五、制定并实施羊毛进口战略，建立羊毛进口的信息预警机制

中国羊毛供需存在较大缺口是一种长期现象，为平衡羊毛供需缺口，每年进口一定数量的羊毛对毛纺企业来说是有利选择，但无限制大量进口必将造成对国际羊毛市场的过分依赖，不利于羊毛业及毛纺企业的长远发展，因此，各主要羊毛加工企业应联合起来制定相应的进口战略。在进口商品结构上，羊毛品种应以国内缺乏的细羊毛和超细羊毛为主，而对半细羊毛及粗羊毛尽量考虑采用国产羊毛。注重对国际羊毛市场信息进行跟踪、搜集、加工和整理，从而对各羊毛生产国和出口国进行充分了解，抓住机遇，不断拓宽我国羊毛进口的市场结构。同时，建立羊毛进口的信息预警机制，当羊毛进口量达到或超过国内所承受的限度时，及时采用各种相关措施进行补救，防止因羊毛进口量过大影响到我国羊毛业的可持续发展。

第二节　羊绒生产

羊绒纤维具有诸多天然优良属性：会呼吸、不助燃、保暖性极佳、手感柔软、富有弹性，使羊绒成为天然的环保产品，是任何人造植物纤维、动物纤维、化学纤维永远无法替代的天然动物纤维，号称"软黄金"、"纤维宝石"。同时，羊绒也是一种稀缺资源，羊绒产业的发展也受到了党和国家领导的关注。随着经济全球化的不断深入，中国绒纺工业的基础、劳动力比较优势明显，承接了发达国家部分产能的转移。特别是2008年经济危机，促进了美国、日本和欧洲等羊绒加工厂加快向中国转移，中国已成为世界羊绒生产、加工中心。目前，我国羊绒加工企业已经发展到3 000多家，羊绒衫年加工能力4 000万件以上，出口羊绒衫2 000万件，占世界总产量的3/4以上。但我国羊绒出口以初加工为主，深加工能力弱，与出口相比，进口羊绒衫单价是出口的5倍，综合进出口数据对比，说明我们代加工、生产贴牌产品格局基本未变。我国羊绒生产还缺乏全面系统的质量管理体系支撑，产业各环节利益分配还不均衡，饲养管理技术水平还很落后，羊绒深加工技术研究还亟须加强，只有有效解决这些问题中国才能真正成为"羊绒大国、强国"。结合前面对羊绒生产与贸易发展及现状的分析和描述，以及中国羊绒业面临的挑战和机遇，提出一些有利于我国羊绒业发展的政策建议。

一、推进国家主导的绒山羊质量管理体系

目前，国内羊绒市场几乎没有优质优价可言，所以养殖户生产优质羊绒的积极性不高，我国的羊绒质量优势无从谈起，更不能为纺织企业提供优质原料。建议研究新式梳绒技术，进行分类分梳、分级分包、定级定价的办法，以规范羊绒市场，维护养殖户利益，促进产业健康和谐发展；在绒山羊生产优势区逐步导入优质羊绒质量管理体系，参照澳大利亚、新西兰等发达国家生产管理模式，与国际接轨的技术措施，逐步实现从数量型增长向质量型增长、粗放型经营向现代质量管理经营过渡，提升国产绒质量和影响力，真正让中国成为世界羊绒强国。

二、建议启动羊绒储备制度、母羊补贴政策

建议在羊绒主产区建设国家羊绒储备中心，由国家及产区地方政府联合组织建设，进行公益服务，淡化经济效益，避免企业直接参与的商业化运作。参照其他品种补贴，完善绒山羊母羊良种补贴政策，引导产业优化发展。

三、建立健全羊绒拍卖制度

建立健全包括拍卖、期货、电子销售等在内的羊绒销售体系，以提高我国羊绒质量、销售价格和市场占有率，促进农牧民增收。

鼓励和支持主产区建设高起点的羊绒拍卖市场，或支持现有的南京羊毛市场、张家港羊毛市场开展羊绒拍卖工作。

四、支持、鼓励企业实施名牌战略

我国是羊绒生产大国，有条件和有机会创造知名品牌。应支持企业加强产品创新，实施名牌战略。推动中国由羊绒大国变成强国。鼓励企业与养殖户建立"利益共享、风险共担"的利益联结机制，完善订单制，实现"产＋销"一体化。

五、加大规模化，实现集约化生产

积极引导饲养方式改革，走舍饲半舍饲科学饲养管理之路。制定现代放牧制度，以草定畜，草畜平衡；有效解决舍饲半舍饲的饲草饲料等问题。加强育种、饲养管理等技术研究与推广，辅助绒山羊饲养方式改革。

第三节　毛绒检测及质量监督

毛绒检测工作是一项政策性、技术性较强的工作，为毛绒的质量和羊毛生产把好第一关。但我国各地生产的羊毛品种，质量，加工整理及包装储存情况均较复杂，集中成批的质量又较混乱，因而在毛、绒收购交接中，完全做到质量合格，价格公道，就必须考虑检测工作方法的合理性，检验结果的精确性，是否执行国家毛绒产品标准和技术标准。毛绒检测一般采用客观检验法，即在统一的标准条件下，通过科学仪器，直接测试毛绒品质。

一、检验项目

（一）毛绒细度检验

1. 细度的概念　毛绒细度一般指纤维的粗细，因为毛纤维不是圆形而是近似于圆的椭圆形，所以毛纤维直径是群体纤维随机直径的平均值。由于确定细度的测试方法及目的不同，表示细度的方式各不相同。毛绒细度表示方式有以下几种：

（1）平均直径（平均细度）　采用仪器客观测试，单位为微米。

（2）品质支数　是国际、国内应用广泛的羊毛纤维一种工艺性的细度指标，品质支数是19世纪的纺纱工艺条件下可能纺成精梳毛纱的最细支数，现在只是对毛绒纤维平均直径分档的工艺指标。各型品质支数有对应的平均直径范围指标（表11-1）。

（3）线密度　纺织材料1 000m长度重量克数，其单位为特克斯（tex），简称特。特克斯为定长制。1特（tex）＝10分特（dtex）＝1 000毫特（mtex）。特克斯是我国法定计量制的单位。毛绒纤维细度是确定毛绒品质和使用价值最重要的物理性质指标之一，在各种物理特性中占首要地位。因为毛绒细度与其他的物理、化学、机械性能都有规律地联系着，所以在很多情况下作为唯一系统的特征。

细度还决定着毛纱的细度、强度，织物的品质、厚度，即在相同长度的情况下，纤维越细越均匀，所纺的毛纱越细而匀，则纺织品的各种特性也就越好。细度指标就更有重要的经济意义和技术意义。

鉴于上述情况，毛绒细度也是羊毛育种的首要品质指标，细度是绵山羊的数量遗传性状。绵山羊新品种的育成价值意义很高。

2. 测试仪器和用具　主要有激光细度测试仪、视觉纤维度测试仪和气流细度测试仪等。

（二）毛绒纤维长度检验

1. 长度的概念　毛绒纤维的长度即纤维两端的直线距离，因为毛绒纤维具有天然卷曲，所以长度又分为自然长度和伸直长度。毛绒纤维的长度测量方法很多，但长度指标有两种：一种是集中性指标，一种是离散性指标。

（1）毛绒纤维集中性指标

①自然长度　毛绒纤维束在不受任何外力的自然卷曲状态下，两端的直线距离。

②伸直长度　毛绒纤维清除卷曲拉直时两端的直线距离，伸直长度代表毛绒纤维的真实长度。

③相对长度　毛绒纤维平均长度对其平均细度的比值。

④重量加权平均长度　又称Barbe（巴布）长度，以各长度组纤维的重量加权平均计算求得的平均长度。

⑤加权主体长度　毛绒纤维各组长度称重后，选择连续最重的8组（组距为5mm）的加权平均长度。

⑥根数加权平均长度　又称Hauteur（豪特）长度，对毛绒纤维逐根测量长度后，根据各长度组纤维根数加权平均计算求得。

⑦手排长度　将毛束整理为呈锥形毛束，从长到短排在黑绒板上，用直尺和曲形尺将图形划在坐标纸上，绘出排图长度图，用线形统计出平均长度、有效长度和短毛率。

（2）毛绒纤维长度的离散性指标　毛绒纤维长度的离散指标包括长度性状的各种集中性

指标的标准差，变异系数，以及毛绒纤维整齐度、短绒率、主体基数等。

毛绒纤维的长度指标是纺织加工工艺，评定毛绒纤维等级以及绵、山羊品种改良和育种工作中的重要指标，长度决定着纺织加工系统和工艺参数的正确选择，也影响纱支的细度及织物的品质。长度越长则可纺成品的制成率较高，纱支较细，强度较大。因此，准确的测量、判断毛绒纤维的长度具有重要的意义。

2. 测试仪器和用具　主要有半自动伸直纤维长度测试仪、全自动排图长度测试仪、机械梳片式长度测试仪、阿尔米特长度测试仪、钢直米尺、手指尖头镊、黑绒板。

（三）毛绒纤维强度试验

毛绒纤维强力是毛绒纤维断裂时的应力，毛纤维强力是纤维物质本质的强力，在研究毛绒纤维强力的同时要考虑纤维细度，因此，强力可用两种概念来表示。

绝对强力：纤维断裂时的应力称为纤维的绝对强力，强力以 N（牛顿）、cN（厘牛顿）表示纤维断裂强力。

纤维的单位强力是纤维横截面单位面积上的断裂应力、毛绒纤维单位截面或单位线密度所承受的断裂强力。不同粗细纤维的断裂强度是有可比性的，单位强力以 N/tex（牛顿/特克斯）、cN/dtex（厘牛顿/分特克斯）表示。纤维直径换算线密度见表 11-1。

表 11-1　毛绒纤维直径与其线密度

直径（μm）	线密度（dtex）	直径（μm）	线密度（dtex）	直径（μm）	线密度（dtex）	直径（μm）	线密度（dtex）
10	1.04	20	4.15	30	9.33	40	16.58
11	1.25	21	4.68	31	9.96	41	17.42
12	1.49	22	5.02	32	10.62	42	18.28
13	1.75	23	5.49	33	11.11	43	19.15
14	2.03	24	5.97	34	11.99	44	20.04
15	2.22	25	6.48	35	12.70	45	20.96
16	2.66	26	7.03	36	11.44	46	20.94
17	2.99	27	7.59	37	14.18	48	22.93
18	1.36	28	8.13	38	14.97	50	25.91
19	1.74	29	8.72	39	15.77	52	28.01

强力是鉴定羊毛机械性质的首要性质，其原因在于强力同羊毛、羊绒工艺性质有密切的关系，强力还决定羊毛的生产用途。如果羊毛强力不足，不能用于精梳毛纺，羊毛强力的损伤与纺纱、织布各工艺中的制成率有相关性。强力差的羊毛不可能织成高品质的织物。

毛、绒纤维第二个机械性质是羊毛的伸长性能。纤维在断裂以前在负荷的影响下常有很大的伸长，这是由羊毛分子的结构特点决定的。因此，纤维在负荷作用下的伸长占原长的百分比，也就是断裂伸长率，此伸长称为全伸度。毛纤维的伸长结构与毛纤维的品质有关。绝对干燥毛不易伸长，其伸长一般不超过 20%；空气湿度达到饱和的状态下，羊毛的伸长可达 70%；空气湿度处于中间状态，则毛纤维的伸度也将为中间值。因此，羊毛任何伸长都是由一定应力引起的，当除去拉力时，由于纤维的强力作用，此伸长即逐渐消失。但纤维解除拉力时不能完全恢复原来的长度，仍保留一些伸长，这部分伸长为永久伸长。去除拉力后能消失的这部分伸长称弹性伸长，弹性伸长与永久伸长之和称为全伸长。

（四）毛绒卷曲性能与卷曲弹性的检验

1. 毛绒卷曲性能的概念　毛绒纤维的自然状态不是直线形，而是沿着纤维的长度方向有着自然的、规则或不规则的周期性弯曲。第一个弯向第二个弯转的时候，中间必须要扭转方向，波峰往往在弯曲外侧，波谷在内侧，因为毛纤维是由正皮质与负皮质构成，这两相对材料有不同的性能，波峰是正皮质细胞，波谷是负皮质细胞，所以第一个弯曲向第二个弯曲走向时波峰面波峰之间纤维扭转将波峰向外，波谷向内，这是毛绒纤维固有的特性。

毛绒纤维具有自然的卷曲，使纤维之间具有一定的摩擦力和抱合力，提高了纤维的可纺性，卷曲性能好的纤维，其弹性也好，使毛织物手感柔软，也改善织物的抗皱性、保暖性以及表面光泽。

毛绒纤维卷曲性能指标是根据纤维在不同张力情况下，在一定的受力时间内，纤维长度的变化率来判定的。纤维的预加张力分两种情况，轻负荷张力是纤维上特别的皱曲伸展，而不影响卷曲变化所施加的负荷，重负荷张力是使被测纤维的卷曲伸直，而不是使纤维伸长所施加的负荷。

2. 卷曲性能各项指标的测试

（1）卷曲数　被测纤维挂上轻负荷张力的情况下，记录 25mm 内的卷曲个数，两个相邻的波峰为一个卷曲。卷曲的个数影响纺纱的抱合力和摩擦系数。

（2）卷曲率　将纤维挂上轻负荷张力后，2min 后量取纤维的长度 L。再加上重负荷张力，2min 后量取纤维的长度为 $L1$。

（3）卷曲弹性回复率　当测取纤维长度 $L1$ 后，除去纤维上的重负荷张力，待恢复 2min 后，再挂上轻负荷张力，2min 后量取纤维回弹的长度为 $L2$。

（4）卷曲回复率　卷曲回复率表示纤维的卷曲受力后的耐久程度，也是考核纤维卷曲牢度的指标之一。

卷曲弹性的测试与上述卷曲指标不同之处，是用净毛梳理后的 10g 重的毛网，所测试得到的受压后回复力的值来表示卷曲弹性指标。使用仪器为进口 WRONI 毛样容积仪。

（五）毛绒弹性检验

弹性是物体当破坏其形状与大小之力停止作用后恢复其原来形状面大小的性质。弹性伸度系数是弹性的指标，是羊毛机械性质最有价值的特征。弹性系数的大小虽然也是纤维机械性质最有价值的指标，但带有很大的假定性。不论是从延伸性系数，还是从弹性系数都可以看出毛纤维在各种机械的化学作用下的弹性变化。在羊毛加工成纱、织物及针织物的过程中及纤维织物制成穿着物品时，不仅纤维长度方面受到各种伸长，而且还受到扭曲与曲折的作用。不论何种作用，都要求纤维具有一定的延伸性和弹性。例如：纤维的扭转强度是纤维加力时的刚性表现，抗弯强度是纤维弯曲时的刚性表现，纤维的疲劳度是物理机械性能对抗机械作用的关系，纤维的这些性能都与单位纤维弹性延伸性能有关。

前面所述的断裂强度，就广义而言不是纤维某种性质的独立表现，而是在各种大气与其他影响下能保持纤维完整的强力、弹性、延伸性与化学性质之综合。羊毛弹性在羊毛强度的表现中比强力起更大的作用。目前还无法表示毛绒弹性伸度，仅用纤维强力的断裂伸长率、纤维定伸与弹性、纤维的耐压性来说明毛绒弹性的某些性能。

（六）毛绒的色度和色泽检验

1. 毛绒颜色和光泽的概念 毛绒色度是指毛绒颜色的变化程度，毛绒色泽指毛绒颜色的光亮度。毛绒纤维的外表层反射光与光经过毛绒纤维内部再反射出来的反射光有不同的偏振方向，因而毛绒纤维的天然颜色是纤维内部的反射光，而色光是外表面的反射光，两者的混合是它们的色特征。

毛绒纤维天然色品比较多，色度检验主要针对白色毛纤维的色特征。毛纤维洁净也带有浅的、黄的颜色。白色毛纤维的色度越强，对纺织产品染色工艺起的作用就越重要。

2. 毛绒纤维色度测试 毛绒纤维的色度测试用 SC-80 轻便色彩色差计。它具有三枚高灵敏硅光电池和相应的滤色片组成三个摆测器。其相对光谱灵敏度完全符合 CIE（国际照明委员会）1964 年标准观察负的反应曲线。仪器采用积分球漫反射光源色经探测器测试，由微电脑计算和处理。可以准确地得到毛、绒纤维的颜色参数，以及物体的三刺激值（三原色）。

二、毛绒纤维类型的检验

毛绒纤维类型根据毛纤维的组织结构及形态结构上的差别分为四大类：绒毛（无髓毛）、两型毛（有髓毛）、粗毛（有髓毛）、干死毛（有髓毛）。有髓毛可据毛纤维髓腔形态与髓腔占纤维直径的大小而分为两型毛、粗毛、干死毛三种类型。从实质样品分析这三种类型纤维的纺织性能有很大的差异。

毛纤维的类型构成了各种不同类型和品种的毛绒产品，形成了不同毛绒的纺织用途、式样或风格的纺织产品。毛绒类型的检验对指导绵、山羊育种方向有着深远意义。

（一）毛绒纤维类型检验方法

毛绒纤维类型检验方法有两种：

1. 重量法 用目测鉴定绒毛、两型毛、粗毛、干死毛。测量样品为 2g，一个样品做两个平行样，最终结果为双样平均数。

2. 根数法 投影仪法，交试验样，用哈氏切片器切断纤维，制成载玻片，每个样品制两个样片，放进显微镜下进行测量，依据毛纤维的组织结构进行分类测量，如果绒毛和两型毛无法确定时，一般可采用 $30\mu m$ 以下纤维为绒毛，$30.1\sim45\mu m$ 为两型毛。测试结果由计算机软件根据纤维比重处理后输出，每个样片测 300 根。

（二）山羊绒含绒量的检验

批量试验样在测量净绒率的同时，就可以测出含绒率。小样及个体样必测含绒率。将每份测试样，分出粗毛、皮屑、绒毛（杂质不记）。主要用两种方法检验。

1. 手工操作法 用分类型相同方法操作，分别分出样品中绒毛、粗毛、皮屑。然后装进称量瓶中（已知值），分别称出重量、记录统计、计算出含绒率、含粗率、含皮屑率（杂质不计，总重量为三类重量之和）。

2. 机械法 用小型分离分梳机，从试验样中分出洗净样两份，每份 5g，分别放进分梳机中，分离绒毛，一个样分离结束后收集样品分别装进样品盒中待称重量。落毛、皮屑、杂质可以不收集称重，按进样重量计算净绒样重，计算出含绒率。

如果样品为剪毛样，首先将粗毛拔出再进行分梳绒。

三、羊毛的品位

(一) 品位的概念

羊毛品位原是类型、式样或风格的意思，主要表示羊毛的用途，包含着各类型羊毛的许多特性，如羊毛的强度、含脂、色泽、毛丛尘土及植物杂质含量、外观形态等。而这些特性不是孤立的，它们互相间有着密切关系，某一项或某几项的变化，都会导致羊毛品位的变动。因而品位是羊毛生长过程中各种条件变化的综合反映。

(二) 品位与型号的关系

羊毛型号同样是指类型、风格，只是它还包含等级的意思。可以说两者有微妙的差别，内容比较抽象。如从业务角度上看，品位是型号的组成部分。型号是包括品位在内的一种品质分档的商业名称。总之，型号缩略反映了羊毛的品质规格，可作为市场成交的给价依据，而品位是反映具体的品质情况。

(三) 原毛品位的技术条件

1. 同一品质支数的原毛，并不因其型号品位不同而羊毛粗细有所差异，即在型号表上，不论是哪个等级其细度范围都是一致的。

2. 同一品质支数的原毛，其毛丛长度及整齐度常随着型号品位的高低而变化。

3. 从疵点毛来看，列为型号品位的分指标，应将各种疵点加在一起，按总的含量进行鉴别较为恰当。

4. 植物性杂质，一般可作必须保证的条件来掌握。

5. 从弱节毛可以看出，各个型号品位之间有明显的差别。但在级别之间关系不大。

6. 原毛洗净率的高低，随型号品位排列而变化。低品位的洗净率就不如高品位高。

由此可见，区别原毛品位的具体条件，应当包括毛丛长度、疵点毛量、弱节毛量及外观形态等技术指标。

(四) 鉴定原毛型号品位的初步方法

鉴定原毛型号品位，一般如毛丛长度弱节或疵点毛等，可凭标样主观评定，但对外观形态的鉴定尚无比较完整的方法。由于羊毛在生长过程中，其形态结构的变化受外界条件因素影响，因而制定型号位标样困难较大，也不现实。经过多年经验积累，初步归纳如下4个基本条件。

1. **丰满度** 毛丛结构严密、冲刷层浅、手感柔软、弯曲清晰、富健状态。

2. **匀称度** 毛囊基本完整、外观形态均匀一致，长度整齐，纤维粗细差异不明显。

3. **污染度** 污染程度不明显，尘土少，基本无粗死毛。

4. **滋润度** 油汗正常、含量适中，脂色乳白为主，分布均匀，无枯燥感。

从实际出发，反复鉴定，提出占整个品位的不同比例，综合评定。总之，原毛型号品位是一项急需解决的问题，今后如果在现场评定羊毛价值，需要进一步探讨。

四、毛、绒公量检验

1. **净毛率的概念** 按条件回潮修正后的净毛重量与原毛重量的百分比为净毛率。净毛率的概念是净毛（即经过去脂处理达到标准油脂量而且不含任何矿物质与其他污物的羊毛）重量与原毛重量的百分比。在净毛率这一概念中，并不是说羊毛完全不含植物性杂质。如果是正常羊毛的净毛率，则羊毛的重量不仅要按条件回潮率加以修正，还必须按标准含脂和大于 2% 的标准植物性含杂等一并加以修正。

净毛率在养羊业中测定和统计羊群和个体羊只的实际产毛性能（即净毛产量）时，是不可缺少的测量参数。

对羊毛加工工业来讲，准确鉴定毛绒纤维的实际重量对评定羊毛原料品质及加工制成率等有很大意义。因此，净毛率是毛纺织工业的一项重要条件，它直接影响工业成本核算和经济效益。

2. 净毛率的技术处理　净毛率分两步计算：

（1）毛基　毛基指洗净毛干重除去所有杂质（包括乙醇抽出物、灰分、植物性杂质和其他不溶于碱的物质）后净毛重量与原毛重量之比，以百分率表示。

（2）净毛率　指毛基加植物性杂质，用标准灰分和乙醇抽出物修正，并用公定回潮率折算的净毛含量百分率。

$$净毛率＝毛基×0.9843×（1＋W）$$

式中，系数——0.9843（中国标准纯毛率）；

W——公定回潮率。

五、毛绒检测的质量监督

《中华人民共和国农产品质量安全法》中规定了在毛绒生产中要保证质量，并要求各类检验机构对包括毛绒在内的各类农产品质量进行监督。现行有效的《山羊绒》、《绵羊毛》标准均为强制标准，要求毛绒必须检验后方能贸易。

毛绒纤维经营者收购毛绒纤维，应按照国家标准、技术规范真实确定所收购毛绒纤维的类别、等级、重量；挑拣、排除导致质量下降的异性纤维及其他非毛绒纤维物质；对所收购的毛绒纤维按类别、等级、型号分别置放，并妥善保管。从事毛绒纤维加工活动，应当具备符合规定的质量标准、检验设备，环境、检验人员，加工机械和加工场所，质量保证制度，以及国家规定的其他条件；按国家标准、技术规范，对加工后的毛绒纤维进行包装并标注标识，且标识有中文标明的品种、等级、批次、包号、重量、生产日期、厂名、厂址；标识与毛绒纤维的质量、数量相符。经毛绒纤维质量公证检验的毛绒纤维，应附有毛绒纤维质量公证检验证书和标志。任何一项试验工作，无论如何仔细、谨慎地操作，总避免不了出现误差。真值通常是不知道的，通过某种方法估计检测值的准确程度，即估计检测值与真值相差的程度，这种检测值与真值之间的差异称为检测值的观测误差。因此，检测值只是一个近似值。如何在毛绒检测中减少误差，对毛绒检测进行质量监督，我们主要从五个方面进行误差控制。

（一）方法误差控制

主要是指毛绒实验室测检中如扦样、实验条件试验、样品的处理、毛绒纤维物理化学性质的检测中应注意的操作。

1. 扦样的目的及意义　扦取测试毛样的目的是为了求得测试结果的正确，因此，测试所用的毛样组成必须代表全部对象的平均组成。一般地说，扦样误差常常大于实验室的分析误差，如果取样不正确，则测试工作无论做得怎样仔细和正确也是没有意义的。

2. 实验室的温湿度条件　羊毛、羊绒的物理试验结果易受到温度和湿度的影响。为了求得试验条件的一致性，保证试验数据的可靠性、可比性，在进行羊毛羊绒纤维物理性能和机械力学性能测试时，均应在标准的温度、湿度条件下进行。

3. 试验样品的处理 在测试羊毛、羊绒物理性能和机械力学性能时，测试毛样必须是清洁纤维。由于羊毛生长的生理特性，毛纤维上的油汗既保护纤维免受外界环境的损伤，但同时也污染了纤维。因此，测试毛样需经过洗涤。选择的洗剂既能除去油汗，又不使羊毛受损伤。洗涤测试毛样应用中性水，水温高于油脂的溶解度。洗涤测试毛样也可以采用石油醚，如测试毛纤维强力、弹性，必须采用石油醚洗涤。总之，测试毛样洗涤需达到最佳状态。

（二）装置误差控制

主要是仪器运行期间程序的检查和评定测量不确定度的程序。

1. 准确度 它是指事物的真实性，即检测结果接近于真值的程度，也是多次检测值的算术平均值与真值相符合的程度。根据这个概念，可以把系统误差作为准确度的量度。系统误差大，准确度就低。

2. 精密度 精密度的高低一般用重复性和再现性这两个指标来表示。

（1）重复性 重复性是指用相同的方法，同一试验材料，在相同条件下，获得一系列结果之间的一致程度。

（2）再现性 再现性是指用相同的方法，同一试验材料，在不同的条件下获得的单个结果的一致程度。不同的条件指不同的操作者，不同的设备，不同实验室，不同或相同时间。在上述情况下得到的两次试验结果之差的绝对值。

3. 评定测量不确定度的程序 测量是各个领域中不可缺少的一项工作。测量的目的是确定被测量的值或获取测量结果。测量结果的质量（品质），往往会直接影响国家和企业的经济利益。因此，当报告测量结果时，必须对其质量给出定量的说明，以确定测量结果的可信程度。测量不确定度就是对测量结果质量的定量说明，测量结果的可用性很大程度上取决于其不确定度的大小，测量结果必须附有不确定度的说明才是完整的、有意义的。

因此，测量样品，首先选择已知值的标准样品，没有标准样品的测量样选同质毛类、品质较好、具有代表性的样品。仔细清除毛纤维以外的物质，按试验样品程序处理好测试样品。然后按照测量要求进行测量。测量时按照每台仪器参数测定平行样的原则，选择测量样，同类样本同时测 3 只羊，统计核算。

（三）环境误差控制

毛绒纤维具有一定的吸湿性，其吸湿量的大小主要取决于纤维的内部结构，如亲水性基团的极性与数量、无定形区的比例、孔洞缝隙的多少、伴生物杂质等，而大气条件（温度、相对湿度、大气压力）对吸湿量也有一定影响。即便纤维的品种相同，大气条件的波动引起吸湿量的增减也会使纤维的物理机械性能产生变化，如重量、强力、伸长、刚性、电学性质、表面摩擦性等性质。为了使测得的毛绒纤维性能具有可比性，必须统一规定测试时的大气条件，即标准大气条件。

国际标准中规定的标准大气条件为：温度（T）为 20℃（热带为 27℃），相对湿度为 65%，大气压力为 86～106kPa，视各国地理环境而定。我国国家标准中规定的标准大气条件为：大气压力为 1 个标准大气压，即 101.3kPa，温度、湿度及其波动范围为：①一级标准：温度 20℃±2℃，相对湿度 65%±2%；②二级标准：温度 20℃±2℃，相对湿度 65%±3%；③三级标准：温度 20℃±2℃，相对湿度 65%±5%。

温带与热带标准大气条件的差异在于温度，前者为 20℃，后者为 27℃。其他条件均相同。

此外，由于毛绒纤维的吸湿或放湿平衡需要一定时间，而且同样的纤维由吸湿达到的平衡回潮率往往小于由放湿达到平衡的回潮率。这种因吸湿滞后现象带来的平衡回潮率误差，同样会影响毛绒纤维性能的测试结果。因此，不仅要规定毛绒纤维测试时的标准大气条件，而且要规定在测试之前，试样必须在标准大气下放置一定时间，使其由吸湿和放湿达到平衡回潮率，这个过程称为调湿处理。调湿期间，应使空气能畅通地流过试样，直至与空气达到平衡，可用下述方法验证：将自由暴露于上述条件的流动空气中的纤维样品，每隔 2h 连续称重，当质量（重量）的递变量不超过 0.25％时，可认为达到平衡状态。或者，每隔 30min 连续称重，当其质量（重量）递变量不超过 0.1％时，也可认为达到平衡状态。

（四）人员误差控制

毛绒比对试验是评价实验室及个人检测能力的一种技术。一般分两类：一类为实验室之间的能力比对；一类为实验室个人技能考核比对。

1. 同类实验室之间的比对　同类实验室之间比对，参加的实验室越多越能说明问题。一般有两种方式：

①样品采用已知值的标准物件，分为若干份送给各实验室，在同类型的测量仪器上进行测量。样品可以是一组或若干组。

②扦取实际售前样品，在同等条件下进行扦取实验室大样，从大样中随机扦取实验室试样。将试样经过开松除杂混样，取出平摊在实验台上，用多点手法，随机扦取若干个试验样份，有多少单位参加比对就分多少份。然后在同等条件下，用四槽洗毛机洗涤，自然干燥，对每份净毛样手抖去杂，理顺。经过这样一个前处理过程，送检的样品就完成。

分别把检测样品送给约定的毛、绒实验室，也可以确定测量仪器，或者测量不确定度。

最后搜集送检结果，用稳健统计技术将每个实验室的资料统计总结，评价误差水平，然后返回给各个实验室。

采用多批次试样，分别在同类仪器不同型号的测量仪器上进行比对，可了解同一批试样在不同型号的测量仪器上参数是否一致。多批次试样在不同型号的测量仪器上进行测量，检查它的规律是否一致。如差异明显，说明仪器本身校准误差大。其他因素影响较小。

2. 人为之间的试验比对　测量试验中手工操作占一定比例，恰恰又是取舍样品的操作。如果个人操作技能不精通，个人主观意识又强，这样产生的误差会大于测量误差。要求操作者不但技术要熟练，而且操作中要有丰富经验。个人具备一定的手法技能，才有可能取得准确的试验结果。个人手法技能分以下几个方面进行考证。

同一样品，单人在同台仪器上做平行样品的试验，测量结果误差不超过确认误差。它包括仪器校准，客观随机扦取测量纤维，测量数值的正确判断，出现不正常的纤维测量值能去伪存真。

一人在两台同型仪器上测量结果。为了校准仪器误差带来影响，采用已知值标准物在两台仪器上测量平行样品的数值，进行结果误差比对计算。

同一个样品多人在同台仪器上用同种方法下进行试验。从扦样、前处理、校准仪器到测量出结果，采用稳健统计技术统计所有参加测量人的测量结果，并且对每一个测量结果统计出半宽度值、衡量置信误差。

3. 不同方法误差比对 例如：激光直径测试仪、OFDA 直径测试仪、投影仪等。它们各自都有指定的校准仪器的技术规范。按照本仪器的校准规范进行校准，校准后进行已知标准物的测量，统计不同方法测量置信误差值，并且统计差异显著性 U 值，检验不同方法的差异是否显著。如果测量差异显著，需对仪器进行重复校准，得到正确的误差值。

4. 稳健统计技术规范 检测结果将采用国际上通用的稳健统计技术处理。根据统计结果，用文字叙述比对试验技术条件和环境、仪器及评价，以减少极端结果对平均值和标准差的影响。

（五）样品误差控制

1. 育种检测时毛样扦取程序 检测育种进展时需测试个体、群体羊的毛绒遗传参数，即需要采集父代、母代、子代毛绒样品进行试验分析。研究分析育种群、生产群的毛绒品质也是依个体采集样品进行试验分析。

（1）育种进展测试样品 父代、母代，采集个体羊被毛肩、侧、股、背、腹五个部位的毛样各 100g，供测试细度、长度、弹力、弹性、色度、卷曲、原毛油汗和洗净率等指标。

育成公羊、育成母羊群，依 1 级群体 20％的频率采集个体被毛 5 个部位的毛样 100g（不少于 50g）。测试项目同父代、母代。或者子代公母羊按公羊品系所属组进行采集测试。

各部位毛样送进实验室后，根据测试项目按个体分别按部位扦取测试。

取样时，将羊放倒平卧，选准部位，将毛丛分开，用平口剪刀沿毛丛方向剪下毛丛直至取样数量足够。取下的各部位毛样分别装进样品袋，标记品种、羊号、产地。

（2）育种群及生产群试验毛样的扦取 育种群中的母羊年龄不一致，一般多以 2～3 岁母羊代表成熟期最佳品质，所以应采集 2～3 岁母羊体侧部位的毛样作为试验毛样。

采样数量按等级群体羊的头数 10％进行取样，每个个体采集体侧毛样 100g。

对生产母羊群的检测，是以淘汰不理想个体为目的，所以可以采集所有母羊体侧部位的毛样 50g，进行特别项目的试验。

2. 牧场羊毛产品质量检测时毛样的扦取 每年都要集中剪毛，剪毛后根据羊毛的细度品质和长度品质进行分等或分级。不论按细度分级，或者按长度分级，都要分别堆放，然后打包。打包前，在堆放的等级毛堆中扦取等级批样。取样必须随机，从毛堆中间开始抓取毛丛样，直至取够 1 000g 为止。这就是等级批样。无论用什么方法取样，必须不带任何主观意向，做到取的样能代表整批毛的品质。取好的毛样装进毛样袋中，称出实际质量（重量），写好标签送检。

3. 售前毛绒检测时毛样扦取程序

（1）开包取样方法

抽取毛包的数量：根据标准规定包数取。

抽取批样包的原则：随机取样。根据毛包中毛的状态：①倒包扦样——一般品质混杂；②散毛扦样——一般毛包中的毛为散状；③套毛扦样——毛包中毛套完整。

扦取批样的方法：在毛包两端和中间部位随机扦取足能代表本批羊毛品质的样品，每批样品总重量不少于 20kg。每个取样包扦取样品重量不少于 3kg。扦取的批样，应放入塑料袋内，不得丢失羊毛和土杂。

（2）原毛实验室样品的扦取 采用对角法和对角减半法从原毛批样中抽取原毛实验室样约 1.2kg，供净毛率测定和制取洗净毛实验室样品之用。

对角法是将抽取的原毛批样混合后，厚薄均匀地平铺在实验台上，使成正方形。用对角线分成 4 堆样品，进行反复混合多次，得到 4 份样品的方法。

对角减半法是将对角线分出的 4 份样品，每份一组，并等分舍去左半部，再将右半部一分为二，舍去左半部，如此不断减半至所需的重量，然后合并各组取得实验室样品。在舍去的左半部样品中取出备样。

（3）羊绒批量取样方法　在羊绒生产环节中，进行羊绒品质试验分析有两个目的：一是为育种工作服务；二是为销售高品质的羊绒服务。因此，抽样数量和方法不同。为育种工作服务，以个体羊或群体羊为基础；为销售高品质的羊绒服务，以从山羊身体上抓下来的批量分类样为基础。

①抽取个体或群体试验样　山羊被毛在全身各部的绒品质没有绵羊毛差异明显。一般对个体羊，采用肩部的绒纤维，来代表全身绒的平均值。抽取个体样品的主要对象是种公羊、育成公羊和母羊。生产母羊按群体羊数量的 20％采集个体毛样（要求群体中个体组成羊必须是同类型、同等级、同年龄的羊）。一方面为了求证遗传效应的参数，另一方面减轻试验工作量。如果不是以特殊研究为目的，要求个体抽样羊的年龄在 2～3 岁，以此作为分析产品质量的基础。

②采集个体绒样品　根据研究目的进行，需要毛绒质量的分析，采集个体肩部毛绒样。用普通剪刀靠近皮肤毛根处剪下，两侧肩部共剪 100g 左右毛绒样品。如果是进行绒的质量研究，需要采集肩部抓下来的羊绒样 50g。

③采样时间　不论采毛丛样和抓绒样，要求在底绒脱离皮肤的时候进行采集。因为不到该时期采集，对绒的长度影响很大，对其他的质量检测也有一定的影响。

④批样　批样抽样以成包数为依据，20 包及 30 包以下逐包抽取，20 包以上按增加包数的 30％抽取，未成包的按 50kg 为一包进行抽取。

抽样方法：随机从样包的中部和另一随机部位深于包皮 15cm 及以上处抽取样品。

开包抽取的大样根据需要抽取数量。如果是中检样品，按标准采集总量不少于 3kg。如果是生产批样，则采集 1 000g。抽取的样品应迅速装入密闭的塑料袋中，并称出实际重量，计为 ma，精确到 1g。

⑤实验室样品　将抽取的批样开松或者手撕松，使样品充分混合均匀，仔细将绒毛收集起来，称重，计为 mb，精确至 1g。

第四节　羊毛存储与运销

一、羊毛整理、存储

发展生产，提高经济效益，不仅要靠牧场羊品种改良和生产技术进步，还要依靠科学管理。绒毛的存储也是牧场和企业对原料管理的一个重要组成部分。缺乏足够的认识与重视，必然会对整个年度的羊毛运作带来直接的经济损失。

入库前的羊毛整理工作是整个羊毛管理工作中一个非常重要的环节，此项工作的好坏直接与羊毛质量、羊毛存储、羊毛销售有密切关系，因此，在羊毛收购与存储中不可轻视羊毛的后整理工作。

1. 优毛优价，好次分开　从羊毛的用途可以看出，羊毛可以生产多种毛纺产品，不同的产品价值不同，所以按细度分类的羊毛价值差距是很大的。羊毛越细价值越高，羊毛越粗价值相对就低，因为粗支羊毛刺激皮肤，穿着有刺痒感，生产出来的产品多数是毛毯、地毯和工业用呢。按照羊毛的用途在剪毛时把优质羊毛分选出来，才能真正体现它的价值，卖出好价钱。

（1）细度对羊毛价格的影响　制订羊毛的价格，纤维细度是确定羊毛品质和使用价值的一项最主要的指标。细度可以影响纱线的强力、纱线不匀率，纱线截面积根数。一般纱线纤维根数是 40 根。另外，细度对纱线的手感、光泽、悬垂性和产品档次都有影响。澳大利亚羊毛局曾经作过市场调查，影响羊毛价格的因素：细度约占 80%左右，长度约占 6%，强度约占 6%，草杂含量约占 2%，洗净率约占 1%，市场变化约占 5%。

我国羊毛销售也是遵循以细度为主导价格的规律定价。如果不按细度详细分类，卖出的一定是统价，而且毛价不高。在品质一致的前提下影响毛价的主要因素应该是细度。

（2）长度对羊毛价格的影响　羊毛的长度是确定羊毛是精梳用毛还是粗纺原料的重要分界线。长度不仅影响纱线的品质和毛织物的品质，而且是决定纺纱加工系统和合理选择工艺的重要参数。一般精梳用毛的毛丛长度要求在 65mm 以上。因为长度短，毛纱断头率就高，纱线的强力也低，短纤维在牵伸区域内不易被控制而形成游离纤维，产生粗细节或大肚纱等疵点。

羊毛长度在价格中也占相当重要的地位，由于使用原料的工艺差距较大，精梳用毛和粗纺原料的价格差异是很大的，因此，在羊毛后整理时要特别注意羊毛分拣时长度控制，在剪毛时要特别当心，尽量不要剪成二剪毛，同时注意除去套毛四周的边肷毛和短毛。

（3）强度、草杂含量、洗净率　为什么我国的羊毛价格比进口羊毛的价格低，主要是国毛的洗净率低、草杂含量高、强度弱。现在新疆的美利奴细羊毛的品质提高许多，特别是种羊场的羊毛品质较好，有的可与进口羊毛媲美。但由于羊毛销售管理不善，对羊毛的强度、草杂含量、洗净率等品质指标不加以重视，羊毛价格总是要比同一细度的进口羊毛低 10～15 元/kg（以净毛计价），如果是统毛，价格就卖得更低。因此，一定要搞好除边、整理、分级工作，使好毛能卖好价钱。

2. 疵点毛的危害　疵点毛是指除边下来的头毛、腿毛、尾毛和绵羊因病理因素及自然条件造成羊毛性能减退变质。常见的有：

（1）由遗传因素造成的黑花毛、粗腔毛。黑花毛、粗腔毛直接影响毛纺产品的质量，因为黑花毛、粗腔毛在染色过程中不上色，使成品面料产生杂色，造成次品，对精纺面料的质量影响很大。粗腔毛不仅粗，而且刺皮肤，在粗纺和绒线中的含量也是有限制的。

（2）由生理条件造成的弱节毛、老羊毛、油渍毛。弱节毛、老羊毛的脆性大，在机器梳理、牵伸过程中容易被拉断形成短毛，影响羊毛的成条率和纱线的强度。

（3）由变色造成的黄残毛、尿渍毛，脏且染色差，影响毛条的外观。

（4）由结构破坏造成的毡结毛、风化毛。这种毛用在纺织中，既不容易洗，又影响梳条，使用价值低。

（5）由微生物侵蚀和虫蛀造成的疥癣毛、污渍毛、黑尖毛、腐烂毛、羊虱毛、寄生虫毛。这类毛破坏力大，一旦与好毛一起装包后，会侵蚀好毛，导致好毛变质、腐烂，严重影响整包羊毛质量，降低羊毛使用价值。

（6）因饲养管理不善造成的粪块毛、药洗毛、标记毛。这类毛在毛纺工业上使用是极其不利的。这类毛经过污染后，在洗毛过程中不易洗掉，在加工中既不利于染色，又会污染毛料。

3. 杂物的危害

（1）草杂 每只羊身上都有草杂，草杂含量多少直接影响羊毛的净毛率，对集中草杂和一些影响毛纺产品的草杂在整理过程中应及时除掉。毛纺厂在羊毛洗净后，对残留少量与羊毛纠缠得较紧的植物杂质，如草刺、草籽、碎叶等必须经过去草处理，处理方法有两种：一种为机械去草，一种为化学去草。

①机械去草是依靠机械作用，将草杂从纤维中剔除。根据羊毛柔软、草刺较硬的特性，用机械作用将羊毛梳松，羊毛被针齿握持，草刺浮于表面，用去草辊将其除去。这种方法除草效果不彻底，对羊毛纤维长度损伤大，如果草杂含量高，在洗毛时不易洗净，梳毛时也不易梳掉，有的硬屑草刺会把梳毛针打断，有的长杆草在梳毛中随羊毛一起成毛条，严重影响毛条、毛纱的质量和毛织物的质量。

②化学去草也就是炭化，去除羊毛中尤其是用机械方法不易去掉的草杂。炭化原理是利用羊毛和植物质对酸的反应不同，将洗净毛先经酸处理然后经烘干、烘焙，草杂变为易碎的炭质再经机械搓压打击，利用风力与羊毛分离。炭化的优点是去草比较彻底，但炭化后羊毛纤维有所损伤，对强度和伸长度有一定的影响。

草杂的种类很多，澳大利亚羊毛检验局曾对草杂进行了调查，有几十多种草杂对毛纺生产有影响，归为三大类：第一类为草刺；第二类为草籽、细草屑和植物叶；第三类为硬头草刺和枝梗。实验证明，大量的第一类和第二类草杂会明显降低毛条制成率，并且第二类最不易去除，第三类草杂很少缠结，在加工时容易被除掉。

（2）丙纶丝、麻丝 丙纶丝和麻丝是羊毛在包装时以及在羊群饲养过程中，把异纤维带进了羊毛里。丙纶丝和麻丝混在羊毛中比草杂更糟糕，因为丙纶丝和麻丝也是纤维，很容易与羊毛纤维混淆，在梳条和纺纱时不易发现，但上机织成毛料时它就表露出来，形成疵点和跳纱，染整时不上色，对毛料质量的影响很大。

（3）沥青、油漆 沥青和油漆是标记毛，在牧区各家为了把羊群分开，牧民常用沥青或油漆涂在羊身上以便与其他的羊群区别，但这些沥青、油漆粘在羊毛上根本洗不掉，经梳毛后也梳不下来，熔化成一小片油渍污染面料，使原来的正品被降成次品，这对毛纺厂的损失是巨大的。另外，沥青还损坏机配件，由于洗不掉，梳毛时沥青受热后黏在针布和针梳上，不好梳条，工厂加工一次国毛就要换针布和针梳针，造成极大的浪费，因此，毛纺企业最怕的就是带有沥青或油漆的标记毛。这也是许多生产厂家愿意使用进口羊毛、不用国毛的重要原因。

4. 搞好羊毛后整理工作有利于羊毛存储 羊毛是纺织工业天然原料中的高档纺材，它具有许多优良特性，如弹性好、吸湿性强、保暖性好、不易沾污、光泽柔和，是人类最早利用的天然纤维之一。正因为是高贵原料，因此，羊毛的整理保管也显得更加重要。

（1）羊毛后整理时要注意污染物的清除和二次污染 首先在羊毛分捡时要将羊尾部粪块、尿黄毛剔除，其次是将腹部污染毛剔除，否则，这些毛不仅直接降低总体质量，而且打包后会造成周边羊毛的二次污染，严重时还会出现整包羊毛发热霉烂变质。

（2）羊毛包装 羊毛包装材料不符合要求，也是造成羊毛二次污染的一种途径。一是本身包装材料不合格，导致麻线、化纤异纤（丙丝）、废旧塑料薄膜和其他污染物的侵入；二是由于包装材料的破损，造成运输途中外来污染物的侵入，如油污、尘土等其他杂物。

二、羊毛存储管理

（一）建立生产销售批

由于当前牧区大部分为分散饲养，规模小，难以组成销售批，以家庭饲养户为例，一般饲养规模为 50～500 只，年产羊毛为 200～2 000kg 统毛（未分捡羊毛），很难形成销售批，因此，只能将分散牧户组织起来，以合作社的形式联合组成销售批。根据市场羊毛生产企业的需求，一般国毛组批不宜过小或过大。组批过小，企业很难独立组成生产批；组批过大，由于我国的绒毛用羊现实饲养规模都比较小，再加上区域差异又大，牧户间饲养品种与管理水平也不一样，因而形成比较大批量的同质性羊毛较难，因此，生产企业不太愿意购买大批次分散饲养牧区的羊毛。对以散户为主的牧区，可用合作社的形式组批，以 5～10t 为一批较宜。如果在同一地区自然条件接近，绒毛的品质与管理水平相对稳定，批量可适当放大。专业牧场如新疆兵团牧场、国有种羊场、产业化基地牧场等，可以放大到 10～20t 为一批。

1. 组批的基本原则

（1）毛同质性要好，羊的品种、饲养环境要接近，饲养区域越近越好。

（2）羊毛细度、长度变异系数要小。

（3）原毛洗净率差异越小越好，过大不宜组成同一批次，两批次间差异最大不要超过 10%。

（4）原毛分捡、检验、包装标准要统一，运作时操作方式要一致。

2. 羊毛组批要点

（1）编制销售批唛头，其内容为：产地、品名、支数、批号、包重、包号、生产单位。

（2）毛包过磅、编制包号、刷唛。

（3）建立羊毛组批码单（表 11-2）。

3. 羊毛检验

（1）羊毛称重检验　羊毛称重检验是检验原毛的申报重量。

由于国产羊毛每包重量偏轻，因而每批次的包数就多，一般采用抽查称重检验。称重取样的方法，100 包以内最少要抽检 20 包，100 包以上每增加 10 包取 1 包，取样包必须根据码单包号在不同区域同比例抽取。用加权平均计算出单包平均重量，乘以整批包数，检验码单申报重量。

（2）羊毛公量检验　取样方法是钻心取样，钻孔毛包按以下比例扦取。每批样品总量不少于 1.2kg。同样取样包必须根据码单包号在不同区域同比例扦取。

（3）羊毛品质检验　羊毛品质检验是检验羊毛的外观品质，一般方法是主观检验与客观检验相结合。检验内容为羊毛的毛丛平均长度、羊毛疵点毛含量。

取样方法是开包扦取，扦样包按以下比例扦取，每 20 包取 1 包，不足 20 包按 20 包计算，100 包以上每增加 50 包取 1 包，不足 50 包按 50 包计算。每批样品总量不少于 20kg，每个取样包扦取样品重量不少于 3kg。

（二）羊毛仓库管理

1. 羊毛验收　从羊毛入库开始，先要按供货码单，分品种、规格支数、数量、批次、产地、供货单位办理验收，进行理货。这虽是业务性工作，但对到货验收验质工作提供了先决条件。发现错装或混批，应及时提出，调整，防止羊毛品质混杂的质量事故。

2. 羊毛堆放 入库后的羊毛要防止霉烂受潮，老式仓库因地面没做防潮处理，羊毛堆垛时地面要加防潮填块，羊毛存放仓库要注意通风，破损包装要采取措施防止羊毛长期外露以免遭到虫蛀，发现霉烂变质的羊毛，严重时要及时隔离。

3. 建立台账制度

（1）入库羊毛办理入库手续，凭入库码单建立进库台账。

（2）建库位卡，货物吊牌表明品名、规格、数量、入库时间。

（3）办理出库手续，消账。

表 11-2 绒毛进仓过磅、抄唛码单　　　　　　　　　　单位：kg

原重	磅毛重	原重	磅毛重	原重	磅毛重	原重	磅毛重	原重	磅毛重	过磅日期： 　年　月　日
										品名：
										检验单号：
										天气：晴、阴、雨
										备注：
										抄磅人：
										右边各项为小计数

表 11-3 绒毛进仓检验报告单

编号：

仓库　　　　进仓日期　　　年　月　日

原始资料	检验结果		第一联：送原料验质汇总 第二联：送原料结算核对 第三联：收货仓库存查（共三联）
发站车号	各等级实际件数：	过磅件数	
来毛单位		原始净重（kg）	
品名等级	对各项质量评语：	过磅毛重（kg）	
件数		皮重合计（kg）	
进仓单号		实际净重（kg）	
货卡号		实际盈亏重（kg）	
堆放货位		盈亏率（±%）	
备注		包装情况：	

表 11-4　仓库绒毛虫蛀受潮检查情况月报表

_____月份

进仓日期	品种与等级	产地与发站	仓位或垛位	件数	虫蛀			受潮		货卡号	造成原因与责任	处理意见与预防措施
					严重	一般	苗子	表面	深度			

绒毛仓储管理工作，除了必须具备一定的基础设施条件外，还要制定一套严格的管理制度，有一支认真负责并熟悉绒毛业务的专业人员队伍。

做好绒毛仓储管理工作，安全生产。要注意防潮、防霉烂、防倒塌、防虫蛀，露天货场垛堆要盖好油布防雨淋。

三、羊毛销售

（一）国际羊毛市场

1. 原毛销售形式　世界主要羊毛生产国的原毛出售方式主要有拍卖和私人交易订合同两种。拍卖是澳大利亚、新西兰、南非和英国出售羊毛的主要形式，澳大利亚原毛的 80％是通过拍卖出售的。私人交易订合同则是美洲国家出售羊毛的主要形式，如阿根廷、乌拉圭、智利和美国等。另外，澳大利亚和新西兰也各有 17％～20％的羊毛是通过私人交易订合同出售的。

（1）拍卖　拍卖是澳大利亚、新西兰两国从 19 世纪中叶就开始采用的出售羊毛的主要方式。在拍卖之前，羊毛仓库要把牧场送来等待出售的羊毛包抽出一部分陈列，以供出口商看货。到 20 世纪 70 年代，有一部分羊毛交易接受出售前的检验，并从每个羊毛包中抽出代表性的样品，在拍卖前陈列，从而取代了传统销售方式的样包陈列。这种新制度称为"凭样出售制"；与此相对应，把原来的陈列样包的销售方法称为"传统出售制"。

采用"凭样出售制"后，由于样品可以和毛包分离，因此，可根据牧场主的要求把毛包从甲地送到经纪人羊毛仓库过磅抽样后，毛包仍可留在甲地，而把样品送到销售机会更好的乙地去陈列拍卖，称为隔地销售。隔地销售的长远发展趋向是使全国的羊毛交易中心相对集中。例如，澳大利亚有悉尼、墨尔本及弗里门特三大交易中心，而原来一些次要羊毛交易中心的经纪人仓库只负责收货，作初步整理，过磅扦样及毛包的贮存和在成交后的发运。

（2）买卖双方自行签约　这个办法是牧场主直接与羊毛商谈判，双方签订合同。这可以是牧场主主动，也可以是羊毛商主动，有的是延续多年的老买卖关系。据估计，澳大利亚和新西兰均有 17％～20％的羊毛是通过这种方法出售的。对牧场主来说，私人签约出售的明显好处是羊毛付款迅速，但是他必须对羊毛市场的行情有很好的了解。这一点在目前信息传递方便的情况下是容易做到的。羊毛商和牧场主最初谈生意时往往在牧场随机寻几只羊来，在羊背上看羊毛生长情况，最后结算时，羊毛商大多采用传统的主观评毛方法验看羊毛。随着客观检验方法被广泛采用，买卖双方自行签约方式也在缩减。但近几年由于牧民收入在降低，养羊成本在增加，牧民为了降低成本、减少中间环节，这种方式又有所增加。中国的生产企业也逐步采取这种方式在澳大利亚买毛。现有三种不同的签约方式：

①牧场销售　在牧场售给农村的羊毛经纪人和专业的羊毛经纪人，所售的羊毛一般数量很少，交易大多是付现款；也有在牧场卖给代表大羊毛公司的羊毛购买商。购买商通常在剪毛时到牧场考察评估，以经验评定羊毛特性，给出羊毛价格。如双方同意，即在现场签订合同，羊毛运到仓库后14d内支付全部货款。在大多数情况下，都是货到即行付款。

②自行展销　牧场主把准备好的羊毛运到自行签约展销场。在展销场有中间人代理牧场主和购买商随时洽谈交易和价格。这种交易办法成交迅速，对牧场主来说可以减少从剪羊毛到运交交易中心等待拍卖一段时间内价格下跌的风险。必要时，也可以对羊毛进行客观检验，凭检验证书结算。这个办法贮运费很低（展销场一般距牧场相当近），付款迅速，对于牧场主和羊毛购买商双方都是有利的。

③直接与工厂自行签约　牧场主与工厂直接洽谈交易或牧场主与代表毛纺厂下乡购买羊毛的代理人洽谈。目前在澳大利亚采用这种交易办法的数量尚不多。但这种交易的数量将有所增长，其意义就是减少中间环节，降低成本。

（3）羊毛期货交易　这种方式本来是用以对付拍卖市场羊毛交易中行情的剧烈波动。但是20世纪70年代初澳大利亚、新西兰、南非等国先后采取了一系列稳定毛价的措施，如执行羊毛基价制度，以及羊毛管理机构本身拥有一定的库存，发挥了一定的缓冲作用等，对于期货市场的价格波动起了稳定作用。为防止价格变动而进行的套头交易已无必要（套头交易指为避免因价格变动而引起的损失，买进现货，卖出期货，或反之）。

牧场主若要在剪毛以前几个月预售羊毛或打算利用当时出现的较高价格，仍然可以进行期货交易。期货可代替现在售出羊毛，在交货时再买进羊毛。如果羊毛价格下跌，可以通过低价买回期货的办法得到补偿，从期货获得利润，来贴补因降价而造成的销售羊毛的亏损。除要进行保险外，期货交易对于执行计划预算更有把握。当然，期货交易对羊毛用户也是适用的，关键是要对行情涨落趋势有确切把握。

2. 澳大利亚、新西兰羊毛市场价格制度　羊毛属农产品，上市有季节性，产量受气候及羊毛之外的农牧产品（羊肉、谷物等）价格等因素影响。价格涨落自属难免，剧烈的暴涨暴落是难于解释的。市场研究结果表明，羊毛价格波动的重要原因与拍卖交易制度有关，因为拍卖成交的行情决定于商人对羊毛供求关系的主观预测。当买毛人共同心理行情看涨，在市场上哄抢，则毛价剧涨；当公众心理行情看跌，交易时持观望态度，则毛价跌。行情瞬息多变，羊毛价格行情的变化已经不仅仅是羊毛独立的行情了，受到来自许多相关原料如棉花、化纤、石油价格的影响，受国际经济形势变化的影响，受到国际汇率等因素影响。澳大利亚、新西兰羊毛价格的变化应该说是国际羊毛市场供求关系的晴雨表，人为投机操纵市场价格的情况偶尔会有，但主要因素还是市场需求起主导作用。

3. 羊毛经纪人　羊毛经纪人实际上是实力雄厚的经济实体，拥有巨额资金，在羊毛交易中心都设有规模巨大的羊毛仓库，在全国各地拥有大量的分支机构，与牧场保持密切的联系。

（1）羊毛经纪人在拍卖前的工作包括：①接受羊毛；②过磅，钻芯取样，抓毛取样；③贮存；④编批；⑤编订出售目录；⑥陈列样品（抓毛样品）；⑦广告；⑧接受买主评毛。

（2）在拍卖后的工作包括：①经纪人将成交羊毛的发票在成交的次日送交买方；②处理陈列展示的样包或样品。样包需重新打包，并和原来的牧场批其余毛包合并堆垛；③向牧场付给羊毛货款；④处理一些遗留问题，诸如缺重、刷唛不符等；⑤买方应在收到发票后 16d（澳大利亚）或 18d（新西兰）内付款。货款收清后，经纪人根据买方的发货通知发货；⑥根据买方提出的要求将羊毛过磅并抽样（售后检验）；⑦其他服务工作，如压紧包、刷唛装船、装集装箱等。这些工作有的由打包公司或海运公司的代理商承担。

4. 看货评毛　羊毛经纪人仓库约在拍卖日期的一周之前把所有准备出售的羊毛陈列展示（样包或抓毛样品），编订好出售目录，开始接待来看货评毛的人员。共有三方面的人员对羊毛进行评价：①经纪人羊毛仓库的评价员必须对本仓库的出售毛批进行全面评价，并和牧场主协商出售最低价格。②出口商对交易中所有羊毛仓库陈列出来的有兴趣购买的羊毛进行评价。③羊毛管理机构（如澳大利亚羊毛交易所和新西兰羊毛局）的评毛员对交易中所有羊毛仓库陈列的毛批逐一进行评价。

评毛时评毛人持有该羊毛仓库编订的出售目录，对评看的毛批根据自己的经验将评毛印象记录在目录的空栏中。评看样包时，从包中随手拉出大把羊毛；评看样品，则随手在样盒中翻动样品。评看的重点是净毛率、纤维细度、草杂、品位和是否混有缺陷毛。此外，一般还要在每个样品中拉试三四个毛丛。通用的记录办法是用羊毛型号，但型号所包含的信息内容还不丰富，还需加注羊毛的缺陷和疵点的记号。随着羊毛检验技术的进步，客观检验的内容的增加，传统评毛的方式也被客观检验所淡化。

型号之外的附加符号有的是公司内部通用，有的是只能本人才看得懂。除对羊毛品质评注外，有的还要加注为拍卖而准备的出价范围。显然，这种记录在商人间彼此是保密的。

5. 羊毛拍卖　每个羊毛销售中心都有一个羊毛拍卖所，主席台上坐一名拍卖主持人和两名记录员，台下坐的是参加买毛的出口商。由于参加买毛的出口商大多是固定的二三十家买商，有的拍卖场买商位置是固定的，并在席位上标有买商名称。这样即使买商换了出席人员，拍卖主持人仍可识别。周围是旁听席，委托出售羊毛的牧场主有时也列席旁听。每个经纪人可派员主持他所负责代售的羊毛批的拍卖，包括拍卖主持人（公证人）和记录员。

主持人对每批羊毛喊出批号和对这批羊毛的估计价格，羊毛商即开始竞买，第一个出价的人总是谨慎地出一个较低的价，有意竞争，逐步加价，通常每次加一分甚至半分。当没有人再参加竞争，则最后一个出价最高的即为成交价格。主持人把木槌敲下表示拍板成交，同时喊出购买商及成交价格，计算机大屏幕同时显示买商名称和成交价，并由记录员记录在案。以后按此顺序逐批进行。在正常情况下 1h 可成交 300～350 批羊毛，平均 10s 成交一批。

（二）国内羊毛市场

1. 计划经济时期　我国羊毛流通体制在计划经济年代，羊毛生产同样是有计划生产按比例分配，实行统购统销（图 11-1）。

（1）这一阶段流通体制的利处

①质量、价格相对比较稳定，市场透明度高，牧民的收入得到基本保证，企业能有计划

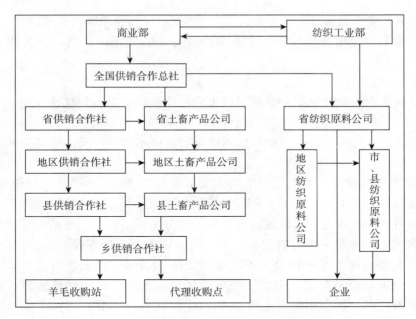

图 11-1 计划经济时期国产羊毛统购统销示意图

地使用国毛原料安排生产。

②羊毛产销基本平衡。

（2）这一阶段流通体制的弊端

①国家垄断价格，市场缺乏竞争。

②羊毛商业分级粗糙，检验指标不能客观反映质量本质，以商业等级污毛计价，同样也不能客观公正反映质价。由于羊毛价格不能真正体现优毛优价，挫伤了牧民培育改良优质细羊毛的积极性。

2. 市场经济过渡阶段（计划经济与市场经济同时并存） 这一阶段充当计划经济主体的供销社仍为羊毛收购的主渠道，由于羊毛作为二类物资已开始逐步放开，产区的土畜产公司、茶畜公司、各级羊毛收购站及个体经营者，乃至毛纺企业都允许进入羊毛流通领域收购羊毛，羊毛价格基本放开。

（1）利处

①打破政府价格垄断，市场价格出现竞争。

②减少流通环节，生产者直接参与市场价格的竞争，牧民可以更多地得到实惠。

③市场竞争刺激了牧民生产优质细羊毛的积极性，羊毛质量得到提高。

（2）弊端

①市场价格混乱，质量以次充好。

②市场缺乏规范管理，羊毛质量及经济纠纷增多，商业信誉下降。

3. 市场经济阶段 随着羊毛市场全面放开，羊毛收购的主体供销社基本退出收购市场，各种经济成分经营公司都可以进入羊毛流通领域，自由贸易更加激励羊毛市场的竞争，新的羊毛拍卖机制应运而生。

（1）利处

①市场活跃，竞争更显激烈，羊毛质量有所提高，市场秩序得到改善。

②加快了羊毛市场信息的传递，羊毛生产者与企业间距离拉近，市场透明度进一步增加。

（2）弊端

①由于牧区生产制度的变革，单位生产规模在缩小，羊毛生产批次在增加，而批量在减小。

②由于市场放开初级阶段，市场制度不健全、运作不规范，无序的竞争加剧了市场的混乱。

4. 当前羊毛市场现状　　当前国产羊毛市场是全面放开的，几乎不受任何条件的限制，各种羊毛交易方式都存在。主要有以下几种：

（1）牧民自产自销统毛　　采取这种方式的大部分是零星散户，生产规模比较小，一般不能组成销售批，大多是采用门前交易、现货现款，羊毛不分等级也不除边，统毛销售。羊毛定价一般是由当地羊毛中间商出价，这部分小中间商一般获取的是劳务费。而真正的羊毛经营商是大的贸易公司，它们一是有销售渠道且有一定的经济实力，二是对市场信息了解得比较透彻，同时也对羊毛专业知识比较熟悉。羊毛从牧民手里最终到生产企业，流通环节所产生的利润使它们成为最大的得益者。而采用这种方式对牧民而言是有得有失。①得，运作成本低，能收到现款、市场风险小。②失，价格由买家说了算，一般会低于真正的市场价格。

这种销售形式是目前我国羊毛销售的主渠道，其结果是羊毛质量较差，价格相对而言是低的，质量往往会受到市场行情的波动而波动，行情上涨时质量会下降，行情下降时反而羊毛质量会上升。这种形式为什么有市场，是因为符合当前国情，在羊毛剪毛季节，牧民急需要的是现款，这种销售形式正好解决了牧民难题。从生产企业角度看，有一部分企业需要的是价格便宜的毛，能够消化这种档次的毛。虽然这种销售形式对牧民和部分企业有利有弊，但从长远看是不利于我国羊毛产业的稳定健康发展，因为没有体现出优毛优价，不利于今后羊毛质量的提高，也不利于生产企业羊毛制品档次的提高。

（2）净毛计价、优毛优价　　这种方式已逐渐被一些质量比较稳定、净毛率高、羊毛后整理工作做得比较好的牧场和部分地区所接受。如新疆的拜城种羊场、巩乃斯种羊场、兵团牧场，青海的三角城种羊场，甘肃的肃南县、皇城种羊场，内蒙古的乌审旗等，这些牧场为什么能接受这种方式销售羊毛，主要是通过净毛计价，能体现出优毛优价的公平市场原则，尝到了净毛计价的甜头。这些牧场共同的特点是：有一定的饲养规模，羊的品种统一，品质也好，羊毛净毛率都较高，一般都在50%以上，部分牧场的羊还穿上羊衣，净毛率在60%以上，大部分使用机械剪毛，羊毛的后整理工作也做得比较好，都采取羊毛分拣、除边方式，紧压包装，羊毛实行公正检验。

①一般销售程序　　a. 卖家提供羊毛品质指标，主要有羊毛细度、长度、净毛率、供货数量、开盘价格。b. 买家还盘。c. 卖家还盘应价。d. 看大货。e. 签订合同。

②这种销售模式的正面积极意义包括：a. 体现了市场交易的公平、公正、公开原则。b. 有利于提高牧民养羊积极性，有利于提高羊毛质量和生产管理水平。c. 有利于毛纺生产企业的质量控制，有利于降低企业生产成本。

③影响这种销售模式发展的不利因素包括：

a. 现有规模牧场太少，尤其是分羊到户后规模牧场进一步缩减，分散牧户生产的羊毛质量参差不一，过小的生产单位无法进行现代技术管理。

b. 暂时无法解决的散户农牧民剪毛季节羊群转场、资金短缺问题，制约了这种销售模式的发展。

c. 不正当的竞争，混乱的市场导致这种健康进步的销售模式难以推广发展。

（3）工牧直交 这种方式所占比重较小，一般都是相对固定的买卖客户，这种方法公开性小，容易滋生交易中的不正之风，一般成交价要比市场低。

四、我国羊毛拍卖

羊毛拍卖是羊毛贸易的一种重要交易手段，是改革羊毛流通体制的一种最具有生命力的措施。发达的羊毛生产国羊毛交易的方法大都采用羊毛拍卖方式。通过羊毛拍卖，羊毛质量评定、羊毛的定价是在一个公开、公平、公正的环境中进行，拍卖可以做到买卖双方满意。因此，要发展我国的国产羊毛，建设规范的羊毛市场，引入羊毛拍卖机制势在必行。

我国的羊毛拍卖方式是从 1988 年开始引入运用，至今可以分成两个阶段。第一阶段（1988—1991）由原纺织工业部、农业部组织，在新疆、内蒙古、北京、南京、西安、齐齐哈尔等城市举办。第二阶段是 1999 年至今的调整规范阶段。

（一）主要业绩

1. 羊毛分级由商业分级改为工业分级（羊毛以细度、长度、净毛率三项为主要指标）。
2. 拍卖羊毛必须进行法定公证检验。
3. 公开拍卖，实行净毛计价。

（二）存在问题

1. 牧场羊毛质量差异太大，标准执行不规范。
2. 买卖双方合同执行率低，缺乏有效的保证机制。
3. 可供拍卖羊毛数量偏少，规模过小。

（三）转移工作重点

1999 年至今，在总结第一阶段羊毛拍卖经验与教训的基础上，将工作的重点放在推行建立经纪人制度，建立健全完善羊毛拍卖相关各项制度，在牧区重点放在提高羊毛质量，对羊毛售前整理进行规范化管理。此第二阶段的工作重点如下：

1. 建立经纪人组织，如羊毛生产合作社、羊毛专业拍卖市场等。
2. 制定拍卖羊毛等级技术标准，并对牧区技术人员进行培训，组织生产企业的技术人员到牧区开展羊毛分级员的培训。
3. 制定羊毛拍卖交易条款，建立羊毛质量索赔机制。
4. 建立拍卖羊毛客观检验的标准与制度。
5. 具体实行"六个统一"，即统一标准（技术标准）、统一分级（除边分级整理）、统一包装（聚乙烯包装布、紧压包）、统一检验（由省级法定纤检机构检验出证）、统一拍卖（公开拍卖）、统一结算（买卖双方向拍卖市场结算）。

（四）取得的成效

1. 经过严格的分级整理，羊毛质量明显提高。

2. 客观公正检验，提高了拍卖羊毛质量的可信度。

3. 通过拍卖，羊毛价格稳步上升，带动了整个细羊毛价格的上涨，牧民收益有所增加。

4. 生产企业能在拍卖市场买到质价相符的羊毛，买拍卖羊毛比社会购买的毛综合效益要好。

5. 羊毛拍卖真正体现了市场公正、公平、公开的原则，促进了羊毛市场的规范建设。

（五）建立羊毛拍卖机制存在的主要矛盾

1. 受生产机制的影响，目前绝大部分养羊是一家一户散养，自然饲养条件差，羊群规模小，羊的品种杂，难以形成高品质羊毛拍卖批，可供符合拍卖标准的羊毛数量太少。

2. 我国的牧区大多在贫穷落后、偏僻边远的少数民族地区，属于欠发达地区，交通、信息闭塞，思想守旧，脱不出小农经济的模式，难以接受新型市场经济经营模式。

3. 由于羊毛市场不规范，法律法规不健全，加上行政执法监督力度不够，国家税收、法定收费"跑、冒、滴漏"现象严重，因而造成市场价格竞争的不平等。正规的拍卖交易难以与非正规经营者竞争。

五、有关建设规范羊毛市场的建议

我国加入 WTO 后，许多产业受到比较大的冲击。目前农副产品普遍存在着产大于销，绝大部分产品是在找市场，而我国国产羊毛在我国的纺织原料市场中所占份额较小，远不能满足市场需要，我国每年要从国外市场进口大量羊毛才能满足市场的需要，国产羊毛有着很大的市场空间，因此，我国农业产业的发展不应忽视这一产业，发展国产羊毛必须引起国家有关部门的重视。

（一）加强牧区养羊业的现代化管理

就国产羊毛产量（以污毛计）而言，我国已位居世界羊毛产量的第二位，但羊毛质量较差、可纺用毛率低，其原因除了我国牧区自然条件差外，一个主要原因就是畜牧业缺乏现代化管理，如果仅以我国的羊只数量、羊的品种以及细毛羊的饲养技术与国外相比差距并不大。但为什么在羊毛的单产、质量上存在着较大的差距呢？根本原因就是牧区养羊业现代化管理水平低。

我国养羊业要实现现代化管理，养羊机制要改革，必须实现养羊产业化。目前我国养羊业大多还停留在分散的一家一户零星饲养，饲养数量很少，数量稍微大一点的饲养户也只不过几百只，且饲养品种杂，还谈不上规模化和产业化。既使目前有的牧场具有一定的规模，但其牧场数量也是有限，因此，要实现养羊产业化，首先必须加快牧业现代化管理体制改革，对现有国有、集体牧场要加强科技投入，改善基础设施与品种改良，实行产业化生产，对于养羊散户最重要的是扩大规模，建立真正意义上的养羊专业户，有条件的牧民可以试行公司加牧户，尽快扩大规模。

（二）加强羊毛市场建设

建设一个规范的市场，建立正常的羊毛流通渠道，以及公平、公正、公开的羊毛交易秩序是国产羊毛健康稳定持续发展的根本保证。从某种意义上讲，这比牧区的饲养管理还要重要，因为我国自 20 世纪 50 年代起就从事细毛羊的改良和草原建设，国家和地方各级畜牧部门投入了大量的人力财力发展国产细羊毛，无论从产量上，还是从质量上都有了很大的发展，但是羊毛的经济价值确没有达到理想的要求，与其他农业经济产品相比，增长幅度相对较小，与其产品的本身价值不符，因此，牧民的生活得不到根本的改善。关键在于，没有建立一个规范的羊毛流通体制，非正常的贸易体制使牧民生产的羊毛不能真正得到应得的收入，其中有相当一部分利润被不规范中间商所获取。因此，要使牧民的收入得到真正的提高，加强羊毛市场建设与规范管理是发展国产羊毛的当务之急。如何加强羊毛市场建设与规范管理，笔者提出以下建议供参考。

1. 建立重点规范的羊毛市场　市场建设与发展离不开政府的培育与扶持，国家要有重点、有计划地在毛纺织工业发达地区和羊毛主产区建设一两个国家级羊毛市场，重点给予法规政策方面的支持，尤其在当前市场秩序整顿中。对坑害牧民利益的羊毛贸易更要加强管理整顿，重点对羊毛贸易中规定的羊毛标准、检验、检疫、税收、包装等加强监督，对不符合国家标准与规定的要加强处罚，同时国家有关部门要加强宣传与引导，对首先进入规范市场交易的羊毛生产者或经营者要给予一定的优惠政策；为进一步加强羊毛市场的建设，有必要对原有的羊毛交易条款、管理办法、市场准入条件等进行修订完善与提高。

2. 全面提高羊毛生产现代化管理，提高国毛质量　规范的市场必须要有高质量的产品保证，羊毛质量的提高关键要做好羊毛的售前管理，这项工作要从剪毛房的基础设施抓起，剪毛机械、剪毛台、分级台、打包机、包装布等，羊毛分级、包装、仓储、运输等各项与质量相关的工作要到位。

3. 加强羊毛的客观检验　对所有进入交易市场交易或拍卖的羊毛都必须要有国家法定的检验合格证书，羊毛检验程序与操作必须按国家标准进行，凡不符合证书要求或没有检验的羊毛一律不准上市交易。

4. 推行先进的羊毛拍卖交易方式　在世界上羊毛主要生产国目前普遍采取的是拍卖交易方式进行销售，我国在许多产品交易中也使用拍卖方式，羊毛拍卖从 1988 年开始至今已取得许多成功的经验，尽管目前在发展中还存在着一些问题，还有待进一步完善，但羊毛拍卖在我国毛纺织企业中已得到普遍认可，公开、公正、公平的交易使买卖双方共同得利。

随着人们生活质量的普遍提高，衣着服饰及家庭装饰用纺织产品日趋向环保绿色纯天然纤维方向发展，羊毛不乏为最好的纺织原料，尽管目前在价格上受到合成纤维的冲击，但是羊毛作为动物纤维在纺织产品中特有的优良特性是其他纤维所不能替代的。羊毛作为纺织原料中的高档原材料将会长期存在，因而发展国产羊毛有着广阔的前景，我们相信只要大家坚定信心，上下一致，工牧一致，共同努力，一定能为发展国毛产业建设好一个健康、有序、规范的羊毛市场。

第五节　绒毛加工

一、概述

由于绵羊品种和饲养管理条件的不同，羊毛品质差异很大。即使同一种羊，甚至同一只羊的不同部位的羊毛其品质也不尽相同。又由于原毛收购中混等混级，品质混杂，含有各类杂质，如生理性的羊毛脂、羊汗，自然环境造成的土砂、植物性草杂、茎叶、种子、细菌、寄生虫，羊只自身的排泄物（粪、尿、皮屑等），以及由于管理因素而人为造成的异维、铁丝、石块、沥青、油漆和残留包装物等。原毛中还含有多种疵点毛，如花毛、死毛、粗腔毛、毡片毛、弱节毛、尿黄毛、粪块毛、油漆毛、沥青毛和其他标记毛等。这些原毛都会影响到后道工序。

（一）羊毛初步加工的目的

羊毛初步加工的目的就是消除对后道加工的不利因素，将品级混杂，含有杂质及各类疵点毛的不松散的原毛，通过一系列初加工，如分级、开松除杂、洗净烘干等，再得到品质较为一致、洁白松散的洗净毛。初加工工艺流程是：

精梳系统：原毛—选毛—开、洗、烘—洗净毛；

粗梳系统：原毛—选毛—开、洗、烘—炭化—炭化净毛。

国产羊毛因为杂质含量高，因此一般企业会在洗毛工序前再增加一道开松除杂工序。开松目的：一是将羊毛拉开使其松散，并将杂质黏土与草杂除去；二是可将毡片毛进行开松，使毡片毛通过开毡后成为松散的羊毛，提高洗毛质量。

（二）羊绒初加工的目的和意义

羊绒初加工的目的，就是对不同品质的羊绒首先进行分选，然后再通过一系列的机械和化学作用过程，除去羊绒中的各种杂质，使其成为比较纯净的绒纤维，以供纺织加工使用。

羊绒的初加工是毛纺生产的首要任务，加工质量的优劣直接关系到后道工序产品的质量，同时也影响企业的成本核算。

羊绒初加工的工艺过程与羊毛有许多共同点，但由于羊绒纤维在物理和化学性能上与羊毛纤维有较大差异，而且山羊绒资源又十分珍贵，因此，在初加工工序、工艺上，羊绒比羊毛要求更细致、更准确。下面分别简单介绍羊毛、山羊绒的初加工过程。

二、羊毛的初加工

目前，工业生产中习惯把羊毛加工过程分为初加工和深加工两个阶段。初加工阶段包括从原毛到洗净毛的各个生产工序，其工艺过程为原毛—选毛—开毛—洗毛—炭化—洗净毛。深加工阶段主要包括制条、毛纺、毛织、染整等工序。

（一）选毛

1. 选毛的目的　由于受绵羊品种和产地的影响，羊毛的品质有着很大差异，即使是在同一只羊身上，由于羊毛生长的部位不同，羊毛的品质也不同。因此，根据工业生产需要，按照工业用毛标准将原毛进行分选，可以充分合理地利用原料，同时还可以通过选毛增加经济效益。

2. 羊毛的分等（分级）　羊毛分等又称商业分等，一般指羊毛的收购标准。收购标准为牧业生产和绵羊育种指出了方向，使商业收购工作有所遵循，对毛纺工业合理利用原料、优毛优用、优毛优价有一定的现实意义。

我国的绵羊毛收购标准，也是根据我国养羊业发展的现状、毛纺工业发展的需要以及商业收购工作的要求，从无到有、从粗到细逐步制定出来的。1993 年 4 月发布的《绵羊毛》（GB1523—1993），较之《细毛羊及其改良羊毛》（GB1523—1979）和《半细毛羊及其改良羊毛》（GB1524—1979），又完善和前进了一步。

《绵羊毛》（GB1523—1993）是以同质毛、基本同质毛和异质毛作为分等依据的。如图

11-2可知，这种分等原则基本上符合目前我国牧业生产和育种工作的实际情况，同时也基本满足工业的需要。

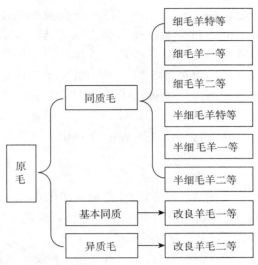

图11-2　国产羊毛原毛的分等依据

3. 羊毛的工业分级　工业分级是把进厂的原毛按照工业用毛标准，结合工厂实际生产需要，进行分支分级，以合理利用原料，保证毛纺产品质量，提高经济效益。如将品质高的羊毛分到品质低的档中，会造成经济损失，反之，则会影响产品质量。

根据羊毛的物理指标和外观形态，将其分为支数毛和级数毛两大类工业分级。支数毛属同质毛，其物理指标有平均细度、细度离散、粗腔毛率、含油和毛丛长度；级数毛属基本同质毛和异质毛，其物理指标有平均细度、粗腔毛率。此外，对支数毛和级数毛的外观形态也有比较具体的要求。例如，1979年颁布实施的国毛工业分级标准中，对64支的羊毛有如下要求：①物理指标：平均细度为$21.6\sim23.0\mu m$，细度离散不大于27%，粗腔毛率不大于0.20%，油汗毛丛长度不少于1/2。②外观形态指标：由细绒毛组成，微有粗绒毛，毛丛结构较紧密，基本呈平顶，油汗、光泽较好，卷曲明显，细度的匀度较好。

（二）洗毛

1. 洗毛的目的　洗毛由开毛、洗毛和烘毛三部分组成。每道工序的目的如下。

（1）开毛　用机械的力量将大的毛块开松，同时去除纤维中的沙土杂质，为下一步的洗涤创造条件。加强开松除杂作用，不但可以提高洗涤效率和净毛质量，而且可以节约洗剂。

（2）洗毛　利用物理、化学和机械力相结合的方式，去除羊毛纤维上的脂、汗和黏附的尘土等细小杂质。

（3）烘毛　将洗净后的羊毛烘干，得到洁白、松散且含油率、含杂率和回潮率等符合标准的洗净毛。

2. 洗毛联合机的组成和工作过程

（1）组成　开、洗、烘联合机一般由第一喂毛机、开毛机、第二喂毛机、洗毛槽（4～5

槽）、第三喂毛机和烘毛机组成。

（2）工作过程　将分选后的羊毛喂入第一喂毛机，经过毛把作用使喂毛帘喂毛均匀，然后再送入开毛机进行开松，使大毛块松解，逐步分离成小毛块和毛束，同时将羊毛中分离出来的土杂，经过栅形尘格和尘笼的作用而排出机外。羊毛进入第二喂毛机后匀称地进入洗毛槽。第一槽为浸润槽，该槽一般不加洗涤剂而在一定温度下将羊毛浸湿，并冲洗除去可溶于水或易脱离的羊毛杂物；第二槽、第三槽为洗涤槽，在洗液中加入一定量的洗剂（合成洗剂）和助洗剂，以去除羊毛脂及其他不溶于水的油污等；第四槽、第五槽为漂洗槽，主要用清水漂洗羊毛。从最后一个洗毛槽经压水轴脱水后的净毛，由第三喂毛机送入烘毛机，经过烘干，使洗净毛控制在一定的回潮要求，以便储存或供应后道工序使用。

3. 开松除杂

（1）国产开毛机的类型　目前我国毛纺织业使用的国产开毛机主要有下列三种：

①B041 型双锡林开毛机　该机具有较强的打松作用，但撕扯纤维的作用较差，一般除土杂率在 10% 左右，故适用于含土杂较少的细羊毛。

②间断式开毛机　此机具有较强烈的去除土杂作用，但易扯断纤维，故适于处理含土杂较多的各种粗羊毛和土种毛。

③B043 型原毛除杂机　该机除杂性能比 B041 型双锡林开毛机好，比较适合国产改良毛含土杂多的要求。

（2）开松除杂的作用　由于分选后的羊毛呈片状，纤维相互抱合，并含有杂质。如将它直接送入洗槽，不仅耗用洗剂，而且不易洗净，很难达到洁白、松散的目的，而通过喂毛罗拉握持毛块，开毛锡林、四翼打毛辊等机件对毛块进行打击和撕扯，使大毛块松解分离成小毛束和小毛块，同时羊毛中分离出来的土杂，经过栅形尘格和尘笼的作用而排出机外，为后道工序打下良好基础。由于开毛机用圆形锡林等开松机件，历史上称为过轮。因此，开松除杂也是提高洗净毛质量的关键。

（3）影响开松除杂的主要因素

①锡林的作用　如锡林的转速、锡林角钉的形状、密度等。

②尘格的结构　三角尘棒除杂和排尘效果较好。

③喂毛量　喂毛量不宜过大。

④毛罗拉　喂毛罗拉具有充足的压力，能握持羊毛，输给开毛锡林。

⑤原毛回潮率　原毛回潮大，土杂不易去除。

4. 洗毛

（1）洗毛的基本原理　洗毛主要是洗去羊毛纤维上的羊毛脂、汗、沙土、污垢等。由于在洗涤过程中羊汗易溶于水，沙土、污垢也易从纤维上脱离，因此，洗毛的关键就是洗涤羊毛脂。洗涤羊毛的基本原理，主要是应用洗涤剂降低水的表面张力，使羊毛容易被浸润，然后洗涤剂分子渗透到羊毛脂垢层的缝隙中去，削弱羊毛脂污垢层与毛纤维的结合力，将羊毛脂污垢层破坏并分裂成许多胶体大小的微粒，再经机械作用，使油污杂质从毛纤维上剥离。被剥离乳化的羊毛脂形成稳定的乳化液，把污浊杂质悬浮于洗涤液中，经压辊从毛丛中挤出，从而获得清洁干净的羊毛。

（2）羊毛脂、汗、土杂的性质与洗毛工艺的关系　羊毛脂是一种复杂的有机化合物，其主要成分是由多种高级脂肪酸和高级一元醇（各占 45％～55％）所组成的复杂化合物。羊毛脂的熔点一般在 31～42℃。羊毛脂中脂肪酸中的羧基和一元醇中的羟基都是亲水的，但羊毛脂分子中长的碳氢链或复杂的环状结构占优势，故羊毛脂并不溶于水。羊毛脂中的高级脂肪酸与碱能起皂化作用，生成肥皂溶于水中。但高级一元醇不发生皂化反应，必须由洗涤剂采用乳化方法才能去掉。因此，羊毛脂中如果脂肪酸的含量多时，尤其是游离脂肪酸成分多的羊毛，容易洗。

羊毛脂的化学成分及其含量随绵羊的品种、羊毛的细度、绵羊生长地区的气候条件和饲养条件不同而变化，因此，不同地区和不同品种羊毛的羊毛脂是有差别的。

羊汗是由汗腺分泌出来的液体物质，其含量随绵羊品种、羊龄而不同，一般细羊毛含量低，粗羊毛含量较高。

由于羊汗中有一定数量的钾盐，呈弱碱性，易溶于水，特别是在温水中更易溶解，并且遇羊毛脂生成钾肥皂，因此，羊汗多时一般对洗毛有利，羊脂含量多时洗毛较困难。但也不是绝对的。例如，澳大利亚细羊毛含脂一般为 18％～25％，新疆细羊毛含脂为 9％～12％，新疆细羊毛含脂明显低于澳大利亚细羊毛，但却不如澳大利亚细羊毛好洗。因此，我们不能简单地说羊毛脂含量高的羊毛就一定难洗，更主要的还决定于羊毛脂的性质。

（3）洗毛用剂及其作用

①洗剂的作用　洗剂在水中溶解后，由于分子的表面活性，可把羊毛浸润并使羊毛的污垢层吸附一定数量的合成洗涤剂分子，这些分子渗入羊毛脂污垢层的缝隙中，同时受到洗液温度和机械作用的影响，把羊毛脂污垢层分裂并破坏成许多胶体大小的微粒，与羊毛分离而稳定在洗毛溶液内，从而达到洗净毛的目的。

②洗涤剂　洗涤剂的种类很多，但归纳起来主要是合成洗涤剂。合成洗涤剂都属于表面活性剂。合成洗涤剂能在弱碱性或中性溶液中表现出良好的洗涤效果，不损伤纤维，并可采用较低的温度洗毛，节约能源，对洗毛用水没有特别要求。

③助洗剂　在洗毛过程中，除加入洗涤剂外，还加入一定数量的助洗剂，以提高洗涤效能。旧洗毛工艺较普遍使用的助洗剂有纯碱、食盐和硫酸钠等。

（4）洗毛工艺技术条件与洗净毛质量　影响洗净毛质量的洗毛工艺技术条件，概括起来主要有以下几点：

①原毛投入量　原毛投入量直接关系到洗净毛的产量和质量。投入量的多少决定于羊毛的难洗程度，一般含脂率和含杂率高的羊毛，为保证洗毛质量，应减少投入量，反之，则可以适当增加投入量。

②合理确定洗液的浓度　根据待洗羊毛中羊毛脂的性质和含脂率的高低，在既保证洗毛质量，又可以节约洗剂耗用量、讲究经济效益的前提下，确定洗槽中洗液的浓度。

③洗液的温度　洗液温度对洗净毛纯洁度的影响仅次于开松除杂作用。对洗液温度的基本要求为：槽水温度不应小于羊毛脂的熔点。遇到难乳化的羊毛脂时应提高洗液温度，但温度过高时，会使羊毛产生毡并、发黄、手感粗糙等疵点。

④洗液 pH 的影响　洗液 pH 的大小也会影响洗净毛的质量。如在碱性溶液中洗毛，当 pH<8 时，对羊毛纤维的强力无损伤；当 pH 在 8～11 时，羊毛纤维的强力则随温度的升高而降低。

⑤对水质的要求　如采用皂碱洗毛时，洗毛用水以软水为好。

5. 烘毛 从洗毛槽出来的净毛，经压液后尚有 40％左右的水分，需在不损伤纤维的条件下，用最经济的方法将纤维烘干到适宜的程度（过干，羊毛粗糙且消耗能源过高；过湿，羊毛容易霉变，不利于储存），以便于储运或后道生产工序使用。烘毛的原理实质上就是水分汽化的过程，一是靠加热器加温，二是靠风机供给具有一定流速的循环风量。烘毛机有平帘式和圆网式两种，后者效果较好。

6. 洗净毛的质量 洗净毛的质量直接影响生产中后道工序产品的质量，尤其与毛条质量和毛条制成率关系更为密切。目前洗净毛的质量以其洗净后的羊毛含油率、回潮率为保证条件，凡洗净毛符合上述各项条件规定范围内的均为合格品。而洗净毛的含草率、毡并率、洁白松散程度等为洗净毛的分等条件，即上述指标在规定范围内的为一等品，超过者为二等品。

控制洗净毛质量，关键在于开松和压液。开松不良，对洗净毛的含杂、含水，对洗涤效果以及后道工序都不利。要获得良好的开松效果，首先要调节好开毛机的喂毛罗拉，如喂毛罗拉的压力不足，开毛锡林的开松作用就会降低。喂毛量对开松也有影响。压液机压水效果不良会加大洗涤剂的消耗，杂质不易除去，减低烘干效果，羊毛易毡缩，洗液的 pH 不稳定等。

（三）去草炭化

羊毛洗净以后，还残留少量与羊毛纠缠得较紧的植物性杂质，如草籽、碎叶、草刺等，因此，还必须经过去草处理，以满足产品质量的要求。处理方法主要有两种，一种为机械去草，一种为化学去草。

1. 机械去草 机械去草是依靠机械作用，在充分开松、梳松羊毛的过程中，将草杂从羊毛中分离出来，达到去草的目的。但机械去草不彻底，而且对纤维长度损伤较大。因此，在工业生产中多用于粗梳毛纺，不宜用于精梳毛纺。

2. 化学去草 化学去草又称炭化。炭化原理是利用酸对羊毛和植物性杂质的作用不同，使含有植物性杂质的羊毛，经硫酸溶液处理后，然后经烘干、烘焙，草杂变为易碎的炭质，再经压碎、除杂等机械作用，将易碎的炭质压成粉末，利用风力与羊毛分离，从而达到炭化除杂的目的。

洗净毛炭化的大致工艺过程如下：洗净毛（含草杂）—开松—浸酸—脱酸—烘焙—压碎—除杂—中和—烘干—碳化净毛。

炭化去草的特点是去草杂比较彻底，但硫酸会影响羊毛纤维的强力、颜色、光泽和手感粗糙程度。

三、羊毛条制造

制条工序的目的是把各种品质支数和级数的洗净毛，制成具有一定单位重量，纤维平行伸直，混合均匀，已去除绝大部分短纤维、草刺、毛粒等杂质，品质一致、结构均匀的精梳毛条。

（一）制条工序的生产系统

1. 英式（亦称长毛）**制条系统** 英式制条系统适于加工较长而又较粗的羊毛。在加工过程中，除了在混合原料时加和毛油外，在精梳之前再加一次和毛油。和毛油对纤维起保护作用，故此系统生产的毛条内含油率较高，通常为 3％～4％，毛条的手感较好，称为"油毛条"。英式制条系统已逐渐被淘汰，主要原因是制成率低，去杂去草不如法式制条系统。其工艺流程是：

洗净毛—和毛加油—开式针梳—复洗针梳—开式针梳—成球—圆型精梳—条筒针梳—末道针梳—英式精梳毛条（油毛条）。

2. 法式（亦称短毛）制条系统　法式制条系统适于加工细而短的羊毛，现在大多企业采用法式制条系统。此系统适用性广。其工艺流程是：

洗净毛—和毛加油—梳毛—二至三道交叉针梳—直行精梳—条筒针梳—复洗针梳—末道针梳—法式精梳毛条（干毛条）。

（二）配毛

1. 配毛的目的和作用

（1）选用多种、多批原料配合混用，达到符合品质要求和纤维含量的混料及产品。

（2）通过配毛，使各组分原料品质得到取长补短，并使同批产品的批量扩大，有利于各批之间的品质保持稳定。

（3）通过配毛，合理使用原料，达到优毛优用，次毛得到综合利用，提高低品位原料的使用价值，降低成本，得到最高的经济效益。

由此可见，配毛关系到产品质量的稳定和提高，关系到工厂和后道工序的生产效率和生产成本，关系到原料资源的开发和充分利用，具有重大的技术、经济意义，是毛纺生产技术工作极为重要的一环。

2. 配毛规范　配毛工作是一项综合性的技术工作和管理工作。要掌握来自不同地区和不同羊种所产羊毛的品质特性。在配毛前，要对备用原料进行完整的品质检验，根据客观数据作出主观评定意见，作为配毛确切依据。要根据后道工序使用的需要和原料资源的可能，制订配毛规范，使毛条品质特性与最终成品的要求紧密衔接，力求以最低的成本获得最佳的经济效益。

目前世界比较先进的配毛方法是计算机软件程序配毛，一般用计算机配毛的 TMOH 公式，也就是将羊毛客观检验后的主要指标参数，输入计算机程序，运用公式预测毛条成品的质量指标。

3. 配毛注意事项　在配毛过程中，洗净毛影响羊毛条质量的主要变化规律。

（1）细度　细支毛梳条后的细度要比洗净毛细度略粗 $0.3 \sim 0.5 \mu m$；半细毛毛条平均细度要增粗 $0.8 \sim 1.0 \mu m$。配毛时要考虑洗净毛细度的离散系数，不宜太大。

（2）长度　一般国产支数毛从毛丛长度到成品毛条长度之间的变化规律为伸长 $6 \sim 15 mm$，这主要是与羊的品种有关；级数毛一般情况下伸长比支数毛少些，在 $5 \sim 10 mm$，级数愈低，伸长愈少。同样也要考虑洗净毛长度的离散系数，离散系数越大，成品毛条的离散系数也会越大。

（3）洗净率　一般洗净率是评定原毛的实际结算重量并作价的依据，但在实际生产中，洗净率的高低与羊毛品质有一定的关系，洗净率越高羊毛品质越好，否则就相反。

（4）含腔率　国毛含腔率从洗净毛到毛条的变化不明显。在配毛时，应控制含腔率在毛条标准的指标范围以内。例如，64 支国毛条含腔率一等品为 0.2% 以内，则配毛含腔率掌握在 0.1% ~ 0.15%，可保证成品毛条的含腔率符合品质标准。

（5）含草　要掌握在梳条加工中除草变化的规律。不同草杂类型，其被去除的情况亦不同；不同机械结构和所用针布规格不同等，其除草能力亦不同。

（6）色泽　原料的色泽要以接近为宜，应避免前后色泽差异。

（7）批次　各批羊毛性能差异较大者，一般不宜混用，以免后道使用厂易产生质量问题。

（三）和毛

1. 和毛的目的和任务

（1）开松洗净毛，使其达到一定的松散度，以利于下道工序进行。

（2）将不同成分的原料进行混合。

（3）除去羊毛中的部分杂质。

（4）在混合原料的同时进行加油。

2. 和毛方式

（1）铺层　有人工铺层和机械铺层两种方法。和毛铺层加油后，为使油水均匀并被原料吸收，一般需经 8～16h 的存放。

（2）直取　将铺层后的混合料垂直取用，以保证混合均匀。

（四）加油

1. 加油的目的

（1）提高纤维的柔软性，减少纤维在机械力作用下的损伤。

（2）降低羊毛表面的摩擦系数，减少纤维在钢针梳理时断裂的可能性。

（3）降低纤维的静电，防止在生产过程中纤维与纤维之间的排斥，纤维与机件之间的吸附及排斥。

2. 和毛油配方及加油量　和毛油在不同工序、不同原料中应采用不同的配方，并选用不同的油水比。

加油量应根据原料的具体情况来确定。法式制条系统的和毛加油量包括洗净毛本身的含油量，其总含油量控制在 1.2％～1.5％，羊毛细度越细，加油量越大。

油水比应根据洗净毛本身的含水率，结合空气中的相对湿度来确定，最后要使洗净毛的梳毛上机回潮控制在 18％左右（金属针布），弹性针布应偏高些。

（五）梳毛

1. 梳毛工序的任务与目的　梳毛工序在制条过程中是关键工序，在粗梳毛纺生产中是起决定性作用的工序。其主要任务是：

（1）开松、梳理洗净毛，使之成为单纤维状态，不相互缠结。

（2）更充分地混合纤维。

（3）去除草刺、土杂。

（4）顺直纤维，尽可能使纤维平行排列于毛网内，集束成条。

2. 梳毛机的机构与作用（以 B272 梳毛机为例）

（1）自动喂毛机　用自动称重机构，将和毛后的毛均匀地喂入梳理机构。

（2）第一预梳机构　第一胸锡林上装一对工作/剥毛辊，另装有一把除草刀，起初步开松毛块的作用。

（3）第二预梳机构　第二胸锡林上装两对工作/剥毛辊，另装有一把除草刀，起进一步开松毛块的作用。

在第一、二预梳机构中装有一把除草辊，上面装有一把除草刀，起除草作用。

（4）梳理机构 主锡林上有六对工作辊/剥毛辊，是梳毛机的主要梳理区，作用是将小毛块梳理成单纤维状态。

（5）圈卷机构 将毛网集束成条装入条筒。

3. 梳毛工艺条件

（1）隔距 相互作用的滚筒针齿间的距离称为隔距。其中锡林与工作辊之间的隔距是梳理作用的主要工艺条件。隔距大，梳理作用缓和；隔距小，梳理作用剧烈。

（2）速比 相互作用的滚筒针齿间的相对速度之比，称为速比。这与相对速度的方向、大小有关。其中锡林与工作辊之间的速比是梳理作用的主要工艺条件。速比大，梳理作用剧烈；速比小，梳理作用缓和。

（3）针布 梳毛机各工作机件上都包覆针布，针布有弹性针布与金属针布两种。针齿的配备方面，随着原料的前进方向，针齿越来越细，针密越来越密。

（4）其他工艺条件 出条单位重量；出条速度；喂入原料的回潮率、含油率；车间内的温湿度。

4. 梳毛质量 主要控制毛粒、草屑、重量及重量不匀率，纤维损伤。

（六）针梳

1. 针梳工序的任务与目的

（1）通过针梳机的牵伸、梳理作用，使毛条中纤维进一步伸直理顺，作定向排列。

（2）通过针梳多次并合，提高毛条条干均匀度。

（3）通过针梳多次牵伸，使毛条抽细。

（4）制成一定重量的毛条。

（5）卷绕成毛球或圈入桶内。

2. 针梳机的机构和作用

（1）喂入机构 将若干根毛条由毛球上退绕，并喂入牵伸机构。

（2）牵伸梳理机构 由前后两对罗拉和中间两排针板控制机构组成。将并合后的毛条由后罗拉喂入，前罗拉以 5～10 倍大于后罗拉的速度达到牵伸目的，中间由两排针板控制梳理纤维，使纤维顺直平行。

（3）出条圈条机构 将前罗拉输出的毛条经圈条机构进入筒内。

3. 针梳工艺条件

（1）罗拉隔距 前后罗拉之间的隔距称总隔距，总隔距要大于最长纤维的长度。前隔距是指前罗拉握持点到最靠近的下针板之间的距离，这对出条条干影响很大。

（2）牵伸倍数 指前后两对罗拉线速度之比。

（3）其他工艺条件 喂入负荷、出条单位重量、出条速度等。

（4）针梳质量 主要控制出条单位重量、条干均匀度。

（七）精梳

1. 精梳工序的目的

（1）去除毛粒、草刺。

（2）去除短纤维。

（3）混合纤维。

（4）使纤维更加顺直平行。

2. 精梳机的机构和作用

（1）喂给机构　将一定根数的毛条喂入机内。

（2）梳理机构　圆梳：梳理须条的头端，并去除须条头端的毛粒、草屑、短毛。顶梳：梳理须条的尾端，并去除须条尾端的毛粒、草屑、短毛。

（3）拔取机构　由拔取罗拉、皮板组成，拔取梳理好的须丛。

（4）出条清洁机构　将拔取的须丛，由出条罗拉集束成条后，送入条筒，并同时由圆毛刷清洁圆梳。顶梳由人工定时清洁。

3. 精梳工艺条件

（1）拔取隔距　对精梳后毛条质量与精梳落毛率是关键的工艺条件。拔取隔距大，毛条质量好；落毛率增加，拔取隔距小则反之。

（2）顶梳、圆梳针号　应根据原料情况而定，羊毛越细，针号越细而密；羊毛越粗则反之。

（3）喂入负荷　喂入负荷要适应原料情况。喂入负荷大，产量高，但质量差。

4. 精梳质量　主要控制毛粒、草屑、单位重量、毛网清晰程度。

（八）复洗（分热辊复洗与热风复洗两种）

1. 复洗的目的

（1）将毛条在一定张力下通过热滚筒或热风作用，使纤维保持其伸直度，毛条内的纤维平均长度将增加一些，并可消除制条过程中纤维的内应力，消除静电。

（2）洗去和毛油及制条过程中沾染的油污杂质。需要时可重新加油（适用于后工序加工需要的油剂）。

2. 复洗机的机构与作用

（1）给条　喂入毛条。

（2）洗槽　一槽为浸润槽，二槽为加料槽（加洗剂），三槽为冲洗槽。若要在洗槽内加油，则一槽加料，二槽冲洗，三槽加油。

（3）烘房　有两种，一种是热辊式，另一种为热风式。起烘干、定型作用。

（4）出条卷绕机构。

3. 复洗工艺条件　选择洗剂及其用量、温度。

4. 复洗质量　主要控制回潮率、含油率。

（九）精梳毛条的品质标准

1. 国产细羊毛及其改良毛毛条品质标准　品质分两大类，支数毛毛条和级数毛毛条。支数毛毛条又分为70支、66支、64支、60支，级数毛毛条又分为一级、二级、三级、四级甲、四级乙。国产毛条的公定回潮率和含油脂率见表11-5；国产毛条品质标准的具体技术条件见表11-6。

表11-5　国产毛条的公定回潮率和含油脂率

项目	干毛条	油毛条	未复洗毛条
公定回潮率（%）	18.25	19	18.25
公定含油脂率（%）	0.634	3.5	0.634

表 11-6 国产毛条品质标准的具体技术条件

品种	等别		平均细度 (μm)	细度离散 (%) 不大于	粗腔毛率 (%) 不大于	加权平均长度 (mm) 不大于	长度离散 (%) 不大于	30mm及其以下短毛率 (%) 不大于	公定重量 (g/m)	重量公差 (±g/m)	重量不均率 (%) 不大于	毛粒 (只/g) 不超过	毛片 (只/m) 不超过	草屑 (只/g) 不超过	麻丝及其他纤维 (只/g) 不超过
支数毛条	70 支	1	18.1~20.0	24	0.05	70	37	4.0	20	1.0	3.0	4	0.3	0.4	0.1
		2			0.10	65		6.0			4.5	6	0.5	0.6	
	66 支	1	20.1~21.5	25	0.10	70	37	4.0	20	1.0	3.0	4	0.3	0.4	0.1
		2			0.20	65		6.0			4.5	6	0.5	0.6	
	64 支	1	21.6~23.0	27	0.20	72	37	4.0	20	1.0	3.0	4	0.3	0.4	0.1
		2			0.30	68		6.0			4.5	6	0.5	0.6	
	60 支	1	23.1~25.0	29	0.30	72	37	4.0	20	1.0	3.0	4	0.3	0.4	0.1
		2			0.40	68		6.0			4.5	6	0.5		
改良毛条	一级	1	22.0~24.0		1.00	75		5.0	20	1.5	3.5	4	0.4	0.6	0.1
		2				70		7.0			4.0	6	0.6	1.0	
	二级	1	23.0~25.0		2.00	75		5.0	20	1.5	3.5	4	0.4	0.6	0.1
		2				70		7.0			4.0	6	0.6	1.0	
	三级	1	24.0~26.0		3.50	75		5.5	20	1.5	4.0	4	0.4	0.8	0.1
		2				70		7.5			5.5	6	0.6	1.2	
	四级 甲	1	24.0~28.0		5.00	75		5.5	20	1.5	4.0	4	0.4	0.8	0.1
		2				70		7.5			5.5	6	0.6	1.0	
	四级 乙	1	24.0~30.0		7.00	75		5.5	20	1.5	4.5	4	0.4	0.8	0.1
		2				70		7.5			5.5	6	0.6	1.0	

注：①毛粒、毛片标样，在新标样未制定前，仍按 1976 年规定，采用北京纺织局所提供的标样进行检验。毛片以左上侧两只小毛片为起点，小于毛片的一律作毛粒计数。

②单位重量，根据供需双方需要，可另行规定。

③毛条的条干均匀度，由各地供需双方建立标样，进行核考。

2. 自梳外毛毛条品质标准 自梳外毛毛条的公定回潮率及含油脂率同国毛条。自梳外毛毛条品质标准的具体技术条件见表 11-7。

四、山羊绒的初加工

山羊绒的初加工与羊毛大致相同，主要包括原绒的分选、过轮（开松）、水洗、分梳等生产工序。但是，由于山羊绒本身在物理和化学性能上与羊毛纤维有一定的差异，而且由于山羊绒资源少且珍贵，因此，其加工工艺要求比较严格、精确。

表 11-7　自梳外毛毛条品质标准的具体技术条件

品种	等别	平均细度（μm）	细度离散（%）不大于	加权平均长度（mm）不大于	长度离散（%）不大于	30mm及其以下短毛率（%）不大于	公定重量（g/m）	重量公差（±g/m）	重量不均率（%）不大于	毛粒（只/g）	毛片（只/m）	草屑（只/g）
74 支	1	18.1～19.0	22	70	39	4.2	20	1.0	3.0	3.5	0.3	0.3
	2			65		6.2			4.0	5.0	0.5	0.6
70 支	1	19.1～20.0	23	75	39	4.2	20	1.0	3.0	3.5	0.3	0.3
	2			70		6.2			4.0	5.0	0.5	0.6
66 支	1	20.1～21.5	24	76	39	4.2	20	1.0	3.0	3.5	0.3	0.3
	2			71		6.2			4.0	5.0	0.5	0.6
64 支	1	21.6～23.0	24	80	40	4.0	20	1.0	3.0	3.5	0.3	0.3
	2			75		6.0			4.0	5.0	0.5	0.6
60 支	1	23.1～25.0	24	80	40	4.0	20	1.0	3.0	3.5	0.3	0.3
	2			75		6.0			4.0	5.0	0.5	0.6
58 支	1	25.1～27.0	25	80	41	3.2	20	1.5	3.5	2.0	0.4	0.4
	2			75		5.2			4.5	3.0	0.6	0.6
56 支	1	27.1～29.0	25	90	41	3.2	20	1.5	3.5	2.0	0.4	0.4
	2			80		5.2			4.5	3.0	0.6	0.6
54 支	1	29.1～31.0	25	90	41	3.2	20	1.5	3.5	2.0	0.4	0.4
	2			80		5.2			4.5	3.0	0.6	0.6
50 支	1	31.1～33.5	26	100 及以上	42	2.5	20	1.5	3.5	1.5	0.4	0.4
	2					4.5			5.0	2.5	0.6	0.6
48 支	1	33.6～36.0	26	99.9 及以下	42	2.5	20	1.5	3.5	1.5	0.4	0.4
	2					4.5			5.0	2.5	0.6	0.6
46 支	1	36.1～38.5	26	99.9 及以下	42	2.5	20	1.5	3.5	1.5	0.4	0.4
	2					4.5			5.0	2.5	0.6	0.6
44 支	1	38.6～41.0	26	99.9 及以下	42	2.5	20	1.5	3.5	1.5	0.4	0.4
	2					4.5			3.0	2.5	0.6	0.6

（一）分选

1. 分选的目的　工厂按照一定的标准，对原绒分等分类，可以最大限度地消除各种疵点，做到优质优用。

2. 分选的条件和要求　山羊绒的分选和其他纤维一样，都是手工进行的，主要靠分选工的视觉和触觉完成。山羊绒纤维细，价值高，因此，对工作场地和分选工有特殊的要求。

分选场地一般选在通风透光的室内，周围环境洁净、无杂物，光照条件好，以天然光为主，日光不宜直射，因为光线过强、过弱都会影响分选质量。另外，室内温度和通风条件对分选也有一定影响。

对于从事山羊绒分选的工人，有以下几点要求：首先要有敏锐的眼力，能准确、迅速地辨别出山羊绒的等级、颜色及各种疵点绒；其次，要有灵敏的触觉，用手能感觉到不同纤维品种，如羊绒、羊毛、化纤、棉花等；再次，还要熟悉山羊绒的等级品质，熟悉各种疵点绒及其他纤维的外观和手感特征，能自如地按等级标准分选原绒。

3. 分选方法

（1）准备工作　分选前要先检查分选台上的盛器，排放是否正确合理；其次，应注意拆包时不要让线头、铁丝、化纤包丝等混入原绒内。

（2）操作方法　山羊绒分选操作方法可以概括为配、取、抖、开、辨、除、检7个字。具体步骤如下：

①配　按工艺要求把不同产地、不同特征的羊绒按比例配料。

②取　从绒包中按层次由上而下取出适量原绒，放置于分选台。

③抖　边取边轻轻抖动，抖掉原绒中的尘土、沙石等杂质。

④开　把抖掉杂质的绒套进行开松。

⑤辨　在抖动和松开的同时，凭手感和眼睛，准确判断出原绒的级别、颜色和各种疵点绒。

⑥除　去除原料中的粗毛、化纤包丝、铁丝、草刺、粪便等杂质及各种异质纤维。

⑦检　首先分选工要对自己的一等绒自行检验，看是否有各种非羊绒纤维、疵点绒、异色绒等，然后再交专门的检验工复检。有条件的要用现代仪器检出羊绒的细度、长度、含潮率等客观数据指标。这样经过两次检验才可以称重打包，输入下道工序。

（二）过轮

1. 过轮的作用　山羊绒过轮工艺类似于羊毛初加工中开松除杂工艺过程，其主要作用也是开松除杂。由于羊绒与羊绒之间在下绒封，形成瓜子绒。尽管在分选时，用手撕过，但还是不够松散，里面还挟带有大量的尘土和杂质，经过过轮的开松作用，把绒瓜进一步分开，同时除去绒上附着的沙土和杂质，为后道工序创造条件。

原绒过轮本来是山羊绒初加工中的一个简单工艺过程，但由于近年来在外贸出口中过轮绒出口的比重逐年增大，因而已渐渐作为一个新品种替代了原绒出口。为此，过轮已作为一道单独的生产工序被人们所承认。

2. 过轮机械及其工作原理

（1）机械种类　过轮机通常分为两种类型，一种为连续式过轮机，一种为间歇式过轮机。连续式过轮机又分为单锡林机、双锡林机及多锡林机。目前国产定型的有 B041-90（122）型双锡林过轮机、B044-100 型锡林过轮机等，基本是毛绒通用型。根据原绒纤维细、粘连不严重、含土杂少等特点，生产实践中多采用 B041-90（122）型双锡林或单锡林过轮机。

（2）工作原理　山羊绒过轮工序类似于羊毛的开松除杂工序，使用机械也基本相同。因此，这里就不再详细介绍过轮机械的工作原理，有关情况可以参阅羊毛初加工开毛工序中开毛机的工作原理。

（三）洗绒

1. 洗绒的目的　在山羊生长过程中，由于饲养环境及自身生理作用的影响，其原绒中含有汗、脂、皮屑、粪便、沙土、草芥等杂质，通过洗绒过程中化学和机械的作用，除去绒纤维上的各种杂质，使其呈现出本身的洁白度，松散柔软，以保证后道生产工序顺利进行。

2. 洗绒的工序　主要包括开松—洗涤—烘干等环节。

由于羊绒纤维上的羊绒脂、汗及其他杂质，同羊毛纤维上的羊毛脂、汗及其他杂质的性质相同，因此，洗绒的原理、工艺过程、使用的洗涤剂及助洗剂等，大致与洗毛相同。这里不再叙述，有关细节参阅羊毛初加工部分。

（四）分梳

1. 分梳的概念　山羊绒的分梳是利用山羊绒分梳机中锡林与罗拉上针布的针齿梳理纤维，将绒与粗毛、土杂等物分离的一个过程，经过分梳以后的羊绒，通常称"无毛绒"。

2. 影响羊绒分梳效果的因素　羊绒分梳效果的好坏取决于所使用的净绒是否合格，所使用的分梳设备是否先进，车间温度是否适宜，以及从事该项工作的人员素质的高低等。洗净绒的质量则直接影响山羊绒的分梳效果。一般，洗净绒的含粗率、含杂率、含油脂率、回潮率、纤维长度等指标对分梳影响较大。

（五）山羊绒的质量标准

当前国家正在出台山羊绒标准，眼前各加工厂家都是根据自己产品生产的需要以及用绒客户的要求而自定标准，因此，不同厂家对选后绒的要求不尽一致。不过分等的主要指标有细度、平均长度、含绒率、含土杂率、混色率等。

近几年来，我国山羊绒的初加工和深加工发展速度很快，尤其是初加工能力已超过国内资源量。因此，尽早制定、实施山羊绒的质量标准，对于指导工业生产和商业交易，有十分重要的意义。

第六节　绒毛纺织产品

毛纺产品习惯上可分为十个大类，即：精梳毛织品、粗梳毛织品、长毛绒（或人造毛皮）、驼绒、绒线（包括针织绒）、羊毛衫、毡制品、工业用呢、毛毯和地毯。其他尚有一些少量的特种用品如服装衬料等。毛纺产品的生产工艺长期以来分为精梳毛纺和粗梳毛纺两个系统，并分别派生出半精梳纺纱和无纺织品的生产工艺。

上述十大类产品中，属于精梳毛纺系统的产品有：精梳毛织品、长毛绒、绒线和羊毛衫的大部分及工业用呢的一部分，其余产品则属于粗梳毛纺系统。毛纺发展的历史是先有粗梳毛纺，随着科学技术的发展和人类衣着需要的多样化，又发展了精梳毛纺。两种纺纱系统对原料的要求不同，在羊毛供应上以长度和纤维细度区分为精梳用羊毛及粗梳用羊毛。澳大利亚羊毛公司将 40mm 以上的羊毛长度称为精梳长度，40mm 以下称为粗梳长度；我国羊毛收购品质标准细二级长度定为 50mm 以上，可以视为精梳长度和粗梳长度的分界。但实际使用依产品要求而异，依设备性能而异。随着我国毛纺工业的发展与工业技术进步，以及产品风格的多样化，无论是在精纺上还是粗纺上选用羊毛的长度范围都有较大的伸缩，因此，上述长度的分界线，仅作为常识性的概念，在实际应用上更加复杂多样。

一、粗梳毛纺产品的分类及其品质特征

(一)粗梳毛纺分类

粗梳毛纺系统的产品主要有：粗纺呢绒、毛毯、粗纺针织绒、毡制品、驼绒及地毯等。

表 11-8　粗梳毛纺产品的分类

项目	衣着用呢		工业用呢		特种用呢	
粗纺呢绒	麦尔登，大衣呢，海军呢，制服呢，女式呢，法兰绒，粗花呢，大众呢等		造纸毛毯，印刷呢，浆纱呢，绒辊呢，滤气呢和其他		引信用呢，弹子呢，网球呢，钢琴呢，装饰用呢和其他	
毛毯	素毯	道毯	格子毯	提花毯	印花毯	特殊加工毯
	羊绒，驼绒毯，高级羊毛毯，中低档毛毯，混纺素毯	单色道毯，鸳鸯道毯，彩虹道毯	单层格子毯，双层格子毯，棉经毛纬格毯	提花水纹毯，提花短绒毯，多色提花毯	素地印花毯，提花印花毯，压花毯，转移印花毯	珠皮绒毯，人造毛皮毯，簇绒毛毯
粗纺针织绒	羊绒纱	驼绒纱	兔毛纱	羊崽毛纱	雪莱毛纱	混纺针织纱
毡制品	民用毡		工业用毡		特品毡	毡制零件
驼绒	素色驼绒		彩条驼绒			
地毯	机织地毯		手工地毯		簇绒地毯	

(二)粗梳毛纺特征

粗纺产品的品种繁多，分类方法各有不同，在同一品名之中，又因其风格不同，可分成若干种，兹以衣着用呢为例，简要说明如下：

粗纺毛织品的品名是多种多样的，而在同一品名中，又有各种不同的风格。因此，粗纺产品依照成品风格和染整工艺特点来划分，基本上可分不缩绒或轻缩绒、缩绒和起毛产品三大类。不缩绒或轻缩绒的产品称为纹面产品，缩绒或缩绒后轻起毛的称为呢面产品，缩绒后经钢丝或刺果起毛的称为绒面产品。

1. 纹面产品　纹面产品是露纹的，其中包括不缩绒的松结构织物或轻缩绒的人字呢、火姆司本和提花织物等。这种产品容易暴露纱织疵点，对毛纱质量要求较高，故在选用原料时应从有利于纺纱条干均匀及减免纱织疵点来考虑。素色的纹面织物更易暴露纱织疵点，故设计者多利用色纱合股线或混色毛纱，配成各种花型，既可掩盖缺陷，又可使织物有立体感，提高织物的外观风格。纹面织物一般选用粗支毛纺粗支纱，对羊毛的缩绒性要求不高，但要求羊毛有光泽、弹性及卷曲，可使成品膨松丰厚，并有一定的身骨。

2. 呢面产品　呢面产品主要是利用羊毛的缩绒性制成的，包括麦尔登、海军呢、制服呢、学生呢、法兰绒、平厚大衣呢等。要取得优良的呢面，就得选用缩绒性良好的羊毛。各种羊毛的缩绒性不尽一致，一般是细羊毛优于粗羊毛，短毛优于长毛，澳大利亚羊毛优于国产羊毛，改良毛优于土种毛，纯毛优于混纺。高档呢面织物要求呢面丰满，细洁平整，因此，对粗腔毛的含量应力求减免。即使中低档品，也应适当控制，以免影响外观。

3. 绒面产品　绒面产品主要是利用起毛工艺制成的，包括顺毛型。一般是细毛比粗毛

易起毛，短毛比长毛易起毛，纯毛比化纤容易起毛。但短毛含量不能太多，否则容易掉毛，并影响强力。起毛产品一般要选用强力较好、长度较长的原料，但要得到短而密的绒面时，宜用细而短的优质纤维。在生产黑白方格等产品时，用毛也不能太长，否则黑毛与白毛相互混杂，界线不明，影响成品外观。立绒产品要求绒毛耸立，故要选用刚性较强的纤维。顺毛产品要求毛茸顺直整齐，富有光泽，故应选用长度较长、光泽较好的原料。

二、精梳毛纺产品的分类及其品质特征

（一）精梳毛织物的主要分类及其品质特征

1. 精梳毛织物的主要分类　精梳毛织物主要可分为四类。

（1）大路产品类　以素色匹染织物为主，花色变化较少。其代表产品有华达呢、哔叽、啥味呢、凡立丁等，直贡呢、巧克丁、马裤呢亦属此类。

（2）花呢类　以花色条染为主，花型配色多变，据面料重量分薄花呢、中厚花呢和厚花呢。根据织物的织纹结构有平纹花呢、斜纹花呢、变化斜纹花呢和单面花呢等。

（3）女衣呢类　花色织纹变化较多，诸如复杂提花、松结构、长浮点及平纹、斜纹织物。染色方法有素色匹染、条染和印花，也有采用花色纱线织成。其风格特点以手感柔软、色泽鲜丽为主，轻松而有弹性者为上品。

（4）其他类　除制作衣着用外，也有其他用途的精梳毛织物，如高级装饰用呢、旗纱、服装衬料等。

2. 精梳绒毛织物的品质特征　精梳毛织物的品种繁多，花色丰富，风格多样，但与粗梳毛织物比较，精梳毛织物各品类有着多方面共同性，其品质特征如下：

（1）采用较高纱支，通常在 12.5～33.33 特（30～120 公支）范围内，少数产品也有超越上述范围。为了达到织物应有的强力、耐磨性、弹性和光洁度等服用性能，以及丰富花色的需要，多采用合股线制作。少数品种采用合股线为经、单纱为纬，或者经纬纱全用单纱。

（2）精梳毛织物比较轻薄，单位重量一般在 $80～360 g/m^2$ 的范围内。

（3）精梳毛织物的呢面平整光洁，条干均匀，织纹清晰，富有光泽。有些织物如啥味呢、中厚花呢、哔叽等虽有光面、绒面风格之分，同样应是呢面平整、光泽良好。

（4）精梳毛织物的弹挺性能较好，穿着不易走样。秋冬织物具有丰厚结实的身骨；春夏薄型织物爽滑透气。混纺产品要有近似纯毛感。

（5）精梳毛织物手感以柔滑、滋润、活络为上品，但因羊毛细度不同，存在原料本身手感的差异是不可避免的。

（6）色泽清新，无陈旧感，色光匀净。

（7）应无明显的表面疵点，如毛粒、草屑、染花、混色不匀、条干明显不匀、纱线中夹杂异色纤维等。

（二）精梳绒线（包括针织绒）的主要分类及其品质特征

1. 精梳绒线（包括针织绒）的主要分类　精梳绒线（包括针织绒）是用羊毛条或化纤条经纺、染等加工制成的手编用或针织用的毛纺产品，用以复杂加工成各类粗细厚薄、织纹变幻、花色多彩、款式丰富的毛针织衫，其主要类型如下：

（1）纯毛高级粗绒　用 56 支或二级国毛以上原料；单纱纱支一般为 125 特（8 公支）左右。

（2）纯毛中级粗绒 用 50 支或国毛三级以下的原料；纱支在 142.86 特（7 公支）左右。

（3）纯毛细绒 用 56 支或国毛一级以上的原料；纱支在 83.33 特（12 公支）以上。

（4）混纺高级粗绒 羊毛与化纤（主要是腈纶，下同）混纺；羊毛支数及纺纱支数与纯毛高级粗绒相同。

（5）混纺中级粗绒 羊毛选用及纱支与纯毛中级粗绒相同。

（6）混纺细绒 羊毛化纤混纺。纱支一般在 83.33 特以上；羊毛选用范围比纯毛细绒广。

（7）纯毛针织绒 羊毛选用范围 56～66 支；纱支范围 16.67～83.33 特（12～60 公支）。

（8）花色纱线 采用羊毛及多种化纤原料纯纺、混纺交捻制成粗细不同、外形异状的各种花色绒线及针织绒。例如，圈圈绒、珠珠绒、羽毛绒、竹节纱、波形纱、彩点纱等。

（9）其他 其他天然纤维与羊毛混纺纱，仿天然纤维的化纤绒线及针织绒。

2. 精梳绒线（包括针织绒）**的品质特征** 根据最终毛针织成品的品质和加工要求，精梳绒线（包括针织绒）相应地应具备下列品质特征：

（1）纱线外形丰满圆胖。

（2）身骨膨松而有弹性，手感柔软。粗支毛产品刚而不糙，编结物穿着不易走样。

（3）产品外表光洁，条干均匀，股线捻纹匀贴。

（4）色光鲜艳、滋润，染色均匀。染色成浅白色的要晶莹，深黑色的要滋润，染色坚牢度无明显褪色沾色。

（5）不易起球毡缩，穿后经拆耐用。

毛针织成品具有手感柔软丰满、弹性适体、品种花色丰富、四季适宜、内外适用、品质档次多样，绒线可以拆编、经久耐用、洗涤保藏方便等优点。因此，毛针织成品在国内外消费市场广受欢迎，消费量呈现大幅上涨趋势。

第十二章

绒毛用羊可持续发展战略

第一节　我国绒毛用羊业面临的挑战与可持续发展

一、我国绒毛用羊发展面临的挑战

1. 我国绒毛用羊养殖业与生态环境保护之间的矛盾　草原是我国面积最大的绿色生态屏障，也是草地畜牧业发展的重要物质基础和牧区农牧民赖以生存的基本生产资料，在防风固沙、涵养水源、保持水土、发展草食畜牧业、增加农牧民收入、净化空气以及维护生物多样性等方面具有十分重要的作用。我国现有各类天然草原约 4 亿 hm² （60 亿亩*），占世界草原面积的 11.8%，仅次于澳大利亚，居世界第二位；占我国国土面积的 41.7%，是耕地面积的 3.2 倍、森林面积的 2.3 倍。草原在全国各省（自治区、直辖市）均有分布，仅西部十二省（自治区、直辖市）天然草原面积就达 3.3 亿 hm²，占全国草原面积的 84.4%。由于受气候条件和地理特点的影响，我国草原区既不适宜造林，又不宜农耕，草原植被是我国畜牧业可持续发展的基本生产资料。2007 年我国六大牧区牛、羊存栏数分别达到 3 264 万头、15 407 万只，占全国的 30.8%、53.9%；牛、羊出栏数分别达到 1 043 万头、11 452 万只，分别占全国的 23.9%、44.8%，草原畜牧业不仅是我国草原牧区不可或缺的支柱产业，更是草原牧区广大农牧民重要的经济命脉。

　　长期以来，由于受全球气候变暖等自然因素影响，加之人为开垦草原、超载过牧、破坏草原植被的现象和草原火灾、鼠虫害、雪灾等自然灾害十分严重，草原不断退化，生态持续恶化。目前，我国 90% 的可利用天然草原存在不同程度的退化，覆盖度降低，沙化、盐碱化等中度以上明显退化的草原面积占到半数，平均产草量较 20 世纪 60 年代初下降了 1/3～2/3，草原鼠害面积约 4 000 万 hm²，草原虫害面积约 2 000 万 hm²，累计开垦草原约 2 000 万 hm²。

2. 我国绒毛用羊饲草料资源开发利用不足　目前我国部分地区草场资源退化，牲畜超载，饲草料资源短缺，特别是在实行休牧禁牧的地区，饲草料资源比较紧张，农牧民饲养成本增加。相反，我国粗饲料资源特别是农作物秸秆资源丰富，年产量达到 5 亿多吨，但其本身的适口性、可消化性差，营养价值低下，直接饲喂效果差，不能有效利用。据估计，目前我国用于草食动物饲料的秸秆量仅为其资源总量的 30%。绒毛用羊养殖的基础饲料是优质

　　＊　1 亩＝1/15hm²。

粗饲料，因此，研究粗饲料加工调制技术，开发和利用粗饲料资源，将是解决绒毛用羊养殖所需饲草料资源的重要途径。

　　我国绒毛用羊主要依赖天然草原、草山草坡放牧，草原和草山草坡的数量和生产能力影响着绒毛用羊产业的发展。我国现有各类天然草原也存在开发利用不足的问题，目前，全国种草和改良草原面积仅 2 133 万 hm²。我国东北、华北湿润半湿润草原区和南方草地区尤其利用不足，这两个草原（地）区是我国半细毛羊、细毛羊的主产区，也是草原植被覆盖度较高、天然草原品质较好、产量较高的地区，发展人工种草和草产品加工潜力很大，这两个地区草资源开发利用严重不足，人工种草、改良草地、草地围栏、治理"三化"等面积仅占可利用面积的 20.27%，低于全国平均开发利用面积。另外，随着绒毛用羊生产方式的改变，草畜配套、半放牧半舍饲的饲养方式将成必然趋势，有效地开发利用我国丰富的粗饲料资源将进一步减轻目前草原（场）的压力、降低饲养成本，因此，研究粗饲料加工调制技术，提高其消化利用率、适口性和营养价值，将是解决绒毛用羊养殖所需饲草料资源的重要途径之一。

　　3. 我国绒毛用羊生产性能较落后，优良品种持续改良不足，良种化程度低，生产性能有待提高　我国拥有发展毛绒产业的丰富遗传资源，培育品种有新疆细毛羊、东北细毛羊、内蒙古细毛羊、甘肃高山细毛羊、山西细毛羊、敖汉细毛羊、鄂尔多斯细毛羊、青海细毛羊、中国美利奴羊等细毛羊品种，彭波半细毛羊、凉山半细毛羊、云南半细毛羊等半细毛羊品种，但与国内外优秀毛用羊品种相比，其生产性能仍比较低，持续选育力度不够。

　　绒毛用羊养殖方面，品种参差不齐，毛绒质量不能满足市场需求。由于缺乏政策引导和组织措施，养殖户在引种和改良方面存在盲目性，使优良地方品种资源受到冲击，导致品种退化、毛绒质量下降等问题。据调查，辽宁绒山羊和内蒙古白绒山羊优良种公羊平均产绒量在 900g 以上，母羊产绒量在 650g 以上，而全国绒山羊的平均产绒量仅为 200g 左右，优良品种持续改良不足，良种化程度低，生产性能有待提高。

　　4. 我国绒毛用羊养殖方式粗放，养殖结构有待优化　我国细毛羊、半细毛羊饲养方式大部分以传统放牧为主，草料营养不平衡、疫病时有发生，造成羊毛品质差，难以与国外羊毛抗衡；绒山羊舍饲饲养后，没有根据毛绒的生长规律和生理特点合理搭配日粮，经营出售种羊的羊场过分增加精料追求产绒量，引起羊绒变粗，丧失羊绒原有特性；而商品羊场普遍营养不良，羊绒色泽、强度、弹力受到影响，粗放的养殖方式降低了绒毛用羊的养殖效益，凸现了绒毛用羊养殖基础薄弱，需要加大力量精心培植。

　　我国毛用羊产业经过多年的发展，无论是品种、产量还是规模都已具备相当的实力，内蒙古、新疆、青海、甘肃、河北、辽宁、吉林、黑龙江、山东、河南和陕西等地都可生产一定数量的羊毛，全国绵羊毛的产量由 1996 年的 29.81 万 t 增加到 2008 年的 36.77 万 t，其中半细羊毛产量 10.68 万 t，细羊毛产量 12.38 万 t。我国羊毛生产在低价位运行，生产结构与当前毛纺市场的需求趋势不相符。随着人民生活水平以及毛纺生产技术的提高，毛纺工业对羊毛的要求是越来越细，但我国细毛羊在羊毛生产结构中所占比例较低，不符合毛纺工业对原料毛的需求趋势。

　　从羊绒的生产看，中国是世界最大的羊绒生产国，在世界羊绒产业格局中具有举足轻重的地位和得天独厚的优势。但目前人们把扩大饲养量、提高产绒量作为产业发展的主要目标，忽视羊绒质量的改进与提高，致使羊绒细度变粗、有的品种羊绒细度已经接近 $18\mu m$，背离世界市场对羊绒的质量需求。

适应未来国内外市场对毛绒产品质量的要求，我国绒毛用羊应调整养殖结构和生产方向，以应对国际市场的挑战。

5. 分散经营与竞争激烈的大市场矛盾　目前，在绒毛用羊业生产的农村牧区，基本上实行千家万户小群饲养和分散经营。在牧区养羊主要作为牧民谋生的一项重要产业，因此，饲养规模一般较农区大，对羊群的饲养管理和主要环节的组织比较重视。在农区，由于农业产业结构的战略调整，广大农户积极发展绒毛用羊，种草养羊、舍饲养羊、科学养羊在绒毛用羊业主产地区广大农村正在兴起。但是，由于农牧民文化科技素质低，信息不灵，市场观念差，加上饲养规模不大，品种良种化水平低，畜舍简陋，设备落后，先进实用的科学技术普及、推广困难，饲养管理粗放等，制约着绒毛用羊产业的发展。千家万户分散经营不利于实现毛绒标准化生产、参与市场竞争，探索绒毛用羊分散经营模式下的组织管理方式，使毛、绒生产销售产生规模效益，实现养殖者利益的最大化是目前有待解决的重要问题。

6. 我国毛、绒生产保障体系不健全，抵御风险能力较弱　绒毛用羊产业始终面临着市场、自然的双重风险。绒毛用羊生产者多为边疆少数民族地区低收入群体，抵御市场风险、自然风险的能力差。尤其是从事传统自由放牧的生产者，遇到天旱、雨雪灾害，绒毛用羊采食不到足够的营养物质，容易造成减产甚至死亡。另外，为保护建设草原生态，不少地区的绒毛用羊生产由自然放牧向围栏轮牧、季节性休牧转变，农牧民的生产性支出加大，生产收益降低，一旦遇到毛绒市场不景气，农牧民生活举步维艰。我国羊绒生产无论是在养殖环节，还在是产品销售及加工环节，产前、产中、产后保障体系均不健全，很难抵御风险。

7. 质量检测服务体系不完善　目前我国毛绒市场还不健全，质量检测服务体系不完善。毛绒购销中混级收购、压等压价、掺杂使假现象时有发生，毛、绒生产者与收购企业在毛绒定级中常常发生质量和价格争议。

我国的羊毛、羊绒质量监督管理归属于国家技术监督局下设的中国纤维检验局及其认可的各级专业纤维检验机构。近年来，各毛绒主产区也都建立了相应的专业毛绒检验机构。但现阶段的毛绒质量监督管理在整个毛绒流通领域中仍是一个相当薄弱的环节，仪器设备、检验技术比较落后，检验机构间的比对试验很少，各地的检验水平差距较大，检验工作与市场贸易、生产加工脱节，检验技术、方法、证书不统一等。国家发布的《羊毛质量监督管理办法》和《毛绒纤维质量监督管理办法》很难在市场发挥应有的作用。

8. 我国毛绒市场受国内外毛纺市场需求变化影响较大　绒毛用羊生产属上游环节，服务于纺织加工业，纺织业市场的变化必然影响到养殖环节。2007年，随着全球经济发展加快和消费需求增长，世界羊毛市场呈现繁荣景象。受澳毛"货紧价俏"的带动，国毛市场行情也"水涨船高"，2007年国产毛条多数品种销售看好，行情接连走强，国产毛条常规品种行情达到13年来历史最好水平。2008年，在美国金融灾难蔓延、全球经济减速的宏观背景下，消费需求普遍下滑。受全球形势影响，中国毛市也呈疲弱状态，在消费市场"内忧外患"的压力下，企业购毛热情不高，经销商节奏放慢，主销热点分散，有的供货有价无市，有的品种甚至无市无价。

我国羊绒主要以初加工和外销为主，受国外市场需求变化影响较大，尤其自2008年金融危机以来，羊绒原料需求减少，羊绒价格持续走低，羊绒加工企业和养殖户受到巨大冲击。

二、绒毛用羊可持续发展的重要战略意义

1. 实现绒毛用羊业可持续发展是毛纺织产业安全发展的基本需要　羊业的发展方向取决于国民经济的需要，各地原有羊品种的特点、自然条件和饲养管理条件。我国具有很强的毛纺加工能力，对羊毛的需求大部分依赖进口。根据我国国民经济的需要，养羊业首先要为纺织工业提供大量优质羊毛原料。目前我国在羊毛进口上实行配额管理，对配额内羊毛实行低税率，配额外实行高税率。根据 WTO 贸易规则，配额外关税下降是必然趋势，因而进口羊毛更具有竞争优势。从未来看，与国际市场接轨的中国市场的羊毛价格将会下滑，这极可能导致中国羊毛生产出现较大幅度的滑坡。而作为中国毛纺企业来讲，受利益的驱动，更愿意购买物美价廉的外毛，这样国产羊毛在竞争中只能处于劣势，因此，应坚持毛、绒产业的可持续发展，提高国产羊毛在国际国内市场的竞争力，这也是我国毛纺产业战略发展的基本需要。

另外，国际羊毛局统计资料显示，自 1989/1990 年以来由于气候环境变化、替代原料竞争、牧民转产等因素影响，羊毛生产持续下跌，2006/2007 年度世界羊毛产量减少到 121 万 t 左右，比 1989/1990 年度产量减少 40%。世界羊毛产量的持续下跌，将导致羊毛供求趋紧，因此发展绒毛用羊生产是满足毛纺产业所需原料毛的根本途径。

2. 实现绒毛用羊业可持续发展是促进牧区繁荣和边疆稳定的需要　我国绒毛用羊主产区与我国少数民族集中居住地区高度重叠，蒙古族、藏族、哈萨克族、柯尔克孜族、塔吉克族、裕固族、鄂温克族等少数民族人口集中居住在绒毛用羊主产区域。长期以来，绒毛用羊养殖业是我国少数民族牧民赖以生存和发展的物质基础。毛、绒、肉、奶、皮等产品，不仅是他们的主要生活资料，也是他们生产经营的重要对象。北方主要牧区绒毛用羊业产值占农林牧渔业总产值的 30%～50%，是地区支柱产业，因此，牧区经济的发展迫切需要实现绒毛用羊业可持续发展。同时，部分绒毛用羊主产区生态环境脆弱，且贫困人口集中，因此，绒毛用羊产业可持续发展对提高农牧民的收入、繁荣民族地区经济、实现各民族共同富裕和保证边疆地区的长治久安具有非常深远的政治意义。

3. 实现绒毛用羊业可持续发展是维护国家生态安全的需要　草原是陆地农业重要的生态系统之一，对维护国家生态安全具有重要作用。我国草地总量居世界第二位，同时也是世界上草地退化最为严重的国家之一，90% 的可利用草原不同程度退化。天然草地牧草的生长，主要决定于气候、地形和土壤等环境条件。但对于同一块草地而言，人为活动（如家畜放牧）是影响草地生产的最重要因素。因此，制定合理的放牧政策是解决草地退化问题的关键所在。绒毛用羊是我国草原畜牧业的主要畜种之一，实现绒毛用羊业可持续发展是维护我国生态安全的重要手段。

我国绒毛用羊业的可持续发展，必须从追求数量向追求质量方向转变，依靠科技进步，控制成本，实行标准化生产，采取放牧、舍饲与放牧相结合的养殖方式降低对草场的压力。通过合理利用草原和牧草种植，实现以草定畜。在牧区进行草场保护与合理利用、牧草种植、养羊配套技术、羊产品加工、市场营销等多层次多方位的培训，提高农牧民科学养羊技术水平，同时加强农牧民草场建设与保护利用的自主意识。

4. 实现绒毛用羊业可持续发展是建设现代畜牧业的需要　发达国家主要依靠种草养畜来发展畜牧业，草地面积占农用地面积的 50%～60%。经过改革开放 30 年的发展，我国农

业与农村经济有了较快发展，草食畜牧业占农林牧渔业产值比重在 30％以上，但与发达国家相比，还有很大差距。绒毛用羊业是我国草地畜牧业的主要产业，只有实现绒毛用羊业可持续发展，发展优质高产高效草原生态畜牧业经济，提高绒毛用羊业生产水平，才能推动现代畜牧业的快速发展，实现我国畜牧业的现代化。

5. 带动相关产业发展，解决大量人口就业问题 绒毛用羊产业的持续发展，可以带动相关产业的发展。从"承农"方面看，毛绒产业为农村大批劳动力提供了就业机会；从"启工"角度看，为毛纺加工业提供了大量的原料，带动了饲料工业、兽药行业、畜牧机械、毛纺及皮革加工等一系列相关产业的发展，可以解决大量人口就业问题。

第二节 国际绒毛用羊可持续发展的成功模式及启示

一、国外现代草地畜牧业发展模式

1. 澳大利亚的羊毛生产 养羊业历经 200 多年的发展，已成为澳大利亚农业中最重要的经济部门之一，在国民生产总值和出口换汇方面都占有重要位置。从 19 世纪末至今，澳大利亚一直为世界上最大的羊毛生产国和羊毛原料供应地。

（1）重视品种引进及改良 澳大利亚原来并没有绵羊，直到 1788 年首批肉用绵羊才从英国运进，1797 年第一批西班牙美利奴羊输入澳大利亚，最初的饲养取得了成功。19 世纪 20 年代澳大利亚又购进了 5 000 只美利奴羊，与当地肉用羊杂交，成为现今澳大利亚美利奴羊的基础。1840 年新南威尔士州进口绵羊达 2 万只。

在引进品种的基础上，经澳大利亚绵羊育种专家的不断培育，形成适应该国自然条件，且产毛量高、羊毛质量优良的澳大利亚美利奴羊品种。19 世纪后半期，澳大利亚羊毛业蓬勃发展，绵羊数量迅速增长，从 1860 年的 2 010 万只增加到 1892 年的 1.06 亿只。由于绵羊饲养数量的增加和绵羊品系选育的进展，羊毛产量也由 1860 年的 2.67 万 t，增加到 1892 年的 28.94 万 t，增长了近 10 倍。

（2）羊毛储备稳定了羊毛市场价格，保证养羊业的平稳发展 1945 年英国联合澳大利亚、新西兰和南非成立英联邦羊毛股份有限公司，以销售第二次世界大战时贮备及此后所生产的羊毛。到 1951 年，第二次世界大战时期的贮备以及该组织以协定最低价格购入的羊毛被销售一空。由于库存羊毛的销售始终处于有序合理的状态，羊毛市场价格稳定，澳大利亚的绵羊饲养量由 1946 年的 0.96 亿只，上升到 1950 年的 1.13 亿只。1951 年朝鲜战争暴发，羊毛价格上涨和羊毛出口量增加，澳大利亚羊毛产值高达该国农业总产值的 56％，成为澳大利亚羊毛业的"黄金时期"，澳大利亚由此被称为"骑在羊背上的国家"。

（3）羊毛差额补贴制度促进了羊毛产业的发展 截至 1970 年澳大利亚有绵羊 1.80 亿只，年产羊毛 89 万 t。由于羊毛价格下跌的关系，同年澳大利亚的羊毛产值仅占农业总产值的 15％。为稳定羊毛销售价格，促进养羊业的稳定发展，1971 年澳大利亚实行了羊毛差额补偿制度，1974 年后改为羊毛保留价格制度，一直运行到 1991 年。

20 世纪 80 年代末 90 年代初，市场需求的急剧下降与过高的保留价格相冲突，导致澳大利亚羊毛公司库存羊毛达 470 万包，最终导致保留价格制度在 1991 年被搁置。1993 年 11 月库存羊毛销售管理工被国际羊毛局（澳大利亚联邦政府法定机构）接手，1998 年 6 月 30

日羊毛库存量减少至 120 万包。1999 年 7 月 1 日国际羊毛局私有化，国际羊毛局变成澳大利亚羊毛库存有限公司，进行库存羊毛的管理和销售。到 2000 年 11 月 30 日澳大利亚库存羊毛全部销售一空。

（4）牧场管理的科学化、现代化　澳大利亚畜牧业产业结构主体是综合性农场、牧场和饲养场。家庭生产经营占 80%，其余是合作农场。在管理方面，主要由归属国家基础产业部的畜禽理事会进行管理，各理事会下属有育种、兽医及各州协会，包括生产、检验、经销、贸易、科研等，能够为养殖户或企业提供比较健全的服务。

澳大利亚的农牧民协会组织，负责羊毛的收购，统一定价、仓储、加工、运输、销售。牧场主以会员身份向合作组织交售产品，会员实现"利益均沾，风险共担"。协会组织为农场主提供生产过程的产前、产中、产后所需的各种服务，帮助农场主及时了解掌握先进技术和信息、调整生产结构，增强了养羊业的整体竞争力。

（5）完善羊毛生产销售体系　澳大利亚羊毛生产销售流程为：剪毛分级—取样检测—拍卖—运输，销售方式有拍卖、私人交易、期货交易和电子销售等。澳大利亚在每年的 9~10 月份开展机械剪毛，由羊毛分级员对羊毛进行除边和主观评定，分级整理后打包，运往经纪人仓库。随后在澳大利亚羊毛检验局的监督下，进行销售前取样检测，检测项目包括：羊毛细度、净毛率、毛丛长度和强度等。经纪人与牧场主根据检测指标商议基价，然后到指定的拍卖市场进行交易。澳大利亚每年大约有 80% 原毛（污毛）以净毛计价的方式在拍卖市场进行交易。

（6）草原的科学管理和利用　澳大利亚的草地并不是很好，其中部地区为大面积荒漠，四周边缘，特别是东海岸及北方一带才有茂盛的草原，且稀疏干旱草原占 1/4。西部夏季少雨，枯草期长达 5 个月。但澳大利亚政府重视草地的维护和合理利用，实施草畜平衡的系统工程模式，采用禾本科牧草与豆科牧草混播，以草地生产水平确定载畜数量，宜牛则牛，宜羊则羊，合理布局，定期轮牧，加强草原建设。防止荒漠化方面，对自愿植树造林、保护草原退化的牧场主，政府以减少税收的办法给予支持，实现天然草场的保护、开发和利用。

2. 新西兰的羊毛生产　新西兰是仅次于澳大利亚，世界上第二大羊毛生产和出口国家（按净毛统计），新西兰在 20 世纪 80~90 年代每年生产的羊毛折算成净毛约 25 万 t，其中 90% 以上供出口，90 年代后产量逐年下降，但原毛出口所占比例依然在 90% 左右。

新西兰的养羊业始于 18 世纪末期，最初是由英国殖民者带入的，其后从发展养羊业已取得成功的邻国澳大利亚引进了美利奴羊，19 世纪 50 年代，在南北两岛沿海岸的天然草地上发展成规模的养羊业，绵羊饲养总数达到 30 多万只。

19 世纪末期，随着新西兰金矿的发现，国外移民的涌入，羊肉需求增加；加上 19 世纪 80 年代后，冷冻船出现后，羊肉可以大量出口，新西兰饲养的羊品种逐步从以生产羊毛为主的美利奴羊过渡到毛肉兼用的英国羊。到 20 世纪 30 年代，新西兰饲养的绵羊数上升至 3 000 万只，成为世界主要羊毛生产国和出口国之一，基本形成了以生产半细毛羊和毛肉兼用羊的牧场经营格局。

（1）重视草场建设及放牧管理　新西兰草地利用方式以放牧为主，很少补饲，生产成本低廉，畜牧业生产成本仅相当于欧美国家的 40%。第二次世界大战后，新西兰在世界上首先应用并推广飞机施播草籽和表土施肥，使天然草场大多转为高产的改良草场，普遍采用围篱养羊方式，实行以草定畜，划区轮牧，定时施肥，建立科学的草地利用制度，极大程度地提高了草地利用率和单位面积产出，促进了畜牧业的稳定发展。

（2）开发了以出口创汇为目标的国际市场　19 世纪 80 年代后，冷冻船出现后，羊肉可以大量出口，新西兰饲养的羊种逐步从以生产羊毛为主的美利奴羊过渡到毛肉兼用的英国羊。到 20 世纪 30 年代，饲养的绵羊数上升至 3 000 万只，成为世界主要羊毛生产国和出口国之一，基本形成了以生产半细毛羊和毛肉兼用羊的牧场经营格局。目前，新西兰出口的羊肉、羊毛分别占世界贸易总量的 40％和 18％。较高的国际市场份额，大大推进了新西兰养羊业的发展。

（3）专业化生产、集约化经营　新西兰草地畜牧业具有高度的专业生产、集约经营的特色，大多数农场主一般以生产一种或一类畜产品为主，如细羊毛、牛奶、牛肉等，采用先进的养羊技术与管理制度，具有较高的产业化经营水平。牧场广泛使用了机械设备，如农用飞机、剪毛机、电围栏、割草机、打捆机等，人均管理规模可达 4 000 只绵羊，劳动生产率很高。

（4）社会化服务体系健全　在新西兰，草原、畜牧、兽医机构健全，已形成了高度专业化的畜牧业服务体系。政府的各种部门和民间组织，如农渔部、农场主组织等定期向农场主提供国际畜产品市场最新信息，如畜产品供需情况、产品价格变化及预测等，帮助农场主以最快的速度了解市场的变化，及时调整生产方向。同时，畜产品销售体系也比较完善，农场主生产的畜产品可以直接在国内销售或送到港口出口，也可以通过固定的收购公司销售。农场主所需的农药、化肥、种子等生产资料和技术咨询，可通过电话或联网计算机顺利完成。健全的市场体系、完善的社会化服务和高素质的牧场主，大大提高了新西兰畜产品在国际市场上的竞争力。

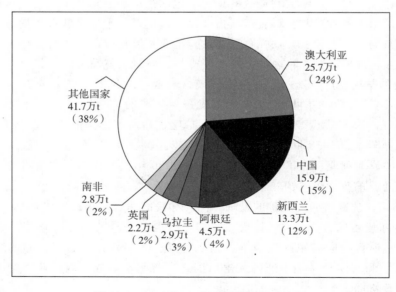

图 12-1　2008/2009 年世界各国净毛产量

［数据来源：国际毛纺织组织市场情报委员会（Market Intelligence Committee of IWTO）］

由图 12-1 可以看出，澳大利亚、新西兰等草原畜牧业发达国家的羊毛产量位居世界前列，大洋洲的羊毛生产影响着世界羊毛产量。

二、主要启示

1. 重视绒毛用羊育种工作，提高良种化程度　澳大利亚美利奴羊在近 200 年的发展历程中，经历了复杂的育种过程。育种早期在引进德国萨克逊美利奴、法国蓝布列美利奴和西班牙美利奴羊与当地绵羊杂交改良基础上，持续对毛用性状进行选择，形成了优异的产毛性能。20 世纪初澳大利亚停止从国外引入其他细毛羊品种，在国内开始了有计划系统选育，培育出了高水平美利奴羊品种，经过推广使澳大利亚的羊毛产量和质量得到迅速提高，一直处于国际羊毛市场垄断地位。

澳大利亚细毛羊育种不仅重视不同自然生态环境对绵羊机体及羊毛品质的影响，而且紧紧围绕市场需求，在不同地区通过建立闭锁繁育体系，培育出了强毛型、中毛型、细毛型和超细毛型等多个类型的澳大利亚美利奴羊，满足了市场需求，同时这些品种对自然生态有良好的适应能力。

我国地域辽阔，养羊生态环境复杂，长江以北的寒冷地区以饲养毛用羊为主，长江以南多为山区，地形复杂，多饲养地方山羊品种。全国养羊整体水平不高，主要原因是良种化程度低。应借鉴澳大利亚成功经验，加强绒毛用羊系统选育工作，在不同地区培育适应性强、产毛量高、品质好的新品种，建立良种扩繁体系，全面提高我国绒毛用羊生产性能。

2. 完善毛、绒生产组织，建立羊毛生产者协会，促进毛、绒生产有序化进行　澳大利亚各州都有牧场主生产组织，全国性组织是全澳牧场主联合会、澳大利亚羊毛理事会和羊毛公司。这些组织负责全国的羊毛生产、分级、检验和销售。

澳大利亚拥有大量的在羊毛公司注册的羊毛分级员，由农场主雇佣对所产羊毛进行分级，分级后的羊毛交羊毛公司进行客观检验，按照客观检验指标上市拍卖。也有的买卖双方以签约方式销售，牧场主与代理商或工厂实行工牧直交。

近几年，我国在羊毛生产与销售方面，学习澳大利亚的做法，开展了工牧直交和羊毛拍卖销售制度，取得了良好的效果和经验。1988 年首次在南京羊毛市场进行国产羊毛拍卖，此后逐步建立了我国羊毛标准化管理技术体系，主产区的羊毛，特别是种羊场生产的优质羊毛，按照标准化生产程序，经过剪毛、分级、检验、打包等进入市场，实行拍卖销售，实现了优毛优价、优毛优用，使羊毛生产销售进入了良性循环。

在国毛实行羊毛标准化管理过程中遇到的主要问题是生产的组织问题，在很多地区农牧民养羊以副业形式，零散饲养，千家万户小规模分散饲养，羊毛销售的随意性与规模化组织羊毛标准化生产形成了矛盾，迫切需要建立类如澳大利亚羊毛生产者联合会的组织，建立养羊生产者协会，组织分散的养羊户，实行统一组织、统一标准、统一分级、统一销售，建立羊毛标准化管理体系，使羊毛生产健康有序化进行。

3. 注重毛绒质量，建立和完善毛、绒生产政府财政支持体系，实施羊毛补贴政策　澳大利亚 1972 年通过了《羊毛工业法》，规定在羊毛拍卖销售中实行保护价。首先，将参与拍卖销售的羊毛必须按标准进行分级、检验、打包等程序处理，再由羊毛公司制定羊毛保护价格，当拍卖销售价格低于羊毛公司最低保护价格时，羊毛公司以保护价格收储这些羊毛。当羊毛价格上涨时羊毛公司再拍卖收储的羊毛。通过这种机制使羊毛生产者的利益得到了保护。

每年保护价格由羊毛公司与澳大利亚羊毛理事会协商确定，并向联邦政府提出建议，由政府审定并颁布本年度实行的最低保护价。在实施中，为了保证羊毛质量，增加竞争力，没有按标准进行分级处理的羊毛不给予保护价格支持。

为了稳定我国毛、绒生产，增强抵御市场风险的能力，保护农牧民养羊的积极性，建议政府建立财政支持体系，借鉴澳大利亚的做法，实施羊毛最低保护价政策或给予羊毛生产者部分补贴，以稳定优质绒毛生产。

4. 加强绒毛用羊业生产技术的研究和推广 美国等发达国家畜牧业的竞争力较强，主要原因是畜牧业科技含量很高，在品种选育、饲料配合、疫病防治、经营管理、资源利用和环境保护等方面形成了系统的技术体系，从而提高了畜牧业的生产效益。

我国绒毛用羊生产可通过组织技术创新，形成一套既适合中国国情、又符合国际市场要求的核心生产技术体系，以科技进步为动力，提高绒毛用羊单产水平，建立优质、高效的毛、绒生产体系，促进绒毛用羊业稳定协调发展。

5. 加强草原畜牧业的放牧管理研究 澳大利亚和新西兰都建立了一整套保护草场资源、维护生态平衡和可持续发展的草原畜牧业管理体系，其草原生态畜牧业科技含量高、区域化布局合理、产业化程度高，获得了较好的经济、社会和生态效益。我国要以区域化布局为突破口，推进草原生态畜牧业结构调整，合理划区轮牧、围栏放牧，稳步推进退耕还林还草工程，推广标准化生产及舍饲和半舍饲技术，做到以草定畜、草畜平衡，从而防止草场退化，维护草场生态环境，促进草原畜牧业的可持续发展。另外，还要不断提高草原畜牧业机械化水平和产业化经营水平，不断延伸产业链条，积极开拓国内、国际市场，增强畜产品市场竞争力。

第三节　我国绒毛用羊可持续发展的基本要求

毛、绒生产作为农业的重要组成部分，其可持续发展是农业可持续发展的重要组成部分，是其自身和整个农业发展的客观要求。毛、绒生产可持续发展，是根据市场对毛、绒生产的需求，制订合理的毛、绒生产发展规划，满足人们对毛、绒产品的需求，同时不对生态环境造成危害，保证人口发展、资源利用、生态环境、技术及管理等因素与毛、绒产业发展相互协调。它的特点在于一方面满足了当代和后代人对毛、绒产品的需要，另一方面使饲料资源得到有序利用，种质资源得到保护及延续，维持生态环境平衡。

一、绒毛市场需求变动趋势

1. 世界羊毛市场呈现供求紧张状况 世界羊毛生产主要集中在大洋洲和亚洲，两大洲的羊毛生产总量占世界的70%，另外，欧洲、非洲和南美洲也有一定量的羊毛生产。澳大利亚、中国、新西兰、南非、阿根廷、乌拉圭为世界羊毛主要生产国。1989/1990年，世界原毛生产量上升到334.8万t。之后，由于气候环境变化、替代原料竞争、牧民转产等因素影响，羊毛生产持续下跌。据统计，2007年度世界原毛生产量下滑至203.43万t，为50年来最低点。比1989/1990年度产量减少近40%。国际毛纺织组织（IWTO）发布的最新统计，2009—2010年，羊毛产量将再次下降，这是干旱气候、向肉用羊饲养和其他的农业企业转移的结果。澳大利亚羊毛产量预测下降到80年以来的最低，大约33万t。新西兰羊毛产量预测下降20%。乌拉圭羊毛产量预测将下降5%。世界羊毛供求紧张状况在短期内难以改变。

2. 国内羊毛供不应求，长期依赖进口　　中国是世界最大的羊毛制品加工国。中国的毛纺工业是一个能够生产毛条、毛纱线、呢绒、毛毯、羊毛被、地毯、毛针织服装、毡制品等各类品种、上下游产业链配套的生产加工体系，能够生产加工各种质量水平的毛纺产品。据中国纺织工业协会统计中心统计，2005 年我国毛纺工业生产能力已经达到 405 万锭，年加工羊毛（净毛）40 万 t，约占世界羊毛加工总量的 35%，需求缺口很大，国产羊毛的自给率仅为 25%～30%，我国成为世界上最大的羊毛进口国。1997—2007 年的 10 年间，平均每年进口羊毛及毛条约 25.2 万 t，年均花费外汇约 10.78 亿美元，加工企业对外毛的依赖比重为70%～75%。大量的进口羊毛严重排挤了本来就处于弱势的我国羊毛产业，影响了国内养羊业的健康发展。如 2000 年，国产羊毛的产销率仅为 20% 左右，库存量占到 80%。2002 年10 月国毛出口价格为 2 427 美元/t，而进口羊毛价格为 4 383 美元/t，进口羊毛价格是国产羊毛价格的 1.8 倍。

3. 羊绒消费依赖国际市场，出口逐年增长　　中国是世界最大的羊绒生产国，约占世界羊绒总产量的 70% 以上。具有羊绒生产的资源优势，我国生产的羊绒大部分在国内加工，此外，每年从蒙古等国进口 3 000t 左右羊绒，集中了世界 93% 的羊绒原料。

我国羊绒产品主要出口到日本、美国、意大利、英国、法国等 40 多个国家和地区，占世界出口量的 80%。从 1997—2007 年，平均年出口羊绒 3 000t 以上，年均创汇约 2.4 亿美元。在一定意义上讲，出口形势决定了我国的羊绒生产形势。

4. 羊绒制品消费将趋向大众化，消费量将逐年增长　　从 2002 年开始，羊绒产业的出口量和价格呈现稳步发展，上下浮动不是很大。从国内外羊绒产业的现状和走势来看，羊绒制品消费将趋向大众化，消费量将逐年上升，取消配额制度后，羊绒产业将会在全世界范围内实现最优化的资源配置，羊绒产业将面临新的机遇和挑战。

二、绒毛用羊发展模式分析

目前，我国畜牧业生产已进入全面调整时期，绒毛用羊产业的可持续发展要求在区域布局、养殖模式、养殖结构等方面都要合理规划和调整，整体提升我国绒毛用羊产业的质量和数量，实现毛、绒生产的可持续发展。

（一）中国绒毛用羊区划及其产业布局规划

我国是世界上养羊最多的国家。从 1997 年开始，我国存栏羊数持续增加，至 2007 年末，我国存栏羊总数约为 2.85 亿只，其中绵羊存栏 1.42 亿只，山羊存栏约 1.43 亿只；绵羊毛产量约 39 万 t，其中细羊毛约 13 万 t，半细羊毛约 11 万 t，山羊绒产量约 1.85 万 t。受地理及气候条件的影响，我国毛用羊主要分布在西部、东北和华北地区，主要是新疆、内蒙古、青海、河北、甘肃、辽宁、吉林等地，从羊毛产量看，新疆、内蒙古、吉林、甘肃、青海、河北等地合计占全国总产量的 70% 左右，从细羊毛产量看，内蒙古、新疆、吉林三省区的产量约占全国细羊毛总量的 70%。其中新疆细毛羊业发展最早，育种水平最高，细羊毛的品质居国内首位。我国绒山羊多分布于北纬 38°～42°，东经 76°～125°，海拔 500～4 000m 的干旱山区、荒漠和高原区，包括内蒙古、新疆、西藏、辽宁、甘肃、青海、河南、河北等地；地毯毛羊主要集中在青海、新疆、西藏等地。

根据我国绒毛用羊生产资源条件、社会及经济条件，在全国范围内，遵循"立足资源，发挥优势，分类指导，区域开发"的原则，按照不同区域的生态条件及绒毛用羊对环境的要求，市场经济发展对毛绒产品的需要，目前绒毛用羊群的分布状况以及生产发展的可能性，提出如下总体布局：

1. 细毛羊产业布局　在新疆伊犁哈萨克自治州、昌吉回族自治州、塔城地区、博尔塔拉蒙古自治州、阿克苏地区、巴音郭楞蒙古自治州，甘肃张掖、酒泉、武威地区，青海的海西蒙古族藏族自治州，内蒙古的鄂尔多斯市、锡林浩特市、赤峰市，吉林的松原、白城，黑龙江的齐齐哈尔，辽宁朝阳、阜新等地建立细毛羊优势产业带，其中以新疆伊犁哈萨克自治州、阿克苏地区，内蒙古赤峰，吉林松原，甘肃肃南为主建立生产 $17\sim18\mu m$ 超细型细毛羊的生产基地，其他地区发展以 $19\sim21\mu m$ 为主的细羊毛生产。

2. 绒山羊产业布局　在内蒙古鄂尔多斯市、巴彦淖尔、阿拉善盟、赤峰、通辽，新疆的阿勒泰地区、阿克苏地区、克孜勒苏柯尔克孜自治州、巴音郭楞蒙古自治州、昌吉回族自治州，辽宁营口、本溪、丹东、抚顺、鞍山、大连、辽阳等 7 市 15 县，甘肃的酒泉、张掖和庆阳，西藏阿里地区、山南地区，青海的海西蒙古族藏族自治州，陕西榆林、延安，河北张家口、承德，山西吕梁地区建立绒山羊优势产业带。在内蒙古、新疆、甘肃、西藏建立以 $14\mu m$ 为主体的细绒型绒山羊产业带，其他地区建立以 $16\mu m$ 左右的高产优质型绒山羊产业带。

3. 半细毛羊产业带　在云南昭通市、丽江市、曲靖市 12 个县，四川凉山州 10 个县，西藏的拉萨市、日喀则地区、山南地区、林芝地区、阿里地区，贵州威宁县，青海海南藏族自治州、海北藏族自治州，黑龙江牡丹江地区，新疆塔城地区，内蒙古呼伦贝尔盟等地建立半细毛产业带。

4. 地毯毛羊产业带　在西藏、青海、新疆的南疆地区、甘肃甘南建立地毯用毛产业带。

5. 毛用裘皮羊产业带　在宁夏、浙江、山东、新疆建立以滩羊、湖羊、卡拉库尔羊等为主体的毛用裘皮羊产业带。

（二）绒毛用羊产业发展模式

我国绒毛用羊主要分布在牧区、半农半牧区，农区也有少量分布。根据不同区域的地理条件、资源状况，主要饲养方式有放牧饲养、放牧加舍饲饲养和全舍饲饲养。

1. 牧区绒毛用羊发展模式

（1）牧区绒毛用羊业特点

①我国北方牧区、青藏高原牧区、云贵高原牧区拥有面积广阔的天然草场。长久以来，放牧一直是我国牧区传统的饲养方式，一年四季羊群都在草场上放牧。南方林间灌丛草地，也可用于放牧绵羊、山羊。虽然这种饲养方式比较粗放，生产力水平不高，但就适应当地自然条件来看，饲养绵山羊也能够取得一定的经济效益。牧区大部分冬季漫长寒冷，加之饲草和饲料的不足，绒毛用羊业抗灾能力较差，一旦雪灾和旱灾来临，就会造成较大经济损失。目前我国天然草地平均超载 $20\%\sim30\%$。荒漠和高寒地区季节牧场超载 $50\%\sim120\%$，局部高达 300%。有的地区情况更为严重，如新疆天然草地的理论载畜量为 2 400 万只标准羊单位，1995 年天然草地实际承载了 4 388.56 万标准羊单位，平均超载 $60\%\sim70\%$，局部地区达 100% 以上。内蒙古 1947 年每只羊占有 $4.1hm^2$ 的天然草地，1965 年减少为 $0.97hm^2$，20 世纪 90 年代初期约为 $1.1hm^2$。由于牲畜的超载过牧，牧草生长受到抑制，加之牲畜的践踏和草地建设投入缺乏，日久天长，导致了草地退化。

②我国绒毛用羊业粗放经营的管理方式至今没有从根本上改变。近年来，虽然在牧区建

设上投入了不少人力、物力和财力，但大都是一些典型工程、示范工程。广大牧区还有相当部分牧民的生产方式和生活方式仍为游牧和半游牧式的，饲草料基地、棚圈等建设进展缓慢，甚至有的生产母羊尚无固定棚圈。对于我国羊产业来说，内蒙古是牧区基础设施建设较好的地区，目前约90％的羊有了棚圈设施，但棚圈整体质量差，其中永久棚圈约占48％，塑料棚圈和供暖棚仅占3.2％，无法保证羊顺利过冬和抵御气象灾害。此外，由于长期投入不足，作为定居和建设草料基地核心的水利建设，一直未能得到很好解决，从而影响了整个牧区建设和无水、缺水草场的开发利用。与此同时，牧区技术力量薄弱，也严重制约着牧区养羊业的科技进步和科学养羊水平的提高。由于牧区科研技术设施和物质待遇较差，极大地影响了科技队伍的稳定，导致科技人才奇缺。

③产后加工环节比较薄弱，产业链的经营发育迟缓。从总体上看，我国绒毛用羊业主产区现在绝大部分是在进行初级产品的生产，加工转化率较低，加工品种较少，大部分流通增值效益流失。

（2）我国牧区绒毛用羊业可持续发展模式分析

①季节轮牧模式　季节轮牧模式是指将草地划分成若干轮牧小区，按照一定次序逐区采食、轮回利用。对于暖季草场，依据其牧草营养价值丰富、产量高和幼畜生长快、饲料报酬高的优势，控制存栏，扩大母畜比例，实行羔羊当年出栏；对于冷季草地，改善草地状况，确定载畜存栏数量，提高家畜生产，防止草地退化，兼顾经济发展与生态环境的保护。相对于粗放的连续放牧的传统经营方式，季节轮牧模式通过制定合理的放牧制度，充分利用牧草的生物学特性，降低家畜的选择性采食行为与践踏对草地的干扰强度，协调草地植物群落的生态学特性，以达到整个草地生态系统的良性运转，最终实现草地资源的可持续利用。

②家庭生态牧场模式　家庭生态牧场模式是依据可持续发展观念，为了实现人与自然之间的和谐发展，我国部分牧区大胆探索，以转变传统畜牧业经营方式为核心，就如何推进生态型畜牧业发展等问题开展了一系列实践，科学地提出了既有利于实现畜牧业生产与草原生态建设的"双赢"，又有利于稳定增加牧民收入的家庭生态牧场建设模式。该模式的主要特点和具体含义可以表述为：以单个农户或联户为经营单位，以围封轮牧、草地改良改造、人工种草为手段，以恢复牧场植被、提高产草量为前提，以草畜平衡为基点，以半舍饲养畜和划区轮牧的形式把畜牧业的各项技术组装配套，实施科学养畜和建舍养畜，以发展牧区生产、提高畜牧业经济效益和生态效益为目的的家庭生产经营模式和生态建设模式。

2. 半农半牧区和农区绒毛用羊发展模式

（1）半农半牧区和农区绒毛用羊业特点

①目前，我国半农半牧区和农区绒毛用羊主要分布在千家万户，少量分布在牧业小区和饲养场。多数养羊户把养羊作为一种家庭副业，起到或多或少补充家庭收入和养羊积肥的作用，饲养数量多，利用辅助劳动力，放牧为主，或放牧补饲相结合。多数地区的农户把羊的补饲地位排在猪和大家畜之后，有剩余的农副产品就补饲，没有就算了；或者把品质好的草料喂猪牛，品质差的则用于喂羊。这种分散经营和粗放的饲养管理方式，在市场经济迅速发展的今天不能充分有效地利用当地资源，不能目标明确地生产适销对路的有一定批量的养羊业产品，并进入市场和参与市场竞争。不利于采用先进实用的综合配套技术，以提高产品的产量和改善产品品质，增强市场竞争能力和提高经济效益；不利于抵御自然和人为的灾害，进一步发展受到限制。

②品种杂，良种化程度低，生产力水平不高。各地在长期的自然选择和人工选育作用下，培育出一批具有地方特色的、成熟早、耐粗饲、适应性强、繁殖率高的地方品种，如小尾寒羊等。这些品种在当地养羊业中发挥了重要作用。但真正生产性能高的品种所占比例不大，大部分品种普遍存在个体小，生产性能低等缺陷。尽管我国也引入国外优良品种，开展杂交改良，但时至今日，绵、山羊业中的良种化程度依然不高。加之有的地方过分强调地方品种适应性强的观念，往往阻碍了外来良种的引入和推广，致使养羊业生产水平和劳动生产力不能提高。

③粗饲料资源丰富，给发展养羊业创造了条件，养羊基础设施相对牧区较好，加上交通便利，近年来养羊业发展较快。

（2）半农半牧和农区绒毛用羊业可持续的发展模式　必须依据地域环境和资源特点，结合技术条件，科学合理地设计自身的发展模式，选择良好的发展路径，推动绒毛用羊业的快速发展。在现实生产经济活动中，农区依据自身特点，探索出了适合不同情况和具有不同内涵的两种发展模式：家庭生态种养模式和生态养殖小区模式。

①家庭生态种养模式　家庭生态种养模式是指以农户为基本单元，遵循现代生态学、生态经济学的原理和规律，运用系统工程方法来组织和指导畜牧业生产与经营活动，在农户自身可以支配的活动空间范围内，通过经济与生态的良性循环来实现畜牧业及其相关产业的发展。农户家庭是我国现阶段最基本的生产经营单元，在畜牧业养殖生产活动中，仍然承担着较大的份额。因而家庭生态种养模式具有较为广阔的发展空间。目前已有以沼气为中心、以牧草为中心、以山林为中心的几种种养模式。

②生态养殖小区模式　生态养殖小区模式是指在一定范围内，按照集约化养殖要求建立的有一定规模的较为规范、严格管理的畜禽饲养园区，园区内饲养设施完备，技术规程及措施统一，粪污处理配套。生态养殖小区模式是实施畜牧生产标准化、科学化、现代化、产业化与集约化的有效载体，对保护农村生态环境，改善居民生活环境有着极其重要的意义。在建设生态养殖小区的过程中，目前已经逐步形成了三种基本模式，即龙头企业带动型、村集体驱动型、农户联建型等几种模式。

（三）建立科学的绒毛用羊养殖结构

绒毛用羊的发展方向决定于国民经济的需要、当地原有品种的特点、自然条件和饲养管理条件。根据我国国民经济的需要，养羊业首先要为纺织工业提供大量优质细毛原料。我国羊毛生产的基础尚不稳定，必须抓紧发展细毛羊。同时根据市场对细羊毛、半细羊毛的需求及各地的生产条件，适当调整细毛羊、半细毛羊饲养比例，引导绒山羊养殖户调整羊群结构，淘汰产绒低、毛绒直径粗、繁殖不正常的羊只，提高羊绒生产的比较效益。同时调整并保持合理的饲养群体结构，使羊群中可繁母羊及后备母羊比例科学合理，确保毛绒产业可持续发展。

（四）推进绒毛用羊产业化经营

在具备条件的地区，培养和组建多种形式的"龙头"企业，以产业链的形式带动羊毛业发展，改善粗放管理、靠天养畜经营方式，走规模化、专业化养羊之路。

实现毛、绒生产管理的科学化管理。针对我国农牧民千家万户小规模分散饲养，成立毛、绒生产者联合组织，或养羊生产者协会，组织分散的养羊户，实行统一组织、统一标准、统一分级、统一销售，建立羊毛标准化管理体系，使羊毛生产健康有序化进行。

三、绒毛用羊产业可持续发展科技需求

1. 绒毛用羊产业发展技术需求分析 当前我国的绒毛用羊产业还存在着以下主要问题：

（1）国内毛绒产量不能满足毛纺工业的要求，每年需要大量进口；同时国毛滞销，价格低迷。我国绒毛用羊整体存在单产较低，超细型群体小，羊毛综合品质较差的问题；对半细毛羊、地毯毛羊的选育不足，品种退化现象严重。新的育种生产技术没有广泛应用，育种进程缓慢；优秀种羊的培育、扩繁速度慢，技术攻关及技术推广工作不足。

（2）绒毛用羊饲草料供给的不平衡与毛绒全年生长需要营养平衡供给的矛盾。绒毛用羊潜在饲料资源数量不清，技术开发较落后。粗饲料加工调制技术单一，利用率低，能量饲料资源开发不足。

（3）规模饲养与传统放牧饲养之间存在矛盾，羊舍设计参差不齐，影响绒毛用羊生产。舍饲和半舍饲增加了饲料、人工等成本，农牧民不愿意按该方法扩大规模。毛绒价格波动大，市场不健全、竞争无序，又缺乏商情预报体系，养殖户利益微薄。绒毛用羊生产管理水平低，抵御风险能力较弱。毛、绒生产和销售分散，缺少将分散生产与规模化纺织市场需求对接的标准体系。

2. 建立我国绒毛用羊业的可持续发展科技支撑体系

（1）科学的绒毛用羊育种体系 重视品种选育，尽管我们已选育出以"中国美利奴羊"、"48~50支半细毛羊"等为代表的一批优良种羊新品种（系）。但针对我国羊品种资源丰富，但高产、优质、多抗、高效、专用品种严重缺乏、良种覆盖率低，个体生产能力和产品质量亟待提高的客观现实，从满足保障国家食品安全、生态安全、农民增收和建设社会主义新农村的需求出发，急需在常规技术改造升级、专用新品种选育和扩繁技术等方面进行集成和创新，重点突破高效育种关键技术创新与集成、优势性状基因发掘利用与优质专用品种培育与胚胎工程综合技术集成与创新的瓶颈，通过育种新技术与常规育种技术的有机结合，利用引进的专门化品种和我国优良地方品种两类资源，建立高效联合育种体系，进行优异育种资源的开发和利用，聚合优质、高产、抗逆、饲料报酬高、适应性强等性状基因，采用BLUP、标记辅助选择、MOET、JIVET、性别鉴定等各项技术，育成中国超细毛羊新品种和优质绒山羊新品种（系）以及绒毛用羊兼用品系。通过技术创新和新品种培育，实现我国绒毛用羊育种技术的新突破，构筑绒毛用羊育种创新体系，整体提升我国绒毛用羊育种水平和绒毛用羊生产性能。

（2）绒毛用羊饲草料资源的开发与高效利用 开展全国范围的饲料资源调查，丰富现有饲料资源数据。开发利用粗饲料及能量饲料资源，解决绒毛用羊养殖饲草饲料不足的问题。研究绒毛用羊营养调控技术及粗饲料加工调制技术，解决绒毛用羊营养平衡及粗饲料的利用问题。研究在不同饲养方式下，绒毛用羊的动态营养需求，研发专用预混料、添加剂等，提出全价日粮的解决方案；提高毛绒质量安全水平和生产效益。

（3）毛绒标准化生产技术研发 跟踪研究我国毛绒生产中影响质量的各种因素，研发提高毛绒质量与规模的控制技术，制定标准化生产技术体系并进行质量安全检验评价。

建立质量检测体系：①在毛绒主产区建立公共检查平台，对毛绒质量进行检测、评价以及分级。②推行毛绒产品质量认证计划，要求毛、绒生产者和加工者都能按照国家质量标准进行生产。③建立质量追溯管理体系。通过协会统一收购打包，经质量检测，贴上质量标

签。如果发现问题，可追溯到生产者，生产者对自己的产品负完全责任。

（4）完善毛绒市场流通体制　要规范毛绒市场，特别是毛绒收购市场，保持流通环节畅通，减少不必要的中间经销环节利益流失，打击一切有损毛绒业发展的非法行为，并以法律法规的形式予以保证。在规范市场行为的同时，强化市场的服务功能，协调生产者、经销者和加工者三方利益，最大限度保护毛、绒生产者的积极性。另外，完善羊毛、羊绒交易条款、管理办法，实行市场准入制度，对于一些诚信度比较好的经销机构与人员，经审定给予毛绒经销资格，尽一切努力排除非资格经销人员扰乱市场、哄抬物价的可能，从政策上引导毛、绒生产向高品质的方向发展。

第四节　我国绒毛用羊可持续发展道路

一、我国绒毛用羊业可持续发展道路的结论

在全球经济一体化的背景下，国际毛绒市场的变化对我国绒毛用羊业和毛纺织工业影响巨大。我国毛、绒生产应该坚持走可持续发展的道路，根据市场对毛、绒生产的需求，制定毛、绒生产发展规划，通过科技研发、结构调整、资源的合理利用，提高绒毛用羊生产效率，提高毛绒产量与质量，满足人们对毛、绒生产的需求，同时不对生态环境造成危害，保证人口发展、资源利用、生态环境等因素与毛绒产业发展的相互协调。

借鉴国外毛、绒生产发达国家绒毛用羊可持续发展的成功模式，我国毛、绒生产可持续发展应该在科学统一规划的前提下，开展全国绒毛用羊联合育种，建立良种繁育体系及防疫体系；优化放牧加舍饲或舍饲加放牧的联合养殖结构；构建生产、加工和营销一体化的产业化技术体系；加强草原改良、人工草场培植和农作物秸秆的高效利用；建设人、环境与绒毛用羊的和谐健康发展模式；实现农牧民增收、绒用羊业可持续发展。

二、我国绒毛用羊养殖业的发展需求，战略思路、发展目标和总体布局

1. 我国 2020 年绒毛用羊养殖业的发展需求，战略思路、发展目标和总体布局　2020年，我国绒毛用羊养殖业的发展需求是加快绒毛用羊业发展，提高毛绒质量和产量，满足毛纺工业所需毛纺原料。整合资源和人才优势，通过科学规划、合理布局，建设绒毛用羊优势产业带，加大品种选育及良种推广力度，大面积提高绒毛用羊生产性能，规范和提升养殖、加工水平及营销市场，加强原料基地的建设，增加绒毛用羊生产效益，力争到 2020 年我国绒毛用羊良种比例提高，使 $19\mu m$ 以下的超细型细羊毛产量达到我国绵羊毛产量的 15%；绒山羊良种比例提高到 70% 左右，个体平均产绒量达到 400g，绒细度控制在 $15\mu m$ 左右；主产区纯种半细毛羊存栏达 1 000 万只，个体平均产毛量提高 0.5kg，主产区半细毛产量达到 3 万 t。显现绒用羊业可持续发展、农牧民增收的良好格局。根据气候条件、自然资源条件，在核定草场载畜量的情况下，合理布局，增加细毛羊养殖数量，稳定半细毛羊生产，控制绒山羊的数量，提高山羊绒质量及绒山羊个体单产。

2. 我国 2030 年绒毛用羊养殖业的发展需求，战略思路、发展目标和总体布局　我国 2030 年绒毛用羊养殖业的发展需求为提升绒毛用羊养殖业科技含量，提高毛绒品质，提高绒毛用羊业生产效率，满足毛纺工业所需毛纺原料。整合人才资源，提升绒毛用羊产业技术

研发水平，加快科技成果转化力度，优化绒毛用羊优势产业带建设，提高绒毛用羊生产效率，实现农牧民增收，力争到 2030 年我国绒毛用羊良种比例提高，使 19μm 以下的超细型细羊毛产量达到我国绵羊毛产量的 30%；绒山羊良种比例提高到 90% 左右，个体平均产绒量达到 500g，羊绒细度控制在 13～15μm；主产区纯种半细毛羊存栏达 1 500 万只，个体平均产毛量提高 0.5kg，主产区半细毛产量达到 5.25 万 t，实现农牧民增收、绒毛用羊业健康持续发展。

三、实现我国绒毛用羊业可持续发展的途径

1. 建立健全绒毛用羊养殖业可持续发展的调控机制

（1）实行科教振兴绒毛用羊养殖业工程　增加对绒毛用羊养殖业教育经费的投入，逐步建立起以农业高等教育为龙头，职业教育为主体，各级各类教育层次分明、结构合理、相互衔接、协调发展的科技教育体系。加强农牧民成人教育，扩大实用技术培训，逐步形成多渠道、多形式的绒毛用羊养殖业教育培训体系。

（2）制定和完善绒毛用羊养殖业有关法律法规　制定绒毛用羊生产、加工及流通领域等有关法律法规，完善绒毛用羊养殖业科技人员培训计划，提高在毛绒养殖生产一线的科技人员待遇，提高农牧民素质，努力提高绒毛用羊养殖业科技含量。完善科技推广及应用体系，提高科技贡献率。完善和健全生态环境、资源管理政策体系，努力使生态环境保护和资源合理利用迈上新台阶。

（3）实施绒毛用羊养殖业保护政策　实施毛绒销售差额补贴及良种补贴、支持毛纺企业发展与制定鼓励使用国毛政策、建立羊毛羊绒收储中心、实行绒毛用羊配额制度及强化细毛羊产业建设（不能完全国际化）等保护措施，保障绒毛用羊养殖业可持续发展。

（4）加强绒毛用羊产业与毛纺织行业的利益对接　协调绒毛用羊生产及毛绒纺织工业间的关系，促进毛绒产业平衡发展。在提升产业水平的同时，制衡澳大利亚羊毛在我国的权重，最终实现国毛在国际毛绒市场上的话语权。

政府出台相关政策引导毛绒加工企业使用国产羊毛及羊绒，促使毛绒加工企业肩负起引导民族产业健康发展的重任，与广大饲养户建立长期合作关系，签订毛绒预订合同，减少毛绒交易的不确定性，逐步形成风险共担、利益稳定的产业共同体。加强毛纺织企业与绒毛用羊产业的对接，推进绒毛用羊产业化进程。鼓励毛纺织企业反哺毛绒养殖业，加快绒毛用羊产业化进程。

2. 加快绒毛用羊养殖业可持续发展生产技术体系的建设及推广

（1）把绒毛用羊育种放在首位，建立国家主导下的育种、品种资源保护、开发及利用体系　坚持把育种放在首位，始终强调育种和制种的国家公益性，培育优质高产和适应性强的绒毛用羊品种，改善毛绒品质。建立绒毛用羊种质资源保护区，制定合理的保种、开发、利用、育种规划。加强良种繁育体系、推广体系建设，实施特色绒毛用羊及产品原产地标记认证，规范种畜市场，加大种畜生产、经营监管力度。

（2）加强饲草饲料资源的开发与高效利用　加大秸秆类粗饲料的利用，研制秸秆类粗饲料的优良添加剂，加大天然草原建设的投入，重视人工草场培植，充分开发利用饲草料资源，保证绒毛用羊营养平衡。

（3）改革兽医管理体制，强化动物疫病防治　推进兽医体制改革，实行从业许可管理制

度，建设完善的兽医防疫检疫和执法管理队伍，狠抓各项防疫制度的落实，强化检疫和监督工作，坚决堵住外源疫病侵入和疫情扩散，建立重大动物疫病快速反应机制，提高处理突发动物疫病快速反应能力，为绒毛用羊养殖业的健康发展保驾护航。

（4）推广普及绒毛用羊养殖业生产技术，加强产业技术创新　以区域化布局为突破口，推进生态绒毛用羊养殖业结构调整，合理划区轮牧、围栏放牧，稳步推进退耕还林还草工程，推广标准化生产及放牧、舍饲和半舍饲技术，做到以草定羊、草羊平衡，从而防止草场退化，维护草场生态环境，促进绒毛用羊养殖业的可持续发展。另外，还要不断加强产业技术创新，提高绒毛用羊养殖业机械化水平和产业化经营水平，不断延伸产业链条，积极开拓国内、国际市场，增强毛绒产品市场竞争力。

（5）建立绒毛用羊产品质量安全检测体系　加大毛绒产品生产、加工、包装、运输、销售等全程监督管理力度，完善国家毛绒产品质量安全检测中心，建立国家主导下的羊毛羊绒质量管理体系与产品市场准入机制，保护毛绒产品生产者的生产积极性和应对贸易壁垒。

（6）建立绒毛用羊福利体系　制定绒毛用羊在繁育、饲养管理、疫病防治、毛绒收获、运输及屠宰等环节的福利政策，研发福利技术，实施福利机制，推进绒毛用羊在友好和谐的环境中生长、生产及提供健康产品。

3. 加大培育国内和国际毛绒产品市场

（1）不断推进绒毛用羊业生产的标准化与国际化　根据绒毛用羊业发展的需要，参照国际标准制订绒毛用羊生产标准化体系，使毛绒产品与国内外市场能够很好地衔接起来，以提高中国毛绒产品国际竞争力。

（2）建立我国毛绒连锁拍卖中心，推行拍卖制度　拍卖改变价格形成机制，客观反映优毛优价，体现羊毛价值，引导农牧民改良方向；规范的羊毛拍卖，体现公平、公正、公开的交易，维护供需双方的利益，提高加工企业使用国产羊毛的信心。建立我国毛绒连锁拍卖中心，实行国家统一毛绒规范分级整理、客观检验、质量监控及拍卖机制。

（3）大力推进绒毛用羊产业化　积极推进绒毛用羊产业化，发展多种经营模式、多种生产类型、多层次的经济结构，引导集约化生产和农村适度规模经营，优化绒毛用羊养殖业经济结构，促进农牧、种养加、贸工农有机结合，形成产加销一体化产业体系，推动中国绒毛用羊业的市场化、国际化、标准化、规范化、品牌化和规模化，积极稳妥地推进中国绒毛用羊业的健康持续发展。

（4）实施毛绒精品和奢侈品品牌战略　充分发挥我国山羊绒的资源优势，加强绒山羊本品种优选提纯，培育羊绒纤维直径达到 $13.0\sim15.0\mu m$、长度 36mm 的优质绒山羊品种。增加羊毛纤维直径为 $18\sim21\mu m$ 细毛羊的养殖比例，发展部分羊毛纤维直径为 $18\mu m$ 以下的细毛羊与澳毛制衡。限制羊绒原料出口，根据毛纺工业需要进口优质羊毛，提升我国毛纺织业水平，实施国家毛绒精品和奢侈品品牌战略，打造具有国际声誉的毛绒精品和奢侈品，提高毛绒产品附加值，优化我国毛绒市场，增加毛绒产品附加值。

4. 完善和发展"国家绒毛用羊产业技术体系"建设工程　根据我国绒毛用羊产业技术体系建设需求，探索产业技术创新机制，规划产业发展目标，确立新理论、新技术和新方法的研发内容及目标，解决经典理论、技术和方法与新理论、新技术和新方法相结合或传承的瓶颈问题，避免创新中显现的人力、物力及财力浪费与重复现象，实现产业水平的整体提升。

四、保障措施及对策建议

1. 政策措施

（1）建立产业链的利益合理分配体制　目前加工企业和饲养者之间的利益分配脱节，特别是羊绒出口和加工业利润较大，但农牧民饲养形式分散，每家每户相对较少的羊绒产量和缺乏有效的协会组织，造成了羊绒价格主要控制在国际收购商和国内梳绒与加工企业手中，使得羊绒原料与半成品、成品间的差价偏大，1kg 15μm 以下的羊绒比粗绒的价格最多不超过 20 元人民币，而优质的 1 436* 羊绒制品价格要比普通羊绒制品价格贵 10 倍左右。这种现象使得农牧民一味追求产量而忽视了质量，直接导致羊绒越来越粗。据有关专家统计，近几年来，我国羊绒细度平均每年增粗 1μm，这大大削弱了我国羊绒在国际市场的竞争力。这是我国绒山羊业可持续发展的极大隐患，要尽快实施按细度议价收购羊绒、羊毛的机制，拉开不同质量毛绒价格梯度，促进毛绒品质的提高。

（2）国家相关的产业补贴政策　为促进我国绒毛用羊业的可持续、健康、快速发展，我们不仅要加大科技研发，建立我国绒毛用羊良种繁育体系和现代化生产体系，促进我国绒毛用羊业产品的加工等整个生产链条的发展，尚需国家对这个弱势产业给予政策上的支持。现在很多养羊地区的群众都深知羊种改良的好处，都渴望得到优良种羊来改良自养羊群，但种羊价格高，且养殖户多为边疆地区低收入群体。因此，建议农业部和相关省、自治区、直辖市业务主管部门，应把对绒毛用羊的补贴与对养猪、肉牛、奶牛的补贴同等对待，加大补贴力度和覆盖面，促进我国绒毛用羊产业生产力的迅速提高及良种化进程。实施良种补贴的模式，主要包括羊场繁育生产基地建设补助（对规模户的补助）、种羊生产补助、杂交改良补贴等。

加大我国绒毛用羊生产成本和收益情况的监控。根据产业发展状况和市场动向，核算我国绒毛用羊盈亏平衡点；根据监控情况，制定我国毛绒保护价收购政策。按照相对集中、突出重点、整体推进的原则，在绒毛用羊主产区各地论证推荐的基础上，农业部以及各省、直辖市、自治区农牧厅、财政厅选择绒毛用羊主产区逐步推进。如果当年市场上毛绒平均价格达到最低保护价，政府就不给予补贴，如毛绒产品的销售价格低于预定价格，政府则给予农民相应的毛绒销售差额补贴。

（3）实施绒毛用羊重大科研项目　我国绒毛用羊生产性能需要大幅提高，品种选育工作需坚持不懈地进行，同时绒毛用羊的遗传机理尚未研究清楚，新的育种问题有待进一步探索；绒毛用羊饲草料供给的不平衡与毛绒全年生长需要营养平衡供给的矛盾；毛绒流通领域存在的问题都需要启动重大专项开展研究。

①建立和完善各品种类型的繁育体系　我国羊品种资源类型多样，但由于缺乏专门化的繁育体系，不能开展高度的选育和提高工作，制约因素比较多。通过体系的建立，联合各类型资源的持有者和研究者，集成多种技术手段，逐步完善良种繁育体系建设，加快推进优质良种化进程，对优良品种引进、选育和使用优质冻精改良给予财政扶持。通过生产性能测定、良种登记、后裔测定与遗传评定等技术工作，选育出优秀的种羊，再通过广泛应用各类

---

　　* 指 1 436 极品羊绒，是鄂尔多斯集团一个羊绒品牌，有"白中白"之称。14 指羊绒平均细度 14.0μm 以下，36 指羊绒平均长度 36mm 以上。

实用型繁殖生物技术把其优良性状快速地传递给后代，以提高整体质量和数量，达到优质、高效的改良结果，为形成产业化生产格局提供优质材料。

②培育专门化品种　品种在生产实际中具有绝对的主导作用，要形成具有竞争力的产业必须拥有高度专门化的品种，我国羊品种资源专用性弱，培育各种类型的专门化品种，提高毛绒单产和毛绒质量，同时建立配套技术体系。是绒毛用羊产业发展的重要保障。

③绒毛用羊分子标记育种技术及功能基因研究　开展与毛绒品质等重要经济性状相关的功能基因研究，筛选可以用于辅助选择产绒性状的分子遗传标记，是今后开展绒毛用羊基础性研究工作的一个重要方向，可为将来绒毛用羊产业化开发奠定坚实的理论基础和完善的技术体系。

④建立分子细胞工程育种技术新体系　以 MOET 育种及标记辅助选择（MAS）等分子和细胞育种技术为主导，利用 BLUP 和 MA-BLUP 共轭选种等手段进行遗传评定，筛选集成应用分子标记、细胞工程、分子数量遗传学与常规育种手段相结合的羊品种最优化育种方案，建立育种技术新体系。

⑤建立品种资源评价和鉴定体系　我国的羊品种资源丰富，是我们用来培育新品种的宝贵资源，但是缺乏客观措施对这些资源进行统一合理的评价和鉴定，包括引进的品种，造成很多珍贵的品种遗传多样性丢失。很多研究院所已经对部分资源进行了分子水平的研究，发现了一大批具有重要经济性状的遗传标记和遗传多样性研究，建立动态的资源保护与利用系统，能够使主管部门及时掌握资源状况，制定和采取更加科学高效的措施，真正实现资源保护和利用。

⑥深入开展地方优秀品种资源的保护与开发　引进优异资源固然可以在短期内改善和提高本地羊的生产性能，但付出的成本较高，而且可持续性不强。根本的解决办法还是需要以我们自己的地方资源为基础，在合理保护的同时，挖掘和开发这类资源的特点，发挥其自身品种优势。这些研究基础性强、公益性强，并且非常繁琐，然而其能够产生的效益将是巨大的。

上述问题的解决可对我国毛、绒生产可持续发展提供科技支撑。

（4）建立国家毛绒原料收贮中心及其相关政策　对毛绒实行收储，一方面在毛绒价格持续低迷的情况下，能够保障农牧民的生活，保护绒毛用羊行业没有大的波动；另一方面可以及时为毛纺厂提供充足毛纺原料。通过银行放贷，企业收储，政府贴息进行收储。选择一些产业链条长的大型农牧业产业化重点龙头企业牵头承担收储任务，由当地政府协调有关金融部门按企业收储任务给予贷款，政府给予贴息。收储任务由政府按照收储企业规模、消化原绒能力和承担风险能力来下达。毛绒收储遵循优质优价的原则，收储价格不低于最低毛绒保护价。对储备毛绒出入库严格进行公证检验，由政府协调有关金融部门依据公证检验的数量、质量、市场价格发放贷款，国家及产区地方政府联合贴息。

以我国毛绒产区及主产区产量，建议在内蒙古、新疆、吉林、辽宁、甘肃、河北、陕西、山西、黑龙江等地建立毛绒收储中心，收储规模以当地毛绒产量的 60% 为上限，以各地毛、绒生产成本价格为收储的最低保护价（具体操作遵循优质优价）。以上述主产区毛绒产量的 60% 为收储上限，收储主产区羊毛 7.36 万 t，羊绒 8 019t，每年约需收储资金 35.23 亿元，按年利率 5.6% 来计算，产生贷款利息约 1.97 亿元，建议中央财政贴息支持 1 亿元，其余利息 0.97 亿元由省（自治区）本级财政和企业共同承担。

（5）建立毛绒的分类分梳，按等级差价收购 利用价格杠杆引导农牧民饲养优质绒毛用羊，是保证毛绒品质及其制品竞争力的唯一途径，只有优质毛绒的收益等于或高于劣质羊绒收益时，优质绒毛用羊饲养才能得到发展。充分利用这次国际经济危机对我国绒毛用羊产业的负面影响，抓住毛绒销售困难的有利时机，在实施毛绒收储时要把各档次毛绒的价格拉开。分级分等对于我国传统畜产品是一种全新的销售方式。鉴于目前我国农牧民饲养的绒毛用羊等级混杂，各规格产量都有并且不成批量的状况，要引导和扶持农牧民建立毛绒专业合作组织，负责为本组织社员的毛绒进行分级打包，直接与收购企业进行谈判和销售，形成工牧直交的销售方式，减少中间环节，还利于民。同时，发挥羊毛绒质量鉴定机构的作用，在毛绒集中产区成立羊绒质量检测鉴定机构，参与制定毛绒指导价格，仲裁毛、绒生产者与收购企业的质量和价格争端。

（6）强化依法制种 从农牧民的长远利益出发，切实制定有关政策，强化种畜监管力度，实现我国绒毛用羊产业的健康、协调、持续发展。认真贯彻《中华人民共和国畜牧法》，强化依法制种。通过建立种羊鉴定运行机制，杜绝假劣种质流入市场；通过行业标准约束，规范选配计划，避免杂交滥配和近亲交配。通过培植名牌，提高行业信誉和产业质量。通过建立专业种羊、羊绒、羊毛交易市场，为买卖双方提供公平交易平台。通过完善优秀种羊（种质）买卖制度，拓宽交易渠道。通过建立完善的售后服务制度，确保消费者利益。

2. 机制体制方面

（1）完善绒毛用羊产业技术体系建设 以全国一盘棋的战略思想，精确制定绒毛用羊区划及其产业布局方案，在现有国家绒毛用羊产业技术体系的基础上，整合人才和资源优势，加强技术支撑力度，加大对重点产区的建设力度，完善产业技术体系建设。

（2）加强行业组织建设，发挥行业协会作用 在绒毛用羊主产区，促进羊产业协会及农牧民合作组织建设，加强会员间信息技术的交流，实现资源共享、公平竞争、保护各方经济利益，维护贸易规则，实现毛、绒生产者的利益，协调毛、绒生产到流通过程中某一环节及各环节之间以及各环节与政府之间的关系。

（3）稳定基层推广机构 稳定基层推广机构，特别是县级以下推广机构应该加大技术推广力量，包括人力、物力、财力。同时，应注重对农技推广人员的技术培训，以保证推广效果。

白元生.1999.饲料原料学［M］.北京：中国农业出版社.

C. C. Li. 1981. 群体遗传学［M］.吴仲贤，译.北京：农业出版社.

常洪.1995.家畜遗传资源学纲要［M］.北京：中国农业出版社.

陈国宏.2009.动物遗传原理与育种方法［M］.第1版.北京：中国农业出版社.

陈灵芝.1993.中国的生物多样性—现状及其保护对策［M］.第1版.北京：科学出版社.

程庆华，牛小迎，叶成玉，林承义，等.1993.青海高原羔羊"神经病"病因的研究［J］.中国兽医科学
（3）17-19，50.

崔中林.2004.无公害羊场环境与工艺［J］.中国供销商情（乳业导刊）（11）：41-46.

D. S. Falconer，T. F. C. Mackay. 2000. 数量遗传学导论［M］.第4版.储明星，译.北京：中国农业科学
技术出版社.

冯维祺，马月辉，陈幼春，付宝玲，等.1997.中国家养动物品种资源浅析［J］.畜牧兽医学报，28（3）：
300-303.

冯宗慈，奥德，王志铭，等.1997.嘎达苏地区几种主要牧草的营养动态［J］.内蒙古畜牧科学（S1）：
224-226.

傅润亭，等.2004.肉羊生产大全［M］.北京：中国农业出版社.

GB 18407.3—2001 农产品安全质量无公害畜禽产地环境要求［S］.

关伟军.2002.濒危畜禽品种细胞库的构建与鉴定［J］.中国农业科技导报，6（5）：66-67.

国家发展和改革委员会价格司.2010 全国农产品成本收益资料汇编（1990—2010 年）［M］.北京：中国统
计出版社.

国家环境保护总局编.1999.中国生物多样性数据管理与信息网络化能力建设［M］.第1版.北京：中国
环境科学出版社.

韩俊文.2006.畜牧业经济管理［M］.北京：中国农业出版社.

郝巴雅斯胡良.2009-01-21.一种舍饲羊的温棚［P］.中国专利：CN200810212166.4.

郝巴雅斯胡良.2009-06-03.舍饲羊的软顶温棚［P］.中国专利：CN200820134990.8.

何振东.1995.畜牧业经营管理［M］.兰州：甘肃民族出版社.

洪琼花，邵庆勇，廖德芳，谭鸿明，朱士恩，曾申明，马兴跃，姚兴荣.2002.波尔山羊胚胎移植技术的研
究与应用［J］.中国兽医学报（4）：35-37.

侯引绪，李玉冰，王红利，阎凯航，魏源斌，等.2004.氯前列烯醇诱导绵羊同期发情试验［J］.当代畜
牧，（5）：41.

胡自治.1997.草原分类学概论［M］.北京：中国农业出版社.

贾志海.1999.现代养羊生产［M］.北京：中国农业大学出版社.

姜怀志，李莫南，娄玉杰，马宁.2001.中国绒山羊的分布、生产性能与生态环境间关系的初步研究［J］.

家畜生态，22（2）：30-34．

蒋恩臣．2005．畜牧业机械化［M］．北京：中国农业出版社．

李广武．1998．低温生物学［M］．长沙：湖南科学技术出版社．

李如治．2011．家畜环境卫生学［M］．北京：中国农业出版社．

李喜龙，季维智．2000．动物种质细胞的超低温冷冻保存［J］．动物学研究，21（5）：407-411．

李志龙．1993．中国养羊学［M］．北京：中国农业出版社．

廖国藩．1996．中国草地资源［M］．北京：中国科学技术出版社．

刘荣．2011．鄂尔多斯市草原鼠害发生及防治措施［J］．内蒙古草业，23（2）：10-12．

刘希斌，关伟军，张洪海，等．2005．濒危动物遗传资源的保存［J］．中国农业科技导报，7（5）：34-38．

刘旭．2003．中国生物种质资源科学报告［M］．第2版．北京：科学出版社．

柳楠．2003．牛羊饲料配制和使用技术［M］．北京：中国农业出版社．

卢德勋．2004．系统动物营养学导论［M］．北京：中国农业出版社．

吕兴世，等．2001．畜牧系统工程［M］．北京：中国农业出版社．

马宁．2011．中国绒山羊研究［M］．北京：中国农业出版社．

马天艺，王自龙，曹永香，等．2010．羊场环境与粪污利用的经济效益［C］∥中国羊业进展：247-249．

马月辉，陈幼春，冯维祺，等．2000．中国家养动物多样性概况［J］．畜牧兽医学报，31（5）：394-399．

马月辉，徐桂芳，王端云，刘海良，等．2002．中国畜禽遗传资源信息动态研究［J］．中国农业科学，35
　（5）：552-555．

马章全，等．2007．古今羊肉保健养生指南［M］．杨凌：西北农林科技大学出版社．

芒来．1997．中国猪遗传资源保存的系统工程研究［M］．第2版．呼和浩特：内蒙古人民出版社．

南京农学院．1980．饲料生产学［M］．北京：农业出版社．

内蒙古农牧学院．1999．草原管理学［M］．北京：中国农业出版社．

皮文辉，石国庆，刘守仁．2004．羊用氟孕酮阴道海绵栓的制作及使用效果［J］．中国畜牧杂志，40
　（1）：41．

齐景发．2004．中国畜禽遗传资源状况［M］．北京：中国农业出版社．

邱雁，刘小和．2008．新疆细羊毛产业形势分析［J］．中国畜牧杂志（2）：62-64．

全国畜牧兽医总站．1996．中国草地资源［M］．北京：中国科学技术出版社．

R．法兰克汉，J．D．巴卢，D．A．布里斯科．2005．保育遗传学导论［M］．第1版．黄宏义，康明，译．北
　京：科学出版社．

山西农业大学主编．1992．养羊学［M］．第2版．北京：农业出版社．

邵凯，卢德勋，徐桂梅，等．1997．内蒙古地区牧草营养概况与放牧家畜矿物质营养状况的综合分析［J］．
　内蒙古畜牧科学（S1）：191-194．

石国庆，等．2010．羊繁殖与育种新技术［M］．北京：金盾出版社．

孙海洲．1995．自然放牧条件下阿尔巴斯白绒山羊绒毛生长和生后毛囊发育规律的研究［D］．呼和浩特：
　内蒙古农牧学院．

孙丽新．2009．羊氟中毒的探讨［J］．吉林畜牧兽医（9）：42．

孙玉江，董方圆，潘庆杰，董焕声．2005．腹腔镜技术在动物繁殖中的应用［J］．黑龙江动物繁殖（1）：
　19-21．

田兴军．2005．生物多样性及其保护生物学［M］．第1版．北京：化学工业出版社．

王成章．2003．饲料学［M］．北京：中国农业出版社．

王洪荣，冯宗慈，等．1992．天然牧草营养价值的季节性动态变化对放牧绵羊采食量和生产性能的影响
　［J］．内蒙古畜牧科学，3：25-33．

王洪荣，冯宗慈，杜敏，等．1997．敖汉细毛羊羊毛生长的季节变化规律初探［J］．内蒙古畜牧科学

（S1）：129-131.

王洪荣．1993．影响我国放牧绵羊生产性能营养因素的探讨［J］．中国养羊（3）：12-14.

王林枫，卢德勋，孙海洲，等．2006．光照和埋植褪黑激素对内蒙古绒山羊氮分配和生产性能影响的研究［J］．中国农业大学学报（1）：28-34.

王明利，等．2007．牛羊屠宰加工技术［M］．北京：中国农业大学出版社．

王小龙．2009．畜禽营养代谢病和中毒病［M］．第1版．北京：中国农业出版社．

吴常信．2001．畜禽遗传资源保存的理论与技术［J］．家畜生态，22（1）：1-4.

吴永祥．2005．农业部草原监理中心部署2005年全国草原资源与生态监测工作［J］．草业科学（6）：64.

谢学武．1989．反刍动物饲料［M］．成都：四川科学技术出版社．

许鹏．2000．草地资源调查规划学［M］．北京：中国农业出版社．

许宗运．2003．山羊舍饲半舍饲养殖技术［M］．北京：中国农业科学技术出版社．

薛达元．2005．中国遗传资源现状与保护［M］．第1版．北京：中国环境科学出版社．

闫晓军，邓蓉，孙伯川．2007．中国畜产品生产成本与收益分析［M］．北京：中国农业出版社．

闫振富，杜勇，王贵江．2009．适度规模羊场经营管理要点［C］//《2009中国羊业进展》论文集：37-39.

易继桂，尹力伟，张亦丽，马依拉，等．1985．羔羊摇背病病理学的研究［J］．中国兽医科技（1）：16-19，66.

岳文斌，等．2000．现代养羊［M］．北京：中国农业出版社．

岳文斌，等．2006．生态养羊技术大全［M］．北京：中国农业出版社．

岳文斌，等．2006．羊场畜牧师手册［M］．北京：金盾出版社．

张剑，刘玉侠，李德东，魏国庆，等．2005．当年羔羊维生素 B_1 和硒缺乏防治的探讨［J］．吉林畜牧兽医（11）：50-51.

张蕾．2010．现代企业管理［M］．北京：中国人民大学出版社．

张灵君，等．2003．科学养羊技术指南［M］．北京：中国农业大学出版社．

张培业．1994．世界绒山羊业的生产和研究现状［J］．内蒙古畜牧科学（1）：20-24.

张亚萍．2009-05-26．2008年宁夏畜产品成本与收益分析报告［EB/OL］．宁夏价格信息网．

张英杰．2010．羊生产学［M］．北京：中国农业大学出版社．

张英杰，等．2003．绵羊舍饲半舍饲养殖技术［M］．北京：中国农业科学技术出版社．

张英俊．2009．草地与牧场管理学［M］．北京：中国农业大学出版社．

张沅．2001．家畜育种学［M］．北京：中国农业出版社．

张子仪．2000．中国饲料学［M］．北京：中国农业出版社．

赵从民，李万福，杨秀国，等．1981．绵羊羔铜缺乏症［J］．畜牧与兽医（4）．

赵永军，魏艳辉，杜立银，孙树民，等．2008．羔羊硒及维生素E缺乏症的诊治［J］．中国兽医杂志（9）：74-75.

赵有璋．1982．半细毛羊的生产与饲养［M］．北京：农业出版社．

赵有璋．1998．肉羊高效养殖［M］．北京：中国农业出版社．

赵有璋．2005．羊生产学［M］．北京：中国农业出版社．

赵有璋．2011．羊生产学［M］．第3版．北京：中国农业出版社．

甄玉国，马宁．1998．绵羊、山羊对不同粗饲料纤维的消化和瘤胃消化动态学的比较研究［J］．吉林农业大学学报，20（2）：66-72.

郑江平，陈彤，蔡东萍．2005．新疆牧区不同绵羊品种成本收益分析［J］．农业技术经济（5）：52-56.

郑丕留．1985．中国家畜主要品种及其生态特征［M］．北京：农业出版社．

郑丕留．1998．中国羊品种志［M］．上海：上海科学技术出版社．

郑中朝，等．2002．新编科学养羊手册［M］．郑州：中原农民出版社．

中国畜牧业年鉴编辑委员会.2010.中国畜牧业年鉴（2010）［M］.北京：中国农业出版社.

中国农业科学院农业经济与发展研究所畜牧经济研究室.2008.我国草食畜牧业发展问题研究［R］.

周光宏.2002.畜产品加工学［M］.北京：中国农业出版社.

朱勇.2006.羔羊白肌病的诊断与防治［J］.中国兽医杂志（1）.

Malechek J C & Provonza FD. 1981. Feeding behavior and nutrition of goats on rangelandsw［C］. In：P Morand Fehr A Bourbouze & Mde Simiane Eds. Nutrition et Systemessd'Alimentation de la Chevre，1：411-428.

NRC. 1981. Nutrition Requirements of Goats［S］. Washington，DC.：National Academy Press.

Qi，K. 1992. Sulfur requirement of Angora Goats［J］. Animal science，79：2828.

Schwarz，F. J.，M. Kirchgessner. G. I Stangl. 2000. Cobalt requirement of beef cattle-feed intake and growth at different levels of cobalt supply［J］. Anim Physiol. Nutr.，83：121-131.

Stangl，G. I.，D. A Roth-Maier.，M. Kirchgessner. 2000. Vitamin B_{12} deficiency and hyperhomocysteinemia are party ameliorated by vobalt and nicket supplementation in pigs.［J］. Br. J. Nutr.，130：3038-3044.

图书在版编目（CIP）数据

绒毛用羊生产学/田可川主编 . —北京：中国农
业出版社，2014.9
ISBN 978-7-109-19354-3

Ⅰ.①绒⋯ Ⅱ.①田⋯ Ⅲ.①毛用羊—饲养管理
Ⅳ.①S826.9

中国版本图书馆 CIP 数据核字（2014）第 144564 号

中国农业出版社出版
（北京市朝阳区麦子店街 18 号楼）
（邮政编码 100125）
责任编辑 刘 玮

北京通州皇家印刷厂印刷 新华书店北京发行所发行
2015 年 1 月第 1 版 2015 年 1 月第 1 版

开本：787mm×1092mm 1/16 印张：33
字数：803 千字
定价：120.00 元

（凡本版图书出现印刷、装订错误，请向出版社发行部调换）